Cartela Pedagógica Colorida

Mecânica e Termodinâmica

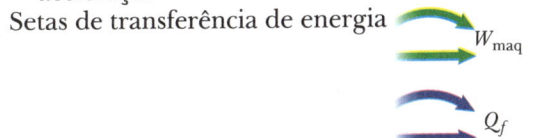

- Vetores deslocamento e posição
- Componente de vetores deslocamento e posição
- Vetores velocidade linear ($\vec{\mathbf{v}}$) e angular ($\vec{\boldsymbol{\omega}}$)
- Componente de vetores velocidade
- Vetores força ($\vec{\mathbf{F}}$)
- Componente de vetores força
- Vetores aceleração ($\vec{\mathbf{a}}$)
- Componente de vetores aceleração
- Setas de transferência de energia — W_{maq}, Q_f, Q_q
- Seta de processo
- Vetores momento linear ($\vec{\mathbf{p}}$) e angular ($\vec{\mathbf{L}}$)
- Componente de vetores momento linear e angular
- Vetores torque $\vec{\boldsymbol{\tau}}$
- Componente de vetores torque
- Direção esquemática de movimento linear ou rotacional
- Seta dimensional de rotação
- Seta de alargamento
- Molas
- Polias

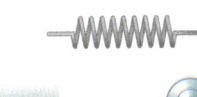

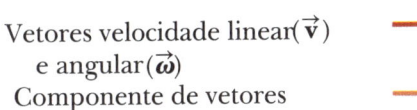

Eletricidade e Magnetismo

- Campos elétricos
- Vetores campo elétrico
- Componentes de vetores campo elétrico
- Campos magnéticos
- Vetores campo magnético
- Componentes de vetores campo magnético
- Cargas positivas
- Cargas negativas
- Resistores
- Baterias e outras fontes de alimentação DC
- Interruptores
- Capacitores
- Indutores (bobinas)
- Voltímetros
- Amperímetros
- Fontes AC
- Lâmpadas
- Símbolo de terra
- Corrente

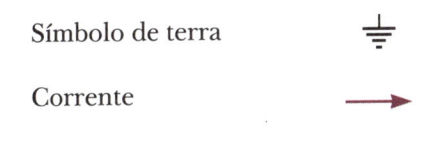

Luz e Óptica

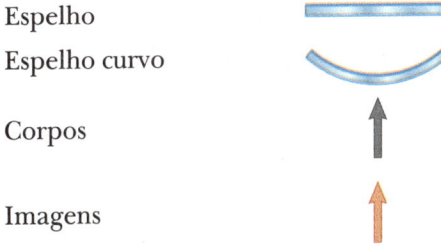

- Raio de luz
- Raio de luz focado
- Raio de luz central
- Lente convexa
- Lente côncava
- Espelho
- Espelho curvo
- Corpos
- Imagens

Algumas constantes físicas

Quantidade	Símbolo	Valor[a]
Unidade de massa atômica	u	$1{,}660538782(83) \times 10^{-27}$ kg $931{,}494028(23)$ MeV/c^2
Número de Avogadro	N_A	$6{,}02214179(30) \times 10^{23}$ partículas/mol
Magneton de Bohr	$\mu_B = \dfrac{e\hbar}{2m_e}$	$9{,}27400915(23) \times 10^{-24}$ J/T
Raio de Bohr	$a_0 = \dfrac{\hbar^2}{m_e e^2 k_e}$	$5{,}2917720859(36) \times 10^{-11}$ m
Constante de Boltzmann	$k_B = \dfrac{R}{N_A}$	$1{,}3806504(24) \times 10^{-23}$ J/K
Comprimento de onda Compton	$\lambda_C = \dfrac{h}{m_e c}$	$2{,}4263102175(33) \times 10^{-12}$ m
Constante de Coulomb	$k_e = \dfrac{1}{4\pi\epsilon_0}$	$8{,}987551788 \ldots \times 10^9$ N $\times$ m^2/C^2 (exato)
Massa do dêuteron	m_d	$3{,}34358320(17) \times 10^{-27}$ kg $2{,}013553212724(78)$ u
Massa do elétron	m_e	$9{,}10938215(45) \times 10^{-31}$ kg $5{,}4857990943(23) \times 10^{-4}$ u $0{,}510998910(13)$ MeV/c^2
Elétron-volt	eV	$1{,}602176487(40) \times 10^{-19}$ J
Carga elementar	e	$1{,}602176487(40) \times 10^{-19}$ C
Constante dos gases perfeitos	R	$8{,}314472(15)$ J/mol $\times$ K
Constante gravitacional	G	$6{,}67428(67) \times 10^{-11}$ N $\times$ m^2/kg^2
Massa do nêutron	m_n	$1{,}674927211(84) \times 10^{-27}$ kg $1{,}00866491597(43)$ u $939{,}565346(23)$ MeV/c^2
Magneton nuclear	$\mu_n = \dfrac{e\hbar}{2m_p}$	$5{,}05078324(13) \times 10^{-27}$ J/T
Permeabilidade do espaço livre	μ_0	$4\pi \times 10^{-7}$ T $\times$ m/A (exato)
Permissividade do espaço livre	$\epsilon_e = \dfrac{1}{\mu_0 c^2}$	$8{,}854187817 \ldots \times 10^{-12}$ C^2/N $\times$ m^2 (exato)
Constante de Planck	h $\hbar = \dfrac{h}{2\pi}$	$6{,}62606896(33) \times 10^{-34}$ J $\times$ s $1{,}054571628(53) \times 10^{-34}$ J $\times$ s
Massa do próton	m_p	$1{,}672621637(83) \times 10^{-27}$ kg $1{,}00727646677(10)$ u $938{,}272013(23)$ MeV/c^2
Constante de Rydberg	R_H	$1{,}0973731568527(73) \times 10^7$ m^{-1}
Velocidade da luz no vácuo	c	$2{,}99792458 \times 10^8$ m/s (exato)

Observação: Essas constantes são os valores recomendados em 2006 pela CODATA com base em um ajuste dos dados de diferentes medições pelo método de mínimos quadrados. Para uma lista mais completa, consulte P. J. Mohr, B. N. Taylor e D. B. Newell, CODATA Recommended Values of the Fundamental Physical Constants: 2006. *Rev. Mod. Fís.* **80**:2, 633-730, 2008.

[a] Os números entre parênteses nesta coluna representam incertezas nos últimos dois dígitos.

Dados do Sistema Solar

Corpo	Massa (kg)	Raio médio (m)	Período (s)	Distância média a partir do Sol (m)
Mercúrio	$3,30 \times 10^{23}$	$2,44 \times 10^{6}$	$7,60 \times 10^{6}$	$5,79 \times 10^{10}$
Vênus	$4,87 \times 10^{24}$	$6,05 \times 10^{6}$	$1,94 \times 10^{7}$	$1,08 \times 10^{11}$
Terra	$5,97 \times 10^{24}$	$6,37 \times 10^{6}$	$3,156 \times 10^{7}$	$1,496 \times 10^{11}$
Marte	$6,42 \times 10^{23}$	$3,39 \times 10^{6}$	$5,94 \times 10^{7}$	$2,28 \times 10^{11}$
Júpiter	$1,90 \times 10^{27}$	$6,99 \times 10^{7}$	$3,74 \times 10^{8}$	$7,78 \times 10^{11}$
Saturno	$5,68 \times 10^{26}$	$5,82 \times 10^{7}$	$9,29 \times 10^{8}$	$1,43 \times 10^{12}$
Urano	$8,68 \times 10^{25}$	$2,54 \times 10^{7}$	$2,65 \times 10^{9}$	$2,87 \times 10^{12}$
Netuno	$1,02 \times 10^{26}$	$2,46 \times 10^{7}$	$5,18 \times 10^{9}$	$4,50 \times 10^{12}$
Plutão[a]	$1,25 \times 10^{22}$	$1,20 \times 10^{6}$	$7,82 \times 10^{9}$	$5,91 \times 10^{12}$
Lua	$7,35 \times 10^{22}$	$1,74 \times 10^{6}$	—	—
Sol	$1,989 \times 10^{30}$	$6,96 \times 10^{8}$	—	—

[a] Em agosto de 2006, a União Astronômica Internacional adotou uma definição de planeta que separa Plutão dos outros oito planetas. Plutão agora é definido como um "planeta anão" (a exemplo do asteroide Ceres).

Dados físicos frequentemente utilizados

Distância média entre a Terra e a Lua	$3,84 \times 10^{8}$ m
Distância média entre a Terra e o Sol	$1,496 \times 10^{11}$ m
Raio médio da Terra	$6,37 \times 10^{6}$ m
Densidade do ar (20 °C e 1 atm)	1,20 kg/m^3
Densidade do ar (0 °C e 1 atm)	1,29 kg/m^3
Densidade da água (20 °C e 1 atm)	$1,00 \times 10^{3}$ kg/m^3
Aceleração da gravidade	9,80 m/s^2
Massa da Terra	$5,97 \times 10^{24}$ kg
Massa da Lua	$7,35 \times 10^{22}$ kg
Massa do Sol	$1,99 \times 10^{30}$ kg
Pressão atmosférica padrão	$1,013 \times 10^{5}$ Pa

Observação: Esses valores são os mesmos utilizados no texto.

Alguns prefixos para potências de dez

Potência	Prefixo	Abreviação	Potência	Prefixo	Abreviação
10^{-24}	iocto	y	10^{1}	deca	da
10^{-21}	zepto	z	10^{2}	hecto	h
10^{-18}	ato	a	10^{3}	quilo	k
10^{-15}	fento	f	10^{6}	mega	M
10^{-12}	pico	p	10^{9}	giga	G
10^{-9}	nano	n	10^{12}	tera	T
10^{-6}	micro	μ	10^{15}	peta	P
10^{-3}	mili	m	10^{18}	exa	E
10^{-2}	centi	c	10^{21}	zeta	Z
10^{-1}	deci	d	10^{24}	iota	Y

Abreviações e símbolos padrão para unidades

Símbolo	Unidade	Símbolo	Unidade
A	ampère	K	kelvin
u	unidade de massa atômica	kg	quilograma
atm	atmosfera	kmol	quilomol
Btu	unidade térmica britânica	L ou l	litro
C	coulomb	Lb	libra
°C	grau Celsius	Ly	ano-luz
cal	caloria	m	metro
d	dia	min	minuto
eV	elétron-volt	mol	mol
°F	grau Fahrenheit	N	newton
F	faraday	Pa	pascal
pé	pé	rad	radiano
G	gauss	rev	revolução
g	grama	s	segundo
H	henry	T	tesla
h	hora	V	volt
hp	cavalo de força	W	watt
Hz	hertz	Wb	weber
pol.	polegada	yr	ano
J	joule	Ω	ohm

Símbolos matemáticos usados no texto e seus significados

Símbolo	Significado
$=$	igual a
$\equiv$	definido como
$\neq$	não é igual a
$\propto$	proporcional a
$\sim$	da ordem de
$>$	maior que
$<$	menor que
$>>(<<)$	muito maior (menor) que
$\approx$	aproximadamente igual a
Δx	variação em x
$\sum_{i=1}^{N} x_i$	soma de todas as quantidades x_i de $i = 1$ para $i = N$
$\lvert x \rvert$	valor absoluto de x (sempre uma quantidade não negativa)
$\Delta x \to 0$	Δx se aproxima de zero
$\frac{dx}{dt}$	derivada x em relação a t
$\frac{\partial x}{\partial t}$	derivada parcial de x em relação a t
$\int$	integral

Física

para cientistas e engenheiros

Volume 1 ▪ Mecânica

Dados Internacionais de Catalogação na Publicação (CIP)

S492f Serway, Raymond A.
Física para cientistas e engenheiros : volume 1 : mecânica / Raymond A. Serway, John W. Jewett Jr ; tradução: Solange Aparecida Visconte ; revisão técnica: Carlos Roberto Grandini. - São Paulo, SP : Cengage Learning, 2017.
504 p. : il. ; 28 cm.

Inclui índice e apêndice.
Tradução de: Physics for scientists and engineers (9. ed.).
ISBN 978-85-221-2706-1

1. Física. 2. Mecânica. I. Jewett Jr., John W. II. Visconte, Solange Aparecida. III. Grandini, Carlos Roberto. IV. Título.

CDU 531
CDD 531

Índice para catálogo sistemático:
1. Mecânica 531
2. Física 53
(Bibliotecária responsável: Sabrina Leal Araujo - CRB 10/1507)

Física

para cientistas e engenheiros

Volume 1 ▪ Mecânica

Tradução da 9ª edição norte-americana

Raymond A. Serway

Professor Emérito, James Madison University

John W. Jewett, Jr.

Professor Emérito, California State Polytechnic University, Pomona

Com contribuições de Vahé Peroomian, *University of California, Los Angeles*

Tradução: Solange Aparecida Visconte

Revisão técnica: Carlos Roberto Grandini, FBSE

Professor Titular do Departamento de Física da UNESP, câmpus de Bauru

CENGAGE

Austrália • Brasil • México • Cingapura • Reino Unido • Estados Unidos

CENGAGE

Física para cientistas e engenheiros

Volume 1 – Mecânica

Tradução da 9ª edição norte-americana

Raymond A. Serway; John W. Jewett, Jr.

2ª edição brasileira

Gerente editorial: Noelma Brocanelli

Editora de desenvolvimento: Gisela Carnicelli

Supervisora de produção gráfica: Fabiana Alencar Albuquerque

Editora de aquisições: Guacira Simonelli

Especialista em direitos autorais: Jenis Oh

Título original: *Physics for Scientists and Engineers Vol. 1* (ISBN-13: 978-1-285-07043-8)

Tradução da 8ª edição norte-americana: EZ2 Translate

Tradução da 9ª edição norte-americana: Solange Aparecida Visconte

Revisão técnica: Carlos Roberto Grandini

Revisão: Fábio Gonçalves e Luicy Caetano de Oliveira

Indexação: Fernanda Batista dos Santos

Diagramação: PC Editorial Ltda.

Pesquisa Iconográfica: Tempo Composto

Imagem da capa: Dmitriy Rybin/Shutterstock

Capa: BuonoDisegno

ISBN-13 978-85-221-2706-1
ISBN-10 85-221-2706-9

Cengage Learning
Condomínio E-Business Park
Rua Werner Siemens, 111 – Prédio 11 – Torre A – cj. 12
Lapa de Baixo – CEP 05069-900 – São Paulo – SP
Tel.: (11) 3665-9900 – Fax: (11) 3665-9901
SAC: 0800 11 19 39

Para suas soluções de curso e aprendizado, visite **www.cengage.com.br**

Impresso no Brasil.
Printed in Brazil.
1ª impressão – 2017

Dedicamos este livro a nossas esposas, Elizabeth e Lisa,
e todos os nossos filhos e netos pela compreensão
quando estávamos escrevendo este livro em vez de estarmos com eles.

Sumário

Mecânica 1

Sobre os autores

Raymond A. Serway recebeu o grau de doutor no Illinois Institute of Technology, e é Professor Emérito na James Madison University. Em 2011, ele foi premiado com o grau de doutor *honoris causa*, concedido pela Utica College. Em 1990, recebeu o prêmio Madison Scholar na James Madison University, onde lecionou por 17 anos. Dr. Serway começou sua carreira de professor na Clarkson University, onde realizou pesquisas e lecionou de 1967 a 1980. Recebeu o prêmio Distinguished Teaching na Clarkson University em 1977, e o Alumni Achievement da Utica College, em 1985. Como cientista convidado no IBM Research Laboratory em Zurique, Suíça, trabalhou com K. Alex Müller, que recebeu o Prêmio Nobel em 1987. Dr. Serway também foi pesquisador visitante no Argonne National Laboratory, onde colaborou com seu mentor e amigo, o falecido Dr. Sam Marshall. É é coautor de *College Physics,* 9ª edição; *Principles of Physics,* 5ª edição; *Essentials of College Physics*; *Modern Physics,* 3ª edição, e do livro didático para o ensino médio: *Physics,* publicado por Holt McDougal. Além disso, publicou mais de 40 trabalhos de pesquisa na área de Física da Matéria Condensada e ministrou mais de 60 palestras em encontros profissionais. Dr. Serway e sua esposa, Elizabeth, gostam de viajar, jogar golfe, pescar, cuidar do jardim, cantar no coro da igreja e, especialmente, passar um tempo precioso com seus quatro filhos e dez netos. E, recentemente, um bisneto.

John W. Jewett, Jr. concluiu a graduação em Física na Drexel University e o doutorado na Ohio State University, especializando-se nas propriedades ópticas e magnéticas da matéria condensada. Dr. Jewett começou sua carreira acadêmica na Richard Stockton College, de Nova Jersey, onde lecionou de 1974 a 1984. Atualmente, é Professor Emérito de Física da California State Polytechnic University, em Pomona. Durante sua carreira de professor, tem atuado na promoção de um ensino efetivo de física. Além de receber quatro subvenções da National Science Foundation, ajudou no ensino da física, a fundar e dirigir o Southern California Area Modern Physics Institute (SCAMPI) e o Science IMPACT (Institute for Modern Pedagogy and Creative Teaching). Os títulos honoríficos do Dr. Jewett incluem Stockton Merit Award, na Richard Stockton College, em 1980, quando foi selecionado como Outstanding Professor na California State Polytechnic University em 1991/1992; e, ainda, recebeu o Excellence in Undergraduate Physics Teaching Award, da American Association of Physics Teachers (AAPT) em 1998. Em 2010, recebeu um prêmio Alumni Lifetime Achievement Award da Dresel University em reconhecimento de suas contribuições no ensino da física. Já apresentou mais de 100 palestras, tanto no país como no exterior, incluindo múltiplas apresentações nos encontros nacionais da AAPT. É autor de *The World of Physics: Mysteries, Magic, and Myth,* que apresenta muitas conexões entre a Física e várias experiências do dia a dia. É coautor de *Física para Cientistas e Engenheiros,* de *Principles of Physics,* 5ª edição, bem como de *Global Issues,* um conjunto de quatro volumes de manuais de instrução em ciência integrada para o ensino médio. Dr. Jewett gosta de tocar teclado com sua banda formada somente por físicos, gosta de viagens, fotografia subaquática, aprender línguas estrangeiras e de colecionar aparelhos médicos antigos que possam ser utilizados como instrumentos em suas aulas. E, o mais importante, ele adora passar o tempo com sua esposa, Lisa, e seus filhos e netos.

Prefácio

Ao escrever esta 9ª edição de *Física para Cientistas e Engenheiros*, continuamos nossos esforços progressivos para melhorar a clareza da apresentação e incluir novos recursos pedagógicos que ajudem nos processos de ensino e aprendizagem. Utilizando as opiniões dos usuários da 8ª edição, dados coletados, tanto entre os professores como entre os alunos, além das sugestões dos revisores, aprimoramos o texto para melhor atender às necessidades dos estudantes e professores.

Este livro destina-se a um curso introdutório de Física para estudantes universitários de Ciências ou Engenharia. Todo o conteúdo poderá ser abordado em um curso de três semestres, mas é possível utilizar o material em sequências menores, com a omissão de alguns capítulos e algumas seções. O ideal seria que o estudante tivesse como pré-requisito um semestre de cálculo. Se isso não for possível, deve-se entrar simultaneamente em um curso introdutório de cálculo.

Conteúdo

O material desta coleção aborda tópicos fundamentais na física clássica e apresenta uma introdução à física moderna. Esta coleção está dividida em quatro volumes. O Volume 1 compreende os Capítulos 1 a 14 e trata dos fundamentos da mecânica Newtoniana e da física dos fluidos; o Volume 2 aborda as oscilações, ondas mecânicas e o som, além do calor e da termodinâmica. O Volume 3 aborda temas relacionados à eletricidade e ao magnetismo. O Volume 4 trata de temas relacionados à luz e à óptica, além da relatividade e da física moderna.

Objetivos

A coleção Física para Cientistas e Engenheiros tem os seguintes objetivos: fornecer ao estudante uma apresentação clara e lógica dos conceitos e princípios básicos da Física (para fortalecer a compreensão de conceitos e princípios por meio de uma vasta gama de aplicações interessantes no mundo real) e desenvolver fortes habilidades de resolução de problemas por meio de uma abordagem bem organizada. Para atingir estes objetivos, enfatizamos argumentos físicos organizados e focamos na resolução de problemas. Ao mesmo tempo, tentamos motivar o estudante por meio de exemplos práticos que demonstram o papel da Física em outras disciplinas, entre elas, Engenharia, Química e Medicina.

Alterações nesta edição

Uma grande quantidade de alterações e melhorias foi realizada nesta edição. Algumas das novas características baseiam-se em nossas experiências e em tendências atuais do ensino científico. Outras mudanças foram incorporadas em resposta a comentários e sugestões oferecidas pelos leitores da oitava edição e pelos revisores. Os aspectos aqui relacionados representam as principais alterações:

Integração Aprimorada da Abordagem do Modelo de Análises para a Resolução de Problemas. Os estudantes são desafiados com centenas de problemas durante seus cursos de Física. Um número relativamente pequeno de princípios fundamentais forma a base desses problemas. Quando desafiado com um novo problema, um físico forma um *modelo* do problema que pode ser resolvido de uma maneira simples, identificando o princípio fundamental que é aplicável ao problema. Por exemplo, muitos problemas envolvem a conservação de energia, a Segunda Lei de Newton, ou equações de cinemática. Como os físicos estudam extensivamente estes princípios e suas aplicações, eles podem aplicar este conhecimento como modelo para a resolução de um novo problema. Embora fosse ideal que os estudantes seguissem este mesmo processo, a maioria deles têm dificuldade em se familiarizar com todo o conjunto de princípios fundamentais que estão disponíveis. É mais fácil para os estudantes identificar uma *situação*, em vez de um princípio fundamental.

A *abordagem do Modelo de Análise* estabelece um conjunto padrão de situações que aparecem na maioria dos problemas de Física. Tais situações têm como base uma entidade em um de quatro modelos de simplificação: partícula, sistema, corpo rígido e onda. Uma vez que o modelo de simplificação é identificado, o estudante pensa sobre o que a entidade está fazendo ou como ela interage com seu ambiente. Isto leva o estudante a identificar um Modelo de Análise específico para o problema. Por exemplo, se um objeto estiver caindo, ele é reconhecido como uma partícula experimentando uma aceleração devida à gravidade, que é constante. O estudante aprendeu que o Modelo de Análise de uma *partícula sob aceleração constante* descreve esta situação. Além do mais, este modelo tem um pequeno número de equações associadas a ele para uso nos problemas iniciais – as equações de cinemática apresentadas no Capítulo 2 do Volume 1. Portanto, um entendimento da situação levou a um Modelo de Análise, que, então, identifica um número muito pequeno de equações para iniciar o problema, em vez de uma infinidade de equações que os estudantes veem no livro. Dessa maneira, o uso de Modelo de Análise leva o estudante a identificar o princípio fundamental. À medida que ele ganhar mais experiência, dependerá menos da abordagem do Modelo de Análise e começará a identificar princípios fundamentais diretamente.

Para melhor integrar a abordagem do Modelo de Análise para esta edição, **caixas descritivas de Modelo de Análise** foram acrescentadas no final de qualquer seção que introduza um novo Modelo de Análise. Este recurso recapitula o Modelo de Análise introduzido na seção e fornece exemplos dos tipos de problema que um estudante poderá resolver utilizando o Modelo de Análise. Estas caixas funcionam como um "lembrete" antes que os estudantes vejam os Modelos de Análise em uso nos exemplos trabalhados para determinada seção.

Os exemplos trabalhados no livro que utilizam Modelo de Análise são identificados com um ícone MA para facilitar a referência. As soluções desses exemplos integram a abordagem do Modelo de Análise para resolução de problemas. A abordagem é ainda mais reforçada no resumo do final de capítulo, com o título *Modelo de Análise para Resolução de Problemas*.

Analysis Model Tutorial, ou Tutoriais de Modelo de Análise (Disponível no Enhanced WebAssign).[1] John Jewett desenvolveu 165 tutoriais (indicados no conjunto de problemas de cada capítulo com o ícone AMT) que fortalecem as habilidades de resolução de problemas dos estudantes orientando-os através das etapas neste processo de resolução. As primeiras etapas importantes incluem fazer previsões e focar em conceitos de Física antes de resolver o problema quantitativamente. O componente crucial desses tutoriais é a seleção de um Modelo de Análise apropriado para descrever o que acontece no problema. Esta etapa permite que os alunos façam um link importante entre a situação no problema e a representação matemática da situação. Os tutoriais incluem um *feedback* significativo em cada etapa para ajudar os estudantes a praticar o processo de resolução de problemas e melhorar suas habilidades. Além disso, o *feedback* soluciona equívocos dos alunos e os ajuda a identificar erros algébricos e outros erros matemáticos. As soluções são desenvolvidas simbolicamente pelo maior tempo possível, com valores numéricos substituídos no final. Este recurso ajuda os estudantes a compreenderem os efeitos de mudar os valores de cada variável no problema, evita a substituição repetitiva desnecessária dos mesmos números e elimina erros de arredondamento. O *feedback* no final do tutorial encoraja os alunos a compararem a resposta final com suas previsões originais.

Novos itens Master It foram adicionados ao Enhanced WebAssign. Aproximadamente 50 novos itens Master It do Enhanced WebAssign foram acrescentados nesta edição, nos conjuntos de problemas de fim de capítulo.

Destaques desta edição

A lista a seguir destaca algumas das principais alterações para esta edição.

Capítulo 2

- Uma nova introdução ao conceito de Modelo de Análise foi incluída na Seção 2.3.
- Três caixas descritivas de Modelos de Análise foram incluídas, nas Seções 2.3 e 2.6.
- Diversas seções de textos foram revisadas a fim de criar referências mais claras aos Modelos de Análise.

[1] O Enhanced WebAssign está disponível em inglês e o ingresso à ferramenta ocorre por meio de cartão de acesso. Para mais informações sobre o cartão e sua aquisição, contate vendas.brasil@cengage.com.

Capítulo 4

- Uma caixa descritiva de Modelo de Análise foi adicionada na Seção 4.6.
- Várias seções textuais foram revisadas para criar referências mais explícitas aos Modelos de Análise.

Capítulo 5

- Duas caixas descritivas de Modelo de Análise foram adicionadas na Seção 5.7.
- Diversos exemplos foram modificados, de modo que valores numéricos são incluídos somente no final da solução.
- Diversas seções de texto foram revisadas para criar referências mais explícitas aos Modelos de Análise.

Capítulo 6

- Uma caixa descritiva do Modelo de Análise foi adicionada na Seção 6.1.
- Diversos exemplos foram modificados, de modo que valores numéricos são colocados somente no final da solução.

Capítulo 7

- Foi esclarecida a notação para trabalho realizado externamente e internamente em um sistema.
- As equações e discussões em diversas seções foram modificadas para mostrar mais claramente as comparações de equações similares de energia potencial entre diferentes situações.

Capítulo 8

- Duas caixas descritivas de Modelo de Análise foram adicionadas nas Seções 8.1 e 8.2.
- A estratégia de solução de problemas, na Seção 8.2, foi reformulada para dar conta de uma aplicação mais geral para sistemas isolados e não isolados.
- Como resultado da sugestão de uma equipe da University of Washington e na Pennsylvania State University, o Exemplo 8.1 foi reescrito para demonstrar aos estudantes o efeito de escolher diferentes sistemas no desenvolvimento da solução.
- Todos os exemplos no capítulo foram reescritos para iniciar com a Equação 8.2 diretamente, em vez de iniciar com o formato $E_i = E_f$.
- Vários exemplos foram modificados de modo que valores numéricos sejam colocados somente no final da solução.
- A estratégia de solução de problemas na Seção 8.4 foi excluída e o material do texto foi revisado para incorporar essas ideias para abordar mudanças na energia quando forças não conservativas atuam.
- Várias seções textuais foram revisadas para fazer referências mais explícitas a Modelos de Análise.

Capítulo 9

- Duas caixas descritivas de Modelo de Análise foram adicionadas na Seção 9.3.
- Diversos exemplos foram modificados, de modo que valores numéricos são incluídos somente no final da solução.

Capítulo 10

- A ordem de quatro seções (10.4–10.7) foi modificada para introduzir momento de inércia através do torque (em vez de energia) e colocar juntas as duas seções sobre energia. As seções foram revisadas a fim de dar conta da revisão do desenvolvimento de conceitos. Esta revisão torna a ordem de abordagem semelhante àquela que os estudantes já viram no movimento translacional.
- Novos parágrafos introdutórios foram acrescentados a diversas seções para mostrar como o desenvolvimento de nossa análise do movimento rotacional é paralelo ao que foi seguido anteriormente para o movimento translacional.
- Duas caixas descritivas de Modelo de Análise foram acrescentadas nas Seções 10.2 e 10.5.
- Várias seções textuais foram revisadas para tornar mais explícitas as referências aos Modelos de Análise.

Capítulo 11

- Duas caixas descritivas de Modelo de Análise foram adicionadas nas Seções 11.2 e 11.4.
- As equações de conservação de momento angular foram revisadas para serem apresentadas como $\Delta L = (0 \text{ ou } \tau dt)$, a fim de serem consistentes com a abordagem no Capítulo 8 para conservação de energia, e no Capítulo 9, para a conservação do momento linear.

Capítulo 12

- Uma caixa descritiva de Modelo de Análise foi adicionada na Seção 12.1.
- Vários exemplos foram modificados, de modo que valores numéricos são colocados somente no final da solução.

Capítulo 13

- As Seções 13.3 e 13.4 foram trocadas a fim de proporcionar um melhor fluxo de conceitos.
- Um novo Modelo de Análise foi introduzido: *Partícula em um campo (gravitacional).* Este modelo foi introduzido porque representa uma situação física que ocorre com frequência. Além disso, o modelo foi incluído para antecipar a importância de versões deste modelo posteriormente nos assuntos eletricidade e magnetismo, em que ele é ainda mais importante. Uma caixa descritiva Modelo de Análise foi acrescentada na Seção 13.3. Além disso, um novo cartão de resumo para consulta rápida foi adicionado ao final do capítulo, e o texto foi revisado para fazer referência ao novo modelo.
- A descrição dos objetivos históricos do experimento de Cavendish em 1798 foi revisada a fim de ser mais consistente com a intenção original de Cavendish e com o conhecimento disponível no momento do experimento.
- Na Seção 13.4 foram incluídos os recém-descobertos objetos localizados no cinturão de Kuiper.
- O texto foi modificado, a fim de criar uma conexão mais forte com os Modelos de Análise, especialmente nas Seções 13.5 e 13.6, sobre energia.
- Todas as equações de conservação foram revisadas para serem apresentadas com a alteração no sistema à esquerda, e a transferência através do limite do sistema, à direita, de modo a ser consistente com a abordagem nos capítulos anteriores, referentes à conservação de energia, conservação do momento linear e conservação do momento angular.

Capítulo 14

- Várias seções de textos foram revisadas para tornar mais explícitas as referências aos Modelos de Análise.
- Diversos exemplos foram modificados para que os valores numéricos fossem colocados somente no final da solução.

Características do texto

A maioria dos professores acredita que o livro didático selecionado para um curso deve ser o guia principal do estudante para a compreensão e aprendizagem do tema. Além disso, o livro didático deve ser facilmente acessível e escrito num estilo que facilite o ensino e a aprendizagem. Com esses pontos em mente, incluímos muitos recursos pedagógicos, relacionados a seguir, que visam melhorar sua utilidade tanto para estudantes quanto para professores.

Resolução de Problemas e Compreensão Conceitual

Estratégia Geral de Resolução de Problemas. Descrita no final do Capítulo 2 deste volume, oferece aos estudantes um processo estruturado para a resolução de problemas. Em todos os outros capítulos, a estratégia é empregada em cada exemplo, de maneira que os estudantes possam aprender como é aplicada. Os estudantes são encorajados a seguir esta estratégia ao trabalhar os problemas de final de capítulo.

Exemplos Trabalhados. Apresentados em um formato de duas colunas para reforçar os conceitos da Física, a coluna da esquerda mostra informações textuais que descrevem os passos para a resolução do problema; a da direita, as manipulações matemáticas e os resultados destes passos. Este esquema facilita a correspondência do conceito com sua execução matemática e ajuda os estudantes a organizarem seu trabalho. Os exemplos seguem estritamente a Estratégia Geral de Resolução de Problemas apresentada no Capítulo 2 deste volume para reforçar hábitos eficazes de resolução de problemas. Todos os exemplos trabalhados no texto podem ser passados como tarefa de casa no Enhanced WebAssign.

São dois os exemplos. O primeiro (e o mais comum) apresenta um problema e uma resposta numérica. O segundo é de natureza conceitual. Para enfatizar a compreensão dos conceitos da Física, os muitos exemplos conceituais são assim marcados e elaborados para ajudar os estudantes a se concentrar na situação física do problema. Os exemplos trabalhados no livro que utilizam Modelos de Análise agora são marcados com um ícone MA para facilitar a referência, e as soluções desses exemplos estão completamente integradas à abordagem do Modelo de Análise para a Resolução de Problemas.

Cada solução foi escrita para seguir estritamente a Estratégia Geral de Resolução de Problemas, conforme descrita no Capítulo 2 deste volime, a fim de reforçar os bons hábitos na resolução de problemas.

Exemplo 3.2 Uma viagem de férias

Um carro percorre 20,0 km rumo ao norte e depois 35,0 km em uma direção 60,0° a noroeste como mostra a Figura 3.11a. Encontre o módulo e a direção do deslocamento resultante do carro.

SOLUÇÃO

Conceitualização Os vetores $\vec{\mathbf{A}}$ e $\vec{\mathbf{B}}$ desenhados na Figura 3.11a nos ajudam a conceitualizar o problema.

O vetor resultante $\vec{\mathbf{R}}$ também foi desenhado. Esperamos que sua grandeza seja de algumas dezenas de quilômetros. Espera-se que o ângulo β que o vetor resultante faz com o eixo y seja menor do que 60°, o ângulo que o vetor $\vec{\mathbf{B}}$ faz com o eixo y.

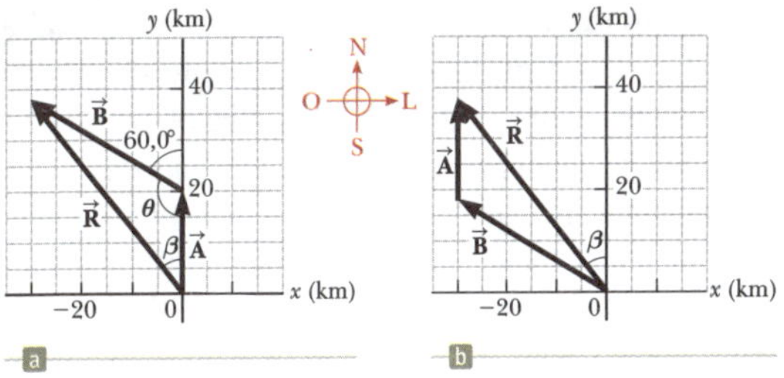

Figura 3.11 (Exemplo 3.2) (a) Método gráfico para encontrar o vetor deslocamento resultante $\vec{\mathbf{R}} = \vec{\mathbf{A}} + \vec{\mathbf{B}}$. (b) Adicionando os vetores na ordem reversa ($\vec{\mathbf{B}} + \vec{\mathbf{A}}$) fornece o mesmo resultado para $\vec{\mathbf{R}}$.

Categorização Podemos categorizar este exemplo como um problema de análise simples de adição de vetores. O deslocamento $\vec{\mathbf{R}}$ é resultante da adição de dois deslocamentos individuais $\vec{\mathbf{A}}$ e $\vec{\mathbf{B}}$. Podemos ainda categorizá-lo como um problema de análise de triângulos. Assim, apelamos para nossa experiência em geometria e trigonometria.

Análise Neste exemplo, mostramos duas maneiras de analisar o problema para encontrar a resultante de dois vetores. A primeira é resolvê-lo geometricamente com a utilização de papel milimetrado e um transferidor para medir o módulo de $\vec{\mathbf{R}}$ e sua direção na Figura 3.11a. Na verdade, mesmo quando sabemos que vamos efetuar um cálculo, deveríamos esboçar os vetores para verificar os resultados. Com régua comum e transferidor, um diagrama grande normalmente fornece respostas com dois, mas não com três dígitos de precisão. Tente utilizar essas ferramentas em $\vec{\mathbf{R}}$ na Figura 3.11a e compare com a análise trigonométrica a seguir.

A segunda maneira de resolver o problema é analisá-lo utilizando álgebra e trigonometria. O módulo de $\vec{\mathbf{R}}$ pode ser obtido por meio da lei dos cossenos aplicada ao triângulo na Figura 3.11a (ver Apêndice B.4).

Cada passo da solução é detalhado em um formato de duas colunas. A coluna da esquerda fornece uma explicação para cada passo da matemática contida na coluna da direita para reforçar mais os conceitos da Física.

Use $R^2 = A^2 + B^2 - 2AB\cos\theta$ da lei dos cossenos para encontrar R:

$$R = \sqrt{A^2 + B^2 - 2AB\cos\theta}$$

Substitua os valores numéricos, observando que $\theta = 180° - 60° = 120°$:

$$R = \sqrt{(20{,}0\text{ km})^2 + (35{,}0\text{ km})^2 - 2(20{,}0\text{ km})(35{,}0\text{ km})\cos 120°}$$

$$= \boxed{48{,}2\text{ km}}$$

Utilize a lei dos senos (Apêndice B.4) para encontrar a direção de $\vec{\mathbf{R}}$ a partir da direção norte:

$$\frac{\text{sen}\,\beta}{B} = \frac{\text{sen}\,\theta}{R}$$

$$\text{sen}\,\beta = \frac{B}{R}\,\text{sen}\,\theta = \frac{35{,}0\text{ km}}{48{,}2\text{ km}}\,\text{sen}\,120° = 0{,}629$$

$$\beta = \boxed{38{,}9°}$$

O deslocamento resultante do carro é 48,2 km em uma direção 38,9° a noroeste.

Finalização O ângulo β que calculamos está de acordo com a estimativa feita a partir da observação da Figura 3.11a, ou com um ângulo real medido no diagrama com a utilização do método gráfico? É aceitável que o módulo de $\vec{\mathbf{R}}$ seja maior que ambos os de $\vec{\mathbf{A}}$ e $\vec{\mathbf{B}}$? As unidades de $\vec{\mathbf{R}}$ estão corretas?

Embora o método da triangulação para adicionar vetores funcione corretamente, ele tem duas desvantagens. A primeira é que algumas pessoas acham inconveniente utilizar as leis dos senos e cossenos. A segunda é que um triângulo só funciona quando se adicionam dois vetores. Se adicionarmos três ou mais, a forma geométrica resultante geralmente não é um triângulo. Na Seção 3.4, exploraremos um novo método de adição de vetores que tratará de ambas essas desvantagens.

E SE? Suponha que a viagem fosse feita com os dois vetores na ordem inversa: 35,0 km a 60,0° a oeste em relação ao norte primeiramente, e depois 20,0 km em direção ao norte. Qual seria a mudança no módulo e na direção do vetor resultante?

Resposta Elas não mudariam. A lei comutativa da adição de vetores diz que a ordem dos vetores em uma soma é irrelevante. Graficamente, a Figura 3.11b mostra que a adição dos vetores na ordem inversa nos fornece o mesmo vetor resultante.

As perguntas "E se?" aparecem em cerca de 1/3 dos exemplos trabalhados e oferecem uma variação na situação apresentada no texto do exemplo. Por exemplo, este recurso pode explorar os efeitos da mudança das condições da situação, determinar o que acontece quando uma quantidade é tomada em um valor limite em particular, ou perguntar se mais informações podem ser determinadas sobre a situação do problema. Este recurso encoraja os estudantes a pensarem sobre os resultados do exemplo, ajudando na compreensão conceitual dos princípios.

Com base no *feedback* de um revisor da oitava edição, fizemos revisões cuidadosas dos exemplos trabalhados, de modo que as soluções são apresentadas simbolicamente tanto quanto possível, com valores numéricos substituídos no final. Esta abordagem ajudará os estudantes a pensar simbolicamente quando resolverem problemas, em vez de desnecessariamente inserir números em equações intermediárias.

E se? Aproximadamente um terço dos exemplos trabalhados no texto contêm o recurso **E se?**. Como uma complementação à solução do exemplo, esta pergunta oferece uma variação da situação apresentada no texto do exemplo. Esse recurso encoraja os estudantes a pensarem sobre os resultados e também ajuda na compreensão conceitual dos princípios, além de prepará-los para encontrar novos problemas que podem ser incluídos nas provas. Alguns dos problemas do final de capítulo também incluem este recurso.

Testes Rápidos. Os estudantes têm a oportunidade de testar sua compreensão dos conceitos da Física apresentados por meio destes testes. As perguntas pedem que eles tomem decisões com base no raciocínio sólido, e algumas foram elaboradas para ajudá-los a superar conceitos errôneos. Os Testes Rápidos foram moldados num formato objetivo, incluindo testes de múltipla escolha, falso e verdadeiro e de classificação. As respostas de todos os testes rápidos encontram-se no final do livro. Muitos professores preferem utilizar tais perguntas em um estilo de *peer instruction* (interação com colega) ou com a utilização do sistema de respostas pessoais por meio de *clickers*, mas elas podem ser usadas também em um sistema padrão de teste. Um exemplo de Teste Rápido é apresentado a seguir.

***Teste Rápido* 7.5** Um dardo é inserido em uma arma movida a mola e empurra a mola a uma distância x. Na próxima carga, a mola é comprimida a uma distância $2x$. Com que velocidade escalar o segundo dardo deixa a arma em comparação ao primeiro? **(a)** quatro vezes mais rápido **(b)** duas vezes mais rápido **(c)** a mesma **(d)** metade da velocidade **(e)** um quarto da velocidade.

Prevenções de Armadilhas. Mais de duzentas Prevenções de Armadilhas são fornecidas para ajudar os estudantes a evitar erros e equívocos comuns. Esses recursos, que são colocados nas margens do texto, tratam tanto dos conceitos errôneos mais comuns dos estudantes quanto de situações nas quais eles frequentemente seguem caminhos que não são produtivos.

> **Prevenção de Armadilhas 1.1**
> **Valores sensatos**
> Intuir sobre valores normais de quantidades ao resolver problemas é importante porque se deve pensar no resultado final e determinar se ele parece sensato. Por exemplo, se ao calcular a massa de uma mosca chega-se a 100 kg, esta resposta é *insensata* e há um erro em algum lugar.

Resumos. Cada capítulo contém um resumo que revisa os conceitos e equações importantes nele vistos, dividido em três seções: Definições, Conceitos e Princípios, e Modelos de Análise para Resolução de Problemas. Em cada seção, caixas chamativas focam cada definição, conceito, princípio ou modelo de análise.

Perguntas e Conjuntos de Problemas. Para esta edição, os autores revisaram cada pergunta e problema e incorporaram revisões elaboradas para melhorar a legibilidade e a facilidade de atribuição. Mais de 10% dos problemas são novos nesta edição.

Perguntas. A seção de Perguntas está dividida em duas: *Perguntas Objetivas* e *Perguntas Conceituais*. O professor pode selecionar itens para deixar como tarefa de casa ou utilizar em sala de aula, possivelmente fazendo uso do método de interação com um colega ou dos sistemas de respostas pessoais. Muitas Perguntas Objetivas e Conceituais foram incluídas nesta edição.

As Perguntas *Objetivas*. São de múltipla escolha, verdadeiro/falso, classificação, ou outros tipos de múltiplas suposições. Algumas requerem cálculos elaborados para facilitar a familiaridade dos estudantes com as equações, as variáveis utilizadas, os conceitos que as variáveis representam e as relações entre os conceitos. Outras são de natureza mais conceitual, elaboradas para encorajar o pensamento conceitual. As perguntas objetivas também são escritas tendo em mente as respostas pessoais dos usuários do sistema, e muitas das perguntas poderiam ser facilmente utilizadas nesses sistemas.

As Perguntas *Conceituais*. São mais tradicionais, com respostas curtas, do tipo dissertativas, requerendo que os estudantes pensem conceitualmente sobre uma situação física.

Problemas. Um conjunto extenso de problemas foi incluído no final de cada capítulo. As respostas dos problemas de número ímpar são fornecidas no final do livro. Eles são organizados por seções em cada capítulo (aproximadamente dois terços dos problemas são conectados a seções específicas do capítulo). Em cada seção, os problemas levam os estudantes a um pensamento de ordem superior, apresentando primeiro todos os problemas simples da seção, seguidos pelos problemas intermediários.

PD Os *Problemas Dirigidos* ajudam os estudantes a dividir os problemas em etapas. Tipicamente, um problema de Física pede uma quantidade física em determinado contexto. Entretanto, com frequência, diversos conceitos devem ser utilizados e vários cálculos são necessários para obter a resposta final. Muitos estudantes não estão acostumados a esse nível de complexidade e, muitas vezes, não sabem por onde começar. Estes Problemas Dirigidos dividem um problema-padrão em passos menores, permitindo que os estudantes apreendam todos os conceitos e estratégias necessários para chegar à solução correta. Diferente dos problemas de Física padrão, a orientação é, em geral, incorporada no enunciado do problema. Os Problemas Dirigidos são exemplos de como um estudante pode interagir com o professor em sala de aula. Esses problemas ajudam a treinar os estudantes a decompor problemas complexos em uma série de problemas mais simples, uma habilidade essencial para a resolução de problemas. Segue aqui um exemplo de Problema Dirigido:

O problema é identificado com um ícone **PD**.

38. **PD** Uma viga uniforme apoiada sobre dois pivôs tem comprimento $L = 6{,}00$ m e massa $M = 90{,}0$ kg. O pivô sob a extremidade esquerda exerce uma força normal n_1 sobre a viga, e o segundo, localizado a uma distância $\ell = 4{,}00$ m desta extremidade, exerce uma força normal n_2. Uma mulher de massa $m = 55{,}0$ kg sobe na extremidade esquerda da viga e começa a caminhar para a direita, como mostra a Figura P12.38. O objetivo é encontrar a posição da mulher quando a viga começa a inclinar. (a) Qual é o modelo de análise apropriado para a viga antes que ela comece a inclinar? (b) Esboce um diagrama de forças para a viga, indicando as forças gravitacional e normal que agem sobre ela e que coloca a mulher a uma distância x à direita do primeiro pivô, que é a origem. (c) Onde está a mulher quando a força normal n_1 é a maior? (d) Qual é o valor de n_1 quando a viga está na iminência de inclinar? (e) Use a Equação 12.1 para encontrar o valor de n_2 quando a viga está na iminência de inclinar. (f) Utilizando o resultado da parte (d) e a Equação 12.2, com torques calculados em torno do segundo pivô, encontre a posição da mulher, x, quando a viga está na iminência de inclinar. (g) Verifique a resposta da parte (e) calculando torques em torno do ponto do primeiro pivô.

O objetivo do problema é identificado.

A análise começa com a identificação do modelo de análise apropriado.

São fornecidas sugestões de passos para resolver o problema.

O cálculo associado ao objetivo é solicitado.

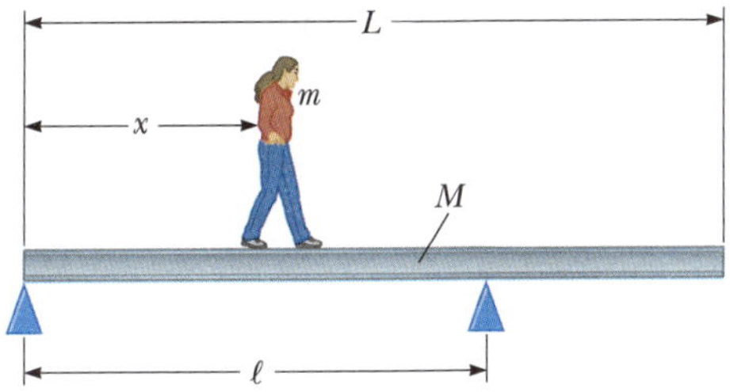

Figura P12.38

Problemas de impossibilidade. A pesquisa em ensino de Física enfatiza pesadamente as habilidades dos estudantes para a resolução de problemas. Embora a maioria dos problemas deste livro esteja estruturada de maneira a fornecer dados e pedir um resultado de cálculo, em média, dois em cada capítulo são estruturados como problemas de impossibilidade. Eles começam com a frase *Por que a seguinte situação é impossível?*, seguida pela descrição da situação. O aspecto impactante desses problemas é que não é feita nenhuma pergunta aos estudantes, a não ser o que está em itálico inicial. O estudante deve determinar quais perguntas devem ser feitas e quais cálculos devem ser efetuados. Com base nos resultados desses cálculos, o estudante deve determinar por que a situação descrita não é possível. Esta determinação pode requerer informações de experiência pessoal, senso comum, pesquisa na Internet ou em material impresso, medição, habilidades matemáticas, conhecimento das normas humanas ou pensamento científico. Esses problemas podem ser aplicados para criar habilidades de pensamento crítico nos estudantes. Eles também são divertidos, pelo seu aspecto de "mistérios da Física" para serem resolvidos pelos estudantes individualmente ou em grupos. Um exemplo de problema de impossibilidade aparece aqui:

A frase inicial em itálico sinaliza um problema de impossibilidade.

53. *Por que a seguinte situação é impossível?* Albert Pujols acerta uma jogada *home run* num jogo de baisebol de maneira que a bola ultrapassou a fileira superior da arquibancada, a 24,0 m de altura, localizada a 130 m da base principal. A bola foi batida a 41,7 m/s em um ângulo de 35,0° com a horizontal, e a resistência do ar é desprezível.

Uma situação é descrita.

Nenhuma pergunta é feita. O estudante deve determinar o que deve ser calculado e por que a situação é impossível.

Problemas de Revisão. Muitos capítulos incluem a revisão de problemas que requerem que o estudante combine conceitos abordados no capítulo com aqueles discutidos em capítulos anteriores. Estes problemas (marcados com a identificação: **Revisão**) refletem a natureza coesa dos princípios no livro e verificam que a Física não é um conjunto disperso de ideias. Ao nos depararmos com problemas do mundo real, como o aquecimento global ou a questão das armas nucleares, pode ser necessário recorrer a ideias referentes à Física de várias partes de um livro como este.

Problemas "de Fermi". Na maioria dos capítulos, um ou mais problemas pedem que o estudante raciocine em termos de ordem de grandeza.

Problemas de Design. Diversos capítulos contêm problemas que solicitam que o estudante determine parâmetros de design para um dispositivo prático, de modo que este funcione conforme requerido.

Problemas Baseados em Cálculos. Cada capítulo contém pelo menos um problema que aplica ideias e métodos de cálculo diferencial e um problema que utiliza cálculo integral.

Integração com o Enhanced WebAssign. A integração estreita deste livro com o conteúdo do Enhanced WebAssign (em inglês) propicia um ambiente de aprendizagem on-line que ajuda os estudantes a melhorar suas habilidades de resolução de problemas, oferecendo uma variedade de ferramentas para satisfazer seus estilos individuais de aprendizagem. Extensivos dados obtidos dos usuários, coletados por meio do WebAssign, foram utilizados para assegurar que problemas mais frequentemente designados foram mantidos nesta nova edição. Novos Tutoriais de Modelo de Análise acrescentados nesta edição já foram discutidos. Os Tutoriais *Master It* ajudam os estudantes a resolver problemas por meio de uma solução desenvolvida passo a passo. Ajudam os estudantes a resolver problemas, fazendo-os trabalhar por meio de uma solução por etapas. Problemas com estes tutoriais são identificados em cada capítulo por um ícone **M**. Além disso, vídeos *Watch It* são indicados no conjunto de problemas de cada capítulo com um ícone **W** e explicam estratégias fundamentais para a resolução de problemas a fim de ajudar os estudantes a solucioná-los.

Ilustrações. As ilustração estão em estilo moderno, ajudando a expressar os princípios da Física de maneira clara e precisa. *Indicadores de foco* estão incluídos em muitas figuras no livro; mostram aspectos importantes de uma figura ou guiam os estudantes por um processo ilustrado – desenho ou foto. Este formato ajuda os estudantes, que aprendem mais facilmente utilizando o sentido visual. Um exemplo de uma figura com um indicador de foco aparece a seguir.

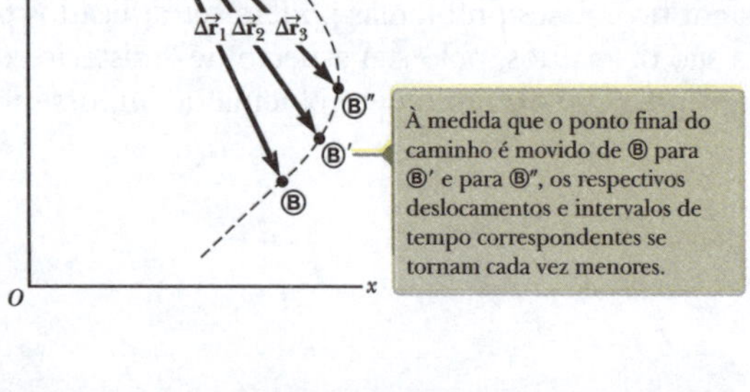

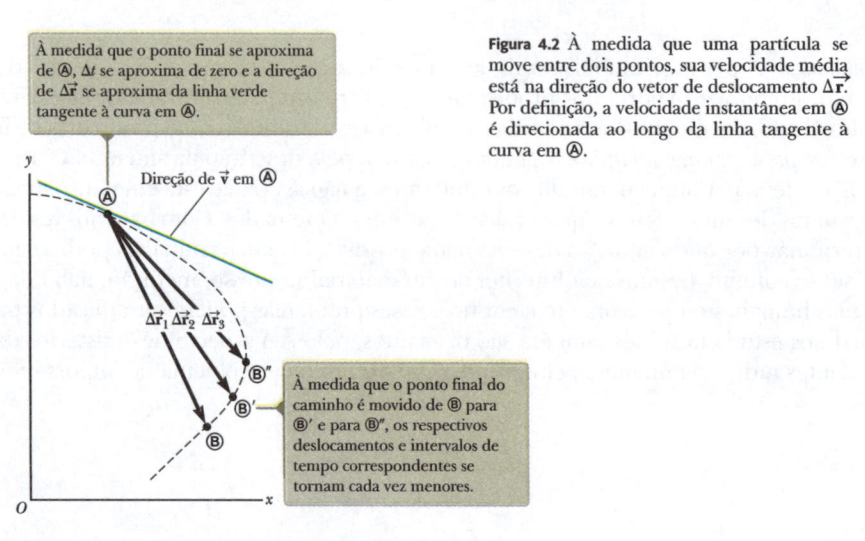

À medida que o ponto final se aproxima de Ⓐ, Δt se aproxima de zero e a direção de Δr⃗ se aproxima da linha verde tangente à curva em Ⓐ.
Direção de v⃗ em Ⓐ
y

Δr⃗₁ Δr⃗₂ Δr⃗₃

À medida que o ponto final do caminho é movido de Ⓑ para Ⓑ′ e para Ⓑ″, os respectivos deslocamentos e intervalos de tempo correspondentes se tornam cada vez menores.

Figura 4.2 À medida que uma partícula se move entre dois pontos, sua velocidade média está na direção do vetor de deslocamento $\Delta\vec{\mathbf{r}}$. Por definição, a velocidade instantânea em Ⓐ é direcionada ao longo da linha tangente à curva em Ⓐ.

Apêndice B – Revisão Matemática. Ferramenta valiosa para os estudantes, mostra os recursos matemáticos em um contexto físico. Ideal para estudantes que necessitam de uma revisão rápida de tópicos, como álgebra, trigonometria e cálculo.

Aspectos Úteis

Estilo. Para facilitar a rápida compreensão, escrevemos o livro em um estilo claro, lógico e atrativo. Escolhemos um estilo de escrita que é um pouco informal e descontraído, e os estudantes encontrarão textos atraentes e agradáveis de ler. Os termos novos são cuidadosamente definidos, evitando a utilização de jargões.

Definições e equações importantes. A maioria das definições é colocada em negrito ou destacada para dar mais ênfase e facilitar a revisão, assim como são também destacadas as equações importantes para facilitar a localização.

Notas de margem. Comentários e notas que aparecem na margem com o ícone ▶ podem ser utilizados para localizar afirmações, equações e conceitos importantes no texto.

Uso pedagógico da cor. Os leitores devem consultar a **cartela pedagógica colorida** para uma lista dos símbolos de código de cores utilizados nos diagramas do texto. O sistema é seguido consistentemente em todo o texto.

Nível matemático. Introduzimos cálculo gradualmente, lembrando que os estudantes, em geral, fazem cursos introdutórios de Cálculo e Física ao mesmo tempo. A maioria dos passos é mostrada quando equações básicas são desenvolvidas, e frequentemente se faz referência aos anexos de Matemática do final do livro. Embora os vetores sejam abordados em detalhe no Capítulo 3 deste volume, produtos de vetores são apresentados mais adiante no texto, onde são necessários para aplicações da Física. O produto escalar é apresentado no Capítulo 7 deste volume, que trata da energia de um sistema; o produto vetorial é apresentado no Capítulo 11 deste volume, que aborda o momento angular.

Algarismos significativos. Tanto nos exemplos trabalhados quanto nos problemas do final de capítulo, os algarismos significativos foram manipulados com cuidado. A maioria dos exemplos numéricos é trabalhada com dois ou três algarismos significativos, dependendo da precisão dos dados fornecidos. Os problemas do final de capítulo regularmente exprimem dados e respostas com três dígitos de precisão. Ao realizar cálculos estimados, normalmente trabalharemos com um único algarismo significativo. Mais discussão sobre algarismos significativos encontra-se no Capítulo 1.

Unidades. O sistema internacional de unidades (SI) é utilizado em todo o texto. O sistema comum de unidades nos Estados Unidos só é utilizado em quantidade limitada nos capítulos de Mecânica e Termodinâmica.

Anexos. Diversos anexos são fornecidos no começo e no final do livro. A maior parte do material anexo representa uma revisão dos conceitos de matemática e técnicas utilizadas no texto, incluindo notação científica, álgebra, geometria, trigonometria, cálculos diferencial e integral. A referência a esses anexos é feita em todo o texto. A maioria das seções de revisão de Matemática nos anexos inclui exemplos trabalhados e exercícios com respostas. Além das revisões de Matemática, os anexos contêm tabela de dados físicos, fatores de conversão e unidades no SI de quantidades físicas, além de uma tabela periódica dos elementos. Outras informações úteis – dados físicos e constantes fundamentais, uma lista de prefixos padrão, símbolos matemáticos, o alfabeto grego e abreviações padrão de unidades de medida – também estão disponíveis.

Soluções de curso que se ajustam às suas metas de ensino e às necessidades de aprendizagem dos estudantes

Avanços recentes na tecnologia educacional transformaram os sistemas de gestão de tarefas para casa em ferramentas poderosas e acessíveis que vão ajudá-lo a incrementar seu curso, não importando se você oferece um curso mais tradicional com base em texto, se está interessado em utilizar ou se atualmente utiliza um sistema de gestão de tarefas para casa, tal como o Enhanced WebAssign.

Sistemas de gestão de tarefas para casa

ENHANCED WebAssign

Enhanced WebAssign. O Enhanced WebAssign oferece um programa on-line destinado à Física para encorajar a prática que é tão importante para o domínio de conceitos. A pedagogia e os exercícios meticulosamente trabalhados em nossos textos comprovadamente se tornam ainda mais eficazes ao se utilizar a ferramenta. Enhanced WebAssign inclui Cengage YouBook, um e-Book interativo altamente personalizável, assim como:

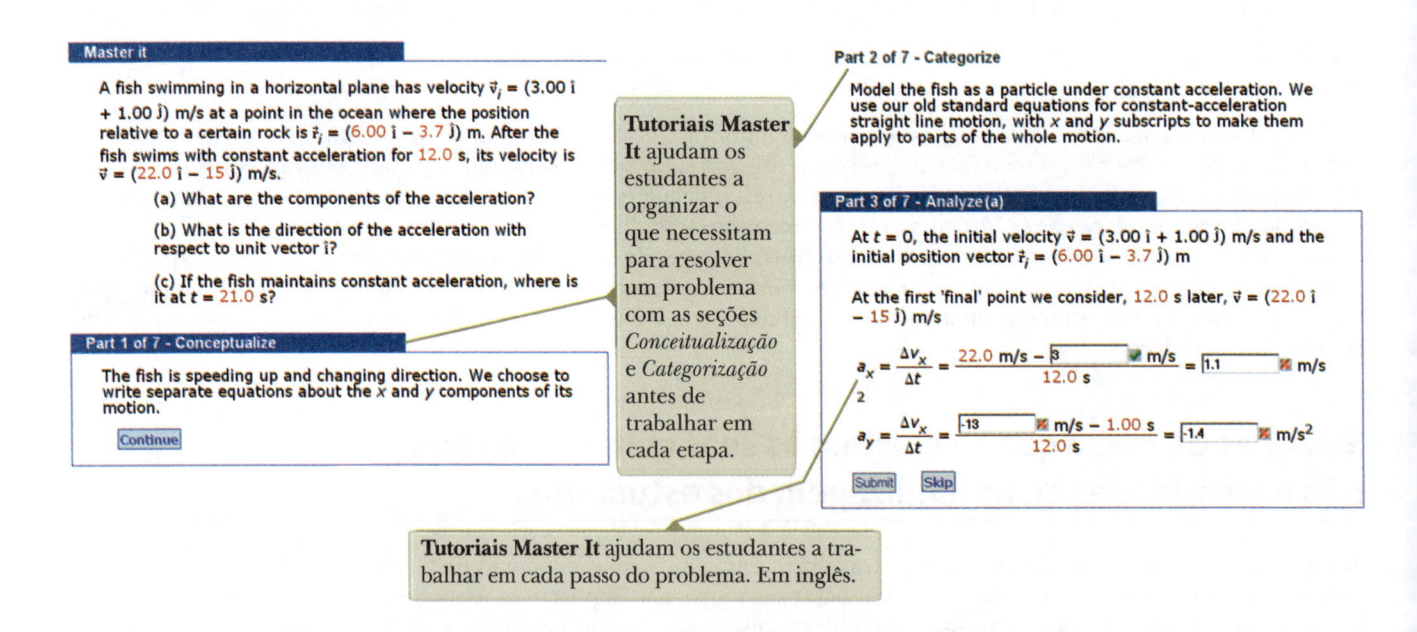

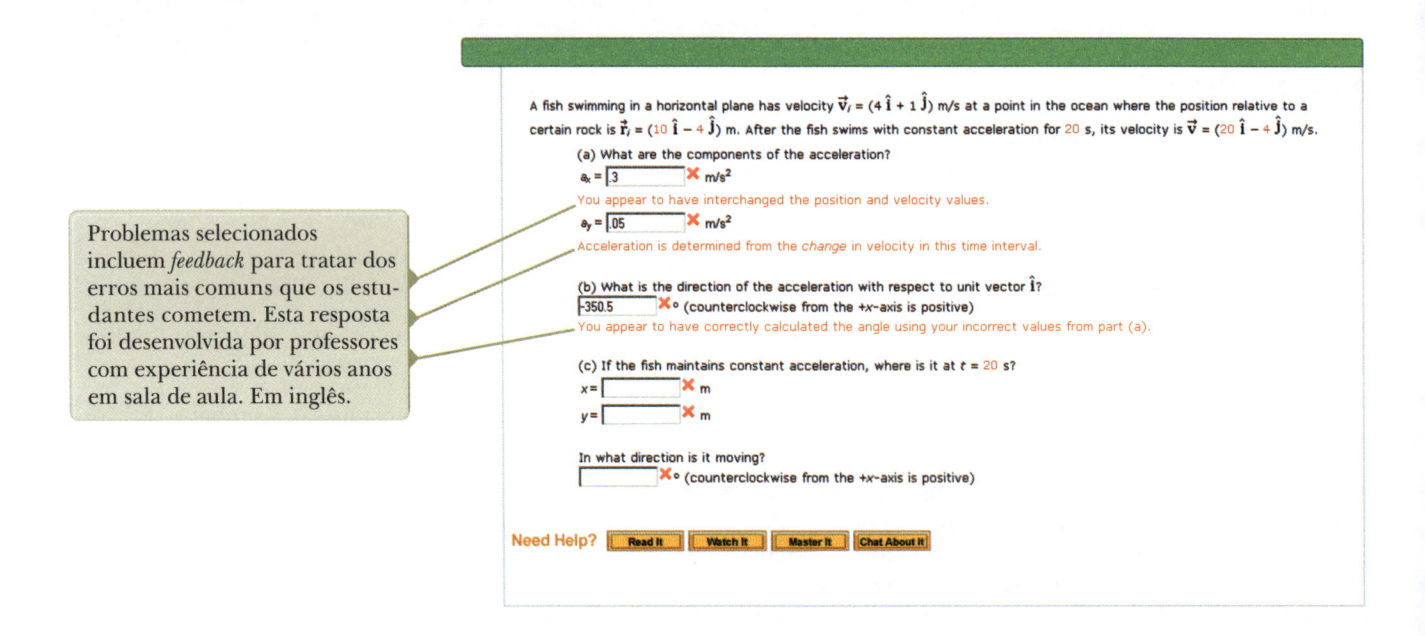

- **Problemas selecionados aprimorados, com *feedback* direcionado.** Eis um exemplo de *feedback* preciso:

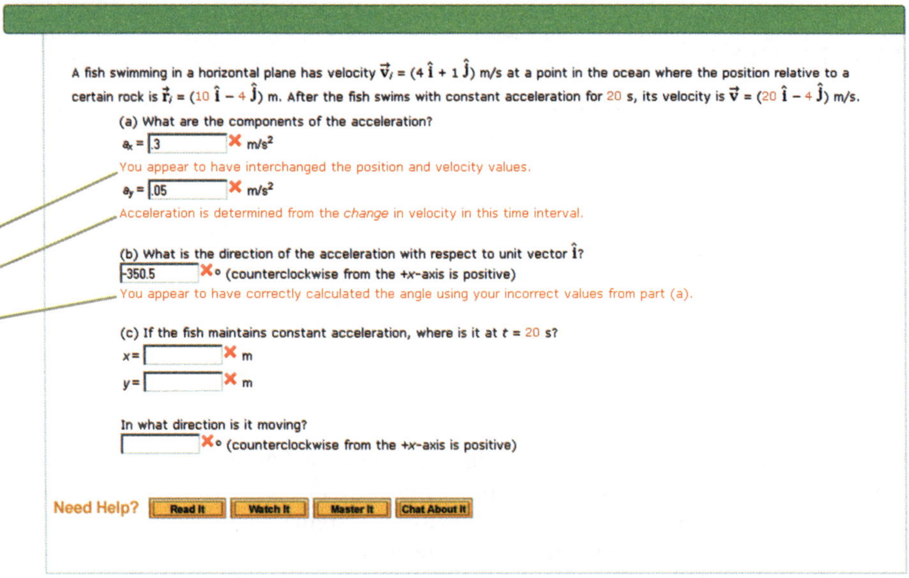
A fish swimming in a horizontal plane has velocity $\vec{v}_i$ = (4 î + 1 ĵ) m/s at a point in the ocean where the position relative to a certain rock is $\vec{r}_i$ = (10 î − 4 ĵ) m. After the fish swims with constant acceleration for 20 s, its velocity is $\vec{v}$ = (20 î − 4 ĵ) m/s.
(a) What are the components of the acceleration?
a_x = .3 m/s²
You appear to have interchanged the position and velocity values.
a_y = .05 m/s²
Acceleration is determined from the change in velocity in this time interval.
(b) What is the direction of the acceleration with respect to unit vector î?
-350.5 ° (counterclockwise from the +x-axis is positive)
You appear to have correctly calculated the angle using your incorrect values from part (a).
(c) If the fish maintains constant acceleration, where is it at t = 20 s?
x = m
y = m
In what direction is it moving?
° (counterclockwise from the +x-axis is positive)
Need Help?
Read It
Watch It
Master It
Chat About It

Problemas selecionados incluem *feedback* para tratar dos erros mais comuns que os estudantes cometem. Esta resposta foi desenvolvida por professores com experiência de vários anos em sala de aula. Em inglês.

- **Tutoriais Master It** (indicados no livro por um ícone **M**) para ajudar os estudantes a trabalhar no problema um passo de cada vez. Um exemplo de tutorial Master It:

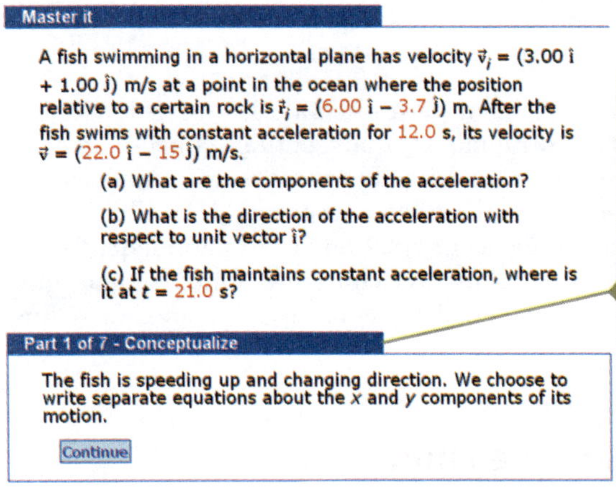
Master it
A fish swimming in a horizontal plane has velocity $\vec{v}_i$ = (3.00 î + 1.00 ĵ) m/s at a point in the ocean where the position relative to a certain rock is $\vec{r}_i$ = (6.00 î − 3.7 ĵ) m. After the fish swims with constant acceleration for 12.0 s, its velocity is $\vec{v}$ = (22.0 î − 15 ĵ) m/s.
(a) What are the components of the acceleration?
(b) What is the direction of the acceleration with respect to unit vector î?
(c) If the fish maintains constant acceleration, where is it at t = 21.0 s?
Part 1 of 7 - Conceptualize
The fish is speeding up and changing direction. We choose to write separate equations about the x and y components of its motion.
Continue

Tutoriais Master It ajudam os estudantes a organizar o que necessitam para resolver um problema com as seções *Conceitualização* e *Categorização* antes de trabalhar em cada etapa.

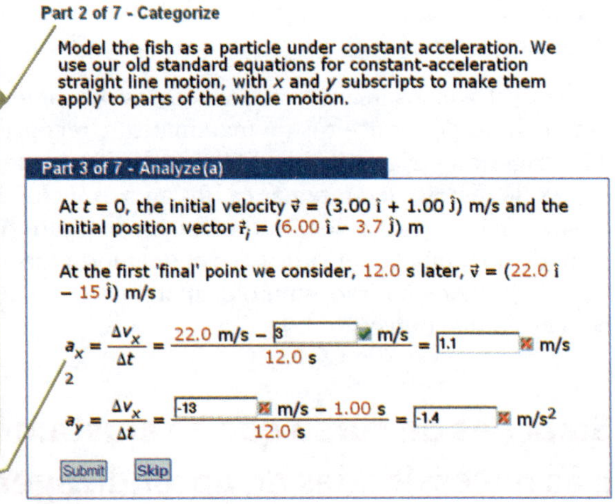
Part 2 of 7 - Categorize
Model the fish as a particle under constant acceleration. We use our old standard equations for constant-acceleration straight line motion, with x and y subscripts to make them apply to parts of the whole motion.
Part 3 of 7 - Analyze (a)
At t = 0, the initial velocity $\vec{v}$ = (3.00 î + 1.00 ĵ) m/s and the initial position vector $\vec{r}_i$ = (6.00 î − 3.7 ĵ) m
At the first 'final' point we consider, 12.0 s later, $\vec{v}$ = (22.0 î − 15 ĵ) m/s
$a_x = \frac{\Delta v_x}{\Delta t} = \frac{22.0\ \text{m/s} - 3\ \text{m/s}}{12.0\ \text{s}} = 1.1$ m/s
2
$a_y = \frac{\Delta v_x}{\Delta t} = \frac{-13\ \text{m/s} - 1.00\ \text{s}}{12.0\ \text{s}} = -1.4$ m/s²
Submit
Skip

Tutoriais Master It ajudam os estudantes a trabalhar em cada passo do problema. Em inglês.

- **Vídeos de resolução Watch It** (indicados no livro por um ícone **W**), que explicam estratégias fundamentais de resolução de problemas para ajudar os alunos a passarem por todas as suas etapas. Além disso, os professores podem optar por incluir sugestões de estratégias de resolução de problemas. Uma tela de uma resolução Watch It aparece a seguir:

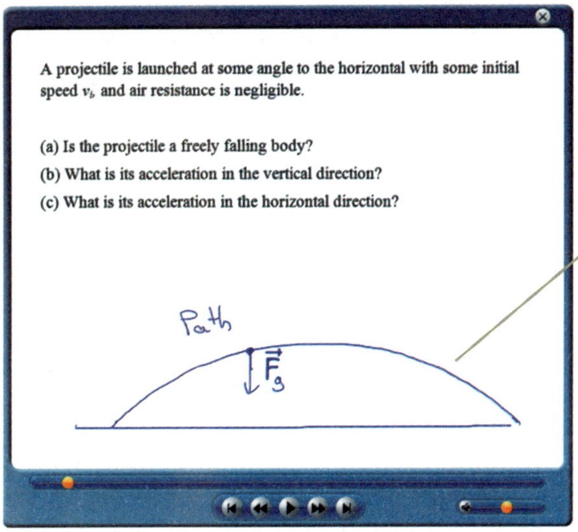

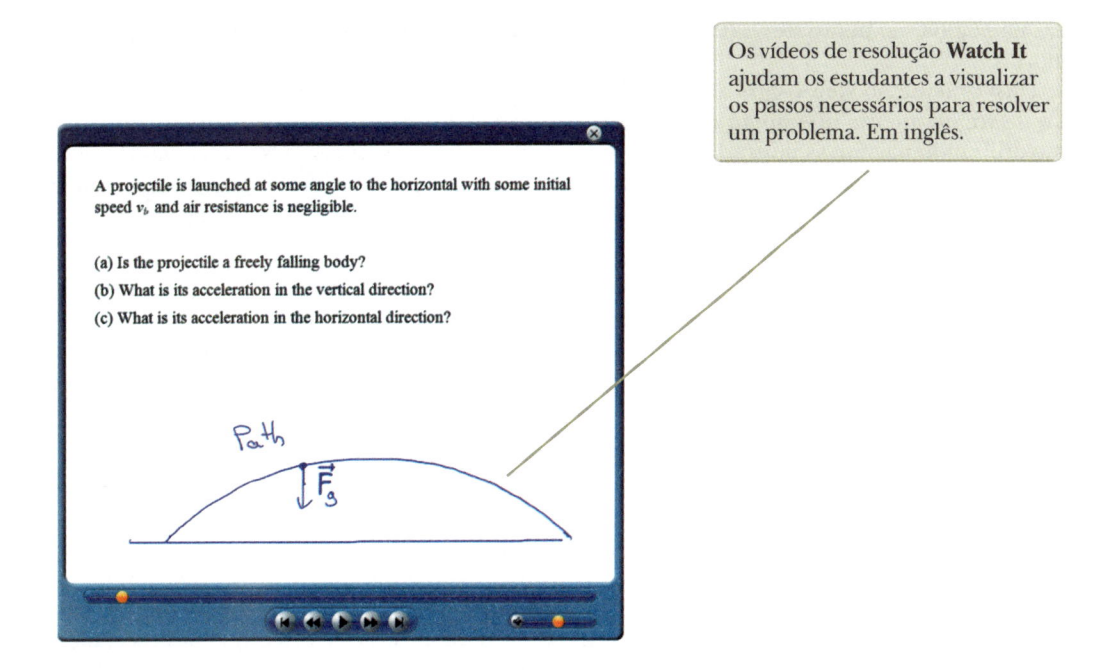

Os vídeos de resolução **Watch It** ajudam os estudantes a visualizar os passos necessários para resolver um problema. Em inglês.

- **Verificação de Conceitos**.
- **Simulações de PhET**.
- **A maioria dos exemplos trabalhados**, aperfeiçoados com dicas e *feedback*, para ajudar a fortalecer as habilidades dos estudantes para a resolução de problemas.
- **Todos os testes rápidos**, proporcionando aos estudantes uma ampla oportunidade de testar seu entendimento conceitual.
- **Tutoriais de Modelo de Análises.** John Jewett desenvolveu 165 tutoriais (indicados nos conjuntos de problemas de cada capítulo com um ícone AMT), que fortalece as habilidades dos estudantes para a solução de problemas, orientando-os através das etapas necessárias no processo de resolução de problemas. Primeiras etapas importantes incluem fazer previsões e focar a estratégia sobre conceitos de Física, antes de começar a resolver o problema quantitativamente. Um componente fundamental desses tutoriais é a seleção de um apropriado Modelo de Análises para descrever qual é o propósito do problema. Esta etapa permite aos estudantes fazer o importante link entre a situação no problema e a representação matemática da situação. Tutoriais de Modelo de Análise incluem *feedback* significativo em cada etapa para auxiliar os estudantes na prática do processo de solução de problemas e aprimorar suas habilidades. Além disso, o *feedback* aborda equívocos dos alunos e os ajuda a identificar erros algébricos e outros erros matemáticos. As soluções são desenvolvidas simbolicamente o maior tempo possível, com valores numéricos substituídos no final. Este recurso auxilia os estudantes a entenderem os efeitos de modificar os valores de cada variável no problema, evita a substituição repetitiva desnecessária dos mesmos números, e elimina erros de arrendondamento. O *feedback* no final do tutorial incentiva os estudantes a pensarem sobre como as respostas finais se comparam a suas previsões originais.
- **Plano de estudo personalizado.** Oferece avaliações de capítulos e seções, que mostram aos estudantes que material eles conhecem e quais áreas exigem maior trabalho. Para os itens que forem respondidos incorretamente, os estudantes podem clicar nos links que levam a recursos de estudos relacionados, como vídeos, tutoriais ou materiais de leitura. Indicadores de progresso codificados por cores possibilitam que eles vejam como está seu desempenho em diferentes tópicos. Você decide quais capítulos e seções irá incluir – e se deseja incluir o plano como parte da nota final ou como um guia de estudos, sem nenhuma pontuação envolvida.
- **Cengage YouBook.** WebAssign tem um e-Book personalizável e interativo, o **Cengage YouBook**, que permite a você adaptar o livro para se adequar ao seu curso e se conectar com seus alunos. É possível remover e rearranjar capítulos no sumário e adequar leituras designadas que correspondem exatamente ao seu currículo. Poderosas ferramentas de edição possibilitam fazer as modificações que você quiser – ou mantê-lo como desejar. Você pode destacar as passagens principais ou acrescentar "notas adesivas" a páginas para comentar sobre um conceito durante a leitura e, então, compartilhar qualquer um desses destaques e notas individuais com seus alunos, ou mantê-los para si mesmo. Também é possível editar conteúdo narrativo no livro, adicionando uma caixa de texto ou excluindo texto. Com uma útil ferramenta de link, você pode adicionar um ícone em qualquer ponto no e-Book, que permitirá vincular a suas próprias notas para dar aulas, resumos em áudio, aulas em vídeo, ou outros arquivos em um site pessoal ou em qualquer parte na Web. Um simples dispositivo no YouTube permite facilmente encontrar e inserir vídeos do YouTube diretamente nas páginas do e-Book. O Cengage YouBook ajuda os estudantes a ir além de simplesmente ler o livro, pois eles podem também destacar o texto, adicionar suas próprias anotações e marcadores de texto. Animações são

reproduzidas na página, no ponto exato de aprendizagem, de modo que não sejam empecilhos à leitura, mas verdadeiras melhorias.

- Oferecido exclusivamente no WebAssign, a **Quick Prep (Preparação Rápida)** para a Física é a retificação matemática da álgebra e da trigonometria no âmbito das aplicações e princípios da Física. A Quick Prep ajuda os estudantes a obter sucesso utilizando narrativas ilustradas completas, com exemplos em vídeo. Os problemas do Master It tutorial permitem aos estudantes avaliar e redefinir sua compreensão do material. Os problemas práticos que acompanham cada tutorial possibilitam alunos e instrutores a testarem a compreensão obtida do material.

A Quick Prep inclui os seguintes recursos: 67 tutoriais interativos, 67 problemas práticos adicionais e visão geral completa de cada tópico, incluindo exemplos em vídeo. Pode ser realizada antes do início do semestre ou durante as primeiras semanas do curso, além de poder ser designada ao longo de cada capítulo para uma remediação "just in time". Os tópicos incluem unidades, notação científica e figuras significativas; o movimento dos objetos ao longo de uma linha; funções; aproximação e representação gráfica; probabilidade e erro; vetores, deslocamento e velocidade; esferas; força e projeções de vetores.

Opções de Ensino

Os tópicos nesta coleção são apresentados na seguinte sequência: mecânica clássica, oscilações e ondas mecânicas, calor e termodinâmica, seguidos por eletricidade e magnetismo, ondas eletromagnéticas, óptica, relatividade e Física Moderna. Esta apresentação representa uma sequência tradicional com o assunto de ondas mecânicas sendo apresentado antes de eletricidade e magnetismo. Alguns professores podem preferir discutir tanto mecânica como ondas eletromagnéticas após a conclusão de eletricidade e magnetismo. Neste caso, os Capítulos 2 a 4 do Volume 2 poderiam ser abordados com o Capítulo 12 do Volume 3. O capítulo sobre relatividade é colocado perto do final do livro, pois este tópico é frequentemente tratado como uma introdução à era da "Física Moderna". Se houver tempo, os professores podem escolher abordar o Capítulo 5 do Volume 4 após completar o Capítulo 13 do Volume 1 como conclusão ao material sobre mecânica newtoniana. Para os professores que trabalham numa sequência de dois semestres, algumas seções e capítulos poderiam ser excluídos sem qualquer perda de continuidade.

Agradecimentos

Esta coleção foi preparada com a orientação e assistência de muitos professores, que revisaram seleções do manuscrito, o texto de pré-revisão, ou ambos. Queremos agradecer aos seguintes professores e expressar nossa gratidão por suas sugestões, críticas e incentivo:

Benjamin C. Bromley, University of Utah; Elena Flitsiyan, University of Central Florida; Yuankun Lin, University of North Texas; Allen Mincer, New York University; Yibin Pan, University of Wisconsin-Madison; N. M. Ravindra, New Jersey Institute of Technology; Masao Sako, University of Pennsylvania; Charles Stone, Colorado School of Mines; Robert Weidman, Michigan Technological University; Michael Winokur, University of Wisconsin-Madison.

Antes do nosso trabalho nesta revisão, realizamos um levantamento entre professores. Suas opiniões e sugestões ajudaram a compor a revisão das perguntas e problemas e, portanto, gostaríamos de agradecer aos que participaram do levantamento:

Elise Adamson, Wayland Baptist University; Saul Adelman, The Citadel; Yiyan Bai, Houston Community College; Philip Blanco, Grossmont College; Ken Bolland, Ohio State University; Michael Butros, Victor Valley College; Brian Carter, Grossmont College; Jennifer Cash, South Carolina State University; Soumitra Chattopadhyay, Georgia Highlands College; John Cooper, Brazosport College; Gregory Dolise, Harrisburg Area Community College; Mike Durren, Lake Michigan College; Tim Farris, Volunteer State Community College; Mirela Fetea, University of Richmond; Susan Foreman, Danville Area Community College; Richard Gottfried, Frederick Community College; Christopher Gould, University of Southern California; Benjamin Grinstein, University of California, San Diego; Wayne Guinn, Lon Morris College; Joshua Guttman, Bergen Community College; Carlos Handy, Texas Southern University; David Heskett, University of Rhode Island; Ed Hungerford, University of Houston; Matthew Hyre, Northwestern College; Charles Johnson, South Georgia College; Lynne Lawson, Providence College; Byron Leles, Northeast Alabama Community College; Rizwan Mahmood, Slippery Rock University; Virginia Makepeace, Kankakee Community College; David Marasco, Foothill College; Richard McCorkle, University of Rhode Island; Brian Moudry, Davis & Elkins College; Charles Nickles, University of Massachusetts Dartmouth; Terrence O'Neill, Riverside Community College; Grant O'Rielly, University of Massachusetts Dartmouth; Michael Ottinger, Missouri Western State University; Michael Panunto, Butte College; Eugenia Peterson, Richard J. Daley College; Robert Pompi, Binghamton University, State University of New York; Ralph Popp, Mercer

County Community College; Craig Rabatin, West Virginia University at Parkersburg; Marilyn Rands, Lawrence Technological University; Christina Reeves-Shull, Cedar Valley College; John Rollino, Rutgers University, Newark; Rich Schelp, Erskine College; Mark Semon, Bates College; Walther Spjeldvik, Weber State University; Mark Spraker, North Georgia College and State University; Julie Talbot, University of West Georgia; James Tressel, Massasoit Community College; Bruce Unger, Wenatchee Valley College; Joan Vogtman, Potomac State College.

A precisão deste livro foi cuidadosamente verificada por Grant Hart, Brigham Young University; James E. Rutledge, University of California at Irvine; *Riverside;* e Som Tyagi, *Drexel University*. Agradecemo-lhes por seus esforços sob a pressão do cronograma.

Belal Abas, Zinoviy Akkerman, Eric Boyd, Hal Falk, Melanie Martin, Steve McCauley e Glenn Stracher fizeram correções nos problemas obtidos nas edições anteriores. Harvey Leff forneceu inestimável orientação para a reestruturação da discussão sobre entropia, no Capítulo 8 do Volume 2. Somos gratos aos autores John R. Gordon e Vahé Peroomian, a Vahé Peroomian, Susan English e Linnea Cookson.

Agradecimentos especiais e reconhecimento à equipe profissional da Brooks/Cole – em particular, Charles Hartford, Ed Dodd, Stephanie VanCamp, Rebecca Berardy Schwartz, Tom Ziolkowski, Alison Eigel Zade, Cate Barr e Brendan Killion (que se responsabilizaram pelo programa auxiliar) – por seu excelente trabalho durante o desenvolvimento, a produção e a promoção deste livro. Reconhecemos o habilidoso serviço de produção e o ótimo trabalho de arte, proporcionados pela equipe da Lachina Publishing Services, e os dedicados esforços de pesquisa de fotografias feitos por Christopher Arena, no Bill Smith Group.

Finalmente, estamos profundamente em débito com nossas esposas, filhos e netos por seu amor, apoio e sacrifícios de longo prazo.

Raymond A. Serway
St. Petersburg, Flórida

John W. Jewett, Jr.
Anaheim, Califórnia

Materiais de apoio para professores

Estão disponíveis para download na página deste livro no site da Cengage os seguintes materiais para professores:

- Banco de testes;
- Manual do instrutor;
- Slides em ppt.

Todos os materiais estão disponíveis em inglês.

Ao Estudante

É apropriado oferecer algumas palavras de conselho que sejam úteis para você, estudante. Antes de fazê-lo, supomos que tenha lido o Prefácio, que descreve as várias características deste livro e dos materiais de apoio que o ajudarão durante o curso.

Como Estudar

Com frequência, os estudantes perguntam aos professores: "Como eu deveria estudar Física e me preparar para as provas?". Não há resposta simples para esta pergunta, mas podemos oferecer algumas sugestões com base em nossas experiências de ensino e aprendizagem durante anos.

Primeiro, mantenha uma atitude positiva em relação ao tema, tendo em mente que a Física é a mais fundamental das ciências naturais. Outros cursos de ciência no futuro utilizarão os mesmos princípios físicos, portanto, é importante entender e ser capaz de aplicar os vários conceitos e teorias discutidos neste livro.

Conceitos e Princípios

É essencial entender os conceitos e princípios básicos antes de tentar resolver os problemas. Você poderá alcançar esta meta com a leitura cuidadosa do capítulo do livro antes de assistir à aula sobre o assunto em questão. Ao ler o texto, anote os pontos que não lhe estão claros. Certifique-se, também, de tentar responder às perguntas dos Testes Rápidos durante a leitura. Trabalhamos muito para preparar perguntas que possam ajudá-lo a avaliar sua compreensão do material. Estude cuidadosamente os recursos **"E se?"** que aparecem em muitos dos exemplos trabalhados. Eles ajudarão a estender sua compreensão além do simples ato de chegar a um resultado numérico. As Prevenções de Armadilhas também ajudarão a mantê-lo longe dos erros mais comuns na Física. Durante a aula, tome nota atentamente e faça perguntas sobre as ideias que não entender com clareza. Tenha em mente que poucas pessoas são capazes de absorver todo o significado de um material científico após uma única leitura; várias leituras do texto, com suas anotações, podem ser necessárias. As aulas e o trabalho em laboratório suplementam o livro, e devem esclarecer as partes mais difíceis do assunto. Evite a simples memorização, porque, mesmo que bem-sucedida em relação às passagens do texto, equações e derivações, não indica necessariamente que você entendeu o assunto. Esta compreensão se dará melhor por meio de uma combinação de hábitos de estudo eficientes, discussões com outros estudantes e com professores, e sua capacidade de resolver os problemas apresentados no livro-texto. Faça perguntas sempre que acreditar que o esclarecimento de um conceito é necessário.

Horário de Estudo

É importante definir um horário regular de estudo, de preferência diariamente. Leia o programa do curso e cumpra o cronograma estabelecido pelo professor. As aulas farão muito mais sentido se você ler o material correspondente à aula *antes* de assisti-la. Como regra geral, seria bom dedicar duas horas de estudo para cada hora de aula. Caso tenha algum problema com o curso, peça a ajuda do professor ou de outros estudantes que fizeram o curso. Se achar necessário, você também pode recorrer à orientação de estudantes mais experientes. Com muita frequência, os professores oferecem aulas de revisão além dos períodos de aula regulares. Evite a prática de deixar o estudo para um dia ou dois antes da prova. Muito frequentemente esta prática tem resultados desastrosos. Em vez de empreender uma noite toda de estudo antes de uma prova, revise brevemente os conceitos e equações básicos, e tenha uma boa noite de descanso.

Use os Recursos

Faça uso dos vários recursos do livro discutidos no Prefácio. Por exemplo, as notas de margem são úteis para localizar e descrever equações e conceitos importantes, e o **negrito** indica definições importantes. Muitas tabelas úteis estão contidas nos anexos, mas a maioria é incorporada ao texto, onde são mencionadas com mais frequência. O Apêndice B é uma revisão conveniente das ferramentas matemáticas utilizadas no texto.

O sumarinho, no começo de cada capítulo, fornece uma visão geral de todo o texto, e o índice remissivo permite localizar um material específico rapidamente. Notas de rodapé são muitas vezes utilizadas para complementar o texto ou para citar outras referências sobre o assunto discutido.

Depois de ler um capítulo, você deve ser capaz de definir quaisquer quantidades novas apresentadas neste capítulo e discutir os princípios e suposições que foram utilizados para chegar a certas relações-chave. Você deve ser capaz de associar a cada quantidade física o símbolo correto utilizado para representar a quantidade e a unidade na qual ela é especificada. Além disso, deve ser capaz de expressar cada equação importante de maneira concisa e precisa.

Resolução de Problemas

R. P. Feynman, prêmio Nobel de Física, uma vez disse: "Você não sabe nada até que tenha praticado". Concordando com esta afirmação, aconselhamos que você desenvolva as habilidades necessárias para resolver uma vasta gama de problemas. Sua capacidade de resolver problemas será um dos principais testes de seus conhecimentos sobre Física; portanto, tente resolver tantos problemas quanto possível. É essencial entender os conceitos e princípios básicos antes de tentar resolvê-los. Uma boa prática consiste em tentar encontrar soluções alternativas para o mesmo problema. Por exemplo, podem-se resolver problemas de mecânica com a utilização das leis de Newton, mas frequentemente um método alternativo que se inspira nas considerações de energia é mais direto. Você não deve se enganar pensando que entende um problema meramente porque acompanhou sua resolução na aula. Mas, sim, ser capaz de resolver o problema e outros problemas similares sozinho.

A abordagem para resolver problemas deve ser cuidadosamente planejada. Um plano sistemático é especialmente importante quando um problema envolve vários conceitos. Primeiro, leia o problema várias vezes até que esteja confiante de que entendeu o que se está perguntando. Procure quaisquer palavras-chave que ajudarão a interpretar o problema e talvez permitir que sejam feitas algumas suposições. Sua capacidade de interpretar uma pergunta adequadamente é parte integrante da resolução do problema. Segundo, adquira o hábito de anotar as informações fornecidas em um problema e as quantidades que precisam ser encontradas; por exemplo, pode-se construir uma tabela listando as quantidades fornecidas e as quantidades a serem encontradas. Este procedimento é às vezes utilizado nos exemplos trabalhados do livro. Finalmente, depois que decidiu o método que acredita ser apropriado para determinado problema, prossiga com sua solução. A Estratégia Geral de Resolução de Problemas o orientará nos problemas complexos. Se seguir os passos deste procedimento (*conceitualização, categorização, análise, finalização*), você facilmente chegará a uma solução e terá mais proveito de seus esforços. Essa estratégia, localizada no final do Capítulo 2 deste volume, é utilizada em todos os exemplos trabalhados nos capítulos restantes, de maneira que você poderá aprender a aplicá-la. Estratégias específicas de resolução de problemas para certos tipos de situações estão incluídas no livro e aparecem com um título especial. Essas estratégias específicas seguem a essência da Estratégia Geral de Resolução de Problemas.

Frequentemente, os estudantes não reconhecem as limitações de certas equações ou leis físicas em uma situação específica. É muito importante entender e lembrar as suposições que fundamentam uma teoria ou formalismo em particular. Por exemplo, certas equações da cinemática aplicam-se apenas a uma partícula que se move com aceleração constante. Essas equações não são válidas para descrever o movimento cuja aceleração não é constante, tal como o de um objeto conectado a uma mola ou o de um objeto através de um fluido. Estude cuidadosamente o Modelo de Análise para Resolução de Problemas nos resumos do capítulo para saber como cada modelo pode ser aplicado a uma situação específica. Os modelos de análise fornecem uma estrutura lógica para resolver problemas e ajudam a desenvolver suas habilidades de pensar para que fiquem mais parecidas com as de um físico. Utilize a abordagem de modelo de análise para economizar tempo buscando a equação correta e resolva o problema com maior rapidez e eficiência.

Experimentos

Física é uma ciência baseada em observações experimentais. Portanto, recomendamos que você tente suplementar o texto realizando vários tipos de experiências práticas, seja em casa ou no laboratório. Tais experimentos podem ser utilizados para testar as ideias e modelos discutidos em aula ou no livro-texto. Por exemplo, a tradicional mola de brinquedo é excelente para estudar as ondas progressivas; uma bola balançando no final de uma longa corda pode ser utilizada para investigar o movimento de pêndulo; várias massas presas no final de uma mola vertical ou elástico podem ser utilizadas para determinar sua natureza elástica; um velho par de óculos de sol polarizado, algumas lentes descartadas e uma lente de aumento são componentes de várias experiências de óptica; e uma medida aproximada da aceleração da gravidade pode ser determinada simplesmente pela medição, com um cronômetro, do intervalo de tempo necessário para uma bola cair de uma altura conhecida. A lista dessas experiências é infinita. Quando modelos físicos não estão disponíveis, seja criativo e tente desenvolver seus próprios modelos.

Novos meios

Se disponível, incentivamos muito a utilização do **Enhanced WebAssign**, que é disponibilizado em inglês. É bem mais fácil entender Física se você a vê em ação, e os materiais disponíveis no Enhanced WebAsign permitirão que você se torne parte desta ação. Para mais informações sobre como adquirir o cartão de acesso à ferramenta, contate vendas.brasil@cengage.com.

Esperamos sinceramente que você considere a Física uma experiência excitante e agradável, e que se beneficie dessa experiência independentemente da profissão escolhida. Bem-vindo ao excitante mundo da Física!

O cientista não estuda a natureza porque é útil; ele a estuda porque se realiza fazendo isso e tem prazer porque ela é bela. Se a natureza não fosse bela, não seria suficientemente conhecida, e se não fosse suficientemente conhecida, a vida não valeria a pena.

—Henri Poincaré

Mecânica

parte 1

O Honda FCX Clarity, um automóvel movido à célula de combustível, disponível para o público, embora em quantidades limitadas. Uma célula de combustível converte o combustível hidrogênio em eletricidade para acionar o motor conectado às rodas do carro. Os automóveis, sejam estes movidos a células de combustível, motores à gasolina ou baterias, usam muitos dos conceitos e princípios da Mecânica que estudaremos na primeira parte deste livro. Quantidades que podemos utilizar para descrever a operação de veículos incluem posição, velocidade, aceleração, força, energia e momento. *(Posmetukhov Andrey/Shutterstock)*

Física, a mais fundamental ciência física, diz respeito aos princípios fundamentais do Universo. É a partir dela que outras ciências – Astronomia, Biologia, Química e Geologia – têm suas bases. E também é a base de um grande número de aplicações de engenharia. A beleza da Física encontra-se na simplicidade de seus princípios essenciais e na maneira pela qual um pequeno número de conceitos e modelos pode alterar e expandir nossa visão de mundo.

O estudo da Física pode ser dividido em seis principais áreas:

1. *Mecânica Clássica*: diz respeito ao movimento de objetos que são grandes em relação aos átomos e que se movem a velocidades bem menores que a da luz;
2. *Relatividade*: descreve objetos que se movem a qualquer velocidade, mesmo aquelas que se aproximam da luz;
3. *Termodinâmica*: trata do calor, do trabalho, da temperatura e do comportamento estatístico de sistemas com grande número de partículas;
4. *Eletromagnetismo*: aborda eletricidade, magnetismo e campos eletromagnéticos;
5. *Óptica*: estuda o comportamento da luz e sua interação com os materiais;
6. *Mecânica Quântica*: trata-se de uma coleção de teorias que conecta o comportamento da matéria no nível submicroscópico a observações macroscópicas.

As disciplinas de Mecânica e Eletromagnetismo são básicas para todos os outros ramos da Física Clássica (desenvolvida antes de 1900) e da Física Moderna (a partir de 1900). A primeira parte deste livro trata da Mecânica Clássica, chamada *Mecânica Newtoniana*, ou simplesmente *Mecânica*. Muitos princípios e modelos que permitem compreender os sistemas mecânicos fundamentam-se em teorias de outras áreas da Física e podem ser utilizados para descrever muitos fenômenos naturais. Portanto, a Mecânica Clássica é de vital importância para estudantes de todas as disciplinas. ■

capítulo

1

Física e medição

ENHANCED WebAssign **O conteúdo interativo deste e de outros capítulos podem ser acessados *on-line* no Enhanced WebAssign. (Ferramenta em inglês)**

Stonehenge, no sul da Inglaterra, foi construído há milhares de anos. Várias teorias foram propostas a respeito de sua função, incluindo um cemitério, um local de cura ou um lugar de culto aos antepassados. Uma das teorias mais intrigantes sugere que Stonehenge foi um observatório, que permitiu medições de algumas das quantidades discutidas neste capítulo, como a posição de objetos no espaço e intervalos de tempo entre eventos celestes que se repetem. *(Stephen Inglis/Shutterstock.com)*

Como todas as outras ciências, a Física baseia-se em observações experimentais e medições quantitativas. Os principais objetivos da Física são os de identificar um número limitado de leis fundamentais que regem os fenômenos naturais e utilizá-las para desenvolver teorias que possam prever os resultados de experiências futuras. As leis fundamentais utilizadas no desenvolvimento de teorias são expressas na linguagem matemática, ferramenta que faz uma ponte entre a teoria e a experiência.

Quando há discrepância entre a previsão de uma teoria e os resultados experimentais, teorias novas ou modificadas devem ser formuladas para eliminar tal discrepância. Muitas vezes, determinada teoria é satisfatória apenas sob condições limitadas; uma teoria mais geral deve ser satisfatória sem tais limitações. Por exemplo, as leis do movimento descobertas por Isaac Newton (1642-1727) descrevem precisamente o movimento de corpos a velocidades normais, mas não se aplicam a corpos que se movem a velocidades comparáveis à da luz. Já a teoria especial da relatividade, desenvolvida mais tarde por Albert Einstein (1879-1955), fornece, para baixas velocidades, os mesmos resultados que as leis de Newton e descreve corretamente o movimento de corpos a velocidades que se comparam à da luz. Portanto, a teoria da relatividade especial de Einstein é uma teoria mais geral do movimento do que a formulada a partir da lei de Newton.

A Física Clássica inclui os princípios da Mecânica Clássica, da Termodinâmica, da Óptica e do Eletromagnetismo desenvolvidos antes de 1900. Contribuições importantes à Física Clássica foram feitas por Newton, um dos iniciadores do cálculo como ferramenta matemática. Os principais desenvolvimentos da Mecânica continuaram no século XVIII, mas os campos da Termodinâmica e do Eletromagnetismo não foram desenvolvidos até a última parte do século XIX, sobretudo porque, antes dessa época, os equipamentos para controlar experimentos nessas disciplinas eram muito primitivos ou indisponíveis.

Uma revolução importante na Física, conhecida como *Física Moderna*, começou no final do século XIX. A Física Moderna se desenvolveu porque muitos fenômenos físicos não podiam ser explicados pela Física Clássica. Os dois desenvolvimentos mais importantes da era moderna foram a Teoria da Relatividade e a Mecânica Quântica. A teoria da relatividade especial de Einstein não apenas descreve corretamente o movimento de corpos que se movem com velocidades comparáveis à da luz, como modifica completamente os conceitos tradicionais de espaço, tempo e energia. De acordo com essa teoria, a velocidade da luz é o limite superior da velocidade de um corpo, e massa e energia relacionam-se. A Mecânica Quântica foi formulada por cientistas renomados para fornecer descrições de fenômenos físicos no nível atômico. Muitos dispositivos práticos foram desenvolvidos utilizando os princípios da Mecânica Quântica.

Cientistas trabalham continuamente na melhoria de nossa compreensão das leis fundamentais. Numerosos avanços tecnológicos atualmente são o resultado dos esforços de muitos cientistas, engenheiros e técnicos, como explorações planetárias não tripuladas, uma variedade de desenvolvimentos e aplicações potenciais em nanotecnologia, microcircuitos e computadores de alta velocidade, técnicas de imagem sofisticadas utilizadas na pesquisa científica e na medicina e vários resultados notáveis em engenharia genética. Os efeitos de tais avanços e descobertas têm sido positivos em nossa sociedade, e é muito provável que as descobertas e os desenvolvimentos futuros sejam excitantes, desafiadores e benéficos para a humanidade.

1.1 Padrões de comprimento, massa e tempo

Para descrever os fenômenos naturais, devemos fazer medições de vários aspectos da natureza. Cada medição é associada a uma quantidade física, como o comprimento de um objeto. As leis da Física são expressas como relações matemáticas entre quantidades físicas, que serão apresentadas e discutidas a seguir. Em Mecânica, as três quantidades fundamentais são comprimento, massa e tempo. Todas as outras podem ser expressas por meio destas três.

Para relatar os resultados de uma medição a alguém que deseja reproduzi-la, um *padrão* deve ser definido. Não faria sentido um visitante de outro planeta nos falar sobre um comprimento de 8 "glitches" se não sabemos o significado desta unidade. Por outro lado, se alguém familiarizado com nosso sistema de medição relatar que uma parede tem 2 metros de altura e que nossa unidade de comprimento é definida por 1 metro, sabemos que a altura da parede é duas vezes nossa unidade básica de comprimento. Qualquer que seja o padrão escolhido, ele deve estar prontamente acessível e possuir alguma propriedade que seja mensurável. Medições padrão utilizadas por diferentes pessoas em diferentes lugares ao redor do Universo devem produzir o mesmo resultado. Além disso, os padrões utilizados para medições não devem mudar com o tempo.

Em 1960, um comitê internacional estabeleceu um conjunto de padrões para as quantidades fundamentais da ciência. Ele é chamado Sistema Internacional (SI), e suas unidades fundamentais de comprimento, massa e tempo são o *metro*, o *quilograma* e o *segundo*, respectivamente. Outros padrões para as unidades fundamentais do SI estabelecidos pelo comitê são os de temperatura (*kelvin*), de corrente elétrica (*ampère*), de intensidade luminosa (*candela*) e de quantidade de substância (*mol*).

Comprimento

Podemos identificar o **comprimento** como a distância entre dois pontos no espaço. Em 1120, o rei da Inglaterra nomeou o padrão de comprimento *jarda*, que seria precisamente igual à distância da ponta de seu nariz ao final de seu braço estendido. Similarmente, o padrão original para o *pé* adotado pela França foi o comprimento do pé real do rei Luís XIV. Nenhum desses padrões era constante no tempo; quando um novo rei assumia o trono, as medidas de comprimento mudavam! O padrão francês prevaleceu até 1799, quando o padrão legal de comprimento na França se tornou o **metro** (m), definido como um décimo de milionésimo da distância do Equador ao Polo Norte em uma particular linha longitudinal

> **Prevenção de Armadilhas 1.1**
>
> **Valores sensatos**
> Intuir sobre valores normais de quantidades ao resolver problemas é importante porque se deve pensar no resultado final e determinar se ele parece sensato. Por exemplo, se ao calcular a massa de uma mosca chega-se a 100 kg, esta resposta é *insensata* e há um erro em algum lugar.

que passa por Paris. Note que este é um valor padrão baseado na Terra, que não satisfaz o requisito de poder ser utilizado em todo o Universo.

Em 1960, o comprimento do metro foi delimitado como a distância entre duas linhas em uma barra específica de platina-irídio, armazenada sob condições controladas na França. Requisitos atuais da ciência e da tecnologia, entretanto, necessitam de mais precisão do que a que pode ser determinada pela separação entre as linhas na barra. Nos anos 1960 e 1970, definiu-se metro como 1.650.763,73 comprimento de onda[1] da luz laranja-avermelhada emitida por uma lâmpada de criptônio-86. Em outubro 1983, o metro foi redefinido como **a distância pecorrida pela luz no vácuo durante 1/299.792.458 segundo**. De fato, esta última definição estabeleceu que a velocidade da luz no vácuo é precisamente 299.792.458 metros por segundo e é válida em todo o planeta com base no pressuposto de que a velocidade da luz é a mesma em todo lugar.

A Tabela 1.1 apresenta valores aproximados de alguns comprimentos medidos. Você deve estudar esta e as próximas duas tabelas para começar a intuir o que quer dizer, por exemplo, comprimento de 20 centímetros, massa de 100 quilogramas ou intervalo de tempo $3{,}2 \times 10^7$ segundos.

Massa

No SI, a unidade fundamental de **massa**, o **quilograma** (kg), é definida como **a massa de um cilindro específico da liga platina-irídio mantido no Escritório Internacional de Pesos e Medidas, em Sèvres, França**. Este padrão de massa foi estabelecido em 1887 e não foi modificado desde então, porque platina-irídio é uma liga estável. Uma duplicata do cilindro de Sèvres é mantida no Instituto Nacional de Padrões e Tecnologia (National Institute of Standards and Technology) em Gaithersburg, Maryland. A Tabela 1.2 apresenta valores aproximados das massas de vários corpos.

Tempo

Antes de 1967, o padrão de **tempo** foi definido com base no *dia solar médio*. (Um dia solar é o intervalo de tempo entre sucessivas aparições do Sol no ponto mais alto que ele atinge no céu a cada dia.) A unidade fundamental **segundo** (s) foi definida como (1/60) (1/60) (1/24) de um dia solar médio. Esta definição é baseada na rotação do planeta Terra. Portanto, esse movimento não fornece um tempo padrão, ou seja, universal.

Em 1967, o segundo foi redefinido para tirar proveito da alta precisão atingível em um dispositivo conhecido como *relógio atômico*, que mede vibrações de átomos de césio. Um segundo é agora definido como **9.192.631.770 vezes o período de vibração da radiação do átomo de césio-133**.[2] Valores aproximados de intervalos de tempo são apresentados na Tabela 1.3.

TABELA 1.1 *Valor aproximado de alguns comprimentos medidos*

	Comprimento (em metros)
Distância da Terra ao mais remoto quasar conhecido	$1{,}4 \times 10^{26}$
Distância da Terra às galáxias normais mais remotas	9×10^{25}
Distância da Terra à grande galáxia mais próxima (Andrômeda)	2×10^{22}
Distância do Sol à estrela mais próxima (Próxima Centauri)	4×10^{16}
Um ano-luz	$9{,}46 \times 10^{15}$
Raio orbital médio da Terra em torno do Sol	$1{,}50 \times 10^{11}$
Distância média da Terra à Lua	$3{,}84 \times 10^{8}$
Distância do Equador ao Polo Norte	$1{,}00 \times 10^{7}$
Raio médio da Terra	$6{,}37 \times 10^{6}$
Altitude típica (acima da superfície) de um satélite na órbita da Terra	2×10^{5}
Comprimento de um campo de futebol	$9{,}1 \times 10^{1}$
Comprimento de uma mosca	5×10^{-3}
Tamanho das menores partículas de pó	$\sim 10^{-4}$
Tamanho das células da maioria dos organismos vivos	$\sim 10^{-5}$
Diâmetro de um átomo de hidrogênio	$\sim 10^{-10}$
Diâmetro de um núcleo atômico	$\sim 10^{-14}$
Diâmetro de um próton	$\sim 10^{-15}$

[1] Utilizaremos a notação brasileira para padrão para os números com mais de três dígitos, nos quais grupos de três dígitos não são separados por espaço. Desta forma, a notação brasileira para 10000 é 10.000. Similarmente, $\pi = 3.14159265$ é escrito como 3,14159265.

[2] Período é definido como o intervalo de tempo necessário para uma vibração completa.

Apesar da forte aceitação do SI, outro sistema de unidades, o *americano,* é utilizado nos Estados Unidos. Neste, as unidades de comprimento, massa e tempo são *pés* (ft), *slug* e *segundo*, respectivamente. Neste livro, utilizaremos as unidades do SI por serem quase universalmente aceitas na ciência e na indústria. No estudo da Mecânica Clássica, faremos uso limitado de unidades do sistema americano.

Além das unidades básicas do SI (metro, quilograma e segundo), podemos utilizar também outras, como milímetro e nanossegundo, cujos prefixos *mili-* e *nano-* denotam multiplicadores das unidades fundamentais com base em várias potências de 10. Prefixos das várias potências de 10 e suas abreviações estão relacionados na Tabela 1.4. Por exemplo, 10^{-3} metros é equivalente a 1 milímetro (mm), e 10^3 metros corresponde a 1 quilômetro (km). De maneira semelhante, 1 quilograma (kg) é 10^3 gramas (g), e 1 megavolt (MV) é 10^6 volts (V).

As variáveis comprimento, tempo e massa são exemplos de *quantidades fundamentais.* A maioria das outras variáveis é *quantidade derivada,* que pode ser expressa como uma combinação matemática de quantidades fundamentais. Exemplos comuns são *área* (um produto de dois comprimentos) e *velocidade* (uma relação entre um comprimento e um intervalo de tempo).

Uma tabela de letras do alfabeto grego é fornecida no final deste livro.

Outro exemplo de quantidade derivada é a **densidade**. A densidade ρ (letra grega rô) de qualquer substância é definida como sua *massa por unidade de volume*:

$$\rho \equiv \frac{m}{V} \qquad (1.1)$$

No que se refere a quantidades fundamentais, densidade é a razão de uma massa com um produto de três comprimentos. O alumínio, por exemplo, tem densidade de $2{,}70 \times 10^3$ kg/m³; já a densidade do ferro é $7{,}86 \times 10^3$ kg/m³. Uma diferença extrema de densidade pode ser percebida ao se segurar em uma mão um cubo de 10 centímetros de isopor e, na outra, um de 10 centímetros de chumbo. Veja a Tabela 14.1 no Capítulo 14 para densidades de vários materiais.

TABELA 1.2 *Massa aproximada de vários corpos*

	Massa (em quilogramas)
Universo observável	$\sim 10^{52}$
Galáxia Via Láctea	$\sim 10^{42}$
Sol	$1{,}99 \times 10^{30}$
Terra	$5{,}98 \times 10^{24}$
Lua	$7{,}36 \times 10^{22}$
Tubarão	$\sim 10^{3}$
Humano	$\sim 10^{2}$
Sapo	$\sim 10^{-1}$
Mosquito	$\sim 10^{-5}$
Bactéria	$\sim 1 \times 10^{-15}$
Átomo de hidrogênio	$1{,}67 \times 10^{-27}$
Elétron	$9{,}11 \times 10^{-31}$

TABELA 1.3 *Valor aproximado de alguns intervalos de tempo*

	Intervalo de tempo (em segundos)
Idade do Universo	4×10^{17}
Idade da Terra	$1{,}3 \times 10^{17}$
Idade média de um estudante na faculdade	$6{,}3 \times 10^{8}$
Um ano	$3{,}2 \times 10^{7}$
Um dia	$8{,}6 \times 10^{4}$
Período de uma aula	$3{,}0 \times 10^{3}$
Intervalo de tempo entre batimentos normais do coração	8×10^{-1}
Período de ondas sonoras audíveis	$\sim 10^{-3}$
Período de ondas de rádio normais	$\sim 10^{-6}$
Período de vibração de um átomo em um sólido	$\sim 10^{-13}$
Período de ondas luminosas visíveis	$\sim 10^{-15}$
Duração de uma colisão nuclear	$\sim 10^{-22}$
Intervalo de tempo para a luz cruzar um próton	$\sim 10^{-24}$

TABELA 1.4 *Prefixo de potências de 10*

Potência	Prefixo	Abreviação	Potência	Prefixo	Abreviação
10^{-24}	yocto-	y	10^{3}	quilo-	k
10^{-21}	zepto-	z	10^{6}	mega-	M
10^{-18}	ato-	a	10^{9}	giga-	G
10^{-15}	fento-	f	10^{12}	tera-	T
10^{-12}	pico-	p	10^{15}	peta-	P
10^{-9}	nano-	n	10^{18}	exa-	E
10^{-6}	micro-	μ	10^{21}	zeta-	Z
10^{-3}	mili-	m	10^{24}	yota-	Y
10^{-2}	centi-	c			
10^{-1}	deci-	d			

Teste Rápido **1.1** Em uma oficina de usinagem, são produzidas duas polias, uma de alumínio e outra de ferro. Ambas têm mesma massa. Qual polia é maior? **(a)** A de alumínio é maior. **(b)** A de ferro é maior. **(c)** Ambas têm o mesmo tamanho.

1.2 Matéria e modelização

Se os físicos não conseguem interagir com algum fenômeno de forma direta, frequentemente imaginam um **modelo** para o sistema físico que está relacionado com o fenômeno. Por exemplo, não podemos interagir diretamente com os átomos porque são muito pequenos. Então, construímos um modelo mental de um átomo com base no sistema de um núcleo e de um ou mais elétrons fora dele. Uma vez definidos os componentes físicos do modelo, fazemos previsões sobre seu comportamento com base nas interações entre os componentes do sistema ou na interação entre o sistema e o ambiente fora dele.

Como exemplo, considere o comportamento da *matéria*. Há uma amostra de ouro maciço no topo da Figura 1.1. Nessa amostra existe somente ouro entre as faces, sem espaço vazio? Se a amostra for cortada ao meio, as duas peças ainda manteriam sua identidade química como ouro maciço. E se as peças forem cortadas de novo e de novo, indefinidamente? As peças cada vez menores sempre serão ouro? Tais questões podem remontar aos primeiros filósofos gregos. Dois deles – Leucipo e seu aluno Demócrito – não aceitavam a ideia de que tais cortes poderiam continuar para sempre. Eles desenvolveram um modelo para matéria, especulando que o processo acaba quando produz uma partícula que não pode mais ser cortada. Em grego, *atomos* significa "não divisível". Deste termo deriva a palavra *átomo*, em português.

De acordo com o modelo grego de estrutura da matéria, todas as matérias comuns consistem em átomos, como sugerido na segunda parte da Figura 1.1. Além disso, nenhuma estrutura adicional foi especificada no modelo; os átomos se comportavam como pequenas partículas que interagiam umas com as outras, mas a estrutura interna do átomo não era parte do modelo.

Em 1897, J. J. Thomson identificou o elétron como uma partícula carregada e um constituinte do átomo. Isso levou ao primeiro modelo atômico que continha estrutura interna. Discutiremos esse modelo no Capítulo 8 do Volume 4.

Após a descoberta do núcleo em 1911, desenvolveu-se um modelo atômico no qual cada átomo é composto por elétrons que circundam um núcleo central. Um núcleo de ouro é mostrado na Figura 1.1 (penúltima parte). Esse modelo, entretanto, gera uma nova questão: o núcleo tem estrutura? Isto é, o núcleo é uma partícula única ou uma coleção de partículas? No início de 1930, elaborou-se um modelo que descreveu duas entidades básicas no núcleo: prótons e nêutrons. O próton carrega uma carga positiva, e um elemento químico específico é identificado pelo número de prótons em seu núcleo. Esse número é chamado **número atômico** do elemento. Por exemplo, o núcleo de um átomo de hidrogênio contém 1 próton (portanto, o número atômico do hidrogênio é 1); o núcleo de um átomo de hélio contém 2 prótons (número atômico 2) e o núcleo de um átomo de urânio contém 92 prótons (número atômico 92). Além do número atômico, há o **número de massa** (número de prótons mais o de nêutrons em um núcleo) que caracteriza os átomos. O número atômico de um elemento específico nunca varia, isto é, o número de prótons não varia, mas o de massa pode variar, pois o número de nêutrons é variável.

É neste ponto, portanto, que o processo de dividir para? Prótons, nêutrons e uma legião de partículas exóticas são agora conhecidas por serem compostas de seis variedades diferentes de partículas chamadas ***quarks***, que receberam o nome de *up*, *down*, *strange*, *charmed*, *bottom* e *top*. Os *quarks up*, *charmed* e *top* têm cargas elétricas de $+\frac{2}{3}$ que o próton, enquanto os *quarks down*, *strange* e *bottom* têm cargas de $-\frac{1}{3}$ que o próton. O próton consiste em dois *quarks up* e um *down*, como se observa na parte inferior da Figura 1.1, identificados como u e d. Essa estrutura prevê a carga correta para o próton. Da mesma maneira, o nêutron consiste em dois *quarks down* e um *quark up*, o que fornece uma carga líquida de zero.

Você deve desenvolver um processo para construir modelos ao estudar Física. De acordo com este processo, você terá de resolver muitos problemas matemáticos. Uma das mais importantes técnicas para resolução de problemas é construir um modelo: identificar um sistema de componentes físicos para o problema e fazer previsões do comportamento do sistema com base nas interações entre seus componentes ou na interação entre o sistema e o ambiente ao seu redor.

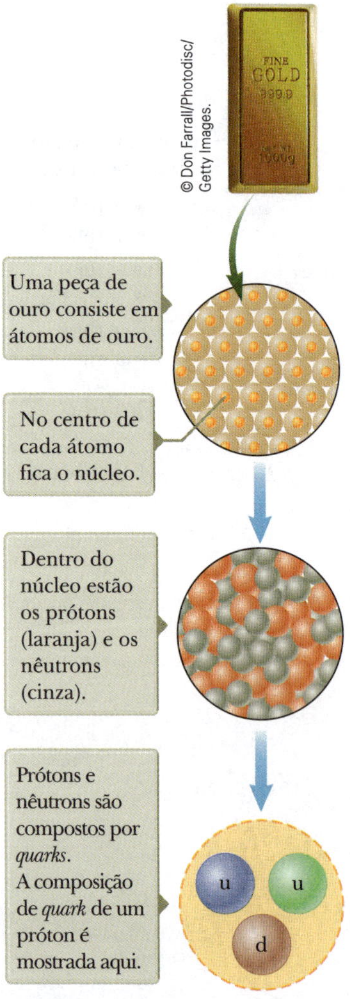

Figura 1.1 Níveis de organização da matéria.

1.3 Análise dimensional

Em Física, a palavra *dimensão* denota a natureza física de uma quantidade. A distância entre dois pontos, por exemplo, pode ser medida em pés, metros ou *furlongs*, que são formas diferentes de expressar a dimensão de comprimento.

Os símbolos utilizados neste livro para especificar as dimensões de comprimento, massa e tempo são L, M e T, respectivamente.[3] Utilizaremos, com frequência, colchetes [ ] para denotar as dimensões de uma quantidade física. Por exemplo, o símbolo adotado para velocidade neste livro é v. Em nossa notação, as dimensões de velocidade são escritas $[v] = \text{L/T}$, e as dimensões de área A são $[A] = \text{L}^2$. Dimensões e unidades de área, volume, velocidade e aceleração estão na Tabela 1.5. Dimensões de outras quantidades, como força e energia, serão descritas conforme aparecerem no texto.

Em muitas situações, você tem de verificar uma equação específica para descobrir se ela satisfaz as expectativas. Um procedimento útil, chamado **análise dimensional**, pode ser utilizado, pois é possível tratar as dimensões como quantidades algébricas. Por exemplo, quantidades podem ser adicionadas ou subtraídas somente se tiverem as mesmas dimensões. Além disso, os termos em ambos os lados de uma equação devem ter as mesmas dimensões. Seguindo essas regras simples, pode-se utilizar a análise dimensional para determinar se uma expressão tem a forma correta. Qualquer relação só é correta se as dimensões em ambos os lados da equação forem as mesmas.

Prevenção de Armadilhas 1.2

Símbolos de quantidades

Algumas quantidades têm um pequeno número de símbolos que as representam. Por exemplo, o símbolo para tempo é quase sempre t. Outras quantidades, dependendo da utilização, têm vários símbolos. O comprimento pode ser descrito com x, y e z (para posição); r (para raio); a, b e c (para catetos de um triângulo retângulo); ℓ (para o comprimento de um objeto); d (para distância); h (para altura) etc.

TABELA 1.5 *Dimensões e unidades de quatro quantidades derivadas*

Quantidade	Área (A)	Volume (V)	Velocidade (v)	Aceleração (a)
Dimensões	L^2	L^3	L/T	L/T^2
Unidades do SI	m^2	m^3	m/s	m/s^2
Unidades habituais nos EUA	pé^2	pé^3	pé/s	pé/s^2

Para ilustrar esse procedimento, suponha que você esteja interessado em uma equação para a posição x de um carro em um momento t, considerando que o carro parte do repouso em $x = 0$ e se move com aceleração constante a. A expressão correta para essa situação é $x = \frac{1}{2}at^2$, como mostraremos no Capítulo 2. A quantidade x do lado esquerdo tem a dimensão de comprimento. Para a equação estar dimensionalmente correta, a quantidade do lado direito também deve ter a dimensão de comprimento. Podemos efetuar uma análise dimensional, substituindo as dimensões de aceleração por L/T^2 (Tabela 1.5), e tempo, T, na equação. Ou seja, a forma dimensional da equação $x = \frac{1}{2}at^2$ é:

$$\text{L} = \frac{\text{L}}{\cancel{\text{T}^2}} \cdot \cancel{\text{T}^2} = \text{L}$$

As dimensões de tempo cancelam-se, como mostrado, deixando a dimensão de comprimento do lado direito para igualar à do lado esquerdo.

Um procedimento mais geral utilizando análise dimensional é montar uma expressão da forma:

$$x \propto a^n t^m$$

onde n e m são expoentes que devem ser determinados, e o símbolo $\propto$ indica uma proporcionalidade. A relação é correta somente se as dimensões de ambos os lados forem as mesmas. Como a dimensão do lado esquerdo é comprimento, a do lado direito também deve ser comprimento. Isto é,

$$[a^n t^m] = \text{L} = \text{L}^1\text{T}^0$$

Como as dimensões de aceleração são L/T^2 e a dimensão de tempo é T, temos:

$$(\text{L/T}^2)^n\text{T}^m = \text{L}^1\text{T}^0 \quad \rightarrow \quad (\text{L}^n\text{T}^{m-2n}) = \text{L}^1\text{T}^0$$

Os expoentes de L e T devem ser iguais em ambos os lados da equação. Dos expoentes de L, vemos imediatamente que $n = 1$. Dos expoentes de T, vemos que $m - 2n = 0$, o qual, uma vez que substituímos por n, nos dá $m = 2$. Retornando à nossa expressão original $x \propto a^n t^m$, concluímos que $x \propto at^2$.

[3] As *dimensões* de uma quantidade serão simbolizadas por uma letra maiúscula e não itálica, como L ou T. O *símbolo algébrico* para a própria quantidade será uma letra em itálico, como L para o comprimento de um objeto ou t para tempo.

Teste Rápido 1.2 Verdadeiro ou falso: a análise dimensional pode fornecer o valor numérico de constantes de proporcionalidade que podem aparecer em expressão algébrica.

Exemplo 1.1 Análise de uma equação

Mostre que a expressão $v = at$, onde v representa velocidade, a, aceleração, e t, um instante no tempo, está dimensionalmente correta.

SOLUÇÃO

Identifique as dimensões de v na Tabela 1.5: $[v] = \frac{L}{T}$

Identifique as dimensões de a na Tabela 1.5 e multiplique pelas dimensões de t: $[at] = \frac{L}{T^{\cancel{2}}}\cancel{T} = \frac{L}{T}$

Portanto, $v = at$ está dimensionalmente correta, porque tem as mesmas dimensões em ambos os lados. (Se a expressão fosse fornecida como $v = at^2$, ela estaria dimensionalmente *incorreta*. Experimente para ver!)

Exemplo 1.2 Análise de uma lei de potência

Suponha que a aceleração a de uma partícula movendo-se com velocidade uniforme v em um círculo de raio r seja proporcional a alguma potência de r, digamos r^n, e alguma potência de v, digamos v^m. Determine os valores de n e m e escreva a forma mais simples de uma equação para a aceleração.

SOLUÇÃO

Escreva uma expressão para a com uma constante de proporcionalidade sem dimensão k: $a = kr^nv^m$

Substitua as dimensões de a, r e v: $\frac{L}{T^2} = L^n\left(\frac{L}{T}\right)^m = \frac{L^{n+m}}{T^m}$

Iguale os expoentes de L e T para que a equação dimensional fique equilibrada: $n + m = 1$ e $m = \boxed{2}$

Resolva as duas equações para n: $n = \boxed{-1}$

Escreva a expressão da aceleração: $a = kr^{-1}v^2 = \boxed{k\frac{v^2}{r}}$

Na Seção 4.4, sobre movimento circular uniforme, mostraremos que $k = 1$ se um conjunto consistente de unidades for utilizado. A constante k não seria igual a 1 se, por exemplo, v estivesse em km/h e você quisesse a em m/s^2.

1.4 Conversão de unidades

Muitas vezes, é necessário converter unidades de um sistema de medida para outro ou convertê-las dentro de um mesmo sistema (por exemplo, de quilômetros para metros). Os fatores de conversão entre o SI e as unidades de comprimento americanas são:

1 milha	=	1.609 m	=	1,609 km
1 m	=	39,37 pol.	=	3,281 pé
1 pé	=	0,3048 m	=	30,48 cm
1 pol.	=	0,0254 m	=	2,54 cm (exatamente)

Uma lista mais completa de fatores de conversão pode ser encontrada no Apêndice A.

Prevenção de Armadilhas 1.3

Sempre inclua unidades

Ao efetuar cálculos com valores numéricos, inclua as unidades para cada quantidade e leve-as por todo o cálculo. Evite a tentação de abandoná-las e então anexar as unidades esperadas quando tiver uma resposta. Ao incluir as unidades em cada passo, podem-se detectar erros se as unidades para a resposta estiverem incorretas.

Assim como as dimensões, é possível tratar as unidades como quantidades algébricas que se podem cancelar mutuamente. Por exemplo, suponha que desejamos converter 15,0 pol. em centímetros. Uma vez que 1 pol. é definida como exatamente 2,54 cm, descobrimos que

$$15{,}0 \text{ pol.} = (15{,}0 \cancel{\text{pol.}})\left(\frac{2{,}54 \text{ cm}}{1 \cancel{\text{pol.}}}\right) = 38{,}1 \text{ cm}$$

onde a razão entre parênteses é igual a 1. Expressamos 1 como 2,54 cm/1 pol. (em vez de 1 pol./2,54 cm), de maneira que a unidade "polegada" no denominador cancela a unidade na quantidade original. A unidade remanescente é o centímetro, nosso resultado desejado.

Teste Rápido **1.3** A distância entre duas cidades é 100 milhas. Qual é a quantidade de quilômetros entre as duas cidades? **(a)** Menos de 100. **(b)** Mais de 100. **(c)** Igual a 100.

Exemplo 1.3 Ele está correndo?

Em uma rodovia interestadual numa região rural norte-americana, um carro viaja a 38,0 m/s. O motorista está excedendo o limite de velocidade de 75,0 mi/h?

SOLUÇÃO

Converta metros na velocidade em milhas: $(38{,}0 \cancel{\text{m}}/\text{s})\left(\frac{1 \text{ mi}}{1.609 \cancel{\text{m}}}\right) = 2{,}36 \times 10^{-2} \text{ mi/s}$

Converta segundos em horas: $(2{,}36 \times 10^{-2} \text{ mi}/\cancel{\text{s}})\left(\frac{60 \cancel{\text{s}}}{1 \cancel{\text{min}}}\right)\left(\frac{60 \cancel{\text{min}}}{1 \text{ h}}\right) = 85{,}0 \text{ mi/h}$

O motorista está realmente ultrapassando o limite de velocidade e, portanto, deve ir mais devagar.

E SE? E se o motorista fosse de fora dos Estados Unidos e só estivesse familiarizado com velocidades medidas em km/h? Qual seria a velocidade do carro em km/h?

Resposta Podemos converter nossa resposta final em unidades apropriadas:

$$(85{,}0 \cancel{\text{mi}}/\text{h})\left(\frac{1{,}609 \text{ km}}{1 \cancel{\text{mi}}}\right) = 137 \text{ km/h}$$

A Figura 1.2 mostra um velocímetro de automóvel que apresenta a velocidade tanto em milhas por hora quanto em quilômetros por hora. Você consegue checar a conversão que propomos utilizando esta foto?

© Cengage Learning/Ed Dodd

Figura 1.2 O velocímetro de um veículo mostra a velocidade tanto em milhas por hora quanto em quilômetros por hora.

1.5 Estimativas e cálculos de ordem de grandeza

Suponha que perguntem a você o número de *bits* de dados em um CD de música. Como resposta, geralmente não se espera um número exato, mas uma estimativa, que pode ser expressa em notação científica. A estimativa pode ser ainda mais aproximada se expressa como *ordem de grandeza*, isto é, como uma potência de 10 determinada da seguinte maneira:

1. Expresse o número em notação científica, com o multiplicador da potência de 10 entre 1 e 10 e uma unidade.
2. Se o multiplicador for menor que 3,162 (a raiz quadrada de 10), a ordem de grandeza do número é a potência de 10 na notação científica. Se o multiplicador for maior que 3,162, a ordem de grandeza é uma vez maior que a potência de 10 na notação científica.

Utilizamos o símbolo $\sim$ para expressar "é da ordem de". Com base no procedimento acima, verifique as ordens de grandeza para os seguintes comprimentos:

$$0{,}0086 \text{ m} \sim 10^{-2} \text{ m} \qquad 0{,}0021 \text{ m} \sim 10^{-3} \text{ m} \qquad 720 \text{ m} \sim 10^{3} \text{ m}$$

Em geral, quando é feita uma estimativa de ordem de grandeza, os resultados são confiáveis dentro de aproximadamente um fator de 10. Se uma quantidade aumenta o valor em três ordens de grandeza, seu valor aumenta em um fator cerca de $10^3 = 1.000$.

Imprecisões causadas por estimativas muito baixas de um número são frequentemente canceladas por outras muito altas. Você descobrirá que, com a prática, as estimativas ficarão cada vez melhores. Problemas de estimativa podem ser divertidos para se trabalhar, porque você corta dígitos livremente, arrisca aproximações razoáveis para números desconhecidos, faz suposições de simplificação e transforma a questão em algo que pode responder de cabeça ou com mínima manipulação matemática. Em razão da simplicidade desses tipos de cálculos, eles podem ser feitos em um *pequeno* pedaço de papel e são, com frequência, chamados "cálculos de verso de envelope".

Exemplo 1.4 Aspirações durante a vida humana

Estime o número de aspirações durante um período médio de vida humana.

SOLUÇÃO

Primeiro, estimamos que a duração de uma vida humana normal é de aproximadamente 70 anos. Em seguida, pensamos no número médio de aspirações de uma pessoa em 1 minuto. Esse número varia de acordo com a atividade e o estado de espírito da pessoa (se pratica exercícios, se está dormindo, zangada ou serena, e assim por diante). Na ordem de grandeza mais próxima, escolhemos 10 aspirações por minuto como estimativa. (Essa estimativa é certamente mais próxima do valor médio verdadeiro do que uma estimativa de 1 ou 100 aspirações por minuto.)

Encontre o número aproximado de minutos em um ano: $1\ \cancel{\text{ano}}\left(\frac{400\ \cancel{\text{dias}}}{1\ \cancel{\text{ano}}}\right)\left(\frac{25\ \cancel{\text{h}}}{1\ \cancel{\text{dia}}}\right)\left(\frac{60\ \text{min}}{1\ \cancel{\text{h}}}\right) = 6 \times 10^5\ \text{min}$

Encontre o número aproximado de minutos em 70 anos (duração da vida): número de minutos $= (70\ \text{anos})(6 \times 10^5\ \text{min/anos})$ $= 4 \times 10^7\ \text{min}$

Encontre o número aproximado de aspirações durante a vida: número de aspirações $= (10\ \text{aspirações/min})(4 \times 10^7\ \text{min})$ $= 4 \times 10^8\ \text{aspirações}$

Portanto, uma pessoa faz cerca de 10^9 aspirações durante 70 anos. Observe como é muito mais simples no primeiro cálculo multiplicar 400×25 do que trabalhar com o valor mais preciso 365×24.

E SE? E se a duração média de vida fosse estimada em 80 anos, em vez de 70? Isso mudaria nossa estimativa final?

Resposta Poderíamos afirmar que $(80\ \text{anos})(6 \times 10^5\ \text{min/anos}) = 5 \times 10^7$ minutos. Portanto, nossa estimativa final deveria ser de 5×10^8 aspirações. Esta resposta ainda é da ordem de 10^9 aspirações, logo, uma estimativa da ordem de grandeza seria invariável.

1.6 Algarismos significativos

Quando certas quantidades são medidas, os valores medidos são conhecidos somente dentro dos limites da incerteza experimental. O valor dessa incerteza depende de vários fatores, como a qualidade do equipamento, a habilidade do experimentador e o número de medições realizadas. O número de **algarismos significativos** em uma medição pode ser utilizado para expressar algo sobre incerteza. Ele está relacionado com o número de dígitos numéricos utilizados para expressar a medida, como discutiremos a seguir.

Como exemplo de algarismo significativo, suponha que nos pediram para medir o raio de um CD utilizando uma régua. Consideremos que a precisão com a qual podemos medir o raio do disco é ±0,1 cm. Em razão da incerteza de ±0,1 cm, se o raio medido é 6,0 cm, é possível afirmar apenas que o valor do raio está entre 5,9 cm e 6,1 cm. Neste caso, dizemos que o valor medido tem dois algarismos significativos. Note que *os algarismos significativos incluem o primeiro dígito estimado*. Portanto, escrevemos o raio como (6,0 ± 0,1) cm.

Zeros podem ou não ser algarismos significativos. Aqueles utilizados para posicionar a vírgula decimal em números, como 0,03 e 0,0075, não são significativos. Portanto, há um e dois algarismos significativos, respectivamente, nesses dois valores. Entretanto, quando os zeros vêm depois de outros dígitos, há possibilidade de interpretação equivocada. Por exemplo, suponha que a massa de um corpo seja fornecida como 1 500 g. Este valor é ambíguo, porque não sabemos se os últimos dois zeros estão sendo utilizados para localizar a vírgula decimal ou se representam algarismos significativos na medida. Para remover esta ambiguidade, é comum utilizar notação científica para indicar o número de algarismos significativos. Neste caso, expressaríamos a massa como $1{,}5 \times 10^3$ g se houvesse dois algarismos significativos no valor medido, $1{,}50 \times 10^3$ g se houvesse três algarismos significativos, e $1{,}500 \times 10^3$ g se houvesse quatro. A mesma regra se mantém para números menores que 1. Portanto, $2{,}3 \times 10^{-4}$ tem dois algarismos significativos (logo, poderia ser escrito 0,00023) e $2{,}30 \times 10^{-4}$ tem três algarismos significativos (também escrito como 0,000230).

Na resolução de problemas, frequentemente combinamos quantidades matematicamente por meio da multiplicação, divisão, adição, subtração e assim por diante. Ao fazer isso, você deve se certificar de que o resultado tenha o número apropriado de algarismos significativos. Uma boa regra empírica para utilizar na determinação do número de algarismos significativos que podem ser requeridos em uma multiplicação ou divisão é:

Ao multiplicar várias quantidades, o número de algarismos significativos na resposta final é o mesmo que o número de algarismos significativos na quantidade que tem o número menor de algarismos significativos. A mesma regra se aplica à divisão.

Apliquemos esta regra para achar a área do CD, cujo raio medimos anteriormente, utilizando a equação para a área de um círculo,

$$A = \pi r^2 = \pi(6{,}0 \text{ cm})^2 = 1{,}1 \times 10^2 \text{ cm}^2$$

Se você fizer este cálculo usando uma calculadora, provavelmente obterá 113,0973355. É claro que você não quer manter todos esses dígitos, mas pode ser tentado a relatar o resultado como 113 cm^2, o que não se justifica, pois tem três algarismos significativos, enquanto o raio tem dois. Portanto, devemos informar o resultado com apenas dois algarismos significativos, como mostrado anteriormente.

Para adição e subtração, deve-se considerar o número de casas decimais ao determinar quantos algarismos significativos informar:

Quando valores são adicionados e subtraídos, o número de casas decimais no resultado deve ser igual ao menor número de casas decimais de qualquer termo na soma ou diferença.

Como exemplo desta regra, considere a soma

$$23{,}2 + 5{,}174 = 28{,}4$$

Observe que não informamos a resposta como 28,374, porque o menor número de casas decimais é um para 23,2. Portanto, nossa resposta deve ter apenas uma casa decimal.

Prevenção de Armadilhas 1.4

Leia cuidadosamente

Note que a regra para adicionar e subtrair é diferente da regra para multiplicação e divisão. Para adição e subtração, a consideração importante é o número de *casas decimais*, e não o de *algarismos significativos*.

As regras para adição e subtração podem frequentemente resultar respostas que têm um número diferente de algarismos significativos do que as quantidades com as quais você começa. Por exemplo, considere essas operações que satisfazem a regra:

$$1{,}0001 + 0{,}0003 = 1{,}0004$$
$$1{,}002 - 0{,}998 = 0{,}004$$

No primeiro exemplo, o resultado tem cinco algarismos significativos, mesmo que um dos termos (0,0003) tenha apenas um algarismo significativo. De maneira similar, no segundo cálculo, o resultado só tem um algarismo significativo, ainda que os números subtraídos tenham quatro e três, respectivamente.

Neste livro, a maioria dos exemplos numéricos e dos exercícios do final de capítulo produz respostas com três algarismos significativos. Ao realizar cálculos estimados, trabalharemos, em geral, com um único algarismo significativo.

◀ **Diretrizes para algarismos significativos utilizadas neste livro**

Se o número de algarismos significativos no resultado do cálculo tiver de ser reduzido, há uma regra geral para arredondar os números: o último dígito retido sofre um incremento de 1 se o último dígito abandonado for maior que 5 (por exemplo, 1,346 torna-se 1,35). Se o último dígito abandonado for menor que 5, o último dígito retido permanece como é (por exemplo, 1,343 torna-se 1,34). Se o último dígito abandonado for igual a 5, o dígito remanescente deve ser arredondado ao número par mais próximo. Esta regra ajuda a evitar acúmulo de erros em processos aritméticos extensos.

Uma técnica para evitar acúmulo de erros é retardar o arredondamento de números em um cálculo longo até obter o resultado final. Espere a resposta final de sua calculadora para arredondá-la com o número correto de algarismos significativos. Neste livro, exibiremos valores numéricos arredondados

Prevenção de Armadilhas 1.5

Soluções simbólicas

Ao resolver problemas, é muito útil efetuar a resolução completamente na forma algébrica e esperar até o fim para inserir valores numéricos na expressão simbólica final. Este método economizará muitas teclas de calculadoras, especialmente se algumas quantidades se cancelarem, de maneira que você nunca terá de inserir seus valores na calculadora! Além disso, você só precisará arredondar uma vez, isto é, no resultado final.

com dois ou três algarismos significativos. Isto ocasionalmente faz algumas manipulações matemáticas parecerem estranhas ou incorretas. Por exemplo, no Exemplo 3.5, você verá a operação –17,7 km + 34,6 km = 17,0 km. À primeira vista, parece uma subtração incorreta, porque arredondamos os números 17,7 km e 34,6 km para exibição. Se todos os dígitos nesses dois números intermediários forem mantidos e o arredondamento só for feito no número final, o resultado correto de três dígitos 17,0 km é obtido.

Exemplo 1.5 Instalando um carpete

Um carpete deve ser instalado em uma sala retangular cuja medida do comprimento é 12,71 m e a da largura é 3,46 m. Encontre a área da sala.

SOLUÇÃO

Se você multiplicar 12,71 m por 3,46 m na calculadora, obterá 43,9766 m^2. Quantos desses números você deve indicar? Nossa regra empírica para multiplicação diz que você pode indicar em sua resposta apenas o número de algarismos significativos presentes na quantidade medida que tiver o menor número de algarismos significativos. Neste exemplo, o menor número de algarismos significativos é três, em 3,46 m, portanto, devemos expressar nossa resposta final como 44,0 m^2.

Resumo

Definições

As três quantidades físicas fundamentais da Mecânica são **comprimento**, **massa** e **tempo**, que no SI tem as unidades como **metro** (m), **quilograma** (kg) e **segundo** (s), respectivamente. Essas quantidades fundamentais não podem ser definidas em termos de quantidades mais básicas.

A **densidade** de uma substância é definida como sua *massa por unidade de volume:*

$$\rho \equiv \frac{m}{V} \qquad (1.1)$$

Conceitos e Princípios

O método de **análise dimensional** é muito poderoso na resolução de problemas físicos. Dimensões podem ser tratadas como quantidades algébricas. Fazendo estimativas e efetuando cálculos de ordem de grandeza, você é capaz de aproximar a resposta de um problema quando não há informações suficientes disponíveis para especificar uma solução exata.

Ao computar um resultado de vários números medidos, cada um tendo certa precisão, você deve fornecer a resposta com o número correto de **algarismos significativos.**

Ao **multiplicar** várias quantidades, o número de algarismos significativos na resposta final é o mesmo que o número de algarismos significativos na quantidade que tem o número menor de algarismos significativos. A mesma regra se aplica à **divisão.**

Quando valores são **adicionados** ou **subtraídos**, o número de casas decimais no resultado deve ser igual ao menor número de casas decimais de qualquer termo na soma ou diferença.

Perguntas Objetivas

1. Um estudante usa uma régua para medir a espessura de um livro e obtém 4,3 cm ± 0,1 cm. Outros estudantes medem a espessura do mesmo livro com um paquímetro e obtêm quatro medidas diferentes: (a) 4,32 cm ± 0,01 cm, (b) 4,31 cm ± 0,01 cm, (c) 4,24 cm ± 0,01 cm e (d) 4,43 cm ± 0,01 cm. Qual(is) dessas medidas, se houver uma, está(ão) de acordo com a medida obtida pelo primeiro estudante?
2. Uma casa é anunciada como tendo 1.420 pés quadrados até o teto. Qual é sua área em metros quadrados? (a) 4.660 (b) 432 (c) 158 (d) 132 (e) 40,2
3. Responda a cada pergunta com sim ou não. Duas quantidades devem ter as mesmas dimensões (a) se adicionadas? (b) se multiplicadas? (c) se subtraídas? (d) se divididas? (e) se igualadas?
4. O preço do combustível em um posto de gasolina é 1,5 euros por litro. Uma estudante norte-americana pode usar 33 euros para comprar combustível. Sabendo que 4/4 fazem 1 galão e que 1 litro é quase 1/4 de galão, ela rapidamente raciocina que pode comprar quantos galões de combustível? (a) Menos de 1 galão. (b) Cerca de 5 galões. (c) Cerca de 8 galões. (d) Mais de 10 galões.
5. Classifique as cinco quantidades a seguir em ordem decrescente (da maior para a menor). Se duas quantidades forem iguais, dê-lhes a mesma classificação. (a) 0,032 kg (b) 15 g (c) $2,7 \times 10^5$ mg (d) $4,1 \times 10^{-8}$ Gg (e) $2,7 \times 10^8$ μg
6. Qual é a soma dos valores medidos 21,4 s + 15 s + 17,17 s + 4,003 s? (a) 57,573 s (b) 57,57 s (c) 57,6 s (d) 58 s (e) 60 s
7. Qual das alternativas a seguir é a melhor estimativa para a massa de todas as pessoas que vivem na Terra? (a) 2×10^8 kg (b) 1×10^9 kg (c) 2×10^{10} kg (d) 3×10^{11} kg (e) 4×10^{12} kg
8. (a) Se uma equação está dimensionalmente correta, isso significa que ela é verdadeira? (b) Se uma equação não está dimensionalmente correta, isso significa que ela não é verdadeira?
9. A segunda lei do movimento de Newton (Capítulo 5) diz que o produto da massa de um corpo por sua aceleração é igual à força líquida sobre o corpo. Qual das seguintes alternativas fornece as unidades corretas para força? (a) kg · m/s^2 (b) kg · m^2/s^2 (c) kg/m · s^2 (d) kg · m^2/s (e) Nenhuma das respostas anteriores.
10. Uma calculadora exibe o resultado $1,3652480 \times 10^7$ kg. A incerteza estimada neste resultado é ±2%. Quantos dígitos devem ser incluídos como significativos quando o resultado é escrito? (a) Zero. (b) Um. (c) Dois. (d) Três. (e) Quatro.

Perguntas Conceituais

1. Suponha que os três padrões fundamentais do sistema métrico fossem comprimento, *densidade* e tempo, em vez de comprimento, *massa* e tempo. O padrão de densidade desse sistema deve ser definido como o da água. Quais considerações sobre a água seriam necessárias fazer para certificar de que o padrão de densidade fosse o mais preciso possível?
2. Por que o sistema métrico de unidades é considerado superior à maioria dos outros sistemas de unidades?
3. Quais fenômenos naturais poderiam servir como padrões de tempo alternativos?
4. Expresse as seguintes quantidades utilizando os prefixos fornecidos na Tabela 1.4. (a) 3×10^{-4} m (b) 5×10^{-5} s (c) 72×10^2 g

Problemas

ENHANCED WebAssign Os problemas que se encontram neste capítulo podem ser resolvidos *on-line* no Enhanced WebAssign (em inglês)

1. denota problema simples;

2. denota problema intermediário;

3. denota problema de desafio;

AMT *Analysis Model Tutorial* disponível no Enhanced WebAssign (em inglês);

M denota tutorial *Master It* disponível no Enhanced WebAssign (em inglês);

PD denota problema dirigido;

W solução em vídeo *Watch It* disponível no Enhanced WebAssign (em inglês).

Seção 1.1 Padrões de comprimento, massa e tempo

Observação: Sempre que necessário, consulte o material do final do livro, folhas de rosto, apêndices e tabelas no texto para resolver os problemas. Para este capítulo, a Tabela 14.1 e o Apêndice B.3 podem ser úteis. As respostas dos problemas de números ímpares estão no final do livro.

1. (a) Use as informações da contracapa e folha de rosto deste livro para calcular a densidade média da Terra. (b) Onde o valor se encaixa entre os relacionados na Tabela 14.1 do Capítulo 14? Busque a densidade de uma rocha típica da superfície, como o granito, em outra fonte e compare-a com a densidade da Terra.

2. **W** O quilograma-padrão é um cilindro de platina-irídio de 39,0 mm de altura e 39,0 mm de diâmetro. Qual é a densidade do material?

3. Dada empresa automobilística exibe um modelo miniatura de seu primeiro carro, feito de 9,35 kg de ferro. Para celebrar seu centésimo ano de negócio, um trabalhador reproduzirá o modelo em ouro maciço a partir dos moldes originais. Que massa de ouro é necessária para fabricar o novo modelo?

4. Um próton – núcleo de um átomo de hidrogênio – pode ser modelado como uma esfera com diâmetro de 2,4 fm e massa de $1{,}67 \times 10^{-27}$ kg. (a) Determine a densidade do próton. (b) Explique como sua resposta anterior se compara com a densidade do ósmio, fornecida na Tabela 14.1 do Capítulo 14.

5. **W** Duas esferas são cortadas de uma rocha uniforme. Uma tem raio 4,50 cm. A massa da outra é cinco vezes maior. Encontre seu raio.

6. Que massa de um material com densidade ρ é necessária para fazer uma concha esférica oca com raio interno r_1 e raio externo r_2?

Seção 1.2 Matéria e modelização

7. Um sólido cristalino consiste em átomos empilhados em uma estrutura de rede repetitiva. Considere o cristal mostrado na Figura P1.7a. Os átomos estão posicionados nos vértices de cubos de lado $L = 0{,}200$ nm. Uma maneira de evidenciar o arranjo regular de átomos consiste em superfícies planas ao longo das quais um cristal se separa ou se parte quando é quebrado. Suponha que um cristal se parta ao longo de uma face diagonal, conforme mostrado na Figura P1.7b. Calcule o espaço d entre dois planos atômicos adjacentes que se separam quando o cristal se parte.

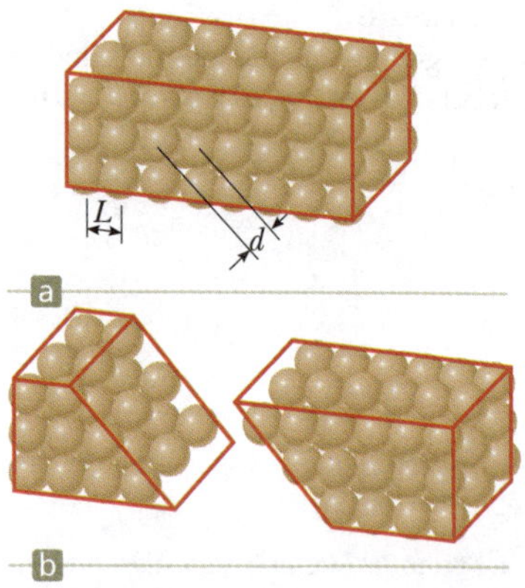

Figura P1.7

8. A massa de um átomo de cobre é $1{,}06 \times 10^{-25}$ kg e a densidade do cobre é 8.920 kg/m^3. (a) Determine o número de átomos em 1 cm^3 de cobre. (b) Imagine um centímetro cúbico formado de uma pilha de cubos idênticos, com um átomo de cobre no centro de cada um. Determine o volume de cada cubo. (c) Encontre a dimensão da aresta de cada cubo, a qual representa uma estimativa para o espaço entre os átomos.

Seção 1.3 Análise dimensional

9. Qual das seguintes equações está dimensionalmente correta? (a) $v_f = v_i + ax$ (b) $y = (2\text{ m})\cos(kx)$, onde $k = 2\text{ m}^{-1}$

10. **W** A Figura P1.10 mostra o *tronco de um cone*. Faça a correspondência de cada uma das expressões

(a) $\pi(r_1 + r_2)[h^2 + (r_2 - r_1)^2]^{1/2}$, (b) $2\pi(r_1 + r_2)$ e (c) $\pi h(r_1{}^2 + r_1 r_2 + r_2{}^2)/3$

com a quantidade que ela descreve:

(d) a circunferência total das faces circulares planas, (e) o volume, ou (f) a área da superfície curva.

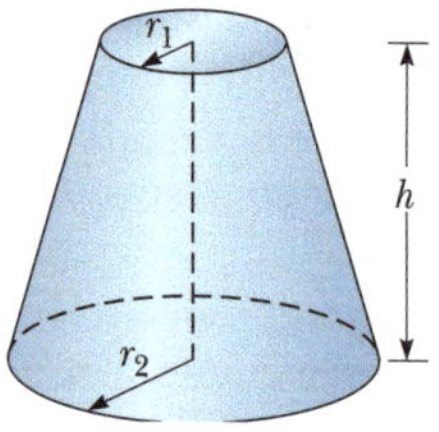

Figura P1.10

11. A energia cinética K (Capítulo 7) tem dimensões kg $\times$ m^2/s^2. Ela pode ser escrita em termos do momento p (Capítulo 9) e massa m como

$$K = \frac{p^2}{2m}$$

(a) Determine as unidades apropriadas para o momento utilizando análise dimensional. (b) A unidade de força é o *newton* (N), onde 1 N = 1 kg $\times$ m/s^2. Quais são as unidades do momento p em termos de um *newton* e outra unidade fundamental do SI?

12. **W** A lei da gravitação universal de Newton é representada por

$$F = \frac{GMm}{r^2}$$

onde F é o módulo da força gravitacional exercida por um corpo pequeno sobre outro, M e m são as massas dos corpos e r, uma distância. A força tem as unidades no SI kg $\times$ m/s^2. Quais são as unidades no SI da constante de proporcionalidade G?

13. A posição de uma partícula que se move com aceleração uniforme é uma função do tempo e da aceleração. Suponha que escrevemos esta posição como $x = ka^m t^n$, onde k é uma constante adimensional. Mostre pela análise dimensional que esta expressão é satisfeita se $m = 1$ e $n = 2$. Esta análise pode fornecer o valor de k?

14. (a) Considere que a equação $x = At^3 + Bt$ descreve o movimento de um objeto, com x tendo a dimensão de comprimento e t, a dimensão de tempo. Determine as dimensões das constantes A e B. (b) Determine as dimensões da derivada $dx/dt = 3At^2 + B$.

Seção 1.4 Conversão de unidades

15. **W** Uma peça maciça de chumbo tem massa de 23,94 g e volume de 2,10 cm^3. Com base nesses dados, calcule a densidade do chumbo em unidades no SI (quilogramas por metro cúbico).

16. Um carregador de minério carrega 1.200 ton/h de uma mina para a superfície. Converta este valor em libras por segundo, utilizando 1 ton = 2.000 lb.

17. Um terreno de construção tem largura de 75,0 pés e comprimento de 125 pés. Determine a área desse terreno em metros quadrados.

18. **W** Suponha que seu cabelo cresça cerca de 1/32 polegada por dia. Encontre a taxa à qual ele cresce em nanômetros por segundo. Como a distância entre os átomos de uma molécula é da ordem de 0,1 nm, a resposta sugere quão rápido as camadas de átomos se encontram reunidas nessa síntese proteica.

19. *Por que a seguinte situação é impossível?* Um dormitório de estudantes mede 3,8 m por 3,6 m e o teto está a uma altura de 2,5 m. Depois de concluir o curso de Física, um estudante demonstra dedicação ao cobrir totalmente as paredes do quarto com as páginas de sua cópia do Volume 1 (Capítulos 1 ao 14) e do Volume 2 (Capítulos 15 ao 22). Ele cobre também a porta e a janela.

20. **W** Uma pirâmide tem altura de 481 pés e sua base cobre uma área de 13,0 acres. O volume de uma pirâmide é dada pela expressão $V = 1/3Bh$, onde B é a área da base e h, a altura. Encontre o volume dessa pirâmide em metros cúbicos (1 acre = 43.560 pés^2).

21. A pirâmide descrita no Problema 20 contém aproximadamente 2 milhões de blocos de pedra que pesam, em média, 2,50 ton cada. Encontre o peso da pirâmide em libras.

22. **W** Suponha que leve 7 minutos para encher um tanque de gasolina de 30,0 gal. (a) Calcule a taxa à qual o tanque é enchido em galões por segundo. (b) Calcule a taxa à qual o tanque é enchido em metros cúbicos por segundo. (c) Determine o intervalo de tempo, em horas, necessário para encher um volume de 1,00 m^3 à mesma taxa (1 U.S. gal = 231 pol.^{3}).

23. Um terreno tem uma área de 1 milha quadrada e contém 640 acres. Determine o número de metros quadrados em 1 acre.

24. **M** Uma casa tem 50,0 pés de comprimento e 26 pés de largura, e teto de 8,0 pés de altura. Qual é o volume do interior da casa em metros cúbicos e em centímetros cúbicos.

25. **M** Um metro cúbico (1,00 m^3) de alumínio tem massa de $2,70 \times 10^3$ kg; o mesmo volume de ferro tem massa de $7,86 \times 10^3$ kg. Encontre o raio de uma esfera de alumínio maciço que equilibrará uma esfera de ferro maciço de raio 2,00 cm em uma balança de braços iguais.

26. Considere que ρ_{Al} representa a densidade do alumínio e ρ_{Fe}, a do ferro. Encontre o raio de uma esfera de alumínio maciço que equilibra uma esfera de ferro maciço de raio r_{Fe} em uma balança de braços iguais.

27. **M** Um galão de tinta (volume = $3,78 \times 10^{-3}$ m^3) cobre uma área de 25,0 m^2. Qual é a espessura da tinta fresca na parede?

28. **W** Um auditório mede 40,0 m × 20,0 m × 12,0 m. A densidade do ar é 1,20 kg/m^3. Qual é (a) o volume da sala, em pés cúbicos, e (b) o peso do ar na sala, em libras?

29. **M** (a) No momento da impressão deste livro, a dívida nacional dos Estados Unidos era cerca de $ 16 trilhões. Se fossem feitos pagamentos a $ 1.000 por segundo, quantos anos seriam necessários para pagar a dívida, supondo que não fossem cobrados juros? (b) Uma nota de dólar tem 15,5 cm de comprimento. Quantas notas, presas uma na ponta da outra, seriam necessárias para chegar à Lua? Nas páginas iniciais deste livro você encontra a distância entre Terra e Lua. *Observação:* antes de fazer esses cálculos, tente adivinhar as respostas. Você pode ficar muito surpreso.

30. Um átomo de hidrogênio tem diâmetro de $1,06 \times 10^{-10}$ m. O núcleo deste átomo tem diâmetro de aproximadamente $2,40 \times 10^{-15}$ m. (a) Para um modelo em escala, represente o diâmetro do átomo de hidrogênio pelo comprimento de um campo de futebol americano (100 jardas = 300 pés) e determine o diâmetro do núcleo em milímetros. (b) Encontre a relação entre o volume do átomo de hidrogênio e o do seu núcleo.

Seção 1.5 Estimativas e cálculos de ordem de grandeza

Observação: em suas soluções para os Problemas de 31 a 34, indique as quantidades medidas ou estimadas e os valores tomados para cada uma delas.

31. Encontre a ordem de grandeza do número de bolas de tênis de mesa que caberiam em uma sala de tamanho normal (sem ser esmagadas).

32. (a) Calcule a ordem de grandeza da massa de uma banheira com água pela metade. (b) Calcule a ordem de grandeza da massa de uma banheira com moedas de cobre até a metade.

33. Em ordem de grandeza, quantos afinadores de piano residem em Nova York? O físico Enrico Fermi era famoso por fazer perguntas como esta nos exames orais de qualificação de Doutorado.

34. Um pneu de automóvel tem duração estimada de 50.000 milhas. Em ordem de grandeza, quantas voltas ele fará durante sua vida?

Seção 1.6 Algarismos significativos

Observação: o Apêndice B.8 sobre propagação de incerteza pode ser útil na resolução de alguns problemas desta seção.

35. Uma placa retangular tem comprimento de (21,3 ± 0,2) cm e largura de (9,8 ± 0,1) cm. Calcule a área da placa, incluindo sua incerteza.

36. **W** Quantos algarismos significativos têm os seguintes números? (a) 78,9 ± 0,2 (b) $3,788 \times 10^9$ (c) $2,46 \times 10^{-6}$ (d) 0,0053

37. O *ano tropical,* intervalo de tempo entre um e outro equinócio vernal, é a base de nosso calendário. Ele contém 365,242199 dias. Encontre o número de segundos em um ano tropical.

38. **W** Efetue as operações aritméticas: (a) A soma dos valores medidos 756; 37,2; 0,83 e 2. (b) O produto $0,0032 \times 356,3$. (c) O produto $5,620 \times \pi$.

Observação: os próximos 13 problemas exigem habilidades matemáticas estudadas anteriormente e que serão úteis no decorrer deste curso.

39. **Revisão.** No estacionamento de uma faculdade, o número de carros comuns é maior que o de veículos utilitários esportivos (SUV) em 94,7%. A diferença entre o número de carros e o de SUVs é 18. Encontre o número de SUVs no estacionamento.

40. **Revisão.** Durante uma viagem à Europa, você comprou barras de chocolate com avelã para sua avó. Comendo apenas um quadrado por dia, ela fez cada barra grande durar um mês e um terço. Quantas barras constituíram um suprimento de um ano para ela?

41. **Revisão.** Uma criança fica surpresa ao saber o valor do imposto sobre vendas que ela tem de pagar, $ 1,36, por um brinquedo de $ 1,25. Qual é a taxa efetiva de imposto nessa compra, expressa em porcentagem?

42. **Revisão.** A densidade média do planeta Urano é $1,27 \times 10^3$ kg/m^3. A relação entre a massa de Netuno e a de Urano

é 1,19. A relação entre o raio de Netuno e o de Urano é 0,969. Encontre a densidade média de Netuno.

43. Revisão. A relação entre o número de pardais que visitam um alimentador de pássaros e o número de pássaros mais interessantes é 2,25. Em uma manhã, quando um total de 91 pássaros visitam o alimentador, qual é o número de pardais?

44. Revisão. Encontre cada ângulo θ entre 0 e 360° para os quais a razão sen θ por cos θ é –3,00.

45. M **Revisão.** Para o triângulo retângulo mostrado na Figura P1.45, quais são (a) o comprimento do lado desconhecido, (b) a tangente de θ, e (c) o seno de ϕ?

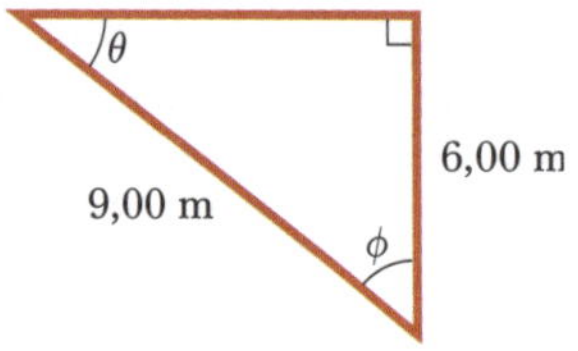

Figura P1.45

46. Revisão. Prove que uma solução da equação

$$2{,}00x^4 - 3{,}00x^3 + 5{,}00x = 70{,}0$$

é $x = -2{,}22$.

47. M **Revisão.** Um cordeirinho de estimação cresce rapidamente e sua massa é proporcional ao cubo de seu comprimento. Quando o comprimento do cordeiro varia 15,8%, sua massa aumenta 17,3 kg. Encontre a massa do cordeiro no final desse processo.

48. Revisão. Uma curva de rodovia forma uma seção de um círculo. Um carro faz a curva, como mostra a vista de um helicóptero na Figura P1.48. A bússola do painel mostra que o carro está inicialmente seguindo rumo leste. Depois de percorrer $d = 840$ m, ele segue a $\theta = 35{,}0°$ sudeste. Encontre o raio de curvatura da trajetória dele. *Sugestão:* talvez seja interessante utilizar o teorema geométrico apresentado no Apêndice B.3.

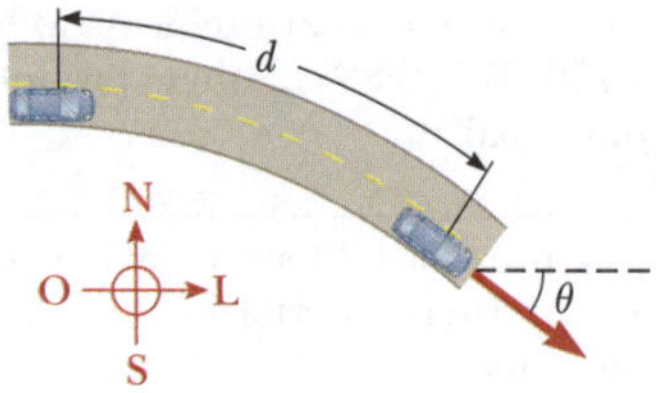

Figura P1.48

49. Revisão. A partir do conjunto de equações

$$p = 3q$$

$$pr = qs$$

$$\tfrac{1}{2}pr^2 + \tfrac{1}{2}qs^2 = \tfrac{1}{2}qt$$

envolvendo as incógnitas p, q, r, s e t, encontre o valor da razão de t por r.

50. Revisão. A Figura P1.50 mostra estudantes analisando a condução de energia térmica em blocos cilíndricos de gelo. Como veremos no Capítulo 6 do Volume 2, esse processo é descrito pela equação

$$\frac{Q}{\Delta t} = \frac{k\pi d^2(T_q - T_f)}{4L}$$

Para controle experimental, em um conjunto de ensaios, todas as quantidades, exceto d e Δt, são constantes. (a) Se d é tomada três vezes maior, a equação prevê que Δt ficará maior ou menor? Em razão de qual fator? (b) Que padrão de proporcionalidade de Δt para d a equação prevê? (c) Para exibir essa proporcionalidade como uma linha reta em um gráfico, quais quantidades você deve traçar nos eixos horizontal e vertical? (d) Que expressão representa a inclinação teórica desse gráfico?

Alexandra Héder

Figura P1.50

51. Revisão. Um estudante recebe uma pilha de papel carbono, uma régua, um compasso, uma tesoura e uma balança sensível. Ele corta várias formas de tamanhos variados, calcula suas áreas, mede suas massas e prepara o gráfico da Figura P1.51. (a) Considere o quarto ponto experimental a partir de cima. A que distância da linha reta ele melhor se ajusta? Expresse a resposta como uma diferença em coordenada do eixo vertical. (b) Expresse a resposta na forma de porcentagem. (c) Calcule a inclinação da linha. (d) Informe o que o gráfico demonstra, com relação à sua forma e os resultados das partes (b) e (c). (e) Descreva se esse resultado deveria ser esperado teoricamente. (f) Descreva o significado físico da inclinação.

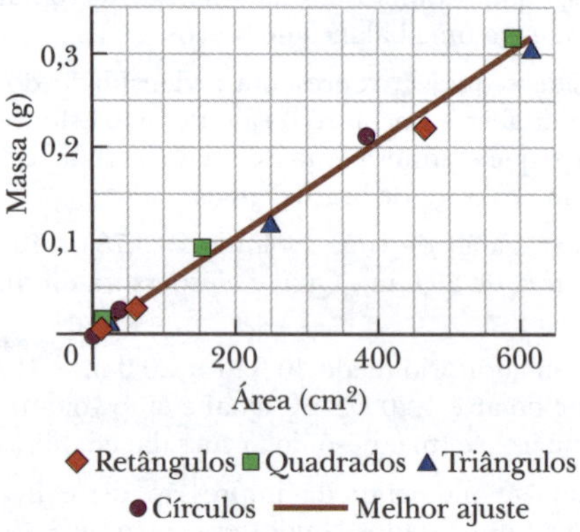

Figura P1.51

52. O raio de uma esfera maciça uniforme é medido como (6,50 ± 0,20) cm e sua massa, como (1,85 ± 0,02) kg. Determine a densidade da esfera em quilogramas por metro cúbico e a incerteza da densidade.

53. Uma calçada deve ser construída ao redor de uma piscina que mede (10,0 ± 0,1) m por (17,0 ± 0,1) m. Se a calçada tiver de medir (1,00 ± 0,01) m de largura por (9,0 ± 0,1) cm de espessura, que volume de concreto será necessário e qual é a incerteza aproximada deste volume?

Problemas Adicionais

54. Moedas de coleção são às vezes banhadas a ouro para aumentar sua beleza e valor. Considere um quarto de dólar comemorativo, anunciado para venda por \$ 4,98. Ele tem diâmetro de 24,1 mm e espessura de 1,78 mm e está totalmente coberto por uma camada de ouro puro de 0,180 μm de espessura. O volume da cobertura é igual à espessura da camada multiplicada pela área à qual ela é aplicada. Os padrões nas faces da moeda e as ranhuras em sua borda têm um efeito desprezível nessa área. Suponha que o preço do ouro seja \$ 25,0 por grama. (a) Encontre o custo do ouro adicionado à moeda. (b) O custo do ouro aumenta significativamente o valor da moeda? Justifique sua resposta.

55. Em uma situação na qual os dados são conhecidos com três dígitos significativos, escrevemos 6,379 m = 6,38 m e 6,374 m = 6,37 m. Quando um número termina com 5, arbitrariamente escolhemos escrever 6,375 m = 6,38 m. Poderíamos perfeitamente escrever 6,375 m = 6,37 m, "arredondando para baixo", em vez de "arredondar para cima", pois alteraríamos o número 6,375 em incrementos iguais em ambos os casos. Agora, considere uma estimativa de ordem de grandeza na qual fatores de mudança, em vez de incrementos, são importantes. Escrevemos 500 m $\sim 10^3$ m, porque 500 difere de 100 por um fator de 5 e difere de 1.000 apenas por um fator de 2. Escrevemos 437 m $\sim 10^3$ m e 305 m $\sim 10^2$ m. Que distância difere de 100 m e de 1.000 m por fatores iguais, de maneira que poderíamos igualmente bem representar sua ordem de grandeza como $\sim 10^2$ m ou $\sim 10^3$ m?

56. (a) Qual é a ordem de grandeza do número de micro-organismos no trajeto intestinal humano? A escala de comprimento bacteriano comum é 10^{-6} m. Estime o volume intestinal e suponha que 1% dele seja ocupado por bactérias. (b) O número de bactérias sugere que elas são benéficas, perigosas ou neutras para o corpo humano? Para que funções elas poderiam servir?

57. O diâmetro de nossa galáxia em forma de disco, a Via Láctea, tem cerca de $1,0 \times 10^5$ anos-luz. A distância até a galáxia de Andrômeda (Fig. P1.57), que é a galáxia espiral mais próxima da Via Láctea, é de aproximadamente 2,0 milhões de anos-luz. Determine a distância entre os centros de dois pratos, considerando que um modelo em escala representa a Via Láctea e Andrômeda como pratos de jantar de 25 cm de diâmetro.

Figura P1.57 Galáxia de Andrômeda.

58. *Por que a seguinte situação é impossível?* A fim de aumentar o interesse do público em um *game show* televisivo, é oferecido a cada vencedor da semana um prêmio adicional de \$ 1 milhão se ele puder contar pessoalmente esta exata quantia de um suprimento de notas de um dólar. O vencedor deve realizar esta tarefa sob a supervisão dos executivos do *show* em uma semana de trabalho de 40 horas. Para desânimo dos produtores do programa, a maioria dos competidores teve sucesso no desafio.

59. AMT M Uma fonte elevada de água está localizada no centro de uma piscina circular, como mostra a Figura P1.59. Um estudante caminha em volta da piscina e mede sua circunferência, obtendo o valor de 15,0 m. Em seguida, ele fica em pé à beira da piscina e usa um transferidor para medir o ângulo de elevação do topo da fonte, que é $\phi = 55,0°$. Qual é a altura da fonte?

Figura P1.59
Problemas 59 e 60.

60. Uma fonte de água está no centro de uma piscina circular, conforme a Figura P1.59. Um estudante caminha em volta da piscina e mede sua circunferência C. Em seguida, fica em pé à beira da piscina e usa um transferidor para medir o ângulo de elevação ϕ de sua linha de visão ao topo do jato de água. Qual é a altura da fonte?

61. Os dados na tabela a seguir representam medidas de massa e dimensão de cilindros maciços de alumínio, cobre, latão, estanho e ferro. (a) Utilize esses dados para calcular as densidades dessas substâncias. (b) Indique como seus resultados se comparam com os fornecidos na Tabela 14.1.

Substância	Massa (g)	Diâmetro (cm)	Comprimento (cm)
Alumínio	51,5	2,52	3,75
Cobre	56,3	1,23	5,06
Latão	94,4	1,54	5,69
Estanho	69,1	1,75	3,74
Ferro	216,1	1,89	9,77

62. A distância do Sol até a estrela mais próxima é cerca de 4×10^{16} m. A galáxia Via Láctea (Fig. P1.62) é grosseiramente um disco de diâmetro $\sim 10^{21}$ m e espessura $\sim 10^{19}$ m. Encontre a ordem de grandeza do número de estrelas na Via Láctea. Suponha que a distância entre o Sol e nosso vizinho mais próximo seja típica.

Figura P1.62 Galáxia Via Láctea.

63. AMT M Suponha que haja 100 milhões de carros de passageiros nos Estados Unidos e que a eficiência média de combustível seja de 20 mi/gal de gasolina. Se a distância média percorrida por cada carro for de 10.000 mi/ano, quanta gasolina seria economizada por ano caso a eficiência média de combustível aumentasse para 25 mi/gal?

64. Uma concha esférica tem raios externo de 2,60 cm e interno de a. A parede da concha tem espessura uniforme e é feita de um material com densidade 4,70 g/cm^3. O espaço interno da concha é preenchido com um líquido de densidade 1,23 g/cm^3. (a) Encontre a massa m da esfera, incluindo seus conteúdos, como uma função de a. (b) Para que valor da variável a, m tem seu máximo valor possível? (c) Qual é essa massa máxima? (d) Explique se o valor da parte (c) está de acordo com o resultado de um cálculo direto da massa de uma esfera maciça de densidade uniforme feita do mesmo material que a concha. (e) **E SE?** A resposta do item (a) mudaria se a parede interna não fosse concêntrica com a externa?

65. Bactérias e outros procariontes são encontrados profundamente no subsolo, na água e no ar. Um mícron (10^{-6} m) é uma escala de comprimento comum associada a esses micróbios. (a) Estime o número total de bactérias e outros procariontes na Terra. (b) Estime a massa total de todos esses micróbios.

66. O ar é inflado para dentro de um balão esférico de maneira que, quando seu raio é de 6,50 cm, ele está aumentando em 0,900 cm/s. (a) Encontre a taxa à qual o volume do balão está aumentando. (b) Se a taxa volumétrica de fluxo de ar que entra no balão for constante, a que taxa o raio aumentará quando for de 13,0 cm? (c) Explique fisicamente por que a resposta do item (b) é maior ou menor que 0,9 cm/s, caso seja diferente.

67. Uma barra que se estende entre $x = 0$ e $x = 14{,}0$ cm tem área da seção transversal uniforme $A = 9{,}00$ cm^2. Sua densidade aumenta regularmente entre suas extremidades de 2,70 g/cm^3 a 19,3 g/cm^3. (a) Identifique as constantes B e C requeridas na expressão $\rho = B + Cx$ para descrever a densidade variável. (b) A massa da haste é dada por

$$m = \int_{\text{todo material}} \rho\, dV = \int_{\text{todos os } x} \rho A\, dx = \int_0^{14{,}0\text{ cm}} (B + Cx)(9{,}00\text{ cm}^2)dx$$

Efetue a integral para encontrar a massa da barra.

68. Em Física, é importante utilizar aproximações matemáticas. (a) Demonstre que para ângulos pequenos ($< 20°$)

$$\text{tg}\ \alpha \approx \text{sen}\ \alpha \approx \alpha = \frac{\pi\alpha'}{180°}$$

onde α está em radianos e α', em graus. (b) Utilize uma calculadora para encontrar o maior ângulo para o qual tg α pode ser aproximada por α com um erro menor que 10,0%.

69. M O consumo de gás natural por uma empresa satisfaz a equação empírica $V = 1{,}50t + 0{,}00800t^2$, onde V é o volume do gás em milhões de pés cúbicos e t, o tempo em meses. Expresse essa equação em unidades de pés cúbicos e segundos. Considere um mês de 30 dias.

70. PD Uma mulher que deseja saber a altura de uma montanha mede o ângulo de elevação dela como 12,0°. Após caminhar 1,00 km para mais perto da montanha em terreno plano, ela encontra um ângulo de 14,0°. (a) Faça um desenho do problema, desprezando a altura dos olhos da mulher acima do chão. *Dica:* utilize dois triângulos. (b) Utilizando o símbolo y para representar a altura da montanha e o símbolo x para representar a distância original da mulher à montanha, identifique a figura. (c) Utilizando a figura marcada, escreva duas equações trigonométricas relacionando as duas variáveis selecionadas. (d) Encontre a altura y.

71. AMT Uma criança adora ver você encher a garrafa de plástico transparente com xampu (Fig. P1.71). Cada corte horizontal da garrafa é circular, mas os diâmetros dos círculos têm valores diferentes. Você derrama o xampu colorido e brilhante na garrafa a uma taxa constante de 16,5 cm^3/s. A que taxa cresce seu nível na garrafa (a) em um ponto onde o diâmetro da garrafa é 6,30 cm e (b) em um ponto onde o diâmetro é 1,35 cm?

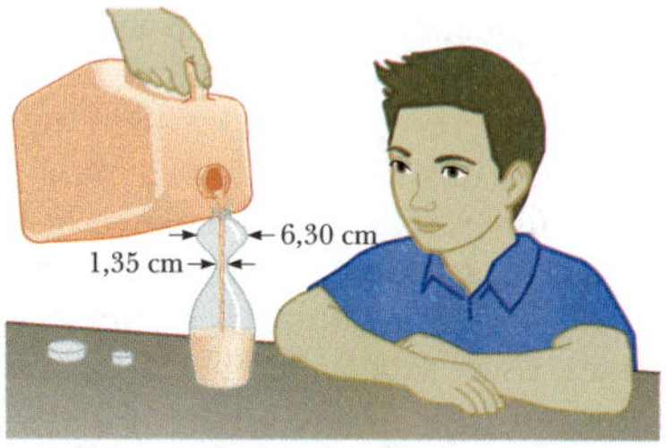

Figura P1.71

Problemas de Desafio

72. Certa mulher está a uma distância horizontal x de uma montanha e mede o ângulo de elevação do cume da montanha acima da horizontal como θ. Após caminhar uma distância d para perto da montanha em terreno plano, ela encontra o ângulo ϕ. Encontre uma equação geral para a altura y da montanha em termos de d, ϕ e θ, desprezando a altura de seus olhos acima do chão.

73. Você está em um pasto plano e observa duas vacas (Fig. P1.73). A vaca A está ao norte de você e a 15,0 m de sua posição. A vaca B está a 25,0 m de sua posição. De seu ponto de vista, o ângulo entre a vaca A e a B é 20,0°, com a B aparecendo à direita da A. (a) Qual distância separa a vaca A da B? (b) Considere a vista da vaca A. De acordo com esta vaca, qual é o ângulo entre você e a B? (c) Considere a vista da vaca B. De acordo com esta vaca, qual é o ângulo entre você e a A? *Dica:* o que a situação parece para um beija-flor pairando acima do pasto? (d) Duas estrelas no céu parecem estar afastadas 20,0°. A estrela A está a 15,0 anos-luz da Terra e a estrela B, que aparece à direita da A, está a 25,0 anos-luz da Terra. Para um habitante de um planeta na órbita de uma estrela A, qual é o ângulo no céu entre a estrela B e nosso Sol?

Figura P1.73 Sua visão de duas vacas em um pasto. A vaca A está exatamente ao seu norte. Você deve virar os olhos a um ângulo de 20,0° para olhar da vaca A para a B.

capítulo 2

Movimento em uma dimensão

Em corridas de arrancada, o piloto quer a maior aceleração possível. Em uma distância de um quarto de milha, um veículo atinge velocidades de mais de 320 mi/h, cobrindo a distância total em menos de 5 s. *(George Lepp/Getty Images)*

Como primeiro passo no estudo da Mecânica Clássica, descrevemos o movimento de um corpo ignorando as interações com agentes externos que podem estar afetando ou modificando aquele movimento. Esta parte da Mecânica Clássica é chamada *cinemática*. (A palavra *cinemática* tem a mesma raiz de *cinema*.) Neste capítulo, consideramos somente o movimento em uma dimensão, ou seja, o movimento de um corpo em linha reta.

No nosso dia a dia, sabemos que o movimento de um corpo representa uma mudança contínua na sua posição. Na Física, podemos categorizá-lo em três tipos: translacional, rotacional e vibracional. Um carro viajando em uma rodovia é um exemplo de movimento translacional; a Terra girando em seu eixo, rotacional; e o movimento para a frente e para trás de um pêndulo, vibracional. Neste capítulo e nos próximos, vamos nos concentrar no movimento translacional. (Em outra parte do livro estudaremos os movimentos rotacional e vibracional.)

Em nosso estudo do movimento translacional, usamos o que é chamado **modelo de partícula** e descrevemos o corpo em movimento como uma *partícula*, independente do seu tamanho. Lembre-se da discussão sobre fazer modelos para situações físicas na Seção 1.2. Em geral, **uma partícula é um ponto material, ou seja, um corpo que possui massa, mas é de tamanho infinitesimal**. Por exemplo, se quisermos descrever o movimento da Terra ao redor do Sol, podemos tratá-la como uma partícula e obter dados razoavelmente precisos sobre sua órbita. Esta aproximação é justificada porque o raio da órbita da Terra é grande quando comparado às dimensões da Terra e do Sol. Em um exemplo de escala muito menor, é possível explicar a pressão exercida por um gás nas paredes de um recipiente tratando as moléculas de gás como partículas, sem considerar a estrutura interna das moléculas.

2.1 Posição, velocidade escalar e velocidade vetorial

Posição ▶ A **posição** de uma partícula x é a sua localização em relação ao ponto de referência escolhido como a origem de um sistema de coordenadas. O movimento de uma partícula é totalmente descrito se sua posição no espaço, em todos os momentos, é conhecida.

Considere um carro movimentando-se para a frente e para trás no eixo x conforme a Figura 2.1a. Quando começamos a coletar informações sobre a posição, o carro está 30 m à direita do ponto de referência $x = 0$. Usaremos o modelo de partícula identificando um ponto no carro, talvez a maçaneta da porta da frente, como uma partícula que representa o carro inteiro.

Começamos a marcar o tempo e anotamos a posição do carro a cada 10 s. Como indicado na Tabela 2.1, o carro se move para a direita (que definimos como sendo a direção positiva) durante os primeiros 10 s do movimento, da posição Ⓐ para a posição Ⓑ. Depois de Ⓑ, os valores de posição começam a diminuir, sugerindo que o carro está voltando da posição Ⓑ até posição Ⓕ. De fato, em Ⓓ, 30 s após o início das medidas, o carro está na origem das coordenadas (observe a Figura 2.1a). Ele continua a se mover para a esquerda e está mais de 50 m para a esquerda da posição $x = 0$ quando paramos de registrar as informações após o sexto ponto. Uma representação gráfica desta informação é apresentada na Figura 2.1b. Um traçado como este é chamado *gráfico de posição-tempo.*

Observe as *representações alternativas* das informações que usamos para o movimento do carro. A Figura 2.1a é uma *representação pictórica,* enquanto a 2.1b é uma *representação gráfica.* A Tabela 2.1 é uma *representação tabular* da mesma informação. Usar uma representação alternativa é uma estratégia excelente para entender a situação em um problema. O objetivo final de muitos problemas é uma *representação matemática,* que pode ser analisada para a resolução de uma informação específica.

TABELA 2.1 *Posição do carro em vários momentos*

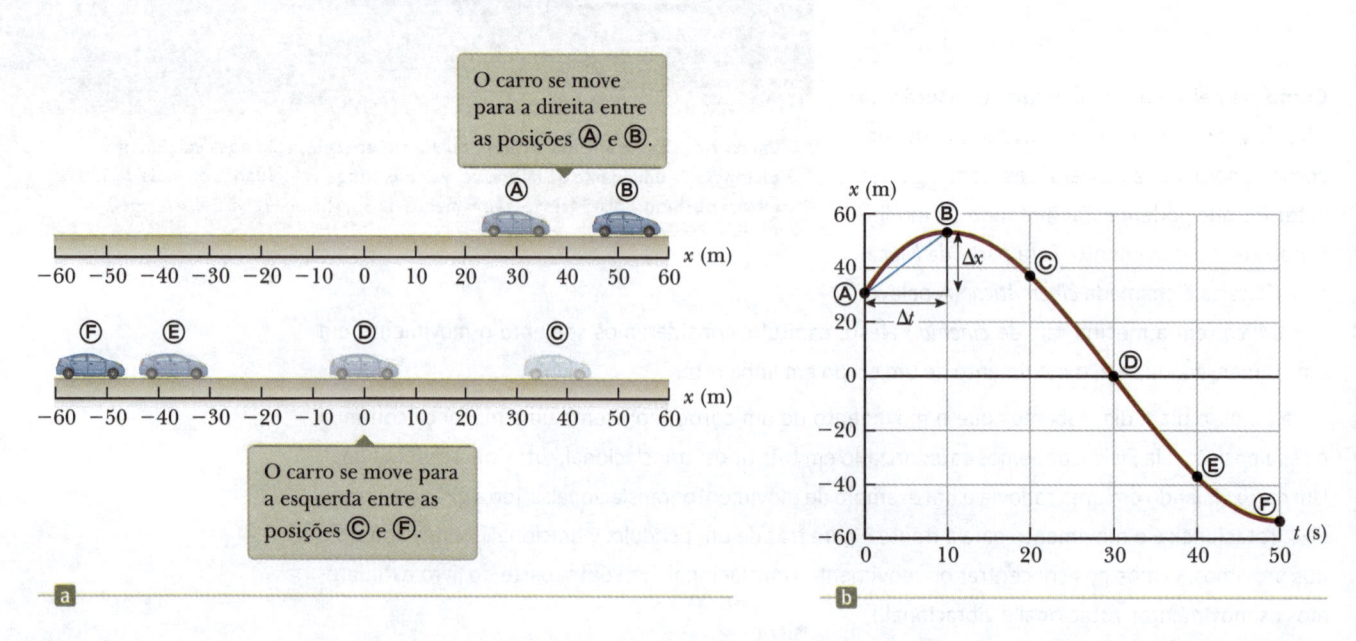

Posição	t (s)	x (m)
Ⓐ	0	30
Ⓑ	10	52
Ⓒ	20	38
Ⓓ	30	0
Ⓔ	40	−37
Ⓕ	50	−53

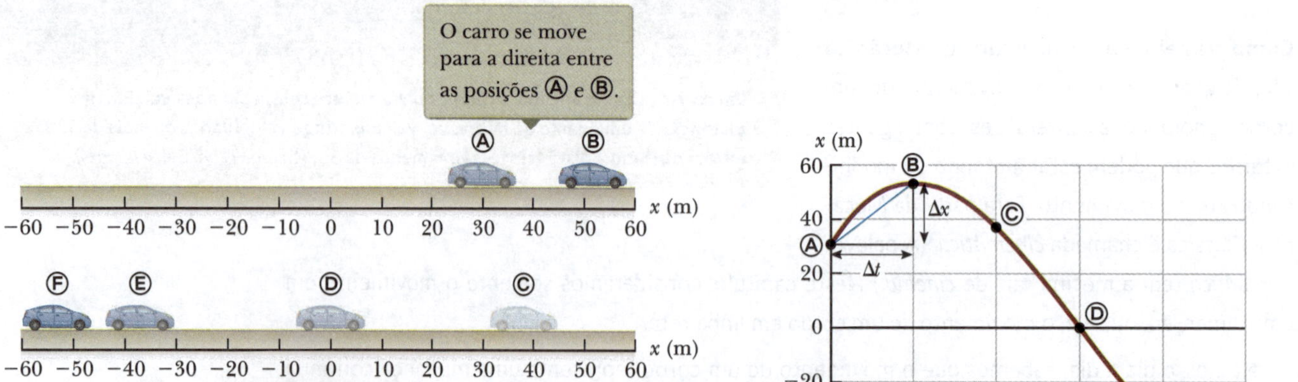

Figura 2.1 Um carro se move para a frente e para trás em uma linha reta. Como estamos interessados somente no movimento translacional do carro, podemos modelá-lo como uma partícula. Várias representações da informação sobre o movimento do carro podem ser usadas. A Tabela 2.1 é uma representação tabular da informação. (a) Uma representação pictórica do movimento do carro. (b) Uma representação gráfica (gráfico posição--tempo) do movimento do carro.

Com os dados da Tabela 2.1, podemos determinar facilmente a mudança na posição do carro para vários intervalos de tempo. O **deslocamento** Δx de uma partícula é definido como sua mudança de posição em algum intervalo de tempo. Conforme a partícula se move de uma posição inicial x_i para uma posição final x_f, seu deslocamento é dado por

$$\Delta x \equiv x_f - x_i \qquad (2.1)$$

◀ **Deslocamento**

Usamos a letra maiúscula grega delta (Δ) para denotar a *variação* em uma quantidade. A partir desta definição, vemos que Δx é positivo se x_f for maior que x_i, e negativo se x_f for menor que x_i.

É muito importante saber reconhecer a diferença entre deslocamento e distância percorrida. A **distância** é o comprimento de uma trajetória percorrida por uma partícula. Considere, por exemplo, os jogadores de basquete. Se um jogador corre pela quadra desde a tabela do seu lado da quadra até a do outro lado e depois volta à sua tabela, seu *deslocamento* durante este intervalo de tempo é zero, porque ele terminou no mesmo ponto de onde começou: $x_f = x_i$, então $\Delta x = 0$. No entanto, durante este intervalo de tempo, o jogador se moveu por uma *distância* que é o dobro do comprimento da quadra de basquete. A distância sempre é representada como um número positivo, enquanto o deslocamento pode ser tanto positivo como negativo.

Deslocamento é um exemplo de quantidade vetorial. Muitas outras quantidades físicas, até mesmo posição, velocidade e aceleração, também são vetores. Em geral, uma **quantidade vetorial** requer a especificação de direção e de intensidade (módulo). Em contraste, uma **quantidade escalar** tem valor numérico, mas não direção. Neste capítulo, usaremos os sinais de positivo (+) e negativo (−) para indicar a direção do vetor. Por exemplo, vamos especificar arbitrariamente o movimento horizontal para a direita como sendo na direção positiva. Então, qualquer corpo que se mova sempre para a direita terá um deslocamento positivo $\Delta x > 0$, e qualquer corpo movimentando-se para a esquerda terá um deslocamento negativo, $\Delta x < 0$. As quantidades vetoriais são apresentadas com mais detalhes no Capítulo 3 deste volume.

Um ponto muito importante ainda não foi mencionado. Note que os dados da Tabela 2.1 resultam dos seis pontos de informação no gráfico da Figura 2.1b. Portanto, o movimento da partícula não é conhecido completamente, porque não sabemos sua posição em *todos* os momentos. A curva suave desenhada pelos seis pontos no gráfico é somente uma *possibilidade* do movimento real do carro. Temos informação somente sobre seis instantes de tempo; não sabemos o que aconteceu entre os pontos de informação. A curva suave é uma *suposição* do que aconteceu, mas considere que é *somente* uma suposição. Se a curva suave representar o movimento real do carro, o gráfico contém informações completas sobre o intervalo total de 50 s durante o qual vemos o carro se movendo.

É muito mais fácil ver mudanças em posição no gráfico que por uma descrição verbal ou uma tabela de números. Por exemplo, fica claro que o carro cobre mais terreno na metade do intervalo de 50 s que no final. Entre as posições Ⓒ e Ⓓ, o carro percorre quase 40 m, mas durante os últimos 10 s, entre as posições Ⓔ e Ⓕ, percorre menos que a metade disto. Uma maneira comum de comparar estes movimentos diferentes é dividir o deslocamento Δx que ocorre entre duas leituras de relógio pelo valor daquele intervalo de tempo Δt específico. O resultado é uma proporção bastante útil, que será usada muitas vezes. Esta proporção recebe o nome especial de *velocidade média*. A **velocidade vetorial média** $v_{x,\text{m}}$ de uma partícula é definida como o deslocamento Δx da partícula dividido pelo intervalo de tempo Δt durante o qual aquele deslocamento ocorre:

$$v_{x,\text{m}} \equiv \frac{\Delta x}{\Delta t} \qquad (2.2)$$

◀ **Velocidade vetorial média**

onde o subscrito x indica movimento ao longo do eixo x. Desta definição vemos que a velocidade vetorial média tem dimensões de comprimento dividido pelo tempo (L/T), ou metros por segundo em unidades SI.

A velocidade vetorial média de uma partícula se movendo em uma dimensão pode ser positiva ou negativa, dependendo do sinal do deslocamento. (O intervalo de tempo Δt é sempre positivo.) Se a coordenada da partícula aumenta no tempo (isto é, se $x_f > x_i$), Δx é positivo e $v_{x,\text{m}} = \Delta x/\Delta t$ é positivo. Este caso corresponde a uma partícula movendo-se na direção positiva x, ou seja, na direção de valores de x maiores.

Se a coordenada diminui no tempo (isto é, se $x_f < x_i$), Δx é negativo e então $v_{x,\text{m}}$ é negativo. Este caso corresponde a uma partícula movendo-se na direção negativa x.

Podemos interpretar a velocidade vetorial média geometricamente desenhando uma linha reta entre quaisquer dois pontos no gráfico de posição-tempo da Figura 2.1b. Esta linha forma a hipotenusa de um triângulo retângulo de altura Δx e base Δt. A inclinação desta linha é a proporção $\Delta x/\Delta t$, que é a definição de velocidade vetorial média dada na Equação 2.2. Por exemplo, a linha entre as posições Ⓐ e Ⓑ na Figura 2.1b tem inclinação igual à velocidade vetorial média do carro entre estes dois instantes (52 m − 30 m)/(10 s − 0) = 2,2 m/s.

No uso diário, os termos *velocidade escalar* e *velocidade vetorial* são permutáveis. Entretanto, em Física há uma distinção clara entre essas duas quantidades. Considere um maratonista que corre uma distância d de mais de 40 km e acaba no mesmo ponto de partida. Seu deslocamento total é zero, então sua velocidade vetorial média é zero! Contudo, temos de conseguir quantificar quão rápido ele correu. Uma proporção ligeiramente diferente faz isto. A **velocidade escalar média** v_m de uma partícula, uma quantidade escalar, é definida como a distância total d percorrida dividida pelo intervalo de tempo total necessário para percorrer aquela distância:

Velocidade escalar média ▶

$$v_m \equiv \frac{d}{\Delta t} \quad (2.3)$$

Prevenção de Armadilhas 2.1

Velocidade escalar média e velocidade vetorial média

A intensidade (módulo) da velocidade vetorial média *não* é a velocidade escalar média. Por exemplo, considere a maratona mencionada na Equação 2.3. A intensidade da sua velocidade vetorial média é zero, mas não sua velocidade escalar média.

A unidade SI da velocidade escalar média é a mesma da unidade da velocidade vetorial média: metros por segundo. Diferente da velocidade vetorial média, a velocidade escalar média não tem direção e sempre é expressa como número positivo. Observe a distinção clara entre as definições de velocidade vetorial média e velocidade escalar média: velocidade vetorial média (Eq. 2.2) é o *deslocamento* dividido pelo intervalo de tempo, enquanto velocidade escalar média (Eq. 2.3) é a *distância* dividida pelo intervalo de tempo.

Saber a velocidade vetorial média ou velocidade escalar média de uma partícula não fornece informação sobre os detalhes do movimento. Por exemplo, suponha que você leve 45,0 s para percorrer 100 m por um corredor longo e reto até o portão de embarque de um aeroporto. Na marca dos 100 m, você percebe que não foi ao banheiro e volta 25,0 m pelo mesmo corredor, levando 10,0 s para percorrer a distância. O módulo da sua *velocidade vetorial* média é +75,0 m/55,0 s = +1,36 m/s. A *velocidade escalar* média de seu percurso é 125 m/55,0 s = 2,27 m/s. Você pode ter percorrido as distâncias em várias velocidades e mudado de direção. Nem a velocidade vetorial média nem a velocidade escalar média dão informações sobre estes detalhes.

Teste Rápido **2.1** Sob qual das condições a seguir a intensidade da velocidade vetorial média de uma partícula se movendo em uma dimensão é menor que a velocidade escalar média durante um intervalo de tempo? **(a)** A partícula se move na direção $+x$ sem inverter o trajeto. **(b)** A partícula se move na direção $-x$ sem inverter o trajeto. **(c)** A partícula se move na direção $+x$ e então inverte a direção de seu movimento. **(d)** Não há condições nas quais a afirmativa seja verdadeira.

Exemplo 2.1 Calculando velocidade vetorial média e velocidade escalar média

Encontre o deslocamento, velocidade vetorial média e velocidade escalar média do carro na Figura 2.1a entre as posições Ⓐ e Ⓕ.

SOLUÇÃO

Consulte a Figura 2.1 para formar uma imagem mental do carro e seu movimento. Modelamos o carro como uma partícula. Do gráfico de posição-tempo dado na Figura 2.1b, note que $x_{Ⓐ} = 30$ m em $t_{Ⓐ} = 0$ s e que $x_{Ⓕ} = -53$ m em $t_{Ⓕ} = 50$ s.

Use a Equação 2.1 para calcular o deslocamento do carro: $\Delta x = x_{Ⓕ} - x_{Ⓐ} = -53\text{ m} - 30\text{ m} = \boxed{-83\text{ m}}$

Esse resultado significa que o carro termina 83 m na direção negativa (para a esquerda, neste caso) de onde começou. Este número tem as unidades corretas e é da mesma ordem de grandeza que as informações dadas. Observando a Figura 2.1a, verificamos que esta é a resposta correta.

2.1 *cont.*

Use a Equação 2.2 para calcular a velocidade vetorial média do carro:

$$v_{x,\mathrm{m}} = \frac{x_{Ⓕ} - x_{Ⓐ}}{t_{Ⓕ} - t_{Ⓐ}}$$

$$= \frac{-53 \text{ m} - 30 \text{ m}}{50 \text{ s} - 0 \text{ s}} = \frac{-83 \text{ m}}{50 \text{ s}} = \boxed{-1{,}7 \text{ m/s}}$$

Não podemos calcular a velocidade escalar média do carro a partir das informações na Tabela 2.1 porque não temos informações sobre as posições do carro entre os pontos de informação. Se supusermos que os detalhes da posição do carro são descritos pela curva na Figura 2.1b, a distância percorrida é de 22 m (de Ⓐ para Ⓑ) mais 105 m (de Ⓑ para Ⓕ), perfazendo um total de 127 m.

Use a Equação 2.3 para calcular a velocidade escalar média do carro:

$$v_{\mathrm{m}} = \frac{127 \text{ m}}{50 \text{ s}} = \boxed{2{,}5 \text{ m/s}}$$

Note que a velocidade escalar média é positiva, como deve ser. Suponha que a curva marrom-avermelhada na Figura 2.1b fosse diferente, de modo que entre 0 s e 10 s fosse de Ⓐ para 100 m e então voltasse para Ⓑ. A velocidade escalar média do carro mudaria porque a distância é diferente, mas a velocidade vetorial média não mudaria.

2.2 Velocidade vetorial e velocidade escalar instantâneas

Frequentemente precisamos saber a velocidade escalar de uma partícula em um instante específico no tempo t, em vez da velocidade vetorial média por um intervalo de tempo finito Δt. Em outras palavras, você gostaria de poder especificar sua velocidade escalar tão precisamente quanto pode fazer com sua posição anotando o que está acontecendo durante uma leitura específica no relógio, ou seja, em algum instante específico. O que significa falar sobre quão rapidamente algo está se movendo se "congelarmos o tempo" e falarmos somente sobre um instante individual? No final dos anos 1600, com a invenção do cálculo, os cientistas começaram a entender como poderiam descrever o movimento de um corpo em qualquer instante.

Para ver como isto é feito, considere a Figura 2.2a, uma reprodução do gráfico na Figura 2.1b. Qual é a velocidade da partícula em $t = 0$? Já discutimos a velocidade vetorial média para o intervalo durante o qual o carro se moveu da posição Ⓐ para a posição Ⓑ (dado pela inclinação da linha azul) e para o intervalo durante o qual ele se moveu de Ⓐ para Ⓕ (representado pela inclinação da linha azul mais longa e calculado no Exemplo 2.1). O carro começa se movendo para a direita, definida como a direção positiva. Então, sendo positivo, o valor da velocidade vetorial média durante o intervalo de Ⓐ para Ⓑ é mais representativo da velocidade vetorial inicial do que o valor da velocidade vetorial média durante o intervalo de Ⓐ para Ⓕ, que determinamos como negativo no Exemplo 2.1.

Vamos nos concentrar na linha azul curta e movimentar o ponto Ⓑ para a esquerda ao longo da curva, na direção do ponto Ⓐ, como na Figura 2.2b. A linha entre os pontos fica cada vez mais íngreme, e à medida que os dois pontos ficam extremamente perto um do outro, a linha torna-se tangente à curva, indicada pela linha verde na Figura 2.2b. A inclinação desta linha tangente representa a velocidade do carro no ponto Ⓐ. O que fizemos foi determinar a *velocidade vetorial instantânea* naquele momento. Em outras palavras, a **velocidade vetorial instantânea** v_x é igual ao valor limitante da proporção $\Delta x/\Delta t$ conforme Δt se aproxima de zero:[1]

$$v_x \equiv \lim_{\Delta t \to 0} \frac{\Delta x}{\Delta t} \qquad \textbf{(2.4)}$$

> **Prevenção de Armadilhas 2.2**
>
> **Inclinações de gráficos**
>
> Em qualquer gráfico de informação física, a *inclinação* representa a proporção da mudança na quantidade representada no eixo vertical com relação à mudança na quantidade representada no eixo horizontal. Lembre-se de que *uma inclinação tem unidades* (a menos que os dois eixos tenham as mesmas unidades). As unidades de inclinação nas Figuras 2.1b e 2.3 são metros por segundo, as unidades de velocidade.

[1] Note que o deslocamento Δx também se aproxima de zero conforme Δt se aproxima de zero; então, a proporção fica como 0/0. Embora esta relação possa parecer difícil de avaliar, ela tem um valor específico. À medida que Δx e Δt ficam cada vez menores, a proporção $\Delta x/\Delta t$ se aproxima de um valor igual à inclinação da linha tangente à curva *x-versus-t*.

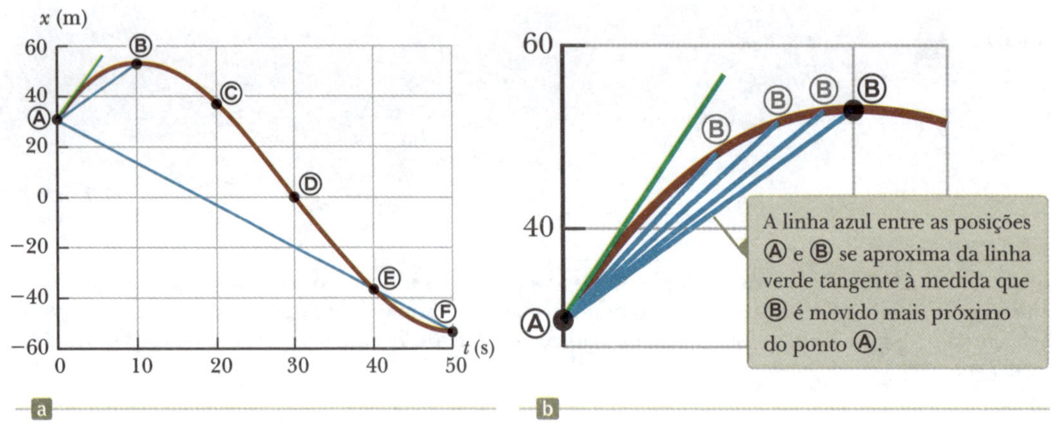

Figura 2.2 (a) Gráfico representando o movimento do carro da Figura 2.1. (b) Um aumento do canto superior esquerdo do gráfico.

Em notação de cálculo, este limite é chamado *derivada* de x com relação a t, representado como dx/dt.

Velocidade vetorial instantânea ▶

$$v_x \equiv \lim_{\Delta t \to 0} \frac{\Delta x}{\Delta t} = \frac{dx}{dt} \qquad (2.5)$$

A velocidade vetorial instantânea pode ser positiva, negativa ou zero. Quando a inclinação do gráfico de posição-tempo é positiva, como em qualquer instante dos primeiros 10 s na Figura 2.2, v_x é positiva e o carro está se movendo na direção de valores de x *maiores*. Após o ponto Ⓑ, v_x é negativa porque a inclinação é negativa e o carro está se movendo na direção de valores de x *menores*. No ponto Ⓑ, a inclinação e a velocidade vetorial instantânea são zero, e o carro está momentaneamente em repouso.

A partir daqui, usaremos a palavra *velocidade* para designar velocidade vetorial instantânea. Quando estivermos interessados na *velocidade média*, sempre usaremos o adjetivo *média*.

A **velocidade escalar instantânea** de uma partícula é definida como a intensidade (módulo) de sua velocidade instantânea. Como acontece com a velocidade escalar média, a velocidade escalar instantânea não tem direção associada a ela. Por exemplo, se uma partícula tem velocidade instantânea de +25 m/s ao longo de uma linha e outra partícula tem velocidade instantânea de −25 m/s ao longo da mesma linha, ambas têm velocidade escalar[2] de 25 m/s.

Prevenção de Armadilhas 2.3

Velocidade escalar instantânea e velocidade vetorial instantânea

Na Prevenção de Armadilhas 2.1, dissemos que o módulo da velocidade vetorial média não é a velocidade escalar média. O módulo da velocidade vetorial instantânea, no entanto, é o módulo da velocidade escalar instantânea. Num intervalo de tempo infinitesimal, a intensidade do deslocamento é igual à distância percorrida pela partícula.

***Teste Rápido* 2.2** Os policiais rodoviários estão mais interessados em **(a)** sua velocidade escalar média ou **(b)** sua velocidade escalar instantânea enquanto você dirige?

Exemplo 2.2 A velocidade de corpos diferentes

Considere os movimentos em uma dimensão a seguir: (**A**) uma bola jogada diretamente para cima sobe a um ponto máximo e cai na mão de quem a atirou; (**B**) um carro de corrida começa do repouso e aumenta sua velocidade até 100 m/s; e (**C**) uma nave espacial fica à deriva no espaço com velocidade constante. Existem pontos no movimento desses corpos nos quais a velocidade instantânea tem o mesmo valor que a velocidade média durante todo o movimento? Caso existam, identifique o(s) ponto(s).

[2] Como acontece com a velocidade, deixamos de lado o adjetivo para velocidade escalar instantânea. "Velocidade escalar" significa velocidade escalar instantânea.

2.2 *cont.*

SOLUÇÃO

(A) A velocidade média para a bola atirada é zero porque ela retorna ao ponto inicial; portanto, seu deslocamento é zero. Há um ponto no qual a velocidade instantânea é zero: no topo do movimento.

(B) A velocidade média do carro não pode ser avaliada sem ambiguidade com a informação dada, mas deve ter algum valor entre 0 e 100 m/s. Como o carro terá toda velocidade instantânea entre 0 e 100 m/s em algum momento dentro do intervalo, deve haver algum instante no qual a velocidade instantânea é igual à velocidade média de todo o movimento.

(C) Como a velocidade instantânea da nave espacial é constante, sua velocidade instantânea em *qualquer* instante e sua velocidade média durante *qualquer* intervalo de tempo são iguais.

Exemplo 2.3 Velocidade média e velocidade instantânea

Uma partícula se move ao longo do eixo x. Sua posição varia no tempo de acordo com a expressão $x = -4t + 2t^2$, onde x é dado em metros e t em segundos.[3] O gráfico de posição-tempo para este movimento está na Figura 2.3a. Como a posição da partícula é dada por uma função matemática, o movimento dela é completamente conhecido, ao contrário daquele do carro na Figura 2.1. Note que a partícula se move na direção x negativa durante o primeiro segundo do movimento, fica momentaneamente em repouso no instante $t = 1$ s e se move na posição x positiva nos instantes $t > 1$ s.

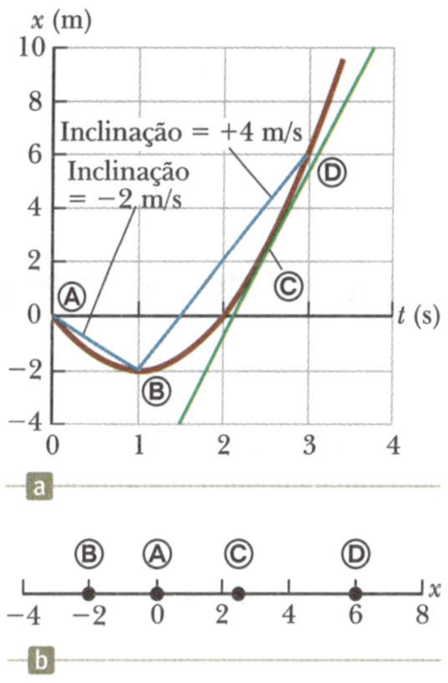

Figura 2.3 (Exemplo 2.3)
(a) Gráfico de posição-tempo para uma partícula com coordenada x que varia no tempo de acordo com a expressão $x = -4t + 2t^2$.
(b) A partícula se move em uma dimensão ao longo do eixo x.

(A) Determine o deslocamento da partícula nos intervalos de tempo $t = 0$ a $t = 1$ s e $t = 1$ s a $t = 3$ s.

SOLUÇÃO

A partir do gráfico na Figura 2.3a, forme uma representação mental do movimento da partícula. Lembre-se de que a partícula não se move em trajetória curva como aquela representada pela curva marrom-avermelhada na representação gráfica. A partícula se move somente ao longo do eixo x em uma dimensão conforme demonstrado na Figura 2.3b. Em $t = 0$, está se movendo para a direita ou para a esquerda?

Durante o primeiro intervalo de tempo, a inclinação é negativa e, portanto, a velocidade média é negativa. Sabemos então que o deslocamento entre Ⓐ e Ⓑ deve ser um número negativo com unidades de metros. Da mesma maneira, esperamos que o deslocamento entre Ⓑ e Ⓓ seja positivo.

No primeiro intervalo de tempo, estabeleça $t_i = t_Ⓐ = 0$ e $t_f = t_Ⓑ = 1$ s e use a Equação 2.1 para calcular o deslocamento:

$$\Delta x_{Ⓐ\to Ⓑ} = x_f - x_i = x_Ⓑ - x_Ⓐ$$
$$= [-4(1) + 2(1)^2] - [-4(0) + 2(0)^2] = \boxed{-2 \text{ m}}$$

Para o segundo intervalo de tempo ($t = 1$ s a $t = 3$ s), estabeleça $t_i = t_Ⓑ = 1$ s e $t_f = t_Ⓓ = 3$ s:

$$\Delta x_{Ⓑ\to Ⓓ} = x_f - x_i = x_Ⓓ - x_Ⓑ$$
$$= [-4(3) + 2(3)^2] - [-4(1) + 2(1)^2] = \boxed{+8 \text{ m}}$$

Esses deslocamentos também podem ser lidos diretamente do gráfico de posição-tempo.

(B) Calcule a velocidade média durante estes dois intervalos de tempo.

continua

[3] Para facilitar a leitura, representamos a expressão como $x = -4t + 2t^2$, em vez de $x = (-4{,}00 \text{ m/s})t + (2{,}00 \text{ m/s}^2)t^{2{,}00}$. Quando uma equação resume medições, considere seus coeficientes e exponentes como tendo tantos algarismos significativos quanto os outros dados citados em um problema. Considere que seus coeficientes têm as unidades necessárias para a consistência dimensional. Quando iniciamos nossos relógios em $t = 0$, não queremos limitar a precisão em um dígito simples. Considere qualquer valor zero neste livro como tendo tantos algarismos significativos quantos você precise.

2.3 cont.

SOLUÇÃO

No primeiro intervalo de tempo, use a Equação 2.2 com $\Delta t = t_f - t_i = t_{Ⓑ} - t_{Ⓐ} = 1$ s:

$$v_{x,m(Ⓐ\to Ⓑ)} = \frac{\Delta x_{Ⓐ\to Ⓑ}}{\Delta t} = \frac{-2\text{ m}}{1\text{ s}} = -2\text{ m/s}$$

No segundo intervalo de tempo, $\Delta t = 2$ s:

$$v_{x,m(Ⓑ\to Ⓓ)} = \frac{\Delta x_{Ⓑ\to Ⓓ}}{\Delta t} = \frac{8\text{ m}}{2\text{ s}} = \boxed{+4\text{ m/s}}$$

Esses valores são os mesmos das inclinações das linhas azuis que unem estes pontos da Figura 2.3a.

(C) Encontre a velocidade instantânea da partícula em $t = 2{,}5$ s.

SOLUÇÃO

Meça a inclinação da linha verde em $t = 2{,}5$ s (ponto Ⓒ) na Figura 2.3a:

$$v_x = \frac{10\text{ m} - (-4\text{ m})}{3{,}8\text{ s} - 1{,}5\text{ s}} = \boxed{+6\text{ m/s}}$$

Observe que esta velocidade instantânea é da mesma ordem de grandeza que os resultados anteriores, isto é, de alguns metros por segundo. Era isso que você esperava?

2.3 Modelo de análise: partícula sob velocidade constante

Na Seção 1.2 discutimos a importância de fazer modelos. Um, particularmente importante, usado na resolução de problemas de Física, é o *modelo de análise*. Um **modelo de análise** é uma situação comum que ocorre repetidamente ao se resolver problemas físicos. Uma vez que representa uma situação comum, também representa um tipo comum de problema que resolvemos anteriormente. Quando se identifica um modelo de análise em um novo problema, a situação para o novo problema pode ser modelada com base no problema que foi solucionado anteriormente. O modelo de análise nos ajuda a reconhecer tais situações comuns em problemas de Física e nos conduz a uma solução para o problema. A forma que um modelo de análise assume é uma descrição (1) do comportamento de uma entidade física ou (2) da interação entre aquela entidade e o ambiente. Quando você depara com um problema novo, deve identificar seus detalhes fundamentais e tentar reconhecer os tipos de situações com as quais você já deparou que poderiam ser usados como modelo para este novo. Por exemplo, suponha que um automóvel esteja se movendo ao longo de uma rodovia reta com velocidade constante. Importa que seja um automóvel? Importa que seja uma rodovia? Se a resposta para ambas as perguntas for não, mas o carro se move em linha reta à velocidade constante, podemos modelar o automóvel como uma *partícula com velocidade constante,* o que será discutido nesta seção. Uma vez que o problema foi modelado, não se trata mais de um automóvel. Trata-se de uma partícula submetida a determinado tipo de movimento, um movimento que já estudamos anteriormente.

Este método é semelhante a encontrar "precedentes legais" na prática do Direito. Se se pode encontrar um caso que tenha sido resolvido anteriormente, e que seja bastante semelhante ao atual, ele é usado como um modelo e argumentos são feitos no tribunal para que ambos sejam logicamente relacionados entre si. A decisão do tribunal para o caso anterior pode então ser usada para influenciar o caso atual. Fazemos algo semelhante em Física. Para dado problema, procuramos por um "precedente físico", um modelo que já conhecemos e que pode ser aplicado ao problema atual.

Todos os modelos de análise que desenvolveremos são baseados em quatro modelos fundamentais de simplificação. O primeiro dos quatro é o modelo de partícula descrito na introdução deste capítulo. Vamos estudar uma partícula sob vários comportamentos e interações ambientais. Modelos de análise adicionais serão apresentados em outros capítulos, baseados em modelos de simplificação de um *sistema,* um *corpo rígido* e uma *onda.* Uma vez apresentados estes modelos de análise, veremos que eles sempre aparecem em situações-problema diferentes.

Quando resolver um problema, evite folhear o capítulo à procura de uma equação que contenha a variável desconhecida necessária para o problema. Em muitos casos, aquela que você encontra não tem relação alguma com o problema que está tentando resolver. É *muito* melhor dar este primeiro passo: **Identifique o modelo de análise adequado para o problema.** Para fazer isto, pense cuidadosamente sobre o que está acontecendo no problema e relacione isto a uma situação que já tenha visto. Uma vez identificado o modelo de análise, há um pequeno número de equações adequadas para ele, algumas vezes, somente uma equação. Portanto, **o modelo informa qual(is) equação(ões) pode(m) ser usada(s) na representação matemática.**

Vamos usar a Equação 2.2 para construir nosso primeiro modelo de análise para resolver problemas. Imaginemos uma partícula se movendo com velocidade constante. O modelo de uma **partícula sob velocidade constante**

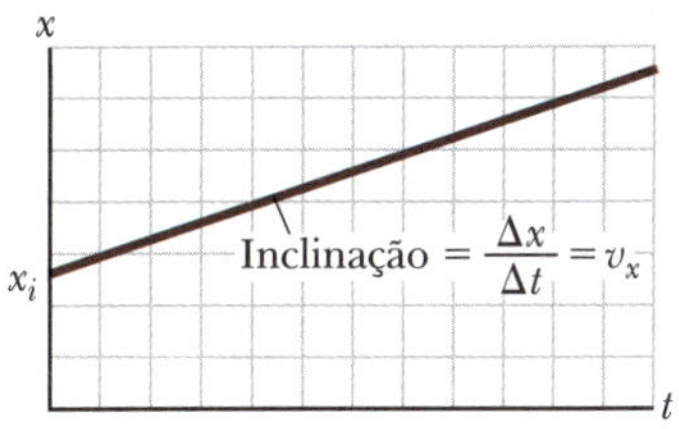

Figura 2.4 Gráfico de posição-tempo para uma partícula com velocidade constante. O valor da velocidade constante é a inclinação da linha.

pode ser aplicado a *qualquer* situação na qual uma entidade que pode ser modelada como uma partícula se move com velocidade constante. Esta situação ocorre com frequência, por isso este modelo é importante.

Se a velocidade de uma partícula é constante, sua velocidade instantânea em qualquer instante durante um intervalo de tempo é igual à velocidade média durante o intervalo. Isto é, $v_x = v_{x,\text{m}}$. Logo, a Equação 2.2 nos dá uma equação para ser usada na representação matemática desta situação:

$$v_x = \frac{\Delta x}{\Delta t} \qquad (2.6)$$

Lembrando que $\Delta x = x_f - x_i$, vemos que $v_x = (x_f - x_i)/\Delta t$, ou

$$x_f = x_i + v_x \Delta t$$

Esta equação diz que a posição da partícula é dada pela soma da sua posição original x_i no momento $t = 0$ mais o deslocamento $v_x\ \Delta t$ que ocorre durante o intervalo de tempo Δt. Na prática, normalmente escolhemos o tempo no início do intervalo como $t_i = 0$ e o tempo ao final do intervalo como $t_f = t$; então, nossa equação fica

$$x_f = x_i + v_x t \quad \text{(para } v_x \text{ constante)} \qquad (2.7)$$

◀ **Posição como função do tempo para partícula com velocidade constante**

As Equações 2.6 e 2.7 são as primárias usadas no modelo de uma partícula com velocidade constante. Sempre que identificar o modelo de análise em um problema como a partícula com velocidade constante, você pode usar estas equações imediatamente.

A Figura 2.4 é uma representação gráfica da partícula com velocidade constante. Neste gráfico de posição-tempo, a inclinação da linha que representa o movimento é constante e igual à intensidade da velocidade. A Equação 2.7, que é a da linha reta, é a representação matemática do modelo de partícula com velocidade constante. A inclinação da linha reta é v_x e o interceptor do eixo y é x_i nas suas representações.

O Exemplo 2.4 a seguir mostra uma aplicação do modelo de partícula em velocidade constante. Observe o ícone de modelo da análise, **MA**, que será utilizado para identificar exemplos nos quais os modelos de análises são empregados na solução. Por causa dos amplos benefícios de utilizar a abordagem do modelo de análise, você observará que um grande número dos exemplos no livro traz este ícone.

Exemplo 2.4 Modelando um corredor como uma partícula MA

Uma cinesiologista está estudando a biomecânica do corpo humano. (A *cinesiologia* é o estudo dos movimentos do corpo humano. Observe a conexão com a palavra cinemática.) Ela determina a velocidade de um sujeito experimental enquanto este corre ao longo de uma linha reta em razão constante. A cinesiologista dispara o cronômetro no momento em que o corredor passa por dado ponto e para o cronômetro depois que o corredor passa por outro ponto, distante 20 m. O intervalo de tempo indicado no cronômetro é 4,0 s.

(A) Qual é a velocidade do corredor?

SOLUÇÃO

Modelamos o corredor em movimento como uma partícula porque o tamanho do corredor e o movimento de seus braços e pernas são detalhes desnecessários. Como o problema afirma que o sujeito corre em razão constante, podemos modelá-lo como uma partícula com velocidade constante.

Uma vez identificado o modelo, podemos usar a Equação 2.6 para achar a velocidade constante do corredor:

$$v_x = \frac{\Delta x}{\Delta t} = \frac{x_f - x_i}{\Delta t} = \frac{20\text{ m} - 0}{4{,}0\text{ s}} = \boxed{5{,}0\text{ m/s}}$$

(B) Se o corredor continuar seu movimento após o cronômetro ser parado, qual a posição dele após 10 s?

SOLUÇÃO

Use a Equação 2.7 e a velocidade calculada na parte (A) para encontrar a posição da partícula no momento $t = 10$ s:

$$x_f = x_i + v_x t = 0 + (5{,}0\text{ m/s})(10\text{ s}) = \boxed{50\text{ m}}$$

O resultado da parte (A) é uma velocidade razoável para um ser humano? Como ele se compara ao recorde mundial de velocidade em 100 m e 200 m rasos? Note que o valor na parte (B) é mais que o dobro daquele na posição 20 m, na qual o cronômetro foi parado. Este valor é consistente com o tempo de 10 s, sendo mais que o dobro do tempo de 4,0 s?

As manipulações matemáticas para a partícula com velocidade surgem da Equação 2.6 e sua descendente, a Equação 2.7. Ambas podem ser usadas para resolver qualquer variável desconhecida em equações, se outras variáveis forem conhecidas. Por exemplo, na parte (B) do Exemplo 2.4, encontramos a posição quando a velocidade e o tempo são conhecidos. Da mesma forma, se sabemos a velocidade e a posição final, podemos usar a Equação 2.7 para calcular o tempo em que o corredor está nesta posição.

Uma partícula com velocidade constante se move ao longo de uma linha reta. Agora, considere uma partícula se movendo com velocidade escalar constante, ao longo de uma distância *d*, em uma trajetória curva. Esta situação pode ser representada pelo modelo de uma **partícula com velocidade escalar constante**. A equação primária para este modelo é a Equação 2.3, com a velocidade escalar média v_m substituída pela velocidade constante *v*:

$$v = \frac{d}{\Delta t} \tag{2.8}$$

Como exemplo, imagine uma partícula se movendo com velocidade escalar constante em uma trajetória circular. Se a velocidade escalar é 5,00 m/s e o raio da trajetória é 10,0 m, podemos calcular o intervalo de tempo necessário para completar uma volta ao longo do círculo:

$$v = \frac{d}{\Delta t} \rightarrow \Delta t = \frac{d}{v} = \frac{2\pi r}{v} = \frac{2\pi(10,0\text{ m})}{5,00\text{ m/s}} = 12,6\text{ s}$$

Modelo de Análise — Partícula em velocidade constante

Imagine um objeto em movimento que pode ser modelado como uma partícula. Se ele se move a uma velocidade constante ao longo de um deslocamento Δx em uma linha reta em um intervalo Δt, sua velocidade constante é

$$v_x = \frac{\Delta x}{\Delta t} \tag{2.6}$$

A posição da partícula como uma função de tempo é dada por

$$x_f = x_i + v_x t \tag{2.7}$$

Exemplos:

- um meteoroide viajando pelo espaço sem gravidade
- um carro viajando a uma velocidade constante em uma estrada reta
- um corredor percorrendo um caminho perfeitamente reto a uma velocidade constante
- um objeto se movendo à velocidade terminal através de um meio viscoso (Capítulo 6 deste volume)

Imagine um objeto em movimento que pode ser modelado como uma partícula. Se ele se move a uma velocidade constante por uma distância *d*, ao longo de uma linha reta ou de um caminho curvo em um intervalo Δt, sua velocidade constante é

$$v = \frac{d}{\Delta t} \tag{2.8}$$

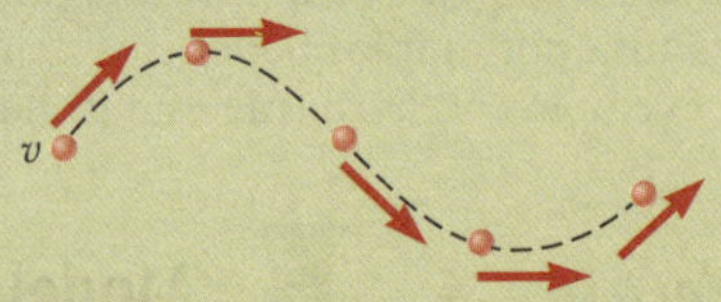

Exemplos:

- um planeta movendo-se em torno de uma órbita perfeitamente circular
- um carro viajando a uma velocidade constante em uma pista de corrida curva
- um corredor percorrendo um caminho curvo a uma velocidade constante
- uma partícula carregada se movendo através de um campo magnético uniforme (Capítulo 7 do Volume 3)

2.4 Aceleração

No Exemplo 2.3, trabalhamos com uma situação comum na qual a velocidade de uma partícula muda enquanto ela se move. Quando a velocidade de uma partícula muda com o tempo, diz-se que a partícula está *acelerando*. Por exemplo, a intensidade da velocidade de um carro aumenta quando você pisa no acelerador, e diminui quando você freia. Vejamos como quantificar a aceleração.

Suponha que um corpo, que pode ser modelado como uma partícula se movendo ao longo do eixo *x*, tenha velocidade inicial v_{xi} no momento t_i na posição Ⓐ e a velocidade final v_{xf} no momento t_f na posição Ⓑ, conforme a Figura 2.5a. A curva marrom-avermelhada na Figura 2.5b mostra como a velocidade varia com o tempo. A **aceleração média** $a_{x,m}$ da partícula é definida como a *variação* na velocidade Δv_x dividida pelo intervalo de tempo Δt durante o qual esta mudança ocorre:

Aceleração média ▶

$$a_{x,m} \equiv \frac{\Delta v_x}{\Delta t} = \frac{v_{xf} - v_{xi}}{t_f - t_i} \tag{2.9}$$

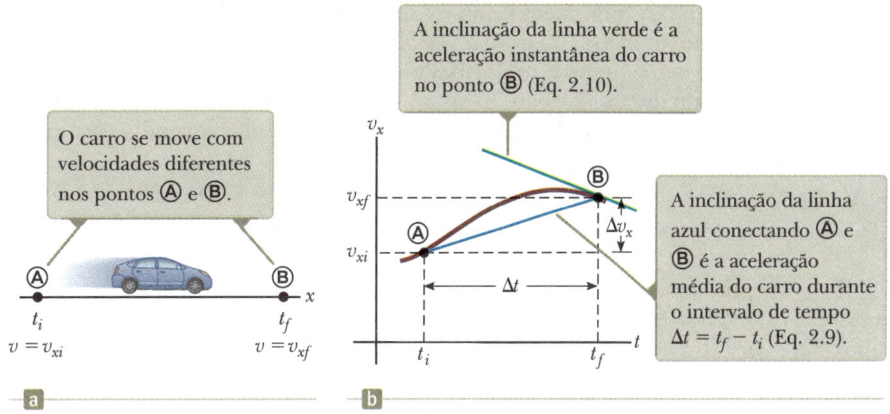
O carro se move com velocidades diferentes nos pontos Ⓐ e Ⓑ.
Ⓐ
Ⓑ
x
t_i
$v = v_{xi}$
t_f
$v = v_{xf}$
a
A inclinação da linha verde é a aceleração instantânea do carro no ponto Ⓑ (Eq. 2.10).
v_x
v_{xf}
v_{xi}
Ⓐ
Ⓑ
Δv_x
Δt
t_i
t_f
t
A inclinação da linha azul conectando Ⓐ e Ⓑ é a aceleração média do carro durante o intervalo de tempo $\Delta t = t_f - t_i$ (Eq. 2.9).
b

Figura 2.5 (a) Um carro, modelado como uma partícula, se movendo ao longo do eixo x de Ⓐ para Ⓑ, tem velocidade v_{xi} em $t = t_i$ e velocidade v_{xf} em $t = t_f$. (b) Gráfico velocidade-tempo (marrom-avermelhada) para a partícula se movendo em linha reta.

Prevenção de Armadilhas 2.4

Aceleração negativa
Lembre-se de que *aceleração negativa não significa necessariamente que um corpo está indo mais devagar.* Se a aceleração é negativa e a velocidade também é, o corpo está indo mais rápido!

Prevenção de Armadilhas 2.5

Desaceleração
A palavra *desaceleração* tem a conotação popular de *ir mais devagar.* Não usaremos esta palavra neste livro porque ela confunde a definição que demos para aceleração negativa.

Assim como com a velocidade, quando o movimento sendo analisado é em uma dimensão, podemos usar os sinais positivo e negativo para indicar a direção da aceleração. Como as dimensões da velocidade são L/T e a dimensão do tempo é T, a aceleração tem dimensões de comprimento dividido pelo tempo ao quadrado, ou L/T^2. A unidade SI da aceleração é metros por segundo ao quadrado (m/s^2). Pode ser mais fácil interpretar estas unidades se você pensar nelas como metros por segundo por segundo. Por exemplo, suponha que um corpo tem aceleração de $+2\ m/s^2$. Você pode interpretar este valor formando uma imagem mental do corpo como tendo uma velocidade ao longo de uma linha reta, que aumenta em 2 m/s durante cada intervalo de tempo de 1 s. Se o corpo começa do repouso, você deveria poder vê-lo se movendo a uma velocidade de +2 m/s após 1 s, de +4 m/s após 2 s e assim por diante.

Em algumas situações, o valor da aceleração média pode ser diferente em intervalos de tempo diferentes. É útil definir a **aceleração instantânea** como o limite da aceleração média conforme Δt se aproxima de zero. Este conceito é análogo à definição de velocidade instantânea discutida na Seção 2.2. Se imaginarmos que o ponto Ⓐ é trazido cada vez mais próximo do ponto Ⓑ na Figura 2.5a e considerarmos o limite de $\Delta v_x/\Delta t$ conforme Δt se aproxima de zero, obtemos a aceleração instantânea em Ⓑ:

Aceleração instantânea ▶

$$a_x \equiv \lim_{\Delta t \to 0} \frac{\Delta v_x}{\Delta t} = \frac{dv_x}{dt} \qquad (2.10)$$

Ou seja, a aceleração instantânea é igual à derivada da velocidade com relação ao tempo, que é por definição a inclinação do gráfico de velocidade-tempo. A inclinação da linha verde na Figura 2.5b é igual à aceleração instantânea no ponto Ⓑ. Observe que a Figura 2.5b é um *gráfico de* velocidade-tempo, não um *gráfico de* posição-tempo como as Figuras 2.1b, 2.2, 2.3 e 2.4. Portanto, vemos que, assim como a velocidade de uma partícula em movimento é a inclinação em um ponto no gráfico x–t da partícula, a aceleração de uma partícula é a inclinação em um ponto no gráfico v_x–t da partícula. Podemos interpretar a derivada da velocidade com relação ao tempo como a taxa de variação da velocidade no tempo. Se a_x é positivo, a aceleração é na direção x positiva; se a_x é negativo, a aceleração é na direção x negativa.

A Figura 2.6 ilustra como um gráfico de aceleração-tempo se relaciona com um gráfico de velocidade-tempo. A aceleração em qualquer instante é a inclinação do gráfico velocidade-tempo naquele instante. Valores positivos de aceleração correspondem a esses pontos na Figura 2.6a, onde a velocidade aumenta na direção x positiva. A aceleração atinge um máximo no instante $t_Ⓐ$, quando a inclinação do gráfico de velocidade-tempo é um máximo. A aceleração então vai a zero no instante $t_Ⓑ$, quando a velocidade é um máximo (isto é, quando a inclinação do gráfico $v_x - t$ é zero). A aceleração é negativa quando a velocidade diminui na direção x positiva, e atinge seu valor mais negativo no instante $t_Ⓒ$.

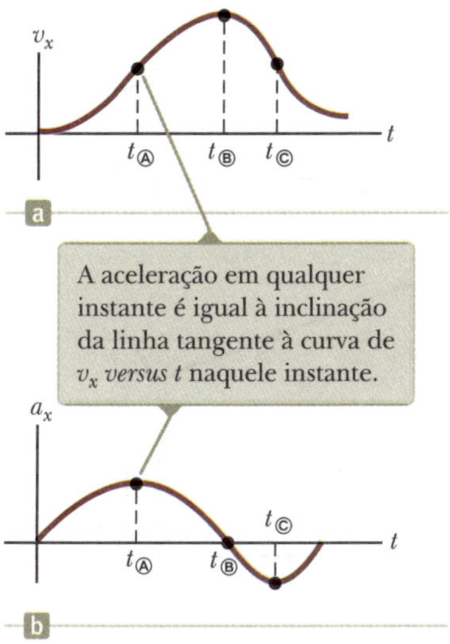
v_x
t
$t_Ⓐ$
$t_Ⓑ$
$t_Ⓒ$
a
A aceleração em qualquer instante é igual à inclinação da linha tangente à curva de v_x *versus* t naquele instante.
a_x
t
$t_Ⓐ$
$t_Ⓑ$
$t_Ⓒ$
b

Figura 2.6 (a) O gráfico de velocidade-tempo para uma partícula se movendo ao longo do eixo x. (b) A aceleração instantânea pode ser obtida do gráfico de velocidade-tempo.

Teste Rápido **2.3** Faça um gráfico de velocidade-tempo para o carro da Figura 2.1a. Suponha que o limite de velocidade para a estrada onde o carro está seja de 30 km/h. Verdadeiro ou falso? O carro excede o limite de velocidade em algum momento dentro do intervalo de tempo 0 – 50 s.

Para o caso do movimento em linha reta, a direção da velocidade de um corpo e a direção de sua aceleração se relacionam da seguinte maneira: quando a velocidade e a aceleração do corpo são na mesma direção, o corpo está indo mais rápido. Por outro lado, quando a velocidade e a aceleração são em direções opostas, o corpo está indo mais devagar.

Para auxiliar na discussão sobre os sinais de velocidade e aceleração, podemos relacionar a aceleração de um corpo à força *total* exercida sobre ele. No Capítulo 5, estabeleceremos formalmente que **a força sobre um corpo é proporcional à aceleração dele**:

$$F_x \propto a_x \qquad (2.11)$$

Esta proporcionalidade indica que a aceleração é causada pela força. Além disso, força e aceleração são vetores, e vetores atuam na mesma direção. Então, vamos pensar sobre os sinais de velocidade e aceleração imaginando uma força aplicada sobre um corpo que causa a aceleração deste. Vamos supor que a velocidade e a aceleração sejam na mesma direção. Esta situação corresponde a um corpo que experimenta uma força atuando na mesma direção que sua velocidade. Neste caso, o corpo fica mais rápido! Agora, suponha que velocidade e aceleração sejam em direções opostas. Nesta situação, o corpo se move na mesma direção e experimenta uma força atuando na direção oposta. Então, fica mais lento! No nosso dia a dia, é muito útil equacionar a direção da aceleração com a direção de uma força porque é mais fácil pensar sobre o efeito que uma força terá sobre um corpo do que pensar somente em termos da direção da aceleração.

Teste Rápido **2.4** Se um carro está viajando na direção leste e reduzindo sua velocidade, qual a direção da força no carro que causa a redução da sua velocidade? **(a)** para o leste **(b)** para o oeste **(c)** nem para o leste nem para o oeste.

A partir de agora, usaremos o termo *aceleração* significando aceleração instantânea. Quando dizemos aceleração média, sempre usaremos o adjetivo *média*. Como $v_x = dx/dt$, a aceleração também pode ser representada por

$$a_x = \frac{dv_x}{dt} = \frac{d}{dt}\left(\frac{dx}{dt}\right) = \frac{d^2x}{dt^2} \qquad (2.12)$$

Ou seja, em movimento em uma dimensão, a aceleração é igual à *segunda derivada* de x com relação ao tempo.

Exemplo Conceitual 2.5 Relações gráficas entre x, v_x e a_x

A posição de um corpo se movendo ao longo do eixo x varia com o tempo, conforme a Figura 2.7a. Faça o gráfico da velocidade *versus* tempo e da aceleração *versus* tempo para o corpo.

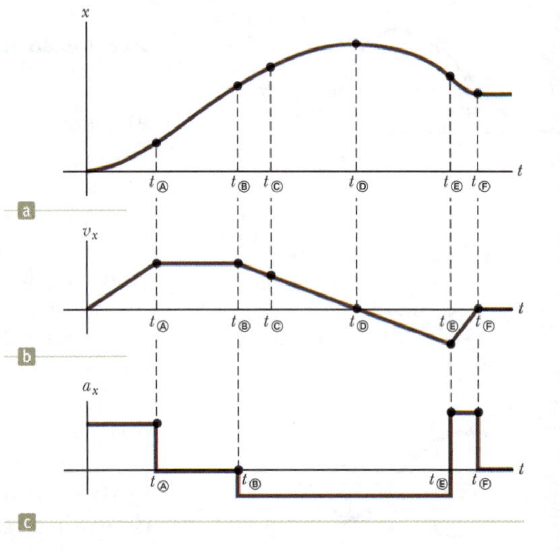

Figura 2.7 (Exemplo Conceitual 2.5) (a) Gráfico de posição-tempo para um corpo se movendo ao longo do eixo x. (b) O gráfico de velocidade-tempo para o corpo é obtido pela medição da inclinação do gráfico de posição-tempo em cada instante. (c) O gráfico de aceleração-tempo para o corpo é obtido pela medição da inclinação do gráfico velocidade-tempo em cada instante.

SOLUÇÃO

A velocidade em qualquer instante é a inclinação da tangente do gráfico x–t naquele instante. Entre $t = 0$ e $t = t_{Ⓐ}$, a inclinação do gráfico x–t aumenta uniformemente, então a velocidade aumenta linearmente, como mostrado na Figura 2.7b. Entre $t_{Ⓐ}$ e $t_{Ⓑ}$, a inclinação do gráfico x–t é constante, então a velocidade permanece constante. Entre $t_{Ⓑ}$ e $t_{Ⓓ}$, a inclinação do gráfico x–t diminui, então o valor da velocidade no gráfico v_x–t diminui. Em $t_{Ⓓ}$, a inclinação do gráfico x–t é zero, então a velocidade é zero naquele instante. Entre $t_{Ⓓ}$ e $t_{Ⓔ}$, a inclinação do gráfico x–t e, portanto, as velocidades são negativas e diminuem uniformemente neste intervalo. No intervalo $t_{Ⓔ}$ e $t_{Ⓕ}$, a inclinação do gráfico x–t ainda é negativa e, em $t_{Ⓕ}$, ela vai a zero. Finalmente, após $t_{Ⓕ}$ a inclinação do gráfico x–t é zero, o que significa que o corpo está em repouso em $t > t_{Ⓕ}$.

A aceleração em qualquer instante é a inclinação da tangente do gráfico v_x–t naquele instante. O gráfico de aceleração *versus* tempo para este corpo está na Figura 2.7c. A aceleração é constante e positiva entre 0 e $t_{Ⓐ}$, onde a inclinação do gráfico v_x–t é positiva. É de zero entre $t_{Ⓐ}$ e $t_{Ⓑ}$ e para $t > t_{Ⓕ}$ porque a inclinação do gráfico v_x–t é zero nestes momentos. É negativa entre $t_{Ⓑ}$ e $t_{Ⓔ}$ porque a inclinação do gráfico v_x–t é negativa durante este intervalo. Entre $t_{Ⓔ}$ e $t_{Ⓕ}$, a aceleração é positiva como quando está entre 0 e $t_{Ⓐ}$, mas de maior valor porque a inclinação do gráfico v_x–t é maior.

Observe que as mudanças repentinas em aceleração mostradas na Figura 2.7c são não físicas. Tais mudanças instantâneas não podem ocorrer na realidade.

Exemplo 2.6 Aceleração média e instantânea

A velocidade de uma partícula se movendo ao longo do eixo x varia de acordo com a expressão $v_x = 40 - 5t^2$, onde v_x é dado em metros por segundo e t é dado em segundos.

(A) Encontre a aceleração média no intervalo de tempo $t = 0$ a $t = 2{,}0$ s.

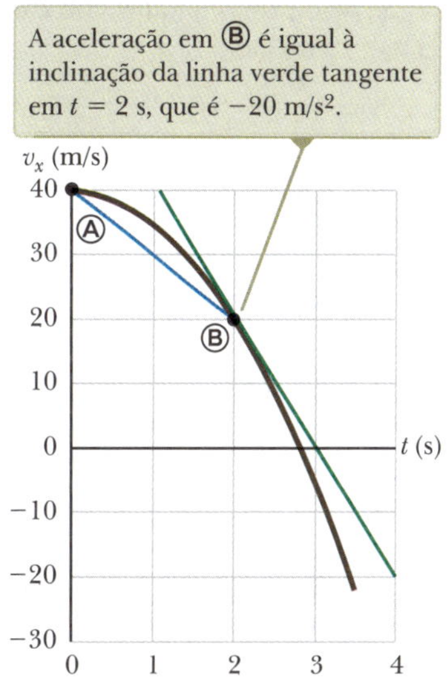

Figura 2.8 (Exemplo 2.6) O gráfico de velocidade-tempo para uma partícula se movendo ao longo do eixo x de acordo com a expressão $v_x = 40 - 5t^2$.

SOLUÇÃO

Pense no que a partícula está fazendo a partir da representação matemática. Ela está se movendo em $t = 0$? Em qual direção? Ela vai mais rápido ou mais devagar? A Figura 2.8 é um gráfico v_x–t criado a partir da expressão velocidade *versus* tempo dada no problema. Como a inclinação de toda a curva v_x–t é negativa, esperamos que a aceleração seja negativa.

Encontre as velocidades em $t_i = t_Ⓐ = 0$ e $t_f = t_Ⓑ = 2{,}0$ s substituindo estes valores de t na expressão para a velocidade:

$$v_{xⒶ} = 40 - 5t_Ⓐ^2 = 40 - 5(0)^2 = +40 \text{ m/s}$$

$$v_{xⒷ} = 40 - 5t_Ⓑ^2 = 40 - 5(2{,}0)^2 = +20 \text{ m/s}$$

Encontre a aceleração média no intervalo de tempo especificado $\Delta t = t_Ⓑ - t_Ⓐ = 2{,}0$ s:

$$a_{x,\text{m}} = \frac{v_{xf} - v_{xi}}{t_f - t_i} = \frac{v_{xⒷ} - v_{xⒶ}}{t_Ⓑ - t_Ⓐ} = \frac{20 \text{ m/s} - 40 \text{ m/s}}{2{,}0 \text{ s} - 0 \text{ s}}$$

$$= \boxed{-10 \text{ m/s}^2}$$

O sinal negativo é consistente com nossas expectativas: a aceleração média, representada pela inclinação da linha azul unindo os pontos inicial e final no gráfico de velocidade-tempo, é negativa.

(B) Determine a aceleração em $t = 2{,}0$ s.

SOLUÇÃO

Sabendo que a velocidade inicial em qualquer momento t é $v_{xi} = 40 - 5t^2$, encontre a velocidade a qualquer outro momento depois de $t + \Delta t$:

$$v_{xf} = 40 - 5(t + \Delta t)^2 = 40 - 5t^2 - 10t\,\Delta t - 5(\Delta t)^2$$

Calcule a variação da velocidade durante o intervalo de tempo Δt:

$$\Delta v_x = v_{xf} - v_{xi} = -10t\,\Delta t - 5(\Delta t)^2$$

Para encontrar a aceleração em qualquer momento t, divida esta expressão por Δt e considere o limite do resultado conforme Δt se aproxima de zero:

$$a_x = \lim_{\Delta t \to 0} \frac{v_x}{\Delta t} = \lim_{\Delta t \to 0} (-10t - 5\,\Delta t) = -10t$$

Substitua $t = 2{,}0$ s:

$$a_x = (-10)(2{,}0) \text{ m/s}^2 = \boxed{-20 \text{ m/s}^2}$$

Como a velocidade da partícula é positiva e a aceleração é negativa neste instante, a partícula está mais lenta.

Observe que as respostas para as partes (A) e (B) são diferentes. A aceleração média na parte (A) é a inclinação da linha azul na Figura 2.8 unindo os pontos Ⓐ e Ⓑ. A aceleração instantânea na parte (B) é a inclinação da linha verde tangente à curva no ponto Ⓑ. Note também que a aceleração *não é* constante neste exemplo. Trataremos de situações que envolvem aceleração constante na Seção 2.6.

Até agora, avaliamos as derivadas de uma função começando pela definição da função e considerando o limite de uma proporção específica. Se você está familiarizado com cálculo, deve saber que há regras específicas para fazer derivadas. Estas regras, listadas no Apêndice B.6, nos permitem avaliar derivadas rapidamente. Por exemplo, uma regra diz que a derivada de qualquer constante é zero. Outro exemplo: suponha que x seja proporcional a alguma potência de t como na expressão

$$x = At^n$$

onde A e n são constantes. (Esta expressão é uma forma funcional bastante comum.) A derivada x com relação a t é

$$\frac{dx}{dt} = nAt^{n-1}$$

Aplicando esta regra ao Exemplo 2.6, onde $v_x = 40 - 5t^2$, descobrimos rapidamente que a aceleração é $a_x = dv_x/dt = -10t$, como verificamos na parte (B) do exemplo.

2.5 Diagramas de movimento

Com frequência, os conceitos de velocidade e aceleração são confundidos, mas, de fato, estas duas quantidades são bastante diferentes. Quando formamos uma representação mental de um corpo em movimento, uma representação pictórica chamada *diagrama de movimento* é útil para descrever a velocidade e aceleração enquanto o corpo está em movimento.

Um diagrama de movimento pode ser formado imaginando uma fotografia *estroboscópica* de um corpo em movimento, que mostra várias imagens deste, consideradas como flashes de luz estroboscópica a uma taxa constante. A Figura 2.1a é um diagrama de movimento para o carro estudado na Seção 2.1. A Figura 2.9 representa três jogos de fotografias estroboscópicas de carros se movimentando ao longo de uma rodovia em linha reta em uma única direção, da esquerda para a direita. Os intervalos de tempo entre os flashes do estroboscópio são iguais em todas as partes do diagrama. Para não confundir duas quantidades vetoriais, usamos setas vermelhas para velocidade e roxas para aceleração na Figura 2.9. As setas são mostradas em vários instantes durante o movimento do corpo. Vamos descrever o movimento do carro em cada diagrama.

Na Figura 2.9a, as imagens do carro têm espaçamento igual, mostrando que ele se movimenta pelo mesmo deslocamento em cada intervalo de tempo. Este espaçamento igual é consistente com o movimento de o carro ter *velocidade positiva constante* e *aceleração zero*. Poderíamos modelar o carro como uma partícula e descrevê-lo com o modelo de partícula sob velocidade constante.

Na Figura 2.9b, as imagens se distanciam à medida que o tempo progride. Neste caso, o comprimento da seta de velocidade aumenta com o tempo porque o deslocamento do carro entre posições adjacentes aumenta com o tempo. Estas características sugerem que o carro se movimenta com *velocidade positiva* e *aceleração positiva*. A velocidade e a aceleração são na mesma direção. De acordo com a discussão anterior sobre força, imagine uma força puxando o carro na mesma direção em que ele se movimenta: ele fica mais rápido.

Na Figura 2.9c, podemos dizer que o carro fica mais lento à medida que se movimenta para a direita porque seu deslocamento entre imagens adjacentes diminui com o tempo. Este caso sugere que o carro se movimenta para

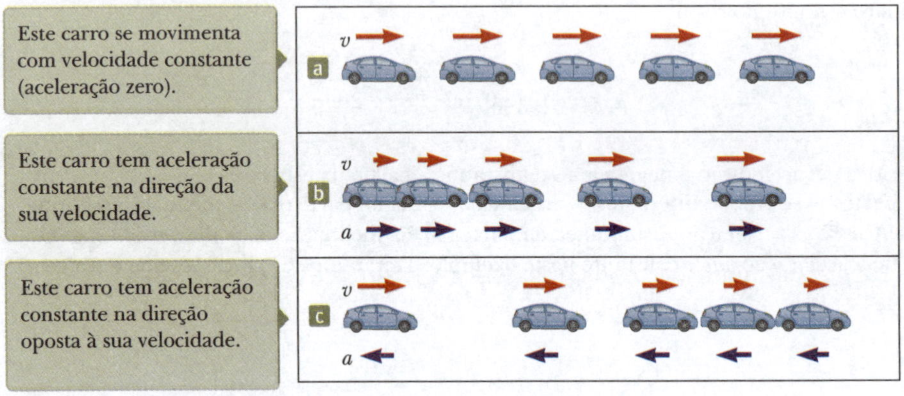
Este carro se movimenta com velocidade constante (aceleração zero).
Este carro tem aceleração constante na direção da sua velocidade.
Este carro tem aceleração constante na direção oposta à sua velocidade.
a
b
c
v
a

Figura 2.9 Diagramas de movimento de um carro se movendo ao longo de uma rodovia em linha reta em uma única direção. A velocidade em cada instante é indicada por uma seta vermelha, e a aceleração constante, por uma seta roxa.

a direita com aceleração negativa. O comprimento da seta de velocidade diminui com o tempo e eventualmente atinge zero. A partir deste diagrama, vemos que as setas de aceleração e de velocidade *não estão* na mesma direção. O carro se movimenta com *velocidade positiva,* mas com *aceleração negativa.* (Este tipo de movimento é demonstrado por um carro que desliza até parar após acionamento dos freios.) A velocidade e a aceleração são em direções opostas. Segundo nossa discussão anterior sobre força, imagine uma força puxando o carro na direção oposta àquela em que ele se movimenta: ele fica mais lento.

Cada seta roxa de aceleração nas partes (b) e (c) da Figura 2.9 tem o mesmo comprimento. Então, estes diagramas representam o movimento de uma *partícula sob aceleração constante.* Este importante modelo de análise será discutido na próxima seção.

***Teste Rápido* 2.5** Qual das afirmativas a seguir é verdadeira? **(a)** Se um carro move-se para o leste, sua aceleração tem de ser para o leste. **(b)** Se um carro está indo mais lentamente, sua aceleração tem de ser negativa. **(c)** Uma partícula com aceleração constante nunca pode parar e permanecer parada.

2.6 Modelo de análise: partícula sob aceleração constante

Se a aceleração de uma partícula varia com o tempo, seu movimento pode ser complexo e de difícil análise. Um tipo bastante comum de movimento em uma dimensão é aquele no qual a aceleração é constante. Neste caso, a aceleração média $a_{x,\text{m}}$ em qualquer intervalo de tempo é numericamente igual à aceleração instantânea a_x em qualquer instante dentro do intervalo, e a velocidade muda na mesma proporção durante todo o movimento. Esta situação ocorre com tanta frequência que podemos identificá-la como um modelo de análise: a **partícula sob aceleração constante**. Na discussão a seguir, geraremos várias equações que descrevem o movimento de uma partícula para este modelo.

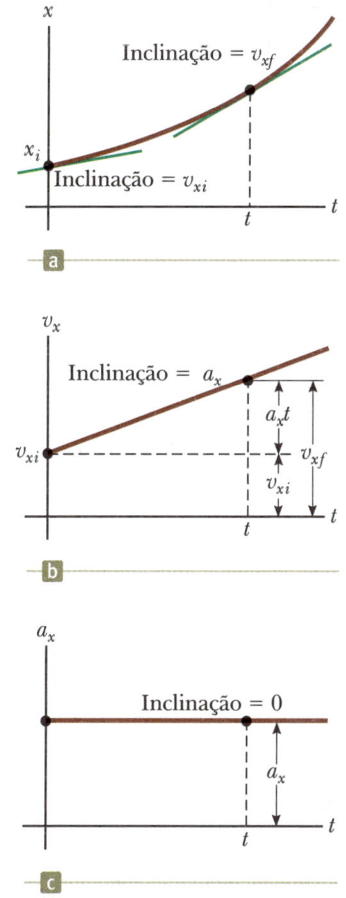

Figura 2.10 Uma partícula sob aceleração constante a_x se movimentando ao longo do eixo x: (a) gráfico de posição-tempo, (b) gráfico de velocidade-tempo e (c) gráfico de aceleração-tempo.

Se substituirmos $a_{x,\text{m}}$ por a_x na Equação 2.9 e considerarmos $t_i = 0$ e t_f em qualquer momento depois de t, encontramos

$$a_x = \frac{v_{xf} - v_{xi}}{t - 0}$$

$$v_{xf} = v_{xi} + a_x t \quad \text{(para } a_x \text{ constante)} \qquad \textbf{(2.13)}$$

Esta expressão poderosa permite a determinação da velocidade de um corpo em *qualquer* tempo t se soubermos a velocidade inicial do corpo v_{xi} e sua aceleração (constante) a_x. Um gráfico de velocidade-tempo para este movimento de aceleração constante está na Figura 2.10b. O gráfico é uma linha reta, cuja inclinação é a aceleração a_x; a inclinação (constante) é consistente com $a_x = dv_x/dt$ sendo uma constante. Observe que a inclinação é positiva, o que indica uma aceleração positiva. Se a aceleração fosse negativa, a inclinação da linha na Figura 2.10b seria negativa. Quando a aceleração é constante, o gráfico de aceleração *versus* tempo (Figura 2.10c) é uma linha reta com inclinação zero.

Como a velocidade com aceleração constante varia linearmente no tempo, de acordo com a Equação 2.13, podemos expressar a velocidade média em qualquer intervalo de tempo como a média aritmética da velocidade inicial v_{xi} e da velocidade final v_{xf}:

$$v_{x,\text{m}} = \frac{v_{xi} + v_{xf}}{2} \quad \text{(para } a_x \text{ constante)} \qquad \textbf{(2.14)}$$

Observe que esta expressão para velocidade média é aplicada *somente* em situações onde a aceleração é constante.

Agora podemos usar as Equações 2.1, 2.2 e 2.14 para obter a posição de um corpo como função do tempo. Relembrando que Δx na Equação 2.2 representa $x_f - x_i$, e reconhecendo que $\Delta t = t_f - t_i = t - 0 = t$, encontramos

$$x_f - x_i = v_{x,\text{m}}\, t = \tfrac{1}{2}(v_{xi} + v_{xf})t$$

$$x_f = x_i + \tfrac{1}{2}(v_{xi} + v_{xf})t \quad \text{(para } a_x \text{ constante)} \tag{2.15}$$

◀ **Posição como função da velocidade e tempo para o modelo da partícula sob aceleração constante**

Esta equação dá a posição final da partícula no tempo t em termos das velocidades inicial e final.

Podemos obter outra expressão útil para a posição de uma partícula sob aceleração constante substituindo a Equação 2.13 na Equação 2.15:

$$x_f = x_i + \tfrac{1}{2}[v_{xi} + (v_{xi} + a_x t)]t$$

$$x_f = x_i + v_{xi}t + \tfrac{1}{2}a_x t^2 \quad \text{(para } a_x \text{ constante)} \tag{2.16}$$

◀ **Posição como função do tempo para o modelo da partícula sob aceleração constante**

Esta equação dá a posição final da partícula no tempo t em termos da posição inicial, da velocidade inicial e da aceleração constante.

O gráfico de posição-tempo para movimento com aceleração constante (positiva) mostrado na Figura 2.10a é obtido da Equação 2.16. Note que a curva é uma parábola. A inclinação da linha tangente a essa curva em $t = 0$ é igual à velocidade inicial v_{xi}, e a inclinação da linha tangente em qualquer momento mais tarde t é igual à velocidade v_{xf} naquele momento.

Finalmente, podemos obter uma expressão para a velocidade final que não tem tempo como uma variável substituindo o valor de t da Equação 2.13 na Equação 2.15:

$$x_f = x_i + \tfrac{1}{2}(v_{xi} + v_{xf})\left(\frac{v_{xf} - v_{xi}}{a_x}\right) = x_i + \frac{v_{xf}^2 - v_{xi}^2}{2a_x}$$

$$v_{xf}^2 = v_{xi}^2 + 2a_x(x_f - x_i) \quad \text{(para } a_x \text{ constante)} \tag{2.17}$$

◀ **Velocidade como função da posição para o modelo da partícula sob aceleração constante**

Esta equação dá a velocidade final em termos da velocidade inicial, da aceleração constante e da posição da partícula.

Para movimento com *aceleração* zero, a partir das Equações 2.13 e 2.16, vemos que

$$\left.\begin{aligned} v_{xf} &= v_{xi} = v_x \\ x_f &= x_i + v_x t \end{aligned}\right\} \text{quando } a_x = 0$$

Isto é, quando a aceleração de uma partícula é zero, sua velocidade é constante e sua posição muda linearmente com o tempo. Em termos de modelos, quando a aceleração de uma partícula é zero, o modelo da partícula sob aceleração constante é reduzido para o modelo da partícula sob velocidade constante (Seção 2.3).

***Teste Rápido* 2.6** Na Figura 2.11, ligue cada gráfico v_x–t no topo com o gráfico a_x–t que melhor descreve o movimento na parte de baixo.

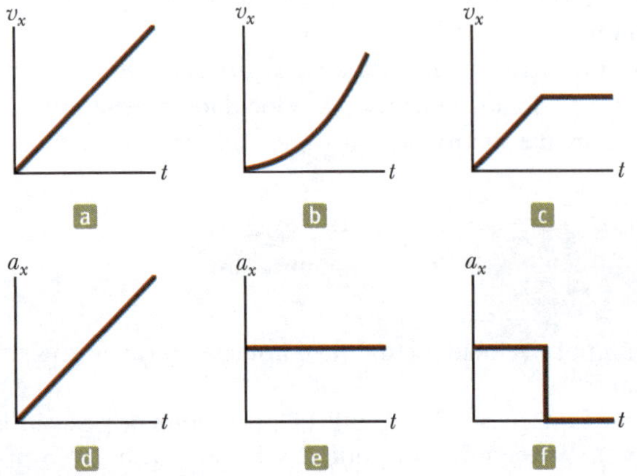

Figura 2.11 (Teste Rápido 2.6) Partes (a), (b) e (c) são gráficos v_x–t de corpos em movimento em uma dimensão. As possíveis acelerações de cada corpo como função do tempo são mostradas fora de ordem em (d), (e) e (f).

Modelo de Análise — Partícula em aceleração constante

Imagine um objeto em movimento que pode ser modelado como uma partícula. Se ele começa a partir da posição x_i com velocidade inicial v_{xi} e se move em uma linha reta com uma aceleração constante a_x, sua posição e velocidade subsequentes são descritas pelas seguintes equações cinemáticas:

$$v_{xf} = v_{xi} + a_x t \quad \textbf{(2.13)}$$

$$v_{x,\mathrm{m}} = \frac{v_{xi} + v_{xf}}{2} \quad \textbf{(2.14)}$$

$$x_f = x_i + \tfrac{1}{2}(v_{xi} + v_{xf})t \quad \textbf{(2.15)}$$

$$x_f = x_i + v_{xi}t + \tfrac{1}{2}a_x t^2 \quad \textbf{(2.16)}$$

$$v_{xf}^{\,2} = v_{xi}^{\,2} + 2a_x(x_f - x_i) \quad \textbf{(2.17)}$$

Exemplos:

- um carro acelerando a uma taxa constante ao longo de uma rodovia reta
- um objeto que cai na ausência da resistência do ar (Seção 2.7)
- um objeto sobre o qual age uma força líquida constante (Capítulo 5 deste volume)
- uma partícula carregada em um campo magnético uniforme (Capítulo 1 do Volume 3)

As Equações 2.13 até 2.17 são **equações cinemáticas** que podem ser usadas para resolver qualquer problema envolvendo uma partícula sob aceleração constante em uma dimensão. Estas equações estão enumeradas juntas, por conveniência. A escolha de qual você usará em uma situação vai depender daquilo que sabe de antemão. Às vezes é necessário usar duas destas equações para resolver duas incógnitas. Você deve saber que as quantidades que variam durante o movimento são posição x_f, velocidade v_{xf} e tempo t.

Você ganhará mais experiência no uso destas equações quando resolver vários exercícios e problemas. Vai ver que muitas vezes mais de um método pode ser usado para obter uma mesma solução. Lembre-se de que estas equações de cinemática *não podem* ser usadas em situações onde a aceleração varia com o tempo, mas somente quando a aceleração é constante.

Exemplo 2.7 — Pouso em porta-aviões MA

Um jato pousa em um porta-aviões a uma velocidade de 140 mi/h (≈ 63 m/s).

(A) Qual é sua aceleração (presumida constante) se ele parar em 2,0 s porque um cabo de aço prende o jato pelo gancho de retenção e faz com que ele pare?

SOLUÇÃO

Você já deve ter visto um jato pousando em um navio porta-aviões, em filmes ou shows de televisão, onde o jato para em um tempo muito curto porque um cabo é usado. A leitura cuidadosa do problema revela que, além de saber a velocidade inicial de 63 m/s, também sabemos que a final é zero. Como supomos que a aceleração do jato é constante, podemos modelá-lo como uma partícula sob aceleração constante. Definimos nosso eixo x como a direção do movimento do jato. Observe que não temos informação sobre a mudança de posição do jato enquanto ele está desacelerando.

A Equação 2.13 é a única equação na partícula sob o modelo de aceleração constante que não envolve posição, então a usamos para encontrar a aceleração do jato, modelado como uma partícula:

$$a_x = \frac{v_{xf} - v_{xi}}{t} \approx \frac{0 - 63 \text{ m/s}}{2{,}0 \text{ s}}$$

$$= \boxed{-32 \text{ m/s}^2}$$

(B) Se o jato toca o solo em uma posição $x_i = 0$, qual é sua posição final?

SOLUÇÃO

Use a Equação 2.15 para achar a posição final:

$$x_f = x_i + \tfrac{1}{2}(v_{xi} + v_{xf})t = 0 + \tfrac{1}{2}(63 \text{ m/s} + 0)(2{,}0 \text{ s}) = \boxed{63 \text{ m}}$$

Dado o tamanho dos porta-aviões, um comprimento de 63 m parece razoável para parar o jato. A ideia de usar cabos de aço para reduzir a velocidade dos aviões e dar mais segurança ao pouso surgiu na época da Primeira Guerra Mundial. Os cabos ainda são parte vital na operação de porta-aviões modernos.

E SE? Suponha que o jato pouse no convés de um porta-aviões com velocidade maior que 63 m/s, mas tenha a mesma aceleração calculada na parte (A) por causa do uso do cabo. Como isto altera a resposta da parte (B)?

Resposta Se o jato está viajando mais rapidamente no começo, vai parar mais longe do ponto inicial, então, a resposta da parte (B) deveria ser maior. Matematicamente, vemos na Equação 2.15 que, se v_{xi} é maior, então x_f será maior.

Exemplo 2.8 Preste atenção ao limite de velocidade! MA

Um carro viajando com velocidade constante de 45,0 m/s passa por um policial rodoviário escondido atrás de uma placa. Um segundo depois de o carro passar pela placa, o policial sai atrás dele em sua motocicleta, acelerando com taxa constante de 3,00 m/s². Quanto tempo o patrulheiro leva para ultrapassar o carro?

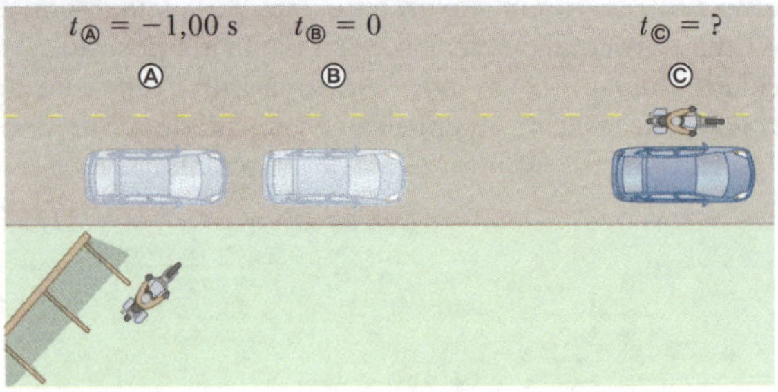

Figura 2.12 (Exemplo 2.8) Um carro acima do limite de velocidade passa por um policial escondido.

SOLUÇÃO

Uma representação pictórica (Fig. 2.12) ajuda a clarificar a sequência dos eventos. O carro é modelado como uma *partícula sob velocidade constante* e o policial é modelado como uma *partícula sob aceleração constante*.

Primeiro, escrevemos as expressões para a posição de cada veículo como função do tempo. É conveniente escolher a posição da placa como o ponto inicial e estabelecer $t_{Ⓑ} = 0$ como o tempo que o policial leva para começar a se movimentar. Naquele instante, o carro já viajou uma distância de 45,0 m da placa porque acelerou a uma velocidade constante de $v_x = 45{,}0$ m/s por 1 s. Então, a posição inicial do carro acima do limite de velocidade é $x_{Ⓑ} = 45{,}0$ m.

Considerando o modelo da partícula sob velocidade constante, use a Equação 2.7 para obter a posição do carro em qualquer instante t:

$$x_{\text{carro}} = x_{Ⓑ} + v_{x\text{carro}}t$$

Uma verificação rápida mostra que, em $t = 0$, esta expressão dá a posição inicial correta do carro quando o policial começa a se movimentar: $x_{\text{carro}} = x_{Ⓑ} = 45{,}0$ m.

O policial sai do repouso em $t_{Ⓑ} = 0$ e acelera em $a_x = 3{,}00$ m/s² para longe do ponto inicial. Use a Equação 2.16 para obter a posição dele em qualquer instante t:

$$x_f = x_i + v_{xi}t + \tfrac{1}{2}a_x t^2$$
$$x_{\text{policial}} = 0 + (0)t + \tfrac{1}{2}a_x t^2 = \tfrac{1}{2}a_x t^2$$

Estabeleça as posições do carro e do policial como iguais para representar o policial ultrapassando o carro na posição Ⓒ:

$$x_{\text{policial}} = x_{\text{carro}}$$
$$\tfrac{1}{2}a_x t^2 = x_{Ⓑ} + v_{x\,\text{carro}}t$$

Reorganize para obter uma equação quadrática:

$$\tfrac{1}{2}a_x t^2 - v_{x\text{carro}}t - x_{Ⓑ} = 0$$

Resolva a equação quadrática para o instante quando o policial alcança o carro (para ajuda na resolução de equações quadráticas, consulte o Apêndice B.2.):

$$t = \frac{v_{x\,\text{carro}} \pm \sqrt{v_{x\,\text{carro}}^2 + 2a_x x_{Ⓑ}}}{a_x}$$

$$(1)\quad t = \frac{v_{x\,\text{carro}}}{a_x} \pm \sqrt{\frac{v_{x\,\text{carro}}^2}{a_x^{\,2}} + \frac{2x_{Ⓑ}}{a_x}}$$

Avalie a solução escolhendo a raiz positiva, porque é a única escolha consistente com tempo $t > 0$:

$$t = \frac{45{,}0\text{ m/s}}{3{,}00\text{ m/s}^2} + \sqrt{\frac{(45{,}0\text{ m/s})^2}{(3{,}00\text{ m/s}^2)^2} + \frac{2(45{,}0\text{ m})}{3{,}00\text{ m/s}^2}} = \boxed{31{,}0\text{ s}}$$

Por que não escolhemos $t = 0$ como o instante em que o carro passa pelo policial? Se tivéssemos feito isto, não poderíamos usar o modelo da partícula sob aceleração constante para o policial. A aceleração do policial seria zero para o primeiro segundo e depois 3,00 m/s² para o resto do tempo. Definindo o tempo $t = 0$ como o início do movimento do policial, podemos usar o modelo da partícula sob aceleração constante para sua movimentação em todos os tempos positivos.

E SE? E se o policial tivesse uma motocicleta mais potente, com aceleração maior? Como isto mudaria o tempo necessário para o policial alcançar o carro?

Resposta Se a motocicleta tem maior aceleração, o policial deveria alcançar o carro antes, então a resposta para o tempo deveria ser menor que 31 s. Como todos os termos no lado direito da Equação (1) têm a aceleração a_x no denominador, vemos simbolicamente que uma aceleração maior vai reduzir o tempo necessário para o policial alcançar o carro.

2.7 Corpos em queda livre

É conhecido que, na ausência de resistência do ar, todos os corpos lançados perto da superfície da Terra caem em direção à terra com a mesma aceleração constante sob influência da gravidade. Esta conclusão só passou a ser aceita nos anos 1600. Antes disto, os ensinamentos do filósofo grego Aristóteles (384-322 a.C.) diziam que corpos mais pesados caem mais rapidamente que os mais leves.

O italiano Galileu Galilei (1564-1642) deu origem às nossas ideias atuais sobre corpos em queda. Diz a lenda que ele demonstrou o comportamento dos corpos em queda observando que dois pesos diferentes lançados simultaneamente da Torre de Pisa chegaram ao chão aproximadamente ao mesmo tempo. Embora existam dúvidas se ele realmente conduziu este experimento, estabeleceu-se que Galileu fez várias experiências com corpos se movimentando em planos inclinados. Em suas experiências, ele rolou bolas em uma rampa com inclinação leve e mediu as distâncias percorridas por elas em intervalos de tempo sucessivos. O objetivo da inclinação era reduzir a aceleração, o que possibilitou que ele fizesse medições precisas dos intervalos de tempo. Aumentando a inclinação da rampa, ele pôde chegar a conclusões sobre corpos em queda livre, pois uma bola em queda livre é equivalente a uma bola movimentando-se para baixo por uma inclinação vertical.

Você pode fazer a seguinte experiência: jogue uma moeda e uma bola de papel amassado da mesma altura ao mesmo tempo. Se os efeitos da resistência do ar forem desconsiderados, os dois terão o mesmo movimento e chegarão ao chão ao mesmo tempo. No caso idealizado, no qual não há resistência do ar, tal movimento é chamado *queda livre*. Se esta mesma experiência fosse conduzida no vácuo, onde a resistência do ar é realmente negligenciável, o papel e a moeda cairiam com a mesma aceleração, mesmo que o papel não estivesse amassado. Em 2 de agosto de 1971, o astronauta David Scott conduziu uma demonstração desse tipo na Lua. Ele soltou um martelo e uma pena simultaneamente, e os dois corpos caíram juntos na superfície lunar. Esta demonstração simples certamente teria agradado a Galileu!

Quando usamos a expressão *corpo em queda livre*, não nos referimos necessariamente a um corpo lançado do repouso. Um corpo em queda livre é qualquer corpo movendo-se livremente sob a influência somente da gravidade, independente do seu movimento inicial. Corpos lançados para cima ou para baixo e aqueles lançados do repouso ficam todos em queda livre depois de lançados. Qualquer corpo em queda livre experimenta uma aceleração direcionada para *baixo*, independente de seu movimento inicial.

Vamos denotar a intensidade da *aceleração da gravidade* também chamada *aceleração devida à gravidade*, pelo símbolo g. O valor de g diminui com o aumento da altitude acima da superfície da Terra. Além disso, pequenas variações podem ocorrer em g com mudanças na latitude. Na superfície da Terra, o valor de g é de aproximadamente 9,80 m/s^2. A menos que especificado de outro modo, usaremos este valor para g em nossos cálculos. Para estimativas rápidas, use $g = 10$ m/s^2.

Se desconsiderarmos a resistência do ar e supusermos que a aceleração da gravidade não varia com a altitude em pequenas distâncias verticais, o movimento de um corpo em queda livre se movendo verticalmente é equivalente ao movimento da partícula sob aceleração constante em uma dimensão. Portanto, as equações desenvolvidas na Seção 2.6 para o modelo da partícula sob aceleração constante podem ser aplicadas. A única modificação para corpos em queda livre que precisamos fazer nestas equações é observar que o movimento é na direção vertical (a direção y) em vez da direção horizontal (x), e que a aceleração é para baixo e tem uma intensidade de 9,80 m/s^2. Por este motivo, escolhemos $a_y = -g = -9{,}80$ m/s^2, onde o sinal negativo significa que a aceleração de um corpo em queda livre é para baixo. No Capítulo 13 deste volume estudaremos como lidar com variações em g com a altitude.

***Teste Rápido* 2.7** Considere as seguintes opções: **(a)** aumenta, **(b)** diminui, **(c)** aumenta e depois diminui, **(d)** diminui e depois aumenta, **(e)** permanece a mesma. Destas opções, selecione o que acontece com (**i**) a aceleração e (**ii**) a velocidade de uma bola depois que é atirada para cima no ar.

Georgios Kollidas/Shutterstock.com

Galileu Galilei

Físico e astrônomo italiano **(1564-1642)**
Galileu formulou as leis que regem o movimento dos objetos em queda livre e fez muitas outras descobertas significativas em física astronômica. Galileu defendeu publicamente a afirmação de Nicolau Copérnico de que o Sol está no centro do Universo (o sistema heliocêntrico). Ele publicou o *Dialogue Concerning Two New World Systems* (Diálogo sobre os Dois Principais Sistemas do Mundo) para apoiar o modelo de Copérnico, uma visão que a Igreja Católica declarou ser uma heresia.

Prevenção de Armadilhas 2.6

***g* e g**
Cuidado para não confundir o símbolo em itálico ***g*** para aceleração em queda livre com o símbolo g usado como a abreviação da unidade de grama.

Prevenção de Armadilhas 2.7

O sinal de *g*
Lembre-se de que g *é um número positivo*. É tentador substituir −9,80 m/s^2 por g, mas resista à tentação. A aceleração gravitacional para baixo é indicada explicitamente pela afirmativa que a aceleração é $a_y = -g$.

Prevenção de Armadilhas 2.8

Aceleração na altura máxima do movimento
Um mal-entendido comum é que a aceleração de um projétil no topo de sua trajetória é zero. Embora a velocidade na altura máxima do movimento de um corpo lançado para cima seja momentaneamente zero, *a aceleração ainda é devida à gravidade* neste ponto. Se tanto a velocidade quanto a aceleração fossem zero, o projétil ficaria em sua altura máxima.

Exemplo Conceitual 2.9 Os paraquedistas ousados

Um paraquedista salta de um helicóptero pairando no ar. Alguns segundos mais tarde, outro paraquedista salta, e ambos caem ao longo da mesma linha vertical. Despreze a resistência do ar, de modo que os dois paraquedistas caiam com a mesma aceleração. A diferença na velocidade deles permanece a mesma durante a queda? A distância vertical entre eles permanece a mesma durante a queda?

SOLUÇÃO

Em qualquer instante, as velocidades dos paraquedistas são diferentes porque um deles começou antes do outro. No entanto, em qualquer intervalo de tempo Δt depois deste instante, os dois paraquedistas aumentam suas velocidades no mesmo valor porque têm a mesma aceleração. Portanto, a diferença na velocidade deles permanece a mesma durante a queda.

O primeiro a saltar sempre tem velocidade maior que o segundo. Então, o primeiro paraquedista cobre uma distância maior que o segundo em certo intervalo de tempo. Consequentemente, a distância de separação entre eles aumenta.

Exemplo 2.10 Um lance bom para um novato! MA

Uma pedra lançada do topo de um edifício tem velocidade inicial de 20,0 m/s para cima em linha reta. A pedra é lançada 50,0 m acima do solo e passa perto da ponta do telhado quando desce, conforme a Figura 2.13.

(A) Usando $t_{Ⓐ} = 0$ como o instante em que a pedra sai da mão do lançador na posição Ⓐ, determine o instante em que a pedra atinge sua altura máxima.

SOLUÇÃO

Você certamente tem experiência em deixar corpos cair ou lançá-los ao ar e observá-los caindo, então este problema deve descrever uma experiência familiar. Para simular esta situação, jogue uma pedra pequena para cima e observe o intervalo de tempo necessário para que ela chegue ao chão. Agora, imagine jogar esta pedra para cima do telhado de um edifício. Como a pedra está em queda livre, ela é modelada como uma partícula sob aceleração constante por causa da gravidade.

Veja que a velocidade inicial é positiva porque a pedra é lançada para cima. A velocidade mudará de sinal depois que a pedra atingir seu ponto mais alto, mas sua aceleração será *sempre* para baixo de modo que sempre terá um valor negativo. Escolha um ponto inicial logo depois que a pedra sair da mão da pessoa e um ponto final na altura máxima do seu trajeto.

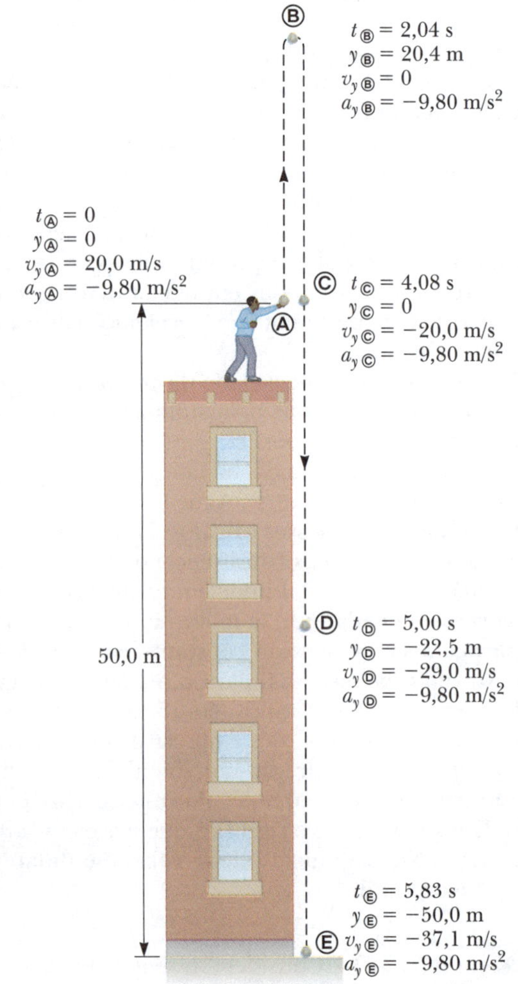

Figura 2.13 (Exemplo 2.10) Posição, velocidade e valores de aceleração em diversos momentos para uma pedra caindo livremente, lançada para cima com velocidade $v_{yi} = 20{,}0$ m/s. Muitas das quantidades nas marcas para pontos no movimento da pedra são calculadas no exemplo. Você pode obter os outros valores que não foram calculados?

2.10 *cont.*

Use a Equação 2.13 para calcular o instante em que a pedra atinge sua altura máxima:

$$v_{yf} = v_{yi} + a_y t \rightarrow t = \frac{v_{yf} - v_{yi}}{a_y}$$

Substitua os valores numéricos:

$$t = t_{Ⓑ} = \frac{0 - 20{,}0 \text{ m/s}}{-9{,}80 \text{ m/s}^2} = \boxed{2{,}04 \text{ s}}$$

(B) Encontre a altura máxima da pedra.

SOLUÇÃO

Como na parte (A), escolha os pontos inicial e final no começo e final do trajeto para cima.

Estabeleça $y_{Ⓐ} = 0$ e substitua o tempo da parte (A) na Equação 2.16 para achar o máximo:

$$y_{\text{máx}} = y_{Ⓑ} = y_{Ⓐ} + v_{xⒶ} t + \tfrac{1}{2} a_y t^2$$

$$y_{Ⓑ} = 0 + (20{,}0 \text{ m/s})(2{,}04 \text{ s}) + \tfrac{1}{2}(-9{,}80 \text{ m/s}^2)(2{,}04 \text{ s})^2 = \boxed{20{,}4 \text{ m}}$$

(C) Determine a velocidade da pedra quando ela retorna à altura de onde foi lançada.

SOLUÇÃO

Escolha o ponto inicial de onde a pedra é lançada e o ponto final quando ela passa por esta mesma posição ao descer.

$$v_{yⒸ}^2 = v_{yⒶ}^2 + 2a_y(y_{Ⓒ} - y_{Ⓐ})$$

Substitua valores conhecidos na Equação 2.17:

$$v_{yⒸ}^2 = (20{,}0 \text{ m/s})^2 + 2(-9{,}80 \text{ m/s}^2)(0 - 0) = 400 \text{ m}^2/\text{s}^2$$

$$v_{yⒸ} = \boxed{-20{,}0 \text{ m/s}}$$

Quando consideramos a raiz quadrada, podemos escolher uma raiz positiva ou negativa. Escolhemos a negativa porque sabemos que a pedra está se movendo para baixo no ponto Ⓒ. A velocidade da pedra quando ela retorna à sua altura original é igual à sua velocidade inicial em módulo, mas tem direção oposta.

(D) Calcule a velocidade e posição da pedra em $t = 5{,}00$ s.

SOLUÇÃO

Escolha o ponto inicial logo depois do lançamento e o ponto final 5,00 s depois.

Calcule a velocidade em Ⓓ a partir da Equação 2.13:

$$v_{yⒹ} = v_{yⒶ} + a_y t = 20{,}0 \text{ m/s} + (-9{,}80 \text{ m/s}^2)(5{,}00 \text{ s}) = \boxed{-29{,}0 \text{ m/s}}$$

Use a Equação 2.16 para achar a posição da pedra em $t_{(D)} = 5{,}00$ s:

$$y_{Ⓓ} = y_{Ⓐ} + v_{yⒶ} t + \tfrac{1}{2} a_y t^2$$

$$= 0 + (20{,}0 \text{ m/s})(5{,}00 \text{ s}) + \tfrac{1}{2}(-9{,}80 \text{ m/s}^2)(5{,}00 \text{ s})^2$$

$$= \boxed{-22{,}5 \text{ m}}$$

A escolha do tempo definido como $t = 0$ é arbitrária e de sua escolha. Como um exemplo desta arbitrariedade, escolha $t = 0$ como o tempo no qual a pedra está no ponto mais alto do seu movimento. Daí resolva as partes (C) e (D) novamente usando este novo instante inicial e note que suas respostas são as mesmas das respostas acima.

E SE? E se o lançamento fosse de 30,0 m acima do chão, em vez de 50,0 m? Quais respostas das partes (A) a (D) mudariam?

Resposta Nenhuma das respostas mudaria. Todo o movimento acontece no ar durante os primeiros 5,00 s. (Note que, mesmo para um lançamento de 30,0 m, a pedra está acima do chão em $t = 5{,}00$ s.) Portanto, a altura do lançamento não é relevante. Matematicamente, se verificarmos nossos cálculos, veremos que não usamos a altura do lançamento em nenhuma das equações.

2.8 Equações cinemáticas derivadas de cálculo

Esta seção supõe que o leitor esteja familiarizado com as técnicas de cálculo integral. Se você ainda não estudou integração no seu curso de cálculo, deve pular esta seção ou estudá-la depois de estar familiarizado.

A velocidade de uma partícula movendo-se em uma linha reta pode ser obtida se sua posição como função do tempo for conhecida. Matematicamente, a velocidade é igual à derivada da posição com relação ao tempo. Também é possível achar a posição de uma partícula se sua velocidade como função do tempo é conhecida. Em cálculo, o procedimento usado para desempenhar esta tarefa é chamado *integração,* ou de encontrar a *antiderivada.* Graficamente, é equivalente a achar a área sob uma curva.

Suponha que o gráfico $v_x - t$ para uma partícula se movendo ao longo do eixo x seja conforme mostrado na Figura 2.14. Vamos dividir o intervalo de tempo $t_f - t_i$ em vários intervalos menores (infinitesimais), cada um de duração Δt_n. A partir da definição de velocidade média, vemos que o deslocamento da partícula durante qualquer intervalo infinitesimal, como o marcado na Figura 2.14, é dado por $\Delta x_n = v_{xn,\mathrm{m}}\,\Delta t_n$, onde $v_{xn,\mathrm{m}}$ é a velocidade média naquele intervalo. Assim, o deslocamento durante este intervalo infinitesimal é simplesmente a área do retângulo sombreado na Figura 2.14. O deslocamento total para o intervalo $t_f - t_i$ é a soma das áreas de todos os retângulos de t_i a t_f:

$$\Delta x = \sum_n v_{xn,\mathrm{m}}\,\Delta t_n$$

onde o símbolo Σ (sigma grego maiúsculo) significa a soma de todos os termos, ou seja, de todos os valores de n. Como os intervalos ficam cada vez menores, o número de termos na soma aumenta e a soma se aproxima de um valor igual à área sob a curva no gráfico de velocidade-tempo. Assim, no limite $n \to \infty$, ou $\Delta t_n \to 0$, o deslocamento é

$$\Delta x = \lim_{\Delta t_n \to 0} \sum_n v_{xn,\mathrm{m}}\,\Delta t_n \qquad \textbf{(2.18)}$$

Se conhecermos o gráfico v_x–t para movimento ao longo de uma linha reta, podemos obter o deslocamento durante qualquer intervalo de tempo medindo a área sob a curva que corresponde àquele intervalo de tempo.

O limite da soma mostrada na Equação 2.18 é chamado **integral definida**, e é representado por

$$\lim_{\Delta t_n \to 0} \sum_n v_{xn,\mathrm{m}}\,\Delta t_n = \int_{t_i}^{t_f} v_x(t)\,dt \qquad \textbf{(2.19)}$$

◀ **Integral definida**

onde $v_x(t)$ denota a velocidade em qualquer momento t. Se a forma funcional explícita de $v_x(t)$ é conhecida e os limites são dados, a integral pode ser avaliada. Às vezes, o gráfico v_x–t para uma partícula em movimento tem forma muito mais simples que aquele mostrado na Figura 2.14. Suponha que um objeto é descrito com a partícula sob o modelo de velo-

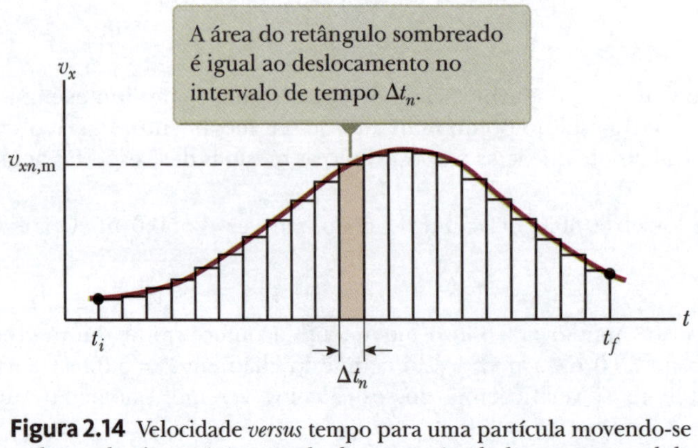

Figura 2.14 Velocidade *versus* tempo para uma partícula movendo-se ao longo do eixo x. A área total sob a curva é o deslocamento total da partícula.

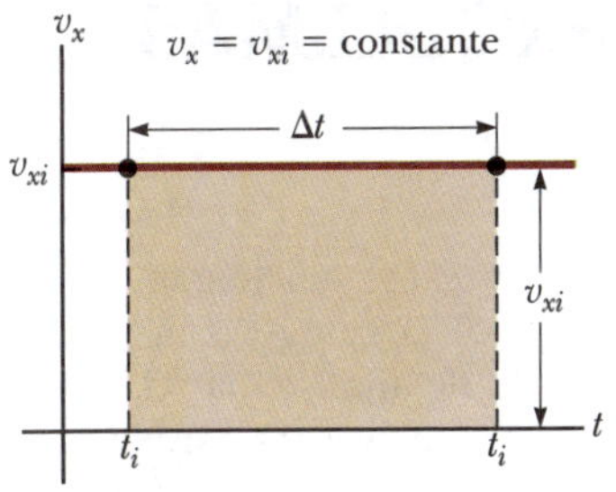

Figura 2.15 A curva de velocidade-tempo para uma partícula movendo-se com velocidade constante v_{xi}. O deslocamento da partícula durante o intervalo de tempo $t_f - t_i$ é igual à área do retângulo sombreado.

cidade constante. Neste caso, o gráfico v_x–t é uma linha horizontal como na Figura 2.15, e o deslocamento da partícula durante o intervalo de tempo Δt é apenas a área do retângulo sombreado:

$$\Delta x = v_{xi}\Delta t \text{ (quando } v_x = v_{xi} = \text{constante)}$$

Equações cinemáticas

Usamos as equações que definem aceleração e velocidade para derivar duas de nossas quatro equações cinemáticas, Equações 2.13 e 2.16.

A equação usada para definir aceleração (Eq. 2.10),

$$a_x = \frac{dv_x}{dt}$$

pode ser escrita como $dv_x = a_x\,dt$ ou, em termos de uma integral (ou antiderivada), como

$$v_{xf} - v_{xi} = \int_0^t a_x\,dt$$

Para o caso especial onde a aceleração é constante, a_x pode ser removido da integral, obtendo

$$v_{xf} - v_{xi} = a_x \int_0^t dt = a_x(t - 0) = a_x t \qquad \textbf{(2.20)}$$

que é a Equação 2.13 na partícula sob o modelo de velocidade constante.

Vamos considerar a equação usada para definir a velocidade (Eq. 2.5):

$$v_x = \frac{dx}{dt}$$

Podemos representar esta equação como $dx = v_x\,dt$ ou em forma integral como

$$x_f - x_i = \int_0^t v_x\,dt$$

Como $v_x = v_{xf} = v_{xi} + a_x t$, esta expressão fica

$$x_f - x_i = \int_0^t (v_{xi} + a_x t)\,dt = \int_0^t v_{xi}\,dt + a_x \int_0^t t\,dt = v_{xi}(t - 0) + a_x\left(\frac{t^2}{2} - 0\right)$$

$$x_f - x_i = v_{xi}t + \tfrac{1}{2}a_x t^2$$

que é a Equação 2.16 na partícula sob o modelo de aceleração constante.

Em seu curso de Física, além do que você pode aprender sobre conceitos desta disciplina, um ponto bastante valioso é também adquirir a habilidade de resolver problemas complicados. A maneira em que situações complexas são abordadas pela Física, que as divide em partes manejáveis, é extremamente útil. Veja a seguir uma estratégia geral de resolução de problemas para ajudá-lo no passo a passo. Os passos da estratégia são: *Conceituação, Categorização, Análise* e *Finalização.*

ESTRATÉGIA GERAL PARA RESOLUÇÃO DE PROBLEMAS

Conceitualização

- A primeira coisa a fazer quando abordar um problema é *pensar sobre ele* e *entender* a situação. Estude cuidadosamente qualquer representação da informação (por exemplo, diagramas, gráficos, tabelas ou fotografias) que venha com o problema. Imagine passando por sua mente um filme do que acontece nos problemas.
- Se não há uma representação pictórica, você deve sempre fazer um desenho rápido da situação. Indique quaisquer valores conhecidos numa tabela ou no seu desenho.
- Concentre-se na informação algébrica ou numérica dada no problema. Leia o enunciado com atenção, procurando palavras-chave, como "início do repouso" ($v_i = 0$), "para" ($v_f = 0$), ou "cai livremente" ($a_y = -g = -9{,}80\ \mathrm{m/s^2}$).
- Veja o resultado esperado para a resolução do problema. O que exatamente está sendo pedido? O resultado final será numérico ou algébrico? Você sabe que unidades são esperadas?
- Não se esqueça de incorporar informações de sua própria experiência e bom-senso. Como seria uma resposta razoável? Por exemplo, você não esperaria que a velocidade calculada para um automóvel fosse de 5×10^6 m/s.

Categorização

- Assim que tiver uma boa ideia sobre do que se trata, você deve *simplificar* o problema. Remova detalhes que não são importantes para a solução. Por exemplo, modele um corpo em movimento como uma partícula. Se for adequado, ignore a resistência do ar ou o atrito entre um corpo deslizante e a superfície.
- Depois de simplificar o problema, ele deve ser *categorizado*. É um problema de *substituição simples* no qual números podem ser substituídos em uma simples equação ou uma definição? Se for, o problema provavelmente será resolvido quando a substituição for feita. Se não, você está diante de um *problema de análise*: a situação deve ser mais bem analisada para gerar uma equação apropriada e encontrar uma solução.
- Se for um problema de análise, deve ser ainda mais categorizado. Você já viu este tipo de problema antes? Ele está na lista crescente de tipos de problemas que já tenha resolvido antes? Se estiver, identifique qualquer (quaisquer) modelo(s) de análise adequado(s) ao problema como preparação para a etapa Análise a seguir. Vimos três modelos de análise neste capítulo: o da partícula sob velocidade vetorial constante, o da partícula sob velocidade escalar constante e o da partícula sob aceleração constante. Saber classificar um problema com um modelo de análise pode facilitar muito a elaboração de um plano para resolvê-lo. Por exemplo, se sua simplificação mostra que o problema pode ser tratado como uma partícula sob aceleração constante e você já resolveu um destes problemas (como os exemplos na Seção 2.6), a solução para o problema atual segue um padrão semelhante.

Análise

- Você deve analisar o problema e tentar chegar a uma solução matemática. Como você já categorizou o problema e identificou um modelo de análise, não deve ser muito difícil selecionar equações relevantes para aplicar ao tipo de situação presente. Por exemplo, se o problema envolve uma partícula sob aceleração constante, as Equações 2.13 a 2.17 são relevantes.
- Use álgebra (e cálculo, se necessário) para resolver simbolicamente para a variável desconhecida em termos do que é dado. Por fim, substitua por números apropriados, calcule o resultado e arredonde para o número de algarismos significativos corretos.

Finalização

- Examine sua resposta numérica. Ela tem as unidades corretas? Preenche suas expectativas da conceitualização do problema? E a forma algébrica do resultado? Ela faz sentido? Examine as variáveis do problema para ver se a resposta mudaria de maneira fisicamente significativa se as variáveis fossem aumentadas ou diminuídas drasticamente, ou se fosse zero. Uma boa maneira de garantir que os resultados obtidos sejam razoáveis é dar uma olhada nos casos limitantes para ver se resultam nos valores esperados.
- Pense como este problema se comparou com outros que você já resolveu. Como era semelhante? De que modo crítico era diferente? Por que este problema foi proposto? Você consegue determinar o que aprendeu por meio da resolução? Se for uma nova categoria de problema, garanta que o entende para que possa usá-lo como modelo para a resolução de problemas parecidos no futuro.

Quando resolver problemas complexos, você pode precisar identificar uma série de subproblemas e aplicar a estratégia geral de resolução de problemas para cada um. Para problemas simples, provavelmente não precisará dela. Quando estiver tentando resolver um problema e não souber o que fazer em seguida, lembre-se destes passos da estratégia e use-os como guia.

Para praticar, seria bom revisitar os exemplos resolvidos neste capítulo e identificar os passos de *Conceitualização, Categorização, Análise* e *Finalização.* No restante deste livro, vamos marcar estes passos explicitamente nos exemplos resolvidos. Muitos capítulos incluem uma seção intitulada Estratégia Geral para Resolução de Problemas, que deve ajudar em momentos difíceis. Estas seções são organizadas de acordo com a Estratégia Geral para Resolução de Problemas descrita e são planejadas para propor e ajudar a resolver os tipos de problemas específicos de cada capítulo.

Para esclarecer como a Estratégia funciona, vamos repetir o Exemplo 2.7 com a identificação de cada um dos seus passos.

.o **conceitualizar** um problema, tente entender a ituação que é apresentada no enunciado do problema. Estude cuidadosamente qualquer representação da nformação que venha com o problema (por exemplo, iagramas, gráficos, tabelas ou fotografias). magine passando por sua mente um filme do que contece nos problemas.

Simplifique o problema. Remova detalhes que não são importantes para a solução. E o **categorize**. É um problema de substituição simples, no qual números podem ser substituídos em uma equação? Se não for, você está diante de um problema de análise. Neste caso, identifique o modelo de análise adequado.

Exemplo 2.7 Pouso em porta-aviões MA

Um jato pousa em um porta-aviões a uma velocidade de 140 mi/h ($\approx$ 63 m/s).

(A) Qual é sua aceleração (presumida constante) se ele parar em 2,0 s porque um cabo de aço prende o jato pelo gancho de retenção e faz com que ele pare?

SOLUÇÃO

Conceitualização

Você já deve ter visto um jato pousando em um navio porta-aviões, em filmes ou shows de televisão, quando o jato para em um tempo muito curto porque um cabo é usado. A leitura cuidadosa do problema revela que, além de saber a velocidade inicial de 63 m/s, também sabemos que a velocidade final é zero.

Categorização

Como supomos que a aceleração do jato é constante, podemos modelá-lo como *uma partícula sob aceleração constante*.

Análise

Definimos nosso eixo x como a direção do movimento do jato. Observe que não temos informação sobre a mudança de posição do jato enquanto ele está desacelerando.

A Equação 2.13 é a única na partícula sob o modelo de aceleração constante que não envolve posição, por isso, a utilizamos para encontrar a aceleração do jato, modelado como uma partícula:

$$a_x = \frac{v_{xf} - v_{xi}}{t} = \frac{0 - 63\text{ m/ s}}{2{,}0\text{ s}}$$

$$= \boxed{-32\text{ m/s}^2}$$

(B) Se o jato toca o solo em uma posição $x_i = 0$, qual é sua posição final?

SOLUÇÃO

Use a Equação 2.15 para achar a posição final:

$$x_f = x_i + \tfrac{1}{2}(v_{xi} + v_{xf})t = 0 + \tfrac{1}{2}(63\text{ m/s} + 0)(2{,}0\text{ s}) = 63\text{ m}$$

Finalização

Dado o tamanho dos porta-aviões, um comprimento de 63 m parece razoável para parar o jato. A ideia de usar cabos de aço para reduzir a velocidade dos aviões e dar mais segurança ao pouso surgiu na época da Primeira Guerra Mundial. Os cabos ainda são parte vital na operação de porta-aviões modernos.

E SE? Suponha que o jato pouse no convés de um porta-aviões com velocidade maior que 63 m/s, mas tenha a mesma aceleração calculada na parte (A) por causa do uso do cabo. Como isso altera a resposta da parte (B)?

Resposta Se o jato está viajando mais rapidamente no começo, ele vai parar mais longe do ponto inicial, então a resposta da parte (B) deveria ser maior. Matematicamente, vemos na Equação 2.15 que, se v_{xi} é maior, x_f será maior.

Agora, **analise** o problema. Selecione as equações relevantes do modelo de análise. Resolva simbolicamente para a variável desconhecida em termos do que é dado. Substitua os números apropriados, calcule o resultado e arredonde para o número correto de algarismos significativos.

Finalize o problema. Examine sua resposta numérica. Ela tem as unidades corretas? Preenche suas expectativas da conceitualização do problema? A resposta faz sentido? E a forma algébrica do resultado? Examine as variáveis do problema para ver se a resposta mudaria de maneira fisicamente significativa se as variáveis fossem aumentadas ou diminuídas drasticamente, ou se fosse zero.

Perguntas **E SE?** aparecerão em muitos exemplos no texto, oferecendo uma variação da situação vista agora. Este recurso encoraja os estudantes a pensarem sobre os resultados do exemplo e ajuda na compreensão conceitual dos princípios.

Resumo

Definições

Quando uma partícula se move ao longo do eixo x de uma posição inicial x_i para uma posição final x_f, seu **deslocamento** é

$$\Delta x = x_f - x_i \quad (2.1)$$

A **velocidade vetorial média** de uma partícula durante um intervalo de tempo é o deslocamento Δx dividido pelo intervalo de tempo Δt durante o qual aquele deslocamento ocorre:

$$v_{x,\text{m}} \equiv \frac{\Delta x}{\Delta t} \quad (2.2)$$

A **velocidade escalar média** de uma partícula é igual à razão da distância total que ela percorre em relação ao intervalo de tempo total durante o qual ela percorre aquela distância:

$$v_{\text{m}} \equiv \frac{d}{\Delta t} \quad (2.3)$$

A **velocidade vetorial instantânea** de uma partícula é definida como o limite da proporção $\Delta x/\Delta t$ conforme Δt se aproxima de zero. Por definição, este limite é igual à derivada de x com relação a t, ou a proporção do tempo de mudança da posição:

$$v_x \equiv \lim_{\Delta t \to 0} \frac{\Delta x}{\Delta t} = \frac{dx}{dt} \quad (2.5)$$

A **velocidade escalar instantânea** de uma partícula é igual à intensidade de sua velocidade instantânea.

A **aceleração média** de uma partícula é definida como a razão da variação de sua velocidade Δv_x dividida pelo intervalo de tempo Δt durante o qual esta variação ocorre:

$$a_{x,\text{m}} \equiv \frac{\Delta v_x}{\Delta t} = \frac{v_{xf} - v_{xi}}{t_f - t_i} \quad (2.9)$$

A **aceleração instantânea** é igual ao limite da razão $\Delta v_x/\Delta t$ conforme Δt se aproxima de 0. Por definição, este limite é igual à derivada de v_x com relação a t, ou taxa de variação da velocidade:

$$a_x \equiv \lim_{\Delta t \to 0} \frac{\Delta v_x}{\Delta t} = \frac{dv_x}{dt} \quad (2.10)$$

Conceitos e Princípios

Quando a velocidade e a aceleração de um corpo estão na mesma direção, o corpo está indo mais rápido. Por outro lado, quando a velocidade e a aceleração estão em direções opostas, ele está indo mais devagar. Vale lembrar que $F_x \propto a_x$ é uma boa maneira de identificar a direção da aceleração por associação desta com uma força.

Um corpo caindo livremente na presença da gravidade da Terra experimenta aceleração da gravidade direcionada para o centro da Terra. Se a resistência do ar é desconsiderada, se o movimento ocorre perto da superfície da Terra, e se o raio do movimento é pequeno comparado com o raio da Terra, a aceleração da gravidade $a_y = -g$ é constante por toda a extensão do movimento, onde g é igual a 9,80 m/s^2.

A melhor maneira de abordar problemas complicados é trabalhar de modo organizado. Lembre-se e aplique os passos *Conceitualização, Categorização, Análise* e *Finalização* da **Estratégia Geral de Resolução de Problemas** quando precisar deles.

Uma ajuda importante na resolução de problemas é o uso do **modelo de análise**. Modelos de análise são situações que vimos em problemas anteriores. Cada modelo de análise tem uma ou mais equações associadas. Quando for resolver um problema novo, identifique o modelo de análise que a ele corresponda. O modelo vai dizer quais equações usar. Os primeiros três modelos de análise apresentados neste capítulo estão resumidos.

continua

Modelo de Análise para Resolução de Problemas

Partícula sob Velocidade Vetorial Constante. Se uma partícula se move em uma linha reta com velocidade vetorial constante v_x, sua velocidade é dada por

$$v_x = \frac{\Delta x}{\Delta t} \quad \textbf{(2.6)}$$

e sua posição é dada por

$$x_f = x_i + v_x t \quad \textbf{(2.7)}$$

Partícula sob Velocidade Escalar Constante. Se uma partícula se movimenta por uma distância d ao longo de uma trajetória curva ou reta com velocidade escalar constante, sua velocidade escalar constante é dada por

$$v = \frac{d}{\Delta t} \quad \textbf{(2.8)}$$

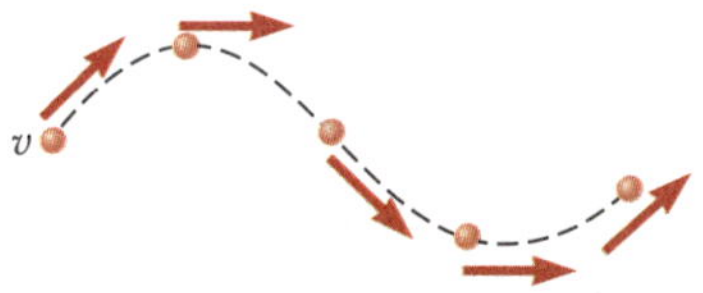

Partícula sob Aceleração Constante. Se uma partícula se movimenta em uma linha reta com aceleração constante a_x, seu movimento é descrito pelas equações cinemáticas:

$$v_{xf} = v_{xi} + a_x t \quad \textbf{(2.13)}$$

$$v_{x,\mathrm{m}} = \frac{v_{xi} + v_{xf}}{2} \quad \textbf{(2.14)}$$

$$x_f = x_i + \tfrac{1}{2}(v_{xi} + v_{xf})t \quad \textbf{(2.15)}$$

$$x_f = x_i + v_{xi}t + \tfrac{1}{2}a_x t^2 \quad \textbf{(2.16)}$$

$$v_{xf}^2 = v_{xi}^2 + 2a_x(x_f - x_i) \quad \textbf{(2.17)}$$

Perguntas Objetivas

1. Uma gota de óleo cai do motor de um carro em movimento diretamente para baixo na estrada a cada 5 s. A Figura PO2.1 mostra o padrão das gotas deixadas no asfalto. Qual é a velocidade escalar média do carro nesta seção do seu movimento? (a) 20 m/s (b) 24 m/s (c) 30 m/s (d) 100 m/s (e) 120 m/s.

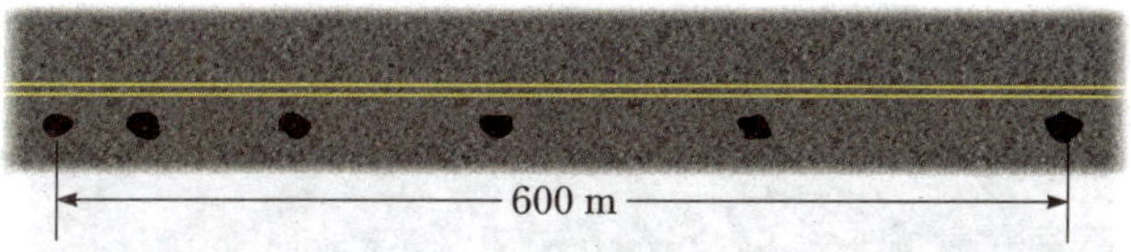

Figura PO2.1

2. Um carro de corrida começa do repouso em $t = 0$ e atinge velocidade escalar final v num tempo t. Se a aceleração do carro é constante durante este tempo, qual das afirmativas abaixo é verdadeira? (a) O carro percorre a distância vt. (b) A velocidade escalar média do carro é $v/2$. (c) A intensidade da aceleração do carro é v/t. (d) A velocidade do carro permanece constante. (e) Nenhuma das afirmativas é verdadeira.

3. Um malabarista joga uma garrafa de boliche diretamente para cima no ar. Depois que a garrafa sai de sua mão e enquanto ela está no ar, qual afirmação é verdadeira? (a) A velocidade da garrafa é sempre na mesma direção que sua aceleração. (b) A velocidade da garrafa nunca é na mesma direção que sua aceleração. (c) A aceleração da garrafa é zero. (d) A velocidade da garrafa é o contrário da sua aceleração na subida. (e) A velocidade da garrafa é na mesma direção que sua aceleração na subida.

4. Quando aplicamos as equações da cinemática para um corpo movimentando-se em uma dimensão, qual das afirmações a seguir *deve ser* verdadeira? (a) A velocidade do corpo tem de permanecer constante. (b) A aceleração do corpo tem de permanecer constante. (c) A velocidade do corpo tem de aumentar com o tempo. (d) A posição do corpo tem de aumentar com o tempo. (e) A velocidade do corpo sempre tem de ser na mesma direção que sua aceleração.

5. Uma bala de canhão é lançada do chão diretamente para cima a uma velocidade inicial de 225 m/s. Depois de quanto tempo a bala atinge uma altura de $6{,}20 \times 10^2$ m acima do solo e se move para baixo? (a) 2,96 s (b) 17,3 s (c) 25,4 s (d) 33,6 s (e) 43,0 s.

6. Uma flecha é atirada diretamente para cima com velocidade inicial de 15,0 m/s. Depois de quanto tempo a flecha se move para baixo com velocidade de 8,00 m/s? (a) 0,714 s (b) 1,24 s (c) 1,87 s (d) 2,35 s (e) 3,22 s.

7. Quando o piloto inverte o propulsor de um barco se movendo para o norte, o barco se movimenta com aceleração em direção ao sul. Suponha que a aceleração do barco permaneça constante em módulo e direção. O que acontece com o barco? (a) Para e permanece parado. (b) Para e depois vai mais rápido para a frente. (c) Para e depois vai mais rápido na direção contrária. (d) Não para, mas vai perdendo velocidade lentamente. (e) Não para e continua a ir mais rápido, em frente.

8. Uma pedra é lançada para baixo do topo de uma torre de 40,0 m de altura com velocidade inicial de 12 m/s. Supondo que a resistência do ar seja desprezível, qual a velocidade da pedra um pouco antes de tocar o chão? (a) 28 m/s (b) 30 m/s (c) 56 m/s (d) 784 m/s (e) é necessário mais informação.

9. Um skatista começa do repouso e se move morro abaixo com aceleração constante em linha reta, movendo-se por 6 s. Numa segunda tentativa, ele começou do repouso e se moveu ao longo da mesma linha reta com a mesma aceleração por 2 s somente. Como o deslocamento do ponto inicial na segunda tentativa se compara com o da primeira? (a) um terço do tamanho (b) três vezes maior (c) um nono do tamanho (d) nove vezes maior (e) $1/\sqrt{3}$ vezes maior.

10. Em outro planeta, uma bola de gude é lançada do repouso de cima de um pico alto. Ela cai 4,00 m no primeiro 1 s de seu movimento. Qual é a distância adicional que ela cai no 1 s seguinte? (a) 4,00 m (b) 8,00 m (c) 12,0 m (d) 16,0 m (e) 20,0 m.

11. Conforme um corpo se movimenta ao longo do *eixo x*, várias medições de sua posição são efetuadas, o suficiente para construir um gráfico suave e preciso de x *versus* t. Qual das seguintes quantidades para o corpo *não pode* ser obtida somente do *gráfico?* (a) a velocidade em qualquer instante; (b) a aceleração em qualquer instante (c) o deslocamento durante um intervalo de tempo (d) a velocidade média durante algum intervalo de tempo (e) a velocidade escalar em qualquer instante.

12. Um pedregulho é lançado do repouso do topo de um penhasco e cai 4,9 m após 1,0 s. Quanto mais ele ainda vai cair nos próximos 2,0 s? (a) 9,8 m (b) 19,6 m (c) 39 m (d) 44 m (e) nenhuma das alternativas.

13. Um estudante, no topo de um edifício de altura h, lança uma bola para cima com velocidade v_i, depois, joga uma segunda bola para baixo com a mesma velocidade inicial v_i. Um pouco antes de atingir o chão, a velocidade final da bola lançada para cima é (a) maior, (b) menor ou (c) da mesma intensidade, comparada à velocidade final da bola lançada para baixo?

14. Você solta uma bola de uma janela do último andar de um edifício. Ela atinge o chão com velocidade v. Você repete o lançamento, e seu amigo que está no térreo joga uma bola para cima com a mesma velocidade v, soltando a bola dele no mesmo momento que você solta a sua da janela. Em algum local, as bolas se cruzam. Este local é (a) *no* meio do caminho entre a janela e o chão, (b) *acima* deste ponto ou (c) *abaixo* deste ponto?

15. Um pedregulho é solto do repouso a certa altura e cai livremente, atingindo uma velocidade de impacto no chão de 4 m/s. Em seguida, o pedregulho é lançado para baixo, com velocidade inicial de 3 m/s, da mesma altura. Qual é a sua velocidade no chão? (a) 4 m/s (b) 5 m/s (c) 6 m/s (d) 7 m/s (e) 8 m/s.

16. Uma bola é lançada diretamente para cima no ar. Para qual situação tanto a velocidade instantânea quanto a aceleração são nulas? (a) indo para cima (b) na altura máxima da subida (c) indo para baixo (d) no meio do caminho para cima e para baixo (e) nenhuma das alternativas acima.

17. Uma bola de borracha dura, que não é afetada pela resistência do ar em seu movimento, é jogada para cima da altura dos ombros, cai na calçada, ricocheteia para uma altura máxima menor e é pegada quando está voltando para baixo novamente. Este movimento é representado na Figura PO2.17, onde as posições sucessivas da bola de Ⓐ a Ⓔ não têm o mesmo espaçamento no tempo. No ponto Ⓓ o centro da bola está no ponto mais baixo de seu movimento. O movimento da bola é ao longo de uma linha reta vertical, mas o diagrama mostra posições sucessivas para a direita para evitar posicionamento excessivo. Escolha a direção y positiva como sendo para cima. (a) Classifique as situações de Ⓐ a Ⓔ de acordo com a velocidade escalar da bola $|v_y|$ em cada ponto, com a velocidade maior primeiro. (b) Classifique as mesmas situações de acordo com a aceleração a_y da bola em cada ponto. (Nas duas classificações, lembre-se de que zero é maior que um valor negativo. Se dois valores forem iguais, mostre isto em sua classificação.)

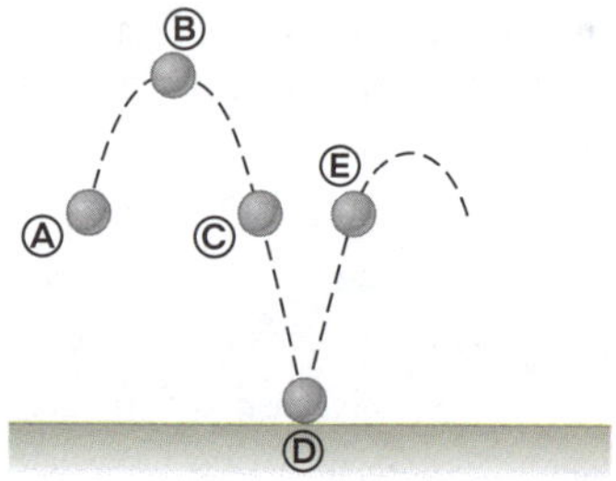

Figura PO2.17

18. Cada uma das fotografias estroboscópicas (a), (b) e (c) na Figura PO2.18 foi tirada de um disco único movimentando-se para a direita, que consideramos como a direção positiva. Para cada fotografia, o intervalo de tempo entre imagens é constante. **(i)** Qual fotografia mostra movimento com aceleração zero? **(ii)** Qual fotografia mostra movimento com aceleração positiva? **(iii)** Qual fotografia mostra movimento com aceleração negativa?

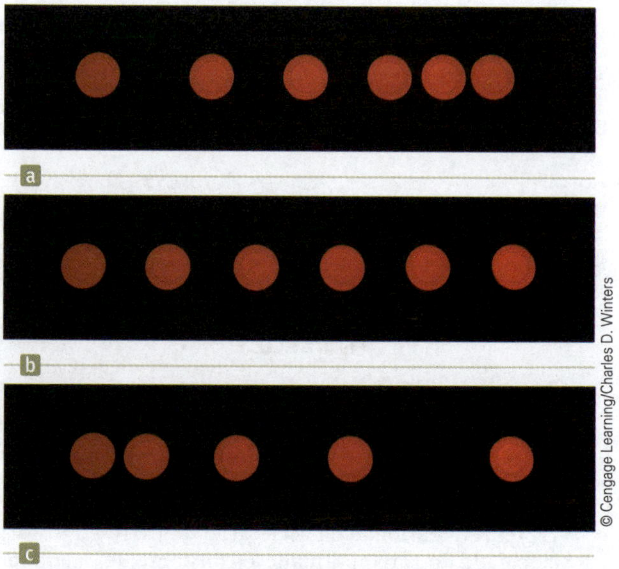

Figura PO2.18 Pergunta Objetiva 18 e Problema 23.

Perguntas Conceituais

1. Se a velocidade média de um corpo é zero em algum intervalo de tempo, o que pode ser dito sobre o seu deslocamento para aquele intervalo?
2. Faça a seguinte experiência longe do trânsito, onde será mais seguro. Dirija um carro lentamente em uma estrada nivelada e reta, coloque a marcha no ponto morto (neutro) e deixe o carro deslizar. No instante em que o carro parar completamente, pise fundo no freio e observe o que você sente. Agora repita a experiência em uma inclinação suave para cima. Explique a diferença que uma pessoa no carro sente em cada um dos casos. (Brian Popp sugeriu a ideia para esta pergunta.)
3. Se um carro está indo para o leste, sua aceleração pode ser para o oeste? Explique.
4. Se a velocidade de uma partícula é zero, a aceleração da partícula pode ser zero? Explique.
5. Se a velocidade de uma partícula é diferente de zero, a aceleração da partícula pode ser zero? Explique.
6. Você lança uma bola verticalmente para cima de modo que ela sai do chão com velocidade $+5,00$ m/s. (a) Qual é a velocidade da bola quando ela atinge sua altura máxima? (b) Qual é a sua aceleração neste ponto? (c) Qual é a velocidade com a qual ela retorna para o nível do chão? (d) Qual é sua aceleração neste ponto?
7. (a) As equações da cinemática (Eqs. 2.13-2.17) podem ser usadas em uma situação onde a aceleração varia no tempo? (b) Elas podem ser usadas quando a aceleração é zero?
8. (a) A velocidade de um corpo em um instante de tempo pode ser maior em intensidade que a velocidade média durante um intervalo de tempo contendo este instante? (b) A velocidade pode ser menor?
9. Dois carros se movem na mesma direção em pistas paralelas em uma rodovia. Em algum instante, a velocidade do carro A excede a velocidade do B. Isto significa que a aceleração do carro A é maior que a do B? Explique.

Problemas

ENHANCED WebAssign Os problemas que se encontram neste capítulo podem ser resolvidos *on-line* no Enhanced WebAssign (em inglês)

1. denota problema simples;

2. denota problema intermediário;

3. denota problema de desafio;

AMT *Analysis Model Tutorial* disponível no Enhanced WebAssign (em inglês);

M denota tutorial *Master It* disponível no Enhanced WebAssign (em inglês);

PD denota problema dirigido;

W solução em vídeo *Watch It* disponível no Enhanced WebAssign (em inglês).

Seção 2.1 Posição, velocidade escalar e velocidade vetorial

1. W A posição *versus* tempo para uma partícula específica se movimentando ao longo do eixo x é mostrada na Figura P2.1. Encontre a velocidade média nos intervalos de tempo (a) 0 a 2 s, (b) 0 a 4 s, (c) 2 s a 4 s, (d) 4 s a 7 s, e (e) 0 a 8 s.

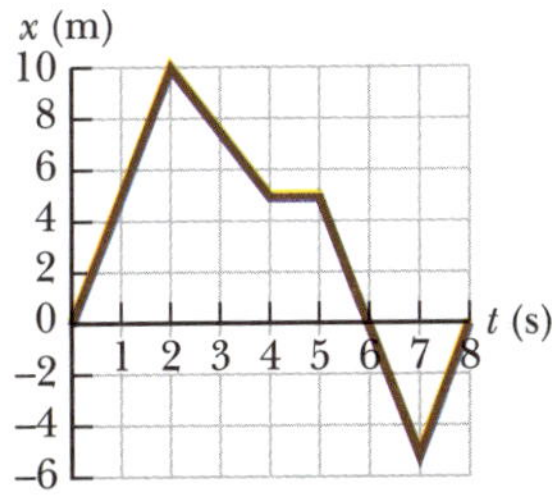

Figura P2.1 Problemas 1 e 9.

2. A velocidade de um impulso nervoso no corpo humano é de aproximadamente 100 m/s. Se você está no escuro e por acidente bate seu dedão, calcule o tempo que leva para o impulso nervoso chegar ao seu cérebro.
3. M Uma pessoa caminha a uma velocidade constante de 5,00 m/s ao longo de uma linha reta do ponto **(A)** ao ponto **(B)** e depois volta ao longo da linha de **(B)** para **(A)** com velocidade constante de 3,00 m/s. (a) Qual é a velocidade escalar média da pessoa por todo o trajeto? (b) Qual é a velocidade vetorial média dela por todo o trajeto?
4. W Uma partícula movimenta-se de acordo com a Equação $x = 10t^2$, onde x é dado em metros e t é dado em segundos. (a) Encontre a velocidade média para o intervalo de tempo de 2,00 s a 3,00 s. (b) Encontre a velocidade média para o intervalo de tempo de 2,00 a 2,10 s.
5. A posição de um carrinho de corrida de madeira foi observada em diversos instantes; os resultados estão resumidos na tabela a seguir. Determine a velocidade média do carro para (a) o primeiro segundo, (b) os últimos 3 s e (c) todo o período de observação.

t(s)	0	1,0	2,0	3,0	4,0	5,0
x(m)	0	2,3	9,2	20,7	36,8	57,5

6. A posição de uma partícula movendo-se ao longo do eixo x varia no tempo de acordo com a expressão $x = 3t^2$, onde x é dado em metros e t em segundos. Avalie a posição dela (a) em $t = 3,00$ s e (b) em $3,00 \text{ s} + \Delta t$. (c) Avalie o limite de $\Delta x/\Delta t$ conforme Δt se aproxima de zero para achar a velocidade em $t = 3,00$ s.

Seção 2.2 Velocidade vetorial e velocidade escalar instantâneas

7. Um gráfico de posição-tempo para uma partícula movendo-se ao longo do eixo x é mostrado na Figura P2.7. (a) Encontre a velocidade média no intervalo de tempo $t = 1{,}50$ s a $t = 4{,}00$ s. (b) Determine a velocidade instantânea em $t = 2{,}00$ s medindo a inclinação da linha tangente mostrada no gráfico. (c) Em qual valor de t a velocidade é zero?

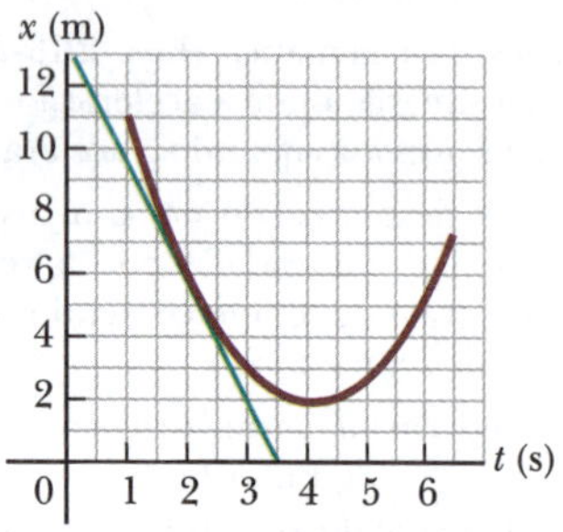

Figura P2.7

8. Um atleta sai da extremidade de uma piscina de comprimento L em $t = 0$ e chega na outra extremidade no instante t_1. Ele nada de volta e chega à posição inicial no tempo t_2. Se ele inicialmente nada na posição x positiva, determine simbolicamente as velocidades médias em (a) a primeira metade do percurso, (b) a segunda metade do percurso e (c) o percurso completo. (d) Qual é a velocidade escalar média do atleta para o percurso completo?

9. W Descubra a velocidade instantânea da partícula descrita na Figura P2.1 nos seguintes tempos: (a) $t = 1{,}0$ s, (b) $t = 3{,}0$ s, (c) $t = 4{,}5$ s e (d) $t = 7{,}5$ s.

Seção 2.3 Modelo de análise: partícula sob velocidade constante

10. Revisão. As placas da crosta terrestre da América do Norte e da Europa estão se afastando com velocidade relativa de aproximadamente 25 mm/ano. Considere a velocidade como constante e descubra quando a fenda entre elas começou a se abrir até chegar à largura atual de $2{,}9 \times 10^3$ mi.

11. Uma lebre e uma tartaruga competem em uma corrida em linha reta por 1,00 km. A tartaruga se movimenta com velocidade de 0,200 m/s em direção à linha de chegada. A lebre corre com velocidade de 8,00 m/s em direção à linha de chegada por 0,800 km e depois para a fim de provocar a tartaruga enquanto passa por ela. A lebre espera um pouco após a passagem da tartaruga e depois corre para a linha de chegada a 8,00 m/s. Tanto a lebre quanto a tartaruga cruzam a linha de chegada exatamente no mesmo instante. Suponha que os dois animais se movimentem num ritmo constante em suas respectivas velocidades. (a) Qual a distância da tartaruga para a linha de chegada quando a lebre volta a correr? (b) Por quanto tempo a lebre ficou parada?

12. AMT Um carro viaja ao longo de uma linha reta com velocidade constante de 60,0 mi/h por uma distância d e depois por outra distância d na mesma direção com outra velocidade constante. A velocidade média para a viagem inteira é de 30,0 mi/h. (a) Qual é a velocidade constante do carro durante a segunda distância d? (b) **E se?** Suponha que a segunda distância d fosse percorrida na direção oposta; você se esqueceu de algo e teve que voltar para casa com a mesma velocidade constante da parte (a). Qual é a velocidade média para esta viagem? (c) Qual é a velocidade escalar média para esta nova viagem?

13. M Uma pessoa realiza uma viagem, dirigindo a uma velocidade constante de 89,5 km/h, exceto em um período de 22,0 minutos, no qual parou para descansar. Se a velocidade média da pessoa é de 77,8 km/h, (a) quanto tempo é gasto na viagem e (b) até onde a pessoa viaja?

Seção 2.4 Aceleração

14. W **Revisão.** Uma superbola de 50,0 g, viajando a 25,0 m/s, bate em um muro de tijolos e ricocheteia a 22,0 m/s. Uma câmera de alta velocidade registra este evento. Se a bola está em contato com o muro por 3,50 ms, qual é a intensidade da sua aceleração média durante esse intervalo de tempo?

15. Um gráfico de velocidade-tempo para um corpo movendo-se ao longo do eixo x é mostrado na Figura P2.15. (a) Faça um gráfico de aceleração *versus* tempo. Determine a aceleração média do corpo (b) no intervalo de tempo $t = 5{,}00$ s a $t = 15{,}0$ s, e (c) no intervalo de tempo $t = 0$ a $t = 20{,}0$ s.

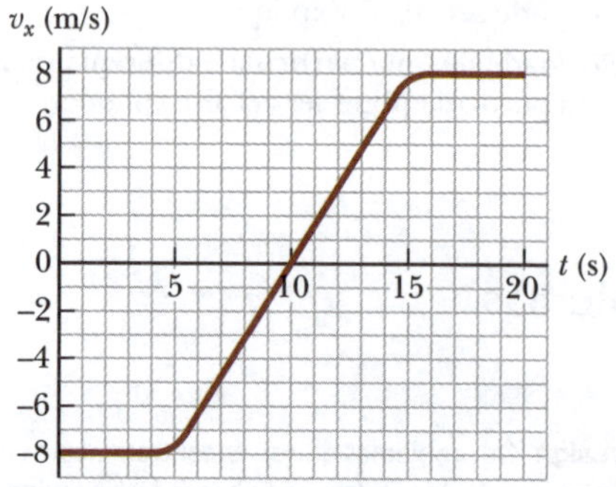

Figura P2.15

16. Uma criança joga uma bola de gude em uma pista curva de 100 cm de comprimento conforme a Figura P2.16. Use x para representar a posição da bola de gude ao longo da pista. Nas seções horizontais, a partir de $x = 0$ até $x = 20$ cm e de $x = 40$ cm a $x = 60$ cm, a bola de gude rola com velocidade constante. Nas seções inclinadas, a velocidade dela muda regularmente. Nos lugares onde a inclinação muda, a bola de gude fica na pista e não sofre nenhuma alteração súbita de velocidade. A criança lança a bola com velocidade inicial de $x = 0$ e $t = 0$ e observa a bola rolar para $x = 90$ cm, onde ela vira e volta para $x = 0$ com a mesma velocidade com que foi lançada. Prepare gráficos de x *versus* t, v_x *versus* t e a_x *versus* t, alinhados verticalmente com eixos de tempo idênticos, para mostrar o movimento da bola de gude. Você não conseguirá colocar números além de zero no eixo horizontal ou nos eixos de velocidade e aceleração, mas mostre os formatos corretos do gráfico.

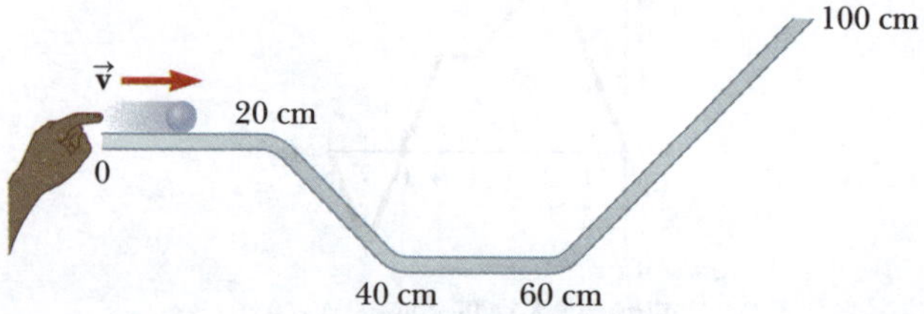

Figura P2.16

17. A Figura P2.17 mostra um gráfico de v_x *versus* t para o movimento de um motociclista que começa do repouso e se move ao longo da estrada em uma linha reta. (a) Encontre a aceleração média para o intervalo de tempo $t = 0$ a $t = 6{,}00$ s. (b) Calcule o tempo quando a aceleração tem seu maior valor positivo e o valor da aceleração neste instante. (c) Quando a aceleração é zero? (d) Calcule o valor negativo máximo da aceleração e o instante em que ocorre.

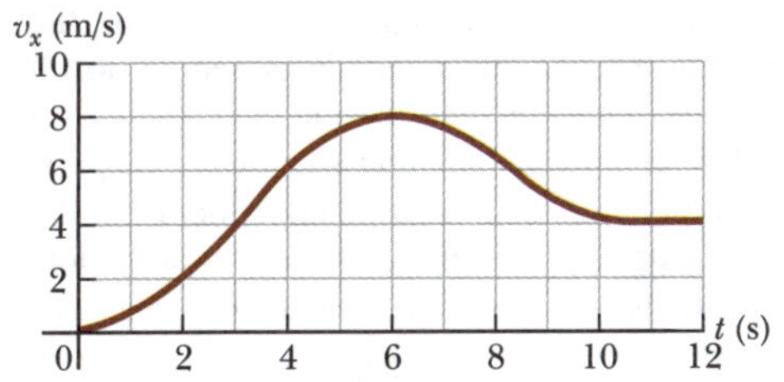

Figura P2.17

18. (a) Use os dados no Problema 5 para construir um gráfico suave da posição *versus* o tempo. (b) Ao construir tangentes à curva $x(t)$, determine a velocidade instantânea do carro em diversos instantes. (c) Represente no gráfico a velocidade instantânea *versus* tempo e, a partir desta informação, determine a aceleração média do carro. (d) Qual era a velocidade inicial do carro?

19. **W** Uma partícula começa do repouso e acelera como demonstrado na Figura P2.19. Determine (a) a velocidade da partícula em $t = 10{,}0$ s e em $t = 20{,}0$ s e (b) a distância percorrida nos primeiros 20,0 s.

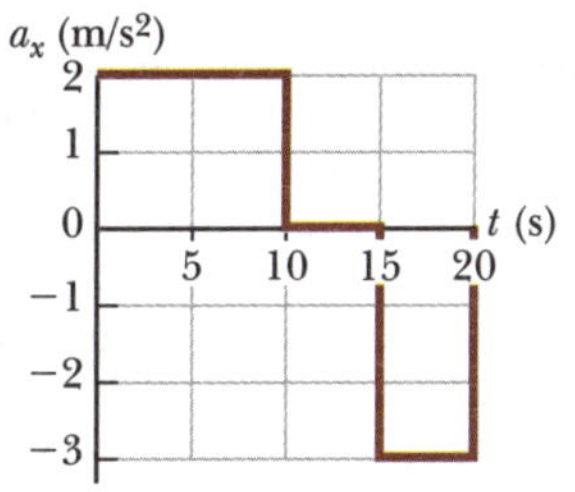

Figura P2.19

20. **W** Um corpo move-se ao longo do eixo x de acordo com a Equação $x = 3{,}00t^2 - 2{,}00t + 3{,}00$, onde x é dado em metros e t em segundos. Determine (a) a velocidade escalar média entre $t = 2{,}00$ s e $t = 3{,}00$ s, (b) a velocidade escalar instantânea em $t = 2{,}00$ s e em $t = 3{,}00$ s, (c) a aceleração média entre $t = 2{,}00$ s e $t = 3{,}00$ s, e (d) a aceleração instantânea em $t = 2{,}00$ s e $t = 3{,}00$ s. (e) Em qual instante o corpo está em repouso?

21. **M** Uma partícula se move ao longo do eixo x de acordo com a equação $x = 2{,}00 + 3{,}00t - 1{,}00t^2$, onde x é dado em metros e t em segundos. Em $t = 3{,}00$ s, encontre (a) a posição da partícula, (b) sua velocidade e (c) sua aceleração.

Seção 2.5 Diagramas de movimento

22. Desenhe diagramas de movimento para (a) um corpo movimentando-se para a direita com velocidade constante, (b) um corpo movimentando-se para a direita e aumentando sua velocidade a uma taxa constante, (c) um corpo movimentando-se para a direita e indo mais devagar a uma taxa constante, (d) um corpo movimentando-se para a esquerda e aumentando sua velocidade a uma taxa constante, e (e) um corpo movimentando-se para a esquerda e indo mais devagar a uma taxa constante. (f) Como seus desenhos mudariam se as alterações de velocidade não fossem uniformes, ou seja, se a velocidade não mudasse a uma taxa constante?

23. Cada uma das fotografias estroboscópicas (a), (b) e (c) na Figura PO2.18 foi tirada de um disco único movimentando-se para a direita, que consideramos a direção positiva. Em cada fotografia o intervalo de tempo entre imagens é constante. Para cada fotografia, prepare gráficos de x *versus* t, v_x *versus* t e a_x *versus* t, alinhados verticalmente com eixos de tempo idênticos, para mostrar o movimento do disco. Você não conseguirá colocar números além de zero no eixo horizontal, mas mostre os formatos corretos do gráfico.

Seção 2.6 Modelo de análise: partícula sob aceleração constante

24. A distância mínima requerida para parar um carro se movendo a 35,0 mi/h é 40,0 pés. Qual é a distância mínima de parada para o mesmo carro se movendo a 70 mi/h, assumindo a mesma taxa de aceleração?

25. Um elétron em um tubo de raios catódicos acelera uniformemente de $2{,}00 \times 10^4$ m/s para $6{,}00 \times 10^6$ m/s sobre 1,50 cm. (a) Em qual intervalo de tempo o elétron percorre este 1,50 cm? (b) Qual é sua aceleração?

26. Uma lancha se movendo a 30,0 m/s se aproxima de uma boia marcadora sem vigília 100 metros à frente. O piloto reduz a velocidade da lancha a uma aceleração constante de -3,50 m/s² reduzindo o acelerador. (a) Quanto tempo leva para o barco atingir a boia? (b) Qual é a velocidade da lancha quando ela atinge a boia?

27. Uma bolsa de ar movendo-se em um tubo reto com aceleração constante de $-4{,}00$ m/s² tem velocidade de 13,0 m/s às 10:05:00 (a) Qual é a velocidade às 10:05:01? (b) Às 10:05:04? (c) Às 10:04:59? (d) Descreva o formato de um gráfico de velocidade *versus* tempo para a bolsa de ar. (e) Argumente a favor ou contra a seguinte afirmação: "Conhecer o valor único da aceleração constante de um corpo é igual a conhecer uma lista inteira de valores para a velocidade do corpo".

28. **W** Um caminhão percorre 40,0 m em 8,50 s enquanto reduz sua velocidade lentamente até chegar a uma velocidade final de 2,80 m/s. (a) Descubra sua velocidade original. (b) Calcule sua aceleração.

29. **M** Um corpo movimentando-se com aceleração uniforme tem velocidade de 12,0 cm/s na direção positiva de x quando sua coordenada x é 3,00 cm. Se 2,00 s depois sua coordenada x é $-5{,}00$ cm, qual é a sua aceleração?

30. **M** No Exemplo 2.7, investigamos um jato pousando em um navio porta-aviões. Numa manobra mais tarde, o jato chega para pouso em terra firme com velocidade de 100 m/s, e sua aceleração pode ter intensidade máxima de 5,00 m/s² conforme ele chega ao repouso. (a) A partir do instante em que o jato toca a pista de pouso, qual é o intervalo de tempo mínimo necessário para que ele chegue ao repouso? (b) Este jato pode pousar em um aeroporto pequeno em uma ilha tropical onde a pista tem 0,800 km de comprimento? (c) Explique sua resposta.

31. **M** **Revisão**. O Coronel John P. Stapp, USAF, participou de um estudo sobre a sobrevivência de um piloto após uma ejeção de emergência. No dia 19 de março de 1954, ele montou em um trenó com propulsão de foguete a uma velocidade de 632 mi/h. Ele e o trenó chegaram em segurança ao repouso em 1,40 s. Determine: (a) a aceleração negativa que ele experimentou e (b) a distância que ele percorreu durante a aceleração negativa.

32. Resolva o Exemplo 2.8 por um método gráfico. No mesmo gráfico, trace posição *versus* tempo para o carro e o policial. A partir da interseção das duas curvas, determine o tempo quando o policial ultrapassa o carro.

33. Um caminhão roda em uma estrada reta e inicia a partir do repouso, acelerando a 2,00 m/s até atingir uma velocidade de 20 m/s. Então, o caminhão roda durante 20 s em velocidade constante até que os freios são acionados, parando o caminhão de maneira suave, num tempo adicional de 5 s. (a) Qual é a distância percorrida pelo caminhão? (b) Qual é a velocidade média do caminhão para o movimento descrito?

34. *Por que a situação seguinte é impossível?* Começando do repouso, um rinoceronte em pleno ataque se movimenta 50,0 m em

linha reta em 10,0 s. A aceleração do rinoceronte é constante durante todo o movimento e sua velocidade final é 8,00 m/s.

35. AMT W O motorista de um carro pisa nos freios quando vê uma árvore bloqueando a estrada. A velocidade do carro diminui uniformemente com aceleração de $-5{,}60\ m/s^2$ por 4,20 s, deixando marcas de frenagem de 62,4 m de comprimento até chegar à árvore. Com que velocidade o carro bate na árvore?

36. No modelo da partícula sob aceleração constante, identificamos as variáveis e parâmetros v_{xi}, v_{xf}, a_x, t e $x_f - x_i$. Das equações no modelo, Equações 2.13-2.17, a primeira não envolve $x_f - x_i$; a segunda e a terceira não contém a_x, a quarta omite v_{xf}; e a última deixa t fora. Assim, para completar o conjunto, deveria haver uma equação que *não* envolva v_{xi}. (a) Derive esta equação a partir das outras. (b) Use a equação na parte (a) para resolver o Problema 35 em uma etapa.

37. AMT PD Uma lancha viaja em linha reta e aumenta sua velocidade uniformemente de $v_i = 20{,}0$ m/s para $v_f = 30{,}0$ m/s em um deslocamento Δx de 200 m. Queremos descobrir o intervalo de tempo necessário para a lancha se movimentar por este deslocamento. (a) Desenhe um sistema de coordenadas para esta situação. (b) Que modelo de análise é mais adequado para descrever esta situação? (c) A partir do modelo de análise, qual equação é mais adequada para achar a aceleração da lancha? (d) Resolva simbolicamente a equação selecionada na parte (c) para a aceleração da lancha em termos de v_i, v_f e Δx. (e) Substitua os valores numéricos para obter a aceleração numericamente. (f) Encontre o intervalo de tempo mencionado acima.

38. W Uma partícula move-se ao longo do eixo x. Sua posição é dada pela equação $x = 2 + 3t - 4t^2$, com x dado em metros e t em segundos. Determine (a) sua posição quando ela muda de direção e (b) sua velocidade quando ela volta à posição que tinha em $t = 0$.

39. Um flutuador de comprimento l passa por um *photogate* estacionário em um trilho de ar. *Photogate* (Fig. P39) é um sensor que mede o intervalo de tempo Δt_d durante o qual o flutuador bloqueia um feixe de luz infravermelha passando através do *photogate*. A razão $v_d = l/\Delta t_d$ é a velocidade média do flutuador sobre esta parte de seu movimento. Suponha que ele se mova com aceleração constante. (a) Argumente contra ou a favor da ideia de que v_d é igual à velocidade instantânea do flutuador quando está na metade do comprimento do *photogate*. (b) Argumente contra ou a favor da ideia de que v_d é igual à velocidade instantânea do flutuador quando está na metade do *photogate* em tempo.

Figura P2.39 Problemas 39 e 40.

40. Um flutuador de 12,4 cm de comprimento move-se em um trilho de ar com aceleração constante (Fig. P2.39). Um intervalo de tempo de 0,628 s transcorre entre o instante em que sua dianteira passa por um ponto fixo Ⓐ ao longo do trilho e o instante em que sua traseira passa por este mesmo ponto. Em seguida, um intervalo de tempo de 1,39 s transcorre entre o instante em que sua traseira passa pelo ponto fixo Ⓐ e o instante em que sua dianteira passa por um segundo ponto Ⓑ mais adiante no trilho. Depois disto, mais 0,431 s transcorre até que a traseira do flutuador passe por um ponto Ⓑ. (a) Encontre a velocidade escalar média do flutuador enquanto ele passa pelo ponto Ⓐ. (b) Encontre a aceleração do flutuador. (c) Explique como você pode computar a aceleração sem saber a distância entre os pontos Ⓐ e Ⓑ.

41. Um corpo se move com aceleração constante $4{,}00\ m/s^2$ e, em um intervalo de tempo, atinge uma velocidade final de 12,0 m/s. (a) Se sua velocidade inicial é 6,00 m/s, qual é seu deslocamento durante o intervalo de tempo? (b) Qual é a distância que ele percorre durante este intervalo? (c) Se sua velocidade inicial é $-6{,}00$ m/s, qual é seu deslocamento durante o intervalo de tempo? (d) Qual é a distância total que ele percorre durante o intervalo de tempo na parte (c)?

42. Em $t = 0$, um carro de brinquedo é posto para rodar em um circuito reto com posição inicial 15,0 cm, velocidade inicial $-3{,}50$ cm/s, e aceleração constante $2{,}40\ cm/s^2$. No mesmo momento, outro carro de brinquedo é posto para rodar na pista adjacente com posição inicial 10,0 cm, velocidade inicial $+5{,}50$ cm/s e aceleração constante zero. (a) Em que instante, se houver algum, os dois carros têm velocidades iguais? (b) Quais suas velocidades naquele instante? (c) Em que instante(s), se houver algum, os dois carros passam um pelo outro? (d) Qual a localização dos carros naquele instante? (e) Explique, da maneira mais clara possível, a diferença entre a parte (a) e a parte (c) da questão.

43. A Figura P2.43 representa parte dos dados de desempenho de um carro que pertence a um estudante de Física. (a) Calcule a distância total percorrida computando a área sob a linha marrom-avermelhada do gráfico. (b) Que distância o carro percorre entre os instantes $t = 10$ s e $t = 40$ s? (c) Desenhe um gráfico de aceleração *versus* tempo entre $t = 0$ e $t = 50$ s. (d) Escreva uma equação para x como função do tempo para cada fase do movimento, representado pelos segmentos *0a*, *ab* e *bc*. (e) Qual é a velocidade média do carro entre $t = 0$ e $t = 50$ s?

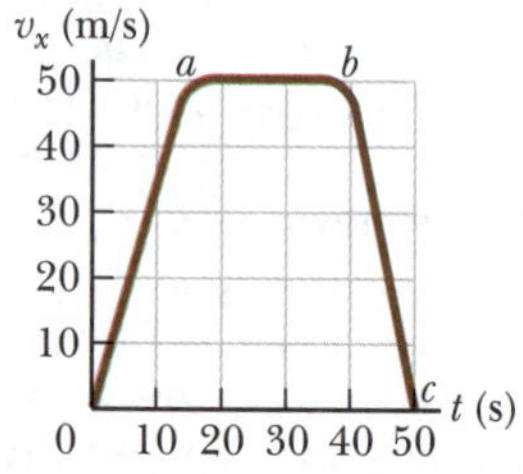

Figura P2.43

44. M Um jogador de hóquei está parado com seus patins em um lago congelado quando um jogador adversário, se movendo com uma velocidade uniforme de 12,0 m/s, avança com o disco. Depois de 3,00 s, o primeiro jogador decide ir atrás de seu adversário. Se ele acelerar uniformemente a $4{,}00\ m/s^2$, (a) quanto tempo vai levar para que ele alcance o jogador adversário? e (b) que distância ele percorreu nesse tempo? (Suponha que o jogador com o disco permaneça em movimento a uma velocidade constante.)

Seção 2.7 Corpos em queda livre

Observação: Em todos os problemas desta seção, desconsidere os efeitos da resistência do ar.

45. No Capítulo 9 deste volume, definiremos o centro de massa de um corpo e provaremos que seu movimento é descrito pelo modelo da partícula sob aceleração constante quando forças constantes atuam sobre ele. Um ginasta salta para cima, com seu centro de massa se movendo a 2,80 m/s quando ele sai do chão. Em que altura acima deste ponto fica seu centro de massa depois de (a) 0,100 s, (b) 0,200 s, (c) 0,300 s e (d) 0,500 s?

46. Um atacante na base do muro de um castelo de 3,65 m de altura joga uma pedra diretamente para cima com velocidade de 7,40 m/s de uma altura de 1,55 m acima do chão. (a) A pedra vai chegar ao topo do muro? (b) Se chegar, qual é sua velocidade no topo? Se não, que velocidade inicial deverá ter para chegar ao topo? (c) Calcule a variação na velocidade de uma pedra lançada diretamente para baixo do topo do muro com velocidade inicial de 7,40 m/s movendo-se entre os mesmos dois pontos. (d) A variação na velocidade da pedra que se movimenta para baixo está de acordo com a intensidade da variação na velocidade da pedra movimentando-se para cima entre as mesmas elevações? (e) Explique fisicamente como isto está ou não de acordo.

47. *Por que a situação seguinte é impossível?* Emily desafia seu amigo David a pegar uma nota de $ 1 da seguinte maneira: Ela segura a nota verticalmente, conforme mostra a Fig. P2.47, com seu centro entre o indicador e o polegar de David, sem tocá-los. Sem avisar, Emily solta a nota. David pega a nota sem mexer sua mão para baixo. O tempo de reação de David é igual ao tempo médio de reação humana.

© Cengage Learning/George Semple

Figura P2.47

48. W Uma bola de beisebol é batida de modo que percorre uma linha reta para cima após ser atingida pelo bastão. Um fã observa que leva 3,00 s para que a bola atinja sua altura máxima. Determine (a) a velocidade inicial da bola e (b) a altura que ela atinge.

49. É possível lançar uma flecha a uma velocidade tão grande quanto 100 m/s. (a) Se for possível ignorar o atrito, que altura pode atingir uma flecha lançada com esta velocidade se ela for lançada diretamente para cima? (b) Que distância a flecha percorreria no ar?

50. A altura de um helicóptero acima do chão é dada por $h = 3{,}00t^3$, onde h é dado em metros e t em segundos. Em $t = 2{,}00$ s, o helicóptero solta uma pequena bolsa postal. Quanto tempo depois de ser solta a bolsa chega ao chão?

51. W Uma bola é jogada diretamente para baixo com velocidade inicial de 8,00 m/s de uma altura de 30,0 m. Depois de qual intervalo de tempo ela atinge o chão?

52. M Uma bola é lançada para cima a partir do solo com uma velocidade inicial de 25 m/s; no mesmo instante, outra bola é solta de um edifício de 15 m de altura. Depois de quanto tempo as duas bolas estarão na mesma altura acima do solo?

53. M Uma estudante lança um jogo de chaves verticalmente para cima para sua colega de república, que está em uma janela 4,00 m acima. A segunda estudante pega as chaves 1,50 s depois. (a) Com que velocidade inicial as chaves foram lançadas? (b) Qual era a velocidade das chaves imediatamente antes de serem pegadas?

54. No tempo $t = 0$, uma estudante lança um jogo de chaves verticalmente para cima para sua colega de república, que está em uma janela com distância h acima. A segunda estudante pega as chaves no tempo t. (a) Com que velocidade inicial as chaves foram lançadas? (b) Qual era a velocidade das chaves imediatamente antes de serem pegadas?

55. AMT Um peão ousado está sentado em um galho de árvore e quer cair verticalmente em um cavalo que está galopando logo abaixo. A velocidade constante do cavalo é 10,0 m/s e a distância do galho para a sela é 3,00 m. (a) Qual deve ser a distância horizontal entre a sela e o galho quando o peão se movimentar? (b) Durante qual intervalo de tempo ele fica no ar?

56. Um pacote é jogado de um helicóptero que está descendo regularmente com velocidade v_i no tempo $t = 0$. (a) Qual é a velocidade do pacote em termos de v_i, g e t? (b) Que distância vertical d o pacote está do helicóptero em termos de g e t? (c) Quais são as respostas para as partes (a) e (b) se o helicóptero estiver subindo regularmente com a mesma velocidade?

Seção 2.8 Equações cinemáticas derivadas de cálculo

57. Engenheiros automotivos referem-se ao tempo de mudança de aceleração como *jerk*. Suponha que um corpo se mova em uma dimensão de tal modo que seu *jerk* J é constante. (a) Determine expressões para sua aceleração $a_x(t)$, velocidade $v_x(t)$ e posição $x(t)$, dados que sua aceleração, velocidade e posição iniciais são a_{xi}, v_{xi} e x_i, respectivamente. (b) Mostre que $a_x^2 = a_{xi}^2 + 2J(v_x - v_{xi})$.

58. Um estudante pilota uma pequena motocicleta ao longo de uma estrada reta como descrito no gráfico de velocidade *versus* tempo na Figura P2.58. Faça um esboço deste gráfico numa folha de papel quadriculado. (a) Diretamente acima do seu gráfico, faça outro de posição *versus* tempo, alinhando as coordenadas de tempo dos dois gráficos. (b) Faça um gráfico de aceleração *versus* tempo diretamente abaixo do gráfico de velocidade *versus* tempo, também alinhando as coordenadas de tempo. Em cada gráfico, mostre os valores numéricos de x e a_x para todos os pontos de inflexão. (c) Qual é a aceleração em $t = 6{,}00$ s? (d) Encontre a posição (relativa ao ponto inicial) em $t = 6{,}00$ s. (e) Qual é a posição final da moto em $t = 9{,}00$ s?

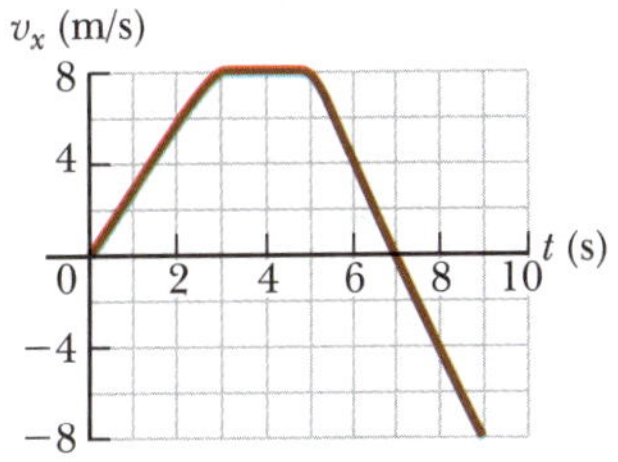

Figura P2.58

59. A velocidade de uma bala enquanto percorre o cano de um rifle em direção à boca da arma é dada por

$$v = (-5{,}00 \cdot 10^7)t^2 + (3{,}00 \times 10^5)t$$

onde v é dado em metros por segundo e t em segundos. A aceleração da bala assim que sai do cano é zero. (a) Determine a aceleração e posição da bala como funções do tempo quando a bala está no cano. (b) Determine o intervalo de tempo durante o qual a bala é acelerada. (c) Encontre a velocidade com a qual a bala sai do cano. (d) Qual é o comprimento do cano?

Problemas Adicionais

60. Um fabricante de automóveis afirma que seu carro esporte de luxo é capaz de acelerar do repouso a uma velocidade de 42,0 m/s em 8,00 s. (a) Determine a aceleração média do carro. (b) Suponha que ele se move com aceleração constante. Encontre a distância que ele percorre nos primeiros 8,00 s. (c) Qual é a velocidade do carro 10,0 s depois de iniciar seu movimento se ele puder continuar a se mover com a mesma aceleração?

61. O homóptero *Philaenus spumarius* é supostamente o melhor saltador no reino animal. Para começar seu salto, este inseto pode acelerar a 4,00 km/s^2 por uma distância de 2,00 mm conforme estica suas "pernas saltadoras" especialmente adaptadas. Suponha que a aceleração seja constante. (a) Encontre a velocidade com que o inseto decola pra cima. (b) Em que intervalo de tempo ele alcança esta velocidade? (c) A que altura o inseto saltaria se a resistência do ar fosse desprezível? A altura reta que ele atinge é de aproximadamente 70 cm, então, a resistência do ar deve ter uma força considerável sobre este homóptero.

62. Um corpo está em $x = 0$ em $t = 0$ e se move ao longo do eixo x de acordo com o gráfico de velocidade-tempo mostrado na Figura P2.62. (a) Qual é a aceleração do corpo entre 0 e 4,0 s? (b) Qual é a aceleração do corpo entre 4,0 s e 9,0 s? (c) Qual é a aceleração do corpo entre 13,0 s e 18,0 s? (d) Em que instante(s) o corpo se move com a velocidade mais baixa? (e) Em que instante o corpo está mais longe de $x = 0$? (f) Qual é a posição final x do corpo em $t = 18{,}0$ s? (g) Por qual distância total o corpo se moveu entre $t = 0$ e $t = 18{,}0$ s?

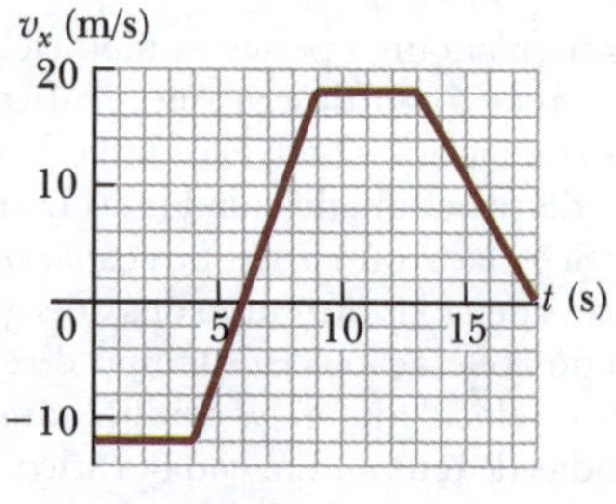

Figura P2.62

63. M Um estudante de Física e alpinista curioso sobe um penhasco de 50,0 m de altura que pende sobre uma piscina de águas calmas. Ele joga duas pedras verticalmente para baixo, com diferença de 1,00 s, e observa que elas provocam um único espirro de água. A primeira pedra tem velocidade inicial de 2,00 m/s. (a) Quanto tempo depois de jogada a primeira pedra as duas pedras chegam à água? (b) Que velocidade inicial a segunda pedra tem de ter se as duas pedras chegam à água simultaneamente? (c) Qual é a velocidade de cada pedra no instante em que as duas pedras chegam à água?

64. Na Figura 2.10b, a área sob o gráfico de velocidade *versus* tempo e entre o eixo vertical e o tempo t (linha pontilhada vertical) representa o deslocamento. Como mostrado, a área consiste em um retângulo e um triângulo. (a) Calcule as áreas deles. (b) Explique como a soma das duas áreas se compara com a expressão no lado direito da Equação 2.16.

65. Uma bola inicia a partir do repouso e acelera a 0,500 m/s^2 enquanto se move para baixo em um plano inclinado de 9,00 m de comprimento. Ao atingir a parte inferior, a bola rola novamente para outro plano, onde entra em repouso depois de se mover 15,0 m nesse plano. (a) Qual é a velocidade da bola na parte inferior do primeiro plano? (b) Durante qual intervalo de tempo a bola rola para baixo no primeiro plano? (c) Qual é a aceleração ao longo do segundo plano? (d) Qual é a velocidade da bola em 8 m do segundo plano?

66. Foi relatado que uma mulher caiu 144 pés, do 17º andar de um edifício, e parou na caixa metálica de um ventilador, que foi amassada em 18 polegadas. A mulher sofreu apenas ferimentos leves. Ignorando a resistência do ar, calcule (a) a velocidade da mulher pouco antes de colidir com o ventilador e (b) sua aceleração média ao entrar em contato com a caixa. (c) Modelando a aceleração como constante, calcule o intervalo de tempo que decorreu para amassar a caixa.

67. Um elevador se movimenta para baixo em um alto edifício com velocidade constante de 5,00 m/s. Exatamente 5,00 s depois do topo a cabine do elevador passa por um parafuso solto, que se solta da parede do fosso e cai do repouso. (a) Em que instante o parafuso atinge o topo do elevador enquanto este ainda desce? (b) De que maneira este problema é semelhante ao Exemplo 2.8? (c) Calcule o andar mais alto do qual o parafuso pode cair se o elevador chegar ao andar térreo antes que o parafuso bata no topo do elevador.

68. *Por que a situação seguinte é impossível? Um* trem de carga se move lentamente com velocidade constante de 16,0 m/s. Atrás deste trem, na mesma ferrovia, está um de passageiros viajando na mesma direção a 40,0 m/s. Quando a frente do trem de passageiros está 58,5 m atrás do de carga, o engenheiro do trem de passageiros vê o perigo e puxa os freios, fazendo-o se mover com aceleração de −3,00 m/s^2. Os trens não colidem devido à ação do engenheiro.

69. Acela é um trem elétrico na linha Washington–Nova York–Boston, carregando passageiros a 170 mi/h. Um gráfico de velocidade-tempo para ele é mostrado na Figura P2.69. (a) Descreva o movimento do trem em cada intervalo de tempo sucessivo. (b) Encontre o pico de aceleração positiva do trem no movimento traçado no gráfico. (c) Encontre o deslocamento do trem em milhas entre $t = 0$ e $t = 200$ s.

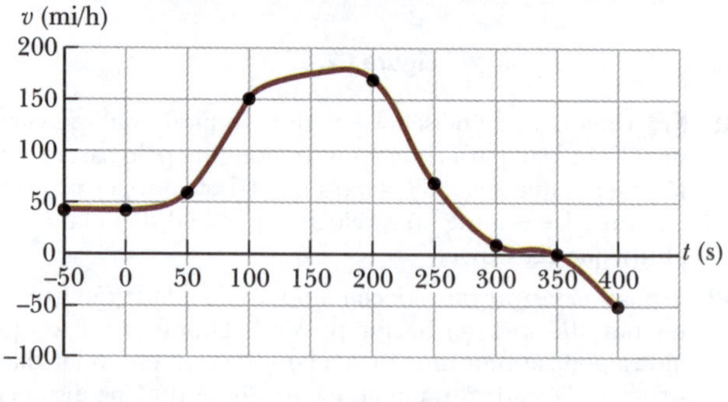

Figura P2.69 Gráfico de velocidade/tempo para o Acela.

70. Dois corpos se movem com velocidade inicial −8,00 m/s, velocidade final 16,0 m/s e acelerações constantes. (a) O primeiro corpo tem deslocamento 20,0 m. Encontre sua aceleração. (b) O segundo corpo percorre uma distância total de 22,0 m. Encontre sua aceleração.

71. Em $t = 0$, um atleta correndo com velocidade constante em uma pista longa e reta v_1 está a uma distância d_1 atrás de um segundo atleta correndo com velocidade constante v_2. (a) Sob quais circunstâncias o primeiro atleta consegue ultrapassar o segundo? (b) Encontre o instante t no qual o primeiro atleta ultrapassa o segundo, em termos de d_1, v_1 e v_2. (c) A que distância mínima d_2 a linha de chegada deve estar do atleta que lidera a corrida para que o atleta em segundo lugar possa ao menos chegar empatado em primeiro lugar?

Expresse d_2 em termos de d_1, v_1 e v_2 usando o resultado da parte (b).

72. Uma catapulta lança um foguete de teste verticalmente para cima de um poço, dando ao foguete uma velocidade inicial de 80,0 m/s no nível do solo. Os motores são ligados e o foguete acelera para cima a 4,00 m/s^2 até atingir uma altitude de 1.000 m. Neste ponto, os motores falham e o foguete entra em queda livre, com aceleração de −9,80 m/s^2. (a) Por qual intervalo de tempo o foguete está em movimento acima do chão? (b) Qual é sua altitude máxima? (c) Qual é sua velocidade imediatamente antes de atingir o chão? (Você precisa considerar os movimentos enquanto o motor funciona e em queda livre separadamente.)

73. AMT M Kathy testa seu novo carro esporte numa corrida com Stan, um corredor experiente. Ambos começam do repouso, mas Kathy sai da linha de partida 1,00 s depois de Stan. Stan se movimenta com aceleração constante de 3,50 m/s^2, enquanto Kathy mantém uma aceleração de 4,90 m/s^2. Encontre (a) o instante em que Kathy ultrapassa Stan, (b) a distância que ela percorre antes de chegar até ele e (c) a velocidade dos dois carros no instante em que Kathy ultrapassa Stan.

74. Dois estudantes estão numa varanda a uma altura h acima da rua. Um deles joga uma bola verticalmente para baixo com velocidade v_i; ao mesmo tempo, o outro joga uma bola verticalmente para cima com a mesma velocidade. Responda o seguinte, simbolicamente em termos de v_i, g, h e t. (a) Qual é o intervalo de tempo entre quando a primeira e a segunda bola batem no chão? (b) Encontre a velocidade de cada bola no momento em que ela chega ao chão. (c) Qual a distância entre as bolas no tempo t depois de serem jogadas e antes de baterem no chão?

75. Dois corpos, A e B, são conectados por dobradiças a uma haste rígida com comprimento L. Os corpos deslizam ao longo de um trilho guia perpendicular conforme a Figura P2.75. Suponha que o corpo A deslize para a esquerda com velocidade constante v. (a) Encontre a velocidade v_B do corpo B como função do ângulo θ. (b) Descreva v_B com relação a v. v_B é sempre menor que v, maior que v, ou o mesmo que v, ou existe alguma outra relação?

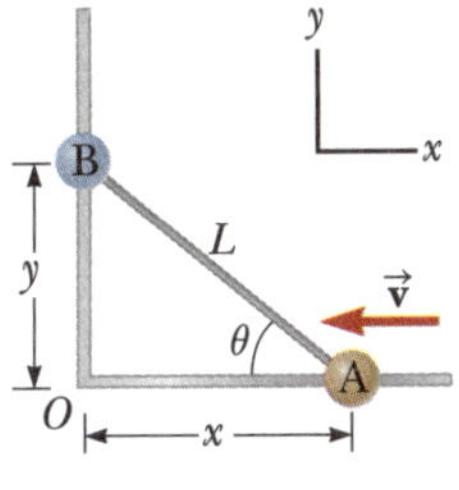

Figura P2.75

76. Astronautas em um planeta distante lançam uma pedra no ar. Com a ajuda de uma câmera que tira fotos a uma taxa constante, eles registram a altura da pedra como função do tempo conforme a tabela a seguir. (a) Encontre a velocidade média da pedra no intervalo de tempo entre cada medição e a próxima. (b) Usando estas velocidades médias para aproximar os valores da velocidade instantânea no meio desses intervalos de tempo, faça um gráfico da velocidade como função do tempo. (c) A pedra se move com aceleração constante? Caso sim, trace uma linha reta de melhor ajuste aos pontos no gráfico e calcule sua inclinação para encontrar a aceleração.

Tempo (s)	Altura (m)	Tempo (s)	Altura (m)
0,00	5,00	2,75	7,62
0,25	5,75	3,00	7,25
0,50	6,40	3,25	6,77
0,75	6,94	3,50	6,20
1,00	7,38	3,75	5,52
1,25	7,72	4,00	4,73
1,50	7,96	4,25	3,85
1,75	8,10	4,50	2,86
2,00	8,13	4,75	1,77
2,25	8,07	5,00	0,58
2,50	7,90		

77. Uma motorista dirige ao longo de uma estrada reta a uma velocidade constante de 1,50 m/s. Assim que ela passa por um policial parado em uma motocicleta, o policial começa a acelerar a 2,00 m/s^2 para alcançá-la. Supondo que o oficial mantenha esta aceleração, (a) determine o intervalo de tempo requerido para que o policial alcance a motorista. Encontre (b) a velocidade e (c) o deslocamento total do oficial no momento em que ele alcança a motorista.

78. Um trem suburbano viaja entre duas estações centrais. Como as estações estão somente a 100 km de distância, o trem nunca atinge sua máxima velocidade de cruzeiro possível. Durante a hora do *rush*, o engenheiro diminui o intervalo de tempo Δt entre as duas estações acelerando a uma taxa $a_1 = 0{,}100$ m/s^2 para um intervalo de tempo Δt_1 e então freia imediatamente com uma aceleração $a_2 = -0{,}500$ m/s^2 para um intervalo de tempo Δt_2. Encontre o intervalo de tempo mínimo de viagem Δt e o intervalo de tempo Δt_1.

79. Liz desce correndo para uma plataforma de metrô a fim de pegar o trem que já está saindo. Ela para e observa os carros passando. Cada carro tem 8,6 metros de comprimento. O primeiro passa por ela em 1,50 s e o segundo, em 1,10 s. Determine a aceleração constante do trem.

80. Uma bola de borracha dura, solta da altura do peito, cai na calçada e ricocheteia de volta para quase a mesma altura. Quando está em contato com a calçada, o lado mais baixo da bola fica temporariamente achatado. Suponha que a profundeza máxima da batida seja da ordem de 1 cm. Encontre a ordem de grandeza da aceleração máxima da bola enquanto ela está em contato com a calçada. Apresente suas hipóteses, as quantidades estimadas e os valores, também estimados, para estas quantidades.

Problemas de Desafio

81. Um carro azul de comprimento 4,52 m se move para o norte em uma estrada que intercepta outra perpendicular (Fig. P2.81). A largura da intersecção da beirada mais distante à mais próxima é de 28,0 m. O carro azul tem aceleração constante de intensidade 2,10 m/s^2 na direção sul. O intervalo de tempo necessário para que a ponta deste carro se movimente da beirada mais próxima (sul) da intersecção até a beirada norte é 3,10 s. (a) Qual é a distância da ponta do carro azul até a beirada sul da intersecção quando o carro para? (b) Por qual intervalo de tempo fica *qualquer* parte do carro azul dentro dos limites da intersecção? (c) Um carro vermelho está em repouso na estrada perpendicular de intersecção. Quando a ponta do

carro azul entra na intersecção, o carro vermelho parte do repouso e acelera para leste a 5,60 m/s^2. Qual é a distância mínima da beirada mais próxima (oeste) da intersecção na qual a ponta do carro vermelho pode começar seu movimento se ele vai entrar na intersecção somente após o carro azul ter saído completamente dela? (d) Se o carro vermelho começar seu movimento na posição dada na resposta para a parte (c), com que velocidade ele entra na interseção?

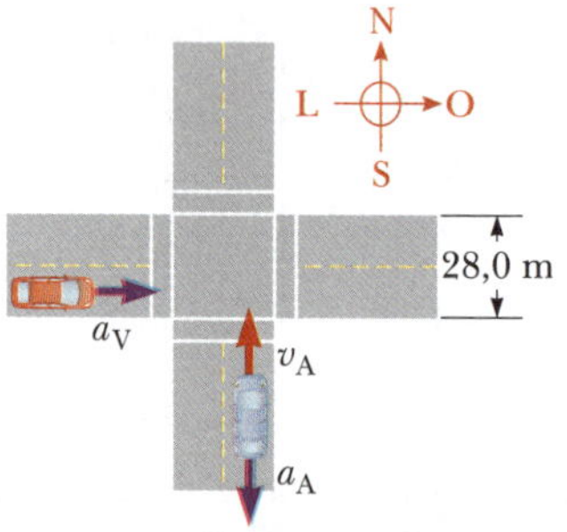

Figura P2.81

82. **Revisão**. Assim que a luz do semáforo fica verde, um carro aumenta sua velocidade do repouso para 50,0 mi/h com aceleração constante de 9,00 mi/h/s. Na pista da ciclovia ao lado, um ciclista aumenta sua velocidade do repouso para 20,0 mi/h com aceleração constante de 13,0 mi/h/s. Cada veículo mantém velocidade constante após atingir sua velocidade de cruzeiro. (a) Por qual intervalo de tempo a bicicleta fica na frente do carro? (b) Por qual distância máxima a bicicleta está à frente do carro?

83. Numa corrida feminina de 100 m, Laura e Healan aceleram uniformemente e levam 2,00 s e 3,00 s, respectivamente, para atingir suas velocidades máximas, que mantêm durante o resto da corrida. Elas cruzam a linha de chegada simultaneamente e ambas estabelecem um recorde mundial de 10,4 s. (a) Qual é a aceleração de cada corredora? (b) Qual a velocidade máxima de cada uma? (c) Qual corredora está na frente na marca dos 6,00 s, e por qual diferença? (d) Qual é a distância máxima que Healan fica atrás de Laura e em qual instante isto acontece?

84. Duas hastes finas são presas à parte interna de um anel circular, como na Figura P2.84. Uma haste de comprimento D é vertical, e a outra com comprimento L forma um ângulo θ com a horizontal. As duas hastes e o anel estão em um plano vertical. Duas pequenas contas estão livres para deslizar sem atrito ao longo das hastes. (a) Se as duas contas são soltas do repouso simultaneamente das posições mostradas, use sua intuição e adivinhe qual delas chega ao fundo primeiro. (b) Encontre uma expressão para o intervalo de tempo necessário para a conta vermelha cair do ponto Ⓐ até o ponto Ⓒ em termos de g e D. (c) Encontre uma expressão para o intervalo de tempo necessário para a conta azul deslizar do ponto Ⓑ até o ponto Ⓒ em termos de g, L e θ. (d) Mostre que os dois intervalos de tempo encontrados nas partes (b) e (c) são iguais. *Dica:* Qual é o ângulo entre as cordas do círculo ⒶⒷ e ⒷⒸ? (e) Estes resultados surpreendem? Sua adivinhação intuitiva para a parte (a) estava correta? Este problema foi inspirado em um artigo escrito por Thomas B. Greenslade, Jr., "Galileo's Paradox", *Phys. Teach.* 46, 294 (maio 2008).

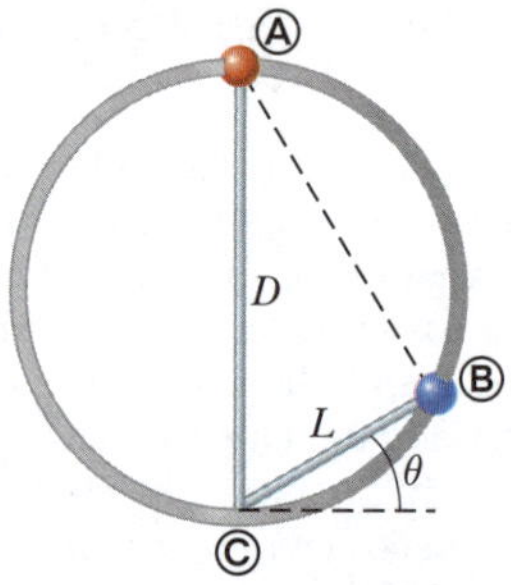

Figura P2.84

85. Um homem joga uma pedra num poço. (a) O homem ouve o som do espirro da água 2,40 s depois de soltar a pedra do repouso. A velocidade do som no ar (em temperatura ambiente) é 336 m/s. Em que distância a superfície da água está do topo do poço? (b) **E se?** Se o tempo de viagem do som é ignorado, que percentual de erro é introduzido quando a profundidade do poço é calculada?

capítulo 3

Vetores

Um letreiro em São Petesburgo, Flórida, mostra a distância e a direção para várias cidades. Quantidades que são definidas tanto por uma grandeza quanto por uma direção são chamadas *quantidades vetoriais*. *(© Raymond A. Serrway)*

Em nosso estudo de Física, com frequência precisamos trabalhar com quantidades físicas que têm tanto propriedades numéricas quanto direcionais. Conforme observado na Seção 2.1, quantidades desta natureza são chamadas vetoriais. Este capítulo diz respeito principalmente às propriedades gerais de quantidades vetoriais. Discutiremos a adição e a subtração de quantidades vetoriais com algumas aplicações comuns a situações físicas.

Quantidades vetoriais serão utilizadas em todo este livro. Portanto, é importante que você domine as técnicas que serão aqui discutidas.

3.1 Sistemas de coordenadas

Muitos aspectos da Física envolvem a descrição de uma localização no espaço. No Capítulo 2, por exemplo, vimos que a descrição matemática do movimento de um corpo requer um método para descrever sua posição em vários momentos. Em duas dimensões, esta descrição é realizada com a utilização do sistema de coordenadas cartesianas, no qual os eixos perpendiculares se interceptam em um ponto definido como origem O (Fig. 3.1). As coordenadas cartesianas são também chamadas *coordenadas retangulares*.

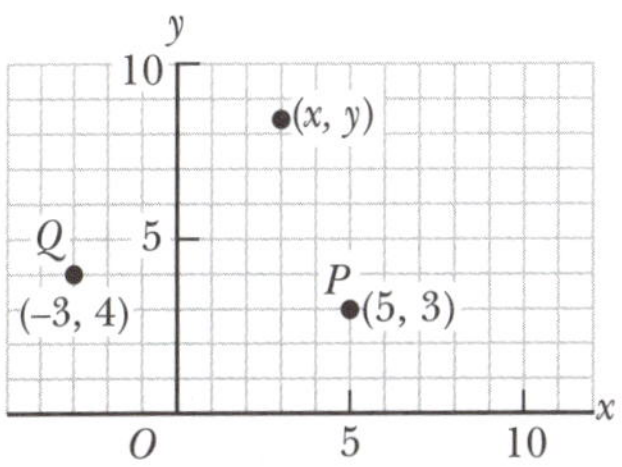

Figura 3.1 Designação de pontos em um sistema de coordenadas cartesianas. Cada ponto é identificado com coordenadas (x, y).

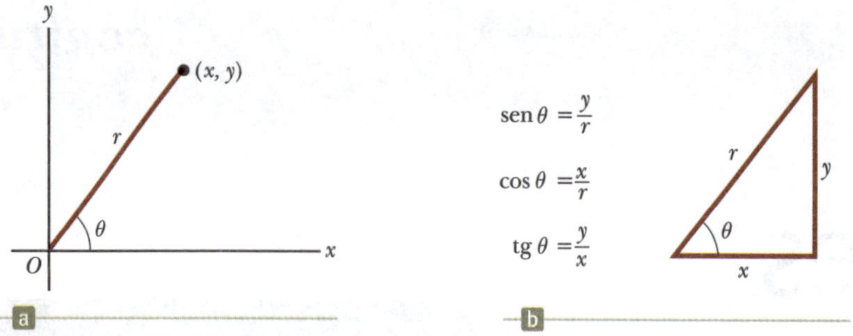

Figura 3.2 (a) As coordenadas polares planas de um ponto são representadas pela distância r e pelo ângulo θ, onde θ é medido no sentido anti-horário a partir do eixo positivo x. (b) O triângulo retângulo é utilizado para relacionar (x, y) a (r, θ).

Por vezes, é mais conveniente representar um ponto em um plano por intermédio de suas *coordenadas polares planas* (r, θ) como mostra a Figura 3.2a. Neste *sistema de coordenadas polares*, r é a distância da origem ao ponto que tem coordenadas cartesianas (x, y) e θ é o ângulo entre um eixo fixo e uma linha desenhada da origem até o ponto. O eixo fixo, x, é frequentemente positivo e θ é, em geral, medido no sentido anti-horário a partir dele. A partir do triângulo retângulo da Figura 3.2b, vemos que sen $\theta = y/r$, e que cos $\theta = x/r$. Uma revisão das funções trigonométricas é fornecida no Apêndice B.4. Portanto, começando com as coordenadas polares planas de um ponto qualquer, podemos obter as coordenadas cartesianas utilizando as equações

Coordenadas cartesianas em termos de coordenadas polares ▶

$$x = r \cos \theta \tag{3.1}$$

$$y = r \operatorname{sen} \theta \tag{3.2}$$

Além disso, se soubermos as coordenadas cartesianas, as definições da trigonometria nos dizem que:

Coordenadas polares em termos de coordenadas cartesianas ▶

$$\operatorname{tg} \theta = \frac{y}{x} \tag{3.3}$$

$$r = \sqrt{x^2 + y^2} \tag{3.4}$$

A Equação 3.4 é o famoso teorema de Pitágoras.

Essas quatro expressões que relacionam as coordenadas (x, y) às coordenadas (r, θ) se aplicam apenas quando θ é definido como mostra a Figura 3.2a – em outras palavras, quando positivo, θ é um ângulo medido no sentido anti-horário a partir do eixo x. Algumas calculadoras científicas realizam conversões entre coordenadas cartesianas e coordenadas polares com base nessas convenções padrão. Se o eixo de referência para o ângulo polar θ é escolhido para ser outro que não o eixo x positivo, ou se o sentido de aumento de θ é escolhido de maneira diferente, as expressões relacionadas aos dois conjuntos de coordenadas vão mudar.

Exemplo 3.1 Coordenadas polares

As coordenadas cartesianas de um ponto no plano xy são $(x, y) = (-3{,}50, -2{,}50)$ m, como mostra a Figura 3.3. Encontre as coordenadas polares deste ponto.

SOLUÇÃO

Conceitualização O desenho da Figura 3.3 nos ajuda na conceitualização do problema. Queremos encontrar r e θ. Esperamos que r tenha alguns metros e que θ seja maior do que 180°.

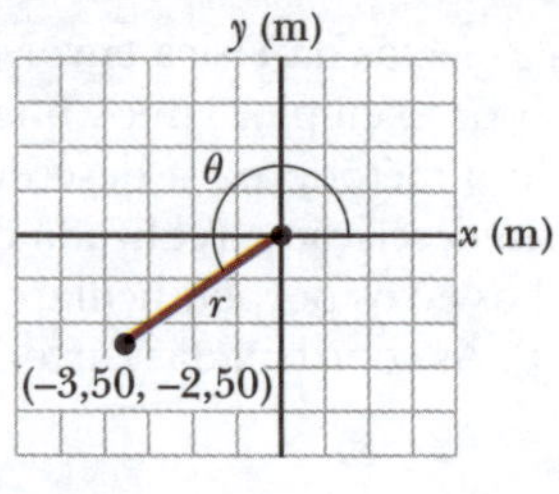

Figura 3.3 (Exemplo 3.1) Encontrar coordenadas polares quando coordenadas cartesianas são fornecidas.

Categorização Com base no enunciado do problema e na etapa Conceitualização, reconhecemos que estamos simplesmente convertendo de coordenadas cartesianas para coordenadas polares. Portanto, categorizamos este exemplo como um problema de substituição. Este tipo de problema geralmente não tem uma etapa de análise extensa, a não ser pela substituição de números em determinada equação. De maneira semelhante, a etapa finalização consiste essencialmente em

3.1 *cont.*

verificar as unidades e se certificar de que a resposta é razoável e consistente com nossas expectativas. Portanto, para problemas de substituição, não vamos identificar as etapas análise ou finalização.

Use a Equação 3.4 para encontrar r: $r = \sqrt{x^2 + y^2} = \sqrt{(-3{,}50 \text{ m})^2 + (-2{,}50 \text{ m})^2} = \boxed{4{,}30 \text{ m}}$

Use a Equação 3.3 para encontrar θ: $\text{tg}\,\theta = \frac{y}{x} = \frac{-2{,}50 \text{ m}}{-3{,}50 \text{ m}} = 0{,}714$

$\theta = \boxed{216°}$

Observe que você deve usar os sinais de x e y para descobrir que o ponto está no terceiro quadrante do sistema de coordenadas. Isto é, $\theta = 216°$, e não $35{,}5°$, cuja tangente também é 0,714. Ambas as respostas concordam com nossas expectativas na etapa denominada Conceitualizeação.

3.2 Quantidades vetoriais e escalares

Agora descreveremos formalmente a diferença entre quantidades vetoriais e escalares. Quando você quer saber a temperatura exterior para decidir como se vestir, a única informação de que necessita é um número e a unidade "graus C". A temperatura é, portanto, um exemplo de *quantidade escalar*.

A **quantidade escalar** é completamente especificada por um valor único com uma unidade apropriada e não tem direção.

Outros exemplos de quantidades escalares são volume, massa, velocidade escalar e intervalos de tempo. Algumas quantidades escalares são sempre positivas, tais como massa e velocidade escalar. Outras, tal como a temperatura, podem ter valores positivos ou negativos. As regras da aritmética simples são usadas para manipular as quantidades escalares.

Se você está se preparando para pilotar um avião pequeno e precisa saber a velocidade do vento, deve conhecer sua velocidade e sua direção. Como a direção é importante para a especificação completa, velocidade é uma *quantidade vetorial*.

A **quantidade vetorial** é completamente especificada por um número com uma unidade apropriada (a magnitude do vetor) mais uma direção.

Outro exemplo de quantidade vetorial é o deslocamento, que você já conhece do Capítulo 2. Suponha que uma partícula se mova de algum ponto Ⓐ a outro ponto Ⓑ em uma trajetória reta, como mostra a Figura 3.4. Representamos este deslocamento pelo desenho de uma seta de Ⓐ a Ⓑ, com a ponta da seta apontada para longe do ponto de partida. A direção da seta representa a direção do deslocamento, e o comprimento da seta, a grandeza (intensidade) do deslocamento. Se a partícula viaja ao longo de alguma outra trajetória de Ⓐ a Ⓑ, tal como mostrado pela linha tracejada na Figura 3.4, seu deslocamento é ainda a seta desenhada de Ⓐ a Ⓑ. O deslocamento depende apenas das posições inicial e final; então, o vetor deslocamento é independente da trajetória percorrida pela partícula entre esses dois pontos.

Neste texto, usamos uma letra em negrito com uma seta em cima, tal como $\vec{\mathbf{A}}$, para representar um vetor. Outra notação comum para os vetores com os quais você deve estar familiarizado é um caractere simples em negrito: **A**. A grandeza (módulo ou intensidade) do vetor $\vec{\mathbf{A}}$ é escrita tanto como A quanto como $|\vec{\mathbf{A}}|$. O módulo de um vetor tem unidades físicas, tais como metros para deslocamento, ou metros por segundo, para velocidade. A intensidade (módulo) de um vetor é *sempre* um número positivo.

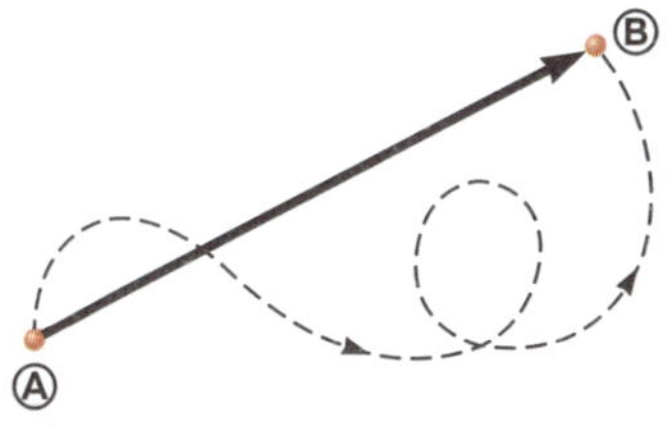

Figura 3.4 Conforme uma partícula se move de Ⓐ a Ⓑ ao longo de uma trajetória arbitrária representada pela linha tracejada, seu deslocamento é uma quantidade vetorial mostrada pela seta desenhada de Ⓐ a Ⓑ.

***Teste Rápido* 3.1** Quais das seguintes opções são quantidades vetoriais e quais são quantidades escalares? **(a)** sua idade **(b)** aceleração **(c)** velocidade **(d)** velocidade escalar **(e)** massa

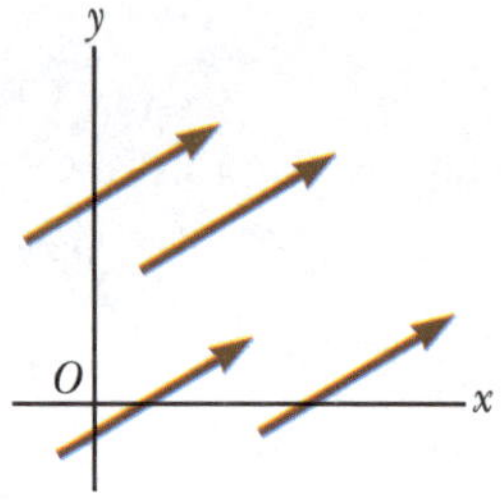

Figura 3.5 Esses quatro vetores são iguais porque têm comprimentos iguais e apontam para a mesma direção.

3.3 Algumas propriedades dos vetores

Nesta seção, investigaremos as propriedades gerais dos vetores que representam quantidades físicas. Também discutiremos como adicionar e subtrair vetores usando tanto métodos algébricos quanto geométricos.

Igualdade de dois vetores

Para muitos propósitos, dois vetores $\vec{\mathbf{A}}$ e $\vec{\mathbf{B}}$ podem ser definidos como iguais se tiverem o mesmo módulo e se apontarem para a mesma direção. Isto é, $\vec{\mathbf{A}} = \vec{\mathbf{B}}$ somente se $A = B$ e se $\vec{\mathbf{A}}$ e $\vec{\mathbf{B}}$ apontarem para a mesma direção ao longo de linhas paralelas. Por exemplo, todos os vetores na Figura 3.5 são iguais, ainda que com pontos de partida diferentes. Esta propriedade nos permite mover um vetor a uma posição paralela em um diagrama sem afetá-lo.

Prevenção de Armadilhas 3.1

Adição de vetores *versus* adição de quantidades escalares

Observe que $\vec{\mathbf{A}} + \vec{\mathbf{B}} = \vec{\mathbf{C}}$ é muito diferente de $A + B = C$. A primeira equação é uma soma de vetores, que deve ser manipulada com cuidado, tal como o método gráfico. A segunda é uma adição algébrica simples de números que são tratados com as regras normais de aritmética.

Adição de vetores

As regras para adição de vetores são convenientemente descritas por um método gráfico. Para adicionar um vetor $\vec{\mathbf{B}}$ a um vetor $\vec{\mathbf{A}}$, primeiro desenhe o vetor $\vec{\mathbf{A}}$ em um papel milimetrado, com seu módulo representado por uma escala de comprimento conveniente, e depois desenhe um vetor $\vec{\mathbf{B}}$ na mesma escala, com sua origem na extremidade do vetor $\vec{\mathbf{A}}$, conforme mostra a Figura 3.6. O **vetor resultante** $\vec{\mathbf{R}} = \vec{\mathbf{A}} + \vec{\mathbf{B}}$ é o desenhado da origem de $\vec{\mathbf{A}}$ à extremidade de $\vec{\mathbf{B}}$.

Uma construção geométrica também pode ser usada para adicionar mais de dois vetores, como mostra a Figura 3.7 para o caso de quatro vetores. O vetor resultante $\vec{\mathbf{R}} = \vec{\mathbf{A}} + \vec{\mathbf{B}} + \vec{\mathbf{C}} + \vec{\mathbf{D}}$ é aquele que completa o polígono. Em outras palavras, $\vec{\mathbf{R}}$ é o vetor desenhado da origem do primeiro à extremidade do último vetor. Esta técnica para adicionar vetores é frequentemente chamada método da triangulação.

Quando dois vetores são adicionados, a soma é independente da origem da adição. Este fato pode ser trivial, mas, como você verá no Capítulo 11, a ordem é importante quando vetores são multiplicados. Os procedimentos para multiplicação de vetores serão discutidos nos Capítulos 7 e 11 deste volume. Esta propriedade, que pode ser vista a partir da construção geométrica na Figura 3.8, é conhecida como **lei comutativa da adição**:

Lei comutativa da adição ▶

$$\vec{\mathbf{A}} + \vec{\mathbf{B}} = \vec{\mathbf{B}} + \vec{\mathbf{A}} \tag{3.5}$$

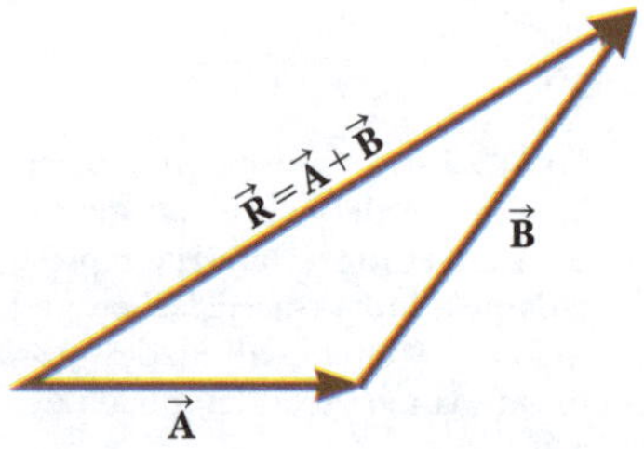

Figura 3.6 Quando o vetor $\vec{\mathbf{B}}$ é adicionado ao vetor $\vec{\mathbf{A}}$, o vetor resultante $\vec{\mathbf{R}}$ é o que vai da origem de $\vec{\mathbf{A}}$ à extremidade de $\vec{\mathbf{B}}$.

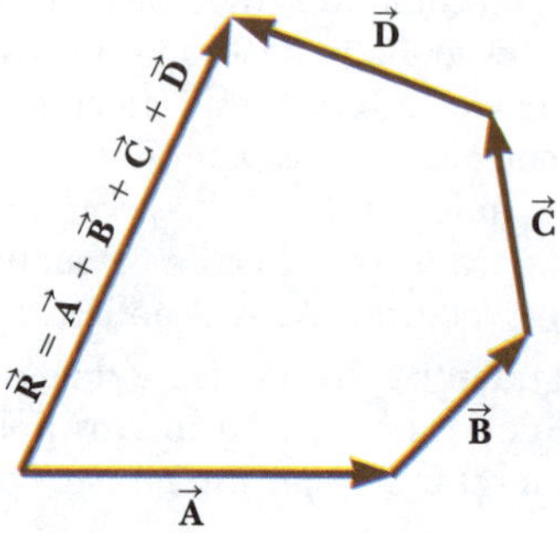

Figura 3.7 Construção geométrica para a soma de quatro vetores. O vetor resultante $\vec{\mathbf{R}}$ é, por definição, o que completa o polígono.

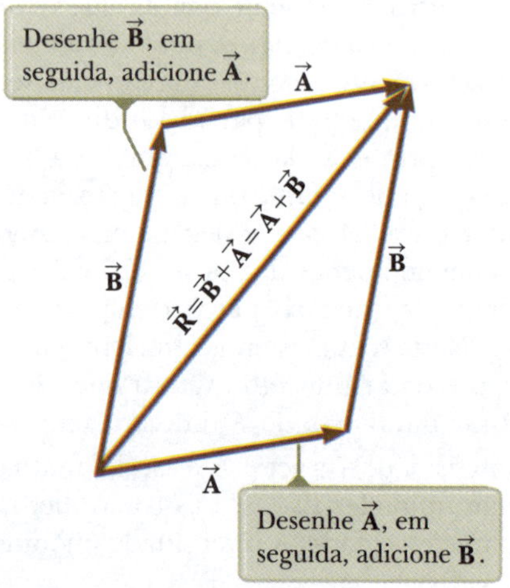

Figura 3.8 Esta construção mostra que $\vec{\mathbf{A}} + \vec{\mathbf{B}} = \vec{\mathbf{B}} + \vec{\mathbf{A}}$, ou, em outras palavras, o vetor adição é comutativo.

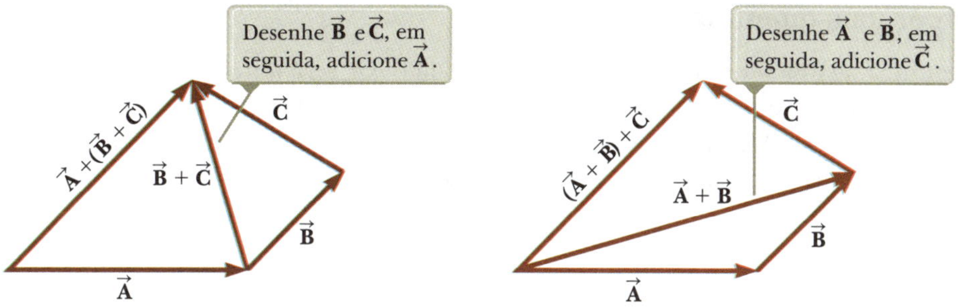

Figura 3.9 Construções geométricas para verificação da lei associativa da adição.

Quando três ou mais vetores são adicionados, sua soma é independente da maneira como os vetores individuais são agrupados. Uma prova geométrica desta regra de três vetores é dada na Figura 3.9. Esta propriedade é chamada **lei associativa da adição**:

$$\vec{\mathbf{A}} + (\vec{\mathbf{B}} + \vec{\mathbf{C}}) = (\vec{\mathbf{A}} + \vec{\mathbf{B}}) + \vec{\mathbf{C}} \qquad (3.6)$$

◀ **Lei associativa da adição**

Em resumo, **a quantidade vetorial tem ambos, módulo e direção, e também obedece às leis da adição de vetores**, conforme descrito na Figura 3.6 a 3.9. Quando dois ou mais vetores são adicionados, eles devem ter todos a mesma unidade e serem do mesmo tipo de quantidade física. Não teria sentido adicionar um vetor velocidade (por exemplo, 60 km/h em direção ao leste) a um vetor deslocamento (por exemplo, 200 km em direção ao norte), pois esses vetores representam quantidades físicas diferentes. A mesma regra também se aplica às quantidades escalares. Por exemplo, não teria sentido adicionar intervalos de tempo a temperaturas.

Negativo de um vetor

O negativo do vetor $\vec{\mathbf{A}}$ é definido como aquele que, quando adicionado a $\vec{\mathbf{A}}$, fornece zero para a soma dos vetores. Isto é, $\vec{\mathbf{A}} + (-\vec{\mathbf{A}}) = 0$. Os vetores $\vec{\mathbf{A}}$ e $-\vec{\mathbf{A}}$ têm a mesma grandeza (módulo), mas apontam em direções opostas.

Subtração de vetores

A operação de subtração de vetores faz uso da definição do negativo de um vetor. Definimos a operação $\vec{\mathbf{A}} - \vec{\mathbf{B}}$ como o vetor $-\vec{\mathbf{B}}$ adicionado ao vetor $\vec{\mathbf{A}}$:

$$\vec{\mathbf{A}} - \vec{\mathbf{B}} = \vec{\mathbf{A}} + (-\vec{\mathbf{B}}) \qquad (3.7)$$

A construção geométrica para subtrair dois vetores desta maneira é ilustrada na Figura 3.10a.

Outra maneira de olhar para a subtração de vetores é observar que a diferença $\vec{\mathbf{A}} - \vec{\mathbf{B}}$ entre dois vetores $\vec{\mathbf{A}}$ e $\vec{\mathbf{B}}$ deve ser adicionada ao segundo para a obtenção do primeiro. Neste caso, como a Figura 3.10b mostra, $\vec{\mathbf{A}} - \vec{\mathbf{B}}$ aponta da extremidade do segundo vetor para a extremidade do primeiro.

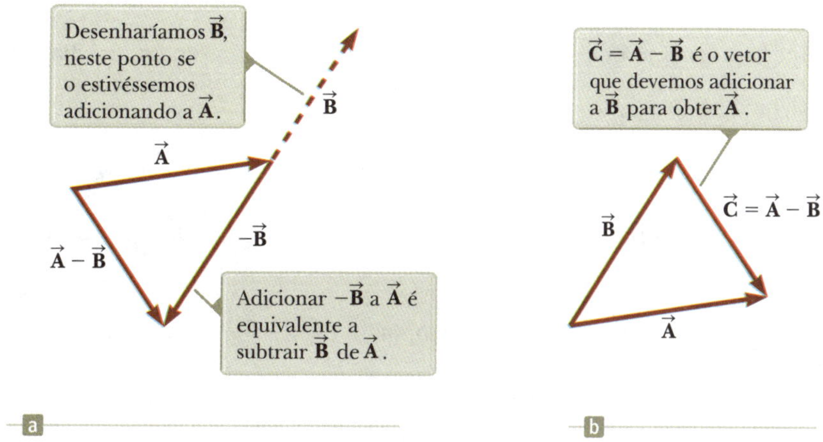

Figura 3.10 (a) Subtraindo o vetor $\vec{\mathbf{B}}$ do vetor $\vec{\mathbf{A}}$. O vetor $-\vec{\mathbf{B}}$ é igual em módulo ao vetor $\vec{\mathbf{B}}$ e aponta na direção oposta. (b) Uma segunda maneira de ver a subtração de vetores.

Multiplicação de um vetor por uma quantidade escalar

Se um vetor $\vec{\mathbf{A}}$ for multiplicado por uma quantidade escalar positiva m, o produto $m\vec{\mathbf{A}}$ será um vetor que tem a mesma direção que $\vec{\mathbf{A}}$ e módulo mA. Se o vetor $\vec{\mathbf{A}}$ for multiplicado por uma quantidade escalar negativa $-m$, o produto $m\vec{\mathbf{A}}$ terá direção oposta à de $\vec{\mathbf{A}}$. Por exemplo, o vetor $5\vec{\mathbf{A}}$ é cinco vezes mais longo que $\vec{\mathbf{A}}$ e aponta para a mesma direção que $\vec{\mathbf{A}}$; o vetor $-\frac{1}{3}\vec{\mathbf{A}}$ é um terço do comprimento de $\vec{\mathbf{A}}$ e aponta na direção oposta $\vec{\mathbf{A}}$.

***Teste Rápido* 3.2** Os módulos de dois vetores $\vec{\mathbf{A}}$ e $\vec{\mathbf{B}}$ são $A = 12$ unidades e $B = 8$ unidades. Que par de números representa o *maior* e o *menor* valor possível para o módulo do vetor resultante $\vec{\mathbf{R}} = \vec{\mathbf{A}} + \vec{\mathbf{B}}$? **(a)** 14,4 unidades, 4 unidades; **(b)** 12 unidades, 8 unidades; **(c)** 20 unidades, 4 unidades; **(d)** nenhuma das anteriores

***Teste Rápido* 3.3** Se o vetor $\vec{\mathbf{B}}$ for adicionado ao vetor $\vec{\mathbf{A}}$, quais *duas* das seguintes opções devem ser verdadeiras para o vetor resultante ser igual a zero? **(a)** $\vec{\mathbf{A}}$ e $\vec{\mathbf{B}}$ são paralelos e na mesma direção. **(b)** $\vec{\mathbf{A}}$ e $\vec{\mathbf{B}}$ são paralelos e em direções opostas. **(c)** $\vec{\mathbf{A}}$ e $\vec{\mathbf{B}}$ têm o mesmo módulo. **(d)** $\vec{\mathbf{A}}$ e $\vec{\mathbf{B}}$ são perpendiculares.

Exemplo 3.2 Uma viagem de férias

Um carro percorre 20,0 km rumo ao norte e depois 35,0 km em uma direção 60,0° a noroeste como mostra a Figura 3.11a. Encontre o módulo e a direção do deslocamento resultante do carro.

SOLUÇÃO

Conceitualização Os vetores $\vec{\mathbf{A}}$ e $\vec{\mathbf{B}}$ desenhados na Figura 3.11a nos ajudam a conceitualizar o problema.

O vetor resultante $\vec{\mathbf{R}}$ também foi desenhado. Esperamos que sua grandeza seja de algumas dezenas de quilômetros. Espera-se que o ângulo β que o vetor resultante faz com o eixo y seja menor do que 60°, o ângulo que o vetor $\vec{\mathbf{B}}$ faz com o eixo y.

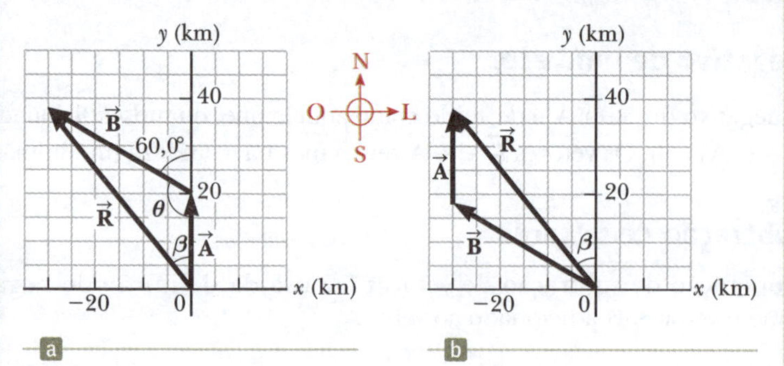

Figura 3.11 (Exemplo 3.2) (a) Método gráfico para encontrar o vetor deslocamento resultante $\vec{\mathbf{R}} = \vec{\mathbf{A}} + \vec{\mathbf{B}}$. (b) Adicionando os vetores na ordem reversa $(\vec{\mathbf{B}} + \vec{\mathbf{A}})$ fornece o mesmo resultado para $\vec{\mathbf{R}}$.

Categorização Podemos categorizar este exemplo como um problema de análise simples de adição de vetores. O deslocamento $\vec{\mathbf{R}}$ é resultante da adição de dois deslocamentos individuais $\vec{\mathbf{A}}$ e $\vec{\mathbf{B}}$. Podemos ainda categorizá-lo como um problema de análise de triângulos. Assim, apelamos para nossa experiência em geometria e trigonometria.

Análise Neste exemplo, mostramos duas maneiras de analisar o problema para encontrar a resultante de dois vetores. A primeira é resolvê-lo geometricamente com a utilização de papel milimetrado e um transferidor para medir o módulo de $\vec{\mathbf{R}}$ e sua direção na Figura 3.11a. Na verdade, mesmo quando sabemos que vamos efetuar um cálculo, deveríamos esboçar os vetores para verificar os resultados. Com régua comum e transferidor, um diagrama grande normalmente fornece respostas com dois, mas não com três dígitos de precisão. Tente utilizar essas ferramentas em $\vec{\mathbf{R}}$ na Figura 3.11a e compare com a análise trigonométrica a seguir.

A segunda maneira de resolver o problema é analisá-lo utilizando álgebra e trigonometria. O módulo de $\vec{\mathbf{R}}$ pode ser obtido por meio da lei dos cossenos aplicada ao triângulo na Figura 3.11a (ver Apêndice B.4).

Use $R^2 = A^2 + B^2 - 2AB\cos\theta$ da lei dos cossenos para encontrar R:

$$R = \sqrt{A^2 + B^2 - 2AB\cos\theta}$$

Substitua os valores numéricos, observando que $\theta = 180° - 60° = 120°$:

$$R = \sqrt{(20{,}0\text{ km})^2 + (35{,}0\text{ km})^2 - 2(20{,}0\text{ km})(35{,}0\text{ km})\cos 120°}$$

$$= 48{,}2\text{ km}$$

3.2 cont.

Utilize a lei dos senos (Apêndice B.4) para encontrar a direção de $\vec{\mathbf{R}}$ a partir da direção norte:

$$\frac{\text{sen}\,\beta}{B} = \frac{\text{sen}\,\theta}{R}$$

$$\text{sen}\,\beta = \frac{B}{R}\,\text{sen}\,\theta = \frac{35{,}0\text{ km}}{48{,}2\text{ km}}\,\text{sen } 120° = 0{,}629$$

$$\beta = \boxed{38{,}9°}$$

O deslocamento resultante do carro é 48,2 km em uma direção 38,9° a noroeste.

Finalização O ângulo β que calculamos está de acordo com a estimativa feita a partir da observação da Figura 3.11a, ou com um ângulo real medido no diagrama com a utilização do método gráfico? É aceitável que o módulo de $\vec{\mathbf{R}}$ seja maior que ambos os de $\vec{\mathbf{A}}$ e $\vec{\mathbf{B}}$? As unidades de $\vec{\mathbf{R}}$ estão corretas?

Embora o método da triangulação para adicionar vetores funcione corretamente, ele tem duas desvantagens. A primeira é que algumas pessoas acham inconveniente utilizar as leis dos senos e cossenos. A segunda é que um triângulo só funciona quando se adicionam dois vetores. Se adicionarmos três ou mais, a forma geométrica resultante geralmente não é um triângulo. Na Seção 3.4, exploraremos um novo método de adição de vetores que tratará de ambas essas desvantagens.

E SE? Suponha que a viagem fosse feita com os dois vetores na ordem inversa: 35,0 km a 60,0° a oeste em relação ao norte primeiramente, e depois 20,0 km em direção ao norte. Qual seria a mudança no módulo e na direção do vetor resultante?

Resposta Elas não mudariam. A lei comutativa da adição de vetores diz que a ordem dos vetores em uma soma é irrelevante. Graficamente, a Figura 3.11b mostra que a adição dos vetores na ordem inversa nos fornece o mesmo vetor resultante.

3.4 Componentes de um vetor e vetores unitários

O método gráfico de adição de vetores não é recomendado sempre que for necessária alta precisão ou em problemas tridimensionais. Nesta seção, descreveremos um método de adição de vetores que faz uso de projeções de vetores nos eixos coordenados. Essas projeções são chamadas **componentes** do vetor ou suas **componentes retangulares**. Cada vetor pode ser descrito completamente por suas componentes.

Considere um vetor $\vec{\mathbf{A}}$ no plano xy formando um ângulo arbitrário θ com o eixo x positivo, como mostra a Figura 3.12a. Esse vetor pode ser expresso como a soma de dois outros *vetores componentes* $\vec{\mathbf{A}}_x$, que é paralelo ao eixo x e $\vec{\mathbf{A}}_y$, que é paralelo ao eixo y. Na Figura 3.12b, vemos que os três vetores formam um triângulo retângulo e que $\vec{\mathbf{A}} = \vec{\mathbf{A}}_x + \vec{\mathbf{A}}_y$. Sempre nos referiremos às "componentes de um vetor $\vec{\mathbf{A}}$" como A_x e A_y (sem a notação em negrito). A componente A_x representa a projeção de $\vec{\mathbf{A}}$ no eixo x e a componente A_y representa a projeção de $\vec{\mathbf{A}}$ no eixo y. Essas componentes podem ser positivas ou negativas. A componente A_x é positiva se o vetor componente $\vec{\mathbf{A}}_x$ apontar na direção x positiva, e é negativa se $\vec{\mathbf{A}}_x$ apontar na direção x negativa. Uma afirmação semelhante é feita para a componente A_y.

> **Prevenção de Armadilhas 3.2**
>
> **Componentes *x* e *y***
> As Equações 3.8 e 3.9 associam o cosseno do ângulo à componente x e o seno do ângulo à componente y. Essa associação é verdadeira *apenas* porque medimos o ângulo θ em relação ao eixo x; portanto, não memorize essas equações. Se θ for medido em relação ao eixo y (como em alguns problemas), essas equações estarão incorretas. Pense sobre qual lado do triângulo contendo as componentes é adjacente ao ângulo e qual lado é oposto, e então atribua o cosseno e o seno de forma correspondente.

A partir da Figura 3.12 e da definição de seno e cosseno, vemos que $\cos\theta = A_x/A$ e que $\text{sen}\,\theta = A_y/A$. Assim, as componentes de $\vec{\mathbf{A}}$ são

$$A_x = A\cos\theta \tag{3.8}$$

$$A_y = A\,\text{sen}\,\theta \tag{3.9}$$

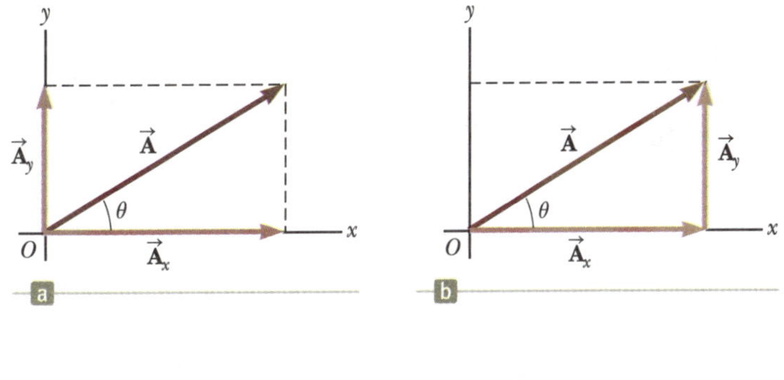

Figura 3.12 (a) Um vetor $\vec{\mathbf{A}}$ no plano xy pode ser representado por seus vetores componentes $\vec{\mathbf{A}}_x$ e $\vec{\mathbf{A}}_y$. (b) O vetor componente em y, $\vec{\mathbf{A}}_y$, pode ser movido para a direita de maneira que ele se some a $\vec{\mathbf{A}}_x$. O vetor soma dos vetores componentes é $\vec{\mathbf{A}}$. Esses três vetores formam um triângulo retângulo.

Os módulos dessas componentes são os comprimentos de dois lados de um triângulo retângulo com uma hipotenusa de comprimento A. Portanto, o módulo e a direção de $\vec{\mathbf{A}}$ estão relacionados às suas componentes por meio das expressões

$$A = \sqrt{A_x^2 + A_y^2} \quad (3.10)$$

$$\theta = \text{tg}^{-1}\left(\frac{A_y}{A_x}\right) \quad (3.11)$$

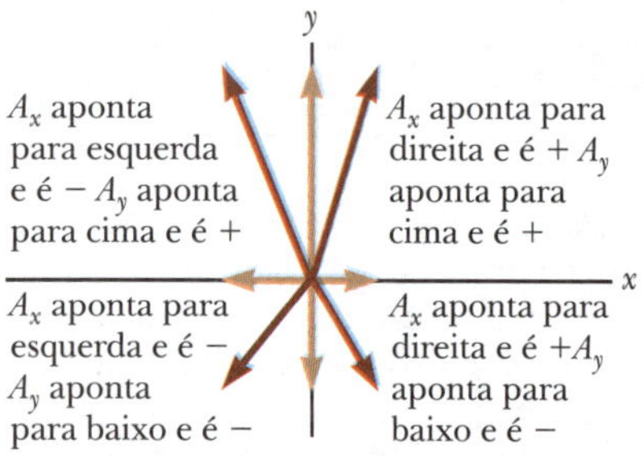

Figura 3.13 Os sinais das componentes de um vetor $\vec{\mathbf{A}}$ dependem do quadrante no qual o vetor está localizado.

Observe que os sinais das componentes A_x e A_y dependem do ângulo θ. Por exemplo, se $\theta = 120°$, A_x é negativa e A_y é positiva. Se $\theta = 225°$, ambas, A_x e A_y, são negativas. A Figura 3.13 resume os sinais das componentes quando A está nos vários quadrantes.

Ao resolver problemas, você pode especificar um vetor $\vec{\mathbf{A}}$ ou com suas componentes A_x e A_y ou com seu módulo e direção, A e θ.

Suponha que você esteja trabalhando em um problema de Física que necessite da resolução de um vetor em suas componentes. Em muitas aplicações, é conveniente expressar as componentes em um sistema de coordenadas tendo eixos que não são horizontal nem vertical, mas que ainda são perpendiculares entre si. Por exemplo, consideraremos o movimento de corpos deslizando em planos inclinados. Para esses exemplos, é, com frequência, conveniente orientar o eixo x paralelo ao plano, e o eixo y perpendicular ao plano.

Teste Rápido **3.4** Escolha a resposta correta para tornar a sentença verdadeira: a componente de um vetor é **(a)** sempre, **(b)** nunca ou **(c)** às vezes maior que o módulo do vetor.

Vetores unitários

Quantidades vetoriais frequentemente são expressas em termos de vetores unitários. O **vetor unitário** é um vetor sem dimensão que tem módulo de exatamente 1. Vetores unitários são utilizados para especificar determinada direção e não têm nenhum outro significado físico. São utilizados unicamente como uma conveniência de contabilidade em descrever uma direção no espaço. Utilizaremos os símbolos $\hat{\mathbf{i}}$, $\hat{\mathbf{j}}$ e $\hat{\mathbf{k}}$ para representar vetores unitários que apontam para as direções x, y e z positivas, respectivamente. Os "chapéus", ou circunflexos, nos símbolos, são uma notação padrão para os vetores unitários. Os vetores unitários $\hat{\mathbf{i}}$, $\hat{\mathbf{j}}$ e $\hat{\mathbf{k}}$ formam um conjunto de vetores mutuamente perpendiculares em um sistema de coordenadas destro, como mostra a Figura 3.14a. O módulo de cada vetor unitário é igual a 1; isto é, $|\hat{\mathbf{i}}| = |\hat{\mathbf{j}}| = |\hat{\mathbf{k}}| = 1$.

Considere um vetor $\vec{\mathbf{A}}$ no plano xy, como mostra a Figura 3.14b. O produto da componente A_x e o vetor unitário $\hat{\mathbf{i}}$ é o vetor componente $\vec{\mathbf{A}}_x = A_x\hat{\mathbf{i}}$, que fica no eixo x e tem módulo $|A_x|$. Da mesma maneira, $\vec{\mathbf{A}}_y = A_y\hat{\mathbf{j}}$ é o vetor componente de módulo $|A_y|$ no eixo y. Portanto, a notação de vetor unitário para o vetor $\vec{\mathbf{A}}$ é

$$\vec{\mathbf{A}}_x = A_x\hat{\mathbf{i}} + A_y\hat{\mathbf{j}} \quad (3.12)$$

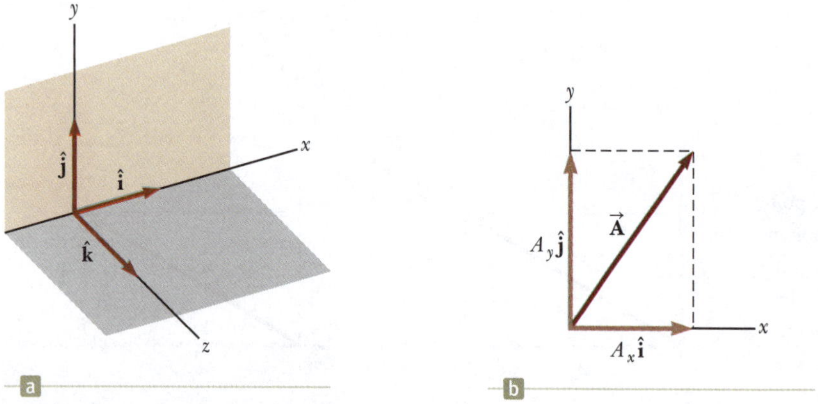

Figura 3.14 (a) Os vetores unitários $\hat{\mathbf{i}}$, $\hat{\mathbf{j}}$ e $\hat{\mathbf{k}}$ são direcionados ao longo dos eixos x, y e z, respectivamente. (b) O vetor $\vec{\mathbf{A}}_y = A_x\hat{\mathbf{i}} + A_y\hat{\mathbf{j}}$ no plano xy tem componentes A_x e A_y.

Por exemplo, considere um ponto no plano xy e com coordenadas cartesianas (x, y), como na Figura 3.15. O ponto pode ser especificado pelo **vetor posição** $\vec{\mathbf{r}}$, que na forma de vetor unitário é dado por

$$\vec{\mathbf{r}} = x\hat{\mathbf{i}} + y\hat{\mathbf{j}} \quad (3.13)$$

Essa notação nos diz que as componentes de $\vec{\mathbf{r}}$ são as coordenadas x e y.

Agora, vamos ver como usar as componentes para adicionar vetores quando o método gráfico não é suficientemente preciso. Suponha que queiramos adicionar o vetor $\vec{\mathbf{B}}$ ao vetor $\vec{\mathbf{A}}$ na Equação 3.12, onde o vetor $\vec{\mathbf{B}}$ tem componentes B_x e B_y. Em razão da conveniência de contabilidade dos vetores unitários, tudo o que fazemos é adicionar as componentes x e y separadamente. O vetor resultante $\vec{\mathbf{R}} = \vec{\mathbf{A}} + \vec{\mathbf{B}}$ é

$$\vec{\mathbf{R}} = (A_x\hat{\mathbf{i}} + A_y\hat{\mathbf{j}}) + (B_x\hat{\mathbf{i}} + B_y\hat{\mathbf{j}})$$

ou

$$\vec{\mathbf{R}} = (A_x + B_x)\,\hat{\mathbf{i}} + (A_y + B_y)\hat{\mathbf{j}} \quad (3.14)$$

Como $\vec{\mathbf{R}} = R_x\hat{\mathbf{i}} + R_y\hat{\mathbf{j}}$, vemos que as componentes do vetor resultante são

$$R_x = A_x + B_x$$
$$R_y = A_y + B_y \quad (3.15)$$

Portanto, vemos que no método das componentes de adição de vetores adicionamos todas as componentes x para encontrar a componente x do vetor resultante e utilizamos o mesmo processo para as componentes y. Podemos verificar essa adição por componentes com uma construção geométrica como mostra a Figura 3.16.

O módulo de $\vec{\mathbf{R}}$ e o ângulo que ele forma com o eixo x são obtidos a partir de suas componentes utilizando as relações

$$R = \sqrt{R_x^2 + R_y^2} = \sqrt{(A_x + B_x)^2 + (A_y + B_y)^2} \quad (3.16)$$

$$\operatorname{tg}\theta = \frac{R_y}{R_x} = \frac{A_y + B_y}{A_x + B_x} \quad (3.17)$$

Às vezes, precisamos considerar situações envolvendo movimento em três direções de componente. A extensão de nossos métodos para vetores tridimensionais é simples. Se ambos, $\vec{\mathbf{A}}$ e $\vec{\mathbf{B}}$, têm componentes x, y e z, eles podem ser expressos na forma

$$\vec{\mathbf{A}} = A_x\hat{\mathbf{i}} + A_y\hat{\mathbf{j}} + A_z\hat{\mathbf{k}} \quad (3.18)$$

$$\vec{\mathbf{B}} = B_x\hat{\mathbf{i}} + B_y\hat{\mathbf{j}} + B_z\hat{\mathbf{k}} \quad (3.19)$$

A soma de $\vec{\mathbf{A}}$ e $\vec{\mathbf{B}}$ é

$$\vec{\mathbf{R}} = (A_x + B_x)\hat{\mathbf{i}} + (A_y + B_y)\hat{\mathbf{j}} + (A_z + B_z)\hat{\mathbf{k}} \quad (3.20)$$

Observe que a Equação 3.20 difere da Equação 3.14: na primeira, o vetor resultante também tem em z uma componente $R_z = A_z + B_z$. Se um vetor $\vec{\mathbf{R}}$ tiver componentes x, y e z, o módulo do vetor será $R = \sqrt{R_x^2 + R_y^2 + R_z^2}$. O ângulo θ_x que $\vec{\mathbf{R}}$ forma com o eixo x é encontrado a partir da expressão $\cos\theta_x = R_x/R$, com expressões similares para os ângulos com relação aos eixos y e z.

A extensão de nosso método para adicionar mais de dois vetores também é simples. Por exemplo, $\vec{\mathbf{A}} + \vec{\mathbf{B}} + \vec{\mathbf{C}} = (A_x + B_x + C_x)\hat{\mathbf{i}} + (A_y + B_y + C_y)\hat{\mathbf{j}} + (A_z + B_z + C_z)\hat{\mathbf{k}}$. Descrevemos a adição de vetores deslocamento nesta seção porque esses tipos de vetores são de fácil visualização. Podemos também adicionar outros tipos de vetores, tais como os de velocidade, força e campo elétrico, o que faremos nos próximos capítulos.

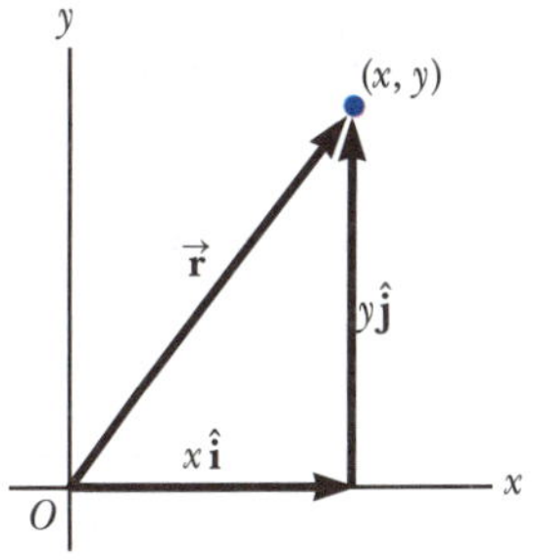

Figura 3.15 O ponto, cujas coordenadas cartesianas são (x, y), pode ser representado pelo vetor posição $\vec{\mathbf{r}} = x\hat{\mathbf{i}} + y\hat{\mathbf{j}}$.

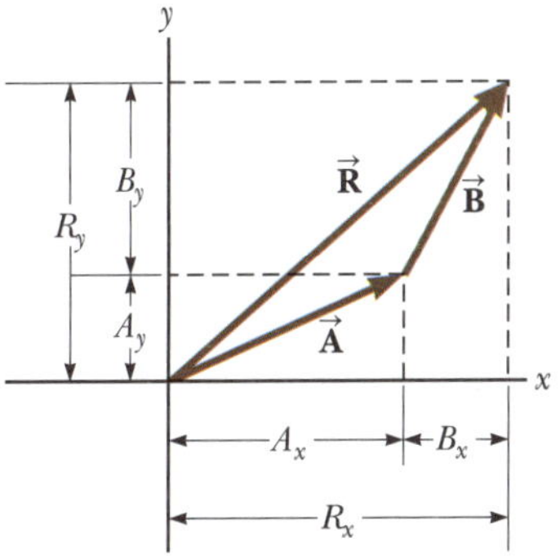

Figura 3.16 Esta construção geométrica para a soma de dois vetores mostra a relação entre as componentes da resultante $\vec{\mathbf{R}}$ e as componentes dos vetores individuais.

Prevenção de Armadilhas 3.3

Tangentes em calculadoras

A Equação 3.17 envolve o cálculo de um ângulo por meio de uma função tangente. Geralmente, a função arco tangente em calculadoras fornece um ângulo entre −90° e +90°. Como consequência, se o vetor que você está estudando está no segundo ou terceiro quadrante, o ângulo medido a partir do eixo x positivo será o ângulo retornado pela calculadora mais 180°.

***Teste Rápido* 3.5** Para qual dos seguintes vetores o módulo do vetor é igual ao de uma das componentes do vetor? **(a)** $\vec{\mathbf{A}} = 2\hat{\mathbf{i}} + 5\hat{\mathbf{j}}$ **(b)** $\vec{\mathbf{B}} = -3\hat{\mathbf{j}}$ **(c)** $\vec{\mathbf{C}} = +5\hat{\mathbf{k}}$

Exemplo 3.3 A soma de dois vetores

Encontre a soma de dois vetores deslocamento $\vec{\mathbf{A}}$ e $\vec{\mathbf{B}}$ que estão no plano xy e dados por

$$\vec{\mathbf{A}} = (2{,}0\hat{\mathbf{i}} + 2{,}0\hat{\mathbf{j}})\text{ m} \quad \text{e} \quad \vec{\mathbf{B}} = (2{,}0\hat{\mathbf{i}} - 4{,}0\hat{\mathbf{j}})\text{ m}$$

SOLUÇÃO

Conceitualização Você pode conceitualizar a situação desenhando os vetores em papel milimetrado. Desenhe uma aproximação do vetor resultante esperado.

Categorização Categorizamos este exemplo como um problema de substituição simples. Comparando esta expressão para $\vec{\mathbf{A}}$ com a expressão geral $\vec{\mathbf{A}} = A_x\hat{\mathbf{i}} + A_y\hat{\mathbf{j}} + A_z\hat{\mathbf{k}}$, vemos que $A_x = 2{,}0$ m, $A_y = 2{,}0$ m e $A_z = 0$. Da mesma maneira, $B_x = 2{,}0$ m, $B_y = -4{,}0$ m e $B_z = 0$. Podemos usar uma abordagem bidimensional porque não há componente em z.

Use a Equação 3.14 para obter o vetor resultante $\vec{\mathbf{R}}$:

$$\vec{\mathbf{R}} = \vec{\mathbf{A}} + \vec{\mathbf{B}} = (2{,}0 + 2{,}0)\hat{\mathbf{i}}\text{ m} + (2{,}0 - 4{,}0)\hat{\mathbf{j}}\text{ m}$$

Obtenha as componentes de $\vec{\mathbf{R}}$:

$$R_x = 4{,}0\text{ m} \qquad R_y = -2{,}0\text{ m}$$

Use a Equação 3.16 para encontrar o módulo de $\vec{\mathbf{R}}$:

$$R = \sqrt{R_x^2 + R_y^2} = \sqrt{(4{,}0\text{ m})^2 + (-2{,}0\text{ m})^2} = \sqrt{20}\text{ m} = \boxed{4{,}5\text{ m}}$$

Encontre a direção de $\vec{\mathbf{R}}$ a partir da Equação 3.17:

$$\text{tg}\,\theta = \frac{R_y}{R_x} = \frac{-2{,}0\text{ m}}{4{,}0\text{ m}} = -0{,}50$$

Sua calculadora provavelmente dá a resposta $-27°$ para $\theta = \text{tg}^{-1}(-0{,}50)$. Esta resposta está correta se a interpretarmos como 27° no sentido horário a partir do eixo x. Nossa forma padrão tem sido estimar os ângulos medidos no sentido anti-horário a partir do eixo $+x$ e o ângulo para este vetor é $\theta = \boxed{333°}$.

Exemplo 3.4 O deslocamento resultante

Uma partícula sofre três deslocamentos consecutivos: $\Delta\vec{\mathbf{r}}_1 = (15\hat{\mathbf{i}} + 30\hat{\mathbf{j}} + 12\hat{\mathbf{k}})$ cm, $\Delta\vec{\mathbf{r}}_2 = (23\hat{\mathbf{i}} - 14\hat{\mathbf{j}} - 5{,}0\hat{\mathbf{k}})$ cm, e $\Delta\vec{\mathbf{r}}_3 = (-13\hat{\mathbf{i}} + 15\hat{\mathbf{j}})$ cm. Encontre a notação de vetor unitário para o deslocamento resultante e seu módulo.

SOLUÇÃO

Conceitualização Embora x seja suficiente para localizar um ponto em uma dimensão, necessitamos de um vetor $\vec{\mathbf{r}}$ para localizar um ponto em duas ou três dimensões. A notação $\Delta\vec{\mathbf{r}}$ é uma generalização do deslocamento em uma dimensão Δx na Equação 2.1. Deslocamentos tridimensionais são mais difíceis de conceitualizar do que os bidimensionais, porque eles não podem ser desenhados no papel como os bidimensionais.

Para este problema, vamos imaginar que você comece com o lápis na origem de um papel milimetrado no qual desenhou os eixos x e y. Mova o lápis 15 cm para a direita ao longo do eixo x. Em seguida, 30 cm para cima ao longo do eixo y, e depois 12 cm *perpendicularmente na sua direção,* distante do papel milimetrado. Esse procedimento fornece o deslocamento descrito por $\Delta\vec{\mathbf{r}}_1$. A partir desse ponto, mova o lápis 23 cm para a direita paralelamente ao eixo x. Em seguida, 14 cm em paralelo com o papel milimetrado na direção $-y$ e depois 5,0 cm distante de você na direção do papel milimetrado. Você está agora no deslocamento a partir da origem descrito por $\Delta\vec{\mathbf{r}}_1 + \Delta\vec{\mathbf{r}}_2$. A partir desse ponto, mova o lápis 13 cm para a esquerda na direção de $-x$ e, finalmente, 15 cm paralelamente ao papel milimetrado ao longo do eixo y. Sua posição final é a um deslocamento $\Delta\vec{\mathbf{r}}_1 + \Delta\vec{\mathbf{r}}_2 + \Delta\vec{\mathbf{r}}_3$ da origem.

Categorização Apesar da dificuldade de conceitualização em três dimensões, podemos categorizar este problema como de substituição, por causa dos cuidadosos métodos de contabilidade que desenvolvemos para os vetores. A manipulação matemática acompanha esse movimento ao longo dos três eixos perpendiculares de maneira compacta, organizada, como veremos a seguir.

Para encontrar o deslocamento resultante, adicione os três vetores:

$$\begin{aligned}\Delta\vec{\mathbf{r}} &= \Delta\vec{\mathbf{r}}_1 + \Delta\vec{\mathbf{r}}_2 + \Delta\vec{\mathbf{r}}_3\\ &= (15 + 23 - 13)\hat{\mathbf{i}}\text{ cm} + (30 - 14 + 15)\hat{\mathbf{j}}\text{ cm} + (12 - 5{,}0 + 0)\hat{\mathbf{k}}\text{ cm}\\ &= \boxed{(25\hat{\mathbf{i}} + 31\hat{\mathbf{j}} + 7{,}0\hat{\mathbf{k}})\text{ cm}}\end{aligned}$$

Encontre o módulo do vetor resultante:

$$\begin{aligned}R &= \sqrt{R_x^2 + R_y^2 + R_z^2}\\ &= \sqrt{(25\text{ cm})^2 + (31\text{ cm})^2 + (7{,}0\text{ cm})^2} = \boxed{40\text{ cm}}\end{aligned}$$

Exemplo 3.5 Fazendo caminhadas

Uma praticante de caminhada começa caminhando 25,0 km a sudeste de seu carro. Ela para e arma sua barraca para passar a noite. No segundo dia, caminha 40,0 km em direção 60,0° à nordeste, ponto em que ela descobre uma cabine da guarda florestal.

(A) Determine as componentes do deslocamento da caminhante para cada dia.

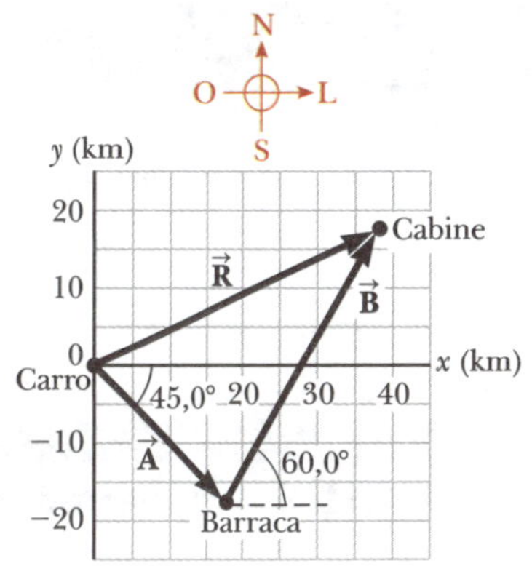

Figura 3.17 (Exemplo 3.5) O deslocamento total da praticante de caminhada é o vetor $\vec{\mathbf{R}} = \vec{\mathbf{A}} + \vec{\mathbf{B}}$.

SOLUÇÃO

Conceitualização Conceitualizamos o problema desenhando um esboço, como na Figura 3.17. Se indicarmos os vetores deslocamento no primeiro e no segundo dias por $\vec{\mathbf{A}}$ e $\vec{\mathbf{B}}$, respectivamente, e usarmos o carro como a origem das coordenadas, obteremos os vetores mostrados na Figura 3.17. O esboço nos permite estimar o vetor resultante, conforme é mostrado.

Categorização Ao desenhar a resultante $\vec{\mathbf{R}}$, podemos agora categorizar este problema como um que resolvemos antes: uma adição de dois vetores. Você agora deve ter ideia do poder da categorização, em que muitos problemas novos são muito semelhantes aos que já resolvemos se tivermos o cuidado de conceitualizá-los. Uma vez que tiver desenhado os vetores deslocamento e categorizado o problema, ele não será mais sobre uma praticante de caminhadas, uma caminhada, um carro, uma barraca ou uma cabine. É um problema sobre adição de vetores, que já resolvemos.

Análise O deslocamento $\vec{\mathbf{A}}$ tem módulo de 25,0 km e direção 45,0° abaixo do eixo x positivo.

Encontre as componentes de $\vec{\mathbf{A}}$ usando as Equações 3.8 e 3.9:

$$A_x = A\cos(-45{,}0°) = (25{,}0\text{ km})(0{,}707) = \boxed{17{,}7\text{ km}}$$

$$A_y = A\,\text{sen}(-45{,}0°) = (25{,}0\text{ km})(-0{,}707) = \boxed{-17{,}7\text{ km}}$$

O valor negativo de A_y indica que a praticante caminha na direção negativa de y, o que também é evidente na Figura 3.17.

Encontre as componentes de $\vec{\mathbf{B}}$ utilizando as Equações 3.8 e 3.9:

$$B_x = B\cos 60{,}0° = (40{,}0\text{ km})(0{,}500) = \boxed{20{,}0\text{ km}}$$

$$B_y = B\,\text{sen}\,60{,}0° = (40{,}0\text{ km})(0{,}866) = \boxed{34{,}6\text{ km}}$$

(B) Determine as componentes do deslocamento resultante da praticante de caminhada $\vec{\mathbf{R}}$ para a viagem. Encontre uma expressão para $\vec{\mathbf{R}}$ em termos de vetores unitários.

SOLUÇÃO

Use a Equação 3.15 para encontrar as componentes do deslocamento resultante $\vec{\mathbf{R}} = \vec{\mathbf{A}} + \vec{\mathbf{B}}$:

$$R_x = A_x + B_x = 17{,}7\text{ km} + 20{,}0\text{ km} = \boxed{37{,}7\text{ km}}$$

$$R_y = A_y + B_y = -17{,}7\text{ km} + 34{,}6\text{ km} = \boxed{17{,}0\text{ km}}$$

Escreva o deslocamento total na forma de vetores unitários:

$$\vec{\mathbf{R}} = \boxed{(37{,}7\hat{\mathbf{i}} + 17{,}0\hat{\mathbf{j}})\text{ km}}$$

Finalização Olhando para a representação gráfica na Figura 3.17, estimamos a posição da cabine em cerca de (38 km, 17 km), que é coerente com as componentes de $\vec{\mathbf{R}}$ em nosso resultado para a posição final da praticante de caminhada. Além disso, ambas as componentes de $\vec{\mathbf{R}}$ são positivas, colocando a posição final no primeiro quadrante do sistema de coordenadas, que também é coerente com a Figura 3.17.

E SE? Depois de chegar à cabine, a praticante de caminhada deseja retornar ao carro ao longo de uma única linha reta. Quais são as componentes do vetor que representam essa caminhada? Qual deve ser a direção da caminhada?

Resposta O vetor desejado $\vec{\mathbf{R}}_{\text{carro}}$ é o negativo do vetor $\vec{\mathbf{R}}$:

$$\vec{\mathbf{R}}_{\text{carro}} = -\vec{\mathbf{R}} = (-37{,}7\hat{\mathbf{i}} - 17{,}0\hat{\mathbf{j}})\text{ km}$$

A direção é encontrada calculando-se o ângulo que o vetor forma com o eixo x:

$$\text{tg}\,\theta = \frac{R_{\text{carro},y}}{R_{\text{carro},x}} = \frac{-17{,}0\text{ km}}{-37{,}7\text{ km}} = 0{,}450$$

que dá um ângulo $\theta = 204{,}2°$, ou 24,2° sudoeste.

Resumo

Definições

Quantidades escalares são aquelas que têm apenas um valor numérico e nenhuma direção associada.

Quantidades vetoriais têm módulo e direção e obedecem às leis da adição de vetores. O módulo de um vetor é *sempre* um número positivo.

Conceitos e Princípios

Quando dois ou mais vetores são adicionados, todos devem ter a mesma unidade e ser do mesmo tipo de quantidade. Podemos adicionar dois vetores $\vec{\mathbf{A}}$ e $\vec{\mathbf{B}}$ graficamente. Nesse método (Fig. 3.6), o vetor resultante $\vec{\mathbf{R}} = \vec{\mathbf{A}} + \vec{\mathbf{B}}$ vai da origem de $\vec{\mathbf{A}}$ à extremidade de $\vec{\mathbf{B}}$.

Um segundo método de adição de vetores envolve **componentes** dos vetores. A componente x, Ax, do vetor $\vec{\mathbf{A}}$ é igual à projeção de $\vec{\mathbf{A}}$ ao longo do eixo x de um sistema de coordenadas, onde $Ax = A \cos \theta$. A componente em y, Ay, de $\vec{\mathbf{A}}$ é a projeção de $\vec{\mathbf{A}}$ ao longo do eixo y, onde $Ay = A \text{ sen } \theta$.

Se um vetor $\vec{\mathbf{A}}$ tem em x uma componente A_x e em y uma componente A_y, o vetor pode ser expresso na forma de vetor unitário como $\vec{\mathbf{A}} = Ax\hat{\mathbf{i}} + Ay\hat{\mathbf{j}}$. Nessa notação, $\hat{\mathbf{i}}$ é um vetor unitário apontando na direção x positiva, e $\hat{\mathbf{j}}$ é um vetor unitário que aponta na direção y positiva. Como $\hat{\mathbf{i}}$ e $\hat{\mathbf{j}}$ são vetores unitários, $|\hat{\mathbf{i}}| = |\hat{\mathbf{j}}| = 1$.

Podemos encontrar a resultante de dois ou mais vetores decompondo todos os vetores em suas componentes x e y, adicionando suas componentes x e y e, depois, usando o teorema de Pitágoras para encontrar o módulo do vetor resultante. Podemos encontrar o ângulo que o vetor resultante forma com o eixo x usando uma função trigonométrica adequada.

Perguntas Objetivas

1. Qual é o módulo do vetor $(10\hat{\mathbf{i}} - 10\hat{\mathbf{k}})$ m/s? (a) 0; (b) 10 m/s; (c) −10 m/s; (d) 10 ou (e) 14,1 m/s.

2. Um vetor no plano xy tem componentes de sinal oposto. O vetor deve estar em qual quadrante? (a) no primeiro quadrante, (b) no segundo quadrante, (c) no terceiro quadrante, (d) no quarto quadrante, (e) ou no segundo ou no quarto quadrante.

3. A Figura PO3.3 mostra dois vetores $\vec{\mathbf{D}}_1$ e $\vec{\mathbf{D}}_2$. Qual das possibilidades (a) a (d) é o vetor $\vec{\mathbf{D}}_2 - 2\vec{\mathbf{D}}_1$, ou (e) não é nenhuma delas?

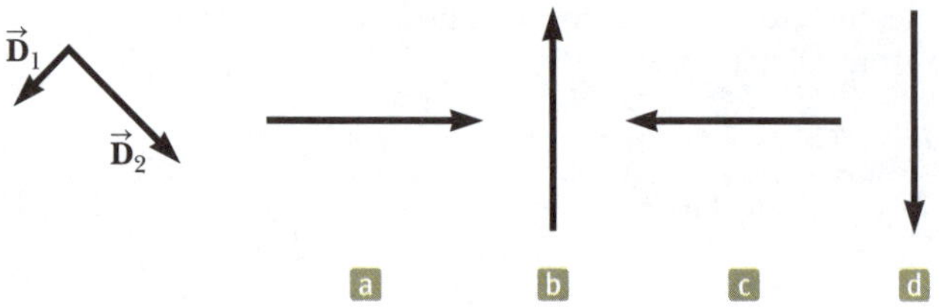

Figura PO3.3

4. A ferramenta de corte em um torno mecânico faz dois deslocamentos, um de módulo 4 cm e outro de módulo 3 cm em cada uma das cinco situações (a) a (e) diagramadas na Figura PO3.4. Classifique essas situações de acordo com o módulo do deslocamento total da ferramenta, colocando a situação com o maior módulo resultante primeiro. Se o deslocamento total for de mesma intensidade nas duas situações, dê a essas letras classificação igual.

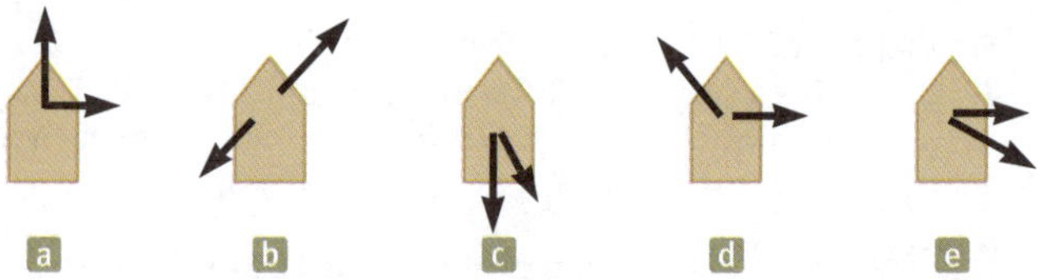

Figura PO3.4

5. O módulo do vetor $\vec{\mathbf{A}}$ é 8 km, o módulo de $\vec{\mathbf{B}}$ é 6 km. Qual dos seguintes valores é possível para o módulo de $\vec{\mathbf{A}} + \vec{\mathbf{B}}$? Escolha todas as respostas possíveis. (a) 10 km; (b) 8 km; (c) 2 km; (d) 0; (e) −2 km.

6. Seja $\vec{\mathbf{A}}$ um vetor que aponta da origem para o segundo quadrante do plano xy e o vetor $\vec{\mathbf{B}}$ que aponta da origem para o quarto quadrante. O vetor $\vec{\mathbf{B}} - \vec{\mathbf{A}}$ deve estar em qual quadrante? (a) no primeiro, (b) no segundo, (c) no terceiro, (d) no quarto, ou (e) mais de uma resposta é possível

7. Sim ou não: cada uma das seguintes quantidades é um vetor? (a) força, (b) temperatura, (c) o volume da água em uma lata, (d) as classificações de um programa de TV, (e) a altura de um edifício, (f) a velocidade de um carro esportivo e (g) a idade do Universo.

8. Qual é a componente y do vetor $(3\hat{\mathbf{i}} - 8\hat{\mathbf{k}})$ m/s? (a) 3 m/s (b) −8 m/s (c) 0 (d) 8 m/s (e) nenhuma das anteriores.

9. Qual é a componente x do vetor mostrado na Figura PO3.9? (a) 3 cm; (b) 6 cm; (c) −4 cm; (d) −6 cm ou (e) nenhuma das anteriores.

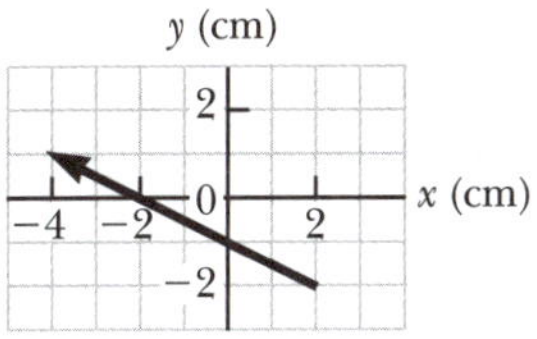

Figura PO3.9 Perguntas Objetivas 9 e 10.

10. Qual é a componente y do vetor mostrado na Figura PO3.9? (a) 3 cm; (b) 6 cm; (c) −4 cm; (d) −6 cm ou (e) nenhuma das anteriores.

11. O vetor $\vec{\mathbf{A}}$ está situado no plano xy. Ambas as componentes serão negativas se ele apontar da origem para dentro de qual quadrante? (a) o primeiro quadrante, (b) o segundo quadrante, (c) o terceiro quadrante, (d) o quarto quadrante, (e) o segundo ou o quarto quadrantes.

12. Um submarino mergulha abaixo da superfície da água em um ângulo de 30°, seguindo um percurso reto de 50 m de comprimento. Quanto o submarino submerge abaixo da superfície? (a) 50 m (b) (50 m)/sen 30° (c) (50 m) sen 30° (d) (50 m) cos 30° (e) nenhuma das respostas anteriores.

13. Um vetor aponta da origem para dentro do segundo quadrante do plano xy. O que você pode concluir sobre suas componentes? (a) Ambas as componentes são positivas. (b) A componente x é positiva e a componente y é negativa. (c) A componente x é negativa e a componente y é positiva. (d) Ambas as componentes são negativas. (e) Mais de uma resposta é possível.

Perguntas Conceituais

1. É possível adicionar uma quantidade vetorial a uma quantidade escalar? Explique.
2. O módulo de um vetor pode ter valor negativo? Explique.
3. Um livro é movido uma vez em torno do perímetro do tampo de uma mesa de 1,0 m por 2,0 m. O movimento do livro termina em sua posição inicial. (a) Qual é seu deslocamento? (b) Qual é a distância percorrida?
4. Se a componente do vetor $\vec{\mathbf{A}}$ ao longo da direção do vetor $\vec{\mathbf{B}}$ é zero, o que você pode concluir sobre os dois vetores?
5. Em determinada calculadora, a função arco tangente retorna um valor entre −90° e +90°. Em que casos este valor expressará corretamente a direção de um vetor no plano xy fornecendo seu ângulo medido no sentido anti-horário a partir do eixo x positivo? Em que casos será incorreto?

Problemas

ENHANCED WebAssign Os problemas que se encontram neste capítulo podem ser resolvidos *on-line* no Enhanced WebAssign (em inglês)

1. denota problema simples;

2. denota problema intermediário;

3. denota problema de desafio;

AMT *Analysis Model Tutorial* disponível no Enhanced WebAssign (em inglês);

M denota tutorial *Master It* disponível no Enhanced WebAssign (em inglês);

PD denota problema dirigido;

W solução em vídeo *Watch It* disponível no Enhanced WebAssign (em inglês).

Seção 3.1 Sistemas de coordenadas

1. W As coordenadas polares de um ponto são $r = 5{,}50$ m e $\theta = 240°$. Quais são as coordenadas cartesianas desse ponto?

2. As coordenadas retangulares de um ponto são dadas por $(2, y)$ e suas coordenadas polares são $(r, 30°)$. Determine (a) o valor de y e (b) o valor de r.

3. Dois pontos no plano xy têm coordenadas cartesianas (2,00, − 4,00) m e (−3,00, 3,00) m. Determine (a) a distância entre esses pontos e (b) suas coordenadas polares.

4. W Dois pontos em um plano têm coordenadas polares (2,50 m, 30,0°) e (3,80 m, 120,0°). Determine (a) as coordenadas cartesianas desses pontos e (b) a distância entre eles.

5. As coordenadas polares de certo ponto são $(r = 4{,}30$ cm, $\theta = 214°)$. (a) Encontre suas coordenadas cartesianas x e y. Encontre as coordenadas polares dos pontos com coordenadas cartesianas (b) $(-x, y)$, (c) $(-2x, -2y)$ e (d) $(3x, -3y)$.

6. As coordenadas polares do ponto (x, y) são (r, θ). Determine as coordenadas polares para os pontos (a) $(-x, y)$, (b) $(-2x, -2y)$ e (c) $(3x, -3y)$.

Seção 3.2 Quantidades vetoriais e escalares

Seção 3.3 Algumas propriedades dos vetores

7. W Uma topógrafa mede a largura de um rio em linha reta pelo método a seguir (Fig. P3.7). Começando direta-

mente em frente a uma árvore na margem oposta, ela anda $d = 100$ m ao longo da margem para estabelecer uma referência. Então, avista a árvore. O ângulo da referência à árvore é $\theta = 35{,}0°$. Qual a largura do rio?

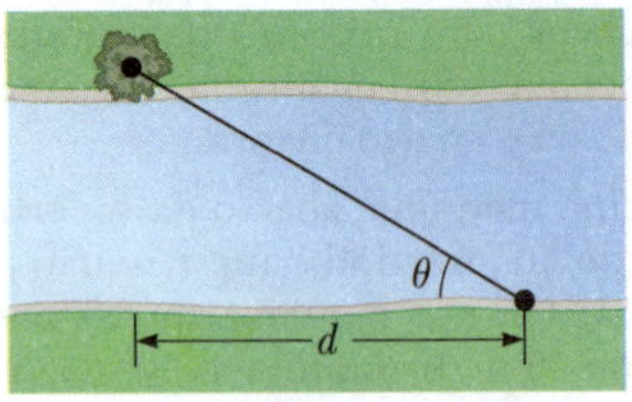

Figura P3.7

8. Um vetor $\vec{\mathbf{A}}$ tem módulo de 29 unidades e aponta na direção *y* positiva. Quando o vetor $\vec{\mathbf{B}}$ é adicionado ao vetor $\vec{\mathbf{A}}$, o vetor resultante $\vec{\mathbf{A}} + \vec{\mathbf{B}}$ aponta na direção *y* negativa com módulo de 14 unidades. Encontre o módulo e a direção de $\vec{\mathbf{B}}$.

9. *Por que a seguinte situação é impossível?* Uma skatista desliza ao longo de um trajeto circular. Ela define certo ponto no círculo como sua origem. Mais tarde, passa por um ponto no qual a distância que ela percorreu ao longo do trajeto a partir da origem é menor que o módulo do seu vetor deslocamento a partir da origem.

10. Uma força $\vec{\mathbf{F}}_1$ de módulo 6,00 unidades age sobre um corpo na origem em uma direção $\theta = 30{,}0°$ acima do eixo *x* positivo (Fig. P3.10). Uma segunda força $\vec{\mathbf{F}}_2$ de 5,00 unidades age sobre o mesmo corpo na direção do eixo *y* positivo. Encontre graficamente o módulo e a direção da força resultante $\vec{\mathbf{F}}_1 + \vec{\mathbf{F}}_2$.

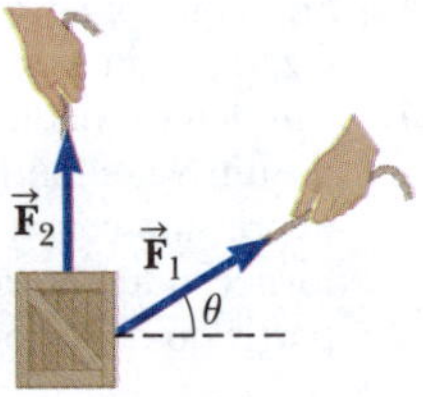

Figura P3.10

11. **M** Os vetores deslocamento $\vec{\mathbf{A}}$ e $\vec{\mathbf{B}}$ mostrados na Figura P3.11 têm ambos módulo de 3,00 m. A direção do vetor $\vec{\mathbf{A}}$ é $\theta = 30{,}0°$. Encontre graficamente (a) $\vec{\mathbf{A}} + \vec{\mathbf{B}}$, (b) $\vec{\mathbf{A}} - \vec{\mathbf{B}}$, (c) $\vec{\mathbf{B}} - \vec{\mathbf{A}}$ e (d) $\vec{\mathbf{A}} - 2\vec{\mathbf{B}}$. Informe todos os ângulos no sentido anti-horário a partir do eixo *x* positivo.

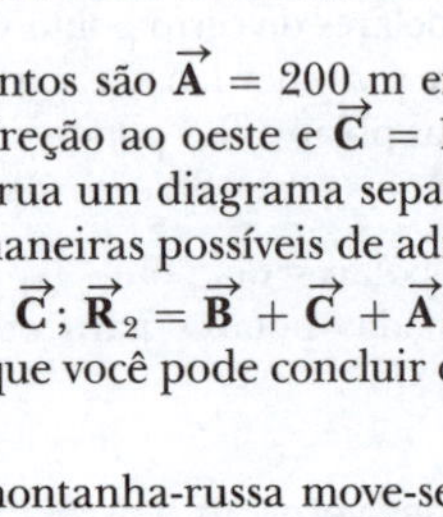

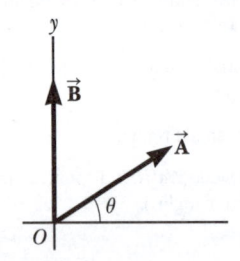

Figura P3.11 Problemas 11 e 22.

12. Três deslocamentos são $\vec{\mathbf{A}} = 200$ m em direção ao sul, $\vec{\mathbf{B}} = 250$ m em direção ao oeste e $\vec{\mathbf{C}} = 150$ m a 30,0° a nordeste. (a) Construa um diagrama separado para cada uma das seguintes maneiras possíveis de adicionar esses vetores: $\vec{\mathbf{R}}_1 = \vec{\mathbf{A}} + \vec{\mathbf{B}} + \vec{\mathbf{C}}$; $\vec{\mathbf{R}}_2 = \vec{\mathbf{B}} + \vec{\mathbf{C}} + \vec{\mathbf{A}}$; $\vec{\mathbf{R}}_3 = \vec{\mathbf{C}} + \vec{\mathbf{B}} + \vec{\mathbf{A}}$. (b) Explique o que você pode concluir da comparação entre os diagramas.

13. Um carro de montanha-russa move-se a 200 pés horizontalmente e sobe 135 pés em um ângulo de 30,0° acima da horizontal. Depois, move-se 135 pés a um ângulo de 40,0° para baixo. Qual é seu deslocamento a partir do ponto de partida? Use técnicas gráficas.

14. Um avião voa do campo da base para o Lago A, 280 km distante na direção 20,0° ao nordeste. Depois de lançar suprimentos, ele voa para o Lago B, que está a 190 km ao noroeste do Lago A. Determine graficamente a distância e a direção do Lago B até o campo da base.

Seção 3.4 Componentes de um vetor e vetores unitários

15. **W** Um vetor tem uma componente *x* de −25,0 unidades e uma componente *y* de 40,0 unidades. Encontre o módulo e a direção desse vetor.

16. O vetor $\vec{\mathbf{A}}$ tem módulo de 35,0 unidades e aponta na direção de 325° no sentido anti-horário a partir do eixo *x* positivo. Calcule as componentes *x* e *y* deste vetor.

17. Uma minivan desloca-se direto para o norte na pista da direita de uma rodovia dividida a 28,0 m/s. Um trailer ultrapassa a minivan e depois muda da pista da esquerda para a direita. Enquanto faz isso, o trajeto do trailer na estrada é um deslocamento em linha reta a 8,50° a nordeste. Para evitar cortar a minivan, a distância norte-sul entre o para-choque traseiro do trailer e o para-choque dianteiro da minivan não deve diminuir. (a) O trailer pode ser dirigido para satisfazer esta exigência? (b) Justifique sua resposta.

18. Uma pessoa caminha 25,0° a nordeste por 3,10 km. Que distância ela tem de andar em direção ao norte e em direção ao leste para chegar ao mesmo local?

19. **M** Obtenha expressões na forma de componentes para os vetores posição com coordenadas polares (a) 12,8 m, 150°; (b) 3,30 cm, 60,0° e (c) 22,0 pol, 215°.

20. Uma menina que entrega jornais faz sua rota percorrendo 3,00 quarteirões a oeste, 4,00 quarteirões ao norte e depois 6,00 quarteirões a leste. (a) Qual é o seu deslocamento resultante? (b) Qual é a distância total que ela percorre?

21. Ao explorar uma caverna, uma espeleóloga começa na entrada e movimenta-se nas seguintes distâncias em um plano horizontal. Ela vai 75,0 m para o norte, 250 m para o leste, 125 m a um ângulo de $\theta = 30{,}0°$ nordeste e 150 m para o sul. Encontre seu deslocamento resultante a partir da entrada da caverna. A Figura P3.21 sugere a situação, mas não está desenhada em escala.

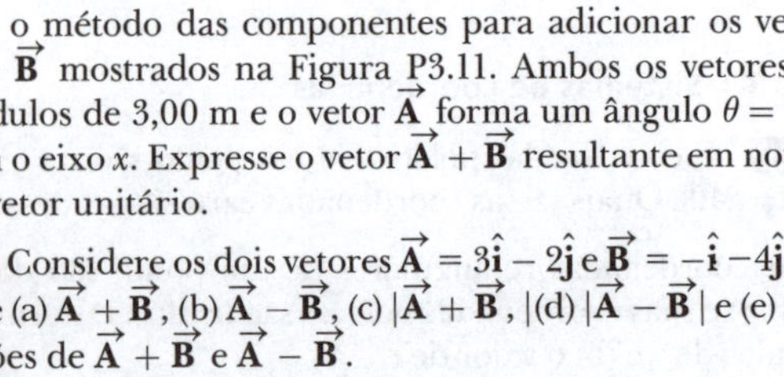

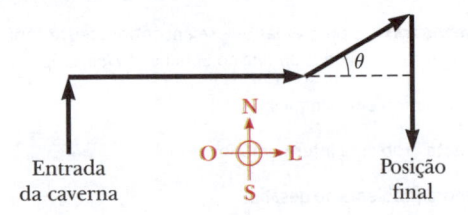

Figura P3.21

22. Use o método das componentes para adicionar os vetores $\vec{\mathbf{A}}$ e $\vec{\mathbf{B}}$ mostrados na Figura P3.11. Ambos os vetores têm módulos de 3,00 m e o vetor $\vec{\mathbf{A}}$ forma um ângulo $\theta = 30{,}0°$ com o eixo *x*. Expresse o vetor $\vec{\mathbf{A}} + \vec{\mathbf{B}}$ resultante em notação de vetor unitário.

23. **M** Considere os dois vetores $\vec{\mathbf{A}} = 3\hat{\mathbf{i}} - 2\hat{\mathbf{j}}$ e $\vec{\mathbf{B}} = -\hat{\mathbf{i}} - 4\hat{\mathbf{j}}$. Calcule (a) $\vec{\mathbf{A}} + \vec{\mathbf{B}}$, (b) $\vec{\mathbf{A}} - \vec{\mathbf{B}}$, (c) $|\vec{\mathbf{A}} + \vec{\mathbf{B}}$, |(d) $|\vec{\mathbf{A}} - \vec{\mathbf{B}}|$ e (e) as direções de $\vec{\mathbf{A}} + \vec{\mathbf{B}}$ e $\vec{\mathbf{A}} - \vec{\mathbf{B}}$.

24. Um mapa sugere que Atlanta está a 730 milhas em uma direção de 5,00 graus a nordeste de Dallas. O mesmo mapa mostra que Chicago está a 560 milhas em uma direção de 21,0° a noroeste de Atlanta. A Figura P3.24 mostra a localização dessas três cidades. Supondo que a Terra fosse plana, use essas informações para encontrar o deslocamento de Dallas a Chicago.

Figura P3.24

25. M Seu cão está correndo na grama do quintal. Ele faz deslocamentos sucessivos de 3,50 m para o sul, 8,20 m para nordeste e 15,0 m para oeste. Qual é o deslocamento resultante?

26. W Dados os vetores $\vec{\mathbf{A}} = 2{,}00\hat{\mathbf{i}} + 6{,}00\hat{\mathbf{j}}$ e $\vec{\mathbf{B}} = 3{,}00\hat{\mathbf{i}} - 2{,}00\hat{\mathbf{j}}$, (a) desenhe o vetor soma $\vec{\mathbf{C}} = \vec{\mathbf{A}} + \vec{\mathbf{B}}$ e o vetor diferença $\vec{\mathbf{D}} = \vec{\mathbf{A}} - \vec{\mathbf{B}}$. (b) Calcule $\vec{\mathbf{C}}$ e $\vec{\mathbf{D}}$ em termos de vetores unitários. (c) Calcule $\vec{\mathbf{C}}$ e $\vec{\mathbf{D}}$ em termos de coordenadas polares, com ângulos medidos em relação ao eixo x positivo.

27. Um jogador de golfe iniciante dá três golpes para acertar a bola no buraco. Os deslocamentos sucessivos da bola são 4,00 m para o norte, 2,00 m para o nordeste e 1,00 m a 30,0° a sudoeste (Fig. P3.27). Iniciando no mesmo ponto de origem, um jogador de golfe experiente poderia acertar o buraco em qual deslocamento único?

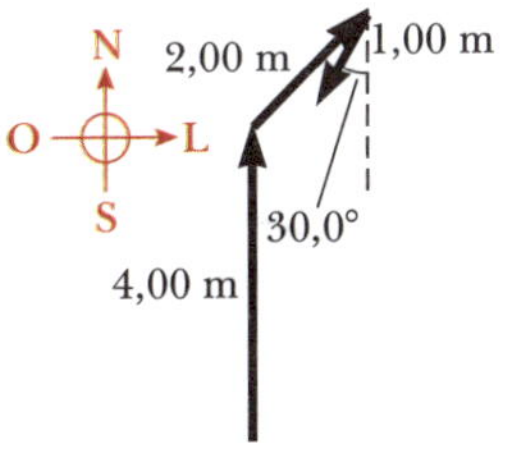

Figura P3.27

28. Uma rampa de esqui coberta de neve faz um ângulo de 35,0° com a horizontal. Quando um esquiador desce a colina, uma porção de neve é lançada para cima a uma distância de 1,50 m a 16,0° da vertical na direção ascendente, como mostra a Figura P3.28. Encontre as componentes de seu deslocamento máximo (a) paralelo à superfície e (b) perpendicular à superfície.

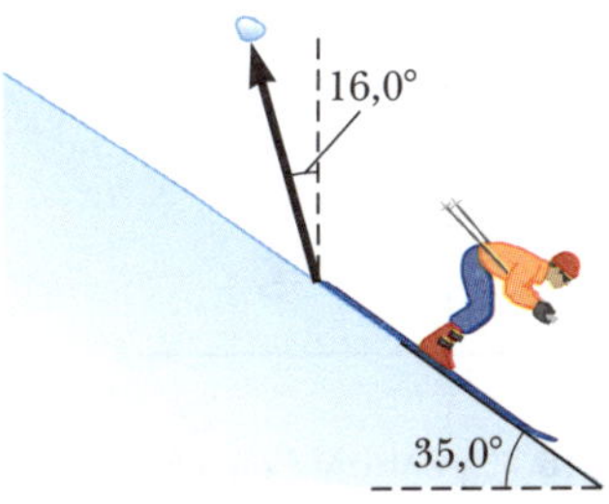

Figura P3.28

29. W A vista a partir do helicóptero na Fig. P3.29 mostra duas pessoas puxando uma mula teimosa. A pessoa à direita puxa com uma força $\vec{\mathbf{F}}_1$ de módulo 120 N e direção $\theta_1 = 60{,}0°$. A pessoa à esquerda puxa com força $\vec{\mathbf{F}}_2$ de módulo 80,0 N e direção $\theta_2 = 75{,}0°$. Encontre (a) a força única que é equivalente às duas forças mostradas e (b) a força que uma terceira pessoa teria que exercer na mula para tornar a força resultante igual a zero. As forças são medidas em unidades de newtons (simbolizadas N).

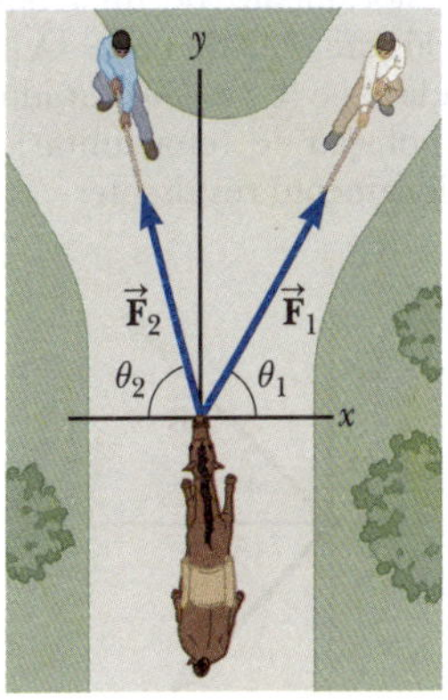

Figura P3.29

30. Em um jogo de futebol americano, um *quarterback* leva a bola da linha de *scrimmage*, corre para trás uma distância de 10,0 jardas e depois corre para o lado paralelamente à linha de *scrimmage* por 15,0 jardas. Nesse ponto, ele faz um passe em direção ao campo adversário 50,0 jardas perpendicularmente à linha de *scrimmage*. Qual o módulo deslocamento resultante da bola?

31. W Considere três vetores deslocamento $\vec{\mathbf{A}} = (3\hat{\mathbf{i}} - 3\hat{\mathbf{j}})$ m, $\vec{\mathbf{B}} = (\hat{\mathbf{i}} - 4\hat{\mathbf{j}})$ m e $\vec{\mathbf{C}} = (-2\hat{\mathbf{i}} + 5\hat{\mathbf{j}})$ m. Use o método das componentes para determinar (a) o módulo e a direção do vetor $\vec{\mathbf{D}} = \vec{\mathbf{A}} + \vec{\mathbf{B}} + \vec{\mathbf{C}}$ e (b) o módulo e a direção de $\vec{\mathbf{E}} = -\vec{\mathbf{A}} - \vec{\mathbf{B}} + \vec{\mathbf{C}}$.

32. W O vetor $\vec{\mathbf{A}}$ tem componentes em x e y de $-8{,}70$ cm e 15,0 cm, respectivamente; o vetor $\vec{\mathbf{B}}$ tem componentes em x e y de 13,2 cm e $-6{,}60$ cm, respectivamente. Se $\vec{\mathbf{A}} - \vec{\mathbf{B}} + 3\vec{\mathbf{C}} = 0$, quais são as componentes de $\vec{\mathbf{C}}$?

33. M O vetor $\vec{\mathbf{A}}$ tem em x, y e z componentes de 8,00, 12,0 e $-4{,}00$ unidades, respectivamente. (a) Escreva uma expressão de vetor para $\vec{\mathbf{A}}$ em notação de vetor unitário. (b) Obtenha uma expressão de vetor unitário para um vetor $\vec{\mathbf{B}}$ que tenha um quarto do comprimento de $\vec{\mathbf{A}}$ e aponte na mesma direção que $\vec{\mathbf{A}}$. (c) Obtenha uma expressão de vetor unitário para o vetor $\vec{\mathbf{C}}$ que tem três vezes o comprimento de $\vec{\mathbf{A}}$ e aponte na direção oposta à de $\vec{\mathbf{A}}$.

34. O vetor $\vec{\mathbf{B}}$ tem componentes em x, y e z de 4,00, 6,00 e 3,00 unidades, respectivamente. Calcule (a) o módulo de $\vec{\mathbf{B}}$ e (b) o ângulo que $\vec{\mathbf{B}}$ forma com cada eixo de coordenadas.

35. M O vetor $\vec{\mathbf{A}}$ tem componente em x negativo de 3,00 unidades de comprimento e componente em y positivo de 2,00 unidades de comprimento. (a) Determine uma expressão para $\vec{\mathbf{A}}$ em notação de vetor unitário. (b) Determine o módulo e a direção de $\vec{\mathbf{A}}$. (c) Que vetor $\vec{\mathbf{B}}$, quando adicionado a $\vec{\mathbf{A}}$, dá um vetor resultante sem componente x e uma componente em y negativo de 4,00 unidades de comprimento?

36. W Dados os vetores de deslocamento $\vec{\mathbf{A}} = (3\hat{\mathbf{i}} - 4\hat{\mathbf{j}} + 4\hat{\mathbf{k}})$ m e $\vec{\mathbf{B}} = (2\hat{\mathbf{i}} + 3\hat{\mathbf{j}} - 7\hat{\mathbf{k}})$ m, encontre os módulos dos seguintes vetores e expresse cada um em termos de suas componentes retangulares. (a) $\vec{\mathbf{C}} = \vec{\mathbf{A}} + \vec{\mathbf{B}}$ e (b) $\vec{\mathbf{D}} = 2\vec{\mathbf{A}} - \vec{\mathbf{B}}$

37. (a) Tendo $\vec{\mathbf{A}} = (6{,}00\hat{\mathbf{i}} - 8{,}00\hat{\mathbf{j}})$ unidades, $\vec{\mathbf{B}} = (-8{,}00\hat{\mathbf{i}} + 3{,}00\hat{\mathbf{j}})$ unidades e $\vec{\mathbf{C}} = (26{,}0\hat{\mathbf{i}} - 19{,}0\hat{\mathbf{j}})$ unidades, determine a e b tal que $a\vec{\mathbf{A}} + b\vec{\mathbf{B}} + \vec{\mathbf{C}} = 0$. (b) Um estudante aprendeu que uma única equação não pode ser resolvida para determinar valores para mais de uma incógnita. Como você lhe explicaria que a e b podem ser determinados a partir da equação única utilizada na parte (a)?

38. Três vetores deslocamento de uma bola de críquete são mostrados na Figura P3.38, onde $|\vec{\mathbf{A}}| = 20{,}0$ unidades, $|\vec{\mathbf{B}}| = 40{,}0$ unidades e $|\vec{\mathbf{C}}| = 30{,}0$ unidades. Encontre (a) a resultante em notação de vetor unitário e (b) o módulo e direção do deslocamento resultante.

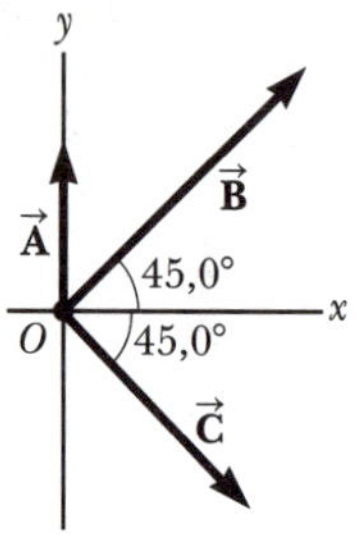

Figura P3.38

39. M Um homem passando um esfregão em um piso faz com que ele sofra dois deslocamentos. O primeiro tem uma grandeza de 150 cm e forma um ângulo de 120° com um eixo x positivo. O deslocamento resultante tem módulo de 140 cm e direção de um ângulo de 35,0° em relação ao eixo x positivo. Encontre o módulo e a direção do segundo deslocamento.

40. A Figura P3.40 ilustra proporções típicas das anatomias masculina (m) e feminina (f). Os comprimentos $\vec{\mathbf{d}}_{1m}$ e $\vec{\mathbf{d}}_{1f}$ da sola dos pés ao umbigo têm módulo de 104 cm e 84,0 cm, respectivamente. Os comprimentos $\vec{\mathbf{d}}_{2m}$ e $\vec{\mathbf{d}}_{2f}$ do umbigo à ponta dos dedos estendidos têm módulo de 100 cm e 86,0 cm, respectivamente. Encontre o vetor soma desses deslocamentos $\vec{\mathbf{d}}_3 = \vec{\mathbf{d}}_1 + \vec{\mathbf{d}}_2$ para ambas as pessoas.

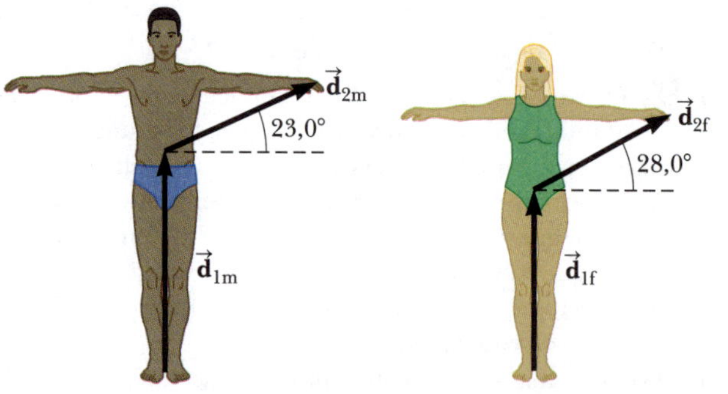

Figura P3.40

41. Expresse em notação do vetor unitário os seguintes vetores, cada um dos quais com módulo 17,0 cm. (a) O vetor $\vec{\mathbf{E}}$ tem direção 27,0° no sentido anti-horário a partir do eixo x positivo. (b) O vetor $\vec{\mathbf{F}}$ tem direção 27,0° no sentido anti-horário a partir do eixo y positivo. (c) O vetor $\vec{\mathbf{G}}$ tem direção 27,0° no sentido horário a partir do eixo y negativo.

42. Uma estação de radar localiza um navio afundando a uma distância de 17,3 km e com 136° no sentido horário a partir do norte. Da mesma estação, um avião de resgate está a uma distância horizontal de 19,6 km, 153° no sentido horário a partir do norte, com elevação 2,20 km. (a) Escreva o vetor posição para o navio em relação ao plano, deixando $\hat{\mathbf{i}}$ representar o leste, $\hat{\mathbf{j}}$ o norte e $\hat{\mathbf{k}}$ para cima. (b) Qual a distância entre o avião e o navio?

43. AMT PD **Revisão.** Enquanto passa por *Grand Bahama Island*, o olho de um furacão move-se em uma direção 60,0° a noroeste com uma velocidade de 41,0 km/h. (a) Qual é a expressão do vetor unitário para a velocidade do furacão? Ele mantém essa velocidade por 3,00 h, quando seu curso muda repentinamente para o norte e sua velocidade diminui a uma constante de 25,0 km/h. Essa nova velocidade é mantida por 1,50 h. (b) Qual é a expressão do vetor unitário para a nova velocidade do furacão? (c) Qual é a expressão do vetor unitário para o deslocamento do furacão durante as primeiras 3,00 h? (d) Qual é a expressão do vetor unitário para o deslocamento do furacão durante as últimas 1,50 h? (e) A que distância de *Grand Bahama* está o olho do furacão 4,50 h depois de passar sobre a ilha?

44. *Por que a situação seguinte é impossível?* Um comprador que empurra um carrinho de supermercado segue as orientações para chegar até mercadorias enlatadas e se move através de um deslocamento de $8{,}00\hat{\mathbf{i}}$ m em um corredor. Então, faz uma volta de 90,0° e se move 3,00 m ao longo do eixo y. Depois, faz outra volta de 90,0° e se move 4,00 m ao longo do eixo x. *Cada* comprador que segue essas orientações corretamente termina o deslocamento a 5,00 m do ponto de partida.

45. AMT **Revisão.** Você está de pé no chão na origem de um sistema de coordenadas. Um avião voa acima de você com velocidade constante em paralelo ao eixo x e a uma altura fixa de $7{,}60 \times 10^3$ m. No tempo $t = 0$, o avião está diretamente acima de você, de maneira que o vetor que vai de você até ele é $\vec{\mathbf{P}}_0 = 7{,}60 \times 10^3\hat{\mathbf{j}}$ m. Em $t = 30{,}0$ s, o vetor posição que vai de você até o avião é $\vec{\mathbf{P}}_{30} = (8{,}04 \times 10^3\hat{\mathbf{i}} + 7{,}60 \times 10^3\hat{\mathbf{j}})$ m, como sugerido na Figura P3.45. Determine o módulo e a orientação do vetor posição do avião em $t = 45{,}0$ s.

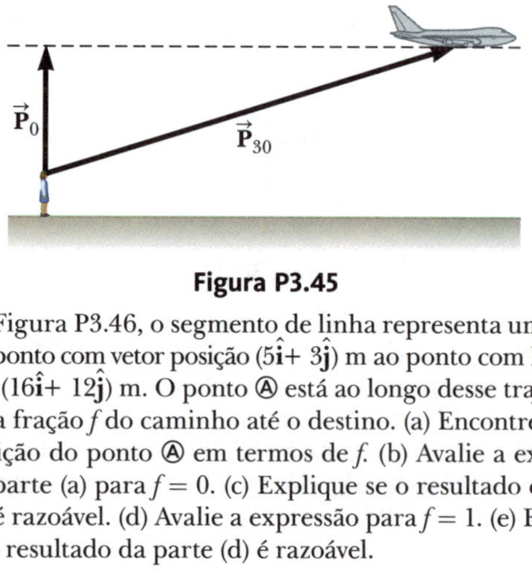

Figura P3.45

46. Na Figura P3.46, o segmento de linha representa um trajeto do ponto com vetor posição $(5\hat{\mathbf{i}} + 3\hat{\mathbf{j}})$ m ao ponto com localização $(16\hat{\mathbf{i}} + 12\hat{\mathbf{j}})$ m. O ponto Ⓐ está ao longo desse trajeto, em uma fração f do caminho até o destino. (a) Encontre o vetor posição do ponto Ⓐ em termos de f. (b) Avalie a expressão da parte (a) para $f = 0$. (c) Explique se o resultado da parte (b) é razoável. (d) Avalie a expressão para $f = 1$. (e) Explique se o resultado da parte (d) é razoável.

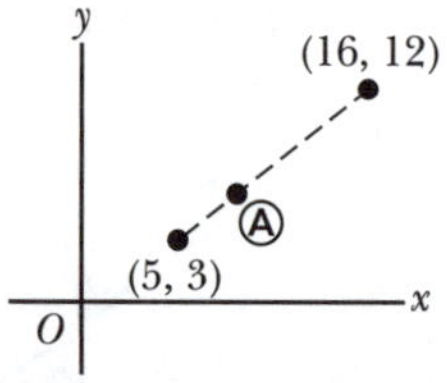

Figura P3.46 O ponto Ⓐ é uma fração f da distância do ponto inicial (5,3) ao ponto final (16,12).

47. Em uma operação de montagem ilustrada na Figura P3.47, um robô move um corpo primeiro em linha reta para cima e depois também para o leste, em torno de um arco, formando um quarto de um círculo de 4,80 cm de raio, que se situa em um plano vertical leste-oeste. O robô então move o corpo para cima e para o norte, através de um quarto de círculo de 3,70 cm de raio, que se situa no plano vertical norte-sul. Encontre (a) o módulo do deslocamento total do corpo e (b) o ângulo que o deslocamento total forma com a vertical.

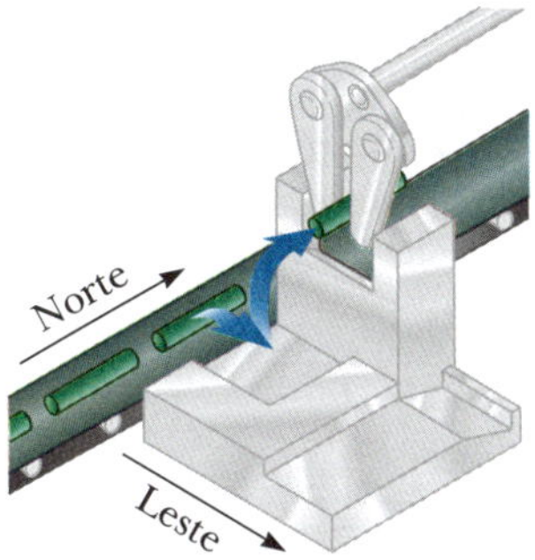

Figura P3.47

Problemas Adicionais

48. W Uma mosca pousa em uma parede de um quarto. O canto esquerdo baixo da parede é selecionado como origem de um sistema de coordenadas cartesianas bidimensional. Se a mosca está localizada no ponto que tem coordenadas (2, 0, 1, 00) m, (a) qual é a distância dela para a origem? (b) Qual é a localização dela em coordenadas polares?

49. Enquanto pega seus passageiros, um motorista de ônibus faz quatro deslocamentos sucessivos representados pela expressão

$$(-6{,}30\text{ b})\hat{\mathbf{i}} - (4{,}00\text{ b}\cos 40°)\hat{\mathbf{i}} - (4{,}00\text{ b sen }40°)\hat{\mathbf{j}}$$
$$+\ (3{,}00\text{ b}\cos 50°)\hat{\mathbf{i}} - (3{,}00\text{ b sen }50°)\hat{\mathbf{j}} - (5{,}00\text{ b})\hat{\mathbf{j}}$$

Aqui, b representa um quarteirão da cidade, uma unidade conveniente de distância de tamanho uniforme; $\hat{\mathbf{i}}$ é o leste e $\hat{\mathbf{j}}$ é o norte. Os deslocamentos a 40° e 50° representam deslocamentos em estradas na cidade que estão nessas angulações em relação às ruas principais leste-oeste e as ruas norte-sul. (a) Desenhe um mapa dos deslocamentos sucessivos. (b) Qual a distância total que ele percorreu? (c) Calcule o módulo e a direção de seu deslocamento total. A estrutura lógica deste problema e de vários outros nos capítulos posteriores foi sugerida por Alan Van Heuvelen e David Maloney, *American Journal of Physics* **67**(3) 252-256, março de 1999.

50. Um avião a jato, movendo-se inicialmente a 300 mi/h para o leste, repentinamente entra em uma região onde o vento sopra a 100 mi/h na direção de 30,0° a nordeste. Quais são a nova velocidade e direção da aeronave em relação ao solo?

51. M Uma pessoa que vai fazer uma caminhada segue o trajeto mostrado na Figura P3.51. O percurso total é composto por quatro trajetórias em linha reta. No final da caminhada, qual é o deslocamento resultante medido a partir do ponto de partida?

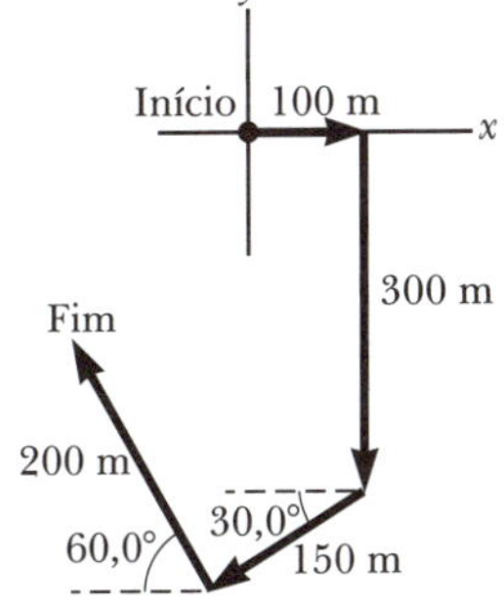

Figura P3.51

52. Encontre as componentes horizontal e vertical do deslocamento de 100 m de um super-herói que voa do topo de um edifício seguindo o caminho mostrado na Figura P3.52.

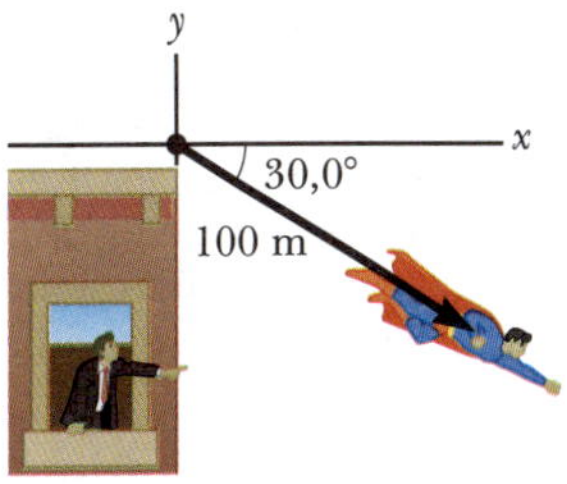

Figura P3.52

53. AMT **Revisão.** O maior bicho de pelúcia do mundo é uma cobra de 420 m de comprimento, construída por crianças norueguesas. Suponha que a cobra seja colocada em um parque, como mostra a Figura P3.53, formando dois lados retos de um ângulo de 105°, com um lado de 240 m de comprimento. Olaf e Inge disputam uma corrida que eles inventaram. Inge corre diretamente da cauda da cobra até sua cabeça, e Olaf começa no mesmo lugar, no mesmo momento, mas corre ao longo da cobra. (a) Se ambas as crianças correrem a 12,0 km/h, Inge atingirá a cabeça da cobra quanto tempo antes que Olaf? (b) Se Inge correr novamente a uma velocidade de 12,0 km/h, a que velocidade constante Olaf deve correr para atingir o final da cobra no mesmo momento que Inge?

Figura P3.53

54. Um controlador de tráfego aéreo observa dois aviões na tela de seu radar. O primeiro está a uma altitude de 800 m, a uma distância horizontal de 19,2 km e 25,0° ao sudoeste. A segunda aeronave está a uma altitude de 1.100 m, distância horizontal de 17,6 km e 20,0° ao sudoeste. Qual é a distância entre as duas aeronaves? Coloque o eixo *x* a oeste, o eixo *y* ao sul e o eixo *z* vertical.

55. Na Figura P3.55, uma aranha está descansando depois de começar a tecer sua teia. A força gravitacional sobre a aranha a faz exercer uma força para baixo de 0,150 N na junção dos três cordões de seda. A junção é sustentada por forças de tensão diferentes nos dois cordões acima dela, de maneira que a força resultante na junção seja zero. Os dois cordões inclinados são perpendiculares, e escolhemos as direções *x* e *y* para estarem ao longo deles. A tensão T_x é 0,127 N. Encontre (a) a tensão T_y, (b) o ângulo que o eixo *x* forma com a horizontal e (c) o ângulo que o eixo *y* forma com a horizontal.

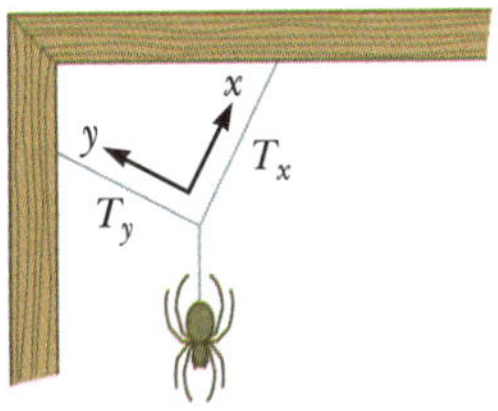

Figura P3.55

56. O retângulo mostrado na Figura P3.56 tem lados paralelos aos eixos *x* e *y*. Os vetores posição de dois cantos são $\vec{\mathbf{A}} = 10{,}0$ m a 50,0° e $\vec{\mathbf{B}} = 12{,}0$ m a 30,0°. (a) Encontre o perímetro do retângulo. (b) Encontre o módulo e a direção do vetor que vai da origem ao canto superior direito do retângulo.

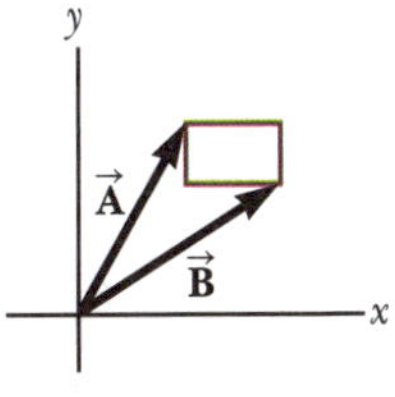

Figura P3.56

57. Um vetor é dado por $\vec{\mathbf{R}} = 2\hat{\mathbf{i}} + \hat{\mathbf{j}} + 3\hat{\mathbf{k}}$. Encontre (a) os módulos das componentes em *x*, *y* e *z*; (b) o módulo de $\vec{\mathbf{R}}$ e (c) os ângulos entre $\vec{\mathbf{R}}$ e os eixos *x*, *y* e *z*.

58. Uma balsa transporta turistas entre três ilhas. Ela navega da primeira ilha para a segunda a 4,76 km de distância, em uma direção 37,0° a nordeste. Em seguida, navega da segunda ilha para a terceira em uma direção 69,0° a noroeste. Finalmente, ela retorna para a primeira ilha, navegando em uma direção 28,0° a sudeste. Calcule a distância entre (a) a segunda e a terceira ilhas (b) a primeira e a terceira ilhas.

59. Dois vetores $\vec{\mathbf{A}}$ e $\vec{\mathbf{B}}$ têm módulos exatamente iguais. Para que o módulo de $\vec{\mathbf{A}} + \vec{\mathbf{B}}$ seja 100 vezes maior que o módulo de $\vec{\mathbf{A}} - \vec{\mathbf{B}}$, qual deve ser o ângulo entre eles?

60. Dois vetores $\vec{\mathbf{A}}$ e $\vec{\mathbf{B}}$ têm módulos exatamente iguais. Para que o módulo de $\vec{\mathbf{A}} + \vec{\mathbf{B}}$ seja maior que o módulo de $\vec{\mathbf{A}} - \vec{\mathbf{B}}$ pelo fator *n*, qual deve ser o ângulo entre eles?

61. Seja $\vec{\mathbf{A}} = 60{,}0$ cm a 270° medido a partir da horizontal. Seja $\vec{\mathbf{B}} = 80{,}0$ cm a um ângulo θ. (a) Encontre o módulo de $\vec{\mathbf{A}} + \vec{\mathbf{B}}$ em função de θ. (b) A partir da resposta à parte (a), para que valor de θ, $|\vec{\mathbf{A}} + \vec{\mathbf{B}}|$ possui seu valor máximo? Qual é o valor máximo? (c) A partir da resposta à parte (a), para que valor de θ, $|\vec{\mathbf{A}} + \vec{\mathbf{B}}|$ possui seu valor mínimo? Qual é esse valor mínimo? (d) Sem referência à resposta dada à parte (a), discuta se as respostas a cada uma das partes (b) e (c) fazem ou não fazem sentido.

62. Depois que uma bola rola para fora da borda de uma mesa horizontal em um instante $t = 0$, sua velocidade em função do tempo é dada por

$$\vec{\mathbf{v}} = 1{,}2\hat{\mathbf{i}} - 9{,}8t\hat{\mathbf{j}}$$

onde $\vec{\mathbf{v}}$ está em metros por segundo e *t* em segundos. O deslocamento da bola para longe da borda da mesa durante o intervalo de tempo de 0,380 s pelo qual a bola está no ar é dado por

$$\Delta\vec{\mathbf{r}} = \int_0^{0{,}380\,\text{s}} \vec{\mathbf{v}}\,dt$$

Para efetuar a integral, você pode usar o teorema de cálculo

$$\int [A + Bf(x)]dx = \int A\,dx + B\int f(x)\,dx$$

Você pode considerar as unidades e os vetores unitários como constantes, representadas por *A* e *B*. Efetue a integral para calcular o deslocamento da bola a partir da borda da mesa a 0,380 s.

63. W **Revisão.** A posição instantânea de um corpo é especificada pelo seu vetor posição que vai de uma origem fixa à localização do corpo, considerado como uma partícula. Suponha que para determinado corpo o vetor posição seja uma função do tempo dada por $\vec{\mathbf{r}} = 4\hat{\mathbf{i}} + 3\hat{\mathbf{j}} - 2t\,\hat{\mathbf{k}}$, onde $\vec{\mathbf{r}}$ está em metros e *t* em segundos. (a) Calcule $d\vec{\mathbf{r}}/dt$. (b) Que quantidade física $d\vec{\mathbf{r}}/dt$ representa sobre o corpo?

64. Ecoturistas usam seu sistema indicador de posicionamento global (GPS) para determinar sua localização em um jardim botânico com latitude 0,00243 graus ao sul do equador, longitude 75,64238 graus a oeste. Eles desejam visitar uma árvore na latitude 0,00162 graus ao norte, longitude 75,64426 graus a oeste. (a) Determine a distância em linha reta que eles podem caminhar para atingir a árvore como segue. Primeiro, considere a Terra como uma esfera de raio $6{,}37 \times 10^6$ m para determinar as componentes do deslocamento para o oeste e para o norte em metros. Em seguida, considere a Terra como uma superfície plana para concluir o cálculo. (b) Explique por que é possível usar esses dois modelos geométricos em conjunto para resolver o problema.

65. Um paralelepípedo retangular tem dimensões *a*, *b* e *c* como mostra a Figura P3.65. (a) Obtenha uma expressão para o vetor da diagonal da face $\vec{\mathbf{R}}_1$. (b) Qual o módulo desse vetor? (c) Observe que $\vec{\mathbf{R}}_1$, $c\hat{\mathbf{k}}$ e $\vec{\mathbf{R}}_2$ formam um triângulo retângulo. Obtenha uma expressão para o vetor diagonal do corpo $\vec{\mathbf{R}}_2$.

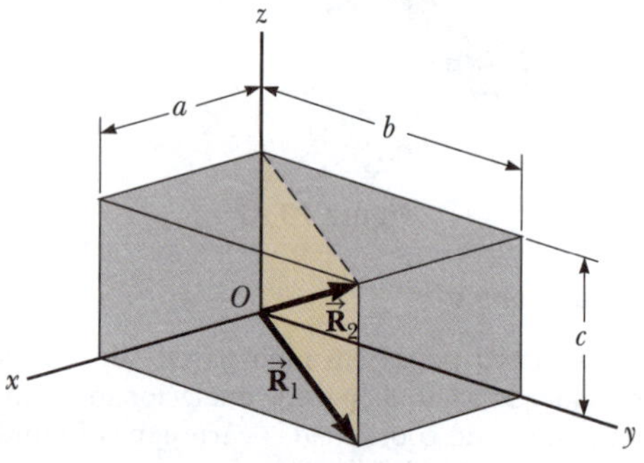

Figura P3.65

66. Os vetores $\vec{\mathbf{A}}$ e $\vec{\mathbf{B}}$ têm módulos iguais de 5,00. A soma de $\vec{\mathbf{A}}$ e $\vec{\mathbf{B}}$ é o vetor de $6{,}00\hat{\mathbf{j}}$. Determine o ângulo entre $\vec{\mathbf{A}}$ e $\vec{\mathbf{B}}$.

Problema de Desafio

67. Um pirata enterrou seu tesouro em uma ilha com cinco árvores localizadas nos pontos (30,0 m, –20,0 m), (60,0 m, 80,0 m), (–10,0 m, –10,0 m), (40,0 m, –30,0 m) e (–70,0 m, 60,0 m), todos medidos em relação a alguma origem na Figura P3.67. O registro do seu navio instrui a começar na árvore *A* e se mover em direção à *B*, mas para percorrer apenas metade da distância entre *A* e *B*. Em seguida, ir na direção da árvore *C*, percorrendo um terço da distância entre o local onde estava e *C*. Depois, mover-se na direção da árvore *D*, percorrendo um quarto da distância entre onde estava e *D*. Finalmente, mover-se em direção à árvore *E*, percorrendo um quinto da distância entre você e *E*, parar e cavar. (a) Considere que você determinou corretamente a ordem na qual o pirata identificou as árvores como *A*, *B*, C, *D* e *E*, como mostra a figura. Quais as coordenadas do ponto onde ele enterrou o tesouro? (b) **E se?** E se você realmente não souber a maneira como o pirata identificou as árvores? O que aconteceria com a resposta se você rearranjasse a ordem das árvores, por exemplo, para *B* (30 m, –20 m), *A* (60 m, 80 m), *E* (–10 m, –10 m), *C* (40 m, –30 m), e *D* (–70 m, 60 m)? Indique o raciocínio para mostrar que a resposta não depende da ordem na qual as árvores foram identificadas.

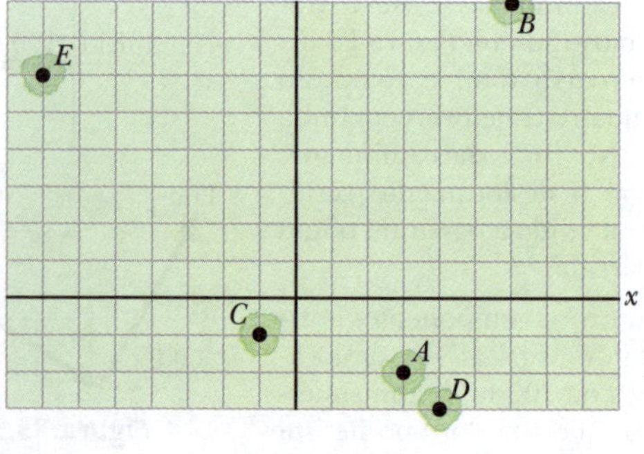

Figura P3.67

capítulo 4

Movimento em duas dimensões

Fogos de artifício estouram na Sydney Harbour Bridge, em New South Wales, na Austrália. Note a trajetória parabólica das faíscas projetadas no ar. Todos os projéteis seguem uma trajetória parabólica na ausência de resistência do ar. *(Graham Monro/Photolibrary/Jupiter Images).*

Neste capítulo, exploraremos a cinemática de uma partícula movimentando-se em duas dimensões. Saber o básico sobre o movimento bidimensional permitirá – em capítulos futuros – o exame de uma variedade de situações, desde o movimento de satélites em órbita até o movimento de elétrons em um campo elétrico uniforme. Começaremos nosso estudo detalhando a natureza vetorial de posição, velocidade e aceleração. Trataremos o movimento de projéteis e o movimento circular uniforme como casos especiais do movimento em duas dimensões. Discutiremos também o conceito de movimento relativo, que mostra por que observadores em diferentes pontos de referência medem posições e velocidades diferentes para uma mesma partícula.

4.1 Os vetores posição, velocidade e aceleração

No Capítulo 2, vimos que o movimento de uma partícula ao longo de uma linha reta, tal como o eixo x, é completamente conhecido se sua posição é sabida como uma função do tempo. Vamos estender esta ideia ao movimento bidimensional de uma partícula no plano xy. Começaremos descrevendo a posição da partícula. Em uma dimensão, um único valor numérico descreve a posição de uma partícula, mas em duas dimensões, indicamos sua posição por seu **vetor posição** $\vec{\mathbf{r}}$ desenhado a partir da origem de um sistema de coordenadas até a localização da partícula no plano *xy*, como na Figura 4.1. No tempo t_i, a partícula está no ponto Ⓐ, descrito pelo vetor posição $\vec{\mathbf{r}}_i$. Em algum tempo t_f mais tarde, está no ponto Ⓑ, descrito pelo vetor posição $\vec{\mathbf{r}}_f$. A trajetória seguida pela partícula de Ⓐ até Ⓑ não é necessariamente uma linha reta. Conforme a partícula se move de Ⓐ para Ⓑ no intervalo de tempo $\Delta t = t_f - t_i$, seu vetor posição muda de $\vec{\mathbf{r}}_i$ para $\vec{\mathbf{r}}_f$. Como aprendemos no Capítulo 2, o deslocamento é um vetor, e o deslocamento da partícula é a diferença entre sua posição final e sua posição inicial. Agora, definimos o **vetor deslocamento** $\Delta\vec{\mathbf{r}}$ para uma partícula como a da Figura 4.1 como a diferença entre seu vetor posição final e seu vetor posição inicial:

Vetor deslocamento ▶

$$\Delta\vec{\mathbf{r}} \equiv \vec{\mathbf{r}}_f - \vec{\mathbf{r}}_i \quad (4.1)$$

A direção de $\Delta\vec{\mathbf{r}}$ está indicada na Figura 4.1. Como nela vemos, o módulo de $\Delta\vec{\mathbf{r}}$ é *menor* que a distância percorrida ao longo da trajetória curva seguida pela partícula.

Como vimos no Capítulo 2, é útil quantificar o movimento considerando seu deslocamento dividido pelo intervalo de tempo durante o qual aquele deslocamento ocorre, o que fornece a proporção da mudança de posição. A cinemática bidimensional (ou tridimensional) é semelhante à cinemática de uma dimensão, mas devemos saber usar a notação vetorial total, em vez de somente os sinais de positivo e negativo para indicar a direção do movimento.

Definimos a **velocidade média** $\vec{\mathbf{v}}_m$ de uma partícula durante o intervalo de tempo Δt como o deslocamento da partícula dividido pelo intervalo de tempo:

Velocidade média ▶

$$\vec{\mathbf{v}}_m \equiv \frac{\Delta\vec{\mathbf{r}}}{\Delta t} \quad (4.2)$$

Multiplicar ou dividir uma quantidade vetorial por uma quantidade escalar positiva como Δt muda somente o módulo do vetor, não sua direção. Como o deslocamento é uma quantidade vetorial e o intervalo de tempo é uma quantidade escalar positiva, concluímos que a velocidade média é uma quantidade vetorial direcionada ao longo de $\Delta\vec{\mathbf{r}}$. Compare a Equação 4.2 com sua correspondente em uma dimensão, a Equação 2.2.

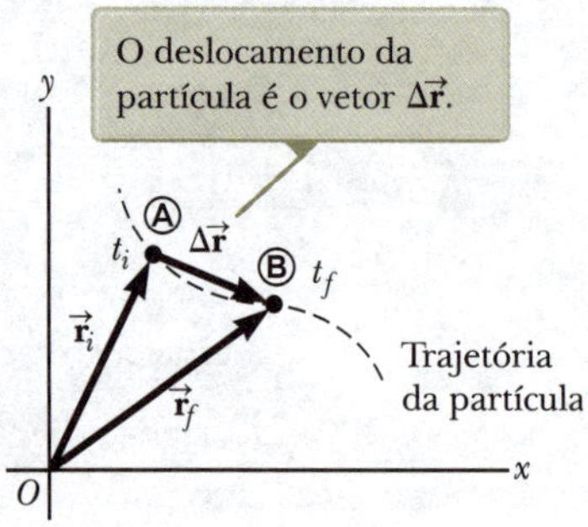

Figura 4.1 Uma partícula se movendo no plano *xy* está localizada com o vetor posição $\vec{\mathbf{r}}$ desenhado a partir da origem até a partícula. O deslocamento da partícula, conforme ela se move de Ⓐ a Ⓑ no intervalo de tempo $\Delta t = t_f - t_i$, é igual ao vetor $\Delta\vec{\mathbf{r}} = \vec{\mathbf{r}}_f - \vec{\mathbf{r}}_i$.

A velocidade média entre pontos é *independente da trajetória* realizada. Isto acontece porque a velocidade média é proporcional ao deslocamento, que depende somente dos vetores posição inicial e final e não da trajetória realizada. Como acontece com o movimento em uma dimensão, concluímos que, se uma partícula começa seu movimento em algum ponto e retorna a este ponto via qualquer trajetória, sua velocidade média é zero para este trajeto porque seu deslocamento é zero. Considere, como exemplo, jogadores de basquete numa quadra. Eles se movem sobre uma superfície bidimensional, correndo para a frente e para trás entre as tabelas, bem como para a esquerda e para a direita por toda a largura da quadra. Começando em uma tabela, um jogador pode seguir uma trajetória bidimensional bastante complicada. Retornando para a tabela original, no entanto, sua velocidade média é zero, porque seu deslocamento para o trajeto todo é zero.

Considere novamente o movimento de uma partícula entre dois pontos no plano *xy* como mostra a Figura 4.2. A curva tracejada mostra o caminho da partícula. Conforme o intervalo de tempo durante o qual observamos, o movimento fica cada vez menor – ou seja, conforme Ⓑ se move para Ⓑ′ e depois para Ⓑ″ e assim por diante, a direção do deslocamento se aproxima daquela da linha tangente à trajetória em Ⓐ. A **velocidade instantânea** $\vec{\mathbf{v}}$ é definida como o limite da velocidade média $\Delta\vec{\mathbf{r}}/\Delta t$ conforme Δt se aproxima de zero:

Velocidade instantânea ▶

$$\vec{\mathbf{v}} \equiv \lim_{\Delta t \to 0} \frac{\Delta\vec{\mathbf{r}}}{\Delta t} = \frac{d\vec{\mathbf{r}}}{dt} \quad (4.3)$$

Isto é, a velocidade instantânea é igual à derivada do vetor posição em relação ao tempo. A direção do vetor velocidade instantânea em qualquer ponto na trajetória de uma partícula é ao longo de uma linha tangente à trajetória naquele ponto e na direção do movimento. Compare a Equação 4.3 com a versão em uma dimensão correspondente, a Equação 2.5.

O módulo do vetor velocidade instantânea, de uma partícula $v = |\vec{\mathbf{v}}|$, é chamado *velocidade* da partícula e é uma quantidade escalar.

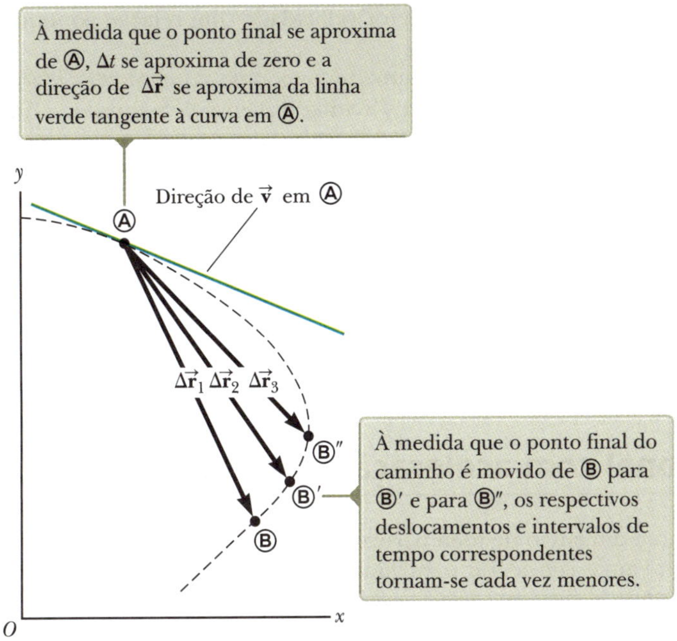
À medida que o ponto final se aproxima de Ⓐ, Δt se aproxima de zero e a direção de $\Delta\vec{\mathbf{r}}$ se aproxima da linha verde tangente à curva em Ⓐ.
Direção de $\vec{\mathbf{v}}$ em Ⓐ
Ⓐ
$\Delta\vec{\mathbf{r}}_1$ $\Delta\vec{\mathbf{r}}_2$ $\Delta\vec{\mathbf{r}}_3$
Ⓑ″
Ⓑ′
Ⓑ
À medida que o ponto final do caminho é movido de Ⓑ para Ⓑ′ e para Ⓑ″, os respectivos deslocamentos e intervalos de tempo correspondentes tornam-se cada vez menores.
y
O
x

Figura 4.2 À medida que uma partícula se move entre dois pontos, sua velocidade média é na direção do vetor deslocamento $\Delta\vec{\mathbf{r}}$. Por definição, a velocidade instantânea em Ⓐ é direcionada ao longo da linha tangente à curva em Ⓐ.

Conforme a partícula se move de um ponto para outro ao longo de uma trajetória, seu vetor velocidade instantânea muda de $\vec{\mathbf{v}}_i$ no tempo t_i para $\vec{\mathbf{v}}_f$ no tempo t_f. Saber a velocidade nestes pontos permite a determinação da aceleração média da partícula. A **aceleração média** $\vec{\mathbf{a}}_m$ de uma partícula é definida como a variação em seu vetor velocidade instantânea $\Delta\vec{\mathbf{v}}$ dividido pelo intervalo de tempo Δt durante o qual esta mudança ocorre:

$$\vec{\mathbf{a}}_m \equiv \frac{\Delta\vec{\mathbf{v}}}{\Delta t} = \frac{\vec{\mathbf{v}}_f - \vec{\mathbf{v}}_i}{t_f - t_i} \tag{4.4}$$

(4.4) ◀ **Aceleração média**

Como $\vec{\mathbf{a}}_m$ é a razão entre uma quantidade vetorial $\Delta\vec{\mathbf{v}}$ e uma quantidade escalar positiva Δt, concluímos que a aceleração média é uma quantidade vetorial direcionada ao longo de $\Delta\vec{\mathbf{v}}$. Como indicado na Figura 4.3, a direção de $\Delta\vec{\mathbf{v}}$ é encontrada pela adição do vetor $-\vec{\mathbf{v}}_i$ (a negativa de $\vec{\mathbf{v}}_i$) ao vetor $\vec{\mathbf{v}}_f$ porque, por definição, $\Delta\vec{\mathbf{v}} = \vec{\mathbf{v}}_f - \vec{\mathbf{v}}_i$. Compare a Equação 4.4 com a 2.9.

Quando a aceleração média de uma partícula muda durante intervalos de tempo diferentes, é útil definir sua aceleração instantânea. A **aceleração instantânea** $\vec{\mathbf{a}}$ é definida como valor limite da razão $\Delta\vec{\mathbf{v}}/\Delta t$ conforme Δt se aproxima de zero:

$$\vec{\mathbf{a}} \equiv \lim_{\Delta t \to 0} \frac{\Delta\vec{\mathbf{v}}}{\Delta t} = \frac{d\vec{\mathbf{v}}}{dt} \tag{4.5}$$

(4.5) ◀ **Aceleração instantânea**

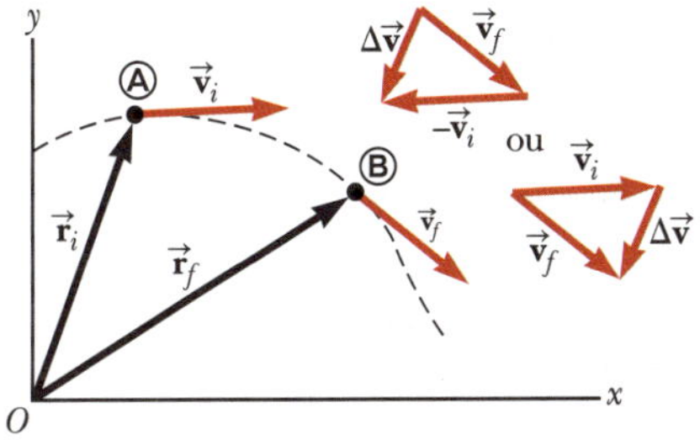
y
Ⓐ
$\vec{\mathbf{v}}_i$
Ⓑ
$\vec{\mathbf{r}}_i$
$\vec{\mathbf{r}}_f$
$\vec{\mathbf{v}}_f$
O
x
$\Delta\vec{\mathbf{v}}$
$\vec{\mathbf{v}}_f$
$-\vec{\mathbf{v}}_i$
ou
$\vec{\mathbf{v}}_i$
$\vec{\mathbf{v}}_f$
$\Delta\vec{\mathbf{v}}$

Figura 4.3 Uma partícula se move da posição Ⓐ para a posição Ⓑ. Seu vetor velocidade muda de $\vec{\mathbf{v}}_i$ para $\vec{\mathbf{v}}_f$. Os diagramas vetoriais no canto superior direito mostram duas maneiras de determinar o vetor $\Delta\vec{\mathbf{v}}$ a partir de suas velocidades inicial e final.

Prevenção de Armadilhas 4.1

Adição de vetores

Embora a adição de vetores discutida no Capítulo 3 envolva vetores *deslocamento*, a adição de vetores pode ser aplicada a *qualquer* tipo de quantidade vetorial. Por exemplo, a Figura 4.3 mostra a adição de vetores *velocidade* usando a abordagem gráfica.

Em outras palavras, a aceleração instantânea é igual à derivada do vetor velocidade com relação ao tempo. Compare a Equação 4.5 com a 2.10.

Várias mudanças podem ocorrer quando uma partícula acelera. Primeiro, o módulo do vetor velocidade (a velocidade escalar) pode variar com o tempo como no movimento em linha reta (de uma dimensão). Segundo, a direção do vetor velocidade pode mudar com o tempo mesmo que seu módulo (velocidade escalar) permaneça constante, como no movimento bidimensional ao longo de uma trajetória curva. Finalmente, tanto o módulo quanto a direção do vetor velocidade podem mudar simultaneamente.

***Teste Rápido* 4.1** Considere os seguintes controles em um automóvel em movimento: acelerador, freio, volante. Quais controles desta lista podem causar a aceleração do carro? **(a)** todos os três **(b)** o acelerador e o freio **(c)** somente o freio **(d)** somente o acelerador **(e)** somente o volante.

4.2 Movimento bidimensional com aceleração constante

Na Seção 2.5, investigamos o movimento em uma dimensão de uma partícula sob aceleração constante e desenvolvemos o modelo da partícula sob aceleração constante. Vamos considerar o movimento bidimensional durante o qual a aceleração de uma partícula permanece constante em módulo e direção. Como veremos, esta abordagem é útil para analisar alguns tipos comuns de movimento.

Antes de começarmos a investigação, precisamos enfatizar um ponto importante sobre o movimento bidimensional. Imagine um disco se movendo em linha reta ao longo da superfície perfeitamente plana e sem atrito de uma mesa de ar. A Figura 4.4a mostra um diagrama de movimento de um ponto acima deste disco. Lembre-se de que na Seção 2.4 relacionamos a aceleração de um corpo à força sobre o corpo. Como não há forças sobre o disco no plano horizontal, ele se move com velocidade constante na direção x. Suponha que você assopre o disco quando ele passar por sua posição, com a força do seu sopro *exatamente* na direção y. Como a força deste sopro não tem componente na direção x, ela não causa aceleração nesta direção; causa somente uma aceleração momentânea na direção y, provocando uma componente da velocidade constante y depois que a força do sopro é removida. Após seu sopro de ar no disco, a componente da velocidade na direção x é inalterada, como na Figura 4.4b. A generalização simples desta experiência é que o **movimento em duas dimensões pode ser modelado como dois movimentos *independentes* em cada uma das duas direções perpendiculares associadas aos eixos x e y. Ou seja, qualquer influência na direção y não afeta o movimento na direção x, e vice-versa.**

O vetor posição para uma partícula se movendo no plano xy pode ser representado por

$$\vec{\mathbf{r}} = x\hat{\mathbf{i}} + y\hat{\mathbf{j}} \quad \textbf{(4.6)}$$

onde x, y e $\vec{\mathbf{r}}$ mudam com o tempo conforme a partícula se move, enquanto os vetores unitários $\hat{\mathbf{i}}$ e $\hat{\mathbf{j}}$ permanecem constantes. Se o vetor posição é conhecido, a velocidade da partícula pode ser obtida a partir das Equações 4.3 e 4.6, que dão

$$\vec{\mathbf{v}} = \frac{d\vec{\mathbf{r}}}{dt} = \frac{dx}{dt}\hat{\mathbf{i}} + \frac{dy}{dt}\hat{\mathbf{j}} = v_x\hat{\mathbf{i}} + v_y\hat{\mathbf{j}} \quad \textbf{(4.7)}$$

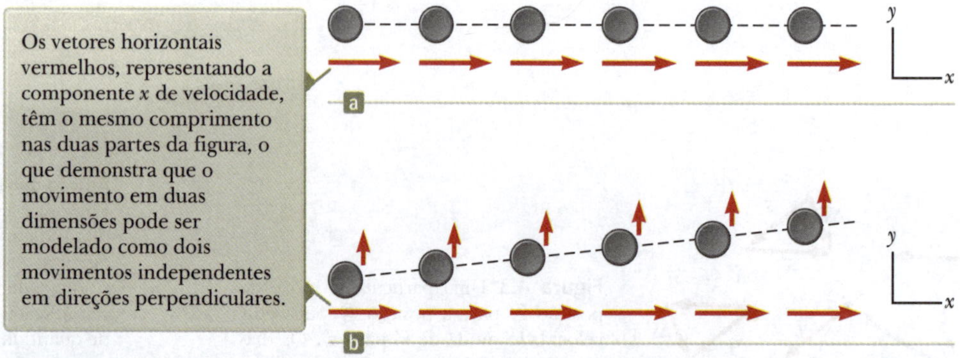

Os vetores horizontais vermelhos, representando a componente x de velocidade, têm o mesmo comprimento nas duas partes da figura, o que demonstra que o movimento em duas dimensões pode ser modelado como dois movimentos independentes em direções perpendiculares.
y
x
a
y
x
b

Figura 4.4 (a) Um disco se move por uma mesa horizontal de ar com velocidade constante na direção x. (b) Depois de um sopro de ar na direção y ser aplicado ao disco, este ganha um componente de velocidade y, porém, o componente x não é afetado pela força na direção perpendicular.

Como a aceleração $\vec{\mathbf{a}}$ da partícula é assumida como constante nesta discussão, suas componentes a_x e a_y também são. Podemos então modelá-la como uma partícula sob aceleração constante independente em cada uma das duas direções e aplicar as equações da cinemática separadamente às componentes x e y do vetor velocidade. Substituindo, da Equação 2.13, $v_{xf} = v_{xi} + a_x t$ e $v_{yf} = v_{yi} + a_y t$ na Equação 4.7 para determinar a velocidade final em qualquer instante t, obtemos

$$\vec{\mathbf{v}}_f = (v_{xi} + a_x t)\hat{\mathbf{i}} + (v_{yi} + a_y t)\hat{\mathbf{j}} = (v_{xi}\hat{\mathbf{i}} + v_{yi}\hat{\mathbf{j}}) + (a_x\hat{\mathbf{i}} + a_y\hat{\mathbf{j}})t$$

$$\vec{\mathbf{v}}_f = \vec{\mathbf{v}}_i + \vec{\mathbf{a}}t \qquad (4.8)$$

◀ **Vetor velocidade como função de tempo para uma partícula sob aceleração constante em duas dimensões**

Este resultado diz que a velocidade de uma partícula em um instante t é igual à soma dos vetores de sua velocidade inicial $\vec{\mathbf{v}}_i$, no tempo $t = 0$, e a velocidade adicional $\vec{\mathbf{a}}t$ adquirida no tempo t como resultado da aceleração constante. A Equação 4.8 é a versão vetorial da 2.13.

Da mesma maneira, da Equação 2.16 sabemos que as coordenadas x e y de uma partícula se movendo sob aceleração constante são

$$x_f = x_i + v_{xi}t + \tfrac{1}{2}a_x t^2 \qquad y_f = y_i + v_{yi}t + \tfrac{1}{2}a_y t^2$$

Substituindo estas expressões na Equação 4.6 (e marcando a posição final como vetor $\vec{\mathbf{r}}_f$), obtemos

$$\vec{\mathbf{r}}_f = (x_i + v_{xi}t + \tfrac{1}{2}a_x t^2)\hat{\mathbf{i}} + (y_i + v_{yi}t + \tfrac{1}{2}a_y t^2)\hat{\mathbf{j}}$$

$$= (x_i\hat{\mathbf{i}} + y_i\hat{\mathbf{j}}) + (v_{xi}\hat{\mathbf{i}} + v_{yi}\hat{\mathbf{j}})t + \tfrac{1}{2}(a_x\hat{\mathbf{i}} + a_y\hat{\mathbf{j}})t^2$$

$$\vec{\mathbf{r}}_f = \vec{\mathbf{r}}_i + \vec{\mathbf{v}}_i t + \tfrac{1}{2}\vec{\mathbf{a}}t^2 \qquad (4.9)$$

◀ **Vetor posição como função do tempo para uma partícula sob aceleração constante em duas dimensões**

que é a versão vetorial da Equação 2.16. A Equação 4.9 diz que o vetor posição $\vec{\mathbf{r}}_f$ de uma partícula é a soma de vetores posição inicial $\vec{\mathbf{r}}_i$, um deslocamento $\vec{\mathbf{v}}_i t$ surgindo da velocidade inicial da partícula, e um deslocamento $\tfrac{1}{2}\vec{\mathbf{a}}t^2$ resultando da aceleração constante da partícula.

Podemos considerar as Equações 4.8 e 4.9 como a representação matemática de uma versão bidimensional da partícula sob o modelo de aceleração constante. Representações gráficas das Equações 4.8 e 4.9 são mostradas na Figura 4.5. As componentes dos vetores posição e velocidade também estão ilustradas nesta figura. Note na Figura 4.5a que $\vec{\mathbf{v}}_f$ geralmente não é ao longo da direção de $\vec{\mathbf{v}}_i$ nem de $\vec{\mathbf{a}}$, porque a relação entre estas quantidades é uma expressão de vetor. Pelo mesmo motivo, a partir da Figura 4.5b vemos que $\vec{\mathbf{r}}_f$ geralmente não é ao longo da direção de $\vec{\mathbf{r}}_i$, $\vec{\mathbf{v}}_i$ ou $\vec{\mathbf{a}}$. Finalmente, note que $\vec{\mathbf{v}}_f$ e $\vec{\mathbf{r}}_f$ geralmente não são na mesma direção.

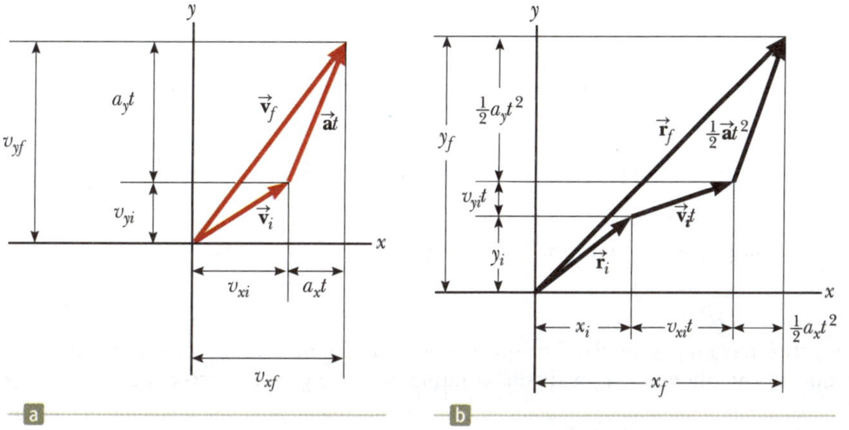

Figura 4.5 Representações de vetores e componentes da (a) velocidade e (b) posição de uma partícula sob aceleração constante em duas dimensões.

Exemplo 4.1 Movimento em um plano MA

Uma partícula se move no plano xy, começando da origem em $t = 0$ com velocidade inicial tendo uma componente x de 20 m/s e uma componente y de -15 m/s. A partícula experimenta uma aceleração na direção x, dada por $a_x = 4{,}0$ m/s^2.

(A) Determine o vetor velocidade total a qualquer instante.

SOLUÇÃO

Conceitualização As componentes da velocidade inicial informam que a partícula começa se movendo para a direita e para baixo. A componente x da velocidade começa em 20 m/s e aumenta 4,0 m/s a cada segundo. A componente y da velocidade não muda seu valor inicial de -15 m/s. Traçamos um diagrama de movimento para a situação na Figura 4.6. Como a partícula está acelerando na direção $+x$, sua componente da velocidade nesta direção aumenta e a trajetória se curva, como mostra o diagrama. Note que o espaçamento entre imagens sucessivas aumenta com o tempo porque a velocidade está aumentando. A colocação dos vetores aceleração e velocidade na Figura 4.6 nos ajuda a compreender a situação.

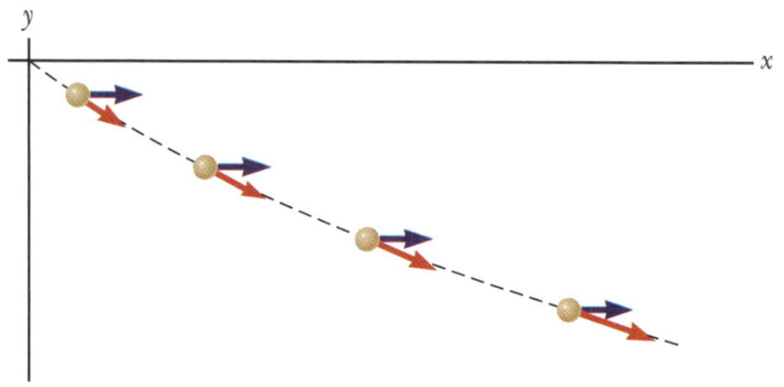

Figura 4.6 (Exemplo 4.1) Diagrama de movimento para a partícula.

Categorização Como a velocidade inicial tem componentes nas direções x e y, categorizamos este problema como um que envolve uma partícula se movendo em duas dimensões. Como a partícula tem somente componente x da aceleração, a modelamos como uma partícula sob aceleração constante na direção x e como uma partícula sob velocidade constante na direção y.

Análise Para começar a análise matemática, estabelecemos que

$$v_{xi} = 20 \text{ m/s}, \quad v_{yi} = -15 \text{ m/s}, \quad a_x = 4{,}0 \text{ m/s}^2 \text{ e } a_y = 0.$$

Use a Equação 4.8 para o vetor velocidade:

$$\vec{\mathbf{v}}_f = \vec{\mathbf{v}}_i + \vec{\mathbf{a}}t = (v_{xi} + a_x t)\hat{\mathbf{i}} + (v_{yi} + a_y t)\hat{\mathbf{j}}$$

Substitua valores numéricos com a velocidade em metros por segundo e o tempo em segundos:

$$\vec{\mathbf{v}}_f = [20 + (4{,}0)t]\hat{\mathbf{i}} + [-15 + (0)t]\hat{\mathbf{j}}$$

$$(1) \quad \vec{\mathbf{v}}_f = [(20 + 4{,}0t)\hat{\mathbf{i}} - 15\hat{\mathbf{j}}]$$

Finalização Note que a componente x da velocidade aumenta com o tempo, enquanto a componente y permanece constante; este resultado é consistente com nossa previsão.

(B) Calcule a velocidade vetorial e a velocidade escalar da partícula em $t = 5{,}0$ s e o ângulo que o vetor velocidade forma com o eixo x.

SOLUÇÃO

Análise

Avalie o resultado da Equação (1) em $t = 5{,}0$ s:

$$\vec{\mathbf{v}}_f = [(20 + 4{,}0(5{,}0))\hat{\mathbf{i}} - 15\hat{\mathbf{j}}] = (40\hat{\mathbf{i}} - 15\hat{\mathbf{j}}) \text{ m/s}$$

Determine o ângulo θ que $\vec{\mathbf{v}}_f$ faz com o eixo x em $t = 5{,}0$ s:

$$\theta = \text{tg}^{-1}\left(\frac{v_{yf}}{v_{xf}}\right) = \text{tg}^{-1}\left(\frac{-15 \text{ m/s}}{40 \text{ m/s}}\right) = -21°$$

Avalie a velocidade escalar da partícula conforme o módulo de $\vec{\mathbf{v}}_f$:

$$v_f = |\vec{\mathbf{v}}_f| = \sqrt{v_{xf}^2 + v_{yf}^2} = \sqrt{(40)^2 + (-15)^2} \text{ m/ s} = 43 \text{ m/s}$$

Finalização O sinal negativo para o ângulo θ indica que o vetor velocidade está direcionado a um ângulo de 21° abaixo do eixo positivo x. Note que, se calculamos v_i a partir das componentes x e y de $\vec{\mathbf{v}}_i$, descobrimos que $v_f > v_i$. Isto é consistente com nossa previsão?

(C) Determine as coordenadas x e y da partícula em qualquer instante t e seu vetor posição neste instante.

4.1 *cont.*

SOLUÇÃO

Análise

Use as componentes da Equação 4.9 com $x_i = y_i = 0$ em $t = 0$ com x e y dados em metros e t dados em segundos:

$$x_f = v_{xi}t + \tfrac{1}{2}a_x t^2 = 20t + 2{,}0t^2$$
$$y_f = v_{yi}t = -15t$$

Expresse o vetor posição da partícula em qualquer instante t:

$$\vec{\mathbf{r}}_f = x_f\hat{\mathbf{i}} + y_f\hat{\mathbf{j}} = (20t + 2{,}0t^2)\hat{\mathbf{i}} - 15t\hat{\mathbf{j}}$$

Finalização Vamos considerar um caso limitante para valores muito grandes de t.

E SE? E se esperarmos por um tempo muito longo e então observarmos o movimento da partícula? Como poderíamos descrever este movimento para valores de tempo grandes?

Resposta Olhando a Figura 4.6, vemos que a trajetória da partícula se curva na direção do eixo x. Não há motivo para supor que esta tendência mude, o que sugere que a trajetória vai ficar mais e mais paralela ao eixo x à medida que o tempo aumenta. Matematicamente, a Equação (1) mostra que a componente y da velocidade permanece constante, enquanto a componente x aumenta linearmente com t. Portanto, quando t é muito grande, a componente x da velocidade será muito maior que a componente y, sugerindo que o vetor velocidade fique mais e mais paralelo ao eixo x. A grandeza tanto de x_f quanto y_f continuam a aumentar com o tempo, embora x_f aumente muito mais rapidamente.

4.3 Movimento de projéteis

Qualquer um que tenha visto uma bola de beisebol em movimento já observou o movimento de um projétil. A bola se move em percurso curvo e retorna ao chão. Este tipo de movimento é de simples análise se fizermos duas suposições: (1) a aceleração da gravidade é constante por todo o intervalo do movimento e é direcionada para baixo,[1] e (2) o efeito da resistência do ar é desprezível.[2] Com estas suposições, descobrimos que o percurso de um projétil, que chamamos de sua *trajetória*, é *sempre* uma parábola, como mostra a Figura 4.7. **Usaremos estas suposições em todo este capítulo.**

A expressão para o vetor posição do projétil como função do tempo vem diretamente da Equação 4.9, com sua aceleração sendo aquela causada pela gravidade, $\vec{\mathbf{a}} = \vec{\mathbf{g}}$:

> **Prevenção de Armadilhas 4.2**
>
> **Aceleração no ponto máximo**
> Como discutido na Prevenção de Armadilhas 2.8, muitas pessoas dizem que a aceleração de um projétil no ponto mais alto da trajetória é zero. Este erro surge da confusão entre velocidade vertical zero e aceleração zero. Se o projétil experimentasse aceleração zero no ponto máximo, sua velocidade neste ponto não mudaria; em vez disto, o projétil se movimentaria horizontalmente com velocidade constante a partir dali! Porém, isto não acontece, pois a aceleração *não é* zero em nenhum lugar ao longo de sua trajetória.

$$\vec{\mathbf{r}}_f = \vec{\mathbf{r}}_i + \vec{\mathbf{v}}_i t + \tfrac{1}{2}\vec{\mathbf{g}}t^2 \qquad \textbf{(4.10)}$$

onde as componentes iniciais x e y da velocidade do projétil são

$$v_{xi} = v_i \cos\theta_i \qquad v_{yi} = v_i \operatorname{sen}\theta_i \qquad \textbf{(4.11)}$$

A expressão na Equação 4.10 está traçada na Figura 4.8 para um projétil lançado da origem, de modo que $\vec{\mathbf{r}}_i = 0$. A posição final de uma partícula pode ser considerada a superposição de sua posição inicial $\vec{\mathbf{r}}_i$; o termo $\vec{\mathbf{v}}_i t$, que é seu deslocamento se não houvesse aceleração; e o termo $\frac{1}{2}\vec{\mathbf{g}}t^2$, que surge da sua aceleração devida à gravidade. Em outras palavras, se não houvesse aceleração gravitacional, a partícula continuaria se movendo ao longo de uma linha reta na direção de $\vec{\mathbf{v}}_i$. Então, a distância vertical $\frac{1}{2}\vec{\mathbf{g}}t^2$, através da qual a partícula "cai" do percurso em linha reta é a mesma distância que um objeto jogado do repouso cairia durante o mesmo intervalo de tempo.

Na Seção 4.2, dissemos que o movimento bidimensional com aceleração constante pode ser analisado como uma combinação de dois movimentos independentes na direção de x e de y, com acelerações a_x e a_y. O movimento de um projétil também pode ser tratado desta maneira, com aceleração $a_x = 0$ na direção x e aceleração constante $a_y = -g$ na direção y. Então, ao resolver problemas de movimento de projétil, use dois modelos de análise: (1) uma partícula sob velocidade constante na direção horizontal (Eq. 2.7):

$$x_f = x_i + v_{xi}t$$

---

[1] Esta suposição é razoável desde que o intervalo do movimento seja pequeno comparado ao raio da Terra ($6{,}4 \times 10^6$ m). Efetivamente, esta suposição é equivalente a supor que a Terra é plana no intervalo do movimento considerado.

[2] Muitas vezes esta suposição *não* é justificada, especialmente em altas velocidades. Além disso, qualquer rotação dada a um projétil, como aquela aplicada quando um lançador arremessa uma bola de rúgbi, pode dar origem a efeitos muito interessantes associados a forças aerodinâmicas, que serão discutidas no Capítulo 14.

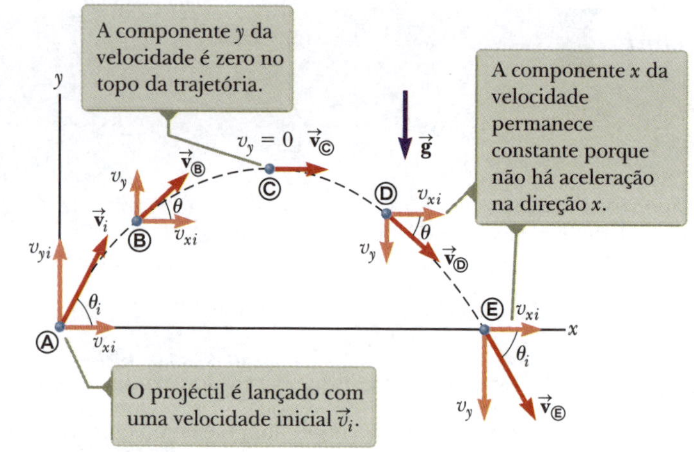
A componente y da velocidade é zero no topo da trajetória.
A componente x da velocidade permanece constante porque não há aceleração na direção x.
O projéctil é lançado com uma velocidade inicial $\vec{v}_i$.

Figura 4.7 A trajetória parabólica de um projétil que parte da origem com velocidade $\vec{\mathbf{v}}_i$. O vetor velocidade $\vec{\mathbf{v}}$ muda com o tempo em módulo e direção. Esta mudança é o resultado da aceleração $\vec{\mathbf{a}} = \vec{\mathbf{g}}$ na direção y negativa.

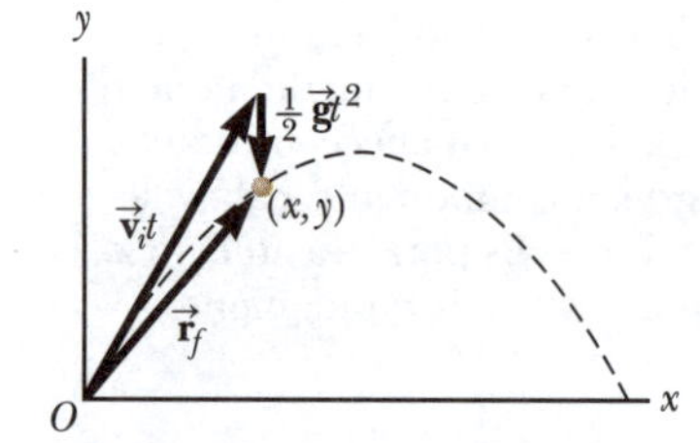

Figura 4.8 O vetor posição $\vec{\mathbf{r}}_f$ de um projétil lançado da origem cuja velocidade inicial, na origem, é $\vec{\mathbf{v}}_i$. O vetor $\vec{\mathbf{v}}_i t$ seria o deslocamento do projétil se não houvesse gravidade e o vetor $\frac{1}{2}\vec{\mathbf{g}}t^2$ é seu deslocamento vertical a partir de um percurso em linha reta devido à aceleração da gravidade direcionada para baixo.

e (2) de uma partícula sob aceleração constante (queda livre) na direção vertical (Equações 2.13-2.17 com x modificado para y e $a_y = -g$):

$$v_{yf} = v_{yi} - gt$$

$$v_{y,\mathrm{m}} = \frac{v_{yi} + v_{yf}}{2}$$

$$y_f = y_i + \tfrac{1}{2}(v_{yi} + v_{yf})t$$

$$y_f = y_i + v_{yi}t - \tfrac{1}{2}gt^2$$

$$v_{yf}^2 = v_{yi}^2 - 2g(y_f - y_i)$$

As componentes horizontal e vertical do movimento de um projétil são completamente independentes uma da outra e podem ser tratadas separadamente, com o tempo t sendo a variável comum para ambas as componentes.

Teste Rápido 4.2 **(i)** Quando um projétil lançado para cima se move em sua trajetória parabólica (como na Fig. 4.8), em que ponto ao longo do seu percurso os vetores velocidade e aceleração, para o projétil, estarão perpendiculares um ao outro? **(a)** em nenhum ponto; **(b)** no ponto máximo; **(c)** no ponto de lançamento. **(ii)** Considerando as mesmas escolhas, em que ponto os vetores da velocidade e aceleração para o projétil estarão paralelos um ao outro?

Alcance horizontal e altura máxima de um projétil

Antes de adotar alguns exemplos, vamos considerar um caso especial de movimento de projeto que ocorre com frequência. Suponha que um projétil seja lançado da origem em $t_i = 0$ com uma componente v_{yi} positiva, conforme a Figura 4.9 e retorna ao *mesmo nível horizontal*. Esta situação é comum em esportes, nos quais bolas de basquete, de futebol e de golfe muitas vezes pousam no mesmo nível de onde foram lançadas.

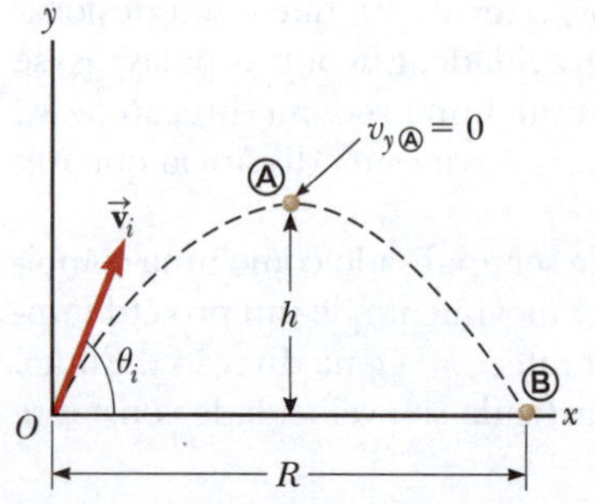

Figura 4.9 Um projétil lançado sobre uma superfície plana da origem em $t_i = 0$ com velocidade inicial $\vec{\mathbf{v}}_i$. A altura máxima do projétil é h e o alcance horizontal é R. Em Ⓐ, o pico da trajetória, o projétil tem coordenadas $(R/2, h)$.

Dois pontos neste movimento são particularmente interessantes para análise: o ponto máximo Ⓐ, com coordenadas cartesianas $(R/2, h)$ e o ponto Ⓑ, com coordenadas $(R, 0)$. A distância R é chamada *alcance horizontal* do projétil e a distância h é sua *altura máxima*. Vamos encontrar h e R matematicamente em termos de v_i, θ_i e g.

Podemos determinar h notando que no ponto máximo $v_{y\text{Ⓐ}} = 0$. Portanto, a partir do modelo de partícula sob aceleração constante, podemos utilizar a versão com direção y da Equação 2.13 para determinar o tempo $t_{\text{Ⓐ}}$ no qual o projétil atinge o pico:

$$v_{yf} = v_{yi} - gt \rightarrow 0 = v_i \operatorname{sen} \theta_i - gt_{\text{Ⓐ}}$$

$$t_{\text{Ⓐ}} = \frac{v_i \operatorname{sen} \theta_i}{g}$$

Substituindo esta expressão por $t_{\text{Ⓐ}}$ na componente y da Equação 2.16 e substituindo $y = y_{\text{Ⓐ}}$ por h, obtemos uma expressão para h em termos do módulo e direção do vetor velocidade inicial:

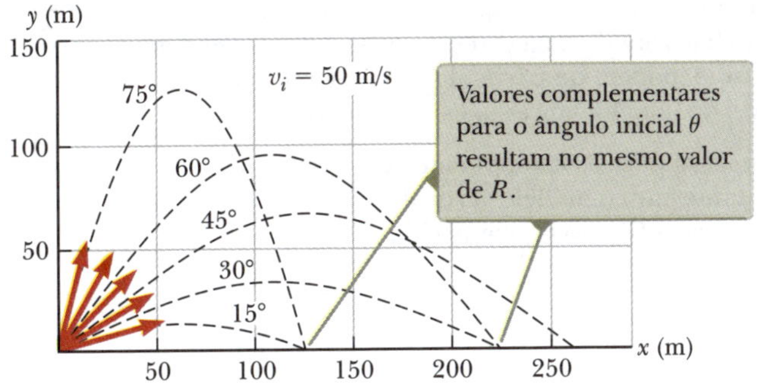

Figura 4.10 Um projétil lançado sobre uma superfície plana desde a origem com velocidade inicial de 50 m/s em vários ângulos de lançamento.

$$y_f = y_i + v_{yi}t - \tfrac{1}{2}gt^2 \rightarrow h = (v_i \text{ sen } \theta_i)\frac{v_i \text{ sen } \theta_i}{g} - \tfrac{1}{2}g\left(\frac{v_i \text{ sen } \theta_i}{g}\right)^2$$

$$h = \frac{v_i^2 \text{ sen}^2 \theta_i}{2g} \qquad \textbf{(4.12)}$$

O alcance R é a posição horizontal do projétil em um tempo que é o dobro daquele no qual ele atinge seu ponto máximo, ou seja, no tempo $t_{Ⓑ} = 2t_{Ⓐ}$. Usando o modelo de partícula sob velocidade constante, notando que $v_{xi} = v_{xⒷ} = v_i$ sen θ e estabelecendo que $x_{Ⓑ} = R$ *em* $t = 2t_{Ⓐ}$, obtemos

$$x_f = x_i + v_{xi}t \rightarrow R = v_{xi}t_{Ⓑ} = (v_i \cos \theta_i)2t_{Ⓐ}$$

$$= (v_i \cos \theta_i)\frac{2v_i \text{ sen } \theta_i}{g} = \frac{2v_i^2 \text{ sen } \theta_i \cos \theta_i}{g}$$

Usando a identidade sen $2\theta = 2$ sen θ cos θ (ver Apêndice B.4), podemos escrever R numa forma mais compacta

$$R = \frac{v_i^2 \text{ sen } 2\theta_i}{g} \qquad \textbf{(4.13)}$$

O valor máximo de R da Equação 4.13 é $R_{\text{máx}} = v_i^2/g$. Este resultado faz sentido porque o valor máximo de sen 2θ é 1, que ocorre quando $2\theta_i = 90°$. Então, R é máximo quando $\theta_i = 45°$.

A Figura 4.10 ilustra várias trajetórias para um projétil com certa velocidade inicial, mas lançado de ângulos diferentes. Como se pode ver, o alcance é máximo para $\theta_i = 45°$. Além disso, para qualquer θ_i diferente de 45°, um ponto com coordenadas cartesianas $(R, 0)$ pode ser alcançado usando qualquer um de dois valores complementares de θ_i, tais como 75° e 15°. Obviamente, a altura máxima e tempo de voo para um destes valores de θ_i são diferentes da altura máxima e tempo de voo para o valor complementar.

Prevenção de Armadilhas 4.3

As equações de alcance
A Equação 4.13 é útil para calcular R somente para um percurso simétrico, conforme a Figura 4.10. Se o percurso não for simétrico, *não use esta equação*. Os modelos de partícula sob velocidade constante e de partícula sob aceleração constante são os pontos de partida importantes porque fornecem as componentes da posição e da velocidade de *qualquer* projétil se movimentando com aceleração constante em duas dimensões em *qualquer* tempo t.

***Teste Rápido* 4.3** Classifique os ângulos de lançamento para os cinco percursos na Figura 4.10 com relação ao tempo de voo, do mais curto ao mais longo.

Estratégia para resolução de problemas

MOVIMENTO DE PROJÉTEIS

Sugerimos o uso da seguinte abordagem quando da resolução de problemas sobre movimento de projéteis.

1. Conceitualize. Pense no que está ocorrendo fisicamente no problema. Crie uma representação mental imaginando o projétil movendo-se ao longo de sua trajetória.

2. Categorize. Confirme que o problema envolve uma partícula em queda livre e que a resistência do ar é desprezível. Selecione um sistema de coordenadas com x na direção horizontal e y na direção vertical. Use o modelo de partícula sob velocidade constante para a componente x do movimento. Use o modelo de partícula sob aceleração constante para a direção y. No caso especial do projeto retornando para o mesmo nível do qual foi lançado, use as Equações 4.12 e 4.13.

3. Analise. Se o vetor velocidade inicial é dado, resolva para as componentes x e y. Selecione a(s) equação(ões) apropriada(s) a partir do modelo de partícula sob aceleração constante para o modelo vertical e utilize-o(s) juntamente com a Equação 2.7 para o movimento horizontal, a fim de resolver para a(s) equação(ões) desconhecida(s).

4. Finalize. Uma vez determinado seu resultado, verifique se suas respostas são consistentes com as representações mentais e da figura e veja se seus resultados são realistas.

Exemplo 4.2 O salto em distância

Um saltador em distância sai do solo a um ângulo de 20,0° acima da horizontal e com velocidade de 11,0 m/s.

(A) Que distância ele salta na direção horizontal?

SOLUÇÃO

Conceitualização Os braços e pernas de um saltador em distância se movem de forma complicada, mas isto é desprezado. Conceitualizamos o movimento do saltador em distância como equivalente àquele de um projétil simples.

Categorização Categorizamos este exemplo como um problema de movimento de projétil. Como a velocidade inicial e o ângulo de lançamento são dados e como a altura final é a mesma que a inicial, categorizamos este problema também como um que satisfaz às condições nas quais as Equações 4.12 e 4.13 podem ser usadas. Essa abordagem é o modo mais direto de analisar este problema, embora os métodos gerais já descritos sempre fornecerão a resposta correta.

Análise

Use a Equação 4.13 para encontrar o alcance do saltador:

$$R = \frac{v_i^2 \text{ sen } 2\theta_i}{g} = \frac{(11{,}0 \text{ m/s})^2 \text{sen } 2(20{,}0°)}{9{,}80 \text{ m/s}^2} = \boxed{7{,}94 \text{ m}}$$

(B) Qual é a altura máxima alcançada?

SOLUÇÃO

Análise

Encontre a altura máxima alcançada usando a Equação 4.12:

$$h = \frac{v_i^2 \text{sen}^2\theta_i}{2g} = \frac{(11{,}0 \text{ m/s})^2(\text{sen } 20{,}0°)^2}{2(9{,}80 \text{ m/s}^2)} = \boxed{0{,}722 \text{ m}}$$

Finalização Encontre as respostas para as partes (A) e (B) usando o método geral. Os resultados devem concordar. Tratar o saltador em distância como uma partícula é uma simplificação. No entanto, os valores obtidos são consistentes com a experiência nos esportes. Podemos modelar um sistema complicado de um saltador em distância como uma partícula e, ainda assim, obter resultados razoáveis.

Exemplo 4.3 Sempre na mosca MA

Em uma palestra, uma demonstração popular é feita com o lançamento de um projétil na direção de um alvo de tal modo que o projétil sai do revólver ao mesmo tempo que o alvo sai do repouso. Mostre que, se o revólver for apontado inicialmente para o alvo estacionário, o projétil atinge o alvo em queda conforme a Figura 4.11a.

SOLUÇÃO

Conceitualização Conceitualizamos o problema estudando a Figura 4.11a. Observe que o problema não pede valores numéricos. O resultado esperado deve envolver um argumento algébrico.

Categorização Como os dois objetos estão sujeitos somente à aceleração da gravidade, categorizamos este problema como um que envolve dois objetos em queda livre: o alvo se movendo em uma dimensão e o projétil em duas dimensões. O alvo T é modelado como uma *partícula sob aceleração constante* em uma dimensão. O Projetil P é modelado como uma *partícula sob aceleração constante* na direção y e uma *partícula sob velocidade constante* na direção x.

4.3 *cont.*

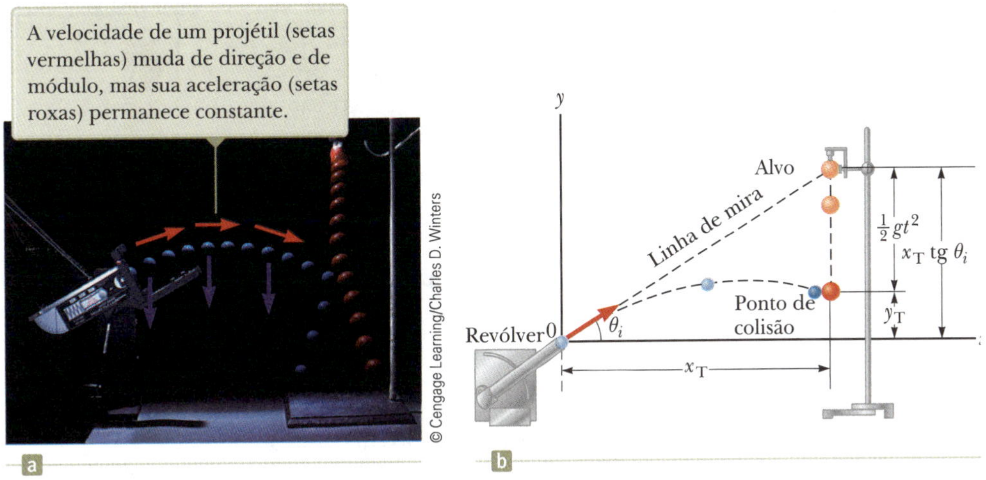

Figura 4.11 (Exemplo 4.3) (a) Fotografia *multiflash* da demonstração projétil-alvo. Se o revólver estiver apontado diretamente para o alvo e o gatilho for apertado no mesmo instante em que o alvo começa a cair, o projétil atingirá o alvo. (b) Diagrama esquemático da demonstração projétil-alvo.

Análise A Figura 4.11b mostra que a coordenada y inicial y_{iT} do alvo é x_T tg θ_i e sua velocidade inicial é zero. Ele cai com aceleração $a_y = -g$.

Escreva uma expressão para a coordenada y do alvo em qualquer momento após ser solto, observando que sua velocidade inicial é zero:

$$(1)\quad y_T = y_{iT} + (0)t - \tfrac{1}{2}gt^2 = x_T \operatorname{tg}\theta_i - \tfrac{1}{2}gt^2$$

Escreva uma expressão para a coordenada y do projétil em qualquer momento:

$$(2)\quad y_P = y_{iP} + v_{yiP}t - \tfrac{1}{2}gt^2 = 0 + (v_{iP}\operatorname{sen}\theta_i)t - \tfrac{1}{2}gt^2 = (v_{iP}\operatorname{sen}\theta_i)t - \tfrac{1}{2}gt^2$$

Escreva uma expressão para a coordenada x do projétil em qualquer momento:

$$x_P = x_{iP} + v_{xiP}t = 0 + (v_{iP}\cos\theta_i)t = (v_{iP}\cos\theta_i)t$$

Resolva esta expressão para o tempo como função da posição horizontal do projétil:

$$t = \frac{x_P}{v_{iP}\cos\theta_i}$$

Substitua esta expressão na Equação (2):

$$(3)\quad y_P = (v_{iP}\operatorname{sen}\theta_i)\left(\frac{x_P}{v_{iP}\cos\theta_i}\right) - \tfrac{1}{2}gt^2 = x_P \operatorname{tg}\theta_i - \tfrac{1}{2}gt^2$$

Finalização Compare as Equações (1) e (3). Vemos que quando as coordenadas x do projétil e alvo são as mesmas – isto é, quando $x_T = x_P$ –, suas coordenadas y dadas pelas Equações (1) e (3) são as mesmas e o resultado é uma colisão.

Exemplo 4.4 Que braço! MA

Uma pedra é lançada para cima do topo de um edifício a um ângulo de 30,0° na horizontal, com velocidade inicial de 20,0 m/s, como mostra a Figura 4.12. A altura de onde a pedra é lançada é de 45,0 m acima do solo.

(A) Quanto tempo leva para a pedra atingir o solo?

SOLUÇÃO

Conceitualização Estude a Figura 4.12, na qual indicamos a trajetória e vários parâmetros do movimento da pedra.

continua

4.4 *cont.*

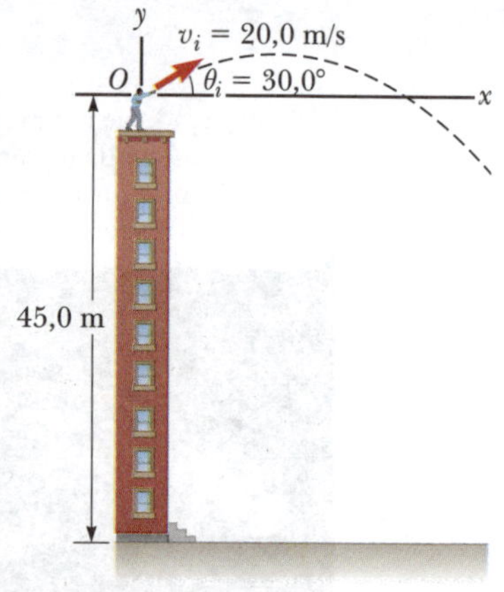

Figura 4.12 (Exemplo 4.4) Uma pedra é lançada do topo de um edifício.

Categorização Categorizamos este problema como um problema de movimento de projétil. A pedra é modelada como uma *partícula sob aceleração constante* na direção y e como uma *partícula sob velocidade constante* na direção x.

Análise Temos as informações $x_i = y_i = 0$, $y_f = -45{,}0$ m, $a_y = -g$ e $v_i = 20{,}0$ m/s (o valor numérico de y_f é negativo porque escolhemos o ponto do lançamento como a origem).

Ache as componentes x e y da velocidade inicial da pedra:

$$v_{xi} = v_i \cos\theta_i = (20{,}0\text{ m/s})\cos 30{,}0° = 17{,}3\text{ m/s}$$

$$v_{yi} = v_i \operatorname{sen}\theta_i = (20{,}0\text{ m/s})\operatorname{sen} 30{,}0° = 10{,}0\text{ m/s}$$

Expresse a posição vertical da pedra a partir do modelo de partícula sob aceleração constante:

$$y_f = y_i + v_{yi}t + \tfrac{1}{2}g_y t^2$$

Substitua os valores numéricos:

$$-45{,}0\text{ m} = 0 + (10{,}0\text{ m/s})t + \tfrac{1}{2}(-9{,}80\text{ m/s}^2)t^2$$

Resolva a equação quadrática para t:

$$t = \boxed{4{,}22\text{ s}}$$

(B) Qual é a velocidade da pedra imediatamente antes de atingir o solo?

SOLUÇÃO

Análise Use a equação da velocidade no modelo da partícula sob aceleração constante para obter a componente y da velocidade da pedra imediatamente antes de atingir o solo:

$$v_{yf} = v_{yi} - gt$$

Substitua os valores numéricos, usando $t = 4{,}22$ s:

$$v_{yf} = 10{,}0\text{ m/s} + (-9{,}80\text{ m/s}^2)(4{,}22\text{ s}) = -31{,}3\text{ m/s}$$

Use esta componente com a componente horizontal $v_{xf} = v_{xi} = 17{,}3$ m/s para encontrar a velocidade da pedra em $t = 4{,}22$ s:

$$v_f = \sqrt{v_{xf}^2 + v_{yf}^2} = \sqrt{(17{,}3\text{ m/s})^2 + (-31{,}3\text{ m/s})^2} = \boxed{35{,}8\text{ m/s}}$$

Finalização É razoável que a componente y da velocidade final seja negativa? É razoável que a velocidade final seja maior que a velocidade inicial de 20,0 m/s?

E SE? E se um vento horizontal estiver soprando na mesma direção em que a pedra é lançada e provocar uma componente de aceleração horizontal $a_x = 0{,}500$ m/s² na pedra? Qual parte deste exemplo, (A) ou (B), terá uma resposta diferente?

Resposta Lembre-se de que os movimentos nas direções x e y são independentes. Então, o vento horizontal não pode afetar o movimento vertical. Este movimento determina o tempo do projétil no ar, então a resposta para a parte (A) não muda. O vento causa o aumento da componente da velocidade horizontal com o tempo, então a velocidade final será maior na parte (B). Considerando $a_x = 0{,}500$ m/s², encontramos $v_{xf} = 19{,}4$ m/s e $v_f = 36{,}9$ m/s.

Exemplo 4.5 O fim do salto de esqui MA

Uma esquiadora salta de uma pista de esqui movendo-se na direção horizontal com velocidade de 25,0 m/s, como mostra a Figura 4.13. A inclinação da pista abaixo dela é de 35,0°. Onde ela pousa na inclinação?

SOLUÇÃO

Conceitualização Podemos conceitualizar este problema com base em nossa memória ao observar competições durante as Olimpíadas de Inverno. Estimamos que a esquiadora ficará no ar por 4 s e percorrerá uma distância de aproximadamente 100 m horizontalmente. Esperamos que o valor de d, a distância percorrida ao longo da inclinação, seja da mesma ordem de grandeza.

4.5 cont.

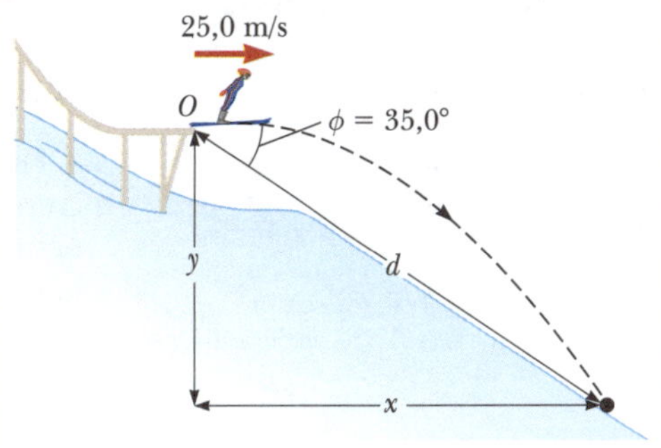

Figura 4.13 (Exemplo 4.5) Uma esquiadora deixa a pista de esqui movimentando-se em uma direção horizontal.

Categorização Categorizamos o problema como um de partícula em movimento de projétil. Assim como acontece com outros problemas de movimento de projétil, utilizamos o *modelo da partícula sob velocidade constante* para o movimento horizontal e o *modelo da partícula sob aceleração constante* para o movimento vertical.

Análise É conveniente selecionar o início do salto como a origem. As componentes da velocidade inicial são $v_{xi} = 25{,}0$ m/s e $v_{yi} = 0$. Do triângulo retângulo na Figura 4.13, vemos que as coordenadas x e y da esquiadora no ponto de pouso são dadas por $x_f = d \cos \phi$ e $y_f = -d \text{ sen } \phi$.

Expresse as coordenadas da esquiadora como função do tempo, utilizando o modelo da partícula sob velocidade constante para x e a equação da posição a partir do modelo da partícula sob aceleração constante para y:

$$(1)\quad x_f = v_{xi}t$$

$$(2)\quad y_f = v_{yi}t - \tfrac{1}{2}gt^2$$

$$(3)\quad d \cos \phi = v_{xi}t$$

$$(4)\quad -d \text{ sen } \phi = -\tfrac{1}{2}gt^2$$

Resolva a Equação (3) para t e substitua o resultado na Equação (4):

$$-d \text{ sen } \phi = -\tfrac{1}{2}g\left(\frac{d \cos \phi}{v_{xi}}\right)^2$$

Resolva para d e substitua valores numéricos:

$$d = \frac{2v_{xi}^2 \text{ sen}\phi}{g \cos^2 \phi} = \frac{2(25{,}0 \text{ m/s})^2 \text{ sen } 35{,}0°}{(9{,}80 \text{ m/s}^2) \cos^2 35{,}0°} = 109 \text{ m}$$

Avalie as coordenadas x e y do ponto onde a esquiadora pousa:

$$x_f = d \cos \phi = (109 \text{ m}) \cos 35{,}0° = \boxed{89{,}3 \text{ m}}$$

$$y_f = -d \text{ sen}\phi = -(109 \text{ m}) \text{ sen } 35{,}0° = \boxed{-62{,}5 \text{ m}}$$

Finalização Vamos comparar estes resultados com nossas expectativas. Esperávamos que a distância horizontal fosse da ordem de 100 m e nosso resultado de 89,3 m está nesta ordem de grandeza. Pode ser útil calcular o intervalo de tempo que a esquiadora fica no ar e compará-lo à nossa estimativa de aproximadamente 4 s.

E SE? Suponha que tudo neste exemplo seja o mesmo, exceto o salto de esqui, que é curvado de maneira que a esquiadora seja projetada para cima a um ângulo a partir do fim da pista. Esta configuração é melhor em termos de maximização do comprimento do salto?

Resposta Se a velocidade inicial tem uma componente para cima, a esquiadora ficará no ar mais tempo e deveria percorrer uma distância maior. Inclinar o vetor velocidade inicial para cima, no entanto, reduzirá a componente horizontal da velocidade inicial. Então, angular o fim da pista de esqui para cima a um *grande* ângulo pode, na verdade, *reduzir* a distância. Considere o caso extremo: a esquiadora é projetada a 90° na horizontal e simplesmente vai para cima e volta para baixo no fim da pista de esqui! Este argumento sugere que deve haver um ângulo entre 0° e 90° que represente um melhor equilíbrio entre tornar o tempo de voo mais longo e a componente da velocidade menor.

Vamos encontrar este ângulo matematicamente. Modificamos as Equações (1) a (4), supondo que a esquiadora seja projetada a um ângulo θ com relação à horizontal sobre uma inclinação de pouso com inclinação de ângulo arbitrário ϕ:

$$(1) \text{ e } (3) \quad \rightarrow \quad x_f = (v_i \cos \theta)t = d \cos \phi$$

$$(2) \text{ e } (4) \quad \rightarrow \quad y_f = (v_i \text{ sen}\theta)t - \tfrac{1}{2}gt^2 = -d \text{ sen } \phi$$

Eliminando o tempo t nestas equações e usando diferenciação para maximizar d em termos de θ, chegamos (após vários passos; veja o Problema 88) à seguinte equação para o ângulo θ que dá o valor máximo de d:

$$\theta = 45° - \frac{\phi}{2}$$

Para o ângulo de inclinação na Figura 4.13, $\phi = 35{,}0°$; esta equação resulta em um melhor ângulo de lançamento de $\theta = 27{,}5°$. Para um ângulo de inclinação de $\phi = 0°$, que representa um plano horizontal, esta equação dá um melhor ângulo de lançamento de $\theta = 45°$, conforme esperávamos (veja a Figura 4.10).

> **Prevenção de Armadilhas 4.4**
> **Aceleração de uma partícula em movimento circular uniforme**
> Lembre-se de que, na Física, a aceleração é definida como uma variação na *velocidade vetorial*, não uma variação na *velocidade escalar* (contrário à interpretação comum). Em movimento circular, o vetor velocidade sempre muda de direção, então há aceleração.

4.4 Modelo de análise: partícula em movimento circular uniforme

A Figura 4.14a mostra um carro se movendo em uma trajetória circular; descrevemos este movimento como **movimento circular**. Se o carro se movimenta nesta trajetória com *velocidade constante* v, chamamos este movimento de **movimento circular uniforme**. Como ocorre com muita frequência, esse tipo de movimento é reconhecido como um modelo de análise chamado **partícula em movimento circular uniforme**, que discutiremos nesta seção.

Muitas vezes, estudantes se surpreendem ao descobrir que, embora um objeto se mova com velocidade constante em uma trajetória circular, *ainda assim ele tem uma aceleração.* Para saber o porquê, considere a equação geral para a aceleração, $\vec{\mathbf{a}} = d\vec{\mathbf{v}}/dt$ (Eq. 4.5). Perceba que a aceleração depende da variação na *velocidade.* Como a velocidade é quantidade vetorial, uma aceleração pode ocorrer de duas maneiras, como mencionado na Seção 4.1: por uma variação no *módulo* da velocidade e por variação na *direção* da velocidade. Esta última situação ocorre para um corpo movendo-se com velocidade constante em uma trajetória circular. O vetor velocidade de módulo constante é sempre tangente à trajetória do corpo e perpendicular ao raio da trajetória circular. Portanto, a direção do vetor velocidade está em constante modificação.

Primeiro, argumentamos a seguir que o vetor aceleração no movimento circular uniforme é sempre perpendicular à trajetória e aponta para o centro do círculo. Se isto não fosse verdadeiro, haveria uma componente da aceleração paralela à trajetória e, portanto, paralela ao vetor velocidade. Tal componente da aceleração levaria a uma variação na velocidade da partícula ao longo da trajetória. No entanto, esta situação é inconsistente com nossa organização da situação: a partícula se move com velocidade constante ao longo da trajetória. Então, para movimento circular *uniforme*, o vetor aceleração só pode ter uma componente perpendicular à trajetória, que é na direção do centro do círculo.

Vamos encontrar o módulo da aceleração da partícula. Considere o diagrama dos vetores posição e velocidade mostrado na Figura 4.14b. A figura mostra também o vetor que representa a variação em posição $\Delta\vec{\mathbf{r}}$ para um intervalo de tempo arbitrário. A partícula segue uma trajetória circular de raio r, parte do qual é mostrada pela curva pontilhada. A partícula está em Ⓐ em um instante t_i e sua velocidade naquele momento é $\vec{\mathbf{v}}_i$; está em Ⓑ em algum instante t_f mais tarde, e sua velocidade naquele instante é $\vec{\mathbf{v}}_f$. Vamos supor que $\vec{\mathbf{v}}_i$ e $\vec{\mathbf{v}}_f$ diferem somente em uma direção; seus módulos são os mesmos (ou seja, $v_i = v_f = v$ porque é movimento circular *uniforme*).

Na Figura 4.14c, os vetores velocidade da Figura 4.14b foram redesenhados de ponta a ponta. O vetor $\Delta\vec{\mathbf{v}}$ conecta as pontas dos vetores, representando o vetor adição $\vec{\mathbf{v}}_f = \vec{\mathbf{v}}_i + \Delta\vec{\mathbf{v}}$. Nas Figuras 4.14b e c, podemos identificar triângulos que ajudam a analisar o movimento. O ângulo $\Delta\theta$ entre os dois vetores posição na Figura 4.14b é o mesmo daquele entre os vetores velocidade na Figura 4.14c, porque o vetor velocidade $\vec{\mathbf{v}}$ é sempre perpendicular ao vetor posição $\vec{\mathbf{r}}$. Portanto, os dois triângulos são *semelhantes.* Dois triângulos são semelhantes se o ângulo entre quaisquer dois lados é o mesmo para os dois triângulos e se a proporção dos comprimentos destes lados é a mesma. Podemos então descrever uma relação entre os comprimentos dos lados para os dois triângulos nas Figuras 4.14b e 4.14c:

> **Prevenção de Armadilhas 4.5**
> **A aceleração centrípeta não é constante**
> Derivamos o módulo do vetor aceleração centrípeta e descobrimos que é constante para o movimento circular uniforme, mas o vetor *aceleração centrípeta não é constante.* Ele sempre aponta em direção ao centro do círculo, mas muda continuamente de direção conforme o objeto se move pela trajetória circular.

$$\frac{|\Delta\vec{\mathbf{v}}|}{v} = \frac{|\Delta\vec{\mathbf{r}}|}{r}$$

onde $v = v_i = v_f$ e $r = r_i = r_f$. Esta equação pode ser resolvida para $|\Delta\vec{\mathbf{v}}|$ e a expressão obtida pode ser substituída na Equação 4.4, $\vec{\mathbf{a}}_m = \Delta\vec{\mathbf{v}}/\Delta t$ para dar o módulo da aceleração média durante o intervalo de tempo para que a partícula se mova de Ⓐ para Ⓑ:

$$|\vec{\mathbf{a}}_m| = \frac{|\Delta\vec{\mathbf{v}}|}{|\Delta t|} = \frac{v\,|\Delta\vec{\mathbf{r}}|}{r\ \ \Delta t}$$

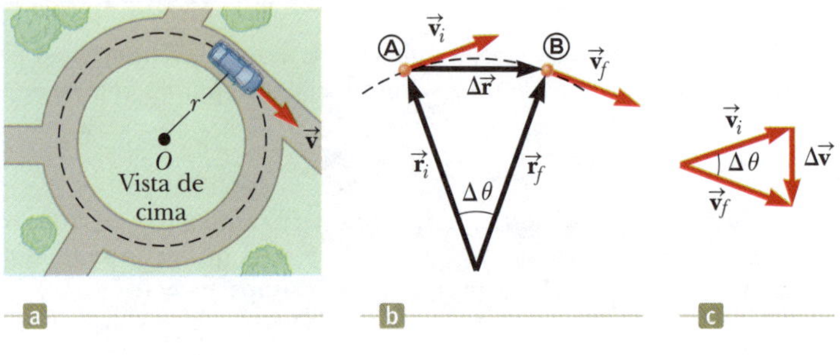

Figura 4.14 (a) Um carro movendo-se ao longo de uma trajetória circular com velocidade constante experimenta movimento circular uniforme. (b) Conforme a partícula se move ao longo de uma porção da trajetória circular de Ⓐ para Ⓑ, seu vetor velocidade muda de $\vec{\mathbf{v}}_i$ para $\vec{\mathbf{v}}_f$. (c) A construção para determinar a direção da variação na velocidade $\Delta\vec{\mathbf{v}}$, que é na direção do centro do círculo para $\Delta\vec{\mathbf{r}}$ pequeno.

Agora, imagine que os pontos Ⓐ e Ⓑ na Figura 4.14b fiquem extremamente próximos um do outro. Conforme Ⓐ e Ⓑ se aproximam um do outro, Δt se aproxima de zero, $|\Delta\vec{\mathbf{r}}|$ se aproxima da distância percorrida pela partícula ao longo da trajetória circular, e a razão $|\Delta\vec{\mathbf{r}}|/\Delta t$ se aproxima da velocidade v. Além disso, a aceleração média torna-se a aceleração instantânea no ponto Ⓐ. Portanto, no limite $\Delta t \to 0$, o módulo da aceleração é

$$a_c = \frac{v^2}{r} \qquad (4.14)$$

◀ **Aceleração centrípeta para uma partícula em movimento circular uniforme**

Uma aceleração desta natureza é chamada **aceleração centrípeta** (*centrípeta* significa *em direção ao centro*). O subscrito no símbolo de aceleração nos lembra que ela é centrípeta.

Em muitas situações, é conveniente descrever o movimento de uma partícula movendo-se com velocidade constante em um círculo de raio r em termos do **período** T, que é definido como o intervalo de tempo necessário para uma revolução completa da partícula. No intervalo de tempo T, a partícula se move por uma distância de $2\pi r$, que é igual à circunferência da trajetória circular da partícula. Então, como sua velocidade é igual à circunferência da trajetória circular dividida pelo período, ou $v = 2\pi r/T$, segue que

$$T = \frac{2\pi r}{v} \qquad (4.15)$$

◀ **Período do movimento circular para uma partícula em movimento circular uniforme**

O período de uma partícula em movimento circular uniforme é uma medida do número de segundos para uma revolução da partícula em torno do círculo. O inverso do período é a *taxa de rotação* e é medida em revoluções por segundo. Como uma revolução completa da partícula em torno do círculo corresponde a um ângulo de 2π radianos, o produto entre 2π e a taxa de rotação fornece a **velocidade angular** ω da partícula, medida em radianos/s ou s^{-1}:

$$\omega = \frac{2\pi}{T} \qquad (4.16)$$

Combinando esta equação com a Equação 4.15, encontramos uma relação entre a velocidade angular e a velocidade translacional com a qual a partícula percorre no caminho circular:

$$\omega = 2\pi\left(\frac{v}{2\pi r}\right) = \frac{v}{r} \to v = r\omega \qquad (4.17)$$

A Equação 4.17 demonstra que, para uma velocidade angular fixa, a velocidade translacional se torna maior à medida que a posição radial se torna maior. Portanto, por exemplo, se um carrossel gira a uma velocidade angular fixa ω, um "cavaleiro" em uma posição externa a um r grande estará viajando pelo espaço mais rapidamente do que um "cavaleiro" em uma posição interna em um r menor. Investigaremos as Equações 4.16 e 4.17 mais detalhadamente no Capítulo 10.

Podemos expressar a aceleração centrípeta de uma partícula em movimento circular uniforme em termos de velocidade angular combinando as Equações 4.14 e 4.17:

$$a_c = \frac{(r\omega)^2}{r}$$

$$a_c = r\omega^2 \qquad (4.18)$$

As Equações 4.14 e 4.15 devem ser usadas quando o modelo da partícula em movimento circular uniforme é identificado como adequado para uma situação específica.

***Teste Rápido* 4.4** Uma partícula se move em uma trajetória circular de raio r com velocidade v. Ela aumenta sua velocidade para $2v$ enquanto percorre a mesma trajetória circular. **(i)** Por qual fator a aceleração centrípeta da partícula mudou? Escolha uma: **(a)** 0,25 **(b)** 0,5 **(c)** 2 **(d)** 4 **(e)** impossível determinar. **(ii)** A partir das mesmas escolhas, por qual fator o período da partícula mudou?

Modelo de Análise — Partícula em movimento circular uniforme

Imagine um objeto em movimento que pode ser modelado como uma partícula. Se ele se mover em um caminho circular de raio r a uma velocidade constante v, a grandeza de sua aceleração centrípeta é

$$a_c = \frac{v^2}{r} \quad (4.14)$$

e o **período** do movimento da partícula é dado por

$$T = \frac{2\pi r}{v} \quad (4.15)$$

A **velocidade angular** da partícula é

$$\omega = \frac{2\pi}{T} \quad (4.16)$$

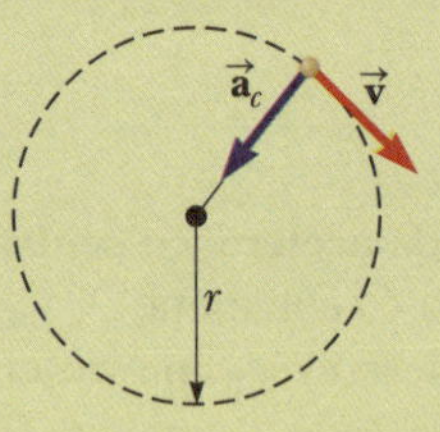

Exemplos:

- uma pedra que gira em um círculo em uma corda de comprimento constante
- um planeta viajando em torno de uma órbita circular perfeita (Capítulo 13)
- uma partícula carregada em movimento em um campo magnético uniforme (Capítulo 7 do Volume 3)
- um elétron em órbita em torno de um núcleo no modelo de Bohr do átomo de hidrogênio (Capítulo 8 do Volume 4)

Exemplo 4.6 A aceleração centrípeta da Terra MA

(A) Qual é a aceleração centrípeta da Terra conforme ela se move em sua órbita ao redor do Sol?

SOLUÇÃO

Conceitualização Mentalize a Terra em uma órbita circular ao redor do Sol. Vamos modelar a Terra como uma partícula e aproximar sua órbita como circular (é de fato elíptica, como discutiremos no Capítulo 13).

Categorização O passo Conceitualização nos permite categorizar este problema como um de *partícula em movimento circular uniforme*.

Análise Não sabemos a velocidade orbital da Terra para substituir na Equação 4.14. Porém, com a ajuda da Equação 4.15, podemos reformular a Equação 4.14 em termos do período da órbita da Terra, que sabemos ser de um ano e o raio da órbita da Terra ao redor do Sol, que é $1{,}496 \times 10^{11}$ m.

Combine as Equações 4.14 e 4.15:

$$a_c = \frac{v^2}{r} = \frac{\left(\frac{2\pi r}{T}\right)^2}{r} = \frac{4\pi^2 r}{T^2}$$

Substitua os valores numéricos:

$$a_c = \frac{4\pi^2(1{,}496 \times 10^{11}\text{ m})}{(1\text{ ano})^2}\left(\frac{1\text{ ano}}{3{,}156 \times 10^7\text{ s}}\right)^2 = 5{,}93 \times 10^{-3}\text{ m/s}^2$$

(B) Qual é a velocidade angular da Terra em sua órbita em torno do Sol?

SOLUÇÃO

Análise Substitua valores numéricos na Equação 4.16:

$$\omega = \frac{2\pi}{1\text{ ano}}\left(\frac{1\text{ ano}}{3{,}156 \times 10^7\text{ s}}\right) = 1{,}99 \times 10^{-7}\text{ s}^{-1}$$

Finalização Esta aceleração na parte (A) é muito menor que a da gravidade na superfície da Terra. Uma técnica importante que aprendemos é a de substituir a velocidade v na Equação 4.14 em termos do período T do movimento. Em muitos problemas, é mais provável que T seja conhecido, em vez de v. Na parte (B), vemos que a velocidade angular da Terra é muito pequena, o que é de se esperar porque a Terra leva um ano inteiro para percorrer o caminho circular uma vez.

4.5 Aceleração tangencial e radial

Vamos considerar um movimento mais geral que aquele apresentado na Seção 4.4. Uma partícula se move para a direita ao longo de uma trajetória curva e sua velocidade muda em direção e módulo, como descrito na Figura 4.15. Nesta situação, o vetor velocidade é sempre tangente à trajetória; o vetor aceleração $\vec{\mathbf{a}}$, no entanto, está em algum ângulo com a trajetória. Em cada um dos três pontos Ⓐ, Ⓑ e Ⓒ na Figura 4.15, os círculos azuis pontilhados representam a curvatura da trajetória real em cada ponto. O raio de cada círculo é igual ao raio de curvatura da trajetória em cada ponto.

Conforme a partícula se move ao longo da trajetória curva na Figura 4.15, a direção do vetor aceleração total $\vec{\mathbf{a}}$ muda de ponto para ponto. Em qualquer instante, este vetor pode ser decomposto em duas componentes baseadas em uma origem no centro do círculo pontilhado correspondente àquele instante: uma componente radial a_r ao longo do raio do círculo e uma componente tangencial a_t perpendicular a este raio. O vetor aceleração *total* $\vec{\mathbf{a}}$ pode ser representado como a soma vetorial dos vetores componentes:

$$\vec{\mathbf{a}} = \vec{\mathbf{a}}_r + \vec{\mathbf{a}}_t \qquad (4.19)$$

◀ **Aceleração total**

A componente tangencial da aceleração provoca uma variação na velocidade v da partícula. Esta componente é paralela à velocidade instantânea e seu módulo é dado por

$$a_t = \left|\frac{dv}{dt}\right| \qquad (4.20)$$

◀ **Aceleração tangencial**

A componente radial da aceleração surge de uma variação na direção do vetor velocidade e é dada por

$$a_r = -a_c = -\frac{v^2}{r} \qquad (4.21)$$

◀ **Aceleração radial**

onde r é o raio da curvatura da trajetória no ponto em questão. Reconhecemos o módulo da componente radial da aceleração como a aceleração centrípeta discutida na Seção 4.4 no que diz respeito à partícula no modelo de movimento circular uniforme. Mesmo em situações nas quais uma partícula se move ao longo de um caminho curvo com velocidade variável, contudo, a Equação 4.14 pode ser utilizada para a aceleração centrípeta. Nesta situação, a equação fornece a aceleração centrípeta *instantânea* em qualquer momento. O sinal negativo na Equação 4.21 indica que a direção da aceleração centrípeta é no centro do círculo representando o raio da curvatura. A direção é oposta àquela do vetor unitário radial $\hat{\mathbf{r}}$, que sempre aponta para longe da origem no centro do círculo.

Como $\vec{\mathbf{a}}_r$ e $\vec{\mathbf{a}}_t$ são componentes perpendiculares de $\vec{\mathbf{a}}$, segue que o módulo de $\vec{\mathbf{a}}$ é $a = \sqrt{a_r^2 + a_t^2}$. Em dada velocidade, a_r é grande quando o raio da curvatura é pequeno (como nos pontos Ⓐ e Ⓑ na Figura 4.15), e pequeno quando r é grande (como no ponto Ⓒ). A direção de $\vec{\mathbf{a}}_t$ é a mesma que $\vec{\mathbf{v}}$ (se v está aumentando) ou na direção oposta a $\vec{\mathbf{v}}$ (se v está diminuindo, como no ponto Ⓑ).

No movimento circular uniforme, onde v é constante, $a_t = 0$ e a aceleração sempre é completamente radial, como descrito na Seção 4.4. Em outras palavras, o movimento circular uniforme é um caso especial do movimento ao longo de uma trajetória curva geral. Além disto, se a direção de $\vec{\mathbf{v}}$ não muda, não há aceleração radial e o movimento é em uma dimensão (neste caso, $a_r = 0$, mas a_t não pode ser zero).

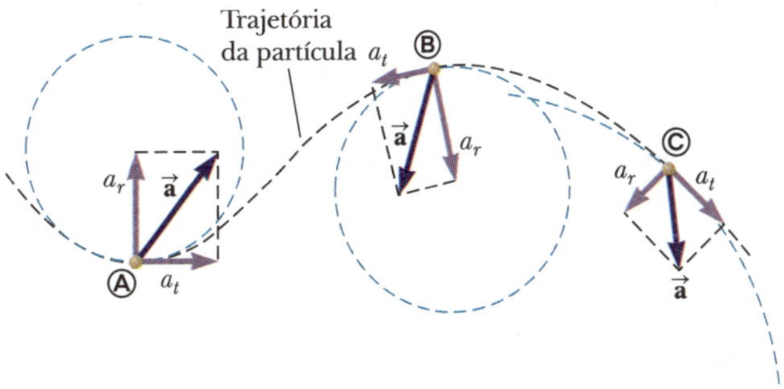

Figura 4.15 O movimento de uma partícula ao longo de uma trajetória curva arbitrária no plano *xy*. Se o vetor velocidade $\vec{\mathbf{v}}$ (sempre tangente à trajetória) muda em direção e módulo, as componentes da aceleração $\vec{\mathbf{a}}$ são uma componente tangencial a_t e uma componente radial a_r.

***Teste Rápido* 4.5** Uma partícula se move ao longo de uma trajetória e sua velocidade aumenta com o tempo. **(i)** Em qual dos casos seguintes os vetores aceleração e velocidade são paralelos? **(a)** quando a trajetória é circular **(b)** quando a trajetória é reta **(c)** quando a trajetória é uma parábola **(d)** nunca. **(ii)** Para as mesmas opções, em que caso os vetores aceleração e velocidade são perpendiculares em todos os pontos da trajetória?

Exemplo 4.7 Acima da lombada

Um carro parte de um sinal de Pare e exibe aceleração constante de 0,300 m/s^2 paralela à estrada. Ele passa em cima de uma lombada na estrada, que tem a parte de cima em formato de círculo com raio de 500 m. No momento em que o carro está em cima da lombada, seu vetor velocidade é horizontal e tem módulo de 6,00 m/s. Quais são o módulo e a direção do vetor aceleração total para o carro neste instante?

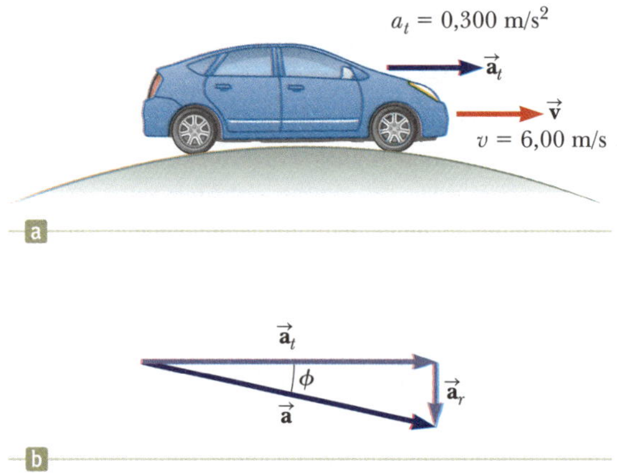

Figura 4.16 (Exemplo 4.7) (a) Um carro passa sobre uma lombada com formato de um arco de círculo. (b) O vetor aceleração total $\vec{a}$ é a soma dos vetores aceleração tangencial e radial $\vec{a}_t$ e $\vec{a}_r$.

SOLUÇÃO

Conceitualização Conceitualize a situação usando a Figura 4.16a e qualquer experiência que você teve ao dirigir sobre elevações numa estrada.

Categorização Como o carro em aceleração está se movendo ao longo de uma trajetória curva, categorizamos este problema como um que envolve uma partícula experimentando aceleração tangencial e, também, radial. Reconhecemos que este é um problema de substituição relativamente simples.

O vetor aceleração tangencial tem grandeza 0,3000 m/s^2 e é horizontal. A aceleração radial é dada pela Equação 4.21, com $v = 6{,}00$ m/s e $r = 500$ m. O vetor aceleração radial é direcionado diretamente para baixo.

Calcule a aceleração radial:

$$a_r = -\frac{v^2}{r} = -\frac{(6{,}00 \text{ m/s})^2}{500 \text{ m}} = -0{,}0720 \text{ m/s}^2$$

Encontre o módulo de $\vec{a}$:

$$\sqrt{a_r^2 + a_t^2} = \sqrt{(-0{,}0720 \text{ m/s}^2)^2 + (0{,}300 \text{ m/s}^2)^2}$$
$$= \boxed{0{,}309 \text{ m/s}^2}$$

Encontre o ângulo ϕ (ver Fig. 4.16b) entre $\vec{a}$ e a horizontal:

$$\phi = \text{tg}^{-1}\frac{a_r}{a_t} = \text{tg}^{-1}\left(\frac{-0{,}0720 \text{ m/s}^2}{0{,}300 \text{ m/s}^2}\right) = \boxed{-13{,}5°}$$

4.6 Velocidade relativa e aceleração relativa

Nesta seção, descreveremos como observações feitas por observadores diferentes em sistemas de referência diferentes se relacionam uma à outra. Um sistema de referência pode ser descrito como um de coordenadas cartesianas, no qual um observador está em repouso em relação à origem.

Vamos conceitualizar uma situação de amostra na qual haverá observações diferentes para observadores diferentes. Considere os dois observadores, A e B, ao longo da linha numerada na Figura 4.17a. O observador A está 5 unidades à direita do observador B. Os dois observadores medem a posição do ponto *P*, que está localizado 5 unidades à direita do observador A. Suponha que cada observador decida que está localizado na origem de um eixo x, como na Figura 4.17b. Note que os dois observadores discordam sobre o valor da posição do ponto P. O observador A diz que o ponto P está localizado na posição com valor de $x_A = +5$, enquanto B diz que está localizado em uma posição com valor de $x_B = +10$. Ambos estão corretos, embora façam medições diferentes. Essas medições diferem porque são feitas a partir de sistemas de referência diferentes.

Imagine que o observador B na Figura 4.17b esteja se movendo para a direita ao longo do eixo x_B. Agora, as duas medições são ainda mais diferentes. O observador A diz que o ponto P permanece em repouso em uma posição com valor de +5, enquanto B diz que a posição de P muda continuamente com o tempo, passando-o e se movendo atrás de si! Ambos estão corretos novamente, com a diferença nas medições surgindo dos sistemas de referência diferentes.

Exploramos este fenômeno considerando dois observadores observando um homem caminhando em uma esteira em movimento num aeroporto na Figura 4.18. A mulher em pé na esteira em movimento vê o homem caminhando com velocidade normal. Já a que observa de um ponto estacionário no chão o vê movimentando-se com maior velocidade, porque a velocidade da esteira associa-se à velocidade da caminhada dele. As duas observadoras olham para o mesmo homem e chegam a valores diferentes para a velocidade dele. Ambas estão corretas; a diferença no resultado das medições resulta da velocidade relativa de seus sistemas de referência.

Numa situação mais geral, considere uma partícula localizada no ponto P na Figura 4.19. Imagine que o movimento desta partícula esteja sendo descrito por dois observadores: A em um sistema de referência S_A fixo em relação à Terra; e B em um sistema de referência S_B se movimentando para a direita com relação a S_A (e, portanto, relativo à Terra) com velocidade constante $\vec{\mathbf{v}}_{BA}$. Nesta discussão de velocidade relativa, usamos notação de duplo subscrito; o primeiro representa o que está sendo observado, e o segundo, quem está fazendo a observação. Então, a notação $\vec{\mathbf{v}}_{BA}$ significa a velocidade do observador B (e o sistema anexo S_B) como medido pelo observador A. Com esta notação, o observador B mede A movimentando-se para a esquerda com velocidade $\vec{\mathbf{v}}_{AB} = -\vec{\mathbf{v}}_{BA}$. Para os propósitos desta discussão, colocaremos cada observador em sua respectiva origem.

Definimos o tempo $t = 0$ como o instante no qual as origens dos dois sistemas de referência coincidem no espaço. Então, no tempo t, as origens dos sistemas de referência serão separadas por uma distância $v_{BA}t$. Marcamos a posição P da partícula relativa ao observador A com o vetor posição $\vec{\mathbf{r}}_{PA}$ e aquela relativa ao observador B com o vetor posição $\vec{\mathbf{r}}_{PB}$, ambos no tempo t. A partir da Figura 4.19, vemos que os vetores $\vec{\mathbf{r}}_{PA}$ e $\vec{\mathbf{r}}_{PB}$ se relacionam um com o outro por meio da expressão

$$\vec{\mathbf{r}}_{PA} = \vec{\mathbf{r}}_{PB} + \vec{\mathbf{v}}_{BA}t \quad (4.22)$$

Diferenciando a Equação 4.22 com relação ao tempo, notando que $\vec{\mathbf{v}}_{BA}$ é constante, obtemos

$$\frac{d\vec{\mathbf{r}}_{PA}}{dt} = \frac{d\vec{\mathbf{r}}_{PB}}{dt} + \vec{\mathbf{v}}_{BA}$$

$$\vec{\mathbf{u}}_{PA} = \vec{\mathbf{u}}_{PB} + \vec{\mathbf{v}}_{BA} \quad (4.23)$$

◀ **Transformação galileana da velocidade**

onde $\vec{\mathbf{u}}_{PA}$ é a velocidade da partícula em P medida pelo observador A e $\vec{\mathbf{u}}_{PB}$ é sua velocidade medida por B. Usamos o símbolo $\vec{\mathbf{u}}$ para velocidade da partícula em vez de $\vec{\mathbf{v}}$, que já foi usado para a velocidade relativa de dois sistemas de referência. As Equações 4.22 e 4.23 são conhecidas como **equações de transformação galileanas.** Elas relacionam a posição e a velocidade de uma partícula conforme medidas por observadores em movimento relativo. Note o padrão dos subscritos na Equação 4.23. Quando velocidades relativas são acrescentadas, os subscritos internos (B) são os mesmos e os externos (P, A) combinam com os subscritos da velocidade à esquerda na equação.

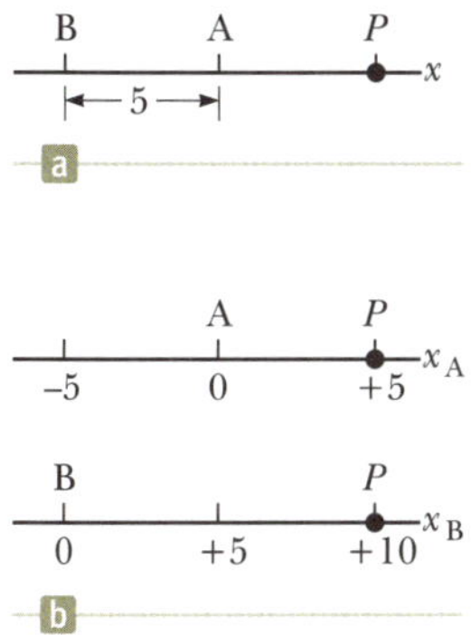

Figura 4.17 Observadores diferentes fazem medições diferentes. (a) O observador A está localizado 5 unidades à direita do observador B. Ambos medem a posição de uma partícula em P. (b) Se os dois observadores vissem a si mesmos na origem de seu próprio sistema de coordenadas, eles discordariam sobre o valor da posição da partícula em P.

Figura 4.18 Dois observadores medem a velocidade de um homem caminhando em uma esteira em movimento.

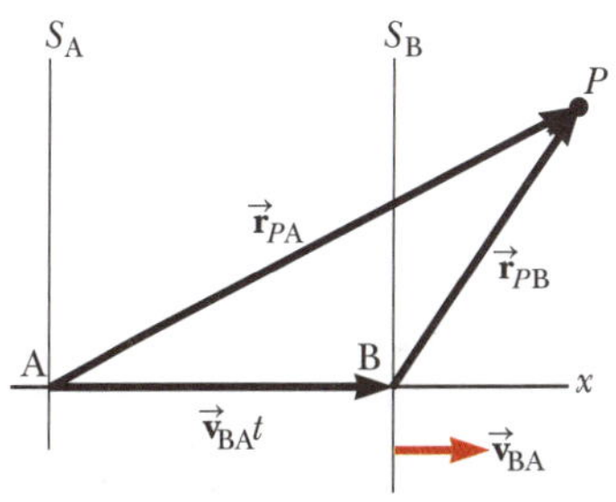

Figura 4.19 Uma partícula localizada em P é descrita por dois observadores, um no sistema de referência fixo S_A e o outro no sistema S_B, que se move para a direita com velocidade constante $\vec{\mathbf{v}}_{BA}$. O vetor $\vec{\mathbf{r}}_{PA}$ é o vetor posição da partícula com relação a S_A e $\vec{\mathbf{r}}_{PB}$ é seu vetor posição com relação a S_B.

Embora observadores em dois sistemas meçam velocidades diferentes para a partícula, eles medem a *mesma aceleração* quando $\vec{\mathbf{v}}_{BA}$ é constante. Podemos verificar isso considerando a derivada no tempo da Equação 4.23:

$$\frac{d\vec{\mathbf{u}}_{PA}}{dt} = \frac{d\vec{\mathbf{u}}_{PB}}{dt} + \frac{d\vec{\mathbf{v}}_{BA}}{dt}$$

Como $\vec{\mathbf{v}}_{BA}$ é constante, $d\vec{\mathbf{v}}_{BA}/dt = 0$. Então, concluímos que $\vec{\mathbf{a}}_{PA} = \vec{\mathbf{a}}_{PB}$ porque $\vec{\mathbf{a}}_{PA} = d\vec{\mathbf{u}}_{PA}/dt$ e $\vec{\mathbf{a}}_{PB} = d\vec{\mathbf{u}}_{PB}/dt$. Ou seja, a aceleração da partícula medida por um observador em um sistema de referência é a mesma daquela medida por qualquer outro observador movendo-se com velocidade constante em relação ao primeiro sistema.

Exemplo 4.8 Um barco atravessando um rio

Um barco atravessando um rio largo movimenta-se com velocidade de 10,0 km/h em relação à água. A água no rio tem velocidade uniforme de 5,00 km/h para o leste em relação à Terra.

(A) Se o barco vai para o norte, determine sua velocidade em relação a um observador em pé em uma das margens.

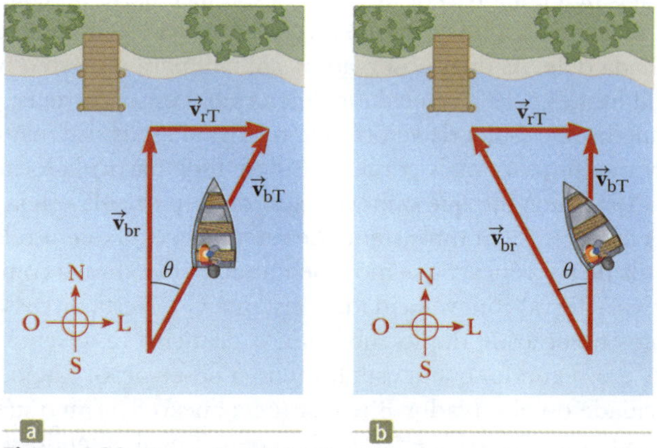

Figura 4.20 (Exemplo 4.8) (a) Um barco quer atravessar um rio e acaba indo rio abaixo. (b) Para se mover diretamente para o outro lado do rio, o barco deve ir rio acima.

SOLUÇÃO

Conceitualização Imagine-se dentro de um barco que atravessa um rio enquanto a corrente empurra você para baixo. Você não conseguirá se mover diretamente para o outro lado do rio, mas irá rio abaixo, como sugerido na Figura 4.20a.

Categorização Por causa das velocidades combinadas de você em relação ao rio e do rio em relação à Terra, podemos categorizar este problema como um que envolve velocidades relativas.

Análise Sabemos que $\vec{\mathbf{v}}_{br}$ é a velocidade do *barco* em relação ao *rio*, e $\vec{\mathbf{v}}_{rT}$ é a velocidade do *rio* em relação à *Terra*. O que temos de encontrar é $\vec{\mathbf{v}}_{bT}$, a velocidade do *barco* em relação à *Terra*. A relação entre essas três quantidades é $\vec{\mathbf{v}}_{bT} = \vec{\mathbf{v}}_{br} + \vec{\mathbf{v}}_{rT}$. Os termos na equação devem ser manipulados como quantidades vetoriais; os vetores são mostrados na Figura 4.20a. A quantidade $\vec{\mathbf{v}}_{br}$ é para o norte; $\vec{\mathbf{v}}_{rT}$ é para o leste; e a soma vetorial dos dois, $\vec{\mathbf{v}}_{bT}$, está em um ângulo θ como definido na Figura 4.20a.

Encontre a velocidade v_{bT} do barco em relação à Terra usando o Teorema de Pitágoras:

$$v_{bT} = \sqrt{v_{br}^2 + v_{rT}^2} = \sqrt{(10{,}0\text{ km/h})^2 + (5{,}00\text{ km/h})^2}$$
$$= 11{,}2\text{ km/h}$$

Encontre a direção de $\vec{\mathbf{v}}_{bT}$:

$$\theta = \text{tg}^{-1}\left(\frac{v_{rT}}{v_{br}}\right) = \text{tg}^{-1}\left(\frac{5{,}00}{10{,}0}\right) = 26{,}6°$$

Finalização O barco se move a uma velocidade de 11,2 km/h na direção 26,6° nordeste em relação à Terra. Note que a velocidade de 11,2 km/h é mais rápida que a do seu barco, de 10,0 km/h. A velocidade da correnteza se adiciona à sua para lhe dar maior velocidade. Note, na Figura 4.20a, que sua velocidade resultante forma um ângulo com a direção diretamente do outro lado do rio. Então, você acabará indo rio abaixo, conforme previmos.

(B) Se o barco viaja com a mesma velocidade de 10,0 km/h em relação ao rio e deve viajar para o norte, como mostra a Figura 4.20b, que direção deveria tomar?

SOLUÇÃO

Conceitualização/Categorização Esta questão é uma extensão da parte (A). Então, já conceitualizamos e categorizamos o problema. No entanto, neste caso, devemos apontar o barco rio acima para poder atravessá-lo.

4.8 *cont.*

Análise A análise agora envolve o novo triângulo mostrado na Figura 4.20b. Como na parte (A), conhecemos $\vec{\mathbf{v}}_{rT}$ e o módulo do vetor $\vec{\mathbf{v}}_{br}$, e queremos que $\vec{\mathbf{v}}_{bT}$ seja direcionada para o outro lado do rio. Note a diferença entre o triângulo na Figura 4.20a e aquele na 4.20b: a hipotenusa na Figura 4.20b já não é $\vec{\mathbf{v}}_{bT}$.

Use o Teorema de Pitágoras para achar v_{bT}:

$$v_{bT} = \sqrt{v_{br}^{\ 2} - v_{rT}^{\ 2}} = \sqrt{(10{,}0\text{ km/h})^2 - (5{,}00\text{ km/h})^2} = 8{,}66\text{ km/h}$$

Ache a direção na qual o barco está indo:

$$\theta = \text{tg}^{-1}\left(\frac{v_{rT}}{v_{bT}}\right) = \text{tg}^{-1}\left(\frac{5{,}00}{8{,}66}\right) = \boxed{30{,}0°}$$

Finalização O barco deve ir rio acima para viajar diretamente para o norte e atravessá-lo. Para esta situação, o barco deve manter um curso de 30,0° a noroeste. Para correntezas mais velozes, o barco deve ser posicionado rio acima com ângulos maiores.

E SE? Imagine que os dois barcos nas partes (A) e (B) estejam apostando corrida para atravessar o rio. Qual deles chegará primeiro à margem oposta?

Resposta Na parte (A), a velocidade de 10 km/h está apontada diretamente para o outro lado do rio. Na (B), a velocidade direcionada ao outro lado do rio tem módulo de somente 8,66 km/h. Portanto, o barco na parte (A) tem componente da velocidade maior diretamente para o outro lado do rio e chega primeiro.

Resumo

Definições

O **vetor deslocamento** $\Delta\vec{\mathbf{r}}$ para uma partícula é a diferença entre seu vetor posição final e seu vetor posição inicial:

$$\Delta\vec{\mathbf{r}} \equiv \vec{\mathbf{r}}_f - \vec{\mathbf{r}}_i \quad (4.1)$$

A **velocidade média** de uma partícula durante o intervalo de tempo Δt é definida como o deslocamento da partícula dividido pelo intervalo de tempo:

$$\vec{\mathbf{v}}_m \equiv \frac{\Delta\vec{\mathbf{r}}}{\Delta t} \quad (4.2)$$

A **velocidade instantânea** de uma partícula é definida como o limite da velocidade média conforme Δt se aproxima de zero:

$$\vec{\mathbf{v}} \equiv \lim_{\Delta t\to 0}\frac{\Delta\vec{\mathbf{r}}}{\Delta t} = \frac{d\vec{\mathbf{r}}}{dt} \quad (4.3)$$

A **aceleração média** de uma partícula é definida como a variação de seu vetor velocidade instantânea dividida pelo intervalo de tempo Δt durante o qual esta variação ocorre:

$$\vec{\mathbf{a}}_m \equiv \frac{\Delta\vec{\mathbf{v}}}{\Delta t} = \frac{\vec{\mathbf{v}}_f - \vec{\mathbf{v}}_i}{t_f - t_i} \quad (4.4)$$

A **aceleração instantânea** de uma partícula é definida como o valor limite da aceleração média conforme Δt se aproxima de zero:

$$\vec{\mathbf{a}} \equiv \lim_{\Delta t\to 0}\frac{\Delta\vec{\mathbf{v}}}{\Delta t} = \frac{d\vec{\mathbf{v}}}{dt} \quad (4.5)$$

O **movimento de projétil** é um tipo de movimento bidimensional, exibido por um objeto lançado no ar perto da superfície da Terra e que experimenta queda livre. Este movimento comum pode ser analisado aplicando o modelo da partícula sob velocidade constante ao movimento do projétil na direção x e o modelo da partícula sob aceleração constante ($a_y = -g$) na direção y.

Uma partícula movimentando-se em uma trajetória circular com velocidade constante exibe **movimento circular uniforme**.

Conceitos e Princípios

Se uma partícula se move com aceleração *constante* $\vec{\mathbf{a}}$ e tem velocidade $\vec{\mathbf{v}}$ e posição $\vec{\mathbf{r}}_i$ em $t = 0$, seus vetores velocidade e posição em algum instante t mais tarde são:

$$\vec{\mathbf{v}}_f = \vec{\mathbf{v}}_i + \vec{\mathbf{a}}t \quad (4.8)$$

$$\vec{\mathbf{r}}_f = \vec{\mathbf{r}}_i + \vec{\mathbf{v}}_i t + \tfrac{1}{2}\vec{\mathbf{a}}t^2 \quad (4.9)$$

Para movimento bidimensional no plano xy sob aceleração constante, cada uma destas expressões de vetor é equivalente a duas componentes: uma para o movimento na direção x e outra para o movimento na direção y.

É útil pensar no movimento de projétil em termos de uma combinação de dois modelos de análise: (1) o da partícula sob velocidade constante na direção x; e (2) o da partícula sob aceleração constante na direção vertical com aceleração constante para baixo de módulo $g = 9{,}80\ \text{m/s}^2$.

Uma partícula em movimento circular uniforme sofre uma aceleração radial $\vec{\mathbf{a}}_r$ porque a direção de $\vec{\mathbf{v}}$ varia com o tempo. Esta aceleração é chamada de **aceleração centrípeta** e sua direção é sempre em direção ao centro do círculo.

Se uma partícula se move ao longo de uma trajetória curva de tal maneira que tanto o módulo quanto a direção de $\vec{\mathbf{v}}$ variam com o tempo, a partícula tem um vetor aceleração que pode ser descrito por dois vetores componentes: (1) um de componente radial $\vec{\mathbf{a}}_r$ que provoca a variação da direção em $\vec{\mathbf{v}}$; e (2) um de componente tangencial $\vec{\mathbf{a}}_t$ que provoca a variação no módulo de $\vec{\mathbf{v}}$. O módulo de $\vec{\mathbf{a}}_r$ é v^2/r, e o de $\vec{\mathbf{a}}_t$ é $|dv/dt|$.

A velocidade $\vec{\mathbf{u}}_{PA}$ de uma partícula medida em um sistema fixo de referência S_A pode ser relacionada à velocidade $\vec{\mathbf{u}}_{PB}$ da mesma partícula medida em um sistema móvel de referência S_B por:

$$\vec{\mathbf{u}}_{PA} = \vec{\mathbf{u}}_{PB} + \vec{\mathbf{v}}_{BA} \quad (4.20)$$

onde $\vec{\mathbf{v}}_{BA}$ é a velocidade de S_B relativa a S_A.

Modelo de Análise para Resolução de Problemas

Partícula em Movimento Circular Uniforme Se uma partícula se move em uma trajetória circular de raio r com velocidade constante v, o módulo de sua aceleração centrípeta é dada por

$$a_c = \frac{v^2}{r} \quad (4.14)$$

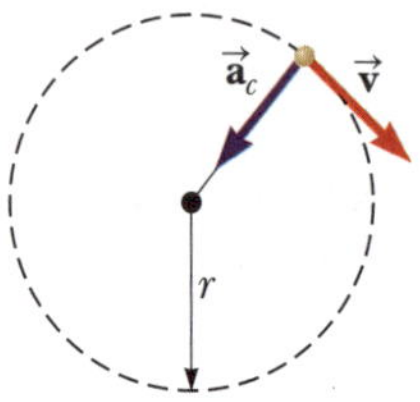

e o **período** do movimento da partícula é dado por

$$T = \frac{2\pi r}{v} \quad (4.15)$$

A **velocidade angular** da partícula é

$$\omega = \frac{2\pi}{T} \quad (4.16)$$

Perguntas Objetivas

1. A Figura PO4.1 mostra uma vista do alto de um carro fazendo a curva em uma estrada. Quando o carro se move do ponto 1 para o ponto 2, sua velocidade dobra. Qual dos vetores de (a) a (e) mostra a direção da aceleração média do carro entre estes dois pontos?

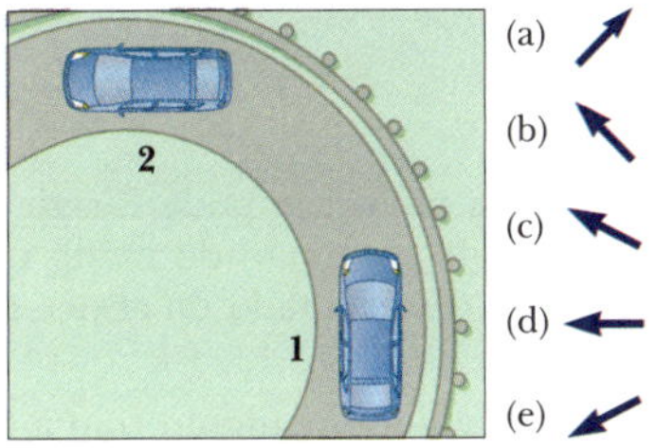

Figura PO4.1

2. Quando entra em seu quarto, um estudante joga sua mochila para cima e para a direita a um ângulo de 45° com a horizontal (Fig. PO4.2). A resistência do ar não afeta o movimento da mochila. A mochila se move pelo ponto Ⓐ imediatamente após sair da mão do estudante; pelo ponto Ⓑ em seu ponto máximo; e pelo ponto Ⓒ imediatamente antes de pousar em cima do beliche. (**i**) Classifique as seguintes componentes verticais e horizontais do maior para o menor: (a) $v_{Ⓐx}$ (b) $v_{Ⓐy}$ (c) $v_{Ⓑx}$ (d) $v_{Ⓑy}$ (e) $v_{Ⓒy}$. Note que zero é maior que um número negativo. Se duas quantidades forem iguais, mostre-as como iguais em sua lista. Se qualquer quantidade for igual a zero, mostre também este fato. (**ii**) Classifique as seguintes componentes de aceleração da mesma maneira: (a) $a_{Ⓐx}$ (b) $a_{Ⓐy}$ (c) $a_{Ⓑx}$ (d) $a_{Ⓑy}$ (e) $a_{Ⓒy}$.

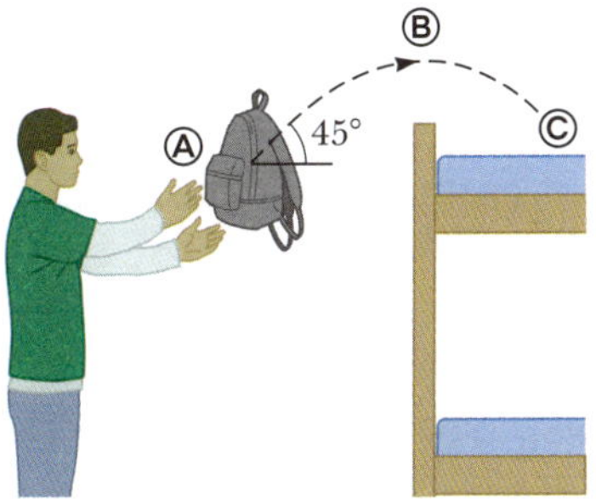

Figura PO4.2

3. Um estudante joga uma bola vermelha pesada horizontalmente da varanda de um edifício, com velocidade inicial v_i. Ao mesmo tempo, um segundo estudante joga uma bola azul mais leve da varanda. Desprezando a resistência do ar, qual afirmativa é verdadeira? (a) A bola azul chega ao chão primeiro. (b) As bolas chegam ao chão no mesmo instante. (c) A bola vermelha chega ao chão primeiro. (d) As duas bolas atingem o chão com a mesma velocidade. (e) Nenhuma das afirmativas de (a) a (d) é verdadeira.

4. Um projétil é lançado na Terra com certa velocidade inicial e se move sem resistência do ar. Outro projétil é lançado com a mesma velocidade inicial na Lua, onde a aceleração da gravidade é um sexto da daqui. Como a altitude máxima do projétil na Lua se compara com a do projétil na Terra? (a) É um sexto do tamanho. (b) É igual. (c) É $\sqrt{6}$ vezes maior. (d) É 6 vezes maior. (e) É 36 vezes maior.

5. Um carro movendo-se em uma pista circular com velocidade constante tem (a) aceleração zero, (b) uma aceleração na direção da sua velocidade, (c) uma aceleração direcionada para longe do centro de sua trajetória, (d) uma aceleração direcionada para o centro de sua trajetória ou (e) uma aceleração com uma direção que não pode ser determinada a partir da informação dada?

6. Um astronauta bate numa bola de golfe na Lua. Qual das quantidades seguintes, caso haja alguma, permanece constante enquanto a bola se movimenta naquele vácuo? (a) velocidade escalar (b) aceleração (c) componente horizontal da velocidade (d) componente vertical da velocidade (e) velocidade vetorial.

7. Um projétil é lançado na Terra com certa velocidade inicial e se move sem resistência do ar. Outro projétil é lançado com a mesma velocidade inicial na Lua, onde a aceleração da gravidade é um sexto da daqui. Como o alcance do projétil na Lua se compara com o do projétil na Terra? (a) É um sexto do tamanho. (b) É igual. (c) É $\sqrt{6}$ vezes maior. (d) É 6 vezes maior. (e) É 36 vezes maior.

8. Uma menina movendo-se sobre patins com velocidade de 8 m/s está ultrapassando um menino que se move a 5 m/s enquanto os dois passam por um caminho reto. O menino joga uma bola com velocidade 12 m/s em relação a ele para trás, na direção da menina. Qual é a velocidade escalar da bola com relação à menina, que apanha a bola? (a) $(8 + 5 + 12)$ m/s (b) $(8 - 5 - 12)$ m/s (c) $(8 + 5 - 12)$ m/s (d) $(8 - 5 + 12)$ m/s (e) $(-8 + 5 + 12)$ m/s.

9. Um velejador deixa cair uma chave inglesa de cima do mastro vertical de um veleiro enquanto o barco se move rápida e regularmente em linha reta para a frente. Que local a chave inglesa vai atingir no convés? (a) a frente da base do mastro (b) a base do mastro (c) atrás da base do mastro (d) a barlavento da base do mastro (e) nenhuma das opções de (a) a (d) é verdadeira.

10. Uma bola de beisebol é lançada do gramado em direção ao apanhador. Quando a bola atinge seu ponto máximo, qual afirmativa é verdadeira: (a) Sua velocidade e aceleração são zero. (b) Sua velocidade não é zero, mas sua aceleração é zero. (c) Sua velocidade é perpendicular à sua aceleração. (d) Sua aceleração depende do ângulo em que a bola foi lançada. (e) Nenhuma das afirmativas de (a) e (d) é verdadeira.

11. Um molho de chaves na ponta de um barbante é balançado de forma constante em um círculo horizontal. Em uma tentativa, ele se move com velocidade v em um círculo de raio r. Na segunda, move-se com velocidade maior, de $4v$ em um círculo de raio $4r$. Como o período do seu movimento na segunda tentativa se compara com o da primeira? (a) É igual ao da primeira tentativa. (b) É quatro vezes maior. (c) É um quarto do tamanho. (d) É dezesseis vezes maior. (e) É um dezesseis avos do tamanho.

12. Um tampão de borracha na ponta de um barbante é balançado de forma constante em um círculo horizontal. Em uma tentativa, ele se move com velocidade v em um círculo de raio r. Na segunda, move-se com velocidade maior $3v$ em um círculo de raio $3r$. Nesta segunda tentativa, sua aceleração é (a) igual à da primeira tentativa, (b) três vezes maior, (c) um terço do tamanho, (d) nove vezes maior ou (e) um nono do tamanho?

13. Em qual das seguintes situações o corpo em movimento foi adequadamente modelado como um projétil? Escolha todas as respostas corretas. (a) Um sapato é jogado em uma direção arbitrária. (b) Um avião a jato cruza o céu com seus motores empurrando o avião para a frente. (c) Um foguete sai da plataforma de lançamento. (d) Um foguete se move pelo céu, com velocidade menor que a do som após usar todo seu combustível. (e) Um mergulhador joga uma pedra embaixo d'água.

14. Um caminhão leve pode fazer uma curva com raio de 150 m com velocidade máxima de 32,0 m/s. Para ter a mesma aceleração, com que velocidade máxima ele pode fazer uma curva com raio de 75,0 m? (a) 64 m/s (b) 45 m/s (c) 32 m/s (d) 23 m/s (e) 16 m/s.

Perguntas Conceituais

1. Uma nave espacial se desloca pelo espaço com velocidade constante. Subitamente, um vazamento de gás na lateral da nave provoca uma aceleração constante em uma direção perpendicular à velocidade inicial. A orientação da nave espacial não muda; então, a aceleração permanece perpendicular à direção original da velocidade. Qual é o formato da trajetória percorrida pela nave espacial nesta situação?
2. Uma esquiadora no gelo está executando um oito, que consiste em dois caminhos de formato idêntico com trajetória circular tangente. Durante o primeiro giro, ela aumenta sua velocidade uniformemente e, durante o segundo, move-se com velocidade constante. Desenhe um diagrama de movimento mostrando os vetores velocidade e aceleração em vários pontos ao longo da trajetória do movimento.
3. Se você conhece os vetores posição de uma partícula em dois pontos ao longo de sua trajetória e sabe também durante que intervalo de tempo ela se moveu de um ponto ao outro, você pode determinar a velocidade instantânea da partícula? E sua velocidade média? Explique.
4. Descreva como um motorista pode dirigir um carro que viaja com velocidade constante de modo que (a) a aceleração seja zero ou (b) o módulo da aceleração permanece constante.
5. Um projétil é lançado a um ângulo com a horizontal com velocidade inicial v_i e resistência do ar desprezível. (a) O projétil é um corpo em queda livre? (b) Qual é sua aceleração na direção vertical? (c) Qual é sua aceleração na direção horizontal?
6. Construa um diagrama de movimento mostrando a velocidade e aceleração de um projétil em vários pontos ao longo de sua trajetória, supondo que (a) o projétil seja lançado horizontalmente e (b) o projétil seja lançado a um ângulo θ com a horizontal.
7. Explique se as partículas a seguir têm aceleração: (a) movendo-se em linha reta com velocidade constante e (b) movendo-se em uma curva com velocidade constante.

Problemas

ENHANCED WebAssign Os problemas que se encontram neste capítulo podem ser resolvidos *on-line* no Enhanced WebAssign (em inglês)

1. denota problema simples;

2. denota problema intermediário;

3. denota problema de desafio;

AMT *Analysis Model Tutorial* disponível no Enhanced WebAssign (em inglês);

M denota tutorial *Master It* disponível no Enhanced WebAssign (em inglês);

PD denota problema dirigido;

W solução em vídeo *Watch It* disponível no Enhanced WebAssign (em inglês).

Seção 4.1 Os vetores posição, velocidade e aceleração

1. Um motorista dirige para o sul a 20,0 m/s por 3,00 min, então vira para oeste e move-se a 25,0 m/s por 2,00 min, quando finalmente vai para o noroeste a 30,0 m/s por 1,00 min. Para este percurso de 6,00 min, encontre (a) o vetor deslocamento total, (b) a velocidade escalar média e (c) a velocidade média. Considere o eixo positivo x como apontando para leste.
2. Quando o Sol está a pino, um falcão mergulha em direção ao solo com velocidade constante de 5,00 m/s a 60,0° abaixo da horizontal. Calcule a velocidade de sua sombra no nível do solo.
3. Suponha que o vetor posição para uma partícula é dado como uma função de tempo por $\vec{r}(t) = x(t)\hat{i} + y(t)\hat{j}$, com $x(t) = at + b$ e $y(t) = ct^2 + d$, onde $a = 1{,}00$ m/s, $b = 1{,}00$ m, $c = 0{,}125$ m/s^2, e $d = 1{,}00$ m. (a) Calcule a velocidade média durante o intervalo de tempo de $t = 2{,}00$ s a $t = 4{,}00$ s. (b) Determine a velocidade vetorial e a velocidade escalar em $t = 2{,}00$ s.
4. As coordenadas de um corpo se movendo no plano xy variam com o tempo de acordo com as equações $x = -5{,}00$ sen ωt e $y = 4{,}00 - 5{,}00$ cos ωt, onde ω é uma constante, x e y estão dados em metros e t em segundos. (a) Determine as componentes da velocidade do corpo em $t = 0$. (b) Determine as componentes de aceleração do corpo em $t = 0$. (c) Escreva expressões para o vetor posição, o vetor velocidade e o vetor aceleração do corpo em qualquer instante $t > 0$. (d) Descreva a trajetória do corpo em um traçado de xy.
5. Uma bola de golfe é lançada de um pino na beirada de um penhasco. Suas coordenadas x e y como função do tempo são dadas por $x = 18{,}0t$ e $y = 4{,}00t - 4{,}90t^2$, onde x e y são dados em metros e t em segundos. (a) Escreva uma expressão vetorial para a posição da bola como função do tempo, usando os vetores unitários $\hat{i}$ e $\hat{j}$. Tomando derivadas, obtenha expressões para (b) o vetor velocidade $\vec{v}$ como função do tempo e (c) o vetor aceleração $\vec{a}$ como função do tempo. (d) Depois, use notação de vetores unitários para escrever expressões para a posição, velocidade e aceleração da bola de golfe em $t = 3{,}00$ s.

Seção 4.2 Movimento bidimensional com aceleração constante

6. W Uma partícula inicialmente localizada na origem tem aceleração $\vec{a} = 3{,}00\hat{j}$ m/s^2 e velocidade inicial $\vec{v}_i = 5{,}00\hat{i}$ m/s. Encontre (a) o vetor posição da partícula em qualquer instante t, (b) a velocidade da partícula em qualquer instante t, (c) as coordenadas da partícula em $t = 2{,}00$ s e (d) a velocidade escalar da partícula em $t = 2{,}00$ s.
7. W O vetor posição de uma partícula varia no tempo de acordo com a expressão $\vec{r} = 3{,}00\hat{i} - 6{,}00t^2\hat{j}$, onde $\vec{r}$ é dado

em metros e t em segundos. (a) Encontre uma expressão para a velocidade da partícula como função do tempo. (b) Determine a aceleração da partícula como função do tempo. (c) Calcule a posição e velocidade da partícula em $t = 1{,}00$ s.

8. Não é possível ver corpos muito pequenos, como vírus, utilizando um microscópio de luz comum. No entanto, um microscópio eletrônico pode visualizar estes corpos utilizando um feixe eletrônico em vez de um raio de luz. A microscopia eletrônica tem se mostrado inestimável para investigações de vírus, membranas celulares e estruturas subcelulares, superfícies de bactérias, receptores visuais, cloroplastos e propriedades contráteis de músculos. As "lentes" de um microscópio eletrônico consistem de campos elétricos e magnéticos que controlam o feixe eletrônico. Como exemplo de manipulação de um feixe eletrônico, considere um elétron viajando a partir da origem ao longo do eixo x no plano xy, com velocidade vetorial inicial $\vec{\mathbf{v}}_i = v_i\hat{\mathbf{i}}$. À medida que ele passa através da região $x = 0$ para $x = d$, o elétron experimenta aceleração $\vec{\mathbf{a}} = a_x\hat{\mathbf{i}} + a_y\hat{\mathbf{j}}$, onde a_x e a_y são constantes. Para o caso $v_i = 1{,}80 \times 10^7$ m/s, $a_x = 8{,}00 \times 10^{14}$ m/s^2, e $a_y = 1{,}60 \times 10^{15}$ m/s^2, determine em $x = d = 0{,}0100$ m (a) a posição do elétron, (b) a velocidade vetorial do elétron, (c) a velocidade escalar do elétron e (d) a direção de viagem do elétron (por exemplo, o ângulo entre sua velocidade vetorial e o eixo x).

9. AMT M Um peixe nadando em um plano horizontal tem velocidade $\vec{\mathbf{v}}_i = (4{,}00\hat{\mathbf{i}} + 1{,}00\hat{\mathbf{j}})$ m/s em um ponto do oceano onde a posição relativa a certa pedra é $\vec{\mathbf{r}}_i = (10{,}0\hat{\mathbf{i}} - 4{,}00\hat{\mathbf{j}})$ m. Após o peixe nadar com aceleração constante por 20,0 s, sua velocidade é $\vec{\mathbf{v}} = (20{,}0\hat{\mathbf{i}} - 5{,}00\hat{\mathbf{j}})$ m/s. (a) Quais são as componentes da aceleração do peixe? (b) Qual é a direção da sua aceleração com relação ao vetor unitário $\hat{\mathbf{i}}$? (c) Se o peixe mantém aceleração constante, onde ele está em $t = 25{,}0$ s e em que direção está se movendo?

10. **Revisão**. Um veículo para neve está originalmente no ponto com vetor posição 29,0 m a 95,0° no sentido anti-horário do eixo x, movendo-se com velocidade de 4,50 m/s a 40,0°. Ele se move com aceleração constante de 1,90 m/s^2 a 200°. Após 5,00 s, encontre (a) sua velocidade e (b) seu vetor posição.

Seção 4.3 Movimento de projéteis

Observação: Despreze a resistência do ar em todos os problemas e considere $g = 9{,}80$ m/s^2 na superfície da Terra.

11. A equipe Reis Maias e muitas outras equipes esportivas escolares são nomeadas com referências ao puma, cougar ou leão da montanha – *Felis concolor* – o melhor saltador entre os animais. Ele pode saltar a uma altura de 12,0 pés quando deixa o solo a um ângulo de 45,0°. Com que velocidade, em unidades do SI, ele deixa o solo para fazer seu salto?

12. Uma astronauta em um planeta estranho descobre que pode saltar uma distância horizontal máxima de 15,0 m se sua velocidade inicial for de 3,00 m/s. Qual é a aceleração em queda livre no planeta?

13. AMT M Em um bar local, um cliente desliza uma caneca de cerveja vazia pelo balcão para que seja enchida. A altura do balcão é de 1,22 m. A caneca desliza para fora do balcão e atinge o chão a 1,40 m da base do balcão. (a) Com que velocidade a caneca saiu do balcão? (b) Qual era a direção da velocidade da caneca imediatamente antes de atingir o chão?

14. Em um bar local, um cliente desliza uma caneca de cerveja vazia pelo balcão para que seja enchida. A altura do balcão é h. A caneca desliza para fora do balcão e atinge o chão a uma distância d da base do balcão. (a) Com que velocidade a caneca saiu do balcão? (b) Qual era a direção da velocidade da caneca imediatamente antes de atingir o chão?

15. Um projétil é lançado de tal modo que seu alcance horizontal é igual a três vezes sua altura máxima. Qual é o ângulo de lançamento?

16. W Para começar uma avalanche numa montanha, uma bomba de artilharia é disparada com velocidade inicial de 300 m/s a 55,0° acima da horizontal. Ela explode contra a montanha 42,0 s após o disparo. Quais são as coordenadas x e y da bomba onde ela explode com relação ao ponto de disparo?

17. O salmão Chinook pode se mover bastante rapidamente pulando para fora da água periodicamente. Este comportamento é chamado *porpoising*. Suponha que um salmão nadando em água parada pule para fora com velocidade de 6,26 m/s a 45,0° acima da horizontal, plane pelo ar por uma distância L antes de voltar para a água, e depois nade a mesma distância L debaixo d'água em uma linha reta e horizontal com velocidade de 3,58 m/s antes de saltar novamente. (a) Determine a velocidade média do peixe para o processo de saltar e nadar embaixo d'água. (b) Considere o intervalo de tempo necessário para percorrer a distância total de $2L$. Este intervalo de tempo é reduzido em que percentual pelo processo de saltar/nadar comparado com simplesmente nadar debaixo d'água a 3,58 m/s?

18. Uma pedra é jogada para cima a partir do solo de tal maneira que a altura máxima do seu percurso é igual ao seu alcance horizontal R. (a) A que ângulo θ a pedra é jogada? (b) Em termos de seu alcance original R, qual é o alcance $R_{\text{máx}}$ que a pedra pode alcançar se for lançada com a mesma velocidade, mas no melhor ângulo para alcance máximo? (c) **E se?** Sua resposta para (a) seria diferente se a pedra fosse lançada com a mesma velocidade em um planeta diferente? Explique.

19. A velocidade de um projétil quando ele atinge sua altura máxima é metade de sua velocidade de quando ele está à metade de sua altura máxima. Qual é o ângulo de projeção inicial do projétil?

20. W Uma bola é jogada da janela de um andar alto de um edifício. A bola tem velocidade inicial de 8,00 m/s a um ângulo de 20,0° abaixo da horizontal. Ela atinge o solo 3,00 s depois. (a) A que distância horizontal da base do edifício a bola atinge o solo? (b) Encontre a altura de onde a bola foi jogada. (c) Quanto tempo a bola leva para chegar a um ponto 10,0 m abaixo do nível do lançamento?

21. Um bombeiro, a uma distância d de um edifício em chamas, direciona o jato de água de uma mangueira de incêndio a um ângulo θ_i acima da horizontal, como mostra a Figura P4.21. Se a velocidade inicial do jato é v_i, a que altura h a água atinge o edifício?

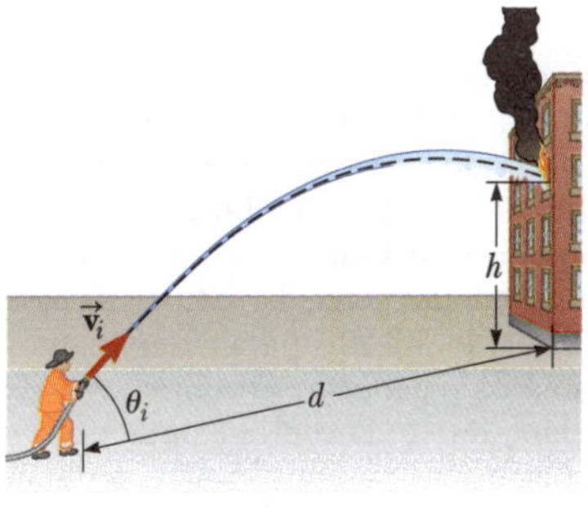

Figura P4.21

22. Um paisagista planeja uma cascata artificial em um parque da cidade. A água vai fluir a 1,70 m/s do final do canal horizontal no topo de um muro vertical com $h = 2{,}35$ m de altura, e dali cairá em uma piscina (Fig. P4.22). (a) O espaço atrás da cascata será largo o suficiente para uma passarela de pedestres? (b) Para vender seu projeto para a prefeitura, o arquiteto quer construir um modelo em escala padrão, que é um doze avos do tamanho real. Com que velocidade a água deve fluir do canal no modelo?

Figura P4.22

23. AMT M Um jogador tem de chutar uma bola de futebol americano de um ponto 36,0 m (aproximadamente 40 jardas) do gol. Metade do público torce para que a bola passe pela barra transversal, que tem altura de 3,05 m. Quando a bola é chutada, ela sai do solo com velocidade de 20,0 m/s a um ângulo de 53,0° com a horizontal. (a) A bola passa ou deixa de passar a barra transversal? Por quanto? (b) A bola se aproxima da barra transversal enquanto ainda está subindo ou durante sua descida?

24. Um astro do basquete salta 2,80 m horizontalmente para enterrar a bola (Fig. P4.24a). O movimento dele pelo espaço pode ser modelado precisamente como aquele de uma partícula no seu *centro de massa,* que será definido no Capítulo 9. O centro de massa dele está na elevação 1,02 m quando ele sai do chão. Ele atinge a altura máxima de 1,85 m acima do chão e está em elevação 0,900 m quando toca o chão novamente. Determine (a) o tempo de voo (o *hang time*), (b) a componente horizontal da velocidade, (c) a componente vertical da velocidade no instante em que o atleta decola e (d) o ângulo da decolagem. (e) Para comparar, determine o *hang time* de um cervo dando um salto (Fig. P4.24b) com elevações de centro de massa $y_i = 1{,}20$ m, $y_{\text{máx}} = 2{,}50$ m e $y_f = 0{,}700$ m.

Figura P4.24

25. Um parquinho está no telhado plano de uma escola, a 6,00 m acima da rua (Fig. P4.25). A parede vertical do edifício tem altura de $h = 7{,}00$ m, formando uma grade de 1 m de altura ao redor do parquinho. Uma bola caiu na rua abaixo e um transeunte a devolve jogando a um ângulo de $\theta = 53{,}0°$ acima da horizontal em um ponto $d = 24{,}0$ m da base da parede do edifício. A bola leva 2,20 s para alcançar um ponto verticalmente acima da parede. (a) Encontre a velocidade com que a bola foi lançada. (b) Encontre a distância vertical na qual a bola passa acima da parede. (c) Ache a distância horizontal da parede ao ponto no telhado onde a bola pousa.

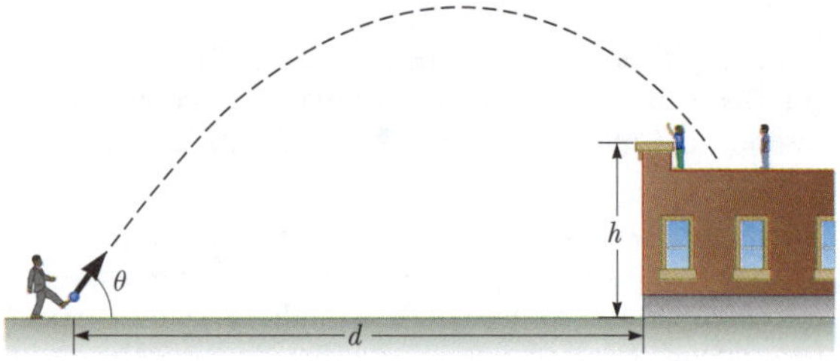

Figura P4.25

26. O movimento de um corpo humano pelo espaço pode ser modelado como o movimento de uma partícula no centro de massa do corpo, como veremos no Capítulo 9. As componentes do deslocamento do centro de massa de um atleta do início ao final de um salto são descritos pelas equações

$$x_f = 0 + (11{,}2 \text{ m/s})(\cos 18{,}5°)\ t$$

$$0{,}360 \text{ m} = 0{,}840 \text{ m} + (11{,}2 \text{ m/s})(\text{sen } 18{,}5°)t - \tfrac{1}{2}(9{,}80 \text{ m/s}^2)t^2$$

onde t é dado em segundos, e é o tempo quando o atleta termina o salto. Identifique (a) a posição do atleta e (b) seu vetor velocidade no ponto de partida. (c) Que distância ele saltou?

27. W Um jogador de futebol chuta uma pedra horizontalmente de um penhasco de 40,0 m de altura para dentro de uma piscina. Se o jogador ouve o som do respingo da água 3,00s depois, qual foi a velocidade inicial dada à pedra? Suponha que a velocidade do som no ar seja de 343 m/s.

28. Um projétil é disparado do topo de um penhasco de altura h acima do oceano. O projétil é disparado a um ângulo θ acima da horizontal com velocidade inicial v_i. (a) Encontre a expressão simbólica em termos das variáveis v_i, g e θ para o instante em que o projétil atinge sua altura máxima. (b) Com o resultado de (a), encontre uma expressão para a altura máxima $h_{\text{máx}}$ acima do oceano alcançada pelo projétil em termos de h, v_i, g e θ.

29. PD Um estudante fica à beira de um penhasco e atira uma pedra horizontalmente sobre a beirada com velocidade de $v_i = 18{,}0$ m/s. O penhasco está $h = 50{,}0$ m acima de uma massa de água, conforme a Figura P4.29. (a) Quais são as coordenadas da posição inicial da pedra? (b) Quais são as componentes da velocidade inicial da pedra? (c) Qual é o modelo de análise adequado para o movimento vertical da pedra? (d) Qual é o modelo de análise adequado para o movimento horizontal da pedra? (e) Escreva equações simbólicas para as componentes x e y da velocidade da pedra como função do tempo. (f) Escreva equações simbólicas para a posição da pedra como função do tempo. (g) Quanto tempo depois de ser solta a pedra atinge a água abaixo do penhasco? (h) Com que velocidade e ângulo de impacto a pedra pousa?

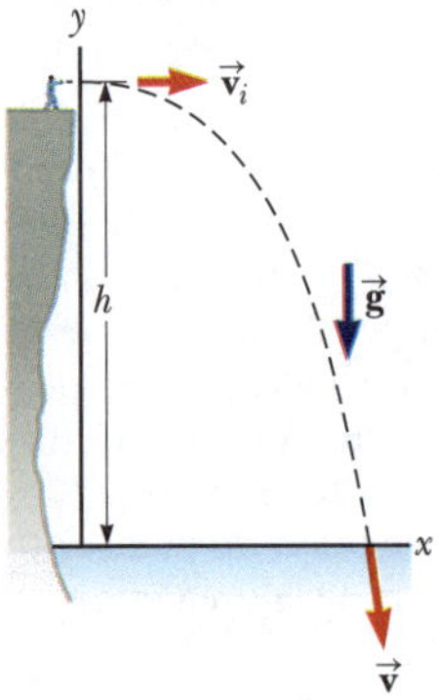

Figura P4.29

30. A distância recorde no esporte de lançamento de bolas de estrume é de 81,1 m. Este lançamento recorde foi estabelecido por Steve Urner, dos Estados Unidos, em 1981. Supondo que o ângulo de lançamento inicial foi de 45° e desprezando a resistência do ar, determine (a) a velocidade inicial da bola de estrume e (b) o intervalo de tempo total em que ela voou. (c) Como as respostas mudariam se o alcance fosse o mesmo, mas o ângulo fosse maior que 45°? Explique.

31. Um menino está em pé em um trampolim e joga uma pedra em uma piscina. A pedra é jogada de uma altura de 2,50 m acima da superfície da água com velocidade de 4,00 m/s a um ângulo de 60,0° acima da horizontal. A pedra bate na superfície da água e imediatamente reduz sua velocidade para exatamente a metade de quando bateu na água, mantendo esta velocidade enquanto está na água. Depois que a pedra entra na água, ela se move em linha reta na direção da velocidade que tinha quando bateu na água. Se a piscina tem 3,00 m de profundidade, quanto tempo se passa entre o momento em que a pedra é jogada e o momento em que ela chega ao fundo da piscina?

32. M Um jogador de beisebol faz um *home run*, de modo que a bola atinge um muro a 21,0 m de altura, localizado a 130 m da base inicial. A bola é batida em um ângulo de 35,0° em relação à horizontal e a resistência do ar é desprezível. Encontre (a) a velocidade inicial da bola, (b) o tempo que leva para a bola atingir o muro, e (c) as componentes velocidade vetorial e velocidade escalar da bola quando ela atinge o muro. Suponha que a bola é batida a uma altura de 1,00 m acima do solo.

Seção 4.4 Modelo de análise: partícula em movimento circular uniforme

Observação: Os problemas 6 e 18 do Capítulo 6 também podem ser resolvidos nesta seção.

33. O atleta mostrado na Figura P4.33 gira um disco de 1,00 kg ao longo de uma trajetória circular de raio 1,06 m. A velocidade máxima do disco é 20,0 m/s. Determine o módulo da aceleração radial máxima do disco.

Figura P4.33

34. No Exemplo 4.6, encontramos a aceleração centrípeta da Terra conforme ela se move ao redor do Sol. Com a informação contida no final deste livro, calcule a aceleração centrípeta de um ponto na superfície da Terra na linha do equador causado pela rotação da Terra sobre seu eixo.

35. A utilização de metal fundido é importante em muitos processos industriais. A fundição *centrífuga* é utilizada para a fabricação de tubos, rolamentos e muitas outras estruturas. Uma variedade de técnicas sofisticadas têm sido desenvolvidas, mas a ideia básica é a que está ilustrada na Figura P4.35. Uma caixa cilíndrica é girada rápida e firmemente sobre um eixo horizontal. O metal fundido é despejado no cilindro em rotação e, então, é resfriado, formando o produto acabado. Girar o cilindro a uma elevada taxa de rotação força a solidificação do metal para o exterior. Quaisquer bolhas que existirem são deslocadas em direção ao eixo, por isso, vazios indesejados não estarão presentes na peça fundida. Algumas vezes, é desejável formar uma fundição composta, como no caso da fabricação de um rolamento. Aqui, uma forte superfície externa de aço é derramada e, então, dentro dela, um revestimento de metal especial de baixa fricção. Em algumas aplicações, um metal forte recebe um revestimento de metal resistente à corrosão. A fundição centrífuga resulta em uma forte ligação entre as camadas.

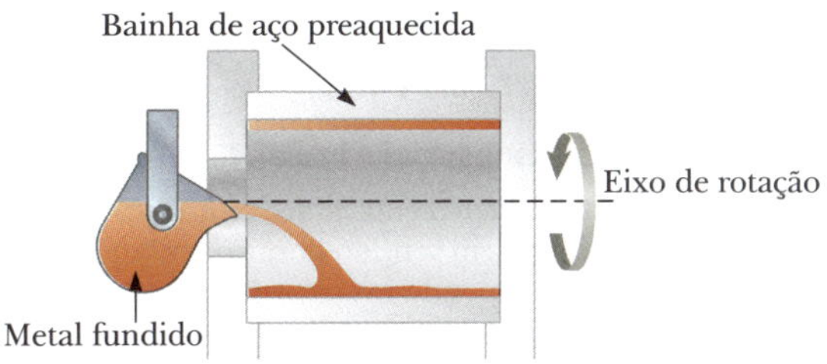

Figura P4.35

Suponha que uma luva de cobre de raio interno de 2,10 cm e raio externo de 2,20 cm tenha de ser fundida. Para eliminar bolhas e proporcionar elevada integridade estrutural, a aceleração centrípeta de cada pedaço de metal deverá ser de pelo menos 100 *g*. Que taxa de rotação é requerida? Determine a resposta em revoluções por minuto.

36. Um pneu de 0,500 m de raio gira a uma taxa constante de 200 rev./min. Determine a velocidade e a aceleração de uma pequena pedra alojada em uma banda de rodagem do pneu (em sua borda externa).

37. AMT **Revisão.** A centrífuga 20 *g* no Centro de Pesquisas Ames da NASA, em Mountain View, Califórnia, é um tubo cilíndrico e horizontal, de 58 pés de comprimento, representado na Figura P4.37. Suponha que um astronauta em treinamento se sente em uma das pontas, de frente para o eixo de rotação a 29,0 pés de distância. Determine a taxa de rotação, em revoluções por segundo, necessária para dar ao astronauta uma aceleração centrípeta de 20,0 *g*.

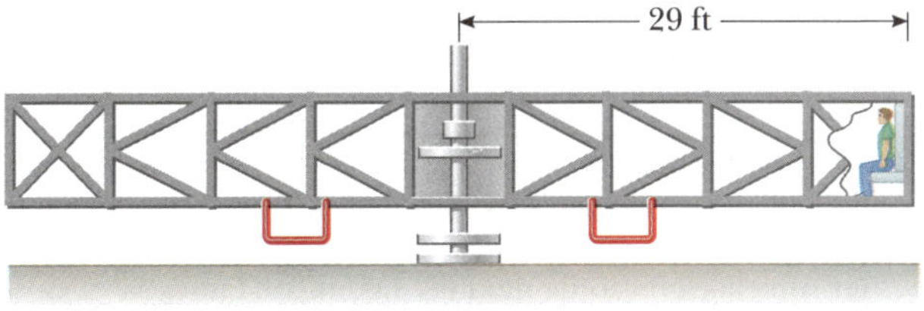

Figura P4.37

38. Um atleta balança uma bola, conectada à ponta de uma corrente, em um círculo horizontal. O atleta consegue girar a bola a uma taxa de 8,00 rev/s quando o comprimento da corrente é 0,600 m. Quando ele aumenta o comprimento para 0,900 m, consegue girar a bola somente a 6,00 rev/s. (a) Qual taxa de rotação dá maior velocidade à bola? (b) Qual é a aceleração centrípeta da bola a 8,00 rev/s? (c) Qual é a aceleração centrípeta a 6,00 rev/s?

39. O astronauta orbitando a Terra na Figura P4.39 está preparando uma atracagem em um satélite Westar VI. O satélite está em uma órbita circular a 600 km acima da superfície da Terra, onde a aceleração da queda livre é de 8,21 m/s^2. Suponha que o raio da Terra seja de 6.400 km. Determine a velocidade do satélite e o intervalo de tempo necessário para completar uma órbita em torno da Terra, que é o período do satélite.

Figura P4.39

Seção 4.5 Aceleração tangencial e radial

40. W A Figura P4.40 representa a aceleração total de uma partícula se movendo em sentido horário em um círculo de raio 2,50 m em determinado instante de tempo. Para aquele instante, encontre (a) a aceleração radial da partícula, (b) a velocidade da partícula e (c) sua aceleração tangencial.

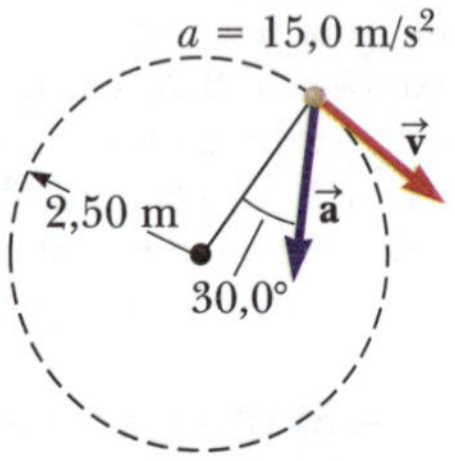

Figura P4.40

41. M Um trem vai mais devagar quando faz uma curva horizontal aguda, indo de 90,0 km/h para 50,0 km/h nos 15,0 s que leva para fazê-la. O raio da curva é de 150 m. Calcule a aceleração no momento em que a velocidade do trem chega a 50,0 km/h. Suponha que o trem continue reduzindo sua velocidade na mesma proporção neste tempo.

42. Uma bola gira em sentido anti-horário em círculo vertical na ponta de uma corda de 1,50 m de comprimento. Quando a bola está a 36,9° além do ponto mais baixo em sua trajetória de subida, sua aceleração total é $(-22,5\hat{\mathbf{i}} + 20,2\hat{\mathbf{j}})$ m/s^2. Para aquele instante, (a) desenhe um diagrama de vetores mostrando as componentes de sua aceleração, (b) determine o módulo de sua aceleração radial e (c) determine as velocidades escalar e vetorial da bola.

43. (a) Uma partícula se movendo com velocidade instantânea de 3,00 m/s em uma trajetória com raio de curvatura 2,00 m pode ter uma aceleração de módulo 6,00 m/s^2? (b) Ela pode ter uma aceleração de módulo 4,00 m/s^2? Em cada caso, se a resposta for sim, explique como pode acontecer; se a resposta é não, explique por que não.

Seção 4.6 Velocidade relativa e aceleração relativa

44. O piloto de um aeroplano observa que a bússola indica o mostrador apontando o oeste. A velocidade do aeroplano em relação ao ar é de 150 km/h. O ar está se movendo em um vento a 30,0 km/h em direção ao norte. Determine a velocidade do aeroplano em relação ao solo.

45. Um avião mantém uma velocidade de 630 km/h relativa ao ar em que está voando enquanto move-se para uma cidade a 750 km de distância ao norte. (a) Que intervalo de tempo é necessário para a viagem se o avião voar contra um vento de velocidade 35,0 km/h com direção sul? (b) Que intervalo de tempo é necessário se o vento é de cauda, com a mesma velocidade? (c) Que intervalo de tempo é necessário se há um vento costal soprando a 35,0 km/h para o leste com relação ao solo?

46. Uma esteira em movimento em um aeroporto tem velocidade v_1 e comprimento L. Uma mulher está em uma esteira que se move de uma ponta a outra, enquanto um homem, com pressa de chegar a seu avião, anda pela esteira com velocidade de v_2 relativa à esteira em movimento. (a) Que intervalo de tempo é necessário para a mulher percorrer a distância L? (b) Que intervalo de tempo é necessário para o homem percorrer esta distância? (c) Uma segunda esteira está próxima à primeira. Ela é idêntica à segunda, mas se movimenta na direção oposta com velocidade v_1. Bem quando o homem pisa no começo da esteira e começa a andar com velocidade v_2 relativa à sua esteira, uma criança pisa na outra ponta da esteira adjacente. A criança está em repouso com relação a esta segunda esteira. Quanto tempo depois de pisar na esteira o homem ultrapassa a criança?

47. Um carro de polícia movendo-se a 95,0 km/h para o oeste está perseguindo um motorista que se move a 80,0 km/h. (a) Qual é a velocidade do motorista em relação ao carro de polícia? (b) Qual é a velocidade do carro de polícia em relação ao motorista? (c) Se eles estão a 250 m de distância um do outro originalmente, em que intervalo de tempo o carro de polícia vai ultrapassar o motorista?

48. M Um carro viaja em direção ao oeste a uma velocidade de 50,0 km/h. Gotas de chuva caem verticalmente em relação à Terra a uma velocidade constante. Os vestígios da chuva nos vidros laterais do carro fazem um ângulo de 60,0° com a vertical. Determine a velocidade da chuva em relação (a) ao carro e (b) a Terra.

49. Um parafuso cai do teto de um vagão de trem em movimento que está acelerando em direção ao norte, a uma taxa de 2,50 m/s^2. (a) Qual é a aceleração do parafuso em relação ao vagão do trem? (b) Qual é a aceleração do parafuso em relação à Terra? (c) Descreva a trajetória do parafuso vista por um observador dentro do vagão do trem. (d) Descreva a trajetória do parafuso vista por um observador fixo na Terra.

50. M Um rio tem velocidade constante de 0,500 m/s. Um estudante nada rio acima uma distância de 1,00 km e volta para o ponto de partida. (a) Se o estudante pode nadar a uma velocidade de 1,20 m/s na água parada, quanto tempo leva o percurso? (b) Quanto tempo é necessário para o mesmo percurso em água parada? (c) Intuitivamente, por que o percurso leva mais tempo quando há correnteza?

51. Um rio flui com velocidade constante v. Um estudante nada rio acima uma distância d e depois volta ao ponto de partida. O estudante consegue nadar a uma velocidade c em água parada. (a) Em termos de d, v e c, que intervalo de tempo é necessário para o percurso completo? (b) Que intervalo de tempo seria necessário se a água fosse parada? (c) Qual intervalo de tempo é maior? Explique se é sempre maior.

52. Uma lancha da Guarda Costeira detecta um navio não identificado a uma distância de 20,0 km na direção 15,0° ao leste do norte. O navio está viajando a 26,0 km/h em um curso a 40,0° leste do norte. A Guarda Costeira quer mandar uma lancha interceptar e investigar a embarcação. Se a lancha move-se a 50,0 km/h, em que direção ela deve ir? Expresse a direção como uma referência de bússola em relação ao norte.

53. AMT M Um estudante de Ciências está em um vagão plataforma de um trem que viaja em um trilho plano e horizontal com velocidade constante de 10,0 m/s. O estudante joga uma bola no ar ao longo de uma trajetória e acredita fazer um ângulo inicial de 60,0° com a horizontal e estar alinhado com o trilho. Seu professor, que está em pé no chão perto dali, observa a bola subir verticalmente. Até que altura ele a vê subir?

54. Um caminhão se move para o leste com velocidade constante de 9,50 m/s em um trecho de estrada horizontal e ilimitado. Um menino, sentado atrás do caminhão, joga uma lata de refrigerante para cima (Fig. P4.54) e pega o projétil no mesmo local na carroceria do caminhão, mas 16,0 m adiante na estrada. (a) No sistema de referência do caminhão, em que ângulo com a vertical o menino joga a lata? (b) Qual é a velocidade inicial da lata em relação ao caminhão? (c) Qual é o formato da trajetória da lata vista pelo menino? Um observador que está no chão vê o menino jogar e pegar a lata. No sistema de referência do observador, (d) descreva o formato da trajetória da lata e (e) determine a velocidade inicial da lata.

Figura P4.54

Problemas Adicionais

55. Uma bola na extremidade de um barbante gira em torno de um círculo horizontal de raio 0,300 m. O plano do círculo está 1,20 m acima do solo. O barbante se rompe e a bola cai a 2,00 m (horizontalmente) de distância do ponto no solo diretamente abaixo da localização da bola quando o barbante se rompe. Defina a aceleração radial da bola durante seu movimento circular.

56. Uma bola é atirada com uma velocidade inicial v_i em um ângulo θi com a horizontal. O alcance horizontal da bola é R, e a bola atinge uma altura máxima $R/6$. Em termos de R e g, determine (a) o intervalo de tempo durante o qual a bola está em movimento, (b) a velocidade da bola no auge de sua trajetória, (c) a componente vertical inicial de sua velocidade vetorial, (d) sua velocidade escalar inicial e (e) o ângulo θi. (f) Suponha que a bola é jogada com a mesma velocidade escalar inicial encontrada em (d), mas em um ângulo apropriado para atingir a maior altura possível. Determine esta altura. (g) Suponha que a bola seja jogada com a mesma velocidade escalar inicial, mas em um ângulo que permita o maior alcance possível. Determine este alcance máximo horizontal.

57. *Por que a seguinte situação é impossível?* Um adulto de proporções normais caminha rapidamente ao longo de uma linha reta na direção $+x$, ficando ereto e mantendo o braço direito na vertical e próximo do corpo, de modo que o braço não balança. A mão direita segura uma bola a seu lado, a uma distância h acima do chão. Quando a bola passa por cima de um ponto marcado como $x = 0$ no piso horizontal, ele abre seus dedos para soltar a bola do repouso com relação a sua mão. A bola atinge o chão da primeira vez na posição $x = 7{,}00h$.

58. Uma partícula sai da origem com velocidade $5\hat{\mathbf{i}}$ m/s em $t = 0$ e se move no plano xy com aceleração variável dada por $\vec{\mathbf{a}} = (6\sqrt{t}\,\hat{\mathbf{j}})$, onde $\vec{\mathbf{a}}$ é dado em metros por segundo ao quadrado e t em segundos. (a) Determine a velocidade da partícula como função do tempo. (b) Determine a posição da partícula como função do tempo.

59. *O "Cometa Vômito".* Em treinamento de astronautas e testes de equipamento em microgravidade, a NASA lança uma aeronave KC135A ao longo de uma trajetória parabólica de voo. Como mostra a Figura P4.59, a aeronave sobe de 24.000 para 31.000 pés, onde entra em uma trajetória parabólica com velocidade de 143 m/s com nariz para cima a 45,0°, e sai com velocidade de 143 m/s a 45,0° e nariz para baixo. Durante esta parte do voo, a aeronave e os objetos dentro da cabine acolchoada estão em queda livre; os astronautas e o equipamento flutuam livremente como se não houvesse gravidade. Qual é (a) a velocidade da aeronave e (b) sua altitude no topo da manobra? (c) Qual é o intervalo de tempo passado na microgravidade?

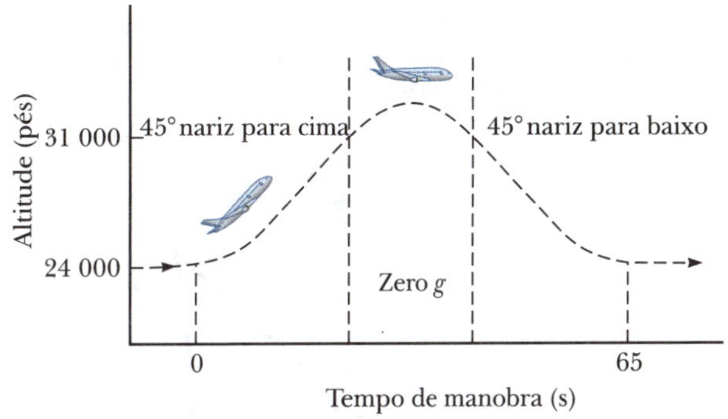

Figura P4.59

60. Um jogador de basquete está em pé a 10,0 m da cesta, conforme a Figura P4.60. A altura da cesta é de 3,05 m, e ele lança a bola a um ângulo de 40,0° com a horizontal de uma altura de 2,00 m. (a) Qual é a aceleração da bola de basquete no ponto máximo da sua trajetória? (b) Com que velocidade o jogador deve lançar a bola para que ela passe pelo aro sem bater na tabela?

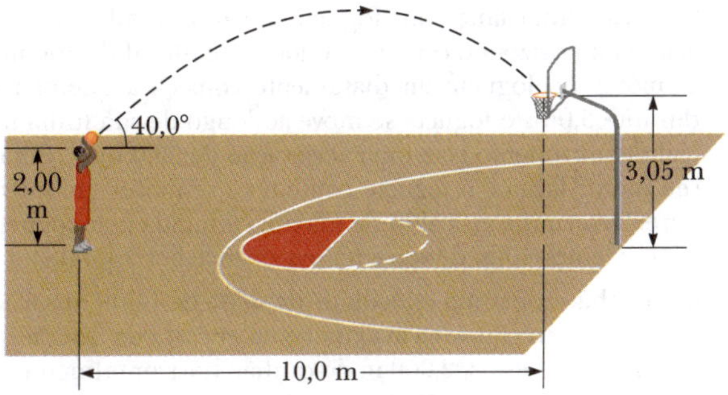

Figura P4.60

61. Lisa acelera sua Lamborghini a uma taxa de $(3{,}00\hat{\mathbf{i}} - 2{,}00\hat{\mathbf{j}})$ m/s², enquanto Jill acelera seu Jaguar a $(1{,}00\hat{\mathbf{i}} + 3{,}00\hat{\mathbf{j}})$ m/s². As duas saem do repouso na origem de um sistema de coordenadas xy. Após 5,00 s, (a) qual é a velocidade de Lisa com relação a Jill, (b) qual a distância entre elas e (c) qual é a aceleração de Lisa com relação a Jill?

62. Um menino joga uma pedra horizontalmente do topo de um penhasco de altura h na direção do oceano abaixo. A pedra atinge o oceano a uma distância d da base do penhasco. Em termos de h, d e g, encontre expressões para (a) o tempo t no qual a pedra aterrissa no oceano, (b) a velocidade inicial da pedra, (c) a velocidade da pedra imediatamente antes de atingir o oceano e (d) a direção da velocidade da pedra imediatamente antes de atingir o oceano.

63. Uma pulga está no ponto Ⓐ em uma plataforma giratória horizontal, a 10,0 cm do centro. A plataforma está girando a 33,3 rev/min no sentido horário. A pulga salta diretamente para cima até uma altura de 5,00 cm. Quando decola, a pulga não se dá velocidade horizontal com relação à plataforma. Ela pousa no ponto Ⓑ da plataforma giratória. Escolha a origem das coordenadas para estar no centro da plataforma giratória e o eixo positivo x que passa por Ⓐ no momento da decolagem. Quando a posição original da pulga é $10{,}0\hat{\mathbf{i}}$ cm: (a) Ache a posição do ponto Ⓐ quando a pulga pousa. (b) Ache a posição do ponto Ⓑ quando a pulga pousa.

64. M As cidades A e B na Figura P4.64 estão a 80,0 km distantes entre si. Um casal decide dirigir da cidade A e encontrar outro casal dirigindo da cidade B para o lago L. Os dois casais partem simultaneamente e dirigem por 2,50 h nas direções mostradas. O carro 1 tem uma velocidade de 90,0 km/h. Se os carros chegam simultaneamente no lago, qual é a velocidade do carro 2?

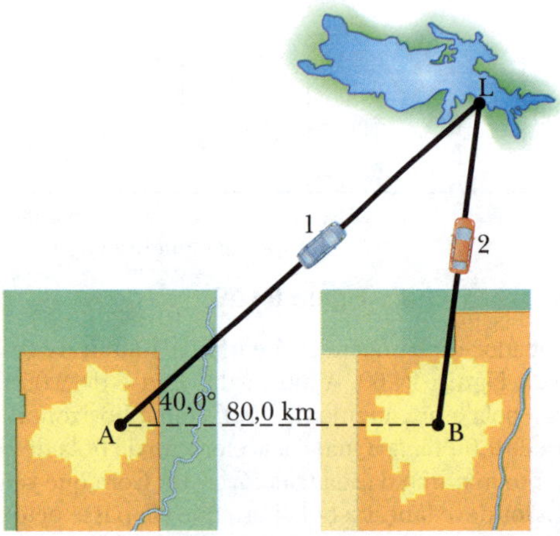

Figura P4.64

65. Uma catapulta lança um foguete em um ângulo de 53,0° acima da horizontal com uma velocidade inicial de 100 m/s. O motor do foguete imediatamente começa a queimar e, durante 3,00 s o foguete se move ao longo de sua linha inicial de movimento com uma aceleração de 30,0 m/s^2. Então, seu motor falha e o foguete continua a se mover em queda livre. Determine (a) a altitude máxima atingida pelo foguete, (b) seu tempo total de voo e (c) seu alcance horizontal.

66. Um canhão com uma velocidade de saída de 1.000 m/s é utilizado para iniciar uma avalanche na encosta de uma montanha. O alvo está a 2.000 m do canhão horizontalmente e a 800 m acima do canhão. Em que ângulo, acima da horizontal, o canhão deve ser disparado?

67. *Por que a situação seguinte é impossível?* Albert Pujols acerta uma jogada *home run* de maneira que a bola ultrapassou a fileira superior da arquibancada, a 24,0 m de altura, localizada a 130 m da base principal. A bola foi batida a 41,7 m/s em um ângulo de 35,0° com a horizontal e a resistência do ar é desprezível.

68. Conforme um metal derretido respinga, uma gotícula voa para o leste com velocidade inicial v_i a um ângulo θ_i acima da horizontal, e outra gotícula voa para o oeste com a mesma velocidade e ângulo acima da horizontal, como mostra a Figura P4.68. Em termos de v_i e θ_i, encontre a distância entre as duas gotículas como função do tempo.

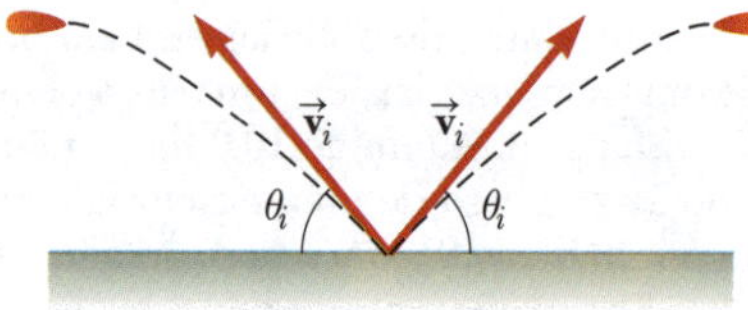

Figura P4.68

69. Um astronauta na superfície da Lua dispara um canhão para lançar um pacote experimental que sai do cano com movimento horizontal. Suponha que a aceleração da gravidade na Lua seja um sexto daquela na Terra. (a) Qual deve ser a velocidade do pacote na boca da arma para que o pacote percorra a distância completa ao redor da Lua e retorne à sua localização original? (b) Que intervalo de tempo é necessário para este percurso ao redor da Lua?

70. Um pêndulo com uma corda de comprimento $r = 1{,}00$ m balança em um plano vertical (Fig. P4.70). Quando o pêndulo está nas duas posições horizontais $\theta = 90{,}0°$ e $\theta = 270°$, sua velocidade é 5,00 m/s. Ache o módulo (a) da aceleração radial e (b) a aceleração tangencial para estas posições. (c) Desenhe diagramas de vetor para determinar a direção da aceleração total para estas duas posições. (d) Calcule o módulo e direção da aceleração total nestas duas posições.

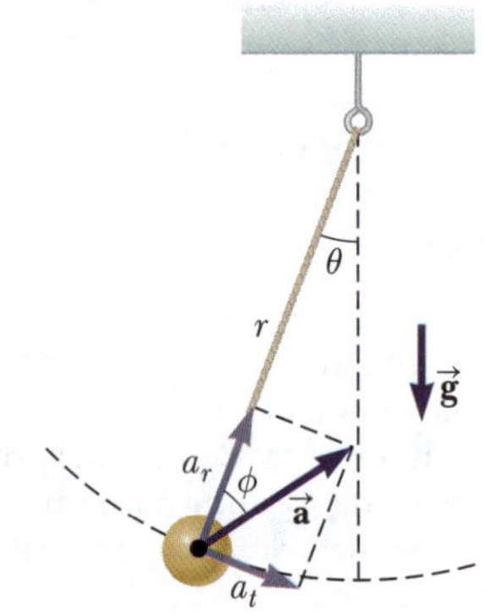

Figura P4.70

71. M Um falcão está voando horizontalmente a 10,0 m/s em uma linha reta, 200 m acima do solo. Um camundongo que está sendo carregado pela ave se livra de suas garras. O falcão continua sua trajetória com a mesma velocidade por 2,00 s antes de tentar recuperar sua presa. Para concluir a recuperação, o falcão mergulha em linha reta com velocidade constante e recaptura o camundongo 3,00 m acima do solo. (a) Supondo que não haja resistência do ar atuando sobre o camundongo, ache a velocidade de mergulho do falcão. (b) Que ângulo o falcão fez com a horizontal durante sua descida? (c) Durante que intervalo de tempo o camundongo experimentou queda livre?

72. Um projétil é lançado do ponto ($x = 0$, $y = 0$), com velocidade $(12{,}0\hat{\mathbf{i}} + 49{,}0\hat{\mathbf{j}})$ m/s em $t = 0$. (a) Faça uma tabela listando a distância do projétil $|\vec{\mathbf{r}}|$ da origem ao final de cada segundo seguinte, para $0 \leq t \leq 10$ s. Tabular as coordenadas x e y e as componentes da velocidade v_x e v_y também será útil. (b) Note que a distância do projétil do seu ponto de partida aumenta com o tempo, atinge um máximo e começa a diminuir. Prove que a distância é máxima quando o vetor posição está perpendicular à velocidade. *Sugestão:* Argumente que se $\vec{\mathbf{v}}$ não é perpendicular a $\vec{\mathbf{r}}$, então $|\vec{\mathbf{r}}|$ deve estar aumentando ou diminuindo. (c) Determine o módulo do deslocamento máximo. (d) Explique seu método de resolução para a parte (c).

73. Um canhão de mola está localizado na beirada de uma mesa que está 1,20 m acima do chão. Uma bola de aço é lançada do canhão com velocidade v_i a 35,0° acima da horizontal. (a) Encontre a posição horizontal da bola como função de v_i no instante em que ela chega ao chão. Escrevemos esta função como $x(v_i)$. Avalie x para (b) $v_i = 0{,}100$ m/s e para (c) $v_i = 100$ m/s. (d) Suponha que v_i seja próximo de zero, mas não igual. Mostre que um termo da resposta para a parte (a) domina, de modo que a função $x(v_i)$ é reduzida para uma forma mais simples. (e) Se v_i é muito grande, qual é a forma aproximada de $x(v_i)$? (f) Descreva o formato geral do gráfico da função $x(v_i)$.

74. Um jogador de beisebol lança uma bola para o recebedor do seu time em uma tentativa de jogar um corredor para fora da base. A bola ricocheteia uma vez antes de chegar ao recebedor. Suponha que o ângulo no qual a bola sai do chão seja o mesmo com que o jogador lançou a bola, como visto na Figura P4.74, mas que a velocidade da bola depois do ricochete seja metade da velocidade anterior. (a) Suponha que a bola sempre é lançada com a mesma velocidade inicial e despreze a resistência do ar. Em que ângulo θ o jogador deveria jogar a bola para que ela percorresse a mesma distância D com um ricochete (trajetória azul) como a bola jogada para cima a 45,0° sem ricocheteio (trajetória verde)? (b) Determine a relação entre o intervalo de tempo para o lançamento com um ricocheteio e o tempo de voo para o lançamento sem ricochete.

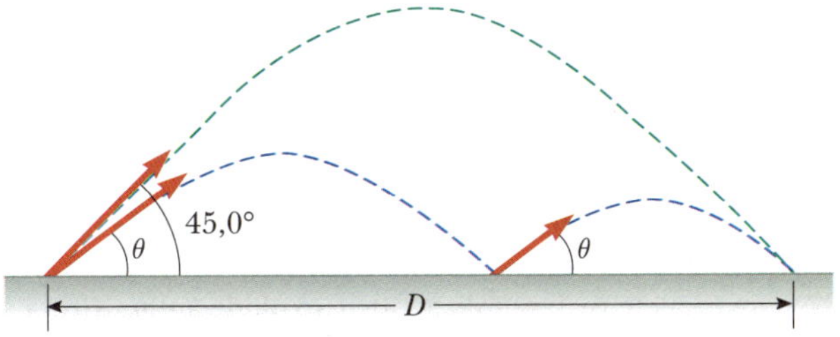

Figura P4.74

75. Um avião bombardeiro da Segunda Guerra Mundial voa horizontalmente sobre um terreno plano com velocidade de 275 m/s em relação ao solo e a uma altitude de 3,00 km. O bombardeiro solta uma bomba. (a) Que distância a bomba percorre horizontalmente entre sua liberação e seu impacto no solo? Despreze os efeitos da resistência do ar. (b) O piloto mantém o curso, altitude e velocidade originais do avião durante um ataque de fogo antiaéreo. Onde está o avião quando a bomba atinge o solo? (c) A bomba atinge o alvo visto pelo telescópio de mira do bombardeio no instante da liberação da bomba. A que ângulo da vertical a mira de bombardeio foi fixada?

76. Um caminhão carregado de melancias para subitamente para evitar passar sobre a borda de uma ponte destruída (Fig. P4.76). Esta parada súbita faz com que várias melancias voem para fora do caminhão. Uma melancia sai do capô do caminhão com velocidade inicial $v_i = 10{,}0$ m/s na direção horizontal. Um corte transversal da margem tem a forma da metade inferior da parábola, com seu vértice na localização inicial da melancia projetada, com a equação $y^2 = 16x$, onde x e y são medidos em metros. Quais são as coordenadas x e y da melancia quando ela se espatifa na margem?

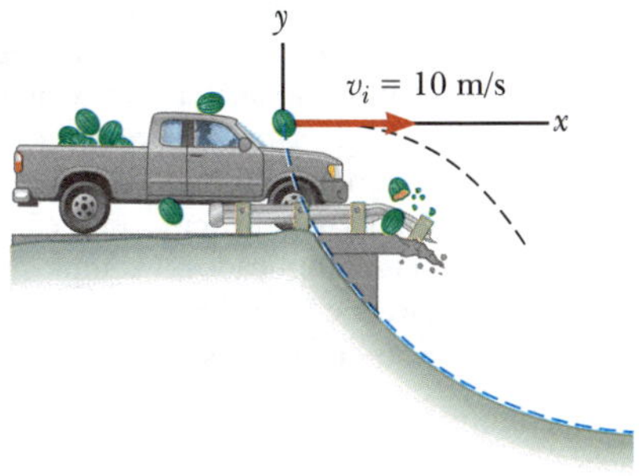

Figura P4.76 A curva pontilhada azul mostra a forma parabólica da margem.

77. **M** Um carro está estacionado em uma inclinação acentuada, fazendo um ângulo de 37,0° abaixo da horizontal e com vista para o oceano, quando seus freios falham e o carro começa a se movimentar. Começando do repouso em $t = 0$, o carro desce a inclinação com aceleração constante de 4,00 m/s^2, indo a 50,0 m para a beirada de um penhasco vertical. O penhasco está 30,0 m acima do oceano. Encontre (a) a velocidade do carro quando chega à beira do penhasco, (b) o intervalo de tempo transcorrido quando ele chega ali, (c) a velocidade do carro quando ele pousa no oceano, (d) o intervalo de tempo total em que o carro está em movimento e (e) a posição do carro quando ele pousa no oceano, com relação à base do penhasco.

78. Um coiote velho não consegue correr rápido o suficiente para alcançar um pássaro corredor. O coiote compra um par de patins de rodas a jato, que dão uma aceleração horizontal constante de 15,0 m/s^2 (Fig. P4.78). O coiote começa do repouso a 70,0 m da beira do penhasco no instante em que o pássaro corredor passa por ele em direção ao penhasco. (a) Determine a velocidade constante mínima que o pássaro precisa ter para chegar ao penhasco antes do coiote. Na beira do penhasco, o pássaro escapa dando uma guinada repentina, enquanto o coiote continua seguindo em frente. Os patins do coiote permanecem horizontais e continuam a funcionar enquanto ele está voando, de modo que a aceleração dele no ar é $(15{,}0\hat{\mathbf{i}} - 9{,}80\hat{\mathbf{j}})$ m/s^2. (b) O penhasco está a 100 m acima do solo plano do deserto. Determine a que distância da base do penhasco vertical o coiote aterrissa. (c) Determine as componentes da velocidade de impacto do coiote.

Figura P4.78

79. Um pescador parte rio acima. Seu pequeno barco, movido por um motor externo, viaja a uma velocidade constante v em água parada. A água flui com velocidade constante baixa v_w. O pescador percorre 2,00 km rio acima, quando sua caixa de gelo cai do barco. Ele sente falta da caixa somente depois de subir o rio por mais 15,0 min. Neste ponto, ele faz a volta e continua rio abaixo, viajando o tempo todo com a mesma velocidade com relação à água. Ele encontra a caixa de gelo quando chega ao seu ponto de partida. Com que velocidade o rio flui? Resolva este problema de duas maneiras. (a) Primeiro, use a Terra como um sistema de referência. Com relação à Terra, o barco viaja rio acima com velocidade $v - v_w$, e rio abaixo com $v + v_w$. (b) Uma segunda solução, bem mais simples e elegante, é obtida usando a água como sistema de referência. Esta abordagem tem aplicações importantes em muitos problemas complicados; exemplos são calcular o movimento de foguetes e satélites e analisar a dispersão de partículas subatômicas de alvos massivos.

80. Não se machuque; não bata sua mão contra nada. Com estas limitações, descreva o que você pode fazer para dar uma grande aceleração à sua mão. Compute uma estimativa da ordem de grandeza desta aceleração, listando as quantidades medidas ou estimadas e seus valores.

Problemas de Desafio

81. Uma esquiadora sai de uma rampa de esqui com velocidade de $v = 10{,}0$ m/s em $\theta = 15{,}0°$ acima da horizontal, como mostra a Figura P4.81. A encosta onde ela está é inclinada para baixo em $\phi = 50{,}0°$ e a resistência do ar é desprezível. Encontre (a) a distância do final da rampa até onde a esquiadora pousa e (b) as componentes de sua velocidade imediatamente antes do pouso. (c) Explique como você acredita que os resultados poderiam ser afetados se a resistência do ar fosse incluída.

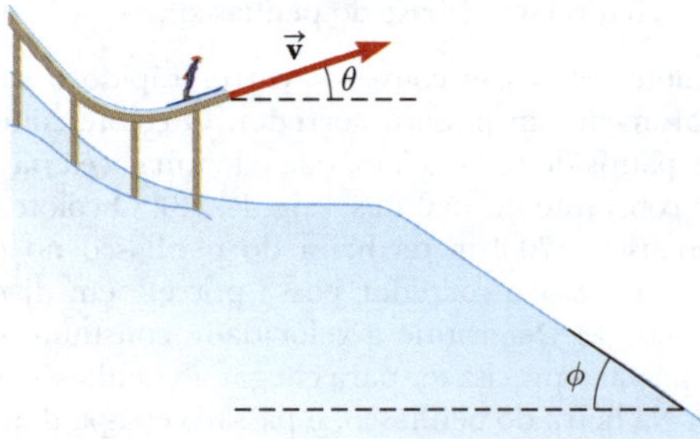

Figura P4.81

82. Duas nadadoras, Chris e Sarah, começam juntas do mesmo ponto na margem de um riacho largo que flui com velocidade v. Ambas se movem com a mesma velocidade c (onde $c > v$) em relação à água. Chris nada rio abaixo por uma distância L e depois nada a mesma distância rio acima. Sarah nada de modo que seu movimento relativo à Terra é perpendicular às margens do riacho. Ela nada a distância L e depois a mesma distância de volta, e as nadadoras retornam ao ponto de partida. Encontre os intervalos necessários em termos de L, c e v para (a) o percurso completo de Chris e (b) para o percurso inteiro de Sarah. (c) Explique qual nadadora retorna primeiro.

83. A água em um rio flui uniformemente a uma velocidade constante de 2,50 m/s entre leitos paralelos que estão 80,0 m distantes entre si. Você precisa atravessar o rio para entregar um pacote, mas consegue nadar somente a uma velocidade de 1,50 m/s. (a) Se você escolher diminuir o tempo gasto na água, em qual direção deverá nadar? (b) Até que ponto rio abaixo você será transportado? (c) Se resolver reduzir a distância rio abaixo que o rio irá carregá-lo, em que direção deverá nadar? (d) Até que ponto rio abaixo você será levado?

84. Uma pessoa em pé sobre uma pedra esférica de raio R chuta uma bola (inicialmente em repouso no topo da pedra) para lhe dar velocidade horizontal $\vec{v}_i$, como mostra a Figura P4.84.

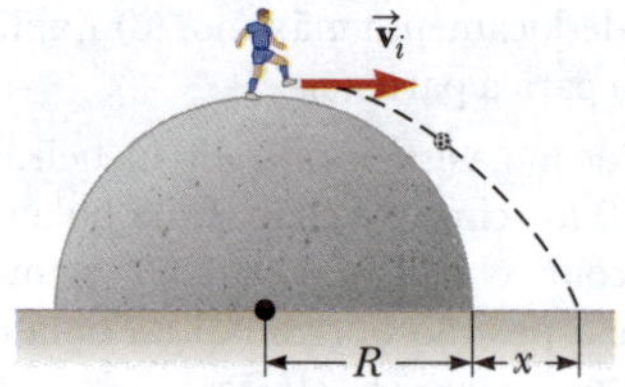

Figura P4.84

(a) Qual deve ser a velocidade inicial mínima da bola se ela não deve tocar a pedra após ser chutada? (b) Com esta velocidade inicial, a que distância da sua base a bola chega ao chão?

85. Um avião bombardeiro tem velocidade de 280 m/s a um ângulo θ abaixo da horizontal. Quando a altitude da aeronave é de 2,15 km, ele lança uma bomba, que subsequentemente atinge um alvo no solo. O módulo do deslocamento do ponto de lançamento da bomba até o alvo é 3,25 km. Ache o ângulo θ.

86. Um projétil é disparado para cima ao longo de um plano inclinado (ângulo de inclinação ϕ) com uma velocidade inicial v_i em um ângulo θ_i em relação à horizontal ($\theta_i > \phi$), como mostra a Figura P4.86. (a) Mostre que o projétil viaja uma distância d acima na inclinação, onde

$$d = \frac{2v_i^2 \cos\theta_i \,\text{sen}(\theta_i - \phi)}{g\cos^2\phi}$$

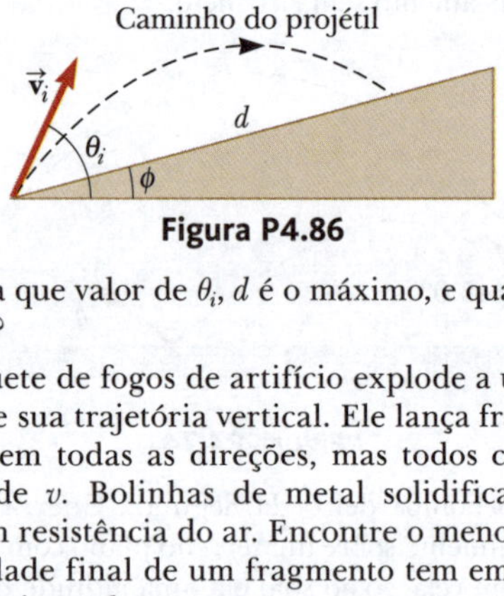

Figura P4.86

(b) Para que valor de θ_i, d é o máximo, e qual é esse valor máximo?

87. Um foguete de fogos de artifício explode a uma altura h, o pico de sua trajetória vertical. Ele lança fragmentos em chamas em todas as direções, mas todos com a mesma velocidade v. Bolinhas de metal solidificado caem no chão sem resistência do ar. Encontre o menor ângulo que a velocidade final de um fragmento tem em seu impacto com a horizontal.

88. Na seção **E se?** do Exemplo 4.5, foi dito que o alcance máximo de uma saltadora de esqui ocorre para um ângulo de lançamento θ dado por

$$\theta = 45° - \frac{\phi}{2}$$

onde ϕ é o ângulo que a montanha faz com a horizontal na Figura 4.13. Prove esta afirmação derivando a equação acima.

89. Um navio inimigo está no lado oeste de uma ilha montanhosa, como mostra a Figura P4.89. O navio inimigo manobrou até uma distância de 2.500 m do pico de 1.800 m de altura da montanha e pode lançar projéteis com velocidade inicial de 250 m/s. Se a linha costeira leste está a 300 m horizontalmente do pico, a que distância da linha costeira leste um navio pode estar a salvo de bombardeio do navio inimigo?

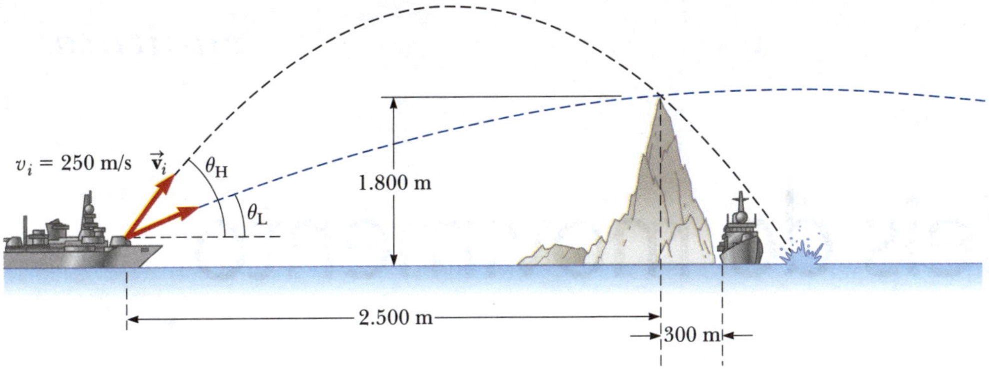

Figura P4.89

capítulo 5

As leis do movimento

Uma pessoa rema em águas calmas. A água exerce forças sobre os remos para acelerar o barco. *(© Tetra Images/Getty Images)*

Nos Capítulos 2 e 4, *descrevemos* o movimento de um corpo em relação a sua posição, velocidade e aceleração, sem considerar o que pode *influenciar* esse movimento. Agora, vamos considerar essa influência: por que o movimento de um corpo muda? O que poderia fazer com que um corpo permanecesse em repouso e outro acelerasse? Por que é geralmente mais fácil mover um corpo pequeno do que um grande? Os dois principais fatores que precisamos considerar são as *forças* que agem sobre um corpo e sua *massa*. Neste capítulo, começaremos nosso estudo da *Dinâmica* discutindo as três leis básicas do movimento, que tratam das forças e massas, e foram formuladas há mais de três séculos por Isaac Newton.

5.1 O conceito de força

Todo mundo possui uma compreensão básica do conceito de força a partir da experiência cotidiana. Quando empurra seu prato vazio após o jantar, você exerce uma força sobre ele. Da mesma maneira, você exerce uma força sobre a bola ao lançá-la ou chutá-la. Nesses exemplos, a palavra *força* refere-se a uma interação com um corpo por meio de atividade muscular e alguma alteração na velocidade do corpo. As forças, entretanto, nem sempre causam movimento. Por exemplo, quando está sentado, uma força gravitacional atua sobre seu corpo e, ainda assim, você fica parado.

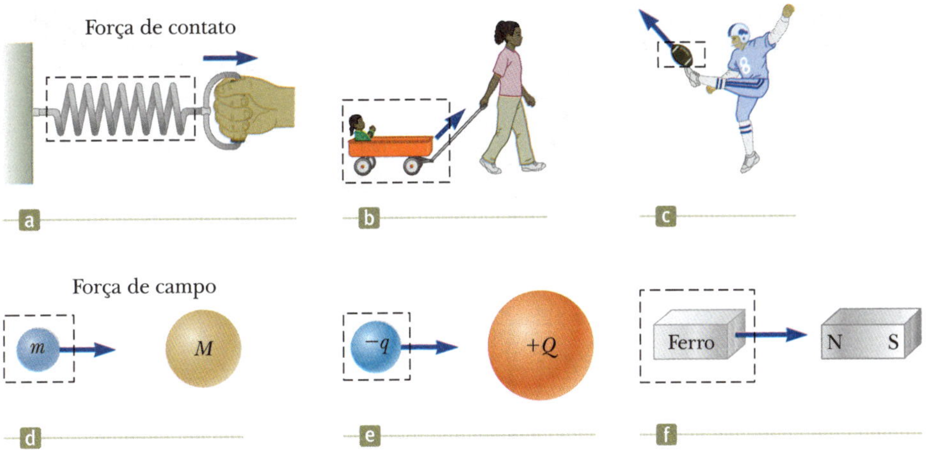

Figura 5.1 Alguns exemplos de forças aplicadas. Em cada caso, uma força é exercida sobre o corpo dentro da área da caixa. Algum agente no ambiente externo à área da caixa exerce uma força sobre o corpo.

Isaac Newton

Matemático e físico inglês (1642-1727)

Isaac Newton foi um dos mais brilhantes cientistas na história. Antes dos seus 30 anos, ele formulou conceitos e leis básicos referentes à Mecânica, descobriu a lei da gravitação universal e inventou métodos matemáticos de cálculo. Como consequência de suas teorias, Newton foi capaz de explicar os movimentos dos planetas, o fluxo e o refluxo das marés, e muitas características especiais dos movimentos da Lua e da Terra. Ele também interpretou diversas observações fundamentais relativas à natureza da luz. Suas contribuições às teorias físicas dominaram o pensamento científico durante dois séculos e permanecem importantes atualmente.

Como um segundo exemplo, você pode empurrar (em outras palavras, exercer uma força) uma grande pedra e não ser capaz de movê-la.

Que força (se houver) faz com que a Lua orbite ao redor da Terra? Newton respondeu a esta e outras questões relacionadas ao afirmar que as forças são as causas de qualquer alteração na velocidade de um corpo. A velocidade da Lua muda de direção conforme ela se move em uma órbita quase circular ao redor da Terra. Essa mudança de velocidade é causada pela força gravitacional exercida pela Terra sobre a Lua.

Quando uma mola é puxada, como na Figura 5.1a, ela estica. Quando um carrinho é puxado, como na Figura 5.1b, ele se move. Quando uma bola de futebol é chutada, como na Figura 5.1c, ela é tanto deformada como colocada em movimento. Essas situações são exemplos de uma classe de forças chamadas *forças de contato.* Isto é, elas envolvem contato físico entre dois corpos. Outros exemplos de forças de contato são a força exercida pelas moléculas de gás nas paredes de um recipiente e aquela exercida pelos seus pés no chão.

Outra classe de forças, conhecida como *forças de campo,* não envolve contato físico entre dois corpos. Essas forças agem através do espaço vazio. A força gravitacional de atração entre dois corpos com massa, ilustrada na Figura 5.1d, é um exemplo desta classe. A força gravitacional mantém objetos ligados à Terra e os planetas em órbita ao redor do Sol. Outra força de campo comum é a elétrica, que uma carga elétrica exerce sobre outra (Fig. 5.1e), tal como a força elétrica atrativa entre um elétron e um próton que forma um átomo de hidrogênio. Um terceiro exemplo de força de campo é aquela que um ímã em barra exerce sobre um pedaço de ferro (Fig. 5.1f).

A distinção entre as forças de contato e as forças de campo não é tão precisa quanto você pode ter sido levado a acreditar pela discussão anterior. Quando analisadas no nível atômico, todas as forças que classificamos como de contato acabam sendo causadas por forças elétricas (de campo), do tipo ilustrado na Figura 5.1e. No entanto, no desenvolvimento de modelos para fenômenos macroscópicos, é conveniente usar ambas as classificações. As únicas forças *fundamentais* conhecidas na natureza são todas de campo: (1) *forças gravitacionais* entre corpos, (2) *forças eletromagnéticas* entre cargas elétricas, (3) *forças fortes* entre partículas subatômicas e (4) *forças fracas* que surgem em determinados processos de desintegração radioativa. Na Física Clássica, estamos preocupados apenas com as forças gravitacionais e eletromagnéticas. Discutiremos forças fortes e forças fracas no Capítulo 12 do Volume 4.

A natureza vetorial das forças

É possível usar a deformação de uma mola para medir a força. Suponha que uma força vertical seja aplicada a uma balança de mola que tem uma extremidade superior fixa, como mostra a Figura 5.2a. A mola se alonga quando a força é aplicada e um ponteiro na balança lê a extensão da mola. Podemos calibrar a mola definindo uma força de referência $\vec{\mathbf{F}}_1$ como aquela que produz uma leitura do ponteiro de 1,00 cm. Mas se aplicarmos uma força diferente $\vec{\mathbf{F}}_2$ para baixo, cuja grandeza é o dobro daquela de referência $\vec{\mathbf{F}}_1$, como visto na Figura 5.2b, o ponteiro se move para 2,00 cm. A Figura 5.2c mostra que o efeito combinado de duas forças colineares é a soma dos efeitos das forças individuais.

Agora, suponha que duas forças sejam aplicadas simultaneamente com $\vec{\mathbf{F}}_1$ para baixo e $\vec{\mathbf{F}}_2$ horizontal, como ilustra a Figura 5.2d. Neste caso, o ponteiro marca 2,24 cm. A única força $\vec{\mathbf{F}}$ que produziria esta mesma leitura é a soma dos dois vetores $\vec{\mathbf{F}}_1$ e $\vec{\mathbf{F}}_2$, como descrito na Figura 5.2d. Ou seja, $|\vec{\mathbf{F}}_1| = \sqrt{F_1^2 + F_2^2} = 2{,}24$ unidades e sua direção é $\theta = \mathrm{tg}^{-1}(-0{,}500) = -26{,}6°$. Como já se verificou experimentalmente que as forças se comportam como vetores, *devemos* utilizar as regras da adição de vetores para obter a força resultante em um corpo.

Figura 5.2 A natureza vetorial de uma força é testada com uma balança de mola.

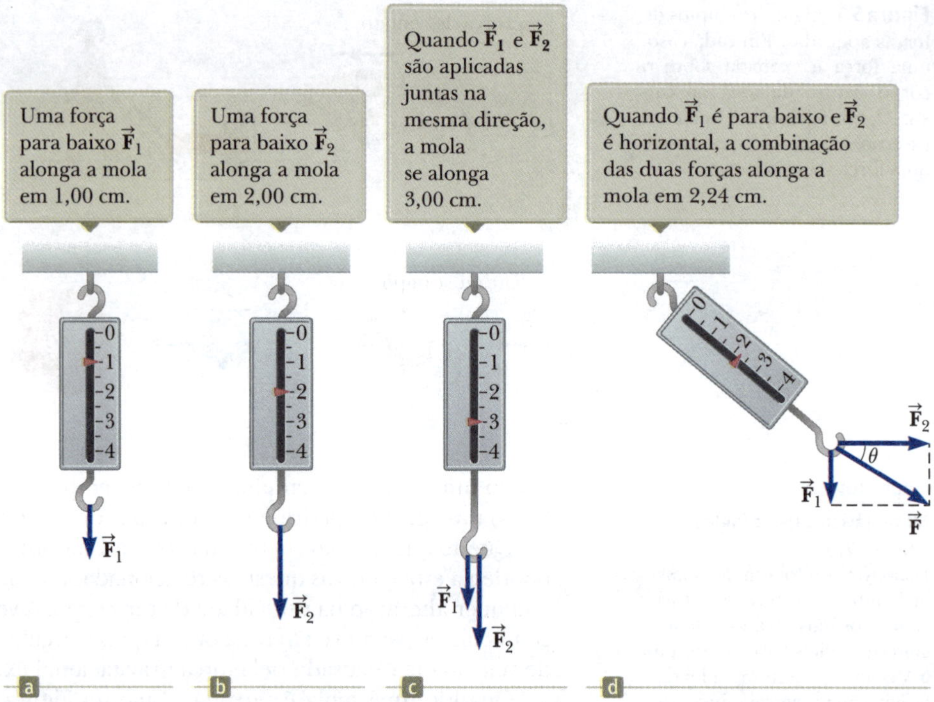
Uma força para baixo $\vec{F}_1$ alonga a mola em 1,00 cm.
Uma força para baixo $\vec{F}_2$ alonga a mola em 2,00 cm.
Quando $\vec{F}_1$ e $\vec{F}_2$ são aplicadas juntas na mesma direção, a mola se alonga 3,00 cm.
Quando $\vec{F}_1$ é para baixo e $\vec{F}_2$ é horizontal, a combinação das duas forças alonga a mola em 2,24 cm.
0 1 2 3 4
$\vec{F}_1$
$\vec{F}_2$
θ
$\vec{F}$
a
b
c
d

5.2 A Primeira Lei de Newton e referenciais inerciais

Começamos nosso estudo de forças imaginando algumas situações físicas envolvendo um disco em uma mesa de ar perfeitamente nivelada (Fig. 5.3). Você espera que o disco permaneça parado quando é suavemente colocado em repouso sobre a mesa. Agora, imagine sua mesa de ar localizada em um trem que se move com velocidade constante em um trilho perfeitamente liso. Se o disco for colocado na mesa, novamente permanecerá onde foi colocado. Se o trem estivesse acelerando, entretanto, o disco começaria a se mover ao longo da mesa no sentido oposto à aceleração do trem, exatamente como papéis no painel caem no assoalho do carro quando você pisa no acelerador.

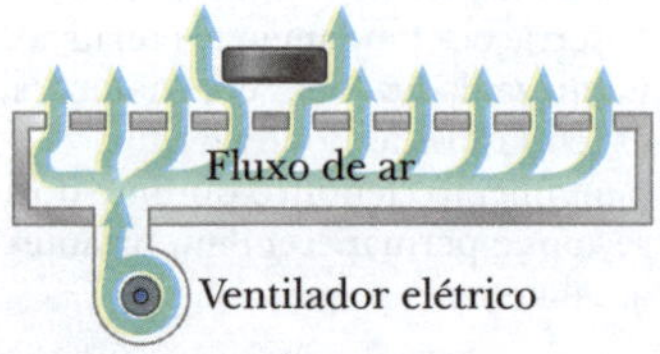
Fluxo de ar
Ventilador elétrico

Figura 5.3 Em uma mesa de ar, o ar soprado através dos orifícios na superfície permite que o disco se mova quase sem atrito. Se a mesa não estiver acelerando, um disco colocado sobre ela permanecerá em repouso.

Como vimos na Seção 4.6, um corpo em movimento pode ser observado de qualquer número de sistemas de referência. **A Primeira Lei do Movimento de Newton**, às vezes chamada *Lei da Inércia,* define um conjunto especial de sistemas de referência chamados *referenciais inerciais.* Esta lei pode ser enunciada da seguinte maneira:

Primeira Lei de Newton ▶ Se um corpo não interage com outros corpos, é possível identificar um sistema de referência em que o corpo tem aceleração zero.

Referencial inercial ▶ Tal sistema de referência é chamado **referencial inercial**. Quando o disco está na mesa de ar localizada no chão, você o observa a partir de um referencial inercial; não há interações horizontais do disco com qualquer outro corpo e você observa que ele tem aceleração zero nessa direção. Quando você está no trem em movimento em velocidade constante, também está observando o disco a partir de um referencial inercial. Qualquer referencial que se move com velocidade constante em relação a um referencial inercial é em si um referencial inercial. Quando você e o trem aceleram, entretanto, você observa o disco a partir de um **referencial não inercial**, pois o trem está acelerando em relação ao referencial inercial da superfície terrestre. Embora o disco pareça estar acelerando de acordo com suas observações, pode-se identificar um referencial no qual o disco tem aceleração zero. Por exemplo, um observador em pé fora do trem vê o disco deslizando em relação à mesa, mas sempre se movendo com a mesma velocidade, em relação ao solo, que o trem tinha antes de começar a acelerar (porque quase não há atrito para "atar" o disco ao trem). Portanto, a Primeira Lei de Newton ainda é satisfeita mesmo se as suas observações como passageiro do trem mostram uma aceleração aparente em relação a você.

Um referencial que se move com velocidade constante em relação às estrelas distantes é a melhor aproximação de um referencial inercial e, para os nossos propósitos, podemos considerar a Terra como tal referencial. A Terra não é, na verdade, um referencial inercial em razão de seu movimento orbital em torno do Sol e de seu movimento rotacional em torno de seu próprio eixo, ambos os quais envolvem acelerações centrípetas. Essas acelerações são pequenas se comparadas a *g* e, assim, podem ser frequentemente desprezadas. Por esta razão, consideramos a Terra um referencial inercial com qualquer outro referencial ligado a ele.

Suponhamos que estivéssemos observando um corpo a partir de um referencial inercial. Retornaremos às observações feitas em referenciais não inerciais na Seção 6.3. Antes de 1600, mais ou menos, os cientistas acreditavam que o estado natural da matéria era o de repouso. Observações mostraram que corpos em movimento eventualmente paravam de se mover. Galileu foi o primeiro a fazer uma abordagem diferente para o movimento e o estado natural da matéria. Ele criou experiências de pensamento e concluiu que a natureza de um corpo não é de parar uma vez posto em movimento; ao contrário, sua natureza *é de resistir a mudanças em seu movimento*. Em suas palavras: "Qualquer velocidade uma vez comunicada a um corpo em movimento será rigidamente mantida, desde que as causas externas de retardo sejam removidas". Por exemplo, uma nave espacial flutuando no espaço vazio com seu motor desligado continuará se movendo para sempre. Ela *não* buscará um "estado natural" de repouso.

Prevenção de Armadilhas 5.1

Primeira Lei de Newton

A Primeira Lei de Newton *não* diz o que acontece com um corpo com *força resultante zero,* isto é, múltiplas forças que se cancelam; ela diz o que acontece *na presença de forças externas*. Esta diferença sutil, mas importante, permite-nos definir força como o que provoca uma mudança no movimento. A descrição de um corpo sob o efeito de forças que se equilibram está contida na Segunda Lei de Newton.

Dada nossa discussão das observações feitas a partir de referenciais inerciais, podemos apresentar um enunciado mais prático da primeira lei do movimento de Newton:

Na ausência de forças externas e quando visualizado a partir de um referencial inercial, um corpo em repouso permanece em repouso e um corpo em movimento continua em movimento com uma velocidade constante (isto é, com velocidade constante em linha reta).

◀ **Outra afirmação da Primeira Lei de Newton**

Em outras palavras, **quando nenhuma força age sobre um corpo, a aceleração do objeto é zero.** Da primeira lei, concluímos que qualquer *corpo isolado* (que não interage com seu ambiente) ou está em repouso, ou em movimento com velocidade constante. A tendência de um corpo de resistir a qualquer tentativa de mudança de sua velocidade é chamada **inércia**. Dado o enunciado da primeira lei acima, podemos concluir que um corpo que está acelerando deve estar sofrendo uma força. Por sua vez, pela primeira lei, podemos definir **força** como **o que causa uma mudança no movimento de um corpo.**

◀ **Definição de força**

***Teste Rápido* 5.1** Qual das seguintes afirmações é correta? **(a)** É possível que um corpo tenha movimento na ausência de forças sobre ele. **(b)** É possível ter forças agindo sobre um corpo na ausência de movimento dele. **(c)** Nem a afirmação **(a)** nem a **(b)** estão corretas. **(d)** Ambas as afirmações **(a)** e **(b)** estão corretas.

5.3 Massa

Imagine brincar com uma bola de basquete ou com uma de boliche. Qual bola tem mais probabilidade de se manter em movimento quando você tenta apanhá-la? Qual bola exige mais esforço para jogá-la? A bola de boliche exige mais esforço. Na linguagem da Física, dizemos que esta é mais resistente a mudanças na sua velocidade do que a de basquete. Como podemos quantificar este conceito?

Massa é a propriedade de um corpo que especifica quanta resistência a mudanças em sua velocidade o corpo tem e, como aprendemos na Seção 1.1, a unidade de massa no SI é o quilograma. Experiências mostram que, quanto maior a massa de um corpo, menos ele acelera sob a ação de determinada força aplicada.

◀ **Definição de massa**

Para descrever quantitativamente a massa, realizamos experiências nas quais se comparam as acelerações que uma força produz em corpos diferentes. Imagine que uma força que age sobre um corpo de massa m_1 produza uma mudança no movimento do corpo, que podemos quantificar com sua aceleração $\vec{\mathbf{a}}_1$, e a mesma força que age sobre um objeto de massa m_2 produz uma aceleração $\vec{\mathbf{a}}_2$. A relação entre duas massas é definida como a razão inversa dos módulos das acelerações produzidas pela força:

$$\frac{m_1}{m_2} \equiv \frac{a_2}{a_1} \qquad (5.1)$$

Por exemplo, se determinada força agindo sobre um corpo de 3 kg produz uma aceleração de 4 m/s^2, a mesma força aplicada a um corpo de 6 kg produz uma aceleração de 2 m/s^2. De acordo com grande número de observações similares, concluímos que o módulo (intensidade) da aceleração de um corpo é inversamente proporcional à sua massa quando sob a ação de determinada força. Se um corpo tem uma massa conhecida, a massa de outro corpo pode ser obtida a partir de medições da aceleração.

Massa é uma propriedade inerente de um corpo, e é independente dos arredores do corpo e do método utilizado para medi-lo. Além disso, é uma grandeza escalar e, portanto, obedece às regras da aritmética comum. Por exemplo, se você combinar uma massa de 3 kg com uma de 5 kg, a massa total é de 8 kg. Este resultado pode ser verificado experimentalmente, comparando a aceleração que uma força conhecida confere a vários corpos separadamente com a aceleração que a mesma força confere aos mesmos corpos combinados em uma única unidade.

Prevenção de Armadilhas 5.2

Força é a causa de mudanças no movimento

Um corpo pode ter movimento na ausência de forças como descrito na Primeira Lei de Newton. Portanto, não interprete força como causa de *movimento*. Força é a causa de *mudanças* no movimento.

Massa e peso são quantidades diferentes ▶

Massa não deve ser confundida com peso, porque são duas quantidades diferentes. O peso de um corpo é igual ao módulo da força gravitacional exercida sobre ele e varia com a localização (ver Seção 5.5). Por exemplo, uma pessoa que pesa 180 lb na Terra, pesa apenas cerca de 30 lb na Lua. Por outro lado, a massa de um corpo é a mesma em todo lugar; um corpo com massa de 2 kg na Terra também tem esta mesma massa na Lua.

5.4 A Segunda Lei de Newton

A Primeira Lei de Newton explica o que acontece com um corpo quando nenhuma força age sobre ele: mantém seu movimento original; ou permanece em repouso, ou move-se em linha reta com velocidade constante. A Segunda Lei de Newton responde à pergunta do que acontece com um corpo quando uma ou mais forças agem sobre ele.

Imagine realizar uma experiência em que você empurra um bloco de massa m em uma superfície horizontal sem atrito. Quando você exerce uma força horizontal $\vec{\mathbf{F}}$ no bloco, ele se move com uma aceleração $\vec{\mathbf{a}}$. Se você aplicar uma força duas vezes maior no mesmo bloco, os resultados experimentais mostrarão que a aceleração do bloco dobra; se você aumentar a força aplicada para $3\vec{\mathbf{F}}$, a aceleração triplicará e assim por diante. A partir de tais observações, podemos concluir que a aceleração de um objeto é diretamente proporcional à força que age sobre ele: $\vec{\mathbf{F}} \propto \vec{\mathbf{a}}$. Esta ideia foi apresentada pela primeira vez na Seção 2.4, quando discutimos a direção da aceleração de um corpo. Também sabemos, pela seção anterior, que o módulo da aceleração de um corpo é inversamente proporcional à sua massa: $|\vec{\mathbf{a}}| \propto 1/m$.

Estas observações experimentais são resumidas na **Segunda Lei de Newton**:

Quando vista de um referencial inercial, a aceleração de um corpo é diretamente proporcional à força resultante que age sobre ele e inversamente proporcional à sua massa:

$$\vec{\mathbf{a}} \propto \frac{\sum \vec{\mathbf{F}}}{m}$$

Se escolhermos uma constante de proporcionalidade de 1, podemos relacionar massa, aceleração e força através do seguinte enunciado matemático da Segunda Lei de Newton:[1]

Segunda Lei de Newton ▶

$$\sum \vec{\mathbf{F}} = m\vec{\mathbf{a}} \qquad (5.2)$$

Tanto no enunciado textual quanto no matemático da Segunda Lei de Newton, indicamos que a aceleração é devida à *força resultante* $\sum \vec{\mathbf{F}}$ que age sobre um corpo. A **força resultante** sobre um corpo é o vetor soma de todas as forças que agem sobre o corpo. Às vezes nos referimos à força líquida como *força total*, *força resultante* ou *força desequilibrada*. Ao resol-

[1] A Equação 5.2 é válida apenas quando a velocidade do corpo é muito menor que a velocidade da luz. Trataremos a situação relativista no Capítulo 5 do Volume 4 desta coleção.

ver um problema usando a Segunda Lei de Newton, é imperativo determinar a força resultante correta sobre um corpo. Muitas forças podem estar agindo em um corpo, mas só há uma aceleração.

A Equação 5.2 é uma do tipo vetorial e, portanto, é equivalente a equações de três componentes:

$$\sum F_x = ma_x \qquad \sum F_y = ma_y \qquad \sum F_z = ma_z \tag{5.3}$$

◀ **Segunda Lei de Newton: forma de componentes**

***Teste Rápido* 5.2** Um corpo não sofre aceleração. Qual das seguintes afirmações *não pode* ser verdadeira para o corpo? **(a)** Uma força única age sobre o corpo. **(b)** Nenhuma força age sobre o corpo. **(c)** Forças agem sobre o corpo, mas elas se cancelam.

***Teste Rápido* 5.3** Você empurra um corpo, inicialmente em repouso, em um assoalho sem atrito com uma velocidade constante por um intervalo de tempo Δt, o que resulta em uma velocidade final v para o corpo. Você, então, repete a experiência, mas com uma força que é duas vezes maior. Que intervalo de tempo é necessário agora para atingir a mesma velocidade final v?

(a) $4\,\Delta t$ **(b)** $2\,\Delta t$ **(c)** Δt **(d)** $\Delta t/2$ **(e)** $\Delta t/4$

Prevenção de Armadilhas 5.3

$m\vec{a}$ não é uma força

A Equação 5.2 *não* diz que o produto $m\vec{a}$ é uma força. Todas as forças sobre um corpo são adicionadas vetorialmente para gerar a força resultante do lado esquerdo da equação. Essa força resultante é então igualada ao produto da massa do corpo e da aceleração que resulta da força resultante. *Não* inclua uma "força $m\vec{a}$" em sua análise das forças sobre um corpo.

A unidade de força no SI é o **newton** (N). Uma força de 1 N é a que, ao agir sobre um corpo de massa 1 kg, produz uma aceleração de 1 m/s². A partir desta definição e da Segunda Lei de Newton, vemos que o newton pode ser expresso em termos das seguintes unidades fundamentais de massa, comprimento e tempo:

$$1\text{ N} \equiv 1\text{ kg}\cdot\text{m/s}^2 \tag{5.4}$$

◀ **Definição de Newton**

No sistema comumente utilizado nos EUA, a unidade de força é a **libra** (lb). A força de 1 lb é a que, ao agir sobre uma massa de 1 slug,[2] produz uma aceleração de 1 pé/s²:

$$1\text{ lb} \equiv 1\text{ slug}\cdot\text{pé/s}^2$$

Uma aproximação conveniente é $1\text{ N} \approx \frac{1}{4}\text{ lb}$.

Exemplo 5.1 Um disco de hóquei em aceleração MA

Um disco de hóquei com massa de 0,30 kg desliza sobre a superfície horizontal sem atrito de uma pista de gelo. Dois bastões de hóquei batem no disco ao mesmo tempo, exercendo forças sobre ele, como mostra a Figura 5.4. A força $\vec{F}_1$ tem módulo de 5,0 N e é dirigida a $\theta = 20°$ abaixo do eixo x. A força $\vec{F}_2$ tem módulo de 8,0 N e sua direção é $\phi = 60°$ acima do eixo x. Determine o módulo e a direção da aceleração do disco.

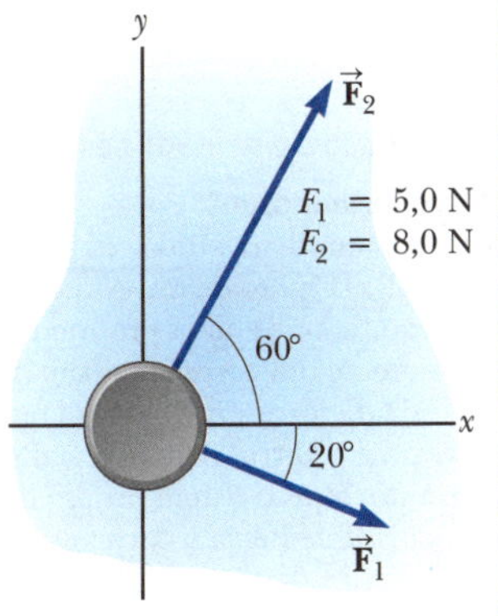

Figura 5.4 (Exemplo 5.1) Um disco de hóquei que se move sobre uma superfície sem atrito está sujeito a duas forças, $\vec{F}_1$ e $\vec{F}_2$.

SOLUÇÃO

Conceitualização Estude a Figura 5.4. Usando sua experiência em adição de vetores do Capítulo 3, preveja a direção aproximada do vetor força resultante sobre o disco. A aceleração do disco será na mesma direção.

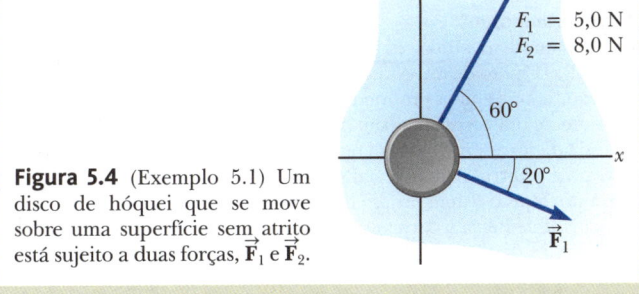

Categorização Como podemos determinar uma força resultante e queremos uma aceleração, este problema é categorizado como um que pode ser resolvido usando a Segunda Lei de Newton. Na Seção 5.7, introduziremos formalmente o modelo de análise da *partícula sob uma força líquida* para descrever uma situação como esta.

continua

[2] Slug é a unidade de massa do sistema americano de unidades, e a correspondente deste sistema da unidade de massa do SI é o quilograma. Como a maioria dos cálculos em nosso estudo da mecânica clássica está em unidades no SI, slug é raramente usado no presente texto.

5.1 *cont.*

Análise Encontre a componente da força resultante que age sobre o disco na direção *x*:

$$\sum F_x = F_{1x} + F_{2x} = F_1 \cos x + F_2 \cos \phi$$

Encontre a componente da força resultante que age sobre o disco na direção *y*:

$$\sum F_y = F_{1y} + F_{2y} = F_1 \text{ sen } \theta + F_2 \text{ sen } \phi$$

Use a Segunda Lei de Newton na forma de componentes (Eq. 5.3) para encontrar as componentes *x* e *y* da aceleração do disco:

$$a_x = \frac{\sum F_x}{m} = \frac{F_1 \cos \theta + F_2 \cos \phi}{m}$$

$$a_y = \frac{\sum F_y}{m} = \frac{F_1 \text{ sen } \theta + F_2 \text{ sen } \phi}{m}$$

Substitua os valores numéricos:

$$a_x = \frac{(5{,}0 \text{ N}) \cos(-20°) + (8{,}0 \text{ N}) \cos(60°)}{0{,}30 \text{ kg}} = 29 \text{ m/s}^2$$

$$a_y = \frac{(5{,}0 \text{ N}) \text{ sen }(-20°) + (8{,}0 \text{ N}) \text{ sen }(60°)}{0{,}30 \text{ kg}} = 17 \text{ m/s}^2$$

Encontre o módulo da aceleração:

$$a = \sqrt{(29 \text{ m/s}^2)^2 + (17 \text{ m/s}^2)^2} = \boxed{34 \text{ m/s}^2}$$

Encontre a direção da aceleração em relação ao eixo *x* positivo:

$$\theta = \text{tg}^{-1}\left(\frac{a_y}{a_x}\right) = \text{tg}^{-1}\left(\frac{17}{29}\right) = \boxed{31°}$$

Finalização O vetor na Figura 5.4 pode ser adicionado graficamente para verificar a razoabilidade da nossa resposta. Como o vetor aceleração está ao longo da direção da força resultante, um desenho mostrando o vetor força resultante nos ajuda a verificar a validade da resposta. Experimente!

E SE? Suponha que três bastões de hóquei batam no disco simultaneamente, com dois deles exercendo as forças mostradas na Figura 5.4. O resultado das três forças é que o disco de hóquei *não* apresentará aceleração. Quais devem ser as componentes da terceira força?

Resposta Se há aceleração zero, a força resultante que age sobre o disco deve ser zero. Portanto, as três forças devem se cancelar. As componentes da terceira força devem ser de módulo igual e sinal oposto em comparação com as componentes da força líquida aplicada pelas primeiras duas forças em zero. Portanto, $F_{3x} = -\sum F_x = -(0{,}30 \text{ kg})(29 \text{ m/s}^2) = -8{,}7 \text{ N}$ e $F_{3y} = -\sum F_y = -(0{,}30 \text{ kg})(17 \text{ m/s}^2) = -5{,}2 \text{ N}$.

5.5 Força gravitacional e peso

Todos os corpos são atraídos para a Terra. A força de atração exercida pela Terra sobre um corpo é chamada **força gravitacional** $\vec{\mathbf{F}}_g$. Ela é dirigida ao centro da Terra,[3] e seu módulo é chamado **peso** do objeto.

Vimos na Seção 2.6 que um corpo que cai livremente sofre uma aceleração $\vec{\mathbf{g}}$ que age na direção do centro da Terra. Aplicando a Segunda Lei de Newton $\sum \vec{\mathbf{F}} = m\vec{\mathbf{a}}$ a um corpo que cai livremente de massa *m*, com $\vec{\mathbf{a}} = \vec{\mathbf{g}}$ e $\sum \vec{\mathbf{F}} = \vec{\mathbf{F}}_g$, temos

$$\vec{\mathbf{F}}_g = m\vec{\mathbf{g}} \quad \textbf{(5.5)}$$

Portanto, o peso de um corpo, sendo definido como o módulo de $\vec{\mathbf{F}}_g$, é igual a *mg*:

$$F_g = mg \quad \textbf{(5.6)}$$

Como ele depende de *g*, o peso varia com a localização geográfica. Como *g* diminui com o aumento da distância ao centro da Terra, os objetos pesam menos

Prevenção de Armadilhas 5.4

"Peso de um corpo"
Estamos familiarizados com a frase cotidiana o "peso de um corpo". O peso, entretanto, não é uma propriedade inerente de um corpo, mas sim uma medida da força gravitacional entre o corpo e a Terra (ou outro planeta). Portanto, o peso é uma propriedade de um *sistema* de itens: o corpo e a Terra.

Prevenção de Armadilhas 5.5

Quilograma não é uma unidade de peso
Você pode ter visto a "conversão" 1 kg = 2,2 lb. Apesar de as indicações populares de peso serem expressas em quilograma, este não é uma unidade de *peso,* mas de *massa*. A indicação de conversão não é uma igualdade; é uma *equivalência* que só é válida na superfície terrestre.

[3] Esta afirmação ignora que a distribuição de massa da Terra não é perfeitamente esférica.

em altitudes elevadas do que no nível do mar. Por exemplo, uma plataforma de 1.000 kg de tijolos usados na construção do Empire State Building, em Nova York, pesou 9.800 N no nível da rua, mas cerca de 1 N a menos no momento em que foi levantado da calçada até o topo do edifício. Como outro exemplo, suponha que um estudante tenha massa de 70,0 kg. Seu peso em um local onde $g = 9{,}80\ m/s^2$ é de 686 N (cerca de 150 lb). No topo de uma montanha, entretanto, onde $g = 9{,}77\ m/s^2$, este peso é de apenas 684 N. Portanto, se quiser perder peso sem fazer dieta, escale uma montanha ou se pese a 30.000 pés durante um voo de avião!

A Equação 5.6 quantifica a força gravitacional sobre um corpo, mas observe que esta equação não requer que o corpo se mova. Mesmo para um corpo fixo no qual agem várias forças, a Equação 5.6 pode ser usada para calcular a grandeza da força gravitacional. O resultado é uma mudança sutil na interpretação de equação. A massa m na Equação 5.6 determina a força da atração gravitacional entre o corpo e a Terra. Esta função é completamente diferente daquela anteriormente descrita para massa, de medir a resistência às mudanças no movimento como reação a uma força externa. Nesta, a massa é chamada de **massa inercial**. Chamamos m na Equação 5.6 a **massa gravitacional**. Mesmo que essa quantidade tenha comportamento diferente da massa inercial, ela é uma das conclusões experimentais na dinâmica newtoniana de que a massa gravitacional e a massa inercial têm o mesmo valor.

Embora essa discussão tenha enfocado a força gravitacional de um corpo devida à Terra, o conceito é geralmente válido em qualquer planeta. O valor de g variará de um planeta para outro, mas a grandeza da força gravitacional sempre será dada pelo valor de mg.

NASA/Eugene Cernan

A unidade de apoio à vida presa nas costas do astronauta Harrison Schmitt pesava 300 lb na Terra e tinha uma massa de 136 kg. Durante seu treinamento, um equipamento de simulação de 50 lb com massa de 23 kg foi utilizado. Embora esta estratégia tenha simulado eficazmente o peso reduzido que a unidade teria na Lua, não imitou corretamente a massa imutável. Foi mais difícil acelerar a unidade de 136 kg (talvez por pular ou torcer repentinamente) na Lua do que acelerar a unidade de 23 kg na Terra.

***Teste Rápido* 5.4** Suponha que você esteja falando, através de um telefone interplanetário, com um amigo que mora na Lua. Ele diz que acabou de ganhar um newton de ouro em uma competição. Excitadamente, você lhe diz que entrou na versão terrena da mesma competição! Quem é mais rico? **(a)** Você. **(b)** Seu amigo. **(c)** Os dois são igualmente ricos.

Exemplo Conceitual 5.2 Quanto você pesa em um elevador?

Você provavelmente já esteve em um elevador com movimento acelerado para cima em direção a um piso superior. Neste caso, você se sente mais pesado. Na verdade, se você estiver sobre uma balança de banheiro neste momento, a balança mede uma força cuja grandeza é maior que seu peso. Portanto, você tem evidência tátil e uma medida que faz com que acredite que está mais pesado nesta situação. Você *está* mais pesado?

SOLUÇÃO

Não; seu peso não é alterado. O que você sente se deve ao fato de estar em um referencial não inercial. Para fornecer a aceleração para cima, o chão ou a balança deve exercer em seus pés uma força para cima com módulo maior que seu peso. É esta força maior que você sente e interpreta como mais peso. A balança lê esta força para cima, e não seu peso e, portanto, a leitura aumenta.

5.6 A Terceira Lei de Newton

Se você pressionar um canto deste livro-texto com a ponta do dedo, o livro o empurra de volta e faz uma pequena reentrância na sua pele. Se empurrar com mais força, o livro faz o mesmo e a reentrância em sua pele será um pouco maior. Esta atividade simples ilustra que forças são *interações* entre dois corpos: quando seu dedo pressiona o livro, ele empurra seu dedo de volta. Este princípio importante é conhecido como **Terceira Lei de Newton**:

◀ **Terceira Lei de Newton**

Se dois corpos interagem, a força $\vec{\mathbf{F}}_{12}$ exercida pelo corpo 1 sobre o corpo 2 é igual em módulo e oposta em direção à força $\vec{\mathbf{F}}_{21}$ exercida pelo corpo 2 sobre o 1:

$$\vec{\mathbf{F}}_{12} = -\vec{\mathbf{F}}_{21} \qquad (5.7)$$

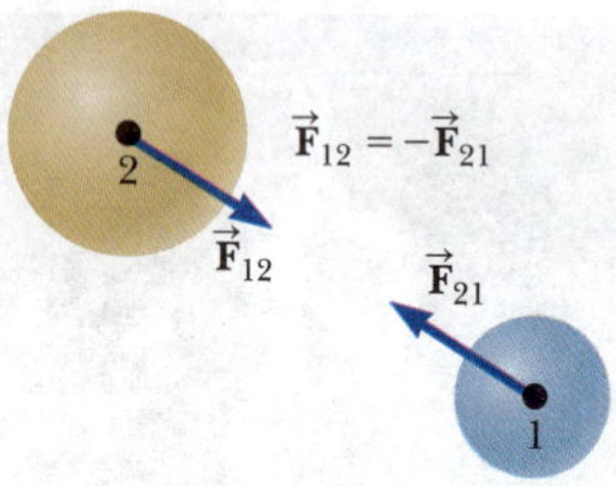

Figura 5.5 Terceira Lei de Newton. A força $\vec{F}_{12}$ exercida pelo corpo 1 sobre o corpo 2 é igual em módulo e oposta em direção à força $\vec{F}_{21}$ exercida pelo corpo 2 sobre o corpo 1.

Quando for importante designar forças como interações entre dois corpos, usaremos esta notação em subscrito, onde $\vec{F}_{ab}$ significa "a força exercida *por* a *em* b". A terceira lei é ilustrada na Figura 5.5. A força que o corpo 1 exerce sobre o corpo 2 é popularmente chamada *força de ação*, e a que o corpo 2 exerce sobre o corpo 1 é chamada *força de reação*. Esses termos em itálico não são científicos; além disso, a força pode ser rotulada de ação ou força de reação. Usaremos estes termos por conveniência. Em todos os casos, as forças de ação e reação agem sobre corpos *diferentes* e devem ser do mesmo tipo (gravitacional, elétrica etc.). Por exemplo, a força que age sobre um projétil que cai livremente é a força gravitacional exercida pela Terra no projétil $\vec{F}_g = \vec{F}_{Tp}$ (T = Terra, p = projétil), e o módulo desta força é mg. A reação desta força é a força gravitacional exercida pelo projétil sobre a Terra $\vec{F}_{pT} = -\vec{F}_{Tp}$. A força de reação $\vec{F}_{pT}$ deve acelerar a Terra em direção ao projétil exatamente como a de ação $\vec{F}_{Tp}$ acelera o projétil em direção à Terra. No entanto, como a Terra tem uma massa muito grande, sua aceleração devido a essa força de reação é desprezível de tão pequena.

Considere um monitor de computador em repouso sobre uma mesa, como na Figura 5.6a. A força gravitacional no monitor é $\vec{F}_g = \vec{F}_{Tm}$. A reação a esta força é a força $\vec{F}_{mT} = -\vec{F}_{Tm}$ exercida pelo monitor sobre a Terra. O monitor não acelera porque é mantido em cima da mesa. A mesa exerce no monitor uma força para cima $\vec{n} = \vec{F}_{tm}$, chamada **força normal**. (*Normal*, neste contexto, significa *perpendicular*.) Em geral, sempre que um objeto está em contato com uma superfície, a superfície exerce uma força normal sobre o objeto. A força normal sobre o monitor pode ter qualquer valor necessário, até o ponto de quebrar a mesa. Como o monitor tem aceleração zero, a Segunda Lei de Newton aplicada ao monitor nos dá $\sum \vec{F} = \vec{n} + m\vec{g} = 0$, portanto, $n\hat{\mathbf{j}} - mg\hat{\mathbf{j}} = 0$, ou $n = mg$. A força normal equilibra a gravitacional sobre o monitor, portanto, a força resultante no monitor é zero. A força de reação a $\vec{n}$ é a força para baixo exercida pelo monitor sobre a mesa, $\vec{F}_{mt} = -\vec{F}_{tm} - \vec{n}$.

Observe que as forças que agem sobre o monitor são $\vec{F}_g$ e $\vec{n}$, como mostra a Figura 5.6b. As duas forças $\vec{F}_{mT}$ e $\vec{F}_{mt}$ são exercidas sobre outros corpos que não o monitor.

A Figura 5.6 ilustra um passo extremamente importante na resolução de problemas envolvendo força. A Figura 5.6a mostra muitas das forças nesta situação: as que agem sobre o monitor, a que age sobre a mesa e a que age sobre a Terra. A Figura 5.6b, em contrapartida, mostra apenas as forças que agem sobre *um corpo*, o monitor, e é chamada **diagrama de forças**, ou um *diagrama que mostra as forças que agem sobre um corpo*. A importante representação na Figura 5.6c é chamada **diagrama de corpo livre**. Neste tipo de diagrama de corpo livre, é utilizado o modelo da partícula, que representa o corpo como um ponto e mostra as forças que agem sobre ele como se fossem aplicadas ao ponto. Ao analisar um corpo sujeito a forças, estamos interessados na força resultante que age sobre o corpo, que iremos considerar como uma partícula.

Prevenção de Armadilhas 5.6

n* nem sempre é igual a *mg

Na situação mostrada na Figura 5.6 e em muitas outras, descobrimos que $n = mg$ (a força normal tem o mesmo módulo que a força gravitacional). Este resultado, entretanto, geralmente *não é* verdadeiro. Se um corpo estiver em um declive, se houver forças aplicadas com componentes verticais ou se houver aceleração vertical do sistema, então $n \neq mg$. *Sempre* aplique a Segunda Lei de Newton para descobrir a relação entre n e mg.

Prevenção de Armadilhas 5.7

Terceira Lei de Newton

Lembre-se de que as forças de ação e reação da Terceira Lei de Newton agem sobre corpos *diferentes*. Por exemplo, na Figura 5.6, $\vec{n} = \vec{F}_{tm} = -m\vec{g} = \vec{F}_{Tm}$. As forças $\vec{n}$ e $m\vec{g}$ têm o mesmo módulo e direções opostas, mas não representam um par ação-reação, pois ambas as forças agem sobre o *mesmo* corpo, o monitor.

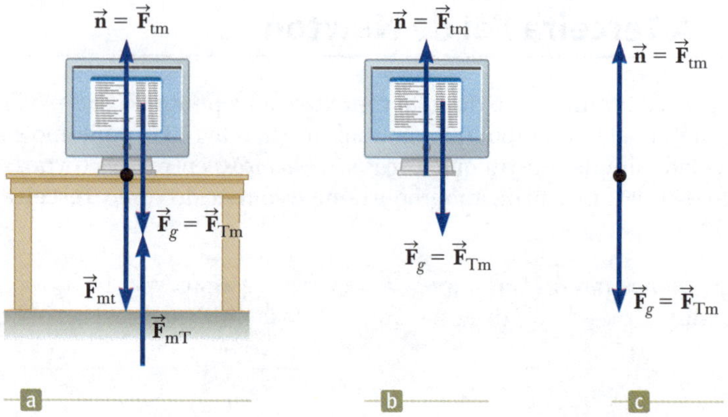

Figura 5.6 (a) Quando um monitor de computador está em repouso sobre uma mesa, as forças que agem sobre ele são a normal, $\vec{n}$, e a gravitacional, $\vec{F}_g$. A reação a $\vec{n}$ é a força $\vec{F}_{mt}$ exercida pelo monitor sobre a mesa. A reação a $\vec{F}_g$ é a força $\vec{F}_{mT}$, exercida pelo monitor sobre a Terra. (b) Um *diagrama de força* mostra as forças no monitor. (c) Um diagrama de corpo livre mostra o monitor como um ponto com forças agindo sobre ele.

Portanto, um diagrama de corpo livre nos ajuda a isolar apenas as forças que agem sobre o corpo e eliminar as outras forças de nossa análise.

Teste Rápido **5.5** **(i)** Se uma mosca colidir com o para-brisa de um ônibus em movimento rápido, quem sofre uma força de impacto com intensidade maior? **(a)** A mosca. **(b)** O ônibus. **(c)** A mesma força é sofrida por ambos. **(ii)** Qual sofre a maior aceleração? **(a)** A mosca. **(b)** O ônibus. **(c)** A mesma aceleração é sofrida por ambos.

Prevenção de Armadilhas 5.8

Diagramas de corpo livre

O *passo mais importante* na resolução de um problema utilizando as leis de Newton é desenhar um esboço adequado: o diagrama de corpo livre. Certifique-se de desenhar *apenas* as forças que agem sobre o corpo que você está isolando e, ainda, de desenhar *todas* as forças que agem sobre o corpo, incluindo quaisquer forças de campo, como a gravitacional.

Exemplo Conceitual 5.3 Você me empurra e eu empurro você

Um homem adulto e um garotinho estão de pé um de frente para o outro sobre o gelo sem atrito. Eles colocam as mãos juntas e um empurra ou outro de maneira que eles se afastam.

(A) Qual deles se afasta com maior velocidade?

SOLUÇÃO

Esta situação é similar à que vimos no Teste Rápido 5.5. De acordo com a Terceira Lei de Newton, a força exercida pelo homem no garoto e aquela exercida pelo garoto no homem são um par de forças desta terceira lei, portanto, devem ter o mesmo módulo. Uma balança de banheiro colocada entre as mãos deles teria a mesma leitura, independente de para qual lado estivesse voltada. Portanto, o garoto, que tem massa menor, sofrerá maior aceleração. Ambos os indivíduos aceleram pela mesma quantidade de tempo, mas a aceleração maior do garoto durante este intervalo de tempo faz com que ele se afaste da interação com velocidade maior.

(B) Quem se afasta mais enquanto suas mãos estão em contato?

SOLUÇÃO

Como o garoto tem aceleração maior e, portanto, a maior velocidade média, ele se afasta mais do que o homem durante o intervalo de tempo em que suas mãos estão em contato.

5.7 Modelos de análise utilizando a Segunda Lei de Newton

Nesta seção, discutiremos dois modelos de análise para resolver problemas nos quais corpos estão ou em equilíbrio ($\vec{\mathbf{a}} = 0$) ou em aceleração sob a ação de forças externas constantes. Lembre-se de que, quando as leis de Newton são aplicadas a um corpo, estamos interessados apenas em forças externas que agem sobre ele. Se os corpos forem considerados partículas, não precisamos nos preocupar com o movimento de rotação. Por enquanto, também desprezamos os efeitos do atrito nesses problemas que envolvem movimento, o que é equivalente a afirmar que as superfícies são *sem atrito.* A força de atrito será discutida na Seção 5.8.

Normalmente desprezamos a massa de cordas, correntes ou cabos envolvidos. Nesta aproximação, o módulo da força exercida por qualquer elemento da corda no elemento adjacente é a mesma para todos os elementos ao longo da corda. Em enunciados de problemas, os termos sinônimos *leve* e *de massa desprezível* são utilizados para indicar que a massa deve ser ignorada ao trabalhar os problemas. Quando uma corda presa a um corpo o está puxando, a corda exerce uma força sobre o corpo em uma direção para longe dele, paralela à corda. O módulo T desta força é chamada **tensão** na corda. Como é o módulo de uma quantidade vetorial, a tensão é uma quantidade escalar.

Modelo de análise: a partícula em equilíbrio

Se a aceleração de um corpo considerado uma partícula é zero, o corpo é tratado como o modelo da **partícula em equilíbrio**. Neste modelo, a força resultante sobre o corpo é zero:

$$\sum \vec{\mathbf{F}} = 0 \qquad (5.8)$$

Considere uma luminária suspensa por uma corrente presa ao teto como na Figura 5.7a. O diagrama de forças para a lâmpada (Fig. 5.7b) mostra que as forças que agem sobre a luminária são a força gravitacional para baixo, $\vec{\mathbf{F}}_g$, e a força para cima $\vec{\mathbf{T}}$ exercida pela corrente. Como não há força na direção x, $\sum F_x = 0$ não fornece informação útil. A condição $\sum F_y = 0$ fornece

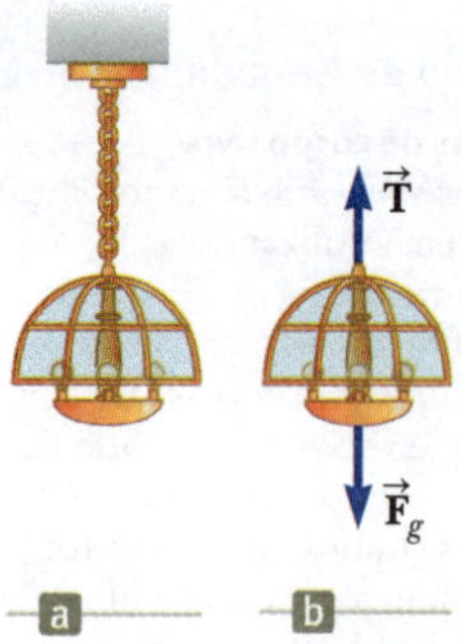

Figura 5.7 (a) Uma luminária suspensa do teto por uma corrente. (b) As forças que agem sobre a luminária são a gravitacional, $\vec{\mathbf{F}}_g$ e a $\vec{\mathbf{T}}$, exercida pela corrente.

$$\sum F_y = T - F_g = 0 \text{ ou} T = F_g$$

Novamente, observe que $\vec{\mathbf{T}}$ e $\vec{\mathbf{F}}_g$ *não* são um par ação-reação, porque elas agem sobre o mesmo corpo, a luminária. A força de reação de $\vec{\mathbf{T}}$ é uma força para baixo exercida pela lâmpada na corrente.

O Exemplo 5.4 mostra uma aplicação do modelo de partícula em equilíbrio.

Modelo de análise: a partícula sob uma força resultante

Se um corpo sofre uma aceleração, seu movimento pode ser analisado com o modelo da **partícula sob uma força resultante**. A equação apropriada para este modelo é a da Segunda Lei de Newton, Equação 5.2:

$$\sum \vec{\mathbf{F}} = m\vec{\mathbf{a}} \qquad \textbf{(5.2)}$$

Considere um caixote sendo puxado para a direita sobre um piso horizontal sem atrito, como na Figura 5.8a. É claro que o piso diretamente sob o garoto deve ter atrito, caso contrário, seus pés simplesmente deslizariam quando ele tentasse puxar o caixote! Suponha que você deseje descobrir a aceleração do caixote e a força que o chão exerce nele. As forças que agem sobre o caixote são ilustradas no diagrama de corpo livre na Figura 5.8b. Observe que a força horizontal $\vec{\mathbf{T}}$ aplicada ao caixote age através da corda. O módulo de $\vec{\mathbf{T}}$ é igual à tensão na corda. Além da força $\vec{\mathbf{T}}$, o diagrama de corpo livre para o caixote inclui a força gravitacional $\vec{\mathbf{F}}_g$ e a força normal $\vec{\mathbf{n}}$, exercida pelo chão no caixote.

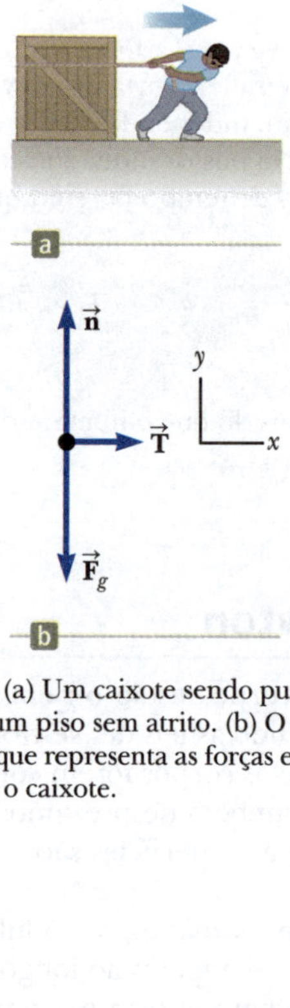

Figura 5.8 (a) Um caixote sendo puxado para a direita em um piso sem atrito. (b) O digrama de corpo livre que representa as forças externas que agem sobre o caixote.

Podemos agora aplicar a Segunda Lei de Newton na forma de componente ao caixote. A única força que age na direção *x* é $\vec{\mathbf{T}}$. Aplicando $\sum F_x = ma_x$ ao movimento horizontal, temos

$$\sum F_x = T = ma_x \quad \text{ou} \quad a_x = \frac{T}{m}$$

Não ocorre aceleração na direção *y* porque o caixote só se move horizontalmente. Portanto, utilizamos o modelo de partícula em equilíbrio na direção *y*. Aplicando a componente *y* da Equação 5.8, resulta em

$$\sum F_y = n - F_g = 0 \quad \text{ou} \quad n = F_g$$

Ou seja, a força normal tem o mesmo módulo que a gravitacional, mas age na direção oposta.

Se $\vec{\mathbf{T}}$ for uma força constante, a aceleração $a_x = T/m$ também é constante. Deste modo, o caixote também é considerado uma partícula sob aceleração constante na direção *x*, e as equações da cinemática vistas no Capítulo 2 podem ser usadas para obter a posição do caixote *x* e a velocidade v_x em função do tempo.

Observe a partir desta discussão dois conceitos que serão importantes na solução de problemas futuros: (1) *Em determinado problema, é possível ter modelos de análises diferentes aplicados em direções diferentes*. O caixote na Figura 5.8 é uma partícula em equilíbrio na direção vertical e uma partícula sob uma força líquida na direção horizontal. (2) *É possível descrever um objeto por meio de diversos modelos de análises*. O caixote é uma partícula sob uma força líquida na direção horizontal e também é uma partícula sob aceleração constante na mesma direção.

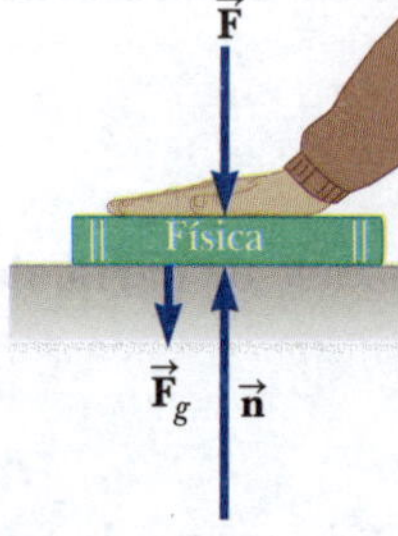

Figura 5.9 Quando uma força $\vec{\mathbf{F}}$ empurra verticalmente para baixo outro corpo, a força normal, $\vec{\mathbf{n}}$, sobre o corpo é maior que a força gravitacional: $n = F_g + F$.

Na situação que acaba de ser descrita, o módulo da força normal, $\vec{\mathbf{n}}$, é igual ao módulo de $\vec{\mathbf{F}}_g$, mas este nem sempre é o caso, como observado na Prevenção de Armadilhas 5.6. Por exemplo, suponha que um livro esteja sobre uma mesa e que você o empurre para baixo com uma força $\vec{\mathbf{F}}$, como mostra a Figura 5.9. Como o livro está em repouso e, portanto, sem aceleração, $\sum F_y = 0$, o que resulta em $n - F_g - F = 0$, ou $n = F_g + F = mg + F$. Nesta situação, a força normal é *maior* que a gravitacional. Outros exemplos nos quais $n \neq F_g$ serão apresentados mais tarde.

Vários exemplos a seguir demonstram o uso da partícula sob um modelo de força líquida.

Modelo de Análise — Partícula em equilíbrio

Imagine um objeto que pode ser modelado como uma partícula. Se houver diversas forças atuando sobre ele de modo que todas as forças se cancelam, considerando a força líquida zero, o objeto terá uma aceleração zero. Esta condição é matematicamente descrita como

$$\sum \vec{F} = m\vec{a} \quad (5.8)$$

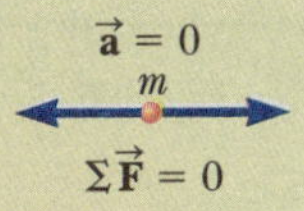

Exemplos:

- um candelabro pendurado acima da mesa de uma sala de jantar
- um objeto movendo-se com velocidade terminal através de um meio viscoso (Capítulo 6 deste volume)
- uma viga de aço na estrutura de um edifício (Capítulo 12 deste volume)
- um barco flutuando na água (Capítulo 14 deste volume)

Modelo de Análise — Partícula sob a ação de uma força resultante

Imagine um objeto que pode ser modelado como uma partícula. Se houver uma ou mais forças atuando sobre ele de modo que existe uma força resultante sobre o objeto, ele acelerará na direção da força resultante. A relação entre a força resultante e a aceleração é

$$\sum \vec{F} = 0 \quad (5.2)$$

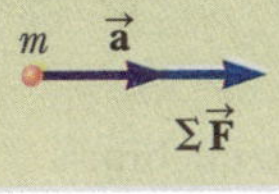

Exemplos:

- um caixote é puxado sobre o chão de uma fábrica
- um objeto caindo sofre uma força gravitacional
- um pistão no motor de um automóvel movido por gases quentes (Capítulo 8 do Volume 2)
- uma partícula carregada em um campo elétrico (Capítulo 1 do Volume 3)

Exemplo 5.4 Um semáforo em repouso MA

Um semáforo pesando 122 N pende de um cabo ligado a dois outros presos a um suporte, como na Figura 5.10a. Os cabos superiores formam ângulos de $\theta_1 = 37{,}0°$ e $\theta_2 = 53{,}0°$ com a horizontal. Estes cabos não são tão fortes quanto o cabo vertical e se quebrarão se a tensão neles for maior que 100 N. O semáforo permanecerá pendurado nesta situação, ou um dos cabos quebrará?

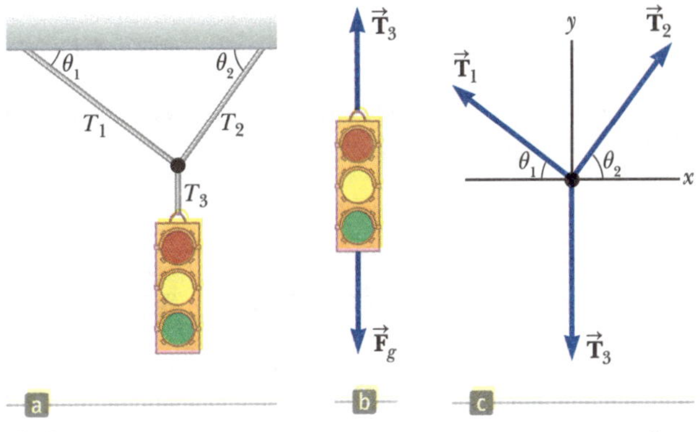

Figura 5.10 (Exemplo 5.4) (a) Um semáforo suspenso por cabos. (b) As forças que agem sobre o semáforo. (c) O diagrama de corpo livre para o nó, onde os três cabos são unidos.

SOLUÇÃO

Conceitualização Inspecione o desenho na Figura 5.10a. Vamos considerar que os cabos não quebram e que nada se move.

Categorização Se nada se move, nenhuma parte do sistema está acelerando. Podemos então considerar o semáforo uma *partícula em equilíbrio*, na qual a força resultante é zero. Da mesma maneira, a força resultante no nó (Fig. 5.10c) é zero, portanto, também é *modelada como uma partícula em equilíbrio.*

Análise Construímos um diagrama das forças que agem sobre o semáforo, mostrado na Figura 5.10b, e um diagrama de corpo livre para o nó que une os três cabos, mostrado na Figura 5.10c. O nó é um ponto conveniente para escolher, pois todas as forças de interesse agem ao longo de linhas que passam pelo nó.

A partir do modelo da partícula em equilíbrio, aplique a Equação 5.8 para o semáforo na direção *y*:

$$\sum F_y = 0 \rightarrow T_3 - F_g = 0$$
$$T_3 = F_g$$

continua

5.4 *cont.*

Escolha os eixos coordenados, como mostra a Figura 5.10c, e resolva decompondo as forças que agem sobre o nó em suas componentes:

Força	Componente x	Componente y
$\vec{\mathbf{T}}_1$	$-T_1 \cos\theta_1$	$T_1 \text{ sen } \theta_1$
$\vec{\mathbf{T}}_2$	$T_2 \cos\theta_2$	$T_2 \text{ sen } \theta_2$
$\vec{\mathbf{T}}_3$	0	$-Fg$

Aplique o modelo da partícula em equilíbrio ao nó:

$$(1)\ \sum F_x = -T_1 \cos\theta_1 + T_2 \cos\theta_2 = 0$$

$$(2)\ \sum F_y = T_1 \text{ sen } \theta_1 + T_2 \text{ sen } \theta_2 + (-F_g) = 0$$

A Equação (1) mostra que as componentes horizontais de $\vec{\mathbf{T}}_1$ e $\vec{\mathbf{T}}_2$ devem ter os mesmos módulos, e a Equação (2) mostra que a soma das componentes verticais de $\vec{\mathbf{T}}_1$ e $\vec{\mathbf{T}}_2$ devem equilibrar a força para baixo, $\vec{\mathbf{T}}_3$, que tem módulo igual ao peso do semáforo.

Resolva a Equação (1) para T_2 em termos de T_1:

$$(3)\ T_2 = T_1\left(\frac{\cos\theta_1}{\cos\theta_2}\right)$$

Substitua este valor por T_2 na Equação (2):

$$T_1 \text{ sen } \theta_1 + T_1\left(\frac{\cos\theta_1}{\cos\theta_2}\right)(\text{sen } \theta_2) - F_g = 0$$

Resolva para T_1:

$$T_1 = \frac{F_g}{\text{sen } \theta_1 + \cos\theta_1 \text{ tg } \theta_2}$$

Substitua valores numéricos:

$$T_1 = \frac{122 \text{ N}}{\text{sen } 37{,}0° + \cos 37{,}0° \text{ tg } 53{,}0°} = 73{,}4 \text{ N}$$

Utilizando a Equação (3), resolva para T_2:

$$T_2 = (73{,}4 \text{ N})\left(\frac{\cos 37{,}0°}{\cos 53{,}0°}\right) = 97{,}4 \text{ N}$$

Ambos os valores são menores que 100 N (por pouco para T_2), portanto, os cabos não quebrarão.

Finalização Vamos finalizar este problema imaginando uma mudança no sistema, como se propõe a seguir.

E SE? Suponha que os dois ângulos na Figura 5.10a sejam iguais. Qual seria a relação entre T_1 e T_2?

Resposta Podemos argumentar, pela simetria do problema, que as duas tensões, T_1 e T_2, seriam iguais. Matematicamente, se os ângulos iguais forem chamados de θ, a Equação (3) torna-se

$$T_2 = T_1\left(\frac{\cos\theta}{\cos\theta}\right) = T_1$$

que também nos diz que as tensões são iguais. Sem saber o valor específico de θ, não podemos encontrar os valores de T_1 e T_2. As tensões serão iguais, no entanto, independentes do valor de θ.

Exemplo Conceitual 5.5 Forças entre vagões em um trem

Vagões de trem são conectados por *engates*, que ficam sob tensão quando a locomotiva puxa o trem. Imagine-se em um trem que ganha velocidade com uma aceleração constante. Quando você se move pelo trem, da locomotiva ao último vagão, medindo a tensão em cada conjunto de engate, a tensão aumenta, diminui ou continua a mesma? Quando o maquinista utiliza os freios, os engates ficam sob compressão. Como esta força de compressão varia da locomotiva até o último vagão? Suponha que apenas os freios nas rodas da máquina sejam aplicados.

SOLUÇÃO

Enquanto o trem está acelerando, a tensão diminui da dianteira para a traseira. O engate entre a locomotiva e o primeiro vagão deve aplicar força suficiente para acelerar o restante dos vagões. Conforme você se move ao longo do trem até a traseira, cada engate acelera menos massa atrás dele. O último engate tem que acelerar apenas o último vagão e, portanto, está sob a menor tensão.

Quando os freios são utilizados, a força novamente diminui da frente para trás. O engate que conecta a locomotiva ao primeiro vagão deve aplicar uma força grande para diminuir a velocidade do restante dos vagões, mas o engate final deve aplicar uma força suficientemente grande para desacelerar apenas o último vagão.

Exemplo 5.6 O carro em fuga MA

Um carro de massa m está em uma rampa de garagem coberta de gelo, inclinada a um ângulo θ, como na Figura 5.11a.

(A) Encontre a aceleração do carro supondo que a rampa seja sem atrito.

SOLUÇÃO

Conceitualização Use a Figura 5.11a para conceitualizar a situação. Pela experiência cotidiana, sabemos que um carro em uma rampa coberta de gelo descerá por ela. A mesma coisa acontece com um carro em uma ladeira com os freios não acionados.

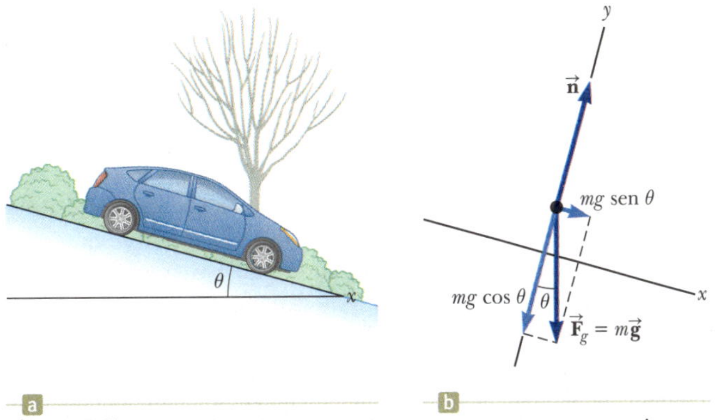

Figura 5.11 (Exemplo 5.6) (a) Um carro em uma rampa sem atrito. (b) O diagrama de corpo livre para o carro. O ponto preto representa a posição do centro de massa do carro. Aprenderemos sobre o centro de massa no Capítulo 9 deste volume.

Categorização Categorizamos o carro como uma *partícula sob uma força resultante*, pois ele acelera. Além disso, este exemplo pertence a uma categoria muito comum de problemas, nos quais um objeto se move sob a influência da gravidade em um plano inclinado.

Análise A Figura 5.11b mostra o diagrama de corpo livre para o carro. As únicas forças que agem sobre o carro são a normal, $\vec{\mathbf{n}}$, exercida pelo plano inclinado, que age perpendicularmente ao plano, e a gravitacional, $\vec{\mathbf{F}}_g = m\vec{\mathbf{g}}$, que age verticalmente para baixo. Para problemas envolvendo planos inclinados, é conveniente escolher os eixos coordenados, com x ao longo da rampa e y perpendicular a ela, como na Figura 5.11b. Com esses eixos, representamos a força gravitacional por uma componente de módulo mg sen θ ao longo do eixo x positivo, e uma de módulo $mg \cos \theta$ ao longo do eixo y negativo. Nossa escolha dos eixos resulta em considerar o carro uma partícula sob uma força resultante na direção de x e uma partícula em equilíbrio na direção de y.

Aplique esses modelos ao carro:

$$(1)\quad \sum F_x = mg \operatorname{sen}\theta = ma_x$$

$$(2)\quad \sum F_y = n - mg\cos\theta = 0$$

Resolva a Equação (1) para encontrar a_x:

$$(3)\quad a_x = g \operatorname{sen}\theta$$

Finalização Observe que a componente da aceleração a_x é independente da massa do carro! Ela depende apenas do ângulo de inclinação e de g.

A partir da Equação (2), concluímos que a componente de $\vec{\mathbf{F}}_g$ perpendicular à rampa é equilibrada pela força normal; ou seja, $n = mg\cos\theta$. Esta situação é outro caso no qual a força normal *não é* igual em módulo ao peso do corpo, conforme discutido em Prevenção de Armadilha 5.6.

É possível, embora inconveniente, resolver o problema com eixos horizontal e vertical "padrão". Você pode querer experimentar, apenas para praticar.

(B) Suponha que o carro seja liberado do repouso no topo da rampa e que a distância do para-choque dianteiro até a parte inferior da rampa seja d. Quanto tempo levará para que o para-choque atinja a parte inferior da ladeira e com que velocidade o carro chegará lá?

SOLUÇÃO

Conceitualização Imagine que o carro esteja descendo a ladeira e você usa um cronômetro para medir o intervalo de tempo total até ele chegar à parte inferior.

continua

5.6 *cont.*

Categorização Esta parte do problema pertence mais à cinemática do que à dinâmica, e a Equação (3) mostra que a aceleração a_x é constante. Portanto, você deve categorizar o carro, nesta parte do problema, como uma partícula sob aceleração constante.

Análise Definindo a posição inicial do para-choque dianteiro como $x_i = 0$, sua posição final como $x_f = d$, e reconhecendo que $v_{xi} = 0$, escolha a Equação 2.16, $x_f = x_i + v_{xi}t + \frac{1}{2}a_x t^2$:

$$d = \tfrac{1}{2}a_x t^2$$

Resolva para t:

$$(4)\quad t = \sqrt{\frac{2d}{a_x}} = \boxed{\sqrt{\frac{2d}{g \operatorname{sen}\theta}}}$$

Use a Equação 2.17, com $v_{xi} = 0$, para descobrir a velocidade final do carro:

$$v_{xf}^{\,2} = 2a_x d$$

$$(5)\quad v_{xf} = \sqrt{2a_x d} = \boxed{\sqrt{2gd \operatorname{sen}\theta}}$$

Finalização Vemos pelas Equações (4) e (5) que o tempo t em que o carro atinge a parte inferior e sua velocidade final, v_{xf}, *são* independentes da massa do carro, assim como foi sua aceleração. Observe que combinamos técnicas do Capítulo 2 deste volume com as novas deste capítulo no exemplo. À medida que aprendermos mais técnicas nos capítulos posteriores, este processo de combinar modelos de análise e informações de várias partes do livro ocorrerá com mais frequência. Nestes casos, use a Estratégia Geral de Resolução de Problemas para ajudá-lo a identificar de quais modelos de análise precisará.

E SE? Em qual problema anteriormente resolvido essa situação se torna se $\theta = 90°$?

Resposta Imagine θ passando a ser 90° na Figura 5.11. O plano inclinado se torna vertical e o carro é um objeto em queda livre! A Equação (3) se torna

$$a_x = g \operatorname{sen}\theta = g \operatorname{sen} 90° = g$$

que é, na verdade, a aceleração da gravidade. (Encontramos $a_x = g$ em vez de $a_x = -g$ porque escolhemos o x para baixo na Fig. 5.11.) Observe também que a condição $n = mg\cos\theta$ nos fornece $n = mg\cos 90° = 0$. Isto é coerente com o carro caindo para baixo *perto do* plano vertical, caso em que não há força de contato entre o carro e o plano.

Exemplo 5.7 Um bloco empurra o outro MA

Dois blocos de massas m_1 e m_2, com $m_1 > m_2$, são colocados em contato um com o outro sobre uma superfície horizontal sem atrito, como na Figura 5.12a. Uma força horizontal constante $\vec{\mathbf{F}}$ é aplicada a m_1, como mostrado.

(A) Encontre o módulo da aceleração do sistema.

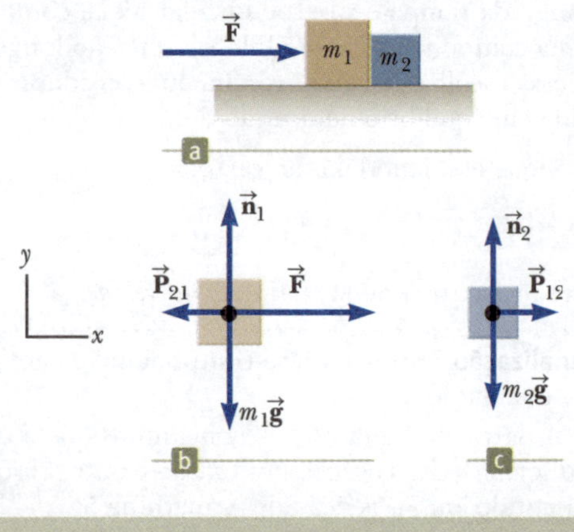

Figura 5.12 (Exemplo 5.7) (a) Uma força é aplicada a um bloco de massa m_1, que empurra um segundo bloco de massa m_2. (b) As forças que agem em m_1. (c) As forças que agem em m_2.

SOLUÇÃO

Conceitualização Conceitualize a situação utilizando a Figura 5.12a e perceba que ambos os blocos devem sofrer a *mesma* aceleração, pois eles estão em contato um com o outro e assim permanecem durante o movimento.

Categorização Categorizamos este problema como um que envolve *uma partícula sob uma força resultante*, pois a força é aplicada a um sistema de blocos, e estamos buscando a aceleração do sistema.

Análise Primeiro, considere a combinação de dois blocos como uma única partícula sob uma força resultante. Aplique a Segunda Lei de Newton à combinação na direção x para encontrar a aceleração:

$$\sum F_x = F = (m_1 + m_2)a_x$$

$$(1)\quad a_x = \boxed{\frac{F}{m_1 + m_2}}$$

continua

5.7 *cont.*

Finalização A aceleração dada pela Equação (1) é a mesma que a de um corpo único de massa $m_1 + m_2$ e sujeito à mesma força.

(B) Determine o módulo da força de contato entre os dois blocos.

SOLUÇÃO

Conceitualização A força de contato é interna ao sistema dos dois blocos. Portanto, não podemos encontrar esta força considerando todo o sistema (os dois blocos) uma partícula única.

Categorização Agora, considere cada um dos dois blocos individualmente, categorizando-os como *uma partícula sob uma força resultante.*

Análise Construímos um diagrama de forças que agem sobre o objeto para cada bloco, como mostram as Figuras 5.12b e 5.12c, onde a força de contato é indicada por $\vec{\mathbf{P}}$. Na Figura 5.12c, vemos que a única força horizontal que age sobre m_2 é a força de contato, $\vec{\mathbf{P}}_{12}$ (a força exercida por m_1 em m_2), cujo sentido é para a direita.

Aplique a Segunda Lei de Newton a m_2:

$$(2)\quad \sum F_x = P_{12} = m_2 a_x$$

Substitua o valor da aceleração, a_x, dada pela Equação (1) na Equação (2):

$$(3)\quad P_{12} = m_2 a_x = \left(\frac{m_2}{m_1 + m_2}\right)F$$

Finalização Este resultado mostra que a força de contato P_{12} é *menor* que a força aplicada F. A força necessária para acelerar somente o bloco 2 deve ser menor que a força necessária para produzir a mesma aceleração para o sistema de dois blocos.

Para finalizar ainda mais, vamos verificar esta expressão para P_{12} considerando as forças que agem sobre m_1, mostradas na Figura 5.12b. As forças horizontais que agem sobre m_1 são a força aplicada $\vec{\mathbf{F}}$ para a direita, e a força de contato $\vec{\mathbf{P}}_{21}$ para a esquerda (a força exercida por m_2 sobre m_1). Pela Terceira Lei de Newton, $\vec{\mathbf{P}}_{21}$ é a força de reação a $\vec{\mathbf{P}}_{12}$, portanto, $P_{21} = P_{12}$.

Aplique a Segunda Lei de Newton a m_1:

$$(4)\quad \sum F_x = F - P_{21} = F - P_{12} = m_1 a_x$$

Resolva para P_{12} e substitua o valor de a_x da Equação (1):

$$P_{12} = F - m_1 a_x = F - m_1\left(\frac{F}{m_1 + m_2}\right) = \left(\frac{m_2}{m_1 + m_2}\right)F$$

Este resultado está de acordo com a Equação (3), como deve ser.

E SE? Imagine que a força $\vec{\mathbf{F}}$ na Figura 5.12 é aplicada para a esquerda sobre o bloco do lado direito de massa m_2. O módulo da força $\vec{\mathbf{P}}_{12}$ é a mesma de quando a força foi aplicada para a direita sobre m_1?

Resposta Quando a força é aplicada para a esquerda sobre m_2, a força de contato deve acelerar m_1. Na situação original, a força de contato acelera m_2. Como $m_1 > m_2$, mais força é necessária; portanto, o módulo de $\vec{\mathbf{P}}_{12}$ é maior que na situação original. Para ver isto matematicamente, modifique a Equação (4) apropriadamente e resolva para $\vec{\mathbf{P}}_{12}$.

Exemplo 5.8 Pesando um peixe em um elevador MA

Uma pessoa pesa um peixe de massa m em uma balança de mola presa ao teto de um elevador, como ilustra a Figura 5.13.

(A) Mostre que se o elevador acelerar, tanto para cima quanto para baixo, a balança de mola fornece uma leitura que é diferente do peso do peixe.

SOLUÇÃO

Conceitualização A leitura na balança está relacionada com a extensão da mola, que está relacionada com a força na extremidade da mola, como na Figura 5.2. Imagine que o peixe está pendurado em uma corda presa na extremidade da mola.

continua

5.8 *cont.*

Neste caso, o módulo da força exercida sobre a mola é igual à tensão T na corda. Portanto, estamos procurando T. A força $\vec{\mathbf{T}}$ puxa a corda para baixo e, para cima, o peixe.

Categorização Categorizamos este problema identificando o peixe como uma *partícula em equilíbrio* se o elevador não estiver acelerando ou como *uma partícula sob uma força resultante* se o elevador estiver acelerando.

Análise Verifique os diagramas de força que agem sobre o peixe na Figura 5.13 e observe que as forças externas que agem sobre ele são a força gravitacional para baixo, $\vec{\mathbf{F}}_g = m\vec{\mathbf{g}}$, e a força $\vec{\mathbf{T}}$ exercida pela corda. Se o elevador está em repouso ou em movimento com velocidade constante, então, $\sum F_y = T - F_g = 0$, ou $T = F_g = mg$. Lembre-se de que a quantidade escalar mg é o peso do peixe.

Agora, suponha que o elevador esteja em movimento com uma aceleração $\vec{\mathbf{a}}$ em relação a um observador em pé, fora do elevador, em um referencial inercial. O peixe é agora uma partícula sob uma força resultante.

Quando o elevador acelera para cima, a balança de mola lê um valor maior que o peso do peixe.
Quando o elevador acelera para baixo, a balança de mola lê um valor menor que o peso do peixe.
a
b
$\vec{a}$
$\vec{T}$
$m\vec{g}$

Figura 5.13 (Exemplo 5.8) Um peixe é pesado em uma balança de mola em um elevador em aceleração.

Aplique a Segunda Lei de Newton ao peixe:

$$\sum F_y = T - mg = ma_y$$

Resolva para T:

$$(1)\ T = ma_y + mg = mg\left(\frac{a_y}{g} + 1\right) = F_g\left(\frac{a_y}{g} + 1\right)$$

onde escolhemos para cima como a direção y positivo. Concluímos, pela Equação (1), que a leitura da balança T é maior que o peso do peixe mg se $\vec{\mathbf{a}}$ for para cima, portanto, a_y é positiva (Fig. 5.13a), e que a leitura é menor que mg se $\vec{\mathbf{a}}$ for para baixo, portanto, a_y é negativa (Fig. 5.13b).

(B) Avalie as leituras da balança para um peixe de 40,0 N se o elevador se mover com uma aceleração $a_y = \pm 2{,}00$ m/s^2.

SOLUÇÃO

Avalie a leitura da balança pela Equação (1) se $\vec{\mathbf{a}}$ for para cima:

$$T = (40{,}0\ \text{N})\left(\frac{2{,}00\ \text{m/s}^2}{9{,}80\ \text{m/s}^2} + 1\right) = \boxed{48{,}2\ \text{N}}$$

Avalie a leitura da balança pela Equação (1) se $\vec{\mathbf{a}}$ for para baixo:

$$T = (40{,}0\ \text{N})\left(\frac{-2{,}00\ \text{m/s}^2}{9{,}80\ \text{m/s}^2} + 1\right) = \boxed{31{,}8\ \text{N}}$$

Finalização Siga este conselho: se comprar um peixe em um elevador, certifique-se de que o peixe seja pesado enquanto o elevador estiver em repouso ou acelerando para baixo! Além disso, observe que, segundo as informações fornecidas aqui, não se pode determinar a direção de velocidade do elevador.

E SE? Suponha que o cabo quebre e o elevador e seu conteúdo estejam em queda livre. O que acontece com a leitura na balança?

Resposta Se o elevador cai livremente, a aceleração do peixe é $a_y = -g$. Podemos ver, pela Equação (1), que a leitura da balança T é zero neste caso; isto é, o peixe *parece* estar sem peso.

Exemplo 5.9 A máquina de Atwood MA

Quando dois objetos de massa desigual estão pendurados verticalmente em uma polia sem atrito, de massa desprezível, como na Figura 5.14a, o arranjo é chamado *máquina de Atwood*. O dispositivo é às vezes utilizado no laboratório para determinar o valor de g. Determine o módulo da aceleração dos dois objetos e a tensão no fio leve.

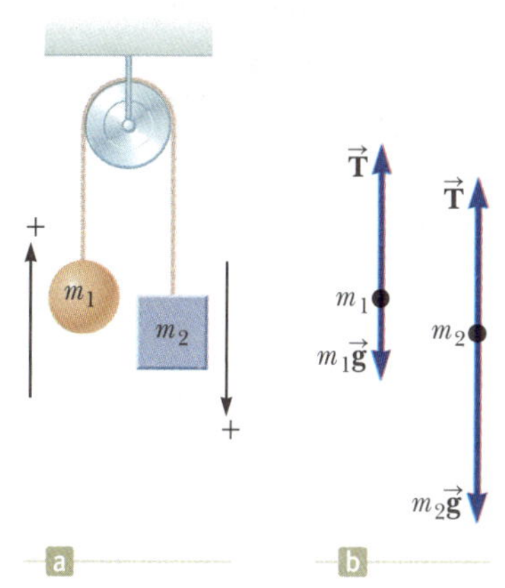

Figura 5.14 (Exemplo 5.9) A máquina de Atwood. (a) Dois corpos conectados por um fio inextensível sem massa em uma polia sem atrito. (b) Os diagramas de corpo livre dos dois corpos.

SOLUÇÃO

Conceitualização Imagine a situação ilustrada na Figura 5.14a em ação: enquanto um corpo se move para cima, o outro se move para baixo. Como os corpos estão conectados por uma corda inextensível, suas acelerações devem ser de igual módulo.

Categorização Os corpos na máquina de Atwood estão sujeitos à força gravitacional, bem como às forças exercidas pelas cordas conectadas a eles. Portanto, podemos caracterizar este problema como um que envolve duas *partículas sob uma força resultante*.

Análise Os diagramas de corpo livre dos dois corpos são mostrados na Figura 5.14b. Duas forças agem sobre cada corpo: a força para cima $\vec{T}$ exercida pela corda e a força gravitacional para baixo. Em problemas como este, no qual a polia é considerada sem massa e sem atrito, a tensão na corda em ambos os seus lados é a mesma. Se a polia tiver massa ou estiver sujeita a atrito, as tensões em cada lado não serão iguais e a situação exigirá técnicas que aprenderemos no Capítulo 10 deste volume.

Devemos ser muito cuidadosos com os sinais em problemas como este. Na Figura 5.14a, observe que o corpo 1 acelera para cima e o corpo 2, para baixo. Portanto, para coerência dos sinais, se definirmos a direção para cima como positiva para o corpo 1, devemos definir a direção para baixo como positiva para o corpo 2. Com esta convenção de sinais, ambos os corpos aceleram na mesma direção conforme definido pela escolha de sinal. Além disso, de acordo com esta convenção, a componente y da força resultante exercida sobre o corpo 1 é $T - m_1g$, e a componente y da força resultante exercida no corpo 2 é $m_2g - T$.

A partir de uma partícula sob um modelo de força líquida, aplique a Segunda Lei de Newton ao corpo 1:

$$(1)\quad \sum F_y = T - m_1g = m_1a_y$$

Aplique a Segunda Lei de Newton ao corpo 2:

$$(2)\quad \sum F_y = m_2g - T = m_2a_y$$

Adicione a Equação (2) à Equação (1), notando que T cancela:

$$-m_1g + m_2g = m_1a_y + m_2a_y$$

Resolva para a aceleração:

$$(3)\quad a_y = \left(\frac{m_2 - m_1}{m_1 + m_2}\right)g$$

Substitua a Equação (3) na Equação (1) para encontrar T:

$$(4)\quad T = m_1(g + a_y) = \left(\frac{2m_1m_2}{m_1 + m_2}\right)g$$

Finalização A aceleração dada pela Equação (3) pode ser interpretada como a relação do módulo da força desequilibrada no sistema $(m_2 - m_1)g$ pela massa total do sistema $(m_1 + m_2)$, como esperado pela Segunda Lei de Newton. Observe que o sinal da aceleração depende das massas relativas dos dois corpos.

E SE? Descreva o movimento do sistema se os dois corpos tiverem massas iguais, ou seja, $m_1 = m_2$.

Resposta Se tivermos a mesma massa em ambos os lados, o sistema estará equilibrado e não deverá acelerar. Matematicamente, vemos que, se $m_1 = m_2$, a Equação (3) nos dá $a_y = 0$.

E SE? E se uma das massas for muito maior que a outra: $m_1 >> m_2$?

Resposta No caso em que uma massa é infinitamente maior que a outra, podemos ignorar o efeito da massa menor. Portanto, a massa maior deve simplesmente cair como se a menor não estivesse lá. Vemos que, se $m_1 >> m_2$, a Equação (3) nos dá $a_y = -g$.

Exemplo 5.10 Aceleração de dois corpos conectados por uma corda MA

Uma bola de massa m_1 e um bloco de massa m_2 são presos por uma corda leve que passa sobre uma polia sem atrito, de massa desprezível, como na Figura 5.15a. O bloco está sobre uma rampa sem atrito de ângulo θ. Encontre o módulo da aceleração dos dois corpos e a tensão na corda.

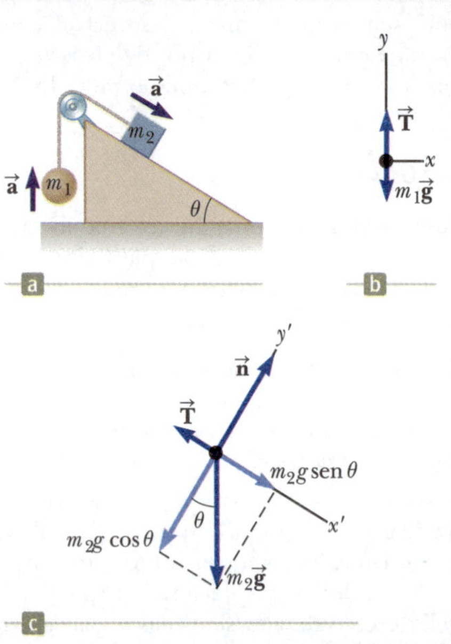

Figura 5.15 (Exemplo 5.10) (a) Dois corpos conectados por uma corda leve sobre uma polia sem atrito. (b) O diagrama de corpo livre para a bola. (c) O digrama de corpo livre para o bloco. A rampa é sem atrito.

SOLUÇÃO

Conceitualização Imagine os corpos da Figura 5.15 em movimento. Se m_2 se mover para baixo na rampa, então m_1 se move para cima. Como os dois corpos estão conectados por uma corda (que consideramos que não se estica), suas acelerações têm o mesmo módulo. Observe os eixos das coordenadas normais na Figura 5.15b para a bola e os eixos "inclinados" para o bloco na Figura 5.15c.

Categorização Podemos identificar forças em cada um dos dois corpos, e estamos buscando uma aceleração, portanto, categorizamos os corpos como *partículas sob uma força resultante*. Para o bloco, este modelo somente é válido para a direção x'. na direção y', aplicamos o modelo de *partícula em equilíbrio* porque o bloco não acelera naquela direção.

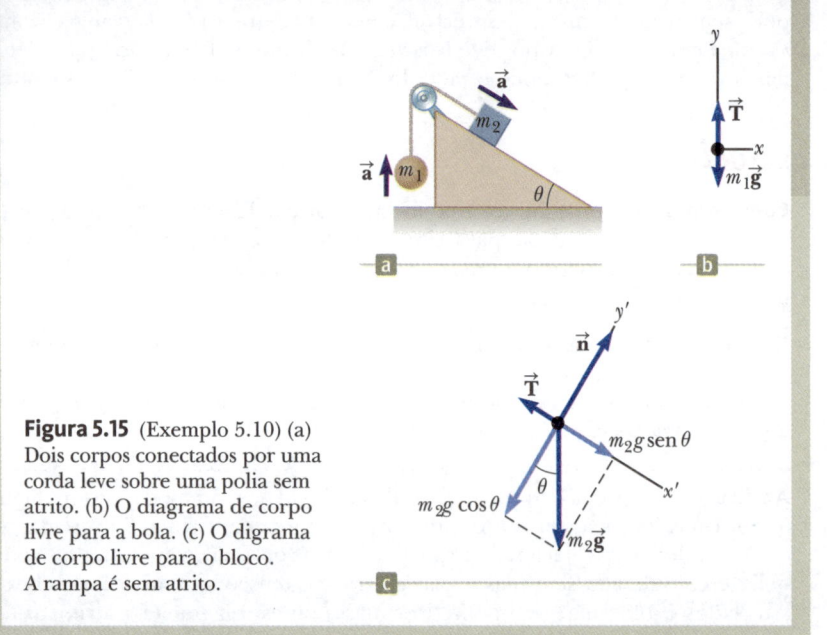

Análise Considere os diagramas de corpo livre mostrados nas Figuras 5.15b e 5.15c.

Aplique a Segunda Lei de Newton na direção y à bola, escolhendo o sentido para cima como positivo:

$$(1)\ \sum F_y = T - m_1 g = m_1 a_y = m_1 a$$

Para que a bola acelere para cima, é necessário que $T > m_1 g$. Na Equação (1), substituímos a_y por a porque a aceleração tem apenas componente em y.

Para o bloco, escolhemos x', ao longo da rampa na Figura 5.15c. Para coerência com nossa escolha para a bola, escolhemos como sentido positivo x' a descida da rampa.

Aplicamos o modelo da partícula sob uma força resultante líquida ao bloco na direção x' e o modelo da partícula em equilíbrio na direção y':

$$(2)\ \sum F_{x'} = m_2 g \operatorname{sen}\theta - T = m_2 a_{x'} = m_2 a$$

$$(3)\ \sum F_{y'} = n - m_2 g \cos\theta = 0$$

Na Equação (2), substituímos $a_{x'}$ por a porque os dois corpos têm acelerações de módulo igual a.

Resolva a Equação (1) para encontrar T:

$$(4)\ T = m_1(g + a)$$

Substitua esta expressão para T na Equação (2):

$$m_2 g \operatorname{sen}\theta - m_1(g + a) = m_2 a$$

Resolva para a:

$$(5)\ a = \left(\frac{m_2 \operatorname{sen}\theta - m_1}{m_1 + m_2}\right) g$$

Substitua esta expressão para a na Equação (4) para encontrar T:

$$(6)\ T = \left(\frac{m_1 m_2(\operatorname{sen}\theta + 1)}{m_1 + m_2}\right) g$$

Finalização O bloco acelera descendo a rampa somente se $m_2 \operatorname{sen}\theta > m_1$. Se $m_1 > m_2 \operatorname{sen}\theta$, a aceleração é rampa acima para o bloco e rampa abaixo para a bola. Observe também que o resultado para a aceleração, Equação (5), pode ser interpretado como o módulo da força externa resultante que age sobre o sistema bola-bloco dividida pela massa do sistema; este resultado é coerente com a Segunda Lei de Newton.

continua

5.10 *cont.*

E SE? O que acontece nesta situação se $\theta = 90°$?

Resposta Se $\theta = 90°$, o plano inclinado se torna vertical e não há nenhuma interação entre sua superfície e m_2. Portanto, este problema se torna a máquina de Atwood do Exemplo 5.9. Deixar $\theta \to 90°$ nas Equações (5) e (6) faz com que se reduzam às Equações (3) e (4) do Exemplo 5.9!

E SE? O que acontece se $m_1 = 0$?

Resposta Se $m_1 = 0$, então m_2 está simplesmente descendo um plano inclinado sem interagir com m_1 por meio da corda. Portanto, este problema se torna o do carro deslizando do Exemplo 5.6. Deixar $m_1 \to 0$ na Equação (5) faz com que ela se reduza à Equação (3) do Exemplo 5.6!

5.8 Forças de atrito

Quando um corpo está em movimento, ou sobre uma superfície, ou em um meio viscoso, tal como o ar ou a água, há resistência ao movimento, pois o corpo interage com seu entorno. Chamamos tal resistência de força de atrito. As **forças de atrito** são muito importantes na nossa vida cotidiana, pois permitem que andemos ou corramos e são necessárias para o movimento das rodas dos veículos.

Imagine que você está trabalhando em seu jardim e encheu uma lata de lixo com as podas. Então, tenta arrastar a lata pela superfície de pátio de concreto, como na Figura 5.16a. Essa superfície é *real,* não idealizada, sem atrito. Se aplicarmos uma força horizontal externa $\vec{\mathbf{F}}$ à lata de lixo, para a direita, ela poderá permanecer parada quando $\vec{\mathbf{F}}$ for pequena. A força sobre a lata que neutraliza $\vec{\mathbf{F}}$ e evita que ela se mova para a esquerda é chamada **força de atrito estático** $\vec{\mathbf{f}}_e$. Enquanto a lata de lixo não está se movendo, $f_e = F$. Portanto, se $\vec{\mathbf{F}}$ aumentar, $\vec{\mathbf{f}}_e$ também aumentará. Da mesma maneira, se $\vec{\mathbf{F}}$ diminuir, $\vec{\mathbf{f}}_e$ também diminuirá.

◀ **Força de atrito estático**

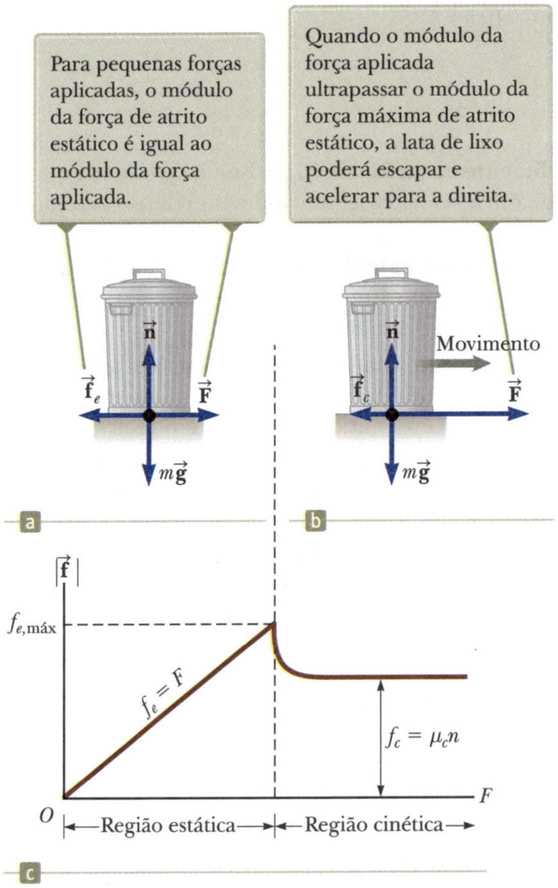

Figura 5.16 (a) e (b) Ao puxar uma lata de lixo, a direção da força de atrito $\vec{\mathbf{f}}$ entre a lata e uma superfície áspera é oposta à direção da força aplicada $\vec{\mathbf{F}}$. (c) Um gráfico da força de atrito pela força aplicada. Observe que $f_{e,\text{máx}} > f_c$.

Experiências mostram que a força de atrito surge da natureza das duas superfícies; em razão da rugosidade delas, o contato é feito apenas em poucos locais, onde picos do material se tocam. Nesses locais, a força de atrito surge, em parte, porque um pico bloqueia fisicamente o movimento de um pico da superfície oposta e, em parte, pela ligação química ("solda ponto") dos picos opostos quando eles entram em contato. Embora os detalhes do atrito sejam bastante complexos no nível atômico, esta força, em última análise, envolve uma interação elétrica entre átomos ou moléculas.

Se aumentarmos o módulo de $\vec{\mathbf{F}}$, como na Figura 5.16b, a lata de lixo pode, finalmente, deslizar. Quando a lata de lixo estiver na iminência de escorregar, f_e terá seu valor máximo $f_{e,\text{máx}}$, como mostra a Figura 5.16c. Quando F ultrapassar $f_{e,\text{máx}}$, a lata de lixo poderá se mover e acelerar para a direita. Chamamos a força de atrito para um corpo em movimento de **força de atrito cinético**, $\vec{\mathbf{f}}_c$. Quando a lata de lixo está em movimento, a força de atrito cinético nela é menor que $f_{e,\text{máx}}$ (Figura 5.16c). A força resultante $F - f_c$ na direção x produz uma aceleração para a direita, de acordo com a Segunda Lei de Newton. Se $F = f_c$, a aceleração será zero e a lata de lixo se moverá para a direita com velocidade constante. Se a força aplicada $\vec{\mathbf{F}}$ for removida da lata em movimento, a força de atrito $\vec{\mathbf{f}}_c$, que age para a esquerda, fornecerá uma aceleração da lata de lixo na direção $-x$ e, finalmente, a levará ao repouso, ainda de acordo com a Segunda Lei de Newton.

Força de atrito cinética ▶

Experimentalmente, verificamos que, para uma boa aproximação, ambas $f_{e,\text{máx}}$ e f_c são proporcionais ao módulo da força normal exercida sobre o objeto pela superfície. As seguintes descrições da força de atrito são baseadas em observações experimentais e servem como modelo que devemos utilizar para forças de atrito na resolução de problemas:

- O módulo da força de atrito estático entre duas superfícies quaisquer em contato pode ter os valores

$$f_e \leq \mu_e n \tag{5.9}$$

onde a constante adimensional μ_e é chamada **coeficiente de atrito estático**, e n é o módulo da força normal exercida por uma superfície na outra. A igualdade na Equação 5.9 será mantida quando as superfícies estiverem na iminência de escorregar, ou seja, quando $f_e = f_{e,\text{máx}} = \mu_e n$. Esta situação é chamada *movimento iminente*. A desigualdade permanece quando as superfícies não estão na iminência de escorregar. O módulo da força de atrito cinético que age entre as duas superfícies é

$$f_c = \mu_c n \tag{5.10}$$

onde μ_c é o **coeficiente de atrito cinético**. Embora o coeficiente de atrito cinético possa variar com a velocidade, normalmente desprezaremos tais variações neste texto.

- Os valores de μ_c e μ_e dependem da natureza das superfícies, mas μ_c é, em geral, menor que μ_e. Os valores típicos variam em torno de 0,03 a 1,0. A Tabela 5.1 lista alguns valores informados.
- A direção da força de atrito sobre um corpo é paralela à superfície com a qual o corpo está em contato, e oposta ao movimento real (atrito dinâmico), ou ao movimento iminente (atrito estático) do corpo em relação à superfície.
- Os coeficientes de atrito são quase independentes da área de contato entre as superfícies. Poderíamos esperar que colocar um corpo no lado que tem a maior área poderia aumentar a força de atrito. Embora este método forneça mais pontos de contato, o peso do corpo é distribuído sobre uma área maior e os pontos individuais não são pressionados uns contra os outros tão firmemente. Como estes efeitos quase compensam um ao outro, a força de atrito é independente da área.

Prevenção de Armadilhas 5.9

O sinal igual é utilizado em situações limitadas

Na Equação 5.9, o sinal igual é utilizado *apenas* no caso em que as superfícies estão prestes a se soltar e começar a escorregar. Não caia na armadilha comum de utilizar $f_e = \mu_e n$ em *qualquer* situação estática.

Prevenção de Armadilhas 5.10

Equações do atrito

As Equações 5.9 e 5.10 *não* são equações vetoriais, mas sim relações entre os *módulos* dos vetores que representam as forças de atrito e normal. Como as forças de atrito e normal são perpendiculares uma à outra, os vetores não podem ser relacionados por uma constante multiplicativa.

Prevenção de Armadilhas 5.11

A direção da força de atrito

Às vezes, é feita uma afirmação incorreta sobre a força de atrito entre um corpo e uma superfície – "a força de atrito sobre um corpo é oposta ao seu movimento ou movimento iminente" –, em vez da frase correta, "a força de atrito sobre um corpo é oposta ao seu movimento ou movimento iminente *em relação à superfície*".

TABELA 5.1 *Coeficientes de Atrito*

	μ_e	μ_c
Borracha com concreto	1,0	0,8
Aço com aço	0,74	0,57
Alumínio com aço	0,61	0,47
Vidro com vidro	0,94	0,4
Cobre com aço	0,53	0,36
Madeira com madeira	0,25 – 0,5	0,2
Madeira encerada com neve molhada	0,14	0,1
Madeira encerada com neve seca	–	0,04
Metal com metal (lubrificado)	0,15	0,06
Teflon com teflon	0,04	0,04
Gelo com gelo	0,1	0,03
Articulações sinoviais em humanos	0,01	0,003

Observação: todos os valores são aproximados. Em alguns casos, o coeficiente de atrito pode ultrapassar 1,0.

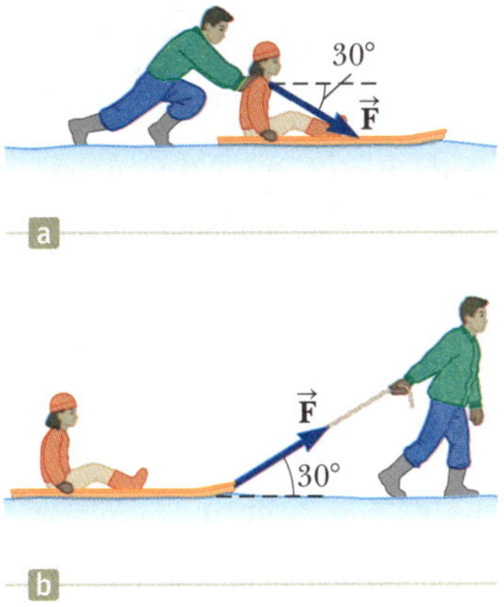

Figura 5.17 (Teste Rápido 5.7) Um pai faz a filha deslizar em um trenó ou (a) empurrando-a para baixo pelos ombros, ou (b) puxando-a para cima com uma corda.

Teste Rápido **5.6** Você pressiona com a mão seu livro de Física plano contra uma parede vertical. Qual é a direção da força de atrito exercida pela parede no livro? **(a)** para baixo, **(b)** para cima, **(c)** para fora da parede, **(d)** para dentro da parede.

Teste Rápido **5.7** Você está brincando com sua filha na neve. Ela se senta em um trenó e pede que você a faça deslizar por um campo horizontal, plano. Você pode optar por **(a)** empurrá-la por trás, aplicando uma força para baixo sobre os ombros dela a 30° abaixo da horizontal (Fig. 5.17a), ou **(b)** prender uma corda na frente do trenó e puxar com uma força a 30° acima da horizontal (Fig. 5.17b). O que seria mais fácil para você, por quê?

Exemplo 5.11 Determinação experimental de μ_e e μ_c MA

Este é um método simples de medir coeficientes de atrito. Suponha que um bloco seja colocado em uma superfície áspera inclinada em relação ao plano horizontal, como mostrado na Figura 5.18. O ângulo do plano inclinado é aumentado até que o bloco comece a se mover. Mostre que você pode obter μ_e medindo o ângulo crítico θ_c em que este deslizamento ocorre.

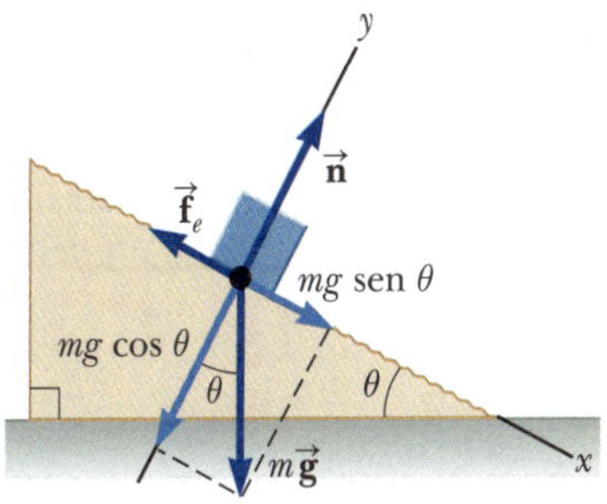

Figura 5.18 (Exemplo 5.11) As forças externas exercidas sobre o bloco apoiado em uma rampa de superfície áspera são a força gravitacional, $m\vec{g}$, a força normal, $\vec{n}$, e a força de atrito, $\vec{f}_e$. Por conveniência, a força gravitacional é decomposta em uma componente mg *sen* θ ao longo da rampa e uma componente $mg\cos\theta$ perpendicular à rampa.

SOLUÇÃO

Conceitualização Considere a Figura 5.18 e imagine que o bloco tende a deslizar descendo a rampa em razão da força gravitacional. Para simular a situação, coloque uma moeda na capa deste livro e incline-o até que a moeda comece a deslizar. Observe como este exemplo difere do 5.6. Quando não há atrito em uma rampa, *qualquer* ângulo de inclinação fará com que um corpo parado comece a se mover. Quando há atrito, entretanto, não há movimento do corpo para ângulos menores que o ângulo crítico.

Categorização O bloco está sujeito a várias forças. Como estamos levantando o plano a um ângulo em que o bloco está pronto para começar a se mover, mas não está se movendo, categorizamos o bloco como uma *partícula em equilíbrio*.

Análise O diagrama na Figura 5.18 mostra as forças sobre o bloco: a força gravitacional, $m\vec{g}$, a força normal, $\vec{n}$, e a força de atrito estático, $\vec{f}_e$. Escolhemos x paralelo ao plano e y perpendicular a ele.

continua

5.11 *cont.*

A partir do modelo da partícula em equilíbrio, aplique a Equação 5.8 ao bloco em ambas as direções x e y:

$$(1)\quad \sum F_x = mg\,\text{sen}\theta - f_e = 0$$

$$(2)\quad \sum F_y = n - mg\cos\theta = 0$$

Substitua $mg = n/\cos\theta$ da Equação (2) na Equação (1):

$$(3)\quad f_e = mg\,\text{sen}\,\theta = \left(\frac{n}{\cos\theta}\right)\text{sen}\,\theta = n\,\text{tg}\,\theta$$

Quando o ângulo de inclinação é aumentado até que o bloco esteja na iminência de escorregar, a força de atrito estático atingiu seu valor máximo, $\mu_e n$. O ângulo θ nesta situação é o ângulo crítico θ_c. Faça essas substituições na Equação (3):

$$\mu_e n = n\,\text{tg}\,\theta_c$$

$$\mu_e = \text{tg}\,\theta_c$$

Mostramos, conforme solicitado, que o coeficiente de atrito estático está relacionado apenas ao ângulo crítico. Por exemplo, se o bloco apenas desliza a $\theta_c = 20{,}0°$, vemos que $\mu_e = \text{tg}\ 20{,}0° = 0{,}364$.

Finalização Uma vez que o bloco começa a se mover a $\theta \geqslant \theta_c$, ele desce a rampa e a força de atrito é $f_c = \mu_c n$. *Se* θ é reduzido a um valor menor que θ_c, entretanto, pode ser possível encontrar um ângulo θ'_c tal que o bloco desça a rampa com velocidade constante, novamente como uma partícula em equilíbrio ($a_x = 0$). Neste caso, use as Equações (1) e (2) com f_e substituído por f_c para encontrar μ_c: $\mu_c = \text{tg}\,\theta'_c$, onde $\theta'_c < \theta_c$.

Exemplo 5.12 Um disco de hóquei deslizante MA

Um disco de hóquei sobre um lago congelado recebe uma velocidade inicial de 20,0 m/s. Se o disco permanece sempre no gelo e desliza 115 m antes de entrar em repouso, determine o coeficiente de atrito cinético entre o disco e o gelo.

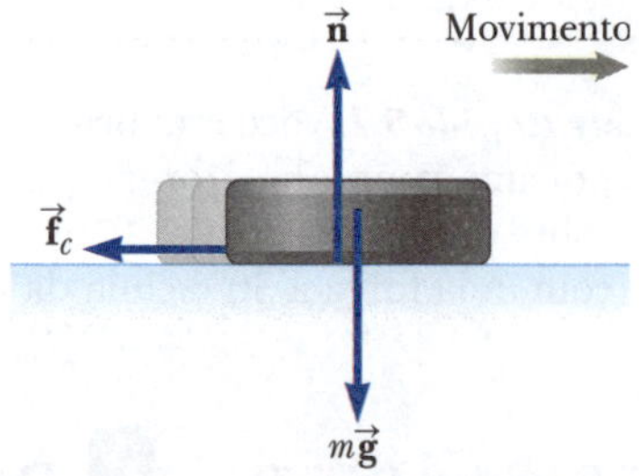

Figura 5.19 (Exemplo 5.12) Depois que o disco é colocado em uma velocidade inicial para a direita, as únicas forças externas que agem sobre ele são a força gravitacional, $m\vec{g}$, a força normal, $\vec{n}$, e a força de atrito cinética, $\vec{f}_c$.

SOLUÇÃO

Conceitualização Imagine que o disco na Figura 5.19 desliza para a direita. A força de atrito cinética atua à esquerda e desacelera o disco, que finalmente entra em repouso em razão àquela força.

Categorização As forças que agem sobre o disco são identificadas na Figura 5.19, mas o texto do problema fornece variáveis cinemáticas. Portanto, categorizamos o problema de várias maneiras. Primeiro, ele envolve modelar o disco como uma *partícula sob uma força resultante* na direção horizontal: o atrito cinético faz o disco acelerar. Não existe aceleração do disco na direção vertical, por isso, utilizamos o modelo da *partícula em equilíbrio* para essa direção. Além disso, como consideramos a força de atrito cinética independente da velocidade, a aceleração do disco é constante. Então, podemos também categorizar este problema modelando o disco como uma *partícula sob aceleração constante*.

Análise Primeiro, vamos encontrar a aceleração algebricamente em relação ao coeficiente de atrito cinético utilizando a Segunda Lei de Newton. Uma vez que sabemos a aceleração do disco e a distância que ele percorre, as equações da cinemática podem ser usadas para descobrir o valor numérico do coeficiente de atrito cinético. O diagrama na Figura 5.19 mostra as forças no disco.

Aplique o modelo da partícula sob uma força resultante na direção x ao disco:

$$(1)\quad \sum F_x = -f_c = ma_x$$

Aplique o modelo da partícula em equilíbrio na direção y ao disco:

$$(2)\quad \sum F_y = n - mg = 0$$

Substitua $n = mg$, da Equação (2), e $f_c = \mu_c n$ na Equação (1):

$$-\mu_c n = -\mu_c mg = ma_x$$

$$a_x = -\mu_c g$$

O sinal negativo significa que a aceleração é para a esquerda na Figura 5.19. Como a velocidade do disco é para a direita, o disco está reduzindo a velocidade. A aceleração é independente da massa do disco e é constante, pois consideramos que μ_c permanece constante.

continua

5.12 *cont.*

Aplique o modelo da partícula sob aceleração constante ao disco, escolhendo a Equação 2.17 a partir do modelo $v_{xf}^2 = v_{xi}^2 + 2a_x(x_f - x_i)$, com $x_i = 0$ e $v_{xf} = 0$:

$$0 = v_{xi}^2 + 2a_x x_f = v_{xi}^2 - 2\mu_c g x_f$$

Resolva para encontrar o coeficiente de atrito cinético:

$$\mu_c = \frac{v_{xi}^2}{2gx_f}$$

Substitua os valores numéricos:

$$\mu_c = \frac{(20{,}0 \text{ m/s})^2}{2(9{,}80 \text{ m/s}^2)(115 \text{ m})} = \boxed{0{,}177}$$

Finalização Observe que μ_c é adimensional, como deveria ser, e tem um valor baixo, coerente com um corpo que desliza sobre o gelo.

Exemplo 5.13 Aceleração de dois corpos conectados quando há atrito MA

Um bloco de massa m_2 em uma superfície horizontal áspera é conectado a uma bola de massa m_1 por uma corda leve sobre uma polia leve sem atrito, como mostra a Figura 5.20a. Uma força de módulo F a um ângulo θ com a horizontal é aplicada ao bloco, como mostrado, e o bloco desliza para a direita. O coeficiente de atrito cinético entre o bloco e a superfície é μ_c. Determine o módulo da aceleração dos dois objetos.

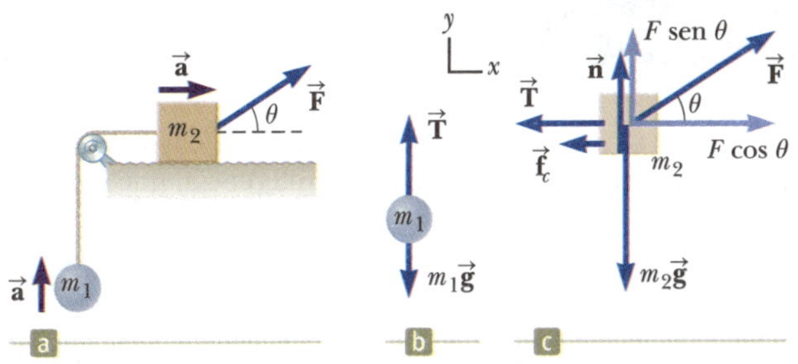

Figura 5.20 (Exemplo 5.13) (a) A força externa $\vec{F}$ aplicada como mostrado pode fazer com que o bloco acelere para a direita. (b, c) Diagramas mostram as forças sobre os dois corpos, considerando que o bloco acelera para a direita e a bola, para cima.

SOLUÇÃO

Conceitualização Imagine o que acontece se $\vec{F}$ for aplicada ao bloco. Supondo que $\vec{F}$ não seja grande o suficiente para libertar do atrito estático, mas não grande o suficiente para levantar o bloco.

Categorização Podemos identificar forças e estamos buscando uma aceleração, portanto, categorizamos este problema como um que envolve duas *partículas sob uma força resultante*, a bola e o bloco. Como assumimos que o bloco não irá se elevar devido à força aplicada, modelamos o bloco como uma *partícula em equilíbrio* na direção vertical.

Análise Primeiro, desenhe diagramas de forças para os dois corpos, como mostram as Figuras 5.20b e 5.20c. Observe que a corda exerce uma força de módulo T em ambos os corpos. A força aplicada, $\vec{F}$, tem componentes x e y como $F \cos \theta$ e F sen θ, respectivamente. Como os dois corpos estão conectados, podemos igualar os módulos da componente x da aceleração do bloco e da componente y da aceleração da bola e chamar ambas de a. Vamos considerar que o movimento do bloco é para a direita.

Aplique o modelo da partícula sob uma força resultante ao bloco na direção horizontal:

$$(1)\quad \sum F_x = F\cos\theta - f_c - T = m_2 a_x = m_2 a$$

Como o bloco se move apenas horizontalmente, aplique o modelo da partícula em equilíbrio ao bloco, na direção vertical:

$$(2)\quad \sum F_y = n + F\,\text{sen}\,\theta - m_2 g = 0$$

Aplique o modelo da partícula sob uma força resultante à bola, na direção vertical:

$$(3)\quad \sum F_y = T - m_1 g = m_1 a_y = m_1 a$$

Resolva a Equação (2) para encontrar n:

$$n = m_2 g - F\,\text{sen}\,\theta$$

Substitua n em $f_c = \mu_c n$ na Equação 5.10:

$$(4)\quad f_c = \mu_c(m_2 g - F\,\text{sen}\,\theta)$$

Substitua a Equação (4) e o valor de T da Equação (3) na Equação (1):

$$F\cos\theta - \mu_c(m_2 g - F\,\text{sen}\theta) - m_1(a + g) = m_2 a$$

continua

5.13 *cont.*

Resolva para a: (5) $a = \dfrac{F(\cos\theta + \mu_c \operatorname{sen}\theta) - (m_1 + \mu_c m_2)g}{m_1 + m_2}$

Finalização A aceleração do bloco pode ser tanto para a direita quanto para a esquerda, dependendo do sinal do numerador na Equação (5). Se a velocidade for para a esquerda, devemos inverter o sinal de f_c na Equação (1) porque a força de atrito cinético deve ser oposta ao movimento do bloco em relação à superfície. Neste caso, o valor de a é o mesmo que na Equação (5), com os dois sinais positivos no numerador trocados por sinais negativos.

A que a Equação (5) se reduziria se a força $\vec{\mathbf{F}}$ fosse removida e a superfície não tivesse atrito? Chame esta expressão de Equação (6). Essa expressão algébrica corresponde à sua intuição sobre a situação física neste caso? Agora volte ao Exemplo 5.10 e deixe o ângulo θ ir a zero na Equação (6) deste exemplo. Como a equação resultante se compara à sua Equação (6) aqui neste exemplo? As expressões algébricas devem ser comparadas desta maneira com base nas situações físicas?

Resumo

Definições

Um **referencial inercial** é aquele no qual um corpo que não interage com outros corpos sofre aceleração zero. Qualquer referencial que se mova com velocidade constante em relação a um referencial inercial também é um referencial inercial.

Definimos **força** como **o que causa uma mudança no movimento de um corpo.**

Conceitos e Princípios

A **Primeira Lei de Newton** afirma que é possível encontrar um referencial inercial no qual um corpo que não interage com outros corpos sofre aceleração zero, ou, de maneira equivalente, na ausência de uma força externa, quando visto a partir de um referencial inercial, um corpo em repouso permanece em repouso, e um corpo em movimento uniforme em linha reta mantém este movimento.

A **Segunda Lei de Newton** afirma que a aceleração de um corpo é diretamente proporcional à força resultante que age sobre ele e inversamente proporcional à sua massa.

A **Terceira Lei de Newton** afirma que, se dois corpos interagem, a força exercida pelo corpo 1 sobre o corpo 2 é igual em módulo, e oposta em direção à força exercida pelo corpo 2 sobre o corpo 1.

A **força gravitacional** exercida sobre um corpo é igual ao produto de sua massa (uma quantidade escalar) e a aceleração da gravidade:

$$\vec{\mathbf{F}}_g = m\vec{\mathbf{g}} \quad \textbf{(5.5)}$$

O **peso** de um corpo é o módulo da força gravitacional que age sobre ele.

$$F_g = mg \quad \textbf{(5.6)}$$

A força máxima **de atrito estático, $\vec{\mathbf{f}}_{e,\text{máx}}$**, entre um corpo e a superfície é proporcional à força normal que age no corpo. Em geral, $f_e \leq \mu_e n$, onde μ_e é o **coeficiente de atrito estático** e n, o módulo da força normal.

Quando um corpo desliza sobre uma superfície, o módulo da **força de atrito cinética, $\vec{\mathbf{f}}_c$**, é dado *por* $f_c = \mu_c n$, onde μ_c é o **coeficiente de atrito cinético.**

continua

Modelo de Análise para Resolução de Problemas

Partícula sob uma força resultante Se uma partícula de massa m recebe uma força resultante diferente de zero, sua aceleração está relacionada com a força resultante pela Segunda Lei de Newton:

$$\sum \vec{\mathbf{F}} = m\vec{\mathbf{a}} \quad (5.2)$$

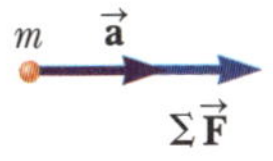

Partícula em equilíbrio Se uma partícula mantém uma velocidade constante (de maneira que $\vec{\mathbf{a}} = 0$), que poderia incluir uma velocidade zero, as forças sobre a partícula se equilibram e a Segunda Lei de Newton se reduz a

$$\sum \vec{\mathbf{F}} = 0 \quad (5.8)$$

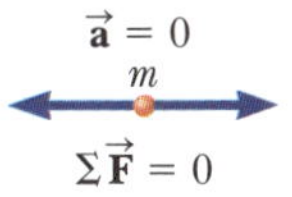

Perguntas Objetivas

1. O motorista de um caminhão vazio em alta velocidade pisa forte no freio e derrapa até parar a uma distância d. Em uma segunda experiência, o caminhão carrega uma carga que duplica sua massa. Qual será agora a "distância da derrapagem" do caminhão? (a) $4d$ (b) $2d$ (c) $\sqrt{2}\,d$ (d) 2 (e) $d/2$.

2. Uma locomotiva atravessou a parede de uma estação de trem. Durante a colisão, o que pode ser dito sobre a força exercida pela locomotiva na parede? (a) Era maior que a força que a parede poderia exercer sobre a locomotiva. (b) Era da mesma intensidade que a força exercida pela parede na locomotiva. (c) Era menor que a força exercida pela parede na locomotiva. (d) Não se pode dizer que a parede "exerce" uma força, pois, no final, ela quebra.

3. Os alunos do terceiro ano estão de um lado do pátio e os do quarto ano estão do outro. Eles estão jogando bolas de neve uns nos outros. Entre eles, bolas de neve de várias massas se movem com diferentes velocidades, como mostra a Figura PO5.3. Classifique as bolas de neve (a) a (e) de acordo com o módulo da força total exercida sobre cada uma. Ignore a resistência do ar. Se duas bolas tiverem a mesma classificação, deixe claro este fato.

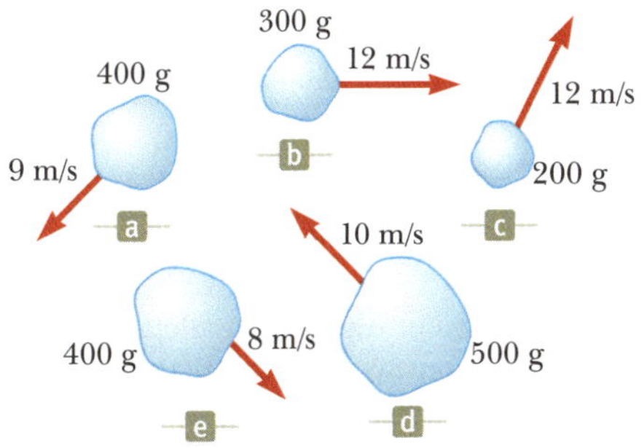

Figura PO5.3

4. O motorista de um caminhão em alta velocidade pisa forte no freio e derrapa até parar a uma distância d. Em outra experiência, a velocidade inicial do caminhão é metade do seu tamanho. Qual será agora a distância de derrapagem do caminhão? (a) $2d$ (b) $\sqrt{2}\,d$ (c) d (d) $d/2$ (e) $d/4$.

5. Uma experiência é realizada com um disco em uma mesa de ar cujo atrito é desprezível. Uma força horizontal constante é aplicada ao disco e a aceleração dele é medida. Agora, o mesmo disco é transportado para longe no espaço, onde tanto o atrito quanto a gravidade são desprezíveis. A mesma força constante é aplicada ao disco (por meio de uma balança de mola que estica a mesma quantidade) e a aceleração do disco (em relação às estrelas distantes) é medida. Qual é a aceleração do disco no espaço? (a) É razoavelmente maior que sua aceleração na Terra. (b) É igual à sua aceleração na Terra. (c) É menor que sua aceleração na Terra. (d) É infinita, porque nem o atrito nem a gravidade a restringem. (e) É muito grande, porque a aceleração é inversamente proporcional ao peso, e o peso do disco é muito pequeno, mas não zero.

6. O gerente de uma loja de departamentos está empurrando horizontalmente, com uma força de módulo 200 N, uma caixa de camisas. A caixa desliza por um piso horizontal com uma aceleração para a frente. Nada mais toca a caixa. O que deve ser verdadeiro sobre o módulo da força de atrito cinética que age sobre a caixa (escolha uma opção)? (a) É maior que 200 N. (b) É menor que 200 N. (c) É igual a 200 N. (d) Nenhuma dessas afirmações é necessariamente verdadeira.

7. Dois corpos são conectados por uma corda que passa sobre uma polia sem atrito, como na Figura 5.14a, onde $m_1 < m_2$ e a_1 e a_2 são os módulos das respectivas acelerações. Qual enunciado matemático é verdadeiro com relação ao módulo da aceleração a_2 da massa m_2? (a) $a_2 < g$ (b) $a_2 > g$ (c) $a_2 = g$ (d) $a_2 < a_1$ (e) $a_2 > a_1$.

8. Um corpo de massa m está deslizando com velocidade v_i em algum momento sobre um tampo de mesa nivelado, cujo coeficiente de atrito cinético é μ. Em seguida, ele se move por uma distância d e entra em repouso. Qual das seguintes equações para a velocidade v_i é razoável? (a) $v_i = \sqrt{-2\mu mgd}$ (b) $v_i = \sqrt{2\mu mgd}$ (c) $v_i = \sqrt{-2\mu gd}$ (d) $v_i = \sqrt{2\mu gd}$ (e) $v_i = \sqrt{2\mu d}$.

9. Um caminhão carregado com areia acelera ao longo de uma rodovia. A força motriz no caminhão permanece constante. O que acontece com a aceleração do caminhão se o baú tem vazamento de areia a uma taxa constante através de um furo no fundo? (a) Ela diminui a uma taxa constante. (b) Ela aumenta a uma taxa constante. (c) Ela aumenta e, então, diminui. (d) Ela diminui e, então, aumenta. (e) Ela permanece constante.

10. Uma caixa grande de massa m é colocada sobre a carroceria plana de um caminhão, mas não é amarrada. À medida que o caminhão se movimenta para a frente com aceleração a, a caixa permanece em repouso em relação ao caminhão. Que força faz com que a caixa acelere? (a) a força normal (b) a força gravitacional (c) a força de atrito (d) a força ma exercida pela caixa (e) nenhuma força é necessária.

11. Se um corpo está em equilíbrio, qual das seguintes afirmações *não é* verdadeira? (a) A velocidade do corpo permanece constante. (b) A aceleração do corpo é zero. (c) A força resultante que age sobre o corpo é zero. (d) O corpo deve estar em repouso. (e) Há pelo menos duas forças que agem sobre o corpo.

12. Uma caixa permanece parada depois de ter sido colocada em uma rampa inclinada a um ângulo com a horizontal. Qual(is) da(s) seguinte(s) afirmação(ões) é ou são corretas sobre o módulo da força de atrito que age sobre a caixa? Escolha todas as verdadeiras. (a) Ela é maior que o peso da caixa. (b) Ela é igual a $\mu_e n$. (c) É maior que a componente da força gravitacional que age para baixo na rampa. (d) É igual à componente da força gravitacional que age para baixo na rampa. (e) É menor que a componente da força gravitacional que age para baixo na rampa.

13. Um corpo de massa m desce uma rampa de superfície áspera com aceleração $\vec{\mathbf{a}}$. Qual das seguintes forças deve aparecer em um diagrama de corpo livre do objeto? Escolha todas as respostas corretas: (a) a força gravitacional exercida pelo planeta; (b) $m\vec{\mathbf{a}}$ na direção de movimento; (c) a força normal exercida pela rampa; (d) a força de atrito exercida pela rampa; (e) a força exercida pelo objeto sobre a rampa.

Perguntas Conceituais

1. Se você segura uma barra de metal vários centímetros acima do chão e a move pela grama, cada folha de grama se inclina para fora do caminho. Se você aumentar a velocidade da barra, cada folha de grama se inclinará mais rapidamente. Como, então, um cortador de grama rotativo consegue cortar a grama? Como ele pode exercer força suficiente na folha de grama para cortá-la?

2. Suas mãos estão úmidas e o porta-toalhas do banheiro está vazio. O que você faz para tirar as gotas de água de suas mãos? Como o movimento das gotas exemplifica uma das leis de Newton? Qual?

3. No filme *Aconteceu naquela noite* (Columbia Pictures, 1934), Clark Gable está em um ônibus parado em frente a Claudette Colbert, que está sentada. O ônibus de repente começa a se mover para a frente e Clark cai no colo de Claudette. Por que isso aconteceu?

4. Se um carro se desloca para o oeste com velocidade constante de 20 m/s, qual a força resultante que age sobre ele?

5. Um passageiro sentado na traseira de um ônibus reclama que foi ferido quando o motorista pisou no freio, fazendo com que uma mala que estava na frente do ônibus voasse na sua direção. Se você fosse juiz neste caso, que medida tomaria? Por quê?

6. Uma criança arremessa uma bola em linha reta para cima. Ela diz que a bola está se afastando porque a bola sofre uma "força de lançamento" para cima, além da força gravitacional. (a) A "força de lançamento" pode exceder a força gravitacional? Como a bola se moveria se isto aconteceu? (b) A "força de lançamento" pode ser igual em módulo à força gravitacional? Explique. (c) Que força pode ser precisamente atribuída à "força de lançamento"? Explique. (d) Por que a bola se afasta das mãos da criança?

7. Uma pessoa segura uma bola nas mãos. (a) Identifique as forças externas que agem sobre a bola e a força de reação da Terceira Lei de Newton para cada uma delas. (b) Se a bola cair, que força será exercida sobre ela enquanto cai? Identifique a força de reação neste caso. Despreze a resistência do ar.

8. Um balão esférico de borracha inflado com ar é mantido parado, com sua abertura, no lado oeste, mantida fechada e apertada. (a) Descreva as forças exercidas pelo ar dentro e fora do balão nas seções da borracha. (b) Depois que o balão é solto, ele decola em direção ao leste, ganhando velocidade rapidamente. Explique este movimento em relação às forças que agora agem na borracha. (c) Descreva o movimento de um foguete que decola de sua plataforma de lançamento.

9. Uma bola de borracha cai no chão. Que força faz com que a bola pule?

10. Vinte pessoas participam de um cabo de guerra. As duas equipes de dez pessoas são tão equilibradas que nenhum time vence. Depois do jogo, elas percebem que um carro está preso na lama. Elas amarram a corda do cabo de guerra no para-choque do carro e todas puxam a corda. O carro pesado tinha se deslocado apenas alguns decímetros quando a corda se rompeu. Por que a corda se rompeu nesta situação e não quando as mesmas vinte pessoas a puxaram em um cabo de guerra?

11. Um corpo pode exercer uma força sobre si mesmo? Justifique sua resposta.

12. Quando você empurra uma caixa com uma força de 200 N em vez de 50 N, pode sentir que está fazendo mais esforço. Quando uma mesa exerce uma força normal de 200 N em vez de uma de maior intensidade, a mesa realmente está fazendo algo diferente?

13. Um levantador de peso está em pé sobre uma balança de banheiro. Ele levanta um haltere para cima e para baixo. O que acontece com a leitura da balança quando ele faz isto? **E se?** E se ele fosse suficientemente forte para realmente *lançar* o haltere para cima? Como a leitura na balança variaria agora?

14. Um atleta segura uma corda leve que passa sobre uma polia de pouco atrito presa ao teto de um ginásio. Um saco de areia com peso exatamente igual ao do atleta é amarrado à outra extremidade da corda. Tanto a areia quanto o atleta estão inicialmente em repouso. O atleta escala a corda, às vezes acelerando, outras reduzindo enquanto sobe. O que acontece com o saco de areia? Explique.

15. Suponha que esteja dirigindo um carro antigo. Por que você deveria evitar pisar no freio quando quisesse parar na menor distância possível? Muitos carros modernos têm freios ABS que evitam este problema.

16. Na Figura PC5.16, a corda leve, tensa, inextensível, B, une o bloco 1 e o bloco 2, de massa maior. A corda A exerce

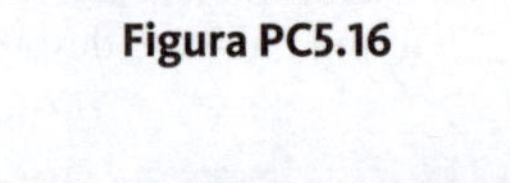

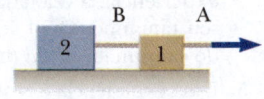

Figura PC5.16

uma força no bloco 1 para fazê-lo acelerar para a frente. (a) Como o módulo da força exercida pela corda A no bloco 1 se compara com o módulo da força exercida pela corda B no bloco 2? Ela é maior, menor ou igual? (b) Como a aceleração do bloco 1 se compara com a aceleração (se houver) do bloco 2? (c) A corda B exerce uma força no bloco 1? Se assim for, ela é para a frente ou para trás? Ela é maior, menor ou igual em módulo à força exercida pela corda B no bloco 2?

17. Descreva dois exemplos nos quais a força de atrito exercida sobre um corpo está na direção do movimento do corpo.

18. O prefeito de uma cidade repreende alguns funcionários porque eles não removem as dobras dos cabos que sustentam os semáforos da cidade. Que explicação os empregados podem dar? Como você acha que o caso será resolvido na mediação?

19. Justifique as respostas a cada uma das seguintes perguntas: (a) Uma força normal pode ser horizontal? (b) Uma força normal pode ter direção vertical para baixo? (c) Considere uma bola de tênis em contato com um piso parado e nada mais. A força normal pode ter módulo diferente da força gravitacional exercida na bola? (d) A força exercida pelo piso na bola pode ter módulo diferente da exercida pela bola no piso?

20. Equilibrando-se cuidadosamente, três garotos se movimentam pouco a pouco sobre um galho de árvore horizontal acima de um lago, cada um deles planejando mergulhar um de cada vez. O terceiro garoto na fila observa que o galho é forte o suficiente apenas para suportá-los. Ele decide pular em linha reta para cima e cair de novo no galho para quebrá-lo, jogando os três no lago. Quando ele começa a executar seu plano, em que exato momento o galho se quebra? Explique. *Sugestão*: Finja ser o terceiro rapaz e imite o que ele faz em câmera lenta. Se ainda tiver dúvidas, suba em uma balança de banheiro e repita a sugestão.

21. Identifique pares de ação-reação nas seguintes situações: (a) um homem dá um passo, (b) uma bola de neve atinge uma menina nas costas, (c) um jogador de beisebol pega uma bola, (d) uma rajada de vento golpeia uma janela.

22. Como mostrado na Figura PC5.22, a estudante A, uma menina de 55 kg, senta-se em uma cadeira com rodinhas de metal, em repouso, sobre o chão da sala de aula. O estudante B, um rapaz de 80 kg, senta-se em uma cadeira idêntica. Ambos os estudantes mantêm os pés fora do chão. Uma corda vai das mãos da estudante A, passando sobre uma polia leve, e depois sobre seus ombros, até as mãos de um professor, em pé atrás dela. O eixo de baixo atrito da polia é preso a uma segunda corda segurada pelo estudante B. Ambas as cordas correm em paralelo com as rodinhas das cadeiras. (a) Se a estudante A puxar sua extremidade da corda, sua cadeira ou a do estudante B deslizará no chão? Explique por quê. (b) E se, em vez disso, o professor puxar sua extremidade da corda, qual cadeira deslizará? Por quê? (c) Se o estudante B puxar sua extremidade da corda, qual cadeira deslizará? Por quê? (d) Agora, o professor amarra sua extremidade da corda à cadeira da estudante A, que puxa a extremidade da corda em suas mãos. Qual cadeira desliza? Por quê?

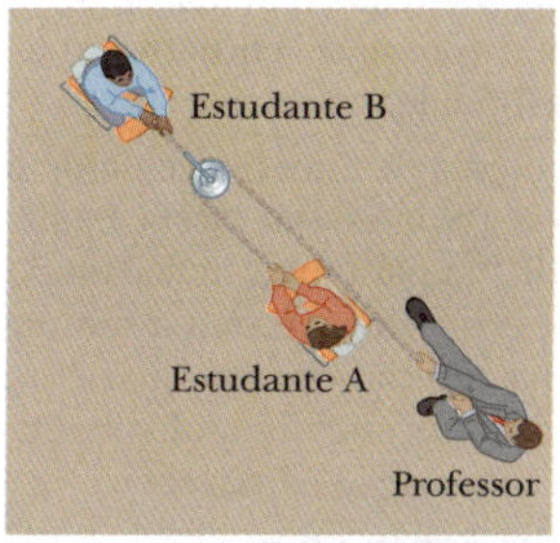

Figura PC5.22

23. Um carro está se movendo lentamente para a frente e acelerando. Um estudante alega que "o carro exerce uma força sobre si mesmo", ou que "o motor do carro exerce uma força sobre o carro". (a) Argumente que esta ideia não pode ser precisa e que o atrito exercido pela estrada é a força propulsora sobre o carro. Deixe suas evidências e raciocínio o mais persuasivos possível. (b) É atrito estático ou cinético? *Sugestões*: Considere uma estrada coberta por brita leve. Considere uma impressão nítida da banda de rodagem do pneu em uma estrada de asfalto, obtida pela cobertura da banda com areia.

Problemas

ENHANCED WebAssign Os problemas que se encontram neste capítulo podem ser resolvidos *on-line* no Enhanced WebAssign (em inglês)

1. denota problema simples;

2. denota problema intermediário;

3. denota problema de desafio;

AMT *Analysis Model Tutorial* disponível no Enhanced WebAssign (em inglês);

M denota tutorial *Master It* disponível no Enhanced WebAssign (em inglês);

PD denota problema dirigido;

W solução em vídeo *Watch It* disponível no Enhanced WebAssign (em inglês).

Seção 5.1 O conceito de força

Seção 5.2 A Primeira Lei de Newton e referenciais inerciais

Seção 5.3 Massa

Seção 5.4 A Segunda Lei de Newton

Seção 5.5 Força gravitacional e peso

Seção 5.6 A Terceira Lei de Newton

1. Uma mulher pesa 120 lb. Determine (a) seu peso em newtons e (b) sua massa em quilogramas.

2. Se um homem pesa 900 N na Terra, quanto ele pesaria em Júpiter, onde a aceleração em queda livre é de 25,9 m/s^2?

3. W Um corpo de 3,00 kg sofre uma aceleração dada por $\vec{a} = (2{,}00\hat{i} + 5{,}00\hat{j})$ m/s^2. Encontre (a) a força resultante que age sobre o corpo e (b) o módulo da força resultante.

4. Uma ortodontista usa uma cinta de arame para alinhar o dente torto de um paciente, como na Figura P5.4. A tensão no arame é ajustada a fim de ter uma intensidade de 18,0 N.

Encontre o módulo da força resultante exercida pelo arame no dente torto.

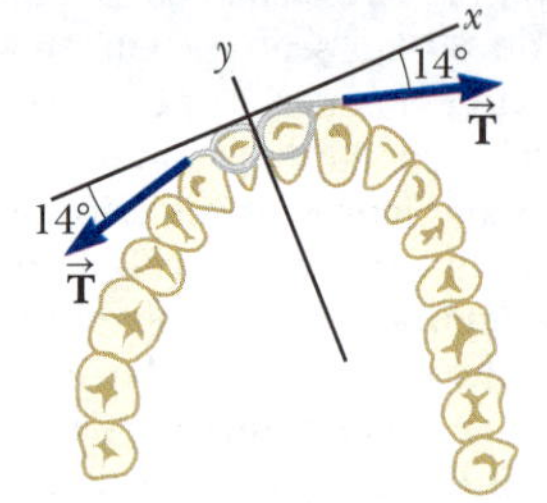

Figura P5.4

5. **M** Um motor de foguete de brinquedo está firmemente preso a um grande disco que pode deslizar, com atrito desprezível, sobre uma superfície horizontal, tomado como o plano *xy*. O disco de 4,00 kg tem velocidade de $3,00\hat{i}$ m/s em um instante. Oito segundos depois, sua velocidade é $(8,00\hat{i} + 10,00\hat{j})$ m/s. Supondo que o motor do foguete exercesse uma força horizontal constante, encontre (a) as componentes da força e (b) seu módulo.

6. A velocidade média de uma molécula de nitrogênio no ar é cerca de $6,70 \times 10^2$ m/s e sua massa é $4,68 \times 10^{-26}$ kg. (a) Se leva $3,00 \times 10^{-13}$ s para uma molécula de nitrogênio bater numa parede e ricochetear com a mesma velocidade, mas movendo-se na direção oposta, qual é a aceleração média da molécula durante este intervalo de tempo? (b) Que força média a molécula exerce na parede?

7. A distinção entre massa e peso foi descoberta depois que Jean Richer transportou relógios de pêndulo de Paris, França, para Caiena, na Guiana Francesa, em 1671. Ele descobriu, muito sistematicamente, que os relógios se moviam mais lentamente em Caiena do que em Paris. O efeito foi revertido quando os relógios retornaram a Paris. Quanto peso uma pessoa de 90,0 kg perderia viajando de Paris, onde $g = 9,809\,5$ m/s², para Caiena, onde $g = 9,780\,8$ m/s²? Consideremos como a aceleração em queda livre influencia o período de um pêndulo na Seção 1.5 do Volume 2.

8. (a) Um carro com uma massa de 850 kg se move para a direita com uma velocidade constante de 1,44 m/s. Qual é a força total sobre o carro? (b) Qual é a força total sobre o carro se ele estiver se movendo para a esquerda?

9. **Revisão.** A força gravitacional exercida em uma bola de beisebol é 2,21 N para baixo. Um arremessador joga a bola horizontalmente com velocidade 18,0 m/s, acelerando-a uniformemente ao longo de uma linha reta horizontal por um intervalo de tempo de 170 ms. A bola parte do repouso. (a) Por qual distância ela se move antes de ser liberada? (b) Qual é o módulo e a direção da força que o arremessador exerce sobre a bola?

10. **Revisão.** A força gravitacional exercida sobre uma bola de beisebol é $-F_g\hat{j}$. Um arremessador lança a bola com velocidade $v\hat{i}$, acelerando-a uniformemente ao longo de uma linha reta por um intervalo de tempo $\Delta t = t - 0 = t$. (a) Partindo do repouso, por qual distância a bola se move antes de sua liberação? (b) Que força o arremessador exerce sobre a bola?

11. **M** **Revisão.** Um elétron de massa $9,11 \times 10^{-31}$ kg tem velocidade inicial de $3,00 \times 10^5$ m/s. Ele viaja em linha reta e sua velocidade aumenta a $7,00 \times 10^5$ m/s em uma distância de 5,00 cm. Supondo que sua aceleração seja constante, (a) determine o módulo da força exercida sobre o elétron e (b) compare essa força com o peso do elétron, que ignoramos.

12. Além da força gravitacional, um corpo de 2,80 kg é submetido a outra força constante. O corpo parte do repouso e em 1,20 s faz um deslocamento de $(4,20\hat{i} - 3,30\hat{j})$ m, onde a direção de $\hat{j}$ é vertical para cima. Determine a outra força.

13. Uma ou mais forças externas, grandes o suficiente para serem facilmente medidas, são exercidas sobre cada corpo contido em uma caixa, como mostra a Figura 5.1. Identifique a reação a cada uma dessas forças.

14. Um tijolo de massa *M* foi colocado sobre uma almofada de borracha de massa *m*. Juntos, eles deslizam para a direita a velocidade constante em um estacionamento coberto de gelo. (a) Desenhe um diagrama de corpo livre do tijolo e identifique cada força que age sobre ele. (b) Desenhe um diagrama de corpo livre da almofada e identifique cada força que age sobre ela. (c) Identifique pares ação-reação no sistema tijolo-almofada-planeta.

15. Duas forças, $\vec{F} = (-6,00\hat{i} - 4,00\hat{j})$N e $\vec{F}_2 = (-3,00\hat{j} + 7,00\hat{j})$N, atuam em uma partícula de massa 2,00 kg que está inicialmente em repouso nas coordenadas (–2,00 m + 4,00 m). (a) Quais são as componentes da velocidade da partícula em $t = 10,0$ s? (b) Em qual direção a partícula está se movendo a $t = 10,0$ s? (c) Que deslocamento a partícula sofre durante os primeiros 10,0s? (d) Quais são as coordenadas da partícula em $t = 10,0$ s?

16. **M** A força exercida pelo vento sobre as velas de um veleiro é 390 N ao norte. A água exerce uma força de 180 N ao leste. Se o veleiro (incluindo sua tripulação) tem uma massa de 270 kg, qual é o módulo e a direção de sua aceleração?

17. Um corpo de massa *m* é derrubado em $t = 0$ do telhado de um prédio de altura *h*. Enquanto o corpo está caindo, um vento que sopra paralelamente à fachada do prédio exerce uma força horizontal *F* sobre ele. (a) Em que instante *t* o corpo bate no chão? Expresse *t* em termos de *g* e *h*. (b) Encontre uma expressão em termos de *m* e *F* para a aceleração a_x do objeto na direção horizontal (tomada como a direção *x* positiva). (c) A que distância o corpo é deslocado horizontalmente antes de bater no chão? Responda em termos de *m, g, F* e *h*. (d) Encontre o módulo da aceleração do objeto enquanto ele está caindo, utilizando as variáveis *F, m* e *g*.

18. **W** Uma força $\vec{F}$ aplicada a um corpo de massa m_1 produz uma aceleração de 3,00 m/s². A mesma força aplicada a um segundo corpo de massa m_2 produz uma aceleração de 1,00 m/s². (a) Qual é o valor da relação m_1/m_2? (b) Se m_1 e m_2 são combinados em um corpo, encontre sua aceleração sob a ação da força $\vec{F}$.

19. **M** Duas forças $\vec{F}_1$ e $\vec{F}_2$ agem sobre um corpo de 5,00 kg. Sendo $F_1 = 20,0$ N e $F_2 = 15,0$ N, encontre as acelerações do corpo para as configurações de forças mostradas nas partes (a) e (b) da Figura P5.19.

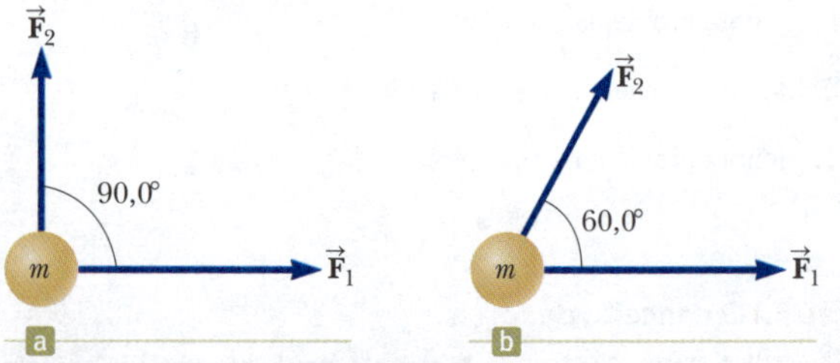

Figura P5.19

20. Você fica em pé no assento de uma cadeira e então pula ao chão. (a) Durante o intervalo de tempo em que está caindo, a Terra se move em direção a você com aceleração de que ordem de grandeza? Em sua solução, explique sua lógica. Considere a Terra como um corpo perfeitamente sólido. (b) A Terra se move em direção a você por uma distância de que ordem de grandeza?

21. Um bloco de 15,0 lb está no chão. (a) Que força o chão exerce sobre o bloco? (b) Uma corda é amarrada ao bloco e passada verticalmente sobre uma polia. A outra extremidade é presa a um objeto de 10,0 lb suspenso livremente. Qual é, agora, a força exercida pelo chão no bloco de 15,0 lb? (c) Se o objeto de 10,0 lb da parte (b) for substituído por um objeto de 20,0 lb, qual será a força exercida pelo chão no bloco de 15,0 lb?

22. W **Revisão.** Três forças que agem sobre um corpo são dadas por $\vec{\mathbf{F}}_1 = (-2{,}00\hat{\mathbf{i}} + 2{,}00\hat{\mathbf{j}})$ N, $\vec{\mathbf{F}}_2 = (5{,}00\hat{\mathbf{i}} - 3{,}00\hat{\mathbf{j}})$ N e $\vec{\mathbf{F}}_3 = (-45{,}0\hat{\mathbf{i}})$ N. O objeto sofre uma aceleração de módulo 3,75 m/s^2. (a) Qual é a direção da aceleração? (b) Qual é a massa do objeto? (c) Se o objeto está inicialmente em repouso, qual é sua velocidade após 10,0 s? (d) Quais são as componentes da velocidade do objeto após 10,0 s?

23. Um carro pesando 1.000 kg está puxando um trailer de 300 kg. Juntos, o carro e o trailer se movem adiante com uma aceleração de 2,15 m/s^2. Ignore qualquer força de arrasto do ar no carro e todas as forças de atrito no trailer. Determine (a) a força resultante no carro, (b) a força resultante no trailer, (c) a força exercida pelo trailer no carro e (d) a força resultante exercida pelo carro na estrada.

24. Se uma única força constante atua em um objeto que se move em uma linha reta, a velocidade do objeto é uma função linear do tempo. A equação $v = v_i + at$ fornece sua velocidade v como uma função do tempo, onde a é sua aceleração constante. E se, em vez disso, a velocidade for uma função linear da posição? Suponha que determinado objeto se move através de um meio resistente, sua velocidade diminui, conforme descrito pela equação $v = v_i - kx$, onde k é um coeficiente constante e x está na posição do objeto. Encontre a lei que descreve a força total atuando sobre este objeto.

Seção 5.7 Modelos de análise utilizando a Segunda Lei de Newton

25. Revisão. Imagine um trabalhador andando de barco – um modo muito eficiente de transporte – em um lago raso. Ele rema em paralelo ao comprimento do mastro leve, exercendo uma força de módulo 240 N no fundo do lago. Suponha que o mastro se situe no plano vertical contendo a quilha do barco. Em um momento, o mastro forma um ângulo de 35,0° com a vertical e a água exerce uma força de arrasto horizontal de 47,5 N no barco, oposta à velocidade de avanço de módulo 0,857 m/s. A massa do barco, incluindo sua carga e o trabalhador, é de 370 kg. (a) A água exerce no barco uma força de empuxo verticalmente para cima. Encontre o módulo desta força. (b) Considere as forças como constantes durante um curto intervalo de tempo para encontrar a velocidade do barco 0,450 s após o momento descrito.

26. Um parafuso de ferro de massa 65,0 g está pendurado por uma corda de 35,7 cm de comprimento. A extremidade superior da corda é fixa. Sem tocá-lo, um ímã atrai o parafuso de maneira que ele permanece parado, mas é deslocado horizontalmente 28,0 cm para a direita a partir da linha anteriormente vertical da corda. O ímã está localizado à direita do parafuso e no mesmo nível vertical que o parafuso na configuração final. (a) Desenhe um diagrama de corpo livre do parafuso. (b) Encontre a tensão na corda. (c) Encontre a força magnética no parafuso.

27. A Figura P5.27 mostra as forças horizontais que agem em um veleiro que se move para o norte com velocidade constante, visto de um ponto diretamente acima de seu mastro. À velocidade particular do veleiro, a água exerce uma força de arrasto de 220 N em seu casco e $\theta = 40{,}0°$. Para cada uma das situações (a) e (b) descritas a seguir, escreva duas equações de componentes representando a Segunda Lei de Newton. Em seguida, resolva as equações para P (a força exercida pelo vento no barco) e para n (a força exercida pela água na quilha). (a) Escolha a direção x como leste e y como norte. (b) Agora, escolha a direção x como $\theta = 40{,}0°$ a nordeste, e y como $\theta = 40{,}0°$ a noroeste. (c) Compare suas soluções para as partes (a) e (b). Os resultados estão de acordo? Um dos métodos é significativamente mais fácil?

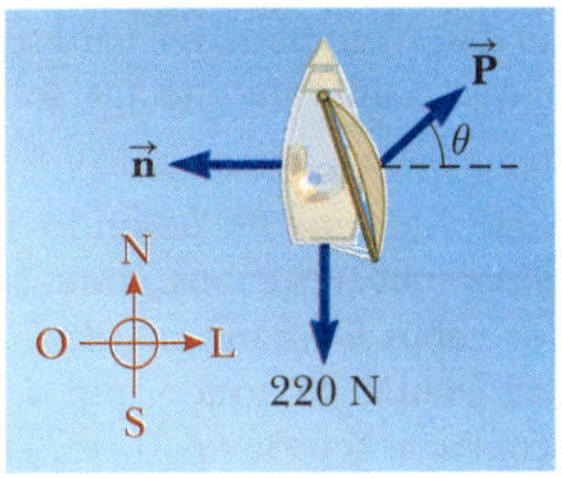

Figura P5.27

28. W Os sistemas mostrados na Figura P5.28 estão em equilíbrio. Se as balanças de mola são calibradas em newtons, o que elas leem? Ignore as massas das polias e cordas e considere que as polias e o plano inclinado na Figura P5.28d não têm atrito.

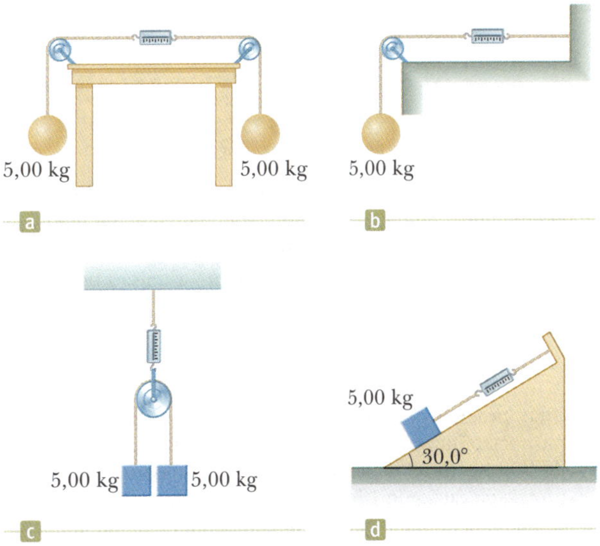

Figura P5.28

29. M Assuma que os três blocos retratados na Figura P5.29 se movem em uma superfície sem atrito e que uma força de 42 N atua como é mostrado no bloco de 3,0 kg. Determine (a) a aceleração, dado este sistema, (b) a tensão na corda que conecta os blocos de 3,0 kg e de 1,0 kg, e (c) a força exercida pelo bloco de 1,0 kg no bloco de 2,0 kg.

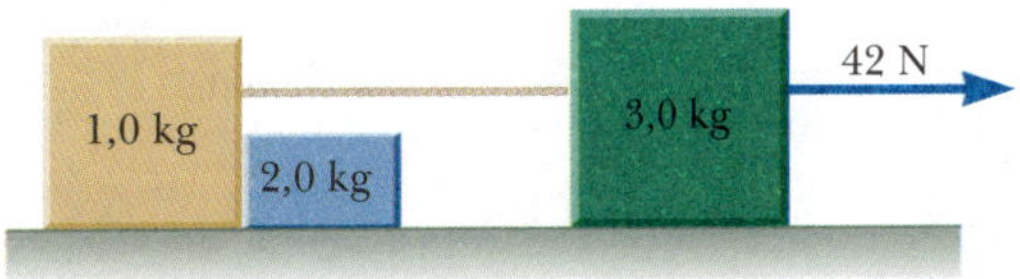

Figura P5.29

30. W Um bloco desliza para baixo em um plano sem atrito com uma inclinação de $\theta = 15{,}0°$. O bloco parte do repouso no topo, e o comprimento da rampa é de 2,00 m. (a) Desenhe um diagrama de corpo livre do bloco. Encontre (b) a aceleração do bloco e (c) sua velocidade quando ele atinge a parte inferior da rampa.

31. A distância entre dois postes telefônicos é 50,0 m. Quando um pássaro de 1,00 kg pousa no cabo telefônico a meio caminho entre os postes, o fio se curva 0,200 m. (a) Desenhe um diagrama de corpo livre para o pássaro. (b) Quanta tensão o pássaro produz no fio? Despreze o peso do cabo.

32. W Um objeto de 3,00 kg está se movendo em um plano, com suas coordenadas x e y dadas por $x = 5t^2 - 1$ e $y = 3t^3 + 2$, onde x e y estão dados em metros e t em segundos. Encontre o módulo da força resultante que age sobre esse objeto em $t = 2{,}00$ s.

33. AMT W Um saco de cimento pesando 325 N está pendurado em equilíbrio por três cabos, como sugerido na Figura P5.33. Dois dos cabos formam ângulos $\theta_1 = 60{,}0°$ e $\theta_2 = 40{,}0°$ com a horizontal. Supondo que o sistema esteja em equilíbrio, encontre as tensões T_1, T_2 e T_3 nos cabos.

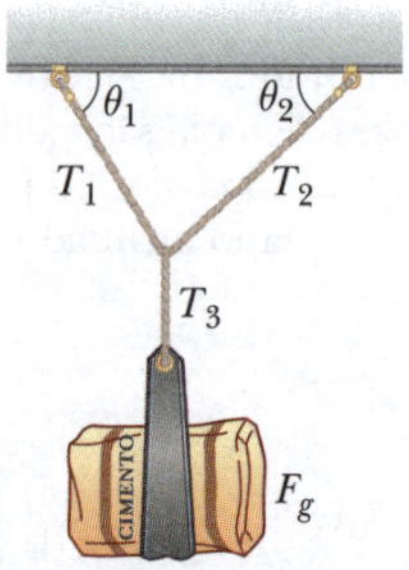

Figura P5.33
Problemas 33 e 34.

34. Um saco de cimento cujo peso é F_g está pendurado por três cabos, como mostrado na Figura P5.33. Dois dos cabos formam ângulos θ_1 e θ_2 com a horizontal. Supondo que o sistema esteja em equilíbrio, mostre que a tensão no cabo da esquerda é

$$T_1 = \frac{F_g \cos \theta_2}{\operatorname{sen}(\theta_1 + \theta_2)}$$

35. Duas pessoas puxam, com toda força que podem, cordas na horizontal amarradas a um barco que tem uma massa de 200 kg. Se elas puxam na mesma direção, o barco tem uma aceleração de 1.52 m/s² para a direita. Se puxarem em direções opostas, o barco tem uma aceleração de 0,518 m/s² para a esquerda. Qual é a intensidade da força que cada pessoa exerce no barco? Desconsidere quaisquer outras forças horizontais sobre o barco.

36. A Figura P5.36 mostra cargas penduradas no teto de um elevador que está se movendo a velocidade constante. Determine a tensão em cada um dos três segmentos da corda que suporta cada carga.

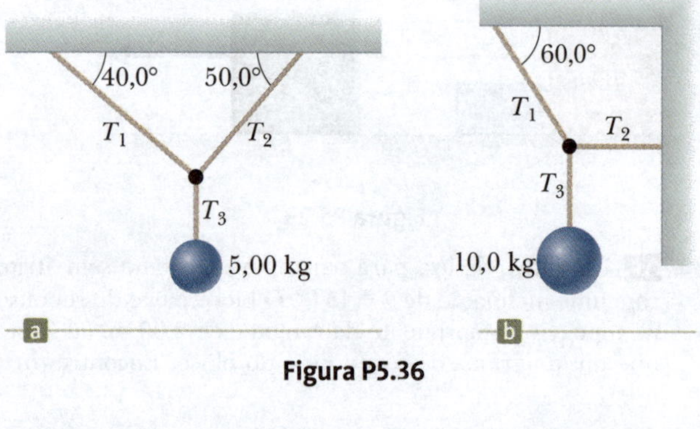

Figura P5.36

37. Observa-se que um corpo de massa $m = 1{,}00$ kg tem uma aceleração $\vec{\mathbf{a}}$ com módulo de 10,0 m/s² em uma direção 60,0° a nordeste. A Figura P5.37 mostra o corpo visto de cima. A força $\vec{\mathbf{F}}_2$ que age sobre o corpo tem módulo de 5,00 N na direção norte. Determine o módulo e a direção de outra força horizontal $\vec{\mathbf{F}}_1$ que age sobre o corpo.

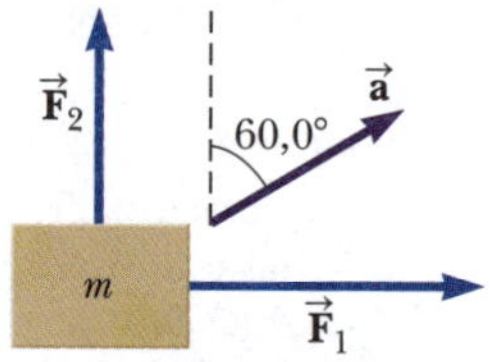

Figura P5.37

38. Uma configuração semelhante à mostrada na Figura P5.38 é frequentemente utilizada em hospitais para sustentar e aplicar uma força de tração horizontal a uma perna machucada. (a) Determine a força de tensão na corda que sustenta a perna. (b) Qual é a força de tração exercida para a direita na perna?

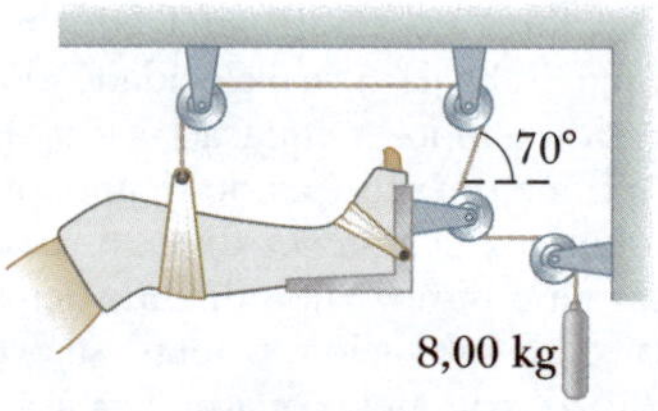

Figura P5.38

39. Um acelerômetro simples é construído dentro de um carro suspendendo um objeto de massa m a partir de uma corda de comprimento L que está ligada ao teto do carro. Como o carro acelera. O sistema corda-objeto faz um ângulo θ com a vertical. (a) Supondo que a massa da corda é desprezível comparada com m, obtenha uma expressão para a aceleração do cano em termos de θ e mostre que ela é independente da massa m e do comprimento L. (b) Determine a aceleração do carro quando $\theta = 23{,}0°$.

40. AMT W Um corpo de massa $m_1 = 5{,}00$ kg colocado sobre uma mesa horizontal sem atrito é conectado a uma corda que passa sobre uma polia e é presa a um corpo pendurado de massa $m_2 = 9{,}00$ kg, como mostrado na Figura P5.40. (a) Desenhe diagramas de corpo livre para ambos os corpos. Encontre (b) o módulo da aceleração dos objetos e (c) a tensão na corda.

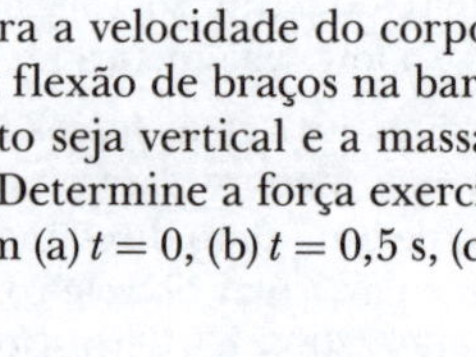

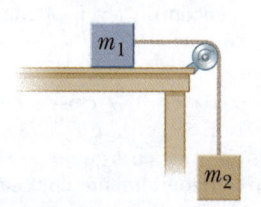

Figura P5.40
Problemas 40, 63 e 87.

41. A Figura P5.41 mostra a velocidade do corpo de uma pessoa enquanto ela faz flexão de braços na barra fixa. Suponha que o movimento seja vertical e a massa do corpo da pessoa seja 64,0 kg. Determine a força exercida pela barra fixa no corpo dela em (a) $t = 0$, (b) $t = 0{,}5$ s, (c) $t = 1{,}1$ s e (d) $t = 1{,}6$ s.

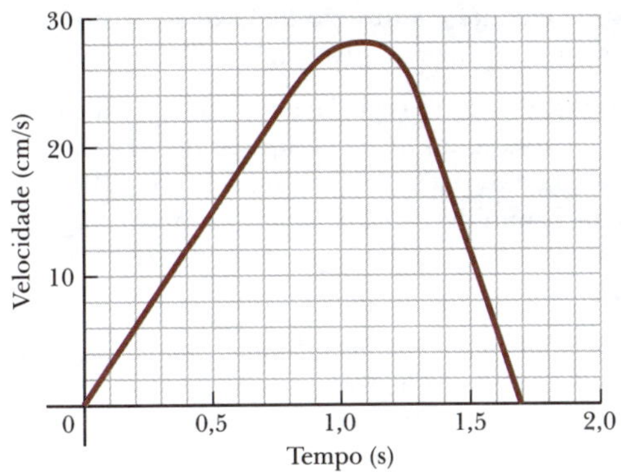

Figura P5.41

42. Dois corpos são conectados por uma corda leve que passa sobre uma polia sem atrito, como mostra a Figura P5.42. Considere que a rampa seja sem atrito e $m_1 = 2{,}00$ kg, $m_2 = 6{,}00$ kg e $\theta = 55{,}0°$. (a) Desenhe diagramas de corpo livre para ambos os corpos. Encontre (b) o módulo da aceleração dos corpos, (c) a tensão na corda e (d) a velocidade de cada corpo depois de 2,00 s após ter sido liberado do repouso.

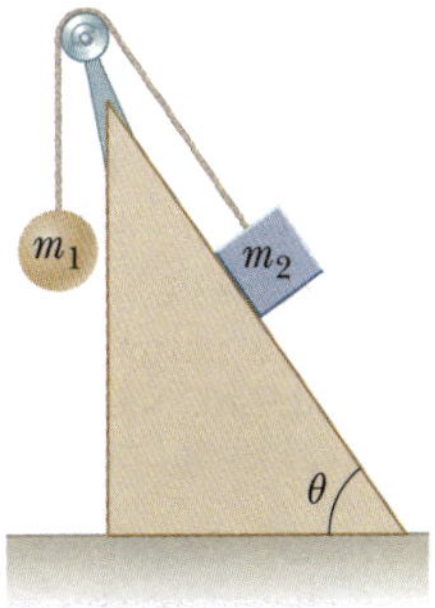

Figura P5.42

43. Dois blocos, cada um de massa $m = 3{,}50$ kg, são pendurados no teto de um elevador, como mostra a Figura P5.43. (a) Se o elevador se move com uma aceleração para cima $\vec{\mathbf{a}}$ de módulo 1,60 m/s², encontre as tensões T_1 e T_2 nas cordas superior e inferior. (b) Se as cordas podem suportar uma tensão máxima de 85,0 N, qual a aceleração máxima que o elevador pode ter antes de uma corda se romper?

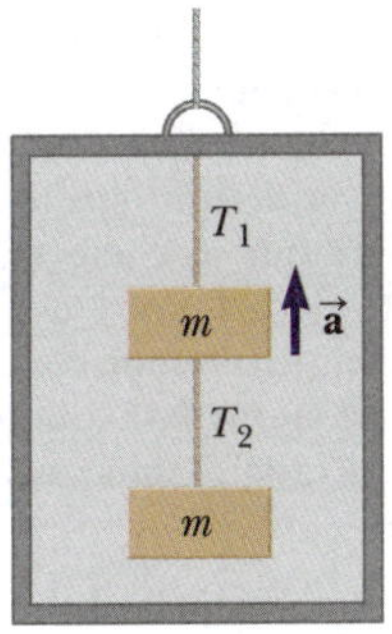

Figura P5.43
Problemas 43 e 44.

44. Dois blocos, cada um de massa m, estão pendurados no teto de um elevador, como na Figura P5.43. O elevador tem uma aceleração para cima, a. As cordas têm massa desprezível. (a) Encontre as tensões T_1 e T_2 nas cordas superior e inferior, em relação a m, a e g. (b) Compare as duas tensões e determine qual corda se romperá caso a seja suficientemente grande. (c) Quais são as tensões se o cabo que sustenta o elevador se romper?

45. **M** No sistema mostrado na Figura P5.45, uma força horizontal $\vec{\mathbf{F}}_x$ age sobre um corpo de massa $m_2 = 8{,}00$ kg. A superfície horizontal não tem atrito. Considere a aceleração do corpo deslizando em função de F_x. (a) Para quais valores de F_x o corpo de massa $m_1 = 2{,}00$ kg acelera para cima? (b) Para quais valores de F_x a tensão na corda é zero? (c) Trace a aceleração do corpo m_2 por F_x. Inclua valores de F_x de -100 N a $+100$ N.

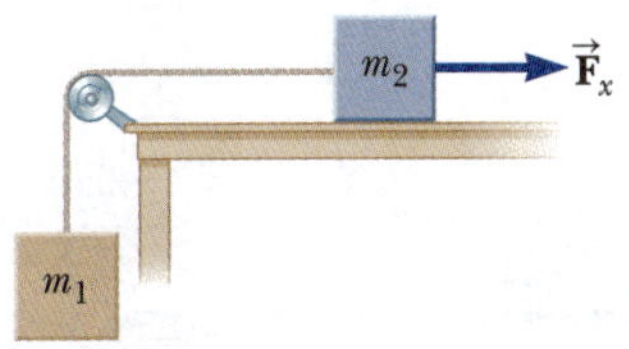

Figura P5.45

46. Um corpo de massa m_1 está pendurado por uma corda que passa sobre uma polia fixa muito leve P_1, como mostra a Figura P5.46. A corda conecta-se a uma segunda polia muito leve P_2. Uma segunda corda passa em torno dessa polia com uma extremidade presa a uma parede e a outra ponta a um corpo de massa m_2 sobre uma mesa horizontal sem atrito. (a) Se a_1 e a_2 são as acelerações de m_1 e m_2, respectivamente, qual é a relação entre essas acelerações? Encontre expressões para (b) as tensões nas cordas e (c) as acelerações a_1 e a_2 em relação às massas m_1, m_2 e g.

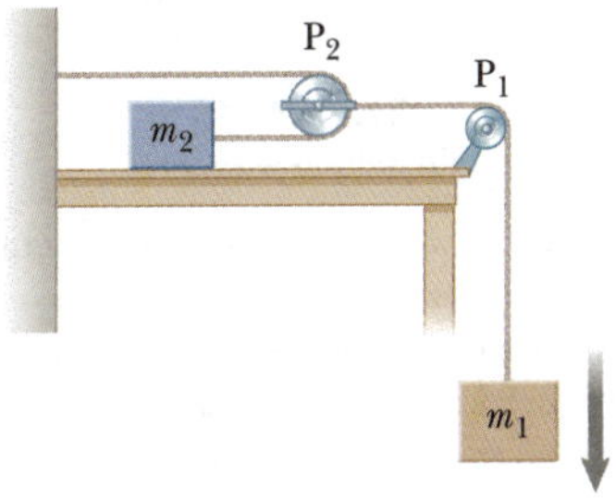

Figura P5.46

47. Um bloco tem uma velocidade inicial de 5,00 m/s em um plano inclinado sem atrito de ângulo $\theta = 20{,}0°$ (Figura P5.47). Até que ponto na inclinação o bloco desliza antes chegar ao repouso?

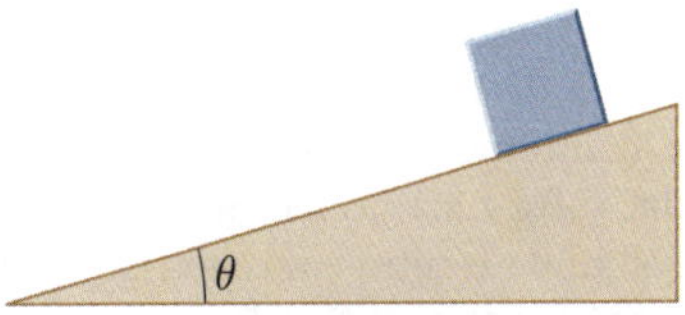

Figura P5.47

48. Um carro está atolado na lama. Um carro-reboque puxa o carro conforme mostra a Figura P5.48. O cabo do reboque está sob uma tensão de 2.500 N e puxa para baixo e para a esquerda sobre o pino em sua extremidade superior. O pino leve é mantido em equilíbrio pelas forças exercidas pelas duas barras A e B. Cada barra é uma *escora*; ou seja, cada uma delas é uma barra cujo peso é pequeno em comparação com as forças que ela exerce e que exerce forças somente através dos pinos em suas extremidades. Cada escora exerce uma força dirigida paralela ao seu comprimento. Determine a força de tensão ou compressão em cada escora. Proceda da seguinte maneira. Arrisque um palpite sobre de que modo (puxando ou empurrando) cada força atua no pino superior. Desenhe um diagrama de corpo livre do pino. Use a condição de equilíbrio do pino para traduzir o diagrama de corpo livre em equações. A partir das equações, calcule as forças exercidas pelas escoras A e B. Se você obtiver uma resposta positiva, seu palpite quanto à direção da força foi correto. Uma resposta negativa significa que a direção deve ser revertida, mas o valor absoluto fornece corretamente a grandeza da força. Se uma escora puxa um pino, ela está em tensão. Se ela

empurra, a escora está em compressão. Identifique se cada escora está em tensão ou em compressão.

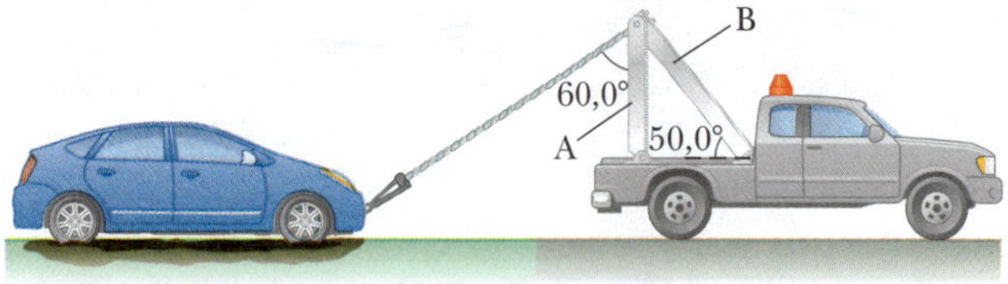

Figura P5.48

49. Dois blocos de massa 3,50 kg e 8,00 kg estão conectados por uma corda sem massa que passa sobre uma polia sem atrito (Figura P5.49). As inclinações não têm atrito. Determine (a) o módulo da aceleração de cada bloco e (b) a tensão na corda.

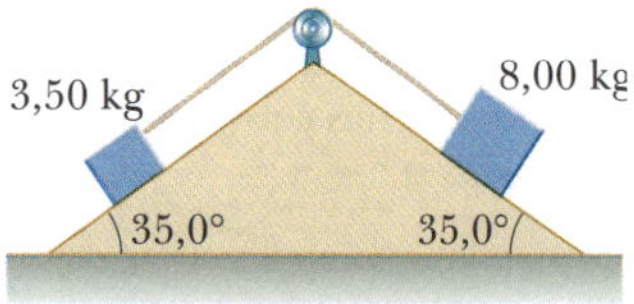

Figura P5.49
Problemas 49 e 71.

50. Na máquina de Atwood discutida no Exemplo 5.9 e mostrada na Figura 5.14a, $m_1 = 2{,}00$ kg e $m_2 = 7{,}00$ kg, as massas da polia e da corda são desprezíveis em comparação aos corpos. A polia gira sem atrito e a corda não estica. O corpo mais leve é liberado com um impulso que o coloca em movimento a $v_i = 2{,}40$ m/s para baixo. (a) Quanto m_1 descerá abaixo de seu nível inicial? (b) Encontre a velocidade de m_1 após 1,80 s.

51. AMT M No Exemplo 5.8, investigamos o peso aparente de um peixe em um elevador. Agora, considere um homem de 72,0 kg sobre uma balança de mola em um elevador. A partir do repouso, o elevador sobe, atingindo sua velocidade máxima de 1,20 m/s em 0,800 s. Ele viaja com essa velocidade constante pelos próximos 5,00 s. O elevador, em seguida, sofre uma aceleração uniforme na direção y negativa por 1,50 s e entra em repouso. O que a balança de mola registra (a) antes que o elevador comece a se mover, (b) durante os primeiros 0,800 s, (c) enquanto o elevador está se deslocando com velocidade constante e (d) durante o intervalo de tempo em que está reduzindo a velocidade?

Seção 5.8 Forças de atrito

52. Considere um caminhão de grande porte transportando uma carga pesada, como vigas de aço. Um risco significativo para o motorista é que a carga pode deslizar para a frente, esmagando a cabine, caso o caminhão pare de repente por causa de um acidente, ou mesmo se o motorista frear. Suponha, por exemplo, que uma carga pesando 10.000 kg foi colocada na caçamba de um caminhão de 20.000 kg se movendo a 12,0 m/s. Suponha que a carga não está amarrada no caminhão, mas tem um coeficiente de atrito de 0,500 com a caçamba do caminhão. (a) Calcule a distância mínima de parada para que a carga não deslize para a frente em relação ao caminhão. (b) Algum dos dados é desnecessário para a solução deste problema?

53. **Revisão.** Uma bala de rifle com massa de 12,0 g deslocando-se para a direita a 260 m/s bate em um saco grande de areia e o penetra a uma profundidade de 23,0 cm. Determine o módulo e a direção da força de atrito (considerada constante) que age sobre a bala.

54. **Revisão.** Um carro está viajando a 50,0 mi/h em uma rodovia horizontal. (a) Se o coeficiente de atrito estático entre a estrada e os pneus em um dia chuvoso é de 0,100, qual a distância mínima na qual o carro parará? (b) Qual a distância de parada quando a superfície está seca e $\mu_e = 0{,}600$?

55. W Um bloco de 25,0 kg está inicialmente em repouso sobre uma superfície horizontal. Uma força horizontal de 75,0 N é necessária para colocar o bloco em movimento, após o qual uma força horizontal de 60,0 N é necessária para mantê-lo em movimento com velocidade constante. Encontre (a) o coeficiente de atrito estático e (b) o coeficiente de atrito cinético entre o bloco e a superfície.

56. *Por que a seguinte situação é impossível?* Seu livro de Física de 3,80 kg é colocado ao seu lado no assento horizontal de seu carro. O coeficiente de atrito estático entre o livro e o assento é 0,650, e o coeficiente de atrito cinético 0,550. Você está se deslocando para a frente a 72,0 km/h e freia para parar com aceleração constante a uma distância de 30,0 m. Seu livro de Física permanece sobre o assento em vez de deslizar para a frente e cair no assoalho.

57. Para determinar os coeficientes de atrito entre uma borracha e diversas superfícies, um estudante utiliza uma borracha e uma inclinação. Em um experimento, a borracha começa a deslizar para baixo na inclinação quando o ângulo de inclinação é 36,0° e então se move para baixo na inclinação com velocidade constante quando o ângulo é reduzido para 30,0°. A partir desses dados, determine os coeficientes de atrito estático ou cinético para este experimento.

58. Antes de 1960, as pessoas acreditavam que o coeficiente de atrito estático máximo atingível para um pneu de automóvel em uma rodovia era $\mu_e = 1$. Por volta de 1962, três empresas desenvolveram, independentemente, pneus de corrida com coeficientes de 1,6. Este problema mostra que os pneus melhoraram mais desde então. O intervalo de tempo mais curto no qual um carro com motor a pistão percorreu uma distância de um quarto de milha foi cerca de 4,43 s. (a) Considere que as rodas traseiras do carro tiram as rodas da frente do asfalto. Que valor mínimo de μ_e é necessário para atingir o tempo recorde? (b) Suponha que o motorista pudesse aumentar a potência do motor, mantendo todo o resto igual. Como esta mudança afetaria o tempo decorrido?

59. Para atender a uma exigência do serviço postal dos EUA, os calçados dos funcionários devem ter um coeficiente de atrito estático de 0,5 ou mais em uma superfície de ladrilho. Um sapato atlético típico tem um coeficiente de atrito estático de 0,800. Em uma emergência, qual é o intervalo de tempo mínimo no qual uma pessoa, partindo do repouso, pode se mover 3,00 m sobre uma superfície de ladrilho se estiver usando (a) um calçado que satisfaz às exigências mínimas do serviço postal e (b) um calçado atlético típico?

60. W Uma mulher em um aeroporto está puxando a mala de 20,0 kg a uma velocidade constante, segurando por uma alça a um ângulo θ acima da horizontal (Fig. P5.60). Ela puxa a alça com uma força de 35,0 N e a força de atrito sobre a mala é 20,0 N. (a) Desenhe um diagrama de corpo livre da mala. (b) Que ângulo a alça forma com a horizontal? Qual é o módulo da força normal que o chão exerce na mala?

Figura P5.60

61. M **Revisão.** Um bloco de 3,00 kg parte do repouso no topo de uma rampa de 30,0° e desliza a uma distância de 2,00 m descendo a rampa em 1,50 s. Encontre (a) o módulo da aceleração do bloco, (b) o coeficiente de atrito cinético entre o bloco e o plano, (c) a força de atrito que age sobre o bloco e (d) a velocidade do bloco depois que ele deslizou 2,00 m.

62. A pessoa na Figura P5.62 pesa 170 lb. Como podemos ver de frente, cada muleta faz um ângulo de 22,0° com a vertical. Metade do peso da pessoa é suportada pelas muletas. A outra metade é suportada pelas forças verticais do solo nos pés da pessoa. Supondo que a pessoa está se movendo com velocidade constante e que a força exercida pelo solo nas muletas atua ao longo das muletas, determine (a) o menor coeficiente de atrito possível entre as muletas e (b) o módulo da força de compressão em cada muleta.

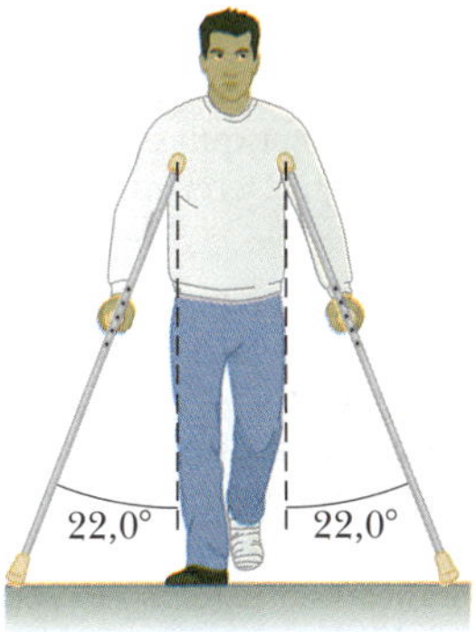

Figura P5.62

63. W Um corpo de 9,00 kg pendurado é conectado por uma corda leve, inextensível, que passa sobre uma polia leve, sem atrito, a um bloco de 5,00 kg que desliza sobre uma mesa plana (Fig. P5.40). Considerando o coeficiente de atrito cinético como 0,200, encontre a tensão na corda.

64. Três corpos estão conectados sobre uma mesa, como mostra a Figura P5.64. O coeficiente de atrito cinético entre o bloco de massa m_2 e a mesa é 0,350. Os corpos têm massa de $m_1 = 4{,}00$ kg, $m_2 = 1{,}00$ kg e $m_3 = 2{,}00$ kg, e as polias são sem atrito. (a) Desenhe um diagrama de corpo livre de cada corpo. (b) Determine a aceleração de cada corpo, incluindo sua direção. (c) Determine as tensões nos dois cabos. **E se?** (d) o tampo da mesa fosse liso, as tensões aumentariam, diminuiriam ou permaneceriam as mesmas? Explique.

Figura P5.64

65. AMT M Dois blocos conectados por uma corda de massa desprezível são arrastados por uma força horizontal (Fig. P5.65). Suponha que $F = 68{,}0$ N, $m_1 = 12{,}0$ kg, $m_2 = 18{,}0$ kg e o coeficiente de atrito cinético entre cada bloco e a superfície seja 0,100. (a) Desenhe um diagrama de corpo livre para cada bloco. Determine (b) a aceleração do sistema e (c) a tensão T na corda.

Figura P5.65

66. Um bloco de 3,00 kg é empurrado contra uma parede por uma força $\vec{\mathbf{P}}$ que forma um ângulo $\theta = 50{,}0°$ com a horizontal na Figura P5.66. O coeficiente de atrito estático entre o bloco e a parede é de 0,250. (a) Determine os valores possíveis para o módulo de $\vec{\mathbf{P}}$ que permitem que o bloco permaneça parado. (b) Descreva o que acontece se $|\vec{\mathbf{P}}|$ tiver um valor maior, e o que acontece se for menor. (c) Repita as partes (a) e (b), considerando que a força forma um ângulo de $\theta = 13{,}0°$ com a horizontal.

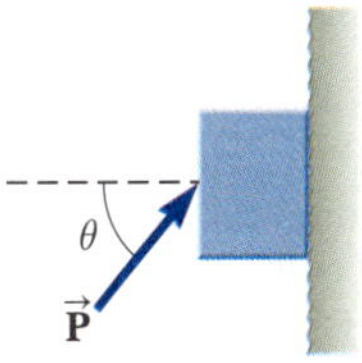

Figura P5.66

67. **Revisão.** Um lado do telhado de uma casa tem uma inclinação de 37,0°. Um telhadista chuta uma pedra lisa, redonda, que foi jogada no telhado por uma criança da vizinhança. A pedra desliza para cima no telhado inclinado com uma velocidade inicial de 15,0 m/s. O coeficiente de atrito cinético entre a pedra e o telhado é 0,400. A pedra escorrega 10,0 m para cima no telhado até seu cume. Ela o atravessa e entra em queda livre, seguindo uma trajetória parabólica acima do outro lado do telhado, com resistência do ar desprezível. Determine a altura que a pedra atinge acima do ponto onde ela foi chutada.

68. **Revisão.** O salmão Chinook pode nadar sob a água a 3,58 m/s e também pular verticalmente para cima, deixando a água a uma velocidade de 6,26 m/s. Um salmão recorde media 1,50 m e tinha uma massa de 61,0 kg. Considere o peixe nadando em linha reta para cima sob a superfície de um lago. A força gravitacional exercida sobre ele é quase anulada pela força de empuxo exercida pela água, como estudaremos no Capítulo 14 deste volume. O peixe sofre uma força para cima, P, exercida pela água sobre sua nadadeira caudal, e uma força de atrito fluido para baixo, que consideramos agindo sobre sua extremidade frontal. Suponha que a força de atrito devido ao fluido desaparece quando a cabeça do peixe atravessa a superfície da água e que a força de atrito no seu rabo é constante. Considere que a força gravitacional muda repentinamente para total quando metade do comprimento do peixe estiver fora da água. Encontre o valor de P.

69. **Revisão.** Um mágico puxa uma toalha de mesa de debaixo de uma caneca de 200 g localizada a 30,0 cm da borda da toalha. A toalha exerce uma força de atrito de 0,100 N na caneca e é puxada com aceleração constante de 3,00 m/s^2. A que distância a caneca se move em relação à mesa horizontal antes que a toalha saia totalmente debaixo dela? Note que a toalha deve se mover mais de 30 cm em relação ao tampo da mesa durante o processo.

70. Um bloco de 5,00 kg é colocado no topo de um bloco de 10,0 (Figura P5.70). Uma força horizontal de 45,0 N é aplicada ao bloco de 10 kg, e o bloco de 5,00 kg é amarrado à parede. O coeficiente de atrito cinético entre todas as superfícies em movimento é 0,200. (a) Desenhe um diagrama de corpo livre para cada bloco e identifique as forças de ação-reação entre os blocos. (b) Determine a tensão na corda e a intensidade da aceleração do bloco de 10,0 kg.

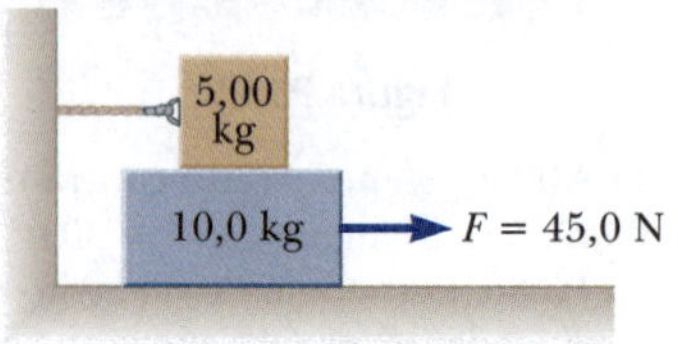

Figura P5.70

71. O sistema mostrado na Figura P5.49 tem uma aceleração de intensidade 1,50 m/s². Suponha que o coeficiente de atrito cinético entre o bloco e o declive é o mesmo para ambos os declives. Determine (a) o coeficiente de atrito cinético e (b) a tensão na corda.

Problemas Adicionais

72. Um flutuador de alumínio preto flutua sobre uma camada de ar acima de um trilho de ar de alumínio plano. O alumínio não sente essencialmente nenhuma força em um campo magnético, e a resistência de ar é desprezível. Um ímã forte é preso no topo do flutuador, formando uma massa total de 240 g. Um fragmento de ferro preso a um batente no trilho atrai o ímã com uma força de 0,823 N quando o ferro e o ímã são separados por 2,50 cm. (a) Descubra a aceleração do flutuador neste instante. (b) O fragmento de ferro é agora preso em outro flutuador verde, formando uma massa total de 120 g. Encontre a aceleração de cada flutuador quando eles são simultaneamente soltos com 2,50 cm de separação.

73. Uma jovem mulher compra um carro usado barato para participar de corridas de *stock car*. O carro pode atingir uma velocidade de estrada com uma aceleração de 8,40 mi/h × s. Fazendo modificações no motor do carro, ela pode aumentar a força líquida horizontal no carro em 24,0%. Gastando muito menos, ela pode remover material do corpo do carro para diminuir sua massa em 24,0%. (a) Qual dessas duas modificações, se for feita alguma, resultará em um maior aumento da aceleração do carro? (b) Se ela efetuar ambas as mudanças, que aceleração poderá obter?

74. *Por que a seguinte situação é impossível?* Um livro está sobre um plano inclinado na superfície terrestre. O ângulo do plano com a horizontal é 60,0°. O coeficiente de atrito cinético entre o livro e o plano é 0,300. No tempo $t = 0$, o livro é solto. Ele desliza por uma distância de 1,00 m, medida ao longo do plano, em um intervalo de tempo de 0,483 s.

75. **Revisão.** Um disco de hóquei golpeado por um bastão recebe uma velocidade inicial v_i na direção x positiva. O coeficiente de atrito cinético entre o gelo e o disco é μ_c. (a) Obtenha uma expressão para a aceleração do disco enquanto ele desliza pelo gelo. (b) Use o resultado da parte (a) para obter uma expressão para a distância d que o disco desliza. A resposta deve ser em relação às variáveis v_i, μ_c e g apenas.

76. Um flutuador de 1,00 kg em um trilho de ar horizontal é puxado por uma corda em um ângulo θ. A corda tensionada passa por uma polia e é amarrada em um objeto pendurado de massa 0,500 kg, como mostra a Figura P5.76. (a) Mostra que a velocidade x_i do flutuador e a velocidade v_y do objeto pendurado estão relacionadas por $v_x = uv_y$, onde $u = z(z^2 - h_0^2)^{-1/2}$. (b) O flutuador é liberado a partir do repouso. Mostra que naquele instante a aceleração a_x do flutuador e a aceleração a_y do objeto pendurado estão relacionadas por $a_x - ua_y$. (c) Determine a tensão na corda no instante em que o flutuador é liberado para $h_0 = 80,0$ cm e $\theta = 30,0°$.

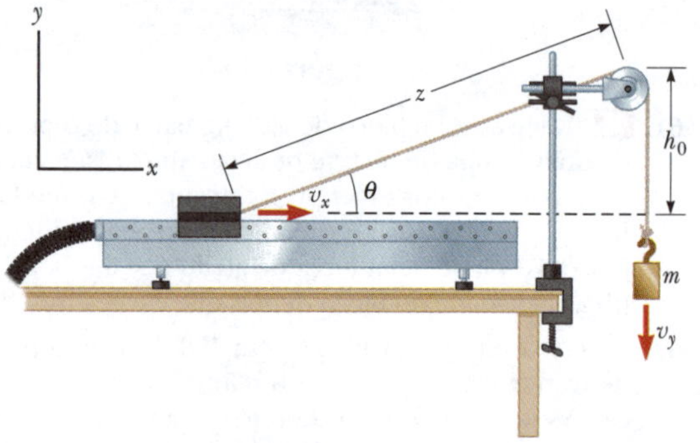

Figura P5.76

77. **M** Um plano sem atrito tem 10,0 m de comprimento e é inclinado em 35,0°. Um trenó começa na parte posterior com uma velocidade inicial de 5,00 m/s acima da inclinação. Quando o trenó atinge o ponto no qual para momentaneamente, um segundo trenó é liberado do topo da inclinação com uma velocidade inicial V_i. Ambos os trenós atingem a parte inferior da inclinação no mesmo momento. (a) Determine a distância que o primeiro trenó percorreu acima na inclinação. (b) Determine a velocidade inicial do segundo trenó.

78. Uma corda com massa m_r é presa a um bloco com massa m_b como mostra a Figura P5.78. O bloco está sobre uma superfície horizontal sem atrito. A corda não estica. A ponta solta da corda é puxada para a direita com uma força horizontal $\vec{\mathbf{F}}$. (a) Desenhe diagramas de força para a corda e o bloco, observando que a tensão na corda não é uniforme. (b) Encontre a aceleração do sistema em relação a m_b, m_r e F. (c) Encontre o módulo da força que a corda exerce no bloco. (d) O que acontece com a força no bloco quando a massa da corda se aproxima de zero? O que você pode afirmar sobre a tensão em uma corda *leve* que une um par de objetos móveis?

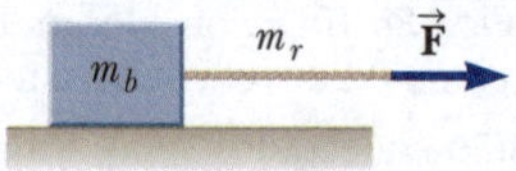

Figura P5.78

79. **PD** Dois blocos de massas m_1 e m_2 são colocados sobre uma mesa em contato um com o outro, como discutido no Exemplo 5.7 e mostrado na Figura 5.12a. O coeficiente de atrito cinético entre o bloco de massa m_1 e a mesa é μ_1, e aquele entre o bloco de massa m_2 e a mesa é μ_2. Uma força horizontal de módulo F é aplicada ao bloco de massa m_1. Queremos encontrar P, o módulo da força de contato entre os blocos. (a) Desenhe diagramas mostrando as forças para cada bloco. (b) Qual é a força resultante no sistema de dois blocos? (c) Qual é a força resultante que age em m_1? (d) Qual é a força resultante que age em m_2? (e) Escreva a Segunda Lei de Newton na direção x para cada bloco. (f) Resolva as duas equações com duas incógnitas para a aceleração a dos blocos em termos das massas, a força aplicada F, o coeficiente de atrito e g. (g) Encontre o módulo P da força de contato entre os blocos em termos das mesmas quantidades.

80. Com um cabo vertical, leve, único, que não estica, um guindaste está levantando uma Ferrari de 1.207 kg e, abaixo dela, uma BMW Z8 de 1.461 kg. A Ferrari move-se para cima com velocidade 3,50 m/s e aceleração 1,25 m/s². (a) Como a velocidade e a aceleração da BMW se comparam com as da Ferrari? (b) Encontre a tensão no cabo entre a BMW e a Ferrari. (c) Encontre a tensão no cabo acima da Ferrari.

81. Uma criança inventiva chamada Nick quer pegar uma maçã em uma árvore sem escalá-la. Sentado em uma cadeira conectada a uma corda que passa sobre uma polia sem atrito (Fig. P5.81), Nick puxa a ponta solta da corda com uma força tal que a balança de mola lê 250 N. O peso real de Nick é 320 N e o da cadeira é 160 N. Os pés de Nick não estão tocando o chão. (a) Desenhe um par de diagramas mostrando as forças para Nick e a cadeira, considerados sistemas separados, e outro diagrama para Nick e a cadeira considerados um único sistema. (b) Mostre que a aceleração do sistema é *para cima* e encontre seu módulo. (c) Encontre a força que Nick exerce na cadeira.

Figura P5.81 Problemas 81 e 82.

82. Na situação descrita no Problema 81 e na Figura P5.81, as massas da corda, balança de mola e polia são desprezíveis. Os pés de Nick não estão tocando o chão. (a) Suponha que Nick esteja momentaneamente em repouso quando ele para de puxar a corda para baixo e passa a ponta dela para outra criança, de peso 440 N, que está em pé no chão perto dele. A corda não se rompe. Descreva o movimento resultante. (b) Alternativamente, suponha que Nick esteja momentaneamente em repouso quando ele amarra a ponta da corda a um gancho forte que se projeta do tronco da árvore. Explique por que essa ação pode fazer a corda se romper.

83. No Exemplo 5.7, empurramos dois blocos sobre uma mesa. Considere que três blocos estão em contato um com o outro sobre uma superfície horizontal sem atrito, como mostra a Figura P5.83. Uma força horizontal, $\vec{\mathbf{F}}$, é aplicada a m_1. Seja $m_1 = 2{,}00$ kg, $m_2 = 3{,}00$ kg, $m_3 = 4{,}00$ kg e $F = 18{,}0$ N. (a) Desenhe um diagrama de corpo livre separado para cada bloco. (b) Determine a aceleração dos blocos. (c) Encontre a força *resultante* em cada bloco. (d) Encontre os módulos das forças de contato entre os blocos. (e) Você está trabalhando em um projeto de construção. Um companheiro de trabalho está pregando um painel de gesso de um lado de uma divisória leve e você está do lado oposto, fornecendo "suporte" ao apoiar as costas contra a parede, empurrando-a. Cada golpe do martelo faz suas costas arderem. O supervisor o ajuda a colocar um bloco pesado de madeira entre a parede e suas costas. Usando a situação analisada nas partes (a) a (d) como modelo, explique como essa mudança funciona para tornar seu trabalho mais confortável.

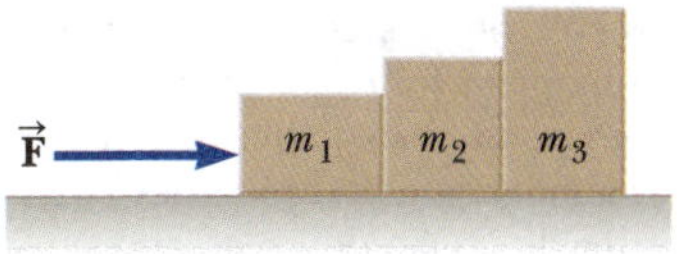

Figura P5.83

84. Um bloco de alumínio de massa $m_1 = 2{,}00$ kg e um bloco de cobre de massa $m_2 = 6{,}00$ kg estão conectados por uma corda leve sobre uma polia sem atrito. Eles estão sobre uma superfície de aço como mostra a Figura P5.84, onde $\theta = 30{,}0°$. (a) Quando eles são liberados do repouso, começarão a se mover? Em caso afirmativo, determine (b) a aceleração deles e (c) a tensão na corda. Se eles não se moverem, determine (d) a soma dos módulos das forças de atrito que agem nos blocos.

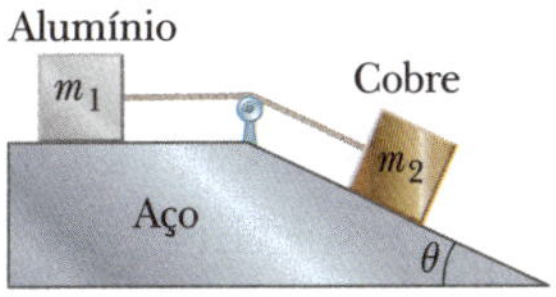

Figura P5.84

85. Um corpo de massa M é mantido no lugar por uma força aplicada $\vec{\mathbf{F}}$ e um sistema de polia, como mostra a Figura P5.85. As polias têm massas e atritos desprezíveis. (a) Desenhe diagramas mostrando as forças em cada polia. Encontre (b) a tensão em cada seção de corda, T_1, T_2, T_3, T_4 e T_5, e (c) o módulo de $\vec{\mathbf{F}}$.

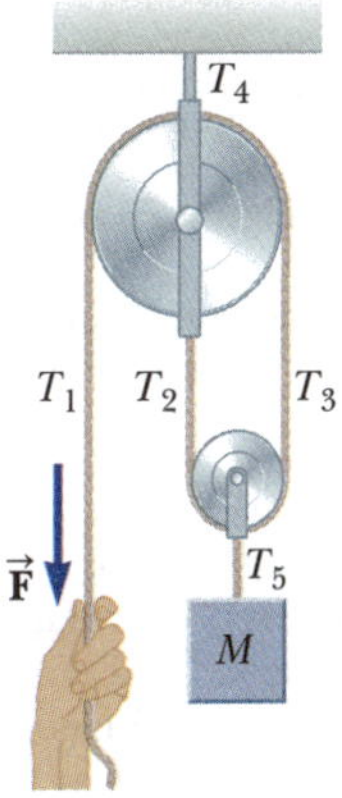

Figura P5.85

86. Qualquer dispositivo que permita você aumentar a força que exerce é uma *máquina*. Algumas máquinas, como um "pé-de-cabra" ou o plano inclinado, são muito simples. Algumas delas nem se parecem com máquinas. Por exemplo, seu carro está preso na lama e você não pode puxá-lo com força suficiente para tirá-lo da lama. Para retirá-lo da lama, você prende uma corda esticada longa ao para-choque dianteiro do carro e o tronco de uma árvore robusta. Agora você puxa a corda para o lado exercendo uma força f. Cada metade da corda é deslocada de um pequeno ângulo θ a partir de uma linha reta entre as extremidades da corda. (a) Deduza uma expressão para a força atuando sobre o carro. (b) Calcule a tensão na corda para o caso onde $\theta = 7{,}00°$ e $f = 100$N.

87. M Objetos com massas $m_1 = 10$ kg e $m_2 = 5$ kg são conectados por uma corda leve que passa por uma polia sem atrito, como mostrado na Figura P5.40. Se quando o sistema parte do repouso m_2 cai 1m em 1,20 s, determina o coeficiente de atrito cinético entre m_1 e a mesa.

88. Considere os três objetos conectados mostrados na Figura P5.88. Suponha primeiro que o plano inclinado é sem atrito e que o sistema está em equilíbrio. Em relação a m, g e θ, encontre: (a) a massa m e (b) as tensões T_1 e T_2. Agora, suponha que o valor de M_1 é o dobro do encontrado na parte (a). Encontre (c) a aceleração de cada objeto e (d) as tensões T_1 e T_2. Em seguida, suponha que o coeficiente de atrito estático entre m e 2 m e o plano inclinado seja m_s e que o sistema esteja em equilíbrio. Encontre (e) o valor máximo e (f) o valor mínimo de M. (g) Compare os valores de T_2 quando M tem seu valor mínimo e máximo.

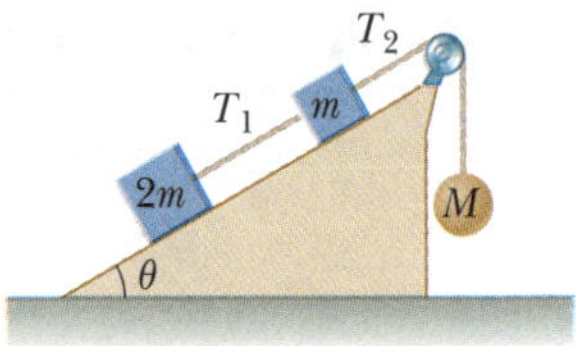

Figura P5.88

89. Uma caixa de peso F_g é empurrada por uma força $\vec{\mathbf{P}}$ sobre um chão horizontal, como mostra a Figura P5.89. O coeficiente de atrito estático é μ_e e $\vec{\mathbf{P}}$ tem direção em um ângulo θ abaixo da horizontal. (a) Mostre que o valor mínimo de P que moverá a caixa é dado por

$$P = \frac{\mu_e F_g \sec\theta}{1 - \mu_e \operatorname{tg}\theta}$$

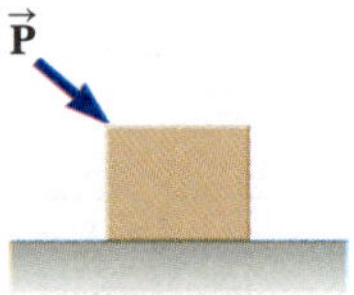

Figura P5.89

(b) Encontre a condição em θ em relação a μ_e para o qual o movimento da caixa é impossível para qualquer valor de P.

90. Pede-se que um estudante meça a aceleração de um flutuador em um plano inclinado sem atrito, usando um trilho de ar, um cronômetro e um metro. A parte superior do trilho, segundo a medição, é 1,774 cm mais alta que a inferior, e o comprimento do trilho é d = 127,1 cm. O flutuador é liberado do repouso no topo do plano inclinado; sendo x = 0 e sua posição x ao longo do plano inclinado medida em função do tempo. Para os valores de x de 10,0 cm, 20,0 cm, 35,0 cm, 50,0 cm, 75,0 cm e 100 cm, os tempos medidos nos quais essas posições são atingidas (média de cinco séries) são 1,02 s, 1,53 s, 2,01 s, 2,64 s, 3,30 s e 3,75 s, respectivamente. (a) Construa um gráfico de x por t^2, com uma linha reta que melhor se ajuste para descrever os dados. (b) Determine a aceleração do flutuador a partir da inclinação deste gráfico. (c) Explique como sua resposta à parte (b) se compara com o valor teórico que você calculou usando $a = g\,sen\,\theta$ como derivada no Exemplo 5.6.

91. Uma almofada lisa de massa m é liberada do repouso na quina do telhado de um edifício a uma altura h. Um vento que sopra ao longo da lateral do edifício exerce uma força horizontal constante de intensidade F sobre a almofada enquanto ela cai, como mostra a Figura P5.91. O ar não exerce nenhuma força vertical. (a) Mostre que o trajeto da almofada é uma linha reta. (b) A almofada cai com velocidade constante? Explique. (c) Se m = 1,20 kg, h = 8,00 m e F = 2,40 N, a que distância do edifício a almofada baterá no chão? **E se?** (d) a almofada for atirada para baixo com uma velocidade diferente de zero do topo do edifício, qual será o formato de sua trajetória? Explique.

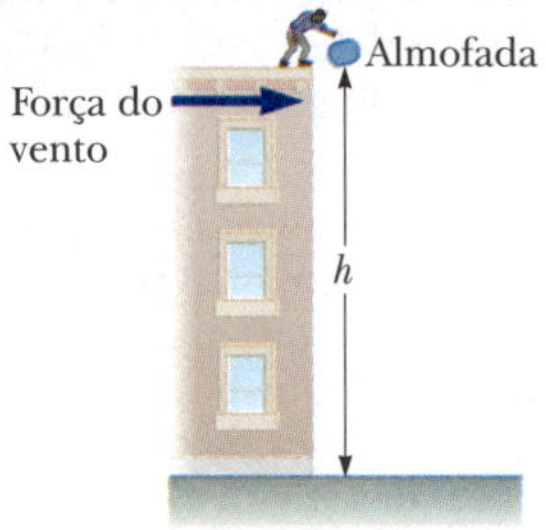

Figura P5.91

92. Na Figura P5.92, as polias e a corda são leves, todas as superfícies são sem atrito e a corda não estica. (a) Como a aceleração do bloco 1 se compara com a aceleração do bloco 2? Explique seu raciocínio. (b) A massa do bloco 2 é 1,30 kg. Encontre sua aceleração, uma vez que ela depende da massa m_1 do bloco 1. (c) **E se?** O que o resultado da parte (b) prevê se m_1 for muito menor que 1,30 kg? (d) O que o resultado da parte (b) prevê se m_1 se aproximar do infinito? (e) Neste último caso, qual é a tensão na corda? (f) Você poderia antecipar as respostas às partes (c), (d) e (e) sem primeiro resolver a (b)? Explique.

Figura P5.92

93. Que força horizontal deve ser aplicada a um bloco grande de massa M, mostrado na Figura P5.93, para que os blocos permaneçam parados em relação a M? Considere que todas as superfícies e a polia não têm atrito. Observe que a força exercida pela corda acelera m_2.

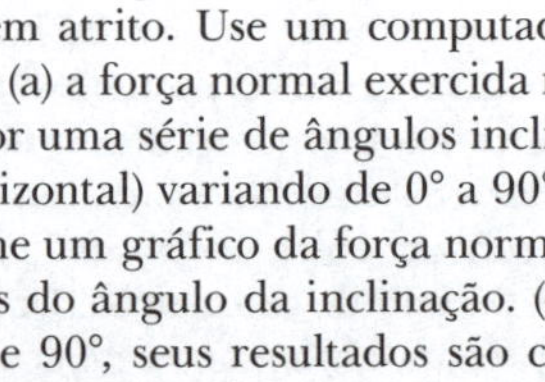

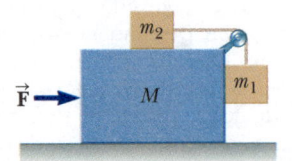

Figura P5.93
Problemas 93 e 98.

94. Um objeto de 8,40 kg desliza para baixo em um plano inclinado fixo, sem atrito. Use um computador para determinar e tabular (a) a força normal exercida no objeto e (b) sua aceleração por uma série de ângulos inclinados (medidos a partir da horizontal) variando de 0° a 90° em gradações de 5°. (c) Desenhe um gráfico da força normal e da aceleração como funções do ângulo da inclinação. (d) Nos casos limitantes de 0° e 90°, seus resultados são consistentes com o comportamento conhecido?

95. M Um carro acelera descendo uma colina (Fig. P5.95), partindo do repouso a 30,0 m/s em 6,00 s. Um brinquedo dentro do carro está pendurado por uma corda no teto. A bola na figura representa o brinquedo de massa 0,100 kg. A aceleração é tal que a corda permanece perpendicular ao teto. Determine (a) o ângulo θ e (b) a tensão na corda.

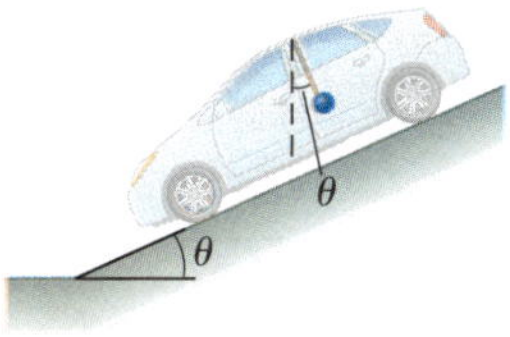

Figura P5.95

Problemas de Desafio

96. Uma força dependente do tempo, $\vec{\mathbf{F}} = (8{,}00\hat{\mathbf{i}} - 4{,}00t\hat{\mathbf{j}})$, onde $\vec{\mathbf{F}}$ está dada em newtons e t em segundos, é exercida sobre um corpo de 2,00 kg inicialmente em repouso. (a) Em que tempo o corpo estará se movendo a uma velocidade de 15,0 m/s? (b) A que distância de sua posição inicial estará o corpo quando sua velocidade for 15,0 m/s? (c) Qual será o deslocamento total do corpo neste momento?

97. A placa inserida entre outras duas na Figura P5.97 pesa 95,5 N. Se o coeficiente de atrito estático entre as placas for 0,663, qual deve ser o módulo das forças de compressão (consideradas horizontal) que agem em ambos os lados da placa central para evitar que ela escorregue?

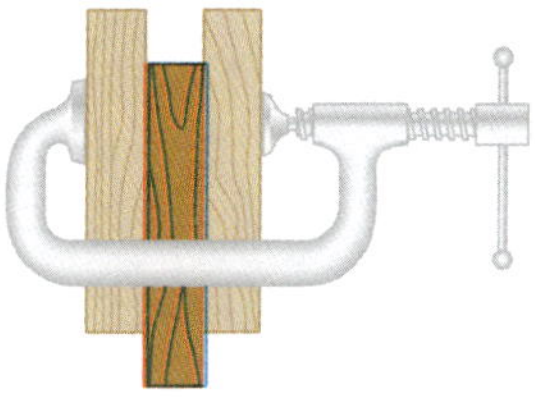

Figura P5.97

98. Inicialmente, o sistema de objetos mostrado na Figura P5.93 é mantido sem movimento. A polia e todas as superfícies e rodas não têm atrito. Digamos que a força $\vec{\mathbf{F}}$ seja zero e suponha que m_1 pode se mover apenas verticalmente. No instante após o sistema de objetos ser liberado, determine (a) a tensão T na corda, (b) a aceleração de m_2, (c) a aceleração de M e (d) a aceleração de m_1. *Observação:* a polia acelera juntamente com o carrinho.

99. Um bloco de massa 2,20 kg é acelerado em uma superfície por uma corda leve que passa sobre uma pequena polia, como mostra a Figura P5.99. A tensão T na corda é mantida a 10,0 N e a polia está a 0,100 m acima da parte superior do bloco. O coeficiente de atrito cinético é 0,400. (a) Determine a aceleração do bloco quando $x = 0{,}400$ m. (b) Descreva o comportamento geral da aceleração enquanto o bloco desliza de um local onde x é grande para $x = 0$. (c) Encontre o valor máximo da aceleração e a posição x para a qual ele ocorre. (d) Encontre o valor de x para o qual a aceleração é zero.

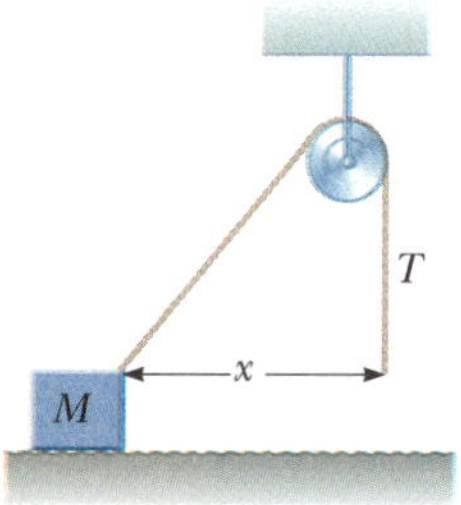

Figura P5.99

100. *Por que a seguinte situação é impossível?* Uma torradeira de 1,30 kg não está ligada na tomada. O coeficiente de atrito estático entre a torradeira e uma bancada horizontal é 0,350. Para fazer a torradeira começar a se mover, você descuidadamente a puxa pelo cabo de força. Infelizmente, o cabo ficou desgastado por causa de ações anteriores semelhantes e irá se romper se a tensão nele ultrapassar 4,00 N. Puxando pelo cabo a um ângulo particular, você consegue fazer a torradeira começar a se mover sem romper o cabo.

101. **Revisão**. Um bloco de massa $m = 2{,}00$ kg é liberado do repouso a $h = 0{,}500$ m acima da superfície de uma mesa, no topo de um plano inclinado com $\theta = 30{,}0°$, mostrado na Figura P5.101. O plano inclinado é fixado sobre uma mesa de altura $H = 2{,}00$ m. (a) Determine a aceleração do bloco enquanto ele desce o plano inclinado. (b) Qual é a velocidade do bloco quando ele deixa a inclinação? (c) A que distância da mesa o bloco baterá no chão? (d) Qual o intervalo de tempo decorrente entre o momento em que o bloco é liberado e o momento em que ele bate no chão? (e) A massa do bloco afeta quaisquer dos cálculos acima?

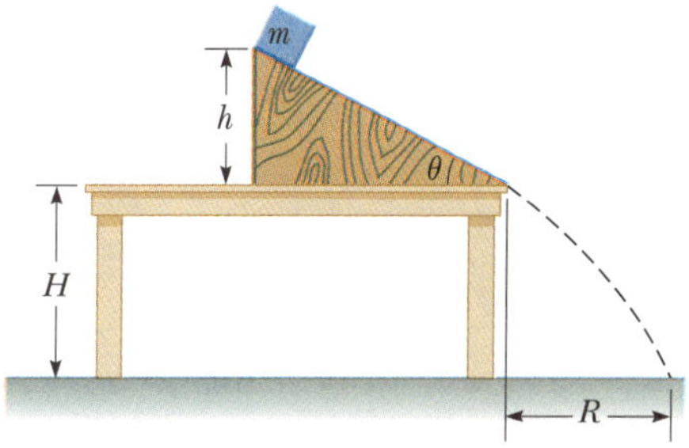

Figura P5.101 Problemas 101 e 102.

102. Na Figura P5.101, o plano inclinado tem massa M e está preso no tampo da mesa horizontal fixa. O bloco de massa m é colocado perto da parte inferior do plano inclinado e é liberado com um impulso rápido que o faz deslizar para cima. O bloco para perto do topo do plano inclinado, como mostrado na figura, e, em seguida, desce novamente, sempre sem atrito. Encontre a força que a mesa exerce no plano inclinado durante esse movimento em relação a m, M, g e θ.

103. Um bloco de massa $m = 2{,}00$ kg está em repouso na borda esquerda de um bloco de massa $M = 8{,}00$ kg. O coeficiente de atrito cinético entre os dois blocos é 0,300, e a superfície na qual o bloco de 8,00 kg repousa não tem atrito. Uma força horizontal constante de módulo $F = 10{,}0$ N é aplicada ao bloco de 2,00 kg, colocando-o em movimento conforme mostra a Figura P5.103a. Se a distância L que a borda frontal do bloco menor percorre sobre o bloco maior é 3,00 m, (a) em que intervalo de tempo o bloco menor chega ao lado direito do bloco de 8,00 kg, como mostra a Figura P5.103b? *Observação:* ambos os blocos são colocados em movimento quando $\vec{\mathbf{F}}$ é aplicado. (b) Até que ponto o bloco de 8,00 kg se move no processo?

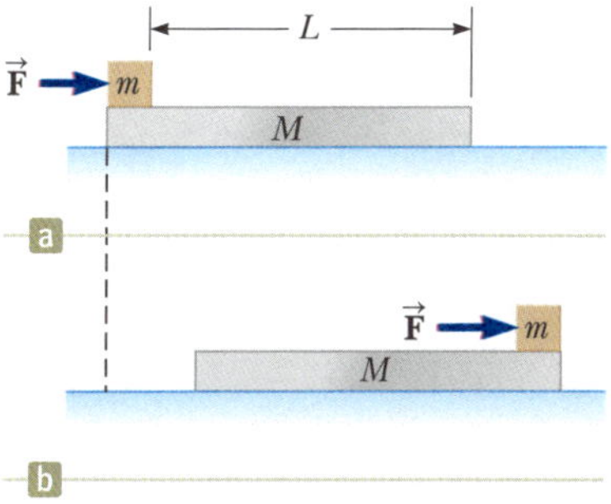

Figura P5.103

104. Um móbile é formado por quatro borboletas de massa igual m, sustentadas por uma corda de comprimento L. Os pontos de suporte são espaçados à mesma distância ℓ, como mostra a Figura P5.104. A corda forma um ângulo θ_1 com o teto em cada ponta. A seção central da corda é horizontal. (a) Encontre a tensão em cada seção de corda em relação a θ_1, m e g. (b) Em relação a θ_1, encontre o ângulo θ_2 que as seções da corda entre as borboletas de fora e as borboletas de dentro formam com a horizontal. (c) Mostre que a distância D entre as extremidades da corda é

$$D = \frac{L}{5}\left\{2\cos\theta_1 + 2\cos\left[\text{tg}^{-1}\left(\tfrac{1}{2}\,\text{tg}\,\theta_1\right)\right] + 1\right\}$$

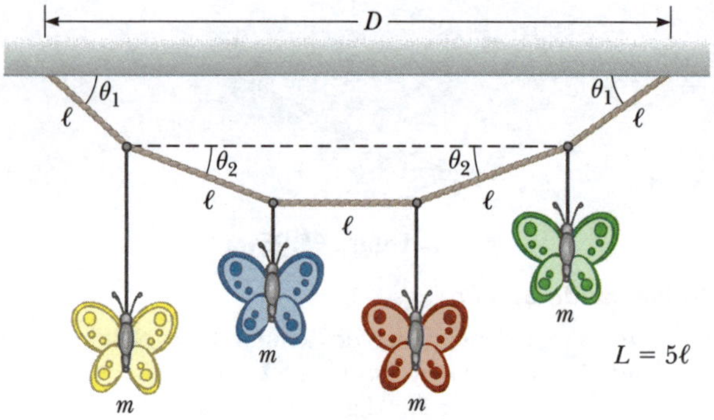

Figura P5.104

capítulo 6

Movimento circular e outras aplicações das leis de Newton

6.1 Estendendo a partícula no modelo de movimento circular uniforme

6.2 Movimento circular não uniforme

6.3 Movimento em referenciais acelerados

6.4 Movimento na presença de forças resistivas

No capítulo anterior, apresentamos as leis do movimento de Newton e as incorporamos em dois modelos de análise envolvendo o movimento linear. Discutiremos agora um movimento que é um pouco mais complicado. Por exemplo, aplicaremos as leis de Newton a corpos percorrendo trajetórias circulares. Discutiremos também o movimento observado de um sistema de referência com aceleração e o movimento de um corpo em um meio viscoso. Grande parte deste capítulo consiste em uma série de exemplos selecionados para ilustrar a aplicação das Leis de Newton a uma variedade de circunstâncias novas.

Kyle Busch, piloto do carro 18 Snickers Toyota, à frente de Jeff Gordon, piloto do carro 24 Dupont Chevrolet, durante a corrida NASCAR Sprint Cup Series Kobalt Tools 500 na pista de Atlanta Motor Speedway em 9 de março de 2008, em Hampton, Georgia. Os carros percorrem uma pista inclinada que ajuda a ter movimento circular nas curvas. *(Chris Graythen/Getty Images para NASCAR)*

6.1 Estendendo a partícula no modelo de movimento circular uniforme

Na Seção 4.4, discutimos o modelo de análise de uma partícula em movimento circular uniforme, no qual a partícula se move com velocidade constante v em uma trajetória circular de raio r. A partícula experimenta uma aceleração que tem módulo

$$a_c = \frac{v^2}{r}$$

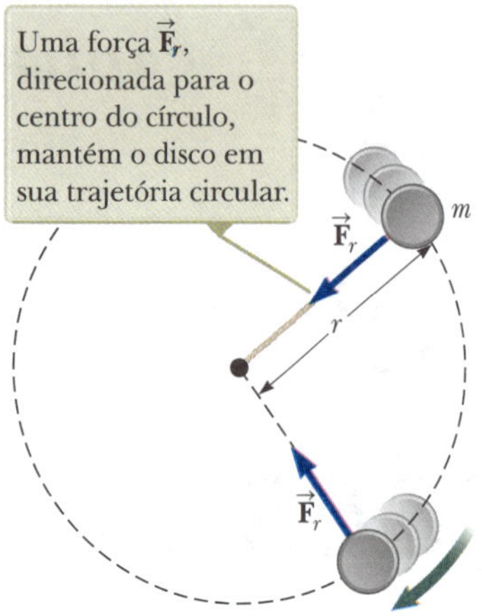
Uma força $\vec{F}_r$, direcionada para o centro do círculo, mantém o disco em sua trajetória circular.
m
$\vec{F}_r$
r
$\vec{F}_r$

Figura 6.1 Uma vista do alto de um disco movendo-se em trajetória circular em um plano horizontal.

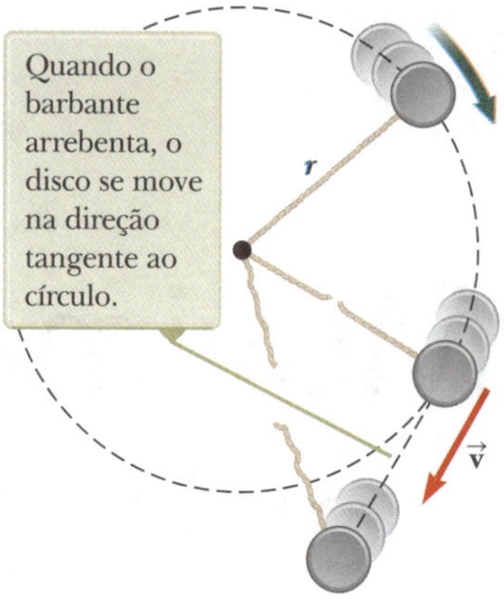
Quando o barbante arrebenta, o disco se move na direção tangente ao círculo.
r
$\vec{v}$

Figura 6.2 O barbante que mantém o disco em sua trajetória circular arrebenta.

A aceleração é chamada *aceleração centrípeta* porque $\vec{a}_c$ é direcionada para o centro do círculo. Além disso, $\vec{a}_c$ é *sempre* perpendicular a $\vec{v}$. Se houvesse uma componente da aceleração paralela a $\vec{v}$, a velocidade da partícula mudaria.

Vamos estender o modelo da partícula em movimento circular uniforme da Seção 4.4 incorporando o conceito de Força. Considere um disco de massa m amarrado a um barbante de comprimento r e movendo-se a uma velocidade constante numa trajetória circular horizontal, como ilustrado na Figura 6.1. Seu peso é sustentado por uma mesa sem atrito, e o barbante é preso a um grampo no centro da trajetória circular do disco. Por que o disco se move em círculo? De acordo com a Primeira Lei de Newton, o disco se moveria em linha reta se não houvesse força sobre ele; no entanto, o barbante evita o movimento ao longo de uma linha reta exercendo uma força radial $\vec{F}_r$ no disco, fazendo com que ele siga a trajetória circular. Esta força é direcionada ao longo do barbante para o centro do círculo, como mostrado na Figura 6.1.

Se a Segunda Lei de Newton for aplicada ao longo da direção radial, a força resultante que causa a aceleração centrípeta pode ser relacionada à aceleração da seguinte maneira:

Força causando aceleração centrípeta ▶

$$\sum F = ma_c = m\frac{v^2}{r} \qquad (6.1)$$

Uma força causando uma aceleração centrípeta atua em direção ao centro da trajetória circular e causa uma mudança na direção do vetor velocidade. Se esta força desaparecesse, o corpo não se moveria mais em sua trajetória circular; em vez disto, mover-se-ia ao longo de uma trajetória em linha reta tangente ao círculo. Esta ideia está ilustrada na Figura 6.2, para o disco movendo-se em trajetória circular na ponta de um barbante em um plano horizontal. Se o barbante arrebentar em algum instante, o disco se moverá ao longo de uma trajetória em linha reta tangente ao círculo na posição do disco neste instante.

Prevenção de Armadilhas 6.1

Direção do percurso quando o barbante é cortado
Estude a Figura 6.2 cuidadosamente. Muitos estudantes (incorretamente) acham que o disco vai se mover *radialmente* para longe do centro do círculo quando o barbante é cortado. A velocidade do disco é *tangente* ao círculo. De acordo com a Primeira Lei de Newton, o disco continua a se mover na mesma direção em que está assim que a força do barbante desaparece.

Modelo de Análise — Partícula em movimento circular uniforme (extensão)

Imagine um objeto em movimento que pode ser modelado como uma partícula. Se ele se mover em um caminho circular de raio r a uma velocidade constante v, experimentará uma aceleração centrípeta. Uma vez que a partícula está acelerando, deverá haver uma força líquida atuando sobre ela. Essa força é dirigida ao centro do caminho circular e é dada por

$$\sum F = ma_c = m\frac{v^2}{r} \qquad (6.1)$$

Exemplos:

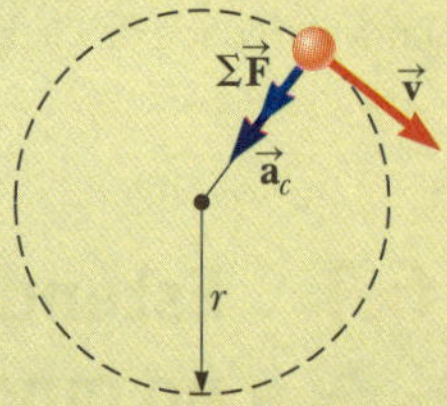
$\Sigma\vec{F}$
$\vec{v}$
$\vec{a}_c$
r

- a tensão em uma corda de comprimento constante atuando sobre uma rocha que gira em um círculo
- a força gravitacional atuando em um planeta que viaja em torno do Sol em uma órbita perfeitamente circular (Capítulo 13 deste volume)
- a força magnética atuando sobre uma partícula carregada se movendo em um campo magnético uniforme (Capítulo 7 do Volume 3)
- a força elétrica que atua sobre um elétron em órbita em torno de um núcleo no modelo de Bohr do átomo de hidrogênio (Capítulo 8 do Volume 4)

Teste Rápido 6.1 Você está numa roda-gigante que gira com velocidade constante. A cadeira onde você está sentado sempre mantém sua posição correta para cima; ela não inverte a posição. **(i)** Qual é a direção da força normal do assento sobre você quando está no topo da roda? **(a)** para cima **(b)** para baixo **(c)** impossível de determinar **(ii)** Tendo como referência as mesmas alternativas, qual é a direção da força resultante sobre você quando está no topo da roda?

Exemplo 6.1 O pêndulo cônico MA

Uma pequena bola de massa m é suspensa por um barbante de comprimento L. A bola gira com velocidade constante v em um círculo horizontal de raio r como mostrado na Figura 6.3. Como o barbante passa por toda a superfície de um cone, o sistema é chamado *pêndulo cônico*. Encontre uma expressão para v em relação à geometria na Figura 6.3.

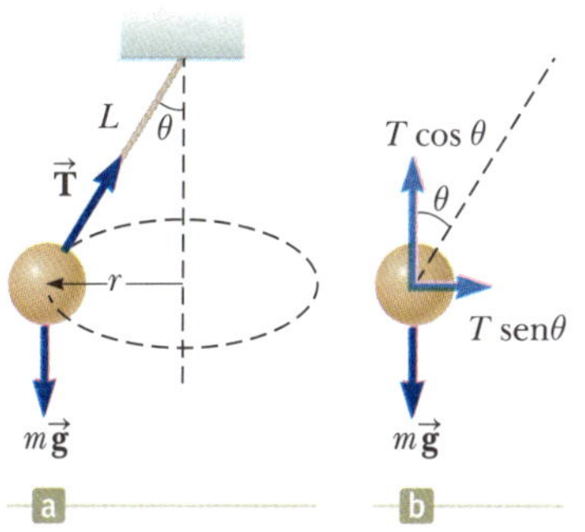

Figura 6.3 (Exemplo 6.1) (a) Um pêndulo cônico. A trajetória da bola é um círculo horizontal. (b) As forças atuando na bola.

SOLUÇÃO

Conceitualização Imagine o movimento da bola na Figura 6.3a e convença-se de que o barbante passa por um cone, e que a bola se move em um círculo horizontal.

Categorização A bola na Figura 6.3 não acelera verticalmente. Portanto, a modelamos como uma *partícula em equilíbrio* na direção vertical. Ela experimenta uma aceleração centrípeta na direção horizontal, então é modelada como uma *partícula em movimento circular uniforme* nesta direção.

Análise Deixe que θ represente o ângulo entre o barbante e a vertical. No diagrama de forças atuando na bola da Figura 6.3b, a força $\vec{\mathbf{T}}$ exercida pelo barbante na bola é resolvida em uma componente vertical $T \cos \theta$ e uma componente horizontal T sen θ atuando na direção do centro da trajetória circular.

Aplique o modelo da partícula em equilíbrio na direção vertical:

$$\sum F_y = T \cos \theta - mg = 0$$

$$(1) \quad T \cos \theta = mg$$

Use a Equação 6.1 do modelo da partícula em movimento circular uniforme na direção horizontal:

$$(2) \quad \sum F_x = T \operatorname{sen} \theta = ma_c = \frac{mv^2}{r}$$

Divida a Equação (2) pela (1) e use sen θ/cos θ = tg θ:

$$\operatorname{tg} \theta = \frac{v^2}{rg}$$

Resolva para v:

$$v = \sqrt{rg \operatorname{tg} \theta}$$

Incorpore $r = L$ sen θ da geometria na Figura 6.3a:

$$v = \sqrt{Lg \operatorname{sen} \theta \operatorname{tg} \theta}$$

Finalização Perceba que a velocidade é independente da massa da bola. Considere o que acontece quando θ vai para 90°, de modo que o barbante fique na horizontal. Como a tangente de 90° é infinita, a velocidade v é infinita, o que nos diz que o barbante não pode ser horizontal. Se fosse, não haveria componente vertical da força $\vec{\mathbf{T}}$ para equilibrar a força gravitacional na bola. Por isso mencionamos que o peso do disco na Figura 6.1 é sustentado por uma mesa sem atrito.

Exemplo 6.2 Com que velocidade ele pode girar? MA

Um disco de massa 0,500 kg está preso à ponta de uma corda de 1,50 m de comprimento. O disco se move em um círculo horizontal, como mostra a Figura 6.1. Se a corda suporta uma tensão máxima de 50,0 N, qual é a velocidade máxima com a qual o disco pode se mover antes de a corda arrebentar? Suponha que o barbante permanece horizontal durante o movimento.

SOLUÇÃO

Conceitualização Faz sentido que, quanto mais forte a corda, mais rápido o disco se move quando a corda arrebenta. Esperamos também que um disco mais pesado arrebente a corda a uma velocidade menor. Imagine girar uma bola de boliche na corda!

Categorização Como o disco se move em uma trajetória circular, o modelamos como uma *partícula em movimento circular uniforme*.

continua

6.2 *cont.*

Análise Incorpore a tensão e a aceleração centrípeta na Segunda Lei de Newton, como descrita na Equação 6.1:

$$T = m\frac{v^2}{r}$$

Resolva para v:

$$(1) \quad v = \sqrt{\frac{Tr}{m}}$$

Encontre a velocidade máxima que o disco pode ter, correspondente à tensão máxima que o barbante pode suportar:

$$v_{\text{máx}} = \sqrt{\frac{T_{\text{máx}}r}{m}} = \sqrt{\frac{(50{,}0\text{ N})(1{,}50\text{ m})}{0{,}500\text{ kg}}} = \boxed{12{,}2\text{ m/s}}$$

Finalização A Equação (1) mostra que v aumenta com T e diminui com m maior, conforme esperávamos a partir da conceitualização do problema.

E SE? Suponha que o disco se mova em um círculo de raio maior com a mesma velocidade v. A corda tem maior ou menor probabilidade de arrebentar?

Resposta O raio maior significa que a mudança na direção do vetor velocidade será menor em certo intervalo de tempo. Então, a aceleração é menor, assim como a tensão necessária no barbante. Como resultado, o barbante tem menor probabilidade de arrebentar quando o disco percorre um círculo de raio maior.

Exemplo 6.3 Qual é a velocidade máxima do carro? MA

Um carro de 1.500 kg movimentando-se em uma estrada plana e horizontal faz uma curva, como mostra a Figura 6.4a. Se o raio da curva é de 35,0 m e o coeficiente de atrito estático entre os pneus e o calçamento seco é de 0,523, encontre a velocidade máxima que o carro pode atingir e, ainda assim, fazer a curva com sucesso.

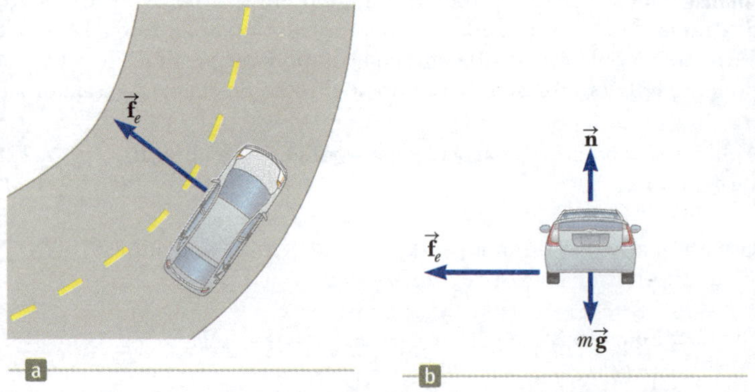

Figura 6.4 (Exemplo 6.3) (a) A força de atrito estática direcionada para o centro da curva mantém o carro em uma trajetória circular. (b) As forças atuando no carro.

SOLUÇÃO

Conceitualização Imagine que uma pista curva é parte de um círculo grande, de modo que o carro se movimenta em uma trajetória circular.

Categorização Com base na etapa de Conceitualização do problema, modelamos o carro como uma *partícula em movimento circular uniforme* na direção horizontal. O carro não acelera verticalmente, então é modelado como uma *partícula em equilíbrio* na direção vertical.

Análise A Figura 6.4b mostra as forças sobre o carro. A força que permite ao carro permanecer em sua trajetória circular é a força de atrito estática. É *estática* porque não ocorre nenhuma derrapagem no ponto de contato entre a pista e os pneus. Se esta força de atrito estática fosse zero – por exemplo, se o carro estivesse em uma rua coberta por gelo –, o carro continuaria em uma linha reta e derraparia para fora da pista curva. A velocidade máxima $v_{\text{máx}}$ que o carro poderia ter ao fazer a curva é aquela com a qual ele está à beira de derrapar para fora da pista. Neste ponto, a força de atrito tem seu valor máximo $f_{e,\text{máx}} = \mu_e n$.

Aplique a Equação 6.1 a partir do modelo de partícula em movimento circular uniforme na direção radial para a condição de velocidade máxima:

$$(1) \quad f_{e,\text{máx}} = \mu_e n = m\frac{v_{\text{máx}}^2}{r}$$

Aplique o modelo da partícula em equilíbrio ao carro na direção vertical:

$$\sum F_y = 0 \;\rightarrow\; n - mg = 0 \;\rightarrow\; n = mg$$

Resolva a Equação (1) para a velocidade máxima e substitua para n:

$$(2) \quad v_{\text{máx}} = \sqrt{\frac{\mu_e nr}{m}} = \sqrt{\frac{\mu_e mgr}{m}} = \sqrt{\mu_e gr}$$

Substitua os valores numéricos:

$$v_{\text{máx}} = \sqrt{(0{,}523)(9{,}80\text{ m/s}^2)(35{,}0\text{ m})} = \boxed{13{,}4\text{ m/s}}$$

6.3 cont.

Finalização Esta velocidade é equivalente a 30,0 mi/h. Portanto, se o limite de velocidade é maior que 30 mi/h, essa estrada poderia ser beneficiada por alguma inclinação, como no próximo exemplo! Note que a velocidade máxima não depende da massa do carro, e é por isso que estradas curvas não precisam de limites de velocidade múltiplos para cobrir as várias massas dos veículos que as utilizam.

E SE? Suponha que o carro percorra esta curva em um dia úmido e comece a derrapar na curva ao atingir a velocidade de 8,00 m/s. O que pode ser dito sobre o coeficiente de atrito estático neste caso?

Resposta O coeficiente de atrito estático entre os pneus e uma estrada molhada deveria ser menor que aquele entre os pneus e uma estrada seca. Essa expectativa é consistente com a experiência de dirigir, porque uma derrapagem é mais provável em uma estrada molhada que numa seca.

Para verificar nossa suspeita, podemos resolver a Equação (2) para o coeficiente de atrito estático:

$$\mu_e = \frac{v^2_{\text{máx}}}{gr}$$

Substituir os valores numéricos resulta em

$$\mu_e = \frac{v^2_{\text{máx}}}{gr} = \frac{(8{,}00 \text{ m/s})^2}{(9{,}80 \text{ m/s}^2)(35{,}0 \text{ m})} = 0{,}187$$

que é, de fato, menor que o coeficiente de 0,523 para a estrada seca.

Exemplo 6.4 A estrada com inclinação MA

Um engenheiro civil quer redesenhar a estrada curva do Exemplo 6.3 de tal maneira que um carro não terá que depender do atrito para fazer a curva sem derrapar. Ou seja, um carro se movendo com a velocidade designada pode fazer a curva mesmo quando a estrada está coberta de gelo. Tal rampa é geralmente *inclinada*, o que significa que a estrada é inclinada em direção à parte interna da curva, conforme a fotografia de abertura deste capítulo. Suponha que a velocidade designada para a estrada seja de 13,4 m/s (30,0 mi/h) e o raio da curva é de 35,0 m. A que ângulo a curva deveria ser inclinada?

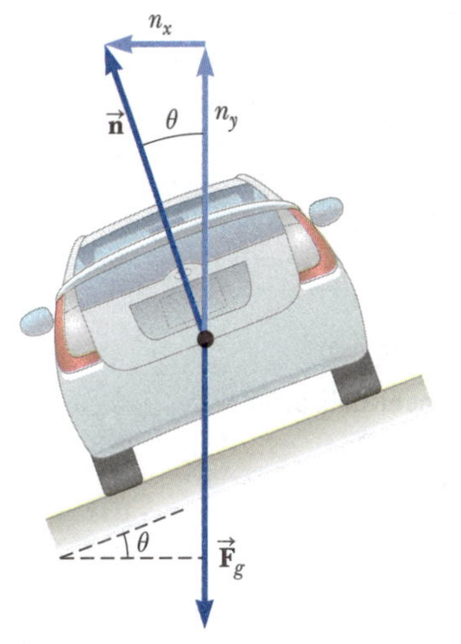

Figura 6.5 (Exemplo 6.4) Um carro se move para dentro da página e faz uma curva em uma estrada com inclinação a um ângulo θ com a horizontal. Quando o atrito é desprezado, a força que causa a aceleração centrípeta e mantém o carro em sua trajetória circular é a componente horizontal da força normal.

SOLUÇÃO

Conceitualização A diferença entre este e o Exemplo 6.3 é que o carro não está mais se movimentando em uma pista plana. A Figura 6.5 mostra a estrada com inclinação, com o centro da trajetória circular do carro para a extrema esquerda da Figura. Note que a componente horizontal da força normal participa, causando a aceleração centrípeta do carro.

Categorização Como no Exemplo 6.3, o carro é modelado como uma *partícula em equilíbrio* na direção vertical e como uma *partícula em movimento circular* uniforme na direção horizontal.

Análise Em uma estrada plana (sem inclinação), a força que causa a aceleração centrípeta é a de atrito estático entre os pneus e a estrada, como vimos no exemplo anterior. No entanto, se a estrada for inclinada a um ângulo θ, como na Figura 6.5, a força normal $\vec{n}$ tem uma componente horizontal na direção do centro da curva. Como a rampa é planejada de modo que a força de atrito estático seja zero, a componente $n_x = n \text{ sen } \theta$ é a única força que causa a aceleração centrípeta.

Escreva a Segunda Lei de Newton para o carro na direção radial, que é a direção x:

$$(1) \quad \sum F_r = n \text{ sen } \theta = \frac{mv^2}{r}$$

Aplique o modelo da partícula em equilíbrio ao carro na direção vertical:

$$\sum F_y = n \cos \theta - mg = 0$$

$$(2) \quad n \cos \theta = mg$$

continua

6.4 *cont.*

Divida a Equação (1) pela (2):

$$(3)\ \text{tg}\ \theta = \frac{v^2}{rg}$$

Resolva para o ângulo θ:

$$\theta = \text{tg}^{-1}\left[\frac{(13{,}4\ \text{m/s})^2}{(35{,}0\ \text{m})(9{,}80\ \text{m/s}^2)}\right] = 27{,}6°$$

Finalização A Equação (3) mostra que o ângulo de inclinação é independente da massa do veículo fazendo a curva. Se um carro faz a curva com velocidade menor que 13,4 m/s, a aceleração centrípeta diminui. Portanto, a força normal, que permanece inalterada, é suficiente para causar *duas* acelerações: a aceleração centrípeta inferior e a aceleração do carro descendo pela estrada inclinada. Consequentemente, uma força friccional adicional paralela à estrada e subindo é necessária para evitar que ele derrape na margem (para a esquerda na Fig. 6.5). Um motorista, similarmente, que tenta fazer a curva com velocidade maior que 13,4 m/s tem de depender do atrito para não derrapar para cima da margem (para a direita na Fig. 6.5).

E SE? Imagine que esta mesma estrada fosse construída em Marte, no futuro, para conectar colônias diferentes. Ela poderia ser percorrida com a mesma velocidade?

Resposta A força gravitacional reduzida em Marte significaria que o carro não tem tanta pressão contra a pista. A força normal reduzida resulta em uma componente da força normal menor em direção ao centro do círculo. Esta componente menor não seria suficiente para proporcionar a aceleração centrípeta associada à velocidade original. A aceleração centrípeta deve ser reduzida, o que pode ser feito por meio da redução da velocidade v.

Matematicamente, note que a Equação (3) mostra que a velocidade v é proporcional à raiz quadrada de g para uma pista de raio fixo r inclinada a um ângulo fixo θ. Então, se g é menor, como é em Marte, a velocidade v com que se pode viajar com segurança na estrada também é menor.

Exemplo 6.5 Andando na roda-gigante? MA

Uma criança de massa m anda numa roda-gigante como mostra a Figura 6.6a. A criança se move em um círculo vertical de raio 10,0 m com velocidade constante de 3,00 m/s.

(A) Determine a força exercida pelo assento sobre a criança no ponto mínimo do passeio. Expresse sua resposta em termos do peso da criança, mg.

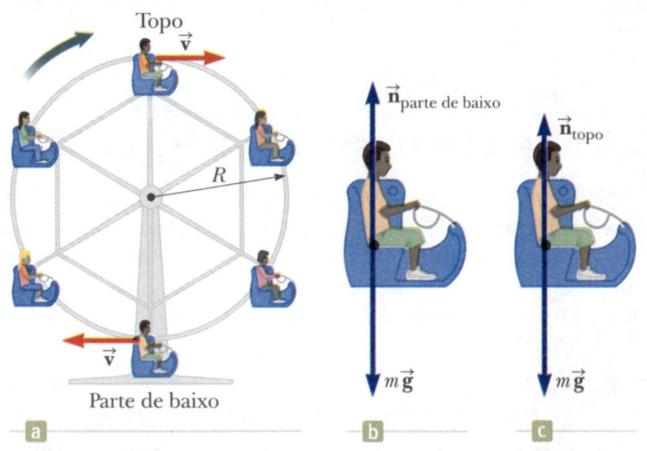

Figura 6.6 (Exemplo 6.5) (a) Uma criança anda de roda-gigante. (b) As forças atuando na criança no ponto mínimo da trajetória. (c) As forças atuando sobre a criança no topo da trajetória.

SOLUÇÃO

Conceitualização Olhe a Figura 6.6a cuidadosamente. Com base em experiências que já teve em rodas-gigantes ou dirigindo sobre pequenas elevações em uma estrada, você esperaria se sentir mais leve no topo da trajetória. Do mesmo modo, você esperaria se sentir mais pesado no ponto mínimo da trajetória. Tanto no ponto mínimo como no topo da trajetória, a força normal e a gravitacional atuam sobre a criança em direções *opostas*. O vetor soma destas duas forças dá uma força de módulo constante que mantém a criança em uma trajetória circular com velocidade constante. Para obter vetores da força resultante com o mesmo módulo, a força normal no ponto mínimo deve ser maior que aquela no topo.

Categorização Como a velocidade da criança é constante, podemos categorizar este problema como um que envolve uma *partícula* (a criança) *em movimento circular uniforme*, complicado pela força gravitacional atuando sobre a criança em todos os momentos.

Análise Desenhamos um diagrama de forças atuando sobre a criança no ponto mínimo do passeio, como mostra a Figura 6.6b. As únicas forças atuando sobre ela são a força gravitacional para baixo $\vec{F} = m\vec{g}$ e a para cima $\vec{n}_b$ exercida pelo assento. A força resultante para cima que proporciona a aceleração centrípeta da criança tem módulo $n_b - mg$.

Utilizando o modelo de partícula em movimento circular uniforme, aplique a Segunda Lei de Newton na criança, na direção radial:

$$\sum F = n_b - mg = m\frac{v^2}{r}$$

6.5 cont.

Resolva para a força exercida pelo assento na criança: $n_b = mg + m\dfrac{v^2}{r} = mg\left(1 + \dfrac{v^2}{rg}\right)$

Substitua os valores dados para a velocidade e o raio: $n_b = mg\left[1 + \dfrac{(3{,}00\text{ m/s})^2}{(10{,}0\text{ m})(9{,}80\text{ m/s}^2)}\right]$

$= 1{,}09mg$

Então, o módulo da força $\vec{\mathbf{n}}_b$ exercida pelo assento sobre a criança é *maior* que o peso dela por um fator de 1,09. Portanto, a criança experimenta um peso aparente que é maior que seu peso verdadeiro por um fator de 1,09.

(B) Determine a força exercida pelo assento sobre criança no ponto máximo do passeio.

SOLUÇÃO

Análise O diagrama de forças atuando sobre a criança no ponto máximo do passeio é mostrado na Figura 6.6c. A força resultante para baixo que proporciona a aceleração centrípeta tem magnitude $mg - n_t$.

Aplique a Segunda Lei de Newton à criança nesta posição: $\sum F = mg - n_t = m\dfrac{v^2}{r}$

Resolva para a força exercida pelo assento sobre a criança: $n_t = mg - m\dfrac{v^2}{r} = mg\left(1 - \dfrac{v^2}{rg}\right)$

Substitua os valores numéricos: $n_t = mg\left[1 - \dfrac{(3{,}00\text{ m/s})^2}{(10{,}0\text{ m})(9{,}80\text{ m/s}^2)}\right]$

$= 0{,}908mg$

Neste caso, o módulo da força exercida pelo assento sobre a criança é *menor* que seu peso verdadeiro por um fator de 0,908, e a criança se sente mais leve.

Finalização As variações na força normal são consistentes com a previsão feita na etapa de Conceitualização do problema.

E SE? Suponha que um defeito no mecanismo da roda-gigante cause um aumento na velocidade da criança, que vai para 10,0 m/s. O que a criança experimenta no topo do passeio neste caso?

Resposta Se o cálculo acima é realizado com $v = 10{,}0$ m/s, o módulo da força normal no topo do passeio é negativa, o que é impossível. Interpretamos que isto significa que a aceleração centrípeta necessária para a criança é maior devido à gravidade. Como resultado, a criança perde contato com o assento e só manterá sua trajetória circular se houver uma barra de segurança ou um cinto de segurança que proporcione uma força para baixo sobre a criança e a mantenha em seu assento. No ponto mínimo do passeio, a força normal é 2,02 *mg*, o que seria desconfortável.

6.2 Movimento circular não uniforme

No Capítulo 4, descobrimos que, se uma partícula se move com velocidade variável em uma trajetória circular, há, além da componente radial de aceleração, uma componente tangencial de módulo $|dv/dt|$. Então, a força atuando sobre a partícula deve ter também uma componente tangencial e uma componente radial. Como a aceleração total é $\vec{\mathbf{a}} = \vec{\mathbf{a}}_r + \vec{\mathbf{a}}_t$, a força total exercida sobre a partícula é $\sum\vec{\mathbf{F}} = \sum\vec{\mathbf{F}}_r + \sum\vec{\mathbf{F}}_t$ como mostra a Figura 6.7. Expressamos as forças radial e tangencial como resultantes com notação de soma, porque cada força pode consistir de forças múltiplas que se combinam. O vetor $\sum\vec{\mathbf{F}}_r$ é direcionado para o centro do círculo e é responsável pela aceleração centrípeta. O vetor $\sum\vec{\mathbf{F}}_t$ tangente ao círculo é responsável pela aceleração tangencial, que representa uma variação na velocidade da partícula com o tempo.

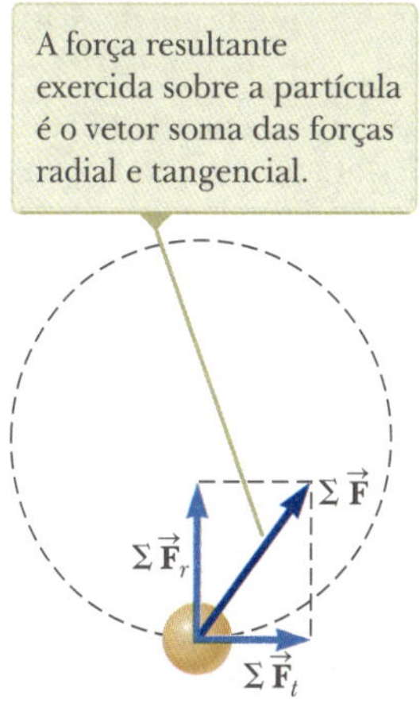
A força resultante exercida sobre a partícula é o vetor soma das forças radial e tangencial.
$\Sigma\vec{\mathbf{F}}$
$\Sigma\vec{\mathbf{F}}_r$
$\Sigma\vec{\mathbf{F}}_t$

Figura 6.7 Quando a força resultante atuando sobre uma partícula se movendo em uma trajetória circular tem uma componente tangencial $\sum\vec{F}_t$, a velocidade da partícula muda.

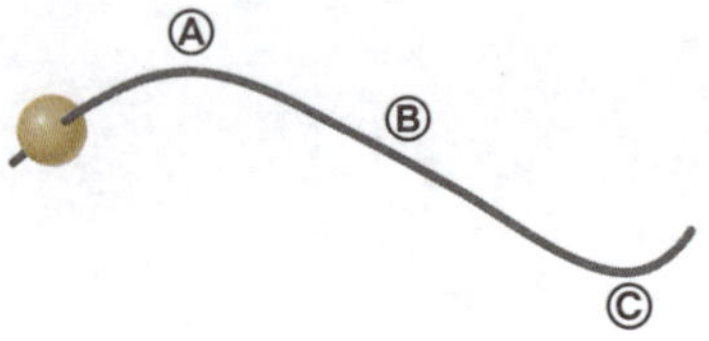

Figura 6.8 (Teste Rápido 6.2) Uma conta desliza ao longo de um fio curvo.

***Teste Rápido* 6.2** Uma conta desliza livremente ao longo de um fio curvo em uma superfície horizontal, como mostra a Figura 6.8. (**a**) Desenhe os vetores que representam a força exercida pelo fio sobre a conta nos pontos Ⓐ, Ⓑ e Ⓒ. (**b**) Suponha que a conta da Figura 6.8 aumente sua velocidade com aceleração tangencial constante à medida que se move para a direita. Desenhe os vetores que representam a força na conta nos pontos Ⓐ, Ⓑ e Ⓒ.

Exemplo 6.6 Fique de olho na bola MA

Uma pequena esfera de massa m está presa à ponta de uma corda de comprimento R e posta em movimento em um *círculo vertical* ao redor de um ponto fixo O, como ilustrado na Figura 6.9. Determine a aceleração tangencial da esfera e a tensão na corda a qualquer instante quando a velocidade da esfera é v e a corda faz um ângulo θ com a vertical.

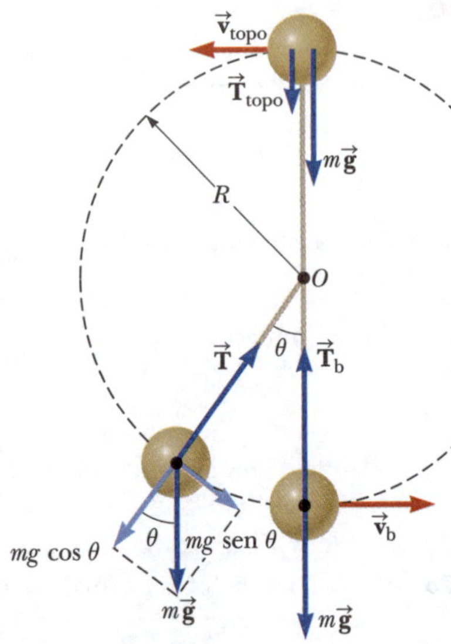

Figura 6.9 (Exemplo 6.6) As forças atuando sobre uma esfera de massa m conectada a uma corda de comprimento R e girando em um círculo vertical centrado em O. As forças atuando sobre a esfera são mostradas quando a esfera está no topo e na parte mais baixa do círculo e em uma localização arbitrária.

SOLUÇÃO

Conceitualização Compare o movimento da esfera na Figura 6.9 com aquele da criança na Figura 6.6a associada ao Exemplo 6.5. Os dois corpos percorrem uma trajetória circular. No entanto, diferente da criança no Exemplo 6.5, a velocidade da esfera *não* é uniforme neste exemplo porque, na maioria dos pontos ao longo da trajetória, uma componente tangencial de aceleração surge da força gravitacional exercida sobre a esfera.

Categorização Modelamos a esfera como uma *partícula sob uma força resultante* e movendo-se em uma trajetória circular, mas ela não é uma partícula em movimento circular *uniforme*. Precisamos usar as técnicas discutidas nesta seção sobre movimento circular não uniforme.

Análise A partir do diagrama de força da Figura 6.9, vemos que as forças atuando sobre a esfera são somente a gravitacional $\vec{F}_g = m\vec{g}$, exercida pela Terra, e a $\vec{T}$, exercida pela corda. Resolvemos $\vec{F}_g$ em uma componente tangencial mg sen θ e uma componente radial $mg \cos\theta$.

A partir do modelo de partícula sob força resultante, aplique a Segunda Lei de Newton à esfera na direção tangencial:

$$\sum F_t = mg \operatorname{sen}\theta = ma_t$$

$$a_t = \boxed{g \operatorname{sen}\theta}$$

Aplique a Segunda Lei de Newton às forças atuando sobre a esfera na direção radial, observando que tanto $\vec{T}$ quanto $\vec{a}$ estão direcionadas para O. Conforme observado na Seção 4.5, podemos utilizar a Equação 4.14 para a aceleração centrípeta de uma partícula mesmo quando ela se move em um caminho circular em movimento não uniforme:

$$\sum F_r = T - mg\cos\theta = \frac{mv^2}{R}$$

$$T = \boxed{mg\left(\frac{v^2}{Rg} + \cos\theta\right)}$$

Finalização Vamos avaliar este resultado no topo e na parte mais baixa da trajetória circular (Fig. 6.9):

$$T_{topo} = mg\left(\frac{v_{topo}^2}{Rg} - 1\right) \qquad T_b = mg\left(\frac{v_b^2}{Rg} + 1\right)$$

Estes resultados têm formas matemáticas semelhantes àquelas para as forças normais n_b e n_t sobre a criança no Exemplo 6.5, o que é consistente com a força normal sobre a criança, tendo uma função física semelhante no Exemplo 6.5, no qual a tensão sobre o barbante é parecida com a deste exemplo. Lembre-se, no entanto, de que a força normal $\vec{n}$ sobre a criança no Exemplo 6.5 é sempre para cima, enquanto a força $\vec{T}$, neste exemplo, muda de direção porque sempre deve apontar para dentro ao longo do barbante. Observe também que v nas expressões acima varia para posições diferentes da esfera, conforme indicado pelos subscritos, enquanto no Exemplo 6.5 v é constante.

6.6 cont.

E SE? E se a bola é posta em movimento com uma velocidade menor?

(A) Que velocidade a bola teria quando passa sobre o topo do círculo se a tensão na corda vai instantaneamente para zero neste ponto?

Resposta Vamos estabelecer a tensão igual a zero na expressão para T_{topo}:

$$0 = mg\left(\frac{v_{topo}^2}{Rg} - 1\right) \rightarrow v_{topo} = \sqrt{gR}$$

(B) E se a bola é posta em movimento de modo que a velocidade no topo é menor que este valor? O que acontece?

Resposta Neste caso, a bola nunca alcança o topo do círculo. Em algum ponto no percurso para cima, a tensão no barbante vai a zero e a bola se torna um projétil. Ela percorre um segmento de uma trajetória parabólica sobre o topo de seu movimento, juntando-se à trajetória circular no outro lado quando a tensão volta a ser não zero.

6.3 Movimento em referenciais acelerados

As leis do movimento de Newton, apresentadas no Capítulo 5, descrevem observações feitas em sistemas de referência inerciais. Nesta seção, analisaremos como estas leis são aplicadas por um observador em um sistema de referência não inercial, isto é, um que tem aceleração. Por exemplo, lembre-se da discussão sobre a mesa de ar em um trem na Seção 5.2. O trem movimentando-se com velocidade constante representa um sistema inercial. Um observador no trem vê o disco permanecer em repouso, e a Primeira Lei de Newton parece ser obedecida. O trem com aceleração não é um sistema inercial. Do seu ponto de vista, como observador neste trem, parece não haver força sobre o disco, mas ele acelera do repouso em direção à parte traseira do trem, aparentemente violando a Primeira Lei de Newton. Esta é uma propriedade geral de observações feitas em sistemas não inerciais: parece haver acelerações inexplicáveis de objetos que não estão "amarrados" à estrutura. É claro que a Primeira Lei de Newton não é violada. Só parece que ela é devido às observações que são feitas de um sistema não inercial. Em geral, a direção da aceleração inexplicada é oposta à direção da aceleração do sistema não inercial.

No trem em aceleração, quando você observa o disco acelerar para a parte traseira, você pode concluir que uma força atuou sobre o disco e provocou sua aceleração, baseado em seu conhecimento da Segunda Lei de Newton. Chamamos uma força aparente como esta de **força fictícia**, porque ela não é uma força real, devido a observações feitas em um sistema de referência em aceleração. Uma força fictícia parece atuar sobre um corpo do mesmo modo que uma força real. No entanto, forças reais sempre são interações entre dois corpos, mas você não pode identificar um segundo corpo para uma força fictícia. Que segundo corpo interage com o disco e provoca sua aceleração? Em geral, forças fictícias simples parecem atuar na direção *oposta* àquela da aceleração do sistema não inercial. Por exemplo, o trem acelera para a frente e parece haver uma força fictícia levando o disco a deslizar em direção à sua parte traseira.

Prevenção de Armadilhas 6.2

Força centrífuga

A expressão comum "força centrífuga" é descrita como uma força puxando *para fora* um corpo movendo-se em uma trajetória circular. Se você está sentindo uma "força centrífuga" em um corpo fazendo uma curva, qual é o outro corpo com o qual você está interagindo? Você não consegue identificá-lo porque é uma força fictícia que ocorre quando você está em um sistema de referência não inercial.

O exemplo do trem descreve uma força fictícia devido a uma mudança na sua velocidade. Outra força fictícia é devida à mudança na *direção* do vetor velocidade. Para entender o movimento de um sistema que é não inercial devido a uma mudança na direção, considere um carro viajando por uma estrada em alta velocidade e se aproximando de uma rampa de saída curva à esquerda, como mostra a Figura 6.10a. Conforme o carro pega a saída à esquerda na rampa, uma pessoa sentada no banco do passageiro se encosta ou escorrega para a direita e atinge a porta. Naquele ponto, a força exercida pela porta no passageiro evita que ele seja expulso do carro. O que causa o movimento do passageiro na direção da porta? Uma explicação popular, porém incorreta, é que uma força atuando para a direita na Figura 6.10b empurra o passageiro para fora do centro da trajetória circular. Embora frequentemente chamada "força centrífuga," é uma força fictícia. O carro representa um sistema de referência não inercial que tem aceleração centrípeta em direção ao centro de sua trajetória circular. Como resultado, o

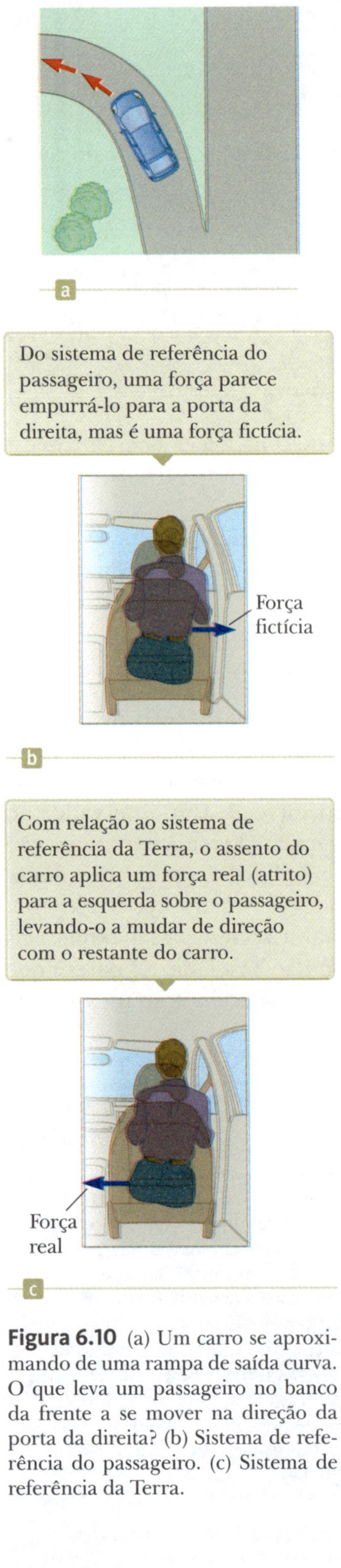
a
Do sistema de referência do passageiro, uma força parece empurrá-lo para a porta da direita, mas é uma força fictícia.
Força fictícia
b
Com relação ao sistema de referência da Terra, o assento do carro aplica um força real (atrito) para a esquerda sobre o passageiro, levando-o a mudar de direção com o restante do carro.
Força real
c

Figura 6.10 (a) Um carro se aproximando de uma rampa de saída curva. O que leva um passageiro no banco da frente a se mover na direção da porta da direita? (b) Sistema de referência do passageiro. (c) Sistema de referência da Terra.

passageiro sente uma força aparente que é para fora do centro da trajetória circular, ou para a direita na Figura 6.10b, na direção oposta àquela da aceleração.

Vamos abordar este fenômeno em relação às leis de Newton. Antes de o carro entrar na rampa, o passageiro está se movendo em uma trajetória em linha reta. Conforme o carro entra na rampa e percorre uma trajetória curva, o passageiro tende a se mover ao longo da trajetória em linha reta original, o que está de acordo com a Primeira Lei de Newton: a tendência natural de um objeto é continuar se movendo em uma linha reta. No entanto, se uma força suficientemente grande (na direção do centro da curvatura) atua sobre o passageiro, como na Figura 6.10c, este se move em uma trajetória curva junto com o carro. Esta é a força de atrito entre ele e o assento do carro. Se esta força não é grande o suficiente, o assento segue uma trajetória curva, enquanto o passageiro tende a continuar na trajetória em linha reta do carro antes deste começar a curva. Portanto, do ponto de vista de um observador no carro, o passageiro se encosta ou escorrega para a direita com relação ao assento. Eventualmente, ele encontra a porta, que proporciona uma força grande o suficiente para que ele siga a mesma trajetória curva que o carro.

Outra força fictícia interessante é a "Força de Coriolis". É uma força aparente causada pela mudança na posição radial de um corpo em um sistema de coordenadas giratório.

Por exemplo, suponha que você e um amigo estão em lados opostos de uma plataforma circular giratória, e você decide jogar uma bola de beisebol para ele. A Figura 6.11a representa o que um observador veria se a bola fosse vista enquanto ele está parado em repouso sobre a plataforma giratória. De acordo com este observador, que está em um sistema inercial, a bola segue uma linha reta conforme deveria, de acordo com a Primeira Lei de Newton. Em $t = 0$, você joga a bola na direção do seu amigo, mas no instante t_f, quando a bola cruzou a plataforma, seu amigo se moveu para uma nova posição e não consegue pegar a bola. Considere agora a situação do ponto de vista do seu amigo. Ele está em um sistema de referência não inercial, porque está sendo submetido a uma aceleração centrípeta com relação ao sistema inercial da superfície da Terra. Ele começa vendo a bola de beisebol vindo em sua direção, mas, quando cruza a plataforma, ela vira para um lado, como mostra a Figura 6.11b. Então, seu amigo na plataforma giratória afirma que a bola não obedece à Primeira Lei de Newton e que uma força de lado leva a bola a seguir uma trajetória curva. Esta força fictícia é chamada força de Coriolis.

Forças fictícias podem não ser forças reais, mas têm efeitos reais. Um objeto no painel *realmente* desliza se você pisar no acelerador do seu carro. Enquanto dá uma volta em um carrossel, você se sente empurrado para o lado de fora, como se fosse pela "força centrífuga" fictícia. Há probabilidade de você cair e se machucar devido à força de Coriolis se andar ao longo de uma linha radial enquanto um carrossel gira. Um dos autores fez isto e sofreu uma separação dos ligamentos das costelas quando caiu. A força de Coriolis, devido à rotação da Terra, é responsável por rotações de furacões e por correntezas oceânicas de grande escala.

***Teste Rápido* 6.3** Considere o passageiro do carro que faz uma curva para a esquerda na Figura 6.10. Que afirmativa sobre forças na direção horizontal é correta se ele está fazendo contato com a porta do lado direito? **(a)** O passageiro está em equilíbrio entre forças reais atuando para a direita e forças reais atuando para a esquerda. **(b)** O passageiro é submetido somente a forças reais atuando para a direita. **(c)** O passageiro é submetido somente a forças reais atuando para a esquerda. **(d)** Nenhuma destas afirmativas é verdadeira.

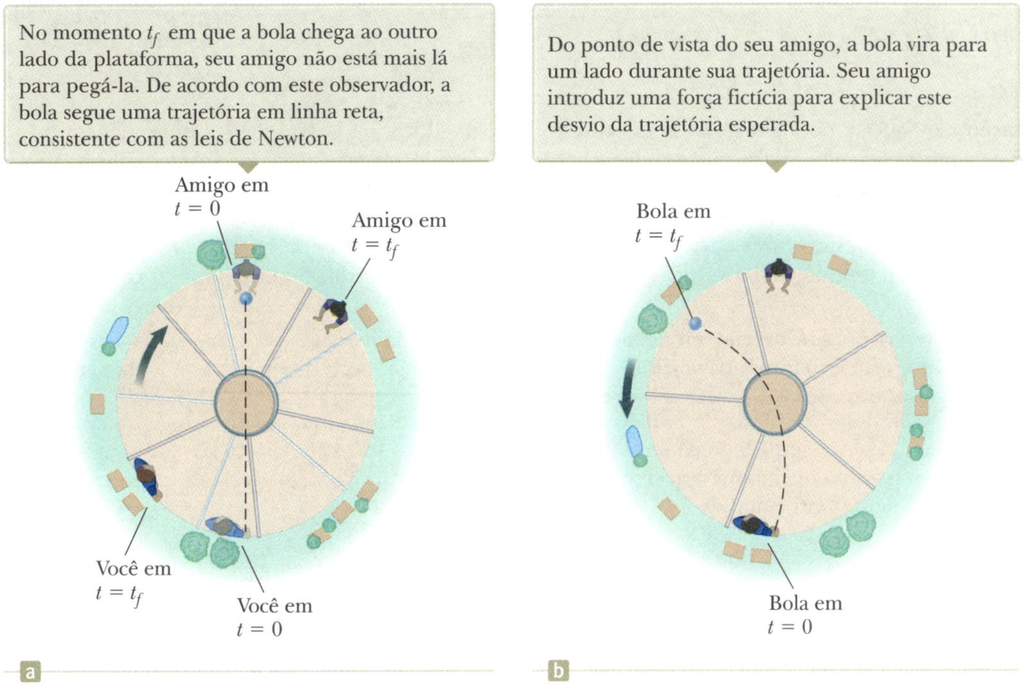

Figura 6.11 Você e seu amigo estão nos extremos de uma plataforma giratória circular. Você joga a bola em $t = 0$ na direção do seu amigo. **(a)** Uma vista de cima por alguém em um sistema de referência inercial preso à Terra. O solo parece estacionário, e a plataforma gira no sentido horário. **(b)** Uma vista de cima por alguém em um sistema de referência inercial preso à plataforma. A plataforma parece estacionária, e o solo gira no sentido anti-horário.

Exemplo 6.7 Forças fictícias em movimento linear MA

Uma pequena esfera de massa m está pendurada em uma corda do teto de um vagão fechado, que está acelerando para a direita, como mostra a Figura 6.12. Tanto o observador inercial no solo na Figura 6.12a quanto o observador não inercial no trem na Figura 6.12b concordam que a corda faz um ângulo θ com relação à vertical. O observador não inercial diz que uma força, que sabemos ser fictícia, causa o desvio da corda observado da vertical. Como o módulo desta força está relacionado com a aceleração do vagão medida pelo observador inercial na Figura 6.12a?

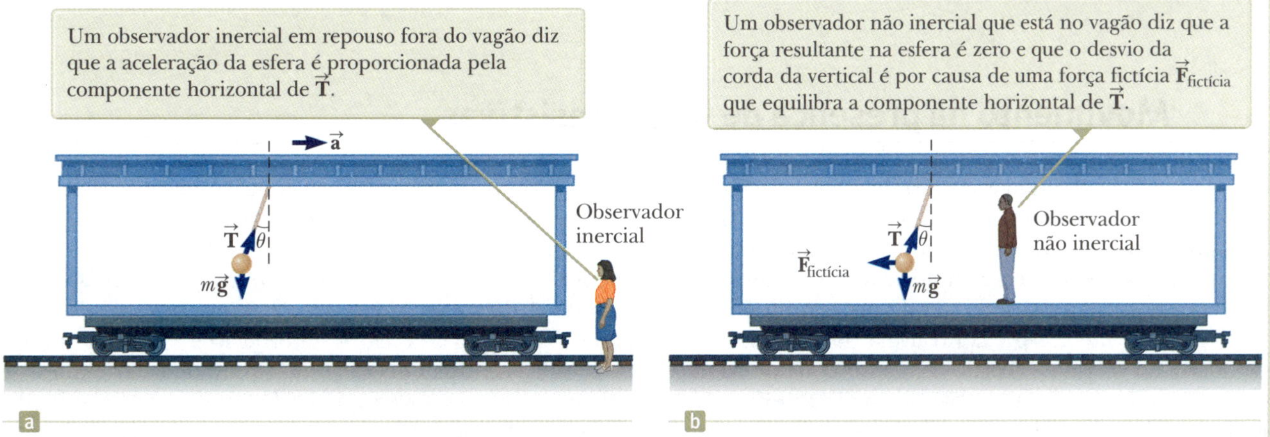

Figura 6.12 (Exemplo 6.7) Uma pequena esfera pendurada do teto de um vagão fechado acelerando para a direita é desviada como mostrado.

continua

6.7 *cont.*

SOLUÇÃO

Conceitualização Coloque-se no lugar de cada um dos dois observadores na Figura 6.12. Como o observador inercial no solo, você vê o vagão acelerando e sabe que o desvio da corda é devido a esta aceleração. Como o observador não inercial no vagão, imagine que você ignora quaisquer efeitos do movimento do trem, de modo que não sente a aceleração. Por isso, você diz que uma força está empurrando a esfera para os lados para causar o desvio da corda da vertical. Para tornar a conceitualização mais real, tente correr a partir do repouso enquanto segura um objeto pendurado em um barbante; note que o barbante está a um ângulo com a vertical enquanto você está acelerando, como se uma força estivesse empurrando o objeto para trás.

Categorização Para o observador inercial, modelamos a esfera como uma *partícula sob uma força resultante* na direção horizontal e como uma *partícula em equilíbrio* na vertical. Para o observador não inercial, a esfera é modelada como uma *partícula em equilíbrio* em ambas as direções.

Análise De acordo com o observador inercial em repouso (Fig. 6.12a), as forças na esfera são a $\vec{\mathbf{T}}$, exercida pela corda e a gravitacional. Este observador conclui que a aceleração da esfera é a mesma do vagão fechado e que esta aceleração é proporcionada pela componente horizontal de $\vec{\mathbf{T}}$.

Para este observador, aplique os modelos da partícula sob uma força líquida e partícula em equilíbrio:

$$\text{Observador inercial}\begin{cases}(1)\ \sum F_x = T\,\text{sen}\,\theta = ma\\(2)\ \sum F_y = T\cos\theta - mg = 0\end{cases}$$

De acordo com o observador não inercial no trem (Fig. 6.12b), a corda também faz um ângulo θ com a vertical; para ele, entretanto, a esfera está em repouso e, por isso, sua aceleração é zero. Portanto, o observador não inercial introduz uma força (que sabemos ser fictícia) na direção horizontal para equilibrar a componente horizontal de $\vec{\mathbf{T}}$ e diz que a força resultante na esfera é zero.

Aplique o modelo da partícula em equilíbrio para este observador em ambas as direções:

$$\text{Observador não inercial}\begin{cases}\sum F'_x = T\,\text{sen}\,\theta - F_{\text{fictícia}} = 0\\\sum F'_y = T\cos\theta - mg = 0\end{cases}$$

Estas expressões são equivalentes às Equações (1) e (2) se $F_{\text{fictícia}} = ma$, onde a é a aceleração de acordo com o observador inercial.

Finalização Se fizermos esta substituição na equação para a $\sum F'_x$ acima, obteremos os mesmos resultados matemáticos que o observador inercial. A interpretação física do desvio da corda, no entanto, difere nos dois sistemas de referência.

E SE? Suponha que o observador inercial queira medir a aceleração do trem por meio do pêndulo (a esfera pendurada na corda). Como ele poderia fazer isto?

Resposta Nossa intuição diz que o ângulo θ que a corda faz com a vertical deveria aumentar conforme a aceleração aumenta. Resolvendo as Equações (1) e (2) simultaneamente para a, descobrimos que $a = g\,\text{tg}\,\theta$. Então, o observador inercial pode determinar o módulo da aceleração do trem medindo o ângulo θ e usando esta relação. Como o desvio da corda na vertical serve como uma medida de aceleração, *um pêndulo simples pode ser usado como um acelerômetro.*

6.4 Movimento na presença de forças resistivas

No Capítulo 5, descrevemos a força de atrito cinética exercida sobre um corpo movendo-se em alguma superfície. Ignoramos completamente qualquer interação entre o corpo e o meio no qual ele se move. Considere agora o efeito daquele meio, que pode ser um líquido ou um gás. O meio exerce uma **força resistiva $\vec{\mathbf{R}}$** sobre o corpo se movendo nele. Alguns exemplos são a resistência do ar associada a veículos em movimento (às vezes chamada *força de arrasto*) e as forças viscosas que atuam sobre corpos se movendo por um líquido. O módulo de $\vec{\mathbf{R}}$ depende de fatores como a velocidade do corpo, e a direção de $\vec{\mathbf{R}}$ é sempre contrária à do movimento do corpo com relação ao meio. Esta direção pode ser a oposta à velocidade do corpo de acordo com o observador ou não. Por exemplo, se uma bola de gude é solta dentro de um vidro de xampu, ela se move para baixo e a força resistiva é para cima, resistindo a essa queda. Em contraste, imagine um momento no qual não há vento e você está olhando para uma bandeira pendurada frouxamente em um mastro. Quando uma brisa começa a soprar para a direita, a bandeira se move para a direita. Neste caso, a força de arrasto do ar em movimento sobre a bandeira é para a direita, e o movimento da bandeira em resposta também é, na *mesma* direção que a força de arrasto. Como o ar se move para a direita com relação à bandeira, a bandeira se move para a esquerda com relação ao ar. Então, a direção da força de arrasto é realmente oposta à do movimento da bandeira com relação ao ar!

O módulo da força resistiva pode depender da velocidade de maneira complexa, e aqui consideramos somente dois modelos simplificados. No primeiro, supomos que a força resistiva é proporcional à velocidade do corpo em movimento; este modelo é válido para corpos caindo lentamente por um líquido e para corpos muito pequenos, como partículas de poeira movimentando-se pelo ar. No segundo modelo, supomos uma força resistiva que é proporcional ao quadrado da velocidade do corpo em movimento; corpos grandes, como paraquedistas movendo-se pelo ar em queda livre, experimentam tal força.

Modelo 1: Força resistiva proporcional à velocidade do corpo

Se modelarmos a força resistiva atuando sobre um corpo movendo-se por um líquido ou gás como proporcional à velocidade do corpo, a força resistiva pode ser expressa como

$$\vec{\mathbf{R}} = -b\vec{\mathbf{v}} \quad (6.2)$$

onde b é uma constante cujo valor depende das propriedades do meio e da forma e dimensões do corpo, e $\vec{\mathbf{v}}$ é a velocidade do corpo relativa ao meio. O sinal negativo indica que $\vec{\mathbf{R}}$ está na direção oposta a $\vec{\mathbf{v}}$.

Considere uma pequena esfera de massa m solta do repouso em um líquido, como na Figura 6.13a. Supondo que as únicas forças atuando sobre a esfera são a força resistiva, $\vec{\mathbf{R}} = -b\vec{\mathbf{v}}$, e a gravitacional, $\vec{\mathbf{F}}_g$, vamos descrever seu movimento.[1] Modelamos a esfera como uma partícula sob uma força resultante. Aplicando a Segunda Lei de Newton ao movimento vertical da esfera, escolhendo a direção para baixo como positiva, obtemos

$$\sum F_y = ma \rightarrow mg - bv = ma \quad (6.3)$$

onde a aceleração da esfera é para baixo. Notando, assim, que a aceleração a é igual a dv/dt, resulta em

$$\frac{dv}{dt} = g - \frac{b}{m}v \quad (6.4)$$

Esta equação é chamada *equação diferencial,* e os métodos para resolvê-la podem ainda não ser conhecidos por você. Note, no entanto, que inicialmente, quando $v = 0$, o módulo da força resistiva também é zero, e a aceleração da esfera é simplesmente g. Conforme t aumenta, o módulo da força resistiva aumenta, e a aceleração diminui. A aceleração se aproxima de zero quando o módulo da força resistiva se aproxima do peso da esfera de modo que a força líquida na esfera é zero. Nesta situação, a velocidade da esfera se aproxima de sua **velocidade terminal** v_T.

Velocidade terminal ▶

A velocidade terminal é obtida a partir da Equação 6.4, tomando $dv/dt = 0$, que resulta em

$$mg - bv_T = 0 \quad \text{ou} \quad v_T = \frac{mg}{b} \quad (6.5)$$

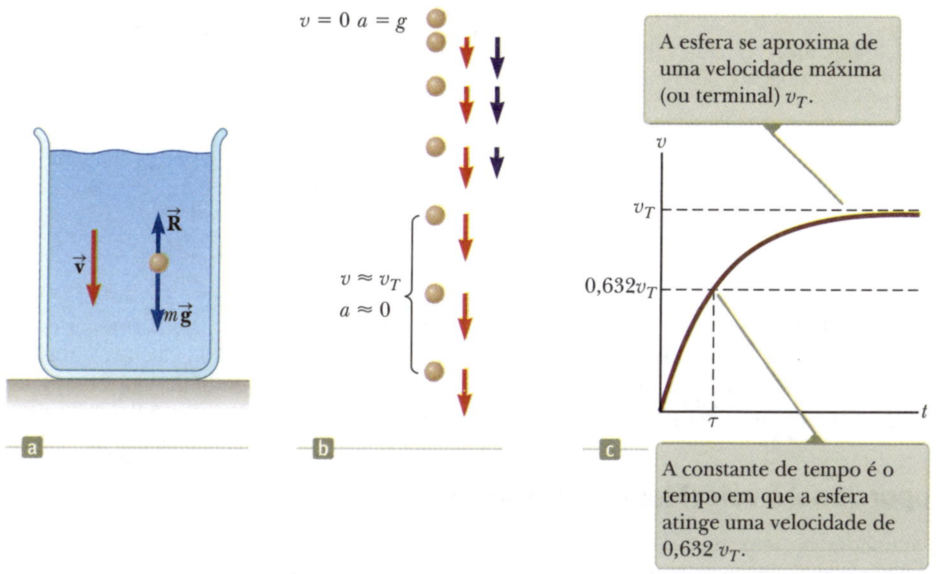

Figura 6.13 (a) Uma pequena esfera caindo por um líquido. (b) Um diagrama de movimento da esfera conforme ela cai. Vetores velocidade (vermelho) e vetores aceleração (violeta) são mostrados para cada imagem depois da primeira. (c) Um gráfico de velocidade-tempo para a esfera.

[1] O empuxo também está atuando sobre o corpo submerso. Esta força é constante, e seu módulo é igual ao peso do líquido deslocado. Esta força pode ser modelada modificando-se o peso aparente da esfera por um fator constante, então, aqui, vamos ignorar tal força. Discutiremos forças flutuantes no Capítulo 14 deste volume.

Como você pode ainda não estar totalmente familiarizado com equações diferenciais, não mostraremos os detalhes da solução que dá a expressão de v para todos os tempos t. Se $v = 0$ em $t = 0$, esta expressão é

$$v = \frac{mg}{b}(1 - e^{-bt/m}) = v_T(1 - e^{-t/\tau}) \qquad \textbf{(6.6)}$$

Esta função é traçada na Figura 6.13c. O símbolo e representa a base do logaritmo natural, e também é chamada *número de Euler:* $e = 2{,}71828$. A **constante de tempo** $\tau = m/b$ (letra grega tau) é o tempo no qual a esfera liberada do repouso em $t = 0$ atinge 63,2% de sua velocidade terminal; quando $t = \tau$, a Equação 6.5 resulta em $v = 0{,}632v_T$. O número 0,632 é $1 - e^{-1}$.

Podemos verificar que a Equação 6.6 é a solução para a 6.4 por meio de diferenciação direta:

$$\frac{dv}{dt} = \frac{d}{dt}\left[\frac{mg}{b}(1 - e^{-bt/m})\right] = \frac{mg}{b}\left(0 + \frac{b}{m}e^{-bt/m}\right) = ge^{-bt/m}$$

Ver Tabela B.4 no Apêndice B para a derivada de e elevada a alguma potência. Substituindo na Equação 6.4 tanto esta expressão para dv/dt quanto para v, dada pela Equação 6.6, observamos que nossa solução satisfaz a equação diferencial.

Exemplo 6.8 Esfera caindo em óleo MA

Uma pequena esfera de massa 2,00 g é liberada do repouso em uma vasilha grande cheia de óleo, onde ela experimenta uma força resistiva proporcional à sua velocidade. A esfera atinge uma velocidade terminal de 5,00 cm/s. Determine a constante de tempo τ e o instante em que a esfera atinge 90,0% de sua velocidade terminal.

SOLUÇÃO

Conceitualização Com a ajuda da Figura 6.13, imagine soltar a esfera no óleo e vê-la se movimentando até o fundo da vasilha. Se você tem algum xampu espesso em um vidro transparente, solte uma bola de gude dentro dele e observe seu movimento.

Categorização Modelamos a esfera como uma *partícula sob uma força resultante*, com uma das forças sendo uma resistiva que depende da velocidade da esfera. Este modelo leva ao resultado na Equação 6.5.

Análise A partir da Equação 6.5, obtenha o coeficiente b:

$$b = \frac{mg}{v_T}$$

Obtenha a constante de tempo τ:

$$\tau = \frac{m}{b} = m\left(\frac{v_T}{mg}\right) = \frac{v_T}{g}$$

Substitua os valores numéricos:

$$\tau = \frac{5{,}00 \text{ cm/s}}{980 \text{ cm/s}^2} = 5{,}10 \times 10^{-3} \text{s}$$

Encontre o momento t em que a esfera atinge uma velocidade de $0{,}900v_T$ estabelecendo $v = 0{,}900v_T$ na Equação 6.6 e resolvendo para t:

$$0{,}900v_T = v_T(1 - e^{-t/\tau})$$

$$1 - e^{-t/\tau} = 0{,}900$$

$$e^{-t/\tau} = 0{,}100$$

$$-\frac{t}{\tau} = \ln(0{,}100) = -2{,}30$$

$$t = 2{,}30\tau = 2{,}30(5{,}10 \times 10^{-3} \text{ s}) = 11{,}7 \times 10^{-3} \text{ s}$$

$$= 11{,}7 \text{ ms}$$

Finalização A esfera atinge 90,0% de sua velocidade terminal em um intervalo de tempo muito curto. Você também deve ter observado que este comportamento se realizou na atividade com o xampu e a bola de gude. Por causa do curto intervalo de tempo necessário para atingir a velocidade terminal, você pode nem tê-lo notado. A bola de gude pode ter dado a impressão de começar a se mover imediatamente pelo xampu com velocidade constante.

Modelo 2: Força resistiva proporcional à velocidade do corpo ao quadrado

Para corpos movendo-se em altas velocidades pelo ar, como aviões, paraquedistas, carros e bolas de beisebol, a força resistiva é razoavelmente bem modelada como proporcional ao quadrado da velocidade. Nestas situações, o módulo da força resistiva pode ser expressa por

$$R = \tfrac{1}{2}D\rho Av^2 \qquad \textbf{(6.7)}$$

onde D é uma quantidade empírica sem dimensões, chamada *coeficiente de resistência do ar (coeficiente de arrasto)*, ρ é a densidade do ar e A é a área da seção transversal do corpo em movimento medida em um plano perpendicular a sua velocidade. O coeficiente de arrasto tem valor de aproximadamente 0,5 para corpos esféricos, mas pode ter um valor tão grande quanto 2 para corpos de formas irregulares.

Vamos analisar o movimento de um corpo em queda, sujeito a uma força resistiva do ar para cima, de módulo $R = \frac{1}{2}D\rho A v^2$. Suponha que um corpo de massa m seja liberado do repouso. Como a Figura 6.14 mostra, o corpo experimenta duas forças externas:[2] a gravitacional para baixo $\vec{\mathbf{F}}_g = m\vec{\mathbf{g}}$, e a resistiva para cima $\vec{\mathbf{R}}$. Então, o módulo da força resultante é

$$\sum F = mg - \tfrac{1}{2}D\rho A v^2 \qquad \textbf{(6.8)}$$

onde tomamos a posição para baixo como sendo a direção vertical positiva. Ao modelar o objeto como uma partícula sob uma força resultante, com a força resultante dada pela Equação 6.8, descobrimos que o corpo tem uma aceleração para baixo de módulo

$$a = g - \left(\frac{D\rho A}{2m}\right)v^2 \qquad \textbf{(6.9)}$$

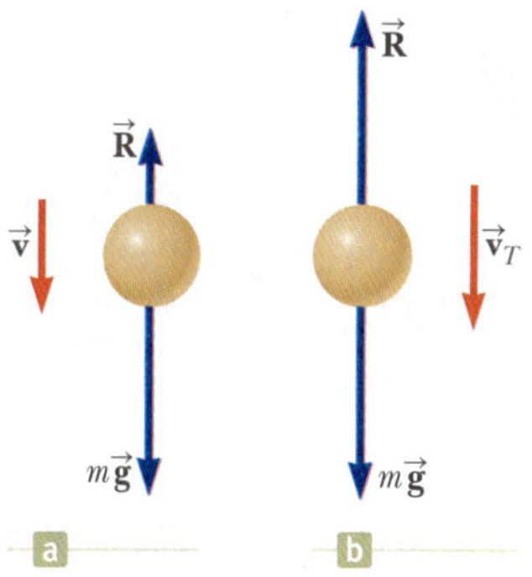

Figura 6.14 (a) Um corpo caindo pelo ar experimenta uma força resistiva $\vec{\mathbf{R}}$ e uma força gravitacional $\vec{\mathbf{F}}_g = m\vec{\mathbf{g}}$. (b) O corpo atinge velocidade terminal quando a força resultante atuando sobre ele é zero, isto é, quando $\vec{\mathbf{R}} = -\vec{\mathbf{F}}_g$ ou $R = mg$.

Podemos calcular a velocidade terminal v_T notando que, quando a força gravitacional é equilibrada pela resistiva, a força resultante sobre o corpo é zero e, então, sua aceleração é zero. Estabelecendo $a = 0$ na Equação 6.9, resulta em

$$g - \left(\frac{D\rho A}{2m}\right)v_T^2 = 0$$

então,

$$v_T = \sqrt{\frac{2mg}{D\rho A}} \qquad \textbf{(6.10)}$$

A Tabela 6.1 lista as velocidades terminais para vários objetos caindo pelo ar.

TABELA 6.1 *Velocidade terminal para vários objetos caindo no ar*

Objeto	**Massa (kg)**	**Área transversal (m²)**	**v_T (m/s)**
Paraquedista	75	0,70	60
Bola de beisebol (raio 3,7 cm)	0,145	$4{,}2 \times 10^{-3}$	43
Bola de golfe (raio 2,1 cm)	0,046	$1{,}4 \times 10^{-3}$	44
Pedra de granizo (raio 0,50 cm)	$4{,}8 \times 10^{-4}$	$7{,}9 \times 10^{-5}$	14
Pingo de chuva (raio 0,20 cm)	$3{,}4 \times 10^{-5}$	$1{,}3 \times 10^{-5}$	9,0

***Teste Rápido* 6.4** Duas bolas, de beisebol e de basquetebol, com a mesma massa, são jogadas para o ar a partir do repouso, de modo que a parte de baixo das duas está na mesma altura acima do chão, na ordem de 1 m ou mais. Qual delas atinge o chão primeiro? **(a)** A bola de beisebol. **(b)** A bola de basquetebol. **(c)** As duas atingem o chão no mesmo momento.

[2] Como no Modelo 1, também há um empuxo para cima que desprezamos.

Exemplo Conceitual 6.9 O surfista aéreo

Considere um surfista aéreo (Fig. 6.15) que salta de um avião com seus pés firmemente presos à prancha de surfe, faz algumas manobras e depois abre seu paraquedas. Descreva as forças atuando sobre ele durante estas manobras.

Oliver Furrer/Jupiter Images

Figura 6.15 (Exemplo Conceitual 6.9) Um surfista aéreo.

SOLUÇÃO

Quando o surfista sai do avião, ele não tem velocidade vertical. A força gravitacional para baixo causa a aceleração do surfista em direção ao solo. Conforme sua velocidade para baixo aumenta, a força resistiva para cima exercida pelo ar sobre seu corpo e sobre a prancha aumenta. Esta força para cima reduz a aceleração, e então a velocidade aumenta mais lentamente. Chegará um momento em que surfista e prancha estarão indo tão rapidamente que a força resistiva para cima corresponderá à força gravitacional para baixo. Agora, a força resultante é zero, e ambos não aceleram mais; em vez disto, atingem sua velocidade terminal. Em algum ponto após atingir a velocidade terminal, o surfista abre o paraquedas, o que resulta em um aumento drástico da força resistiva para cima. A força resultante (e, em consequência, a aceleração) é agora para cima, na direção oposta à direção da velocidade. A velocidade para baixo então diminui rapidamente, e a força resistiva no paraquedas também. Finalmente, a força resistiva para cima e a gravitacional para baixo equilibram uma à outra, novamente, e uma velocidade terminal menor é atingida, permitindo um pouso seguro.

Ao contrário do que se acredita, o vetor velocidade de um paraquedista nunca aponta para cima. Você pode ter visto um vídeo em que um paraquedista parece "voar" para cima depois que o paraquedas se abre. O que de fato acontece é que o paraquedista reduz sua velocidade, mas a pessoa segurando a câmera continua caindo em alta velocidade.

Exemplo 6.10 Filtros de café caindo MA

A dependência da força resistiva com o quadrado da velocidade é um modelo simplificado. Agora, vamos testar o modelo para uma situação específica. Imagine um experimento no qual jogamos uma série de filtros de café pregueados no formato de tigela e medimos suas velocidades terminais. A Tabela 6.2 apresenta dados sobre velocidade terminal típica de um experimento usando estes filtros de café enquanto caem pelo ar. A constante de tempo τ é pequena, então, um filtro jogado atinge a velocidade terminal rapidamente. Cada filtro tem massa de 1,64 g. Quando os filtros são encaixados, combinam-se de tal maneira que a área de superfície frontal não aumenta. Determine a relação entre a força resistiva exercida pelo ar e a velocidade dos filtros caindo.

SOLUÇÃO

Conceitualização Imagine jogar os filtros de café pelo ar. Se você tem alguns filtros de café, tente jogá-los. Por causa da massa relativamente pequena do filtro, você provavelmente não notará o intervalo de tempo durante o qual há uma aceleração. Vai parecer que eles caem com velocidade constante imediatamente depois de sair da sua mão.

Categorização Como um filtro se move com velocidade constante, o modelamos como uma *partícula em equilíbrio*.

Análise Na velocidade terminal, a força resistiva para cima sobre o filtro equilibra a força gravitacional, de modo que $R = mg$.

Obtenha o módulo da força resistiva:

$$R = mg = (1{,}64\ \text{g})\left(\frac{1\ \text{kg}}{1.000\ \text{g}}\right)(9{,}80\ \text{m/s}^2) = 0{,}0161\ \text{N}$$

Do mesmo modo, dois filtros colocados juntos experimentam 0,0322 N de força resistiva, e assim por diante. Estes valores de força resistiva são mostrados na última coluna à direita da Tabela 6.2. Um gráfico da força resistiva sobre os filtros como função da velocidade terminal é mostrado na Figura 6.16a. Uma linha reta não se encaixa bem, indicando que a força resistiva *não* é proporcional à velocidade. O comportamento é visto melhor na Figura 6.16b, onde a força resistiva é traçada como uma função do quadrado da velocidade terminal. Este gráfico indica que a força resistiva é proporcional ao *quadrado* da velocidade, como sugerido pela Equação 6.7.

6.10 *cont.*

Finalização Esta é uma boa oportunidade para você obter, em casa, alguns dados sobre filtros de café de verdade e ver se consegue reproduzir os resultados mostrados na Figura 6.16. Se você tem xampu e uma bola de gude, como mencionado no Exemplo 6.8, obtenha dados sobre este sistema também, e veja se a força resistiva é adequadamente modelada como proporcional à velocidade.

TABELA 6.2 *Velocidade terminal e força resistiva para filtros de café encaixados*

Número de Filtros	v_T (m/s)[a]	R (N)
1	1,01	0,0161
2	1,40	0,0322
3	1,63	0,0483
4	2,00	0,0644
5	2,25	0,0805
6	2,40	0,0966
7	2,57	0,1127
8	2,80	0,1288
9	3,05	0,1449
10	3,22	0,1610

[a]Todos os valores de v_T são aproximados.

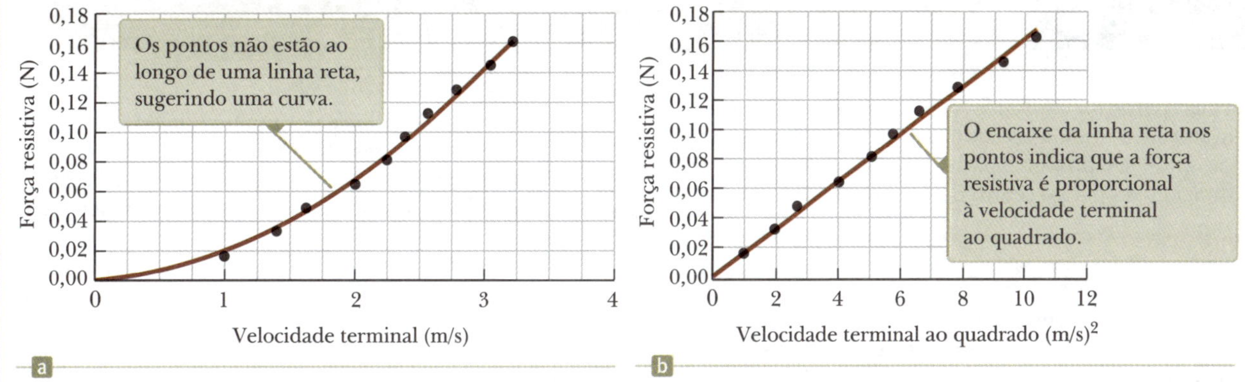

Figura 6.16 (Exemplo 6.10) (a) Relação entre a força resistiva atuando sobre filtros de café caindo e sua velocidade terminal. (b) Gráfico relacionando a força resistiva e o quadrado da velocidade terminal.

Exemplo 6.11 Força resistiva exercida sobre uma bola de beisebol MA

Um jogador arremessa uma bola de beisebol de 0,145 kg que passa pelo batedor a 40,2 m/s (= 90 mi/h). Encontre a força resistiva atuando sobre a bola nesta velocidade.

SOLUÇÃO

Conceitualização Este exemplo é diferente dos anteriores, porque, aqui, o objeto se move horizontalmente pelo ar, em vez de verticalmente sob a influência da gravidade e da força resistiva. A força resistiva faz a bola ir mais devagar, e a gravidade causa a curvatura da sua trajetória para baixo. Simplificamos a situação supondo que o vetor velocidade é exatamente horizontal no instante em que a bola está viajando a 40,2 m/s.

Categorização Em geral, a bola é uma *partícula sob uma força resultante*. Como estamos considerando somente um instante no tempo, no entanto, não estamos preocupados com a aceleração; então, o problema envolve somente encontrar o valor de uma das forças.

Análise Para determinar o coeficiente de arrasto D, imagine que jogamos a bola de beisebol e permitimos que ela atinja velocidade terminal. Resolva a Equação 6.10 para D:

$$D = \frac{2mg}{{v_T}^2 \rho A}$$

continua

6.11 *cont.*

Use este valor para D na Equação 6.7 para encontrar uma expressão para o módulo da força resistiva:

$$R = \frac{1}{2}D\rho A v^2 = \frac{1}{2}\left(\frac{2mg}{v_T^2\rho A}\right)\rho A v^2 = mg\left(\frac{v}{v_T}\right)^2$$

Substitua valores numéricos usando a velocidade terminal, a partir da Tabela 6.1:

$$R = (0{,}145\ \text{kg})(9{,}80\ \text{m/s}^2)\left(\frac{40{,}2\ \text{m/s}}{43\ \text{m/s}}\right)^2 = 1{,}2\ \text{N}$$

Finalização O módulo da força resistiva é semelhante ao peso da bola de beisebol, que é de aproximadamente 1,4 N. Então, a resistência do ar é responsável pelo movimento da bola, como evidenciado pela variedade de bolas curvas, que flutuam ou afundam, e outros tipos de lançamentos feitos pelos arremessadores de bolas de beisebol.

Resumo

Definições

Uma partícula movendo-se em movimento circular uniforme tem uma aceleração centrípeta; esta aceleração deve ser proporcionada por uma força resultante direcionada para o centro da trajetória circular.

Um observador em um sistema de referência não inercial (com aceleração) introduz **forças fictícias** quando se aplica a Segunda Lei de Newton naquele sistema.

Um corpo movendo-se por um líquido ou gás experimenta uma **força resistiva** dependente de velocidade. Esta força resistiva é na direção oposta àquela da velocidade do corpo relativo ao meio, e geralmente aumenta com a velocidade. O módulo da força resistiva depende do tamanho e do formato do corpo, e das propriedades do meio no qual o corpo se move. No caso limite para um corpo em queda, quando o módulo da força resistiva é igual ao peso do corpo, este atinge sua **velocidade terminal**.

Modelo de Análise para Resolução de Problemas

Partícula em movimento circular uniforme (Extensão) Com nosso novo conhecimento sobre forças, podemos estender o modelo de uma partícula em movimento circular uniforme, inicialmente apresentado no Capítulo 4. A Segunda Lei de Newton aplicada a uma partícula movendo-se em movimento circular uniforme diz que a força resultante levando a partícula a sofrer uma aceleração centrípeta (Eq. 4.14) é relacionada à aceleração de acordo com

$$\sum F = ma_c = m\frac{v^2}{r} \quad \textbf{(6.1)}$$

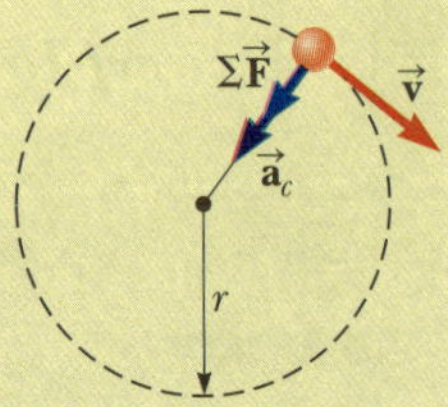

Perguntas Objetivas

1. Uma criança está treinando para uma corrida de BMX. Sua velocidade permanece constante enquanto ela segue em sentido anti-horário em uma pista com duas seções retas e duas quase semicirculares, como mostrado na vista aérea da Figura PO6.1. (a) Classifique os módulos da aceleração dela nos pontos *A, B, C, D* e *E* da maior para a menor. Se esta aceleração tem o mesmo valor em dois pontos, apresente este fato em sua classificação. Se a aceleração for zero, apresente este fato também. (b) Quais são as direções da velocidade dela nos pontos *A, B* e *C*? Para cada ponto, escolha um: norte, sul, leste, oeste ou não existente. (c) Quais são as direções da aceleração dela nos pontos A, *B* e C?

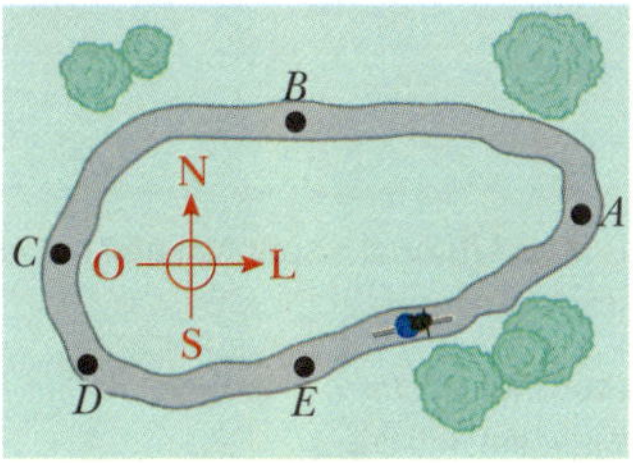

Figura PO6.1

2. Considere um paraquedista que pulou de um helicóptero e está caindo pelo ar. Antes de alcançar velocidade terminal, e bem antes de abrir seu paraquedas, sua velocidade (a) aumenta, (b) diminui ou (c) permanece constante?
3. Em um hospital, a porta tem um dispositivo pneumático de fechamento que a puxa de modo que a maçaneta se mova com velocidade constante pela maior parte de sua trajetória. Nesta parte do seu movimento, (a) a maçaneta experimenta uma aceleração centrípeta? (b) Ela experimenta uma aceleração tangencial?
4. Um pêndulo consiste em um pequeno objeto, chamado peso, pendurado em uma corda leve de comprimento fixo, com a parte superior da corda fixa, conforme representado na Figura PO6.4. O peso move-se sem atrito, balançando igualmente alto nos dois lados. Ele se move do seu ponto de virada *A* até o ponto *B* e atinge velocidade máxima no ponto *C*. (a) Destes pontos, há algum onde o peso tem acelerações radial não zero e tangencial zero? Se houver, que ponto é este? Qual é a direção de sua aceleração total neste ponto? (b) Destes pontos, há algum onde o peso tem acelerações tangencial não zero e radial zero? Se houver, que ponto é este? Qual é a direção de sua aceleração total neste ponto? (c) Há algum ponto onde o peso não tem aceleração? Se houver, que ponto é este? (d) Há algum ponto onde o peso tem aceleração radial e aceleração tangencial não zero? Se houver, que ponto é este? Qual é a direção de sua aceleração total neste ponto?

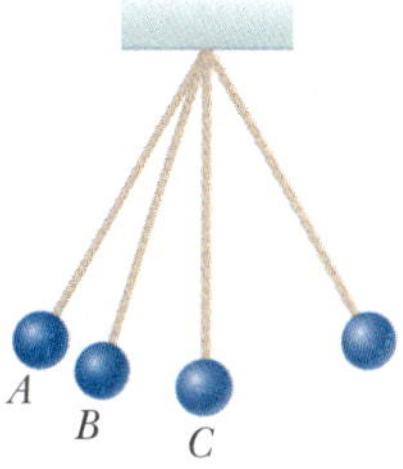

Figura PO6.4

5. Conforme um pingo de chuva cai pela atmosfera, sua velocidade inicialmente muda conforme ele cai em direção à Terra. Antes que o pingo de chuva atinja sua velocidade terminal, o módulo de sua aceleração (a) aumenta, (b) diminui, (c) permanece constante em zero, (d) permanece constante em 9,80 m/s^2 ou (e) permanece constante em algum outro valor?
6. A porta de um escritório é empurrada com força e se abre contra um dispositivo pneumático que a faz ir mais devagar e depois inverte seu movimento. No momento em que a porta está aberta ao máximo, (a) a maçaneta tem aceleração centrípeta? (b) Ela tem aceleração tangencial?
7. Já dentro do avião, mas antes de decolar, um estudante curioso balança um iPod pelo fio dos seus fones de ouvido. O iPod fica para baixo em linha reta enquanto o avião está em repouso à espera de decolar. O avião, então, ganha velocidade rapidamente enquanto se move pela pista. (**i**) Com relação à mão do estudante, o iPod (a) move-se para a frente do avião, (b) continua pendurado diretamente para baixo ou (c) move-se para a parte de trás do avião? (**ii**) A velocidade do avião aumenta com taxa constante por um intervalo de tempo de vários segundos. Durante este intervalo, o ângulo que os fones de ouvido fazem com a vertical (a) aumenta, (b) permanece constante ou (c) diminui?

Perguntas Conceituais

1. Que forças causam o movimento de (a) um automóvel, (b) um avião com hélice e (c) um barco a remo?
2. Um paraquedista caindo atinge velocidade terminal com seu paraquedas fechado. Depois que este é aberto, que parâmetros mudam para diminuir essa velocidade terminal?
3. Um corpo executa movimento circular com velocidade constante sempre que uma força resultante de módulo constante atua perpendicular à velocidade. O que acontece com a velocidade se a força não é perpendicular à velocidade?
4. Descreva a trajetória de um corpo em movimento no caso de (a) sua aceleração ser constante em módulo em todos os momentos e perpendicular à velocidade, e (b) sua aceleração ser constante em módulo em todos os momentos e paralela à velocidade.
5. O observador no elevador com aceleração do Exemplo 5.8 diria que o "peso" do peixe é *T*, a marcação da balança, mas esta resposta está errada, obviamente. Por que esta observação difere daquela de uma pessoa fora do elevador, em repouso com relação à Terra?
6. Se alguém dissesse a você que astronautas não têm peso em órbita porque estão fora do alcance da gravidade, aceitaria esta afirmativa? Explique.
7. Foi sugerido que cilindros rotatórios de aproximadamente 20 km de comprimento e 8 km de diâmetro sejam colocados no espaço e usados como colônias. O objetivo da rotação é simular a gravidade para os habitantes. Explique este conceito para produzir uma imitação eficaz de gravidade.
8. Considere dois pingos de chuva, um pequeno e um grande, caindo pela atmosfera. (a) Compare a velocidade terminal deles. (b) Quais são suas acelerações quando eles atingem velocidade terminal?
9. Por que um piloto tende a desmaiar quando sai de um mergulho íngreme?
10. Um balde de água pode ser girado em uma trajetória vertical de tal maneira que nenhuma água espirra para fora. Por que a água fica dentro do balde, mesmo quando o balde está acima da sua cabeça?
11. "Se a posição e velocidade atuais de cada partícula no Universo fossem conhecidas com as leis que descrevem as forças que as partículas exercem umas sobre as outras, o futuro do Universo poderia ser calculado. O futuro é determinado e preordenado. O livre-arbítrio é uma ilusão." Você concorda com esta tese? Argumente a favor ou contra.

Problemas

Enhanced WebAssign Os problemas que se encontram neste capítulo podem ser resolvidos *on-line* no Enhanced WebAssign (em inglês)

1. denota problema simples;

2. denota problema intermediário;

3. denota problema de desafio;

AMT *Analysis Model Tutorial* disponível no Enhanced WebAssign (em inglês);

M denota tutorial *Master It* disponível no Enhanced WebAssign (em inglês);

PD denota problema dirigido;

W solução em vídeo *Watch It* disponível no Enhanced WebAssign (em inglês).

Seção 6.1 Estendendo a partícula no modelo de movimento circular uniforme

1. AMT M Um barbante leve pode suportar uma carga pendurada estacionária de 25,0 kg antes de arrebentar. Um corpo de massa $m = 3{,}00$ kg preso ao barbante gira em uma mesa horizontal e sem atrito em um círculo de raio $r = 0{,}800$ m, e a outra ponta do barbante é mantida fixa, como na Figura P6.1. Que faixa de velocidades o corpo pode ter antes que o barbante arrebente?

Figura P6.1

2. Sempre que dois astronautas da *Apollo* estiveram na superfície da Lua, um terceiro orbitou a Lua. Suponha que a órbita seja circular e 100 km acima da superfície da Lua, onde a aceleração devido à gravidade é de 1,52 m/s^2. O raio da Lua é $1{,}70 \times 10^6$ m. Determine (a) a velocidade orbital do astronauta e (b) o período da órbita.

3. No modelo de Bohr do átomo de hidrogênio, um elétron move-se em uma trajetória circular ao redor de um próton. A velocidade do elétron é de aproximadamente $2{,}20 \times 10^6$ m/s. Encontre (a) a força atuando sobre o elétron enquanto ele gira em uma órbita circular de raio $0{,}530 \times 10^{-10}$ m e (b) a aceleração centrípeta do elétron.

4. Uma curva numa estrada faz parte de um círculo horizontal. Conforme o carro faz a curva com velocidade constante de 14,0 m/s, a força horizontal total sobre o motorista tem módulo 130 N. Qual é a força horizontal total sobre o motorista se a velocidade na mesma curva for 18,0 m/s?

5. Em um cíclotron (um tipo de acelerador de partículas), um dêuteron (de massa 2,00 u) atinge uma velocidade final de 10,0% da velocidade da luz enquanto se move em uma trajetória circular de raio 0,480 m. Que módulo de força magnética é necessária para manter o dêuteron em uma trajetória circular?

6. W Um carro viajando inicialmente para o leste vira para o norte, fazendo uma trajetória circular com velocidade uniforme, como mostra a Figura P6.6. O comprimento do arco *ABC* é 235 m, e o carro completa a volta em 36,0 s. (a) Qual é a aceleração quando o carro está em *B* localizado a um ângulo de 35,0°? Expresse sua resposta em termos de vetores unidade $\hat{\mathbf{i}}$ e $\hat{\mathbf{j}}$. Determine (b) a velocidade média do carro e (c) sua aceleração média durante o intervalo de 36,0s.

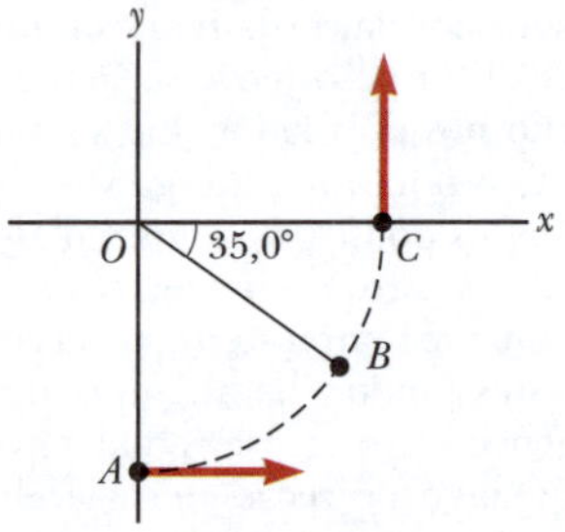

Figura P6.6

7. Uma estação espacial, em formato de uma roda com 120 m de diâmetro, gira para proporcionar uma "gravidade artificial" de 3,00 m/s^2 para pessoas que andam ao redor da parede interna do aro externo. Encontre a taxa de rotação, em revoluções por minuto, da roda que produz este efeito.

8. W Considere um pêndulo cônico (Fig. P6.8) com um peso de massa $m = 80{,}0$ kg em um barbante de comprimento $L = 10{,}0$ m que faz um ângulo de $\theta = 5{,}00°$ com a vertical. Determine (a) as componentes horizontal e vertical da força exercida pelo barbante sobre o pêndulo e (b) a aceleração radial do peso.

Figura P6.8

9. M Uma moeda colocada a 30,0 cm do centro de um prato giratório horizontal escorrega quando sua velocidade é 50,0 cm/s. (a) Que força causa a aceleração centrípeta quando a moeda está estacionária em relação ao prato? (b) Qual é o coeficiente de atrito estático entre a moeda e o prato?

10. *Por que a seguinte situação é impossível?* O corpo de massa $m = 4{,}00$ kg na Figura P6.10 é preso a uma haste vertical por dois barbantes de comprimento $\ell = 2{,}00$ m. Os barbantes são presos à haste em pontos com $d = 3{,}00$ m de distância entre eles. O corpo gira em um círculo horizontal com velocidade constante de $v = 3{,}00$ m/s, e os barbantes permanecem esticados. A haste gira

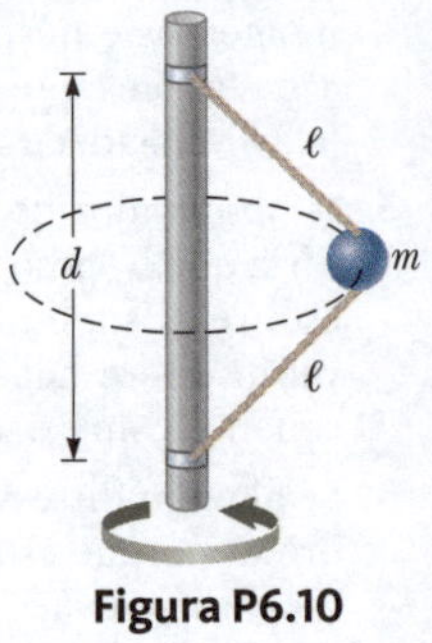

Figura P6.10

com o corpo, de modo que os barbantes não se enrolam na haste. **E se?** Esta situação seria possível em outro planeta?

11. **W** Uma caixa de ovos está localizada no meio da carroceria de um caminhão enquanto este faz uma curva em uma estrada plana. Pode-se considerar que a curva seja como o arco de círculo de raio 35,0 m. Se o coeficiente de atrito estático entre a caixa e o caminhão é de 0,600, com que velocidade o caminhão pode se mover sem que a caixa escorregue?

Seção 6.2 Movimento circular não uniforme

12. **W** Um balde de água é girado em um círculo vertical de raio 1,00 m. (a) Quais duas forças externas atuam sobre a água no balde? (b) Qual das duas forças é mais importante por fazer água se mover em um círculo? (c) Qual é a velocidade mínima do balde no topo do círculo se nenhuma água vai espirrar? (d) Suponha que o balde com a velocidade da parte (c) escapasse subitamente no topo do círculo. Descreva o movimento subsequente da água. Seria diferente do de um projétil?

13. Um falcão voa em um arco horizontal de raio 12,0 m com velocidade constante de 4,00 m/s. (a) Encontre sua aceleração centrípeta. (b) Ele continua a voar ao longo do mesmo arco horizontal, mas aumenta sua velocidade a uma taxa de 1,20 m/s^2. Encontre a aceleração (módulo e direção) nesta situação no momento em que a velocidade do falcão é 4,00 m/s.

14. **M** Uma criança de 40,0 kg brinca em um balanço suportado por duas correntes, cada uma com 3,00 m de comprimento. A tensão no ponto mais baixo de cada corrente é 350 N. Encontre (a) a velocidade da criança no ponto mais baixo e (b) a força exercida pelo assento sobre a criança no ponto mais baixo. (Despreze a massa do assento.)

15. Uma criança de massa m brinca em um balanço suportado por duas correntes, cada uma de comprimento R. Se a tensão em cada corrente no ponto mais baixo é T, encontre (a) a velocidade da criança no ponto mais baixo e (b) a força exercida pelo assento sobre a criança no ponto mais baixo. Despreze a massa do assento.

16. **AMT** **W** Um carrinho de montanha-russa (Fig. P6.16) tem massa de 500 kg quando está totalmente carregado com passageiros. A trajetória da montanha-russa do seu ponto inicial, mostrado na Figura, ao ponto Ⓑ, envolve somente movimento para cima e para baixo (como visto pelos passageiros), sem movimento para a esquerda ou direita. (a) Se o veículo tem uma velocidade de 20,0 m/s no ponto Ⓐ, qual é a força exercida pela pista sobre o carro neste ponto? (b) Qual é a velocidade máxima que o veículo pode ter no ponto Ⓑ e ainda permanecer nos trilhos? Suponha que os trilhos da montanha-russa nos pontos Ⓐ e Ⓑ sejam partes de círculos verticais de raio $r_1 = 10,0$ m e $r_2 = 15,0$ m, respectivamente.

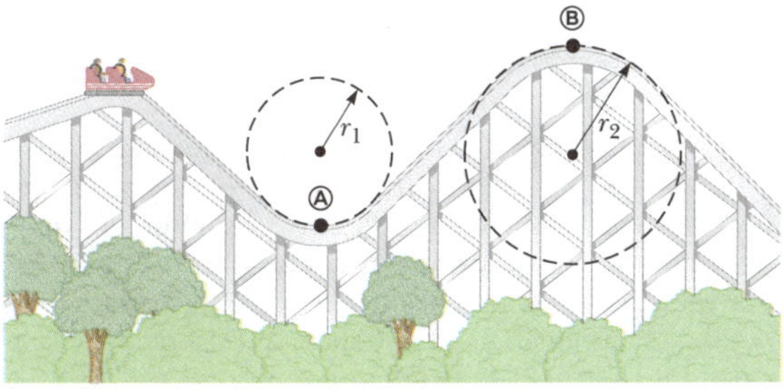

Figura P6.16 Problemas 16 e 38.

17. Uma montanha-russa no parque de diversões incorpora algumas tecnologias inteligentes e um pouco de Física Básica. Cada giro vertical, em vez de ser circular, tem formato de gota virada para cima (Fig. P6.17). Os carros correm na parte de dentro do giro no topo, e as velocidades são rápidas o suficiente para garantir que os carros permaneçam nos trilhos. O maior giro tem 40,0 m de altura. Suponha que a velocidade no topo seja de 13,0 m/s e a aceleração centrípeta dos passageiros seja correspondente a $2g$. (a) Qual é o raio do arco no topo da gota? (b) Se a massa total do carro com os passageiros é M, que força os trilhos exercem sobre o carro no topo? (c) Suponha que a montanha-russa tivesse um giro circular de raio 20,0 m. Se os carros têm a mesma velocidade, 13,0 m/s no topo, qual é a aceleração centrípeta dos passageiros no topo? (d) Faça comentários sobre a força normal no topo da situação descrita na parte (c) e sobre as vantagens de ter *giros* em formato de gota.

Racheal Grazias/Shutterstock

Figura P6.17

18. A ponta de uma corda está fixa, e um pequeno corpo de 0,500 kg é preso à outra ponta, que balança em uma seção de um círculo vertical de raio 2,00 m, como mostrado na Figura P6.18. Quando $\theta = 20,0°$, a velocidade do corpo é 8,00 m/s. Neste instante, encontre (a) a tensão no barbante, (b) as componentes tangencial e radial da aceleração e (c) a aceleração total. (d) Sua resposta seria diferente se o corpo balançasse para baixo em direção a seu ponto mais baixo, em vez de para cima? (e) Explique sua resposta para a parte (d).

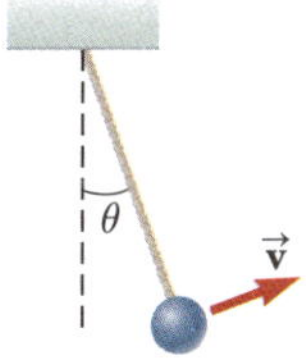

Figura P6.18

19. Um arqueólogo aventureiro ($m = 85,0$ kg) tenta atravessar um rio pendurado em um cipó. O cipó tem 10,0 m de comprimento, e sua velocidade no ponto mais baixo do salto é 8,00 m/s. O arqueólogo não sabe que o cipó tem uma força de ruptura de 1.000 N. Ele consegue atravessar o rio sem cair?

Seção 6.3 Movimento em referenciais acelerados

20. Um corpo de massa $m = 5,00$ kg preso a uma balança de mola repousa em uma superfície horizontal sem atrito, como mostra a Figura P6.20. A balança de mola, presa à ponta do vagão, marca zero quando o vagão está em repouso. (a) Determine a aceleração do vagão se a balança de mola tem marcação constante de 18,0 N quando ele está em movimento. (b) Que marcação constante a balança terá se o vagão se movimenta com velocidade constante? Descreva as forças sobre o corpo como observado: (c) por alguém no vagão e (d) por alguém em repouso fora do vagão.

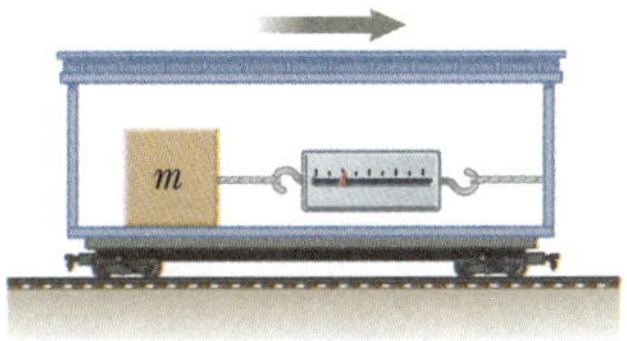

Figura P6.20

21. M Um corpo de massa $m = 0{,}500$ kg é suspenso do teto de um caminhão em aceleração, como mostrado na Figura P6.21. Considerando $a = 3{,}00$ m/s^2, encontre (a) o ângulo θ que o barbante faz com a vertical e (b) a tensão T no barbante.

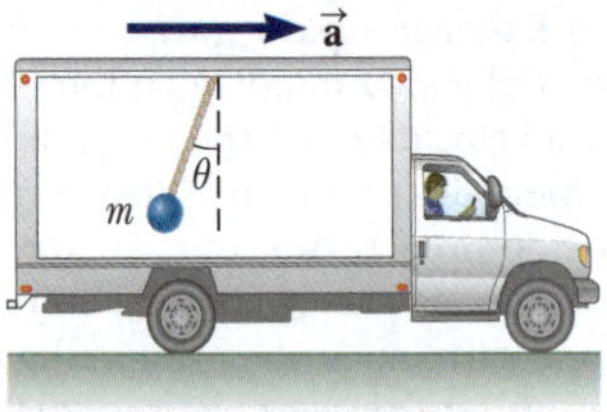

Figura P6.21

22. Uma criança deitada de costas experimenta tensão de 55,0 N nos músculos dos dois lados de seu pescoço quando levanta a cabeça para olhar além dos dedos dos pés. Mais tarde, deslizando os pés primeiro numa lâmina de água com velocidade terminal 5,70 m/s e andando no alto de uma parede externa de curva horizontal de raio 2,40 m, ela levanta a cabeça novamente para olhar para a frente, além dos dedos dos pés. Encontre a tensão nos músculos dos dois lados do pescoço enquanto ela está deslizando.

23. M Uma pessoa fica sobre uma balança em um elevador. Quando o elevador começa a se mover, a balança tem marcação constante de 591 N. Quando, mais tarde, o elevador para, a balança marca 391 N. Supondo que o módulo da aceleração é o mesmo durante o começo e o final do movimento, determine (a) o peso da pessoa, (b) a massa da pessoa e (c) a aceleração do elevador.

24. **Revisão.** Uma estudante e sua mochila, no chão próxima a ela, estão em um elevador que está acelerando para cima com aceleração a. A estudante dá um chute em sua mochila em $t = 0$, dando a ela uma velocidade v e fazendo com que escorregue pelo piso do elevador. No instante t, a mochila bate na parede oposta a uma distância L distante da estudante. Encontre o coeficiente de atrito cinético μ_c entre a mochila e o piso do elevador.

25. Um pequeno vasilhame de água é colocado em um prato em um forno de micro-ondas, a um raio de 12,0 cm do centro. O prato gira constantemente, fazendo uma revolução a cada 7,25 s. Que ângulo a superfície da água faz com a horizontal?

Seção 6.4 Movimento na presença de forças resistivas

26. **Revisão.** (a) Estime a velocidade terminal de uma esfera de madeira (densidade 0,830 g/cm^3) caindo pelo ar, considerando seu raio como 8,00 cm e seu coeficiente de resistência do ar como 0,500. (b) De que altura um corpo em queda livre atinge esta velocidade na ausência de resistência do ar?

27. A massa de um carro esporte é 1.200 kg. O formato da carroceria é tal que o coeficiente aerodinâmico de arrasto é 0,250 e a área frontal é 2,20 m^2. Desprezando todas as outras fontes de atrito, calcule a aceleração inicial que o carro tem se viajar a 100 km/h e, então, é colocado em ponto neutro e desliza livremente.

28. Um paraquedista de massa 80,0 kg salta de uma aeronave que se movimenta lentamente e atinge velocidade terminal de 50,0 m/s. (a) Qual é sua aceleração quando a velocidade é 30,0 m/s? Qual é a força de arrasto sobre o paraquedista quando a velocidade é (b) 50,0 m/s e (c) 30,0 m/s?

29. Calcule a força necessária para puxar uma bola de cobre de raio 2,00 cm para cima em um fluido com velocidade constante 9,00 cm/s. Considere a força de arrasto, com proporcionalidade constante 0,950 kg/s. Despreze o empuxo.

30. W Um pedaço pequeno de isopor para embalagem é jogado de uma altura de 2,00 m acima do chão. Até que atinja sua velocidade terminal, o módulo de sua aceleração é dado por $a = g - Bv$. Após cair por 0,500 m, o isopor efetivamente atinge a velocidade terminal, e depois leva mais 5,00 s para chegar ao chão. (a) Qual é o valor da constante B? (b) Qual é a aceleração em $t = 0$? (c) Qual é a aceleração quando a velocidade é 0,150 m/s?

31. M Uma conta pequena e esférica de massa 3,00 g é solta do repouso em $t = 0$ de um ponto sob a superfície de um líquido viscoso. A velocidade terminal é observada como sendo de $v_T = 2{,}00$ cm/s. Encontre (a) o valor da constante b que aparece na Equação 6.2, (b) o tempo t quando a conta atinge $0{,}632v_T$ e (c) o valor da força resistiva quando a conta atinge velocidade terminal.

32. Em grandes jogos da liga de beisebol, é comum aparecer a velocidade de cada arremesso no placar. Esta velocidade é determinada por uma pistola de radar apontada por um operador posicionado atrás da placa do rebatedor. A pistola usa o Efeito Doppler de micro-ondas refletidas da bola de beisebol. A pistola determina a velocidade em algum ponto específico na trajetória da bola de beisebol, dependendo de quando o operador puxa o gatilho. Como a bola é sujeita a uma força de arrasto proporcional ao quadrado de sua velocidade, dado por $R = kmv^2$, ela viaja mais devagar à medida que percorre 18,3 m na direção da placa de acordo com a fórmula $v = v_i e^{-kx}$. Suponha que a bola sai da mão do arremessador a 90,0 mi/h = 40,2 m/s. Despreze seu movimento vertical. Use o cálculo de R para a bola de beisebol do Exemplo 6.11 para determinar a velocidade do arremesso quando a bola passa pela placa.

33. Suponha que a força resistiva atuando sobre um patinador velocista seja proporcional ao quadrado da velocidade do patinador v e dada por $f = -kmv^2$, onde k é uma constante e m, a massa do patinador. O patinador cruza a linha de chegada de uma corrida em linha reta com velocidade v_i e então reduz a velocidade, deslizando em seus patins. Mostre que a velocidade do patinador em qualquer instante t após cruzar a linha de chegada é $v(t) = v_i/(1 + ktv_i)$.

34. AMT **Revisão.** Um lavador de janelas puxa um rodo de borracha para baixo em uma janela vertical muito alta. O rodo tem massa 160 g e é montado na ponta de uma haste leve. O coeficiente de atrito cinético entre o rodo e o vidro seco é 0,900. O lavador de janelas aperta o rodo contra a janela com uma força com componente horizontal de 4,00 N. (a) Se ele puxar o rodo para baixo na janela com velocidade constante, que componente da força vertical ele deve exercer? (b) O lavador de janelas aumenta a componente da força para baixo em 25,0%, enquanto todas as outras forças permanecem iguais. Encontre a aceleração do rodo nesta situação. (c) O rodo é movido em uma porção molhada da janela, onde seu movimento é resistido por uma força de arrasto fluida R proporcional à sua velocidade de acordo com $R = -20{,}0v$, onde R é dado em newtons e v em metros por segundo. Encontre a velocidade terminal que o rodo alcança, supondo que o lavador de janelas exerça a mesma força descrita na parte (b).

35. O motor de um barco para quando sua velocidade é 10,0 m/s, e depois vai para o repouso em ponto morto. A equação descrevendo o movimento do barco a motor durante este período é $v = v_i e^{-ct}$, onde v é a velocidade no instante t, v_i é a velocidade inicial em $t = 0$ e c é uma constante. Em $t = 20{,}0$ s, a velocidade é 5,00 m/s. (a) Encontre a constante c. (b) Qual é a velocidade em $t = 40{,}0$ s? (c) Diferencie a expressão para $v(t)$ e mostre, assim, que a aceleração do barco é proporcional à velocidade em qualquer instante.

36. Você pode sentir uma força de arrasto do ar na mão se esticar o braço para fora de uma janela em um carro em velocidade. *Observação:* Não faça nada que o coloque em perigo. Qual é a ordem de grandeza desta força? Em sua solução, mencione as quantidades que usou para medir ou estimar seus valores.

Problemas Adicionais

37. Um carro viaja em sentido horário com velocidade constante ao redor de uma seção circular de uma estrada horizontal, como mostrado na vista aérea da Figura P6.37. Encontre as direções de sua velocidade e aceleração na (a) posição Ⓐ e (b) posição Ⓑ.

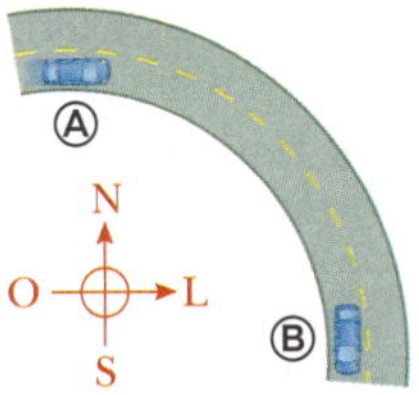

Figura P6.37

38. A massa de um carrinho de montanha-russa, incluindo seus passageiros, é 500 kg. Sua velocidade no ponto mais baixo dos trilhos na Figura P6.16 é 19 m/s. O raio desta seção do trilho é $r_1 = 25$ m. Encontre a força que o assento de um carro da montanha-russa exerce sobre um passageiro de 50 kg no ponto mais baixo.

39. Um barbante sob uma tensão de 50,0 N é usado para girar uma pedra em um círculo horizontal de raio 2,50 m a uma velocidade de 20,4 m/s em uma superfície sem atrito, como mostra a Figura P6.39. Conforme o barbante é puxado para baixo, a velocidade da pedra aumenta. Quando o barbante na mesa está com 1,00 m de comprimento e a velocidade da pedra é 51,0 m/s, o barbante arrebenta. Qual é a força de ruptura do barbante, em newtons?

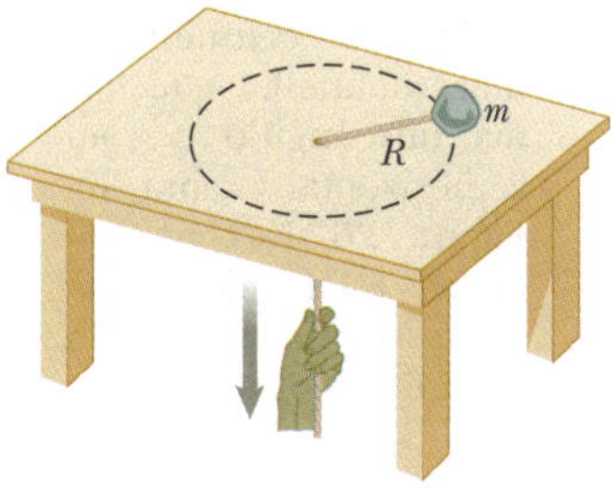

Figura P6.39

40. Perturbado por carros passando em velocidade do lado de fora do seu escritório, o prêmio Nobel Arthur Holly Compton criou uma lombada de velocidade (chamada lombada Holly) e providenciou sua instalação. Suponha que um carro de 1.800 kg passe sobre uma lombada em uma estrada que segue o arco de um círculo de raio 20,4 m, como mostrado na Figura P6.40. (a) Se o carro viaja a 30,0 km/h, que força a estrada exerce sobre ele enquanto passa pelo ponto mais alto da lombada? (b) **E se?** Qual é a velocidade máxima que o carro pode ter sem perder contato com a estrada enquanto passa por este ponto mais alto?

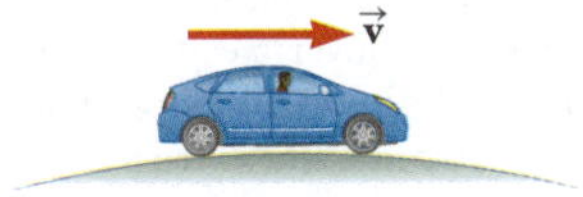

Figura P6.40
Problemas 40 e 41.

41. Um carro de massa m passa sobre uma lombada em uma estrada que segue o arco de um círculo de raio R, como mostrado na Figura P6.40. (a) Se o carro viaja a uma velocidade v, que força a estrada exerce sobre ele enquanto passa pelo ponto mais alto da lombada? (b) **E se?** Qual é a velocidade máxima que o carro pode ter sem perder contato com a estrada enquanto passa por este ponto mais alto?

42. O brinquedo de uma criança consiste em um pequeno calço que tem ângulo agudo θ (Fig. P6.42). O lado inclinado do calço é livre de atrito, e um objeto de massa m sobre ele permanece em altura constante se o calço é girado com certa velocidade constante. O calço é girado pela rotação de uma haste vertical que está firmemente presa ao calço na parte inferior, como em um eixo. Mostre que, quando o corpo está em repouso em um ponto a uma distância L subindo o calço, a velocidade do corpo será $v = (gL\text{sen}\ \theta)^{1/2}$.

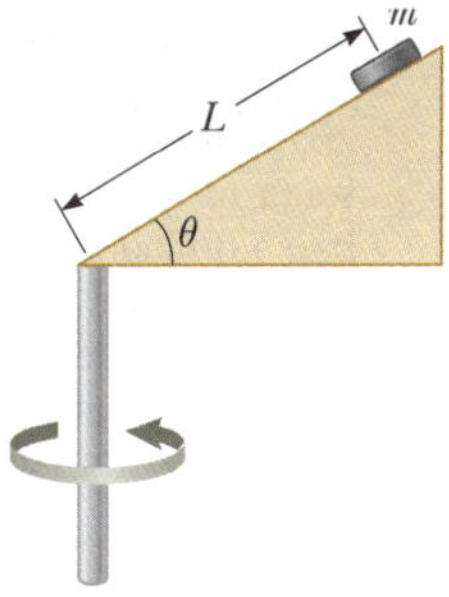

Figura P6.42

43. Um hidroavião de massa total m aterrissa em um lago com velocidade inicial $v_i\hat{\mathbf{i}}$. A única força horizontal sobre ele é a resistiva da água em seus flutuadores. A força resistiva é proporcional à velocidade do hidroavião: $\vec{\mathbf{R}} = -b\vec{\mathbf{v}}$. A Segunda Lei de Newton aplicada ao avião é $-bv\hat{\mathbf{i}} = m(dv/dt)\hat{\mathbf{i}}$. A partir do teorema fundamental do cálculo, esta equação diferencial significa que a velocidade muda de acordo com

$$\int_{v_i}^{v} \frac{dv}{v} = -\frac{b}{m}\int_0^t dt$$

(a) Efetue a integração para determinar a velocidade do hidroavião como função do tempo. (b) Desenhe um gráfico da velocidade como função do tempo. (c) O hidroavião para completamente após um intervalo de tempo finito? (d) O hidroavião percorre uma distância finita quando está parando?

44. **W** Um corpo de massa $m_1 = 4{,}00$ kg é amarrado a um corpo de massa $m_2 = 3{,}00$ kg e com um barbante (1) de comprimento $\ell = 0{,}500$ m. A combinação é balançada em uma trajetória vertical circular em um segundo barbante (2), de comprimento $\ell = 0{,}500$ m. Durante o movimento, os dois barbantes ficam colineares em todos os momentos, como mostra a Figura P6.44. No topo do seu movimento, m_2 está movendo-se com $v = 4{,}00$ m/s. (a) Qual é a tensão no barbante (1) neste instante? (b) Qual é a tensão no barbante (2) neste instante? (c) Qual barbante vai arrebentar primeiro se a combinação for girada cada vez mais rápido?

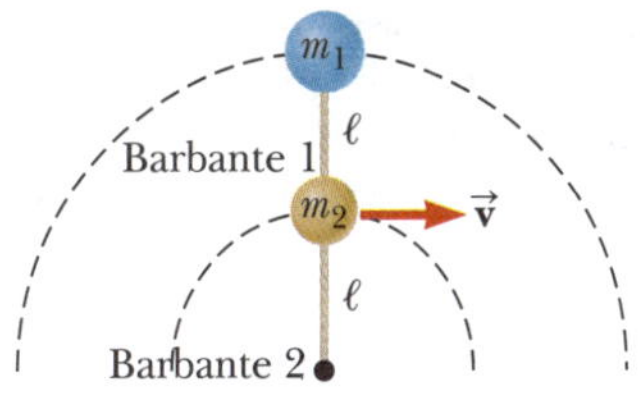

Figura P6.44

45. Uma bola de massa $m = 0{,}275$ kg gira em uma trajetória circular vertical em um barbante com comprimento $L = 0{,}850$ m, como na Figura P6.45.(a) Quais são as forças atuando sobre a bola em qualquer ponto da trajetória? (b) Desenhe diagramas de força para a bola quando ela está na parte de baixo do círculo e quando está no topo. (c) Se a velocidade dela é 5,20 m/s no topo do círculo, qual é a tensão no barbante ali? (d) Se o barbante arrebenta quando sua tensão excede 22,5 N, qual é a velocidade máxima que a bola pode ter no ponto mínimo antes de isto acontecer?

Figura P6.45

46. *Por que a seguinte situação é impossível?* Uma criança travessa vai a um parque de diversões com a família. Em um brinquedo, depois de levar uma bronca da mãe, ela escorrega do assento e sobe para o topo da estrutura do brinquedo, que tem forma de cone com eixo vertical e lados inclinados que fazem um ângulo de $\theta = 20°$ com a horizontal, como mostrado na Figura P6.46. Esta parte da estrutura gira sobre o eixo central vertical quando o brinquedo é operado. A criança senta na superfície inclinada em um ponto $d = 5{,}32$ m para baixo do lado inclinado do centro do cone e faz biquinho. O coeficiente de atrito estático entre a criança e o cone é 0,700. O operador do brinquedo não nota que a criança saiu do seu assento e então continua operando-o. Como resultado, sentada, a criança bicuda gira em uma trajetória circular a uma velocidade de 3,75 m/s.

Figura P6.46

47. (a) Uma esteira de bagagens em um aeroporto tem a forma da seção de um grande cone girando regularmente sobre seu eixo vertical. Sua superfície metálica inclina-se para baixo na direção externa, formando um ângulo de 20,0° com a horizontal. Uma mala de viagem de massa 30,0 kg é colocada na esteira em uma posição 7,46 m medida horizontalmente a partir do eixo de rotação. A mala faz uma volta em 38,0 s. Calcule a força de atrito estática exercida pela esteira sobre a mala. (b) O motor é mudado para que a esteira siga com maior taxa de rotação constante, e a mala é sacudida para outra posição, 7,94 m a partir do eixo de rotação. Fazendo uma volta a cada 34,0 s, a mala está prestes a escorregar pela superfície inclinada. Calcule o coeficiente de atrito estático entre a mala e a esteira.

48. Em uma secadora de roupas doméstica, um tubo cilíndrico contendo roupas molhadas é girado regularmente sobre um eixo horizontal, como mostrado na Figura P6.48. Para que as roupas sequem uniformemente, elas tombam. A taxa de rotação do tubo de paredes planas é escolhida de modo que uma pequena peça de roupa perderá contato com o tubo quando estiver a um ângulo de $\theta = 68{,}0°$ acima da horizontal. Se o raio do tubo é $r = 0{,}330$ m, que taxa de revolução é necessária?

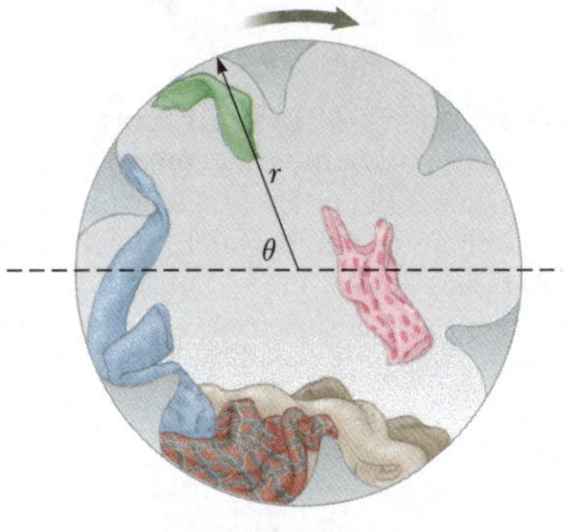

Figura P6.48

49. Interprete o gráfico na Figura 6.16(b), que descreve os resultados para os filtros de café caindo, discutido no Exemplo 6.10. Proceda da seguinte maneira: (a) Encontre a inclinação da linha reta, incluindo suas unidades. (b) Da Equação 6.6, $R = \frac{1}{2}D\rho A v^2$, identifique a inclinação teórica de um gráfico de força resistiva *versus* a velocidade ao quadrado. (c) Estabeleça as inclinações experimental e teórica como iguais uma à outra e então calcule o coeficiente de resistência do ar dos filtros. Modele a área transversal dos filtros como sendo um círculo de raio 10,5 cm e considere a densidade do ar como 1,20 kg/m³. (d) Escolha arbitrariamente o oitavo ponto de dados no gráfico e encontre sua separação vertical da linha de melhor adequação. Expresse este espalhamento como uma porcentagem. (e) Em um parágrafo curto, diga o que o gráfico demonstra e compare isso com a previsão teórica. Você precisa fazer referência às quantidades traçadas nos eixos, à forma da linha do gráfico, aos pontos de dados e aos resultados das partes (c) e (d).

50. Uma pia ao redor de um cano de esgoto tem a forma de um cone circular abrindo para cima, formando um ângulo de 35,0° com a horizontal em todos os pontos. Um cubo de gelo de 25,0 g é posto para escorregar ao redor do cone sem atrito em um círculo horizontal de raio R. (a) Encontre a velocidade que o cubo de gelo deve ter como uma função de R. (b) Algum dado é desnecessário para a solução? Suponha que R seja duas vezes maior. (c) A velocidade necessária aumenta, diminui ou permanece constante? Se mudar, isto deve-se a qual fator? (d) O tempo necessário para cada revolução aumenta, diminui ou permanece constante? Se mudar, isto deve-se a qual fator? (e) As respostas para as partes (c) e (d) parecem contraditórias? Explique.

51. Um caminhão sobe com aceleração constante a uma montanha que forma um ângulo ϕ com a horizontal, como na Figura P6.51. Uma pequena esfera de massa m é suspensa do teto do caminhão por uma corda leve. Se o pêndulo formar um ângulo constante θ com a perpendicular ao teto, qual é o valor de a?

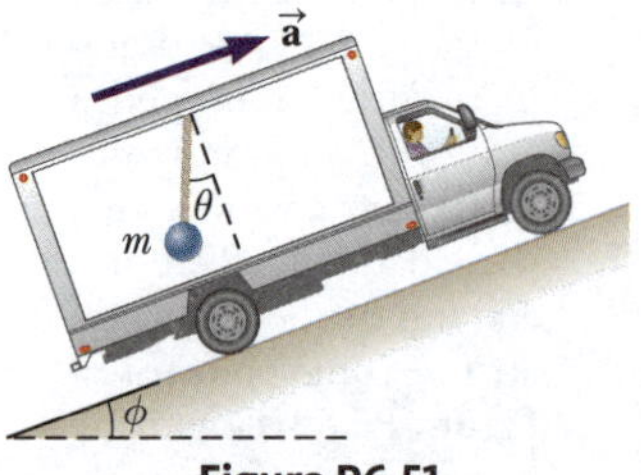

Figura P6.51

52. O piloto de um avião executa uma manobra de *giro a giro* em um círculo vertical. A velocidade do avião é 300 mi/h no topo do giro e 450 mi/h na parte de baixo, e o raio do círculo é 1.200 pés. (a) Qual é o peso aparente do piloto no ponto mais baixo se seu peso verdadeiro é 160 lb? (b) Qual é seu peso aparente no ponto mais alto? (c) **E se?** Descreva como o piloto poderia experimentar falta de peso se tanto o raio quanto a velocidade podem ser variados. *Observação:* Seu peso aparente é igual ao módulo da força exercida pelo assento sobre seu corpo.

53. **Revisão.** Aprendendo a dirigir, você está em um carro de 1.200 kg movendo-se a 20,0 m/s por um estacionamento grande e vazio. Você nota subitamente que está indo em direção a um muro de tijolos na lateral de um supermercado, e que corre risco de bater. O calçamento pode exercer uma força horizontal máxima de 7.000 N sobre o carro. (a) Explique por que você deveria esperar que a força tivesse um valor máximo bem definido. (b) Suponha que você aplique os freios e não vire o volante. Encontre a distância mínima a que deve estar do muro para evitar uma colisão. (c) Se você não freia, mas mantém a velocidade constante e vira o volante, a que distância mínima deve estar do muro para evitar uma colisão? (d) Dos dois métodos nas partes (b) e (c), qual é o melhor para evitar uma colisão? Ou você deveria usar tanto os freios quanto o volante, ou nenhum dos dois? Explique.

(e) A conclusão na parte (d) depende dos valores numéricos dados neste problema, ou é verdadeira em geral? Explique.

54. Um disco de massa m_1 é amarrado a um barbante e girado em um círculo de raio R em uma mesa horizontal e sem atrito. A outra ponta do barbante passa por um pequeno buraco no centro da mesa, e um corpo de massa m_2 é amarrado a ele (Fig. P6.54). O corpo suspenso permanece em equilíbrio enquanto o disco em cima da mesa gira. Encontre expressões simbólicas para (a) a tensão no barbante, (b) a força radial atuando sobre o disco e (c) a velocidade do disco. (d) Descreva qualitativamente o que acontecerá com o movimento do disco se o valor de m_2 for aumentado pela colocação de uma pequena carga adicional. (e) Descreva qualitativamente o que acontecerá com o movimento do disco se o valor de m_2 for diminuído pela remoção de uma parte da carga pendurada.

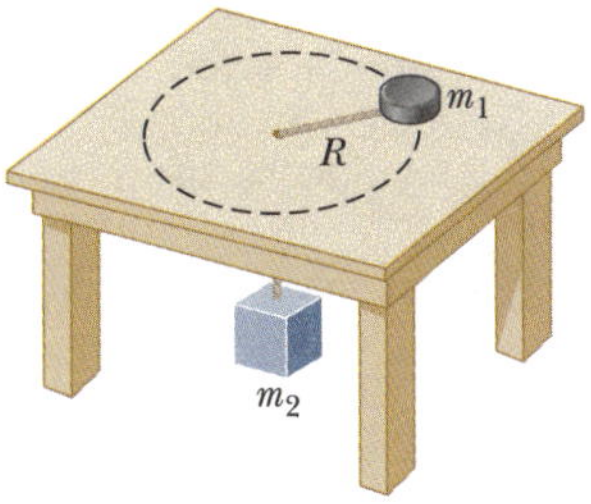

Figura P6.54

55. M Como a Terra gira sobre seu eixo, um ponto no equador experimenta uma aceleração centrípeta de 0,0337 m/s², enquanto um ponto nos polos não experimenta nenhuma aceleração centrípeta. Se uma pessoa no equador tem massa de 75,0 kg, calcule (a) a força gravitacional (peso verdadeiro) sobre a pessoa e (b) a força normal (peso aparente) sobre a pessoa. (c) Qual força é maior? Suponha que a Terra seja uma esfera uniforme e considere $g = 9{,}800$ m/s².

56. Galileu pensou que a definição de aceleração deveria ser dada como a taxa de variação da velocidade com o tempo, ou como a taxa de variação da velocidade com a distância. Ele escolheu a primeira. Então, vamos usar o nome "vroomosidade" para a taxa de variação de velocidade com a distância. Para o movimento de uma partícula em linha reta com aceleração constante, a equação $v = v_i + at$ dá sua velocidade v como uma função de tempo. Do mesmo modo, para o movimento linear de uma partícula com "vroomosidade" constante k, a equação $v = v_i + kx$ dá a velocidade como uma função da posição x se a velocidade da partícula é v_i em $x = 0$. (a) Encontre a lei que descreve a força total atuando neste corpo de massa m. (b) Descreva um exemplo de tal movimento ou explique por que é irreal. Considere (c) a possibilidade de k positivo e (d) a de k negativo.

57. AMT W A Figura P6.57 mostra a fotografia de um brinquedo de balanço em um parque de diversões. A estrutura consiste em uma plataforma horizontal, giratória e circular de diâmetro D de onde assentos de massa m são suspensos da ponta de correntes sem massa de comprimento d. Quando o sistema gira com velocidade constante, as correntes giram para fora e formam um ângulo θ com a vertical. Considere uma volta neste brinquedo com os seguintes parâmetros: $D = 8{,}00$ m, $d = 2{,}50$ m, $m = 10{,}0$ kg e $\theta = 28{,}0°$. (a) Qual é a velocidade de cada assento? (b) Desenhe um diagrama de forças atuando numa combinação de um assento e uma criança de 40,0 kg e (c) encontre a tensão na corrente.

Stuart Gregory/Getty Images

Figura P6.57

58. PD **Revisão.** Um pedaço de massa aderente é inicialmente localizado em um ponto A no aro de uma roda de moagem girando com velocidade angular constante sobre um eixo horizontal. A massa aderente é deslocada do ponto A quando o diâmetro através dele é horizontal. Ela então sobe verticalmente e retorna para A no instante em que a roda completa uma revolução. Com estas informações, queremos encontrar a velocidade v da massa quando ela deixa a roda e a força que a segura na roda. (a) Que modelo de análise é adequado para o movimento da massa enquanto ela sobe e desce? (b) Use este modelo para achar uma expressão simbólica para o intervalo de tempo entre quando a massa sai do ponto A e quando chega de volta, em termos de v e g. (c) Qual é o modelo de análise adequado para descrever o ponto A na roda? (d) Encontre o período do movimento do ponto A em termos da velocidade tangencial v e o raio R da roda. (e) Estabeleça o intervalo de tempo da parte (b) igual ao período da parte (d) e resolva para a velocidade v da massa quando ela deixa a roda. (f) Se a massa da massa aderente é m, qual é o módulo da força que segura a massa contra a roda antes que ela seja solta?

59. Um brinquedo em um parque de diversões consiste em um cilindro vertical muito grande que gira sobre seu eixo com velocidade suficiente para que qualquer pessoa dentro do cilindro seja mantida contra a parede quando o chão desaparece (Fig. P6.59). O coeficiente de atrito estático entre pessoa e parede é μ_e, e o raio do cilindro é R. (a) Mostre que o período máximo de revolução necessário para evitar que a pessoa caia é $T = (4\pi^2 R\mu_e/g)^{1/2}$. (b) Se a taxa de revolução do cilindro for um pouco maior, o que acontece com o módulo de cada uma das forças atuando sobre a pessoa? O que acontece com o movimento da pessoa? (c) Se a taxa de revolução do cilindro for um pouco menor, o que acontece com o módulo de cada uma das forças atuando sobre a pessoa? Como o movimento da pessoa muda?

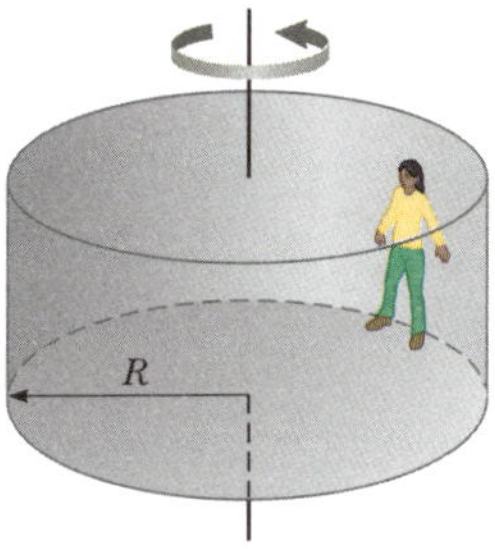

Figura P6.59

60. Membros de um clube de paraquedismo receberam os dados abaixo para usar no planejamento de seus saltos. Na tabela, d é a distância que um paraquedista percorre do repouso em uma "posição espalhada estável em queda livre" *versus* o tempo de queda t. (a) Converta as distâncias de pés para metros. (b) Faça o gráfico d (em metros) *versus* t. (c) Determine o valor da velocidade terminal v_T encontrando a inclinação da parte reta da curva. Use um ajuste de mínimos quadrados para determinar esta inclinação.

t (s)	*d* (pés)	*t* (s)	*d* (pés)	*t* (s)	*d* (pés)
0	0	7	652	14	1.831
1	16	8	808	15	2.005
2	62	9	971	16	2.179
3	138	10	1.138	17	2.353
4	242	11	1.309	18	2.527
5	366	12	1.483	19	2.701
6	504	13	1.657	20	2.875

61. Um carro faz uma curva com inclinação como discutido no Exemplo 6.4 e mostrado na Figura 6.5. O raio de curvatura da estrada é R, o ângulo de inclinação é θ, e o coeficiente de atrito estático é μ_e. (a) Determine a faixa das velocidades que o carro pode ter sem derrapar para cima ou para baixo na estrada. (b) Encontre o valor mínimo para μ_e de modo que a velocidade mínima seja zero.

62. W No Exemplo 6.5, investigamos as forças que uma criança experimenta em uma roda-gigante. Suponha que os dados no exemplo se apliquem a este problema. Que força (módulo e direção) o assento exerce em uma criança de 40,0 kg quando ela está no meio do caminho entre a parte superior e a inferior?

63. M Um aeromodelo de massa 0,750 kg voa com uma velocidade de 35,0 m/s em um círculo horizontal na ponta de um fio de controle de 60,0 m de comprimento, como mostrado na Figura P6.63a. As forças exercidas sobre o avião são mostradas na Figura P6.63b: a tensão no fio de controle, a força gravitacional e o levantamento aerodinâmico que atuam em $\theta = 20{,}0°$ para dentro desde a vertical. Obtenha a tensão no fio, supondo que ela forme um ângulo constante de $\theta = 20{,}0°$ com a horizontal.

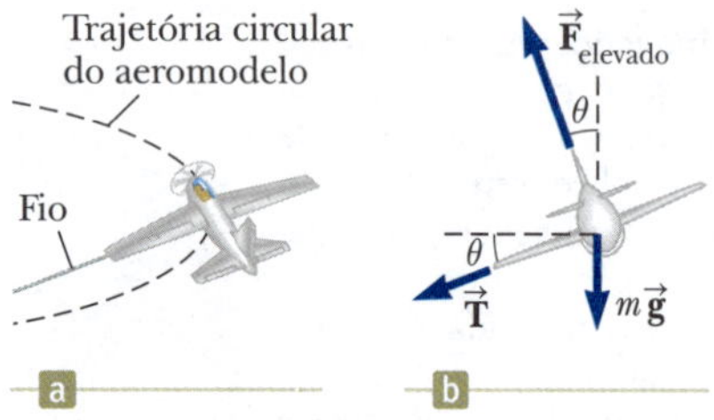

Figura P6.63

64. Uma estudante constrói e calibra um acelerômetro e o utiliza para determinar a velocidade de seu carro na curva de uma estrada, sem banco. O acelerômetro é um prumo com um transferidor que ela conecta ao teto de seu carro. Um amigo dirigindo o carro juntamente com a estudante observa que o prumo inclina em um ângulo de 15,0° a partir da vertical quando o carro tem uma velocidade de 23,0 m/s. (a) Qual é a aceleração centrípeta do carro ao longo da curva? (b) Qual é o raio da curva? (c) Qual é a velocidade do carro se a deflexão for 9,00° enquanto percorre a mesma curva?

Problemas de Desafio

65. Um corpo de 9,00 kg, começando do repouso, cai por um meio viscoso e experimenta uma força resistiva dada pela Equação 6.2. O corpo atinge metade de sua velocidade terminal em 5,54 s. (a) Determine a velocidade terminal. (b) Em que momento a velocidade do corpo é três quartos da velocidade terminal? (c) Que distância o corpo percorreu nos primeiros 5,54 s do movimento?

66. Para $t < 0$, um corpo de massa m não experimenta nenhuma força e se move na direção positiva de x com uma velocidade constante v_i. Começando em $t = 0$, quando o corpo passa pela posição $x = 0$, ele experimenta uma força resistiva resultante proporcional ao quadrado de sua velocidade: $\vec{F}_r = -mkv^2\hat{i}$, onde k é uma constante. A velocidade do corpo após $t = 0$ é dada por $v = v_i/(1 + kv_it)$. (a) Encontre a posição x do corpo como função do tempo. (b) Encontre a velocidade do corpo como uma função da posição.

67. Um jogador de golfe bate a bola de uma localização precisamente em $\phi_i = 35{,}0°$ latitude norte. Ele bate a bola para o sul, com alcance de 285 m. A velocidade inicial da bola é de 48,0° acima da horizontal. Suponha que a resistência do ar seja desprezível para a bola de golfe. (a) Por quanto tempo a bola fica em voo? O buraco é para o sul da localização do jogador, e ele teria um buraco em um se a Terra não estivesse girando. A rotação da Terra faz o pino se mover em um círculo de raio R_T cos $\phi_i = (6{,}37 \times 10^6$ m) cos 35,0°, como mostrado na Figura P6.67. O pino completa uma revolução por dia. (b) Encontre a velocidade para o leste do pino com relação às estrelas. O buraco também se move para o leste, mas está 285 m mais ao sul e, portanto, a uma latitude um pouco mais baixa, ϕ_f. Como o buraco se move em um círculo um pouco maior, sua velocidade deve ser maior que aquela do pino. (c) Em quanto a velocidade do buraco excede a do pino? Durante o intervalo de tempo em que a bola está em voo, ela se move para cima e para baixo, bem como para o sul com o movimento de projétil que você estudou no Capítulo 4, mas também se move para o leste com a velocidade que você encontrou na parte (b). No entanto, o buraco se move para o leste com velocidade maior, indo para diante da bola com a velocidade relativa maior que você encontrou na parte (c). (d) A que distância para o oeste do buraco a bola pousa?

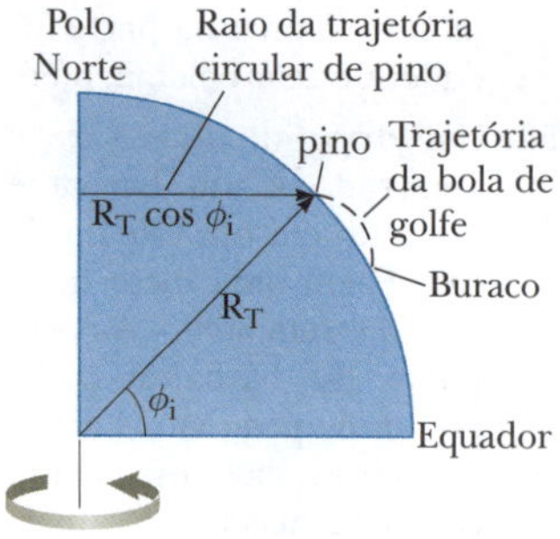

Figura P6.67

68. Uma única conta com atrito desprezível em um fio retesado foi curvada em um giro circular de raio 15,0 cm, como mostrado na Figura P6.68. O círculo sempre está em um plano vertical e gira regularmente sobre seu diâmetro vertical com um período de 0,450 s. A posição da conta é descrita pelo ângulo θ que a linha radial, do centro do giro até a conta, forma com a vertical. (a) Em que ângulo para cima da parte mais baixa do círculo a conta pode ficar sem movimento com relação ao círculo girando? (b) **E se?** Repita o problema, desta vez considerando o período da rotação do círculo como 0,850 s. (c) Descreva como a solução para a parte (b) é diferente daquela para a parte (a). (d) Para qualquer período ou tamanho de giro, há sempre um ângulo no qual a conta pode ficar imóvel em relação ao giro? (e) Há mais de dois ângulos em algum momento? Arnold Arons deu a ideia para este problema.

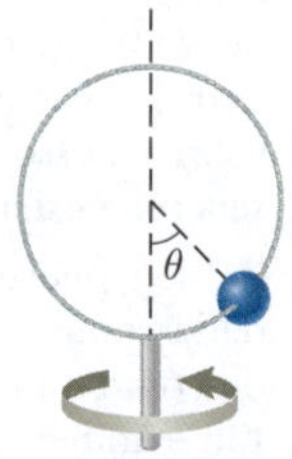

Figura P6.68

69. A expressão $F = arv + br^2v^2$ dá o módulo da força resistiva (em newtons) exercida sobre uma esfera de raio r (em metros) por um fluxo de ar movendo-se com velocidade v (em metros por segundo), onde a e b são constantes com unidades adequadas no SI. Seus valores numéricos são $a = 3{,}10 \times 10^{-4}$ e $b = 0{,}870$. Usando esta expressão, encontre a velocidade terminal para gotículas de água caindo sob seu próprio peso no ar, considerando os seguintes valores para o raio das gotículas: (a) 10,0 μm, (b) 100 μm, (c) 1,00 mm. Para as partes (a) e (c), você pode obter respostas precisas sem resolver uma equação quadrática, considerando qual das duas contribuições à resistência do ar é dominante e ignorando a contribuição menor.

70. Por causa da rotação da Terra, um peso de chumbo não fica pendurado exatamente ao longo de uma linha direcionada ao centro da Terra. Qual o desvio do peso de chumbo de uma linha radial na latitude 35,0° norte? Suponha que a Terra seja esférica.

capítulo

7

Energia de um sistema

Em uma usina eólica, o ar em movimento realiza trabalho nas pás dos moinhos de vento e também no rotor de um gerador elétrico, fazendo-as girarem. A energia é transferida do sistema do moinho de vento por meio de eletricidade. © *fokke baarssen/Shutterstock.*

As definições de quantidades, tais como posição, velocidade, aceleração e força, e os princípios associados, tais como a Segunda Lei de Newton, permitem resolver uma variedade de problemas. Alguns problemas, que poderiam teoricamente ser resolvidos com as leis de Newton, entretanto, são muito difíceis na prática, mas podem se tornar muito simples com uma abordagem diferente. Aqui e nos capítulos seguintes, investigaremos essa abordagem, que incluirá definições de quantidades com as quais você pode não estar familiarizado. Outras quantidades podem ser conhecidas, mas ter significados mais específicos na Física do que na rotina cotidiana. Começamos esta discussão explorando a noção de *energia*.

O conceito de energia é um dos mais importantes tópicos da Ciência e da Engenharia. Na vida cotidiana, pensamos em energia em termos de combustível para o transporte e o aquecimento, eletricidade para luzes e aparelhos, e alimentos para consumo. Essas ideias, entretanto, não definem verdadeiramente este termo. Elas meramente nos dizem que combustíveis são necessários para realizar um trabalho e que nos fornecem algo que chamamos de energia.

A energia está presente no Universo em várias formas. *Todo* processo físico que ocorre no Universo envolve energia e transferências desta ou suas transformações. Infelizmente, apesar de sua extrema importância, energia não é um termo que possa ser facilmente definido. As variáveis nos capítulos anteriores eram relativamente concretas; temos experiência cotidiana com velocidades e forças, por exemplo. Embora tenhamos *experiências* com energia, como ficar sem gasolina ou sem fornecimento de energia elétrica após uma violenta tempestade, a *noção* de energia é mais abstrata.

O conceito de energia pode ser aplicado a sistemas mecânicos sem recorrer às leis de Newton. Além disso, a abordagem da energia nos permite entender os fenômenos térmicos e elétricos que abordaremos nos capítulos posteriores deste livro em termos dos mesmos modelos que desenvolveremos aqui em nosso estudo de mecânica.

Nossos modelos de análise apresentados nos capítulos anteriores eram baseados no movimento de uma *partícula* ou de um corpo, que podia ser considerado uma partícula. Começamos nossa nova abordagem concentrando a atenção em um novo modelo de simplificação, *sistema* e modelos de análise baseados no modelo de um sistema. Esses modelos de análise serão formalmente apresentados no Capítulo 8 deste volume. Neste, apresentaremos três maneiras de armazenar energia em um sistema.

7.1 Sistemas e ambientes

No modelo de sistema, concentramos a atenção em uma pequena porção do Universo – o **sistema** –, e ignoramos seus detalhes fora do sistema. Uma habilidade crítica para a aplicação deste modelo a problemas é a *identificação do sistema*. Um sistema válido

- pode ser um corpo ou partícula única
- pode ser uma coleção de corpos ou partículas
- pode ser uma região do espaço (tal como o interior do cilindro de combustão do motor de um automóvel)
- pode variar com o tempo em tamanho e formato (tal como uma bola de borracha, que se deforma ao bater em uma parede)

Prevenção de Armadilhas 7.1

Identificar o sistema

A *primeira* e mais importante etapa a seguir para a resolução de problemas, utilizando a abordagem de energia, é identificar o sistema de interesse apropriado.

Identificar a necessidade de uma abordagem de sistema para resolver um problema (em oposição à abordagem da partícula) é parte da etapa de Categorização na Estratégia Geral de Resolução de Problemas definida no Capítulo 2. Identificar o sistema específico é a segunda parte desta etapa.

Não importa qual seja o sistema específico em determinado problema, identificamos uma **fronteira do sistema**, uma superfície imaginária (não necessariamente coincidindo com uma superfície física) que divide o Universo dentro do sistema e o **ambiente** no entorno dele.

Como exemplo, imagine uma força aplicada a um corpo no espaço vazio. Podemos definir o corpo como o sistema, e sua superfície como a fronteira do sistema. A força aplicada nele é uma influência sobre o sistema do ambiente que age por meio da fronteira do sistema. Veremos como analisar esta situação a partir de uma abordagem de sistema em uma seção subsequente deste capítulo.

Outro exemplo foi visto no Exemplo 5.10, em que o sistema pode ser definido como a combinação da bola, do bloco e da corda. A influência do ambiente inclui as forças gravitacionais na bola e no bloco, as forças normal e de atrito no bloco e a exercida pela polia na corda. As forças exercidas pela corda na bola e no bloco são internas ao sistema e, portanto, não são incluídas como uma influência do ambiente.

Há vários mecanismos pelos quais um sistema pode ser influenciado por seu ambiente. O primeiro que devemos investigar é *o trabalho*.

a b c

Figura 7.1 Um apagador sendo empurrado ao longo da bandeja de um quadro-negro por uma força que age em diferentes ângulos em relação à direção horizontal.

7.2 Trabalho realizado por uma força constante

Quase todos os termos que utilizamos até agora – velocidade, aceleração, força, e assim por diante – trazem um significado similar na Física ao que têm na vida cotidiana. Agora, entretanto, defrontamo-nos com um termo cujo significado é distintamente diferente na Física e no dia a dia: trabalho.

Para entender o que o trabalho, como uma influência em um sistema, significa para o físico, considere a situação ilustrada na Figura 7.1. Uma força $\vec{\mathbf{F}}$ é aplicada a um apagador de quadro-negro, que identificamos como o sistema, e o apagador desliza ao longo da bandeja. Se quisermos saber qual a eficácia da força em mover o apagador, devemos considerar não apenas o módulo da força, mas também sua direção. Observe que o dedo na Figura 7.1 aplica forças em três direções diferentes no apagador. Considerando que o módulo da força aplicada é a mesma nas três fotografias, o impulso na Figura 7.1b move mais o apagador do que aquele na 7.1a. Por outro lado, a 7.1c mostra uma situação na qual a força aplicada não move em nada o apagador, independentemente de quão forte ele é empurrado (a menos, é claro, que apliquemos uma força tão grande que acabemos por quebrar a bandeja do quadro-negro!). Esses resultados sugerem que, ao analisar forças para determinar a influência que elas têm sobre o sistema, devemos considerar sua natureza vetorial. Devemos também considerar o módulo da força. Mover uma força com módulo $|\vec{\mathbf{F}}| = 2$ N por um deslocamento representa uma influência maior do que mover uma força de módulo 1 N pelo mesmo deslocamento. O módulo do deslocamento também é importante. Mover o apagador 3 m ao longo da bandeja representa uma influência maior do que movê-lo por 2 cm se a mesma força for utilizada em ambos os casos.

Prevenção de Armadilhas 7.2

Trabalho é realizado por ... sobre ...

Você não apenas deve identificar o sistema, mas também identificar qual agente no ambiente realiza trabalho sobre ele. Ao discutir trabalho, sempre use a frase "o trabalho realizado por ... sobre ...". Depois de "por", insira a parte do ambiente que interage diretamente com o sistema. E, depois "sobre", insira o sistema. Por exemplo, "o trabalho realizado pelo martelo sobre o prego" identifica o prego como o sistema e a força do martelo representa a influência do ambiente.

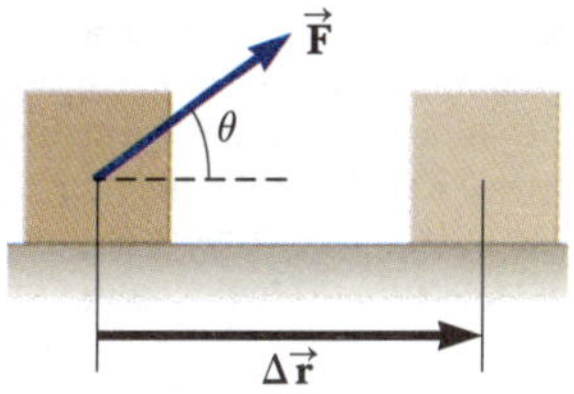

Figura 7.2 Um corpo sofre um deslocamento $\Delta\vec{\mathbf{r}}$ sob a ação de uma força $\vec{\mathbf{F}}$.

Vamos examinar a situação da Figura 7.2, em que o corpo (o sistema) é deslocado em uma linha reta enquanto age sobre ele uma força constante de módulo F que forma um ângulo θ com a direção do deslocamento.

O **trabalho** W realizado sobre um sistema por um agente que exerce uma força constante sobre ele é o produto do módulo F da força, o módulo Δr do deslocamento do ponto de aplicação da força e $\cos\theta$, onde θ é o ângulo entre os vetores força e deslocamento:

$$W \equiv F\Delta r\cos\theta \qquad (7.1)$$

◀ **Trabalho realizado por uma força constante**

Observe na Equação 7.1 que trabalho é uma quantidade escalar, embora seja definido em relação a dois vetores, uma força $\vec{\mathbf{F}}$ e um deslocamento $\Delta\vec{\mathbf{r}}$. Na Seção 7.3, exploraremos como combinar dois vetores a fim de gerar uma quantidade escalar.

Observe também que o deslocamento na Equação 7.1 é o do *ponto de aplicação da força*. Se a força for aplicada a uma partícula ou um corpo rígido que possa ser considerado uma partícula, esse deslocamento é o mesmo que o da partícula. Para um sistema deformável, entretanto, esses deslocamentos não são os mesmos. Por exemplo, imagine pressionar as laterais de um balão com as mãos. O centro do balão move-se por um deslocamento zero. Os pontos de aplicação das forças de suas mãos sobre as laterais do balão, entretanto, realmente se deslocam conforme ele é comprimido, e este é o deslocamento que deve ser utilizado na Equação 7.1. Veremos outros exemplos de sistemas deformáveis, tais como molas e amostras de gás contidas em recipientes.

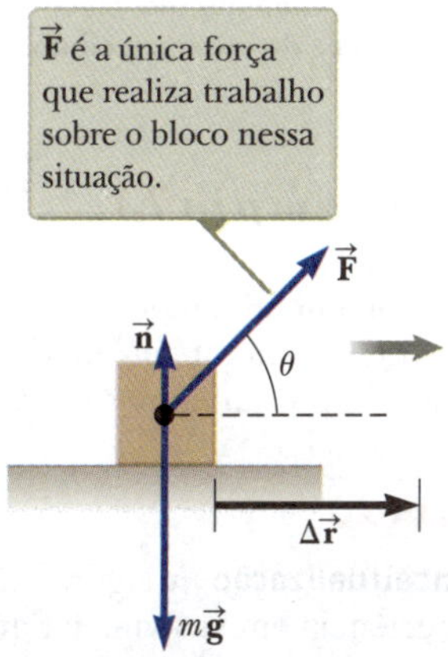

Figura 7.3 Um corpo é deslocado sobre uma superfície horizontal sem atrito. A força normal $\vec{\mathbf{n}}$ e a força gravitacional $m\vec{\mathbf{g}}$ não realizam trabalho sobre o corpo.

Como um exemplo de distinção entre a definição de trabalho e nossa compreensão desta palavra com base no dia a dia, considere segurar uma cadeira pesada nos braços por 3 minutos. Ao final deste intervalo de tempo, seus braços cansados podem levá-lo a pensar que realizou uma quantidade considerável de trabalho sobre a cadeira. De acordo com nossa definição, entretanto, você não realizou absolutamente nenhum trabalho sobre ela. Você exerce uma força para sustentar a cadeira, mas não a move. Uma força não realiza trabalho sobre um corpo se ela não o desloca. Se $\Delta r = 0$, a Equação 7.1 fornece $W = 0$, que é a situação ilustrada na Figura 7.1c.

Observe também na Equação 7.1 que o trabalho realizado por uma força sobre um corpo em movimento é zero quando a força aplicada é perpendicular ao deslocamento de seu ponto de aplicação. Isto é, se $\theta = 90°$, então $W = 0$, porque $\cos 90° = 0$. Por exemplo, na Figura 7.3, o trabalho realizado pela força normal sobre o corpo e aquele realizado pela força gravitacional sobre ele são ambos zero porque ambas as forças são perpendiculares ao deslocamento e têm componentes zero ao longo de um eixo na direção de $\Delta\vec{\mathbf{r}}$.

O sinal do trabalho também depende da direção de $\vec{\mathbf{F}}$ em relação a $\Delta\vec{\mathbf{r}}$. O trabalho realizado pela força aplicada sobre um sistema é positivo quando a projeção de $\vec{\mathbf{F}}$ sobre $\Delta\vec{\mathbf{r}}$ está na mesma direção que o deslocamento. Por exemplo, quando um corpo é levantado, o trabalho realizado pela força aplicada sobre ele é positivo, porque a direção dessa força é para cima, na mesma direção que o deslocamento de seu ponto de aplicação. Quando a projeção de $\vec{\mathbf{F}}$ sobre $\Delta\vec{\mathbf{r}}$ é na direção oposta ao deslocamento, W é negativo. Por exemplo, quando um corpo é levantado, o trabalho realizado pela força gravitacional sobre ele é negativo. O fator $\cos\theta$ na definição de W (Eq. 7.1) automaticamente toma conta do sinal.

Se uma força $\vec{\mathbf{F}}$ é aplicada na mesma direção do deslocamento $\Delta\vec{\mathbf{r}}$, então $\theta = 0$ e $\cos 0 = 1$. Neste caso, a Equação 7.1 fornece

$$W = F\Delta r$$

> **Prevenção de Armadilhas 7.3**
>
> **Causa do deslocamento**
> Podemos calcular o trabalho realizado por uma força sobre um corpo, mas a força *não é* necessariamente a causa do seu deslocamento. Por exemplo, se você levanta um corpo, um trabalho (negativo) é realizado sobre ele pela força gravitacional, embora a gravidade não seja a causa do movimento dele para cima!

As unidades de trabalho são as de força multiplicadas pelas de comprimento. Portanto, a unidade de trabalho no SI é o **newton × metro** ($N \times m = kg \times m^2/s^2$). Esta combinação de unidades é utilizada com tanta frequência, que recebeu seu próprio nome, **joule** (J).

Uma consideração importante para a abordagem de sistemas dos problemas é que **trabalho é uma transferência de energia**. Se W é o trabalho realizado sobre um sistema, e W é positivo, a energia é transferida *para* o sistema; se W é negativo, a energia é transferida *do* sistema. Portanto, se um sistema interage com seu ambiente, essa interação pode ser descrita como uma transferência de energia através da fronteira do sistema. O resultado é uma mudança na energia armazenada no sistema. Aprenderemos sobre o primeiro tipo de armazenamento de energia na Seção 7.5, depois de investigarmos mais aspectos do trabalho.

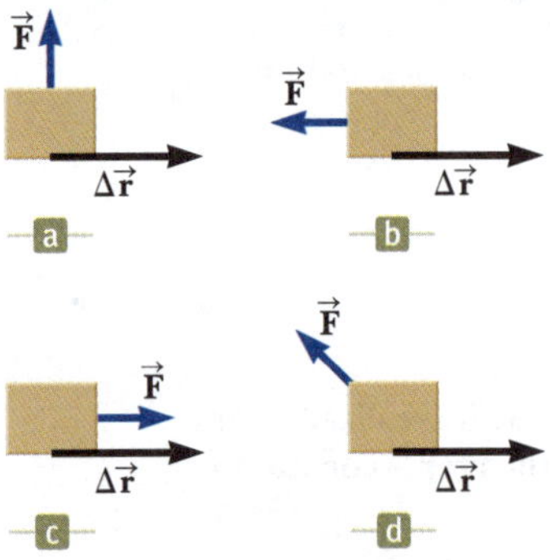

Figura 7.4 (Teste Rápido 7.2) Um bloco é puxado por uma força em quatro direções diferentes. Em cada caso, o deslocamento do bloco é para a direita e do mesmo módulo.

***Teste Rápido* 7.1** A força gravitacional exercida pelo Sol sobre a Terra a mantém em órbita em torno do Sol. Vamos considerar que a órbita é perfeitamente circular. O trabalho realizado por essa força gravitacional durante um curto intervalo de tempo no qual a Terra se desloca em sua trajetória orbital é **(a)** zero **(b)** positivo **(c)** negativo **(d)** impossível de determinar.

***Teste Rápido* 7.2** A Figura 7.4 mostra quatro situações nas quais uma força é aplicada a um corpo. Em todos os quatro casos, a força tem o mesmo módulo e o deslocamento do corpo é para a direita e de mesmo módulo. Classifique as situações na ordem do trabalho realizado pela força sobre o corpo, do mais positivo para o mais negativo.

Exemplo 7.1 Sr. Limpeza

Um homem limpando o chão puxa um aspirador de pó com uma força de módulo $F = 50{,}0$ N em um ângulo de 30,0° com a horizontal (Fig. 7.5). Calcule o trabalho realizado por uma força sobre o aspirador de pó enquanto ele é deslocado 3,00 m para a direita.

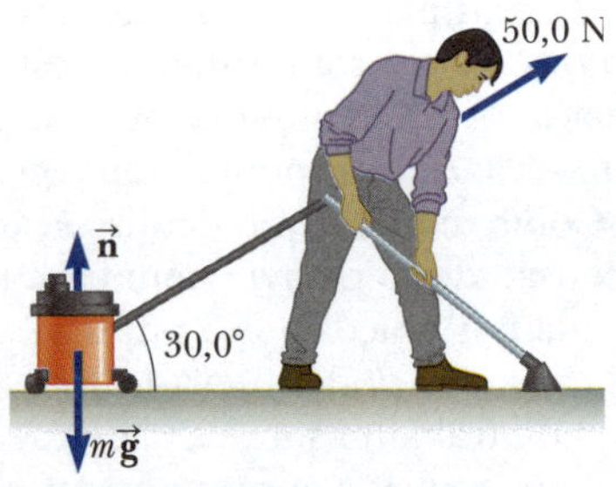

Figura 7.5 (Exemplo 7.1) Um aspirador de pó sendo puxado em um ângulo de 30,0° na horizontal.

SOLUÇÃO

Conceitualização A Figura 7.5 ajuda a conceitualizar a situação. Pense em uma experiência em sua vida na qual puxou um corpo pelo chão com uma corda ou cabo.

Categorização Temos de descobrir o trabalho realizado sobre um corpo por uma força, se conhecemos a força sobre o corpo, o deslocamento dele e o ângulo entre os dois vetores; portanto, categorizamos este problema como um de substituição. Identificamos o aspirador de pó como o sistema.

7.1 cont.

SOLUÇÃO

Use a definição de trabalho (Eq. 7.1):

$$W = F\,\Delta r \cos = (50{,}0\text{ N})(3{,}00\text{ m})(\cos 30{,}0°)$$
$$= \boxed{130\text{ J}}$$

Observe nesta situação que a força normal, $\vec{\mathbf{n}}$, e a força gravitacional, $\vec{\mathbf{F}}_g = m\vec{\mathbf{g}}$, não realizam trabalho sobre o aspirador de pó porque essas forças são perpendiculares a um deslocamento de seus pontos de aplicação. Além disso, não houve menção se havia atrito entre o aspirador de pó e o chão. A presença ou ausência de atrito não é importante ao calcular o trabalho realizado pela força aplicada. Além disso, esse trabalho não depende do fato de o aspirador se mover com velocidade constante ou acelerando.

7.3 O produto escalar de dois vetores

Em razão da maneira como os vetores força e deslocamento são combinados na Equação 7.1, é útil utilizar uma ferramenta matemática conveniente chamada **produto escalar** de dois vetores. Escrevemos esse produto escalar dos vetores $\vec{\mathbf{A}}$ e $\vec{\mathbf{B}}$ como $\vec{\mathbf{A}} \times \vec{\mathbf{B}}$. Por causa do símbolo de ponto, o produto escalar é frequentemente chamado **produto ponto**.

O produto escalar de dois vetores $\vec{\mathbf{A}}$ e $\vec{\mathbf{B}}$ é definido como uma quantidade escalar igual ao produto entre os módulos dos dois vetores e o cosseno do ângulo θ entre eles:

> **Prevenção de Armadilhas 7.4**
>
> **Trabalho é escalar**
>
> Embora a Equação 7.3 defina o trabalho em termos de dois vetores, *o trabalho é escalar*; não há nenhuma direção associada a ele. *Todos* os tipos de energia e transferência de energia são escalares. Este fato é uma vantagem principal da abordagem de energia porque não necessitamos de cálculos vetoriais!

$$\vec{\mathbf{A}} \cdot \vec{\mathbf{B}} \equiv AB\cos\theta \qquad (7.2)$$

◀ **Produto escalar de dois vetores quaisquer $\vec{\mathbf{A}}$ e $\vec{\mathbf{B}}$**

Como é o caso com qualquer multiplicação, $\vec{\mathbf{A}}$ e $\vec{\mathbf{B}}$ não precisam ter a mesma unidade.

Comparando essa definição com a Equação 7.1, podemos expressar a Equação 7.1 como um produto escalar:

$$W = F\,\Delta r \cos\theta = \vec{\mathbf{F}} \cdot \Delta\vec{\mathbf{r}} \qquad (7.3)$$

Em outras palavras, $\vec{\mathbf{F}} \times \Delta\vec{\mathbf{r}}$ é uma notação vetorial para $F\,\Delta r \cos\theta$.

Antes de continuar com nossa discussão sobre trabalho, vamos investigar algumas propriedades do produto escalar. A Figura 7.6 mostra dois vetores $\vec{\mathbf{A}}$ e $\vec{\mathbf{B}}$ e o ângulo θ entre eles usado na definição do produto escalar. Na Figura 7.6, $B\cos\theta$ é a projeção de $\vec{\mathbf{B}}$ sobre $\vec{\mathbf{A}}$. Portanto, a Equação 7.2 significa que $\vec{\mathbf{A}} \times \vec{\mathbf{B}}$ é o produto do módulo de $\vec{\mathbf{A}}$ e a projeção de $\vec{\mathbf{B}}$ sobre $\vec{\mathbf{A}}$.[1]

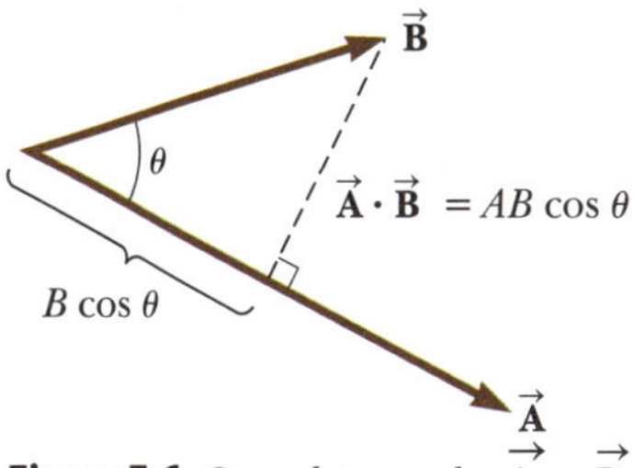

Figura 7.6 O produto escalar $\vec{\mathbf{A}} \times \vec{\mathbf{B}}$ é igual ao módulo de $\vec{\mathbf{A}}$ multiplicado por $B\cos\theta$, que é a projeção de $\vec{\mathbf{B}}$ sobre $\vec{\mathbf{A}}$.

A partir do lado direito da Equação 7.2, também vemos que o produto escalar é **comutativo**.[2] Isto é,

$$\vec{\mathbf{A}} \cdot \vec{\mathbf{B}} = \vec{\mathbf{B}} \cdot \vec{\mathbf{A}}$$

Finalmente, o produto escalar obedece à **lei distributiva da multiplicação**, então

$$\vec{\mathbf{A}} \cdot (\vec{\mathbf{B}} + \vec{\mathbf{C}}) = \vec{\mathbf{A}} \cdot \vec{\mathbf{B}} + \vec{\mathbf{A}} \cdot \vec{\mathbf{C}}$$

O produto escalar é fácil de avaliar na Equação 7.2 quando $\vec{\mathbf{A}}$ é perpendicular ou paralelo a $\vec{\mathbf{B}}$. Se $\vec{\mathbf{A}}$ é perpendicular a $\vec{\mathbf{B}}$ ($\theta = 90°$), então $\vec{\mathbf{A}} \times \vec{\mathbf{B}} = 0$. A igualdade $\vec{\mathbf{A}} \times \vec{\mathbf{B}} = 0$ também se mantém no caso mais trivial, onde ou $\vec{\mathbf{A}}$ ou $\vec{\mathbf{B}}$ é zero. Se o vetor $\vec{\mathbf{A}}$ for paralelo ao vetor $\vec{\mathbf{B}}$ e os dois apontarem para a mesma direção ($\theta = 0$), então $\vec{\mathbf{A}} \times \vec{\mathbf{B}} = AB$. Se o vetor $\vec{\mathbf{A}}$ for paralelo ao vetor $\vec{\mathbf{B}}$, mas os dois apontarem para direções opostas ($\theta = 180°$), então $\vec{\mathbf{A}} \times \vec{\mathbf{B}} = -AB$. O produto escalar é negativo quando $90° < \theta \leq 180°$.

Os vetores unitários $\hat{\mathbf{i}}$, $\hat{\mathbf{j}}$ e $\hat{\mathbf{k}}$, que foram definidos no Capítulo 3 deste volume, estão nas direções x, y e z positivas, respectivamente, de um sistema de coordenadas do lado direito. Portanto, segue da definição de $\vec{\mathbf{A}} \times \vec{\mathbf{B}}$ que os produtos escalares desses vetores unitários são

[1] Esta afirmação é equivalente a declarar que $\vec{\mathbf{A}} \cdot \vec{\mathbf{B}}$ é igual ao produto de $\vec{\mathbf{B}}$ e a projeção de $\vec{\mathbf{A}}$ sobre $\vec{\mathbf{B}}$.

[2] No Capítulo 11 deste volume você verá outra maneira de combinar vetores que se mostra útil na Física e não é comutativa.

Produtos escalares de vetores unitários

$$\hat{\mathbf{i}} \cdot \hat{\mathbf{i}} = \hat{\mathbf{j}} \cdot \hat{\mathbf{j}} = \hat{\mathbf{k}} \cdot \hat{\mathbf{k}} = 1 \tag{7.4}$$

$$\hat{\mathbf{i}} \cdot \hat{\mathbf{j}} = \hat{\mathbf{i}} \cdot \hat{\mathbf{k}} = \hat{\mathbf{j}} \cdot \hat{\mathbf{k}} = 0 \tag{7.5}$$

As Equações 3.18 e 3.19 afirmam que dois vetores $\vec{\mathbf{A}}$ e $\vec{\mathbf{B}}$ podem ser expressos na forma de vetor unitário como

$$\vec{\mathbf{A}} = A_x \hat{\mathbf{i}} + A_y \hat{\mathbf{j}} + A_z \hat{\mathbf{k}}$$

$$\vec{\mathbf{B}} = B_x \hat{\mathbf{i}} + B_y \hat{\mathbf{j}} + B_z \hat{\mathbf{k}}$$

A utilização dessas expressões para os vetores e das informações fornecidas nas Equações 7.4 e 7.5 mostra que o produto escalar de $\vec{\mathbf{A}}$ e $\vec{\mathbf{B}}$ se reduz a

$$\vec{\mathbf{A}} \cdot \vec{\mathbf{B}} = A_x B_x + A_y B_y + A_z B_z \tag{7.6}$$

Detalhes da derivação são deixados para você no Problema 7 no final do Capítulo.

No caso especial em que $\vec{\mathbf{A}} = \vec{\mathbf{B}}$, vemos que

$$\vec{\mathbf{A}} \cdot \vec{\mathbf{A}} = A_x^2 + A_y^2 + A_z^2 = A^2$$

***Teste Rápido* 7.3** Qual das seguintes afirmações é verdadeira sobre a relação entre o produto escalar de dois vetores e o produto dos módulos dos vetores? **(a)** $\vec{\mathbf{A}} \times \vec{\mathbf{B}}$ é maior do que AB. **(b)** $\vec{\mathbf{A}} \times \vec{\mathbf{B}}$ é menor do que AB. **(c)** $\vec{\mathbf{A}} \times \vec{\mathbf{B}}$ pode ser maior ou menor que AB, dependendo do ângulo entre os vetores. **(d)** $\vec{\mathbf{A}} \times \vec{\mathbf{B}}$ poderia ser igual a AB.

Exemplo 7.2 O produto escalar

Os vetores $\vec{\mathbf{A}}$ e $\vec{\mathbf{B}}$ são definidos por $\vec{\mathbf{A}} = 2\hat{\mathbf{i}} + 3\hat{\mathbf{j}}$ e $\vec{\mathbf{B}} = -\hat{\mathbf{i}} + 2\hat{\mathbf{j}}$.

(A) Determine o produto escalar $\vec{\mathbf{A}} \times \vec{\mathbf{B}}$.

SOLUÇÃO

Conceitualização Não há nenhum sistema físico para imaginar aqui. Pelo contrário, é puramente um exercício matemático envolvendo dois vetores.

Categorização Como temos uma definição para o produto escalar, categorizamos este exemplo como um problema de substituição.

Substitua as expressões vetoriais específicas para $\vec{\mathbf{A}}$ e $\vec{\mathbf{B}}$:

$$\vec{\mathbf{A}} \cdot \vec{\mathbf{B}} = (2\hat{\mathbf{i}} + 3\hat{\mathbf{j}}) \cdot (-\hat{\mathbf{i}} + 2\hat{\mathbf{j}})$$
$$= -2\hat{\mathbf{i}} \cdot \hat{\mathbf{i}} + 2\hat{\mathbf{i}} \cdot 2\hat{\mathbf{j}} - 3\hat{\mathbf{j}} \cdot \hat{\mathbf{i}} + 3\hat{\mathbf{j}} \cdot 2\hat{\mathbf{j}}$$
$$= -2(1) + 4(0) - 3(0) + 6(1) = -2 + 6 = \boxed{4}$$

O mesmo resultado é obtido quando utilizamos a Equação 7.6 diretamente, onde $A_x = 2$, $A_y = 3$, $B_x = -1$ e $B_y = 2$.

(B) Encontre o ângulo θ entre $\vec{\mathbf{A}}$ e $\vec{\mathbf{B}}$.

SOLUÇÃO

Obtenha os módulos de $\vec{\mathbf{A}}$ e $\vec{\mathbf{B}}$ utilizando o teorema de Pitágoras:

$$A = \sqrt{A_x^2 + A_y^2} = \sqrt{(2)^2 + (3)^2} = \sqrt{13}$$
$$B = \sqrt{B_x^2 + B_y^2} = \sqrt{(-1)^2 + (2)^2} = \sqrt{5}$$

Use a Equação 7.2 e o resultado da parte (A) para encontrar o ângulo:

$$\cos\theta = \frac{\vec{\mathbf{A}} \cdot \vec{\mathbf{B}}}{AB} = \frac{4}{\sqrt{13}\sqrt{5}} = \frac{4}{\sqrt{65}}$$

$$\theta = \cos^{-1}\frac{4}{\sqrt{65}} = \boxed{60{,}3°}$$

Exemplo 7.3 Trabalho realizado por uma força constante

Uma partícula que se move no plano xy sofre um deslocamento dado por $\Delta\vec{\mathbf{r}} = (2{,}0\hat{\mathbf{i}} + 3{,}0\hat{\mathbf{j}})$ m enquanto uma força constante $\vec{\mathbf{F}} = (5{,}0\hat{\mathbf{i}} + 2{,}0\hat{\mathbf{j}})$ N age sobre a partícula. Calcule o trabalho realizado por $\vec{\mathbf{F}}$ sobre a partícula.

SOLUÇÃO

Conceitualização Embora este exemplo seja um pouco mais físico que o anterior, porque identifica uma força e um deslocamento, é similar em termos de sua estrutura matemática.

Categorização Como foram dados os vetores força e deslocamento, e foi pedido para encontrar o trabalho realizado pela força sobre a partícula, categorizamos este exemplo como um problema de substituição.

Substitua as expressões para $\vec{\mathbf{F}}$ e $\Delta\vec{\mathbf{r}}$ na Equação 7.3 e use as Equações 7.4 e 7.5:

$$W = \vec{\mathbf{F}} \cdot \Delta\vec{\mathbf{r}} = [(5{,}0\hat{\mathbf{i}} + 2{,}0\hat{\mathbf{j}})\text{ N}] \cdot [(2{,}0\hat{\mathbf{i}} + 3{,}0\hat{\mathbf{j}})\text{ m}]$$
$$= (5{,}0\hat{\mathbf{i}} \cdot 2{,}0\hat{\mathbf{i}} + 5{,}0\hat{\mathbf{i}} \cdot 3{,}0\hat{\mathbf{j}} + 2{,}0\hat{\mathbf{j}} \cdot 2{,}0\hat{\mathbf{i}} + 2{,}0\hat{\mathbf{j}} \cdot 3{,}0\hat{\mathbf{j}})\text{ N} \cdot \text{m}$$
$$= [10 + 0 + 0 + 6]\text{ N} \cdot \text{m} = \boxed{16\text{ J}}$$

7.4 Trabalho realizado por uma força variável

Considere uma partícula sendo deslocada ao longo do eixo x sob a ação de uma força que varia conforme a posição. Em tal situação, não podemos utilizar a Equação 7.1 para calcular o trabalho realizado pela força, pois esta relação se aplica apenas quando $\vec{\mathbf{F}}$ é constante em módulo e direção. A Figura 7.7a mostra uma força variável aplicada em uma partícula que se move da posição inicial x_i para a posição final x_f. Imagine uma partícula que sofre um descolamento muito pequeno Δx, como mostra a figura. A componente x da força, F_x, é aproximadamente constante durante este pequeno intervalo de tempo; para este pequeno deslocamento, podemos aproximar o trabalho realizado pela força sobre a partícula usando a Equação 7.1 como

$$W \approx F_x \Delta x$$

que é a área do retângulo sombreado na Figura 7.7a. Se a curva de F_x por x dividida por um grande número de tais intervalos, o trabalho total realizado para o deslocamento de x_i a x_f é aproximadamente igual à soma de um grande número de tais termos:

$$W \approx \sum_{x_i}^{x_f} F_x \Delta x$$

Se o tamanho dos deslocamentos pequenos puder se aproximar de zero, o número de termos na soma aumenta sem limite, mas o valor da soma aproxima-se de um valor definido igual à área delimitada pela curva F_x e o eixo x:

$$\lim_{\Delta x \to 0} \sum_{x_i}^{x_f} F_x \Delta x = \int_{x_i}^{x_f} F_x\, dx$$

Portanto, podemos expressar o trabalho realizado por F_x no sistema da partícula enquanto ela se move de x_i a x_f como

$$W = \int_{x_i}^{x_f} F_x\, dx \qquad \textbf{(7.7)}$$

Esta equação se reduz à Equação 7.1 quando o componente $F_x = F\cos\theta$ permanece constante.

Se mais de uma força agir sobre um sistema, *e o sistema puder ser considerado uma partícula,* o trabalho realizado sobre o sistema será aquele realizado pela força resultante. Se expressarmos a força resultante na direção x como $\sum F_x$, o trabalho total, ou o *trabalho resultante,* realizado enquanto a partícula se move de x_i a x_f é

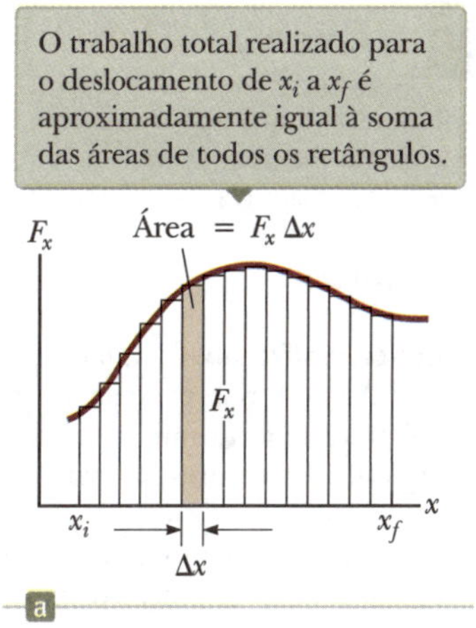

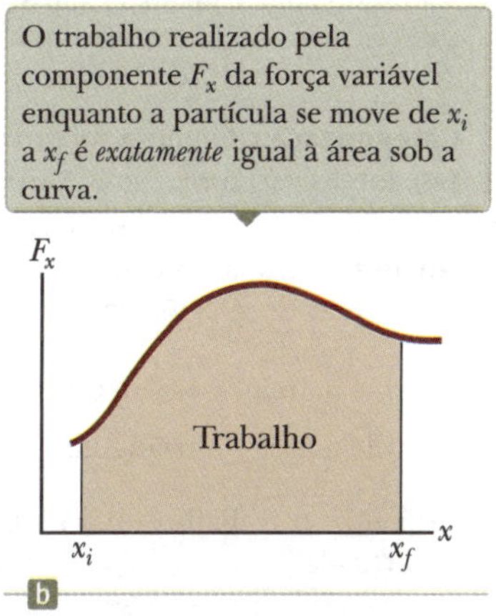

Figura 7.7 (a) O trabalho realizado sobre uma partícula pela componente F_x da força para o deslocamento pequeno Δx é $F_x\,\Delta x$, que é igual à área do retângulo sombreado. (b) A largura Δx de cada retângulo é reduzida a zero.

$$\sum W = W_{\text{ext}} = \int_{x_i}^{x_f} \left(\sum F_x\right) dx \quad \text{(partícula)}$$

Para o caso geral de uma força resultante $\sum \vec{\mathbf{F}}$ cujo módulo e direção podem variar, utilizamos o produto escalar,

$$\sum W = W_{\text{ext}} = \int \left(\sum \vec{\mathbf{F}}\right) \cdot d\vec{\mathbf{r}} \quad \text{(partícula)} \tag{7.8}$$

onde a integral é calculada sobre o trajeto que a partícula faz no espaço. O subscrito "ext" nos lembra que o trabalho resultante é realizado por um agente *externo* ao sistema. Utilizaremos essa notação neste capítulo como lembrete, e para diferenciar este de um trabalho *interno*, a ser descrito em breve.

Se o sistema não puder ser considerado uma partícula (por exemplo, se ele for deformável), não podemos utilizar a Equação 7.8, porque diferentes forças agindo sobre o sistema podem se mover por diferentes deslocamentos. Neste caso, devemos avaliar o trabalho realizado por cada força separadamente e, então, adicionar trabalhos algebricamente para encontrar o trabalho resultante realizado sobre o sistema:

$$\sum W = W_{\text{ext}} = \sum_{\text{forças}} \left(\int \vec{\mathbf{F}} \cdot d\vec{\mathbf{r}}\right) \quad \text{(sistema deformável)}$$

Exemplo 7.4 Calculando o trabalho total realizado a partir de um gráfico

Uma força que age sobre uma partícula varia com x, como mostrado na Figura 7.8. Calcule o trabalho realizado pela força sobre a partícula enquanto ela se move de $x = 0$ a $x = 6{,}0$ m.

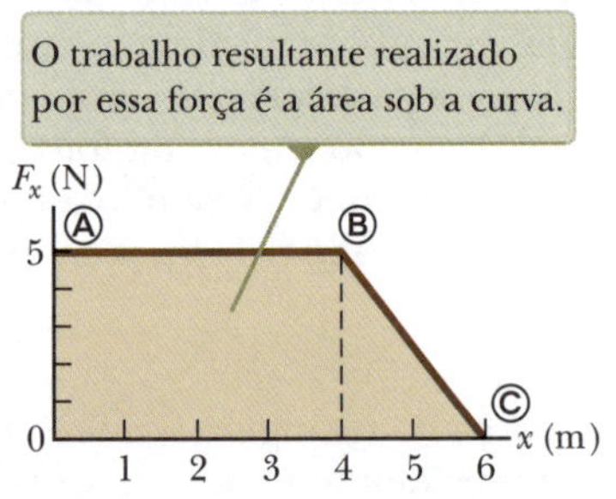

Figura 7.8 (Exemplo 7.4) A força que age sobre a partícula é constante para os primeiros 4,0 m de movimento e, então, decresce linearmente com x de $x_{Ⓑ} = 4{,}0$ m a $x_{Ⓒ} = 6{,}0$ m.

SOLUÇÃO

Conceitualização Imagine uma partícula sujeita à força, como mostra a Figura 7.8. A força permanece constante enquanto ela se move pelos primeiros 4,0 m, e então diminui linearmente a 6,0 m. Em termos das discussões de movimento anteriores, a partícula poderia ser considerada sob aceleração constante para os primeiros 4,0 m porque a força é constante. Entre 4,0 m e 6,0 m, entretanto, o movimento não se enquadra em um dos modelos de análise anteriores, porque a aceleração da partícula está variando. Se a partícula iniciar do repouso, sua velocidade escalar aumenta durante o movimento, e ela está sempre se movendo na direção x positiva. Entretanto, esses detalhes sobre sua velocidade escalar e direção não são necessários para o cálculo do trabalho realizado.

Categorização Como a força varia durante o movimento da partícula, devemos usar as técnicas para trabalho realizado por forças variáveis. Neste caso, a representação gráfica da Figura 7.8 pode ser utilizada para avaliar o trabalho realizado.

Análise O trabalho realizado pela força é igual à área sob a curva de $x_{Ⓐ} = 0$ para $x_{Ⓒ} = 6{,}0$ m. Essa área é igual à da seção retangular de Ⓐ a Ⓑ mais a área da seção triangular de Ⓑ a Ⓒ.

Calcule a área do retângulo: $W_{Ⓐ \text{ a } Ⓑ} = (5{,}0 \text{ N})(4{,}0 \text{ m}) = 20 \text{ J}$

Calcule a área do triângulo: $W_{Ⓑ \text{ a } Ⓒ} = \frac{1}{2}(5{,}0 \text{ N})(2{,}0 \text{ m}) = 5{,}0 \text{ J}$

Encontre o trabalho total realizado pela força sobre a partícula: $W_{Ⓐ \text{ a } Ⓒ} = W_{Ⓐ \text{ a } Ⓑ} + W_{Ⓑ \text{ a } Ⓒ} = 20 \text{ J} + 5{,}0 \text{ J} = 25 \text{ J}$

Finalização Como o gráfico da força consiste em linhas retas, podemos usar regras para encontrar as áreas de modelos geométricos simples a fim de avaliar o trabalho total realizado neste exemplo. Se a força não varia linearmente, como na Figura 7.7, tais regras não podem ser utilizadas, e a função força deve ser integrada como na Equação 7.7 ou 7.8.

Trabalho realizado por uma mola

Um modelo de um sistema físico comum, no qual a força varia com a posição, é mostrado na Figura 7.9. O sistema é um bloco sobre uma superfície horizontal sem atrito e conectado a uma mola. Para muitas molas, se ela estiver esticada ou comprimida a uma pequena distância de sua configuração não esticada (equilíbrio), exercerá sobre o bloco uma força que pode ser matematicamente considerada

Força elástica ▶

$$F_M = -kx \tag{7.9}$$

onde x é a posição do bloco em relação à sua posição de equilíbrio ($x = 0$), e k é uma constante positiva chamada **constante de força**, ou **constante elástica** da mola. Em outras palavras, a força necessária para distender ou comprimir uma mola é proporcional à quantidade de distensão ou compressão x. Esta lei de força para molas é conhecida como **Lei de Hooke**. O valor de k é a medida da *rigidez* da mola. Molas rígidas têm valores de k grandes, e as flexíveis, pequenos. Como pode ser visto na Equação 7.9, as unidades de k são N/m.

A forma vetorial da Equação 7.9 é

$$\vec{\mathbf{F}}_M = F_M\hat{\mathbf{i}} = -kx\hat{\mathbf{i}} \tag{7.10}$$

onde escolhemos o eixo x ao longo do qual a mola se distende ou comprime.

O sinal negativo nas Equações 7.9 e 7.10 significa que a força exercida pela mola é sempre na direção *oposta* ao deslocamento a partir do equilíbrio. Quando $x > 0$, como na Figura 7.9a, o bloco está à direita da posição de equilíbrio, e a força elástica voltada para a esquerda, na direção x negativa. Quando $x < 0$, como na Figura 7.9c, o bloco está à esquerda da posição de equilíbrio, e a força elástica voltada para a direita, na direção x positiva. Quando $x = 0$, como na Figura 7.9b, a mola está não distendida e $F_M = 0$. Como a força elástica sempre age na direção da posição de equilíbrio ($x = 0$), ela é, às vezes, chamada *força restauradora*.

Se a mola for comprimida até que o bloco esteja no ponto $-x_{máx}$ e depois solta, o bloco se moverá de $-x_{máx}$ por zero a $+x_{máx}$. Ele, então, inverte a direção, retorna a $-x_{máx}$, e continua oscilando para trás e para a frente. Estudaremos essas oscilações mais detalhadamente no Capítulo 1 do Volume 2. Por enquanto, vamos investigar o trabalho realizado pela mola sobre o bloco em pequenas porções de uma oscilação.

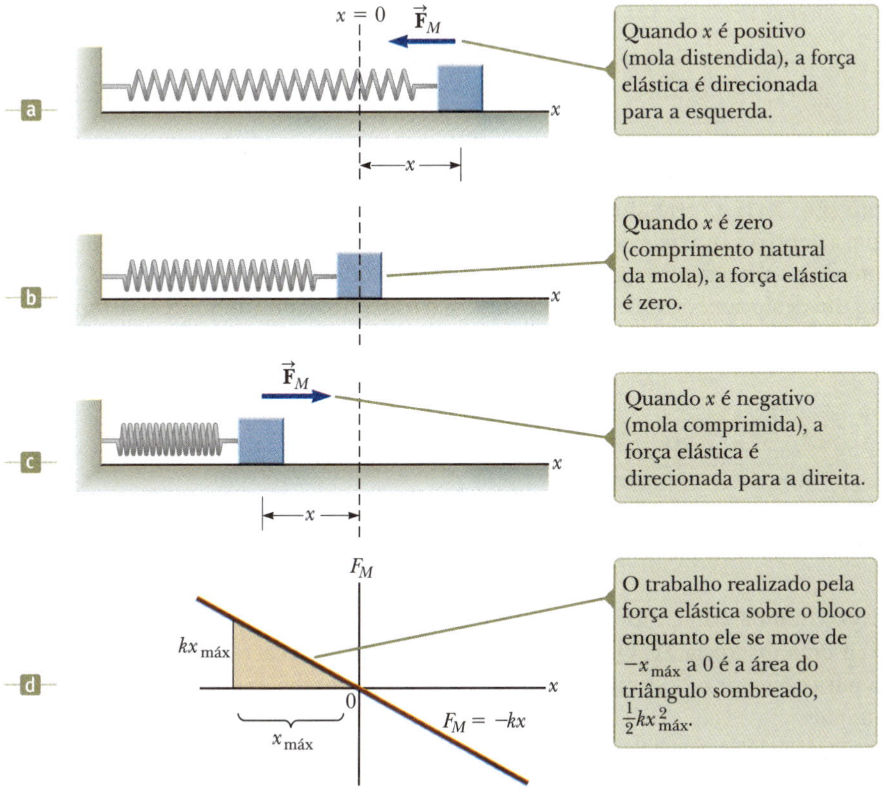

Figura 7.9 A força exercida por uma mola sobre um bloco varia com a posição x do bloco em relação à posição de equilíbrio $x = 0$. (a) x é positivo. (b) x é zero. (c) x é negativo. (d) Gráfico de F_M por x para o sistema bloco-mola.

Suponha que o bloco tenha sido empurrado para a esquerda a uma posição $-x_{\text{máx}}$ e, depois, solto. Identificamos o bloco como nosso sistema e calculamos o trabalho W_M realizado pela força elástica sobre o bloco enquanto ele se move de $x_i = -x_{\text{máx}}$ a $x_f = 0$. Aplicando a Equação 7.8, e supondo que o bloco possa ser considerado uma partícula, obtemos

$$W_M = \int \vec{\mathbf{F}}_M \cdot d\vec{\mathbf{r}} = \int_{x_i}^{x_f} (-kx\hat{\mathbf{i}}) \cdot (dx\hat{\mathbf{i}}) = \int_{-x_{\text{máx}}}^{0} (-kx)\,dx = \tfrac{1}{2}kx_{\text{máx}}^2 \quad \textbf{(7.11)}$$

onde utilizamos a integral e $\int x^n\,dx = x^{n+1}/(n+1)$ com $n = 1$. O trabalho realizado pela força elástica é positivo, pois a força está voltada para a mesma direção que o deslocamento (ambos são para a direita). Como o bloco chega a $x = 0$ com alguma rapidez, ele continuará a se mover até que atinja a posição $+x_{\text{máx}}$. O trabalho realizado pela força elástica sobre o bloco enquanto ele se move de $x_i = 0$ a $x_f = x_{\text{máx}}$ é $W_M = -\frac{1}{2}kx_{\text{máx}}^2$. O trabalho é negativo, pois, para esta parte do movimento, a força elástica está voltada para a esquerda e seu deslocamento é para a direita. Portanto, o trabalho resultante realizado pela força elástica sobre o bloco enquanto ele se move de $x_i = -x_{\text{máx}}$ a $x_f = x_{\text{máx}}$ é *zero*.

A Figura 7.9d é um traçado de F_M por x. O trabalho calculado na Equação 7.11 é a área do triângulo sombreado, correspondendo ao deslocamento de $-x_{\text{máx}}$ a 0. Como o triângulo tem base $x_{\text{máx}}$ e altura $kx_{\text{máx}}$, sua área é $\frac{1}{2}kx_{\text{máx}}^2$, que está de acordo com o trabalho realizado pela mola conforme dado pela Equação 7.11.

Se o bloco sofrer um deslocamento arbitrário de $x = x_i$ a $x = x_f$, o trabalho realizado pela força elástica sobre o bloco será

Trabalho realizado por uma mola ▶

$$W_M = \int_{x_i}^{x_f} (-kx)\,dx = \tfrac{1}{2}kx_i^2 - \tfrac{1}{2}kx_f^2 \quad \textbf{(7.12)}$$

Na Equação 7.12, vemos que o trabalho realizado pela força elástica é zero para qualquer movimento que termine onde começou ($x_i = x_f$). Utilizaremos este importante resultado no Capítulo 8 deste volume, quando descreveremos o movimento desse sistema com mais detalhes.

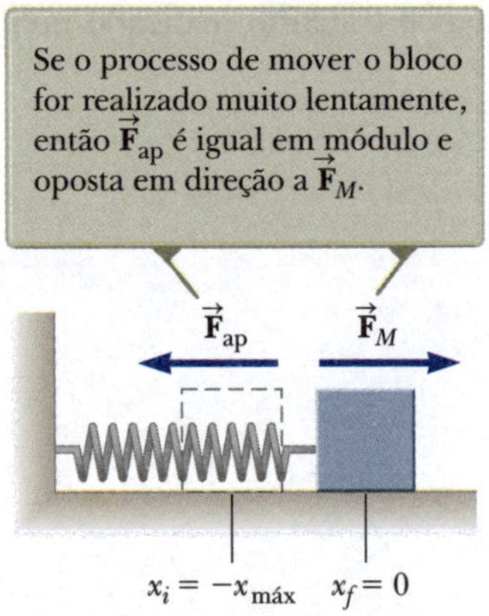

Se o processo de mover o bloco for realizado muito lentamente, então $\vec{\mathbf{F}}_{ap}$ é igual em módulo e oposta em direção a $\vec{\mathbf{F}}_M$.
$\vec{\mathbf{F}}_{ap}$
$\vec{\mathbf{F}}_M$
$x_i = -x_{\text{máx}}$
$x_f = 0$

Figura 7.10 Um bloco se move de $x_i = -x_{\text{máx}}$ a $x_f = 0$ sobre uma superfície quando uma força $\vec{\mathbf{F}}_{ap}$ é aplicada sobre ele.

As Equações 7.11 e 7.12 descrevem o trabalho realizado pela mola sobre o bloco. Agora, vamos considerar o trabalho realizado sobre o bloco por um *agente externo,* quando ele aplica uma força sobre o bloco fazendo-o mover-se *muito lentamente* de $x_i = -x_{\text{máx}}$ a $x_f = 0$, como na Figura 7.10. Podemos calcular esse trabalho observando que, em qualquer valor da posição, a *força aplicada* $\vec{\mathbf{F}}_{ap}$ é igual em módulo e oposta em direção à força elástica $\vec{\mathbf{F}}_M$, então, $\vec{\mathbf{F}}_{ap} = F_{ap}\hat{\mathbf{i}} = -\vec{\mathbf{F}}_M = -(-kx\hat{\mathbf{i}}) = kx\hat{\mathbf{i}}$. Portanto, o trabalho realizado por essa força aplicada (o agente externo) sobre o sistema do bloco é

$$W_{\text{ext}} = \int \vec{\mathbf{F}}_{ap} \cdot d\vec{\mathbf{r}} = \int_{x_i}^{x_f} (kx\hat{\mathbf{i}}) \cdot (dx\hat{\mathbf{i}}) = \int_{-x_{\text{máx}}}^{0} kx\,dx = -\tfrac{1}{2}kx_{\text{máx}}^2$$

Este trabalho é igual ao negativo daquele realizado pela força elástica para este deslocamento (Eq. 7.11). O trabalho é negativo porque o agente externo deve empurrar a mola para dentro a fim de evitar que ela se expanda, e essa direção é oposta à de deslocamento do ponto de aplicação da força quando o bloco se move de $-x_{\text{máx}}$ a 0.

Para um deslocamento arbitrário do bloco, o trabalho realizado sobre o sistema pelo agente externo é

$$W_{\text{ext}} = \int_{x_i}^{x_f} kx\,dx = \tfrac{1}{2}kx_f^2 - \tfrac{1}{2}kx_i^2 \quad \textbf{(7.13)}$$

Observe que esta Equação é o negativo da 7.12.

***Teste Rápido* 7.4** Um dardo é inserido em uma arma, movida a mola, e empurra a mola a uma distância x. Na próxima carga, a mola é comprimida a uma distância $2x$. Quanto trabalho é preciso para carregar o segundo dardo em comparação com o necessário para carregar o primeiro? **(a)** quatro vezes mais **(b)** duas vezes mais **(c)** o mesmo **(d)** metade a mais **(e)** um quarto a mais.

Exemplo 7.5 Medição de *k* para uma mola MA

Uma técnica comum utilizada para medir a constante de força de uma mola é demonstrada pela configuração na Figura 7.11. A mola é suspensa verticalmente (Fig. 7.11a) e um corpo de massa m é preso à sua extremidade inferior. Sob a ação da "carga" mg, a mola distende-se a uma distância d de sua posição de equilíbrio (Fig. 7.11b).

(A) Se uma mola é distendida 2,0 cm por um corpo suspenso de massa 0,55 kg, qual é a constante de força da mola?

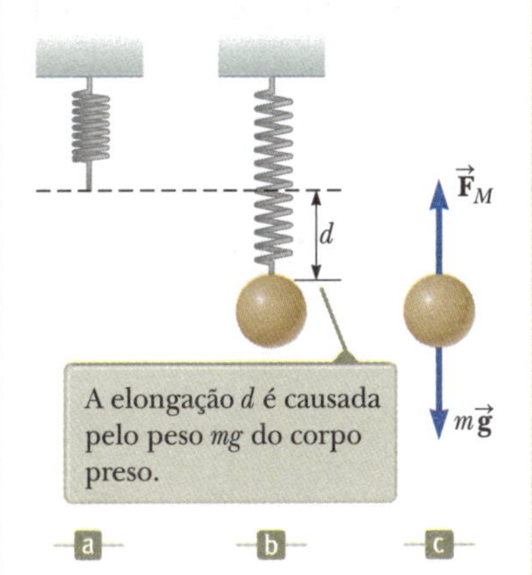

Figura 7.11 (Exemplo 7.5) Determinando a constante elástica k de uma mola.

SOLUÇÃO

Conceitualização A Figura 7.11b mostra o que acontece com a mola quando o corpo é preso a ela. Simule esta situação pendurando um corpo em um elástico.

Categorização O corpo na Figura 7.11b não está acelerando, então, ele é considerado uma *partícula em equilíbrio*.

Análise Como o corpo está em equilíbrio, a força resultante sobre ele é zero e a força elástica para cima equilibra a força gravitacional para baixo $m\vec{g}$ (Fig. 7.11c).

Aplique o modelo da partícula em equilíbrio ao corpo:

$$\vec{F}_M + m\vec{g} = 0 \rightarrow F_m - mg = 0 \rightarrow F_m = mg$$

Aplique a lei de Hooke para ter $F_M = kd$ e resolva para determinar k:

$$k = \frac{mg}{d} = \frac{(0{,}55 \text{ kg})(9{,}80 \text{ m/s}^2)}{2{,}0 \times 10^{-2} \text{ m}} = \boxed{2{,}7 \times 10^2 \text{ N/ m}}$$

(B) Qual o trabalho realizado pela mola sobre o corpo quando ele se distende nessa distância?

SOLUÇÃO

Use a Equação 7.12 para determinar o trabalho realizado pela mola sobre o corpo:

$$W_M = 0 - \tfrac{1}{2}kd^2 = -\tfrac{1}{2}(2{,}7 \times 10^2 \text{ N/ m})(2{,}0 \times 10^{-2} \text{ m})^2$$
$$= \boxed{-5{,}4 \times 10^{-2} \text{ J}}$$

Finalização Este trabalho é negativo porque a força da mola atua para cima sobre o objeto, mas seu ponto de aplicação (onde a mola se conecta ao objeto) se move para baixo. Enquanto o corpo se desloca a uma distância de 2,0 cm, a força gravitacional também realiza trabalho sobre ele. Este trabalho é positivo porque a força gravitacional é para baixo, assim como o deslocamento do ponto de aplicação dessa força. Poderíamos esperar que o trabalho realizado pela força gravitacional, uma vez que a força aplicada em uma direção oposta à força da mola, seja a negativa da resposta anterior? Vamos descobrir.

Avalie o trabalho realizado pela força gravitacional sobre o corpo:

$$W = \vec{F} \cdot \Delta\vec{r} = (mg)(d) \cos 0 = mgd$$
$$= (0{,}55 \text{ kg})(9{,}80 \text{ m/s}^2)(2{,}0 \times 10^{-2} \text{ m}) = 1{,}1 \times 10^{-1} \text{ J}$$

Se você esperava que o trabalho realizado pela gravidade fosse simplesmente aquele realizado pela mola com um sinal positivo, poderá se surpreender com este resultado! Para entender por que este não é o caso, precisamos explorar mais, como faremos na próxima seção.

7.5 Energia cinética e o teorema do trabalho-energia cinética

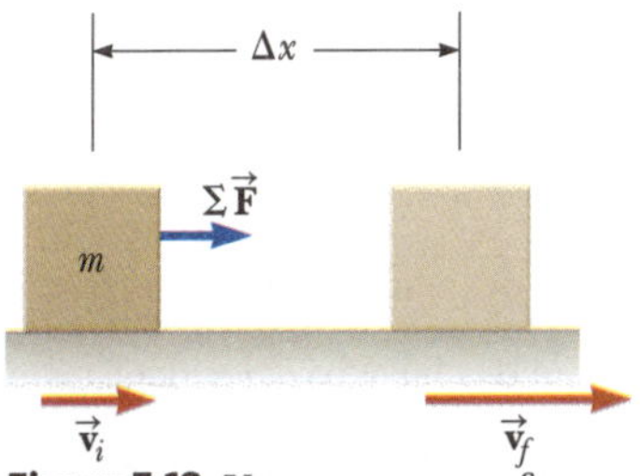

Figura 7.12 Um corpo que sofre um deslocamento $\Delta\vec{r} = \Delta x\hat{i}$ e uma mudança na velocidade sob a ação de força resultante constante $\Sigma\vec{F}$.

Investigamos o trabalho e o identificamos como um mecanismo para transferir energia para um sistema. Afirmamos que trabalho é uma influência do ambiente sobre um sistema, mas ainda não discutimos o *resultado* da influência sobre o sistema. Um resultado possível de realizar trabalho sobre um sistema é que este muda sua velocidade escalar. Nesta seção, investigaremos esta situação e introduziremos nosso primeiro tipo de energia que um sistema pode possuir, chamada *energia cinética*.

Considere um sistema que consiste em um corpo simples. A Figura 7.12 mostra um bloco de massa m que se move por um deslocamento voltado para a direita sob a ação de uma força resultante $\sum\vec{\mathbf{F}}$, também voltada para a direita. Sabemos, da Segunda Lei de Newton, que o bloco se move com uma aceleração $\vec{\mathbf{a}}$. Se o bloco (e, portanto, a força) se move por um deslocamento $\Delta\vec{\mathbf{r}} = \Delta x\hat{\mathbf{i}} = (x_f - x_i)\hat{\mathbf{i}}$, o trabalho resultante realizado no bloco pela resultante externa $\sum\vec{\mathbf{F}}$ é

$$W_{\text{ext}} = \int_{x_i}^{x_f} \sum F\,dx \quad \textbf{(7.14)}$$

Usando a Segunda Lei de Newton, substituímos o módulo da força resultante $\sum F = ma$ e, então, realizamos as seguintes manipulações utilizando a regra da cadeia no integrando:

$$W_{\text{ext}} = \int_{x_i}^{x_f} ma\,dx = \int_{x_i}^{x_f} m\frac{dv}{dt}\,dx = \int_{x_i}^{x_f} m\frac{dv}{dx}\frac{dx}{dt}\,dx = \int_{v_i}^{v_f} mv\,dv$$

$$W_{\text{ext}} = \tfrac{1}{2}mv_f^{\,2} - \tfrac{1}{2}mv_i^{\,2} \quad \textbf{(7.15)}$$

onde v_i é a velocidade escalar do bloco em $x = x_i$ e v_f é sua velocidade escalar em x_f.

A Equação 7.15 foi gerada para a situação específica de um movimento unidimensional, mas este não é um resultado geral. Ela nos diz que o trabalho realizado pela força resultante sobre uma partícula de massa m é igual à diferença entre os valores iniciais e finais de uma quantidade $\frac{1}{2}mv^2$. Essa quantidade é tão importante que recebeu um nome especial, **energia cinética**:

Energia cinética ▶

$$K \equiv \tfrac{1}{2}mv^2 \quad \textbf{(7.16)}$$

A energia cinética representa a energia associada com o movimento da partícula. A energia cinética é uma quantidade escalar e tem as mesmas unidades que o trabalho. Por exemplo, um corpo de 2,0 kg que se move com uma velocidade escalar de 4,0 m/s tem uma energia cinética de 16 J. A Tabela 7.1 lista as energias cinéticas para vários corpos.

A Equação 7.15 afirma que o trabalho realizado sobre uma partícula por uma força resultante $\sum\vec{\mathbf{F}}$ que age sobre ela é igual à variação na energia cinética da partícula. Com frequência, é conveniente escrever a Equação 7.15 na forma

$$W_{\text{ext}} = K_f - K_i = \Delta K \quad \textbf{(7.17)}$$

Outra maneira de escrever é $K_f = K_i + W_{\text{ext}}$, que nos diz que a energia cinética final de um corpo é igual à sua energia devida ao trabalho resultante realizado sobre ele.

TABELA 7.1 *Energias cinéticas para vários corpos*

Corpo	Massa (kg)	Velocidade escalar (m/s)	Energia cinética (J)
Terra orbitando o Sol	$5{,}97 \times 10^{24}$	$2{,}98 \times 10^{4}$	$2{,}65 \times 10^{33}$
Lua orbitando a Terra	$7{,}35 \times 10^{22}$	$1{,}02 \times 10^{3}$	$3{,}82 \times 10^{28}$
Foguete movendo-se na velocidade de escape[a]	500	$1{,}12 \times 10^{4}$	$3{,}14 \times 10^{10}$
Automóvel a 65 mi/h	2.000	29	$8{,}4 \times 10^{5}$
Atleta de corrida	70	10	3.500
Pedra caída de 10 m	1,0	14	98
Bola de golfe na velocidade terminal	0,046	44	45
Gota de chuva na velocidade terminal	$3{,}5 \times 10^{-5}$	9,0	$1{,}4 \times 10^{-3}$
Molécula de oxigênio no ar	$5{,}3 \times 10^{-26}$	500	$6{,}6 \times 10^{-21}$

[a] Velocidade de escape é a velocidade escalar mínima que um corpo deve atingir perto da superfície terrestre para se mover infinitamente para longe da Terra.

Geramos a Equação 7.17 imaginando realizar trabalho sobre uma partícula. Poderíamos também realizar trabalho sobre um sistema deformável, no qual partes dele se movem em relação umas às outras. Neste caso, também descobrimos que a Equação 7.17 é válida enquanto o trabalho resultante é encontrado adicionando-se os realizados por cada força, como discutido anteriormente com relação à Equação 7.8.

A Equação 7.17 é um resultado importante conhecido como **teorema do trabalho-energia cinética**:

Quando trabalho é realizado sobre um sistema e a única mudança nele acontece em sua velocidade escalar, o trabalho resultante sobre o sistema é igual à mudança da energia cinética do sistema, conforme expresso pela Equação 7.17: $W = \Delta K$.

◀ **Teorema do trabalho-energia cinética**

Este teorema indica que a velocidade escalar de um sistema *aumenta* se o trabalho resultante realizado sobre ele é *positivo*, pois a energia cinética final é maior que a inicial. A velocidade escalar *diminui* se o trabalho resultante é *negativo*, pois a energia cinética final é menor que a inicial.

Como até agora só investigamos o movimento de translação através do espaço, chegamos ao teorema do trabalho-energia cinética analisando situações que envolvem este tipo de movimento. Outro tipo é o *movimento de rotação*, no qual um corpo gira em torno de um eixo. Estudaremos este tipo no Capítulo 10 deste volume. O teorema do trabalho-energia cinética também é válido para sistemas que sofrem uma mudança na velocidade escalar de rotação devida ao trabalho realizado sobre o sistema. O moinho de vento da fotografia no início deste capítulo é um exemplo de trabalho causando um movimento de rotação.

O teorema do trabalho-energia cinética esclarecerá um resultado, visto anteriormente neste capítulo, que pode ter parecido estranho. Na Seção 7.4, chegamos a um resultado de trabalho resultante zero realizado quando deixamos uma mola empurrar um bloco de $x_i = -x_{\text{máx}}$ a $x_f = x_{\text{máx}}$. Observe que, como a velocidade escalar do bloco está continuamente mudando, pode parecer complicado analisar este processo. A quantidade ΔK no teorema do trabalho-energia cinética, entretanto, apenas se refere aos pontos inicial e final para a velocidade escalar; ela não depende dos detalhes do trajeto seguido entre esses pontos. Entretanto, como a velocidade escalar é zero tanto no ponto inicial como no final do movimento, o trabalho resultante realizado sobre o bloco é zero. Veremos, com frequência, este conceito de independência de trajeto em abordagens similares dos problemas.

Vamos voltar ao mistério da etapa de Finalização no final do Exemplo 7.5. Por que o trabalho realizado pela gravidade não era exatamente o valor do trabalho realizado pela mola com um sinal positivo? Observe que o trabalho realizado pela gravidade é maior que o módulo do trabalho realizado pela mola. Portanto, o trabalho total realizado por todas as forças sobre o corpo é positivo. Imagine agora como criar a situação na qual as *únicas* forças sobre o corpo são a elástica e a gravitacional. Você deve sustentar o corpo no ponto mais alto e, então, remover sua mão e deixar o corpo cair. Se fizer assim, saberá que, quando o corpo atingir uma posição 2,0 cm abaixo de sua mão, estará *se movendo*, o que é coerente com a Equação 7.17. Trabalho resultante positivo é realizado sobre o corpo, e o resultado é que ele tem uma energia cinética quando passa pelo ponto 2,0 cm.

A única maneira de evitar que o corpo tenha energia cinética depois de passar por 2,0 cm é baixá-lo lentamente com a mão. Depois, entretanto, há uma terceira força realizando trabalho sobre o corpo, a força normal de sua mão. Se esse trabalho for calculado e adicionado ao realizado pelas forças elástica e gravitacional, o trabalho resultante realizado sobre o corpo será zero, que é coerente, pois ele não está se movendo no ponto 2,0 cm.

Anteriormente, indicamos que o trabalho pode ser considerado um mecanismo para transferir energia para determinado sistema. A Equação 7.17 é um enunciado matemático deste conceito. Quando trabalho resultante W_{ext} é realizado sobre um sistema, o resultado é uma transferência de energia através de uma fronteira do sistema. O resultado sobre o sistema, no caso da Equação 7.17, é uma variação ΔK na energia cinética. Na próxima seção, investigaremos outro tipo de energia que pode ser armazenada em um sistema como resultado da realização de trabalho sobre o sistema.

Prevenção de Armadilhas 7.5

Condições para o teorema do trabalho-energia cinética

O teorema do trabalho-energia cinética é importante, mas limitado em sua aplicação; ele não é um princípio geral. Em muitas situações, outras mudanças no sistema ocorrem além de sua velocidade e há outras interações com o ambiente além do trabalho. Um princípio mais geral que envolve energia é a *conservação de energia* na Seção 8.1 deste volume.

Prevenção de Armadilhas 7.6

Teorema do trabalho-energia cinética: velocidade escalar, não velocidade vetorial

O teorema do trabalho-energia cinética relaciona trabalho a uma mudança na *velocidade escalar* de um sistema, não uma mudança em sua velocidade vetorial. Por exemplo, se um corpo está em movimento circular uniforme, sua velocidade escalar é constante. Embora sua velocidade esteja mudando, nenhum trabalho é realizado sobre o corpo pela força que causa o movimento circular.

Teste Rápido 7.5 Um dardo é inserido em uma arma movida a mola e empurra a mola a uma distância x. Na próxima carga, a mola é comprimida a uma distância $2x$. Com que velocidade escalar o segundo dardo deixa a arma em comparação ao primeiro? **(a)** quatro vezes mais rápido **(b)** duas vezes mais rápido **(c)** a mesma **(d)** metade da velocidade **(e)** um quarto da velocidade.

Exemplo 7.6 Um bloco empurrado sobre uma superfície sem atrito MA

Um bloco de 6,0 kg inicialmente em repouso é puxado para a direita ao longo de uma superfície horizontal sem atrito por uma força horizontal de intensidade constante de 12 N. Encontre a velocidade escalar do bloco após este ter se movido através de uma distância horizontal de 3,0 m.

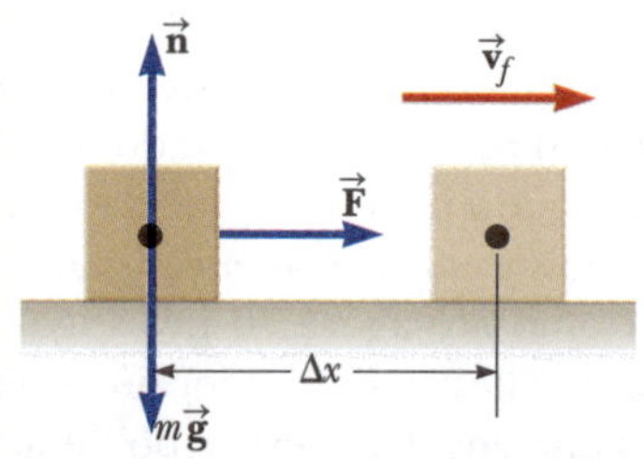

Figura 7.13 (Exemplo 7.6) Um bloco é puxado para a direita sobre uma superfície sem atrito por uma força horizontal constante.

SOLUÇÃO

Conceitualização A Figura 7.13 ilustra esta situação. Imagine puxar um carrinho por uma mesa horizontal com um elástico amarrado na frente dele. A força é mantida constante ao se certificar que o elástico esticado tenha sempre o mesmo comprimento.

Categorização Poderíamos aplicar as equações da cinemática para determinar a resposta, mas vamos praticar a abordagem de energia. O bloco é o sistema, e três forças externas agem sobre ele. A força normal equilibra a gravitacional sobre o bloco, e nenhuma dessas forças agindo verticalmente realiza trabalho sobre o bloco, pois seus pontos de aplicação são deslocados horizontalmente.

Análise A força externa resultante que age sobre o bloco é a horizontal de 12 N.

Use o teorema do trabalho-energia cinética para o bloco, observando que sua energia cinética inicial é zero:

$$W_{\text{ext}} = \Delta K = K_f - K_i = \tfrac{1}{2}mv_f^2 - 0 = \tfrac{1}{2}mv_f^2$$

Resolva para encontrar v_f e use a Equação 7.1 para o trabalho realizado sobre o bloco por $\vec{\mathbf{F}}$:

$$v_f = \sqrt{\frac{2W_{\text{ext}}}{m}} = \sqrt{\frac{2F\,\Delta x}{m}}$$

Substitua os valores numéricos:

$$v_f = \sqrt{\frac{2(12\text{ N})(3{,}0\text{ m})}{6{,}0\text{ kg}}} = 3{,}5\text{ m/s}$$

Finalização Você deverá resolver este problema novamente considerando o bloco uma *partícula sob uma força* resultante para encontrar sua aceleração e, depois, como uma *partícula sob aceleração constante* para encontrar sua velocidade final. No Capítulo 8 deste volume, veremos que o procedimento de energia seguido anteriormente é um exemplo do modelo de análise de um *sistema não isolado.*

E SE? Suponha que o módulo da força nesse exemplo seja dobrada a $F' = 2F$. O bloco de 6,0 kg acelera a 3,5 m/s em razão desta força aplicada enquanto se move por um deslocamento $\Delta x'$. Como o deslocamento $\Delta x'$ se compara com o deslocamento original Δx?

Resposta Se puxar forte, o bloco deve acelerar a determinada velocidade escalar em uma distância mais curta, portanto, esperamos que $\Delta x' < \Delta x$. Em ambos os casos, o bloco sofre a mesma variação na energia cinética ΔK. Matematicamente, pelo teorema do trabalho-energia cinética, descobrimos que

$$W_{\text{ext}} = F'\Delta x' = \Delta K = F\Delta x$$

$$\Delta x' = \frac{F}{F'}\Delta x = \frac{F}{2F}\Delta x = \tfrac{1}{2}\Delta x$$

e a distância é menor que a sugerida por nosso argumento conceitual.

Exemplo Conceitual 7.7 A rampa alivia o trabalho necessário?

Um homem deseja carregar um refrigerador sobre um caminhão utilizando uma rampa a um ângulo θ, como mostra a Figura 7.14. Ele afirma que seria necessário menos trabalho para carregar o caminhão se o comprimento L da rampa fosse aumentado. Esta afirmação é válida?

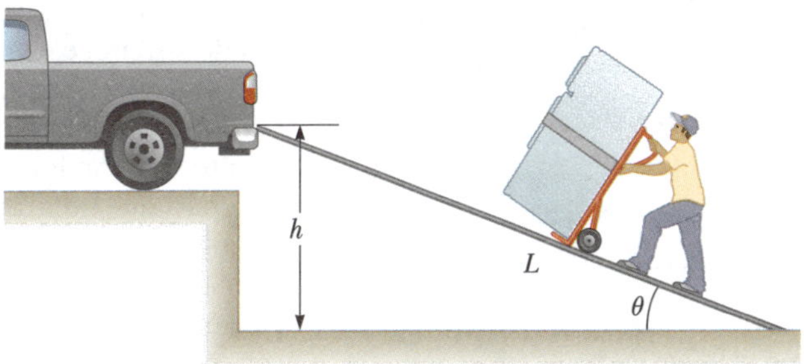

Figura 7.14 (Exemplo Conceitual 7.7) Um refrigerador preso a um carrinho sem atrito movido rampa acima a uma velocidade escalar constante.

SOLUÇÃO

Não. Suponha que o refrigerador fosse empurrado com um carrinho rampa acima a uma velocidade escalar constante. Neste caso, para o sistema do refrigerador e para o carrinho, $\Delta K = 0$. A força normal exercida pela rampa sobre o sistema é direcionada a 90° do deslocamento de seu ponto de aplicação e, portanto, não realiza trabalho sobre o sistema. Como $\Delta K = 0$, o teorema do trabalho-energia cinética dá

$$W_{\text{ext}} = W_{\text{pelo homem}} + W_{\text{pela gravidade}} = 0$$

O trabalho realizado pela força gravitacional é igual ao produto do peso mg *do* sistema pela distância L que o refrigerador é deslocado e cos (θ + 90°). Consequentemente,

$$W_{\text{pelo homem}} = -W_{\text{pela gravidade}} = -(mg)(L)[\cos(\theta + 90°)]$$
$$= mgL \operatorname{sen}\theta = mgh$$

onde $h = L \operatorname{sen}\theta$ é a altura da rampa. Portanto, o homem deve realizar a mesma quantidade de trabalho, mgh, sobre o sistema, *independente* do comprimento da rampa. O trabalho depende apenas da altura da rampa. Embora menos força seja necessária com uma rampa mais longa, o ponto de aplicação dessa força sofre um deslocamento maior.

7.6 Energia potencial de um sistema

Até agora, neste capítulo, definimos um sistema em geral, mas concentramos nossa atenção principalmente em partículas ou corpos únicos sob a influência de forças externas. Agora, vamos considerar sistemas de duas ou mais partículas, ou corpos que interagem por meio de uma força que é *interna* ao sistema. A energia cinética de tal sistema é a soma algébrica das energias cinéticas de todos os membros do sistema. Pode haver sistemas, entretanto, nos quais um corpo tem tanta massa, que pode ser considerado parado, e sua energia cinética pode ser desprezada. Por exemplo, se considerarmos um sistema bola-Terra, quando uma bola cai na Terra, a energia cinética do sistema pode ser considerada apenas a energia cinética da bola. A Terra move-se tão lentamente neste processo que podemos ignorar sua energia cinética. Por outro lado, a energia cinética de um sistema de dois elétrons deve incluir as energias cinéticas de ambas as partículas.

Imaginemos um sistema que consiste em um livro e a Terra interagindo por meio da força gravitacional. Realizamos trabalho sobre o sistema ao levantar o livro lentamente a partir do repouso por um deslocamento vertical $\Delta\vec{\mathbf{r}} = (y_f - y_i)\,\hat{\mathbf{j}}$, como na Figura 7.15. De acordo com nossa discussão sobre trabalho como uma transferência de energia, este trabalho realizado sobre o sistema deve aparecer como um aumento da energia do sistema. O livro está em repouso antes de realizarmos o trabalho, e fica em repouso depois que o realizamos. Portanto, não há nenhuma mudança na energia cinética do sistema.

Como a mudança de energia do sistema não é na forma de energia cinética, o teorema da energia cinética de trabalho não se aplica aqui e a mudança de energia deve aparecer como alguma forma de armazenagem de energia diferente da energia cinética. Depois de levantar o livro, poderíamos soltá-lo e deixá-lo cair de volta à posição y_i. Observe que o livro, e consequentemente o sistema, agora têm energia cinética e que sua origem está no trabalho realizado ao levantar o livro. Enquanto o livro estava no ponto mais alto, o sistema tinha o *potencial* de possuir energia cinética, mas ele não fez isso até que o livro foi solto. Portanto, chamamos o mecanismo de armazenamento de energia antes de o livro ser solto de **energia potencial**. Descobriremos

O trabalho realizado pelo agente sobre o sistema livro-Terra é $mgy_f - mgy_i$.

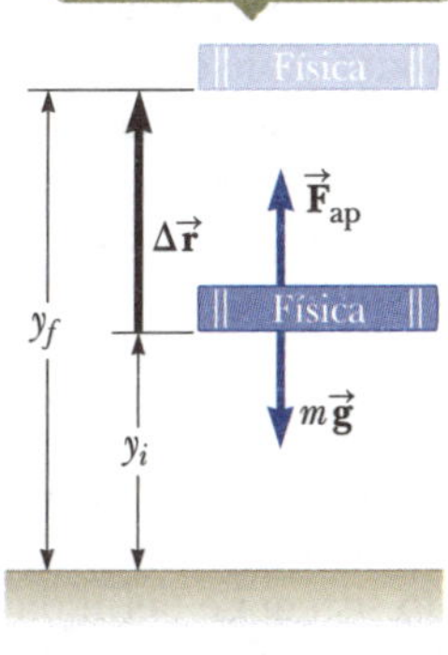

Figura 7.15 Um agente externo levanta um livro lentamente de uma altura y_i até uma altura y_f.

Prevenção de Armadilhas 7.7

Energia potencial

O termo *energia potencial* não se refere a algo que tem o potencial de se tornar energia. Energia potencial *é* energia.

Prevenção de Armadilhas 7.8

Energia potencial pertence a um sistema

A energia potencial é sempre associada a um *sistema* de dois ou mais corpos interagindo. Quando um pequeno corpo se move perto da superfície terrestre sob a influência da gravidade, podemos, às vezes, nos referir à energia potencial "associada ao corpo", em vez do mais adequado, "associada ao sistema", pois a Terra não se move significativamente. Não nos referiremos, entretanto, à energia potencial do "corpo", pois este termo ignora o papel da Terra.

que a energia potencial de um sistema só pode ser associada a tipos específicos de forças agindo entre membros de um sistema. A quantidade de energia potencial no sistema é determinada pela *configuração* do sistema. Mover membros do sistema para posições diferentes ou rotacioná-los pode mudar a configuração do sistema e, consequentemente, sua energia potencial.

Vamos derivar uma expressão para a energia potencial associada a um corpo em determinado local acima da superfície terrestre. Considere um agente externo levantando um corpo de massa m de uma altura inicial y_i acima do chão até uma altura final y_f, como na Figura 7.15. Consideramos que o levantamento é realizado lentamente, sem aceleração, de maneira que a força aplicada pelo agente seja igual em módulo à força gravitacional sobre o corpo; este é considerado uma partícula em equilíbrio movendo-se a uma velocidade constante. O trabalho realizado pelo agente externo sobre o sistema (corpo e Terra) enquanto o corpo sofre esse deslocamento para cima é definido pelo produto da força aplicada para cima, $\vec{\mathbf{F}}_{\text{ap}}$, e pelo deslocamento dessa força para cima, $\Delta\vec{\mathbf{r}} = \Delta y\hat{\mathbf{j}}$:

$$W_{\text{ext}} = (\vec{\mathbf{F}}_{\text{ap}}) \cdot \Delta\vec{\mathbf{r}} = (mg\hat{\mathbf{j}}) \cdot [(y_f - y_i)\hat{\mathbf{j}}] = mgy_f - mgy_i \quad \textbf{(7.18)}$$

onde o resultado é o trabalho final realizado sobre o sistema, pois a força aplicada é a única do ambiente sobre o sistema. Lembre-se de que a força gravitacional é *interna* ao sistema. Observe a similaridade entre as Equações 7.18 e 7.15. Em cada uma delas, o trabalho realizado sobre um sistema é igual à diferença entre os valores inicial e final de uma quantidade. Na Equação 7.15, o trabalho representa uma transferência de energia para o sistema, e o aumento de energia do sistema é na forma cinética. Na 7.18, o trabalho representa uma transferência de energia para o sistema, e a energia do sistema aparece de uma forma diferente, que chamamos energia potencial.

Portanto, podemos identificar a quantidade mgy como a **energia potencial gravitacional**, U_g do sistema de um objeto de massa m e a Terra:

Energia potencial gravitacional ▶

$$U_g \equiv mgy \quad \textbf{(7.19)}$$

A unidade da energia potencial gravitacional é joule, a mesma unidade de trabalho e energia cinética. A energia potencial, como o trabalho e a energia cinética, é uma quantidade escalar. Observe que a Equação 7.19 é válida apenas para corpos próximos da superfície terrestre, onde g é aproximadamente constante.[3]

Utilizando nossa definição de energia potencial gravitacional, a Equação 7.18 pode ser reescrita como

$$W_{\text{ext}} = \Delta U_g \quad \textbf{(7.20)}$$

que descreve matematicamente que o trabalho externo resultante realizado sobre o sistema nesta situação aparece como uma mudança na energia potencial do sistema.

A Equação 7.20 é similar, na forma, ao teorema de energia cinética de trabalho, Equação 7.17. Na Equação 7.17, o trabalho é realizado em um sistema e a energia aparece no sistema como energia cinética, representando *movimento* dos membros do sistema. Na Equação 7.20, o trabalho é realizado no sistema e a energia aparece no sistema como energia potencial, representando uma mudança na *configuração* dos membros do sistema.

A energia potencial gravitacional depende apenas da altura vertical do corpo acima da superfície terrestre. A mesma quantidade de trabalho deve ser realizada sobre um sistema corpo-Terra se o corpo for levantado verticalmente da Terra ou empurrado a partir do mesmo ponto para cima em um plano inclinado sem atrito, terminando na mesma altura. Verificamos esta afirmação para a situação específica de mover um refrigerador rampa acima do Exemplo Conceitual 7.7. Esta afirmação pode se mostrar verdadeira, em geral, calculando o trabalho realizado sobre um corpo por um agente que o move por um deslocamento com componentes vertical e horizontal:

$$W_{\text{ext}} = (\vec{\mathbf{F}}_{\text{ap}}) \cdot \Delta\vec{\mathbf{r}} = (mg\hat{\mathbf{j}}) \cdot [(x_f - x_i)\hat{\mathbf{i}} + (y_f - y_i)\hat{\mathbf{j}}] = mgy_f - mgy_i$$

onde não há termo envolvendo x no resultado final, pois $\hat{\mathbf{j}} \times \hat{\mathbf{i}} = 0$.

Ao resolver problemas, você deve escolher uma configuração referencial para a qual a energia potencial gravitacional do sistema é definida como algum valor de referência, que é normalmente zero. A escolha da configuração referencial é completamente arbitrária, pois a quantidade importante é a *diferença* na energia potencial, e esta diferença é independente da escolha da configuração referencial.

[3] A suposição de que g é constante é válida desde que o deslocamento vertical do objeto seja pequeno em comparação com o raio da Terra.

Com frequência, é conveniente escolher a configuração referencial para energia potencial gravitacional zero como aquela na qual um corpo está na superfície terrestre, mas esta escolha não é essencial. Reiteradas vezes, o enunciado do problema sugere uma configuração conveniente a utilizar.

***Teste Rápido* 7.6** Escolha a resposta certa. A energia potencial gravitacional de um sistema **(a)** é sempre positiva **(b)** é sempre negativa **(c)** pode ser positiva ou negativa.

Exemplo 7.8 O atleta orgulhoso e o dedão ferido

Um atleta descuidado deixa cair o troféu que está exibindo sobre o dedão do pé. Escolhendo o nível do chão como o ponto $y = 0$ de seu sistema de coordenadas, estime a mudança na energia potencial gravitacional do sistema troféu-Terra enquanto o troféu cai. Repita o cálculo, utilizando o topo da cabeça do atleta como a origem das coordenadas.

SOLUÇÃO

Conceitualização O troféu muda sua posição vertical em relação à superfície terrestre. Associada a essa variação na posição, há uma variação na energia potencial gravitacional do sistema troféu-Terra.

Categorização Avaliamos uma variação na energia potencial gravitacional definida nesta seção, portanto, categorizamos este exemplo como um problema de substituição. Como não há números fornecidos no enunciado do problema, é também um problema de estimativa.

O enunciado do problema nos diz que a configuração referencial do sistema troféu-Terra que corresponde à energia potencial zero é quando a parte inferior do troféu está no chão. Para variar a energia potencial para o sistema, precisamos estimar alguns poucos valores. Digamos que o troféu tenha uma massa de 2 kg, e o topo do dedão do atleta esteja a cerca de 0,03 m acima do chão. Além disso, suponhamos que o troféu caia de uma altura de 1,4 m.

Calcule a energia potencial gravitacional do sistema troféu-Terra exatamente antes que o troféu seja solto:

$$U_i = mgy_i = (2 \text{ kg})\,(9{,}80 \text{ m/s}^2)\,(1{,}4 \text{ m}) = 27{,}4 \text{ J}$$

Calcule a energia potencial gravitacional do sistema troféu-Terra quando o troféu atinge o dedão do atleta:

$$U_f = mgy_f = (2 \text{ kg})(9{,}80 \text{ m/s}^2)(0{,}05 \text{ m}) = 0{,}98 \text{ J}$$

Calcule a variação na energia potencial gravitacional do sistema troféu-Terra:

$$\Delta U_g = 0{,}98 \text{ J} - 27{,}4 \text{ J} = -26{,}4 \text{ J}$$

Deveríamos, provavelmente, manter apenas um dígito em razão de nossa estimativa grosseira; portanto, estimamos que a mudança na energia potencial gravitacional seja de -26 J. O sistema tinha cerca de 27 J de energia potencial gravitacional antes de o troféu começar a cair, e aproximadamente 1 J de energia potencial quando o troféu atinge o topo do dedão.

O segundo caso apresentado indica que a configuração referencial do sistema escolhida para energia potencial zero é quando o troféu está na cabeça do atleta (mesmo que o troféu nunca esteja nesta posição em seu movimento). Estimamos que esta posição seja a 2,0 m acima do chão.

Calcule a energia potencial gravitacional do sistema troféu-Terra exatamente antes de o troféu ser solto de sua posição 0,6 m abaixo da cabeça do atleta:

$$U_i = mgy_i = (2 \text{ kg})(9{,}80 \text{ m/s}^2)(-0{,}6 \text{ m}) = -11{,}8 \text{ J}$$

Calcule a energia potencial gravitacional do sistema troféu-Terra quando o troféu atinge o dedão do atleta localizado a 1,95 m abaixo da cabeça dele:

$$U_f = mgy_f = (2 \text{ kg})(9{,}80 \text{ m/s}^2)(-1{,}95 \text{ m}) = -38{,}2 \text{ J}$$

Calcule a variação na energia potencial gravitacional do sistema troféu-Terra:

$$\Delta U_g = -38{,}2 \text{ J} - (-11{,}8 \text{ J}) = -26{,}4 \text{ J} \approx -26 \text{ J}$$

Este valor é o mesmo de antes, como deve ser. A mudança na energia potencial é independente da escolha de configuração do sistema representando o zero de energia potencial. Se quiséssemos manter somente um dígito em nossas estimativas, poderíamos escrever o resultado final como 3×10^1 J.

Energia potencial elástica

Como membros de um sistema podem interagir uns com os outros por meio de tipos diferentes de forças, é possível que haja tipos diferentes de energia potencial em um sistema. Acabamos de nos familiarizar com a energia potencial gravitacional de um sistema no qual os membros interagem por meio da força gravitacional. Vamos explorar um segundo tipo de energia potencial que um sistema pode possuir.

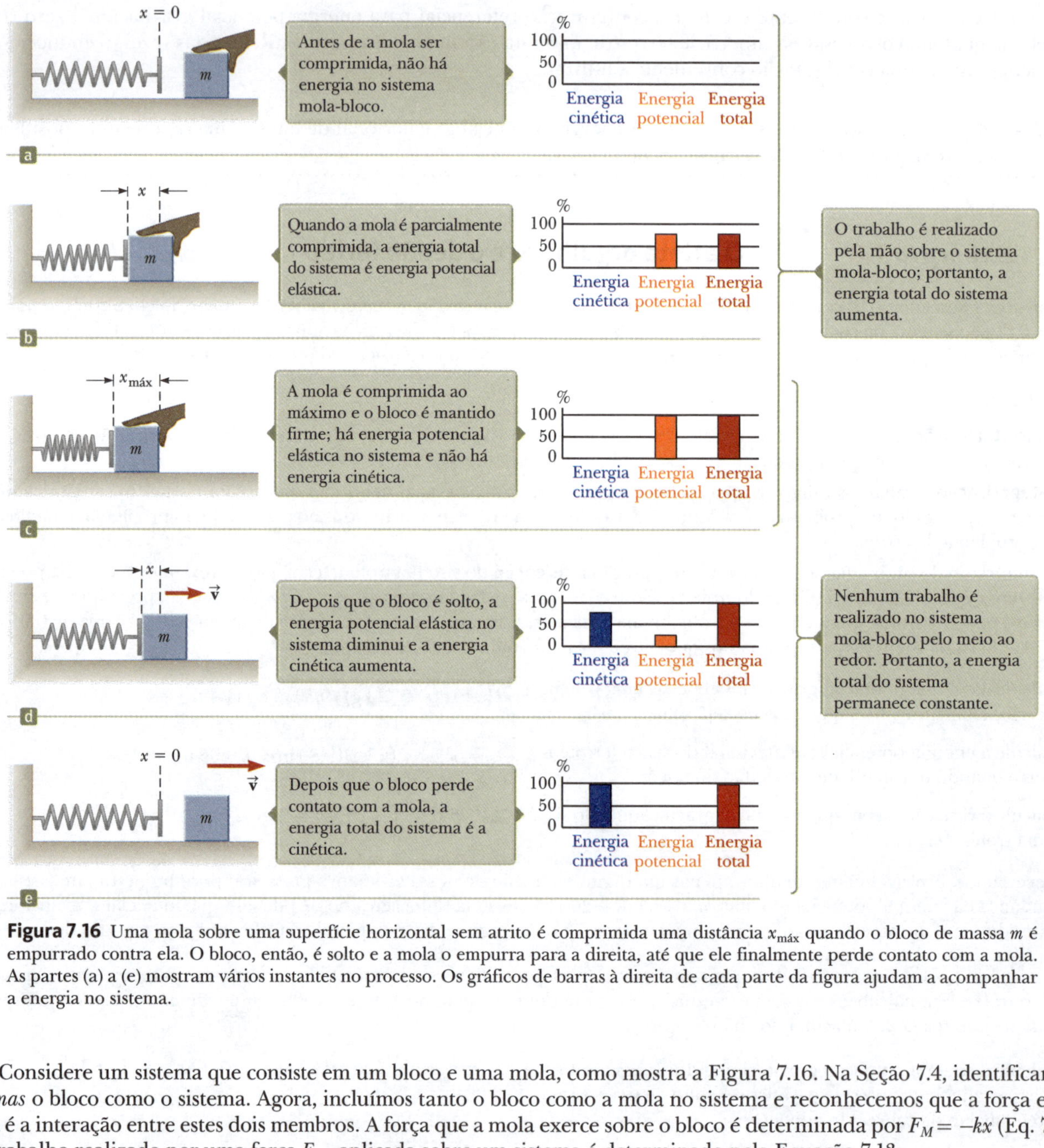
x = 0
m
Antes de a mola ser comprimida, não há energia no sistema mola-bloco.
%
100
50
0
Energia cinética
Energia potencial
Energia total
a
x
Quando a mola é parcialmente comprimida, a energia total do sistema é energia potencial elástica.
b
O trabalho é realizado pela mão sobre o sistema mola-bloco; portanto, a energia total do sistema aumenta.
x máx
A mola é comprimida ao máximo e o bloco é mantido firme; há energia potencial elástica no sistema e não há energia cinética.
c
v
Depois que o bloco é solto, a energia potencial elástica no sistema diminui e a energia cinética aumenta.
d
Nenhum trabalho é realizado no sistema mola-bloco pelo meio ao redor. Portanto, a energia total do sistema permanece constante.
Depois que o bloco perde contato com a mola, a energia total do sistema é a cinética.
e

Figura 7.16 Uma mola sobre uma superfície horizontal sem atrito é comprimida uma distância $x_{máx}$ quando o bloco de massa m é empurrado contra ela. O bloco, então, é solto e a mola o empurra para a direita, até que ele finalmente perde contato com a mola. As partes (a) a (e) mostram vários instantes no processo. Os gráficos de barras à direita de cada parte da figura ajudam a acompanhar a energia no sistema.

Considere um sistema que consiste em um bloco e uma mola, como mostra a Figura 7.16. Na Seção 7.4, identificamos *apenas* o bloco como o sistema. Agora, incluímos tanto o bloco como a mola no sistema e reconhecemos que a força elástica é a interação entre estes dois membros. A força que a mola exerce sobre o bloco é determinada por $F_M = -kx$ (Eq. 7.9). O trabalho realizado por uma força F_{ap}, aplicada sobre um sistema é determinado pela Equação 7.13:

$$W_{ext} = \tfrac{1}{2}kx_f^{\,2} - \tfrac{1}{2}kx_i^{\,2} \quad \textbf{(7.21)}$$

Nesta situação, as coordenadas x inicial e final do bloco são medidas a partir de sua posição de equilíbrio, $x = 0$. Novamente, como no caso gravitacional, Equação 7.18, vemos que o trabalho realizado sobre o sistema é igual à diferença entre os valores inicial e final de uma expressão relacionada à configuração do sistema. A função **energia potencial elástica** associada ao sistema bloco-mola é definida por

Energia potencial elástica ▶

$$U_m \equiv \tfrac{1}{2}kx^2 \quad \textbf{(7.22)}$$

A Equação 7.21 pode ser expressa como

$$W_{ext} = \Delta U_m \quad \textbf{(7.23)}$$

Compare esta equação com as Equações 7.17 e 7.20. Em todas as três situações, o trabalho externo é realizado em um sistema e uma forma de armazenamento de energia no sistema se modifica, como resultado disso.

A energia potencial elástica do sistema pode ser entendida como a energia armazenada na mola deformada (que é comprimida ou distendida de sua posição de equilíbrio), que é zero sempre que a mola não está deformada ($x = 0$). A energia é armazenada na mola apenas quando esta é distendida ou comprimida. Como a energia potencial elástica é proporcional a x^2, vemos que U_M é sempre positiva em uma mola deformada. Exemplos do dia a dia de armazenamento de energia potencial elástica podem ser encontrados em relógios antigos ou de pulso que ainda operam a corda, e pequenos brinquedos de corda para crianças.

Considere a Figura 7.16, novamente, que mostra uma mola sobre uma superfície horizontal sem atrito. Quando um bloco é empurrado contra a mola por um agente externo, a energia potencial elástica e a energia total do sistema aumentam, como indicadas na Figura 7.16b. Quando a mola é comprimida uma distância $x_{\text{máx}}$ (Fig. 7.16c), a energia potencial elástica armazenada na mola é $\frac{1}{2}kx^2_{\text{máx}}$. Quando o bloco é liberado do repouso, a mola exerce uma força sobre ele e o empurra para a direita. A energia potencial elástica do sistema diminui, enquanto a energia total permanece fixa (Fig. 7.16d). Quando a mola retorna a seu comprimento original, a energia potencial elástica armazenada é completamente transformada em energia cinética do bloco (Fig. 7.16e).

Figura 7.17 (Teste Rápido 7.7) Uma bola conectada a uma mola sem massa suspensa verticalmente. Quais formas de energia potencial estão associadas ao sistema quando a bola é deslocada para baixo?

Gráficos de barras da energia

A Figura 7.16 mostra uma importante representação gráfica das informações relativas à energia dos sistemas chamada **gráfico de barra da energia**. O eixo vertical representa a quantidade de energia de determinado tipo no sistema; o horizontal, os tipos de energia no sistema. O mostrado na Figura 7.16a evidencia que o sistema contém energia zero, porque a mola está relaxada e o bloco não está se movendo. Entre as Figuras 7.16a e 7.16c, a mão realiza trabalho sobre o sistema, comprimindo a mola e armazenando energia potencial elástica no sistema. Já na 7.16d, o bloco foi solto e está se movendo para a direita, enquanto ainda está em contato com a mola. A altura da barra para a energia potencial elástica do sistema diminui, a barra da energia cinética aumenta e a energia total permanece fixa. Na Figura 7.16e, a mola retornou a seu comprimento relaxada, e o sistema agora contém apenas energia cinética associada ao bloco em movimento.

Gráficos de barras da energia podem ser representações muito úteis para acompanhar os vários tipos de energia em um sistema. Para praticar, tente fazer gráficos de barras da energia para o sistema livro-Terra, da Figura 7.15, quando o livro é derrubado de uma posição mais alta. A Figura 7.17, associada ao Teste Rápido 7.7, mostra outro sistema para o qual desenhar um gráfico de barras da energia seria um bom exercício. Mostraremos gráficos de barras de energia em algumas figuras neste capítulo. Algumas figuras não terão um gráfico de barras no texto, mas incluirão um nas versões animadas no Enhanced WebAssign (em inglês).

Teste Rápido 7.7 Uma bola é conectada a uma mola leve suspensa verticalmente, como mostra a Figura 7.17. Quando puxada para baixo a partir de sua posição de equilíbrio e solta, a bola oscila para cima e para baixo. **(i)** No sistema da *bola, da mola e da Terra,* quais formas de energia estão presentes durante o movimento? **(a)** cinética e potencial elástica **(b)** cinética e potencial gravitacional **(c)** cinética, potencial elástica e potencial gravitacional **(d)** potencial elástica e potencial gravitacional. **(ii)** No sistema da *bola e da mola,* quais formas de energia estão presentes durante o movimento? Escolha a partir das mesmas possibilidades de (a) a (d).

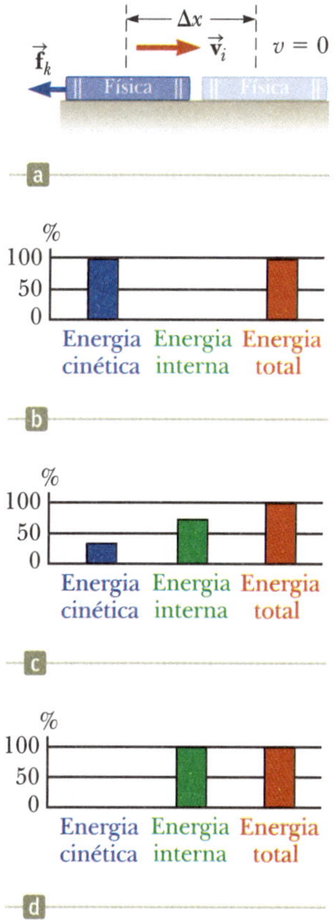

Figura 7.18 (a) Um livro deslizando para a direita em uma superfície horizontal fica mais devagar na presença de uma força de atrito cinética que age para a esquerda. (b) Um gráfico de barras mostrando a energia no sistema livro e a superfície no instante inicial do tempo. A energia do sistema é toda energia cinética. (c) Enquanto o livro está deslizando, a energia cinética do sistema diminui à medida que é transformada em energia interna. (d) Depois que o livro para, a energia do sistema é toda energia interna.

7.7 Forças conservativas e não conservativas

Introduzimos agora um terceiro tipo de energia que um sistema pode possuir. Imagine que o livro na Figura 7.18a foi acelerado por sua mão e agora está deslizando para a direita sobre a superfície de uma mesa pesada, e vai mais devagar em razão da força de atrito. Suponha que a *superfície* seja o sistema. Então, a força de atrito do livro deslizando realiza trabalho sobre a superfície. A força sobre a superfície é para a direita, e o deslocamento do ponto de aplicação da força é para a direita, porque o livro se moveu nesta direção.

O trabalho realizado sobre a superfície é positivo, mas a superfície não se move depois que o livro parou. Trabalho, portanto, positivo foi realizado sobre a superfície, entretanto, não há aumento na energia cinética da superfície ou na energia potencial de qualquer sistema. Desse modo, onde está a energia?

De sua experiência com deslizamentos sobre superfícies com atrito, você pode provavelmente supor que a superfície ficará *mais quente* depois que o livro deslizar sobre ela. O trabalho que foi realizado sobre a superfície acabou aquecendo a superfície, em vez de aumentar sua velocidade escalar ou mudar a configuração de um sistema. Chamamos a energia associada à temperatura de um sistema sua **energia interna**, simbolizada como E_{int}. Definiremos energia interna com mais abragência no Capítulo 6 do Volume 2. Neste caso, o trabalho realizado sobre a superfície na verdade representa energia transferida para o sistema, mas aparece nele como energia interna, em vez de energia cinética ou potencial.

Considere agora o livro e a superfície na Figura 7.18a juntos como um sistema. Inicialmente, o sistema tem energia cinética, porque o livro está se movendo. Enquanto ele está deslizando, a energia interna do sistema aumenta; o livro e a superfície estão mais quentes do que antes. Quando o livro para, a energia cinética foi completamente transformada em energia interna. Podemos considerar força não conservativa dentro do sistema – isto é, entre o livro e a superfície – como um *mecanismo de transformação* para energia. Esta força não conservativa transforma a energia cinética do sistema em energia interna. Esfregue as mãos uma na outra com força para experimentar este efeito!

As Figuras 7.18b a 7.18d mostram gráficos de barras da energia para a situação na Figura 7.18a. Já na 7.18b, o gráfico de barras mostra que o sistema contém energia cinética no instante em que ele solta o livro das mãos. Definimos a quantidade de referência da energia interna no sistema como zero neste instante. A Figura 7.18c mostra a energia cinética transformando-se em energia interna enquanto o livro vai mais devagar devido à força de atrito. Na 7.18d, depois que o livro parou de deslizar, a energia cinética é zero, e o sistema agora contém apenas energia interna E_{int}. Observe que a barra da energia total em vermelho não mudou durante o processo. A quantidade de energia interna no sistema depois que o livro parou é igual à quantidade de energia cinética no sistema no instante inicial. Esta igualdade é descrita por um princípio importante chamado *conservação da energia,* que exploraremos no Capítulo 8 deste volume.

Agora, considere com mais detalhes um corpo movendo-se para baixo perto da superfície terrestre. O trabalho realizado pela força gravitacional sobre o corpo não depende de ele cair verticalmente ou deslizar para baixo em uma rampa com atrito. Tudo o que importa é a variação na elevação do corpo. A transformação de energia em energia interna devido ao atrito nesse plano inclinado, entretanto, depende muito da distância que o corpo desliza. Quanto mais longa a rampa, mais a energia potencial é transformada em energia interna. Em outras palavras, o trajeto não faz diferença quando consideramos o trabalho realizado pela força gravitacional, mas faz quando consideramos a transformação de energia devido às forças de atrito. Podemos usar esta dependência variável do trajeto para classificar forças como *conservativas* ou *não conservativas*. Das duas mencionadas, a força gravitacional é conservativa, e a de atrito é não conservativa.

Forças conservativas

Forças conservativas têm duas propriedades equivalentes:

Propriedades das forças conservativas ▶

1. O trabalho realizado por uma força conservativa sobre uma partícula movendo-se entre dois pontos quaisquer é independente do caminho feito pela partícula.
2. O trabalho realizado por uma força conservativa sobre uma partícula movendo-se por qualquer caminho fechado é zero. Um caminho fechado é aquele no qual os pontos de início e final são idênticos.

A força gravitacional é um exemplo de força conservativa; a força que uma mola ideal exerce sobre qualquer corpo preso a ela é outro. O trabalho realizado pela força gravitacional sobre um corpo movendo-se entre dois pontos quaisquer perto da superfície terrestre é $W_g = -mg\hat{\mathbf{j}} \times [(y_f - y_i)\hat{\mathbf{j}}] = mgy_i - mgy_f$. A partir dessa equação, observe que W_g depende apenas das coordenadas y inicial e final do corpo e, portanto, é independente do caminho. Além disso, W_g é zero quando o corpo se move em qualquer caminho fechado (onde $y_i = y_f$).

Para o caso do sistema corpo-mola, o trabalho W_M realizado pela força elástica é determinado por $W_M = \frac{1}{2}kx_i^2 - \frac{1}{2}kx_f^2$ (Eq. 7.12). Vemos que a força elástica é conservativa, pois W_M depende apenas das coordenadas x inicial e final do corpo, e é zero para qualquer caminho fechado.

Podemos associar uma energia potencial para um sistema com uma força agindo entre membros do sistema, mas podemos fazê-lo apenas se a força for conservativa. Em geral, o trabalho W_{int} realizado por uma força conservativa sobre um corpo que é um membro de um sistema, quando ele muda de uma configuração para outra, é igual ao valor inicial da energia potencial do sistema menos o valor final:

$$W_{\text{int}} = U_i - U_f = -\Delta U \qquad (7.24)$$

Prevenção de Armadilhas 7.9

Advertência da equação similar

Compare as Equações 7.24 e 7.20. Elas são similares, exceto pelo sinal negativo, que é uma fonte comum de confusão. A Equação 7.20 nos diz que o trabalho positivo realizado *por um agente externo* sobre um sistema causa um aumento na energia potencial do sistema (com nenhuma mudança na energia cinética ou interna). Já a 7.24 afirma que o trabalho positivo realizado *sobre um componente de um sistema por uma força conservativa interna ao sistema* causa uma redução na energia potencial do sistema.

O subscrito "int" na Equação 7.23 nos diz que o trabalho que estamos discutindo é realizado por um membro do sistema sobre outro, e é, portanto, *interno* ao sistema. Ele é diferente do trabalho W_{ext} realizado sobre o sistema como um todo por um agente externo. Como exemplo, compare a Equação 7.24 com a específica para o trabalho realizado por um agente externo em um sistema bloco-mola (Eq. 7.23) quando a extensão desta muda.

Forças não conservativas

Uma força é **não conservativa** se não satisfizer as propriedades 1 e 2 mostradas anteriormente. O trabalho realizado por uma força não conservativa depende do caminho. Definimos a soma das energias cinética e potencial de um sistema como a **energia mecânica** do sistema:

$$E_{mec} \equiv K + U \quad (7.25)$$

em que K inclui a energia cinética de todos os membros em movimento do sistema, e U inclui todos os tipos de energia potencial no sistema. Para um livro caindo sob a ação da força gravitacional, a energia mecânica do sistema livro-Terra permanece fixa; a energia potencial gravitacional transforma-se em energia cinética, e a energia total do sistema permanece constante. Forças não conservativas agindo dentro de um sistema, entretanto, causam uma *mudança* na energia mecânica do sistema. Por exemplo, para um livro colocado em deslizamento sobre uma superfície horizontal que apresenta atrito (Figura 7.18a), a energia mecânica do sistema livro-superfície é transformada em energia interna, como já discutimos. Apenas parte da energia cinética do livro é transformada em energia interna nele. O resto aparece como energia interna na superfície. Quando você tropeça e desliza sobre o chão de um ginásio, não apenas a pele dos seus joelhos esquenta, mas também o chão! Como a força de atrito cinética transforma a energia mecânica de um sistema em energia interna, ela é uma força não conservativa.

Como um exemplo da dependência de caminho do trabalho realizado por uma força não conservativa, considere a Figura 7.19. Suponha que você desloque um livro entre dois pontos sobre uma mesa. Se o livro é deslocado em linha reta ao longo do caminho azul entre os pontos Ⓐ e Ⓑ na Figura 7.19, você realiza certa quantidade de trabalho contra a força de atrito para manter o livro se movendo a velocidade escalar constante. Agora, imagine que você empurra o livro ao longo do caminho semicircular marrom na Figura 7.19. Você realiza mais trabalho contra o atrito ao longo desse caminho curvo do que ao do reto, pois o primeiro é mais longo. O trabalho realizado sobre o livro depende do caminho; portanto, a força de atrito *não pode* ser conservativa.

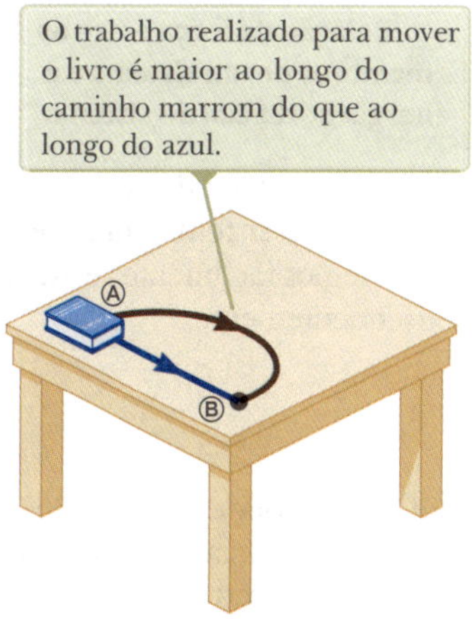

Figura 7.19 O trabalho realizado contra a força de atrito cinética depende do caminho tomado quando o livro é movido de Ⓐ a Ⓑ.

7.8 Relação entre forças conservativas e energia potencial

Na seção anterior, descobrimos que o trabalho realizado sobre um membro de um sistema por uma força conservativa entre os membros do sistema não depende do caminho tomado pelo membro em movimento. O trabalho depende apenas das coordenadas inicial e final. Para tal sistema, podemos definir uma **função energia potencial, *U*,** tal que o trabalho realizado dentro do sistema por uma força conservativa seja igual à negativa da mudança na energia potencial dele de acordo com a Equação 7.24. Imaginemos um sistema de partículas no qual uma força conservativa $\vec{\mathbf{F}}$ age entre as partículas. Imagine também que a configuração do sistema muda em decorrência do movimento de uma partícula ao longo do eixo x. Então, podemos avaliar o trabalho interno realizado por esta força enquanto a partícula se move ao longo do eixo x[4] utilizando as Equações 7.7 e 7.24:

$$W_{int} = \int_{x_i}^{x_f} F_x \, dx = -\Delta U \quad (7.26)$$

onde F_x é o componente de força $\vec{\mathbf{F}}$ quando a configuração do sistema muda. Podemos também expressar a Equação 7.26 por

$$\Delta U = U_f - U_i = -\int_{x_i}^{x_f} F_x \, dx \quad (7.27)$$

Portanto, ΔU é negativo quando F_x e dx estão na mesma direção, como quando um corpo é baixado em um campo gravitacional ou quando uma mola empurra um corpo em direção ao equilíbrio.

[4] Para um deslocamento geral, o trabalho realizado em duas ou três dimensões também é igual a $-\Delta U$, onde $U = U(x, y, z)$. Escrevemos esta equação formalmente como $W_{int} = \int_i^f \vec{\mathbf{F}} \cdot d\vec{\mathbf{r}} = U_i - U_f$.

É frequentemente conveniente estabelecer algum local particular x_i de um membro de um sistema representando uma configuração de referência, e medir todas as diferenças de energia potencial em relação a ela. Podemos então definir a função energia potencial como

$$U_f(x) = -\int_{x_i}^{x_f} F_x\, dx + U_i \qquad \textbf{(7.28)}$$

O valor de U_i é sempre considerado zero para a configuração de referência. Não importa qual valor atribuímos a U_i, porque qualquer valor diferente de zero muda meramente $U_f(x)$ por uma quantidade constante, e apenas a alteração na energia potencial é fisicamente significativa.

Se o ponto de aplicação da força sofrer um deslocamento infinitesimal, dx, podemos expressar a variação infinitesimal na energia potencial do sistema, dU, como

$$dU = -F_x\, dx$$

Em consequência, a força conservativa é relacionada à função energia potencial por meio da relação[5]

Relação da força entre os membros de um sistema e a energia potencial do sistema ▶

$$F_x = -\frac{dU}{dx} \qquad \textbf{(7.29)}$$

Isto é, a componente x de uma força agindo sobre um membro em um sistema é igual à derivada negativa da energia potencial do sistema em relação a x.

Podemos facilmente verificar a Equação 7.29 para os dois exemplos já discutidos. No caso da mola deformada, $U_M = \frac{1}{2}kx$; consequentemente,

$$F_M = -\frac{dU_M}{dx} = -\frac{d}{dx}\left(\tfrac{1}{2}kx^2\right) = -kx$$

que corresponde à força de restauração na mola (lei de Hooke). Como a função energia potencial gravitacional é $U_g = mgy$, entende-se pela Equação 7.29 que $F_g = -mg$ quando diferenciamos U_g em relação a y, em vez de x.

Agora, vemos que U é uma função importante, pois a força conservativa pode ser derivada dela. Além disso, a Equação 7.29 deve esclarecer que adicionar uma constante à energia potencial não é importante porque a derivada de uma constante é zero.

***Teste Rápido* 7.8** O que a inclinação de um gráfico de $U(x)$ por x representa? **(a)** o módulo da força sobre o corpo **(b)** o negativo do módulo da força sobre o corpo **(c)** a componente x da força sobre o corpo **(d)** o negativo da componente x da força sobre o corpo.

7.9 Diagramas de energia e equilíbrio de um sistema

O movimento de um sistema pode, com frequência, ser entendido qualitativamente por meio de um gráfico de sua energia potencial pela posição de um membro do sistema. Considere a função energia potencial para um sistema bloco-mola, definida por $U_M = \frac{1}{2}kx^2$. Essa função é traçada em relação a x na Figura 7.20a, onde x é a posição do bloco. A força F_M exercida pela mola é relacionada a U_M por meio da Equação 7.29:

$$F_M = -\frac{dU_M}{dx} = -kx$$

Como vimos no Teste Rápido 7.8, a componente x da força é igual ao negativo da inclinação da curva U por x. Quando o bloco é colocado em repouso na posição

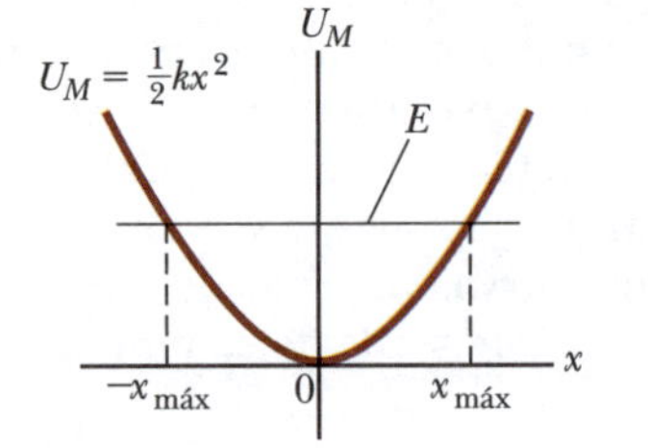
U_M
$U_M = \frac{1}{2}kx^2$
E
x
$-x_{\text{máx}}$
0
$x_{\text{máx}}$
a

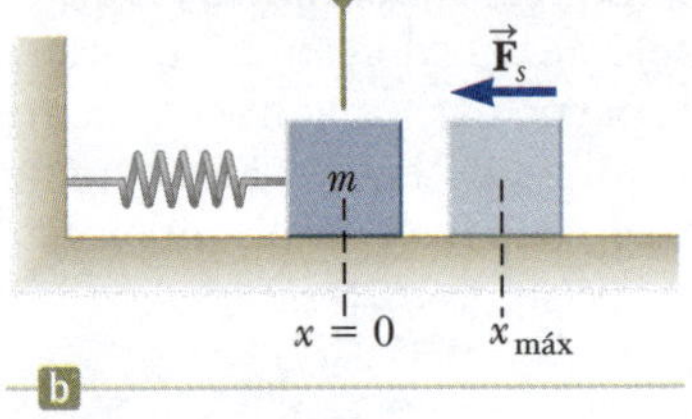
A força de restauração exercida pela mola sempre age em direção a $x = 0$, a posição de equilíbrio estável.
$\vec{F}_s$
m
$x = 0$
$x_{\text{máx}}$
b

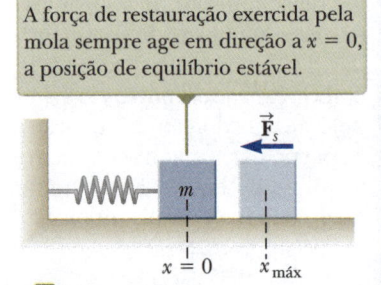

Figura 7.20 (a) Energia potencial como uma função de x para o sistema bloco-mola sem atrito mostrado em (b). Para determinada energia E do sistema, o bloco oscila entre os pontos de mudança, que têm as coordenadas $x = \pm x_{\text{máx}}$.

[5] Em três dimensões, a expressão é

$$\vec{\mathbf{F}} = -\frac{\partial U}{\partial x}\hat{\mathbf{i}} - \frac{\partial U}{\partial y}\hat{\mathbf{j}} - \frac{\partial U}{\partial z}\hat{\mathbf{k}}$$

onde $(\partial U/\partial x)$, e assim por diante, são derivadas parciais. Na linguagem do cálculo vetorial, $\vec{\mathbf{F}}$ é igual ao negativo do *gradiente* da quantidade escalar $U(x, y, z)$.

de equilíbrio da mola ($x = 0$), onde $F_M = 0$, ele permanecerá lá, a menos que alguma força externa, F_{ext}, atue sobre ele. Se essa força externa distender a mola do equilíbrio, x será positivo e a inclinação dU/dx será positiva; consequentemente, a força F_M exercida pela mola é negativa, e o bloco acelera de volta em direção a $x = 0$ quando solto. Se a força externa comprimir a mola, x será negativo, e a inclinação será negativa; por consequência, F_M é positiva, e novamente a massa acelera em direção a $x = 0$ quando solta.

Prevenção de Armadilhas 7.10

Diagramas de energia

Um erro comum é pensar que a energia potencial no gráfico de um diagrama de energia representa a altura de algum corpo. Por exemplo, este não é o caso na Figura 7.20, onde o bloco só está se movendo horizontalmente.

A partir desta análise, concluímos que a posição $x = 0$ para o sistema bloco-mola é uma posição de **equilíbrio estável**. Isto é, qualquer movimento afastando-se dessa posição resulta em uma força direcionada de volta para $x = 0$. Em geral, configurações de um sistema em equilíbrio estável correspondem àquelas para as quais $U(x)$ para o sistema é mínima.

Se o bloco na Figura 7.20 é movido para uma posição $x_{máx}$ e então solto do repouso, sua energia total inicialmente é a energia potencial, $\frac{1}{2}kx^2_{máx}$, armazenada na mola. Quando o bloco começa a se mover, o sistema adquire energia cinética e perde energia potencial. O bloco oscila (move-se para a frente e para trás) entre os dois pontos, $x = -x_{máx}$ e $x = +x_{máx}$, chamados *pontos de mudança*. De fato, como nenhuma energia é transformada em energia interna devido ao atrito, o bloco oscila entre $-x_{máx}$ e $+x_{máx}$ para sempre. Discutiremos essas oscilações mais adiante, no Capítulo 1 do Volume 2 desta coleção.

Outro sistema mecânico simples com uma configuração de equilíbrio estável é uma bola rodando no fundo de uma tigela. Toda vez que a bola é deslocada de sua posição mais baixa, ela tende a retornar a esta posição quando liberada.

Agora, considere uma partícula movendo-se ao longo do eixo x sob a influência de uma força conservativa, F_x, onde a curva U por x é mostrada na Figura 7.21. Mais uma vez, $F_x = 0$ em $x = 0$ e, portanto, a partícula está em equilíbrio nesse ponto. Essa posição, entretanto, é de **equilíbrio instável**, pela razão a seguir. Suponha que a partícula seja deslocada para a direita ($x > 0$). Como a inclinação é negativa para $x > 0$, $F_x = -dU/dx$ é positiva, e a partícula acelera para longe de $x = 0$. Se, ao contrário, a partícula estiver em $x = 0$ e for deslocada para a esquerda ($x < 0$), a força é negativa, porque a inclinação é positiva para $x < 0$, e a partícula novamente acelera para longe da posição de equilíbrio. A posição $x = 0$ nessa situação é de equilíbrio instável, pois, para qualquer deslocamento a partir deste ponto, a força empurra a partícula para mais longe do equilíbrio e em direção a uma posição de energia potencial menor. Um lápis equilibrado sobre sua ponta está em uma posição de equilíbrio instável. Se o lápis for deslocado ligeiramente de sua posição absolutamente vertical e, então, solto, certamente cairá. Em geral, configurações de um sistema em equilíbrio instável correspondem àquelas para as quais $U(x)$ para o sistema é máxima.

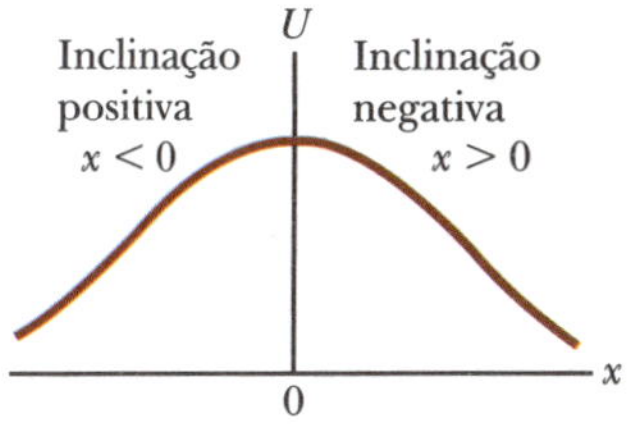

Figura 7.21 Uma curva de U por x para uma partícula que tem uma posição de equilíbrio instável em $x = 0$. Para qualquer deslocamento finito da partícula, a força sobre ela é direcionada para longe de $x = 0$.

Finalmente, uma configuração chamada **equilíbrio neutro** surge quando U é constante em alguma região. Pequenos deslocamentos de um corpo de uma posição nessa região não produzem força restauradora nem disruptiva. Uma bola sobre uma superfície horizontal plana é um exemplo de corpo em equilíbrio neutro.

Exemplo 7.9 Força e energia em uma escala atômica

A energia potencial associada à força entre dois átomos neutros em uma molécula pode ser ajustada no modelo da função energia potencial de Lennard-Jones:

$$U(x) = 4\epsilon\left[\left(\frac{\sigma}{x}\right)^{12} - \left(\frac{\sigma}{x}\right)^{6}\right]$$

onde x é a separação dos átomos. A função $U(x)$ contém dois parâmetros, σ e ϵ, que são determinados experimentalmente. Valores padrão para a interação entre dois átomos em uma molécula são $\sigma = 0{,}263$ nm e $\epsilon = 1{,}51 \times 10^{-22}$ J. Utilizando uma planilha ou uma ferramenta similar, trace o gráfico desta função e encontre a distância mais provável entre os dois átomos.

SOLUÇÃO

Conceitualização Identificamos os dois átomos na molécula como um sistema. Com base em nossa compreensão de que existem moléculas estáveis, esperamos encontrar equilíbrio estável quando os dois átomos são separados por alguma distância de equilíbrio.

Categorização Como existe uma função de energia potencial, categorizamos a força entre os átomos como conservativa. Para esta, a Equação 7.29 descreve a relação entre a força e a função energia potencial.

Análise Existe equilíbrio estável para uma distância de separação na qual a energia potencial do sistema de dois átomos (a molécula) é mínima.

continua

7.9 cont.

Calcule a derivada da função $U(x)$:

$$\frac{dU(x)}{dx} = 4\epsilon \frac{d}{dx}\left[\left(\frac{\sigma}{x}\right)^{12} - \left(\frac{\sigma}{x}\right)^{6}\right] = 4\epsilon\left[\frac{-12\sigma^{12}}{x^{13}} + \frac{6\sigma^6}{x^7}\right]$$

Minimize a função $U(x)$ definindo sua derivada igual a zero:

$$4\epsilon\left[\frac{-12\sigma^{12}}{x_{\text{eq}}^{13}} + \frac{6\sigma^6}{x_{\text{eq}}^{7}}\right] = 0 \rightarrow x_{\text{eq}} = (2)^{1/6}\sigma$$

Obtenha x_{eq}, a separação de equilíbrio dos dois átomos na molécula:

$$x_{\text{eq}} = (2)^{1/6}(0{,}263 \text{ nm}) = \boxed{2{,}95 \times 10^{-10} \text{ m}}$$

Traçamos o gráfico da função de Lennard-Jones em ambos os lados deste valor crítico para criar nosso diagrama de energia, como mostrado na Figura 7.22.

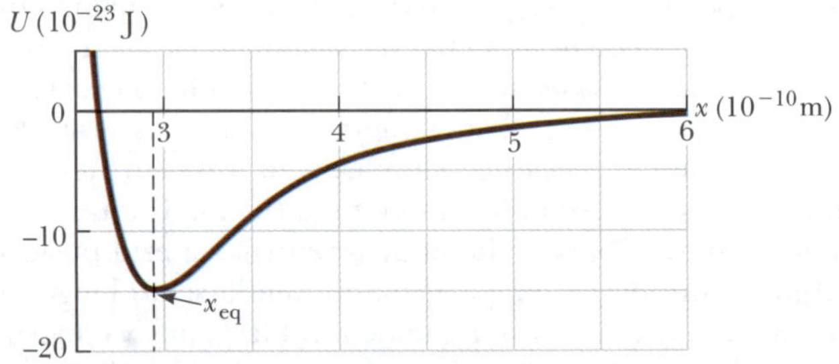

Figura 7.22 (Exemplo 7.9) Curva de energia potencial associada a uma molécula. A distância x é a separação entre os dois átomos que constituem a molécula.

Finalização Observe que $U(x)$ é extremamente grande quando os átomos estão muito próximos, mínima quando estão em sua separação crítica, e depois aumenta novamente quando eles se afastam. Quando $U(x)$ é mínima, os átomos estão em equilíbrio estável, indicando que a separação mais provável entre eles ocorre neste ponto.

Resumo

Definições

Um **sistema** é, com mais frequência, uma partícula única, um conjunto de partículas ou uma região do espaço, e pode variar em tamanho e forma. Uma **fronteira** separa o sistema do **ambiente**.

O **trabalho** W realizado sobre um sistema por um agente exercendo uma força constante $\vec{\mathbf{F}}$ sobre o sistema é o produto do módulo Δr do deslocamento do ponto de aplicação da força pela componente $F \cos\theta$ da força ao longo da direção do deslocamento $\Delta\vec{\mathbf{r}}$:

$$W \equiv F\,\Delta r \cos\theta \qquad \textbf{(7.1)}$$

Se uma força variável realiza trabalho sobre uma partícula enquanto ela se move ao longo do eixo x de x_i a x_f, o trabalho realizado pela força sobre a partícula é determinada por

$$W = \int_{x_i}^{x_f} F_x\,dx \qquad \textbf{(7.7)}$$

onde F_x é a componente da força na direção x.

O **produto escalar** (produto ponto) de dois vetores $\vec{\mathbf{A}}$ e $\vec{\mathbf{B}}$ é definido pela relação

$$\vec{\mathbf{A}} \cdot \vec{\mathbf{B}} \equiv AB\cos\theta \qquad \textbf{(7.2)}$$

onde o resultado é uma quantidade escalar, e θ é o ângulo entre os dois vetores. O produto escalar obedece às leis comutativa e distributiva.

A **energia cinética** de uma partícula de massa m movendo-se com uma velocidade escalar v é

$$K \equiv \tfrac{1}{2}mv^2 \qquad \textbf{(7.16)}$$

Se uma partícula de massa m estiver a uma distância y acima da superfície terrestre, a **energia potencial gravitacional** do sistema partícula-Terra é

$$U_g \equiv mgy \qquad \textbf{(7.19)}$$

A **energia potencial elástica** armazenada em uma mola de constante de força k é

$$U_M \equiv \tfrac{1}{2}kx^2 \qquad \textbf{(7.22)}$$

Uma força é **conservativa** se o trabalho que ela realiza sobre uma partícula, que é um membro do sistema, enquanto ela se move entre dois pontos, é independente do caminho que a partícula toma entre os dois pontos. Além disso, uma força é conservativa se o trabalho que ela realiza sobre uma partícula é zero quando a partícula se move por um caminho fechado arbitrário e retorna à sua posição inicial. Uma força que não satisfaz esses critérios é dita **não conservativa**.

A **energia mecânica total de um sistema** é definida como a soma da energia cinética e da energia potencial:

$$E_{mec} \equiv K + U \quad \textbf{(7.25)}$$

Conceitos e Princípios

O **teorema do trabalho-energia cinética** afirma que se trabalho é realizado sobre um sistema por forças externas e a única mudança no sistema acontece em sua velocidade escalar,

$$W_{ext} = K_f - K_i = \Delta K = \frac{1}{2}mv_f^{\ 2} - \frac{1}{2}mv_i^{\ 2} \quad \textbf{(7.15, 7.17)}$$

Uma **energia potencial**, U, pode ser associada apenas a uma força conservativa. Se uma força conservativa, $\vec{\mathbf{F}}$, age entre os membros de um sistema enquanto um deles se move ao longo do eixo x, de x_i a x_f, a variação na energia potencial do sistema é igual ao negativo do trabalho realizado por essa força:

$$U_f - U_i = -\int_{x_i}^{x_f} F_x\, dx \quad \textbf{(7.27)}$$

Sistemas podem estar em três tipos de configurações de equilíbrio quando a força resultante sobre um membro do sistema é zero. Configurações de **equilíbrio estável** correspondem àquelas para as quais $U(x)$ é mínima.

Configurações de **equilíbrio instável** correspondem àquelas para as quais $U(x)$ é máxima.

Equilíbrio neutro surge quando U é constante quando um membro do sistema se move sobre alguma região.

Perguntas Objetivas

1. Alex e John estão carregando armários idênticos em um caminhão. Alex levanta seu armário do chão diretamente para cima até a caçamba do caminhão, e John desliza o armário para cima em uma rampa áspera até o caminhão. Qual afirmação é correta sobre o trabalho realizado sobre o sistema armário-Terra? (a) Alex e John realizam a mesma quantidade de trabalho. (b) Alex realiza mais trabalho que John. (c) John realiza mais trabalho que Alex. (d) Nenhuma das afirmações é necessariamente verdadeira, pois a força de atrito é desconhecida. (e) Nenhuma das afirmações é necessariamente verdadeira, pois o ângulo de inclinação é desconhecido.

2. Se o trabalho resultante realizado por forças externas sobre uma partícula é zero, quais das seguintes afirmações sobre a partícula deve ser verdadeira? (a) Sua velocidade é zero. (b) Sua velocidade é reduzida. (c) Sua velocidade não é alterada. (d) Sua velocidade escalar não é alterada. (e) Mais informações são necessárias.

3. Um trabalhador empurra um carrinho de mão com uma força horizontal de 50 N sobre um chão nivelado por uma distância de 5,0 m. Se uma força de atrito de 43 N age sobre o carrinho de mão em uma direção oposta à força do trabalhador, qual o trabalho realizado pelo trabalhador sobre o carrinho? (a) 250 J, (b) 215 J, (c) 35 J, (d) 10 J, (e) nenhuma das respostas está correta.

4. Um carrinho é colocado para andar por uma mesa nivelada com uma mesma velocidade escalar a cada ensaio. Se ele andar sobre um pedaço de areia, exerce sobre ela uma força horizontal média de 6 N e percorre uma distância de 6 cm pela areia até parar. Se, em vez da areia, ele andasse sobre brita, exercendo uma força horizontal média de 9 N, que distância percorreria antes de parar? (a) 9 cm, (b) 6 cm, (c) 4 cm, (d) 3 cm, (e) nenhuma das anteriores.

5. Digamos que $\hat{\mathbf{N}}$ represente a direção horizontalmente norte, $\widehat{\mathbf{NE}}$, nordeste (na metade entre o norte e o leste), e assim por diante. Cada especificação de direção pode ser pensada como um vetor unitário. Classifique, do maior para o menor, os seguintes produtos escalares. Note que zero é maior que um número negativo. Se duas quantidades forem iguais, indique este fato na classificação. (a) $\hat{\mathbf{N}} \cdot \hat{\mathbf{N}}$ (b) $\hat{\mathbf{N}} \cdot \widehat{\mathbf{NE}}$ (c) $\hat{\mathbf{N}} \cdot \hat{\mathbf{S}}$ (d) $\hat{\mathbf{N}} \cdot \hat{\mathbf{E}}$ (e) $\widehat{\mathbf{SE}} \cdot \hat{\mathbf{S}}$.

6. O trabalho necessário realizado por uma força externa sobre um corpo em uma superfície horizontal sem atrito para acelerá-lo de uma velocidade escalar v a uma velocidade escalar $2v$ é (a) igual ao trabalho necessário para acelerar o corpo de $v = 0$ a v, (b) duas vezes o trabalho necessário para acelerar o corpo de $v = 0$ a v, (c) três vezes o trabalho necessário para acelerar o corpo de $v = 0$ a v, (d) quatro vezes o trabalho necessário para acelerar o corpo de 0 a v, ou (e) desconhecido sem saber a aceleração?

7. Um bloco de massa m é derrubado do quarto andar de um edifício comercial e bate na calçada abaixo a uma velocidade escalar v. De que andar o bloco deveria ter sido derrubado para dobrar a velocidade escalar de impacto? (a) do sexto andar, (b) do oitavo andar, (c) do décimo andar, (d) do décimo segundo andar, (e) do décimo sexto andar.

8. Enquanto um pêndulo simples balança para a frente e para trás, as forças que agem sobre o corpo suspenso são (a) a força gravitacional, (b) a tensão na corda de sustentação e (c) a resistência do ar. **(i)** Quais dessas forças, se houver, não realiza nenhum trabalho sobre o pêndulo em nenhum momento? **(ii)** Qual dessas forças realiza trabalho negativo sobre o pêndulo todas as vezes durante seu movimento?

9. A bala 2 tem duas vezes a massa da bala 1. As duas são atiradas com a mesma velocidade escalar. Se a energia cinética da bala 1 é K, a da bala 2 é (a) $0{,}25K$, (b) $0{,}5K$, (c) $0{,}71K$, (d) K ou (e) $2K$?

10. A Figura PO7.10 mostra uma mola leve distendida exercendo uma força F_M para a esquerda sobre um bloco. **(i)** O bloco exerce uma força sobre a mola? Escolha todas as respostas corretas. (a) Não, não exerce. (b) Sim, exerce, para a esquerda. (c) Sim, exerce, para a direita. (d) Sim, exerce e seu módulo é maior que F_M. (e) Sim, exerce, e seu módulo é igual a F_M. **(ii)** A mola exerce uma força sobre a parede? Escolha suas respostas da mesma lista de (a) a (e).

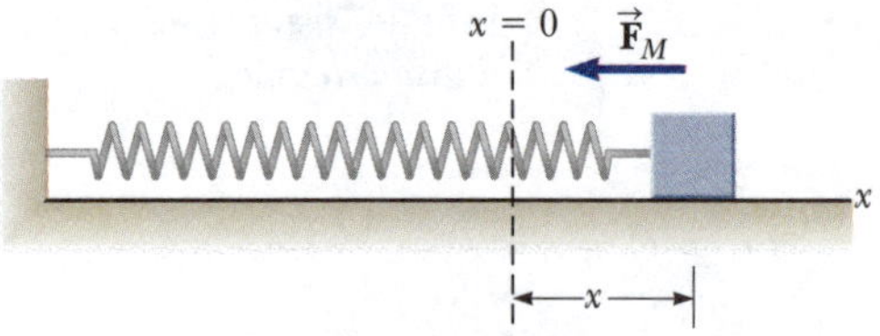

Figura PO7.10

11. Se a velocidade de uma partícula é dobrada, o que acontece com sua energia cinética? (a) Fica quatro vezes maior. (b) Fica três vezes maior. (c) Fica $\sqrt{2}$ vezes maior. (d) Não muda. (e) Fica metade maior.

12. Marcos e David estão carregando blocos de cimento idênticos na pick-up de David. Marcos levanta seu bloco do chão diretamente, e David desliza o bloco sobre uma rampa contendo rodízios sem atrito. Qual afirmação é verdadeira sobre o trabalho realizado sobre o sistema bloco-Terra? (a) Marcos realiza mais trabalho que David. (b) Marcos e David realizam a mesma quantidade de trabalho. (c) David realiza mais trabalho que Marcos. (d) Nenhuma das afirmações é necessariamente verdadeira, pois o ângulo de inclinação da rampa é desconhecido. (e) Nenhuma das afirmações é necessariamente verdadeira, pois a massa do bloco não foi fornecida.

13. (i) Classifique as acelerações gravitacionais que mediria para os seguintes corpos caindo: (a) um corpo de 2 kg a 5 cm acima do chão, (b) um corpo de 2 kg a 120 cm acima do chão, (c) um corpo de 3 kg a 120 cm acima do chão, (d) um corpo de 3 kg a 80 cm acima do chão. Relacione primeiro o de maior módulo de aceleração. Se houver igual, mostre a igualdade na lista. **(ii)** Classifique as forças gravitacionais para os mesmos quatro corpos, colocando na lista o de maior módulo primeiro. **(iii)** Classifique as energias potenciais gravitacionais (do sistema corpo-Terra) para os mesmos quatro corpos, o maior primeiro, considerando $y = 0$ no chão.

14. Uma mola que obedece à lei de Hooke é distendida por um agente externo. O trabalho realizado para distender a mola em 10 cm é 4 J. Quanto trabalho adicional é necessário para distender a mola mais 10 cm? (a) 2 J, (b) 4 J, (c) 8 J, (d) 12 J, (e) 16 J.

15. Um carrinho é colocado para andar por uma mesa nivelada com uma mesma velocidade escalar a cada ensaio. Se ele andar sobre um trecho de areia, exerce sobre ela uma força horizontal média de 6 N, e percorre uma distância de 6 cm até parar. E se ele rodasse sobre um caminho de farinha, percorrendo 18 cm antes de parar? Qual o módulo médio da força horizontal que o carrinho exerceria sobre a farinha? (a) 2 N, (b) 3 N, (c) 6 N, (d) 18 N, (e) nenhuma das anteriores.

16. Um cubo de gelo foi empurrado e desliza sem atrito em uma mesa nivelada. Qual opção está correta? (a) Ele está em equilíbrio estável. (b) Ele está em equilíbrio instável. (c) Ele está em equilíbrio neutro. (d) Ele não está em equilíbrio.

Perguntas Conceituais

1. Uma força normal pode realizar trabalho? Se não, por quê? Se pode, dê um exemplo.

2. O corpo 1 empurra o corpo 2 quando eles se movem juntos, como uma escavadeira empurrando uma pedra. Considere que o corpo 1 realiza 15,0 J de trabalho sobre o 2. Este realiza trabalho sobre o corpo 1? Justifique sua resposta. Se possível, determine quanto trabalho e explique seu raciocínio.

3. Um estudante tem a ideia de que o trabalho total realizado sobre um corpo é igual à sua energia cinética. Esta ideia é verdadeira sempre, às vezes ou nunca? Se às vezes, sob quais circunstâncias? Se for verdadeira sempre ou nunca, explique por quê.

4. (a) Para quais valores do ângulo θ entre dois vetores o produto deles é positivo? (b) Para quais valores de θ o produto escalar deles é negativo?

5. A energia cinética pode ser negativa? Explique.

6. Discuta o trabalho realizado por um arremessador ao lançar uma bola de beisebol. Qual é a distância aproximada pela qual a força age quando a bola é lançada?

7. Discuta se trabalho está sendo realizado por cada um dos seguintes agentes e, em caso afirmativo, se o trabalho é positivo ou negativo. (a) um frango ciscando o chão, (b) uma pessoa estudando, (c) um guindaste levantando uma caçamba de concreto, (d) a força gravitacional sobre a caçamba na parte (c), (e) os músculos da perna de uma pessoa ao se sentar.

8. Se apenas uma força externa agir sobre uma partícula, ela necessariamente mudará a (a) energia cinética da partícula? (b) Sua velocidade?

9. Preparando-se para limpá-las, você tira todas as teclas removíveis de um teclado de computador. Cada uma tem o formato de uma caixinha com um lado aberto. Por acidente, você derruba as teclas no chão. Explique por que mais teclas caem com a face das letras para baixo do que com o lado aberto.

10. Você está arrumando livros em uma estante na biblioteca, e levanta um deles do chão até a prateleira. A energia cinética do livro no chão era zero, e a do livro na prateleira de cima é zero, portanto, não ocorre mudança na energia cinética; entretanto, você realizou trabalho ao levantá-lo. O teorema do trabalho-energia cinética foi violado? Explique.

11. Uma mola uniforme tem constante elástica k. Agora, a mola é cortada pela metade. Qual é a relação entre k e a constante elástica k' de cada mola menor resultante? Explique seu raciocínio.

12. Que forma teria o gráfico de U por x se uma partícula estivesse em uma região de equilíbrio neutro?

13. A energia cinética de um corpo depende do sistema de referência no qual seu movimento é medido? Forneça um exemplo para provar isto.

14. Cite dois exemplos nos quais uma força é exercida sobre um corpo sem realizar trabalho sobre ele.

Problemas

ENHANCED WebAssign Os problemas que se encontram neste capítulo podem ser resolvidos *on-line* no Enhanced WebAssign (em inglês)

1. denota problema simples;

2. denota problema intermediário;

3. denota problema de desafio;

AMT *Analysis Model Tutorial* disponível no Enhanced WebAssign (em inglês);

M denota tutorial *Master It* disponível no Enhanced WebAssign (em inglês);

PD denota problema dirigido;

W solução em vídeo *Watch It* disponível no Enhanced WebAssign (em inglês).

Seção 7.2 Trabalho realizado por uma força constante

1. Uma consumidora em um supermercado empurra um carrinho com força de 35 N com direção em um ângulo 25° abaixo da horizontal. A força é suficiente apenas para equilibrar várias forças de atrito; portanto, o carrinho se move com velocidade escalar constante. (a) Encontre o trabalho realizado pela consumidora sobre o carrinho enquanto ela se move no corredor de 50,0 m de comprimento. (b) A consumidora desce pelo próximo corredor, empurrando o carrinho horizontalmente e mantendo a mesma velocidade que antes. Se a força de atrito não muda, a força aplicada pela consumidora seria maior, menor ou a mesma? (c) E quanto ao trabalho realizado sobre o carrinho por ela?

2. W Uma gota de chuva de massa $3{,}35 \times 10^{-5}$ kg cai verticalmente a uma velocidade escalar constante sob a influência da gravidade e da resistência do ar. Considere a gota como uma partícula. Enquanto ela cai 100 m, qual é o trabalho realizado sobre a gota de chuva (a) pela força gravitacional e (b) pela resistência do ar?

3. Em 1990, Walter Arfeuille, da Bélgica, levantou um corpo de 281,5 kg por uma distância de 17,1 cm usando apenas os dentes. (a) Quanto trabalho foi realizado sobre o corpo por Arfeuille nesse levantamento, considerando que o corpo foi levantado com velocidade escalar constante? (b) Que força total foi exercida sobre os dentes de Arfeuille durante o levantamento?

4. O número recorde de levantamento de barco, incluindo o barco e sua tripulação de dez membros, foi atingido por Sami Heinonen e Juha Räsänen, da Suécia, em 2000. Eles levantaram uma massa total de 653,2 kg aproximadamente a 4 pol. do chão um total de 24 vezes. Estime o trabalho total realizado pelos dois homens sobre o barco nesse recorde de levantamento, ignorando o trabalho negativo realizado por eles quando colocaram o barco de volta no chão.

5. Um bloco de massa $m = 2{,}50$ kg é empurrado por uma distância $d = 2{,}20$ m, ao longo de uma mesa horizontal sem atrito, por uma força aplicada constante de módulo $F = 16{,}0$ N com direção em um ângulo $\theta = 25{,}0°$ abaixo da horizontal, como mostrado na Figura P7.5. Determine o trabalho realizado sobre o bloco pela (a) força aplicada, (b) força normal exercida sobre a mesa, (c) força gravitacional e (d) força resultante sobre o bloco.

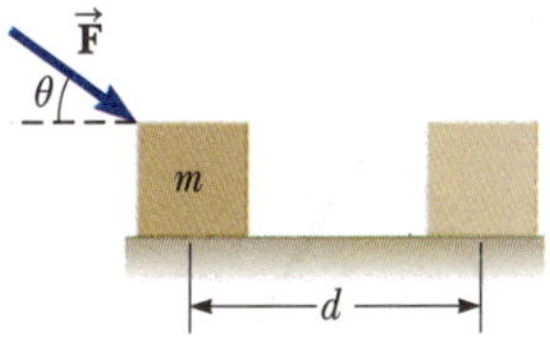

Figura P7.5

6. M O homem-aranha, cuja massa é 80,0 kg, balança na extremidade livre de uma corda longa de 12,0 m, cuja outra extremidade é fixa em um galho de árvore acima. Dobrando repetidamente a cintura, ele é capaz de pegar a corda em movimento, finalmente conseguindo fazê-la balançar o suficiente para alcançar a borda quando a corda faz um ângulo de 60,0° com a vertical. Quanto trabalho foi realizado pela força gravitacional sobre o homem-aranha em sua manobra?

Seção 7.3 O produto escalar de dois vetores

7. Para dois vetores quaisquer $\vec{A}$ e $\vec{B}$, mostre que $\vec{A} \times \vec{B} = A_xB_x + A_yB_y + A_zB_z$. *Sugestão:* escreva $\vec{A}$ e $\vec{B}$ na forma de vetor unitário e use as Equações 7.4 e 7.5.

8. O vetor $\vec{A}$ tem um módulo de 5,00 unidades, e o vetor $\vec{B}$, de 9,00. Os dois vetores formam um ângulo de 50,0° um com o outro. Encontre $\vec{A} \times \vec{B}$.

Observação: nos Problemas 9 a 12, calcule respostas numéricas com três algarismos significativos, como de costume.

9. W Para $\vec{A} = 3\hat{i} + \hat{j} - \hat{k}$, $\vec{B} = -\hat{i} + 2\hat{j} + 5\hat{k}$, e $\vec{C} = 2\hat{j} - 3\hat{k}$, ache $\vec{C} \times (\vec{A} - \vec{B})$.

10. Encontre o produto escalar dos vetores na Figura P7.10.

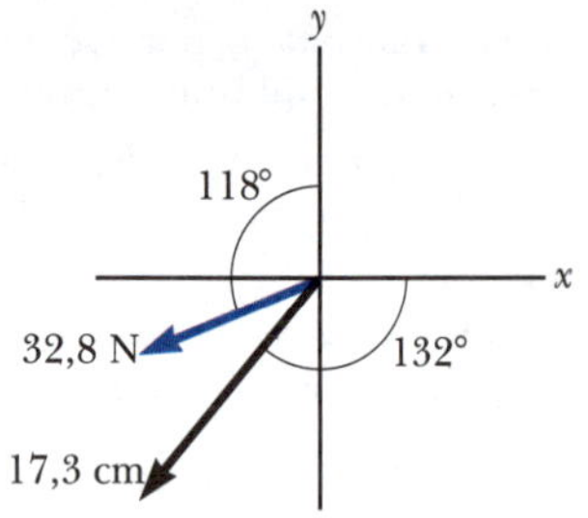

Figura P7.10

11. M Uma força $\vec{\mathbf{F}} = (6\hat{\mathbf{i}} - 2\hat{\mathbf{j}})$ N age sobre uma partícula que sofre um deslocamento $\Delta\vec{\mathbf{r}} = (3\hat{\mathbf{i}} + \hat{\mathbf{j}})$ m. Encontre: (a) o trabalho realizado pela força sobre a partícula e (b) o ângulo entre $\vec{\mathbf{F}}$ e $\Delta\vec{\mathbf{r}}$.

12. Usando a definição de produto escalar, encontre os ângulos entre (a) $\vec{\mathbf{A}} = 3\hat{\mathbf{i}} - 2\hat{\mathbf{j}}$ e $\vec{\mathbf{B}} = 4\hat{\mathbf{i}} - 4\hat{\mathbf{j}}$, (b) $\vec{\mathbf{A}} = -2\hat{\mathbf{i}} + 4\hat{\mathbf{j}}$ e $\vec{\mathbf{B}} = 3\hat{\mathbf{i}} - 4\hat{\mathbf{j}} + 2\hat{\mathbf{k}}$, e (c) $\vec{\mathbf{A}} = \hat{\mathbf{i}} - 2\hat{\mathbf{j}} + 2\hat{\mathbf{k}}$ e $\vec{\mathbf{B}} = 3\hat{\mathbf{j}} + 4\hat{\mathbf{k}}$.

13. Seja $\vec{\mathbf{B}} = 5{,}00$ m a 60,0°. Um outro vetor $\vec{\mathbf{C}}$ tem o mesmo módulo que $\vec{\mathbf{A}}$ e um ângulo de direção maior que o de $\vec{\mathbf{A}}$ em 25,0°. Seja $\vec{\mathbf{A}} \times \vec{\mathbf{B}} = 30{,}0\ \text{m}^2$ e $\vec{\mathbf{B}} \times \vec{\mathbf{C}} = 35{,}0\ \text{m}^2$. Encontre o módulo e a direção de $\vec{\mathbf{A}}$.

Seção 7.4 Trabalho realizado por uma força variável

14. M W A força que age sobre uma partícula varia como mostrado na Figura P7.14. Encontre o trabalho realizado pela força sobre a partícula enquanto ela se move (a) de $x = 0$ a $x = 8{,}00$ m, (b) de $x = 8{,}00$ m a $x = 10{,}0$ m e (c) de $x = 0$ a $x = 10{,}0$ m.

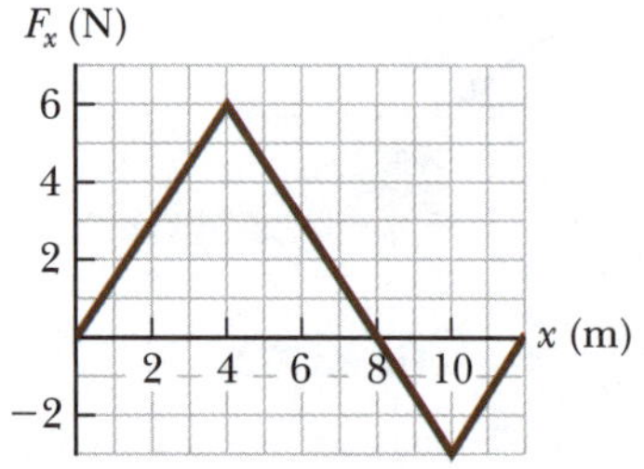

Figura P7.14

15. W Uma partícula está sujeita a uma força F_x que varia com a posição, como mostrado na Figura P7.15. Encontre o trabalho realizado pela força sobre a partícula enquanto ela se move (a) de $x = 0$ a $x = 5{,}00$ m, (b) de $x = 5{,}00$ m a $x = 10{,}0$ m e (c) de $x = 10{,}0$ m a $x = 15{,}0$ m. (d) Qual é o trabalho total realizado pela força na distância de $x = 0$ a $x = 15{,}0$ m?

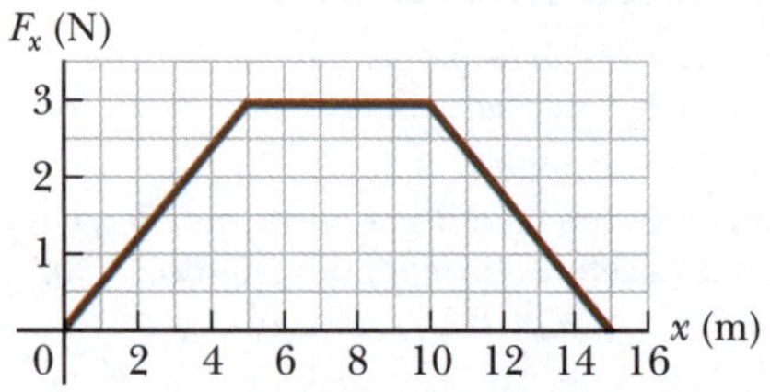

Figura P7.15
Problemas 15 e 34.

16. Em um sistema de controle, um acelerômetro consiste em um corpo de 4,70 g deslizando em um trilho horizontal calibrado. Uma mola de pouca massa prende o corpo a um flange em uma extremidade do trilho. Graxa no trilho torna o atrito estático desprezível, mas rapidamente amortece vibrações do corpo deslizante. Quando sujeito a uma aceleração constante de 0,800*g*, o corpo deve estar a 0,500 cm afastado de sua posição de equilíbrio. Encontre a constante de força da mola necessária para que a calibração seja correta.

17. AMT M Quando um corpo de 4,00 kg é pendurado verticalmente em uma mola leve que obedece à lei de Hooke, a mola se distende 2,50 cm. Se o corpo de 4,00 kg é removido, (a) a que distância a mola é distendida se um corpo de 1,50 kg é pendurado nela? (b) Quanto trabalho um agente externo deve realizar para distender a mesma mola 4,00 cm de sua posição relaxada?

18. A lei de Hooke descreve determinada mola leve com comprimento 35,0 cm quando não distendida. Quando uma extremidade é presa ao topo do batente de uma porta e um corpo de 7,50 kg é pendurado na outra extremidade, o comprimento da mola é de 41,5 cm. (a) Encontre a constante elástica da mola. (b) A carga e a mola são desmontadas. Duas pessoas puxam em direções opostas nas extremidades da mola, cada uma delas com uma força de 190 N. Encontre o comprimento da mola nesta situação.

19. Um arqueiro puxa a corda de seu arco para trás 0,400 m exercendo uma força que aumenta uniformemente de zero a 230 N. (a) Qual é a constante elástica equivalente do arco? (b) Quanto trabalho o arqueiro realiza sobre a corda ao tracionar o arco?

20. Uma mola leve com constante elástica 1.200 N/m é suspensa em um suporte elevado. Em sua extremidade inferior é pendurada uma segunda mola leve, que tem constante elástica 1.800 N/m. Um corpo de massa 1,50 kg é pendurado em repouso na extremidade inferior da segunda mola. (a) Encontre a distância de distensão total do par de molas. (b) Encontre a constante elástica efetiva do par de molas como um sistema. Descrevemos essas molas como *em série*.

21. Uma mola leve com constante elástica k_1 é pendurada em um suporte elevado. Em sua extremidade inferior, uma segunda mola é pendurada, a qual tem constante elástica k_2. Um corpo de massa m é pendurado em repouso na extremidade inferior da segunda mola. (a) Encontre a distância de distensão total do par de molas. (b) Encontre a constante elástica efetiva do par de molas como um sistema.

22. Expresse as unidades da constante de força de uma mola em unidades fundamentais do SI.

23. O dispensador de bandejas de uma cafeteria suporta uma pilha delas em uma prateleira pendurada por quatro molas espirais idênticas sob tensão, uma perto de cada canto da prateleira. Cada bandeja é retangular, 45,3 cm por 35,6 cm, 0,450 cm de espessura e massa de 580 g. (a) Demonstre que a bandeja de cima da pilha pode sempre estar à mesma altura acima do chão, embora muitas bandejas estejam no dispensador. (b) Encontre a constante elástica que cada mola deve ter para o dispensador funcionar dessa maneira conveniente. (c) Algum dado é desnecessário para esta determinação?

24. Uma mola leve com constante de força 3,85 N/m é comprimida 8,00 cm quando mantida entre um bloco de 0,250 kg à esquerda e outro de 0,500 kg à direita, ambos apoiados sobre uma superfície horizontal. A mola exerce uma força sobre cada bloco, tendendo a afastá-los. Os blocos são simultaneamente soltos a partir do repouso. Encontre a aceleração com a qual cada bloco começa a se mover, dado que o coeficiente de atrito cinético entre cada bloco e a superfície é (a) 0, (b) 0,100 e (c) 0,462.

25. Uma partícula pequena de massa m é puxada para a parte superior de um meio cilindro sem atrito (de raio R) por uma corda leve que passa sobre seu topo, como mostrado na Figura P7.25. (a) Considerando que a partícula se move a uma velocidade escalar constante, mostre que $F = mg \cos \theta$. *Observação:* Se a partícula se move a uma velocidade escalar constante, a componente de sua aceleração tangente ao cilindro deve ser zero todas as vezes. (b) Integrando diretamente $W = \int_i^f \vec{\mathbf{F}} \cdot d\vec{\mathbf{r}}$, encontre o trabalho realizado para mover a partícula com velocidade escalar constante da parte inferior à superior do meio cilindro.

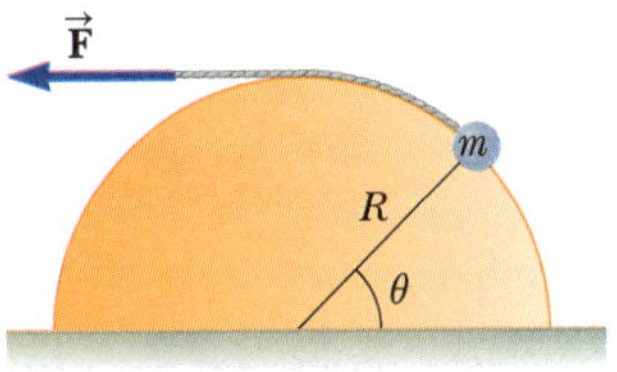

Figura P7.25

26. A força que age sobre uma partícula é $F_x = (8x - 16)$, onde F está dada em newtons, e x em metros. (a) Trace um gráfico dessa força em função de x de $x = 0$ a $x = 3{,}00$ m. (b) Em seu gráfico, encontre o trabalho resultante realizado por essa força sobre a partícula quando ela se move de $x = 0$ a $x = 3{,}00$ m.

27. Quando cargas diferentes são penduradas em uma mola, esta se distende em comprimentos diferentes, como mostrado na tabela a seguir. (a) Faça um gráfico da força aplicada pela distensão da mola. (b) Pelo método dos mínimos quadrados, determine a linha reta que melhor se ajusta nos dados. (c) Para completar a parte (b), você quer usar todos os pontos ou deve ignorar alguns deles? Explique. (d) A partir da inclinação da linha que melhor se ajusta, encontre a constante elástica k. (e) Se a mola é distendida 105 mm, que força ela exerce sobre o corpo suspenso?

***F* (N)**	2,0	4,0	6,0	8,0	10	12	14	16	18	20	22
***L* (mm)**	15	32	49	64	79	98	112	126	149	175	190

28. Uma bala de 100 g é disparada de um rifle com um cano de 0,600 m de comprimento. Escolha para ser a origem o local onde a bala começa a se mover. Em seguida, a força (em newtons) exercida pelo gás expandindo sobre a bala é $15.000 + 10.000x - 25.000x^2$, onde x está dado em metros. (a) Determine o trabalho realizado pelo gás sobre a bala quando ela percorre o comprimento do cano. (b) **E se?** O cano tiver 1,00 m de comprimento, quanto trabalho é realizado, e (c) como esse valor se compara com o trabalho calculado na parte (a)?

29. **W** Uma força $\vec{\mathbf{F}} = (4x\hat{\mathbf{i}} + 3y\hat{\mathbf{j}})$, onde $\vec{\mathbf{F}}$ está dada em newtons, e x e y em metros, age sobre um corpo quando ele se move na direção x da origem a $x = 5{,}00$ m. Encontre o trabalho $W = \int_i^f \vec{\mathbf{F}} \cdot d\vec{\mathbf{r}}$ realizado pela força sobre o corpo.

30. **Revisão.** O gráfico na Figura P7.30 especifica as duas variáveis u e v. (a) Encontre $\int_a^b u\, dv$. (b) Encontre $\int_b^a u\, dv$. (c) Encontre $\int_b^a v\, du$.

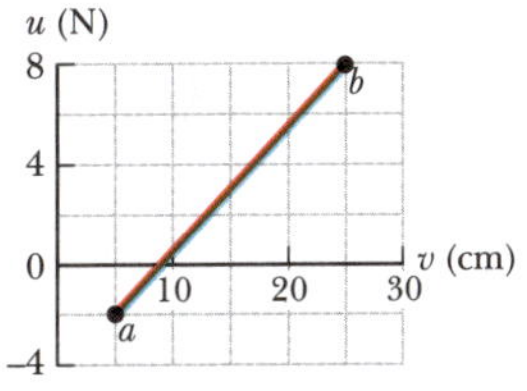

Figura P7.30

Seção 7.5 Energia cinética e teorema do trabalho-energia cinética

31. **W** Um corpo de 3,00 kg tem velocidade $(6{,}00\hat{\mathbf{i}} - 1{,}00\hat{\mathbf{j}})$ m/s. (a) Qual é sua energia cinética neste momento? (b) Qual é o trabalho resultante realizado sobre o corpo se sua velocidade muda para $(8{,}00\hat{\mathbf{i}} + 4{,}00\hat{\mathbf{j}})$ m/s? (*Observação:* pela definição de produto escalar, $v^2 = \vec{\mathbf{v}} \times \vec{\mathbf{v}}$.)

32. **AMT** Um trabalhador empurrando uma caixa de madeira de 35,0 kg a uma velocidade escalar constante por 12,0 m, ao longo de um piso de madeira, realiza 350 J de trabalho aplicando uma força horizontal constante de módulo F sobre a caixa. (a) Determine o valor de F. (b) Se o trabalhador aplica uma força maior que F, descreva o movimento subsequente da caixa. (c) Descreva o que aconteceria à caixa se a força aplicada fosse menor que F.

33. **W** Uma partícula de 0,600 kg tem velocidade escalar de 2,00 m/s no ponto Ⓐ e energia cinética de 7,50 J no ponto Ⓑ. Qual é (a) a energia cinética em Ⓐ, (b) a velocidade escalar em Ⓑ, e (c) o trabalho resultante realizado sobre a partícula por forças externas enquanto ela se move de Ⓐ para Ⓑ?

34. **W** Uma partícula de 4,00 kg está sujeita a uma força resultante que varia com a posição, como mostrado na Figura P7.15. A partícula parte do repouso em $x = 0$. Qual sua velocidade escalar em (a) $x = 5{,}00$ m, (b) $x = 10{,}0$ m e (c) $x = 15{,}0$ m?

35. **M** Um bate-estacas de 2.100 kg é utilizado para cravar uma viga de aço no solo. Ele cai 5,00 m antes de entrar em contato com o topo da viga, e a crava 12,0 cm no solo antes de entrar em repouso. Usando considerações relativas à energia, calcule a força média que a viga exerce no bate-estacas enquanto ele é trazido ao repouso.

36. **AMT** **Revisão.** Em um microscópio eletrônico, há um canhão de elétrons contendo duas placas metálicas separadas por 2,80 cm. Uma força elétrica acelera cada elétron no feixe do repouso a 9,60% da velocidade escalar da luz nesta distância. (a) Determine a energia cinética do elétron quando ele deixa o canhão. Os elétrons transportam essa energia a uma tela de visualização fosforescente, onde a imagem do microscópio é formada, fazendo-a brilhar. Para um elétron passando entre as placas do canhão, determine (b) o módulo da força elétrica constante agindo sobre o elétron, (c) a aceleração do elétron e (d) o intervalo de tempo que o elétron gasta entre as placas.

37. **PD** **Revisão.** Você pode pensar no teorema do trabalho-energia cinética como uma segunda teoria de movimento, paralela às leis de Newton para descrever como influências externas afetam o movimento de um corpo. Neste problema, resolva as partes (a), (b) e (c) separadamente das (d) e (e), assim você pode comparar as previsões das duas teorias. Uma bala de 15,0 g é acelerada a partir do repouso a uma velocidade escalar de 780 m/s no canhão de um rifle de comprimento 72,0 cm. (a) Encontre a energia cinética da bala quando ela sai do canhão. (b) Use o teorema do trabalho-energia cinética para encontrar o trabalho resultante realizado sobre a bala. (c) Use o resultado da parte (b) para encontrar o módulo da força resultante média que agia sobre a bala enquanto ela estava no canhão. (d) Agora, considere a bala uma partícula sob aceleração constante. Encontre a aceleração constante de uma bala que parte do repouso e ganha velocidade escalar de 780 m/s por uma distância de 72,0 cm. (e) Modelando a bala como uma partícula sob uma força resultante, encontre a força resultante que atuou sobre ela durante sua aceleração. (f) A que conclusão você pode chegar comparando os resultados das partes (c) e (e)?

38. **Revisão.** Uma bala de 7,80 g, movendo-se a 575 m/s, acerta a mão de um super-herói, fazendo-a mover-se 5,50 cm na direção da velocidade antes de parar. (a) Use considerações sobre trabalho e energia para encontrar a força média que para a bala. (b) Considerando que a força é constante, determine quanto tempo passa entre o momento em que a bala bate na mão e aquele em que ela para de se mover.

39. **Revisão.** Um corpo de 5,75 kg passa pela origem no momento $t = 0$ tal que sua componente x da velocidade é 5,00 m/s, e a y é –3,00 m/s. (a) Qual é a energia cinética do corpo neste momento? (b) Em um tempo posterior $t = 2,00$ s, a partícula está localizada em $x = 8,50$ m e $y = 5,00$ m. Que força constante agiu sobre o corpo durante este intervalo de tempo? (c) Qual a velocidade da partícula em $t = 2,00$ s?

Seção 7.6 Energia potencial de um sistema

40. Um carrinho de montanha-russa de 1.000 kg está inicialmente no topo de uma subida, no ponto Ⓐ. Então, move-se 135 pés, a um ângulo de 40,0° abaixo da horizontal, até um ponto mais baixo Ⓑ. (a) Considere o carrinho no ponto Ⓑ como a configuração zero para o sistema montanha-russa-Terra. Encontre a energia potencial do sistema quando o carrinho está nos pontos Ⓐ e Ⓑ, e a variação na energia potencial enquanto o carrinho se move entre esses pontos. (b) Repita a parte (a), definindo como configuração zero quando o carrinho está no ponto Ⓐ.

41. Uma pedra de 0,20 kg é mantida 1,3 m acima da borda superior de um poço, e depois derrubada dentro dele. O poço tem profundidade de 5,0 m. Em relação à configuração com a pedra na borda superior do poço, qual é a energia potencial gravitacional do sistema pedra-Terra (a) antes de a pedra ser solta e (b) quando ela atinge o fundo do poço? (c) Qual é a variação na energia potencial gravitacional do sistema desde a soltura até atingir o fundo do poço?

42. W Uma criança de 400 N está em um balanço preso a um par de cordas de 2,00 m de comprimento. Encontre a energia potencial gravitacional do sistema criança-Terra relativa à posição mais baixa da criança quando (a) as cordas estão horizontais, (b) as cordas formam um ângulo de 30,0° com a vertical, e (c) a criança está na parte inferior do arco circular.

Seção 7.7 Forças conservativas e não conservativas

43. M Uma partícula de 4,00 kg move-se da origem à posição Ⓒ, com coordenadas $x = 5,00$ m e $y = 5,00$ m (Fig. P7.43). Uma força sobre a partícula é a gravitacional, que age na direção y negativa. Usando a Equação 7.3, calcule o trabalho realizado pela força gravitacional sobre a partícula quando ela vai de O a Ⓒ ao longo (a) do caminho roxo, (b) do caminho vermelho e (c) do azul. (d) Seus resultados devem ser idênticos. Por quê?

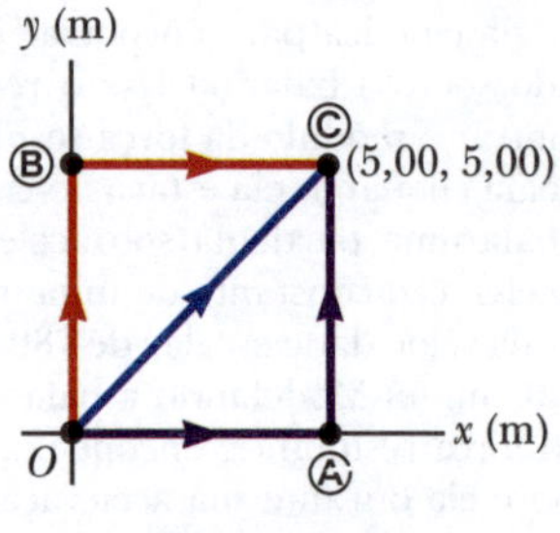

Figura P7.43
Problemas 43 a 46.

44. (a) Suponha que uma força constante aja sobre um corpo. A força não varia com o tempo ou com a posição ou a velocidade dele. Comece com a definição geral para o trabalho realizado por uma força

$$W = \int_i^f \vec{\mathbf{F}} \cdot d\vec{\mathbf{r}}$$

e mostre que a força é conservativa. (b) como um caso especial, suponha que a força $\vec{\mathbf{F}} = (3\hat{\mathbf{i}} + 4\hat{\mathbf{j}}$, N aja sobre uma partícula que se move de O a Ⓒ na Figura P7.43. Calcule o trabalho realizado por $\vec{\mathbf{F}}$ sobre a partícula quando ela se move ao longo de cada um dos três caminhos mostrados na figura, e mostre que o trabalho realizado ao longo dos três é idêntico.

45. M Uma força agindo sobre uma partícula que se move sobre o plano xy é determinada por $\vec{\mathbf{F}} = (2y\hat{\mathbf{i}} + x^2\hat{\mathbf{j}})$, onde $\vec{\mathbf{F}}$ está dada em newtons e x e y em metros. A partícula se move da origem à sua posição final com coordenadas $x = 5,00$ m e $y = 5,00$ m, como mostrado na Figura P7.43. Calcule o trabalho realizado por $\vec{\mathbf{F}}$ sobre a partícula enquanto ela se move (a) pelo caminho roxo, (b) pelo caminho vermelho e (c) pelo caminho azul. (d) $\vec{\mathbf{F}}$ é conservativa ou não conservativa? (e) Explique sua resposta à parte (d).

46. Um corpo se move no plano xy na Figura P7.43 e está sujeito a uma força de atrito de 3,00 N, sempre agindo na direção oposta à sua velocidade. Calcule o trabalho que se deve realizar para deslizar o corpo com velocidade escalar constante contra a força de atrito quando ele se move ao longo (a) do caminho roxo O a Ⓐ, seguido por um caminho roxo de retorno a O, (b) do caminho vermelho O a Ⓒ, seguido por um caminho de retorno azul a O e (c) o caminho azul O a Ⓒ, seguido de um caminho de retorno azul a O. (d) Cada uma de suas três respostas não deve ser igual a zero. Qual o significado desta observação?

Seção 7.8 Relação entre forças conservativas e energia potencial

47. A energia potencial de um sistema de duas partículas separadas por uma distância r é determinada por $U(r) = A/r$, onde A é uma constante. Encontre a força radial $\vec{\mathbf{F}}_r$ que cada partícula exerce sobre a outra.

48. *Por que a seguinte situação é impossível?* Um bibliotecário levanta um livro do chão até uma prateleira alta, realizando 20,0 J de trabalho neste processo. Quando ele se vira, o livro cai no chão. A força gravitacional da Terra sobre o livro realiza 20,0 J de trabalho sobre o livro enquanto ele cai. Como o trabalho realizado era 20,0 J + 20,0 J = 40,0 J, o livro bate no chão com 40,0 J de energia cinética.

49. Uma função energia potencial para um sistema no qual uma força bidimensional age é da forma $U = 3x^3y - 7x$. Encontre a força que age neste ponto (x, y).

50. Uma força conservativa única $\vec{\mathbf{F}} = (-Ax + Bx^2)\hat{\mathbf{i}}$, onde A e B são constantes, $\vec{\mathbf{F}}$ está dada em newtons e x em metros. (a) Calcule a função energia potencial $U(x)$ associada a esta força para o sistema, considerando $U = 0$ em $x = 0$. Encontre (b) a variação na energia potencial e (c) a variação na energia cinética do sistema quando a partícula se move de $x = 2,00$ m a $x = 3,00$ m.

51. M Uma força conservativa única age sobre uma partícula de 5,00 kg dentro de um sistema devido à interação com o resto do sistema. A equação $F_x = 2x + 4$ descreve a força, onde F_x está dado em newtons e x em metros. Quando a partícula se move ao longo do eixo x, de $x = 1,00$ m a $x = 5,00$ m, calcule (a) o trabalho realizado por essa força sobre a partícula, (b) a variação na energia potencial do sistema e (c) a energia cinética que a partícula tem em $x = 5{,}00$ m se sua velocidade é 3,00 m/s em $x = 1{,}00$ m.

Seção 7.9 Diagramas de energia e equilíbrio de um sistema

52. Para a curva da energia potencial mostrada na Figura P7.52, (a) determine se a força F_x é positiva, negativa ou zero nos cinco pontos indicados, (b) indique pontos de equilíbrio estável, instável e neutro, (c) esboce a curva de F_x por x de $x = 0$ a $x = 9{,}5$ m.

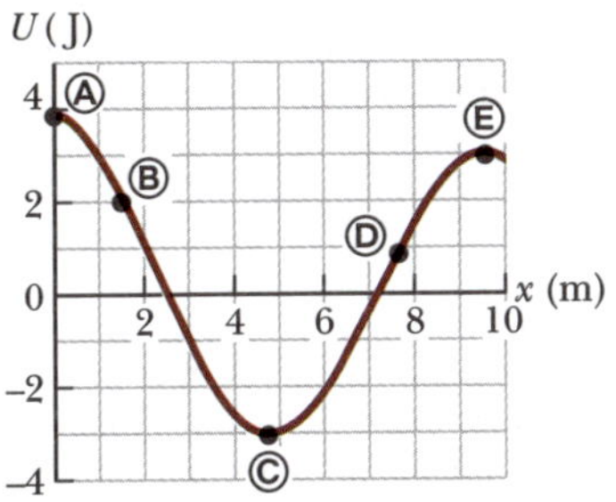

Figura P7.52

53. Um cone circular reto pode teoricamente ser equilibrado sobre uma superfície horizontal de três diferentes maneiras. Esboce essas três configurações de equilíbrio e identifique-as como posições de equilíbrio estável, instável ou neutro.

Problemas Adicionais

54. A função energia potencial para um sistema de partículas é determinada por $U(x) = -x^3 + 2x^2 + 3x$, onde x é a posição de uma partícula no sistema. (a) Determine a força F_x sobre a partícula como uma função de x. (b) Para quais valores de x a força é igual a zero? (c) Trace $U(x)$ por x e F_x por x e indique pontos de equilíbrio estável e instável.

55. **Revisão.** Um jogador de beisebol lança uma bola de 0,150 kg a uma velocidade escalar de 40,0 m/s e um ângulo inicial de 30,0° com a horizontal. Qual é a energia cinética da bola no ponto mais alto de sua trajetória?

56. Uma partícula se move ao longo do eixo x de $x = 12{,}8$ m a $x = 23{,}7$ m sob a influência de uma força

$$F = \frac{375}{x^3 + 3{,}75x}$$

onde F está em newtons e x em metros. Utilizando integração numérica, determine o trabalho realizado por essa força sobre a partícula durante esse deslocamento. Seu resultado deve ter precisão dentro de 2%.

57. Duas bolas de aço idênticas, cada uma com 25,4 mm de diâmetro e movendo-se em direções opostas a 5 m/s, vão de encontro uma com a outra, chocam-se e quicam. Antes da colisão, uma das bolas é espremida em uma morsa, enquanto medições precisas são feitas da quantidade resultante de compressão. Os resultados mostram que a lei de Hooke é um modelo justo do comportamento elástico da bola. Como um dado, uma força de 16 kN exercida por cada garra da morsa resulta em uma redução de 0,2 mm do diâmetro. O diâmetro retorna ao seu valor original quando a força é removida. (a) Considerando a bola como uma mola, encontre sua constante elástica. (b) A interação das bolas durante a colisão dura apenas um instante ou um intervalo diferente de zero? Declare sua evidência. (c) Faça uma estimativa para a energia cinética de cada uma das bolas antes de elas colidirem. (d) Faça uma estimativa para a quantidade máxima de compressão que cada bola sofre quando elas colidem. (e) Faça uma estimativa de ordem de grandeza para o intervalo de tempo no qual as bolas estão em contato. No Capítulo 1 do Volume 2 desta coleção você aprenderá a calcular o intervalo de tempo de contato com precisão.

58. Quando um corpo é deslocado por uma quantidade x do equilíbrio estável, uma força restauradora age sobre ele, tendendo a retorná-lo à sua posição de equilíbrio. O módulo da força restauradora pode ser uma função complicada de x. Em tais casos, geralmente podemos imaginar a função força $F(x)$ ser expressa como uma série de potência em x como $F(x) = -(k_1x + k_2x^2 + k_3x^3 + \ldots)$. O primeiro termo aqui é exatamente a lei de Hooke, que descreve a força exercida por uma mola simples para pequenos deslocamentos. Para pequenos deslocamentos do equilíbrio, geralmente ignoramos os termos de ordem superior, mas em alguns casos pode ser desejável manter também o segundo termo. Se considerarmos a força de restauração como $F = -(k_1x + k_2x^2)$, quanto trabalho é realizado sobre um corpo para deslocá-lo de $x = 0$ a $x = x_{máx}$ por uma força aplicada $-F$?

59. Um vagão de carga de 6.000 kg rola ao longo de trilhos com atrito desprezível. O vagão é trazido ao repouso por uma combinação de duas molas, como ilustrado na Figura P7.59. Ambas as molas são descritas pela lei de Hooke, e têm constantes elásticas $k_1 = 1.600$ N/m e $k_2 = 3.400$ N/m. Depois que a primeira mola comprime a uma distância de 30,0 cm, a segunda age com a primeira para aumentar a força, quando ocorre compressão adicional, como mostrado no gráfico. O vagão entra em repouso 50,0 cm depois de primeiro contatar o sistema de duas molas. Encontre a velocidade escalar inicial do vagão.

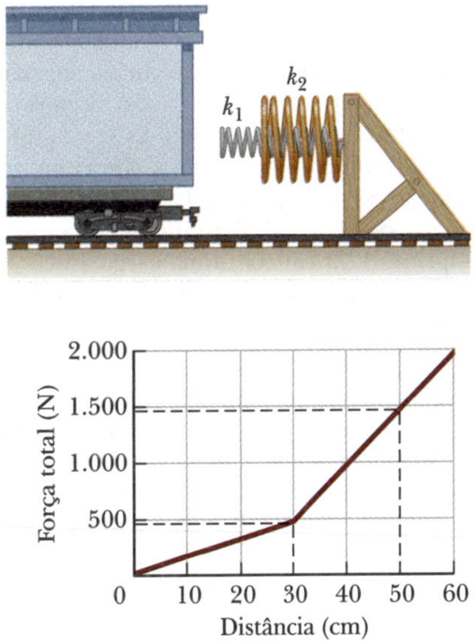

Figura P7.59

60. *Por que a seguinte situação é impossível?* Em um cassino novo, uma máquina de fliperama superdimensionada é apresentada. A publicidade do cassino alardeia que um jogador de basquete profissional pode deitar sobre a máquina e sua cabeça e seus pés não ficarão para fora dos seus extremos! O lançador de bola na máquina manda bolas de metal para cima em um lado da máquina e depois as coloca em jogo. A mola do lançador (Fig. P7.60) tem uma força constante de 1,20 N/cm. A superfície na qual a bola se move é inclinada $\theta = 10{,}0°$ em relação à horizontal. A mola é inicialmente comprimida em sua distância máxima $d = 5{,}00$ cm. Uma bola de massa 100 g é projetada no jogo pela liberação do êmbolo. Os visitantes do cassino acham o jogo da máquina gigante bastante excitante.

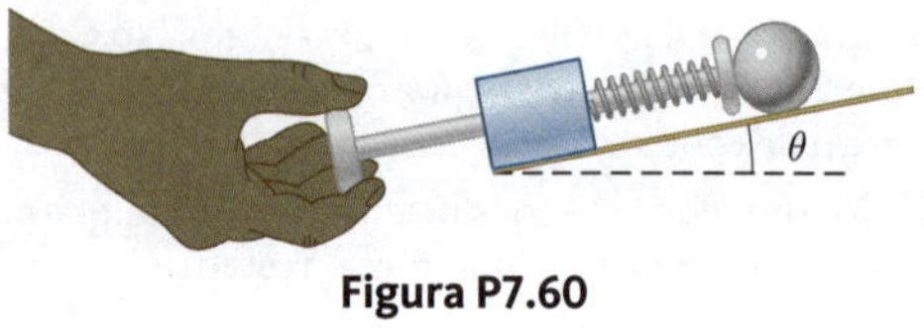

Figura P7.60

61. **Revisão.** Duas forças constantes agem sobre um corpo de massa $m = 5{,}00$ kg movendo-se no plano xy, como mostrado na Figura P7.61. A força $\vec{\mathbf{F}}_1$ é 25,0 N a 35,0°, e a força $\vec{\mathbf{F}}_2$ é 42,0 N a 150°. No instante $t = 0$, o corpo está na origem e tem velocidade $(4{,}00\hat{\mathbf{i}} + 2{,}50\hat{\mathbf{j}})$ m/s. (a) Expresse as duas forças em notação de vetor unitário. Use a notação de vetor unitário para suas outras respostas. (b) Encontre a força total exercida sobre o corpo. (c) Encontre a aceleração do corpo. Agora, considerando o instante $t = 3{,}00$ s, encontre (d) a velocidade do corpo, (e) sua posição, (f) sua energia cinética de $\frac{1}{2}mv_f^2$, (g) sua energia cinética de $\frac{1}{2}mv_i^2 + \Sigma\vec{\mathbf{F}} \times \Delta\vec{\mathbf{r}}$. (h) Qual conclusão você pode tirar comparando as respostas às partes (f) e (g)?

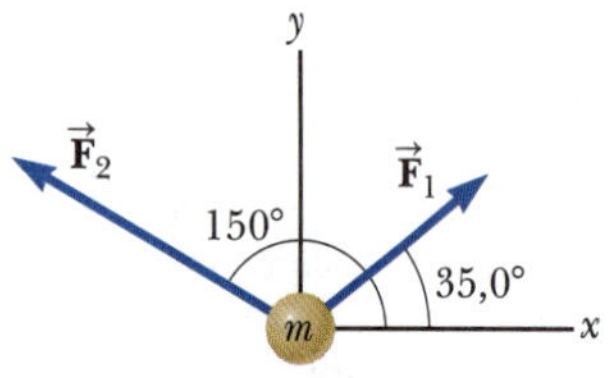

Figura P7.61

62. A constante elástica de uma suspensão de automóvel cresce com o aumento de carga devido a uma mola que é mais larga na parte inferior, estreitando-se suavemente a um diâmetro menor perto da parte superior. O resultado é uma viagem mais suave em estradas com superfícies normais em razão das molas mais largas, mas o carro não alcança o ponto mais baixo em colisões, porque quando as molas inferiores quebram, as mais duras perto do topo absorvem a carga. Para estas, a força exercida pela mola poder ser empiricamente determinada por $F = ax^b$. Para uma mola espiral estreitada que comprime 12,9 cm com uma carga 1.000 N e 31,5 cm com uma carga de 5.000 N, (a) obtenha as constantes a e b na equação empírica F e (b) encontre o trabalho necessário para comprimir a mola 25,0 cm.

63. Um plano inclinado de ângulo $\theta = 20{,}0°$ tem uma mola de constante de força $k = 500$ N/m presa firmemente na parte inferior, de maneira que a mola fica paralela à superfície, como mostrado previamente na Figura P7.63. Um bloco de massa $m = 2{,}50$ kg é colocado sobre o plano a uma distância $d = 0{,}300$ m da mola. Desta posição, o bloco é projetado para baixo na direção da mola com velocidade escalar $v = 0{,}750$ m/s. Por qual distância a mola é comprimida quando o bloco momentaneamente entra em repouso?

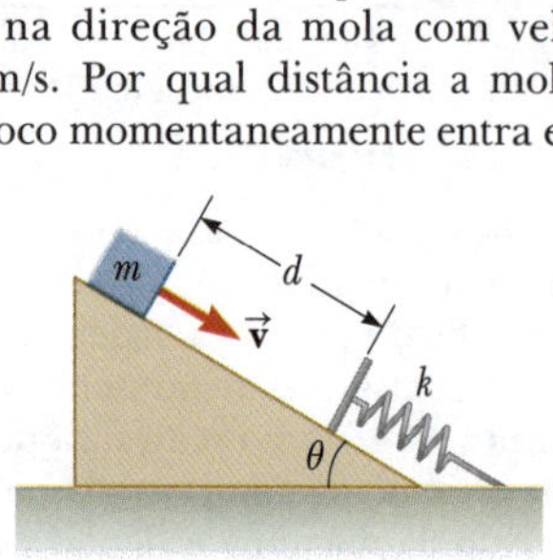

Figura P7.63
Problemas 63 e 64.

64. Um plano inclinado de ângulo θ tem uma mola de constante de força k presa firmemente na parte inferior, de maneira que a mola fica paralela à superfície. Um bloco de massa m é colocado no plano a uma distância d da mola. Desta posição, o bloco é projetado para baixo na direção da mola com velocidade escalar v, como mostra a Figura P7.63. Por qual distância a mola é comprimida quando o bloco momentaneamente entra em repouso?

65. (a) Considere $U = 5$ para um sistema com uma partícula na posição $x = 0$ e calcule a energia potencial do sistema como uma função da posição da partícula x. A força sobre a partícula é determinada por $(8e^{-2x})\hat{\mathbf{i}}$. (b) Explique se a força é conservativa ou não conservativa e como você pode afirmar isto.

Problemas de Desafio

66. Uma partícula de massa $m = 1{,}18$ kg é presa entre duas molas idênticas sobre um tampo de mesa horizontal sem atrito. Ambas têm constante elástica k e estão inicialmente não distendidas, e a partícula está em $x = 0$. (a) A partícula é puxada uma distância x ao longo de uma direção perpendicular à configuração inicial das molas, como mostrado na Figura P7.66. Mostre que a força exercida pelas molas sobre a partícula é

$$\vec{\mathbf{F}} = -2kx\left(1 - \frac{L}{\sqrt{x^2 + L^2}}\right)\hat{\mathbf{i}}$$

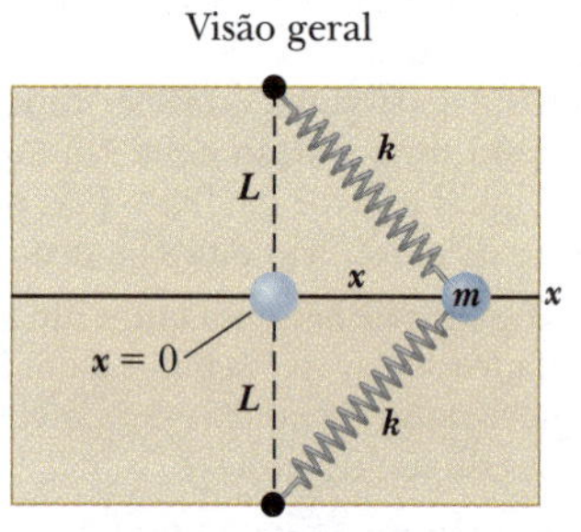

Figura P7.66

(b) Mostre que a energia potencial do sistema é

$$U(x) = kx^2 + 2kL(L - \sqrt{x^2 + L^2})$$

(c) Trace um gráfico de $U(x)$ em função de x e identifique todos os pontos de equilíbrio. Considere $L = 1{,}20$ m e $k = 40{,}0$ N/m. (d) Se a partícula é puxada 0,500 m para a direita e depois solta, qual é sua velocidade escalar quando ela atinge $x = 0$?

67. **Revisão.** Uma mola leve tem comprimento, não distendida, de 15,5 cm. Ela é descrita pela lei de Hooke com constante elástica de 4,30 N/m. Uma extremidade da mola horizontal é mantida sobre um eixo vertical fixo, e a outra é presa a um disco de massa m, que pode se mover sem atrito sobre uma superfície horizontal. O disco é colocado em movimento em um círculo com período de 1,30 s. (a) Encontre a distensão da mola x, uma vez que ela depende de m. Obtenha x para (b) $m = 0{,}0700$ kg, (c) $m = 0{,}140$ kg, (d) $m = 0{,}180$ kg e (e) $m = 0{,}190$ kg. (f) Descreva o padrão de variação de x, uma vez que ela depende de m.

capítulo 8

Conservação de energia

Um jovem experimenta a transformação da energia potencial em energia cinética em um tobogã. Podemos analisar processos como estes com as técnicas desenvolvidas neste capítulo. © *Suzanne Tucker/Shutterstock.*

No Capítulo 7, apresentamos três métodos para armazenar energia em um sistema: energia cinética, associada ao movimento de membros do sistema; energia potencial, determinada pela configuração do sistema; e energia interna, relacionada à temperatura do sistema.

Consideramos a análise de situações físicas usando a abordagem de energia para dois tipos de sistemas: *não isolados* e *isolados*. Para os primeiros, investigaremos maneiras que a energia usa para cruzar os limites do sistema, resultando em uma mudança na energia total do sistema. Esta análise leva a um princípio muito importante, chamado *conservação de energia,* que se estende para além da Física, e pode ser aplicado a organismos biológicos, sistemas tecnológicos e situações de Engenharia.

Em sistemas isolados, a energia não cruza os limites do sistema. Para estes, a energia total do sistema é constante. Se não há forças não conservativas atuando dentro do sistema, podemos usar *a conservação de energia mecânica* para resolver uma variedade de problemas.

Situações envolvendo a transformação de energia mecânica em energia interna por causa de forças não conservativas requerem tratamento especial. Investigaremos os procedimentos para estes tipos de problemas.

Finalmente, reconhecemos que a energia pode cruzar o limite de um sistema com taxas diferentes. Descrevemos a taxa de transferência de energia com a quantidade *potência.*

8.1 Modelo de análise: sistema não isolado (energia)

Como já vimos, um corpo modelado como uma partícula pode sofrer a ação de várias forças, resultando em uma mudança em sua energia cinética de acordo com o teorema do trabalho-energia cinética do Capítulo 7. Se escolhermos o corpo como sendo o sistema, esta situação bem simples é o primeiro exemplo de um *sistema não isolado,* para o qual a energia cruza o limite do sistema durante um intervalo de tempo por causa de uma interação com o meio. Este cenário é comum em problemas de Física. Se um sistema não interage com seu meio, ele é do tipo *isolado,* que estudaremos na Seção 8.2.

O teorema trabalho-energia cinética é nosso primeiro exemplo de uma equação de energia adequada para um sistema não isolado. No caso daquele teorema, a interação do sistema com seu meio é o trabalho realizado pela força externa, e a energia cinética é a quantidade que muda no sistema.

Vimos até agora somente uma maneira de transferir energia para um sistema: trabalho. Mencionaremos a seguir mais alguns processos de transferência de energia para dentro ou para fora de um sistema. Mais detalhes serão estudados em outras seções do livro. Resumidamente, esses processos são:

Trabalho, como aprendemos no Capítulo 7, é um método que transfere energia para um sistema aplicando-lhe uma força tal que o ponto de aplicação da força sofre um deslocamento (Fig. 8.1a).

Ondas mecânicas (Capítulos 2, 3 e 4 do Volume 2 da coleção) são outro meio de transferência de energia, que permitem que a perturbação se propague pelo ar ou outro meio. É o método pelo qual a energia (que você detecta como som) sai do sistema do seu rádio-relógio através do alto-falante e entra em suas orelhas para estimular o processo auditivo (Fig. 8.1b). Outros exemplos de ondas mecânicas são ondas sísmicas e oceânicas.

Calor (Capítulo 6 do Volume 2) é um mecanismo de transferência de energia movido por uma diferença de temperatura entre um sistema e seu meio. Por exemplo, imagine dividir uma colher metálica em duas partes: o cabo, que identificamos como o sistema, e a parte submersa em uma xícara de café, que é parte do meio (Fig. 8.1c). O cabo da colher fica quente porque seus elétrons e átomos em rápido movimento na porção submersa se chocam com outros mais lentos na parte mais próxima do cabo. Estas partículas se movem mais rapidamente por causa das colisões e se chocam com o próximo grupo de partículas lentas. Então, a energia interna do cabo da colher surge a partir da transferência de energia causada por este processo de colisão.

Transferência de matéria (Capítulo 6 do Volume 2) envolve situações em que a matéria cruza fisicamente o limite de um sistema, carregando energia consigo. Exemplos podem ser: encher o tanque de gasolina do seu carro com gasolina (Fig. 8.1d) e carregar energia para os cômodos da sua casa por meio da circulação do ar de uma fornalha, processo este chamado *convecção.*

Prevenção de Armadilhas 8.1

Calor não é uma forma de energia

A palavra *calor* é uma das mais mal utilizadas em nossa linguagem popular. Calor é um método de *transferência* de energia, *não* uma forma de armazená-la. Portanto, frases como "conteúdo de calor", "o calor do verão" e "o calor escapou", todas representam usos da palavra que são inconsistentes com nossa definição física. Ver Capítulo 6 do Volume 2.

Transmissão elétrica (Capítulos 5 e 6 do Volume 3) envolve transferência de energia para dentro ou fora de um sistema por meio de correntes elétricas. É como a energia é transferida para seu secador de cabelos (Fig. 8.1e), sistema *home theater* de som ou qualquer outro dispositivo elétrico.

Radiação eletromagnética (Capítulo 12 do Volume 3) refere-se a ondas eletromagnéticas como luz (Fig. 8.1f), micro-ondas e ondas de rádio cruzando o limite de um sistema. Exemplos deste método de transferência podem ser: assar uma batata no forno de micro-ondas e a viagem da energia da luz do Sol para a Terra pelo espaço.[1]

Uma característica importante da abordagem de energia é a noção de que não podemos nem criar nem destruir energia, ela é sempre *conservada.* Esta característica foi testada em inúmeras experiências, e nenhuma jamais mostrou que esta afirmativa é incorreta. Portanto, **se a quantidade total de energia em um sistema muda,** *só* pode ser **porque a energia cruzou o limite do sistema por um mecanismo de transferência, tais como um dos métodos listados acima**.

A energia é uma das várias quantidades físicas que é conservada; veremos outras em capítulos subsequentes. Há muitas quantidades físicas que não obedecem a um princípio de conservação. Por exemplo, não há princípio de conservação de força ou de velocidade. Do mesmo modo, em áreas que não a das quantidades físicas, como na vida diária, algumas quantidades são conservadas e outras não. Por exemplo, o dinheiro no sistema da sua conta-corrente é uma quantidade conservada. A única maneira de mudar o saldo da conta é se o dinheiro cruza o limite do sistema, por meio de depósitos ou saques. O número de pessoas no sistema de um país não é conservado; embora pessoas cruzem o limite do sistema, mudando a população total, a população também pode mudar por mortes e nascimentos; mesmo que nenhuma pessoa cruze o limite do sistema, os nascimentos e mortes mudarão o número de pessoas no sistema. Não há conceito de energia equivalente a morrer ou nascer. A afirmação geral do princípio de **conservação de energia** pode ser descrita matematicamente pela **equação de conservação de energia** a seguir:

[1] A radiação eletromagnética e o trabalho realizado por forças de campo são os únicos mecanismos de transferência de energia que não necessitam que as moléculas do meio estejam no limite do sistema. Portanto, sistemas rodeados por vácuo (como planetas) só podem realizar trocas de energia com o meio através destas duas possibilidades.

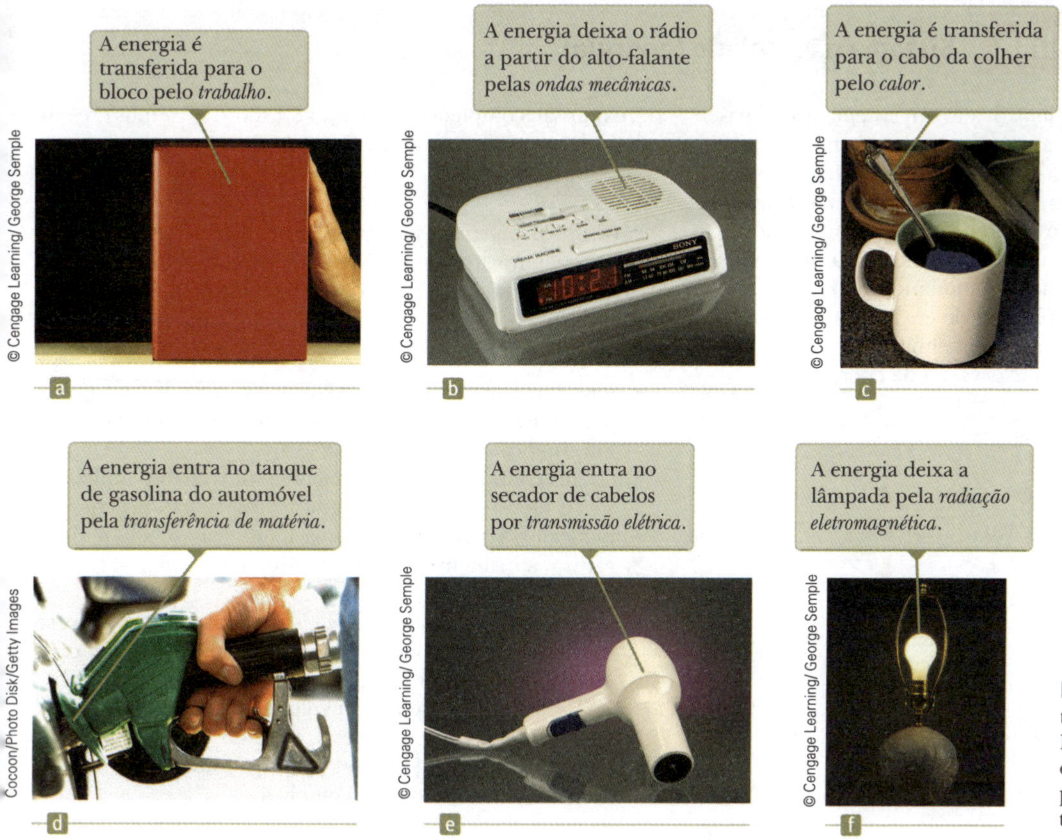
A energia é transferida para o bloco pelo *trabalho*.
A energia deixa o rádio a partir do alto-falante pelas *ondas mecânicas*.
A energia é transferida para o cabo da colher pelo *calor*.
a
b
c
A energia entra no tanque de gasolina do automóvel pela *transferência de matéria*.
A energia entra no secador de cabelos por *transmissão elétrica*.
A energia deixa a lâmpada pela *radiação eletromagnética*.
d
e
f
© Cengage Learning/ George Semple
Cocoon/Photo Disk/Getty Images

Figura 8.1 Mecanismos de transferência de energia. Em cada caso, está indicado o sistema para o qual ou a partir do qual a energia é transferida.

Conservação de energia ▶

$$\Delta E_{\text{sistema}} = \sum T \quad (8.1)$$

onde E_{sistema} é a energia total do sistema, incluindo todos os métodos de armazenamento de energia (cinética, potencial e interna) e T (*transferência*) é a quantidade de energia transferida através do limite do sistema por algum mecanismo. Dois de nossos mecanismos de transferência têm notações simbólicas bem estabelecidas. Para trabalho, $T_{\text{trabalho}} = W$, como discutido no Capítulo 7 deste volume, e para calor, $T_{\text{calor}} = Q$, como será definido no Capítulo 6 do Volume 2. Agora que estamos familiarizados com trabalho, podemos simplificar a aparência das equações, deixando que o símbolo W represente o trabalho externo W_{ext} sobre um sistema. Para o trabalho interno, *sempre* usaremos W_{int} (para diferenciá-lo de W). Os outros quatro membros de nossa lista não têm símbolos estabelecidos, então serão chamados de T_{OM} (ondas mecânicas), T_{TM} (transferência de matéria) T_{TE} (transmissão elétrica) e T_{RE} (radiação eletromagnética). A expansão completa da Equação 8.1 é

$$\Delta K + \Delta U + \Delta E_{\text{int}} = W + Q + T_{\text{OM}} + T_{\text{TM}} + T_{\text{TE}} + T_{\text{RE}} \quad (8.2)$$

que é a representação matemática primária da versão de energia do modelo de análise do **sistema não isolado**. Veremos outras versões do modelo do sistema não isolado, envolvendo momento linear e momento angular, em outros capítulos. Na maioria dos casos, a Equação 8.2 é reduzida para uma muito mais simples, porque alguns dos termos são zero para a situação específica. Se, para um sistema, todos os termos no lado direito da equação de conservação de energia são zero, ele é um *sistema isolado,* que estudaremos na próxima seção.

A equação da conservação de energia não é mais complicada em teoria do que o processo de equilibrar o extrato da sua conta bancária. Se sua conta é o sistema, a mudança no saldo da conta em um mês é a soma de todas as transferências: depósitos, saques, tarifas, juros e cheques emitidos. Você pode achar útil pensar sobre energia como *moeda da natureza*!

Suponha que uma força seja aplicada em um sistema não isolado e o ponto de aplicação da força se move por um deslocamento. Depois, suponha que o único efeito sobre o sistema seja mudar sua velocidade. Neste caso, o único mecanismo de transferência é o trabalho (de modo que o lado direito da Eq. 8.2 é reduzido para W), e o único tipo de energia que muda no sistema é a energia cinética (então o lado esquerdo da Eq. 8.2 reduz para ΔK). A Equação 8.2, então, fica

$$\Delta K = W$$

que é o teorema trabalho-energia cinética. Este teorema é um caso especial do princípio mais geral de conservação de energia. Veremos vários outros casos especiais em outros capítulos.

Modelo de Análise — Sistema não isolado (energia)

Imagine que você tenha identificado um sistema a ser analisado e que tenha definido um limite do sistema. A energia pode existir no sistema em três formas: cinética, potencial e interna. O total dessa energia pode ser modificado quando a energia cruza o limite do sistema por meio de qualquer um dos seis métodos de transferência mostrados no diagrama apresentado aqui. A mudança total na energia no sistema é igual à quantia total de energia que cruzou o limite do sistema. A declaração matemática desse conceito é expressa na **equação de conservação de energia**:

$$\Delta E_{\text{sistema}} = \sum T \qquad \textbf{(8.1)}$$

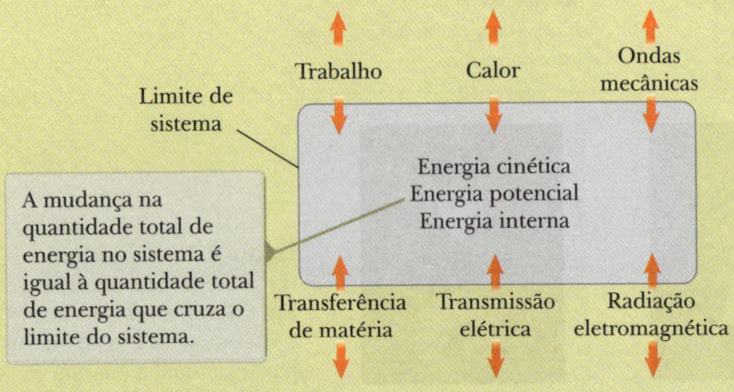

A expansão completa da Equação 8.1 mostra os tipos específicos de armazenamento e transferência de energia:

$$\Delta K + \Delta U + \Delta E_{\text{int}} = W + Q + T_{\text{WM}} + T_{\text{TM}} + T_{\text{TE}} + T_{\text{RE}} \qquad \textbf{(8.2)}$$

Para um problema específico, esta equação geralmente é reduzida para um número menor de termos eliminando os que são iguais a zero porque eles não são apropriados à situação.

Exemplos:

- uma força realiza trabalho em um sistema de um único objeto, modificando sua velocidade: o teorema de energia cinética de trabalho, $W = \Delta K$
- um gás contido em um recipiente tem trabalho realizado sobre ele e experimenta uma transferência de energia por calor, resultando em uma mudança em sua temperatura: a primeira lei da termodinâmica, $\Delta E_{\text{int}} = W + Q$ (Capítulo 6 do Volume 2)
- uma lâmpada incandescente é ligada, com a energia entrando no filamento por eletricidade, fazendo com que sua temperatura aumente e definindo pela luz: $\Delta E_{\text{int}} = T_{\text{TE}} + T_{\text{RE}}$ (Capítulo 5 do Volume 3)
- um fóton entra em um metal, fazendo com que um elétron seja ejetado do metal: o efeito fotoelétrico, $\Delta K + \Delta U = T_{\text{RE}}$ (Capítulo 6 do Volume 4).

***Teste Rápido* 8.1** Por quais mecanismos de transferência a energia entra e sai **(a)** da sua televisão? **(b)** do seu cortador de grama movido à gasolina? **(c)** do seu apontador de lápis manual?

***Teste Rápido* 8.2** Considere um bloco deslizando sobre uma superfície horizontal com atrito. Despreze qualquer som causado pelo deslizamento. **(i)** Se o sistema é o *bloco*, este sistema é **(a)** isolado **(b)** não isolado **(c)** impossível de determinar. **(ii)** Se o sistema é a *superfície*, descreva-o a partir das mesmas opções. **(iii)** Se o sistema é o *bloco e a superfície*, descreva-o a partir das mesmas opções.

8.2 Modelo de análise: sistema isolado (energia)

Nesta seção, estudaremos outro cenário bastante comum em problemas de Física: um sistema é escolhido de modo que nenhuma energia cruze seu limite por nenhum método. Começamos considerando a situação gravitacional. Pense no sistema livro Terra da Figura 7.15 do capítulo anterior. Depois de levantarmos o livro, há energia potencial gravitacional armazenada no sistema, que pode ser calculada a partir do trabalho realizado pelo agente externo sobre o sistema, usando $W = \Delta U_g$. Verifique se esta equação, que já vimos antes, está contida na Equação 8.2, acima.

Vamos focar no trabalho realizado *pela força gravitacional* somente sobre o livro (Fig. 8.2) conforme ele cai de volta para sua altura original. Conforme o livro cai de y_i para y_f, o trabalho realizado pela força gravitacional sobre ele é

$$W_{\text{no livro}} = (m\vec{\mathbf{g}}) \cdot \Delta\vec{\mathbf{r}} = (-mg\hat{\mathbf{j}}) \cdot [(y_f - y_i)\hat{\mathbf{j}}] = mgy_i - mgy_f \qquad \textbf{(8.3)}$$

A partir do teorema trabalho-energia cinética do Capítulo 7, o trabalho realizado sobre o livro é igual à variação na energia cinética do livro:

$$W_{\text{no livro}} = \Delta K_{\text{livro}}$$

Podemos equacionar estas duas expressões para o trabalho realizado sobre o livro:

$$\Delta K_{\text{livro}} = \Delta mgy_i - mgy_f \qquad \textbf{(8.4)}$$

Vamos relacionar cada lado desta equação ao *sistema* do livro e da Terra. Para o lado direito,

$$mgy_i - mgy_f = -(mgy_f - mgy_i) = -\Delta U_g$$

onde $U_g = mgy$ é a energia potencial gravitacional do sistema. Para o lado esquerdo da Equação 8.4, como o livro é a única parte do sistema que está em movimento, vemos que $\Delta K_{\text{livro}} = \Delta K$, onde K é a energia cinética do sistema. Portanto, com cada lado da Equação 8.4 substituído por seu equivalente de sistema, a equação se torna

$$\Delta K = -\Delta U_g \quad (8.5)$$

Esta equação pode ser manipulada para proporcionar um resultado geral muito importante para a resolução de problemas. Primeiro, levamos a variação na energia potencial para o lado esquerdo da equação:

$$\Delta K + \Delta U_g = 0$$

Este lado esquerdo representa a soma das variações da energia armazenada no sistema. O lado direito é zero, porque não há transferências de energia através do limite do sistema; o sistema livro-Terra é *isolado* do meio. Desenvolvemos esta equação para um sistema gravitacional, mas ela pode ser válida para um sistema com qualquer tipo de energia potencial. Então, para um sistema isolado,

$$\Delta K + \Delta U = 0 \quad (8.6)$$

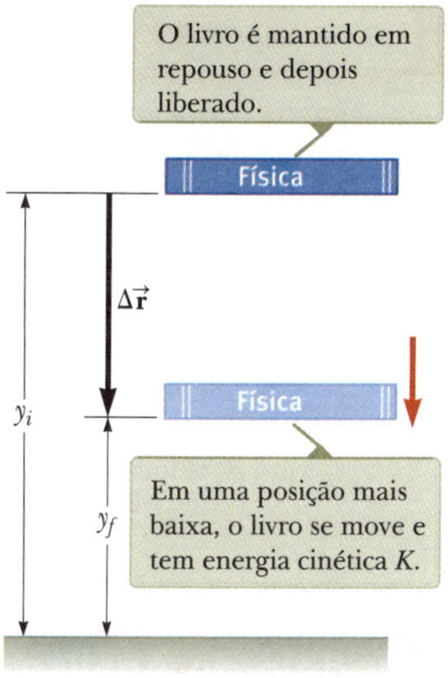

Figura 8.2 Um livro é liberado do repouso e cai por causa do trabalho realizado pela força gravitacional sobre o livro.

Verifique se esta equação está contida na Equação 8.2.

No Capítulo 7 definimos as energias cinética e potencial de um sistema como sua energia mecânica:

$$E_{\text{mec}} \equiv K + U \quad (8.7)$$

◀ **Energia mecânica de um sistema**

onde U representa o total de *todos* os tipos de energia potencial. Como o sistema sob consideração é isolado, as Equações 8.6 e 8.7 nos dizem que a energia mecânica do sistema é conservada:

$$\Delta E_{\text{mec}} = 0 \quad (8.8)$$

◀ **Energia mecânica do sistema isolado sem atuação de forças não conservativas é conservada**

Esta equação é uma afirmativa sobre **conservação de energia mecânica** para um sistema isolado sem a atuação de forças não conservativas. A energia mecânica em tal sistema é conservada; a soma das energias cinética e potencial permanece constante.

Vamos escrever as variações de energia na Equação 8.6 explicitamente:

$$(K_f - K_i) + (U_f - U_i) = 0 \quad (8.9)$$

$$K_f + U_f = K_i + U_i$$

Para a situação gravitacional do livro em queda, a Equação 8.10 pode ser escrita como

$$\tfrac{1}{2}mv_f^{\,2} + mgy_f = \tfrac{1}{2}mv_i^{\,2} + mgy_i$$

Conforme o livro cai para a Terra, o sistema livro-Terra perde energia potencial e ganha energia cinética, de modo que o total dos dois tipos de energia permanece sempre constante: $E_{\text{total}} = E_{\text{total, f}}$

Se não há forças não conservativas atuando dentro do sistema, a energia mecânica é transformada em energia interna, como discutimos na Seção 7.7. Se forças não conservativas atuam sobre um sistema isolado, a energia total do sistema é conservada, embora a mecânica não seja. Neste caso, podemos expressar a conservação de energia do sistema como

$$\Delta E_{\text{sistema}} = 0 \quad (8.10)$$

◀ **A energia total de um sistema isolado é conservada**

onde E_{sistema} inclui todas as energias cinética, potencial e interna. Esta equação é a afirmação mais geral sobre a versão de energia do modelo de **sistema isolado**. É equivalente à Equação 8.2 com todos os termos no lado direito iguais a zero.

Prevenção de Armadilhas 8.2

Condições para a Equação 8.10

A Equação 8.10 só é verdadeira para um sistema no qual forças conservativas atuam. Veremos como lidar com forças não conservativas nas Seções 8.3 e 8.4.

Teste Rápido **8.3** Uma pedra de massa m é jogada ao chão de uma altura h. Uma segunda pedra, de massa $2m$, é jogada da mesma altura. Quando a segunda pedra atinge o chão, qual é sua energia cinética em relação à primeira pedra? **(a)** o dobro **(b)** quatro vezes **(c)** a mesma **(d)** metade **(e)** impossível determinar

Teste Rápido **8.4** Três bolas idênticas são jogadas do topo de um edifício, todas com a mesma velocidade inicial. Como mostra a Figura 8.3, a primeira é jogada horizontalmente, a segunda a um ângulo acima da horizontal e a terceira a um ângulo abaixo da horizontal. Desprezando a resistência do ar, classifique as velocidades das bolas no instante em que cada uma atinge o chão.

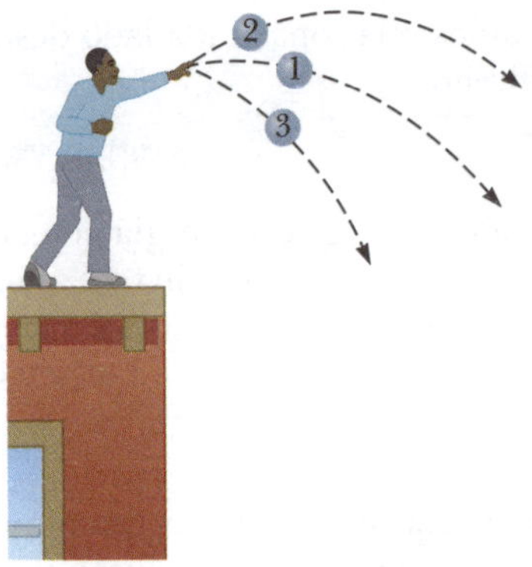

2
1
3

Figura 8.3 (Teste Rápido 8.4) Três bolas idênticas são jogadas com a mesma velocidade inicial do topo de um edifício.

Modelo de Análise Sistema isolado (energia)

Imagine que você tenha identificado um sistema a ser analisado e que tenha definido um limite do sistema. A energia pode existir no sistema de três formas: cinética, potencial e interna. Imagine também uma situação na qual nenhuma energia cruza o limite do sistema por meio de nenhum método. Então, o sistema é isolado; a energia se transforma de uma forma para outra e a Equação 8.2 se torna

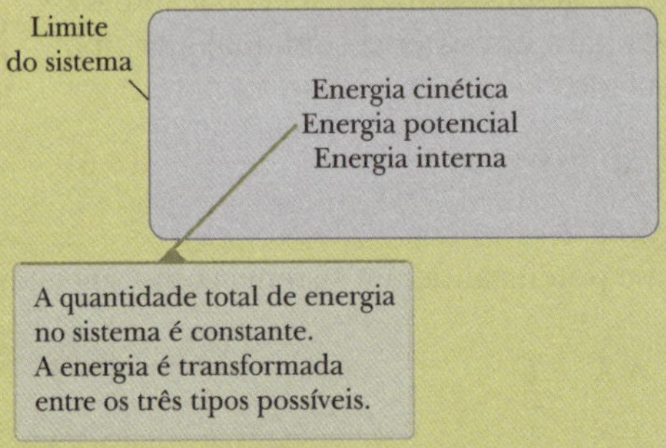

Limite do sistema
Energia cinética
Energia potencial
Energia interna
A quantidade total de energia no sistema é constante. A energia é transformada entre os três tipos possíveis.

$$\Delta E_{\text{sistema}} = 0 \quad \textbf{(8.10)}$$

Se nenhuma força não conservativa atua dentro do sistema isolado, a energia mecânica do sistema é conservada, de modo que

$$\Delta E_{\text{mec}} = 0 \quad \textbf{(8.8)}$$

Exemplos:

- um objeto está em queda livre; a energia potencial gravitacional se transforma em energia cinética: $\Delta K + \Delta U = 0$
- uma bola de basquete rolando pelo chão de um ginásio entra em repouso; a energia cinética se transforma em energia interna: $\Delta K + \Delta E_{\text{int}} = 0$
- um pêndulo é suspenso e liberado com uma velocidade inicial; seu movimento eventualmente para devido à resistência do ar; a energia potencial gravitacional e a energia cinética se transformam em energia interna, $\Delta K + \Delta U + \Delta E_{\text{int}} = 0$ (Capítulo 1 do Volume 2)
- uma bateria está conectada a um resistor; a energia química potencial na bateria se transforma em energia interna no resistor: $\Delta U + \Delta E_{\text{int}} = 0$ (Capítulo 5 do Volume 3)

Estratégia para resolução de problemas

SISTEMAS ISOLADOS E NÃO ISOLADOS COM FORÇAS NÃO CONSERVATIVAS: CONSERVAÇÃO DA ENERGIA

Muitos problemas em Física podem ser resolvidos usando o princípio da conservação da energia. O procedimento a seguir deve ser usado quando você aplica este princípio:

1. Conceitualização Estude a situação física cuidadosamente e forme uma representação mental do que está acontecendo. À medida que ficar mais competente trabalhando com problemas de energia, você se sentirá mais confortável imaginando os tipos de energia que estão variando no sistema e os tipos de transferências de energia que ocorrem através do limite do sistema.

2. Categorização Defina seu sistema, que pode consistir em mais de um corpo e pode ou não incluir molas ou outras possibilidades de armazenar energia potencial. Identifique o intervalo de tempo durante o qual você analisará as mudanças de energia no problema. Determine se alguma transferência de energia ocorre através do limite do seu sistema durante este intervalo. Se ocorrer, use o modelo do sistema não isolado, $\Delta E_{\text{sistema}} = \Sigma\, T$, da Seção 8.1. Se não ocorrer, use o modelo do sistema isolado, $\Delta E_{\text{sistema}} = 0$.

Determine se alguma força não conservativa está presente dentro do sistema. Se houver, use as técnicas das Seções 8.3 e 8.4. Se não, use o princípio da consei vação da energia mecânica descrito a seguir.

3. Análise Escolha configurações para representar as condições inicial e final do sistema com base em sua escolha do intervalo de tempo. Para cada corpo com posição vertical alterada, selecione uma posição de referência para ele que defina a configuração zero de energia potencial gravitacional para o sistema. Para um corpo em uma mola, a configuração zero para a energia potencial elástica é quando o corpo está em sua posição de equilíbrio. Se há mais de uma força conservativa, escreva uma expressão para a energia potencial associada a cada força.

Inicie com a Equação 8.2 e mantenha somente os termos na equação que são apropriados para a situação do problema. Expresse cada mudança da energia armazenada no sistema como o valor final menos o valor inicial. Substitua as expressões apropriadas para cada valor inicial e final de armazenamento de energia no lado esquerdo da equação para as transferências de energia no lado direito da equação. Resolva para a quantidade desconhecida.

4. Finalização Assegure-se de que seus resultados são consistentes com sua representação mental. Assegure-se também de que os valores de seus resultados sejam razoáveis e consistentes com conexões da sua experiência diária.

Exemplo 8.1 Bola em queda livre MA

Uma bola de massa m é largada de uma altura h acima do chão, como mostra a Figura 8.4.

(A) Desprezando a resistência do ar, determine a velocidade da bola quando ela está a uma altura y acima do chão. Escolha o sistema como a bola e a Terra.

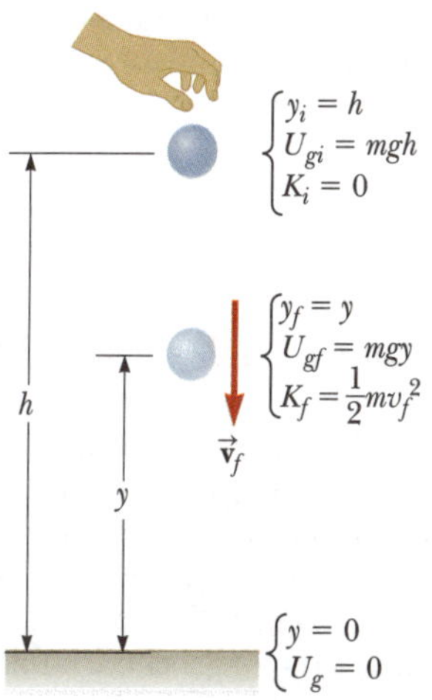

Figura 8.4 (Exemplo 8.1) Uma bola é solta de uma altura h acima do chão. Inicialmente, a energia total do sistema bola-Terra é energia potencial gravitacional, igual a mgh com relação ao chão. Na posição y, a energia total é a soma das energias cinética e potencial.

SOLUÇÃO

Conceitualização A Figura 8.4 e nossa experiência diária com corpos em queda nos permitem conceitualizar a situação. Embora possamos resolver este problema rapidamente com as técnicas do Capítulo 2 deste volume, vamos praticar a abordagem de energia.

Categorização Como foi sugerido no problema, identificamos o sistema como a bola e a Terra. Como não há resistência do ar nem qualquer outra interação entre o sistema e o meio, o sistema é isolado e, portanto, usamos este modelo. A única força entre os membros do sistema é a gravitacional, que é conservativa.

Análise Como o sistema é isolado e não há forças não conservativas atuando dentro dele, aplicamos o princípio da conservação da energia mecânica ao sistema bola-Terra. No instante em que a bola é solta, sua energia cinética é $K_i = 0$, e a energia potencial gravitacional do sistema é $U_{gi} = mgh$. Quando a bola está na posição y acima do chão, sua energia cinética é $K_f = \frac{1}{2}mv_f^2$, e a energia potencial relativa ao chão, $U_{gf} = mgy$.

Escreva a redução apropriada da Equação 8.2, observando que os únicos tipos de energia no sistema que se modificam são a energia cinética e a energia potencial gravitacional:

$$\Delta K + \Delta U_g = 0$$

Substitua para as energias:

$$(\tfrac{1}{2}mv_f^2 - 0) + (mgy - mgh) = 0$$

Resolva para v_f:

$$v_f^2 = 2g(h - y) \rightarrow v_f = \boxed{\sqrt{2g(h - y)}}$$

A velocidade é sempre positiva. Se fosse pedido a você para encontrar a velocidade da bola, usaria o valor negativo da raiz quadrada como o componente y para indicar a direção para baixo.

(B) Determine a velocidade da bola em relação à altura y escolhendo a bola e o sistema.

SOLUÇÃO

Categorização Neste caso, o único tipo de energia no sistema que se modifica é a energia cinética. Um único objeto que pode ser modelado como uma partícula possui energia potencial. O efeito da gravidade é realizar trabalho na bola através do limite do sistema. Utilizamos o modelo do *sistema não isolado*.

Análise Escreva a redução apropriada da Equação 8.2:

$$\Delta K = W$$

continua

8.1 *cont.*

Substitua para as energias cinéticas inicial e final e o trabalho:

$$\left(\tfrac{1}{2}mv_f^2 - 0\right) = \vec{\mathbf{F}}_g \cdot \Delta\vec{\mathbf{r}} = -mg\hat{\mathbf{j}} \cdot \Delta y\hat{\mathbf{j}}$$
$$= -mg\Delta y = -mg(y - h) = mg(h - y)$$

Resolva para v_f:

$$v_f^{\,2} = 2g(h - y) \quad \rightarrow \quad v_f = \boxed{\sqrt{2g(h - y)}}$$

Finalização O resultado final é o mesmo, independentemente da escolha do sistema. Na resolução de nosso problema futuro, tenha em mente que a escolha do sistema deve ser feita por nós. Algumas vezes, o problema é muito mais fácil de resolver se for feita uma escolha criteriosa do sistema a ser analisado.

E SE? E se a bola fosse jogada para baixo de sua posição mais alta com uma velocidade v_i? Qual seria sua velocidade na altura y?

Resposta Se a bola for jogada para baixo inicialmente, podemos esperar que sua velocidade na altura y seja maior do que se ela simplesmente cair. Faça sua escolha do sistema, seja o da bola sozinha ou o da bola e a Terra. Você deverá descobrir que sua escolha forneceu o seguinte resultado:

$$v_f = \sqrt{v_i^2 + 2g(h - y)}$$

Exemplo 8.2 Uma grande entrada MA

Vocês estão planejando um equipamento para suportar um ator de massa 65 kg que vai "voar" pelo palco de uma peça. Você prende o gancho do ator a um saco de areia de 130 kg por meio de um cabo de aço leve passando por duas roldanas sem atrito, como na Figura 8.5a. Você precisa de 3,0 m de cabo entre o gancho e a roldana mais próxima, de modo que a roldana possa ser escondida atrás de uma cortina. Para que o equipamento funcione bem, o saco de areia nunca deve subir acima do chão enquanto o ator balança de cima do palco para o chão. Vamos chamar o ângulo inicial que o cabo do ator faz com a vertical θ. Qual é o valor máximo que θ pode ter antes que o saco de areia seja levantado do chão?

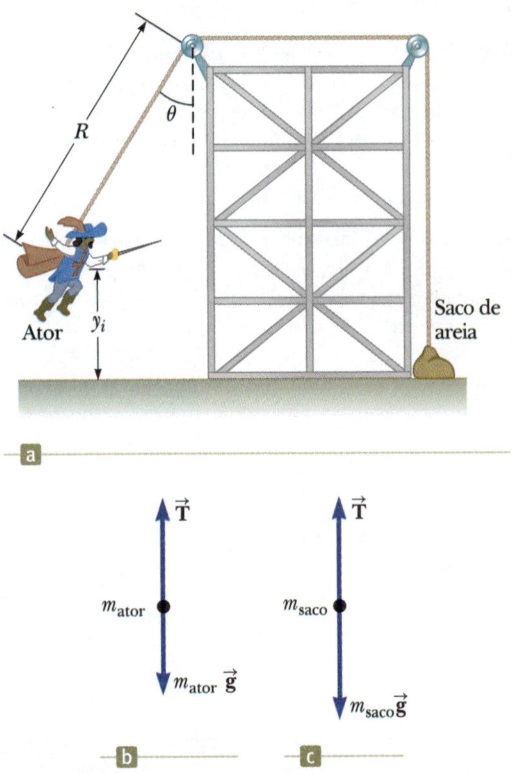

Figura 8.5 (Exemplo 8.2) (a) Um ator usa uma engenhosa encenação para fazer sua entrada. (b) O diagrama de corpo livre para o ator no fundo da trajetória circular. (c) O diagrama de corpo livre para o saco de areia se a força normal do chão vai a zero.

SOLUÇÃO

Conceitualização Temos de usar vários conceitos para resolver este problema. Imagine o que acontece à medida que o ator se aproxima da base do equipamento, onde o cabo é vertical e deve suportar seu peso, além de proporcionar aceleração centrípeta do seu corpo na direção para cima. Neste ponto, a tensão no cabo é a mais alta, e o saco de areia tem maior probabilidade de levantar do chão.

Categorização Olhando primeiro para o balançar do ator do ponto inicial para o mais baixo, modelamos o ator e a Terra como um *sistema isolado*. Desprezamos a resistência do ar, então, não há forças não conservativas atuando. Você pode sentir a tentação de modelar o sistema como não isolado por causa da interação do sistema com o cabo, que está no meio. Porém, a força aplicada no ator pelo cabo sempre é perpendicular a cada elemento do deslocamento do ator e, portanto, não realiza nenhum trabalho. Logo, em termos de transferência de energia através do limite, o sistema é isolado.

Análise Primeiro, encontramos a velocidade do ator quando ele chega ao chão como uma função do ângulo inicial θ e o raio R da trajetória circular na qual ele balança.

8.2 *cont.*

A partir do modelo do sistema isolado, faça a redução apropriada da Equação 8.2 para o sistema ator-Terra:

$$\Delta K + \Delta U_g = 0$$

Estabeleça y_i como a altura inicial do ator acima do chão, e v_f como sua velocidade no instante antes de sua aterrissagem. Note que $K_i = 0$ porque o ator começa do repouso, e que $U_f = 0$ porque definimos a configuração do ator no chão como tendo energia potencial gravitacional zero.

$$(1)\quad (\tfrac{1}{2}m_{\text{ator}}v_f^2 - 0) + (0 - m_{\text{ator}}gy_i) = 0$$

Da geometria na Figura 8.5a, note que $y_f = 0$, então, $y_i = R - R\cos\theta = R(1 - \cos\theta)$. Use esta relação na Equação (1) e resolva para v_f^2:

$$(2)\quad v_f^2 = 2gR(1 - \cos\theta)$$

Categorização Em seguida, concentre-se no instante em que o ator está no ponto mais baixo. Como a tensão no cabo é transferida como uma força aplicada ao saco de areia, modelamos o ator como uma *partícula sob uma força resultante* neste instante. Como se move ao longo de um arco circular, no fundo do balanço ele experimenta uma aceleração centrípeta de v_f^2/r direcionada para cima.

Análise Aplique a Segunda Lei de Newton do modelo da partícula sob uma força resultante ao ator no fundo da sua trajetória, usando o diagrama de corpo livre na Figura 8.5b como guia, e reconhecendo a aceleração como centrípeta:

$$\sum F_y = T - m_{\text{ator}}g = m_{\text{ator}}\frac{v_f^2}{R}$$

$$(3)\quad T = m_{\text{ator}}g + m_{\text{ator}}\frac{v_f^2}{R}$$

Categorização Finalmente, veja que o saco de areia se levanta do chão quando a força para cima exercida pelo cabo sobre o saco excede a força gravitacional atuando sobre ele; a força normal a partir do solo é zero quando isto acontece. No entanto, *não* queremos que o saco de areia se levante do chão. O saco de areia deve permanecer em repouso e, portanto, é modelado como uma *partícula em equilíbrio.*

Análise A força T, de módulo dado pela Equação (3), é transmitida pelo cabo para o saco de areia. Se este permanece em repouso, mas está pronto para ser levantado do chão caso alguma outra força seja aplicada pelo cabo, a força normal sobre ele seria zero, e o modelo da partícula em equilíbrio diz que $T = m_{\text{saco}}g$, como na Figura 8.5c.

Substitua esta condição e a Equação (2) na Equação (3):

$$m_{\text{saco}}g = m_{\text{ator}}g + m_{\text{ator}}\frac{2gR(1 - \cos\theta)}{R}$$

Resolva para $\cos\theta$ e substitua os parâmetros dados:

$$\cos\theta = \frac{3m_{\text{ator}} - m_{\text{saco}}}{2m_{\text{ator}}} = \frac{3(65\text{ kg}) - 130\text{ kg}}{2(65\text{ kg})} = 0{,}50$$

$$\theta = \boxed{60°}$$

Finalização Tivemos de combinar vários modelos de análise de diferentes áreas de nosso estudo. Note que o comprimento R do cabo do gancho do ator para a roldana da esquerda não apareceu na equação algébrica final para $\cos\theta$. Portanto, a resposta final é independente de R.

Exemplo 8.3 Arma de brinquedo carregada a mola MA

O mecanismo de lançamento de uma arma de brinquedo consiste em uma mola movida a gatilho (Fig. 8.6a). A mola é comprimida para uma posição $y_Ⓐ$, e o gatilho é disparado. O projétil de massa m sobe para uma posição $y_Ⓒ$ acima da posição na qual sai da mola, indicada na Figura 8.6b como posição $y_Ⓑ = 0$. Considere um engatilhamento da arma para o qual $m = 35{,}0$ g, $y_Ⓐ = -0{,}120$ m e $y_Ⓒ = 20{,}0$ m.

(A) Desprezando todas as forças resistivas, determine a constante da mola.

Conceitualização Imagine o processo ilustrado nas partes (a) e (b) da Figura 8.6. O projétil começa do repouso em Ⓐ, aumenta sua velocidade conforme a mola vai para cima, deixa a mola em Ⓑ, e então diminui sua velocidade à medida que a força gravitacional o puxa para baixo, eventualmente, entra em repouso no ponto Ⓒ.

continua

8.3 *cont.*

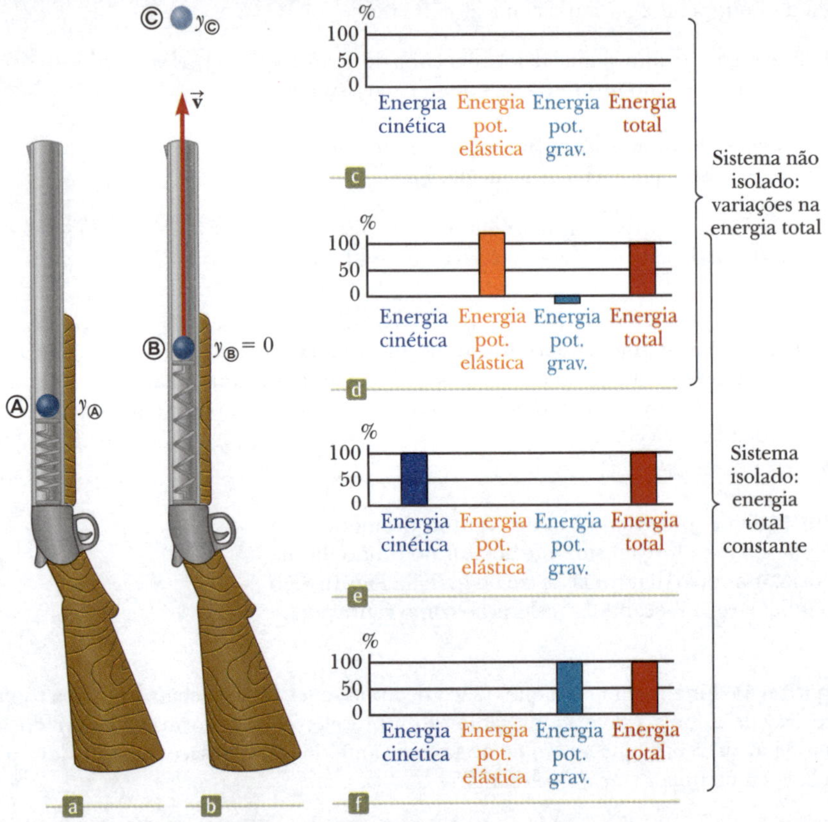

Figura 8.6 (Exemplo 8.3) Uma arma de brinquedo carregada a mola (a) antes de disparar e (b) quando a mola se estende até seu comprimento relaxado. (c) Um diagrama de energia para o sistema arma-projétil-Terra antes de a arma ser carregada. A energia no sistema é zero. (d) A arma é carregada por meio de um agente externo que realiza trabalho sobre o sistema para empurrar a mola para baixo. Portanto, o sistema é não isolado durante este processo. Depois de a arma ser carregada, a energia potencial elástica é armazenada na mola e a energia potencial gravitacional do sistema é mais baixa, porque o projétil está abaixo do ponto Ⓑ. (e) Conforme o projétil passa pelo ponto Ⓑ, toda a energia do sistema isolado é cinética. (f) Quando o projétil atinge o ponto Ⓒ, toda a energia do sistema isolado é potencial gravitacional.

SOLUÇÃO

Categorização Identificamos o sistema como o projétil, a mola e a Terra. Ignoramos tanto a resistência do ar sobre o projétil quanto o atrito na arma e, portanto, modelamos o sistema como isolado sem a atuação de forças não conservativas.

Análise Como o projétil começa do repouso, sua energia cinética inicial é zero. Escolhemos a configuração zero para a energia potencial gravitacional do sistema como sendo quando o projétil sai da mola em Ⓑ. Para esta configuração, a energia potencial elástica também é zero.

Após a arma ser disparada, o projétil atinge uma altura máxima $y_{Ⓒ}$. A energia cinética final do projétil é zero.

A partir do modelo do sistema isolado, escreva uma equação de conservação da energia mecânica para o sistema entre as configurações quando o projétil está nos pontos Ⓐ e Ⓒ:

$$(1) \quad \Delta K + \Delta U_g + \Delta U_m = 0$$

Substitua para as energias inicial e final:

$$(0 - 0) + (mgy_{Ⓒ} - mgy_{Ⓐ}) + (0 - \tfrac{1}{2}kx^2) = 0$$

Resolva para *k:*

$$k = \frac{2mg(y_{Ⓒ} - y_{Ⓐ})}{x^2}$$

Substitua os valores numéricos:

$$k = \frac{2(0{,}0350\text{ kg})(9{,}80\text{ m/s}^2)[20{,}0\text{ m} - (-0{,}120\text{ m})]}{(0{,}120\text{ m})^2} = \boxed{958\text{ N/m}}$$

(B) Encontre a velocidade do projétil conforme ele se move pela posição de equilíbrio Ⓑ da mola, como mostra a Figura 8.6b.

SOLUÇÃO

Análise A energia do sistema conforme o projétil se move pela posição de equilíbrio da mola inclui somente a cinética do projétil $\frac{1}{2}mv_{Ⓑ}^2$. Os dois tipos de energia potencial são iguais a zero para esta configuração do sistema.

8.3 *cont.*

Escreva a Equação (1) novamente para o sistema entre os pontos Ⓐ e Ⓑ: $\Delta K + \Delta U_g + \Delta U_m = 0$

Substitua para as energias inicial e final: $(\frac{1}{2}mv_{Ⓑ}^2 - 0) + (0 - mgy_{Ⓐ}) + (0 - \frac{1}{2}kx^2) = 0$

Resolva para $v_{Ⓑ}$: $v_{Ⓑ} = \sqrt{\frac{kx^2}{m} + 2gy_{Ⓐ}}$

Substitua os valores numéricos: $v_{Ⓑ} = \sqrt{\frac{(958 \text{ N/m})(0{,}120 \text{ m})^2}{(0{,}0350 \text{ kg})} + 2(9{,}80 \text{ m/s}^2)(-0{,}120 \text{ m})} = \boxed{19{,}8 \text{ m/s}}$

Finalização Este exemplo é o primeiro que vimos incluindo dois tipos diferentes de energia potencial. Note que na parte (A) não precisamos considerar nada sobre a velocidade da bola entre os pontos Ⓐ e Ⓒ, que é parte da força da abordagem de energia; variações nas energias cinética e potencial só dependem dos valores inicial e final, e não do que acontece entre as configurações que correspondem a estes valores.

8.3 Situações envolvendo atrito cinético

Considere novamente o livro na Figura 7.18a deslizando para a direita na superfície de uma mesa pesada e reduzindo sua velocidade por causa da força de atrito. O trabalho é realizado pela força de atrito no livro porque há uma força e um deslocamento. Lembre-se, porém, de que nossas equações para trabalho envolvem o deslocamento *do ponto de aplicação da força*. Um modelo simples da força de atrito entre o livro e a superfície é mostrado na Figura 8.7a. Representamos a força de atrito completa entre o livro e a superfície como sendo devida a dois dentes idênticos que foram soldados juntos.[2] Um dente se projeta da superfície para cima, o outro do livro para baixo, e ambos são soldados juntos nos pontos onde se tocam. A força de atrito atua na junção dos dois dentes. Imagine que o livro desliza por uma pequena distância d para a direita, como na Figura 8.7b. Como os dentes são modelados identicamente, a junção dos dentes se move para a direita por uma distância $d/2$. Então, o deslocamento do ponto de aplicação da força de atrito é $d/2$, mas o deslocamento do livro é d!

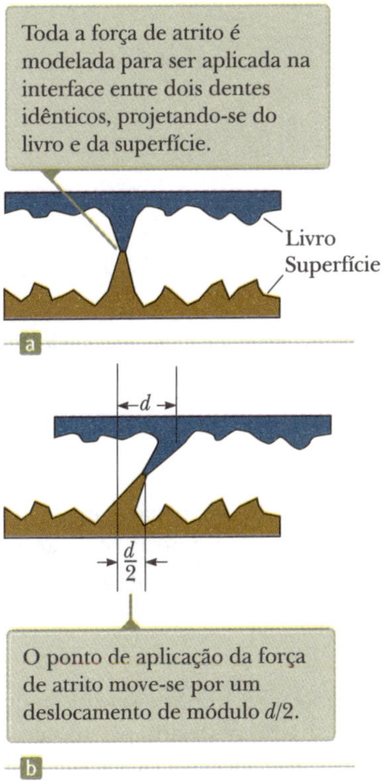
Toda a força de atrito é modelada para ser aplicada na interface entre dois dentes idênticos, projetando-se do livro e da superfície.
Livro
Superfície
a
d
d/2
O ponto de aplicação da força de atrito move-se por um deslocamento de módulo d/2.
b

Figura 8.7 (a) Um modelo simplificado do atrito entre um livro e uma superfície. (b) O livro é movido para a direita por uma distância *d*.

Na realidade, a força de atrito é espalhada sobre toda a área de contato de um corpo deslizando sobre uma superfície, então, a força não é localizada em um ponto. Além disso, como os módulos das forças de atrito em vários pontos mudam constantemente conforme a ocorrência de pontos individuais de solda, a superfície e o livro se deformam localmente, e assim por diante; o deslocamento do ponto de aplicação da força de atrito não é o mesmo que o deslocamento do livro. De fato, nem o deslocamento do ponto de aplicação da força de atrito nem o trabalho realizado pela força de atrito são calculáveis.

O teorema trabalho-energia cinética é válido para uma partícula ou um corpo que pode ser modelado como partícula. No entanto, quando uma força de atrito atua, não podemos calcular o trabalho realizado pelo atrito. Para tais situações, a Segunda Lei de Newton ainda é válida para o sistema, embora o teorema trabalho-energia cinética não seja. Podemos lidar com um caso de um corpo não deformável, como nosso livro, deslizando sobre a superfície[3] de uma maneira relativamente direta.

Começando com uma situação na qual forças, inclusive a de atrito, são aplicadas ao livro, podemos seguir um procedimento semelhante àquele realizado no desenvolvimento da Equação 7.17. Vamos começar escrevendo a Equação 7.8 para todas as forças em um objeto que não a de atrito:

$$\sum W_{\text{outras forças}} = \int \left(\sum \vec{\mathbf{F}}_{\text{outras forças}}\right) \cdot d\vec{\mathbf{r}} \quad \textbf{(8.11)}$$

[2] A Figura 8.7 e sua discussão são inspiradas por um artigo clássico sobre atrito: B.A. Sherwood e W.H. Bernard, "Work and heat transfer in the presence of sliding friction", *American Journal of Physics*, **52:**1001, 1984.

[3] O formato geral do livro permanece o mesmo, e é por isto que dizemos que ele é não deformável. Contudo, em nível microscópico há deformação da capa do livro conforme ele desliza sobre a superfície.

O $d\vec{\mathbf{r}}$ nesta equação é o deslocamento do corpo, pois, para forças que não a de atrito, supondo que não deformem o corpo, este deslocamento é o mesmo que o do ponto de aplicação das forças. Para cada lado da Equação 8.11 vamos adicionar a integral do produto escalar da força de atrito cinética e $d\vec{\mathbf{r}}$. Fazendo isso, não definimos esta quantidade como trabalho! Estamos dizendo simplesmente que é uma quantidade que pode ser calculada matematicamente, e que nos será útil a seguir.

$$\sum W_{\text{outras forças}} + \int \vec{\mathbf{f}}_c \cdot d\vec{\mathbf{r}} = \int \left(\sum \vec{\mathbf{F}}_{\text{outras forças}}\right) \cdot d\vec{\mathbf{r}} + \int \vec{\mathbf{f}}_c \cdot d\vec{\mathbf{r}}$$
$$= \int \left(\sum \vec{\mathbf{F}}_{\text{outras forças}} + \vec{\mathbf{f}}_c\right) \cdot d\vec{\mathbf{r}}$$

A integração no lado direito desta equação é a força resultante $\Sigma\,\vec{\mathbf{F}}$ no objeto, então

$$\sum W_{\text{outras forças}} + \int \vec{\mathbf{f}}_c \cdot d\vec{\mathbf{r}} = \int \sum \vec{\mathbf{F}} \cdot d\vec{\mathbf{r}}$$

Incorporando a Segunda Lei de Newton $\Sigma\,\vec{\mathbf{F}} = m\vec{\mathbf{a}}$, resulta em

$$\sum W_{\text{outras forças}} + \int \vec{\mathbf{f}}_c \cdot d\vec{\mathbf{r}} = \int m\vec{\mathbf{a}} \cdot d\vec{\mathbf{r}} = \int m\frac{d\vec{\mathbf{v}}}{dt} \cdot d\vec{\mathbf{r}} = \int_{t_i}^{t_f} m\frac{d\vec{\mathbf{v}}}{dt} \cdot \vec{\mathbf{v}}\,dt \quad \textbf{(8.12)}$$

onde usamos a Equação 4.3 para reescrever $d\vec{\mathbf{r}}$ como $\vec{\mathbf{v}}\,dt$. O produto escalar obedece à regra do produto para diferenciação (Ver Eq. B.30 no Apêndice B.6); então, a derivada do produto escalar de $\vec{\mathbf{v}}$ com ela mesma pode ser escrita

$$\frac{d}{dt}(\vec{\mathbf{v}} \cdot \vec{\mathbf{v}}) = \frac{d\vec{\mathbf{v}}}{dt} \cdot \vec{\mathbf{v}} + \vec{\mathbf{v}} \cdot \frac{d\vec{\mathbf{v}}}{dt} = 2\frac{d\vec{\mathbf{v}}}{dt} \cdot \vec{\mathbf{v}}$$

onde usamos a propriedade comutativa do produto escalar para justificar a expressão final nesta equação. Consequentemente,

$$\frac{d\vec{\mathbf{v}}}{dt} \cdot \vec{\mathbf{v}} = \tfrac{1}{2}\frac{d}{dt}(\vec{\mathbf{v}} \cdot \vec{\mathbf{v}}) = \tfrac{1}{2}\frac{dv^2}{dt}$$

Substituindo este resultado na Equação 8.12, temos

$$\sum W_{\text{outras forças}} + \int \vec{\mathbf{f}}_c \cdot d\vec{\mathbf{r}} = \int_{t_i}^{t_f} m\left(\tfrac{1}{2}\frac{dv^2}{dt}\right)dt = \tfrac{1}{2}m\int_{v_i}^{v_f} d(v^2) = \tfrac{1}{2}mv_f^{\,2} - \tfrac{1}{2}mv_i^{\,2} = \Delta K$$

Olhando para o lado esquerdo desta equação, note que no referencial inercial da superfície, $\vec{\mathbf{f}}_c$ e $d\vec{\mathbf{r}}$ estarão em direções opostas para cada incremento $d\vec{\mathbf{r}}$ da trajetória seguida pelo corpo. Então, $\vec{\mathbf{f}}_c \times d\vec{\mathbf{r}} = -f_c\,dr$. A expressão anterior agora se torna

$$\sum W_{\text{outras forças}} - \int f_c\,dr = \Delta K$$

Em nosso modelo para atrito, o módulo da força de atrito cinética é constante, então, f_c pode ser tirado da integral. O restante da integral $\int dr$ é simplesmente a soma dos incrementos do comprimento ao longo da trajetória, que é o comprimento da trajetória total d. Consequentemente,

$$\sum W_{\text{outras forças}} - f_c d = \Delta K \quad \textbf{(8.13)}$$

A Equação 8.13 pode ser usada quando uma força de atrito atua sobre um corpo. A mudança em energia cinética é igual ao trabalho realizado por todas as forças que não a de atrito menos um termo $f_c\,d$ associado à força de atrito.

Considerando novamente a situação do livro deslizando, vamos identificar o sistema maior do livro e da superfície conforme o livro tem sua velocidade reduzida sob a influência somente da força de atrito. Não há trabalho realizado através do limite deste sistema por outras forças porque ele não interage com o meio. Não há outros tipos de transferência de energia ocorrendo através do limite do sistema, supondo que o som que o livro inevitavelmente faz ao deslizar seja ignorado! Neste caso, a Equação 8.2 se torna

$$\Delta E_{\text{sistema}} = \Delta K + \Delta E_{\text{int}} = 0$$

A variação em energia cinética deste sistema livro-superfície é a mesma que a variação na energia cinética do livro sozinho, porque ele é a única parte do sistema que está se movendo. Então, incorporando a Equação 8.13, sem nenhum trabalho feito por outras forças, temos

Variação na energia interna devida a uma força de atrito constante no sistema ▶

$$-f_c d + \Delta E_{\text{int}} = 0$$
$$\Delta E_{\text{int}} = f_c d \quad \textbf{(8.14)}$$

A Equação 8.14 nos diz que o aumento em energia interna do sistema é igual ao produto da força de atrito e do comprimento da trajetória pela qual o bloco se move. Resumindo, uma força de atrito transforma a energia cinética de um sistema em energia interna. Se o trabalho é realizado no sistema por forças que não sejam o atrito, a Equação 8.13, com ajuda da Equação 8.14, pode ser escrita como

$$\sum W_{\text{outras forças}} = W = \Delta K + \Delta E_{\text{int}} \tag{8.15}$$

que é uma forma reduzida da Equação 8.2 e representa o modelo do sistema não isolado dentro do qual uma força não conservativa atua.

***Teste Rápido* 8.5** Você está viajando ao longo de uma rodovia a 65 mi/h. Seu carro tem energia cinética. Você freia e para subitamente por causa de um congestionamento. Onde está a energia cinética que seu carro tinha? **(a)** Está toda na energia interna da estrada. **(b)** Está na energia interna dos pneus. **(c)** Uma parte foi transformada em energia interna e outra transferida por ondas mecânicas. **(d)** Ela é toda transferida para longe do seu carro por vários mecanismos.

Exemplo 8.4 Um bloco puxado sobre uma superfície áspera MA

Um bloco de 6,0 kg inicialmente em repouso é puxado para a direita ao longo de uma superfície horizontal por uma força horizontal constante de 12 N.

(A) Encontre a velocidade do bloco após ele ter se movido por 3,0 m se as superfícies em contato têm um coeficiente de atrito cinético de 0,15.

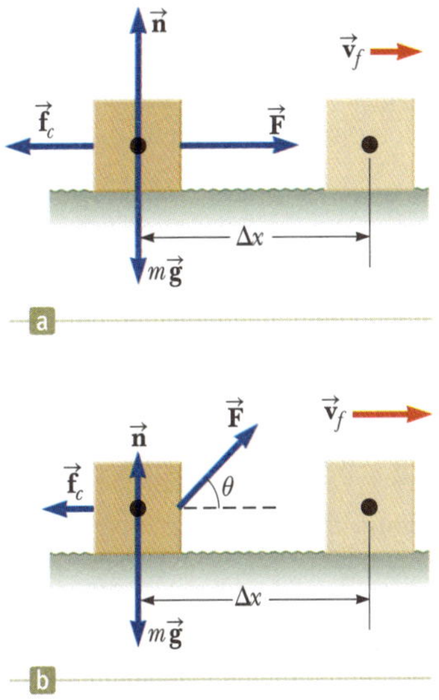

Figura 8.8 (Exemplo 8.4) (a) Um bloco puxado para a direita em uma superfície áspera por uma força horizontal constante. (b) A força aplicada está a um ângulo θ com a horizontal.

SOLUÇÃO

Conceitualização Este é o Exemplo 7.6, do capítulo anterior, mas modificado de modo que a superfície não é mais sem atrito. A superfície áspera aplica uma força de atrito sobre o bloco oposta à aplicada. Como resultado, esperamos que a velocidade seja menor que aquela encontrada no Exemplo 7.6.

Categorização O bloco é puxado por uma força e a superfície é áspera; então, o bloco e a superfície são modelados como um *sistema não isolado* com uma força não conservativa atuando.

Análise A Figura 8.8a ilustra esta situação. Nem a força normal nem a gravitacional realizam trabalho sobre o sistema porque seus pontos de aplicação são deslocados horizontalmente.

Encontre o trabalho realizado sobre o sistema pela força aplicada conforme no Exemplo 7.6:

$$\sum W_{\text{outras forças}} = W_F = F\,\Delta x$$

Aplique o modelo de *partícula em equilíbrio* ao bloco na direção vertical:

$$\sum F_y = 0 \;\rightarrow\; n - mg = 0 \;\rightarrow\; n = mg$$

Encontre o módulo da força de atrito:

$$f_c = \mu_c n = \mu_c mg = (0{,}15)(6{,}0\text{ kg})(9{,}80\text{ m/s}^2) = 8{,}82\text{ N}$$

Substitua as energias na Equação 8.15 e resolva para a velocidade final do bloco:

$$F\Delta x = \Delta K + \Delta E_{\text{int}} = (\tfrac{1}{2}mv_f^2 - 0) + f_c d$$

$$v_f = \sqrt{\frac{2}{m}(-f_c d + F\,\Delta x)}$$

Substitua os valores numéricos:

$$v_f = \sqrt{\frac{2}{6{,}0\text{ k}}[-(8{,}82\text{ N})(3{,}0\text{ m}) + (12\text{ N})(3{,}0\text{ m})]} = \boxed{1{,}8\text{ m/s}}$$

continua

8.4 cont.

Finalização Como esperado, este valor é menor que os 3,5 m/s encontrados no caso do bloco deslizando sobre uma superfície sem atrito (ver Exemplo 7.6). A diferença em energias cinéticas entre o bloco no Exemplo 7.6 e neste é igual ao aumento em energia interna do sistema bloco-superfície neste exemplo.

(B) Suponha que a força $\vec{\mathbf{F}}$ seja aplicada a um ângulo θ como mostrado na Figura 8.8b. A que ângulo a força deveria ser aplicada para atingir a velocidade mais alta possível depois de o bloco se mover 3,0 m para a direita?

SOLUÇÃO

Conceitualização Você pode supor que $\theta = 0$ resultaria em uma velocidade mais alta porque a força teria a maior componente possível na direção paralela à superfície. Contudo, pense em $\vec{\mathbf{F}}$ aplicado a um ângulo arbitrário não zero. Embora a componente horizontal da força fosse reduzida, a componente vertical da força reduziria a força normal, que por sua vez reduz a força de atrito, o que sugere que a velocidade poderia ser maximizada puxando a um ângulo diferente de $\theta = 0$.

Categorização Como na parte (A), modelamos o sistema bloco-superfície como não isolado com uma força não conservativa atuando.

Análise Encontre o trabalho realizado pela força aplicada, notando que $\Delta x = d$ porque a trajetória seguida pelo bloco é uma linha reta:

$$(1)\quad \sum W_{\text{outras forças}} = W_F = F\,\Delta x \cos\theta = Fd\cos\theta$$

Aplique o modelo da partícula em equilíbrio ao bloco na direção vertical:

$$\sum F_y = n + F\,\text{sen}\,\theta - mg = 0$$

Resolva para n:

$$(2)\quad n = mg - F\,\text{sen}\,\theta$$

Use a Equação 8.15 para encontrar a energia cinética final para esta situação:

$$W_F = \Delta K + \Delta E_{\text{int}} = (K_f - 0) + f_c d \rightarrow K_f = W_F - f_c d$$

Substitua os resultados nas Equações (1) e (2):

$$K_f = Fd\cos\theta - \mu_c n d = Fd\cos\theta - \mu_c(mg - F\,\text{sen}\,\theta)\,d$$

Maximizar a velocidade é equivalente a maximizar a energia cinética final. Consequentemente, diferencie K_f com relação a θ e estabeleça o resultado igual a zero:

$$\frac{dK_f}{d\theta} = -Fd\,\text{sen}\,\theta - \mu_c\,(0 - F\cos\theta)\,d = 0$$

$$-\text{sen}\,\theta + \mu_c\cos\theta = 0$$

$$\text{tg}\,\theta = \mu_c$$

Obtenha θ para $\mu_c = 0{,}15$:

$$\theta = \text{tg}^{-1}(\mu_c) = \text{tg}^{-1}(0{,}15) = \boxed{8{,}5^\circ}$$

Finalização Note que o ângulo em que a velocidade do bloco é máxima não é $\theta = 0$. Quando o ângulo excede 8,5°, a componente horizontal da força aplicada é muito pequena para ser compensada pela força de atrito reduzida, e a velocidade do bloco começa a diminuir de seu valor máximo.

Exemplo Conceitual 8.5 Física útil para dirigir com mais segurança

Um carro movendo-se a uma velocidade inicial v desliza uma distância d até parar quando seus freios travam. Se a velocidade inicial do carro for $2v$ no momento em que os freios travam, estime a distância que o carro desliza.

SOLUÇÃO

Vamos supor que a força de atrito cinética entre o carro e a superfície da estrada seja constante e igual para as duas velocidades. De acordo com a Equação 8.13, a força de atrito multiplicada pela distância d é igual à energia cinética inicial do carro (porque $K_f = 0$, e não há trabalho realizado por outras forças). Se a velocidade é dobrada, como acontece neste exemplo, a energia cinética é quadruplicada. Para uma força de atrito qualquer, a distância percorrida é quatro vezes maior quando a velocidade inicial é dobrada e, então, a distância que o carro desliza é estimada em $4d$.

Exemplo 8.6 Um sistema bloco-mola MA

Um bloco de massa 1,6 kg é preso a uma mola horizontal que tem constante k de 1.000 N/m, como mostra a Figura 8.9a. A mola é comprimida 2,0 cm e depois liberada do repouso como na Figura 8.9b.

(A) Calcule a velocidade do bloco conforme ele passa pela posição de equilíbrio $x = 0$ se a superfície não tem atrito.

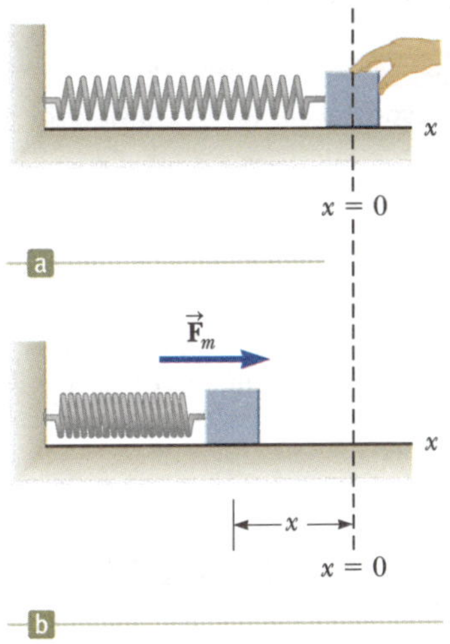

Figura 8.9 (Exemplo 8.6) (a) Um bloco preso a uma mola é empurrado para dentro de uma posição inicial $x = 0$ por um agente externo. (b) Na posição x, o bloco é liberado do repouso e a mola empurra o bloco para a direita.

SOLUÇÃO

Conceitualização Esta situação foi discutida antes, e é fácil visualizar o bloco sendo empurrado para a direita pela mola e se movendo com alguma velocidade em $x = 0$.

Categorização Identificamos o sistema como o bloco e o modelamos como um *sistema não isolado*.

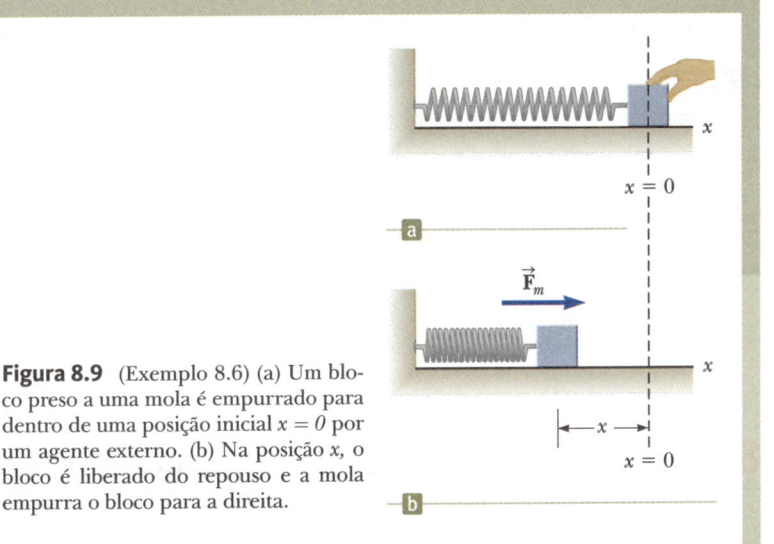

Análise Nesta situação, o bloco começa com $v_i = 0$ em $x_i = -2{,}0$ cm, e queremos encontrar v_f em $x_f = 0$.

Use a Equação 7.11 para encontrar o trabalho realizado pela mola sobre o sistema com $x_{\text{máx}} = x_i$:

$$W_m = \tfrac{1}{2}kx^2_{\text{máx}}$$

O trabalho é realizado sobre o bloco, e sua velocidade muda. A equação de conservação de energia, 8.2, é reduzida para o teorema trabalho-energia cinética. Use este teorema para achar a velocidade em $x = 0$:

$$W_m = \tfrac{1}{2}mv_f^2 - \tfrac{1}{2}mv_i^2$$

$$v_f = \sqrt{v_i^2 + \frac{2}{m}W_m} - \sqrt{v_i^2 + \frac{2}{m}\left(\tfrac{1}{2}kx^2_{\text{máx}}\right)}$$

Substitua os valores numéricos:

$$v_f = \sqrt{0 + \frac{2}{1{,}6\text{ kg}}\left[\tfrac{1}{2}(1.000\text{ N/m})(0{,}020\text{ m})^2\right]} = \boxed{0{,}50\text{ m/s}}$$

Finalização Embora este problema pudesse ter sido resolvido no Capítulo 7, ele é apresentado aqui para contrastar com a parte (B) seguinte, que precisa de técnicas deste capítulo.

(B) Calcule a velocidade do bloco conforme ele passa pela posição de equilíbrio se uma força de atrito constante de 4,0 N retarda seu movimento a partir do momento em que é solto.

SOLUÇÃO

Conceitualização A resposta correta deve ser menor que aquela para a parte (A), porque a força de atrito retarda o movimento.

Categorização Identificamos o sistema como o bloco e a superfície, é um *sistema não isolado* por causa do trabalho realizado pela mola. Há uma força não conservativa atuando no sistema: o atrito entre o bloco e a superfície.

Análise Escreva a Equação 8.15:

$$W_m = \Delta K + \Delta E_{\text{int}} = \left(\tfrac{1}{2}mv_f^2 - 0\right) + f_c d$$

Resolva para v_f:

$$v_f = \sqrt{\frac{2}{m}\left(W_m - f_c d\right)}$$

Substitua para o trabalho realizado pela mola:

$$v_f = \sqrt{\frac{2}{m}\left(\tfrac{1}{2}kx^2_{\text{máx}} - f_c d\right)}$$

Substitua os valores numéricos:

$$v_f = \sqrt{\frac{2}{1{,}6\text{ k}}\left[\tfrac{1}{2}(1.000\text{ N/m})(0{,}020\text{ m})^2 - (4{,}0\text{ N})(0{,}020\text{ m})\right]} = \boxed{0{,}39\text{ m/s}}$$

continua

8.6 cont.

Finalização Como esperado, este valor é menor que o de 0,50 m/s encontrado na parte (A).

E SE? E se a força de atrito fosse aumentada para 10,0 N? Qual é a velocidade do bloco em $x = 0$?

Resposta Neste caso, o valor de $f_c d$ conforme o bloco se move para $x = 0$ é

$$f_c d = (10{,}0 \text{ N})(0{,}020 \text{ m}) = 0{,}20 \text{ J}$$

que é igual em módulo à energia cinética em $x = 0$ para o caso sem atrito. (Verifique isto!) Então, toda a energia cinética foi transformada em energia interna pelo atrito quando o bloco chegou em $x = 0$, e sua velocidade neste ponto é $v = 0$.

Nesta situação, como naquela da parte (B), a velocidade do bloco atinge um máximo em alguma posição que não $x = 0$. O Problema 53 pede que você localize estas posições.

8.4 Mudanças na energia mecânica por forças não conservativas

Considere o livro deslizando pela superfície na seção anterior. Conforme o livro se move pela distância d, a única força na direção horizontal é a de atrito cinética. Esta provoca uma variação $-f_c\, d$ na energia cinética do livro, conforme descrito pela Equação 8.13.

Suponha agora que o livro seja parte de um sistema que também sofre uma variação em energia potencial. Neste caso, $-f_c d$ é o valor pelo qual a energia *mecânica* do sistema muda por causa da força de atrito cinética. Por exemplo, se o livro se move em uma inclinação que não é sem atrito, há uma variação tanto na energia cinética como na potencial gravitacional do sistema livro-Terra. Consequentemente,

$$\Delta E_{\text{mec}} = \Delta K + \Delta U_g = -f_c d = \Delta E_{\text{int}}$$

Em geral, se uma força não conservativa atua em um sistema isolado,

$$\Delta K + \Delta U + \Delta E_{\text{int}} = 0 \qquad \textbf{(8.16)}$$

onde ΔU é a mudança em todas as formas de energia potencial. Reconhecemos a Equação 8.16 como a Equação 8.2 sem transferências de energia através do limite do sistema.

Se o sistema no qual forças não conservativas atuam é não isolado e a influência externa sobre o sistema é por meio de trabalho, a generalização da Equação 8.13 é

$$\sum W_{\text{outras forças}} - f_c d = \Delta E_{\text{mec}}$$

Esta equação, com ajuda das Equações 8.7 e 8.14, pode ser escrita como

$$\sum W_{\text{outras forças}} = W = \Delta K + \Delta U + \Delta E_{\text{int}} \qquad \textbf{(8.17)}$$

Esta forma reduzida da Equação 8.2 representa o modelo do sistema não isolado para um sistema que possui energia potencial e dentro do qual uma força não conservativa atua.

Exemplo 8.7 Um engradado deslizando por uma rampa MA

Um engradado de 3,00 kg desliza por uma rampa. A rampa tem 1,00 m de comprimento e está inclinada a um ângulo de 30,0°, como mostra a Figura 8.10. O engradado começa do repouso no topo, experimenta uma força de atrito constante de módulo 5,00 N, e continua se movendo por uma pequena distância no piso horizontal depois de sair da rampa.

(A) Use métodos de energia para determinar a velocidade do engradado na base da rampa.

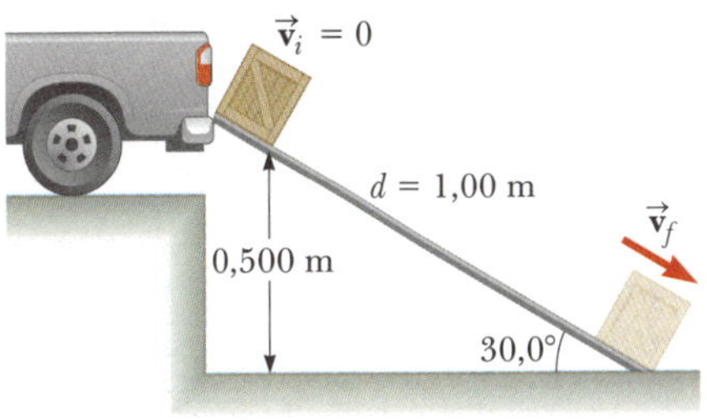

Figura 8.10 (Exemplo 8.7) Um engradado desliza para baixo em uma rampa sob a ação da gravidade. A energia potencial do sistema diminui enquanto a energia cinética aumenta.

SOLUÇÃO

Conceitualização Imagine o engradado deslizando pela rampa na Figura 8.10. Quanto maior a força de atrito, mais lentamente ele vai deslizar.

Categorização Identificamos o engradado, a superfície e a Terra um *sistema isolado*, com uma força não conservativa atuando.

Análise Como $v_i = 0$, a energia cinética inicial do sistema quando o engradado está no topo da rampa é zero. Se a coordenada y é medida da base da rampa (a posição final do engradado, para a qual escolhemos a energia potencial gravitacional do sistema como sendo zero) com a direção para cima sendo positiva, então $y_i = 0,500$ m.

Escreva a equação de conservação de energia (Equação 8.2) para este sistema: $\Delta K + \Delta U + \Delta E_{\text{int}} = 0$

Substitua para as energias: $(\frac{1}{2}mv_f^2 - 0) + (0 - mgy_i) + f_c d = 0$

Resolva para v_f: (1) $v_f = \sqrt{\frac{2}{m}(mgy_i - f_c d)}$

Substitua os valores numéricos: $v_f = \sqrt{\frac{2}{3,00\text{ kg}}[(3,00\text{ kg})(9,80\text{ m/s}^2)(0,500\text{ m}) - (5,00\text{ N})(1,00\text{ m})]} = \boxed{2,54\text{ m/s}}$

(B) Que distância o engradado desliza no piso horizontal se continuar a experimentar uma força de atrito de módulo 5,00 N?

SOLUÇÃO

Análise Esta parte do problema é tratada exatamente da mesma forma que na parte (A), mas, neste caso, podemos considerar que a energia mecânica do sistema consiste somente em energia cinética, porque a potencial do sistema permanece fixa.

Escreva a equação de conservação de energia (Equação 8.2) para este sistema: $\Delta K + \Delta E_{\text{int}} = 0$

Substitua para as energias: $(0 - \frac{1}{2}mv_i^2) + f_c d = 0$

Resolva para a distância d e substitua os valores numéricos: $d = \frac{mv^2}{2f_c} = \frac{(3,00\text{ kg})(2,54\text{ m/s})^2}{2(5,00\text{ N})} = \boxed{1,94\text{ m}}$

Finalização Como comparação, você pode querer calcular a velocidade do engradado na base da rampa quando ela não tem atrito. Note também que o aumento na energia interna do sistema conforme o engradado desliza pela rampa é $f_c d = (5,00\text{ N})(1,00\text{ m}) = 5,00$ J. Esta energia é dividida entre o engradado e a superfície, e cada um fica um pouco mais quente que antes.

Note que a distância d que o corpo desliza na superfície horizontal é infinita se a superfície não tem atrito. Isto é consistente com sua conceitualização da situação?

E SE? Um trabalhador cauteloso decide que a velocidade do engradado quando ele chega à base da rampa pode ser tão grande que seu conteúdo pode ser danificado. Ele então substitui a rampa por uma mais longa, de modo que esta nova forme um ângulo de 25,0° com o chão. Esta reduz a velocidade do engradado quando ele chega ao chão?

continua

8.7 cont.

Resposta Como a rampa é mais longa, a força de atrito atua sobre uma distância mais longa e transforma mais da energia mecânica em energia interna. O resultado é uma redução da energia cinética do engradado, e esperamos uma velocidade mais baixa quando chega ao chão.

Encontre a velocidade d da nova rampa: $\text{sen } 25{,}0° = \dfrac{0{,}500 \text{ m}}{d} \quad \rightarrow \quad d = \dfrac{0{,}500 \text{ m}}{\text{sen } 25{,}0°} = 1{,}18 \text{ m}$

Encontre v_f a partir da Equação (1) na parte (A): $v_f = \sqrt{\dfrac{2}{3{,}00 \text{ kg}}[(3{,}00 \text{ kg})(9{,}80 \text{ m/s}^2)(0{,}500 \text{ m}) - (5{,}00 \text{ N})(1{,}18 \text{ m})]} = 2{,}42 \text{ m/s}$

A velocidade final é de fato menor do que no caso do ângulo mais alto.

Exemplo 8.8 Colisão bloco-mola MA

Um bloco com massa de 0,80 kg recebe uma velocidade inicial $v_{Ⓐ} = 1{,}2$ m/s para a direita e colide com uma mola de massa desprezível e constante de força $k = 50$ N/m, como mostra a Figura 8.11.

(A) Supondo que a superfície não tenha atrito, calcule a compressão máxima da mola depois da colisão.

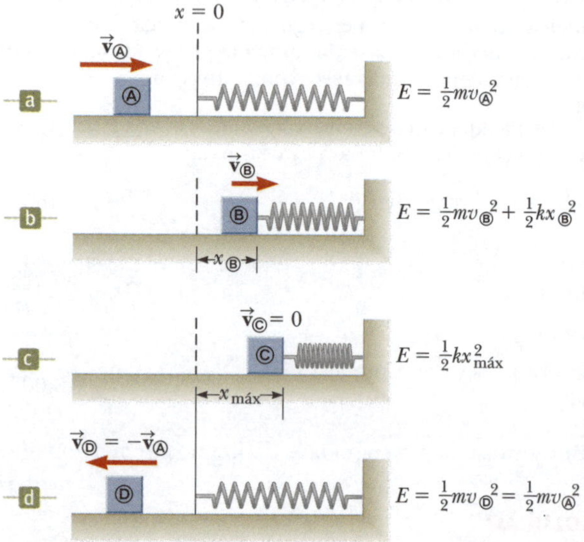

Figura 8.11 (Exemplo 8.8) Um bloco deslizando em uma superfície horizontal sem atrito colide com uma mola leve. (a) Inicialmente, a energia mecânica é toda cinética. (b) A energia mecânica é a soma da energia cinética do bloco e a energia potencial elástica na mola. (c) A energia é inteiramente potencial. (d) A energia é transformada de volta em energia cinética do bloco. A energia total do sistema permanece constante durante todo o movimento.

SOLUÇÃO

Conceitualização As várias partes da Figura 8.11 nos ajudam a imaginar o que o bloco fará nesta situação. Todo movimento acontece em um plano horizontal; então, não precisamos considerar as mudanças na energia potencial gravitacional.

Categorização Identificamos o sistema como o bloco e a mola e o modelamos como um *sistema isolado* sem a atuação de forças não conservativas.

Análise Antes da colisão, quando o bloco está em Ⓐ, ele tem energia cinética e a mola não é comprimida, então, a energia potencial elástica armazenada no sistema é zero. Portanto, a energia mecânica total do sistema antes da colisão é somente $\frac{1}{2}mv_{Ⓐ}^2$. Após a colisão, quando o bloco está em Ⓒ, a mola é totalmente comprimida; agora, o bloco está em repouso e, então, tem energia cinética zero. No entanto, a energia potencial elástica armazenada no sistema tem seu valor máximo $\frac{1}{2}kx^2 = \frac{1}{2}kx_{máx}^2$, onde a origem da coordenada $x = 0$ é definida como a posição de equilíbrio da mola, e a origem da coordenada $x_{máx}$ é a compressão máxima da mola, que neste caso é $x_{Ⓒ}$. A energia mecânica total do sistema é conservada porque não há forças não conservativas atuando sobre corpos dentro do sistema isolado.

Escreva uma equação de conservação de energia para esta situação: $\Delta K + \Delta U = 0$

Substitua para as energias: $(0 - \frac{1}{2}mv_{Ⓐ}^2) + (\frac{1}{2}kx_{máx}^2 - 0) = 0$

Resolva para $x_{máx}$ e substitua os valores numéricos: $x_{máx} = \sqrt{\dfrac{m}{k}}\, v_{Ⓐ} = \sqrt{\dfrac{0{,}80 \text{ kg}}{50 \text{ N/m}}}(1{,}2 \text{ m/s}) = \boxed{0{,}15 \text{ m}}$

8.8 *cont.*

(B) Suponha que uma força de atrito cinética constante atue entre o bloco e a superfície, com μ_c =0,50. Se a velocidade do bloco no momento em que ele colide com a mola é $v_Ⓐ = 1{,}2$ m/s, qual é a compressão máxima $x_Ⓒ$ na mola?

SOLUÇÃO

Conceitualização Devido à força de atrito, esperamos que a compressão da mola seja menor que na parte (A), porque uma parte da energia cinética do bloco é transformada em energia interna no bloco e na superfície.

Categorização Identificamos o sistema como o bloco, a superfície e a mola. Este é um modelo isolado, mas agora envolve uma força não conservativa.

Análise Neste caso, a energia mecânica $E_{mec} = K + U_m$ do sistema *não* é conservada porque uma força de atrito atua sobre o bloco. A partir do modelo da *partícula em equilíbrio* na direção vertical, vemos que $n = mg$.

Obtenha o módulo da força de atrito:

$$f_c = \mu_c n = \mu_c mg$$

Escreva a equação de conservação de energia para esta situação:

$$\Delta K + \Delta U + \Delta E_{int} = 0$$

Substitua as energias inicial e final:

$$(0 - \tfrac{1}{2}mv_Ⓐ^2) + (\tfrac{1}{2}kx_Ⓑ^2 - 0) + \mu_c mgx_Ⓒ = 0$$

Rearranje os termos em uma equação quadrática:

$$kx_Ⓒ^2 + 2\mu_c mgx_Ⓒ - mv_Ⓐ^2 = 0$$

Substitua os valores numéricos:

$$50x_Ⓒ^2 + 2(0{,}50)(0{,}80)(9{,}80)x_Ⓒ - (0{,}80)(1{,}2)^2 = 0$$

$$50x_Ⓒ^2 + 7{,}84x_Ⓒ - 1{,}15 = 0$$

Resolvendo a equação quadrática para $x_Ⓒ$, resulta em $x_Ⓒ = 0{,}092$ m e $x_Ⓒ = -0{,}25$ m. A raiz fisicamente significante é $x_Ⓒ =$ 0,092 m.

Finalização A raiz negativa não se aplica a esta situação porque o bloco deve estar à direita da origem (valor positivo de x) quando chega ao repouso. Note que o valor de 0,092 m é menor que a distância obtida no caso sem atrito da parte (A) conforme esperávamos.

Exemplo 8.9 Blocos conectados em movimento MA

Dois blocos são conectados por um barbante leve que passa sobre uma roldana sem atrito, como mostrado na Figura 8.12. O bloco de massa m_1 repousa em uma superfície horizontal e é conectado a uma mola de constante de força k. O sistema é liberado do repouso quando a mola é solta. Se o bloco de massa m_2 pendurado cai uma distância h antes de chegar ao repouso, calcule o coeficiente de atrito cinético entre o bloco de massa m_1 e a superfície.

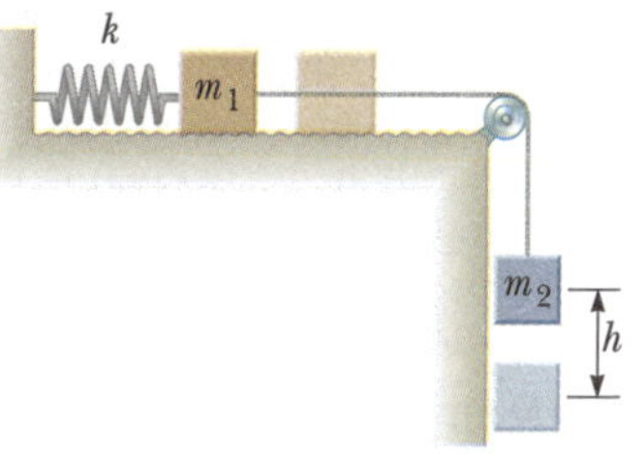

Figura 8.12 (Exemplo 8.9) Conforme o bloco pendurado se move de sua altura máxima para a mínima, o sistema perde energia potencial gravitacional, mas ganha energia potencial elástica na mola. Alguma energia mecânica é transformada em energia interna por causa do atrito entre o bloco e a superfície.

SOLUÇÃO

Conceitualização A palavra-chave *repouso* aparece duas vezes no enunciado do problema. Ela sugere que as configurações do sistema associadas ao repouso são boas candidatas para a configuração final e inicial, porque a energia cinética do sistema é zero para estas configurações.

Categorização Nesta situação, o sistema consiste em dois blocos, a mola, a superfície e a Terra. O sistema é isolado com uma força não conservativa atuando sobre ele. Também modelamos o bloco deslizando como uma *partícula em equilíbrio* na direção vertical, levando a $n = m_1g$.

continua

8.9 *cont.*

Análise Precisamos considerar duas formas de energia potencial para o sistema, gravitacional e elástica: $\Delta U_g = U_{gf} - U_{gi}$ é a variação na energia potencial gravitacional do sistema, e $\Delta U_s = U_m - U_{mi}$ é a variação na energia potencial elástica do sistema. A variação na energia potencial gravitacional do sistema é associada somente com o bloco em queda, porque a coordenada vertical do bloco deslizando horizontalmente não muda. As energias cinética inicial e final do sistema são zero, então $\Delta K = 0$.

Escreva a redução apropriada da Equação 8.2: (1) $\Delta U_g + \Delta U_m + \Delta E_{\text{int}} = 0$

Substitua para as energias, observando que o bloco pendurado cai a uma distância h, o bloco que se move horizontalmente percorre a mesma distância h para a direita e que a mola se estende por uma distância h: $(0 - m_2gh) + (\frac{1}{2}kh^2 - 0) + f_c h = 0$

Substitua para cada força de atrito: $-m_2gh + \frac{1}{2}kh^2 + \mu_c m_1 gh = 0$

Resolva para μ_c: $\mu_c = \dfrac{m_2g - \frac{1}{2}kh}{m_1g}$

Finalização Esta configuração representa um método de medição do coeficiente de atrito cinético entre um corpo e uma superfície. Note como resolvemos os exemplos neste capítulo utilizando a abordagem da energia. Começar com a Equação 8.2 e depois adaptá-la à situação física. Este processo pode incluir ou apagar termos, como o de energia cinética e todos aqueles no lado direito da Equação 8.2 neste exemplo. Também pode incluir a expansão de termos, como reescrever ΔU devido a dois tipos de energia potencial neste exemplo.

Exemplo Conceitual 8.10 Interpretando as barras de energia

Os gráficos de barra de energia na Figura 8.13 mostram três instantes no movimento do sistema da Figura 8.12, descrito no Exemplo 8.9. Para cada gráfico de barra, identifique a configuração do sistema que corresponde àquele gráfico.

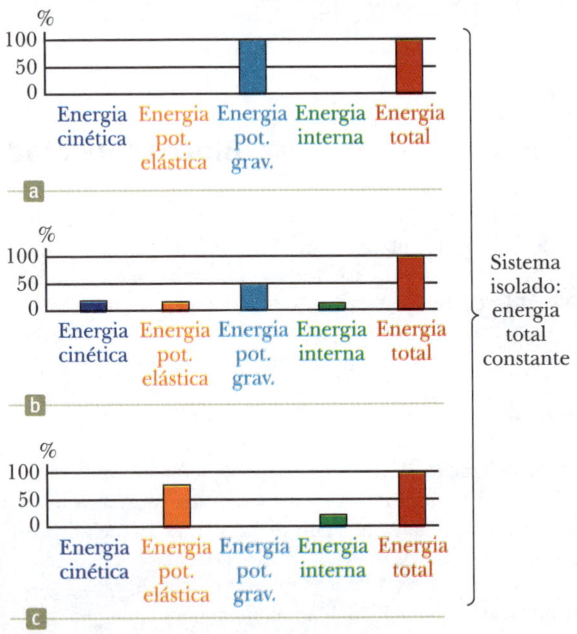

Figura 8.13 (Exemplo Conceitual 8.10) Três gráficos de barra são mostrados para a energia do sistema na Figura 8.12.

SOLUÇÃO

Na Figura 8.13a, não há energia cinética no sistema. Portanto, nada se move no sistema. O gráfico de barra mostra que o sistema contém somente energia potencial gravitacional, e ainda não tem energia interna, o que corresponde à configuração com os blocos mais escuros na Figura 8.12 e representa o instante imediatamente após o sistema ser liberado.

Na Figura 8.13b, o sistema contém quatro tipos de energia. A altura da barra de energia potencial gravitacional está em 50%, o que nos informa que o bloco pendurado se moveu a meio caminho entre sua posição correspondente na Figura 8.13a e a posição definida como $y = 0$. Então, nesta configuração, o bloco pendurado está entre as imagens claras e escuras do bloco pendurado na Figura 8.12. O sistema ganhou energia cinética porque os blocos estão em movimento, energia potencial elástica porque a mola está se esticando, e energia interna por causa do atrito entre o bloco de massa m_1 e a superfície.

8.10 *cont.*

Na Figura 8.13c, a altura da barra de energia gravitacional potencial é zero, informando que o bloco pendurado está em $y = 0$. Além disto, a altura da barra de energia cinética é zero, indicando que os blocos pararam de se mover momentaneamente. Portanto, a configuração do sistema é aquela mostrada pela imagem clara dos blocos na Figura 8.12. A altura da barra de energia potencial elástica é alta porque a mola está esticada até seu valor máximo. A altura da barra de energia interna é mais alta que na Figura 8.13b porque o bloco de massa m_1 continuou a deslizar sobre a superfície depois da configuração mostrada na Figura 8.13b.

8.5 Potência

Considere novamente o Exemplo Conceitual 7.7, que envolveu rolar um refrigerador rampa acima até um caminhão. Suponha que o homem não esteja convencido de que o trabalho é o mesmo independentemente do comprimento da rampa e instala uma rampa longa com inclinação suave. Embora ele realize a mesma quantidade de trabalho que alguém usando uma rampa mais curta, leva mais tempo para realizar o trabalho porque tem de mover o refrigerador por uma distância maior. Embora o trabalho realizado nas duas rampas seja o mesmo, há *algo* diferente sobre as tarefas: o *intervalo de tempo* durante o qual o trabalho é realizado.

A taxa de transferência de energia no tempo é chamada **potência instantânea** P, definida como

$$P \equiv \frac{dE}{dt} \quad (8.18)$$

◀ **Definição de potência**

Nesta discussão, vamos focar no trabalho como um método de transferência de energia, lembrando que a noção de potência é válida para *qualquer* meio de transferência de energia discutido na Seção 8.1. Se uma força externa é aplicada sobre um corpo (que modelamos como uma partícula) e se o trabalho realizado por esta força sobre o corpo no intervalo de tempo Δt é W, a **potência média** durante este intervalo é

$$P_{\text{med}} = \frac{W}{\Delta t}$$

Então, no Exemplo Conceitual 7.7, embora o mesmo trabalho seja realizado para rolar o refrigerador para cima nas duas rampas, menos potência é necessária para a rampa mais longa.

De maneira semelhante à abordagem que fizemos da definição de velocidade e aceleração, a potência instantânea é o valor limitante da potência média conforme Δt se aproxima de zero:

$$P = \lim_{\Delta t \to 0} \frac{W}{\Delta t} = \frac{dW}{dt}$$

onde representamos o valor infinitesimal do trabalho realizado por dW. Descobrimos a partir da Equação 7.3 que $dW = \vec{\mathbf{F}} \times d\vec{\mathbf{r}}$. Consequentemente, a potência instantânea pode ser representada por

$$P = \frac{dW}{dt} = \vec{\mathbf{F}} \cdot \frac{d\vec{\mathbf{r}}}{dt} = \vec{\mathbf{F}} \cdot \vec{\mathbf{v}} \quad (8.19)$$

onde $\vec{\mathbf{v}} = d\vec{\mathbf{r}}/dt$.

A unidade SI de potência é joules por segundo (J/s), também chamado **watt** (W) em homenagem a James Watt:

$$1 \text{ W} = 1 \text{ J/s} = 1 \text{ kg} \cdot \text{m}^2/\text{s}^3$$

◀ **Watt**

Uma unidade de potência no sistema comum dos Estados Unidos é o **cavalo-vapor** (hp):

$$1 \text{ hp} = 746 \text{ W}$$

Uma unidade de energia (ou trabalho) pode agora ser definida em termos da unidade de potência. Um **kilowatt-hora** (kWh) é a energia transferida em 1 h a uma taxa constante de 1 kW = 1.000 J/s. A quantidade de energia representada por 1 kWh é

$$\text{kWh} = (10^3 \text{ W})(3.600 \text{ s}) = 3{,}60 \times 10^6 \text{ J}$$

Prevenção de Armadilhas 8.3

W, *W* e watts

Não confunda o símbolo W para o watt com o símbolo itálico *W* para trabalho. Lembre-se também de que watt já representa uma taxa de transferência de energia, então "watts por segundo" não faz sentido. Um watt é *o mesmo que* um joule por segundo.

Um kilowatt-hora é uma unidade de energia, não de potência. Quando você paga sua conta de luz, está pagando energia, e a quantidade de energia transferida por transmissão elétrica para uma casa durante o período representado pela conta de luz é geralmente expressa em kilowatt-hora. Por exemplo, sua conta diz que você usou 900 kWh de energia durante um mês, e que está sendo cobrada uma taxa de 10 centavos de dólar por kilowatt-hora. Você então terá de pagar \$ 90 por esta quantidade de energia. Em outro exemplo, suponha que uma lâmpada tenha potência de 100 W. Em 1,00 h de operação, ela teria recebido energia transferida por transmissão elétrica no valor de (0,100 kW)(1,00 h) = 0,100 kWh = $3{,}60 \times 10^5$ J.

Exemplo 8.11 Potência suprida por um motor de elevador MA

Uma cabine de elevador (Fig. 8.14a) tem massa de 1.600 kg e carrega passageiros com massa combinada de 200 kg. Uma força de atrito constante de 4.000 N retarda seu movimento.

(A) Que potência um motor deve suprir para erguer a cabine do elevador e seus passageiros a uma velocidade constante de 3,00 m/s?

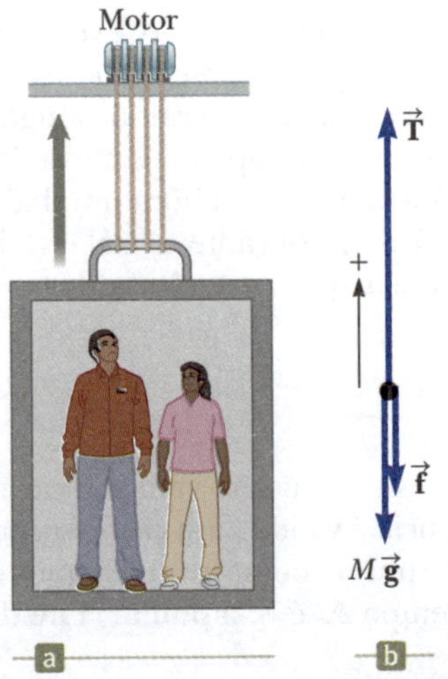

Figura 8.14 (Exemplo 8.11) (a) O motor exerce uma força $\vec{T}$ para cima sobre a cabine do elevador. O módulo desta força é a tensão T no cabo conectando a cabine e o motor. As forças para baixo atuando sobre a cabine são a de atrito $\vec{f}$ e a gravitacional $\vec{F}_g = M\vec{g}$. (b) Diagrama de corpo livre para a cabine do elevador.

SOLUÇÃO

Conceitualização O motor deve suprir força de módulo T que puxe a cabine do elevador para cima.

Categorização A força de atrito aumenta a potência necessária para erguer o elevador. O problema afirma que a velocidade do elevador é constante, o que nos diz que $a = 0$. Modelamos o elevador como uma *partícula em equilíbrio*.

Análise O diagrama de corpo livre na Figura 8.14b especifica a direção para cima como positiva. A massa *total* M do sistema (cabine mais passageiros) é igual a 1.800 kg.

Usando o modelo de partícula em equilíbrio, aplique a Segunda Lei de Newton à cabine:

$$\sum F_y = T - f - Mg = 0$$

Resolva para T:

$$T = Mg + f$$

Use a Equação 8.19 para encontrar a potência:

$$P = \vec{T} \cdot \vec{v} = Tv = (Mg + f)v$$

Substitua os valores numéricos:

$$P = [(1.800 \text{ kg})(9{,}80 \text{ m/s}^2) + (4.000 \text{ N})](3{,}00 \text{ m/s}) = \boxed{6{,}49 \times 10^4 \text{ W}}$$

(B) Que potência o motor deve suprir no instante em que a velocidade do elevador é v se o motor é planejado para dar à cabine do elevador uma aceleração para cima de 1,00 m/s²?

SOLUÇÃO

Conceitualização Neste caso, o motor deve suprir a força de módulo T que puxa a cabine do elevador para cima com maior velocidade. Esperamos que mais potência seja necessária para fazer isso do que para a parte (A), porque o motor agora tem de desempenhar a tarefa adicional de acelerar a cabine.

Categorização Neste caso, modelamos a cabine do elevador como uma *partícula sob uma força resultante* porque está acelerando.

Análise Usando o modelo da partícula sob uma força resultante, aplique a Segunda Lei de Newton à cabine:

$$\sum F_y = T - f - Mg = Ma$$

8.11 *cont.*

Resolva para T: $T = M(a + g) + f$

Use a Equação 8.19 para obter a potência necessária: $P = Tv = [M(a + g) + f]v$

Substitua os valores numéricos: $P = [(1.800\text{ kg})(1{,}00\text{ m/s}^2 + 9{,}80\text{ m/s}^2) + 4.000\text{ N}]v$

$= (2{,}34 \times 10^4)v$

onde v é a velocidade instantânea da cabine em metros por segundo e P é em watts.

Finalização Para comparar com a parte (A), use $v = 3{,}00$ m/s, resultando em uma potência de

$$P = (2{,}34 \times 10^4\text{ N})(3{,}00\text{ m/s}) = 7{,}02 \times 10^4\text{ W}$$

que é maior que a potência encontrada na parte (A), como esperado.

Resumo

Definições

Sistema não isolado é aquele onde energia cruza o limite do sistema. **Sistema isolado** é aquele onde a energia não cruza o limite do sistema.

A **potência instantânea** P é definida como a taxa de transferência de energia no tempo:

$$P \equiv \frac{dE}{dt} \quad \textbf{(8.18)}$$

Conceitos e Princípios

Para um sistema não isolado, podemos equacionar a variação na energia total armazenada no sistema como a soma de todas as transferências de energia através do limite do sistema, que é uma afirmação de **conservação de energia**. Para um sistema isolado, a energia total é constante.

Se uma força de atrito de grandeza f_c atua sobre uma distância d dentro de um sistema, a mudança na energia interna do sistema é

$$\Delta E_{\text{int}} = f_c d \quad \textbf{(8.14)}$$

continua

Modelo de Análise para Resolução de Problemas

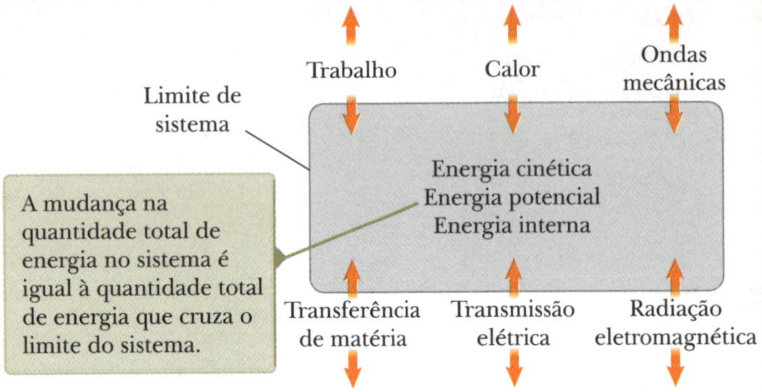
Trabalho
Calor
Ondas mecânicas
Limite de sistema
Energia cinética
Energia potencial
Energia interna
A mudança na quantidade total de energia no sistema é igual à quantidade total de energia que cruza o limite do sistema.
Transferência de matéria
Transmissão elétrica
Radiação eletromagnética

Sistema Não Isolado (Energia). A afirmação mais geral que descreve o comportamento de um sistema não isolado é a **equação de conservação de energia:**

$$\Delta E_{\text{sistema}} = \sum T \qquad \textbf{(8.1)}$$

Incluindo os tipos de armazenamento e transferência de energia que já discutimos, resulta em

$$\Delta K + \Delta U + \Delta E_{\text{int}} = W + Q + T_{\text{OM}} + T_{\text{TM}} + T_{\text{TE}} + T_{\text{RE}} \qquad \textbf{(8.2)}$$

Para um problema específico, esta equação é, em geral, reduzida para um número menor de termos por eliminação daqueles que não são adequados à situação.

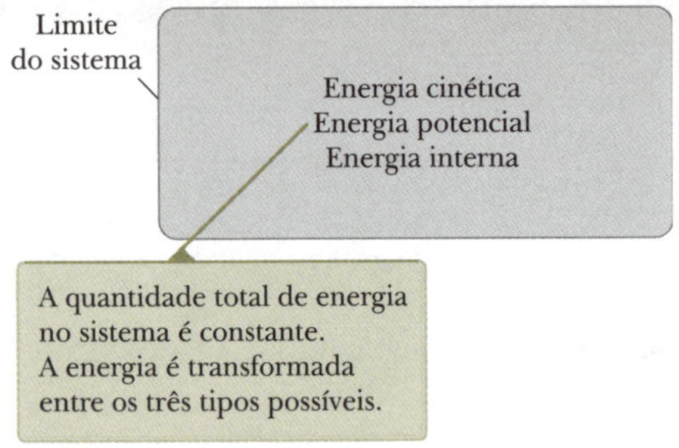
Limite do sistema
Energia cinética
Energia potencial
Energia interna
A quantidade total de energia no sistema é constante.
A energia é transformada entre os três tipos possíveis.

Sistema Isolado (Energia). A energia total de um sistema isolado é conservada, então

$$\Delta E_{\text{sistema}} = 0 \qquad \textbf{(8.10)}$$

que pode ser escrita como:

$$\Delta K + \Delta U + \Delta E_{\text{int}} = 0 \qquad \textbf{(8.16)}$$

Se não há forças não conservativas atuando no sistema isolado, a energia mecânica do sistema é conservada, então

$$\Delta E_{\text{mec}} = 0 \qquad \textbf{(8.8)}$$

que pode ser escrita como:

$$\Delta K + \Delta U = 0 \qquad \textbf{(8.6)}$$

Perguntas Objetivas

1. Você segura um estilingue com seu braço estendido, puxa a tira de elástico até seu queixo e a solta para lançar um pedregulho horizontalmente com velocidade 200 cm/s. Seguindo o mesmo procedimento, você lança um feijão com velocidade 600 cm/s. Qual é a proporção da massa do feijão para a massa do pedregulho? (a) $\frac{1}{9}$, (b) $\frac{1}{3}$, (c) 1, (d) 3, (e) 9.

2. Duas crianças estão em uma plataforma no topo de um escorregador curvo próximo à piscina em um quintal. No mesmo momento em que a criança menor pula diretamente na piscina, a maior se lança do topo do escorregador sem atrito. (**i**) Ao chegar à água, a energia cinética da criança menor comparada com aquela da criança maior é (a) maior, (b) menor, (c) igual. (**ii**) Ao chegar à água, a velocidade da criança menor comparada àquela da criança maior é (a) maior, (b) menor, (c) igual. (**iii**) Durante seus movimentos da plataforma para a água, a aceleração média da criança menor comparada com a criança maior é (a) maior, (b) menor, (c) igual.

3. Na base de um trilho de ar inclinado a um ângulo θ, um flutuador de massa m é empurrado para deslizar uma distância d para cima na inclinação enquanto diminui sua velocidade e para. Então, o flutuador retorna para baixo na pista, de volta ao seu ponto de partida. Agora, a experiência é repetida com a mesma velocidade original, mas com um segundo flutuador idêntico em cima do primeiro. O fluxo de ar do trilho é forte o suficiente para suportar os flutuadores empilhados um sobre o outro, de modo que a combinação se move pela pista com atrito desprezível. O atrito estático mantém o segundo flutuador estacionário com relação ao primeiro durante todo o movimento. O coeficiente de atrito estático entre os dois é μ_c. Qual é a mudança em energia mecânica do sistema dois planadores-Terra no movimento inclinado para cima e para baixo depois que o par de flutuadores é liberado? Escolha uma. (a) $-2\mu_c mg$, (b) $-2mgd\cos\theta$, (c) $-2\mu_c mgd\cos\theta$, (d) 0, (e) $+2\mu_c mgd\cos\theta$.

4. Uma atleta saltando verticalmente de um trampolim deixa a superfície com uma velocidade de 8,5 m/s para cima. Que altura máxima ela alcança? (a) 13 m, (b) 2,3 m, (c) 3,7 m, (d) 0,27 m, (e) a resposta não pode ser determinada porque a massa da atleta não é dada.

5. Responda sim ou não para cada uma das questões a seguir. (a) Um sistema corpo-Terra pode ter energia cinética e não ter energia potencial gravitacional? (b) Ele pode ter energia potencial gravitacional e não ter energia cinética? (c) Ele pode ter os dois tipos de energia no mesmo momento? (d) Ele pode não ter nenhuma destas energias?

6. Em um modelo laboratorial de blocos deslizando até parar, dados são obtidos em quatro experimentos usando dois blocos. Eles têm massas idênticas, mas diferentes coeficientes de atrito cinético com a mesa: $\mu_c = 0{,}2$ e $0{,}8$. Cada bloco é lançado com velocidade $v_i = 1$ m/s e desliza pela mesa plana à medida que ele chega ao repouso. Este processo representa os dois primeiros experimentos. Para os dois outros, o procedimento é repetido, mas os blocos são lançados com velocidade $v_i = 2$ m/s. Classifique os quatro experimentos de (a) a (d) de acordo com a distância de parada da maior para a menor. Se a distância de parada é a mesma nos dois casos, classifique-os da mesma maneira. (a) $v_i = 1$ m/s, $\mu_c = 0{,}2$ (b) $v_i = 1$ m/s, $\mu_c = 0{,}8$ (c) $v_i = 2$ m/s, $\mu_c = 0{,}2$ (d) $v_i = 2$ m/s, $\mu_c = 0{,}8$.

7. Que potência média é gerada por um alpinista de 70,0 kg que escala um pico de altura 325 m em 95,0 min? (a) 39,1 W, (b) 54,6 W, (c) 25,5 W, (d) 67,0 W, (e) 88,4 W.

8. Uma bola de argila cai livremente no chão duro. Ela não ricocheteia visivelmente e chega ao repouso muito rapidamente. O que aconteceu com a energia que a bola tinha enquanto estava caindo? (a) Foi usada na produção do movimento para baixo. (b) Foi transformada de volta em energia potencial. (c) Foi transferida para a bola pelo calor. (d) Está na bola e no chão (e paredes) como energia de movimento molecular invisível. (e) A maior parte dela foi para o som.

9. Um bate-estaca nivela o solo nele batendo repetidamente um corpo pesado. Suponha que o corpo seja jogado da mesma altura todas as vezes. Por qual fator a energia do sistema bate-estacas-Terra muda quando a massa do corpo sendo jogado é dobrada? (a) $\frac{1}{2}$, (b) 1; a energia é a mesma, (c) 2, (d) 4.

Perguntas Conceituais

1. Uma pessoa joga uma bola do topo de um edifício enquanto outra pessoa observa seu movimento na base do edifício. Estas duas pessoas vão concordar sobre (a) o valor da energia potencial gravitacional do sistema bola-Terra? (b) A mudança em energia potencial? (c) A energia cinética da bola em algum ponto do seu movimento?

2. Um vendedor de carros diz que um motor de 300 hp é uma opção necessária em um carro compacto, em vez do convencional de 130 hp. Suponha que pretende dirigir o carro dentro dos limites de velocidade ($\leq$ 65 mi/h) em um terreno plano. Como você poderia contrapor a justificativa do vendedor?

3. Tudo tem energia? Explique o raciocínio da sua resposta.

4. Você pedala uma bicicleta. Em que sentido sua bicicleta é movida a energia solar?

5. Uma bola de boliche é suspensa do teto de uma sala de aula por uma corda forte. A bola é puxada para longe de sua posição de equilíbrio e liberada do repouso na extremidade do nariz da demonstradora, como mostra a Figura PC8.5. A demonstradora permanece estacionária. (a) Explique por que a bola não a atinge quando faz seu percurso de volta. (b) Esta demonstradora estaria a salvo se a bola fosse empurrada da sua posição inicial no nariz dela?

Figura PC8.5

6. Uma força de atrito estática pode realizar trabalho? Se não, por que não? Se pode, dê um exemplo.

7. Na equação geral de conservação de energia, diga quais termos predominam na descrição de cada um dos equipamentos e processos a seguir. Para um processo contínuo, considere o que acontece em um intervalo de 10 s. Diga quais termos na equação representam formas de energia original e final, quais seriam entradas e quais seriam saídas. (a) Um estilingue lançando um pedregulho, (b) um fogo ardendo, (c) um rádio portátil funcionando, (d) um carro freando até parar, (e) a superfície do Sol brilhando visivelmente, (f) uma pessoa pulando em cima de uma cadeira.

8. Considere as transferências e transformações de energia listadas a seguir de (a) a (e). Para cada parte, (**i**) descreva aparelhos feitos pelo homem para produzir cada uma das transferências e transformações de energia e, (**ii**) quando possível, descreva um processo natural no qual a transferência ou transformação de energia ocorre. Dê detalhes para justificar suas escolhas, como a identificação do sistema e outra emissão de energia se o aparelho ou processo natural tem eficácia limitada. (a) Energia potencial química se transforma em energia interna. (b) Energia transferida pela transmissão elétrica se torna energia potencial gravitacional. (c) Energia potencial elástica é transferida do sistema pelo calor. (d) Energia transferida por ondas mecânicas realiza trabalho em um sistema. (e) Energia conduzida por ondas eletromagnéticas se torna energia cinética em um sistema.

9. Um bloco é conectado a uma mola que é suspensa do teto. Supondo que a resistência do ar seja desprezada, descreva as transformações de energia que ocorrem no sistema que consiste no bloco, na Terra e na mola quando o bloco é posto em movimento vertical.

10. No Capítulo 7, o teorema trabalho-energia cinética, $W = \Delta K$, foi apresentado. Esta equação afirma que o trabalho realizado em um sistema aparece como uma variação na energia cinética. Esta é uma equação de caso especial, válida se não há variações em nenhum outro tipo de energia, como a potencial ou a interna. Dê dois ou três exemplos onde trabalho é realizado em um sistema, mas a variação na energia do sistema não é uma variação na energia cinética.

Problemas

WebAssign Os problemas que se encontram neste capítulo podem ser resolvidos *on-line* no Enhanced WebAssign (em inglês)

1. denota problema simples;
2. denota problema intermediário;
3. denota problema de desafio;

AMT *Analysis Model Tutorial* disponível no Enhanced WebAssign (em inglês);

M denota tutorial *Master It* disponível no Enhanced WebAssign (em inglês);

PD denota problema dirigido;

W solução em vídeo *Watch It* disponível no Enhanced WebAssign (em inglês).

Seção 8.1 Modelo de análise: sistema não isolado (energia)

1. Para cada um dos sistemas e intervalos de tempo a seguir, escreva a versão expandida da Equação 8.2, da conservação da energia: (a) aquecer as resistências de sua torradeira durante os primeiros cinco segundos depois de ligá-la, (b) seu automóvel, imediatamente antes de você encher o tanque de combustível com gasolina até que saia do posto em velocidade v, (c) seu corpo, enquanto você fica sentado quietinho e come um sanduíche de geleia com manteiga de amendoim no almoço, (d) sua casa, durante cinco minutos em uma tarde de sol enquanto a temperatura no seu interior permanece igual.

2. Uma bola de massa m cai de uma altura h no chão. (a) Escreva a versão adequada da Equação 8.2 para o sistema da bola e da Terra e use-a para calcular a velocidade da bola um pouco antes de ela atingir a Terra. (b) Escreva a versão adequada da Equação 8.2 para o sistema da bola e use-a para calcular a velocidade da bola um pouco antes de ela atingir a Terra.

Seção 8.2 Modelo de análise: sistema isolado (energia)

3. W Um bloco de massa 0,250 kg é colocado em cima de uma mola leve e vertical de constante de força de 5.000 N/m e empurrada para baixo, de modo que ela é comprimida por 0,100 m. Depois que o bloco é liberado do repouso, ele vai para cima e deixa a mola. Que altura máxima acima do ponto de liberação o bloco alcança?

4. W Uma bola de 20,0 kg é disparada da boca de um canhão com velocidade de 1.000 m/s a um ângulo de 37,0° com a horizontal. Uma segunda bola é disparada a um ângulo de 90,0°. Use o modelo do sistema isolado para encontrar (a) a altura máxima alcançada por cada bola, e (b) a energia mecânica total do sistema bola-Terra na altura máxima de cada bola. Estabeleça $y = 0$ no canhão.

5. AMT M **Revisão.** Uma conta desliza sem atrito numa rampa contendo um giro (*loop*) (Fig. P8.5). A conta é liberada do repouso a uma altura $h = 3{,}50R$. (a) Qual é sua velocidade no ponto Ⓐ? (b) Que intensidade tem a força normal sobre a conta no ponto Ⓐ se sua massa é 5,00 g?

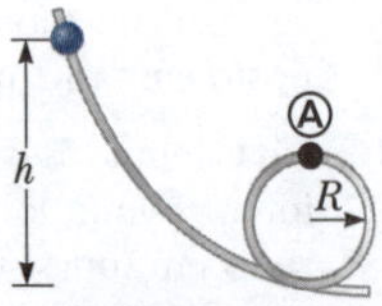

Figura P8.5

6. W Um bloco de massa $m = 5{,}00$ kg é solto do ponto Ⓐ e desliza na pista sem atrito mostrada na Figura P8.6. Determine: (a) a velocidade do bloco nos pontos Ⓑ e Ⓒ, e (b) o trabalho resultante realizado pela força gravitacional sobre o bloco conforme ele se move do ponto Ⓐ para o ponto Ⓒ.

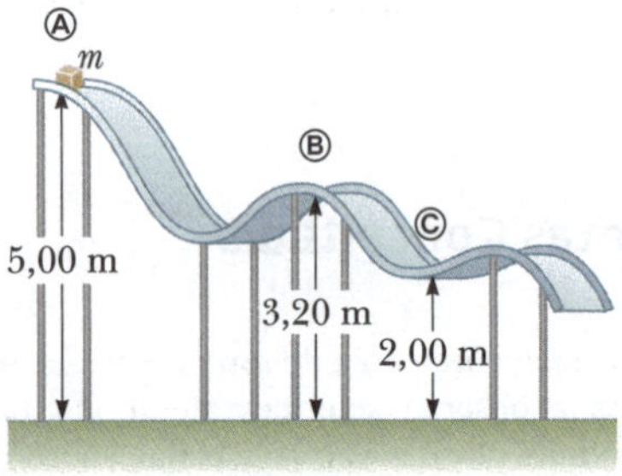

Figura P8.6

7. M Dois corpos são conectados por um barbante leve que passa sobre uma roldana leve e sem atrito, como mostrado na Figura P8.7. O corpo de massa $m_1 = 5{,}00$ kg é solto do repouso a uma altura $h = 4{,}00$ m acima da mesa. Usando o modelo do sistema isolado, (a) determine a velocidade do corpo de massa $m_2 = 3{,}00$ kg assim que o corpo de 5,00 kg atinge a mesa, e (b) encontre a altura máxima acima da mesa que o corpo de 3,00 kg alcança.

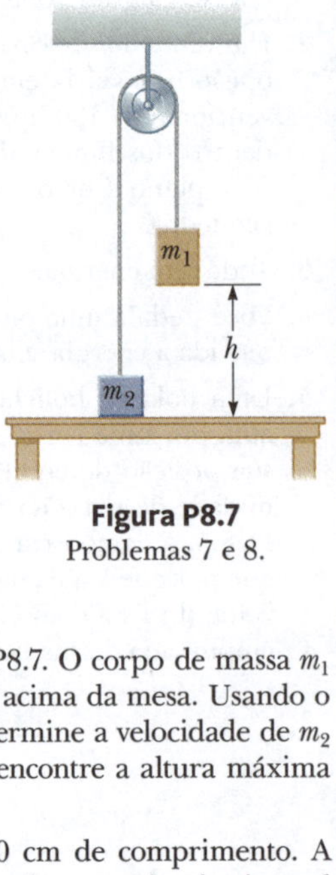

Figura P8.7
Problemas 7 e 8.

8. Dois corpos são conectados por um barbante leve que passa sobre uma roldana leve e sem atrito, como mostrado na Figura P8.7. O corpo de massa m_1 é solto do repouso a uma altura h acima da mesa. Usando o modelo do sistema isolado, (a) determine a velocidade de m_2 assim que m_1 atinge a mesa e (b) encontre a altura máxima acima da mesa que m_2 atinge.

9. Uma haste leve e rígida tem 77,0 cm de comprimento. A extremidade superior é colocada sobre um eixo horizontal sem atrito. A haste paira para baixo em repouso, com uma bola pequena e massiva presa a sua extremidade inferior. Você bate na bola, dando-lhe uma velocidade horizontal súbita que a faz girar um círculo completo. Que velocidade mínima é necessária na base para fazer a bola passar pelo topo do círculo?

10. Às 11 horas do dia 7 de setembro de 2001, mais de um milhão de crianças britânicas pularam para cima e para baixo por um minuto para simular um terremoto. (a) Encontre a energia armazenada nos corpos das crianças que foi convertida em energia interna, no solo e nos corpos delas, e propagada no solo por ondas sísmicas durante a experiência. Suponha que cada uma das 1.050.000 crianças de massa média de 36,0 kg pulou 12 vezes, elevando seu centro de massa 25,0 cm cada vez e repousando rapidamente entre um pulo e o próximo. (b) Da energia que se propagou pelo solo, a maior parte produziu vibrações de "microtremores" de alta frequência que foram rapidamente amortecidas e não viajaram para longe. Suponha que 0,01% da energia total tenha sido carregada para longe por ondas sísmicas de longo alcance. A intensidade de um terremoto na escala Richter é dada por

$$M = \frac{\log E - 4{,}8}{1{,}5}$$

onde E é a energia da onda sísmica em joules. De acordo com este modelo, qual foi a intensidade do terremoto demonstrativo?

11. **Revisão.** O sistema mostrado na Figura P8.11 consiste em uma corda leve, não extensível, roldanas leves e sem atrito, e blocos de massa igual. Note que o bloco B está preso a uma das roldanas. O sistema é inicialmente mantido em repouso, de modo que os blocos estão na mesma altura acima do solo. Os blocos então são soltos. Encontre a velocidade do bloco A no momento em que a separação vertical dos blocos é h.

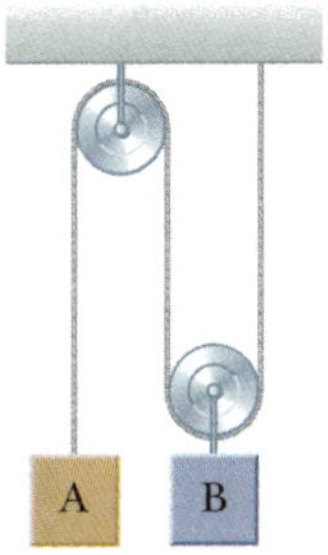

Figura P8.11

Seção 8.3 Situações envolvendo atrito cinético

12. Um trenó de massa m é chutado em um lago congelado. O chute lhe dá uma velocidade inicial de 2,00 m/s. O coeficiente de atrito cinético entre o trenó e o gelo é 0,100. Use considerações de energia para encontrar a distância que o trenó se move antes de parar.

13. Um trenó de massa m é chutado em um lago congelado. O chute lhe dá uma velocidade inicial v. O coeficiente de atrito cinético entre o trenó e o gelo é μ_c. Use considerações de energia para encontrar a distância que o trenó se move antes de parar.

14. M Um engradado de massa 10,0 kg é puxado por uma inclinação áspera com velocidade inicial de 1,50 m/s. A força para puxar o engradado é 100 N paralelo com a inclinação, formando um ângulo de 20,0° com a horizontal. O coeficiente de atrito cinético é 0,400, e o engradado é puxado por 5,00 m. (a) Quanto trabalho é realizado pela força gravitacional no engradado? (b) Determine o aumento em energia interna do sistema engradado-inclinação devido ao atrito. (c) Quanto trabalho é realizado pela força de 100 N no engradado? (d) Qual é a variação na energia cinética do engradado? (e) Qual é a velocidade do engradado depois de ser puxado por 5,00 m?

15. W Um bloco de massa $m = 2{,}00$ kg é preso a uma mola com constante de força $k = 500$ N/m, como mostrado na Figura P8.15. O bloco é puxado para uma posição $x_i = 5{,}00$ cm para a direita do equilíbrio e solto do repouso. Encontre a velocidade que o bloco tem enquanto passa pelo equilíbrio se (a) a superfície horizontal não tem atrito, e (b) o coeficiente de atrito entre bloco e superfície é $\mu_c = 0{,}350$.

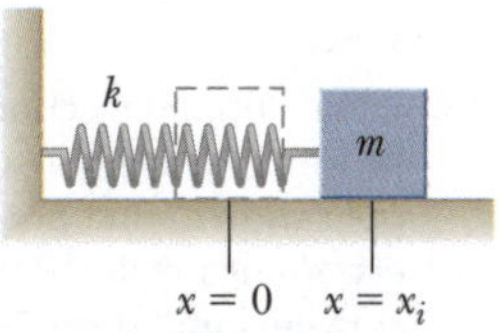

Figura P8.15

16. Uma caixa de 40,0 kg inicialmente em repouso é empurrada por 5,00 m ao longo de um piso áspero e horizontal com força horizontal constante aplicada de 130 N. O coeficiente de atrito entre caixa e piso é 0,300. Encontre (a) o trabalho realizado pela força aplicada, (b) o aumento em energia interna no sistema caixa-piso como resultado do atrito, (c) o trabalho realizado pela força normal, (d) o trabalho realizado pela força gravitacional, (e) a variação na energia cinética da caixa e (f) a velocidade final da caixa.

17. Uma argola circular com raio de 0,500 m é colocada sobre o chão plano. Uma partícula de 0,400 kg desliza ao redor da borda interna da argola. É dada uma velocidade inicial de 8,00 m/s para a partícula. Depois de uma volta, a velocidade da partícula cai para 6,00 m/s por causa do atrito com o chão. (a) Encontre a energia transformada de mecânica para interna no sistema partícula-argola-chão como resultado do atrito em uma volta. (b) Qual é o número total de voltas que a partícula faz antes de parar? Suponha que a força de atrito permanece constante durante todo o movimento.

Seção 8.4 Mudanças na energia mecânica por forças não conservativas

18. No momento t_i, a energia cinética de uma partícula é 30,0 J e a potencial do sistema ao qual pertence é 10,0 J. Em algum momento mais tarde t_f, a energia cinética da partícula é 18,0 J. (a) Se somente forças conservativas atuam sobre a partícula, qual é a energia potencial e a total do sistema no momento t_f? (b) Se a energia potencial do sistema no momento t_f é 5,00 J, há alguma força não conservativa atuando sobre a partícula? (c) Explique sua resposta para a parte (b).

19. Um menino em uma cadeira de rodas (massa total 47,0 kg) tem velocidade 1,40 m/s no ponto mais alto de um declive de 2,60 m de altura e 12,4 m de comprimento. Na base do declive sua velocidade é 6,20 m/s. Suponha que as resistências do ar e de rolagem possam ser modeladas como uma força de atrito constante de 41,0 N. Encontre o trabalho que o menino realizou empurrando sua cadeira para a frente durante sua trajetória para baixo.

20. Como mostra a Figura P8.20, uma conta verde de massa 25 g desliza por um fio reto. O comprimento do fio do ponto Ⓐ ao Ⓑ é 0,600 m, e o ponto Ⓐ é 0,200 m mais alto que o Ⓑ. Uma força de atrito constante de módulo 0,0250 N atua sobre a conta. (a) Se a conta é liberada do repouso no ponto Ⓐ, qual a sua velocidade no ponto Ⓑ? (b) Uma conta vermelha de massa 25 g desliza ao longo de um fio curvo, sujeita a uma força de atrito com o mesmo módulo constante da conta verde. Se as contas verde e vermelha são soltas simultaneamente do repouso no ponto Ⓐ, qual conta chega ao ponto Ⓑ com maior velocidade? Explique.

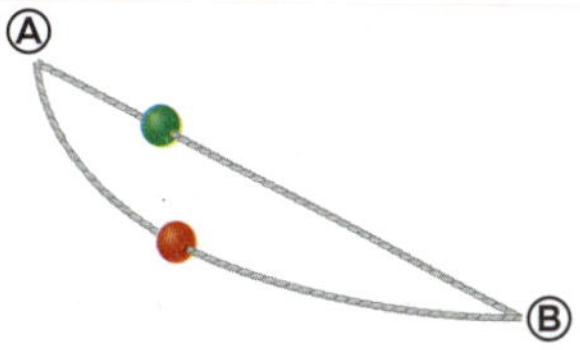

Figura P8.20

21. W Um canhão de brinquedo usa uma mola para projetar uma bola macia de borracha de 5,30 g. A mola é comprimida por 5,00 cm e tem constante de força 8,00 N/m originalmente. Quando o canhão é disparado, a bola se move 15,0 cm pelo cano horizontal do canhão, e este exerce uma força de atrito constante de 0,0320 N sobre a bola. (a) Com que velocidade a bola sai do cano do canhão? (b) Em que ponto a bola tem velocidade máxima? (c) Qual é esta velocidade máxima?

22. AMT W O coeficiente de atrito entre o bloco de massa $m_1 = 3{,}00$ kg e a superfície na Figura P8.22 é $\mu_c = 0{,}400$.

O sistema começa do repouso. Qual é a velocidade da bola de massa $m_2 = 5{,}00$ kg quando ela já caiu uma distância $h = 1{,}50$ m?

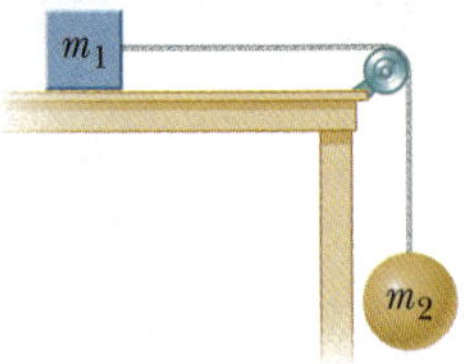

Figura P8.22

23. **M** Um bloco de 5,00 kg é colocado em movimento para cima em um plano inclinado com velocidade inicial de $v_i = 8{,}00$ m/s (Fig. P8.23). O bloco chega ao repouso depois de percorrer $d = 3{,}00$ m ao longo do plano, que é inclinado a um ângulo de $\theta = 30{,}0°$ com a horizontal. Para este movimento, determine (a) a variação na energia cinética do bloco, (b) a variação na energia potencial do sistema bloco--Terra e (c) a força de atrito exercida sobre o bloco (presumido constante). (d) Qual é o coeficiente de atrito cinético?

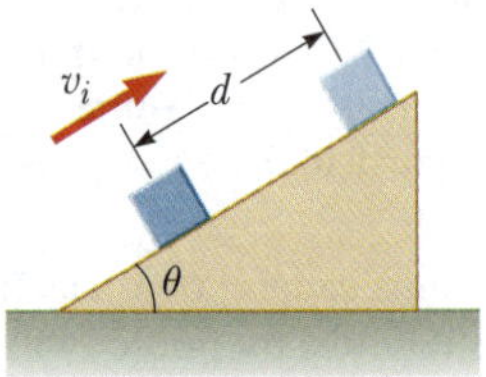

Figura P8.23

24. Um corpo de 1,50 kg é mantido 1,20 m acima de uma mola vertical relaxada e sem massa com uma constante de força de 320 N/m. O corpo é jogado em cima da mola. (a) Quanto o corpo comprime a mola? (b) **E se?** Repita a parte (a), desta vez supondo que uma força de resistência do ar constante de 0,700 N atua sobre o corpo durante seu movimento. (c) **E se?** Se a mesma experiência é realizada na Lua, quanto o corpo comprime a mola, onde $g = 1{,}63$ m/s^2 e a resistência do ar é desprezível?

25. **M** Um bloco de 200 g é pressionado contra uma mola de constante de força de 1,40 kN/m até comprimi-la 10,0 cm. A mola repousa na base de uma rampa inclinada a 60,0° com a horizontal. Usando considerações de energia, determine que distância o bloco se move para cima na inclinação a partir de sua posição inicial antes de parar (a) se a rampa não exerce força de atrito sobre o bloco, e (b) se o coeficiente de atrito cinético é 0,400.

26. Um paraquedista de 80,0 kg salta de um balão a uma altitude de 1.000 m e abre seu paraquedas a uma altitude de 200 m. (a) Supondo que a força retardatária total no paraquedista seja constante em 50,0 N com o paraquedas fechado e constante em 3.600 N com ele aberto, encontre a velocidade do paraquedista quando ele pousa no chão. (b) Você acha que o paraquedista vai se machucar? Explique. (c) A que altura o paraquedas deveria ser aberto de modo que a velocidade final do paraquedista seja de 5,00 m/s quando ele chega ao chão? (d) Quão realista é a suposição de que a força retardatária total é constante? Explique.

27. **PD** Uma criança de massa m começa do repouso e desliza sem atrito de uma altura h ao longo de um escorregador ao lado de uma piscina (Fig. P8.27). Ela é lançada de uma altura $h/5$ no ar acima da piscina. Queremos achar a altura máxima que ela atinge acima da água em seu movimento de projétil. (a) O sistema criança-Terra é isolado ou não isolado? Por quê? (b) Há uma força não conservativa atuando no sistema? (c) Defina a configuração do sistema quando a criança está no nível da água como tendo energia potencial gravitacional zero. Expresse a energia total do sistema quando a criança está no topo do escorregador. (d) Expresse a energia total do sistema quando a criança está no ponto de lançamento. (e) Expresse a energia total do sistema quando a criança está no ponto máximo de seu movimento de projétil. (f) A partir das partes (c) e (d), determine sua velocidade inicial v_i no ponto de lançamento em termos de g e h. (g) A partir das partes (d), (e) e (f), determine sua altura máxima no ar $y_{máx}$ em termos de h e o ângulo θ de lançamento. (h) Suas respostas seriam as mesmas se o escorregador tivesse atrito? Explique.

Figura P8.27

Seção 8.5 Potência

28. O esgoto de uma estação de bombeamento é elevado verticalmente 5,49 m a uma taxa de 1.890.000 litros por dia. O esgoto, de densidade 1.050 kg/m^3, entra e sai da bomba com pressão atmosférica e por tubos de mesmo diâmetro. (a) Encontre a potência mecânica de saída da estação de bombeamento. (b) Suponha que um motor elétrico que opera continuamente com potência média 5,90 kW faz a bomba funcionar. Encontre sua eficiência.

29. **W** Um soldado de 820 N está em treinamento básico e sobe uma corda vertical de 12,0 m com velocidade constante em 8,00 s. Qual é sua potência de saída?

30. O motor elétrico de um trem de brinquedo acelera o trem do repouso para 0,620 m/s em 21,0 ms. A massa total do trem é 875 g. (a) Encontre a potência mínima que os trilhos de metal dão ao trem por transmissão elétrica durante a aceleração. (b) Por que esta é a potência mínima?

31. Quando um automóvel se move com velocidade constante por uma rodovia, quase toda a potência desenvolvida pelo motor é usada para compensar as transformações de energia devidas às forças de atrito exercidas sobre o carro pelo ar e pela estrada. Se a potência desenvolvida pelo motor é de 175 hp, estime a força de atrito total atuando sobre o carro quando ele se move a uma velocidade de 29 m/s. Um cavalo-vapor é igual a 746 W.

32. Uma nuvem a uma altitude de 1,75 km contém $3{,}20 \times 10^7$ kg de vapor de água. Quanto tempo uma bomba de 2,70 kW levaria para bombear a mesma quantidade de água da superfície da Terra até a posição da nuvem?

33. Uma lâmpada econômica com 28,0 W de potência pode produzir o mesmo nível de brilho que uma convencional operando a uma potência de 100 W. A duração da lâmpada econômica é de 10.000 h e seu custo é \$ 4,50, enquanto a convencional dura 750 h e custa \$ 0,42. Determine a economia total usando uma lâmpada econômica em vez de lâmpadas convencionais durante o intervalo de tempo de vida útil da lâmpada econômica. Suponha que o custo da energia seja \$ 0,200 por kilowatt-hora.

34. Uma motocicleta elétrica tem bateria com capacidade de 120 Wh de energia. Se as forças de atrito e outras perdas são responsáveis pelo uso de 60,0% da energia, que mudança em altitude um motoqueiro pode alcançar em um terreno montanhoso se ele e a motocicleta têm peso combinado de 890 N?

35. Faça uma estimativa da ordem de grandeza da potência com que um motor contribui para aumentar a velocidade do carro. Em sua solução, mencione as quantidades físicas que mede e os valores que mede ou estima para estas quantidades. A massa de um veículo é informada no manual do proprietário.

36. Um carro de modelo antigo acelera de 0 a uma velocidade v em um intervalo de tempo Δt. Um esportivo mais novo, com maior potência, acelera de 0 a $2v$ no mesmo período de tempo. Supondo que a energia vinda do motor apareça somente como energia cinética dos carros, compare a potência de ambos.

37. Para economizar energia, andar de bicicleta e caminhar são meios de transporte mais eficientes do que viajar de automóvel. Por exemplo, ao andar de bicicleta a 10,0 mi/h, um ciclista utiliza a energia de alimentos a uma taxa de cerca de 400 kcal/h acima do que utilizaria se simplesmente permanecesse sentado. Em fisiologia do exercício, a energia é medida frequentemente em kcal/h, não em watts. Aqui, 1 kcal = 1 caloria para o nutricionista = 4.186 J. Caminhar a 3,00 mi/h requer cerca de 220 kcal/h. É interessante comparar esses valores com o consumo de energia necessário para viajar de carro. A gasolina gera cerca de $1{,}30 \times 10^8$ J/gal. Determine a economia de combustível em equivalente milhas por galão para uma pessoa (a) caminhando e (b) andando de bicicleta.

38. Um elevador de 650 kg começa do repouso. Ele se move para cima por 3,00 s com aceleração constante até atingir sua velocidade de cruzeiro de 1,75 m/s. (a) Qual é a potência média do motor do elevador durante este intervalo de tempo? (b) Como esta potência se compara com a do motor quando o elevador se move com sua velocidade de cruzeiro?

39. Um piano de 3,50 kN é levantado com velocidade constante por três trabalhadores até um apartamento 25,0 m acima da rua usando um sistema de roldanas preso ao telhado do edifício. Cada trabalhador consegue suprir 165 W de potência, e o sistema de roldanas tem eficiência de 75,0% (de modo que 25,0% da energia mecânica são transformados em outras formas de energia por causa do atrito nas roldanas). Desprezando a massa das roldanas, encontre o tempo necessário para levantar o piano da rua até o apartamento.

40. A energia é normalmente medida em calorias e em joules. Em nutrição, uma caloria é um quilocaloria, definido como 1 kcal = 4.186 J. Metabolizar 1 g de gordura pode liberar 9,00 kcal. Um estudante decide tentar perder peso fazendo exercícios. Ele planeja subir e descer os degraus em um estádio de futebol o mais rápido possível e quantas vezes forem necessárias. Para avaliar o programa, suponha que ele suba um lance de 80 degraus, cada um com 0,150 m de altura, em 65,0 s. Para simplificar, ignore a energia que ele usa para descer (que é pequena). Suponha que a eficiência típica para músculos humanos é 20,0%. Esta afirmativa significa que quando seu corpo converte 100 J para metabolizar gordura, 20 J são utilizados para a realização de trabalho mecânico (aqui, subir degraus). O resto vai para energia interna extra. Suponha que a massa do estudante seja 75,0 kg. (a) Quantas vezes ele tem de subir as escadas para perder 1,00 kg de gordura? (b) Qual é sua potência média de saída, em watts e em cavalo-vapor, enquanto sobe as escadas? (c) Esta é uma atividade prática para perder peso?

41. AMT M Um vagão de minérios cheio tem massa de 950 kg e rola por trilhos com atrito desprezível. Ele começa do repouso e é puxado para o poço de uma mina por um cabo conectado a uma manivela. O poço tem inclinação de 30,0° acima da horizontal. O carro acelera uniformemente até uma velocidade de 2,20 m/s em 12,0 s, e depois continua com velocidade constante. (a) Que potência o motor da manivela deve ter quando o carro se move com velocidade constante? (b) Que potência máxima o motor da manivela deve suprir? (c) Que energia total foi transferida do motor pelo trabalho até o momento em que o carro chega ao fim dos trilhos, que tem 1.250 m de comprimento?

Problemas Adicionais

42. Faça uma estimativa de ordem de grandeza de seu gasto de energia à medida que você sobe escadas. Em sua solução, defina as quantidades físicas que você considera os dados e os valores que você mede ou estima para eles. Você considera sua energia de pico ou sua energia sustentável?

43. Um pequeno bloco de massa m = 200 g é liberado do repouso no ponto Ⓐ ao longo do diâmetro horizontal na parte de dentro de uma bacia esférica sem atrito de raio R = 30,0 cm (Fig. P8.43). Calcule (a) a energia potencial gravitacional do sistema bloco-Terra quando o bloco está no ponto Ⓐ relativo ao ponto Ⓑ, (b) a energia cinética do bloco no ponto Ⓑ, (c) sua velocidade no ponto Ⓑ, (d) sua energia cinética e potencial quando o bloco está no ponto Ⓒ.

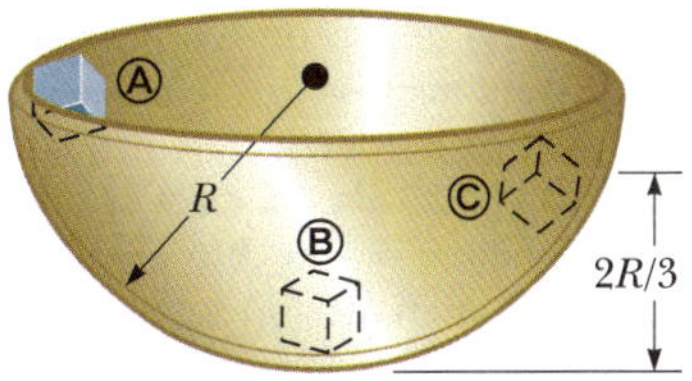

Figura P8.43 Problemas 43 e 44.

44. **E se?** O bloco de massa m = 200 g descrito no Problema 43 (Fig. P8.43) é liberado do repouso no ponto Ⓐ e a superfície da bacia é áspera. A velocidade do bloco no ponto Ⓑ é 1,50 m/s. (a) Qual é a energia cinética no ponto Ⓑ? (b) Quanta energia mecânica é transformada em energia interna enquanto o bloco se move do ponto Ⓐ para o ponto Ⓑ? (c) É possível determinar o coeficiente de atrito a partir destes resultados de um modo mais simples? (d) Explique sua resposta para a parte (c).

45. **Revisão.** Um menino começa do repouso e desliza por um escorregador sem atrito, como na Figura P8.45. A base da pista está numa altura h acima do solo. O menino sai da pista horizontalmente, atingindo o solo a uma distância d como mostrado. Usando métodos de energia, determine a altura inicial H do menino acima do solo em termos de h e d.

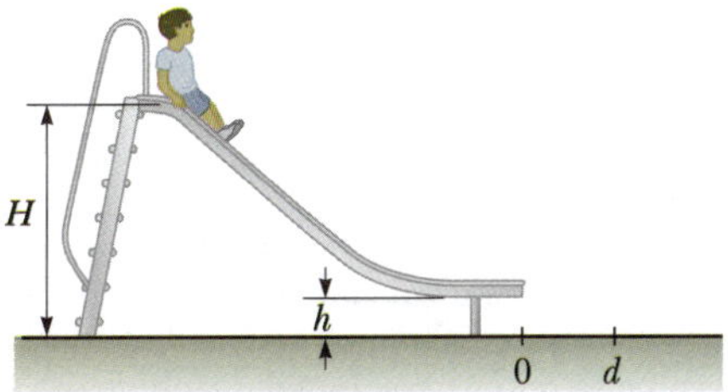

Figura P8.45

46. **Revisão.** Como mostra a Figura P8.46, um barbante leve que não estica muda da horizontal para a vertical enquanto passa pela beirada de uma mesa. O barbante conecta m_1, um bloco de 3,50 kg originalmente em repouso na mesa horizontal a uma altura $h = 1{,}20$ m acima do chão, a m_2, um bloco pendurado de 1,90 kg originalmente a uma distância $d = 0{,}900$ m acima do chão. Nem a superfície da mesa nem a beirada exercem qualquer força de atrito cinética. Os blocos começam a se mover do repouso. O bloco deslizante m_1 é projetado horizontalmente depois de chegar à beirada da mesa. O bloco pendurado m_2 para sem ricocheteio quando atinge o chão. Considere os dois blocos mais a Terra o sistema. (a) Encontre a velocidade na qual m_1 sai da beirada da mesa. (b) Encontre a velocidade de impacto de m_1 no chão. (c) Qual é o menor comprimento do barbante para que não fique esticado enquanto m_1 está em voo? (d) A energia do sistema quando é liberado do repouso é igual àquela imediatamente antes de m_1 atingir o chão? (e) Sim ou não? Por quê?

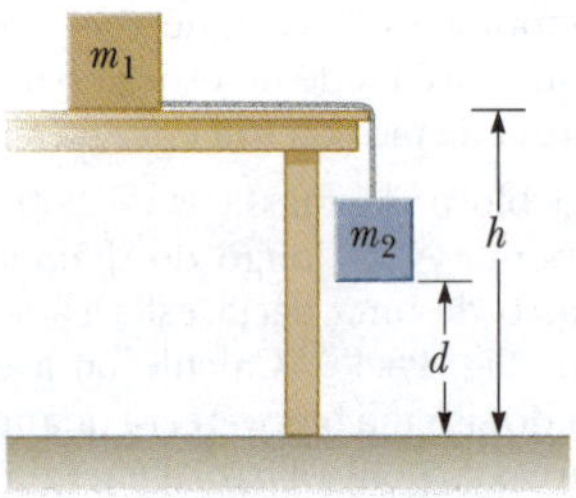

Figura P8.46

47. M Uma partícula de 4,00 kg se move ao longo do eixo x. Sua posição varia no tempo de acordo com $x = t + 2{,}0t^3$, onde x é dado em metros e t em segundos. Encontre (a) a energia cinética da partícula em qualquer instante t, (b) a aceleração da partícula e a força atuando sobre ela no instante t, (c) a potência sendo entregue à partícula no instante t, e (d) o trabalho realizado sobre a partícula no intervalo $t = 0$ a $t = 2{,}00$ s.

48. *Por que a seguinte situação é impossível?* Uma lançadora de *softball* tem uma técnica estranha: ela começa com a mão em repouso no ponto mais alto que consegue atingir e depois gira seu braço para trás rapidamente, de modo que a bola se move por uma trajetória de meio círculo. Ela solta a bola quando sua mão chega ao fundo da trajetória. A lançadora mantém uma componente de força sobre a bola de 0,180 kg de módulo constante 12,0 N na direção do movimento ao redor da trajetória completa. Conforme a bola chega ao fundo da trajetória, ela sai da mão da lançadora com velocidade de 25,0 m/s.

49. Um skatista e seu skate podem ser modelados como uma partícula de massa 76,0 kg localizado no seu centro de massa (que estudaremos no Capítulo 9). Como mostra a Figura P8.49, o skatista parte do repouso agachado em uma *half-pipe*, pista em forma de U (ponto Ⓐ). A *half-pipe* é metade de um cilindro de raio 6,80 m com seu eixo horizontal. Durante a descida, o skatista se move sem atrito, de modo que seu centro de massa se move por um quarto de um círculo de raio 6,30 m. (a) Encontre a velocidade na base da *half-pipe* (ponto Ⓑ). (b) Imediatamente depois de passar pelo ponto Ⓑ, ele fica em pé e ergue os braços, levantando seu centro de massa de 0,500 m para 0,950 m acima do concreto (ponto Ⓒ). Em seguida, desliza para cima e seu centro de massa se move em um quarto de círculo de raio 5,85 m. Seu corpo está reto na horizontal quando passa pelo ponto Ⓓ, o lado mais distante da *half-pipe*. Enquanto passa pelo ponto Ⓓ, a velocidade do skatista é 5,14 m/s. Que quantidade de energia potencial química do corpo do skatista foi convertida em energia mecânica no sistema skatista-Terra quando ele se levantou no ponto Ⓑ? (c) A que altura acima do ponto Ⓓ ele sobe? *Cuidado:* Não tente fazer isto sem o conhecimento necessário e sem equipamentos de proteção.

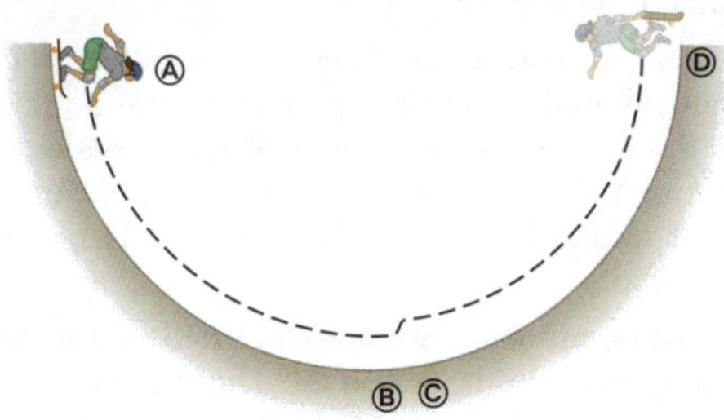

Figura P8.49

50. Sem noção do perigo, uma criança pula em cima de uma pilha de colchões velhos para usá-los como trampolim. Seu movimento entre dois pontos específicos é descrito pela equação de conservação de energia

$$\tfrac{1}{2}(46{,}0\text{ kg})(2{,}40\text{ m/s})^2 + (46{,}0\text{ kg})(9{,}80\text{ m/s}^2)(2{,}80\text{ m} + x) = \tfrac{1}{2}(1{,}94 \times 10^4\text{ N/m})x^2$$

(a) Resolva a equação para x. (b) Prepare o enunciado de um problema para o qual esta equação dá a solução, incluindo dados. (c) Adicione os dois valores de x obtidos na parte (a) e divida por 2. (d) Qual é o significado do valor do resultado na parte (c)?

51. AMT Jonathan pedala uma bicicleta e chega a um morro de 7,30 m de altura. Na base do morro, ele está a 6,00 m/s. Quando chega ao topo do morro, ele está viajando a 1,00 m/s. Juntos, Jonathan e sua bicicleta têm massa de 85,0 kg. Ignore o atrito no mecanismo da bicicleta e entre seus pneus e a estrada. (a) Qual é o trabalho externo total realizado sobre o sistema formado por Jonathan e a bicicleta entre o tempo em que começa a subir o morro e quando chega ao topo? (b) Qual é a variação em energia potencial armazenada no corpo de Jonathan durante este processo? (c) Quanto trabalho Jonathan realiza sobre os pedais da bicicleta no sistema Jonathan-bicicleta-Terra durante este processo?

52. Jonathan pedala uma bicicleta e chega a um morro de altura h. Na base do morro, ele está a uma velocidade v_i. Quando chega ao topo do morro, está viajando a uma velocidade v_f. Juntos, Jonathan e sua bicicleta têm massa m. Ignore o atrito no mecanismo da bicicleta e entre seus pneus e a estrada. (a) Qual é o trabalho externo total realizado sobre o sistema formado por Jonathan e a bicicleta entre o tempo em que começa a subir o morro e quando chega ao topo? (b) Qual é a variação em energia potencial armazenada no corpo de Jonathan durante este processo? (c) Quanto trabalho Jonathan realiza sobre os pedais da bicicleta no sistema Jonathan-bicicleta-Terra durante este processo?

53. Considere o sistema bloco-mola-superfície na parte (B) do Exemplo 8.6. (a) Usando uma abordagem de energia, encontre a posição x na qual a velocidade do bloco é máxima. (b) Na seção **E se?** deste exemplo, exploramos os efeitos de uma força de atrito aumentada de 10,0 N. Em que posição do bloco a velocidade máxima ocorre nesta situação?

54. Enquanto trabalha em um estacionamento, um limpa-neve empurra uma pilha cada vez maior de neve à sua frente. Suponha que um carro se movendo pelo ar seja modelado da

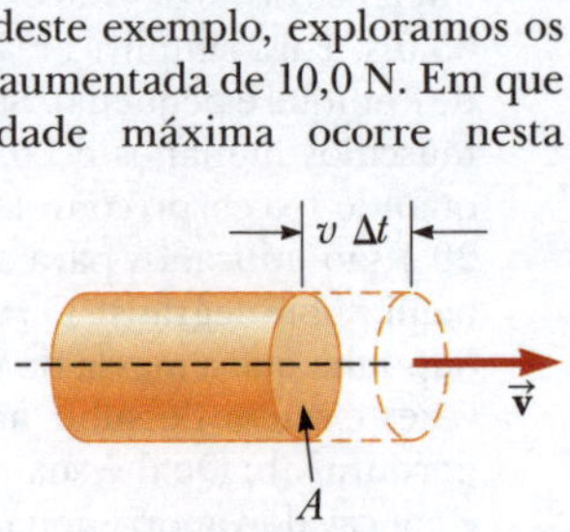

Figura P8.54

mesma maneira que um cilindro de área A empurrando um disco de ar que fica maior à sua frente. O ar originalmente estacionário é colocado em movimento com a velocidade constante v do cilindro, como mostra a Figura P8.54. Em um intervalo de tempo Δt, um novo disco de ar de massa Δm deve ser movido por uma distância $v\,\Delta t$ e, então, deve receber energia cinética $\frac{1}{2}(\Delta m)v^2$. Usando este modelo, mostre que a perda de potência do carro devida à resistência do ar é $\frac{1}{2}\rho A v^3$, e que a força resistiva atuando sobre o carro é $\frac{1}{2}\rho A v^2$, onde ρ é a densidade do ar. Compare este resultado com a expressão empírica $\frac{1}{2}D\rho A v^2$ para a força resistiva.

55. Uma turbina de vento em um parque eólico gira em resposta a uma força de resistência do ar de alta velocidade, $R = \frac{1}{2}D\rho A v^2$. A potência disponível é $P = Rv = \frac{1}{2}D\rho\pi r^2 v^3$, onde v é a velocidade do vento e supomos uma face circular para a turbina de vento de raio r. Considere o coeficiente de arrasto como $D = 1{,}00$ e a densidade do ar da folha de guarda frontal. Para uma turbina de vento de $r = 1{,}50$ m, calcule a potência disponível com (a) $v = 8{,}00$ m/s e (b) $v = 24{,}0$ m/s. A potência fornecida ao gerador é limitada pela eficiência do sistema, de aproximadamente 25%. Para fins comparativos, uma casa americana grande usa aproximadamente 2 kW de potência elétrica.

56. Considere a arma de brinquedo do Exemplo 8.3. Suponha que a massa do projétil, distância de compressão e constante da mola permaneçam as mesmas dadas ou calculadas no exemplo. No entanto, presuma que há uma força de atrito de módulo 2,00 N atuando sobre o projétil enquanto ele passa pelo interior do cano. O comprimento vertical do ponto Ⓐ ao fim do cano é 0,600 m. (a) Depois que a mola é comprimida e a arma disparada, que altura o projétil sobe acima do ponto Ⓑ? (b) Desenhe quatro gráficos de barra de energia para esta situação, análogos àqueles nas Figuras 8.6c-d.

57. Conforme um motorista pisa no acelerador, um carro de massa 1.160 kg acelera do repouso. Durante os primeiros segundos do movimento, a aceleração do carro aumenta com o tempo de acordo com a expressão

$$a = 1{,}16t - 0{,}210t^2 + 0{,}240t^3$$

onde t é dado em segundos e a em m/s^2. (a) Qual é a variação na energia cinética do carro durante o intervalo de $t = 0$ para $t = 2{,}50$ s? (b) Qual é a potência média mínima de saída do motor durante este intervalo de tempo? (c) Por que o valor na parte (b) é descrito como o *mínimo?*

58. **Revisão.** *Por que a seguinte situação é impossível?* Diz-se que uma montanha-russa nova, de alta velocidade, é tão segura que os passageiros não precisam usar cintos de segurança ou qualquer outro equipamento de restrição. A montanha-russa é projetada com uma seção circular vertical em cuja parte interior os passageiros ficam de cabeça para baixo por um curto intervalo de tempo. O raio desta seção é 12,0 m, e o carrinho entra na sua parte de baixo com velocidade de 22,0 m/s. Suponha que o carrinho se movimente sem atrito nos trilhos e modele-o como uma partícula.

59. Uma mola horizontal presa a uma parede tem constante de força $k = 850$ N/m. Um bloco de massa $m = 1{,}00$ kg é preso na mola e repousa sobre uma superfície horizontal sem atrito, como na Figura P8.59. (a) O bloco é puxado até uma posição $x_i = 6{,}00$ cm do equilíbrio e liberado. Encontre a energia potencial elástica armazenada na mola quando o bloco está a 6,00 cm do equilíbrio e quando ele passa pelo equilíbrio. (b) Encontre a velocidade do bloco quando passa pelo ponto de equilíbrio. (c) Qual a velocidade do bloco quando está a uma posição $x_i/2 = 3{,}00$ cm? (d) Por que a resposta à parte (c) não é a metade da resposta à (b)?

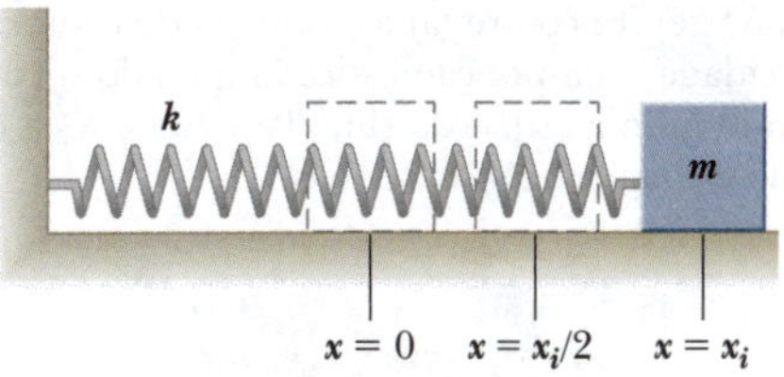

Figura P8.59

60. Mais de 2.300 anos atrás, o professor grego Aristóteles escreveu o primeiro livro chamado *Física*. Colocando a passagem do final da Seção Eta deste livro em terminologia mais precisa:

"Considere P sendo a potência de um agente causando movimento; w, a carga movida; d, a distância coberta; e Δt, o intervalo de tempo necessário. Então (1) uma potência igual a P em um intervalo de tempo igual a Δt vai se mover $w/2$ por uma distância $2d$; ou (2) vai se mover $w/2$ a distância dada d no intervalo de tempo $\Delta t/2$. Também, se (3) a potência dada P move a carga dada w por uma distância $d/2$ em intervalo de tempo $\Delta t/2$, então (4) $P/2$ vai se mover $w/2$ a distância dada d no intervalo de tempo dado Δt."

(a) Mostre que as proporções de Aristóteles estão incluídas na equação $P\Delta t = bwd$, onde b é uma constante de proporcionalidade. (b) Mostre que nossa teoria de movimento inclui esta parte da teoria de Aristóteles como um caso especial. Descreva uma situação em que é verdadeira, derive a equação representando as proporções de Aristóteles e a constante de proporcionalidade.

61. O pula-pula de uma criança (Fig. P8.61) armazena energia em uma mola com uma constante de força de $2{,}50 \times 10^4$ N/m. Na posição Ⓐ ($x_Ⓐ = -0{,}100$ m), a compressão da mola é máxima e a criança está momentaneamente em repouso. Na posição Ⓑ ($x_Ⓑ = 0$), a mola é relaxada e a criança se move para cima. Na posição Ⓒ, a criança está de novo momentaneamente em repouso no topo do brinquedo. A massa combinada da criança e do pula-pula é 25,0 kg. Embora ela tenha de se debruçar para a frente para permanecer equilibrada, o ângulo é pequeno; então, vamos supor que o pula-pula seja vertical. Suponha também que a criança não dobre suas pernas durante o movimento. (a) Calcule a energia total do sistema criança-pula-pula-Terra, considerando as energias gravitacional e potencial elástica como zero para $x = 0$. (b) Determine $x_Ⓒ$. (c) Calcule a velocidade da criança em $x = 0$. (d) Determine o valor de x para o qual a energia cinética do sistema é máxima. (e) Calcule a velocidade máxima para cima da criança.

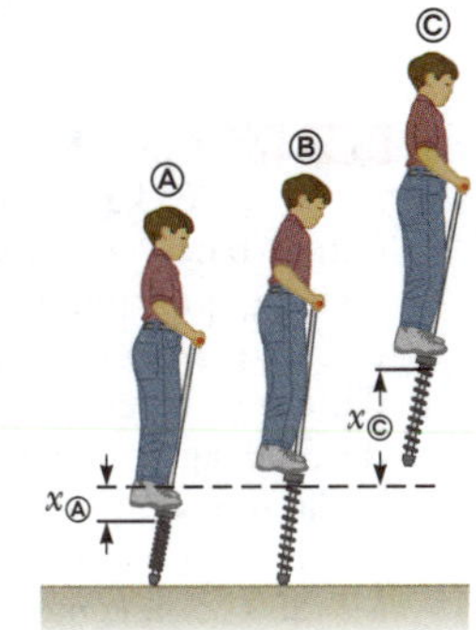

Figura P8.61

62. **W** Um corpo de 1,00 kg desliza para a direita em uma superfície com coeficiente de atrito cinético de 0,250 (Fig. P8.62a). O corpo tem velocidade de $v_i = 3{,}00$ m/s quando faz contato com uma mola leve (Fig. P8.62b), que tem uma constante de força de 50,0 N/m. O corpo chega ao repouso depois de a mola ser comprimida por uma distância d (Fig. P8.62c). O corpo então é forçado para a esquerda pela mola (Fig. P8.62d) e continua a se mover naquela direção além da posição esticada da mola. Finalmente, o corpo chega ao repouso uma distância D para a esquerda da mola esticada

(Fig. P8.62e). Encontre (a) a distância de compressão d, (b) a velocidade v na posição esticada quando o corpo está se movendo para a esquerda (Fig. P8.62d), e (c) a distância D quando o corpo chega ao repouso.

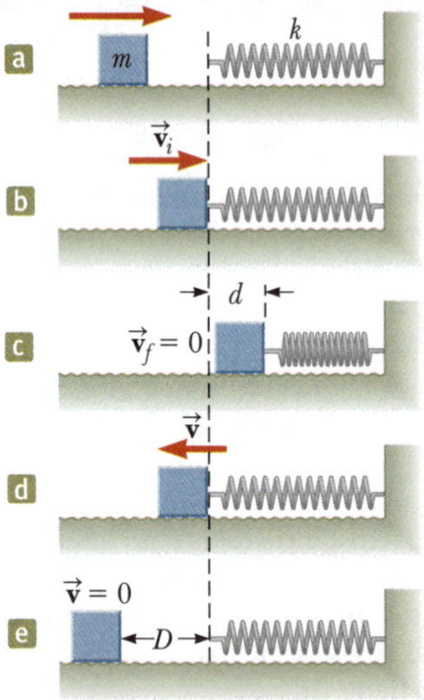

Figura P8.62

63. M Um bloco de 10,0 kg é liberado do repouso no ponto Ⓐ na Figura P8.63. A pista não tem atrito, com exceção da porção entre os pontos Ⓑ e Ⓒ, que tem comprimento de 6,00 m. O bloco vai para baixo na pista, bate numa mola de constante de força de 2.250 N/m e a comprime 0,300 m de sua posição de equilíbrio antes de chegar momentaneamente ao repouso. Determine o coeficiente de atrito cinético entre o bloco e a superfície áspera entre os pontos Ⓑ e Ⓒ.

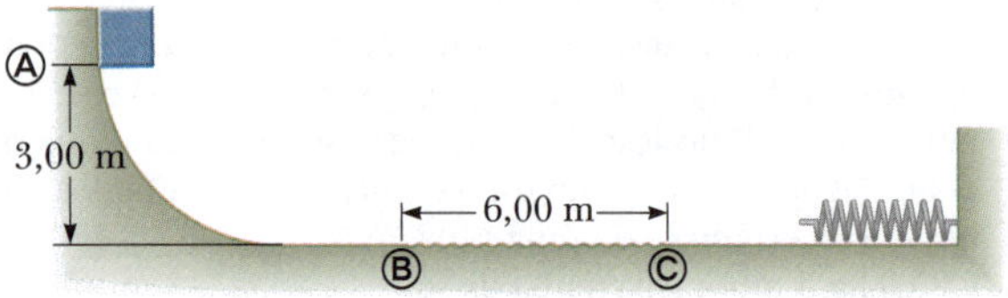

Figura P8.63

64. AMT M Um bloco de massa $m_1 = 20{,}0$ kg é conectado a outro bloco de massa $m_2 = 30{,}0$ kg por um barbante sem massa que passa sobre uma roldana leve e sem atrito. O bloco de 30,0 kg é conectado a uma mola que tem massa desprezível e uma constante de força $k = 250$ N/m, como mostrado na Figura P8.64. A mola é esticada quando o sistema está como mostrado na figura, e o declive não tem atrito. O bloco de 20,0 kg é puxado por uma distância $h = 20{,}0$ cm para baixo no declive de ângulo $\theta = 40{,}0°$, e liberado do repouso. Encontre a velocidade de cada bloco quando a mola é esticada novamente.

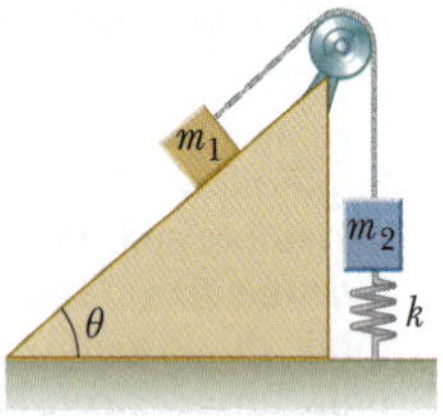

Figura P8.64

65. Um bloco de massa 0,500 kg é empurrado contra uma mola horizontal de massa desprezível até ela ser comprimida por uma distância x (Fig. P8.65). A constante de força da mola é 450 N/m. Quando ela é solta, o bloco percorre uma superfície horizontal e sem atrito até o ponto Ⓐ, na base de uma pista vertical circular de raio $R = 1{,}00$ m, e continua a se mover para cima na pista. A velocidade do bloco na base da pista é $v_Ⓐ = 12{,}0$ m/s, e o bloco experimenta uma força de atrito média de 7,00 N enquanto desliza para cima na pista. (a) Qual é a distância x? (b) Se o bloco alcançasse o topo da pista, qual seria sua velocidade naquele ponto? (c) O bloco alcança de fato o topo da pista, ou cai antes de chegar lá?

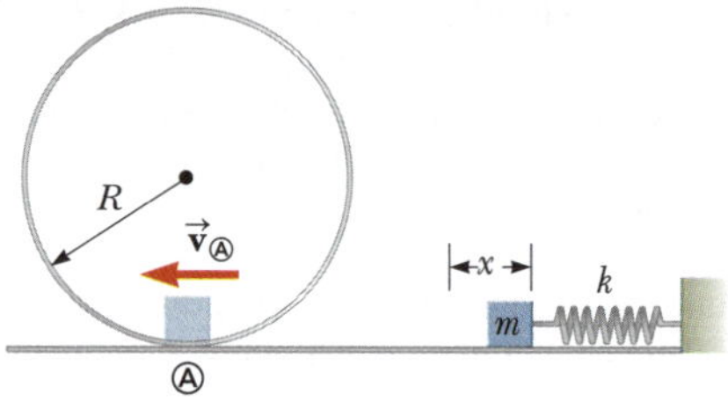

Figura P8.65

66. **Revisão.** Numa brincadeira, alguém equilibra uma abóbora no ponto mais alto de um silo de grãos. O silo é coberto com uma tampa hemisférica que não tem atrito quando está molhada. A linha do centro de curvatura da tampa até a abóbora forma um ângulo $\theta_i = 0°$ com a vertical. Enquanto a pessoa está em pé ali, no meio de uma noite chuvosa, um sopro de vento faz a abóbora começar a deslizar para baixo a partir do repouso. Ela perde contato com a tampa quando a linha do centro do hemisfério até a abóbora forma um ângulo com a vertical. Qual é este ângulo?

67. **Revisão.** A massa de um carro é 1.500 kg. O formato da carroceria é tal que o coeficiente de arrasto aerodinâmico $D = 0{,}330$ e a área frontal é 2,50 m². Supondo que a força de arrasto é proporcional a v^2 e ignorando outras fontes de atrito, calcule a potência necessária para manter a velocidade de 100 km/h enquanto o carro sobe um longo morro com inclinação de 3,20°.

68. Um pêndulo, englobando um barbante leve de comprimento L e uma pequena esfera, balança em um plano vertical. O barbante bate em um grampo localizado a uma distância d embaixo do ponto de suspensão (Fig. P8.68). (a) Mostre que, se a esfera é solta de uma altura abaixo daquela do grampo, ela voltará para esta altura depois que o barbante bater no grampo. (b) Mostre que, se o pêndulo é solto do repouso na posição horizontal ($\theta_i = 90°$) e balança em um círculo completo centrado no grampo, o valor mínimo de d deve ser $3L/5$.

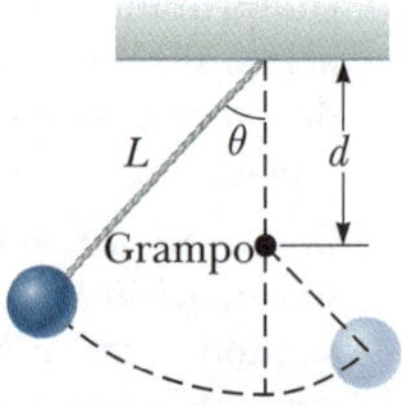

Figura P8.68

69. Um bloco de massa M repousa em uma mesa. Ele é preso na ponta de baixo de uma mola leve e vertical. A ponta de cima da mola é presa a um bloco de massa m. O bloco de cima é empurrado para baixo por uma força adicional $3mg$, então a compressão da mola é $4mg/k$. Nesta configuração, o bloco de cima é liberado do repouso. A mola levanta o bloco de baixo da mesa. Em relação a m, qual é o maior valor possível para M?

70. **Revisão.** *Por que a seguinte situação é impossível?* Uma atleta testa a força das mãos quando um assistente pendura pesos no seu cinto enquanto se pendura pelas mãos em uma barra horizontal. Quando os pesos chegam a 80% do seu peso corporal, as mãos não aguentam mais e ela cai no chão. Frustrada por não atingir seu objetivo no teste de força das mãos, ela

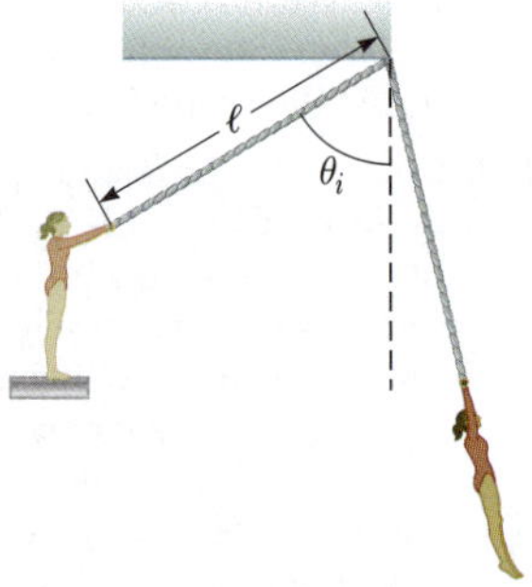

Figura P8.70

decide se balançar em um trapézio. O trapézio consiste em uma barra suspensa por duas cordas paralelas, cada uma de comprimento ℓ, permitindo que artistas se balancem em um arco vertical circular (Fig. P8.70). A atleta segura a barra e sobe em uma plataforma elevada, começando do repouso com as cordas a um ângulo $\theta_i = 60°$ em relação à vertical. Enquanto ela balança várias vezes para a frente e para trás em um arco circular, esquece-se da sua frustração. Suponha que o tamanho do seu corpo seja pequeno se comparado ao comprimento ℓ e que a resistência do ar seja desprezível.

71. Durante uma corrida, uma pessoa transforma cerca de 0,600 J de energia química em energia mecânica por passo por quilograma de massa corporal. Se um corredor de 60,0 kg transforma energia a uma taxa de 70,0 W durante uma corrida, com que velocidade a pessoa está correndo? Suponha que um passo de corrida mede 1,50 m de comprimento.

72. Um carro de montanha-russa, mostrado na Figura P8.72, é liberado do repouso de uma altura h e então se move livremente com atrito desprezível. A pista da montanha-russa inclui um giro circular de raio R em um plano vertical. (a) Primeiro, suponha que o carro mal chega a completar o giro; no topo do giro, os passageiros estão de cabeça para baixo e sentem-se sem peso. Encontre a altura necessária h do ponto de soltura em cima da base do giro em termos de R. (b) Agora, suponha que o ponto de soltura esteja na altura mínima necessária ou acima dela. Mostre que a força normal sobre o carro na base do giro excede a força normal no topo do giro em seis vezes o peso do carro. A força normal em cada um dos passageiros segue a mesma regra. Uma força normal tão grande é perigosa e muito desconfortável para os passageiros. Consequentemente, montanhas-russas não são construídas com giros circulares em planos verticais. A Figura P6.16 mostra um desenho real.

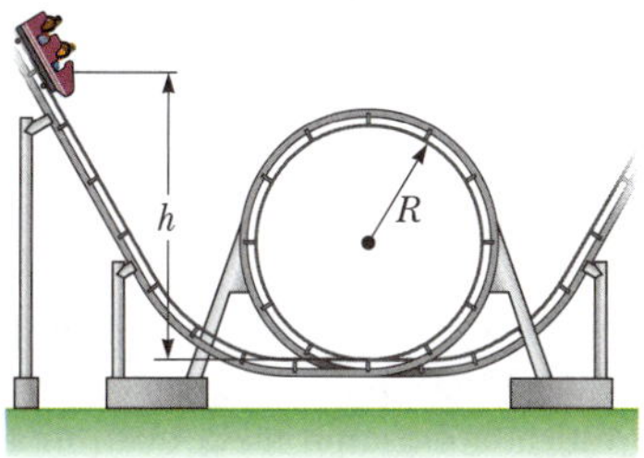

Figura P8.72

73. Uma bola gira em torno de um círculo *vertical* na extremidade de uma corda. A outra extremidade da corda está fixada no centro do círculo. Supondo que a energia total do sistema bola-Terra permanece constante, mostra que a tensão na corda na parte inferior é maior que a tensão na parte superior em seis vezes o peso da bola.

74. Um avião de massa $1{,}50 \times 10^4$ kg está em voo nivelado, movendo-se inicialmente a 60,0 m/s. A força resistiva exercida pelo ar sobre o avião tem módulo de $4{,}0 \times 10^4$ N. De acordo com a Terceira Lei de Newton, se os motores exercem uma força sobre os gases de descarga para expeli-los da parte traseira do motor, estes gases exercem uma força nos motores na direção do percurso do avião. Esta força é chamada de impulso, e o valor do impulso nesta situação é $7{,}50 \times 10^4$ N. (a) O trabalho realizado pelos gases de descarga no avião durante um intervalo de tempo é igual à variação na energia cinética do avião? Explique. (b) Encontre a velocidade do avião depois de ter percorrido $5{,}0 \times 10^2$ m.

75. Considere a colisão bloco-mola discutida no Exemplo 8.8. (a) Para a situação na parte Ⓑ, na qual a superfície exerce uma força de atrito sobre o bloco, mostre que o bloco nunca volta a $x = 0$. (b) Qual é o valor máximo do coeficiente de atrito que permitiria que o bloco voltasse para $x = 0$?

76. Ao andar de bicicleta para fazer exercícios aeróbicos, uma mulher quer que sua frequência cardíaca esteja entre 136 e 166 batidas por minuto. Suponha que sua frequência cardíaca seja diretamente proporcional à sua energia mecânica liberada dentro do intervalo relevante neste caso. Ignore todas as forças sobre o sistema mulher-bicicleta, exceto o atrito estático para a frente sobre a movimentação da roda da bicicleta e a força da resistência do ar proporcional ao quadrado de sua velocidade. Quando a velocidade da mulher é de 22,0 km/h, sua frequência cardíaca é de 90,0 batidas por minuto. Em que faixa sua velocidade deve estar para que sua frequência cardíaca esteja no intervalo que ela deseja?

77. **Revisão.** Em 1887, em Bridgeport, Connecticut, C. J. Belknap construiu um tobogã de altura máxima mostrado na Figura P8.77a. Um passageiro em um pequeno trenó, de massa total 80,0 kg, empurrou-se para começar no topo do escorregador (ponto Ⓐ) com velocidade de 2,50 m/s. A rampa tinha 9,76 m de altura e 54,3 m de comprimento. Ao longo de seu comprimento, 725 pequenas rodas tornaram o atrito desprezível. Ao deixar a rampa horizontalmente de sua base (ponto Ⓒ), o passageiro deslizou pela água de Long Island Sound por até 50 m, "deslizando como uma pedra chata" antes de finalmente chegar ao repouso e nadar para a margem, puxando seu trenó com ele. (a) Encontre a velocidade do trenó e do passageiro no ponto Ⓒ. (b) Modele a força de atrito da água como uma força de retardo constante atuando sobre uma partícula. Encontre o módulo da força de atrito que a água exerce sobre o trenó. (c) Encontre o módulo da força que a rampa exerce sobre o trenó no ponto Ⓑ. (d) No ponto Ⓒ, a rampa é horizontal, mas curva-se no plano vertical. Suponha que seu raio de curvatura seja 20,0 m. Encontre a força que a rampa exerce sobre o trenó no ponto Ⓒ.

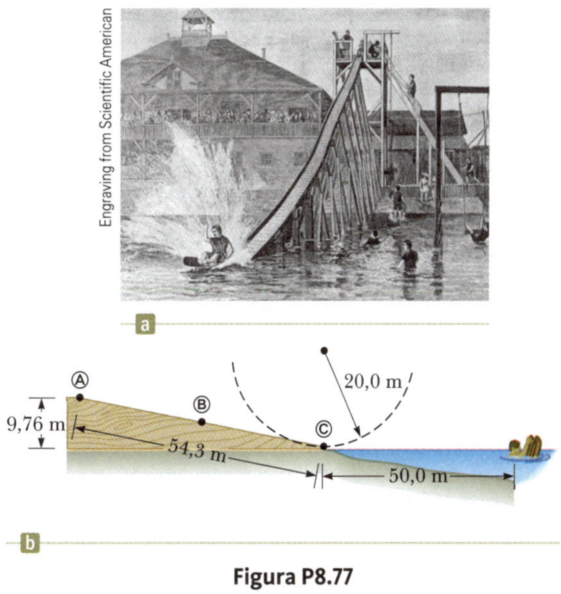

Figura P8.77

78. Em uma biópsia com agulha, uma faixa de tecido estreita é extraída do paciente utilizando-se uma agulha oca. Em vez de se empurrar com a mão, garante-se um corte limpo com a agulha no corpo do paciente por uma mola. Suponha que a agulha tenha massa de 5,60 g, a mola tenha força constante de 375 N/m e que a mola é originalmente comprimida por 8,10 cm para projetar a agulha horizontalmente sem atrito. Depois que a agulha deixa a mola, a ponta da agulha se move por 2,40 cm de pele e tecidos macios, que exercem nela uma força de resistência de 7,60 N. Em seguida, a agulha corta 3,50 cm em um órgão, que exerce sobre ela uma força contrária de 9,20 N. Determine (a) a velocidade máxima da agulha e (b) a velocidade com a qual a flange na parte posterior da agulha percorre até a parada que é definida para limitar a penetração em 5.90 cm.

Problemas de Desafio

79. **Revisão.** Uma tábua uniforme de comprimento L está deslizando ao longo de um plano horizontal suave e sem atrito, como mostrado na Figura P8.79a. A tábua então desliza através da divisa com superfície horizontal áspera. O coeficiente de atrito cinético entre a tábua e a segunda superfície é μ_c. (a) Encontre a aceleração da tábua no momento em que sua parte dianteira percorreu uma distância x além da divisa. (b) A tábua para no instante em que sua traseira atinge a divisa, como mostrado na Figura P8.79b. Encontre a velocidade inicial v da tábua.

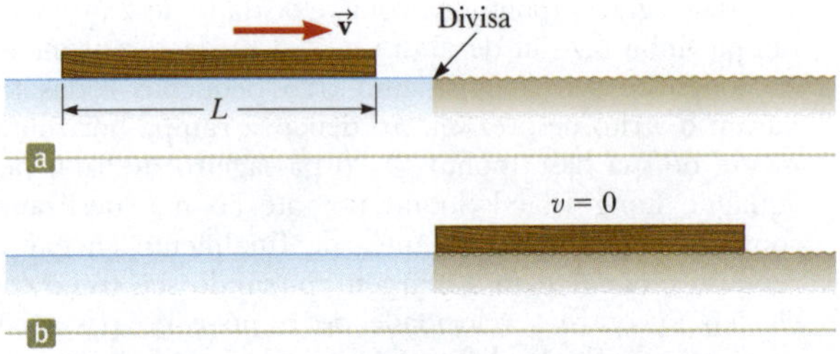

Figura P8.79

80. Começando do repouso, uma pessoa de 64,0 kg pula de *bungee jump* de um balão de ar amarrado 65,0 m acima do solo. A corda do *bungee* tem massa desprezível e comprimento esticado de 25,8 m. Uma ponta é amarrada ao cesto do balão e a outra é amarrada a um engate ao redor do corpo da pessoa. A corda é modelada como uma mola que obedece à lei de Hooke com uma constante de mola de 81,0 N/m, e o corpo da pessoa é modelado como uma partícula. O balão de ar quente não se move. (a) Expresse a energia potencial gravitacional do sistema pessoa-Terra como uma função da altura variável y da pessoa acima do solo. (b) Expresse a energia potencial elástica da corda como uma função de y. (c) Expresse a energia potencial total do sistema pessoa-corda-Terra como uma função de y. (d) Faça um gráfico da energia potencial gravitacional, elástica e total como funções de y. (e) Suponha que a resistência do ar seja desprezível. Determine a altura mínima da pessoa acima do solo durante seu mergulho. (f) O gráfico de energia potencial mostra alguma posição, ou posições, de equilíbrio? Caso mostre, em que posições verticais? Elas são estáveis ou instáveis? (g) Determine a velocidade máxima da pessoa que está saltando.

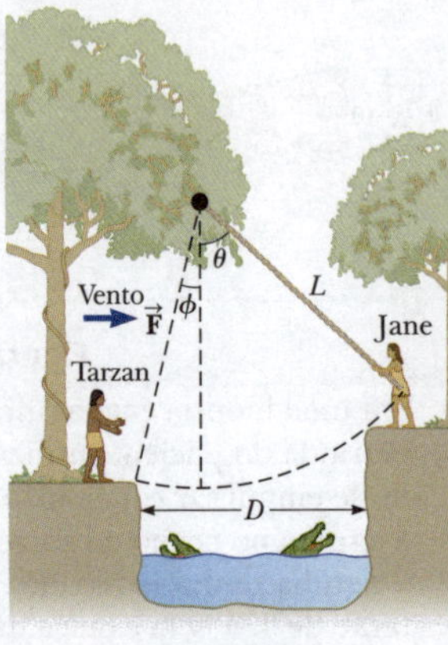

Figura P8.81

81. Jane, com massa de 50,0 kg, precisa se balançar para o outro lado de um rio (de largura D) cheio de crocodilos devoradores de humanos para salvar Tarzan do perigo. Ela tem de se balançar, na presença de um vento que exerce força horizontal constante $\vec{F}$, em um cipó de comprimento L e fazendo um ângulo θ com a vertical inicialmente (Fig. P8.81). Considere $D = 50,0$ m, $F = 110$ N, $L = 40,0$ m e $\theta = 50°$. (a) Com que velocidade mínima Jane deve começar seu balanço para conseguir chegar ao outro lado? (b) Depois do resgate completo, Tarzan e Jane têm de se balançar de volta para cruzar o rio. Com que velocidade mínima eles devem começar seu balanço? Suponha que Tarzan tem massa de 80,0 kg.

82. Uma bola de massa $m = 300$ g é conectada por um barbante forte de comprimento $L = 80,0$ cm a um pivô e mantida no lugar pelo barbante vertical. Um vento exerce força constante F para a direita sobre a bola, como mostrado na Figura P8.82. A bola é solta do repouso. O vento a faz se balançar para cima para atingir uma altura máxima H acima do seu ponto de partida antes de balançar para baixo novamente. (a) Encontre H como uma função de F. Obtenha H para (b) $F = 1,00$ N e (c) $F = 10,0$ N. Como H se comporta (d) à medida que F se aproxima de zero, e (e) enquanto F se aproxima do infinito? (f) Considere agora a altura de equilíbrio da bola com o vento soprando. Determine esta altura como uma função de F. Avalie a altura de equilíbrio para (g) $F = 10$ N e (h) F indo para o infinito.

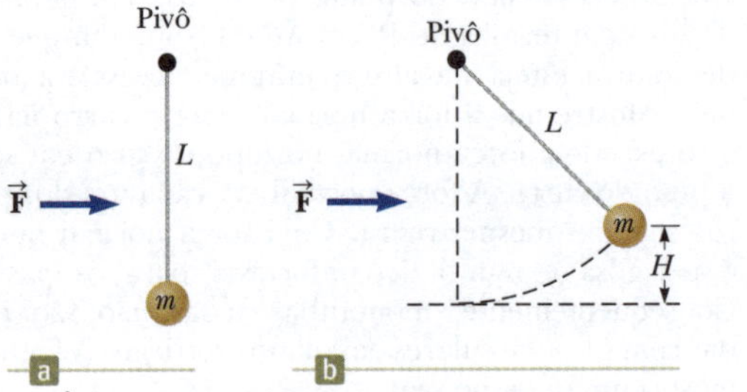

Figura P8.82

83. **E se?** Considere a montanha-russa descrita no Problema 58. Por causa de algum atrito entre o carrinho e a pista, o carrinho entra na seção circular com velocidade de 15,0 m/s, em vez dos 22,0 m/s do Problema 58. Esta situação é *mais* ou *menos* perigosa para os passageiros que aquela do Problema 58? Suponha que a seção circular ainda não tenha atrito.

84. Uma corrente uniforme de comprimento 8,00 m está inicialmente esticada em uma mesa horizontal. (a) Supondo que o coeficiente de atrito estático entre a corrente e a mesa seja 0,600, mostre que a corrente começará a deslizar para fora da mesa se pelo menos 3,00 m de corrente estiverem suspensos sobre a beirada da mesa. (b) Determine a velocidade da corrente quando seu último elo sai da mesa, dado que o coeficiente de atrito cinético entre a corrente e a mesa é 0,400.

85. Uma pessoa intrépida planeja fazer um *bungee jump* de um balão 65,0 m acima do solo. Ela usará uma corda elástica amarrada a um engate ao redor do seu corpo para parar sua queda a um ponto 10,0 m acima do solo. Modele o corpo dela como uma partícula e a corda como tendo massa desprezível e obedecendo à lei de Hooke. Em um teste preliminar, ela descobre que, quando se pendura de uma corda de 5,00 m de comprimento a partir do repouso, seu peso corporal estica a corda por mais 1,50 m. Ela cairá a partir do repouso no ponto onde o topo de uma seção mais longa da corda é presa a um balão estacionário. (a) Que comprimento de corda ela deveria usar? (b) Que aceleração máxima ela vai experimentar?

capítulo 9

Momento linear e colisões

9.1 Momento linear

9.2 Modelo de análise: sistema isolado (momento)

9.3 Modelo de análise: sistema não isolado (momento)

9.4 Colisões em uma dimensão

9.5 Colisões em duas dimensões

9.6 Centro de massa

9.7 Sistemas de muitas partículas

9.8 Sistemas deformáveis

9.9 Propulsão de foguetes

O conceito de momento permite a análise das colisões de carros mesmo sem o conhecimento detalhado das forças envolvidas. Esta análise pode determinar a velocidade relativa dos carros antes da colisão, além de auxiliar engenheiros na concepção de veículos mais seguros. (A tradução em português do texto em alemão na lateral do trailer ao fundo da fotografia é: "*Pit stop* para seu veículo".) *(Regina Kuehne/AP Photo/Glow Images)*

Considere o que acontece quando dois carros colidem, como mostra a fotografia de abertura deste capítulo. Ambos os carros modificam seu movimento passando de uma velocidade muito grande ao repouso, em virtude da colisão. Uma vez que cada carro experimenta uma grande mudança na velocidade em um intervalo de tempo muito curto, a força média neles é muito grande. De acordo com a Terceira Lei de Newton, cada um dos carros experimenta uma força de mesma grandeza. Conforme a Segunda Lei de Newton, os resultados dessas forças sobre o movimento do carro dependem da massa do carro.

Um dos objetivos principais deste capítulo é permitir que você entenda e analise tais eventos de maneira simples. Primeiro, apresentamos o conceito de *momento,* que é útil para descrever corpos em movimento – o momento de um corpo relaciona-se tanto com sua massa quanto com sua velocidade. Seu conceito nos leva a uma segunda lei da conservação, a da conservação de momento. Em contrapartida, identificamos novas versões de modelos de análise para sistemas isolados e não isolados. Esses modelos são especialmente úteis para tratar de problemas que envolvem choques entre corpos e para analisar a propulsão dos foguetes. Este capítulo também apresenta o conceito do centro de massa de um sistema de partículas. Descobriremos que o movimento deste sistema pode ser descrito pelo movimento de uma partícula representando o sistema localizado no centro de massa que representa o sistema completo.

9.1 Momento linear

No Capítulo 8, estudamos situações que são difíceis de analisar com as leis de Newton. Éramos capazes de resolver problemas envolvendo essas situações identificando um sistema e aplicando um princípio de conservação, a da energia. Consideremos outras situações e vejamos se podemos resolvê-las com os modelos que desenvolvemos até agora:

Um arqueiro de 60 kg está em pé, em repouso, sobre gelo sem atrito e atira uma flecha de 0,030 kg horizontalmente a 85 m/s. Com que velocidade o arqueiro se move pelo gelo depois de lançar a flecha?

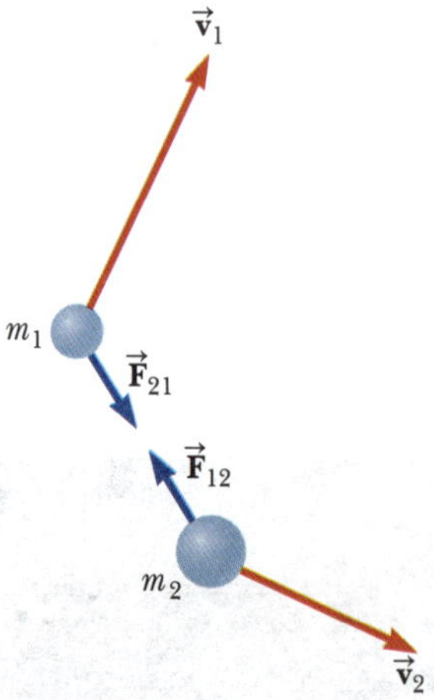

Figura 9.1 Duas partículas interagem uma com a outra. De acordo com a Terceira Lei de Newton, devemos ter $\vec{F}_{12} = -\vec{F}_{21}$.

Pela Terceira Lei de Newton, sabemos que a força que o arco exerce sobre a flecha é equivalente a uma força na direção oposta sobre o arco (e o arqueiro). Essa força faz o arqueiro deslizar para trás sobre o gelo com a velocidade escalar solicitada no problema. Não podemos determinar essa velocidade escalar usando os modelos de movimento, tal como o da partícula sob aceleração constante, pois não temos nenhuma informação sobre a aceleração do arqueiro. Não podemos utilizar modelos de força, tal como o da partícula sob uma força resultante, pois não sabemos nada sobre as forças nesta situação. Modelos de energia não ajudam em nada, pois não sabemos nada sobre o trabalho realizado ao puxar a corda do arco para trás nem sobre a energia potencial elástica no sistema relativa à corda do arco tensa.

Apesar de nossa incapacidade de resolver o problema do arqueiro utilizando os modelos aprendidos até agora, é muito simples resolvê-lo se apresentarmos uma nova quantidade que descreve o movimento, o *momento linear*. Para gerar essa nova quantidade, considere um sistema isolado de duas partículas (Fig. 9.1) com massas m_1 e m_2 movendo-se com velocidades $\vec{v}_1$ e $\vec{v}_2$ em um instante do tempo. Como o sistema é isolado, a única força sobre a partícula é a da outra partícula. Se uma força da partícula 1 (por exemplo, uma força gravitacional) agir sobre a partícula 2, deverá haver uma segunda força, igual em módulo e oposta em direção, que a partícula 2 exerce sobre a 1. Isto é, as forças sobre as partículas formam um par ação-reação da Terceira Lei de Newton, e $\vec{F}_{12} = -\vec{F}_{21}$. Podemos expressar esta condição como

$$\vec{F}_{21} + \vec{F}_{12} = 0$$

A partir do ponto de vista de um sistema, esta equação diz que, se adicionarmos as forças nas partículas em um sistema isolado, a soma é zero.

Analisemos mais esta situação incorporando a Segunda Lei de Newton. No instante mostrado na Figura 9.1, as partículas que interagem no sistema têm acelerações correspondentes às forças que agem sobre elas. Portanto, substituindo a força sobre cada partícula por $m\vec{a}$, obtemos

$$m_1\vec{a}_1 + m_2\vec{a}_2 = 0$$

Agora substituímos cada aceleração por sua definição na Equação 4.5:

$$m_1\frac{d\vec{v}_1}{dt} + m_2\frac{d\vec{v}_2}{dt} = 0$$

Se as massas m_1 e m_2 são constantes, podemos trazê-las para dentro da operação derivada, o que resulta

$$\frac{d(m_1\vec{v}_1)}{dt} + \frac{d(m_2\vec{v}_2)}{dt} = 0$$

$$\frac{d}{dt}(m_1\vec{v}_1 + m_2\vec{v}_2) = 0 \quad \textbf{(9.1)}$$

Observe que a derivada da soma $m_1\vec{v}_1 + m_2\vec{v}_2$ em relação ao tempo é zero. Por consequência, esta soma deve ser constante. Desta discussão, aprendemos que a quantidade $m\vec{v}$ para uma partícula é importante, pois a soma dessas quantidades para um sistema isolado das partículas é conservada. Chamamos esta quantidade de *momento linear*:

Definição de momento linear de uma partícula ▶

Momento linear de uma partícula ou um corpo, que pode ser modelado como uma partícula de massa m movendo-se com velocidade $\vec{v}$, é definido como o produto da massa e da velocidade da partícula:

$$\vec{p} \equiv m\vec{v} \quad \textbf{(9.2)}$$

Momento linear é uma quantidade vetorial, pois é igual ao produto de uma quantidade escalar, m, e uma quantidade vetorial, $\vec{\mathbf{v}}$. Sua direção é ao longo de $\vec{\mathbf{v}}$; tem dimensões ML/T e sua unidade no SI é kg × m/s.

Se uma partícula está se movendo em uma direção arbitrária, $\vec{\mathbf{p}}$ tem três componentes, e a Equação 9.2 é equivalente às das componentes

$$p_x = mv_x \qquad p_y = mv_y \qquad p_z = mv_z$$

Como você pode ver nesta definição, o conceito de momento[1] fornece uma distinção quantitativa entre partículas pesadas e leves movendo-se à mesma velocidade. Por exemplo, o momento de uma bola de boliche é muito maior que o de uma bola de tênis movendo-se a uma mesma velocidade. Newton chamou o produto $m\vec{\mathbf{v}}$ de *quantidade de movimento*; este termo talvez seja uma descrição mais gráfica do que a palavra da atualidade, *momentum*, que vem da palavra latina para movimento.

Vimos outra quantidade, energia cinética, que é uma combinação de massa e velocidade escalar. Seria uma questão legítima perguntar por que há necessidade de outra quantidade, momento, baseada na massa e na velocidade. Há diferenças claras entre energia cinética e momento. Primeiro, a energia cinética é escalar, e o momento é vetorial. Considere um sistema de duas partículas de massas iguais indo uma em direção à outra ao longo de uma linha com a mesma velocidade escalar. Há energia cinética associada a este sistema, pois membros do sistema estão se movendo. Em razão da natureza vetorial do momento, entretanto, o momento deste sistema é zero. Uma segunda diferença principal é que a energia cinética pode transformar outros tipos de energia, tais como a potencial e a interna. Há apenas um tipo de momento linear; portanto, não vemos nenhuma dessas transformações ao utilizar esta abordagem em um problema. Essas diferenças são suficientes para criar modelos baseados em momentos separados daqueles baseados em energia, fornecendo uma ferramenta independente para se utilizar na resolução de problemas.

Usando a Segunda Lei do movimento de Newton, podemos relacionar o momento linear de uma partícula à força resultante que age sobre ela. Começamos com a Segunda Lei de Newton e substituímos a definição de aceleração:

$$\sum \vec{\mathbf{F}} = m\vec{\mathbf{a}} = m\frac{d\vec{\mathbf{v}}}{dt}$$

Na Segunda Lei de Newton, a massa m é considerada constante. Portanto, podemos introduzir m na operação de derivada para nos dar

$$\sum \vec{\mathbf{F}} = \frac{d(m\vec{\mathbf{v}})}{dt} = \frac{d\vec{\mathbf{p}}}{dt} \qquad (9.3)$$

◀ **Segunda Lei de Newton para uma partícula**

Esta equação mostra que **a taxa de variação do momento linear de uma partícula ao longo do tempo é igual à força resultante que age sobre a partícula**. No Capítulo 5 deste volume, identificamos força como o que causa uma mudança no movimento de um objeto (Seção 5.2). De acordo com a Segunda Lei de Newton (Equação 5.2), utilizamos a aceleração $\vec{\mathbf{a}}$ para representar a mudança no movimento. Vimos agora na Equação 9.3 que podemos utilizar a derivada do momento $\vec{\mathbf{p}}$ com relação ao tempo para representar a mudança no movimento.

Esta forma alternativa da Segunda Lei de Newton é a maneira pela qual Newton apresentou a lei e, na verdade, é mais geral que a apresentada no Capítulo 5. Além de situações nas quais o vetor velocidade varia com o tempo, podemos usar a Equação 9.3 para estudar fenômenos nos quais a massa muda. Por exemplo, a massa de um foguete muda conforme o combustível é queimado e ejetado do foguete. Não podemos usar $\sum\vec{\mathbf{F}} = m\vec{\mathbf{a}}$ para analisar a propulsão de um foguete; devemos usar a abordagem de momento, como mostraremos na Seção 9.9.

***Teste Rápido* 9.1** Dois corpos têm energias cinéticas iguais. Como o módulo de seus momentos se comparam? **(a)** $p_1 < p_2$ **(b)** $p_1 = p_2$ **(c)** $p_1 > p_2$ **(d)** não há informações suficientes.

***Teste Rápido* 9.2** Seu professor de Educação Física lança uma bola de beisebol a certa velocidade escalar e você a pega. O professor vai, em seguida, lançar para você uma bola para exercícios (*medicine ball*) cuja massa é dez vezes maior que a de beisebol. São fornecidas as seguintes opções: a bola para exercícios pode ser lançada com **(a)** a mesma velocidade escalar que a de beisebol, **(b)** o mesmo momento ou **(c)** a mesma energia cinética. Classifique essas opções da mais fácil de pegar à mais difícil.

[1] Neste capítulo, os termos *momento* e *momento linear* têm o mesmo significado. Mais para a frente, no Capítulo 11, utilizaremos o termo *momento angular* para uma quantidade diferente ao lidarmos com o movimento de rotação.

> **Prevenção de Armadilhas 9.1**
>
> **O momento de um *sistema* isolado é conservado**
> Embora o momento de um *sistema* isolado seja conservado, o de uma *partícula* em um sistema isolado não o é necessariamente, pois outras partículas no sistema podem estar interagindo com ela. Evite aplicar a conservação do momento a uma única partícula.

9.2 Modelo de análise: sistema isolado (momento)

Usando a definição de momento, a Equação 9.1 pode ser assim escrita

$$\frac{d}{dt}(\vec{\mathbf{p}}_1 + \vec{\mathbf{p}}_2) = 0$$

Como a derivada temporal do momento total $\vec{\mathbf{p}}_{\text{tot}} = \vec{\mathbf{p}}_1 + \vec{\mathbf{p}}_2$ é *zero*, concluímos que o momento *total* do sistema isolado de duas partículas na Figura 9.1 deve permanecer constante:

$$\vec{\mathbf{p}}_{\text{tot}} = \text{constante} \tag{9.4}$$

ou, de maneira equivalente, em algum intervalo de tempo,

$$\Delta\vec{\mathbf{p}}_{\text{tot}} = 0 \tag{9.5}$$

A Equação 9.5 pode ser escrita como

$$\vec{\mathbf{p}}_{1i} + \vec{\mathbf{p}}_{2i} = \vec{\mathbf{p}}_{1f} + \vec{\mathbf{p}}_{2f} \qquad (9.5)$$

onde $\vec{\mathbf{p}}_{1i}$ e $\vec{\mathbf{p}}_{2i}$ são os valores iniciais e $\vec{\mathbf{p}}_{1f}$ e $\vec{\mathbf{p}}_{2f}$ são os finais dos momentos das duas partículas para o intervalo de tempo durante o qual as partículas interagem. Esta equação na forma de componentes demonstra que os momentos totais nas direções x, y e z são todos conservados independentemente:

$$p_{1ix} + p_{2ix} = p_{1fx} + p_{2fx} \qquad p_{1iy} + p_{2iy} = p_{1fy} + p_{2fy} \qquad p_{1iz} + p_{2iz} = p_{1fz} + p_{2fz} \tag{9.6}$$

A Equação 9.5 é o enunciado matemático de um novo modelo de análise, o **sistema isolado (momento)**. Ele pode ser estendido a qualquer número de partículas em um sistema isolado, como será mostrado na Seção 9.7. Estudamos a versão de energia do modelo do sistema isolado no Capítulo 8 ($\Delta E_{\text{sistema}} = 0$) e, agora, uma versão do momento. Em geral, a Equação 9.5 pode ser enunciada em palavras da seguinte maneira:

A versão do momento do modelo de sistema isolado ▶

> Sempre que duas ou mais partículas em um sistema isolado interagem, o momento total do sistema não se modifica.

Este enunciado nos diz que o momento total de um sistema isolado é sempre igual ao seu momento inicial.

Observe que não fizemos nenhuma afirmação com relação ao tipo de forças agindo sobre as partículas do sistema. Além disso, não especificamos se as forças são conservativas ou não conservativas; também não indicamos se são ou não constantes. O único requisito é que as forças devem ser *internas* ao sistema. Este requisito deve fornecer a você uma dica sobre o poder deste novo modelo.

Modelo de Análise — Sistema isolado (momento)

Imagine que você tenha identificado um sistema a ser analisado e que define um limite do sistema. Se não houver forças externas sobre o sistema, o sistema é *isolado*. Nesse caso, o momento total do sistema, que é a soma de vetores dos momentos de todos os membros do sistema, é conservado:

$$\Delta\vec{\mathbf{p}}_{\text{tot}} = 0 \tag{9.5}$$

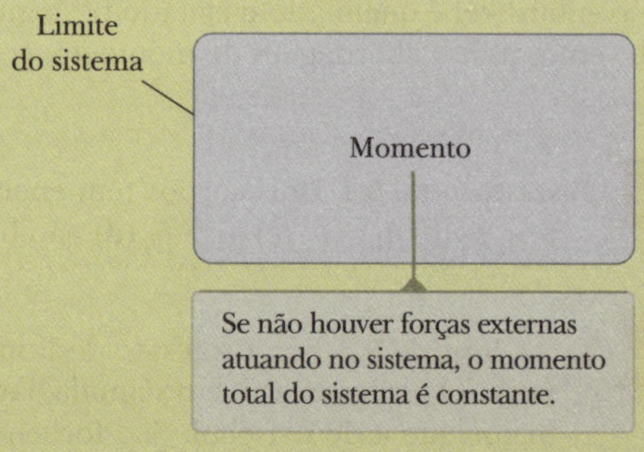
Limite do sistema
Momento
Se não houver forças externas atuando no sistema, o momento total do sistema é constante.

Exemplos:

- uma bola bate em outra bola em uma mesa de bilhar
- uma espaçonave aciona seus foguetes e se move mais rapidamente no espaço
- moléculas em um gás a uma temperatura específica se movem e colidem umas nas outras (Capítulo 7 do Volume 2)
- uma partícula incidente atinge um núcleo, criando um novo núcleo e uma partícula de saída diferente (Capítulo 10 do Volume 4)
- um elétron e um pósitron se aniquilam para formar dois fótons de saída (Capítulo 12 do Volume 4)

Exemplo 9.1 O arqueiro MA

Consideremos a situação proposta no início da Seção 9.1. Um arqueiro de 60 kg está em pé, em repouso, sobre gelo sem atrito e atira uma flecha de 0,30 kg horizontalmente a 85 m/s (Fig. 9.2). Com que velocidade o arqueiro se move pelo gelo depois de lançar a flecha?

Figura 9.2 (Exemplo 9.1) Um arqueiro atira uma flecha horizontalmente para a direita. Como ele está em pé sobre o gelo sem atrito, começará a deslizar para a esquerda no gelo.

SOLUÇÃO

Conceitualização Você pode já ter conceitualizado este problema quando ele foi apresentado no início da Seção 9.1. Imagine a flecha sendo atirada em uma direção e o arqueiro recuando na direção oposta.

Categorização Como discutido naquela seção, não podemos resolver este problema com modelos baseados em movimento, força ou energia. No entanto, *podemos* resolvê-lo muito facilmente com uma abordagem envolvendo momento.

Seja o sistema consistindo no arqueiro (incluindo o arco) e a flecha. Ele não é isolado, porque as forças gravitacional e normal do gelo agem sobre ele. Essas forças, entretanto, são verticais e perpendiculares ao movimento do sistema. Não há forças externas na direção horizontal, e podemos aplicar o modelo de *sistema isolado* (*momento*) em função das componentes do momento nesta direção.

Análise O momento horizontal total do sistema antes de a flecha ser lançada é zero, pois nada no sistema está se movendo. Portanto, o momento horizontal total do sistema depois que a flecha é lançada também deve ser zero. Escolhemos a direção de lançamento da flecha como a direção x positiva. Identificando o arqueiro como a partícula 1 e a flecha como a partícula 2, temos $m_1 = 60$ kg, $m_2 = 0{,}30$ kg e $\vec{\mathbf{v}}_{2f} = 85\hat{\mathbf{i}}$ m/s.

Usando o modelo do sistema isolado (momento), inicie com a Equação 9.5:

$$\Delta\vec{\mathbf{p}} = 0 \rightarrow \vec{\mathbf{p}}_f - \vec{\mathbf{p}}_i = 0 \rightarrow \vec{\mathbf{p}}_f = \vec{\mathbf{p}}_i \rightarrow m_1\vec{\mathbf{v}}_{1f} + m_2\vec{\mathbf{v}}_{2f} = 0$$

Resolva esta equação para valores $\vec{\mathbf{v}}_{1f}$ e substitua os numéricos:

$$\vec{\mathbf{v}}_{1f} = -\frac{m_2}{m_1}\vec{\mathbf{v}}_{2f} = -\left(\frac{0{,}30\text{ kg}}{60\text{ kg}}\right)(85\hat{\mathbf{i}}\text{ m/ s}) = \boxed{-0{,}42\hat{\mathbf{i}}\text{ m/s}}$$

Finalização O sinal negativo para $\vec{\mathbf{v}}_{1f}$ indica que o arqueiro está se movendo para a esquerda na Figura 9.2 depois que a flecha é lançada, na direção oposta àquela do movimento da flecha, de acordo com a Terceira Lei de Newton. Como o arqueiro tem muito mais massa que a flecha, sua aceleração e consequente velocidade são muito menores que as da flecha. Observe que este problema parece muito simples, mas não podíamos resolvê-lo com modelos baseados em movimento, força ou energia. Nosso novo modelo de momento, entretanto, mostra-nos que ele não apenas *parece* simples, mas *é* simples!

E SE? E se a flecha fosse lançada em uma direção que formasse um ângulo θ com a horizontal? Como essa variação mudaria a velocidade de recuo do arqueiro?

Resposta A velocidade de recuo deve diminuir em módulo, pois apenas um componente da velocidade da flecha está na direção x. A conservação do momento na direção x dá

$$m_1 v_{1f} + m_2 v_{2f}\cos\theta = 0$$

sendo

$$v_{1f} = -\frac{m_2}{m_1} v_{2f}\cos\theta$$

Para $\theta = 0$, $\cos\theta = 1$, e a velocidade final do arqueiro se reduz ao valor quando a flecha é lançada horizontalmente. Para valores de θ diferentes de zero, a função cosseno é menor que 1, e a velocidade de recuo é menor que o valor calculado para $\theta = 0$. Se $\theta = 90°$, então $\cos\theta = 0$ e $v_{1f} = 0$, portanto, não há velocidade de recuo. Neste caso, o arqueiro é simplesmente empurrado com mais força para trás contra o gelo quando a flecha é lançada.

Exemplo 9.2 Podemos realmente ignorar a energia cinética da Terra? MA

Na Seção 7.6, afirmamos que podemos ignorar a energia cinética da Terra ao considerar a energia de um sistema consistindo na Terra e uma bola que cai. Verifique esta afirmação.

SOLUÇÃO

Conceitualização Imagine uma bola caindo na superfície terrestre. Do seu ponto de vista, a bola cai e a Terra permanece parada. Pela Terceira Lei de Newton, entretanto, a Terra sofre uma força para cima e, consequentemente, uma aceleração para cima enquanto a bola cai. No cálculo a seguir, mostraremos que este movimento é extremamente pequeno, e pode ser ignorado.

continua

9.2 *cont.*

Categorização Identificamos o sistema como a bola e a Terra. Consideramos que não há forças do espaço sobre o sistema, portanto, o sistema é isolado. Vamos usar a versão do *momento* do modelo do *sistema isolado.*

Análise Começamos estabelecendo uma razão entre a energia cinética da Terra e a da bola. Identificamos v_T e v_b como a velocidade escalar da Terra e da bola, respectivamente, depois que a bola caiu uma certa distância.

Use a definição de energia cinética para estabelecer esta relação:

$$(1)\quad \frac{K_T}{K_b} = \frac{\frac{1}{2}m_T{v_T}^2}{\frac{1}{2}m_b{v_b}^2} = \left(\frac{m_T}{m_b}\right)\left(\frac{v_T}{v_b}\right)^2$$

Aplique o modelo do sistema isolado (momento): o momento inicial do sistema é zero reconhecendo que:

$$\Delta\vec{\mathbf{p}} = 0 \rightarrow p_i = p_f \rightarrow 0 = m_b v_b + m_E v_E$$

Resolva a equação para a razão entre as velocidades escalares:

$$\frac{v_T}{v_b} = -\frac{m_b}{m_T}$$

Substitua esta expressão por v_T/v_b na Equação (1):

$$\frac{K_T}{K_b} = \left(\frac{m_T}{m_b}\right)\left(-\frac{m_b}{m_T}\right)^2 = \frac{m_b}{m_T}$$

Substitua números da ordem de grandeza para as massas:

$$\frac{K_T}{K_b} = \frac{m_b}{m_T} \sim \frac{1\text{ kg}}{10^{25}\text{ kg}} \sim 10^{-25}$$

Finalização A energia cinética da Terra é uma fração muito pequena daquela bola, então, temos uma justificativa para desprezá-la na energia cinética do sistema.

9.3 Modelo de análise: sistema não isolado (momento)

De acordo com a Equação 9.3, o momento de uma partícula muda se uma força resultante agir sobre a partícula. O mesmo pode ser dito sobre uma força resultante aplicada a um sistema, como mostraremos explicitamente na Seção 9.7: o momento de um sistema mudará se uma força resultante do ambiente agir sobre o sistema. Isto pode parecer similar à nossa discussão de energia no Capítulo 8: a energia de um sistema muda se a energia cruzar a fronteira do sistema para dentro ou para fora do ambiente. Nesta seção, consideramos um *sistema não isolado.* Para considerações de energia, um sistema é não isolado se a energia se transferir através da fronteira do sistema por qualquer um dos meios listados na Seção 8.1. Para considerações de momento, um sistema é não isolado se uma força resultante agir sobre o sistema por um intervalo de tempo. Neste caso, podemos imaginar momento sendo transferido do ambiente ao sistema por meio da força resultante. Saber a variação no momento causada por uma força é útil para resolver alguns tipos de problemas. Para criar uma melhor compreensão deste importante conceito, vamos considerar que uma força resultante $\sum\vec{\mathbf{F}}$ age sobre uma partícula, e que essa força pode variar com o tempo. De acordo com a Segunda Lei de Newton, na forma expressa na Equação 9.3, $\sum\vec{\mathbf{F}} = d\vec{\mathbf{p}}/dt$, podemos escrever

$$d\vec{\mathbf{p}} = \sum\vec{\mathbf{F}}\,dt \qquad \textbf{(9.7)}$$

Podemos integrar[2] esta expressão para encontrar a variação no momento de uma partícula quando a força age durante um intervalo de tempo. Se o momento da partícula muda de $\vec{\mathbf{p}}_i$ no tempo t_i para $\vec{\mathbf{p}}_f$ no tempo t_f, integrando a Equação 9.7 temos

$$\Delta\vec{\mathbf{p}} = \vec{\mathbf{p}}_f - \vec{\mathbf{p}}_i = \int_{t_i}^{t_f}\sum\vec{\mathbf{F}}\,dt \qquad \textbf{(9.8)}$$

Para resolver a integral, precisamos saber como a força resultante varia com o tempo. A quantidade do lado direito desta equação é um vetor chamado **impulso** da força resultante $\sum\vec{\mathbf{F}}$ que age sobre a partícula durante o intervalo de tempo $\Delta t = t_f - t_i$:

Impulso de uma força ▶

$$\vec{\mathbf{I}} \equiv \int_{t_i}^{t_f}\sum\vec{\mathbf{F}}\,dt \qquad \textbf{(9.9)}$$

Em sua definição, vemos que impulso $\vec{\mathbf{I}}$ é uma quantidade vetorial com módulo igual à área sob a curva força-tempo, como descrito na Figura 9.3a. Considera-se que a força varia com o tempo, de maneira geral como mostrada na figura e

[2] Aqui estamos integrando força em relação ao tempo. Compare esta estratégia com nossos esforços no Capítulo 7, no qual integramos força em relação à posição para descobrir o trabalho realizado pela força.

é diferente de zero no intervalo de tempo $\Delta t = t_f - t_i$. A direção do vetor impulso é a mesma que a da variação no momento. O impulso tem as dimensões do momento, isto é, ML/T; ele *não* é uma propriedade de uma partícula, mas, sim, uma medida do grau em que uma força externa muda o momento da partícula.

Como a força resultante que dá um impulso a uma partícula em geral pode variar com o tempo, é conveniente definir uma força resultante média no tempo:

$$\left(\sum \vec{\mathbf{F}}\right)_{\text{med}} \equiv \frac{1}{\Delta t}\int_{t_i}^{t_f} \sum \vec{\mathbf{F}}\, dt \qquad \text{(9.10)}$$

onde $\Delta t = t_f - t_i$. Esta equação é uma aplicação do teorema do valor médio. Portanto, podemos expressar a Equação 9.9 como

$$\vec{\mathbf{I}} = \left(\sum \vec{\mathbf{F}}\right)_{\text{med}} \Delta t \qquad \text{(9.11)}$$

Essa força média no tempo, mostrada na Figura 9.3b, pode ser interpretada como a força constante que daria à partícula no intervalo de tempo Δt o mesmo impulso que a força variável com o tempo dá durante este mesmo intervalo de tempo.

Em princípio, se $\sum \vec{\mathbf{F}}$ é conhecida como uma função do tempo, o impulso pode ser calculado a partir da Equação 9.9. O cálculo se torna especialmente simples se a força que age sobre a partícula for constante. Neste caso, $(\sum \vec{\mathbf{F}})_{\text{med}} = \sum \vec{\mathbf{F}}$, onde $\sum \vec{\mathbf{F}}$ é a força resultante constante, e a Equação 9.11 se torna

$$\vec{\mathbf{I}} = \sum \vec{\mathbf{F}}\, \Delta t \qquad \text{(9.12)}$$

Combinando as Equações 9.8 e 9.9, temos um enunciado importante conhecido como **teorema do impulso-momento**:

Teorema do impulso-momento para uma partícula ▶

A variação no momento de uma partícula é igual ao impulso da força resultante agindo sobre a partícula:

$$\Delta \vec{\mathbf{p}} = \vec{\mathbf{I}} \qquad \text{(9.13)}$$

Esta afirmação é equivalente à Segunda Lei de Newton. Quando dizemos que um impulso é dado a uma partícula, queremos dizer que o momento é transferido de um agente externo para uma partícula. A Equação 9.13 é idêntica em forma à da conservação de energia, Eq. 8.1, e sua expansão completa, a Equação 8.2. A Equação 9.13 é o enunciado mais geral do princípio da **conservação do momento**, chamada **equação da conservação do momento**. No caso de uma abordagem de momento, sistemas isolados tendem a aparecer nos problemas com mais frequência que os não isolados; portanto, na prática, a equação da conservação do momento é frequentemente identificada como o caso especial da Equação 9.5.

O lado esquerdo da Equação 9.13 representa a variação no momento do sistema, que, neste caso, é uma partícula única. O lado direito é uma medida de quanto momento cruza a fronteira do sistema devido à força resultante aplicada a ele. A Equação 9.13 é o enunciado matemático de um novo modelo de análise, o modelo de **sistema não isolado (momento)**. Embora ela seja similar em forma à Equação 8.1, há várias diferenças em sua aplicação aos problemas. Primeiro, a Eq. 9.13 é uma equação vetorial, e a Eq. 8.1, escalar. Portanto, direções são importantes para a Equação 9.13. Segundo, há apenas um tipo de momento e, consequentemente, apenas uma maneira de armazenar momento em um sistema. Em contraste, como vimos na Equação 8.2, há três maneiras de armazenar energia em um sistema: cinética, potencial e interna. Terceiro, há apenas uma maneira de transferir momento para um sistema: pela aplicação de uma força sobre ele durante um intervalo de tempo. A Equação 8.2 mostra seis maneiras que identificamos de como transferir energia para um sistema. Portanto, não há expansão da Equação 9.13 análoga à Eq. 8.2.

Em muitas situações físicas, devemos usar o que é chamado **aproximação do impulso**, segundo a qual consideramos que uma das forças exercidas sobre uma partícula age por um curto período de tempo, mas é muito maior que qualquer outra força presente. Neste caso, a força resultante $\sum \vec{\mathbf{F}}$ na Equação 9.9 é substituída por uma força única $\vec{\mathbf{F}}$ para encontrar o impulso sobre a partícula. Essa aproximação é especialmente útil ao tratar de choques em que a duração é muito curta durante a colisão. Quando esta aproximação é feita, a força única é chamada *força impulsiva*. Por exemplo, quando

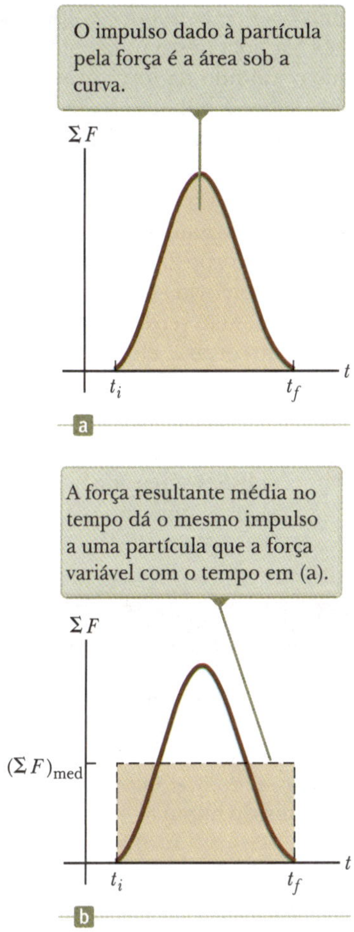

Figura 9.3 (a) Uma força resultante agindo sobre uma partícula pode variar com o tempo, (b) o valor da força constante $(\sum F)_{\text{med}}$ (linha tracejada horizontal) é escolhido de maneira que a área $(\sum F)_{\text{med}}\,\Delta t$ do retângulo é a mesma que a área sob a curva em (a).

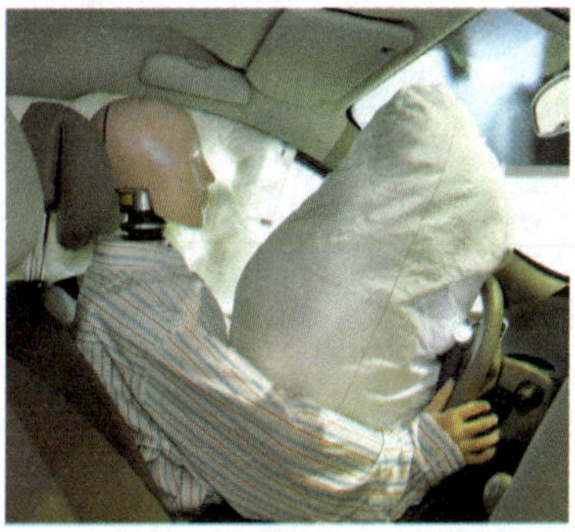

Vereshchagin Dmitry/Shutterstock

Os *airbags* em automóveis têm salvado incontáveis vidas em acidentes automobilísticos. O *airbag* aumenta o intervalo durante o qual o passageiro é levado ao repouso, diminuindo, desse modo, a força exercida no passageiro (assim como os danos resultantes).

uma bola de beisebol é golpeada com um bastão, o tempo da colisão é cerca de 0,01 s, e a força média que o taco exerce sobre a bola nesse momento é de normalmente vários milhares de newtons. Como essa força de contato é muito maior que o módulo da força gravitacional, a aproximação do impulso justifica termos desprezado a força gravitacional exercida sobre a bola e o bastão durante a colisão. Quando utilizamos essa aproximação, $\vec{\mathbf{p}}_i$ e $\vec{\mathbf{p}}_f$ representam os momentos *imediatamente* antes e depois da colisão, respectivamente. Portanto, em qualquer situação na qual seja adequado utilizar a aproximação do impulso, a partícula se move muito pouco durante a colisão.

***Teste Rápido* 9.3** Dois corpos estão em repouso sobre uma superfície sem atrito. O corpo 1 tem uma massa maior que a do corpo 2. **(i)** Quando uma força constante é aplicada ao corpo 1, ele acelera por uma distância d em linha reta. A força é removida dele e aplicada ao corpo 2. No momento em que o corpo 2 acelerou pela mesma distância, d, quais afirmações são verdadeiras? **(a)** $p_1 < p_2$ **(b)** $p_1 = p_2$ **(c)** $p_1 > p_2$ **(d)** $K_1 < K_2$ **(e)** $K_1 = K_2$ **(f)** $K_1 > K_2$ **(ii)** Quando uma força é aplicada ao corpo 1, ele acelera por um intervalo de tempo, Δt. A força é removida dele e aplicada ao corpo 2. A partir da mesma lista de opções, quais afirmações são verdadeiras depois que o corpo 2 acelerou pelo mesmo intervalo de tempo, Δt?

***Teste Rápido* 9.4** Classifique o painel, o cinto de segurança e o *air bag* de um automóvel, cada um deles utilizado em colisões separadas a partir da mesma velocidade em função **(a)** do impulso e **(b)** da força média que cada um deles exerce sobre um passageiro no banco da frente durante uma colisão, do maior para o menor.

Modelo de Análise — Sistema não isolado (momento)

Imagine que você tenha identificado um sistema a ser analisado e tenha definido um limite do sistema. Se forças externas forem aplicadas no sistema, o sistema é *não isolado*. Nesse caso, a mudança no momento total do sistema é igual ao impulso no sistema, uma declaração conhecida como o **teorema do impulso–momento**:

$$\Delta \vec{\mathbf{p}}_{\text{tot}} = \vec{\mathbf{I}} \qquad (9.13)$$

Exemplos:

- uma bola de beisebol é atingida por um bastão
- um carretel em uma mesa é puxado por uma corda (Exemplo 10.14 no Capítulo 10 deste volume)
- uma molécula de gás atinge a parede do recipiente que contém o gás (Capítulo 7 do Volume 2)
- fótons atingem uma superfície absorvente e exercem pressão na superfície (Capítulo 12 do Volume 3)

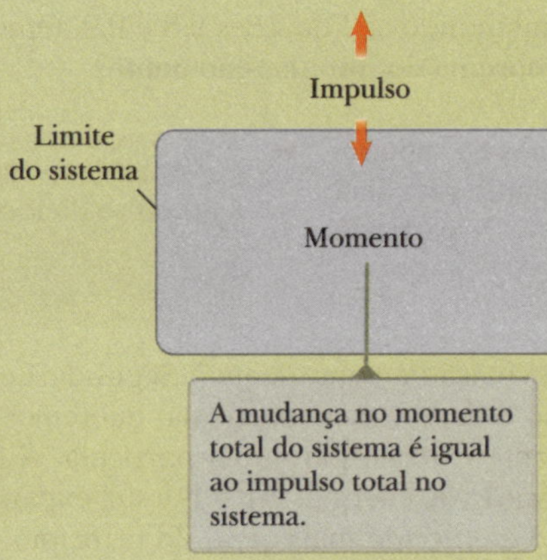
Impulso
Limite do sistema
Momento
A mudança no momento total do sistema é igual ao impulso total no sistema.

Exemplo 9.3 Quanto bons são os para-choques? MA

Em um teste de colisão, um carro de massa 1.500 kg colide com um muro, como mostra a Figura 9.4. As velocidades inicial e final do carro são $\vec{\mathbf{v}}_i = -15{,}0\hat{\mathbf{i}}$ m/s e $\mathbf{v}_i = 2{,}60\hat{\mathbf{i}}$ m/s, respectivamente. Se a colisão dura 0,150 s, encontre o impulso causado pela colisão e a força resultante média exercida sobre o carro.

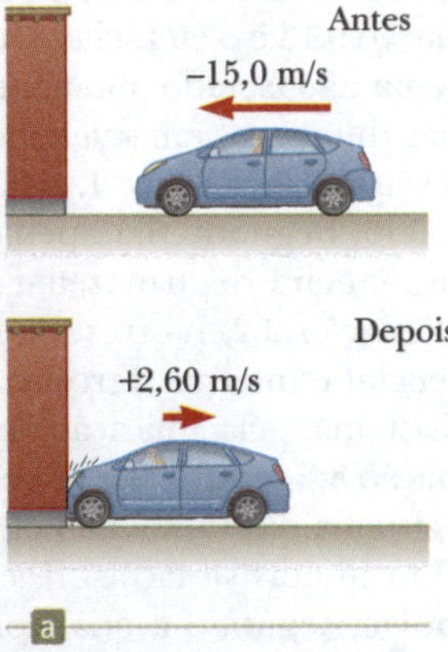
Antes
−15,0 m/s
Depois
+2,60 m/s
a

Figura 9.4 (Exemplo 9.3) (a) O momento desse carro muda por causa do choque contra o muro.

SOLUÇÃO

Conceitualização O tempo de colisão é curto, por isso podemos imaginar o carro sendo trazido ao repouso muito rapidamente e, em seguida, movendo-se na direção oposta com uma velocidade escalar reduzida.

Categorização Consideremos que a força resultante exercida sobre o carro pelo muro e o atrito do chão é grande se comparada com outras forças que agem sobre o carro, tal como a resistência do ar. Além disso, as forças gravitacional e normal exercidas pela estrada sobre o carro são perpendiculares ao movimento e, por isso, não afetam o momento horizontal. Portanto, categorizamos o problema como um em que podemos aplicar a aproximação do impulso na direção horizontal. Também vemos que o momento do carro muda em decorrência de um impulso do ambiente. Portanto, podemos aplicar o modelo de *sistema não isolado* (*momento*).

9.3 *cont.*

Análise

Use a Equação 9.13 para encontrar o impulso sobre o carro:

$$\vec{\mathbf{I}} = \Delta\vec{\mathbf{p}} = \vec{\mathbf{p}}_f - \vec{\mathbf{p}}_i = m\vec{\mathbf{v}}_f - m\vec{\mathbf{v}}_i = m(\vec{\mathbf{v}}_f - \vec{\mathbf{v}}_i)$$
$$= (1.500 \text{ kg})[2{,}60\,\hat{\mathbf{i}} \text{ m/s} - (-15{,}0\,\hat{\mathbf{i}} \text{ m/s})] = 2{,}64 \times 10^4\,\hat{\mathbf{i}} \text{ kg} \cdot \text{m/s}$$

Use a Equação 9.11 para obter a força resultante média exercida sobre o carro:

$$\left(\sum \vec{\mathbf{F}}\right)_{\text{med}} = \frac{\vec{\mathbf{I}}}{\Delta t} = \frac{2{,}64 \times 10^4\,\hat{\mathbf{i}} \text{ kg} \cdot \text{m/s}}{0{,}150 \text{ s}} = \boxed{1{,}76 \times 10^5\,\hat{\mathbf{i}} \text{ N}}$$

Finalização A força resultante encontrada é uma combinação da força normal do muro sobre o carro e qualquer força de atrito entre os pneus e o chão quando a dianteira do carro é amassada. Se os freios não estiverem funcionando enquanto a colisão ocorre e o metal amassando não interferir na rotação livre dos pneus, essa força de atrito poderia ser relativamente pequena devido ao giro livre das rodas. Observe que os sinais das velocidades neste exemplo indicam o inverso das direções. O que os matemáticos descreveriam se ambas as velocidades, inicial e final, tivessem o mesmo sinal?

E SE? E se o carro não retornasse depois de bater no muro? Suponha que a velocidade final do carro seja zero e que o intervalo de tempo da colisão permaneça 0,150 s. Isto representaria uma força resultante maior ou menor sobre o carro?

Resposta Na situação original em que o carro recua, a força resultante sobre o carro faz duas coisas durante o intervalo de tempo: (1) ela para o carro, e (2) faz o carro se afastar do muro a 2,60 m/s após a colisão. Se o carro não recua, a força resultante está apenas fazendo a primeira destas etapas – parar o carro –, o que requer uma força *menor*.

Matematicamente, no caso em que o carro não recua, o impulso é

$$\vec{\mathbf{I}} = \Delta\vec{\mathbf{p}} = \vec{\mathbf{p}}_f - \vec{\mathbf{p}}_i = 0 - (1.500 \text{ kg})(-15{,}0\hat{\mathbf{i}} \text{ m/s}) = 2{,}25 \times 10^4\,\hat{\mathbf{i}} \text{ kg} \cdot \text{m/s}$$

A força resultante média exercida sobre o carro é

$$\left(\sum \vec{\mathbf{F}}\right)_{\text{med}} = \frac{\vec{\mathbf{I}}}{\Delta t} = \frac{2{,}25 \times 10^4\,\hat{\mathbf{i}} \text{ kg} \cdot \text{m/s}}{0{,}150 \text{ s}} = 1{,}50 \times 10^5\,\hat{\mathbf{i}} \text{ N}$$

que é, aliás, menor que o valor previamente calculado, como foi discutido conceitualmente.

9.4 Colisões em uma dimensão

Nesta seção, utilizaremos o modelo do sistema isolado (momento) para descrever o que acontece quando duas partículas colidem. O termo **colisão** representa um evento durante o qual duas partículas se aproximam uma da outra e interagem por meio de forças. As forças de interação são consideradas muito maiores que quaisquer outras externas presentes; portanto, podemos utilizar a aproximação do impulso.

Uma colisão pode envolver contato físico entre dois corpos macroscópicos, como descrito na Figura 9.5a, mas a noção do que se entende por uma colisão deve ser generalizada, porque "contato físico" em uma escala submicroscópica é mal definido e, portanto, sem sentido. Para entender este conceito, considere uma colisão em uma escala atômica (Fig. 9.5b), tal como a de um próton com uma partícula alfa (o núcleo de um átomo de hélio). Como as partículas são ambas carregadas positivamente, elas se repelem devido à forte força eletrostática entre elas quando próximas, e nunca entram em "contato físico".

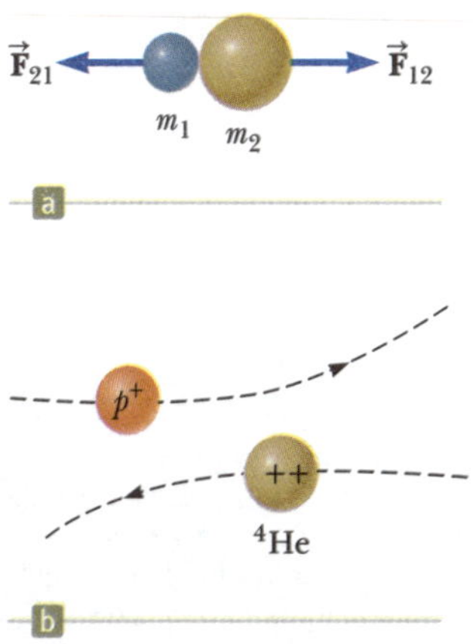

Figura 9.5 (a) A colisão entre dois corpos como resultado de contato direto. (b) A "colisão" entre duas partículas carregadas.

Quando duas partículas de massas m_1 e m_2 colidem, como mostra a Figura 9.5, as forças impulsivas podem variar com o tempo de maneiras complicadas, como a mostrada na Figura 9.3. Independentemente da complexidade do comportamento da força impulsiva com o tempo, entretanto, essa força é interna ao sistema de duas partículas. Portanto, as duas partículas formam um sistema isolado, e o momento do sistema deve ser conservado em *qualquer* colisão.

Em contraste, a energia cinética total do sistema de partículas pode ou não ser conservada, dependendo do tipo de colisão. Na verdade, as colisões são classificadas como *elásticas* ou *inelásticas*, dependendo se a energia cinética é ou não conservada.

Uma **colisão elástica** entre dois corpos é aquela na qual a energia cinética total (e o momento total) do sistema é a mesma antes e depois da colisão. Colisões entre certos corpos no mundo macroscópico, tal como bolas de bilhar, são apenas *aproximadamente* elásticas, pois acontece alguma deformação e perda de energia ciné-

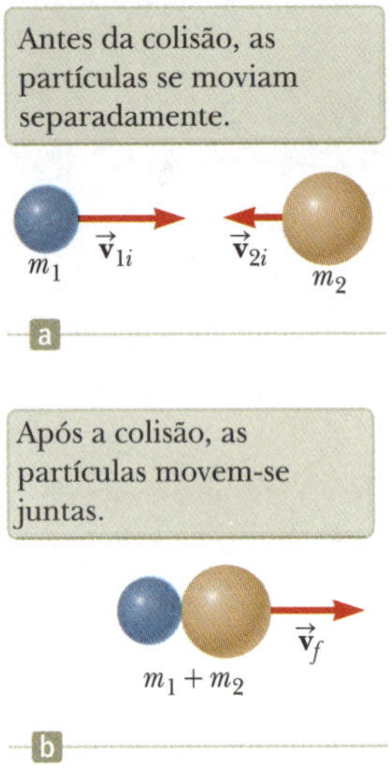
Antes da colisão, as partículas se moviam separadamente.
$\vec{v}_{1i}$
$\vec{v}_{2i}$
m_1
m_2
a
Após a colisão, as partículas movem-se juntas.
$\vec{v}_f$
$m_1 + m_2$
b

Figura 9.6 Representação esquemática de uma colisão frontal perfeitamente inelástica entre duas partículas.

tica. Por exemplo, você pode ouvir a colisão das bolas de bilhar; portanto, sabe que uma parte da energia está sendo transferida para fora do sistema pelo som. Uma colisão deste tipo deve ser perfeitamente silenciosa! Colisões *verdadeiramente* elásticas ocorrem entre partículas atômicas e subatômicas, e são descritas pelo modelo de sistema isolado para ambos, energia e momento. Além disso, não deve haver nenhuma transformação de energia cinética em outros tipos de energia no sistema.

Prevenção de Armadilhas 9.2

Colisões inelásticas

Geralmente, as colisões inelásticas são difíceis de analisar sem informações adicionais. A falta dessas informações aparece na representação matemática como tendo mais incógnitas do que equações. Antes da colisão, as partículas se movem separadamente.

Uma **colisão inelástica** é aquela em que a energia cinética total do sistema não é a mesma antes e depois do evento (mesmo que o momento do sistema seja conservado). As colisões inelásticas são de dois tipos. Quando dois corpos ficam juntos depois da colisão, como acontece quando um meteorito se choca com a Terra, a colisão é chamada **perfeitamente inelástica**. Quando os corpos que se chocam não ficam juntos, mas parte da energia cinética é transformada ou transferida para fora, como no caso de uma bola de borracha colidindo com uma superfície dura, a colisão é chamada **inelástica** (sem advérbio modificando). Quando a bola de borracha colide com a superfície dura, parte da energia cinética da bola se transforma quando ela é deformada enquanto está em contato com a superfície. Colisões inelásticas são descritas pela versão de momento do modelo de sistema isolado. O sistema poderia ser isolado para energia, com energia cinética transformada em energia potencial ou interna. Se o sistema é não isolado, poderia haver energia saindo do sistema por algum meio. Neste último caso, também poderia haver alguma transformação de energia no sistema. Em qualquer desses casos, a energia cinética do sistema muda.

No restante desta seção, investigaremos os detalhes matemáticos para colisões em uma dimensão e consideraremos os dois casos extremos, colisões perfeitamente inelásticas e colisões elásticas.

Colisões perfeitamente inelásticas

Considere duas partículas de massas m_1 e m_2 movendo-se com velocidades iniciais $\vec{\mathbf{v}}_{1i}$ e $\vec{\mathbf{v}}_{2i}$ ao longo da mesma linha reta, como mostra a Figura 9.6. As duas partículas colidem de frente, ficam juntas e depois se movem com uma velocidade aproximadamente comum $\vec{\mathbf{v}}_f$ após a colisão. Como o momento de um sistema isolado é conservado em *qualquer* colisão, podemos dizer que o momento total antes da colisão é igual ao momento total do sistema composto após a colisão:

$$\Delta\vec{\mathbf{p}} = 0 \rightarrow \vec{\mathbf{p}}_i = \vec{\mathbf{p}}_f \quad \rightarrow \quad m_1\vec{\mathbf{v}}_{1i} + m_2\vec{\mathbf{v}}_{2i} = (m_1 + m_2)\,\vec{\mathbf{v}}_f \tag{9.14}$$

Resolvendo para a velocidade final temos

$$\vec{\mathbf{v}}_f = \frac{m_1\vec{\mathbf{v}}_{1i} + m_2\vec{\mathbf{v}}_{2i}}{m_1 + m_2} \tag{9.15}$$

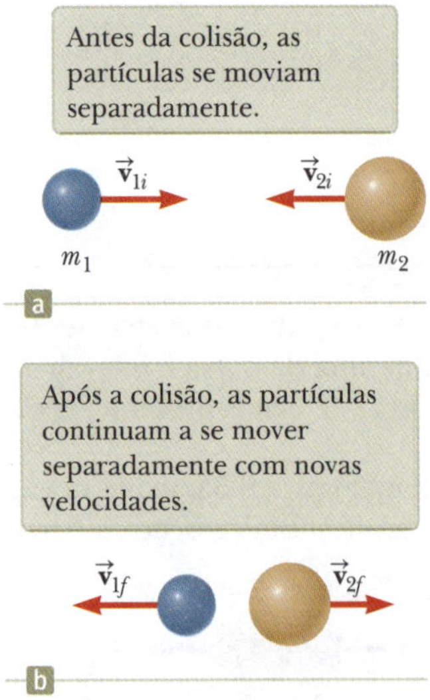
Antes da colisão, as partículas se moviam separadamente.
$\vec{v}_{1i}$
$\vec{v}_{2i}$
m_1
m_2
a
Após a colisão, as partículas continuam a se mover separadamente com novas velocidades.
$\vec{v}_{1f}$
$\vec{v}_{2f}$
b

Figura 9.7 Representação esquemática de uma colisão frontal perfeitamente elástica entre duas partículas.

Colisões elásticas

Considere duas partículas de massas m_1 e m_2 movendo-se com velocidades iniciais $\vec{\mathbf{v}}_{1i}$ e $\vec{\mathbf{v}}_{2i}$ ao longo da mesma linha reta, como mostra a Figura 9.7. As duas partículas colidem frontalmente e depois deixam o local da colisão com velocidades diferentes, $\vec{\mathbf{v}}_{1f}$ e $\vec{\mathbf{v}}_{2f}$. Em uma colisão elástica, ambos, a energia cinética e o momento do sistema, são conservados. Portanto, considerando velocidades ao longo da direção horizontal na Figura 9.7, temos

$$p_i = p_f \quad \rightarrow \quad m_1 v_{1i} + m_2 v_{2i} = m_1 v_{1f} + m_2 v_{2f} \tag{9.16}$$

$$K_i = K_f \quad \rightarrow \quad \tfrac{1}{2}m_1 v_{1i}^{\,2} + \tfrac{1}{2}m_2 v_{2i}^{\,2} = \tfrac{1}{2}m_1 v_{1f}^{\,2} + \tfrac{1}{2}m_2 v_{2f}^{\,2} \tag{9.17}$$

Prevenção de Armadilhas 9.3

Não é uma equação geral

A Equação 9.20 só pode ser utilizada em uma situação muito *específica*, uma colisão elástica unidimensional entre dois corpos. O conceito *geral* é conservação do momento (e conservação da energia cinética se a colisão for elástica) para um sistema isolado.

Como todas as velocidades na Figura 9.7 são ou para a esquerda ou para a direita, elas podem ser representadas pelas velocidades escalares correspondentes com sinais algébricos indicando os sentidos. Indicaremos v como positiva se a partícula se mover para a direita, e negativa se for para a esquerda.

Em um problema típico envolvendo colisões elásticas, há duas quantidades desconhecidas, e as Equações 9.16 e 9.17 podem ser resolvidas simultaneamente para encontrá-las. Uma abordagem alternativa, entretanto, que envolve uma pequena manipulação matemática da Equação 9.17, frequentemente simplifica este processo. Para ver como, vamos cancelar o fator $\frac{1}{2}$ na Equação 9.17 e reescrevê-la reunindo termos com subíndice 1 à esquerda e 2 à direita:

$$m_1(v_{1i}^2 - v_{1f}^2) = m_2(v_{2f}^2 - v_{2i}^2)$$

Fatorando ambos os lados desta equação, temos

$$m_1(v_{1i} - v_{1f})(v_{1i} + v_{1f}) = m_2(v_{2f} - v_{2i})(v_{2f} + v_{2i}) \quad (9.18)$$

Em seguida, vamos separar os termos contendo m_1 e m_2 na Equação 9.16 de maneira similar para obter

$$m_1(v_{1i} - v_{1f}) = m_2(v_{2f} - v_{2i}) \quad (9.19)$$

Para obter nosso resultado final, dividimos a Equação 9.18 pela 9.19 e obtemos

$$v_{1i} + v_{1f} = v_{2f} + v_{2i}$$

Agora, rearranjamos termos mais uma vez, de modo a ter quantidades iniciais à esquerda e quantidades finais à direita:

$$v_{1i} - v_{2i} = -(v_{1f} - v_{2f}) \quad (9.20)$$

Esta equação, em conjunto com a 9.16, pode ser utilizada para resolver problemas que tratam de colisões elásticas. Este par de equações (9.16 e 9.20) é mais fácil de manipular que o par 9.16 e 9.17, pois não há termos quadráticos como na Equação 9.17. De acordo com a Equação 9.20, a velocidade *relativa* das duas partículas antes da colisão, $v_{1i} - v_{2i}$, é igual ao negativo da sua velocidade relativa depois da colisão, $-(v_{1f} - v_{2f})$.

Suponha que as massas e as velocidades iniciais de ambas as partículas sejam conhecidas. As Equações 9.16 e 9.20 podem ser resolvidas para encontrar as velocidades finais, pois existem duas equações e duas incógnitas:

$$v_{1f} = \left(\frac{m_1 - m_2}{m_1 + m_2}\right)v_{1i} + \left(\frac{2m_2}{m_1 + m_2}\right)v_{2i} \quad (9.21)$$

$$v_{2f} = \left(\frac{2m_1}{m_1 + m_2}\right)v_{1i} + \left(\frac{m_2 - m_1}{m_1 + m_2}\right)v_{2i} \quad (9.22)$$

É importante usar os sinais apropriados para v_{1i} e v_{2i} nestas equações.

Consideremos alguns casos especiais. Se $m_1 = m_2$, as Equações 9.21 e 9.22 mostram que $v_{1f} = v_{2i}$ e $v_{2f} = v_{1i}$, o que significa que as partículas trocam velocidades se elas tiverem massas iguais. Isto é aproximadamente o que se observa nas colisões frontais de bolas de bilhar: a bola branca para e a golpeada se afasta do lugar da colisão com a mesma velocidade que tinha a primeira.

Se a partícula 2 estiver inicialmente em repouso, então $v_{2i} = 0$, e as Equações 9.21 e 9.22 tornam-se

$$v_{1f} = \left(\frac{m_1 - m_2}{m_1 + m_2}\right)v_{1i} \quad (9.23)$$

◀ Colisão elástica: partícula 2 inicialmente em repouso

$$v_{2f} = \left(\frac{2m_1}{m_1 + m_2}\right)v_{1i} \quad (9.24)$$

Se m_1 for muito maior que m_2 e $v_{2i} = 0$, vemos nas Equações 9.23 e 9.24 que $v_{1f} \approx v_{1i}$ e $v_{2f} \approx 2v_{1i}$. Isto é, quando uma partícula muito pesada colide frontalmente com uma muito leve inicialmente em repouso, a primeira continua seu movimento inalterado depois da colisão, e a segunda ricocheteia com velocidade escalar igual a cerca de duas vezes a velocidade escalar total da partícula pesada. Um exemplo de tal colisão é a de um átomo pesado em movimento, como o urânio, atingindo um átomo leve, como o hidrogênio.

Se m_2 for muito maior que m_1 e a partícula 2 estiver inicialmente em repouso, então $v_{1f} \approx -v_{1i}$ e $v_{2f} \approx 0$. Ou seja, quando uma partícula muito leve colide frontalmente com uma muito pesada que está inicialmente em repouso, a primeira tem sua velocidade invertida e a segunda se mantém aproximadamente em repouso. Por exemplo, imagine o que acontece quando você joga uma bola de tênis de mesa em uma bola de boliche, como mostra o Teste Rápido 9.6 a seguir.

***Teste Rápido* 9.5** Em uma colisão unidimensional perfeitamente inelástica entre dois corpos em movimento, qual condição sozinha é necessária para que a energia cinética final do sistema seja zero após a colisão? **(a)** Os corpos devem ter momentos iniciais com o mesmo módulo, mas direções opostas. **(b)** Os corpos devem ter a mesma massa. **(c)** Os corpos devem ter a mesma velocidade inicial. **(d)** Os corpos devem ter a mesma velocidade inicial com vetores velocidade em direções opostas.

***Teste Rápido* 9.6** Uma bola de tênis de mesa é jogada contra uma bola de boliche parada. A primeira faz uma colisão unidimensional elástica e volta ao longo da mesma linha. Comparada com a bola de boliche após a colisão, a de tênis tem **(a)** maior módulo de momento e mais energia cinética, **(b)** menor módulo de momento e mais energia cinética, **(c)** maior módulo de momento e menos energia cinética, **(d)** menor módulo de momento e menos energia cinética ou **(e)** o mesmo módulo de momento e a mesma energia cinética?

Estratégia para resolução de problemas

COLISÕES UNIDIMENSIONAIS

Você deve usar a seguinte abordagem na resolução de problemas de colisão em uma dimensão:

1. **Conceitualização** Imagine a colisão ocorrendo em sua mente. Desenhe diagramas simples das partículas antes e depois da colisão e inclua os vetores velocidade apropriados. Primeiro, você pode ter que estimar as direções dos vetores velocidade final.

2. **Categorização** O sistema de partículas é isolado? Em caso afirmativo, utilize o modelo do sistema isolado (momento). Além disso, categorize a colisão como elástica, inelástica ou perfeitamente inelástica.

3. **Análise** Estabeleça a representação matemática apropriada para o problema. Se a colisão for perfeitamente inelástica, utilize a Equação 9.15. Se a colisão for elástica, utilize as Equações 9.16 e 9.20. Se for inelástica, use a Equação 9.16. Para encontrar as velocidades finais neste caso, você precisará de informações adicionais.

4. **Finalização** Uma vez que tiver determinado o resultado, verifique se suas respostas são coerentes com as representações mentais e visuais, e se os resultados são razoáveis.

Exemplo 9.4 O aliviador de tensão para executivos MA

Um engenhoso dispositivo que ilustra a conservação do momento e da energia cinética é mostrado na Figura 9.8. Ele consiste em cinco bolas rígidas idênticas sustentadas por cordas de comprimentos iguais. Quando a bola 1 é puxada e solta, após a colisão quase elástica entre ela e a bola 2, ela para e a bola 5 se movem, como mostrado na Figura 9.8b. Se as bolas 1 e 2 são puxadas e depois soltas, elas param após a colisão, e as 4 e 5 se deslocam, e assim por diante. É possível que, depois de a bola 1 ser solta, ela pare após a colisão e as bolas 4 e 5 se desloquem na direção oposta com metade da velocidade escalar da bola 1, como mostra a Figura 9.8c?

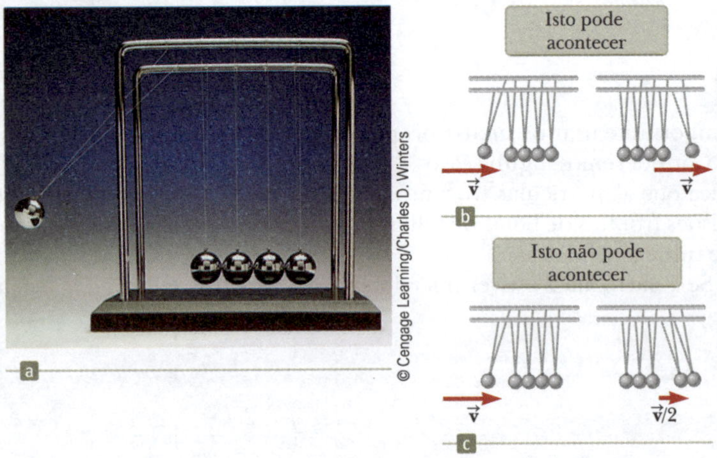

Figura 9.8 (Exemplo 9.4) (a) Um aliviador de tensão para executivos. (b) Se uma bola balança, vemos outra se deslocar na outra extremidade. (c) É possível uma bola balançar e duas deixarem a outra extremidade com metade da velocidade escalar da primeira? Em (b) e (c), os vetores velocidade mostrados representam os das bolas imediatamente antes e imediatamente depois da colisão.

SOLUÇÃO

Conceitualização Com a ajuda da Figura 9.8c, imagine uma bola vindo da esquerda e duas saindo da colisão à direita. Este é o fenômeno que queremos testar para ver se ele poderia acontecer.

Categorização Por causa do intervalo de tempo muito curto entre a chegada da bola da esquerda e a partida da(s) bola(s) da direita, podemos utilizar a aproximação do impulso para ignorar as forças gravitacionais sobre as bolas e modelar as cinco bolas como um sistema isolado em função do momento e da energia. Como as bolas são rígidas, podemos categorizar as colisões entre elas como elásticas para fins de cálculo.

Análise Vamos considerar a situação mostrada na Figura 9.8c. O momento do sistema antes da colisão é mv, onde m é a massa da bola 1 e v é sua velocidade escalar imediatamente antes da colisão. Após a colisão, imaginamos que a bola 1 para e as 4 e 5 se deslocam, cada uma movendo-se com velocidade escalar $v/2$. O momento total do sistema após a colisão seria $m(v/2) + m(v/2) = mv$. Portanto, o momento do sistema é conservado na situação mostrada na Figura 9.8c!

A energia cinética do sistema imediatamente antes da colisão é $K_i = \frac{1}{2}mv^2$, e depois da colisão, $K_f = \frac{1}{2}m(v/2)^2 + \frac{1}{2}m(v/2)^2 = \frac{1}{4}mv^2$. Isto mostra que a energia cinética do sistema *não é* conservada, o que é incoerente com nossa suposição de que as colisões são elásticas.

Finalização Nossa análise mostra que *não é* possível as bolas 4 e 5 se deslocarem quando apenas a bola 1 é solta. A única maneira de conservar tanto o momento quanto a energia cinética do sistema é que uma bola se mova quando uma é solta, duas se movam quando duas são soltas, e assim por diante.

9.4 *cont.*

E SE? Considere o que aconteceria se as bolas 4 e 5 estivessem coladas. O que aconteceria quando a bola 1 fosse puxada e depois solta?

Resposta Nesta situação, as bolas 4 e 5 *devem* se mover juntas como um corpo único após a colisão. Argumentamos que tanto o momento quanto a energia do sistema não podiam ser conservados neste caso. Supusemos, entretanto, que a bola 1 parasse depois de bater na 2. E se não fizéssemos esta suposição? Considere as equações de conservação com a suposição de que a bola 1 se mova após a colisão. Para a conservação do momento,

$$p_i = p_f$$

$$mv_{1i} = mv_{1f} + 2mv_{4,5}$$

onde $v_{4,5}$ se refere à velocidade escalar final do conjunto bolas 4-5. A conservação da energia cinética nos fornece

$$K_i = K_f$$

$$\tfrac{1}{2}mv_{1i}^2 = \tfrac{1}{2}mv_{1f}^2 + \tfrac{1}{2}(2m)v_{4,5}^2$$

Combinando estas equações, temos

$$v_{4,5} = \tfrac{2}{3}v_{1i} \qquad v_{1f} = -\tfrac{1}{3}v_{1i}$$

Portanto, as bolas 4 e 5 se movem juntas como um corpo único após a colisão, e a bola 1 volta da colisão com um terço da sua velocidade escalar original.

Exemplo 9.5 Faça seguro contra colisão! MA

Um carro de 1.800 kg parado em um semáforo é atingido na parte de trás por outro de 900 kg. Os dois ficam presos, movendo-se ao longo do mesmo caminho que o carro que se movia inicialmente. Se o carro menor estivesse se movendo a 20,0 m/s antes da colisão, qual é a velocidade dos carros emaranhados após a colisão?

SOLUÇÃO

Conceitualização Este tipo de colisão é facilmente visualizado, e pode-se prever que após o acidente ambos os carros estarão movendo-se na mesma direção que a do que se movia inicialmente. Como este tem a metade da massa do carro parado, esperamos que a velocidade final dos carros seja relativamente pequena.

Categorização Identificamos os dois carros como *sistema isolado* em termos de *momento* na direção horizontal, e aplicamos a aproximação do impulso durante o curto intervalo de tempo da colisão. A frase "ficaram presos" nos diz para categorizar a colisão como perfeitamente inelástica.

Análise O módulo do momento total do sistema antes da colisão é igual ao do carro menor, porque o maior está inicialmente em repouso.

Use o modelo do sistema isolado para o momento: $\Delta\vec{\mathbf{p}} = 0 \rightarrow p_i = p_f \rightarrow m_1v_i = (m_1 + m_2)v_f$

Resolva para v_f e substitua os valores numéricos: $v_f = \dfrac{m_1v_i}{m_1 + m_2} = \dfrac{(900\text{ kg})(20{,}0\text{ m/s})}{900\text{ kg} + 1.800\text{ kg}} = \boxed{6{,}67\text{ m/s}}$

Finalização Como a velocidade final é positiva, a direção da velocidade final do conjunto é a mesma da do carro que se movia inicialmente, como previsto. A velocidade escalar do conjunto também é muito menor que a inicial do carro em movimento.

E SE? Suponha que invertamos as massas dos carros. E se um carro de 900 kg em repouso for atingido por outro em movimento de 1.800 kg? A velocidade escalar final é a mesma que antes?

Resposta Intuitivamente, podemos estimar que a velocidade escalar final seja maior que 6,67 m/s se o carro inicialmente em movimento for o de maior massa. Matematicamente, este deve ser o caso, pois o sistema tem momento maior se o carro inicialmente em movimento for o de maior massa. Resolvendo para a velocidade final, encontramos

$$v_f = \frac{m_1v_i}{m_1 + m_2} = \frac{(1.800\text{ kg})(20{,}0\text{ m/s})}{1.800\text{ kg} + 900\text{ kg}} = 13{,}3\text{ m/s}$$

que é duas vezes maior que a velocidade final anterior.

Exemplo 9.6 O pêndulo balístico MA

Pêndulo balístico (Fig. 9.9) é um instrumento utilizado para medir a velocidade escalar de um projétil em movimento rápido, tal como uma bala. Um projétil de massa m_1 é atirado em um grande bloco de madeira de massa m_2 suspenso por alguns cabos leves. O projétil entra no bloco e o sistema inteiro balança por uma altura h. Como podemos determinar a velocidade escalar do projétil a partir de uma medida de h?

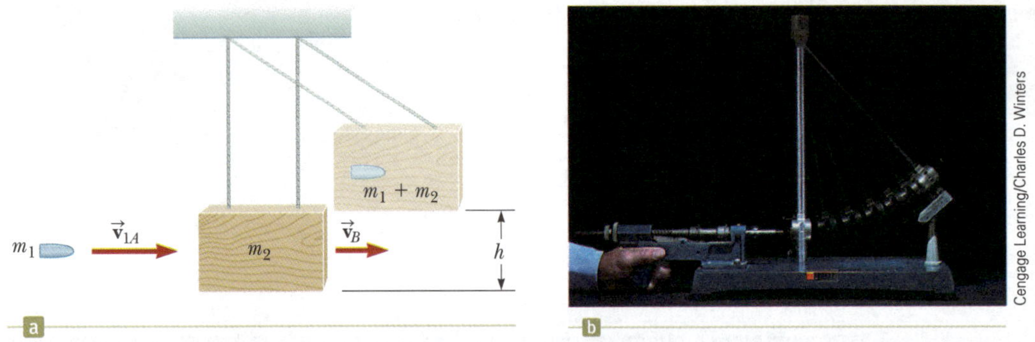

Figura 9.9 (Exemplo 9.6) (a) Diagrama de um pêndulo balístico. Observe que $\vec{\mathbf{v}}_{1A}$ é a velocidade do projétil imediatamente antes da colisão, e $\vec{\mathbf{v}}_B$ é a velocidade do sistema projétil-bloco imediatamente após a colisão perfeitamente inelástica. (b) Fotografia multiflash de um pêndulo balístico utilizado em laboratório.

SOLUÇÃO

Conceitualização A Figura 9.9a ajuda a conceitualizar a situação. Execute a animação em sua mente: o projétil entra no pêndulo, que balança para cima até certa altura na qual entra momentaneamente em repouso.

Categorização O projétil e o bloco formam um *sistema isolado* em termos de *momento* se identificarmos a configuração A como imediatamente antes da colisão, e a B como imediatamente após. Como o projétil fica embutido no bloco, podemos caracterizar a colisão entre eles como perfeitamente inelástica.

Análise Para analisar a colisão, utilizamos a Equação 9.15, que fornece a velocidade escalar do sistema imediatamente após a colisão quando consideramos a aproximação do impulso.

Observando que $v_{2A} = 0$, resolva a Equação 9.15 para v_B:

$$(1)\quad v_B = \frac{m_1 v_{1A}}{m_1 + m_2}$$

Categorização Para o processo durante o qual o conjunto projétil-bloco balança para cima até uma altura h (terminando em uma configuração que chamaremos de C), enfocamos um sistema *diferente*, o do projétil, do bloco e da Terra. Categorizamos esta parte do problema como a que envolve um *sistema isolado* para *energia* sem forças não conservativas agindo.

Análise Escreva uma expressão para a energia cinética total do sistema imediatamente após a colisão:

$$(2)\quad K_B = \tfrac{1}{2}(m_1 + m_2)v_B^2$$

Substitua o valor de v_B da Equação (1) na (2):

$$K_B = \frac{m_1^2 v_{1A}^2}{2(m_1 + m_2)}$$

A energia cinética do sistema imediatamente após a colisão é *menor* que a inicial do projétil, como é esperado em uma colisão inelástica.

Definimos a energia potencial gravitacional do sistema para a configuração B como zero. Portanto, $U_B = 0$, enquanto $U_C = (m_1 + m_2)gh$.

Aplique o modelo de sistema isolado para o sistema:

$$\Delta K + \Delta U = 0 \rightarrow (K_C - K_B) + (U_C - U_B) = 0$$

Substitua as energias:

$$\left(0 - \frac{m_1^2 v_{1A}^2}{2(m_1 + m_2)}\right) + [(m_1 + m_2)gh - 0] = 0$$

Resolva para v_{1A}:

$$v_{1A} = \left(\frac{m_1 + m_2}{m_1}\right)\sqrt{2gh}$$

Finalização Tivemos de resolver este problema em duas etapas. Cada uma envolveu um sistema e um modelo de análise diferentes: sistema isolado (momento) para a primeira etapa, e sistema isolado (energia) para a segunda. Como assumiu-se que a colisão tenha sido perfeitamente inelástica, alguma energia mecânica foi transformada em energia interna durante o evento. Portanto, seria *incorreto* aplicar o modelo de sistema isolado (energia) ao processo inteiro ao equalizar a energia cinética inicial do projétil entrando com a energia potencial gravitacional final da combinação projétil-bloco-Terra.

Exemplo 9.7 Colisão de dois corpos com uma mola MA

Um bloco de massa $m_1 = 1{,}60$ kg movendo-se inicialmente para a direita com uma velocidade escalar de 4,00 m/s em um trilho horizontal sem atrito colide com uma mola leve presa a um segundo bloco de massa $m_2 = 2{,}10$ kg movendo-se inicialmente para a esquerda com uma velocidade escalar de 2,50 m/s, como mostra a Figura 9.10a. A constante da mola é 600 N/m.

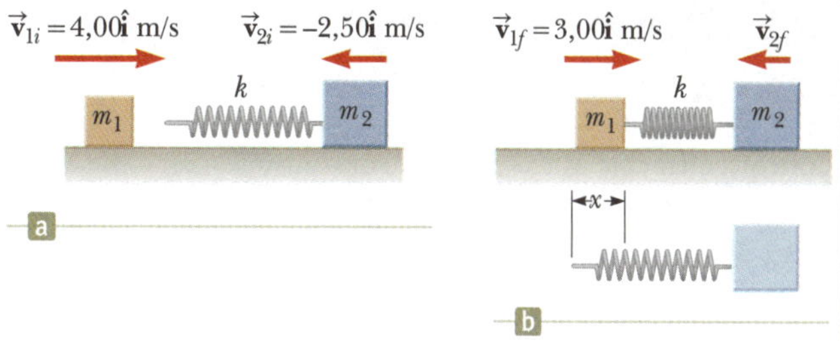

Figura 9.10 (Exemplo 9.7) Um bloco em movimento se aproxima de um segundo também em movimento preso a uma mola.

(A) Encontre as velocidades dos dois blocos após a colisão.

SOLUÇÃO

Conceitualização Com a ajuda da Figura 9.10a, execute uma animação da colisão em sua mente. A Figura 9.10b mostra um instante durante a colisão no qual a mola é comprimida. No final, o bloco 1 e a mola vão se separar novamente; portanto, o sistema se parecerá como o da Figura 9.10a novamente, mas com vetores velocidade diferentes para os dois blocos.

Categorização Como a força elástica é conservativa, a energia cinética no sistema dos dois blocos e a mola não é transformada em energia interna durante a compressão da mola. Ignorando qualquer som produzido quando o bloco bate na mola, podemos categorizar a colisão como elástica, e os dois blocos e a mola como um *sistema isolado* tanto para energia como para *momento*.

Análise Como o momento do sistema é conservado, aplique a Equação 9.16:

$$(1)\quad m_1v_{1i} + m_2v_{2i} = m_1v_{1f} + m_2v_{2f}$$

Como a colisão é elástica, aplique a Equação 9.20:

$$(2)\quad v_{1i} - v_{2i} = -(v_{1f} - v_{2f})$$

Multiplique a Equação (2) por m_1:

$$(3)\quad m_1v_{1i} - m_1v_{2i} = -m_1v_{1f} + m_1v_{2f}$$

Adicione as Equações (1) e (3):

$$2m_1v_{1i} + (m_2 - m_1)v_{2i} = (m_1 + m_2)v_{2f}$$

Resolva para v_{2f}:

$$v_{2f} = \frac{2m_1v_{1i} + (m_2 - m_1)v_{2i}}{m_1 + m_2}$$

Substitua os valores numéricos:

$$v_{2f} = \frac{2(1{,}60\text{ kg})(4{,}00\text{ m/s}) + (2{,}10\text{ kg} - 1{,}60\text{ kg})(-2{,}50\text{ m/s})}{1{,}60\text{ kg} + 2{,}10\text{ kg}} = \boxed{3{,}12\text{ m/s}}$$

Resolva a Equação (2) para v_{1f} e substitua os valores numéricos:

$$v_{1f} = v_{2f} - v_{1i} + v_{2i} = 3{,}12\text{ m/s} - 4{,}00\text{ m/s} + (-2{,}50\text{m/s}) = \boxed{-3{,}38\text{ m/s}}$$

(B) Determine a velocidade do bloco 2 durante a colisão no instante em que o bloco 1 está se movendo para a direita com velocidade +3,00 m/s, como na Figura 9.10b.

SOLUÇÃO

Conceitualização Concentre sua atenção agora na Figura 9.10b, que representa a configuração final do sistema para o intervalo de tempo de interesse.

Categorização Como o momento e a energia mecânica do *sistema isolado* de dois blocos e da mola são conservados *durante* o choque, a colisão pode ser categorizada como elástica para *qualquer* instante de tempo final. Vamos agora escolher como instante final quando o bloco 1 está se movendo com velocidade de +3,00 m/s.

Análise Aplique a Equação 9.16:

$$m_1v_{1i} + m_2v_{2i} = m_1v_{1f} + m_2v_{2f}$$

Resolva para v_{2f}:

$$v_{2f} = \frac{m_1v_{1i} + m_2v_{2i} - m_1v_{1f}}{m_2}$$

Substitua os valores numéricos:

$$v_{2f} = \frac{(1{,}60\text{ kg})(4{,}00\text{ m/s}) + (2{,}10\text{ kg})(-2{,}50\text{ m/s}) - (1{,}60\text{ kg})(3{,}00\text{ m/s})}{2{,}10\text{ kg}}$$

$$= \boxed{-1{,}74\text{ m/s}}$$

Finalização O valor negativo para v_{2f} significa que o bloco 2 ainda está se movendo para a esquerda no instante que estamos considerando.

continua

9.7 cont.

(C) Determine a distância quando a mola é comprimida nesse instante.

SOLUÇÃO

Conceitualização Mais uma vez, concentre-se na configuração do sistema mostrada na Figura 9.10b.

Categorização Para o sistema da mola e dos dois blocos, nem atrito nem outras forças não conservativas agem. Portanto, categorizamos o sistema como um *sistema isolado* em termos de *energia* com nenhuma força não conservativa agindo. O sistema também permanece *isolado* em termos de *momento*.

Análise Escolhemos como a configuração inicial do sistema a que existia imediatamente antes de o bloco 1 bater na mola, e como configuração final quando o bloco 1 está se movendo para a direita a 3,00 m/s.

Escreva a redução apropriada da Equação 8.2: $\Delta K + \Delta U = 0$

Obtenha as energias, reconhecendo que dois corpos no sistema têm energia cinética e que a energia potencial é elástica:

$$[(\tfrac{1}{2}m_1v_{1f}^2 + \tfrac{1}{2}m_2v_{2f}^2) - (\tfrac{1}{2}m_1v_{1i}^2 + \tfrac{1}{2}m_2v_{2i}^2)] + (\tfrac{1}{2}kx^2 - 0) = 0$$

Resolva para x^2:

$$x^2 - \tfrac{1}{k}[m_1(v_{1i}^2 - v_{1f}^2) + m_2(v_{2i}^2 - v_{2f}^2)]$$

Substitua valores numéricos:

$$x^2 = \left(\frac{1}{600\text{ N/m}}\right)\{(1{,}60\text{ kg})[(4{,}00\text{ m/s})^2 - (3{,}00\text{ m/s})^2 + (2{,}10\text{ kg})[(2{,}50\text{ m/s})^2 - (1{,}74\text{ m/s})^2]\}$$

$$\rightarrow x = \boxed{0{,}173\text{ m}}$$

Finalização Esta resposta não é a compressão máxima da mola, pois os dois blocos ainda estão se movendo um em direção ao outro no instante mostrado na Figura 9.10b. Você pode determinar a compressão máxima da mola?

9.5 Colisões em duas dimensões

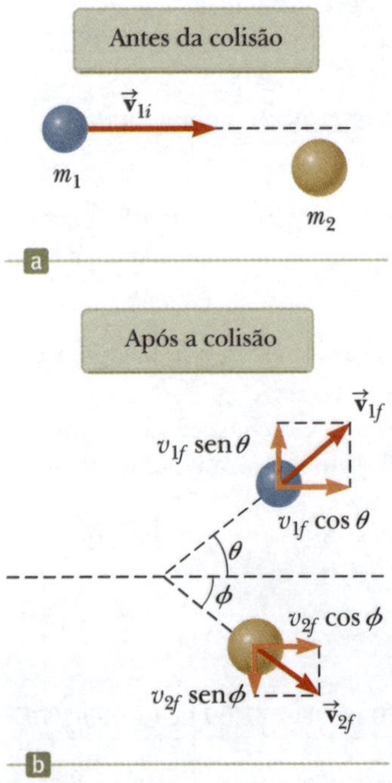

Figura 9.11 Uma colisão oblíqua elástica entre duas partículas.

Na Seção 9.2, mostramos que o momento de um sistema de duas partículas é conservado quando o sistema é isolado. Para qualquer colisão de duas partículas, este resultado implica que o momento em cada uma das direções *x*, *y* e *z* é conservado. Um importante subconjunto de colisões ocorre em um plano. O jogo de bilhar é um exemplo familiar, porque envolve colisões múltiplas de corpos movendo-se em uma superfície bidimensional. Para tais colisões bidimensionais, obtemos duas equações de componentes para a conservação do momento:

$$m_1v_{1ix} + m_2v_{2ix} = m_1v_{1fx} + m_2v_{2fx}$$

$$m_1v_{1iy} + m_2v_{2iy} = m_1v_{1fy} + m_2v_{2fy}$$

onde os três subscritos nas componentes da velocidade nessas equações representam, respectivamente, a identificação do corpo (1, 2), valores inicial e final (*i*, *f*), e as componentes da velocidade (*x*, *y*).

Vamos considerar um problema bidimensional específico no qual a partícula 1 de massa m_1 colide com a partícula 2 de massa m_2 inicialmente em repouso, como na Figura 9.11. Após a colisão (Fig. 9.11b), a partícula 1 move-se a um ângulo θ em relação à horizontal, e a partícula 2, a um ângulo ϕ em relação à horizontal. Este caso é chamado colisão *oblíqua*. Aplicando a lei da conservação do momento na forma de componente, e observando que a componente *y* inicial do momento do sistema de duas partículas é zero, temos

$$\Delta p_x = 0 \rightarrow p_{ix} = p_{fx} \rightarrow m_1v_{1i} = m_1v_{1f}\cos\theta + m_2v_{2f}\cos\phi \quad \textbf{(9.25)}$$

$$\Delta p_y = 0 \rightarrow p_{iy} = p_{fy} \rightarrow \quad 0 = m_1v_{1f}\,\text{sen}\,\theta - m_2v_{2f}\,\text{sen}\,\phi \quad \textbf{(9.26)}$$

onde o sinal negativo na Equação 9.26 é incluído porque, após a colisão, a partícula 2 tem uma componente *y* da velocidade para baixo. Os símbolos *v* nessas equações em particular são velocidades escalares, não componentes de velocidade. A direção do vetor componente é indicada explicitamente com os sinais de mais ou menos. Temos agora duas equações independentes. Desde que não mais que duas das sete quantidades nas Equações 9.25 e 9.26 sejam incógnitas, podemos resolver o problema.

Se a colisão for elástica, podemos utilizar também a Equação 9.17 (conservação da energia cinética) com $v_{2i} = 0$:

$$K_i = K_f \rightarrow \tfrac{1}{2}m_1 {v_{1i}}^2 = \tfrac{1}{2}m_1 {v_{1f}}^2 + \tfrac{1}{2}m_2 {v_{2f}}^2 \qquad (9.27)$$

Conhecendo a velocidade escalar inicial da partícula 1 e ambas as massas, ficamos com quatro incógnitas (v_{1f}, v_{2f}, θ e ϕ). Como temos apenas três equações, uma das quatro quantidades restantes deve ser fornecida para determinar o movimento após a colisão elástica a partir apenas dos princípios de conservação.

Se a colisão for inelástica, a energia cinética *não é* conservada, e a Equação 9.27 *não* se aplica.

Prevenção de Armadilhas 9.4

Não utilize a Equação 9.20
A Equação 9.20, que relaciona as velocidades relativas inicial e final de dois corpos que colidem, só é válida para colisões elásticas unidimensionais. Não a utilize ao analisar colisões bidimensionais.

Estratégia para resolução de problemas

COLISÕES BIDIMENSIONAIS

O seguinte procedimento é recomendado ao lidar com problemas que envolvem colisões entre duas partículas em duas dimensões.

1. Conceitualização Imagine as colisões ocorrendo e as direções aproximadas nas quais as partículas vão se mover após a colisão. Estabeleça um sistema de coordenadas e defina suas velocidades em termos deste sistema. É conveniente fazer o eixo x coincidir com uma das velocidades iniciais. Esboce o sistema de coordenadas, desenhe e identifique todos os vetores velocidade e inclua todas as informações fornecidas.

2. Categorização O sistema de partículas é realmente isolado? Em caso afirmativo, categorize a colisão como elástica, inelástica ou perfeitamente inelástica.

3. Análise Escreva expressões para as componentes x e y do momento de cada corpo antes e depois da colisão. Lembre-se de incluir os sinais adequados para as componentes dos vetores velocidade e preste atenção aos sinais ao longo do cálculo.

Aplique o modelo do sistema isolado para o momento $\Delta\vec{\mathbf{p}} = 0$. Ao ser aplicada em cada direção, esta equação geralmente reduzirá para $p_{ix} = p_{fx}$ e $p_{iy} = p_{fy}$, onde cada um desses termos se refere à soma dos momentos de todos os objetos no sistema. Escreva expressões para o momento *total* na direção x *antes* e *depois* da colisão e equacione as duas. Repita este procedimento para o momento total na direção y.

Continue a resolver as equações de momento para as quantidades desconhecidas. Se a colisão é inelástica, a energia cinética *não é* conservada, e informações adicionais provavelmente serão necessárias. Se a colisão é perfeitamente inelástica, as velocidades finais dos dois corpos são iguais.

Se a colisão é elástica, a energia cinética é conservada, e você pode igualar a energia cinética total do sistema antes da colisão com a após a colisão, fornecendo uma relação adicional entre os módulos da velocidade.

4. Finalização Uma vez que tiver determinado o resultado, verifique se suas respostas são coerentes com as representações mentais e visuais, e se os resultados são razoáveis.

Exemplo 9.8 Colisão em um cruzamento MA

Um carro de 1.500 kg viajando para o leste com velocidade escalar de 25,0 m/s colide em um cruzamento com um caminhão de 2.500 kg deslocando-se para o norte com uma velocidade escalar de 20,0 m/s, como mostrado na Figura 9.12. Encontre a direção e o módulo da velocidade dos destroços após a colisão, considerando que os veículos ficaram unidos depois da batida.

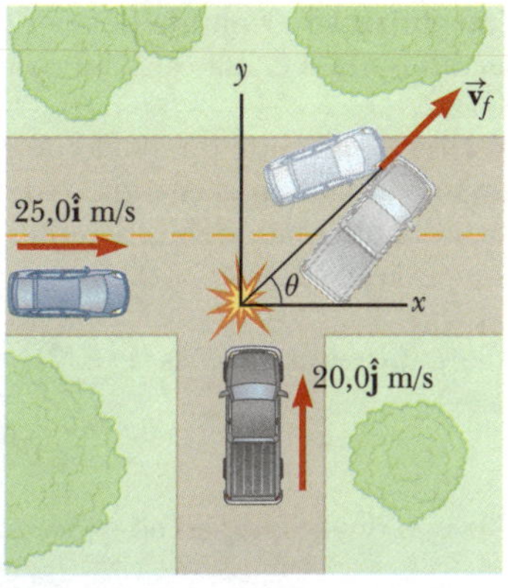

Figura 9.12 (Exemplo 9.8) Um carro rumo ao leste colidindo com um caminhão rumo ao norte.

SOLUÇÃO

Conceitualização A Figura 9.12 deve ajudar a conceitualizar a situação antes e depois da colisão. Vamos escolher o leste como a direção x positiva, e o norte como y positiva.

Categorização Como consideramos momentos imediatamente antes e imediatamente após a colisão ao definir nosso intervalo de tempo, ignoramos o efeito pequeno que o atrito teria sobre as rodas dos veículos e consideramos em um *sistema isolado* em relação a *momento*. Também ignoramos os tamanhos dos veículos e os consideramos partículas. A colisão é perfeitamente inelástica, pois o carro e o caminhão ficam unidos após a colisão.

continua

9.8 *cont.*

Análise Antes da colisão, o único corpo que tem momento na direção x é o carro. Portanto, o módulo do momento inicial total do sistema (carro mais caminhão) na direção x é apenas o módulo do momento do carro. Similarmente, o momento total do sistema na direção y é o do caminhão. Após a colisão, vamos considerar que os destroços se movem a um ângulo θ em relação ao eixo x com velocidade escalar v_f.

Aplique o modelo de sistema isolado para o *momento* na direção x:

$$\Delta p_x = 0 \rightarrow \sum p_{xi} = \sum p_{xf} \rightarrow \quad (1)\ m_1 v_{1i} = (m_1 + m_2) v_f \cos\theta$$

Aplique o modelo de sistema isolado para o *momento* na direção y:

$$\Delta p_y = 0 \rightarrow \sum p_{yi} = \sum p_{yf} \rightarrow \quad (2)\ m_2 v_{2i} = (m_1 + m_2) v_f \operatorname{sen}\theta$$

Divida a Equação (2) pela (1):

$$\frac{m_2 v_{2i}}{m_1 v_{1i}} = \frac{\operatorname{sen}\theta}{\cos\theta} = \operatorname{tg}\theta$$

Resolva para θ e substitua os valores numéricos:

$$\theta = \operatorname{tg}^{-1}\left(\frac{m_2 v_{2i}}{m_1 v_{1i}}\right) = \operatorname{tg}^{-1}\left[\frac{(2.500\text{ kg})(20{,}0\text{ m/s})}{(1.500\text{ kg})(25{,}0\text{ m/s})}\right] = \boxed{53{,}1^\circ}$$

Use a Equação (2) para encontrar o valor de v_f e substitua os valores numéricos:

$$v_f = \frac{m_2 v_{2i}}{(m_1 + m_2)\operatorname{sen}\theta} = \frac{(2.500\text{ kg})(20{,}0\text{ m/s})}{(1.500\text{ kg} + 2.500\text{ kg})\operatorname{sen} 53{,}1^\circ} = \boxed{15{,}6\text{ m/s}}$$

Finalização Observe que o ângulo θ está qualitativamente de acordo com a Figura 9.12. Observe também que a velocidade escalar final do conjunto é menor que as velocidades escalares iniciais dos dois carros. Este resultado é coerente com a energia cinética do sistema sendo reduzida por uma colisão inelástica. Pode ajudar se você desenhar os vetores momento de cada veículo antes da colisão e os vetores unidos após a colisão.

Exemplo 9.9 Colisão próton-próton MA

Um próton colide elasticamente com outro que está inicialmente em repouso. O próton chegando com velocidade escalar inicial de 3,50 x 10^5 m/s tem uma colisão oblíqua com o segundo, como na Figura 9.11. A uma curta distância de separação, os prótons exercem uma força eletrostática de repulsão uns sobre os outros. Após a colisão, um próton sai a um ângulo de 37,0° em relação à direção original de movimento, e o segundo desvia a um ângulo ϕ em relação ao mesmo eixo. Encontre as velocidades escalares finais dos dois prótons e o ângulo ϕ.

SOLUÇÃO

Conceitualização Essa colisão é como a mostrada na Figura 9.11, que ajudará a conceitualizar o comportamento do sistema. Definimos o eixo x ao longo da direção do vetor velocidade do próton inicialmente em movimento.

Categorização O par de prótons forma um *sistema isolado*. Tanto o momento como a energia cinética do sistema são conservados nessa colisão elástica oblíqua.

Análise Utilizando o modelo do sistema isolado para ambos, momento e energia, para uma colisão elástica bidimensional, defina a representação matemática com as Equações 9.25 a 9.27:

$$(1)\quad v_{1i} = v_{1f}\cos\theta + v_{2f}\cos\phi$$

$$(2)\quad 0 = v_{1f}\operatorname{sen}\theta - v_{2f}\operatorname{sen}\phi$$

$$(3)\quad v_{1i}^2 = v_{1f}^2 + v_{2f}^2$$

Reorganize as Equações (1) e (2):

$$v_{2f}\cos\phi = v_{1i} - v_{1f}\cos\theta$$

$$v_{2f}\operatorname{sen}\phi = v_{1f}\operatorname{sen}\theta$$

Eleve as duas equações ao quadrado e adicione-as:

$$v_{2f}^2\cos^2\phi + v_{2f}^2\operatorname{sen}^2\phi = v_{1i}^2 - 2v_{1i}v_{1f}\cos\theta + v_{1f}^2\cos^2\theta + v_{1f}^2\operatorname{sen}^2\theta$$

Lembre-se de que a soma dos quadrados do seno e cosseno para *qualquer* ângulo é igual a 1:

$$(4)\quad v_{2f}^2 = v_{1i}^2 - 2v_{1i}v_{1f}\cos\theta + v_{1f}^2$$

9.9 cont.

Substitua a Equação (4) na (3):

$$v_{1f}^2 + (v_{1i}^2 - 2v_{1i}v_{1f}\cos\theta + v_{1f}^2) = v_{1i}^2$$

$$(5)\quad v_{1f}^2 - v_{1i}v_{1f}\cos\theta = 0$$

Uma possível solução da Equação (5) é $v_{1f} = 0$, que corresponde a uma colisão frontal unidimensional, na qual o primeiro próton para e o segundo continua com a mesma velocidade escalar na mesma direção. Esta não é a solução que queremos.

Divida ambos os lados da Equação (5) por v_{1f} e resolva para o fator restante de v_{1f}:

$$v_{1f} = v_{1i}\cos\theta = (3{,}50 \times 10^5 \text{ m/s})\cos 37{,}0° = \boxed{2{,}80 \times 10^5 \text{ m/s}}$$

Utilize a Equação (3) para encontrar v_{2f}:

$$v_{2f} = \sqrt{v_{1i}^2 - v_{1f}^2} = \sqrt{(3{,}50 \times 10^5 \text{ m/s})^2 - (2{,}80 \times 10^5 \text{ m/s})^2}$$

$$= \boxed{2{,}11 \times 10^5 \text{ m/s}}$$

Utilize a Equação (2) para encontrar ϕ:

$$(2)\quad \phi = \text{sen}^{-1}\left(\frac{v_{1f}\,\text{sen}\,\theta}{v_{2f}}\right) = \text{sen}^{-1}\left[\frac{(2{,}80 \times 10^5 \text{ m/s})\,\text{sen}\,37{,}0°}{(2{,}11 \times 10^5 \text{ m/s})}\right]$$

$$= \boxed{53{,}0°}$$

Finalização É interessante que $\theta + \phi = 90°$. O resultado *não é* acidental. Sempre que dois corpos de massas iguais colidem elasticamente em uma colisão oblíqua e um deles está inicialmente em repouso, suas velocidades finais são perpendiculares entre si.

9.6 Centro de massa

Nesta seção, descreveremos o movimento global de um sistema em relação a um ponto especial chamado **centro de massa** do sistema. O sistema pode ser um pequeno número de partículas ou um corpo rígido, tal como uma ginasta saltando no ar. Veremos que o movimento de translação do centro de massa do sistema é o mesmo que se toda a massa do sistema fosse concentrada nesse ponto. Ou seja, o sistema se move como se a força externa resultante fosse aplicada a uma partícula única localizada no centro de massa. Este *modelo de partícula* foi apresentado no Capítulo 2 deste volume. Este comportamento é independente de outro movimento, como uma rotação ou vibração do sistema ou deformação do sistema (por exemplo, quando uma ginasta dobra seu corpo).

Considere um sistema consistindo em um par de partículas que têm massas diferentes e são conectadas por uma barra rígida e leve (Fig. 9.13). A posição do centro de massa do sistema pode ser descrita como a *posição média* da massa do sistema. O centro de massa do sistema é localizado em algum lugar da linha que une duas partículas, e está mais perto da partícula que tem maior massa. Se uma força única é aplicada em um ponto na barra acima do centro de massa, o sistema gira no sentido horário (Fig. 9.13a); se aplicada abaixo do centro de massa, o sentido será anti-horário (Fig. 9.13b). Se a força é aplicada no centro de massa, o sistema se move na direção da força sem girar (Fig. 9.13c). O centro de massa de um corpo pode ser localizado com este procedimento.

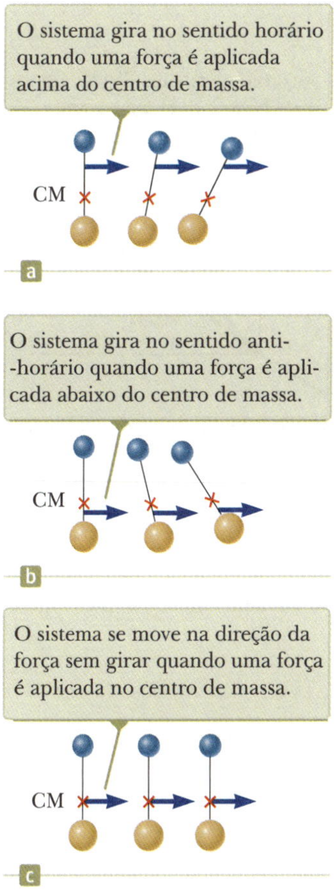

Figura 9.13 Uma força é aplicada a um sistema de duas partículas de massa desigual conectadas por uma barra rígida e leve.

O centro de massa do par de partículas descrito na Figura 9.14 está localizado no eixo x, e fica em algum lugar entre as partículas. Sua coordenada x é determinada por

$$x_{CM} \equiv \frac{m_1 x_1 + m_2 x_2}{m_1 + m_2} \tag{9.28}$$

Por exemplo, se $x_1 = 0$, $x_2 = d$ e $m_2 = 2m_1$, descobrimos que $x_{CM} = \frac{2}{3}d$. Ou seja, o centro de massa fica mais perto da partícula com maior massa. Se as duas massas são iguais, o centro de massa fica a meio caminho entre elas.

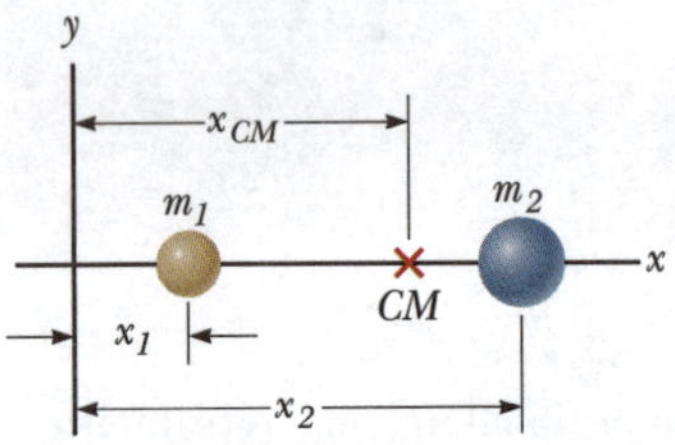

Figura 9.14 O centro de massa de duas partículas de massas desiguais no eixo x está localizado em x_{CM}, um ponto entre as partículas, perto daquela que tem massa maior.

Podemos estender este conceito a um sistema de muitas partículas com massas m_i em três dimensões. A coordenada x do centro de massa de n partículas é definida como

$$x_{CM} \equiv \frac{m_1x_1 + m_2x_2 + m_3x_3 + \cdots + m_nx_n}{m_1 + m_2 + m_3 + \cdots + m_n} = \frac{\sum_i m_ix_i}{\sum_i m_i} = \frac{\sum_i m_ix_i}{M} = \frac{1}{M}\sum_i m_ix_i \quad \text{(9.29)}$$

onde x_i é a coordenada x da *i-ésima* partícula, e a massa total é $M \equiv \sum_i m_i$; onde a soma é sobre todas as n partículas. As coordenadas y e z do centro de massa são definidas de maneira similar pelas equações

$$y_{CM} \equiv \frac{1}{M}\sum_i m_iy_i \quad \text{e} \quad z_{CM} \equiv \frac{1}{M}\sum_i m_iz_i \quad \text{(9.30)}$$

O centro de massa pode ser localizado em três dimensões por seu vetor posição $\vec{\mathbf{r}}_{CM}$. As componentes deste vetor são x_{CM}, y_{CM} e z_{CM}, definidas nas Equações 9.29 e 9.30. Consequentemente,

$$\vec{\mathbf{r}}_{CM} = x_{CM}\hat{\mathbf{i}} + y_{CM}\hat{\mathbf{j}} + z_{CM}\hat{\mathbf{k}} = \frac{1}{M}\sum_i m_ix_i\hat{\mathbf{i}} + \frac{1}{M}\sum_i m_iy_i\hat{\mathbf{j}} + \frac{1}{M}\sum_i m_iz_i\hat{\mathbf{k}}$$

$$\vec{\mathbf{r}}_{CM} \equiv \frac{1}{M}\sum_i m_i\vec{\mathbf{r}}_i \quad \text{(9.31)}$$

onde $\vec{\mathbf{r}}_i$ é o vetor posição da partícula n, definido por

$$\vec{\mathbf{r}}_i \equiv x_i\hat{\mathbf{i}} + y_i\hat{\mathbf{j}} + z_i\hat{\mathbf{k}}$$

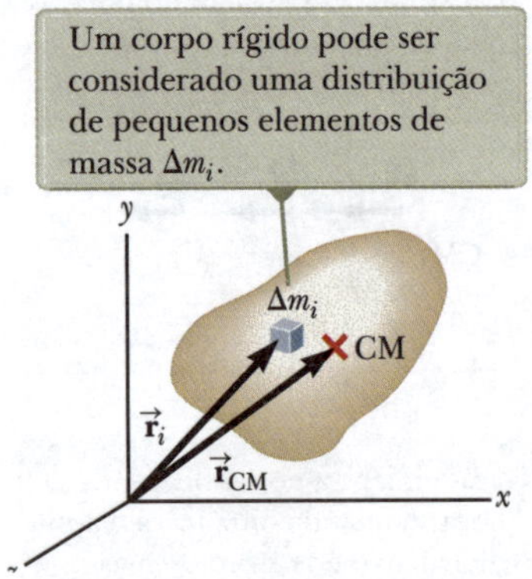

Figura 9.15 O centro de massa está localizado na posição vetorial $\vec{\mathbf{r}}_{CM}$, que tem coordenadas x_{CM}, y_{CM} e z_{CM}.

Embora localizar o centro de massa para um corpo rígido seja um pouco mais difícil do que localizar o centro de massa de um pequeno número de partículas, as ideias básicas que discutimos ainda se aplicam. Pense em um corpo rígido como um sistema contendo um grande número de elementos de massa pequena, tal como o cubo na Figura 9.15. Como a separação entre elementos é muito pequena, o corpo pode ser considerado tendo distribuição de massa contínua. Dividindo o corpo em elementos de massa Δm_i com coordenadas x_i, y_i, z_i, vemos que a coordenada x do centro de massa é aproximadamente

$$x_{CM} \approx \frac{1}{M}\sum_i x_i\,\Delta m_i$$

com expressões similares para y_{CM} e z_{CM}. Se deixarmos o número de elementos n se aproximar do infinito, o tamanho de cada elemento se aproxima de zero, e x_{CM} é dado precisamente. Neste limite, substituímos a soma por uma integral e Δm_i pelo elemento diferencial dm:

$$x_{CM} = \lim_{\Delta m_i \to 0} \frac{1}{M}\sum_i x_i\,\Delta m_i = \frac{1}{M}\int x\,dm \quad \text{(9.32)}$$

Da mesma maneira, para y_{CM} e z_{CM} temos

$$y_{CM} = \frac{1}{M}\int y\,dm \quad \text{e} \quad z_{CM} = \frac{1}{M}\int z\,dm \quad \text{(9.33)}$$

Podemos expressar o vetor posição do centro de massa de um corpo rígido na forma

$$\vec{\mathbf{r}}_{CM} = \frac{1}{M}\int \vec{\mathbf{r}}\,dm \quad \text{(9.34)}$$

que é equivalente às três expressões dadas pelas Equações 9.32 e 9.33.

O centro de massa de qualquer corpo simétrico de densidade uniforme situa-se em um dos eixos de simetria e em qualquer plano de simetria. Por exemplo, o centro de massa de uma barra uniforme fica na barra, a meio caminho entre as extremidades. O centro de massa de uma esfera ou um cubo fica em seu centro geométrico.

Como um corpo rígido é uma distribuição de massa contínua, cada pequeno elemento de massa está sob ação da força gravitacional. O efeito resultante de todas essas forças é equivalente ao de uma força única, $M\vec{\mathbf{g}}$, agindo em um ponto especial, chamado **centro de gravidade**. Se $\vec{\mathbf{g}}$ é constante ao longo da distribuição de massa, o centro de gravidade coincide com o de massa. Se um corpo rígido é articulado em seu centro de gravidade, ele se equilibra em qualquer orientação.

O centro de gravidade de um corpo de formato irregular, tal como uma chave inglesa, pode ser determinado pela suspensão do corpo primeiro por um ponto e depois por outro. Na Figura 9.16, uma chave inglesa é pendurada pelo ponto A e uma linha vertical AB (que pode ser estabelecida com um fio de prumo) é desenhada quando a chave tiver parado de balançar. A chave é então pendurada pelo ponto C, e uma segunda linha vertical CD é desenhada. O centro de gravidade está no meio da espessura da chave, sob a intersecção dessas duas linhas. Em geral, se a chave é pendurada livremente de qualquer ponto, a linha vertical que passa por este ponto deve passar pelo centro de gravidade.

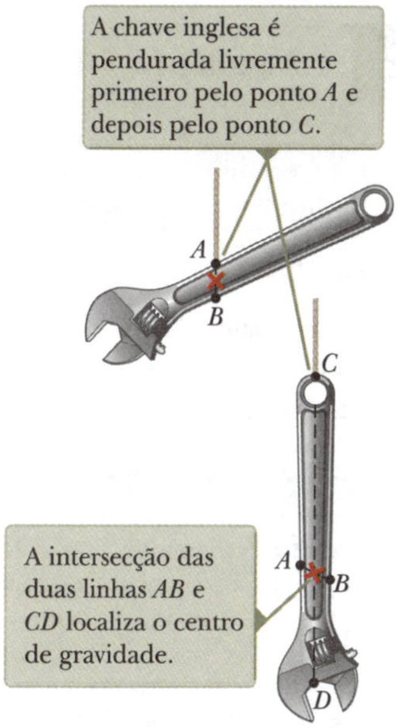
A chave inglesa é pendurada livremente primeiro pelo ponto A e depois pelo ponto C.
A
B
C
A
B
D
A intersecção das duas linhas AB e CD localiza o centro de gravidade.

Figura 9.16 Uma técnica experimental para determinar o centro de gravidade de uma chave inglesa.

Teste Rápido **9.7** Um taco de beisebol de densidade uniforme é cortado no local de seu centro de massa, como mostra a Figura 9.17. Qual parte tem massa menor? **(a)** a da direita **(b)** a da esquerda **(c)** ambas têm a mesma massa **(d)** impossível de determinar.

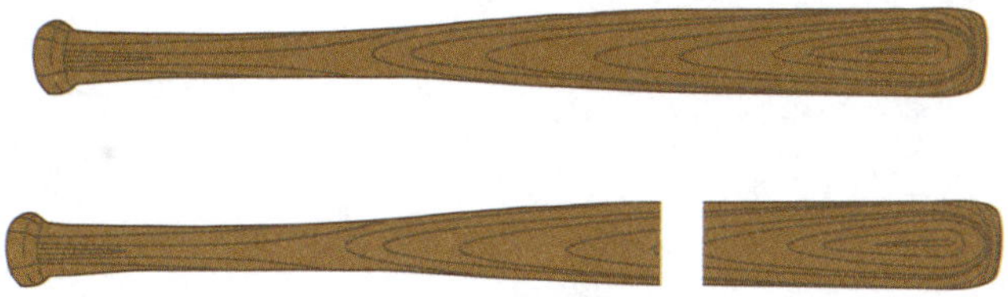

Figura 9.17 (Teste Rápido 9.7) Um taco de beisebol cortado no local de seu centro de massa.

Exemplo 9.10 O centro de massa de três partículas

Um sistema consiste em três partículas localizadas como mostra a Figura 9.18. Encontre o centro de massa do sistema. As massas das partículas são $m_1 = m_2 = 1{,}0$ kg e $m_3 = 2{,}0$ kg.

SOLUÇÃO

Conceitualização A Figura 9.18 mostra as três massas. Sua intuição deve dizer que o centro de massa está localizado em algum lugar entre a partícula azul e o par de partículas marrons, como mostrado na figura.

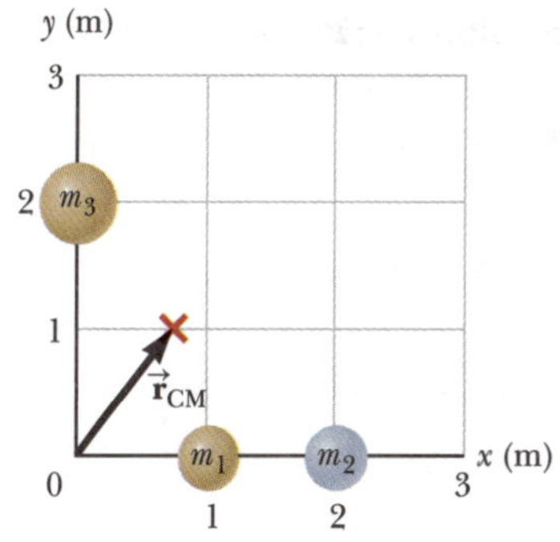
y (m)
3
2
m3
1
rCM
m1
m2
x (m)
0
1
2
3

Figura 9.18 (Exemplo 9.10) Duas partículas estão localizadas no eixo x, e apenas uma está localizada no eixo y, como mostrado. O vetor indica a localização do centro de massa do sistema.

Categorização Categorizamos este exemplo como um problema de substituição, pois utilizaremos as equações para o centro de massa desenvolvidas nesta seção.

Use as equações de definição para as coordenadas do centro de massa e observe que $z_{CM} = 0$:

$$x_{CM} = \frac{1}{M}\sum_i m_i x_i = \frac{m_1x_1 + m_2x_2 + m_3x_3}{m_1 + m_2 + m_3}$$

$$= \frac{(1{,}0\text{ kg})(1{,}0\text{ m}) + (1{,}0\text{ kg})(2{,}0\text{ m}) + (2{,}0\text{ kg})(0)}{1{,}0\text{ kg} + 1{,}0\text{ kg} + 2{,}0\text{ kg}} = \frac{3{,}0\text{ kg}\cdot\text{m}}{4{,}0\text{ kg}} = 0{,}75\text{ m}$$

$$y_{CM} = \frac{1}{M}\sum_i m_i y_i = \frac{m_1y_1 + m_2y_2 + m_3y_3}{m_1 + m_2 + m_3}$$

$$= \frac{(1{,}0\text{ kg})(0) + (1{,}0\text{ kg})(0) + (2{,}0\text{ kg})(2{,}0\text{ m})}{4{,}0\text{ kg}} = \frac{4{,}0\text{ kg}\cdot\text{m}}{4{,}0\text{ kg}} = 1{,}0\text{ m}$$

Escreva o vetor posição do centro de massa:

$$\vec{\mathbf{r}}_{CM} \equiv x_{CM}\hat{\mathbf{i}} + y_{CM}\hat{\mathbf{j}} = (0{,}75\hat{\mathbf{i}} + 1{,}0\hat{\mathbf{j}})\text{ m}$$

Exemplo 9.11 O centro de massa de uma barra

(A) Mostre que o centro de massa de uma barra de massa M e comprimento L fica a meio caminho entre suas extremidades, considerando que ela tenha massa uniforme por unidade de comprimento.

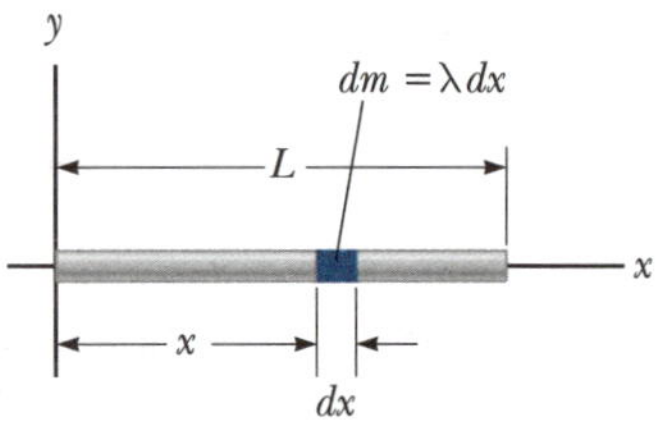

Figura 9.19 (Exemplo 9.11) A geometria utilizada para encontrar o centro de massa de uma barra uniforme.

SOLUÇÃO

Conceitualização A barra é mostrada alinhada ao longo do eixo x na Figura 9.19, então $y_{CM} = z_{CM} = 0$. Qual é sua previsão do valor de x_{CM}?

Categorização Categorizamos este exemplo como um problema de análise, pois precisamos dividir a barra em pequenos elementos de massa para efetuar a integração na Equação 9.32.

Análise A massa por unidade de comprimento (esta quantidade é chamada *densidade de massa linear*) pode ser escrita como $\lambda = M/L$ para a barra uniforme. Se ela é dividida em elementos de comprimento dx, a massa de cada elemento é $dm = \lambda\, dx$.

Use a Equação 9.32 para encontrar uma expressão para x_{CM}:

$$x_{CM} = \frac{1}{M}\int x\, dm = \frac{1}{M}\int_0^L x\lambda\, dx = \frac{\lambda}{M}\frac{x^2}{2}\bigg|_0^L = \frac{\lambda L^2}{2M}$$

Substitua $\lambda = M/L$:

$$x_{CM} = \frac{L^2}{2M}\left(\frac{M}{L}\right) = \frac{1}{2}L$$

Pode-se também utilizar argumentos de simetria para obter o mesmo resultado.

(B) Suponha que uma barra seja *não uniforme,* tal que sua massa por unidade de comprimento varie linearmente com x de acordo com a expressão $\lambda = \alpha x$, onde α é uma constante. Encontre a coordenada x do centro de massa como uma fração de L.

SOLUÇÃO

Conceitualização Como a massa por unidade de comprimento não é constante neste caso, mas é proporcional a x, elementos da barra à direita têm mais massa que os de perto da sua extremidade esquerda.

Categorização Este problema é categorizado similarmente à parte (A), com uma dificuldade adicional: a densidade de massa linear não é constante.

Análise Neste caso, substituímos dm na Equação 9.32 por $\lambda\, dx$, onde $\lambda = \alpha x$.

Use a Equação 9.32 para encontrar uma expressão para x_{CM}:

$$x_{CM} = \frac{1}{M}\int x\, dm = \frac{1}{M}\int_0^L x\lambda\, dx = \frac{1}{M}\int_0^L x\alpha x\, dx$$

$$= \frac{\alpha}{M}\int_0^L x^2\, dx = \frac{\alpha L^3}{3M}$$

Encontre a massa total da barra:

$$M = \int dm = \int_0^L \lambda\, dx = \int_0^L \alpha x\, dx = \frac{\alpha L^2}{2}$$

Substitua M na expressão para x_{CM}:

$$x_{CM} = \frac{\alpha L^3}{3\alpha L^2/2} = \frac{2}{3}L$$

Finalização Observe que o centro de massa na parte (B) está mais longe à direita do que na parte (A). Este resultado é razoável, porque os elementos da barra ficam com mais massa quando se movem para a direita ao longo da massa na parte (B).

Exemplo 9.12 O centro de massa de um triângulo retângulo

Pediram que você pendurasse uma placa de sinalização por uma única corda vertical. A placa tem formato triangular, como mostra a Figura 9.20a. Sua parte inferior deve ser paralela ao chão. A que distância da extremidade da esquerda da placa você deve amarrar a corda de sustentação?

continua

9.12 *cont.*

SOLUÇÃO

Conceitualização A Figura 9.20a mostra a placa pendurada pela corda, que deve ser presa no ponto diretamente acima do centro de gravidade da placa, o mesmo que o centro de massa, porque se trata de um campo gravitacional uniforme.

Categorização Como no caso do Exemplo 9.11, categorizamos este como um problema de análise, porque é necessário identificar elementos de massa infinitesimais da placa para efetuar a integração na Equação 9.32.

Análise Consideramos que a placa triangular tenha densidade uniforme e massa total M. Como ela é uma distribuição contínua de massa, devemos utilizar a expressão integral da Equação 9.32 para encontrar a coordenada x do centro de massa.

Dividimos o triângulo em faixas estreitas de largura dx e altura y, como mostra a Figura 9.20b, onde y é a altura da hipotenusa do triângulo acima do eixo x para determinado valor de x. A massa de cada faixa é o produto do volume da faixa pela densidade ρ do material do qual a placa é feita: $dm = \rho yt\, dx$, onde t é a espessura da placa de sinalização. A densidade do material é a massa total da placa dividida por seu volume total (área do triângulo vezes espessura).

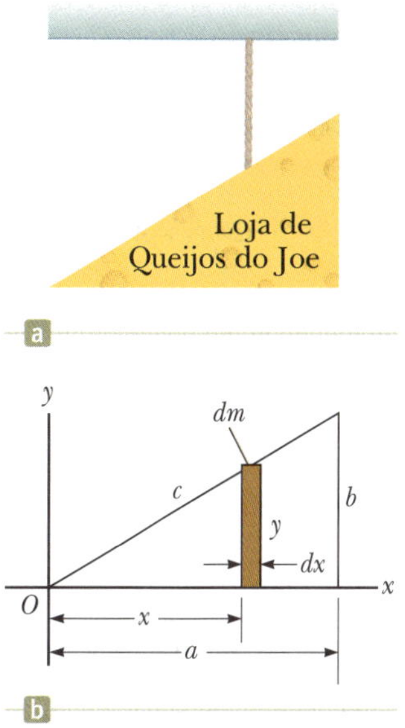

Figura 9.20 (Exemplo 9.12) (a) Uma placa triangular a ser pendurada por uma única corda. (b) Construção geométrica para localizar o centro de massa.

Obtenha dm:

$$dm = \rho yt\, dx = \left(\frac{M}{\frac{1}{2}abt}\right) yt\, dx = \frac{2My}{ab}\, dx$$

Use a Equação 9.32 para encontrar a coordenada x do centro de massa:

$$(1)\quad x_{CM} = \frac{1}{M}\int x\, dm = \frac{1}{M}\int_0^a x\,\frac{2My}{ab}\, dx = \frac{2}{ab}\int_0^a xy\, dx$$

Para prosseguir e resolver a integral, devemos expressar y em função de x. A linha representando a hipotenusa do triângulo na Figura 9.20b tem uma inclinação de b/a e passa pela origem, então, a equação desta linha é $y = (b/a)x$.

Substitua y na Equação (1):

$$x_{CM} = \frac{2}{ab}\int_0^a x\left(\frac{b}{a}x\right)dx = \frac{2}{a^2}\int_0^a x^2\, dx = \frac{2}{a^2}\left[\frac{x^3}{3}\right]_0^a$$

$$= \boxed{\tfrac{2}{3}a}$$

Portanto, a corda deve ser presa à placa a uma distância de dois terços do comprimento da borda inferior a partir da esquerda.

Finalização Esta resposta é idêntica à da parte (B) do Exemplo 9.11. Para a placa triangular, o aumento linear da altura y com a posição x significa que elementos na placa aumentam de massa linearmente ao longo do eixo x, exatamente como o aumento linear de densidade de massa no Exemplo 9.11. Poderíamos também encontrar a coordenada y do centro de massa da placa, mas ela não é necessária para determinar onde a corda deve ser presa. Você pode tentar cortar um triângulo retângulo de papelão e pendurá-lo por uma corda de maneira que a base longa fique horizontal. A corda precisa ser presa em $\frac{2}{3}a$?

9.7 Sistemas de muitas partículas

Considere um sistema de duas ou mais partículas para as quais identificamos o centro de massa. Podemos começar a entender o significado físico e a utilidade do conceito de centro de massa considerando a derivada temporal do vetor posição para o centro de massa definida pela Equação 9.31. Pela Seção 4.1, sabemos que a derivada temporal de um vetor posição é, por definição, o vetor velocidade. Supondo que M permaneça constante para um sistema de partículas – isto é, nenhuma partícula entra nem sai do sistema –, obtemos a seguinte expressão para a **velocidade do centro de massa** do sistema:

$$\vec{\mathbf{v}}_{CM} = \frac{d\vec{\mathbf{r}}_{CM}}{dt} = \frac{1}{M}\sum_i m_i \frac{d\vec{\mathbf{r}}_i}{dt} = \frac{1}{M}\sum_i m_i \vec{\mathbf{v}}_i \qquad (9.35)$$

◀ **Velocidade do centro de massa de um sistema de partículas**

onde $\vec{\mathbf{v}}_i$ é a velocidade da partícula n. Rearranjando a Equação 9.35, obtemos

$$M\vec{\mathbf{v}}_{CM} = \sum_i m_i \vec{\mathbf{v}}_i = \sum_i \vec{\mathbf{p}}_i = \vec{\mathbf{p}}_{tot} \qquad (9.36)$$

◀ **Momento total de um sistema de partículas**

Portanto, o momento linear total do sistema é igual à massa total multiplicada pela velocidade do centro de massa. Em outras palavras, o momento linear total do sistema é igual ao de uma partícula única de massa M com uma velocidade $\vec{\mathbf{v}}_{CM}$.

Diferenciando a Equação 9.35 em relação ao tempo, obtemos a **aceleração do centro de massa** do sistema:

Aceleração do centro de massa de um sistema de partículas ▶

$$\vec{\mathbf{a}}_{CM} = \frac{d\vec{\mathbf{v}}_{CM}}{dt} = \frac{1}{M}\sum_i m_i \frac{d\vec{\mathbf{v}}_i}{dt} = \frac{1}{M}\sum_i m_i \vec{\mathbf{a}}_i \qquad (9.37)$$

Rearranjando esta expressão e utilizando a Segunda Lei de Newton, obtemos

$$M\vec{\mathbf{a}}_{CM} = \sum_i m_i \vec{\mathbf{a}}_i = \sum_i \vec{\mathbf{F}}_i \qquad (9.38)$$

onde $\vec{\mathbf{F}}_i$ é a força resultante sobre a partícula i.

As forças sobre qualquer partícula no sistema podem incluir tanto forças externas (de fora do sistema) como internas (de dentro do sistema). Pela Terceira Lei de Newton, entretanto, a força interna exercida pela partícula 1 sobre a partícula 2, por exemplo, é igual em módulo e oposta em direção à força interna exercida pela partícula 2 sobre a partícula 1. Portanto, quando somamos todos os vetores forças internas na Equação 9.38, eles se cancelam em pares, e descobrimos que a força resultante no sistema é causada *apenas* por forças externas. Podemos então escrever a Equação 9.38 na forma

Segunda Lei de Newton para um sistema de partículas ▶

$$\sum \vec{\mathbf{F}}_{ext} = M\vec{\mathbf{a}}_{CM} \qquad (9.39)$$

Isto é, a força externa resultante sobre um sistema de partículas é igual à massa total do sistema multiplicada pela aceleração do centro de massa. Comparando a Equação 9.39 com a Segunda Lei de Newton para uma única partícula, vemos que o modelo de partícula que utilizamos em vários capítulos pode ser descrito em função do centro de massa:

> O centro de massa de um sistema de partículas tendo massa M move-se como uma partícula equivalente de massa M se moveria sob a influência da força externa resultante sobre o sistema.

Vamos integrar a Equação 9.39 em um intervalo de tempo finito:

$$\int \sum \vec{\mathbf{F}}_{ext}\, dt = \int M\vec{\mathbf{a}}_{CM}\, dt = \int M \frac{d\vec{\mathbf{v}}_{CM}}{dt}\, dt = M \int d\vec{\mathbf{v}}_{CM} = M\,\Delta\vec{\mathbf{v}}_{CM}$$

Observe que esta equação pode ser escrita como

Teorema do impulso-momento para um sistema de partículas ▶

$$\Delta\vec{\mathbf{p}}_{tot} = \vec{\mathbf{I}} \qquad (9.40)$$

onde $\vec{\mathbf{I}}$ é o impulso exercido sobre o sistema por forças externas, e $\vec{\mathbf{p}}_{tot}$ é o momento do sistema. A Equação 9.40 é a generalização do teorema do impulso-momento de uma partícula (Eq. 9.13) para um sistema de muitas partículas. É também a representação matemática do modelo de sistema não isolado (momento) para um sistema de muitas partículas.

Finalmente, se a força externa resultante sobre um sistema é zero de modo que o sistema é isolado, resulta da Equação 9.39 que

$$M\vec{\mathbf{a}}_{CM} = M\frac{d\vec{\mathbf{v}}_{CM}}{dt} = 0$$

Portanto, o modelo de sistema isolado para o *momento* para um sistema de muitas partículas é descrito por

$$\Delta\vec{\mathbf{p}}_{tot} = 0 \qquad (9.41)$$

que pode ser escrito como

$$M\vec{\mathbf{v}}_{CM} = \vec{\mathbf{p}}_{tot} = \text{constante (em que } \sum \vec{\mathbf{F}}_{ext} = 0) \qquad (9.42)$$

Isto é, o momento linear total de um sistema de partículas é conservado se nenhuma força externa resultante estiver agindo sobre ele. Resulta que, para um sistema isolado de partículas, tanto o momento total como a velocidade do centro de massa são constantes com o tempo. Esta afirmação é a generalização do modelo de sistema isolado (momento) para um sistema de muitas partículas.

Suponha que o centro de massa de um sistema isolado, que consiste em dois ou mais membros, esteja em repouso. O centro de massa do sistema permanece em repouso se não houver força resultante sobre ele. Por exemplo, considere um sistema de um nadador em pé em uma balsa com o sistema inicialmente em repouso. Quando o nadador mergulha horizontalmente, a balsa se move na direção oposta à do nadador e o centro de massa do sistema permanece em repouso (se desprezarmos o atrito entre a balsa e a água). Além disso, o momento linear do mergulhador é igual em módulo ao da balsa, mas oposto em direção.

Teste Rápido **9.8** Um navio de cruzeiro está se movendo com velocidade escalar constante pela água. Os turistas no navio estão ansiosos para chegar a seu próximo destino. Eles decidem tentar acelerar o navio de cruzeiro reunindo-se na proa (parte dianteira) e correndo juntos em direção à popa (parte traseira) do navio. (i) Enquanto eles estão correndo em direção à popa, a velocidade escalar do navio (a) é maior que antes, (b) não muda, (c) é menor que antes, ou (d) é impossível determinar? (ii) Os turistas param de correr quando chegam à popa do navio. Depois que todos pararam de correr, a velocidade escalar do navio (a) é maior que era quando eles começaram a correr, (b) não muda em comparação ao que era quando começaram a correr, (c) é menor que era quando começaram a correr, ou (d) impossível de determinar?

Exemplo Conceitual 9.13 Explosão de projétil

Um projétil disparado no ar de repente explode em vários fragmentos (Fig. 9.21).

(A) O que pode ser dito sobre o movimento do centro de massa do sistema composto por todos os fragmentos após a explosão?

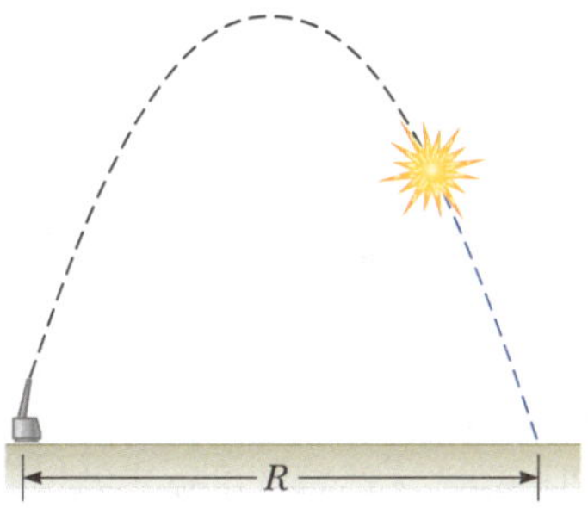

Figura 9.21 (Exemplo Conceitual 9.13) Quando um projétil explode em vários fragmentos, o centro de massa do sistema composto por todos os fragmentos segue a mesma trajetória parabólica que o projétil teria seguido se não houvesse a explosão.

SOLUÇÃO

Desprezando a resistência do ar, a única força externa sobre o projétil é a força gravitacional. Portanto, se o projétil não explodisse, ele continuaria a se mover ao longo da trajetória parabólica indicada pela linha tracejada na Figura 9.21. Como as forças causadas pela explosão são internas, elas não afetam o movimento do centro de massa do sistema (os fragmentos). Portanto, após a explosão, o centro de massa dos fragmentos segue a mesma trajetória parabólica que o projétil teria seguido se não houvesse a explosão.

(B) Se o projétil não explodisse, ele aterrissaria a uma distância R de seu ponto de lançamento. Suponha que o projétil exploda e se divida em pedaços de massas iguais. Um pedaço aterrissa a uma distância $2R$ à direita do ponto de lançamento. Onde o outro pedaço aterrissará?

SOLUÇÃO

Como discutido na parte (A), o centro de massa do sistema de dois pedaços aterrissa a uma distância R do ponto de lançamento. Um dos pedaços cai a uma distância R mais longe do ponto de aterrissagem (ou $2R$), à direita na Figura 9.21. Como os dois têm a mesma massa, o outro pedaço deve aterrissar a uma distância R à esquerda do ponto de lançamento na Figura 9.21, o que o coloca de volta ao ponto de lançamento!

Exemplo 9.14 A explosão de um foguete MA

Um foguete é lançado verticalmente para cima. No instante em que atinge uma altura de 1.000 m e uma velocidade escalar de $v_i = 300$ m/s, ele explode em três fragmentos de massas iguais. Um deles se move para cima com uma velocidade escalar de $v_1 = 450$ m/s após a explosão. O segundo tem uma velocidade escalar de $v_2 = 240$ m/s e se move para leste logo após a explosão. Qual a velocidade do terceiro fragmento imediatamente após a explosão?

SOLUÇÃO

Conceitualização Imagine a explosão mentalmente, em que um pedaço se dirige para cima e um segundo move-se horizontalmente em direção ao leste. Você tem ideia em qual direção o terceiro pedaço vai se mover?

Categorização Este exemplo é um problema bidimensional, pois temos dois fragmentos movendo-se em direções perpendiculares após a explosão, e um terceiro movendo-se em uma direção desconhecida no plano definido pelos vetores velocidade dos outros dois. Consideramos que o intervalo de tempo da explosão é muito pequeno; portanto, utilizamos a aproximação de impulso, na qual desprezamos a força gravitacional e a resistência do ar. Como as forças da explosão são internas ao sistema (foguete), o foguete é um sistema isolado em relação ao momento. Portanto, o momento total $\vec{\mathbf{p}}_i$ imediatamente antes da explosão deve ser igual ao momento total $\vec{\mathbf{p}}_f$ dos fragmentos imediatamente após a explosão.

Análise Como os três fragmentos têm massas iguais, a massa de cada um é $M/3$, onde M é a massa total do foguete. Deixaremos $\vec{\mathbf{v}}_3$ representar a velocidade desconhecida do terceiro fragmento.

continua

9.14 *cont.*

Utilizando o modelo do sistema isolado (momento), iguale os momentos inicial e final do sistema e expresse os momentos em função de massas e velocidades:

$$\Delta\vec{\mathbf{p}} = 0 \rightarrow \vec{\mathbf{p}}_i = \vec{\mathbf{p}}_f \rightarrow M\vec{\mathbf{v}}_i = \frac{M}{3}\vec{\mathbf{v}}_1 + \frac{M}{3}\vec{\mathbf{v}}_2 + \frac{M}{3}\vec{\mathbf{v}}_3$$

Resolva para $\vec{\mathbf{v}}_3$:

$$\vec{\mathbf{v}}_3 = 3\vec{\mathbf{v}}_i - \vec{\mathbf{v}}_1 - \vec{\mathbf{v}}_2$$

Substitua os valores numéricos:

$$\vec{\mathbf{v}}_3 = 3(300\hat{\mathbf{j}}\text{ m/s}) - (450\hat{\mathbf{j}}\text{ m/s}) - (240\hat{\mathbf{i}}\text{ m/s}) = \boxed{(-240\hat{\mathbf{i}} + 450\hat{\mathbf{j}})\text{ m/s}}$$

Finalização Observe que este evento é o inverso de uma colisão perfeitamente inelástica. Há um corpo antes da colisão e três depois. Imagine rodar um filme do evento para trás: os três corpos iriam se reunir e se tornar um único. Em uma colisão perfeitamente inelástica, a energia cinética do sistema diminui. Se você fosse calcular a energia cinética antes e depois do evento neste exemplo, descobriria que a energia cinética do sistema aumenta. (Experimente!) Este aumento na energia cinética vem da energia potencial armazenada em qualquer que seja o combustível explodido para causar o lançamento do foguete.

9.8 Sistemas deformáveis

Até agora, em nossa discussão sobre Mecânica, analisamos o movimento de partículas ou sistemas não deformáveis que podem ser considerados partículas. A discussão da Seção 9.7 pode ser aplicada a uma análise do movimento de sistemas deformáveis. Por exemplo, suponha que você fique em pé em um skate e empurre uma parede para se movimentar, afastando-se dela. Seu corpo contorceu-se durante este evento: seus braços foram dobrados antes do evento e se endireitaram enquanto você empurrava a parede. Como descreveríamos este evento?

A força da parede sobre suas mãos não as desloca; a força é sempre localizada na interface entre a parede e suas mãos. Portanto, a força não realiza trabalho sobre o sistema, que é você e seu skate. Empurrar a parede, entretanto, realmente resulta em uma variação na energia cinética do sistema. Se tentar utilizar o teorema trabalho-energia cinética, $W = \Delta K$, para descrever este evento, você perceberá que o lado esquerdo da equação é zero, mas o direito não. O teorema trabalho-energia cinética não é válido para este caso e, frequentemente, não é para sistemas que são deformáveis.

Para analisar o movimento de sistemas deformáveis, apelamos para as Equações 8.2, da conservação da energia, e 9.40, o teorema impulso-momento. Para o exemplo de você empurrando a parede em seu skate, identificando o sistema como você e o skate, a Equação 8.2 fornece

$$\Delta E_{\text{sistema}} = \sum T \quad \rightarrow \quad \Delta K + \Delta U = 0$$

onde ΔK é a variação na energia cinética que está relacionada à velocidade escalar aumentada do sistema, e ΔU é a diminuição da energia potencial armazenada no corpo pelas refeições anteriores. Esta equação demonstra que o sistema transformou energia potencial em cinética em virtude do esforço muscular necessário para empurrar a parede. Observe que o sistema é isolado em relação à energia, mas não isolado no que diz respeito a momento.

Aplicando a Equação 9.40 ao sistema nesta situação, temos

$$\Delta\vec{\mathbf{p}}_{\text{tot}} = \vec{\mathbf{I}} \quad \rightarrow \quad m\,\Delta\vec{\mathbf{v}} = \int \vec{\mathbf{F}}_{\text{parede}}\,dt$$

onde $\vec{\mathbf{F}}_{\text{parede}}$ é a força exercida pela parede sobre suas mãos, m é a sua massa e a do skate, e $\Delta\vec{\mathbf{v}}$ é a variação na velocidade do sistema durante o evento. Para avaliar o lado direito desta equação, precisaríamos saber como a força da parede varia com o tempo. Em geral, esse processo pode ser complicado. No caso de forças constantes, ou bem-comportadas, entretanto, a integral do lado direito da equação pode ser resolvida.

Exemplo 9.15 Empurrando uma mola[3] MA

Como mostrado na Figura 9.22a, dois blocos estão em repouso em uma mesa nivelada, sem atrito. Ambos têm a mesma massa, m, e são conectados por uma mola de massa desprezível. A distância de separação dos dois blocos quando a mola está relaxada é L. Durante um intervalo de tempo Δt, uma força constante F é aplicada horizontalmente ao bloco da esquerda, movendo-o por uma distância x_1, como mostra a Figura 9.22b. Durante esse intervalo de tempo, o bloco da direita move-se por uma distância x_2. No final desse intervalo de tempo, a força F é removida.

[3] Este exemplo foi inspirado, em parte, em C. E. Mungan, "A primer on work-energy relationships for introductory physics", *The Physics Teacher* **43:**10, 2005.

9.15 *cont.*

(A) Encontre a velocidade escalar resultante, $\vec{\mathbf{v}}_{CM}$, do centro de massa do sistema.

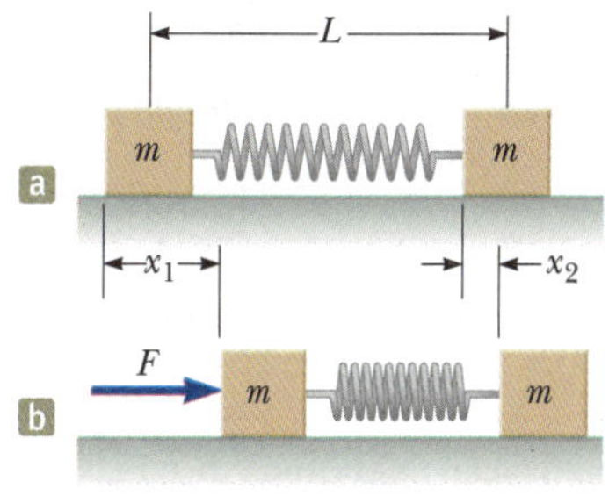

Figura 9.22 (Exemplo 9.15) (a) Dois blocos de massas iguais são conectados por uma mola. (b) O da esquerda é empurrado com uma força constante de módulo F e se move por uma distância x_1 durante algum intervalo de tempo. Durante esse mesmo intervalo de tempo, o bloco da direita se move por uma distância x_2.

Conceitualização Imagine o que acontece se você empurrar o bloco da esquerda. Ele começa a se mover para a direita na Figura 9.22 e a mola começa a comprimir. Como resultado, ela empurra para a direita o bloco da direita, que começa a se mover. Em determinado momento, os blocos, em geral, estão se movendo com velocidades diferentes. Como o centro de massa do sistema se move para a direita com uma velocidade constante depois que a força é removida, os dois blocos oscilam para a frente e para trás em relação ao centro de massa.

Categorização Aplicamos três modelos de análise neste problema: o sistema deformável de dois blocos e uma mola é considerado *sistema não isolado* em relação à *energia*, porque trabalho está sendo realizado sobre ele pela força aplicada. Também é considerado um *sistema não isolado* em termos de *momento*, por causa da força agindo sobre o sistema durante um intervalo de tempo. Como a força aplicada sobre o sistema é constante, a aceleração de seu centro de massa também é, e o centro de massa é considerado uma *partícula sob aceleração constante*.

Análise Utilizando o modelo do sistema não isolado (momento), aplicamos o teorema do impulso-momento ao sistema de dois blocos, reconhecendo que a força F é constante durante o intervalo de tempo Δt enquanto a força é aplicada.

Escreva a Equação 9.40 para o sistema:

$$\Delta p_x = I_x \rightarrow (2m)(v_{CM} - 0) = F\,\Delta t$$

$$(1)\quad 2mv_{CM} = F\,\Delta t$$

Durante o intervalo de tempo Δt, o centro de massa do sistema se move por uma distância $\frac{1}{2}(x_1 + x_2)$. Use este fato para expressar o intervalo de tempo em função de $v_{CM,med}$:

$$\Delta t = \frac{\frac{1}{2}(x_1 + x_2)}{v_{CM,med}}$$

Porque o centro de massa é considerado uma partícula sob aceleração constante, a velocidade média do centro de massa é a média da velocidade inicial, que é zero, e a velocidade final v_{CM}:

$$\Delta t = \frac{\frac{1}{2}(x_1 + x_2)}{\frac{1}{2}(0 + v_{CM})} = \frac{(x_1 + x_2)}{v_{CM}}$$

Substitua esta expressão na Equação (1):

$$2mv_{CM} = F\,\frac{x_1 + x_2}{v_{CM}}$$

Resolva para v_{CM}:

$$v_{CM} = \sqrt{F\,\frac{(x_1 + x_2)}{2m}}$$

(B) Encontre a energia total do sistema associada à vibração relativa a seu centro de massa depois que a força F é removida.

SOLUÇÃO

Análise A energia vibracional é toda energia do sistema que não seja a cinética associada ao movimento de translação do centro de massa. Para encontrar a energia vibracional, aplicamos a equação da conservação de energia. A energia cinética do sistema pode ser expressa como $K = K_{CM} + K_{vib}$, onde K_{vib} é a energia cinética dos blocos em relação ao centro de massa devida à vibração. A energia potencial do sistema é U_{vib}, que é a energia potencial armazenada na mola quando a separação entre blocos tem valor diferente de L.

A partir do modelo de sistema não isolado (energia), expresse a Equação 8.2 para este sistema:

$$(2)\quad \Delta K_{CM} + \Delta K_{vib} + \Delta U_{vib} = W$$

Expresse a Equação (2) de uma forma alternativa, observando que $K_{vib} + U_{vib} = E_{vib}$:

$$\Delta K_{CM} + \Delta E_{vib} = W$$

continua

9.15 *cont.*

Os valores iniciais da energia cinética do centro de massa e a energia vibracional do sistema são zero. Use este fato e substitua pelo trabalho realizado sobre o sistema pela força F:

$$K_{CM} + E_{vib} = W = Fx_1$$

Resolva para a energia vibracional e use o resultado da parte (A):

$$E_{vib} = Fx_1 - K_{CM} = Fx_1 - \tfrac{1}{2}(2m)v_{CM}{}^2 = F\,\frac{(x_1 - x_2)}{2}$$

Finalização Nenhuma das duas respostas deste exemplo depende do comprimento da mola, da sua constante elástica, nem do intervalo de tempo. Observe também que o módulo x_1 do deslocamento do ponto de aplicação da força é diferente do módulo $\tfrac{1}{2}(x_1 + x_2)$ do deslocamento do centro de massa do sistema. Esta diferença lembra que o deslocamento na definição de trabalho (Eq. 7.1) é aquele do ponto de aplicação da força.

Cortesia da NASA

A força de um dispositivo controlado manualmente com propulsão a nitrogênio permite que um astronauta se mova livremente no espaço sem amarras restritivas, utilizando a força de impulso do nitrogênio expelido.

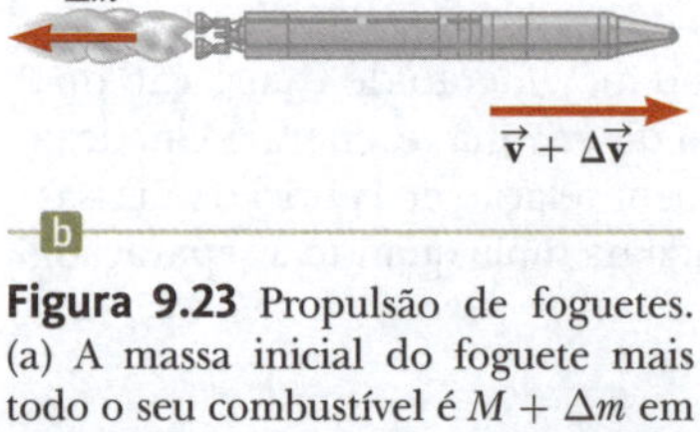

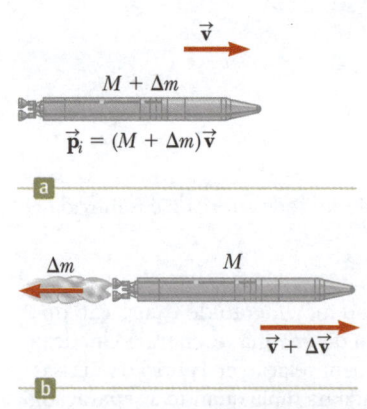

Figura 9.23 Propulsão de foguetes. (a) A massa inicial do foguete mais todo o seu combustível é $M + \Delta m$ em um tempo t, e sua velocidade escalar é v. (b) Em um tempo $t + \Delta t$, a massa do foguete foi reduzida a M e uma quantidade de combustível Δm foi expelida. A velocidade escalar do foguete aumenta por uma quantidade Δv.

9.9 Propulsão de foguetes

Quando veículos comuns, tais como carros, são propulsionados, a força motriz para o movimento é o atrito. No caso do carro, a força motriz é a exercida pela estrada sobre o carro. Podemos considerar o carro um sistema não isolado em termos de momento. Um impulso é aplicado ao carro pela pista, e o resultado é uma variação no momento do carro, como descrito pela Equação 9.40.

Um foguete movendo-se no espaço, entretanto, não tem estrada para empurrá-lo. Ele é um sistema isolado em termos de momento. Portanto, a fonte de propulsão de um foguete deve ser algo diferente de uma força externa. A operação de um foguete depende da lei da conservação de momento linear como aplicada a um sistema isolado, em que o sistema é o foguete e seu combustível expelido.

A propulsão de foguetes pode ser entendida considerando, primeiro, nosso arqueiro em pé sobre o gelo sem atrito no Exemplo 9.1. Imagine-o lançando várias flechas horizontalmente. Para cada flecha lançada, ele recebe um momento de compensação na direção oposta. Quanto mais flechas são lançadas, mais rápido o arqueiro se move pelo gelo. Além desta análise em termos de momento, também podemos entender esse fenômeno em termos da Segunda e da Terceira Leis de Newton. Cada vez que o arco empurra uma flecha para a frente, a flecha empurra o arco (e o arqueiro) para trás, e essas forças resultam em uma aceleração do arqueiro.

De maneira similar, quando um foguete se move no espaço livre, seu momento linear muda quando parte de sua massa é expelida na forma de gases de exaustão. Como os gases recebem momento quando são expelidos do motor, o foguete recebe um momento de compensação na direção oposta. Consequentemente, o foguete é acelerado como resultado do "empurrão" ou impulso dos gases de exaustão. No espaço livre, o centro de massa do sistema (foguete mais gases expelidos) move-se de maneira uniforme independentemente do processo de propulsão.[4]

Suponha que em um tempo t o módulo do momento de um foguete mais seu combustível seja $(M + \Delta m)v$, onde v é a velocidade escalar do foguete em relação à Terra (Fig. 9.23a). Durante um curto intervalo de tempo Δt, o foguete expele combustível de massa Δm. No final do intervalo, a massa do foguete é M e sua velocidade escalar é $v + \Delta v$, onde Δv é a variação na velocidade escalar do foguete (Fig. 9.23b). Se o combustível é expelido com uma velocidade escalar v_e em relação ao foguete (o subscrito *e* representa *exaustão*, e v_e é geralmente chamado *velocidade escalar de exaustão*), a velocidade do combustível em relação à Terra é $v - v_e$. Como o sistema do foguete e do combustível expelido é isolado, podemos aplicar o modelo de sistema isolado no momento final total e obter

$$\Delta p = 0 \rightarrow p_i = p_f \rightarrow (M + \Delta m)\,v = M(v + \Delta v) + \Delta m(v - v_e)$$

[4] O foguete e o arqueiro representam casos do inverso de uma colisão perfeitamente inelástica: o momento é conservado, mas a energia cinética do sistema foguete-gases de exaustão aumenta (à custa da energia potencial química no combustível), assim como a energia cinética do sistema arqueiro-flecha (à custa da energia potencial das refeições anteriores do arqueiro).

Simplificando esta expressão, obtemos

$$M\,\Delta v = v_e\,\Delta m$$

Se agora tomarmos o limite à medida que Δt tende a zero, deixamos $\Delta v \rightarrow dv$ e $\Delta m \rightarrow dm$. Além disso, o aumento na massa de exaustão dm corresponde a uma redução igual da massa do foguete, então $dm = -dM$. Observe que dM é negativo porque representa uma diminuição na massa, portanto, $-dM$ é um número positivo. Utilizando este fato, temos

$$M\,dv = v_e\,dm = -v_e\,dM \tag{9.43}$$

Agora, divida a equação por M e integre, considerando a massa inicial do foguete mais o combustível como M_i e a massa final do foguete mais o combustível restante como M_f. O resultado é

$$\int_{v_i}^{v_f} dv = -v_e \int_{M_i}^{M_f} \frac{dM}{M}$$

$$v_f - v_i = v_e \ln\left(\frac{M_i}{M_f}\right) \tag{9.44}$$

◀ **Expressão para propulsão de foguete**

que é a expressão básica para a propulsão de foguetes. Primeiro, a Equação 9.44 nos diz que o aumento na velocidade escalar do foguete é proporcional à velocidade escalar de exaustão v_e dos gases. Portanto, a velocidade escalar de exaustão deve ser muito elevada. Segundo, o aumento na velocidade escalar do foguete é proporcional ao logaritmo natural da relação M_i/M_f. Portanto, essa relação deve ser a maior possível; ou seja, a massa do foguete sem seu combustível deve ser a menor possível, e o foguete deve levar tanto combustível quanto possível.

O impulso no foguete é a força exercida sobre ele pelos gases de exaustão. Obtemos a seguinte expressão para o impulso da Segunda Lei de Newton e a Equação 9.43:

$$\text{Impulso} = M\frac{dv}{dt} = \left|v_e \frac{dM}{dt}\right| \tag{9.45}$$

Esta expressão mostra que o impulso aumenta à medida que a velocidade escalar de exaustão e conforme a taxa de variação de massa (chamada *taxa de queima*) aumentam.

Exemplo 9.16 Combate a incêndios

Dois bombeiros devem aplicar uma força total de 600 N para firmar uma mangueira que está descarregando água a uma taxa de 3.600 L/min. Estime a velocidade escalar da água à medida que ela sai do bocal.

SOLUÇÃO

Conceitualização Conforme a água sai da mangueira, ela age de maneira similar aos gases expelidos de um motor de foguete. Como resultado, uma força (impulso) age sobre os bombeiros em uma direção oposta ao movimento da água. Neste caso, queremos que a extremidade da mangueira seja considerada uma partícula em equilíbrio, em vez de acelerar, como no caso do foguete. Consequentemente, os bombeiros devem aplicar uma força de módulo igual ao impulso na direção oposta para manter a extremidade da mangueira parada.

Categorização Este exemplo é um problema de substituição, no qual utilizamos determinados valores em uma equação derivada desta seção. A água sai a 3.600 L/min, o que dá 60 L/s. Sabendo que 1 L de água tem uma massa de 1 kg, estimamos que cerca de 60 kg de água deixam o bocal a cada segundo.

Use a Equação 9.45 para o impulso: $\text{Impulso} = \left|v_e \frac{dM}{dt}\right|$

Resolva para a velocidade escalar de exaustão: $v_e = \frac{\text{Impulso}}{|dM/dt|}$

Substitua valores numéricos: $v_e = \frac{600\ \text{N}}{60\ \text{kg/s}} = \boxed{10\ \text{m/s}}$

Exemplo 9.17 Um foguete no espaço

Um foguete movendo-se no espaço, longe de todos os outros corpos, tem uma velocidade escalar de 3,0 x 10^3 m/s em relação à Terra. Seus motores são ligados e o combustível é expelido em uma direção oposta ao movimento do foguete, a uma velocidade escalar de 5,0 x 10^3 m/s em relação ao foguete.

(A) Qual é a velocidade escalar do foguete em relação à Terra, uma vez que a massa do foguete é reduzida à metade daquela de antes da ignição?

SOLUÇÃO

Conceitualização A Figura 9.23 mostra a situação deste problema. A partir da discussão nesta seção e das cenas de filmes de ficção científica, podemos facilmente imaginar o foguete acelerando a uma velocidade escalar maior quando o motor opera.

Categorização Este problema é de substituição, no qual utilizamos determinados valores nas equações derivadas desta seção.

Resolva a Equação 9.44 para a velocidade final e substitua os valores conhecidos:

$$v_f = v_i + v_e \ln\left(\frac{M_i}{M_f}\right)$$

$$= 3{,}0 \times 10^3 \text{ m/s} + (5{,}0 \times 10^3 \text{ m/s})\ln\left(\frac{M_i}{0{,}50M_i}\right)$$

$$= \boxed{6{,}5 \times 10^3 \text{ m/s}}$$

(B) Qual é o impulso sobre o foguete se ele queima combustível a uma taxa de 50 kg/s?

SOLUÇÃO

Use a Equação 9.45, observando que $dM/dt = 50$ kg/s:

$$\text{Impulso} = \left|v_e \frac{dM}{dt}\right| = (5{,}0 \times 10^3 \text{ m/s})(50 \text{ kg/s}) = \boxed{2{,}5 \times 10^5 \text{ N}}$$

Resumo

Definições

O **momento linear** $\vec{\mathbf{p}}$ de uma partícula de massa m movendo-se com uma velocidade $\vec{\mathbf{v}}$ é

$$\vec{\mathbf{p}} \equiv m\vec{\mathbf{v}} \qquad \textbf{(9.2)}$$

O **impulso** fornecido a uma partícula por uma força resultante $\sum\vec{\mathbf{F}}$ é igual à integral da força ao longo do tempo:

$$\vec{\mathbf{I}} \equiv \int_{t_i}^{t_f} \sum \vec{\mathbf{F}}\, dt \qquad \textbf{(9.9)}$$

Uma **colisão inelástica** é aquela para a qual a energia cinética total do sistema de partículas colidindo não é conservada. Uma **colisão perfeitamente inelástica** é aquela na qual as partículas colidindo ficam unidas após o evento. Uma **colisão elástica** é aquela em que a energia cinética do sistema é conservada.

O vetor posição do **centro de massa** de um sistema de partículas é definido como

$$\vec{\mathbf{r}}_{CM} \equiv \frac{1}{M}\sum_i m_i \vec{\mathbf{r}}_i \qquad \textbf{(9.31)}$$

onde $M = \sum_i m_i$ é a massa total do sistema e $\vec{\mathbf{r}}_i$ é o vetor posição da *i-ésima* partícula.

Conceitos e Princípios

O vetor posição do centro de massa de um corpo rígido pode ser obtido a partir da integral

$$\vec{\mathbf{r}}_{CM} = \frac{1}{M}\int \vec{\mathbf{r}}\, dm \quad \textbf{(9.34)}$$

A velocidade do centro de massa para um sistema de partículas é

$$\vec{\mathbf{v}}_{CM} = \frac{1}{M}\sum_i m_i \vec{\mathbf{v}}_i \quad \textbf{(9.35)}$$

O momento total de um sistema de partículas é igual à massa total multiplicada pela velocidade do centro de massa.

A Segunda Lei de Newton aplicada a um sistema de partículas é

$$\sum \vec{\mathbf{F}}_{ext} = M\vec{\mathbf{a}}_{CM} \quad \textbf{(9.39)}$$

onde $\vec{\mathbf{a}}_{CM}$ é a aceleração do centro de massa e a soma é sobre todas as forças externas.
O centro de massa se move como uma partícula imaginária de massa M sob a influência de uma força externa resultante sobre o sistema.

Modelo de Análise para Resolução de Problemas

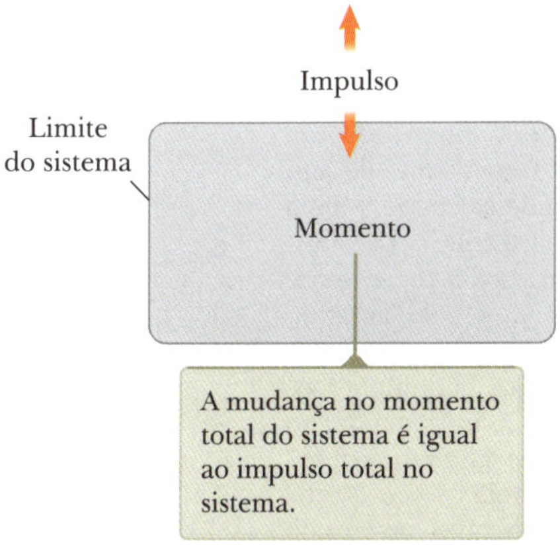
Impulso
Limite do sistema
Momento
A mudança no momento total do sistema é igual ao impulso total no sistema.

Sistema não isolado (momento). Se um sistema interage com seu ambiente no sentido de que existe uma força externa sobre o sistema, o comportamento do sistema é descrito pelo **teorema impulso-momento**:

$$\Delta\vec{\mathbf{p}}_{tot} = \vec{\mathbf{I}} \quad \textbf{(9.40)}$$

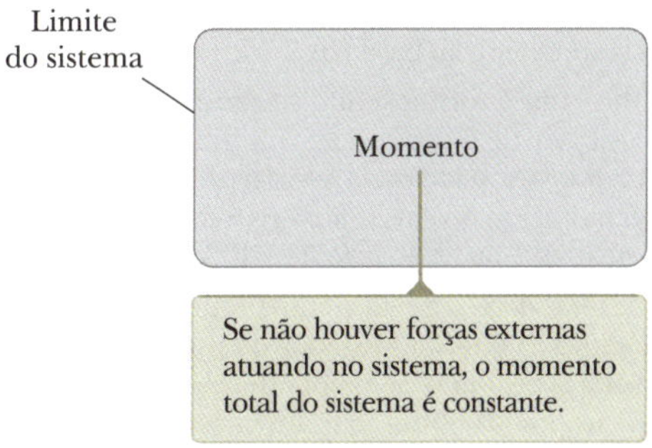
Limite do sistema
Momento
Se não houver forças externas atuando no sistema, o momento total do sistema é constante.

Sistema isolado (momento). O momento total de um sistema isolado (nenhuma força externa) é conservado independentemente da natureza das forças entre os membros do sistema:

$$\Delta\vec{\mathbf{p}}_{tot} = 0 \quad \textbf{(9.41)}$$

O sistema pode ser isolado em termos do momento, mas não isolado em termos de energia, como no caso de colisões inelásticas.

Perguntas Objetivas

1. Você está em pé em um trenó em forma de pires, em repouso, no meio de uma pista de gelo sem atrito. Seu companheiro de laboratório arremessa-lhe um disco pesado. Você executa ações diferentes em sucessivos ensaios experimentais. Classifique as seguintes situações de acordo com sua velocidade escalar final, da maior para a menor. Se sua velocidade escalar final for a mesma em dois casos, dê-lhes a mesma classificação. (a) Você apanha o disco e o segura. (b) Você apanha o disco e o arremessa de volta para seu parceiro. (c) Você não apanha, apenas toca no disco de maneira que ele continua em sua direção original mais lentamente. (d) Você apanha o disco e o atira de maneira que ele se move verticalmente para cima acima da sua cabeça. (e) Você apanha o disco e o coloca para baixo de maneira que ele permaneça em repouso no gelo.

2. Um vagão fechado em um pátio de manobras é colocado em movimento no topo de um morro artificial. O vagão desce silenciosamente e sem atrito sobre um trilho horizontal reto onde se acopla a um vagão chato de massa menor, inicialmente em repouso, de maneira que os dois, então, andam juntos sem atrito. Considere os dois vagões como um sistema desde o instante da liberação do vagão fechado até ambos estarem andando juntos. Responda às seguintes questões com sim ou não. (a) A energia mecânica do sistema é conservada? (b) O momento do sistema é conservado? Depois, considere apenas o processo do vagão fechado ganhando velocidade escalar conforme desce o morro. Para o vagão fechado e a Terra como um sistema: (c) a energia mecânica é conservada? (d) O momento é conservado? Finalmente, considere os dois vagões um sistema à medida que o vagão fechado está desacelerando no processo de acoplamento: (e) a energia mecânica do sistema é conservada? (f) O momento do sistema é conservado?

3. Um trator de massa elevada está se movendo em uma estrada do campo. Em uma colisão perfeitamente inelástica, um pequeno carro esportivo bate na máquina por trás. (**i**) Qual veículo sofre uma maior variação no módulo do momento? (a) O carro. (b) O trator. (c) As variações nos momentos são iguais. (d) Poderia ser qualquer dos veículos. (**ii**) Qual veículo sofre uma variação maior na energia cinética? (a) O carro. (b) O trator. (c) As variações na energia cinética são iguais. (d) Poderia ser qualquer dos veículos.

4. Um corpo de 2 kg movendo-se para a direita com velocidade escalar de 4 m/s faz uma colisão frontal elástica com um corpo de 1 kg que estava inicialmente em repouso. A velocidade do corpo de 1 kg após a colisão é: (a) maior que 4 m/s, (b) menor que 4 m/s, (c) igual a 4 m/s, (d) zero, ou (e) impossível responder com base nas informações fornecidas.

5. Um carrinho com 5 kg movendo-se para a direita a uma velocidade escalar de 6 m/s colide com uma parede de concreto e retorna com velocidade escalar de 2 m/s. Qual é a variação no momento do carrinho? (a) 0, (b) 40 kg × m/s, (c) −40 kg × m/s, (d) −30 kg × m/s, (e) −10 kg × m/s.

6. Uma bola de tênis de 57,0 g está vindo diretamente na direção de um jogador a 21,0 m/s. O jogador dá um voleio e manda a bola de volta a 25,0 m/s. Se a bola permanece em contato com a raquete por 0,0600 s, que força média age sobre a bola? (a) 22,6 N, (b) 32,5 N, (c) 43,7 N, (d) 72,1 N, (e) 102 N.

7. O momento de um corpo é aumentado por um fator 4 em módulo. Por qual fator sua energia cinética é alterada? (a) 16, (b) 8, (c) 4, (d) 2, (e) 1.

8. A energia cinética de um corpo é aumentada por um fator 4. Por que fator o módulo de seu momento é alterado? (a) 16, (b) 8, (c) 4, (d) 2, (e) 1.

9. Se duas partículas têm momentos iguais, as energias cinéticas delas são iguais? (a) sim, sempre, (b) não, nunca, (c) não, exceto quando a velocidade escalar delas é a mesma, (d) sim, desde que elas se movam em linhas paralelas.

10. Se duas partículas têm energias cinéticas iguais, os momentos delas são iguais? (a) sim, sempre, (b) não, nunca, (c) sim, desde que as massas sejam iguais, (d) sim, se tanto a massa como as direções de movimento de ambas forem iguais, (e) sim, desde que elas se movam em linhas paralelas.

11. Uma bala de 10,0 g é disparada e entra em um bloco de madeira de 200 g em repouso sobre uma superfície horizontal. Após o impacto, o bloco desliza 8,00 m antes de parar. Se o coeficiente de atrito entre o bloco e a superfície é de 0,400, qual é a velocidade escalar da bala antes do impacto? (a) 106 m/s, (b) 166 m/s, (c) 226 m/s, (d) 286 m/s, (e) nenhuma das respostas está correta.

12. Duas partículas de massas diferentes partem do repouso. A mesma força resultante age sobre ambas quando elas se movem por distâncias iguais. Como as magnitudes de seu momento final são comparadas? (a) A partícula de massa maior tem mais energia cinética. (b) A partícula de massa menor tem mais energia cinética. (c) As partículas têm energias cinéticas iguais. (d) Qualquer das partículas pode ter mais energia cinética.

13. Duas partículas de massas diferentes partem do repouso. A mesma força resultante age sobre ambas quando elas se movem por distâncias iguais. Como os módulos de seus momentos finais se comparam? (a) A partícula de maior massa tem mais momento. (b) A partícula de menor massa tem mais momento. (c) As partículas têm momentos iguais. (d) Qualquer partícula pode ter mais momento.

14. Uma bola de basquete é arremessada no ar, cai livremente e quica no piso de madeira. Do instante em que o jogador solta a bola até que ela atinge o topo de seu quique, qual o menor sistema para o qual o momento é conservado? (a) a bola, (b) a bola mais o jogador, (c) a bola mais o piso, (d) a bola mais a Terra, (e) o momento não é conservado para nenhum sistema.

15. Um corpo de 3 kg movendo-se para a direita em uma superfície horizontal sem atrito com uma velocidade escalar de 2 m/s colide frontalmente e fica unido a um corpo de 2 kg que se movia inicialmente para a esquerda com uma velocidade escalar de 4 m/s. Após a colisão, qual afirmação é verdadeira? (a) A energia cinética do sistema é 20 J. (b) O momento do sistema é 14 kg × m/s. (c) A energia cinética do sistema é maior que 5 J, mas menor que 20 J. (d) O momento do sistema é −2 kg × m/s. (e) O momento do sistema é menor que o momento do sistema antes da colisão.

16. Uma bola é suspensa por uma corda que está amarrada em um ponto fixo acima de um bloco de madeira em pé. A bola é puxada para trás, como mostra a Figura PO9.16, e solta. No ensaio A, a bola ricocheteia elasticamente no bloco. No ensaio B, uma fita dupla-face faz com que a bola grude no bloco. Em que caso é mais provável que a bola vire o bloco? (a) É mais provável no ensaio A. (b) É mais provável no ensaio B. (c) Não faz diferença. (d) Pode ser um ou outro, dependendo de outros fatores.

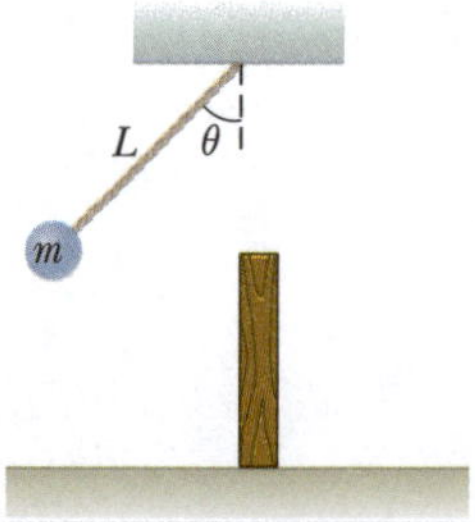

Figura PO9.16

17. Um carro de massa m viajando a uma velocidade escalar v bate na traseira de um caminhão de massa $2m$ que está em repouso e em ponto morto em um cruzamento. Se a colisão for perfeitamente inelástica, qual será a velocidade escalar do conjunto carro e caminhão após a colisão? (a) v, (b) $v/2$, (c) $v/3$, (d) $2v$, (e) nenhuma das repostas está correta.

18. Uma colisão elástica frontal ocorre entre duas bolas de bilhar de massas iguais. Se uma bola vermelha estiver indo para a direita com velocidade escalar v e uma azul estiver indo para a esquerda com velocidade escalar $3v$ antes da colisão, qual afirmação é verdadeira com relação a suas velocidades após a colisão? Despreze quaisquer efeitos de giro. (a) A bola vermelha vai para a esquerda com velocidade escalar v e a azul vai para a direita com velocidade escalar $3v$. (b) A bola vermelha vai para a esquerda com velocidade escalar v e a azul continua a se mover para a esquerda com uma velocidade escalar $2v$. (c) A bola vermelha vai para a esquerda com velocidade escalar $3v$ e a azul vai para a direita com velocidade escalar v. (d) Suas velocidades finais não podem ser determinadas porque o momento não é conservado na colisão. (e) As velocidades não podem ser determinadas sem se conhecer a massa de cada bola.

Perguntas Conceituais

1. Um *airbag* em um automóvel infla quando ocorre uma colisão, protegendo o passageiro de um ferimento grave. Por que o *airbag* suaviza o golpe? Discuta a Física envolvida neste evento dramático.
2. No golfe, jogadores novatos são, com frequência, advertidos para se certificarem de "continuar o golpe até o final". Por que este conselho faz a bola percorrer uma distância maior? Se o golpe for dado perto da grama, muito pouca continuação do movimento é necessária. Por quê?
3. Uma caixa aberta desliza pela superfície de um lago congelado, sem atrito. O que acontece com a velocidade escalar da caixa quando a água de um chuveiro cai verticalmente dentro dela? Explique.
4. Enquanto em movimento, uma bola de beisebol arremessada leva energia cinética e momento. (a) Podemos dizer que carrega uma força que pode exercer sobre qualquer corpo em que bata? (b) A bola de beisebol pode fornecer mais energia cinética ao taco e ao rebatedor do que ela carrega inicialmente? (c) A bola pode fornecer ao taco e ao rebatedor mais momento do que ela carrega inicialmente? Explique cada uma das respostas.
5. Você está em pé, perfeitamente parado, e dá um passo para a frente. Antes do passo, seu momento era zero, depois, você tem algum momento. O princípio da conservação do momento é violado neste caso? Justifique sua resposta.
6. Uma atiradora de elite atira com um rifle em pé com a parte traseira da arma apoiada em seu ombro. Se o momento de avanço de uma bala é o mesmo que o de recuo da arma, por que não é tão perigoso ser atingido pela arma como pela bala?
7. Dois estudantes seguram um lençol verticalmente entre eles. Um terceiro estudante, o arremessador estrela da equipe de beisebol da escola, lança um ovo cru no centro do lençol. Explique por que o ovo não quebra quando bate no lençol independente da sua velocidade escalar inicial.
8. Um malabarista joga três bolas em um ciclo contínuo. Qualquer bola está em contato com uma de suas mãos por um quinto do tempo. (a) Descreva o movimento do centro de massa das três bolas. (b) Que força média o malabarista exerce sobre uma bola enquanto a está tocando?
9. (a) O centro de massa de um foguete no espaço livre acelera? Explique. (b) A velocidade escalar de um foguete pode ultrapassar a velocidade escalar de exaustão do combustível? Explique.
10. Com relação às seguintes posições, afirme seu ponto de vista e forneça argumentos para sustentá-lo. (a) A melhor teoria de movimento é que força causa aceleração. (b) A medida real da eficácia de uma força é o trabalho que ela realiza, e a melhor teoria de movimento é a de que trabalho realizado sobre um corpo muda sua energia. (c) A medida real do efeito de uma força é o impulso, e a melhor teoria de movimento é que impulso conferido a um corpo muda seu momento.
11. Uma força resultante maior exercida sobre um corpo sempre produz uma variação maior no momento do corpo em comparação com uma força resultante menor? Explique.
12. Uma força resultante maior sempre produz uma variação maior na energia cinética do que uma força resultante menor? Explique.
13. Uma bomba, inicialmente em repouso, explode em vários pedaços. (a) O momento linear do sistema (a bomba antes da explosão, os pedaços após a explosão) é conservado? Explique. (b) A energia cinética do sistema é conservada? Explique.

Problemas

ENHANCED WebAssign Os problemas que se encontram neste capítulo podem ser resolvidos *on-line* no Enhanced WebAssign (em inglês)

1. denota problema simples;

2. denota problema intermediário;

3. denota problema de desafio;

AMT *Analysis Model Tutorial* disponível no Enhanced WebAssign (em inglês);

M denota tutorial *Master It* disponível no Enhanced WebAssign (em inglês);

PD denota problema dirigido;

W solução em vídeo *Watch It* disponível no Enhanced WebAssign (em inglês).

Seção 9.1 Momento linear

1. Uma partícula de massa m move-se com momento de módulo p. (a) Mostre que a energia cinética da partícula é $K = p^2/2m$. (b) Expresse o módulo do momento da partícula em termos de sua energia cinética e massa.
2. Um corpo tem uma energia cinética de 275 J e um momento de módulo 25,0 kg × m/s. Encontre a velocidade escalar e a massa do corpo.
3. Em um instante, um trenó de 17,5 kg está se movendo em uma superfície horizontal de neve a 3,50 m/s. Depois de passados 8,75 s, o trenó para. Utilize uma abordagem de momento para encontrar a força de atrito média sobre o trenó enquanto ele estava se movendo.
4. Uma partícula pesando 3,00 kg tem uma velocidade de $(3,00\hat{\mathbf{i}} - 4,00\hat{\mathbf{j}})$ m/s. (a) Determine suas componentes x e y do momento. (b) Encontre a grandeza e a direção de seu momento.
5. Uma bola de beisebol aproxima-se da base principal a uma velocidade escalar de 45,0 m/s, movendo-se horizontalmente antes de ser rebatida por um taco. O rebatedor faz uma tacada *pop-up* tal que, depois de bater o taco, a bola se move a 55,0 m/s diretamente para cima. A bola tem massa

de 145 g e fica em contato com o taco por 2,00 m/s. Qual é o vetor força médio que a bola exerce no taco durante a interação entre eles?

Seção 9.2 Modelo de análise: sistema isolado (momento)

6. M Uma garota de 45,0 kg está em pé em uma tábua de 150 kg. Ambos estão inicialmente em repouso em um lago congelado, que constitui uma superfície plana sem atrito. A garota começa a andar ao longo da tábua a uma velocidade constante de $1{,}50\hat{\mathbf{i}}$ m/s em relação à tábua. (a) Qual é a velocidade da tábua em relação à superfície do gelo? (b) Qual é a velocidade da garota em relação à superfície do gelo?

7. Uma garota de massa m_g está em pé sobre uma tábua de massa m_t. Ambos estão inicialmente em repouso em um lago congelado, que constitui uma superfície plana sem atrito. A garota começa a andar ao longo da tábua com velocidade v_{gt} para a direita em relação à tábua. (O subscrito gt denota a garota em relação à tábua.) (a) Qual é a velocidade, v_{ti}, da tábua em relação à superfície de gelo? (b) Qual a velocidade da garota, v_{gi}, em relação à superfície do gelo?

8. Um garoto de 65,0 kg e a irmã de 40,0 kg, ambos utilizando patins, estão de frente um para o outro em repouso. A garota empurra o garoto com força, mandando-o para trás com velocidade 2,90 m/s em direção ao oeste. Despreze o atrito. (a) Descreva o movimento subsequente da garota. (b) Quanta energia potencial no corpo da garota é convertida em energia mecânica do sistema garoto-garota? (c) O momento do sistema garoto-garota é conservado no processo de empurrar-afastar-se? Se sim, explique como isso é possível considerando que: (d) há grandes forças agindo e (e) não há movimento anterior nem muito movimento posteriormente.

9. Em pesquisas nas áreas de cardiologia e fisiologia de exercícios, frequentemente, é importante conhecer a massa de sangue que é bombeada pelo coração de uma pessoa em um acidente vascular cerebral. Esta informação pode ser obtida por meio de uma *balistocardiografia*. O instrumento funciona da seguinte maneira. A pessoa fica deitada em uma paleta horizontal flutuando em uma camada de ar. O atrito na paleta é desprezível. Inicialmente, o momento do sistema é igual a zero. Quando o coração bate, expele uma massa m de sangue na aorta com velocidade v, e o sangue e a plataforma se movem na direção oposta com velocidade V. A velocidade do sangue pode ser determinada independentemente (por exemplo, observando o efeito Doppler de um ultrassom). Suponha que esta seja de 50,0 cm/s em um experimento típico. A massa da pessoa mais a da paleta é de 54,0 kg. A paleta se move $6{,}00 \times 10^{-5}$ m em 0,160 s depois de um batimento cardíaco. Calcule a massa de sangue que sai do coração. Assuma que a massa de sangue é desprezível em comparação com a massa da pessoa. Este exemplo simplificado ilustra o princípio da balistocardiografia, mas na prática é utilizado um modelo de função do coração mais sofisticado.

10. Quando você pula direto para cima tanto quanto possível, qual a ordem de grandeza da velocidade escalar máxima de recuo que você fornece à Terra? Considere a Terra um corpo perfeitamente sólido. Em sua solução, mencione as quantidades físicas que você mede e os valores que mede ou estima para estas quantidades.

11. W Dois blocos de massas m e $3m$ são colocados em uma superfície horizontal sem atrito. Uma mola leve é atada ao bloco de maior massa, e os blocos são empurrados juntos com a mola entre eles (Fig. P9.11). Uma corda que inicialmente mantinha os blocos juntos é queimada; depois disso, o bloco de massa $3m$ move-se para a direita com uma velocidade escalar de 2,00 m/s. (a) Qual a velocidade do bloco de massa m? (b) Encontre a energia potencial elástica original do sistema, considerando m = 0,350 kg. (c) A energia original está na mola ou na corda? (d) Explique sua resposta à parte (c). (e) O momento do sistema é conservado no processo de queima-separação? Explique como isto é possível considerando que: (f) há grandes forças agindo, e (g) não há movimento anterior nem muito movimento posteriormente.

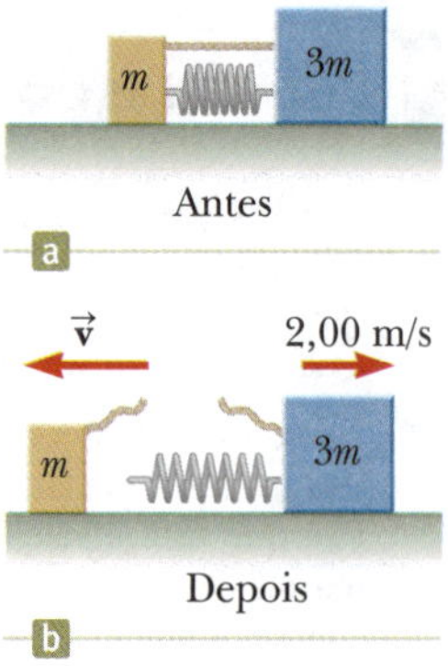

Figura P9.11

Seção 9.3 Modelo de análise: sistema não isolado (momento)

12. Um homem afirma que pode segurar uma criança de 12,0 kg em uma colisão frontal desde que esteja usando o cinto de segurança. Considere este homem em uma colisão na qual ele está em um dos dois carros idênticos que andam um em direção ao outro a 60,0 mi/h em relação ao solo. O carro no qual ele está é levado ao repouso em 0,10 s. (a) Encontre o módulo da força média necessária para segurar a criança. (b) Com base no resultado da parte (a), a afirmação do homem é válida? (c) O que a resposta a este problema diz sobre as leis que requerem a utilização de dispositivos de segurança apropriados, tais como cintos de segurança e assentos especiais para crianças?

13. W Uma curva força-tempo estimada para uma bola de beisebol atingida por um taco é mostrada na Figura P9.13. A partir desta curva, determine (a) o módulo do impulso dado à bola, (b) a força média exercida sobre a bola.

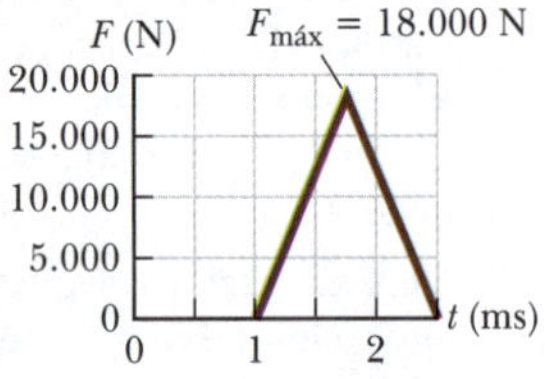

Figura P9.13

14. **Revisão.** Depois que uma bola de borracha de 0,300 kg é derrubada de uma altura de 1,75 m, ela quica em um piso de concreto e sobe novamente a uma altura de 1,50 m. (a) Determine o módulo e a direção do impulso dado à bola pelo piso. (b) Estime o tempo que a bola fica em contato com o piso e utilize esta estimativa para calcular a força média que o piso exerce sobre a bola.

15. Um flutuador de massa m está livre para deslizar ao longo de um trilho de ar horizontal. Ele é empurrado contra um lançador em uma extremidade do trilho. Considere o lançador uma mola leve de constante de força k comprimida de uma distância x. O flutuador é liberado do repouso. (a) Mostre que o flutuador atinge uma velocidade escalar de $v = x(k/m)^{1/2}$. (b) Mostre que o módulo do impulso dado ao flutuador é definido pela expressão $I = x(km)^{1/2}$. (c) É realizado mais trabalho em um flutuador com massa maior ou menor?

16. Em um jogo de *softbol* em ritmo lento, uma bola de *softbol* pesando 0,200 kg cruza a placa a 15,0 m/s em um ângulo de 45,0° abaixo da horizontal. O batedor bate na bola em direção ao centro do campo, dando a ela uma velocidade de 40,0 m/s a 30,0° acima da horizontal. (a) Determine o impulso aplicado à bola. (b) Se a força na bola aumenta linearmente por 4,00 ms, se mantém constante durante 20,0 ms, e então diminui linearmente para zero em outros 4,00 ms, qual é a força máxima sobre a bola?

17. M A frente de um carro de 1.400 kg mede 1,20 m e é projetada como uma "zona amassada" que desmonta para absorver o choque de uma colisão. Se um carro viajando a 25,0 m/s para uniformemente em 1,20 m, (a) qual é a distância que ocorreu a colisão, (b) qual é a intensidade da força média sobre o carro, e (c) qual é a aceleração do carro? Expresse a aceleração como um múltiplo da aceleração da gravidade.

18. AMT Um jogador de tênis recebe uma bola (0,0600 kg) viajando horizontalmente a 50,0 m/s e retorna o lance a 40,0 m/s na direção oposta. (a) Qual é o impulso dado na bola pela raquete de tênis? (b) Qual é o trabalho que a raquete realiza na bola? Qual é a soma $W - \Delta E_{\text{int}}$ para a bola?

19. O módulo da força resultante exercida na direção x sobre uma partícula de 2,50 kg varia com o tempo, como mostra a Figura P9.19. Encontre (a) o impulso da força durante o intervalo de tempo de 5,00 s, (b) a velocidade final que a partícula atinge se ela estiver inicialmente em repouso, (c) sua velocidade final se sua velocidade original for $-2{,}00\,\hat{\mathbf{i}}$ m/s, e (d) a força média exercida sobre a partícula para o intervalo de tempo entre 0 e 5,00 s.

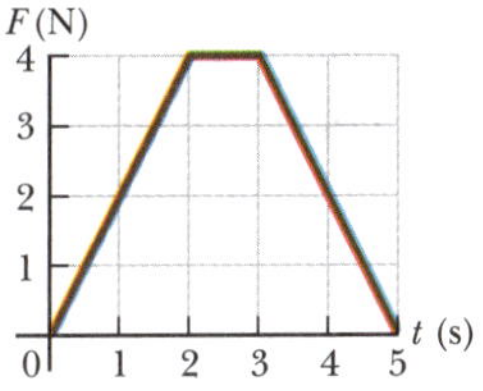

Figura P9.19

20. **Revisão.** *Plataforma de força* é uma ferramenta utilizada para analisar o desempenho de atletas medindo a força vertical que eles exercem no solo em função do tempo. Partindo do repouso, uma atleta de 65 kg pula sobre a plataforma de uma altura de 0,600 m. Enquanto ela está em contato com a plataforma durante o intervalo de tempo $0 < t < 0{,}800$ s, a força que ela exerce sobre a plataforma é descrita pela função

$$F = 9.200\,t - 11.500\,t^2$$

onde F está dado em newtons e t em segundos. (a) Que impulso a atleta recebeu da plataforma? (b) Com que velocidade escalar ela atingiu a plataforma? (c) Com que velocidade escalar ela deixa a plataforma? (d) A que altura ela pula ao deixar a plataforma?

21. Água cai sem espirrar a uma taxa de 0,250 L/s de uma altura de 2,60 m em um balde de 0,750 kg sobre uma balança. Se o balde estiver inicialmente vazio, qual a leitura na balança em newtons 3,00 s depois que a água começa a se acumular nele?

Seção 9.4 Colisões em uma dimensão

22. Um carro de 1.200 kg viajando inicialmente a $v_{Ci} = 25{,}0$ m/s na direção leste colide na traseira de um caminhão de 9.000 kg que se move na mesma direção a $v_{Ti} = 20{,}0$ m/s (Fig. P9.22). A velocidade do carro imediatamente após a colisão é $v_{Cf} = 18{,}0$ m/s para o leste. (a) Qual é a velocidade do caminhão imediatamente após a colisão? (b) Qual é a variação na energia mecânica do sistema carro-caminhão na colisão? (c) Explique esta variação na energia mecânica.

Figura P9.22

23. W Uma bala de 10,0 g é atirada contra um bloco de madeira parado com massa $m = 5{,}00$ kg. A bala fica embutida no bloco. A velocidade escalar do conjunto bala-madeira imediatamente após a colisão é 0,600 m/s. Qual era a velocidade escalar inicial da bala?

24. Um carro de massa m movendo-se a uma velocidade escalar v_1 colide e se une à traseira de um caminhão de massa $2m$ movendo-se inicialmente na mesma direção que o carro a uma velocidade escalar menor v_2. (a) Qual é a velocidade escalar, v_f, dos dois veículos imediatamente após a colisão? (b) Qual é a variação na energia cinética do sistema carro-caminhão na colisão?

25. Um vagão de trem de massa $2{,}50 \times 10^4$ kg se move com uma velocidade de 4,00 m/s. Ele colide e se acopla com três outros vagões de trem, cada um deles com a mesma massa do primeiro vagão e se movendo na mesma direção com uma velocidade inicial de 2,00 m/s. (a) Qual é a velocidade dos quatro carros depois da colisão? (b) Quanta energia mecânica é perdida na colisão?

26. Quatro vagões, cada um deles com uma massa de $2{,}50 \times 10^4$ kg, são acoplados juntos e percorrem a costa seguindo trilhos horizontais na direção sul. Um ator cinematográfico muito forte, mas tolo, conduzindo o segundo vagão, desacopla o vagão da frente e dá a ele um grande impulso, aumentando sua velocidade para 4,00 m/s ao sul. Os três outros vagões continuam se movendo para o sul, agora, a 2,00 m/s. (a) Determine a velocidade inicial dos quatro vagões. (b) Em quanto a energia potencial no corpo do ator se modificou? (c) Estabeleça a relação entre o processo descrito aqui e o processo no Problema 25.

27. M Um nêutron colide frontal e elasticamente com o núcleo de um átomo de carbono inicialmente em repouso. (a) Que fração da energia cinética do nêutron é transferida ao núcleo de carbono? (b) A energia cinética inicial do nêutron é $1{,}60 \times 10^{-13}$ J. Encontre sua energia cinética final e a energia cinética do núcleo de carbono após a colisão. A massa do núcleo de carbono é aproximadamente 12,0 vezes a do nêutron.

28. Uma bala de 7,00 g, disparada de uma arma em um bloco de madeira pesando 1,00 kg, seguro por um torno, penetra o bloco a uma profundidade de 8,00 cm. Em seguida, este bloco de madeira é colocado em uma superfície horizontal sem atrito, e uma segunda bala de 7,00 g é disparada da arma no bloco. A que profundidade a bala penetra no bloco neste caso?

29. M Uma bola de tênis de massa 57 g é mantida exatamente acima de uma bola de basquete de massa 590 g. Com seus centros verticalmente alinhados, ambas são liberadas do repouso ao mesmo tempo, e caem 1,20 m, como mostra a Figura P9.29. Determine a grandeza da velocidade descendente com a qual a bola de basquete atinge o solo. (b) Considere que uma colisão elástica com o solo instantaneamente reverte a velocidade da bola de basquete, enquanto a de tênis continua em movimento para baixo. Em seguida, as duas bolas sofrem colisão elástica. A que altura a bola de tênis recua?

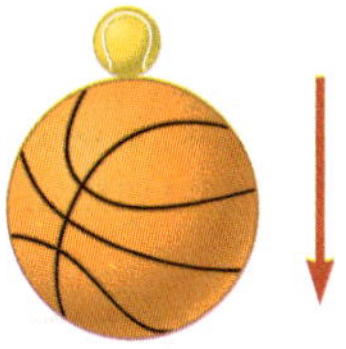
Figura P9.29

30. Como mostra a Figura P9.30, uma bala de massa m e velocidade escalar v passa completamente por um pêndulo de massa M. A bala emerge com uma velocidade escalar de $v/2$. O pêndulo é suspenso por uma barra rígida (*não* uma corda) de comprimento ℓ e massa desprezível. Qual é o

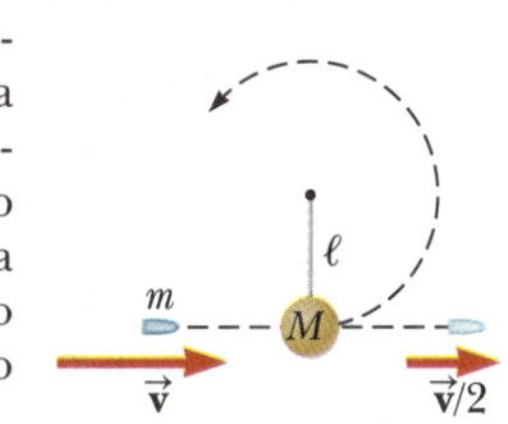

Figura P9.30

valor mínimo de v tal que o pêndulo apenas balançará por um ciclo vertical completo?

31. AMT M Um punhado de argila pegajosa de 12,0 g é atirado horizontalmente contra um bloco de madeira de 100 g inicialmente em repouso sobre uma superfície horizontal. A argila adere ao bloco. Após o impacto, o bloco desliza 7,50 m antes de parar. Se o coeficiente de atrito entre o bloco e a superfície é 0,650, qual era a velocidade escalar da argila imediatamente antes do impacto?

32. Um punhado de argila pegajosa de massa m é atirado horizontalmente contra um bloco de madeira de massa M inicialmente em repouso sobre uma superfície horizontal. A argila adere ao bloco. Após o impacto, o bloco desliza por uma distância d antes de parar. Se o coeficiente de atrito entre o bloco e a superfície é μ, qual era a velocidade escalar da argila imediatamente antes do impacto?

33. AMT W Dois blocos estão livres para deslizar ao longo da pista de madeira sem atrito mostrada na Figura P9.33. O bloco de massa $m_1 = 5{,}00$ kg é solto da posição mostrada, a uma altura $h = 5{,}00$ m acima da parte plana da pista. Saindo de sua extremidade frontal está o polo norte de um ímã forte, que repele o polo norte de um ímã idêntico embutido na extremidade posterior do bloco de massa $m_2 = 10{,}0$ kg inicialmente em repouso. Os dois blocos nunca se tocam. Calcule a altura máxima até a qual m_1 sobe após a colisão elástica.

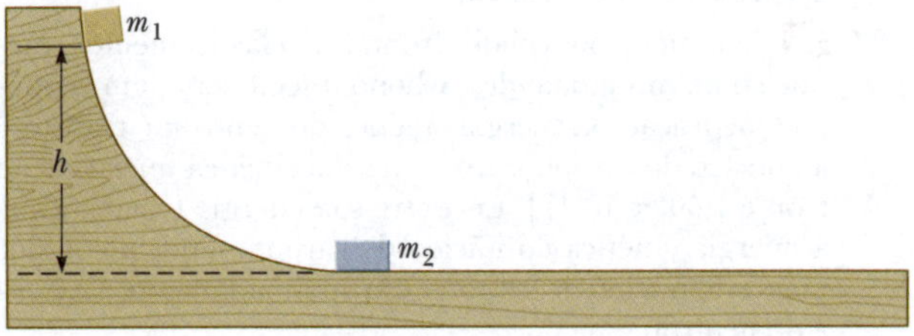

Figura P9.33

34. (a) Três carrinhos de massas $m_1 = 4{,}00$ kg, $m_2 = 10{,}0$ kg e $m_3 = 3{,}00$ kg movem-se sobre um trilho horizontal sem atrito com velocidade escalar $v_1 = 5{,}00$ m/s para a direita, $v_2 = 3{,}00$ m/s para a direita e $v_3 = 4{,}00$ m/s para a esquerda, como mostra a Figura P9.34. Acopladores de velcro fazem os carrinhos se unirem após a colisão. Encontre a velocidade final do conjunto de três carrinhos. (b) **E se?** Sua resposta para a parte (a) requer que todos os carrinhos colidam e se unam ao mesmo tempo? E se eles colidirem em uma ordem diferente?

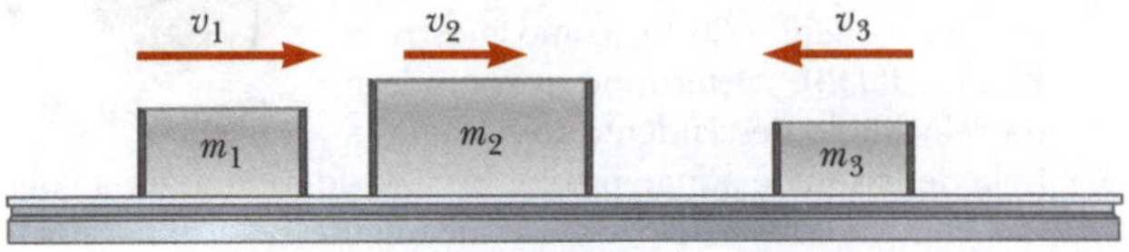

Figura P9.34

Seção 9.5 Colisões em duas dimensões

35. Um disco pesando 0,300 kg, inicialmente, em repouso em uma superfície horizontal sem atrito, é atingido por um disco de 0,200 kg se movendo inicialmente ao longo do eixo x com uma velocidade de 2,00 m/s. Depois da colisão, o disco de 0,200 kg tem uma velocidade de 1,00 m/s em um ângulo de $\theta = 53{,}0°$ em relação ao eixo positivo x (veja a Figura 9.11). (a) Determine a velocidade do disco de 0,300 kg depois da colisão. (b) Defina a fração de energia cinética transferida ou transformada em outras formas de energia na colisão.

36. Dois automóveis de massa igual se aproximam de um cruzamento. Um está viajando com velocidade escalar 13,0 m/s em direção ao leste, e o outro, rumo ao norte com velocidade escalar v_{2i}. Nenhum dos motoristas se veem. Os veículos colidem no cruzamento e ficam unidos, deixando marcas de frenagem a um ângulo de 55,0° a nordeste. O limite de velocidade para ambas as vias é de 35 mi/h, e o motorista do veículo que se movia para o norte alega que estava dentro do limite de velocidade quando ocorreu a colisão. Ele está dizendo a verdade? Explique seu raciocínio.

37. W Um corpo de massa 3,00 kg, movendo-se com uma velocidade inicial de $5{,}00\,\hat{\mathbf{i}}$ m/s, colide e fica junto com um corpo de massa 2,00 kg com uma velocidade inicial de $-3{,}00\,\hat{\mathbf{j}}$ m/s. Encontre a velocidade final do conjunto.

38. W Dois discos de *shuffleboard* (tipo de jogo com discos sobre uma mesa) de massas iguais, um laranja e outro amarelo, estão envolvidos em uma colisão oblíqua elástica. O disco amarelo está inicialmente em repouso e é atingido pelo laranja com uma velocidade escalar de 5,00 m/s. Após a colisão, o disco laranja move-se ao longo de uma direção que forma um ângulo de 37,0° com sua direção inicial de movimento. As velocidades dos dois discos são perpendiculares após a colisão. Determine a velocidade escalar final de cada disco.

39. Dois discos de *shuffleboard* de massas iguais, um laranja e outro amarelo, estão envolvidos em uma colisão oblíqua elástica. O disco amarelo está inicialmente em repouso e é atingido pelo disco laranja com uma velocidade escalar v_i. Após a colisão, o disco laranja move-se ao longo de uma direção que forma um ângulo θ com sua direção inicial de movimento. As velocidades dos dois discos são perpendiculares após a colisão. Determine a velocidade escalar final de cada disco.

40. Um próton se movendo com uma velocidade de $v_i\,\hat{\mathbf{i}}$, colide elasticamente com outro próton que está inicialmente em repouso. Supondo que os dois prótons tenham velocidades iguais depois da colisão, encontre (a) a velocidade de cada próton após a colisão em termos de v_i e (b) a direção dos vetores de velocidade depois da colisão.

41. M Uma bola de bilhar movendo-se a 5,00 m/s colide com uma bola parada com a mesma massa. Após a colisão, a primeira bola se move a 4,33 m/s a um ângulo de 30,0° em relação à linha original de movimento. Considerando uma colisão elástica (e desprezando o atrito e o movimento de rotação), encontre a velocidade da bola golpeada após a colisão.

42. W Um *fullback* (zagueiro) de 90,0 kg correndo para o leste com uma velocidade escalar de 5,00 m/s é agarrado por um oponente de 95,0 kg correndo na direção norte com uma velocidade escalar de 3,00 m/s. (a) Explique por que a agarrada bem-sucedida constitui uma colisão perfeitamente inelástica. (b) Calcule a velocidade dos jogadores imediatamente após a agarrada. (c) Determine a energia mecânica que desaparece em razão da colisão. Explique a falta de energia.

43. M Um núcleo atômico instável de massa $17{,}0 \times 10^{-27}$ kg inicialmente em repouso se desintegra em três partículas. Uma delas, de massa $5{,}00 \times 10^{-27}$ kg, move-se na direção y com uma velocidade escalar de $6{,}00 \times 10^{6}$ m/s. Outra partícula, de massa $8{,}40 \times 10^{-27}$ kg, move-se na direção x com uma velocidade escalar de $4{,}00 \times 10^{6}$ m/s. Encontre (a) a velocidade da terceira partícula, e (b) o aumento de energia cinética total no processo.

44. A massa do disco azul na Figura P9.44 é 20,0% maior que a do verde. Antes de colidirem, os discos se aproximam um do outro com momentos de módulos iguais e direções opos-

tas, e o disco verde tem uma velocidade escalar inicial de 10,0 m/s. Encontre a velocidade escalar dos discos após a colisão se metade da energia cinética do sistema se torna energia interna durante a colisão.

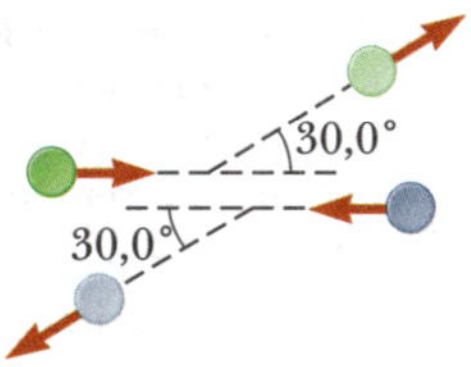

Figura P9.44

Seção 9.6 Centro de massa

45. W Quatro corpos estão situados ao longo do eixo y da seguinte forma: um de 2,00 kg está a +3,00 m; outro, de 3,00 kg, está a +2,50 m; o terceiro, de 2,50 kg, está na origem e um corpo de 4,00 kg, a –0,500 m. Onde está o centro de massa desses corpos?

46. A massa da Terra é $5{,}97 \times 10^{24}$ kg, e a da Lua é $7{,}35 \times 10^{22}$ kg. A distância de separação medida entre seus centros é $3{,}84 \times 10^{8}$ m. Localize o centro de massa do sistema Terra-Lua conforme medido a partir do centro da Terra.

47. Exploradores da floresta encontram um monumento antigo na forma de um grande triângulo isósceles, como mostra a Figura P9.47. O monumento é feito de dezenas de milhares de pequenos blocos de pedra de densidade 3.800 kg/m³. Ele tem 15,7 m de altura e 64,8 m de largura em sua base, com espessura de 3,60 m em todas as partes da frente para trás. Antes de o monumento ser construído, muitos anos atrás, todos os blocos de pedra foram colocados no solo. Quanto trabalho os construtores realizaram sobre eles para colocá-los na posição ao construir o monumento inteiro? *Observação*: a energia potencial gravitacional de um sistema corpo-Terra é definida por $U_g = Mgy_{CM}$, onde M é a massa total do corpo e y_{CM} é a elevação de seu centro de massa acima do nível de referência escolhido.

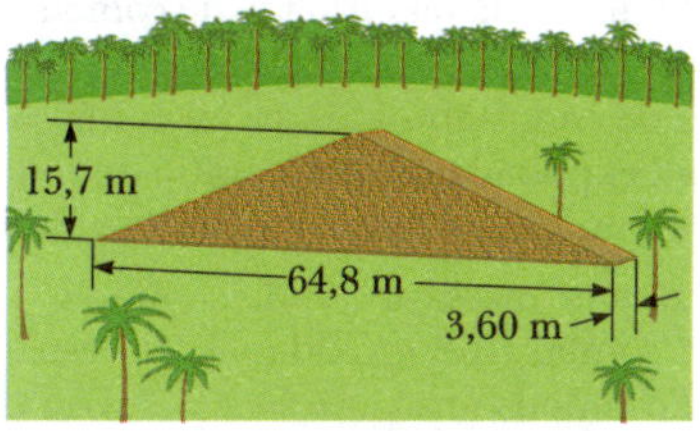

Figura P9.47

48. W Um pedaço uniforme de folha de metal é moldado conforme mostra a Figura P9.48. Calcule as coordenadas x e y do centro de massa da folha.

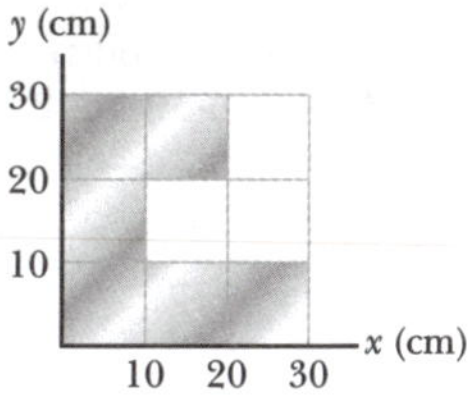

Figura P9.48

49. Uma barra de 30,0 cm de comprimento tem densidade linear (massa por comprimento) definida por

$$\lambda = 50{,}0 + 20{,}0x$$

onde x é a distância a partir de uma extremidade, medida em metros, e λ é expressada em gramas/metro. (a) Qual é a massa da barra? (b) A que distância da extremidade $x = 0$ está seu centro de massa?

50. Uma molécula de água consiste de um átomo de oxigênio e dois átomos de hidrogênio ligados a ele (Figura P9.50). O ângulo entre as duas ligações é de 106°. Se as ligações tiverem 0,100 nm de comprimento, onde está o centro de massa da molécula?

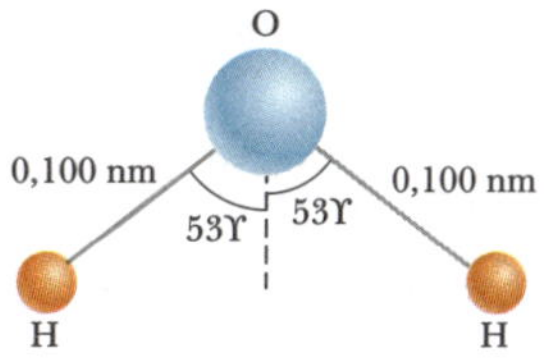

Figura P9.50

Seção 9.7 Sistemas de muitas partículas

51. W Uma partícula de 2,00 kg tem velocidade $(2{,}00\,\hat{\mathbf{i}} - 3{,}00\,\hat{\mathbf{j}})$ m/s, e outra de 3,00 kg tem velocidade $(1{,}00\,\hat{\mathbf{i}} + 6{,}00\,\hat{\mathbf{j}})$ m/s. Encontre (a) a velocidade do centro de massa e (b) o momento total do sistema.

52. Considere um sistema de duas partículas no plano xy: $m_1 = 2{,}00$ kg está no local $\vec{\mathbf{r}}_1 = (1{,}00\hat{\mathbf{i}} + 2{,}00\hat{\mathbf{j}})$ m e tem uma velocidade de $(3{,}00\hat{\mathbf{i}} + 0{,}500\hat{\mathbf{j}})$ m/s; $m_2 = 3{,}00$ kg está em $\vec{\mathbf{r}}_2 = (-4{,}00\hat{\mathbf{i}} - 3{,}00\hat{\mathbf{j}})$ m e tem velocidade $(3{,}00\hat{\mathbf{i}} - 2{,}00\hat{\mathbf{j}})$ m/s. (a) Represente estas partículas em uma grade ou em um papel milimetrado. Desenhe seus vetores de posição e mostre suas velocidades. (b) Encontre a posição do centro de massa do sistema e marque-o na grade. (c) Determine a velocidade do centro de massa e também mostre-o no diagrama. (d) Qual é o momento linear total do sistema?

53. M Romeu (77,0 kg) entretém Julieta (55,0 kg) tocando sua guitarra na parte traseira de seu barco que está em repouso em água parada, 2,70 m afastado da Julieta, que está na parte da frente do barco. Depois da serenata, Julieta se move cuidadosamente para a traseira do barco (afastado da margem) para dar um beijo no rosto de Romeu. A que distância o barco de 80,0 kg se move em direção à margem à frente?

54. O vetor posição de uma partícula de 3,50 g movendo-se no plano xy varia com o tempo de acordo com $\vec{\mathbf{r}}_1 = (3\,\hat{\mathbf{i}} + 3\,\hat{\mathbf{j}})t + 2\,\hat{\mathbf{j}}t^2$, onde t está dado em segundos e $\vec{\mathbf{r}}$ em centímetros. Ao mesmo tempo, o vetor posição de uma partícula de 5,50 g varia conforme $\vec{\mathbf{r}}_2 = 3\hat{\mathbf{i}} - 2\hat{\mathbf{i}}\,t^2 - 6\,\hat{\mathbf{j}}t$. Em $t = 2{,}50$ s, determine (a) o vetor posição do centro de massa, (b) o momento linear do sistema, (c) a velocidade do centro de massa, (d) a aceleração do centro de massa e (e) a força resultante exercida sobre o sistema de duas partículas.

55. Uma bola de 0,200 kg de massa com uma velocidade de $1{,}50\hat{\mathbf{i}}$ m/s encontra outra de 0,300 kg de massa com uma velocidade de $-0{,}400\hat{\mathbf{i}}$ m/s em uma colisão frontal elástica. (a) Encontre as suas velocidades após a colisão. (b) Encontre a velocidade do seu centro de massa antes e depois da colisão.

Seção 9.8 Sistemas deformáveis

56. Para um projeto de tecnologia, um estudante construiu um veículo, de massa total 6,00 kg, que se move sozinho. Como mostra a Figura P9.56, ele corre sobre quatro rodas leves. Uma bobina é presa a um dos eixos e um cabo originalmente enrolado na bobina sobe por uma polia conectada ao veículo para sustentar uma carga suspensa. Depois que o veículo é liberado do repouso, a carga desce muito lentamente, desenrolando o cabo para girar o eixo e fazer o veículo se mover para a frente (à esquerda na Fig. P9.56). O atrito é desprezível na polia e nos mancais do eixo. As rodas não escorregam no chão. A bobina foi construída com um formato cônico, de maneira que a carga desce com pouca velocidade escalar e constante, e o veículo se move horizontalmente pelo chão com aceleração constante, atingindo uma velocidade final de $3{,}00\,\hat{\mathbf{i}}$ m/s. (a) O chão transmite impulso ao veículo? Em caso afirmativo, quanto? (b) O chão realiza trabalho sobre o veículo? Em caso afirmativo, quanto? (c) Faz sentido dizer que o momento final do veículo veio do chão? Em caso nega-

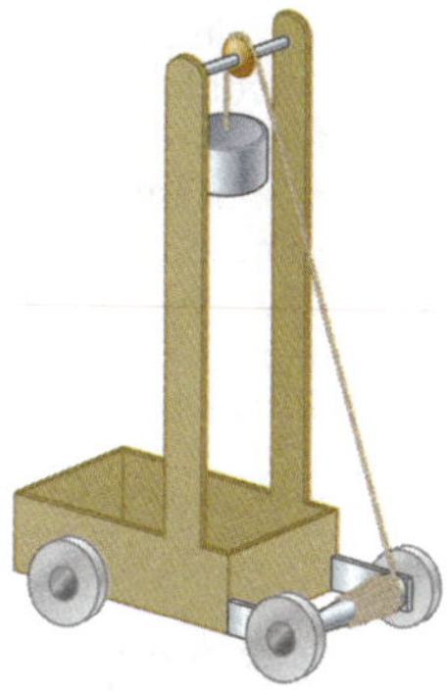
Figura P9.56

tivo, de onde vem? (d) Faz sentido dizer que a energia cinética final do veículo veio do chão? Em caso negativo, de onde vem? (e) Podemos dizer que uma força em particular causa a aceleração do veículo para a frente? O que causa isto?

57. Uma partícula é suspensa por uma coluna no topo de um carrinho por uma corda leve de comprimento L, como mostra a Figura P9.57a. O carrinho e a partícula estão inicialmente se movendo para a direita a uma velocidade escalar constante v_i, com a corda vertical. De repente, o carrinho para quando colide e fica unido pelo para-choque, como mostra a Figura P9.57b. A partícula suspensa balança por um ângulo θ. (a) Mostre que a velocidade escalar original do carrinho pode ser calculada por $v_i = \sqrt{2gL(1 - \cos\theta)}$. (b) Se o para-choque ainda estiver exercendo uma força horizontal sobre o carrinho quando a partícula suspensa está em seu ângulo máximo *para a frente* a partir da vertical, em que momento o para-choque *para* de exercer uma força horizontal?

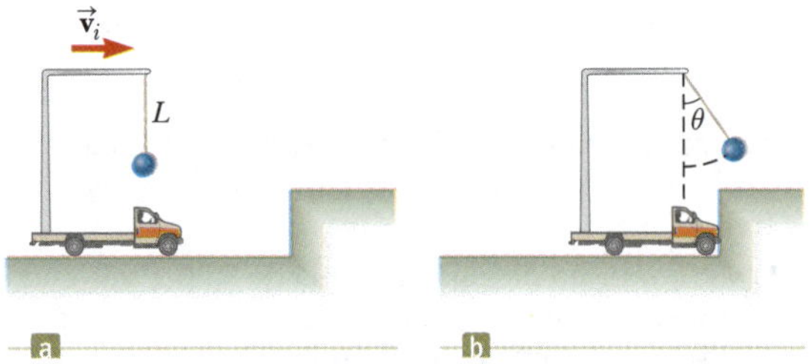

Figura P9.57

58. Uma pessoa de 60,0 kg dobra os joelhos e depois salta para cima. Depois que seus pés saem do chão, seu movimento não é afetado pela resistência do ar e seu centro de massa se eleva a um máximo de 15,0 cm. Considere o chão como completamente sólido e sem movimento. (a) O chão transmite impulso à pessoa? (b) O chão realiza trabalho sobre a pessoa? (c) Com que momento a pessoa deixa o chão? (d) Faz sentido dizer que esse momento vem do chão? Explique. (e) Com que energia cinética a pessoa deixa o chão? (f) Faz sentido dizer que essa energia veio do chão? Explique.

59. A Figura P9.59a mostra uma vista aérea da configuração inicial de dois discos de massa m sobre o gelo sem atrito. Os discos são unidos por uma corda de comprimento ℓ, e massa desprezível. No instante $t = 0$, uma força constante de módulo F começa a puxar para a direita no ponto central da corda. No instante t, os discos em movimento se chocam e ficam unidos. Nesse tempo, a força passou por uma distância d e os discos atingiram uma velocidade escalar v (Fig. P9.59b). (a) Qual é v em função de F, d, ℓ e m? (b) Quanto da energia transferida para o sistema pelo trabalho realizado pela força foi transformado em energia interna?

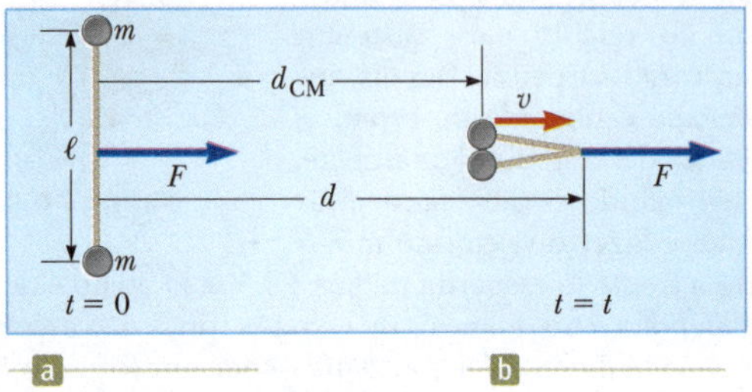

Figura P9.59

Seção 9.9 Propulsão de foguetes

60. Um motor de foguete tem uma força média de 5,26 N. Ele tem massa inicial de 25,5 g, o que inclui a massa do combustível, de 12,7 g. A duração da queima dele é de 1,90 s. (a) Qual é a velocidade escalar média de exaustão do motor? (b) Esse motor é colocado no corpo de um foguete de massa 53,5 g. Qual seria a velocidade final do foguete se ele fosse lançado no espaço a partir do repouso por um astronauta em um passeio espacial? Considere que o combustível queima a uma taxa constante.

61. Uma mangueira de jardim é segura conforme mostra a Figura P9.61. Originalmente, a mangueira está cheia de água sem movimento. Que força adicional é necessária para manter o bocal estacionário depois que o fluxo de água é ativado, se a taxa de descarga for de 0,600 kg/s com uma velocidade de 25,0 m/s?

Figura P9.61

62. **Revisão.** O primeiro estágio de um veículo espacial Saturno V consumiu combustível e oxidante a uma taxa de $1{,}50 \times 10^4$ kg/s com uma velocidade escalar de exaustão de $2{,}60 \times 10^3$ m/s. (a) Calcule o impulso produzido por este motor. (b) Encontre a aceleração que o veículo teve quando acabou de deixar a plataforma de lançamento na Terra, considerando a massa inicial do veículo como $3{,}00 \times 10^6$ kg.

63. Um foguete para uso no espaço profundo deve ser capaz de impulsionar uma carga total (carga útil mais estrutura do foguete e motor) de 3,00 toneladas métricas a uma velocidade escalar de 10.000 m/s. (a) Ele tem um projeto de motor e combustível para produzir uma velocidade escalar de exaustão de 2.000 m/s. Quanto mais combustível e oxidante é necessário? (b) Se um projeto diferente de combustível e motor pudesse fornecer uma velocidade escalar de exaustão de 5.000 m/s, que quantidade de combustível e oxidante seria necessária para a mesma tarefa? (c) Observando que a velocidade de exaustão na parte (b) é 2,50 vezes maior que na parte (a), explique por que a massa de combustível necessária não é simplesmente menor por um fator 2,50.

64. Um foguete tem massa total $M_i = 360$ kg, incluindo $M_f = 330$ kg de combustível e oxidante. No espaço interestelar, ele parte do repouso na posição $x = 0$, liga o motor no instante $t = 0$, e expele gases de exaustão com velocidade escalar relativa $v_e = 1{,}500$ m/s à taxa constante $k = 2{,}50$ kg/s. O combustível durará por um tempo de queima $T_q = M_f/k = 330\text{ kg}/(2{,}5\text{ kg/s}) = 132$ s. (a) Mostre que, durante a queima, a velocidade do foguete em função do tempo é definida por

$$v(t) = -v_e \ln\left(1 - \frac{kt}{M_i}\right)$$

(b) Faça um gráfico da velocidade do foguete em função do tempo para os tempos entre 0 e 132 s. (c) Mostre que a aceleração do foguete é

$$a(t) = \frac{kv_e}{M_i - kt}$$

(d) Faça um gráfico da aceleração em função do tempo. (e) Mostre que a posição do foguete é

$$x(t) = v_e\left(\frac{M_i}{k} - t\right)\ln\left(1 - \frac{kt}{M_i}\right) + v_e t$$

(f) Faça um gráfico da posição durante a queima em função do tempo.

Problemas Adicionais

65. Uma bola de massa m é jogada para cima no ar com uma velocidade escalar inicial v_i. Encontre o momento da bola

(a) em sua altura máxima e (b) a meio caminho de sua altura máxima.

66. Uma patinadora amadora de massa M fica presa no meio de uma pista de patinação e é incapaz de retornar para o lado onde não há gelo. Todo movimento que ela realiza a faz escorregar no gelo e permanecer no mesmo local. Ela decide tentar retornar à segurança atirando suas luvas de massa m em direção ao lado seguro. (a) Ela atira as luvas tão forte quanto possível, e elas deixam sua mão com uma velocidade horizontal $\vec{\mathbf{v}}_{\text{luvas}}$. Explique se ela se move ou não. Se ela se mover, calcule sua velocidade $\vec{\mathbf{v}}_{\text{garota}}$ em relação à Terra depois que atira as luvas. (b) Discuta seu movimento do ponto de vista das forças que agem sobre ela.

67. **M** Uma bola de aço de 3,00 kg bate em uma parede com uma velocidade escalar de 10,0 m/s a um ângulo $\theta = 60,0°$ com a superfície. Ela quica e recua com a mesma velocidade escalar e mesmo ângulo (Fig. P9.67). Se a bola fica em contato com a parede por 0,200 s, qual é a força média exercida pela parede sobre a bola?

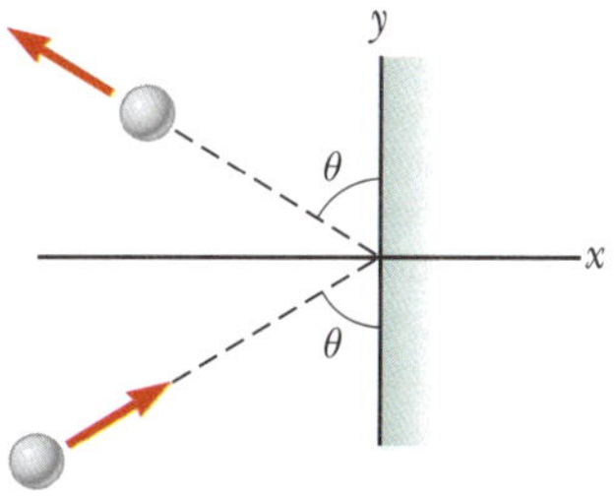

Figura P9.67

68. (a) A Figura P9.68 mostra três pontos na operação de um pêndulo balístico discutido no Exemplo 9.6 (e mostrado na Fig. 9.9b). Uma bola se aproxima do pêndulo na Figura P9.68a. A P9.68b mostra a situação logo depois que a bola é capturada no pêndulo. Na P9.68c, o braço do pêndulo balançou para cima e entrou em repouso a uma altura h acima de sua posição inicial. Prove que a relação da energia cinética do sistema bola-pêndulo imediatamente depois da colisão pela energia cinética imediatamente antes é $m_1/(m_1 + m_2)$. (b) Qual é a relação do momento do sistema imediatamente após a colisão pelo momento imediatamente antes? (c) Um estudante acredita que uma diminuição tão grande da energia mecânica deve ser acompanhada por, pelo menos, uma pequena redução no momento. Como você o convenceria da verdade?

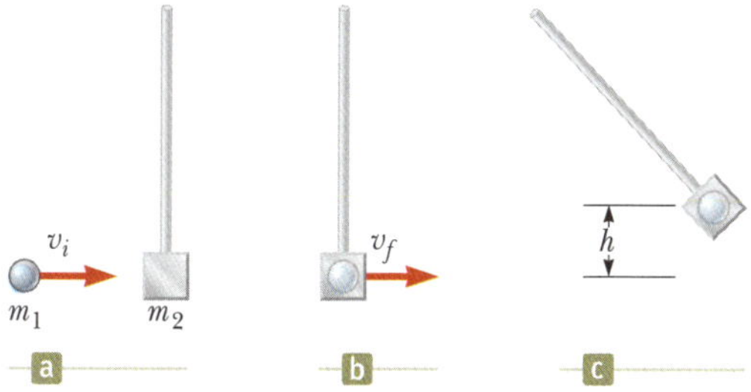

Figura P9.68

Problemas 68 e 86. (a) Uma bola de metal se move em direção ao pêndulo. (b) A bola é capturada pelo pêndulo. (c) O conjunto bola-pêndulo balança até uma altura h antes de entrar em repouso.

69. **Revisão.** Uma pessoa de 60,0 kg correndo com uma velocidade inicial de 4,00 m/s salta em um carrinho que pesa 120 kg, inicialmente em repouso (Figura P9.69). A pessoa desliza na superfície superior do carrinho e, por fim, entra em repouso em relação ao carrinho. O coeficiente de atrito cinético entre a pessoa e o carrinho é de 0,400. O atrito entre o carrinho e o solo pode ser ignorado. (a) Determine a velocidade final da pessoa e do carrinho em relação ao solo. (b) Determine a força de atrito que atua sobre a pessoa enquanto ela desliza pela superfície do carrinho. (c) Durante quanto tempo a força de atrito atua na pessoa? (d) Determine a mudança no momento da pessoa e a mudança no momento do carrinho. (e) Determine o deslocamento da pessoa em relação ao solo enquanto desliza sobre o carrinho. (f) Determine o deslocamento do carrinho em relação ao solo enquanto a pessoa está deslizando. (g) Defina a mudança na energia cinética da pessoa. (h) Determine a mudança na energia cinética do carrinho. (i) Explique porque as respostas dos itens (g) e (h) diferem. (Que tipo de colisão é esta, e o que responde pela perda de energia mecânica?)

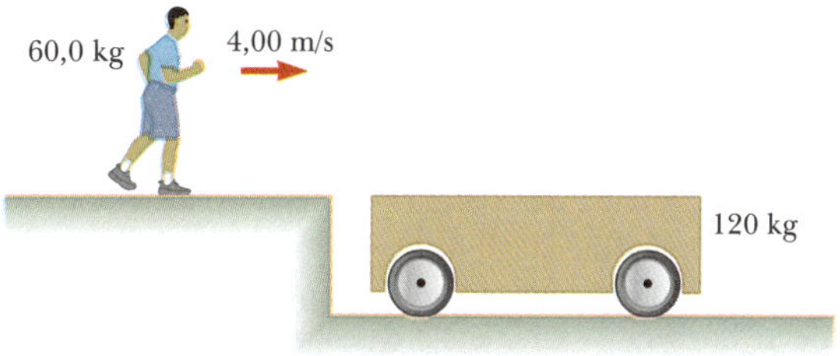

Figura P9.69

70. Um canhão está firmemente amarrado a uma carroça, que pode se mover ao longo de trilhos horizontais, mas está amarrado a um poste por uma corda grande, inicialmente não esticada e com força constante $k = 2,00 \times 10^4$ N/m, como mostra a Figura P9.70. O canhão dispara um projétil de 200 kg a uma velocidade de 125 m/s, dirigido a 45,0° acima da horizontal. (a) Supondo que a massa do canhão e da carroça seja de 5.000 kg, determine a velocidade de recuo do canhão. (b) Determine a extensão máxima da mola. (c) Encontre a força máxima que a mola exerce na carroça. (d) Considere que o sistema consiste do canhão, da carroça e do projétil. O momento deste sistema é conservado durante o disparo? Sim ou não? Por quê?

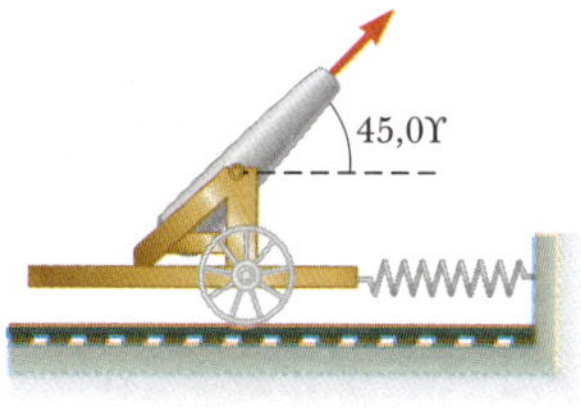

Figura P9.70

71. Um bloco de madeira de 1,25 kg está em uma mesa sobre um grande furo, como na Figura P9.71. Uma bala de 5,00 g com velocidade inicial v_i é atirada para cima na parte inferior do bloco, e permanece dentro dele após a colisão. O bloco e a bala sobem a uma altura máxima de 22,0 cm. (a) Descreva como você encontraria a velocidade inicial da bala utilizando ideias que aprendeu neste capítulo. (b) Calcule a velocidade inicial da bala a partir das informações fornecidas.

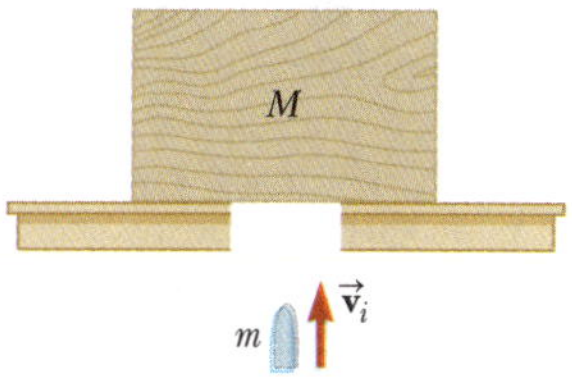

Figura P9.71

Problemas 71 e 72.

72. Um bloco de madeira de massa M está em uma mesa sobre um grande furo, como na Figura P9.71. Uma bala de massa m com uma velocidade inicial de v_i é atirada para cima na parte inferior do bloco, e permanece dentro dele após a colisão. O bloco e a bala sobem a uma altura máxima h. (a) Descreva como você encontraria a velocidade inicial da bala utilizando as ideias que aprendeu neste capítulo. (b) Encontre uma expressão para a velocidade inicial da bala.

73. Duas partículas com massas m e $3m$ se movem uma em direção à outra ao longo do eixo x com as mesmas velocidades iniciais vi. A partícula com massa m está percorrendo para a esquerda, e a partícula com massa $3m$ percorre para a direita. Elas sofrem uma colisão frontal elástica e cada uma delas ricocheteia ao longo da mesma linha à medida que se aproxima. Determine as velocidades finais das partículas.

74. Perseguido por lobos ferozes, você está em um trenó sem cavalos, deslizando sem atrito ao longo de um lago coberto de gelo. Você toma uma ação descrita pelas equações

$$(270 \text{ kg})(7{,}50 \text{ m/s})\hat{\mathbf{i}} = (15{,}0 \text{ kg})(-v_{1f}\hat{\mathbf{i}}) + (255 \text{ kg})(v_{2f}\hat{\mathbf{i}})$$
$$v_{1f} + v_{2f} = 8{,}00 \text{ m/s}$$

(a) Complete o enunciado do problema, fornecendo os dados e identificando as incógnitas. (b) Encontre os valores de v_{1f} e v_{2f}. (c) Encontre a quantidade de energia que foi transformada de energia potencial armazenada em seu corpo em energia cinética do sistema.

75. Dois flutuadores são colocados em movimento em um trilho de ar horizontal. Uma mola de constante de força k é presa à extremidade traseira do segundo flutuador. Como mostra a Figura P9.75, o primeiro flutuador, de massa m_1, move-se para a direita com velocidade escalar v_1 e o segundo flutuador, de massa m_2, move-se mais lentamente para a direita com velocidade escalar v_2. Quando m_1 colide com a mola presa a m_2, a mola é comprimida por uma distância $x_{máx}$ e os flutuadores então se afastam novamente. Em termos de v_1, v_2, m_1, m_2 e k, encontre (a) a velocidade escalar v na compressão máxima, (b) a compressão máxima $x_{máx}$ e (c) a velocidade de cada flutuador depois de m_1 perder contato com a mola.

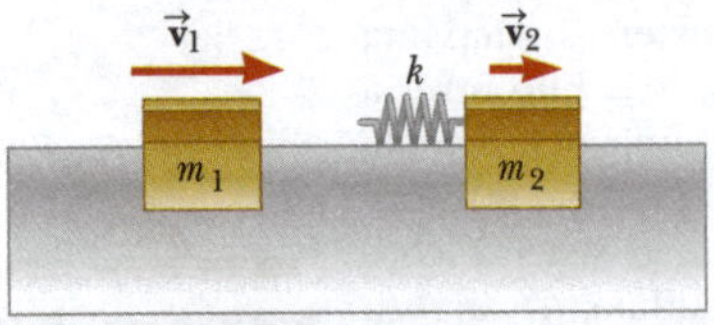

Figura P9.75

76. *Por que a seguinte situação é impossível?* Um astronauta, junto com o equipamento que carrega, tem uma massa de 150 kg. Ele está fazendo um passeio pelo espaço fora da nave, que está à deriva com uma velocidade constante. O astronauta empurra acidentalmente a espaçonave e começa a se afastar a 20,0 m/s em relação à nave, sem amarras. Para retornar, ele tira o equipamento de seu traje espacial e o atira na direção oposta à da nave. Por causa de seu traje espacial volumoso, ele pode arremessar o equipamento a uma velocidade escalar máxima de 5,00 m/s em relação a si mesmo. Depois de jogar equipamento suficiente, ele começa a se mover de volta para nave, podendo agarrá-la e subir nela.

77. Dois blocos de massas $m_1 = 2{,}00$ kg e $m_2 = 4{,}00$ kg são liberados do repouso a uma altura $h = 5{,}00$ m em uma pista sem atrito, como mostrado na Figura P9.77. Quando eles se encontram na porção plana da pista, sofrem uma colisão frontal elástica. Determine as alturas máximas às quais m_1 e m_2 sobem na porção curva da pista após a colisão.

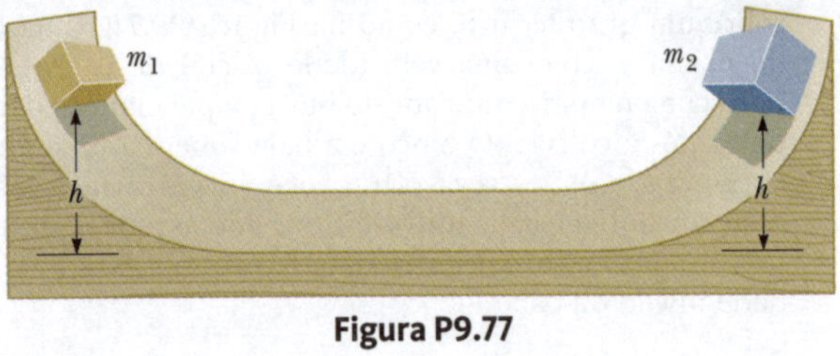

Figura P9.77

78. **Revisão.** Uma bala de canhão de massa m está perto de uma árvore na beira de um penhasco a 36,0 m acima da superfície do oceano. Em um esforço para derrubar a bala de canhão do penhasco, algumas crianças amarram a ponta de uma corda em torno de uma pedra de massa 80,0 kg e a outra em um galho de árvore bem acima da bala. Elas apertam a corda de maneira que a pedra apenas roce o chão e fique pendurada perto da bala. As crianças conseguem balançar a pedra de volta até que ela fique em repouso 1,80 m acima do chão. As crianças soltam a pedra, que em seguida balança e faz uma colisão frontal elástica com a bala de canhão, projetando-a horizontalmente para fora do penhasco. A bala de canhão pousa no oceano a uma distância horizontal R de sua posição inicial. (a) Encontre a componente horizontal R do deslocamento da bala, uma vez que ela depende de m. (b) Qual é o valor máximo possível para R, e (c) a que valor de m ele corresponde? (d) Para o sistema pedra-bala de canhão-Terra, a energia mecânica é conservada durante o processo? Este princípio é suficiente para resolver o problema inteiro? Explique. (e) **E se?** Mostre que R não depende do valor da aceleração gravitacional. Esse resultado é extraordinário? Declare como se poderia fazê-lo ter sentido.

79. Uma miçanga azul de 0,400 kg desliza sobre um fio curvo sem atrito partindo do repouso no ponto Ⓐ na Figura P9.79, onde $h = 1{,}50$ m. No ponto Ⓑ, a miçanga azul colide elasticamente com uma verde de 0,600 kg em repouso. Encontre a altura máxima que esta última atinge quando sobe no fio.

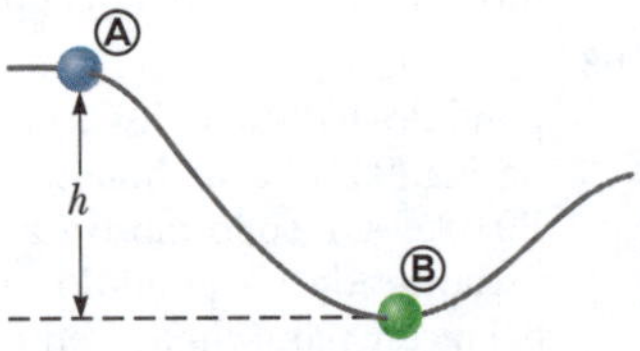

Figura P9.79

80. W Um pequeno bloco de massa $m_1 = 0{,}500$ kg é liberado do repouso no topo de uma cunha de forma curva, sem atrito, de massa $m_2 = 3{,}00$ kg, que está em uma superfície horizontal sem atrito, como mostra a Figura P9.80a. Quando o bloco deixa a cunha, sua velocidade é medida como 4,00 m/s para a direita, como mostra a Figura P9.80b. (a) Qual é a velocidade da cunha depois que o bloco atinge a superfície horizontal? (b) Qual é a altura h da cunha?

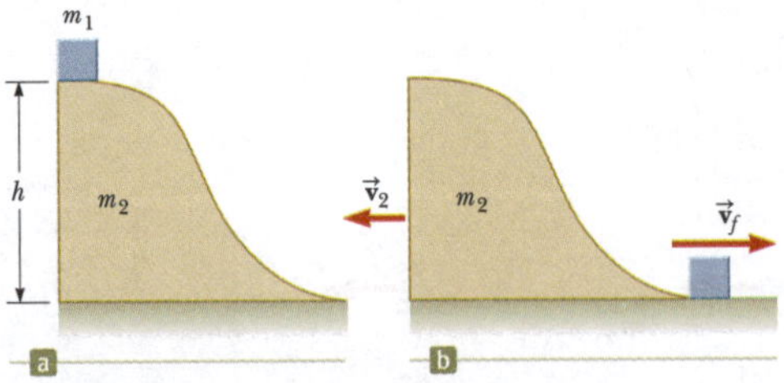

Figura P9.80

81. M **Revisão.** Uma bala de massa $m = 8{,}00$ é atirada contra um bloco de massa $M = 250$ g inicialmente em repouso na borda de uma mesa de altura $h = 1{,}00$ m (Fig. P9.81). A bala permanece no bloco e, depois do impacto, o bloco cai a uma distância $d = 2{,}00$ da base da mesa. Determine a velocidade escalar inicial da bala.

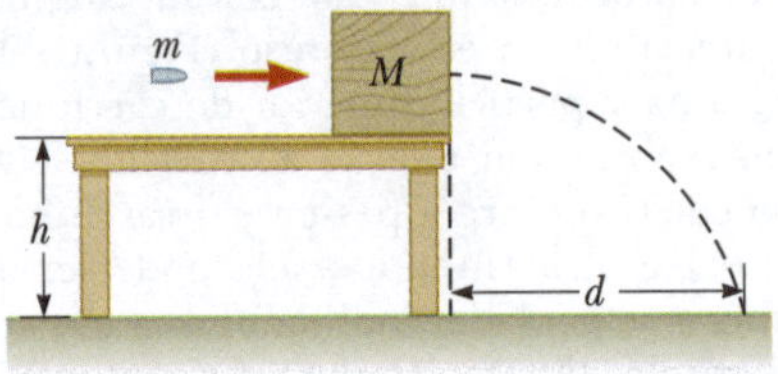

Figura P9.81 Problemas 81 e 82.

82. **Revisão.** Uma bala com massa m é disparada em um bloco de massa M inicialmente em repouso na borda de uma mesa sem atrito, de altura h (Fig. P9.81). A bala permanece no bloco e, depois do impacto, o bloco cai a uma distância d da base da mesa. Determine a velocidade inicial da bala.

83. Uma esfera de 0,500 kg movendo-se com uma velocidade definida por $(2{,}00\hat{\mathbf{i}} - 3{,}00\hat{\mathbf{j}} + 1{,}00\hat{\mathbf{k}})$ m/s bate em outra esfera de massa 1,50 kg movendo-se com uma velocidade inicial $(-1{,}00\hat{\mathbf{i}} + 2{,}00\hat{\mathbf{j}} - 3{,}00\hat{\mathbf{k}})$ m/s. (a) A velocidade da esfera de 0,500 kg após a colisão é $(-1{,}00\hat{\mathbf{i}} + 3{,}00\hat{\mathbf{j}} - 8{,}00\hat{\mathbf{k}})$ m/s. Encontre a velocidade final da esfera de 1,50 kg e identifique o tipo de colisão (elástica, inelástica ou perfeitamente inelástica). (b) Agora, considere que a velocidade da esfera de 0,500 kg após a colisão é $(-0{,}250\hat{\mathbf{i}} + 0{,}750\hat{\mathbf{j}} - 2{,}00\hat{\mathbf{k}})$ m/s. Encontre a velocidade final da esfera de 1,50 kg e identifique o tipo de colisão. (c) **E se?** Considere a velocidade da esfera de 0,500 kg após a colisão como $(-1{,}00\,\hat{\mathbf{i}} + 3{,}00\hat{\mathbf{j}} + a\hat{\mathbf{k}})$ m/s. Encontre o valor de a e a velocidade da esfera de 1,50 kg após uma colisão elástica.

84. Um bombeiro de 75,0 kg desce escorregando por um poste enquanto uma força de atrito constante de 300 N retarda seu movimento. Uma plataforma horizontal de 20,0 kg é sustentada por uma mola na parte inferior do poste para amortecer a queda. O bombeiro parte do repouso 4,00 m acima da plataforma e a constante elástica da mola é 4.000 N/m. Encontre (a) a velocidade escalar do bombeiro exatamente antes de ele colidir com a plataforma, (b) a distância máxima de compressão da mola. Considere que a força de atrito age durante todo o movimento.

85. George da Floresta, com massa m, balança em um cipó leve pendurado em um galho de árvore. Um segundo cipó de comprimento igual está pendurado no mesmo ponto, e um gorila de massa maior M balança na direção oposta. Ambos os cipós estão horizontais quando os primatas partem do repouso ao mesmo tempo. George e o gorila se encontram no ponto mais baixo de seus balanços. Cada um tem medo de que o cipó se rompa, portanto, eles se agarram. Eles balançam para cima juntos, atingindo um ponto em que os cipós formam um ângulo de 35,0° com a vertical. Encontre o valor da relação m/M.

86. **Revisão.** Uma estudante realiza uma experiência de pêndulo balístico utilizando um equipamento semelhante ao tratado no Exemplo 9.6 e mostrado na Figura P9.68. Ela obtém os seguintes dados médios: h = 8,68 cm, massa do projétil m_1 = 68,8 g e massa do pêndulo m_2 = 263 g. (a) Determine a velocidade escalar inicial v_{1A} do projétil. (b) A segunda parte da sua experiência é obter v_{1A} atirando o mesmo projétil horizontalmente (com o pêndulo removido do caminho) e medindo sua posição horizontal final x e a distância de queda y (Fig. P9.86). Que valor numérico ela obtém para v_{1A} com base em seus valores medidos de x = 257 cm e y = 85,3 cm? (c) Quais fatores podem explicar a diferença neste valor em comparação com o valor obtido na parte (a)?

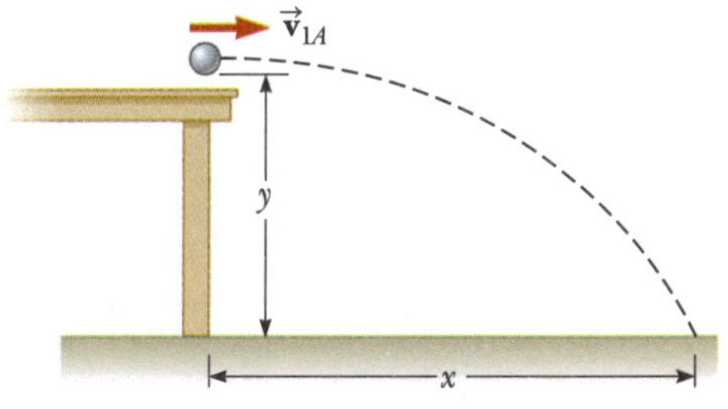

Figura P9.86

87. **Revisão.** Uma mola leve de constante de força 3,85 N/m é comprimida 8,00 cm e mantida entre um bloco de 0,250 kg à esquerda e outro de 0,500 kg à direita, que estão em repouso em uma superfície horizontal. Ambos são soltos simultaneamente de maneira que a mola tende a separá-los. Encontre a velocidade máxima que cada bloco atinge se o coeficiente de atrito cinético entre cada bloco e a superfície for (a) 0, (b) 0,100 e (c) 0,462. Considere que o coeficiente de atrito estático é maior que o coeficiente de atrito cinético em cada caso.

88. Considere um sistema o Sol e a Terra em órbita circular em torno dele. Encontre o módulo da variação na velocidade do Sol em relação ao centro de massa do sistema durante um período de seis meses. Ignore a influência de outros corpos celestes. Você pode obter os dados astronômicos necessários nas páginas iniciais e finais deste livro.

89. AMT M Uma bala de 5,00 g movendo-se com velocidade escalar inicial de v_i = 400 m/s é atirada contra um bloco de 1,00 kg e passa através dele, como mostrado na Figura P9.89. Um bloco, inicialmente em repouso em uma superfície horizontal sem atrito, é conectado a uma mola com constante de força 900 N/m. O bloco move-se por uma distância d = 5,00 cm para a direita depois do impacto antes de ser trazido ao repouso pela mola. Encontre (a) a velocidade escalar com a qual a bala emerge do bloco e (b) a quantidade de energia cinética inicial da bala que é convertida em energia interna no sistema bala-bloco durante a colisão.

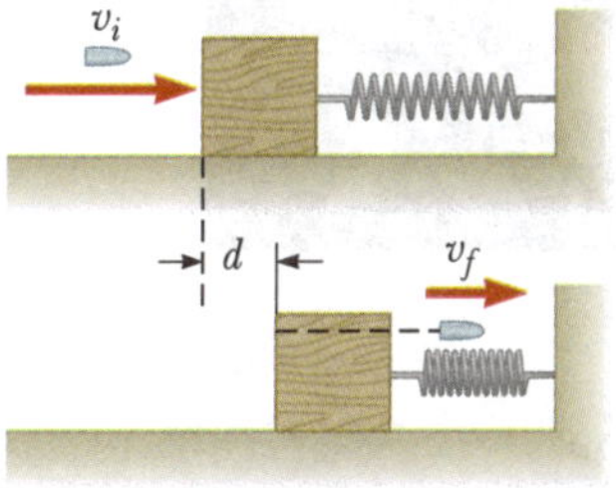

Figura P9.89

90. PD **Revisão.** Há (pode-se dizer) três teorias igualmente importantes de movimento para uma partícula isolada: a Segunda Lei de Newton, que afirma que a força total sobre a partícula causa sua aceleração; o teorema trabalho-energia cinética, que afirma que o trabalho total realizado sobre a partícula causa a variação na sua energia cinética; e o teorema impulso-momento, que afirma que o impulso total sobre a partícula causa variação em seu momento. Neste problema, você irá comparar as previsões das três teorias em um caso particular. Um corpo de 3,00 kg tem velocidade de 7,00 $\hat{\mathbf{j}}$ m/s. Então, uma força resultante constante de 12,0 $\hat{\mathbf{i}}$ N age sobre ele por 5,00 s. (a) Calcule a velocidade final do corpo, utilizando o teorema impulso-momento. (b) Calcule sua aceleração a partir de $\vec{\mathbf{a}} = (\vec{\mathbf{v}}_f - \vec{\mathbf{v}}_i)/\Delta t$. (c) Calcule sua aceleração a partir de $\vec{\mathbf{a}} = \sum\vec{\mathbf{F}}/m$. (d) Encontre o vetor deslocamento do corpo a partir de $\Delta\mathbf{r} = \vec{\mathbf{v}}_i t + \frac{1}{2}\vec{\mathbf{a}}t^2$. (e) Encontre o trabalho realizado sobre o corpo a partir de $W = \vec{\mathbf{F}} \cdot \Delta\vec{\mathbf{r}}$ (f) Encontre a energia cinética final a partir de $\frac{1}{2}mv_f{}^2 = \frac{1}{2}m\vec{\mathbf{v}}_f \cdot \vec{\mathbf{v}}_f$. (g) Encontre a energia cinética final a partir de $\frac{1}{2}mv_i{}^2 + W$. (h) Declare o resultado da comparação das respostas às partes (b) e (c) e as repostas às partes (f) e (g).

91. M Uma partícula de 2,00 g se movendo a 8,00 m/s sofre uma colisão frontal perfeitamente elástica com um objeto em repouso pesando 1,00 g. (a) Determine a velocidade de cada partícula depois da colisão. (b) Defina a velocidade de cada partícula após a colisão se a partícula estacionária tiver uma massa de 10,0 g. (c) Determine a energia cinética final do incidente com a partícula de 2,00 g nas situações descritas nas partes (a) e (b). Em que caso a partícula do incidente perde mais energia cinética?

Problemas de Desafio

92. Nos jogos olímpicos de 1968, a atleta de salto da Universidade de Oregon, Dick Fosbury, introduziu uma nova técnica de salto em altura chamada "salto Fosbury". Ela contribuiu para aumentar o recorde mundial em cerca de 30 cm, e é atualmente utilizada por todo saltador de nível internacional. Nesta técnica, o atleta passa sobre a barra com o rosto voltado para cima enquanto curva as costas o máximo possível, como mostra a Figura P9.92a. Essa ação coloca seu centro de massa fora do corpo, abaixo de suas costas. Quando seu corpo passa acima da barra, seu centro de massa passa abaixo dela. Como uma determinada entrada de energia implica certa elevação do seu centro de massa, a ação de curvar as costas significa que seu corpo está mais alto do que se suas costas estivessem retas. Como um modelo, considere o saltador uma barra uniforme fina de comprimento L. Quando a barra está reta, seu centro de massa está em seu centro. Agora, dobre a barra em um formato circular de maneira que ela subtenda um ângulo de 90,0° no centro do arco, como mostrado na Figura P9.92b. Nessa configuração, a que distância fora da barra está o centro de massa?

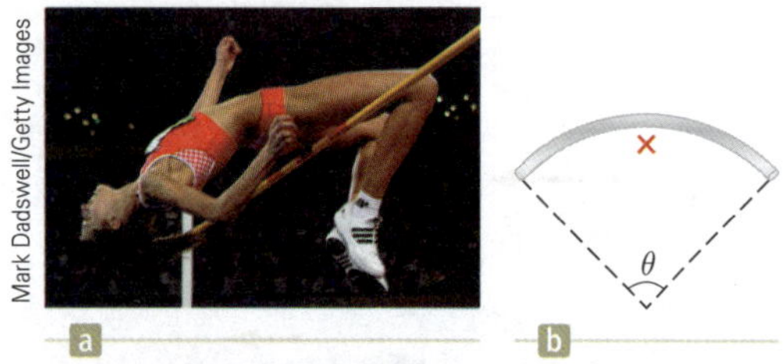

Figura P9.92

93. Duas partículas com massas m e $3m$ estão se movendo uma em direção à outra ao longo do eixo x com a mesma velocidade escalar inicial v_i. A partícula m está indo para a esquerda, e a $3m$, para a direita. Elas sofrem uma colisão oblíqua elástica tal que a partícula m se move na direção y negativa a um ângulo reto em relação à sua posição inicial. (a) Encontre a velocidade escalar das duas partículas em função de v_i. (b) Qual é o ângulo θ no qual a partícula $3m$ é espalhada?

94. A areia de um funil parado cai em uma esteira transportadora a uma taxa de 5,00 kg/s, como mostra a Figura P9.94. A esteira transportadora é suportada por roletes sem atrito e se move a uma velocidade escalar constante v = 0,750 m/s sob a ação de uma força externa horizontal constante $\mathbf{F}_{ext}$ fornecida pelo motor que aciona a esteira. Encontre (a) a taxa de variação do momento da areia na direção horizontal, (b) a força de atrito exercida pela areia, (c) a força externa $\vec{\mathbf{F}}_{ext}$, (d) o trabalho realizado por $\vec{\mathbf{F}}_{ext}$ em 1 s, e (e) a energia cinética adquirida pela areia que cai a cada segundo em razão da variação em seu movimento horizontal. (f) Por que as repostas das partes (d) e (e) são diferentes?

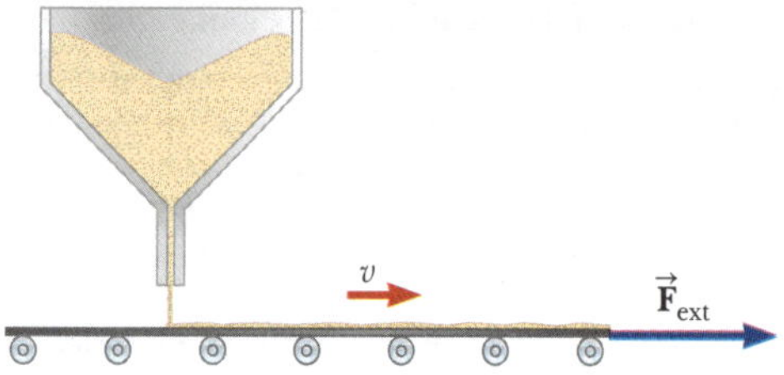

Figura P9.94

95. Em um trilho de ar horizontal, um flutuador de massa m transporta uma coluna em forma de Γ. A coluna sustenta uma pequena esfera densa, também de massa m, pendurada logo acima do topo do flutuador em um cabo de comprimento L. O flutuador e a esfera estão inicialmente em repouso com o cabo vertical. A Figura P9.57a mostra um carrinho e uma esfera similarmente conectados. Uma força horizontal constante de módulo F é aplicada ao flutuador, que faz um deslocamento x_1; depois, a força é removida. Durante o intervalo de tempo em que a força é aplicada, a esfera faz um deslocamento com componente horizontal x_2. (a) Encontre a componente horizontal da velocidade do centro de massa do sistema flutuador-esfera quando a força é removida. (b) Depois que a força é removida, o flutuador continua a se mover no trilho e a esfera balança para trás e para a frente, sem atrito. Encontre uma expressão para o ângulo maior que o cabo forma com a vertical.

96. **Revisão.** Uma corrente de comprimento L e massa total M é liberada do repouso com sua extremidade inferior apenas tocando o topo de uma mesa, como mostrado na Figura P9.96a. Encontre a força exercida pela mesa sobre a corrente depois que a corrente caiu por uma distância x, como mostrado na Figura P9.96b. Considere que cada elo entra em repouso no instante em que toca a mesa.

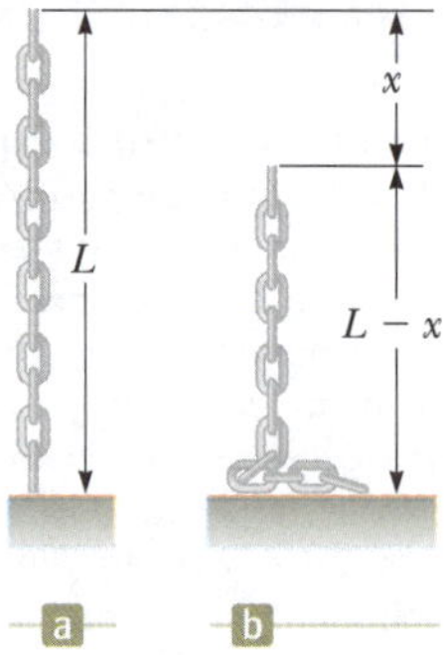

Figura P9.96

capítulo 10

Rotação de um corpo rígido em torno de um eixo fixo

O passatempo malaio de *hastear o pião* envolve girar topos que podem ter massas de até 5 kg. Jogadores profissionais podem lançar seus piões de modo que girem por mais de uma hora sem parar. Estudaremos o movimento rotacional de corpos como estes piões neste capítulo. (Cortesia de Tourism Malaysia)

Quando um corpo rígido, tal como uma roda, gira sobre seu eixo, o movimento não pode ser analisado modelando o corpo como uma partícula porque em qualquer momento partes diferentes dele têm velocidades lineares e acelerações lineares diferentes. No entanto, podemos analisar o movimento de um corpo rígido modelando-o como um sistema de muitas partículas, cada uma com sua própria velocidade linear e aceleração linear, como discutido na Seção 9.7, no Capítulo 9.

Lidando com um corpo em rotação, a análise é muitas vezes simplificada ao presumir que ele seja rígido. **Corpo rígido** é aquele não deformável; isto é, as localizações relativas de todas as partículas das quais o corpo é composto permanecem constantes. Todos os corpos reais são deformáveis até um ponto; nosso modelo de corpo rígido, porém, é útil em muitas situações nas quais a deformação é desprezível. Desenvolvemos modelos de análise baseados em partículas e sistemas. Neste capítulo, apresentaremos outra classe baseada no modelo do corpo rígido.

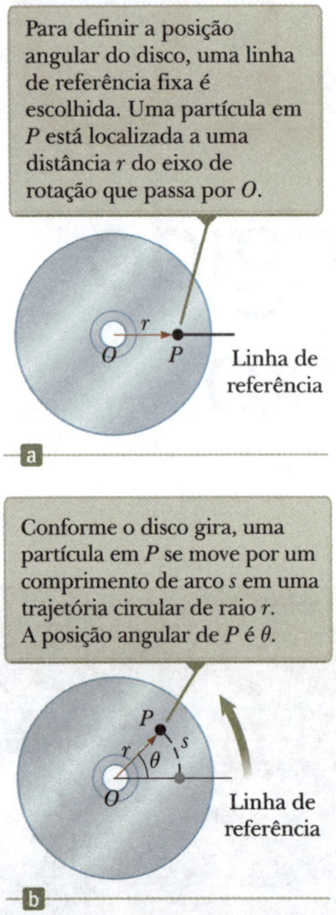
Para definir a posição angular do disco, uma linha de referência fixa é escolhida. Uma partícula em P está localizada a uma distância r do eixo de rotação que passa por O.
r
O
P
Linha de referência
a
Conforme o disco gira, uma partícula em P se move por um comprimento de arco s em uma trajetória circular de raio r. A posição angular de P é θ.
P
s
r
θ
O
Linha de referência
b

Figura 10.1 Um Compact Disc girando sobre um eixo fixo que passa por O perpendicular ao plano da figura.

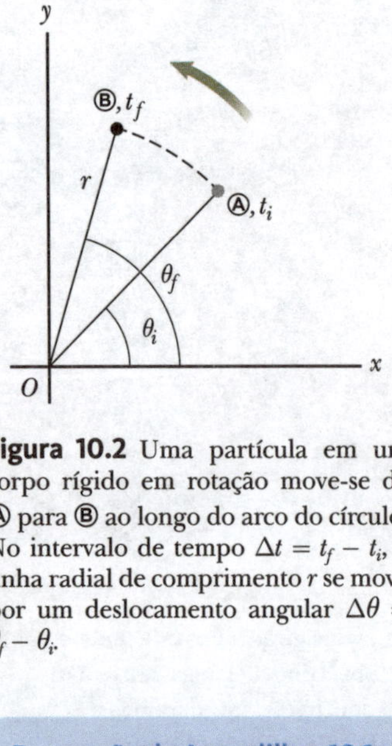
y
Ⓑ, t_f
r
Ⓐ, t_i
θ_f
θ_i
O
x

Figura 10.2 Uma partícula em um corpo rígido em rotação move-se de Ⓐ para Ⓑ ao longo do arco do círculo. No intervalo de tempo $\Delta t = t_f - t_i$, a linha radial de comprimento r se move por um deslocamento angular $\Delta\theta = \theta_f - \theta_i$.

10.1 Posição, velocidade e aceleração angulares

Desenvolveremos nosso entendimento do movimento rotacional de maneira paralela àquela utilizada para o movimento translacional nos capítulos anteriores. Iniciamos no Capítulo 2 deste volume definindo variáveis cinemáticas: posição, velocidade e aceleração. Fazemos o mesmo neste capítulo para o movimento rotacional.

A Figura 10.1 ilustra uma vista aérea de um Compact Disc, ou CD, girando. O disco gira sobre um eixo fixo perpendicular ao plano da figura, passando pelo centro do disco em O. Um pequeno elemento do disco modelado como uma partícula em P está a uma distância fixa r da origem e gira sobre ela em um círculo de raio r. (Na realidade, *todos* os elementos do disco passam por movimento circular ao redor de O). É conveniente representar a posição de P com suas coordenadas polares (r, θ), onde r é a distância da origem até P e θ é medido *em sentido anti-horário* a partir de uma linha de referência fixa no espaço, como mostrado na Figura 10.1a. Nesta representação, o ângulo θ muda no tempo, enquanto r permanece constante. Conforme a partícula se move ao longo do círculo da linha de referência, que fica em um ângulo $\theta = 0$, ela se move por um arco de comprimento s, como na Figura 10.1b. O comprimento do arco s é relacionado ao ângulo θ pela relação

$$s = r\theta \tag{10.1a}$$

$$\theta = \frac{s}{r} \tag{10.1b}$$

Como θ é a proporção entre o comprimento de arco e o raio do círculo, ele é um número puro. Porém, geralmente atribuímos a θ a unidade artificial **radiano** (rad), onde radiano é o ângulo subtendido por um comprimento de arco igual ao raio do arco. Como a circunferência de um círculo é $2\pi r$, segue, a partir da Equação 10.1b, que 360° corresponde a um ângulo de $(2\pi r/r)$ rad $= 2\pi$ rad. Então, 1 rad $= 360°/2\pi < 57{,}3°$. Para converter um ângulo em graus para um ângulo em radianos, usamos π rad $= 180°$, então

$$\theta(\text{rad}) = \frac{\pi}{180°}\,\theta(°)$$

Por exemplo, 60° é igual a $\pi/3$ rad, e 45° é igual a $\pi/4$ rad.

Como o disco na Figura 10.1 é um corpo rígido, conforme a partícula se move por um ângulo θ a partir da linha de referência, todas as outras partículas no corpo giram pelo mesmo ângulo θ. Portanto, podemos associar este ângulo com o corpo rígido inteiro, bem como com uma partícula individual, o que nos permite definir a *posição angular* de um corpo rígido em seu movimento rotacional. Escolhemos uma linha de referência no corpo, como uma que conecte O e a partícula escolhida no corpo. A **posição angular** do corpo rígido é o ângulo θ entre esta linha no corpo e a de referência fixa no espaço, frequentemente escolhida como o eixo x. Esta identificação é semelhante ao modo como definimos a posição de um corpo em movimento translacional como a distância x entre o corpo e a posição de referência, que é a origem, $x = 0$. Portanto, o ângulo θ tem a mesma função no movimento rotacional que a posição x no movimento translacional.

Conforme a partícula em questão no nosso corpo rígido viaja da posição Ⓐ para a Ⓑ em um intervalo de tempo Δt, como na Figura 10.2, a linha de referência fixa do corpo cobre um ângulo $\Delta\theta = \theta_f - \theta_i$. Esta quantidade $\Delta\theta$ é definida como o **deslocamento angular** do corpo rígido:

$$\Delta\theta \equiv \theta_f - \theta_i$$

A taxa em que este deslocamento angular ocorre pode variar. Se o corpo rígido gira rapidamente, ele pode ocorrer em um intervalo de tempo curto. Se gira lentamente, este intervalo será mais longo. Essas taxas de rotação diferentes podem ser quantificadas definindo-se a **velocidade angular média** ω_{med}(letra grega ômega) como a proporção do deslocamento angular de um corpo rígido com o intervalo de tempo Δt durante o qual o deslocamento ocorre:

Prevenção de Armadilhas 10.1

Lembre-se do radiano

Em equações rotacionais, você *deve* usar ângulos expressos em radianos. Não caia na armadilha de usar ângulos medidos em graus nestas equações.

$$\omega_{\text{med}} \equiv \frac{\theta_f - \theta_i}{t_f - t_i} = \frac{\Delta\theta}{\Delta t} \qquad (10.2)$$

◀ **Velocidade angular média**

Em analogia com a velocidade translacional, a **velocidade angular instantânea** ω é definida como o limite da velocidade angular média conforme Δt se aproxima de zero:

$$\omega \equiv \lim_{\Delta t \to 0} \frac{\Delta\theta}{\Delta t} = \frac{d\theta}{dt} \qquad (10.3)$$

◀ **Velocidade angular instantânea**

A velocidade angular tem unidades de radianos por segundo (rad/s), que podem ser escritos como s^{-1} porque radianos não são dimensionais. Consideramos ω positivo quando θ está aumentando (em movimento no sentido anti-horário na Fig. 10.2) e negativo quando θ está diminuindo (movimento em sentido horário na Fig. 10.2).

***Teste Rápido* 10.1** Um corpo rígido gira em sentido anti-horário ao redor de um eixo fixo. Cada um dos pares de quantidades seguintes representa uma posição angular inicial e uma posição angular final do corpo rígido. **(i)** Qual dos pares pode ocorrer *somente* se o corpo rígido gira por mais de 180°? (a) 3 rad, 6 rad (b) −1 rad, 1 rad (c) 1 rad, 5 rad. (ii) Suponha que a variação na posição angular para cada um destes pares de valores ocorra em 1 s. Qual escolha representa a menor velocidade angular média?

Se a velocidade angular instantânea de um corpo muda de ω_i para ω_f no intervalo de tempo Δt, o corpo tem aceleração angular. A **aceleração angular média** α_m(letra grega alfa) de um corpo rígido em rotação é definida como a proporção da variação na velocidade angular com o intervalo de tempo Δt durante o qual a variação na velocidade angular ocorre:

$$\alpha_m \equiv \frac{\omega_f - \omega_i}{t_f - t_i} = \frac{\Delta\omega}{\Delta t} \qquad (10.4)$$

◀ **Aceleração angular média**

Em analogia com a aceleração translacional, a **aceleração angular instantânea** é definida como o limite da aceleração angular média conforme Δt se aproxima de zero:

$$\alpha \equiv \lim_{\Delta t \to 0} \frac{\Delta\omega}{\Delta t} = \frac{d\omega}{dt} \qquad (10.5)$$

◀ **Aceleração angular instantânea**

A aceleração angular tem unidades de radianos por segundo ao quadrado (rad/s²), ou simplesmente s^{-2}. Note que α é positivo quando um corpo rígido girando em sentido anti-horário está indo mais rápido, ou quando um corpo rígido girando em sentido horário está mais devagar durante um intervalo de tempo.

Quando um corpo rígido gira sobre um eixo *fixo*, todas as partículas no corpo giram pelo mesmo ângulo em um intervalo de tempo e têm as mesmas velocidade e aceleração angulares. Portanto, assim como a posição angular θ, as quantidades ω e α caracterizam o movimento rotacional do corpo rígido inteiro, bem como as partículas individuais no corpo.

Posição angular (θ), velocidade angular (ω) e aceleração angular (α) são análogas à posição translacional (x), velocidade translacional (v) e aceleração translacional (a). As variáveis θ, ω e α diferem em termos de dimensão das variáveis x, v e a somente por um fator com unidade de comprimento. (Ver Seção 10.3.)

Não especificamos nenhuma direção para velocidade angular e aceleração angular. Estritamente, ω e α são os módulos dos vetores velocidade e aceleração angulares[1] $\vec{\omega}$ e $\vec{\alpha}$, respectivamente, e deveriam ser positivos sempre. Porém, como estamos considerando rotação sobre um eixo fixo, podemos usar uma notação não vetorial e indicar as direções dos vetores atribuindo sinal positivo ou negativo para ω e α, conforme já discutido com relação às Equações 10.3 e 10.5. Para rotação sobre um eixo fixo, a única direção que especifica unicamente o movimento rotacional é aquela ao longo do eixo de rotação. Então, as direções de $\vec{\omega}$ e $\vec{\alpha}$ são ao longo deste eixo. Se uma partícula gira no plano xy, como na Figura 10.2, a direção de $\vec{\omega}$ para a partícula é fora do plano do diagrama quando a rotação é em sentido anti-horário, e para dentro quando é em sentido horário. Para ilustrar tal convenção, é conveniente usar a *regra da mão direita*, demonstrada na Figura 10.3. Quando os quatro dedos da mão direita estão na direção da rotação, o polegar direito estendido aponta na direção de $\vec{\omega}$. A direção de $\vec{\alpha}$ segue a definição $\vec{\alpha} \equiv d\vec{\omega}/dt$. Está na mesma direção que $\vec{\omega}$ se a velocidade angular estiver aumentando com o tempo, e antiparalela a $\vec{\omega}$ se a velocidade angular estiver diminuindo com o tempo.

Prevenção de Armadilhas 10.2

Especifique seu eixo

Na resolução de problemas de rotação, você deve especificar um eixo de rotação. Esta nova característica não existe em nosso estudo do movimento translacional. A escolha é arbitrária, mas, uma vez feita, deve ser mantida consistentemente em todo o problema. Em alguns problemas, a situação física sugere um eixo natural, tal como aquele ao longo do eixo de uma roda de automóvel. Em outros, pode não haver uma escolha óbvia, e você deve escolher adequadamente.

[1] Embora não façamos a verificação aqui, a velocidade e a aceleração angulares instantâneas são quantidades vetoriais, mas os valores médios correspondentes não, porque deslocamentos angulares não são somados como quantidades vetoriais para rotações finitas.

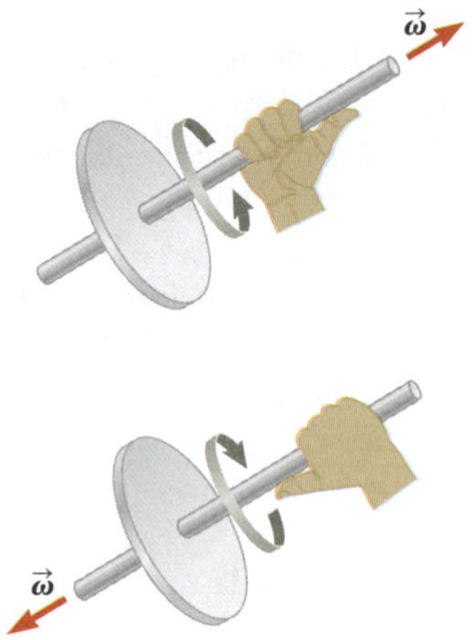

Figura 10.3 A regra da mão direita para determinar a direção do vetor velocidade angular.

10.2 Modelo de análise: corpo rígido sob aceleração angular constante

Em nosso estudo do movimento translacional, depois de introduzir as variáveis cinemáticas, consideramos o caso especial de uma partícula sob aceleração constante. Seguimos o mesmo procedimento aqui para um corpo rígido sob aceleração angular constante.

Imagine um corpo rígido que gira sobre um eixo fixo com aceleração angular constante, como o CD na Figura 10.1. Em paralelo com nosso modelo de análise da partícula sob aceleração constante, geramos um novo modelo de análise para o movimento rotacional chamado **corpo rígido sob aceleração angular constante**. Este modelo, para o qual desenvolveremos relações cinemáticas nesta seção, é o análogo rotacional do de partícula sob aceleração constante. Escrevendo a Equação 10.5 na forma $d\omega = \alpha\, dt$ e, integrando a partir de $t_i = 0$ para $t_f = t$, temos

Equações cinemáticas rotacionais ▶

$$\omega_f = \omega_i + \alpha t \quad \text{(para } \alpha \text{ constante)} \qquad \textbf{(10.6)}$$

onde ω_i é a velocidade angular do corpo rígido no instante $t = 0$. A Equação 10.6 permite encontrar a velocidade angular ω_f do corpo em qualquer instante t mais tarde. Substituindo a Equação 10.6 na Equação 10.3 e integrando mais uma vez, obtemos

$$\theta_f = \theta_i + \omega_i t + \tfrac{1}{2}\alpha t^2 \quad \text{(para } \alpha \text{ constante)} \qquad \textbf{(10.7)}$$

onde θ_i é a posição angular do corpo rígido no instante $t = 0$. A Equação 10.7 permite encontrar a posição angular θ_f do corpo em qualquer instante t mais tarde. Eliminando t das Equações 10.6 e 10.7, resulta em

$$\omega_f^2 = \omega_i^2 + 2\alpha(\theta_f - \theta_i) \quad \text{(para } \alpha \text{ constante)} \qquad \textbf{(10.8)}$$

Esta equação permite encontrar a velocidade angular ω_f do corpo rígido para qualquer valor de sua posição angular θ_f. Se eliminarmos α entre as Equações 10.6 e 10.7, obtemos

$$\theta_f = \theta_i + \tfrac{1}{2}(\omega_i + \omega_f)t \quad \text{(para } \alpha \text{ constante)} \qquad \textbf{(10.9)}$$

Note que estas expressões cinemáticas para o corpo rígido sob aceleração angular constante têm a mesma forma matemática que aquelas para uma partícula sob aceleração constante (Capítulo 2 deste volume). Elas podem ser geradas a partir das equações para movimento translacional fazendo as substituições $x \to \theta$, $v \to \omega$ e $a \to \alpha$. A Tabela 10.1 compara as equações cinemáticas para o corpo rígido sob aceleração angular constante e a partícula sob modelos de aceleração constante.

Prevenção de Armadilhas 10.3

Igual à translação?
As Equações 10.6 a 10.9 e a Tabela 10.1 podem sugerir que a cinemática rotacional é exatamente como a cinemática translacional. Isto é quase verdade, mas há duas diferenças principais. (1) Na cinemática rotacional, um eixo de rotação deve ser especificado (como na Prevenção de Armadilhas 10.2). (2) No movimento rotacional, o corpo retorna à sua orientação original; portanto, o número de revoluções feito por um corpo rígido pode ser pedido. Este conceito não tem nada análogo no movimento translacional.

Teste Rápido **10.2** Considere novamente os pares de posições angulares para o corpo rígido no Teste Rápido 10.1. Se o corpo começa do repouso na posição angular inicial, move-se em sentido anti-horário com aceleração angular constante e chega à posição angular final com a mesma velocidade angular em todos os três casos, para qual escolha a aceleração angular é maior?

TABELA 10.1 *Equações cinemáticas para movimento rotacional e translacional*

Objeto rígido sob aceleração angular		**Partícula sob aceleração constante**	
$\omega_f = \omega_i + \alpha t$	**(10.6)**	$v_f = v_i + at$	**(2.13)**
$\theta_f = \theta_i + \omega_i t + \frac{1}{2}\alpha t^2$	**(10.7)**	$x_f = x_i + v_i t + \frac{1}{2}at^2$	**(2.16)**
$\omega_f^2 = \omega_i^2 + 2\alpha(\theta_f - \theta_i)$	**(10.8)**	$v_f^2 = v_i^2 + 2a(x_f - x_i)$	**(2.17)**
$\theta_f = \theta_i + \frac{1}{2}(\omega_i + \omega_f)t$	**(10.9)**	$x_f = x_i + \frac{1}{2}(v_i + v_f)t$	**(2.15)**

Modelo de Análise — Corpo rígido sob aceleração angular constante

Imagine um corpo que passa por um movimento de rotação tal que sua aceleração angular é constante. As equações descrevendo sua posição angular e sua velocidade angular são análogas àquelas para a partícula sob modelo de aceleração constante:

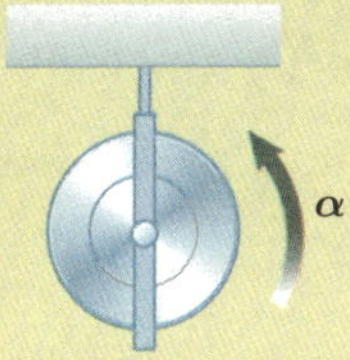

$$\omega_f = \omega_i + \alpha t \quad (10.6)$$

$$\theta_f = \theta_i + \omega_i t + \tfrac{1}{2}\alpha t^2 \quad (10.7)$$

$$\omega_f^2 = \omega_i^2 + 2\alpha(\theta_f - \theta_i) \quad (10.8)$$

$$\theta_f = \theta_i + \tfrac{1}{2}(\omega_i + \omega_f)t \quad (10.9)$$

Exemplos:

- durante o ciclo de rotação, o tambor de uma máquina de lavar roupas começa a partir do repouso e acelera até sua velocidade de centrifugação final
- o rebolo para esmeril de uma oficina está desligado e entra em repouso sob a ação de uma força de atrito constante nos rolamentos da roda
- um giroscópio está ligado e se aproxima da velocidade de operação (Capítulo 11 deste volume)
- o virabrequim de um motor a diesel muda para uma velocidade angular maior (Capítulo 8 do Volume 2)

Exemplo 10.1 Roda girando MA

Uma roda gira com aceleração angular constante de 3,50 rad/s^2.

(A) Se a velocidade angular da roda é 2,00 rad/s em $t_i = 0$, por qual deslocamento angular a roda gira em 2,00 s?

SOLUÇÃO

Conceitualização Olhe para a Figura 10.1 novamente. Imagine que o Compact Disc gira com sua velocidade angular aumentando a uma taxa constante. Você começa seu cronômetro quando o disco está girando a 2,00 rad/s. Esta imagem mental é um modelo para o movimento da roda neste exemplo.

Categorização A frase "com aceleração angular constante" nos diz para usar o *modelo do corpo rígido sob aceleração angular constante* à roda.

Análise A partir do corpo rígido sob modelo de aceleração angular constante, escolha a Equação 10.7 e rearranje-a de modo que expresse o deslocamento angular da roda:

$$\Delta\theta = \theta_f - \theta_i = \omega_i t + \tfrac{1}{2}\alpha t^2$$

Substitua os valores conhecidos para encontrar o deslocamento angular em $t = 2,00$ s:

$$\Delta\theta = (2,00\text{ rad/s})(2,00\text{ s}) + \tfrac{1}{2}(3,50\text{ rad/s}^2)(2,00\text{ s})^2$$
$$= 11,0\text{ rad} = (11,0\text{ rad})(180°/\pi\text{ rad}) = 630°$$

(B) Por quantas revoluções a roda girou durante esse intervalo de tempo?

SOLUÇÃO

Multiplique o deslocamento angular encontrado na parte (A) por um fator de conversão para encontrar o número de revoluções:

$$\Delta\theta = 630°\left(\frac{1\text{ rev}}{360°}\right) = 1,75\text{ rev}$$

(C) Qual é a velocidade angular da roda em $t = 2,00$ s?

SOLUÇÃO

Use a Equação 10.6 a partir do objeto rígido sob modelo de aceleração angular constante para encontrar a velocidade angular em $t = 2,00$ s:

$$\omega_f = \omega_i + \alpha t = 2,00\text{ rad/s} + (3,50\text{ rad/s}^2)(2,00\text{ s})$$
$$= 9,00\text{ rad/s}$$

Finalização Poderíamos ter obtido este resultado usando a Equação 10.8 e os resultados da parte (A). (Experimente!)

E SE? Suponha que uma partícula se mova ao longo de uma linha reta com aceleração constante de 3,50 m/s^2. Se a velocidade da partícula é 2,00 m/s em $t_i = 0$, por qual deslocamento a partícula se move em 2,00 s? Qual é a velocidade da partícula em $t = 2,00$ s?

Resposta Note que estas questões são análogas translacionais às partes (A) e (C) do problema original. A solução matemática segue exatamente a mesma forma. Para o deslocamento, a partir do modelo de partícula sob aceleração constante,

$$\Delta x = x_f - x_i = v_i t + \tfrac{1}{2}at^2$$
$$= (2,00\text{ m/s})(2,00\text{ s}) + \tfrac{1}{2}(3,50\text{ m/s}^2)(2,00\text{ s})^2 = 11,0\text{ m}$$

continua

10.1 *cont.*

e, para a velocidade,

$$v_f = v_i + at = 2{,}00 \text{ m/s} + (3{,}50 \text{ m/s}^2)(2{,}00 \text{ s}) = 9{,}00 \text{ m/s}$$

Não há análogo translacional para a parte (B) porque o movimento translacional sob aceleração constante não é repetitivo.

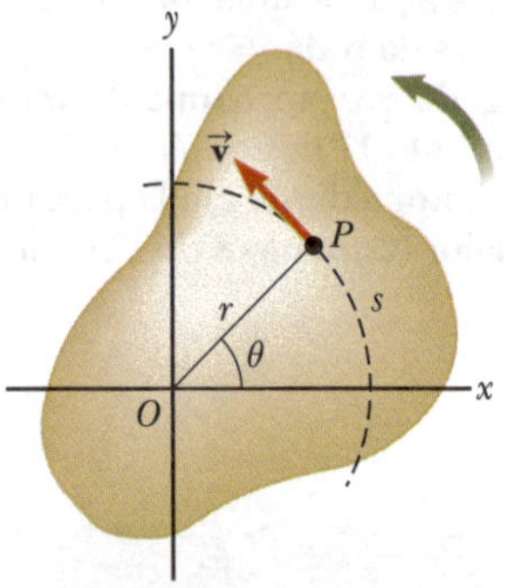

Figura 10.4 Conforme um corpo rígido gira sobre o eixo fixo (o eixo z) que passa por O, o ponto P tem velocidade tangencial $\vec{v}$, que é sempre tangente à trajetória circular de raio r.

10.3 Quantidades angulares e translacionais

Nesta seção, derivaremos algumas relações úteis entre a velocidade angular e aceleração de um corpo rígido em rotação e a velocidade translacional e aceleração de um ponto no corpo. Para isso, devemos considerar que, quando um corpo rígido gira sobre um eixo fixo como na Figura 10.4, cada partícula dele se move em um círculo cujo centro está no eixo de rotação.

Como o ponto P na Figura 10.4 se move em um círculo, o vetor velocidade translacional $\vec{v}$ é sempre tangente à trajetória circular e é, portanto, chamado *velocidade tangencial.* O módulo da velocidade tangencial do ponto P é, por definição, a velocidade tangencial $v = ds/dt$, onde s é a distância percorrida por este ponto medida ao longo da trajetória circular. Lembrando que $s = r\theta$ (Eq. 10.1a) e notando que r é constante, obtemos

$$v = \frac{ds}{dt} = r\frac{d\theta}{dt}$$

Como $d\theta/dt = \omega$ (ver Eq. 10.3), segue que

Relação entre velocidade tangencial e velocidade angular ▶

$$v = r\omega \qquad (10.10)$$

Como vimos na Equação 4.17, a velocidade tangencial de um ponto em um corpo rígido em rotação é igual à distância perpendicular daquele ponto a partir do eixo de rotação multiplicada pela velocidade angular. Então, embora todos os pontos no corpo rígido tenham a mesma velocidade *angular,* nem todos têm a mesma velocidade *tangencial,* porque r não é o mesmo para todos os pontos no corpo. A Equação 10.10 mostra que a velocidade tangencial de um ponto no corpo em rotação aumenta à medida que um deles se move para fora do centro de rotação, como esperaríamos intuitivamente. Por exemplo, a extremidade externa de um taco de golfe balançando move-se muito mais rapidamente do que um ponto próximo ao cabo.

Podemos relacionar a aceleração angular do corpo rígido em rotação à aceleração tangencial do ponto P considerando a derivada no tempo de v:

Relação entre aceleração tangencial e aceleração angular ▶

$$a_t = \frac{dv}{dt} = r\frac{d\omega}{dt}$$

$$a_t = r\alpha \qquad (10.11)$$

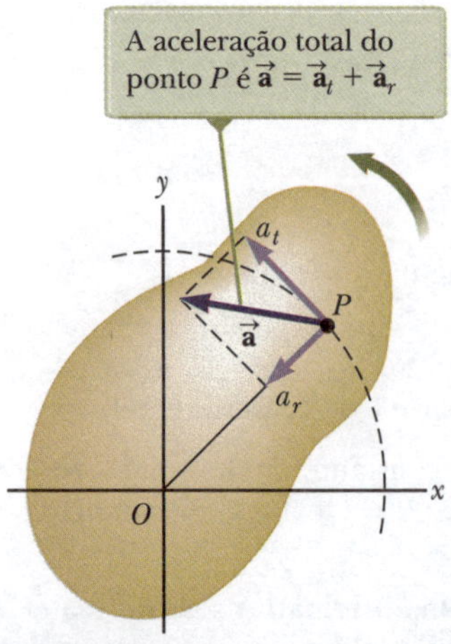

Figura 10.5 Conforme um corpo rígido gira sobre um eixo fixo (o eixo z) que passa por O, o ponto P experimenta uma componente tangencial de aceleração translacional a_t e uma componente radial de aceleração translacional a_r.

Isto é, a componente tangencial da aceleração translacional de um ponto em um corpo rígido em rotação é igual à distância perpendicular do ponto a partir do eixo de rotação multiplicada pela aceleração angular.

Na Seção 4.4, no Capítulo 4 deste volume, descobrimos que um ponto se movendo em uma trajetória circular sofre uma aceleração radial a_r direcionada para o centro de rotação, cujo módulo é aquele da aceleração centrípeta v^2/r (Fig. 10.5). Como $v = r\omega$ para um ponto P em um corpo em rotação, podemos expressar a aceleração centrípeta naquele ponto em relação à velocidade angular como fizemos na Equação 4.18:

$$a_c = \frac{v^2}{r} = r\omega^2 \qquad (10.12)$$

O vetor aceleração total no ponto é $\vec{a} = \vec{a}_t + \vec{a}_r$, onde o módulo de $\vec{a}_r$ é a aceleração centrípeta a_c. Como $\vec{a}$ é um vetor com componentes radial e tangencial, o módulo de $\vec{a}$ no ponto P no corpo rígido em rotação é

$$a = \sqrt{a_t^{\,2} + a_r^{\,2}} = \sqrt{r^2\alpha^2 + r^2\omega^4} = r\sqrt{\alpha^2 + \omega^4} \qquad (10.13)$$

Teste Rápido **10.3** Ethan e Joseph estão em um carrossel. Ethan está montado em um cavalo na borda externa da plataforma circular, duas vezes mais longe do centro da plataforma circular de Joseph, que está montado em um cavalo interno. (i) Quando o carrossel está girando com velocidade angular constante, qual é a velocidade angular de Ethan? (a) o dobro da de Joseph (b) a mesma que a de Joseph (c) metade da de Joseph (d) impossível determinar. (ii) Quando o carrossel está girando com velocidade angular constante, descreva a velocidade tangencial de Ethan usando a mesma lista de opções.

Exemplo 10.2 CD player MA

Em um Compact Disc (Fig. 10.6), a informação de áudio é armazenada digitalmente em uma série de sulcos na superfície do disco. As alternações entre os sulcos na superfície representam um sistema binário de um e zero para ser lido pelo aparelho de CD (CD player) e convertido de volta em ondas de som. Os sulcos são detectados por um sistema que consiste de um laser e lentes. O comprimento de uma trilha de uns e zeros que representa uma peça de informação é o mesmo em qualquer parte do disco, não importando se a informação está perto do centro do disco ou de sua borda externa. Para que esta trilha de uns e zeros sempre passe pelo sistema laser-lente no mesmo intervalo de tempo, a velocidade tangencial da superfície do disco no local da lente deve ser constante. De acordo com a Equação 10.10, a velocidade angular deve então variar conforme o sistema laser-lente se move radialmente ao longo do disco. Em um CD player típico, a velocidade constante da superfície no ponto do sistema laser-lente é 1,3 m/s.

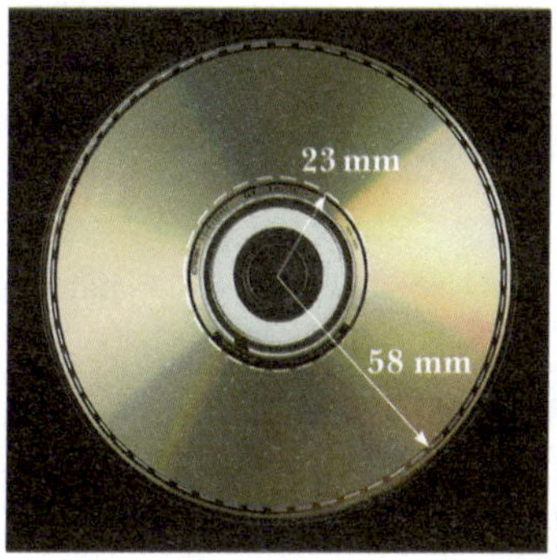

Figura 10.6 (Exemplo 10.2) Um Compact Disc.

(A) Encontre a velocidade angular do disco em revoluções por minuto quando a informação está sendo lida a partir da primeira faixa, mais interna ($r = 23$ mm) e na última faixa, mais externa ($r = 58$ mm).

SOLUÇÃO

Conceitualização A Figura 10.6 mostra uma fotografia de um Compact Disc. Passe seu dedo ao redor do círculo marcado "23 mm" e estime mentalmente o intervalo de tempo para percorrer o círculo uma vez. Agora, passe seu dedo ao redor do círculo marcado "58 mm", movendo seu dedo pela superfície da página com a mesma velocidade que usou enquanto traçava o círculo menor. Note quanto tempo a mais agora é necessário para percorrer o círculo maior. Se seu dedo representa o laser lendo o disco, você pode ver que o disco gira uma vez em um intervalo de tempo mais longo quando o laser lê a informação no círculo externo.

Categorização Esta parte do exemplo é categorizada como um problema de substituição simples. Em outras, precisaremos identificar modelos de análise.

Use a Equação 10.10 para encontrar a velocidade angular que dá a velocidade tangencial necessária na posição da faixa interna:

$$\omega_i = \frac{v}{r_i} = \frac{1{,}3 \text{ m/s}}{2{,}3 \times 10^{-2} \text{ m}} = 57 \text{ rad/s}$$

$$= (57 \text{ rad/s})\left(\frac{1 \text{ rev}}{2\pi \text{ rad}}\right)\left(\frac{60 \text{ s}}{1 \text{ min}}\right) = \boxed{5{,}4 \times 10^2 \text{ rev/min}}$$

Faça o mesmo para a faixa externa:

$$\omega_f = \frac{v}{r_f} = \frac{1{,}3 \text{ m/s}}{5{,}8 \times 10^{-2} \text{ m}} = 22 \text{ rad/s} = \boxed{2{,}1 \times 10^2 \text{ rev/min}}$$

O CD player ajusta a velocidade angular ω do disco dentro desta extensão, de modo que a informação se move pela lente objetiva com taxa constante.

(B) O tempo máximo que um disco de música padrão toca é de 74 min e 33 s. Quantas revoluções o disco faz neste tempo?

SOLUÇÃO

Categorização Na parte (A), a velocidade angular diminui conforme o disco toca. Vamos supor que ela diminua regularmente, com α constante. Podemos então aplicar o modelo de *corpo rígido sob aceleração angular constante* ao disco.

Análise Se $t = 0$ é o instante em que o disco começa a girar com velocidade angular de 57 rad/s, o valor final do tempo t é (74 min) (60 s/min) + 33 s = 4.473 s. Estamos procurando o deslocamento angular $\Delta\theta$ durante este intervalo de tempo.

continua

10.2 cont.

Use a Equação 10.9 para encontrar o deslocamento angular do disco em $t = 4.473$ s:

$$\Delta\theta = \theta_f - \theta_i = \tfrac{1}{2}(\omega_i + \omega_f)t$$
$$= \tfrac{1}{2}(57 \text{ rad/s} + 22 \text{ rad/s})(4.473 \text{ s}) = 1{,}8 \times 10^5 \text{ rad}$$

Converta este deslocamento angular para revoluções:

$$\Delta\theta = (1{,}8 \times 10^5 \text{ rad})\left(\frac{1 \text{ rev}}{2\pi \text{ rad}}\right) = \boxed{2{,}8 \times 10^4 \text{ rev}}$$

(C) Qual é a aceleração angular do Compact Disc durante um intervalo de tempo de 4.473 s?

SOLUÇÃO

Categorização Novamente modelamos o disco como um *corpo rígido sob aceleração angular constante*. Neste caso, a Equação 10.6 dá o valor desta aceleração. Outra abordagem é usar a Equação 10.4 para encontrar a aceleração angular média. Neste caso, não presumimos que a aceleração angular seja constante. A resposta é a mesma usando as duas equações; somente a interpretação do resultado é diferente.

Análise Use a Equação 10.6 para encontrar a aceleração angular:

$$\alpha = \frac{\omega_f - \omega_i}{t} = \frac{22 \text{ rad/s} - 57 \text{ rad/s}}{4.473 \text{ s}} = \boxed{-7{,}6 \times 10^{-3} \text{ rad/s}^2}$$

Finalização O disco experimenta uma diminuição muito gradual da taxa de rotação, como era esperado por causa do intervalo de tempo longo necessário para que a velocidade angular mude do seu valor inicial para o final. Na realidade, a aceleração angular do disco não é constante. O Problema 90 permite a exploração do comportamento real da aceleração angular no tempo.

10.4 Torque

Em nosso estudo do movimento translacional, depois de investigar a descrição de movimento, estudamos a causa de alterações no movimento: força. Aqui, seguimos o mesmo plano: qual é a causa de mudanças no movimento rotacional?

Imagine tentar girar uma porta aplicando uma força de módulo F perpendicular a ela perto das dobradiças e, depois, em vários locais distantes destas. Uma taxa de rotação maior será obtida em relação à porta pela aplicação da força perto da maçaneta do que aplicando-a perto das dobradiças.

Quando uma força é exercida sobre um corpo rígido alavancado sobre um eixo, o corpo tende a girar sobre aquele eixo. A tendência da força de girar um corpo sobre um eixo é medida por uma quantidade chamada **torque** $\vec{\boldsymbol{\tau}}$ (letra grega tau). Torque é um vetor, mas consideraremos aqui somente seu módulo; exploraremos sua natureza vetorial no Capítulo 11 deste volume.

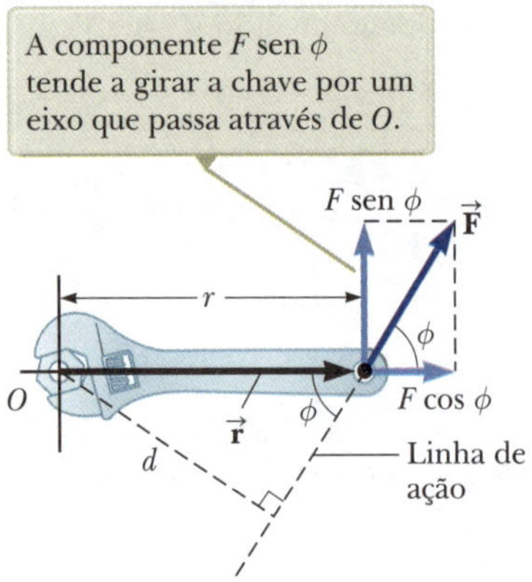

Figura 10.7 A força $\vec{\mathbf{F}}$ tem maior tendência de girar sobre um eixo que passa por O à medida que F aumenta e o braço de momento d aumenta.

Considere a chave inglesa na Figura 10.7, que queremos girar ao redor de um eixo que é perpendicular à página e passa pelo centro do parafuso. A força aplicada $\vec{\mathbf{F}}$ atua a um ângulo ϕ com a horizontal. Definimos o módulo do torque associado com a força $\vec{\mathbf{F}}$ ao redor do eixo, passando por O, pela expressão

$$\tau \equiv rF\operatorname{sen}\phi = Fd \tag{10.14}$$

onde r é a distância entre o eixo de rotação e o ponto de aplicação de $\vec{\mathbf{F}}$, e d é a distância perpendicular do eixo de rotação até a linha de ação de $\vec{\mathbf{F}}$. (*Linha de ação* de uma força é uma linha imaginária que se estende até as extremidades do vetor que representa a força. A linha pontilhada estendendo-se da extremidade de $\vec{\mathbf{F}}$ na Fig. 10.7 é parte da linha de ação de $\vec{\mathbf{F}}$.) Do triângulo direito na Figura 10.7, que tem a chave inglesa como sua hipotenusa, vemos que $d = r$ sen ϕ. A quantidade d é chamada **braço de momento** (ou *braço de alavanca*) de $\vec{\mathbf{F}}$.

◀ **Braço de momento**

Na Figura 10.7, a única componente de $\vec{\mathbf{F}}$ que tende a causar rotação da chave ao redor de um eixo que passa por O é $\vec{\mathbf{F}}$ sen ϕ, a componente perpendicular a uma linha desenhada do eixo de rotação até o ponto de aplicação da força. A componente horizontal $\vec{\mathbf{F}}$ cos ϕ não tem tendência de produzir rotação por um eixo passando por O porque sua linha de ação passa por este mesmo ponto. Da definição de torque, a

Prevenção de Armadilhas 10.4

O torque depende da escolha do eixo

Não há um valor único para o torque sobre um corpo. Seu valor depende da escolha do eixo de rotação.

tendência de girar aumenta à medida que F e d aumentam, o que explica por que é mais fácil girar uma porta se empurrarmos a maçaneta em vez de um ponto mais próximo das dobradiças. Também queremos aplicar nossa força o mais próximo da porta perpendicularmente, de modo que ϕ fique próximo de 90°. Empurrar para o lado próximo da maçaneta ($\phi = 0$) não fará a porta girar.

Se duas ou mais forças atuam sobre um corpo rígido, como na Figura 10.8, cada uma delas tende a produzir rotação sobre o eixo que passa por O. Neste exemplo, $\vec{\mathbf{F}}_2$ tende a girar o corpo em sentido horário, e $\vec{\mathbf{F}}_1$ em anti-horário. Usamos a seguinte convenção: o sinal do torque resultando de uma força é positivo se a tendência de giro da força é em sentido anti-horário, e negativo se o giro é em sentido horário. Por exemplo, na Figura 10.8, o torque resultando de $\vec{\mathbf{F}}_1$, que tem um braço de momento d_1, é positivo e igual a $+F_1d_1$; o torque de $\vec{\mathbf{F}}_2$ é negativo e igual a $-F_2d_2$. Então, o torque *resultante* sobre um eixo que passa por O é

$$\sum \tau = \tau_1 + \tau_2 = F_1d_1 - F_2d_2$$

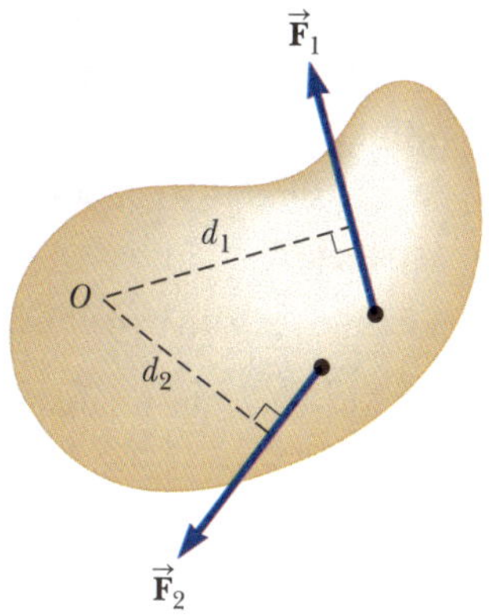

Figura 10.18 A força $\vec{\mathbf{F}}_1$ tende a girar o corpo em sentido anti-horário sobre um eixo que passa por O, e $\vec{\mathbf{F}}_2$ em sentido horário.

Não se deve confundir torque com força. Forças podem causar uma variação no movimento translacional, como descrito pela Segunda Lei de Newton; elas também podem causar uma variação no movimento rotacional, mas a eficácia das forças que causam esta variação depende tanto dos módulos das forças quanto dos braços de momento das forças, na combinação que chamamos *torque*. Este tem unidade de força vezes comprimento (N × m) – newton metros em unidades SI – e deve ser escrito nestas unidades. Não confunda torque com trabalho, que têm as mesmas unidades, mas são conceitos muito diferentes.

***Teste Rápido* 10.4** **(i)** Se está tentando soltar um parafuso teimoso de um pedaço de madeira com uma chave de fenda e não consegue, você deve usar uma chave de fenda com o cabo (a) mais longo ou (b) mais grosso? (ii) Se está tentando soltar um parafuso teimoso de um pedaço de metal com uma chave inglesa e não consegue, você deve usar uma chave inglesa com o cabo (a) mais longo ou (b) mais grosso?

Exemplo 10.3 O torque resultante em um cilindro

Um cilindro de uma peça tem o formato mostrado na Figura 10.9, com uma seção central saindo de um tambor maior. O cilindro é livre para girar sobre o eixo central z mostrado no desenho. Uma corda enrolada ao redor do tambor, com raio R_1, exerce uma força $\vec{\mathbf{T}}_1$ para a direita sobre o cilindro. Uma corda enrolada ao redor do tambor, com raio R_2, exerce uma força $\vec{\mathbf{T}}_2$ para baixo sobre o cilindro.

(A) Qual é o torque resultante atuando sobre o cilindro ao redor do eixo de rotação (que é o eixo z na Fig. 10.9)?

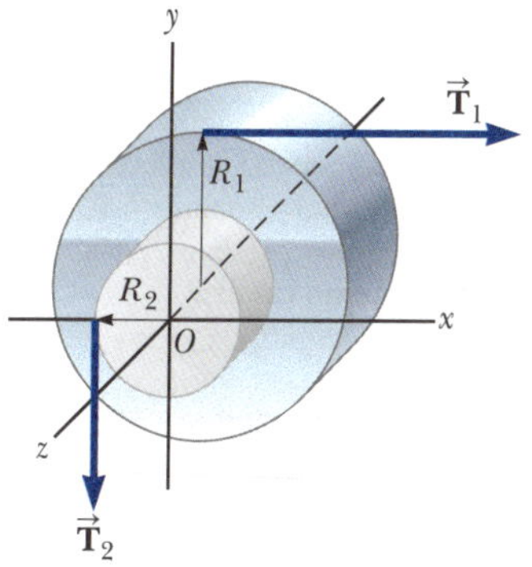

Figura 10.9 (Exemplo 10.3) Cilindro sólido centrado sobre o eixo z passando por O. O braço de momento de $\vec{\mathbf{T}}_1$ é R_1, e o braço de momento de $\vec{\mathbf{T}}_2$ é R_2.

SOLUÇÃO

Conceitualização Imagine que o cilindro na Figura 10.9 é uma barra em uma máquina. A força $\vec{\mathbf{T}}_1$ poderia ser aplicada por uma correia ao redor do tambor. A força $\vec{\mathbf{T}}_2$ poderia ser aplicada por um freio de atrito na superfície do centro.

Categorização Este exemplo é um problema de substituição no qual avaliamos o torque resultante usando a Equação 10.14.

O torque devido a $\vec{\mathbf{T}}_1$ sobre o eixo de rotação é $-R_1T_1$. (O sinal é negativo porque o torque tende a produzir rotação no sentido horário.) O torque devido a $\vec{\mathbf{T}}_2$ é $+R_2T_2$. (O sinal é positivo porque o torque tende a produzir rotação do cilindro em sentido anti-horário.)

Obtenha o torque resultante sobre o eixo de rotação: $\sum \tau = \tau_1 + \tau_2 = \boxed{R_2T_2 - R_1T_1}$

Como verificação rápida, note que, se duas forças são de módulo igual, o torque resultante é negativo, porque $R_1 > R_2$. Começando do repouso com ambas as forças de módulo igual atuando sobre ele, o cilindro giraria em sentido horário porque $\vec{\mathbf{T}}_1$ seria mais eficaz para girá-lo do que $\vec{\mathbf{T}}_2$.

continua

10.3 cont.

(B) Suponha que $T_1 = 5{,}0$ N, $R_1 = 1{,}0$ m, $T_2 = 15$ N e $R_2 = 0{,}50$ m. Qual é o torque resultante sobre o eixo de rotação, e em que direção o cilindro gira começando do repouso?

SOLUÇÃO

Substitua os valores dados:

$$\sum \tau = (0{,}50\text{ m})(15\text{ N}) - (1{,}0\text{ m})(5{,}0\text{ N}) = \boxed{2{,}5\text{ N}\cdot\text{m}}$$

Como este torque resultante é positivo, o cilindro começa a girar no sentido anti-horário.

10.5 Modelo de análise: corpo rígido sob torque resultante

No Capítulo 5 deste volume, vimos que uma força resultante sobre o corpo causa uma aceleração nele, e que a aceleração é proporcional à força resultante. Estes fatos são a base do modelo da partícula sob uma força resultante cuja representação matemática é a Segunda Lei de Newton. Nesta seção, mostraremos o análogo rotacional da Segunda Lei de Newton: a aceleração angular de um corpo rígido girando sobre um eixo fixo é proporcional ao torque resultante atuando sobre aquele eixo. Porém, antes de discutir o caso mais complexo da rotação de corpo rígido, é instrutivo discutir primeiro o caso de uma partícula se movendo em uma trajetória circular sobre um ponto fixo sob a influência de uma força externa.

Considere uma partícula de massa m girando em um círculo de raio r sob a influência de uma força tangencial resultante $\Sigma \vec{\mathbf{F}}_t$ e de uma força radial resultante $\Sigma \vec{\mathbf{F}}_r$, como mostra a Figura 10.10. A força radial resultante causa o movimento da partícula em uma trajetória circular com aceleração centrípeta. A força tangencial proporciona uma aceleração tangencial $\vec{\mathbf{a}}_t$, e

$$\sum F_t = ma_t$$

O módulo do torque resultante devido a $\Sigma \vec{\mathbf{F}}_t$ sobre a partícula em um eixo perpendicular à página que passa pelo centro do círculo é

$$\sum \tau = \sum F_t r = (ma_t)r$$

Como a aceleração tangencial é relacionada à aceleração angular por meio da relação $a_t = r\alpha$ (Eq. 10.11), o torque resultante pode ser expresso como

$$\sum \tau = (mr\alpha)r = (mr^2)\alpha \tag{10.15}$$

Vamos denotar a quantidade mr^2 com o símbolo I, por enquanto. A seguir, diremos mais sobre esta quantidade. Utilizando esta notação, a Equação 10.15 pode ser escrita como

$$\sum \tau = I\alpha \tag{10.16}$$

Ou seja, o torque resultante atuando sobre a partícula é proporcional à sua aceleração angular. Note que $\Sigma\, \tau = I\alpha$ tem a mesma forma matemática que a Segunda Lei de movimento de Newton, $\Sigma\, F = ma$.

Vamos estender esta discussão para um corpo rígido de formato arbitrário girando sobre um eixo fixo passando por um ponto O, como na Figura 10.11. O corpo pode ser considerado um conjunto de partículas de massa m_i. Se impusermos um sistema de coordenadas cartesianas no corpo, cada partícula gira em um círculo em torno de um eixo que passa pela origem, e cada um tem uma aceleração tangencial a_i produzida por uma força tangencial externa de grandeza F_i. Para qualquer elemento, a partir da Segunda Lei de Newton sabemos que

$$F_i = m_i a_i$$

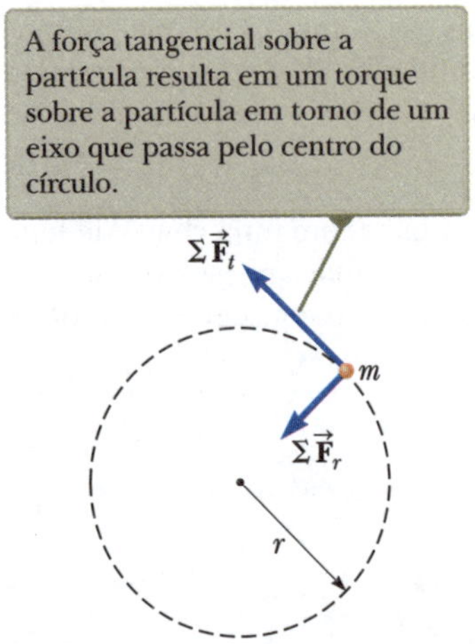
A força tangencial sobre a partícula resulta em um torque sobre a partícula em torno de um eixo que passa pelo centro do círculo.
ΣF_t
m
ΣF_r
r

Figura 10.10 Uma partícula girando em um círculo sob a influência de uma força tangencial resultante $\Sigma \vec{\mathbf{F}}_t$. Uma força radial resultante $\Sigma \vec{\mathbf{F}}_r$ também deve estar presente para manter o movimento circular.

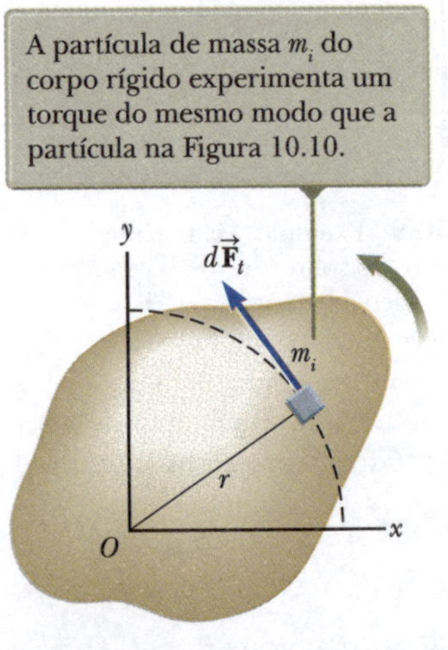
A partícula de massa m_i do corpo rígido experimenta um torque do mesmo modo que a partícula na Figura 10.10.
y
dF_t
m_i
r
O
x

Figura 10.11 Um corpo rígido girando sobre um eixo que passa por O. Cada elemento de massa m_i gira sobre o eixo com a mesma aceleração angular α.

O torque externo $d\vec{\boldsymbol{\tau}}_{\text{ext}}$, associado com a força, atua sobre a origem, e seu módulo é dado por

$$\tau_i = r_i F_i = r_i\, m_i\, a_i$$

Como $a_i = r_i\alpha$, a expressão para y_i se torna

$$\tau_i = m_i\, r_i^2\, \alpha$$

Embora cada partícula do corpo rígido possa ter uma aceleração translacional diferente a_i, todos têm a *mesma* aceleração angular α. Considerando isso, adicione os torques em todas as partículas que compõem o corpo rígido para obter o torque líquido no corpo sobre um eixo que passa por O por causa de forças externas:

$$\sum \tau_{\text{ext}} = \sum_i \tau_i = \sum_i m_i r_i^2 \alpha = \left(\sum_i m_i r_i^2\right)\alpha \quad \text{(10.17)}$$

onde α pode ser retirado da soma porque é comum a todas as partículas. Denominando I a quantidade entre parênteses, a expressão para $\Sigma\, \tau_{\text{ext}}$ se torna

$$\sum \tau_{\text{ext}} = I\alpha \quad \text{(10.18)}$$

◀ **O torque sobre um corpo rígido é proporcional à aceleração angular**

Esta equação para um corpo rígido é a mesma encontrada para uma partícula movendo-se em uma trajetória circular (Eq. 10.16). O torque resultante em relação ao eixo de rotação é proporcional à aceleração angular do corpo, com o fator de proporcionalidade sendo I, uma quantidade que ainda temos de descrever completamente. A Equação 10.18 é a representação matemática do modelo de análise de um **corpo rígido sob um torque resultante**, o análogo rotacional de uma partícula sob uma força resultante.

Vamos agora lidar com a quantidade I, definida da seguinte maneira:

$$I = \sum_i m_i r_i^2 \quad \text{(10.19)}$$

Esta quantidade é chamada **momento de inércia** do corpo e depende das massas das partículas que compõem o corpo e de suas distâncias do eixo de rotação. Observe que a Equação 10.19 é reduzida para $I = mr^2$ para uma única partícula, de modo consistente com nosso uso da notação I, que utilizamos para passar da Equação 10.15 para a Equação 10.16. Observe que o momento de inércia tem unidades de $\text{kg} \times \text{m}^2$ em unidades do SI.

A Equação 10.18 tem a mesma forma que a Segunda Lei de Newton para um sistema de partículas, conforme expressa a Equação 9.39:

$$\sum \vec{\mathbf{F}}_{\text{ext}} = M\vec{\mathbf{a}}_{\text{CM}}$$

Consequentemente, o momento de inércia I deve representar o mesmo papel no movimento rotacional que a massa representa no movimento translacional: o momento de inércia na resistência às mudanças no movimento rotacional. Esta resistência depende não somente da massa do corpo, mas também de como a massa é distribuída em torno do eixo de rotação. A Tabela 10.2 fornece os momentos de inércia[2] para uma série de corpos em torno de eixos específicos. Os momentos de inércia de corpos rígidos com geometria simples (alta simetria) são relativamente fáceis de serem calculados desde que o eixo de rotação coincida com um eixo de simetria, como mostramos na seção seguinte.

Prevenção de Armadilhas 10.5

Não existe um momento de inércia único

Existe uma importante diferença entre massa e momento de inércia. A massa é uma propriedade inerente de um corpo. O momento de inércia de um corpo depende da escolha de seu eixo de rotação. Portanto, não existe um valor único de momento de inércia para um corpo. Existe um valor *mínimo* do momento de inércia, que é aquele calculado em torno de um eixo que passa pelo centro de massa de um corpo.

***Teste Rápido* 10.5** Você desliga sua furadeira elétrica e vê que o intervalo de tempo para a broca parar de girar completamente, por causa do torque de atrito na furadeira, é Δt. Você substitui a broca por uma maior, que resulta no dobro do momento de inércia de todo o mecanismo de rotação da furadeira. Quando esta broca maior é girada na mesma velocidade angular da primeira e a furadeira é desligada, o torque de atrito permanece o mesmo da situação anterior. Qual é o intervalo de tempo necessário para esta broca atingir o repouso? **(a)** $4\Delta t$ **(b)** $2\Delta t$ **(c)** Δt **(d)** $0{,}5\Delta t$ **(e)** $0{,}25\Delta t$ **(f)** impossível determinar.

[2] Os engenheiros civis utilizam o momento de inércia para caracterizar as propriedades elásticas (rigidez) de estruturas como feixes carregados. Desse modo, em geral ele é útil mesmo em um contexto não rotacional.

TABELA 10.2 *Momentos de inércia de corpos rígidos homogêneos com geometrias diferentes*

Aro ou casca cilíndrica fina
$I_{CM} = MR^2$

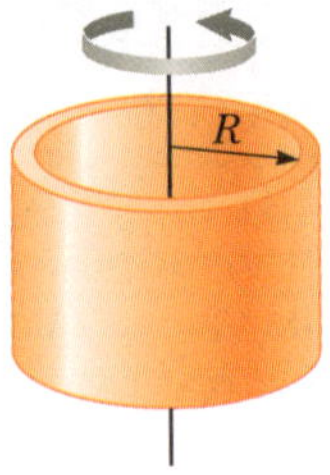

Cilindro oco
$I_{CM} = \frac{1}{2}M(R_1^2 + R_2^2)$

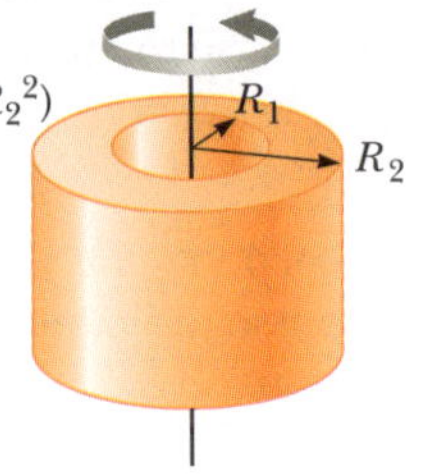

Cilindro sólido ou disco
$I_{CM} = \frac{1}{2}MR^2$

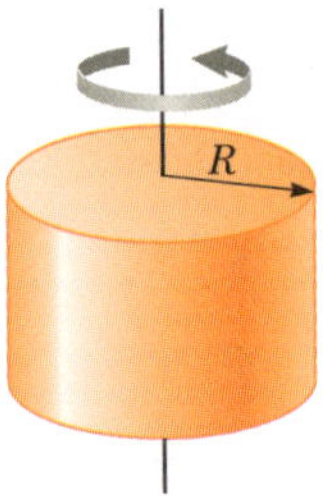

Placa retangular
$I_{CM} = \frac{1}{12}M(a^2 + b^2)$

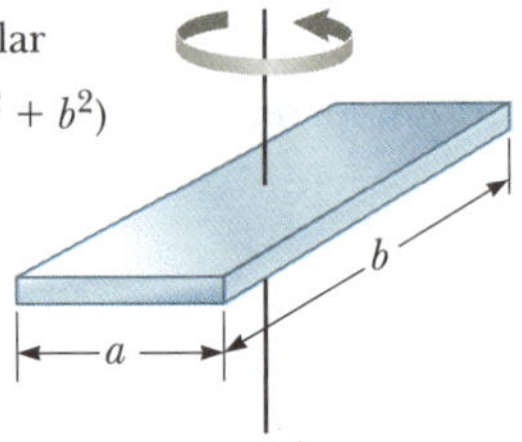

Barra longa e fina com eixo de rotação no centro
$I_{CM} = \frac{1}{12}ML^2$

Barra longa e fina com eixo de rotação na extremidade
$I = \frac{1}{3}ML^2$

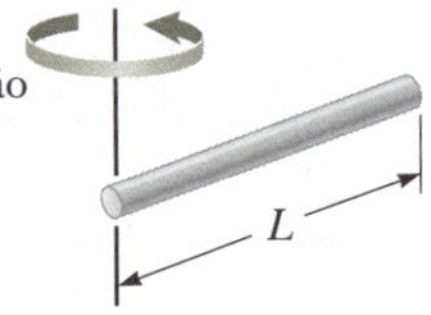

Esfera sólida
$I_{CM} = \frac{2}{5}MR^2$

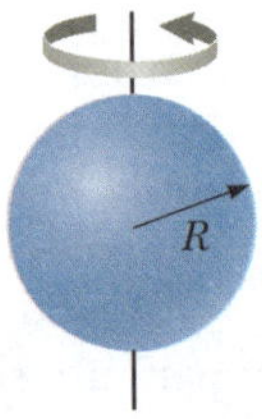

Casca fina esférica
$I_{CM} = \frac{2}{3}MR^2$

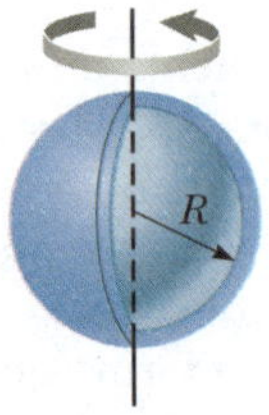

Modelo de Análise — Corpo rígido sob um torque líquido

Imagine que você está analisando o movimento de um corpo que está livre para girar sobre um eixo fixo. A causa de mudanças no movimento rotacional deste corpo é o torque aplicado ao corpo e, paralelamente, à Segunda Lei de Newton para o movimento de translação, o torque é igual ao produto do momento de inércia do corpo pela aceleração angular:

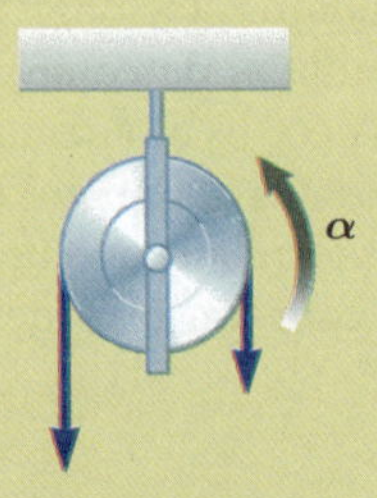

$$\sum \tau_{ext} = I\alpha \qquad (10.18)$$

O torque, o momento de inércia e a aceleração angular devem ser avaliados em torno do mesmo eixo de rotação.

Exemplos:

- uma corrente de bicicleta em volta de sua roda dentada faz com que a roda traseira da bicicleta gire
- um momento dipolo elétrico em um campo elétrico gira devido à força elétrica do campo (Capítulo 1 do Volume 3)
- um momento dipolo elétrico em um campo magnético gira devido à força magnética do campo (Capítulo 8 do Volume 3)
- a armadura de um motor gira devido ao torque exercido por um campo magnético circundante (Capítulo 9 do Volume 3)

Exemplo 10.4 Barra girando MA

Uma barra uniforme de comprimento L e massa M é presa em uma extremidade de um pivô sem atrito e está livre para girar num eixo que passa pelo centro no plano vertical, como na Figura 10.12. A barra é liberada do repouso na posição horizontal. Quais são as acelerações angular inicial da barra e translacional inicial de sua extremidade direita?

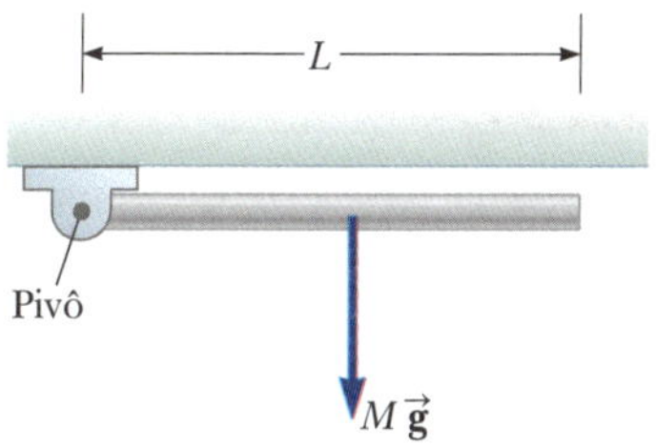

Figura 10.12 (Exemplo 10.4) Uma barra está para girar ao redor de um pivô na extremidade esquerda. A força gravitacional sobre a barra atua no seu centro de massa.

SOLUÇÃO

Conceitualização Imagine o que acontece com a barra da Figura 10.12 quando é liberada. Ela gira no sentido horário ao redor do pino na extremidade esquerda.

Categorização A barra é categorizada como um *corpo rígido sob um torque resultante*. O torque é devido somente à força gravitacional sobre a barra se o eixo de rotação passa pelo pino na Figura 10.12. *Não podemos* categorizar a barra como um corpo rígido sob aceleração angular constante, porque o torque exercido sobre a barra e, portanto, a aceleração angular da barra variam com sua posição angular.

Análise A única força que contribui para o torque sobre um eixo que passa pelo pivô é a gravitacional $M\vec{g}$ exercida sobre a barra. (A força exercida pelo pino sobre a barra tem torque zero no pino porque seu braço de momento é zero.) Para computar o torque na barra, supomos que a força gravitacional atua no centro de massa da barra, como mostra a Figura 10.12.

Escreva uma expressão para o módulo do torque externo resultante devido à força gravitacional sobre um eixo que passa pelo pivô:

$$\sum \tau_{ext} = Mg\left(\frac{L}{2}\right)$$

Use a Equação 10.18 para obter a aceleração angular da barra, utilizando o momento de inércia para a haste, a partir da Tabela 10.2:

$$(1)\quad \alpha = \frac{\sum \tau_{ext}}{I} = \frac{Mg(L/2)}{\frac{1}{3}ML^2} = \boxed{\frac{3g}{2L}}$$

Use a Equação 10.11 com $r = L$ para encontrar a aceleração translacional inicial da extremidade direita da barra:

$$a_t = L\alpha = \boxed{\tfrac{3}{2}g}$$

Finalização Estes valores são os *iniciais* das acelerações angular e translacional. Assim que a barra começa a girar, a força gravitacional não é mais perpendicular a ela, e os valores das duas acelerações diminuem, indo para zero no momento em que a barra passa pela orientação vertical.

E SE? E se colocássemos uma moeda na extremidade da barra e então a soltássemos? A moeda permaneceria em contato com a barra?

Resposta O resultado para a aceleração inicial de um ponto na extremidade da barra mostra que $a_t > g$. Uma moeda sem sustentação cai com aceleração g. Então, se colocarmos uma moeda na extremidade da barra e então a soltarmos, a extremidade cai mais rápido que a moeda! A moeda não fica em contato com a barra. (Tente isto com uma moeda e uma régua de metro!)

A questão agora é encontrar o local na barra onde podemos colocar uma moeda que *ficará* em contato quando os dois começam a cair. Para encontrar a aceleração translacional de um ponto arbitrário na barra a uma distância $r < L$ do ponto do pino, combinamos a Equação (1) com a Equação 10.11:

$$a_t = r\alpha = \frac{3g}{2L}r$$

Para uma moeda permanecer em contato com a barra, o caso limitante é que a aceleração translacional deve ser igual àquela causada pela gravidade:

$$a_t = g = \frac{3g}{2L}r$$

$$r = \tfrac{2}{3}L$$

Então, a moeda colocada mais próxima do pino a dois terços do comprimento da barra fica em contato com ela em queda, mas a moeda colocada mais longe deste ponto perde contato.

Exemplo Conceitual 10.5 Chaminés caindo e blocos desmoronando

Quando uma chaminé alta cai, em geral parte-se em algum ponto ao longo de seu comprimento antes de atingir o solo. Por quê?

SOLUÇÃO

À medida que gira ao redor de sua base, cada porção mais alta da chaminé cai com maior aceleração tangencial que a abaixo, de acordo com a Equação 10.11. A aceleração angular aumenta à medida que a chaminé cai mais. Eventualmente, as porções mais altas da chaminé experimentam uma aceleração maior que a que poderia resultar somente da gravidade; esta situação é semelhante àquela descrita no Exemplo 10.4. Isso só pode acontecer se essas porções estão sendo puxadas para baixo por uma força além da gravitacional. O que causa isto é a força de cisalhamento das partes mais baixas da chaminé. Eventualmente, esta força, que proporciona esta aceleração, é maior que a que a chaminé pode aguentar e, então, ela se quebra. A mesma coisa acontece com uma torre alta de blocos de brinquedo infantil. Pegue alguns blocos emprestados de uma criança e construa uma torre com eles. Empurre a torre e veja como ela desmorona em algum ponto antes de chegar ao solo.

Exemplo 10.6 Aceleração angular de uma roda MA

Uma roda de raio R, massa M e momento de inércia I é montada sobre um eixo horizontal e sem atrito, como na Figura 10.13. Uma corda leve enrolada ao redor da roda sustenta um corpo de massa m. Quando a roda é liberada, o corpo acelera para baixo, a corda se desenrola da roda e esta gira com aceleração angular. Encontre expressões para a aceleração angular da roda, a aceleração translacional do corpo e a tensão na corda.

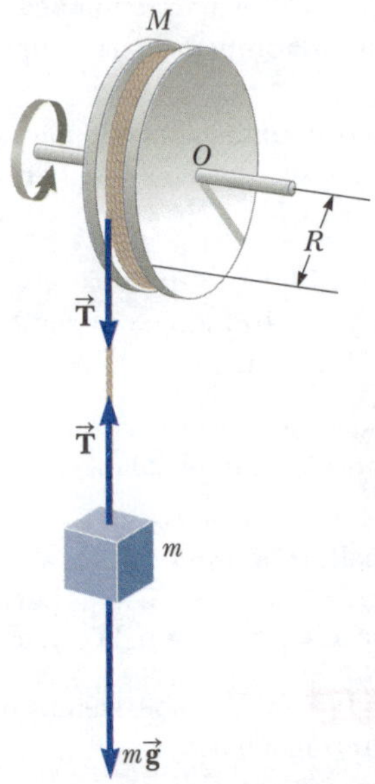

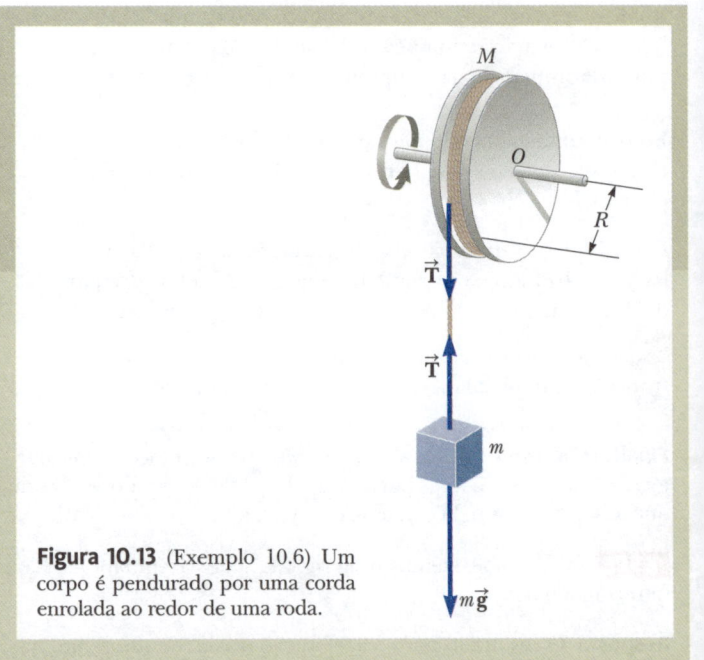

Figura 10.13 (Exemplo 10.6) Um corpo é pendurado por uma corda enrolada ao redor de uma roda.

SOLUÇÃO

Conceitualização Imagine que o corpo é um balde em um antigo poço de água. Ele é amarrado a uma corda que passa ao redor de um cilindro equipado com uma manivela para erguê-lo. Depois que o balde é erguido, o sistema é solto e o balde acelera para baixo, enquanto a corda se desenrola do cilindro.

Categorização Aqui, aplicamos dois modelos de análise: o corpo, como uma partícula sob uma força resultante; e a roda, como um corpo rígido sob um torque resultante.

Análise O módulo do torque atuando sobre a roda em seu eixo de rotação é $\tau = TR$, onde T é a força exercida pela corda na borda da roda. (A força gravitacional exercida pela Terra sobre a roda e a força normal exercida pelo eixo sobre a roda passam pelo eixo de rotação e, portanto, não produzem torque.)

A partir do modelo do corpo rígido sob um torque líquido, escreva a Equação 10.18:

$$\sum \tau_{ext} = I\alpha$$

Resolva para α e substitua o torque resultante:

$$(1)\quad \alpha = \frac{\sum \tau_{ext}}{I} = \frac{TR}{I}$$

A partir do modulo da partícula sob uma força resultante, aplique a Segunda Lei de Newton ao movimento do corpo, considerando a direção para baixo como positiva:

$$\sum F_y = mg - T = ma$$

Resolva para a aceleração a:

$$(2)\quad a = \frac{mg - T}{m}$$

As Equações (1) e (2) têm três incógnitas: α, a e T. Como o corpo e a roda são conectados por uma corda que não escorrega, a aceleração translacional do corpo suspenso é igual à aceleração tangencial de um ponto na borda da roda. Portanto, as acelerações angular α da roda e translacional do corpo são relacionadas por $a = R\alpha$.

10.6 cont.

Use este fato com as Equações (1) e (2): (3) $a = R\alpha = \frac{TR^2}{I} = \frac{mg - T}{m}$

Resolva para a tensão T: (4) $T = \frac{mg}{1 + (mR^2/I)}$

Substitua a Equação (4) na (2) e resolva para a: (5) $a = \frac{g}{1 + (I/mR^2)}$

Use $a = R\alpha$ e a Equação (5) para resolver para α: $\alpha = \frac{a}{R} = \frac{g}{R + (I/mR)}$

Finalização Finalizamos este problema imaginando o comportamento do sistema em alguns limites extremos.

E SE? E se a roda se tornasse muito massiva de modo que I ficasse muito grande? O que aconteceria com a aceleração a do corpo e a tensão T?

Resposta Se a roda se torna infinitamente massiva, podemos imaginar que o corpo de massa m vai simplesmente ficar pendurado nela sem provocar seu giro.

Podemos mostrar isto matematicamente considerando o limite $I \to \infty$. A Equação (5) se torna

$$a = \frac{g}{1 + (I/mR^2)} \quad \to \quad 0$$

o que está de acordo com nossa conclusão conceitual de que o corpo ficará pendurado em repouso. Também, a Equação (4) se torna

$$T = \frac{mg}{1 + (mR^2/I)} \quad \to \quad mg$$

o que é consistente, porque o corpo simplesmente fica pendurado em repouso, em equilíbrio entre a força gravitacional e a tensão na corda.

10.6 Cálculos de momentos de inércia

O momento de inércia de um sistema de partículas discretas pode ser calculado de modo direto usando a Equação 10.19. Podemos avaliar o momento de inércia de um corpo rígido contínuo imaginando que ele está dividido em muitos elementos pequenos, cada um com massa Δm_i. Usamos a definição $I = \sum_i r_i^2 \Delta m_i$ e tomamos o limite desta soma como $\Delta m_i \to 0$. Neste limite, a soma se torna uma integral sobre o volume do corpo:

$$I = \lim_{\Delta m_i \to 0} \sum_i r_i^2 \, \Delta m_i = \int r^2 \, dm \qquad (10.20)$$

◀ **Momento de inércia de um corpo rígido**

Geralmente, é mais fácil calcular momentos de inércia em termos do volume dos elementos em vez da massa deles, e podemos fazer esta mudança facilmente usando a Equação 1.1, $\rho \equiv m/V$, onde ρ é a densidade do corpo e V é o volume. A partir desta equação, a massa de um elemento pequeno é $dm = \rho\, dV$. Substituindo este resultado na Equação 10.17, obtemos

$$I = \int \rho r^2 \, dV \qquad (10.21)$$

Se o corpo é homogêneo, ρ é constante e a integral pode ser avaliada para uma geometria conhecida. Se ρ não é constante, sua variação com a posição deve ser conhecida para completar a integração.

Às vezes, refere-se à densidade dada por $\rho = m/V$ como *densidade de massa volumétrica,* porque ela representa massa por unidade de volume. Usamos também outras maneiras de expressar densidade. Por exemplo, quando lidamos com uma folha de espessura uniforme t, podemos definir uma *densidade de massa de superfície* $\sigma = \rho t$, que representa *massa por unidade de área.* Finalmente, quando a massa é distribuída ao longo de uma haste de área transversal uniforme A, às vezes usamos a *densidade de massa linear* $\lambda = M/L = \rho A$, que é a *massa por unidade de comprimento.*

Exemplo 10.7 Barra rígida uniforme

Calcule o momento de inércia de uma barra rígida uniforme de comprimento L e massa M (Fig. 10.14) sobre um eixo perpendicular à barra (o eixo y') e passando por seu centro de massa.

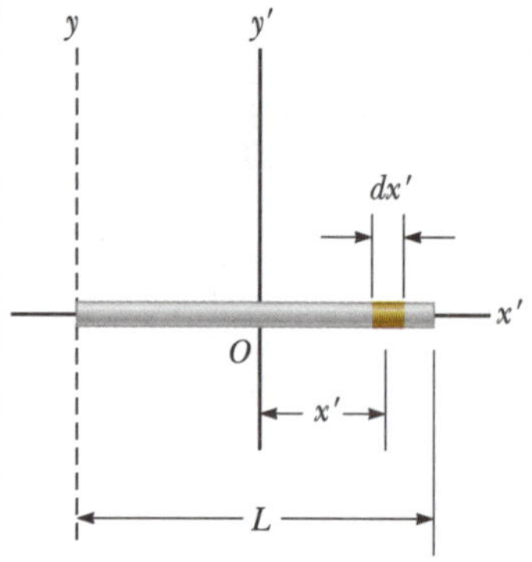

Figura 10.14 (Exemplo 10.7) Barra rígida uniforme de comprimento L. O momento de inércia sobre o eixo y' é menor que aquele sobre o eixo y. Este último eixo é examinado no Exemplo 10.9.

SOLUÇÃO

Conceitualização Imagine girar a barra da Figura 10.14 com seus dedos ao redor do seu ponto central. Se você tiver uma régua de metro à mão, utilize-a para simular o giro de uma barra fina e sinta a resistência que ela oferece contra ser girada.

Categorização Este exemplo é um problema de substituição, usando a definição de momento de inércia na Equação 10.20. Como em qualquer problema de cálculo, a solução envolve reduzir o integrante para uma única variável.

O elemento sombreado de comprimento dx' na Figura 10.14 tem uma massa dm igual à massa por unidade de comprimento λ multiplicado por dx'.

Expresse dm em termos de dx':

$$dm = \lambda\, dx' = \frac{M}{L}\, dx'$$

Substitua esta expressão na Equação 10.20, com $r^2 = (x')^2$:

$$I_y = \int r^2\, dm = \int_{-L/2}^{L/2} (x')^2 \frac{M}{L}\, dx' = \frac{M}{L}\int_{-L/2}^{L/2} (x')^2\, dx'$$

$$= \frac{M}{L}\left[\frac{(x')^3}{3}\right]_{-L/2}^{L/2} = \boxed{\tfrac{1}{12}ML^2}$$

Verifique este resultado na Tabela 10.2.

Exemplo 10.8 Cilindro sólido uniforme

Um cilindro sólido uniforme tem raio R, massa M e comprimento L. Calcule seu momento de inércia sobre seu eixo central (o eixo z na Fig. 10.15).

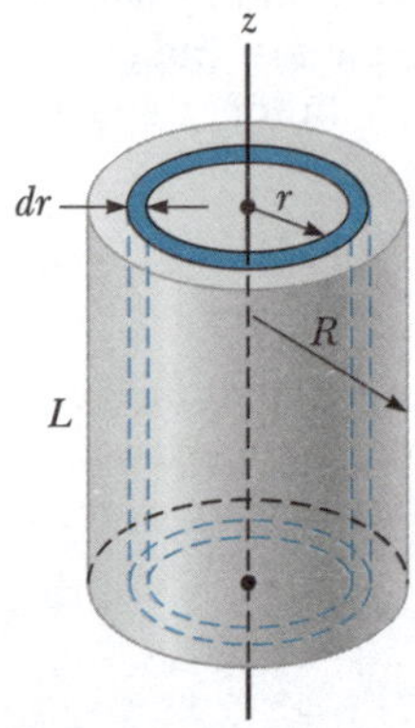

Figura 10.15 (Exemplo 10.8) Calculando I sobre o eixo z para um cilindro sólido uniforme.

SOLUÇÃO

Conceitualização Para simular esta situação, imagine girar uma lata de suco congelado sobre seu eixo central. Não gire uma lata não congelada de sopa de legumes, ela não é um corpo rígido! O líquido pode se mover com relação à lata de metal.

Categorização Este exemplo é um problema de substituição, usando a definição de momento de inércia. Como no Exemplo 10.7, devemos reduzir o integrante para uma única variável.

É conveniente dividir em muitas cascas cilíndricas, cada uma com raio r, espessura dr e comprimento L, como mostrado na Figura 10.15. A densidade do cilindro é ρ. O volume dV de cada casca é sua área transversal multiplicada por seu comprimento: $dV = L\, dA = L(2\omega r)\, dr$.

Expresse dm em termos de dr:

$$dm = \rho\, dV = \rho L(2\pi r)\, dr$$

10.8 *cont.*

Substitua esta expressão na Equação 10.20:

$$I_z = \int r^2\,dm = \int r^2[\rho L(2\pi r)\,dr] = 2\pi\rho L\int_0^R r^3\,dr = \tfrac{1}{2}\pi\rho L R^4$$

Use o volume total $\pi R^2 L$ do cilindro para obter sua densidade:

$$\rho = \frac{M}{V} = \frac{M}{\pi R^2 L}$$

Substitua este valor na expressão para I_z:

$$I_z = \tfrac{1}{2}\pi\left(\frac{M}{\pi R^2 L}\right) L R^4 = \boxed{\tfrac{1}{2} M R^2}$$

Verifique este resultado na Tabela 10.2.

E SE? E se o comprimento do cilindro na Figura 10.15 for aumentado para $2L$, enquanto a massa M e o raio R são mantidos fixos? Como isso afeta o momento de inércia do cilindro?

Resposta Note que o resultado para o momento de inércia de um cilindro não depende de L, o comprimento do cilindro. Ele se aplica tanto para um cilindro longo quanto para um disco plano com a mesma massa M e raio R. Portanto, o momento de inércia do cilindro não seria afetado como a massa é distribuída ao longo de seu comprimento.

O cálculo de momentos de inércia de um corpo sobre um eixo arbitrário pode ser trabalhoso, mesmo para um corpo altamente simétrico. Felizmente, o uso de um teorema importante, chamado **teorema dos eixos paralelos**, em geral simplifica o cálculo.

Para gerar este teorema, suponha que o corpo na Figura 10.16a gire sobre o eixo z. O momento de inércia não depende de como a massa é distribuída ao longo do eixo z; como vimos no Exemplo 10.8, este momento de inércia é independente do comprimento do cilindro. Imagine o desabamento de um corpo tridimensional em um planar, como na Figura 10.16b. Neste processo imaginário, toda a massa se move paralela ao eixo z até que esteja no plano xy. As coordenadas do centro de massa do corpo são agora x_{CM}, y_{CM} e $z_{CM} = 0$. Considere que o elemento de massa dm tenha coordenadas $(x, y, 0)$, como mostrado na vista para baixo do eixo z na Figura 10.16c. Como este elemento é a distância $r = \sqrt{x^2 + y^2}$ do eixo z, o momento de inércia do corpo inteiro sobre o eixo z é

$$I = \int r^2\,dm = \int (x^2 + y^2)\,dm$$

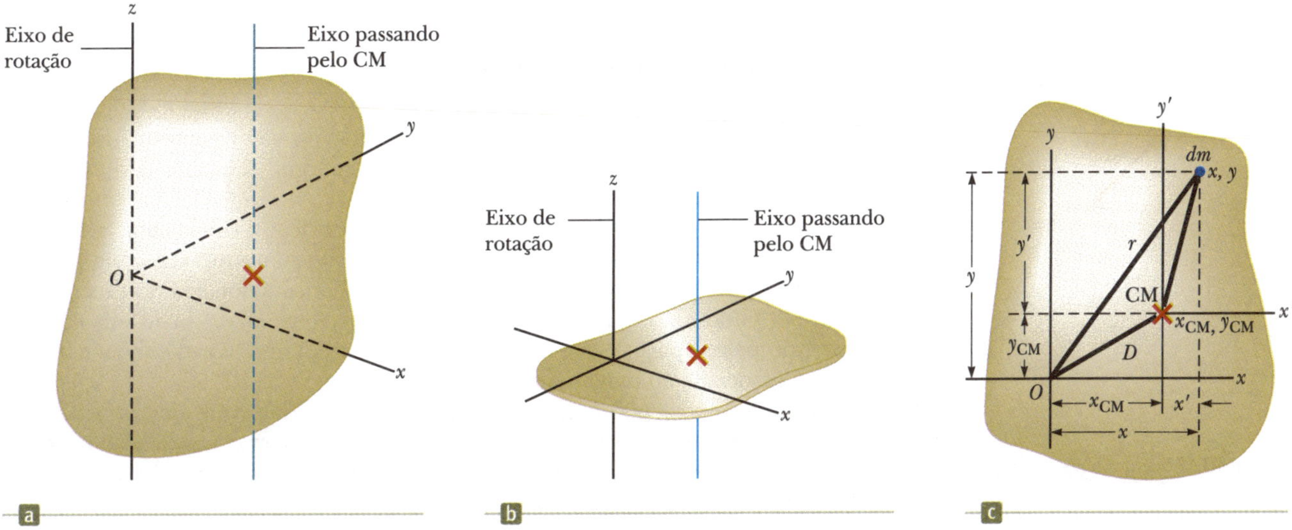

Figura 10.16 (a) Um corpo rígido com formato arbitrário. A origem do sistema de coordenadas não está no centro de massa do corpo. Imagine-o girando sobre o eixo z. (b) Todos os elementos de massa dele desmoronam paralelo ao eixo z para formar um corpo planar. (c) Um elemento de massa arbitrária dm é indicado em azul nesta vista para baixo do eixo z. O teorema dos eixos paralelos pode ser usado com a geometria mostrada para determinar o momento de inércia do corpo original sobre o eixo z.

Podemos relacionar as coordenadas x e y do elemento de massa dm com aquelas deste mesmo elemento localizadas em um sistema de coordenadas que tem o centro de massa do corpo como sua origem. Se as coordenadas do centro de massa são x_{CM}, y_{CM} e $z_{CM} = 0$ no sistema de coordenadas original centrado em O, vemos a partir da Figura 10.16c que as relações entre as coordenadas normais e linha são $x = x' + x_{CM}$, $y = y' + y_{CM}$ e $z = z' = 0$. Por consequência,

$$I = \int [(x' + x_{CM})^2 + (y' + y_{CM})^2]\, dm$$

$$= \int [(x')^2 + (y')^2]\, dm + 2x_{CM} \int x'\, dm + 2y_{CM} \int y' dm + (x_{CM}{}^2 + y_{CM}{}^2) \int dm$$

A primeira integral é, por definição, o momento de inércia I_{CM} sobre um eixo que é paralelo ao z e passa pelo centro de massa. As duas integrais seguintes são zero porque, por definição do centro de massa, $\int x'\, dm = \int y'\, dm = 0$. A última integral é simplesmente MD^2 porque $\int dm = M$ e $D^2 = x_{CM}{}^2 + y_{CM}{}^2$. Então, concluímos que

Teorema dos eixos paralelos ▶

$$I = I_{CM} + MD^2 \tag{10.22}$$

Exemplo 10.9 Aplicando o teorema dos eixos paralelos

Considere novamente a barra rígida uniforme de massa M e comprimento L mostrada na Figura 10.14. Encontre o momento de inércia da barra sobre um eixo perpendicular a ela por uma extremidade (o eixo y na Fig. 10.14).

SOLUÇÃO

Conceitualização Imagine girar a barra ao redor de um ponto no final, em vez de um ponto central. Se você tiver uma régua de metro à mão, use-a, e note o grau de dificuldade em girá-la ao redor da extremidade em comparação com girá-la ao redor do centro.

Categorização Este exemplo é um problema de substituição envolvendo o teorema dos eixos paralelos.

Intuitivamente, esperamos que o momento de inércia seja maior que o resultado $I_{CM} = \frac{1}{12}ML^2$ do Exemplo 10.7, porque há uma massa até uma distância de L para longe do eixo de rotação, enquanto a maior distância no Exemplo 10.7 era de $L/2$. A distância entre o eixo do centro de massa e o eixo y é $D = L/2$.

Use o teorema dos eixos paralelos: $I = I_{CM} + MD^2 = \frac{1}{12}ML^2 + M\left(\frac{L}{2}\right)^2 = \frac{1}{3}ML^2$

Verifique este resultado na Tabela 10.2.

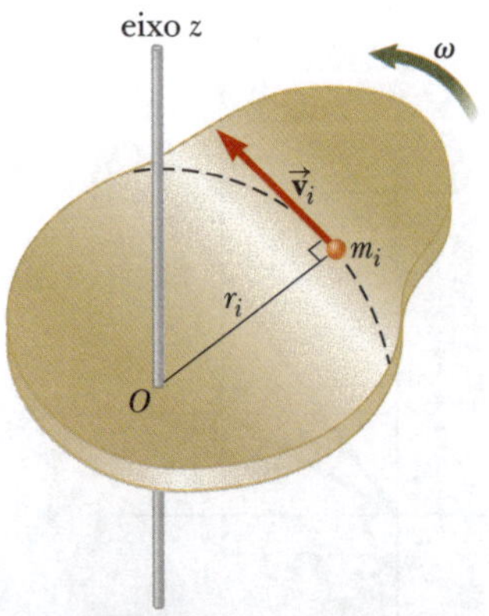

Figura 10.17 Um corpo rígido girando sobre o eixo z com velocidade angular ω. A energia cinética da partícula de massa m_i é $\frac{1}{2}m_i v_i{}^2$. A energia cinética total do corpo é chamada energia cinética rotacional.

10.7 Energia cinética rotacional

Depois de investigar o papel das forças em nosso estudo do movimento translacional, voltamos nossa atenção para abordagens envolvendo energia. Fazemos o mesmo em nosso estudo atual do movimento rotacional.

No Capítulo 7 deste volume, definimos energia cinética de um corpo como a energia associada a seu movimento pelo espaço. Um corpo girando sobre um eixo fixo permanece estacionário no espaço, por isso não há energia cinética associada ao movimento translacional. No entanto, as partículas individuais que formam o corpo em rotação estão se movendo pelo espaço; elas seguem trajetórias circulares. Por consequência, há energia cinética associada ao movimento rotacional.

Vamos considerar um corpo um sistema de partículas. Suponha que ele gire sobre um eixo fixo z com velocidade angular ω. A Figura 10.17 mostra o corpo em rotação e identifica uma partícula no corpo localizada a uma distância r_i do eixo de rotação. Se a massa da i-ésima partícula é m_i e sua velocidade tangencial é v_i, sua energia cinética é

$$K_i = \tfrac{1}{2}m_i v_i{}^2$$

Para seguir adiante, lembre-se de que, embora cada partícula no corpo rígido tenha a mesma velocidade angular θ, as velocidades tangenciais individuais dependem da distância r_i do eixo de rotação, de acordo com a Equação 10.10. A energia cinética *total* do corpo rígido em rotação é a soma das energias cinéticas das partículas individuais:

$$K_R = \sum_i K_i = \sum_i \tfrac{1}{2}m_i v_i^{\,2} = \tfrac{1}{2}\sum_i m_i r_i^{\,2}\omega^2$$

Podemos escrever esta expressão na forma

$$K_R = \tfrac{1}{2}\left(\sum_i m_i r_i^{\,2}\right)\omega^2 \qquad \textbf{(10.23)}$$

onde fatoramos ω^2 da soma porque ela é comum a todas as partículas. Reconhecemos a quantidade entre parênteses como o momento de inércia do corpo, introduzido na Seção 10.5.

Portanto, a Equação 10.23 pode ser escrita como

$$K_R = \tfrac{1}{2}I\omega^2 \qquad \textbf{(10.24)}$$

◀ **Energia cinética rotacional**

Embora nos refiramos à quantidade $\frac{1}{2}I\omega^2$ como **energia cinética rotacional**, ela não é uma nova forma de energia, mas energia cinética comum, porque é derivada de uma soma das energias cinéticas individuais das partículas contidas no corpo rígido. A forma matemática da energia cinética dada pela Equação 10.24 é conveniente quando lidamos com movimento rotacional, desde que saibamos calcular I.

***Teste Rápido* 10.6** Uma seção de um cano oco e de um cilindro sólido têm o mesmo raio, massa e comprimento. Ambos giram sobre seus eixos centrais longos com a mesma velocidade angular. Que corpo tem maior energia cinética rotacional? **(a)** o cano oco **(b)** o cilindro sólido **(c)** os dois têm a mesma energia cinética rotacional **(d)** é impossível determinar.

Exemplo 10.10 Um bastão incomum

Quatro esferas minúsculas são amarradas às extremidades de duas barras de massa desprezível em um plano xy para formar um bastão incomum (Fig. 10.18). Vamos supor que os raios das esferas são pequenos comparados com as dimensões das barras.

(A) Se o sistema gira sobre o eixo y (Fig. 10.18a) com velocidade angular ω, encontre o momento de inércia e a energia cinética rotacional do sistema sobre este eixo.

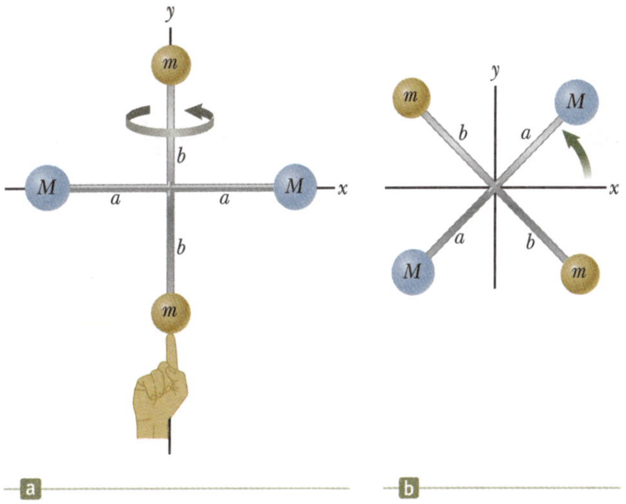

Figura 10.18 (Exemplo 10.10) Quatro esferas formam um bastão incomum. (a) O bastão é girado sobre o eixo y. (b) O bastão é girado sobre o eixo z.

SOLUÇÃO

Conceitualização A Figura 10.18 é uma representação pictórica que ajuda a conceitualizar o sistema de esferas e como ele gira. Modela as esferas como partículas.

Categorização Este é um problema de substituição, porque é uma aplicação simples das definições discutidas nesta seção.

continua

Aplique a Equação 10.19 ao sistema:

$$I_y = \sum_i m_i r_i^{\,2} = Ma^2 + Ma^2 = \boxed{2Ma^2}$$

10.10 *cont.*

Calcule a energia cinética rotacional usando a Equação 10.24: $K_R = \frac{1}{2}I_y\omega^2 = \frac{1}{2}(2Ma^2)\omega^2 = \boxed{Ma^2\omega^2}$

Faz sentido que as duas esferas de massa m não entrem neste resultado, pois elas não têm movimento sobre o eixo de rotação; então, não têm energia cinética rotacional. Por uma lógica semelhante, esperamos que o momento de inércia sobre o eixo x seja $I_x = 2mb^2$ com uma energia cinética rotacional sobre o eixo de $K_R = mb^2\omega^2$.

(B) Suponha que o sistema gire no plano xy sobre um eixo (o eixo z) pelo centro do bastão (Fig. 10.18b). Calcule o momento de inércia e a energia cinética rotacional sobre este eixo.

SOLUÇÃO

Aplique a Equação 10.19 para este eixo de rotação novo: $I_z = \sum_i m_i r_i^2 = Ma^2 + Ma^2 + mb^2 + mb^2 = \boxed{2Ma^2 + 2mb^2}$

Calcule a energia cinética rotacional usando a Equação 10.24: $K_R = \frac{1}{2}I_z\omega^2 = \frac{1}{2}(2Ma^2 + 2mb^2)\omega^2 = \boxed{(Ma^2 + mb^2)\omega^2}$

Comparando os resultados das partes (A) e (B), concluímos que o momento de inércia e também a energia cinética rotacional associados a uma velocidade angular dependem do eixo de rotação. Na parte (B), esperamos que o resultado inclua todas as quatro esferas e distâncias, porque todas estão girando no plano xy. Baseado no teorema trabalho-energia cinética, a energia cinética rotacional menor na parte (A) que na (B) indica que seria necessário menos trabalho para colocar o sistema em rotação sobre o eixo y que sobre o z.

E SE? E se a massa M for muito maior que m? Como as respostas para as partes (A) e (B) se comparam?

Resposta Se $M >> m$, então m pode ser desprezado, e o momento de inércia e a energia cinética rotacional na parte (B) se tornam

$$I_z = 2Ma^2 \quad \text{e} \quad K_R = Ma^2\omega^2$$

que são as mesmas respostas para a parte (A). Se as massas m das duas esferas na Figura 10.18 são desprezíveis, estas esferas podem ser removidas da figura e as rotações sobre os eixos y e z são equivalentes.

10.8 Considerações de energia no movimento rotacional

Depois de introduzir a energia cinética rotacional na Seção 10.7, veremos agora como a abordagem da energia pode ser útil nos problemas de rotação. Começamos considerando a relação entre o torque atuando sobre um corpo rígido e seu movimento rotacional resultante, de modo a gerar expressões para potência e um análogo rotacional para o teorema trabalho-energia cinética. Considere o corpo rígido centrado em O na Figura 10.19. Suponha que uma única força externa $\vec{\mathbf{F}}$ seja aplicada em P, onde $\vec{\mathbf{F}}$ está no plano da página. O trabalho realizado sobre o corpo por $\vec{\mathbf{F}}$, conforme seu ponto de aplicação gira por uma distância infinitesimal $ds = r\,d\theta$, é

$$dW = \vec{\mathbf{F}} \cdot d\vec{\mathbf{s}} = (F \operatorname{sen} \phi) r\, d\theta$$

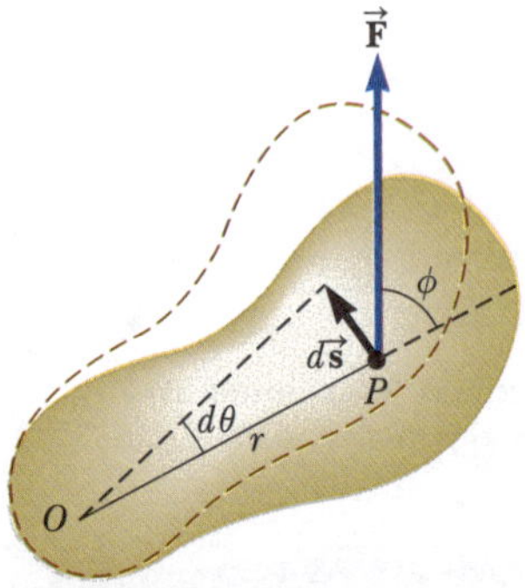

Figura 10.19 Um corpo rígido gira sobre um eixo que passa por O sob a ação de uma força externa $\vec{\mathbf{F}}$ aplicada em P.

onde F sen ϕ é a componente tangencial de $\vec{\mathbf{F}}$, ou, em outras palavras, a componente da força ao longo do deslocamento. Note que o vetor componente radial de $\vec{\mathbf{F}}$ não realiza trabalho sobre o corpo porque é perpendicular ao deslocamento do ponto de aplicação de $\vec{\mathbf{F}}$.

Como o módulo do torque devido a $\vec{\mathbf{F}}$ sobre um eixo que passa por O é definido como rF sen ϕ pela Equação 10.14, podemos representar o trabalho realizado pela rotação infinitesimal como

$$dW = \tau\, d\theta \qquad \textbf{(10.25)}$$

A taxa em que o trabalho é realizado por $\vec{\mathbf{F}}$ enquanto o corpo gira sobre o eixo fixo por um ângulo $d\theta$ em um intervalo de tempo dt é

$$\frac{dW}{dt} = \tau \frac{d\theta}{dt}$$

Como dW/dt é a potência instantânea P (ver Seção 8.5) fornecida pela força e $d\theta/dt = \omega$, esta expressão é reduzida para

$$P = \frac{dW}{dt} = \tau\omega \qquad \textbf{(10.26)}$$

◀ **Potência fornecida a um corpo rígido em rotação**

Esta equação é análoga a $P = Fv$ no caso do movimento translacional, e a 10.25, da mesma forma, a $dW = F_x\,dx$.

No estudo do movimento translacional, vimos que modelos baseados na abordagem de energia podem ser extremamente úteis na descrição do comportamento de um sistema. Daquilo que aprendemos sobre movimento translacional, esperamos que, quando um corpo simétrico gira sobre um eixo fixo, o trabalho realizado por forças externas seja igual à variação na energia rotacional do corpo.

Para provar este fato, vamos começar com o corpo rígido sob um modelo do torque líquido cuja representação matemática é $\Sigma\tau_{\text{ext}} = I\alpha$. Usando a regra da cadeia do cálculo, expressamos o torque resultante como

$$\sum \tau_{\text{ext}} = I\alpha = I\frac{d\omega}{dt} = I\frac{d\omega}{d\theta}\frac{d\theta}{dt} = I\frac{d\omega}{d\theta}\,\omega$$

Rearranjando esta expressão, e notando que $\Sigma\tau_{\text{ext}}\,d\theta = dW$, obtemos

$$\sum \tau_{\text{ext}}\,d\theta = dW = I\omega\,d\omega$$

Integrando esta expressão, obtemos o trabalho total realizado por uma força externa resultante atuando em um sistema em rotação

$$W = \int_{\omega_i}^{\omega_f} I\omega\,d\omega = \tfrac{1}{2}I\omega_f^2 - \tfrac{1}{2}I\omega_i^2 \qquad \textbf{(10.27)}$$

◀ **Teorema trabalho-energia cinética para o movimento rotacional**

onde a velocidade angular muda de ω_i para ω_f. A Equação 10.27 é o **teorema trabalho-energia cinética para o movimento rotacional**. Do mesmo modo que o teorema trabalho-energia cinética no movimento translacional (Seção 7.5), este diz que o trabalho resultante realizado por forças externas em um corpo rígido girando sobre um eixo fixo é igual à variação na energia rotacional do corpo.

Este teorema é uma forma do modelo do sistema não isolado (energia) já discutido no Capítulo 8. O trabalho é realizado no sistema de um corpo rígido, que representa uma transferência de energia através do limite do sistema em que aparece como um aumento na energia cinética rotacional do corpo.

Em geral, podemos combinar este teorema com a forma translacional do teorema trabalho-energia cinética do Capítulo 7. Então, o trabalho resultante realizado por forças externas sobre um corpo é a variação em sua energia cinética *total*, que é a soma das energias cinéticas translacional e rotacional. Por exemplo, quando um lançador joga uma bola de beisebol, o trabalho realizado pelas mãos do lançador aparece como energia cinética associada com a bola movendo-se pelo espaço, assim como energia cinética rotacional associada com o giro da bola.

Além do teorema trabalho-energia cinética, outros princípios de energia podem ser aplicados a situações rotacionais. Por exemplo, se um sistema envolvendo corpos em rotação é isolado e não há forças não conservativas atuando no sistema, o modelo do sistema isolado e o princípio de conservação de energia mecânica podem ser usados para analisar o sistema, como no Exemplo 10.11 a seguir. Em geral, a Equação 8.2, a equação da conservação de energia, se aplica a situações rotacionais, com o reconhecimento de que a mudança na energia cinética ΔK incluirá mudanças nas energias cinéticas translacional e rotacional.

Finalmente, em algumas situações, uma abordagem de energia não oferece informações suficientes para resolver o problema, e deve ser combinada com outra de momento. Um caso como este é ilustrado no Exemplo 10.14, na Seção 10.9.

A Tabela 10.3 lista as diversas equações que mencionamos, relacionadas ao movimento rotacional, juntamente com as expressões análogas para o movimento translacional. Note as formas matemáticas semelhantes das equações. As duas últimas na coluna da esquerda da Tabela 10.3, envolvendo o momento angular L, serão discutidas no Capítulo 11 deste volume e foram incluídas aqui somente para completar o exemplo.

TABELA 10.3 *Equações úteis para movimento rotacional e translacional*

Movimento rotacional sobre um eixo fixo	Movimento translacional
Velocidade angular $\omega = d\theta/dt$	Velocidade translacional $v = dx/dt$
Aceleração angular $\alpha = d\omega/dt$	Aceleração translacional $a = dv/dt$
Torque resultante $\Sigma\tau_{ext} = I\alpha$	Força resultante $\Sigma F = ma$
Se $\alpha =$ constante $\begin{cases} \omega_f = \omega_i + \alpha t \\ \theta_f = \theta_i + \omega_i t + \frac{1}{2}\alpha t^2 \\ \omega_f^2 = \omega_i^2 + 2\alpha(\theta_f - \theta_i) \end{cases}$	Se $a =$ constante $\begin{cases} v_f = v_i + at \\ x_f = x_i + v_i t + \frac{1}{2}at^2 \\ v_f^2 = v_i^2 + 2a(x_f - x_i) \end{cases}$
Trabalho $W = \int_{\theta_i}^{\theta_f} \tau\, d\theta$	Trabalho $= \int_{x_i}^{x_f} F_x\, dx$
Energia cinética rotacional $K_R = \frac{1}{2}I\omega^2$	Energia cinética $K = \frac{1}{2}mv^2$
Potência $P = \tau\omega$	Potência $P = Fv$
Momento angular $L = I\omega$	Momento linear $p = mv$
Torque resultante $\Sigma\tau = dL/dt$	Força resultante $\Sigma F = dp/dt$

Exemplo 10.11 Revisitando a barra girando MA

Uma barra uniforme de comprimento L e massa M é livre para girar em um pino sem atrito passando por uma extremidade (Fig. 10.20). A barra é liberada do repouso na posição horizontal.

(A) Qual é sua velocidade angular quando a barra alcança sua posição mais baixa?

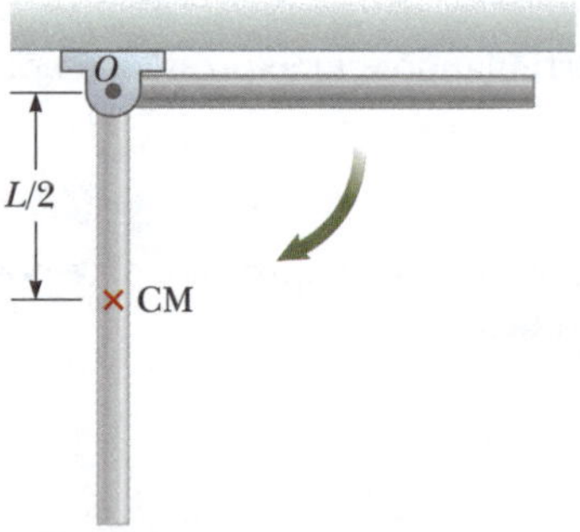

Figura 10.20 (Exemplo 10.11) A barra rígida uniforme centrada em O gira em um plano vertical sob a ação da força gravitacional.

SOLUÇÃO

Conceitualização Considere a Figura 10.20 e imagine a barra girando para baixo por um quarto de volta sobre o pino na extremidade esquerda. Veja também o Exemplo 10.8. A situação física é a mesma.

Categorização Como mencionado no Exemplo 10.4, a aceleração angular da barra não é constante. Portanto, as equações cinemáticas para rotação (Seção 10.2) não podem ser usadas para resolver este exemplo. Categorizamos a barra e a Terra como um *sistema isolado* em termos de energia sem forças não conservativas atuando, e usamos o princípio de conservação de energia mecânica.

Análise Escolhemos a configuração em que a barra está pendurada diretamente para baixo como referência para a energia potencial gravitacional e lhe atribuímos um valor de zero. Quando a barra está na posição horizontal, não tem energia cinética rotacional. A energia potencial do sistema nesta configuração com relação à de referência é $MgL/2$, porque o centro de massa da barra está a uma altura $L/2$ mais alta que sua posição na configuração de referência. Quando a barra alcança sua posição mais baixa, a energia do sistema consiste inteiramente de energia rotacional $\frac{1}{2}I\omega^2$, onde I é o momento de inércia da barra em relação a um eixo passando pelo pino.

Usando o modelo do sistema isolado (energia), escreva uma redução apropriada da Equação 8.2:

$$\Delta K + \Delta U = 0$$

Substitua para cada energia final e inicial:

$$(\tfrac{1}{2}I\omega^2 - 0) + (0 - \tfrac{1}{2}MgL) = 0$$

Resolva para ω e use $I = \frac{1}{3}ML^2$ (veja a Tabela 10.2) para a barra:

$$\omega = \sqrt{\frac{MgL}{I}} = \sqrt{\frac{MgL}{\frac{1}{3}ML^2}} = \boxed{\sqrt{\frac{3g}{L}}}$$

(B) Determine a velocidade tangencial do centro de massa e a velocidade tangencial do ponto mais baixo na barra quando estiver na posição vertical.

SOLUÇÃO

Use a Equação 10.10 e o resultado da parte (A):

$$v_{CM} = r\omega = \frac{L}{2}\omega = \boxed{\tfrac{1}{2}\sqrt{3gL}}$$

10.11 *cont.*

Como r para o ponto mais baixo na barra é o dobro do que é para o centro de massa, o ponto mais baixo tem uma velocidade tangencial que é o dobro daquela do centro de massa:

$$v = 2v_{CM} = \sqrt{3gL}$$

Finalização A configuração inicial neste exemplo é a mesma que aquela no Exemplo 10.4. Neste, no entanto, só conseguimos encontrar a aceleração angular inicial da barra. Aplicar a abordagem de energia a este exemplo permite-nos encontrar informações adicionais, a velocidade angular da barra no ponto mais baixo. Convença-se de que poderia encontrar a velocidade angular da barra em qualquer posição angular sabendo a localização do centro de massa nesta posição.

E SE? E se quisermos encontrar a velocidade angular da barra quando o ângulo que ela forma com a horizontal é 45,0°? Como este ângulo é metade de 90,0°, para o qual resolvemos o problema anterior, a velocidade angular nesta configuração é metade da resposta do cálculo anterior, isto é, $\frac{1}{2}\sqrt{3g/L}$

Resposta Imagine a barra da Figura 10.20 na posição 45,0°. Use um lápis ou uma régua para representar a barra nesta posição. Note que o centro de massa caiu por mais da metade da distância $L/2$ nesta configuração. Portanto, mais que metade da energia potencial gravitacional inicial foi transformada em energia cinética rotacional. Então, não esperamos que o valor da velocidade angular seja tão simples como proposto acima.

Note que o centro de massa da barra cai por uma distância de $0{,}500L$ à medida que a barra alcança a configuração vertical. Quando a barra está a 45,0° com a horizontal, podemos mostrar que seu centro de massa cai por uma distância de $0{,}354L$. Continuando o cálculo, descobrimos que a velocidade angular da barra nesta configuração é $0{,}841\sqrt{3g/L}$ (não $\frac{1}{2}\sqrt{3g/L}$).

Exemplo 10.12 Energia e a máquina de Atwood MA

Dois blocos com massas diferentes m_1 e m_2 são conectados por um fio passando por uma roldana, como mostra a Figura 10.21. A roldana tem raio R e momento de inércia I em seu eixo de rotação. O fio não escorrega na roldana, e o sistema é liberado do repouso. Encontre as velocidades translacionais de ambos depois que o bloco 2 desce por uma distância h e a velocidade angular da roldana neste momento.

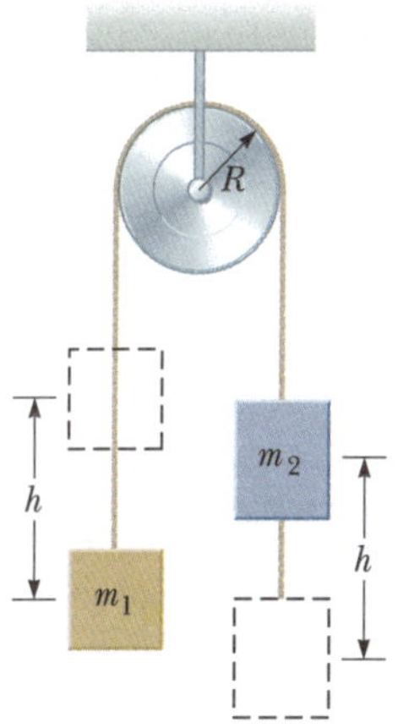

Figura 10.21 (Exemplo 10.12) A máquina de Atwood com uma roldana massiva.

SOLUÇÃO

Conceitualização Já vimos exemplos envolvendo a máquina de Atwood; então, deveria ser fácil visualizar o movimento dos corpos na Figura 10.21.

Categorização Como o fio não escorrega, a roldana gira sobre o eixo. Podemos desprezar o atrito no eixo porque seu raio é pequeno em relação ao da roldana. Em consequência, o torque de atrito é muito menor que a resultante aplicada pelos dois blocos, desde que suas massas sejam significativamente diferentes. Então, o sistema consistindo nos dois blocos, na roldana e na Terra é um sistema isolado em termos de energia sem forças não conservativas atuando; portanto, a energia mecânica do sistema é conservada.

Análise Definimos a configuração zero para energia potencial gravitacional como aquela que existe quando o sistema é liberado. A partir da Figura 10.21, vemos que a descida do bloco 2 é associada a uma diminuição da energia potencial do sistema, e que a subida do bloco 1 representa um aumento na energia potencial.

Usando o modelo de sistema isolado (energia), escreva uma redução apropriada da equação de conservação de energia:

$$\Delta K + \Delta U = 0$$

Substitua para cada energia:

$$[(\tfrac{1}{2}m_1 v_f^2 + \tfrac{1}{2}m_2 v_f^2 + \tfrac{1}{2}I\omega_f^2) - 0] + [(m_1 gh - m_2 gh) - 0] = 0$$

Use $v_f = R\omega_f$ *para* substituir para ω_f:

$$\tfrac{1}{2}m_1 v_f^2 + \tfrac{1}{2}m_2 v_f^2 + \tfrac{1}{2}I\frac{v_f^2}{R^2} = m_2 gh - m_1 gh$$

$$\tfrac{1}{2}\left(m_1 + m_2 + \frac{I}{R^2}\right)v_f^2 = (m_2 - m_1)gh$$

continua

10.12 *cont.*

Resolva para v_f: (1) $v_f = \left[\dfrac{2(m_2 - m_1)gh}{m_1 + m_2 + I/R^2}\right]^{1/2}$

Use $v_f = R\omega_f$ *para* resolver para ω_f: $\omega_f = \dfrac{v_f}{R} = \dfrac{1}{R}\left[\dfrac{2(m_2 - m_1)gh}{m_1 + m_2 + I/R^2}\right]^{1/2}$

Finalização Cada bloco pode ser modelado como uma *partícula sob aceleração constante* porque experimenta uma força resultante constante. Pense no que seria necessário para usar a Equação (1) a fim de encontrar a aceleração de um dos blocos. A seguir, imagine a roldana ficando sem massa e determine a aceleração de um bloco. Como este resultado se compara com o resultado do Exemplo 5.9?

10.9 Movimento de rolamento de um corpo rígido

Nesta seção, trataremos do movimento de um corpo rígido rolando ao longo de uma superfície plana. Em geral, este movimento é complexo. Por exemplo, suponha que um cilindro esteja rolando em uma trajetória reta de modo que o eixo de rotação permaneça paralelo a sua orientação inicial no espaço. Como a Figura 10.22 mostra, um ponto na borda do cilindro move-se em uma trajetória complexa chamada *cicloide*. Podemos simplificar as coisas se focarmos no centro de massa, em vez de em um ponto na borda de um corpo rolando. Como mostra a Figura 10.22, o centro de massa move-se em uma linha reta. Se um corpo tal como um cilindro rola sem escorregar na superfície (chamado *movimento de rolagem puro*), existe uma relação simples entre seus movimentos rotacional e translacional.

Considere um cilindro uniforme de raio R rolando sem escorregar em uma superfície horizontal (Fig. 10.23). Conforme o cilindro gira por um ângulo θ, seu centro de massa se move uma distância linear $s = R\theta$ (ver Eq. 10.1a). Então, a velocidade translacional do centro de massa para o movimento de rolagem puro é dada por

$$v_{CM} = \frac{ds}{dt} = R\frac{d\theta}{dt} = R\omega \qquad \textbf{(10.28)}$$

Prevenção de Armadilhas 10.6

A Equação 10.28 parece familiar
Esta equação parece bastante semelhante à 10.10; portanto, tenha certeza de que você sabe a diferença. Esta última dá a velocidade *tangencial* de um ponto em um corpo *girando* localizado a uma distância r de um eixo fixo de rotação se o corpo gira com velocidade angular ω. Já a Equação 10.28 dá a velocidade *translacional* do centro de massa de um corpo *rolante* de raio R girando com velocidade angular ω.

onde ω é a velocidade angular do cilindro. A Equação 10.28 se mantém sempre que um cilindro ou esfera rola sem escorregar, e é a **condição para o movimento de rolagem puro**. O módulo da aceleração linear do centro de massa para o movimento de rolagem puro é

$$a_{CM} = \frac{dv_{CM}}{dt} = R\frac{d\omega}{dt} = R\alpha \qquad \textbf{(10.29)}$$

onde α é a aceleração angular do cilindro.

Imagine que você se move juntamente com um corpo rolante com velocidade v_{CM}, permanecendo em um sistema de referência em repouso com relação ao cen-

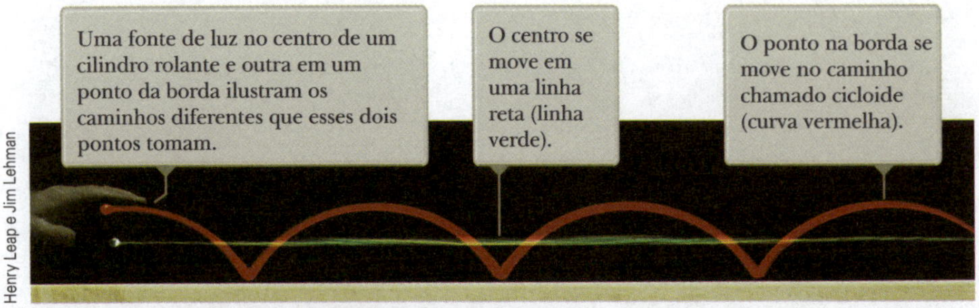
Uma fonte de luz no centro de um cilindro rolante e outra em um ponto da borda ilustram os caminhos diferentes que esses dois pontos tomam.
O centro se move em uma linha reta (linha verde).
O ponto na borda se move no caminho chamado cicloide (curva vermelha).
Henry Leap e Jim Lehman

Figura 10.22 Dois pontos em um corpo seguem trajetórias diferentes através do espaço.

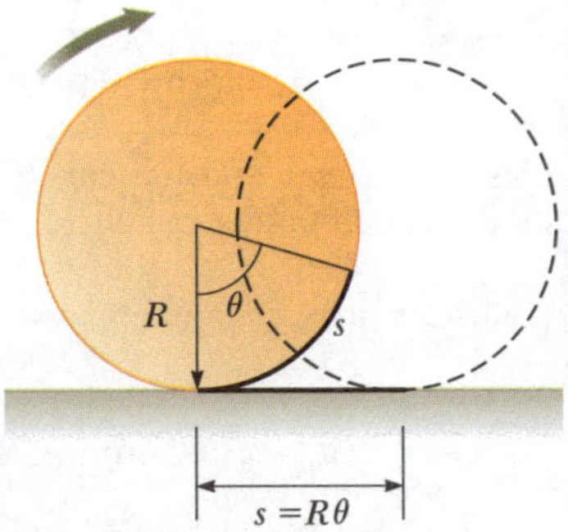
R
θ
s
s = Rθ

Figura 10.23 Para movimento puro de rolagem, conforme o cilindro gira por um ângulo θ seu centro se move por uma distância linear $s = R\theta$.

tro de massa do corpo. Enquanto você observa o corpo, você o verá em rotação pura ao redor do seu centro de massa. A Figura 10.24a mostra as velocidades dos pontos no alto, centro e parte baixa do corpo como você observa. Além destas velocidades, cada ponto no corpo move-se na mesma direção com velocidade v_{CM} relativa à superfície sobre a qual rola. A Figura 10.24b mostra estas velocidades para um corpo sem rotação. No sistema de referência em repouso com relação à superfície, a velocidade de certo ponto no corpo é a soma das velocidades mostradas na Figuras 10.24a e 10.24b. A Figura 10.24c mostra os resultados da soma destas velocidades.

Note que o ponto de contato entre a superfície e o corpo nesta Figura 10.24c tem velocidade translacional zero. Neste instante, o corpo rolante move-se exatamente do mesmo modo como se a superfície fosse removida e o corpo centrado no ponto P e girado sobre um eixo passando por P. Podemos expressar a energia cinética total deste corpo imaginário girando como

$$K = \tfrac{1}{2}I_P\,\omega^2 \qquad (10.30)$$

onde I_P é o momento de inércia sobre um eixo de rotação que passa por P.

Como o movimento do corpo imaginário girando é o mesmo neste instante que o do nosso corpo real que rola, a Equação 10.30 também dá a energia cinética do corpo rolante. Aplicando o teorema dos eixos paralelos, podemos substituir $I_P = I_{CM} + MR^2$ na Equação 10.30 para obter

$$K = \tfrac{1}{2}I_{CM}\omega^2 + \tfrac{1}{2}MR^2\omega^2$$

Usando $v_{CM} = R\omega$, esta equação pode ser expressada como

$$K = \tfrac{1}{2}I_{CM}\omega^2 + \tfrac{1}{2}Mv_{CM}^{\;2} \qquad (10.31)$$

◀ **Energia cinética total de um corpo rolante**

O termo $\frac{1}{2}I_{CM}\omega^2$ representa a energia cinética rotacional do corpo em relação ao seu centro de massa, e $\frac{1}{2}Mv_{CM}^{\;2}$ representa a energia cinética que o corpo teria se estivesse apenas em translação pelo espaço sem girar. Portanto, a energia cinética total de um corpo rolando é a soma da energia cinética rotacional em relação ao centro de massa e a energia cinética translacional do centro de massa. Esta afirmação é consistente com a situação ilustrada na Figura 10.23, que mostra que a velocidade de um ponto no corpo é a soma da velocidade do centro de massa e da velocidade tangencial ao redor deste centro.

Métodos de energia podem ser usados para lidar com uma classe de problemas relacionados ao movimento de rolagem de um corpo em uma rampa áspera. Por exemplo, considere a Figura 10.25, que mostra uma esfera rolando sem escorregar após ser liberada do repouso no topo da rampa. O movimento de rolagem acelerado só é possível se houver uma força de atrito entre a esfera e a rampa para produzir um torque resultante em relação ao centro de massa. Apesar da presença de atrito, não há perda de energia mecânica porque o ponto de contato está em repouso com relação à superfície em qualquer instante. (Por outro lado, se a esfera escorregasse, a energia mecânica do sistema esfera-rampa-Terra diminuiria por causa da força não conservativa de atrito cinético.)

Na realidade, o *atrito de rolagem* causa a transformação da energia mecânica em energia interna. O atrito de rolagem é causado por deformações na superfície e no corpo em rolagem. Por exemplo, pneus de automóveis flexionam à medida que rolam sobre uma estrada, representando uma transformação de energia mecânica em energia interna. A estrada também sofre uma pequena deformação, representando atrito de rolagem adicional. Em nossos modelos para resolução de problemas, desprezamos o atrito de rolagem, a menos que este seja mencionado.

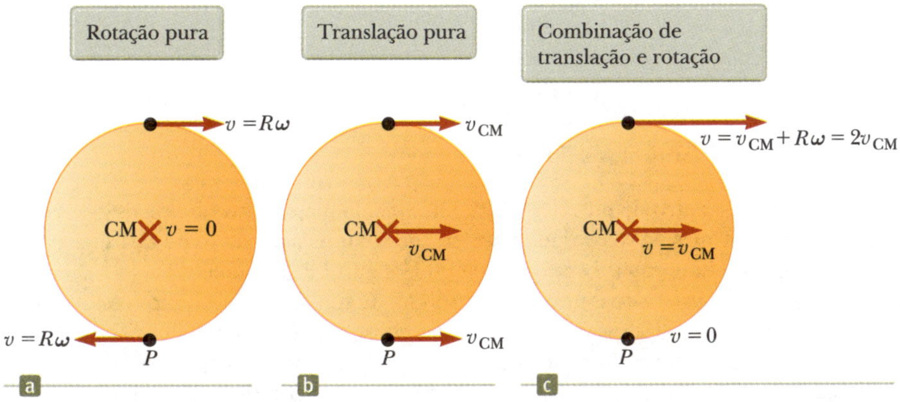

Figura 10.24 O movimento de um corpo rolando pode ser modelado como uma combinação de translação e rotação puras.

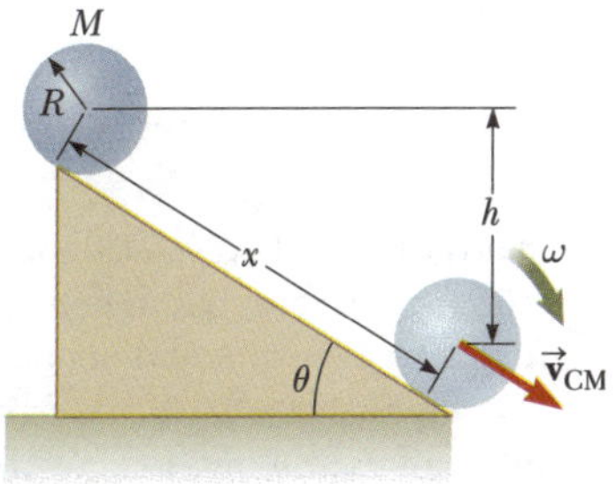

Figura 10.25 Uma esfera rolando para baixo em uma rampa. A energia mecânica do sistema esfera-Terra é conservada se não há derrapagens.

Usando $v_{CM} = R\omega$ para movimento de rolagem puro, podemos expressar a Equação 10.31 como

$$K = \tfrac{1}{2}I_{CM}\left(\frac{v_{CM}}{R}\right)^2 + \tfrac{1}{2}Mv_{CM}^{\ 2}$$

$$K = \tfrac{1}{2}\left(\frac{I_{CM}}{R^2} + M\right)v_{CM}^{\ 2} \qquad (10.32)$$

Para o sistema esfera-Terra na Figura 10.25, definimos a configuração zero da energia potencial gravitacional como sendo quando a esfera está na base da rampa. Então, a Equação 8.2 fornece

$$\Delta K + \Delta U = 0$$

$$\left[\tfrac{1}{2}\left(\frac{I_{CM}}{R^2} + M\right)v_{CM}^2 - 0\right] + (0 - Mgh) = 0$$

$$v_{CM} = \left[\frac{2gh}{1 + (I_{CM}/MR^2)}\right]^{1/2} \qquad (10.33)$$

***Teste Rápido* 10.7** Uma bola rola para baixo na rampa A, sem escorregar, a partir do repouso. Ao mesmo tempo, uma caixa sai do repouso e desliza pela rampa B, que é idêntica à A, mas não tem atrito. Qual delas chega à base primeiro? **(a)** A bola. **(b)** A caixa. **(c)** Ambas chegam ao mesmo tempo. **(d)** É impossível determinar.

Exemplo 10.13 Esfera rolando para baixo em uma rampa MA

Para a esfera sólida mostrada na Figura 10.25, calcule a velocidade translacional do centro de massa na base da rampa e o módulo da aceleração translacional do centro de massa.

SOLUÇÃO

Conceitualização Imagine rolar a esfera para baixo na rampa. Mentalmente, compare isto a um livro escorregando por uma rampa sem atrito. Você provavelmente tem experiência com corpos rolando para baixo em ladeiras, e pode querer pensar que a esfera se moveria para baixo mais rapidamente que o livro. No entanto, você *não tem* experiência com corpos deslizando por inclinações *sem atrito*! Então, qual corpo chega à base primeiro? (Ver Teste Rápido 10.7.)

Categorização Modelamos a esfera e a Terra como um sistema isolado em termos de energia sem a atuação de forças não conservativas. Este modelo é aquele que levou à Equação 10.33; então, podemos usar aquele resultado.

Análise Calcule a velocidade do centro de massa da esfera da Equação 10.33:

$$(1)\quad v_{CM} = \left[\frac{2gh}{1 + (\frac{2}{5}MR^2/MR^2)}\right]^{1/2} = \left(\tfrac{10}{7}gh\right)^{1/2}$$

Este resultado é menor que $\sqrt{2gh}$, que é a velocidade que um corpo teria se deslizasse pela rampa sem girar. (Elimine a rotação estabelecendo $I_{CM} = 0$ na Eq. 10.33).

Para calcular a aceleração translacional do centro de massa, note que o deslocamento vertical da esfera é vinculado à distância x pela qual ele se move ao longo da rampa pela relação $h = x \operatorname{sen} \theta$.

Use esta relação para reescrever a Equação (1): $\quad v_{CM}^{\ 2} = \tfrac{10}{7}gx \operatorname{sen}\theta$

Escreva a Equação 2.17 para um corpo começando do repouso e movendo-se por uma distância x sob aceleração constante: $\quad v_{CM}^{\ 2} = 2a_{CM}x$

Equacione as duas expressões anteriores para encontrar a_{CM}: $\quad a_{CM} = \tfrac{5}{7}g \operatorname{sen}\theta$

Finalização Tanto a velocidade quanto a aceleração do centro de massa são *independentes* da massa e do raio da esfera. Isto é, todas as esferas sólidas homogêneas experimentam a mesma velocidade e aceleração em uma rampa. Tente verificar esta afirmação experimentalmente com bolas de tamanhos diferentes, como uma de gude e outra de críquete.

Se repetíssemos o cálculo para a aceleração para uma esfera oca, um cilindro sólido, ou um arco, obteríamos resultados semelhantes, em que somente o fator na frente de $g \operatorname{sen} \theta$ seria diferente. Os fatores constantes que aparecem nas expressões para v_{CM} e a_{CM} dependem somente do momento de inércia em relação ao centro de massa para o corpo específico. Em todos os casos, a aceleração do centro de massa é *menor* que $g \operatorname{sen} \theta$, o valor que a aceleração teria se a rampa não tivesse atrito e não houvesse rolagem.

Exemplo 10.14 Puxando um carretel[3] MA

Um carretel cilíndrico e simétrico de massa m e raio R está em repouso em uma mesa horizontal com atrito (Fig. 10.26). Com sua mão em um fio sem massa amarrado ao redor do eixo de raio r, você puxa o carretel com força horizontal constante de módulo T para a direita. Como resultado, ele rola sem escorregar por uma distância L ao longo da mesa sem atrito de rolagem.

(A) Encontre a velocidade translacional final do centro de massa do carretel.

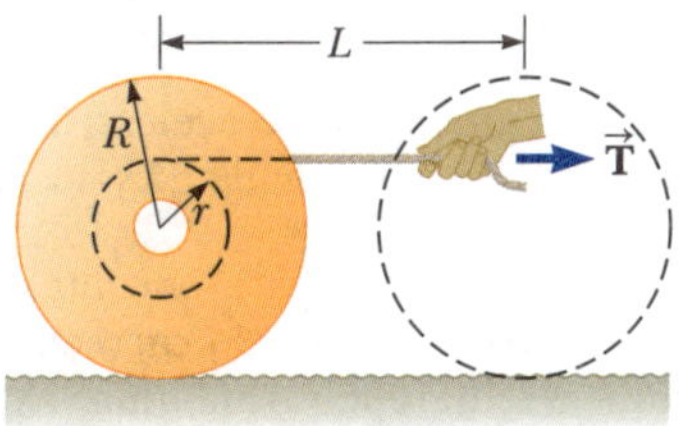

Figura 10.26 (Exemplo 10.14) Um carretel repousa em uma mesa horizontal. Um fio é enrolado ao redor do eixo e é puxado para a direita por uma mão.

SOLUÇÃO

Conceitualização Use a Figura 10.26 para visualizar o movimento do carretel quando você puxa o fio. Para que ele role por uma distância L, note que sua mão deve puxar o fio por uma distância *diferente* de L.

Categorização O carretel é um *corpo rígido sob um torque resultante*, mas este torque inclui uma força por causa da força de atrito na base do carretel, sobre a qual não sabemos nada. Portanto, uma abordagem baseada no modelo do corpo rígido sob um torque resultante não terá sucesso. O trabalho é realizado por sua mão no carretel e no fio, formando um sistema não isolado em termos de energia. Vejamos se uma abordagem baseada no modelo do *sistema não isolado* (*energia*) tem resultado.

Análise O único tipo de energia que muda no sistema é a cinética do carretel. Não há atrito de rolagem, então não há variação na energia interna. O único modo de a energia cruzar o limite do sistema é pelo trabalho realizado da sua mão no fio. Não há trabalho realizado pela força de atrito estática na base do carretel (à esquerda na Figura 10.27) porque o ponto de aplicação da força se move por deslocamento zero.

Escreva a equação de redução de conservação de energia adequada, Equação 8.2:

$$(1)\quad W = \Delta K = \Delta K_{\text{trans}} + \Delta K_{\text{rot}}$$

onde W é o trabalho realizado no fio por sua mão. Para encontrar este trabalho, precisamos descobrir o deslocamento da sua mão durante o processo.

Primeiro, achamos o comprimento do fio que se desenrolou do carretel. Se ele rola por uma distância L, o ângulo total pelo qual ele gira é $\theta = L/R$. O eixo também gira por este ângulo.

Use a Equação 10.1a para encontrar o comprimento total do arco pelo qual o eixo gira:

$$\ell = r\theta = \frac{r}{R}L$$

Este resultado também dá o comprimento do fio puxado do eixo. Sua mão se move por esta distância *mais* a distância L pela qual o carretel se move. Então, o módulo do deslocamento do ponto de aplicação da força aplicada por sua mão é $\ell + L = L(1 + r/R)$.

Calcule o trabalho realizado por sua mão sobre o fio:

$$(2)\quad W = TL\left(1 + \frac{r}{R}\right)$$

Substitua a Equação (2) na Equação (1):

$$TL\left(1 + \frac{r}{R}\right) = \tfrac{1}{2}mv_{\text{CM}}^2 + \tfrac{1}{2}I\omega^2$$

onde I é o momento de inércia do carretel em relação a um eixo que passa pelo seu centro de massa, e v_{CM} e ω são os valores finais depois que a roda rola pela distância L.

Aplique a condição de rolagem sem escorregar $\omega = v_{\text{CM}}/R$:

$$TL\left(1 + \frac{r}{R}\right) = \tfrac{1}{2}mv_{\text{CM}}^2 + \tfrac{1}{2}I\frac{v_{\text{CM}}^2}{R^2}$$

Resolva para v_{CM}:

$$(3)\quad v_{\text{CM}} = \sqrt{\frac{2TL(1 + r/R)}{m(1 + I/mR^2)}}$$

(B) Encontre o valor da força de atrito f.

SOLUÇÃO

Categorização Como a força de atrito não realiza trabalho, não podemos avaliá-la a partir de uma abordagem de energia. Modelamos o carretel como um *sistema não isolado*, desta vez em termos de *momento*. O fio aplica uma força através do limite do sistema, resultando em um impulso sobre o sistema. Como as forças no carretel são constantes, podemos modelar o centro de massa deste como uma *partícula sob aceleração constante*.

continua

[3] Este exemplo foi parcialmente inspirado por C. E. Mungan, "A primer on work-energy relationships for introductory physics", *The Physics Teacher*, **43**:10, 2005.

10.14 *cont.*

Análise Escreva o teorema impulso-momento (Eq. 9.40) para o carretel:

$$m(v_{CM} - 0) = (T - f)\Delta t$$

$$(4) \quad mv_{CM} = (T - f)\Delta t$$

Para uma partícula sob aceleração constante começando do repouso, a Equação 2.14 informa que a velocidade média do centro de massa é metade da velocidade final.

Use a Equação 2.2 para encontrar o intervalo de tempo que o centro de massa do carretel leva para se mover uma distância L do repouso até uma velocidade final v_{CM}:

$$(5) \quad \Delta t = \frac{L}{v_{CM,med}} = \frac{2L}{v_{CM}}$$

Substitua a Equação (5) na Equação (4):

$$mv_{CM} = (T - f)\frac{2L}{v_{CM}}$$

Resolva para a força de atrito f:

$$f = T - \frac{mv_{CM}^2}{2L}$$

Substitua v_{CM} da Equação (3):

$$f = T - \frac{m}{2L}\left[\frac{2TL(1 + r/R)}{m(1 + I/mR^2)}\right]$$

$$= T - T\frac{(1 + r/R)}{(1 + I/mR^2)} = \boxed{T\left[\frac{I - mrR}{I + mR^2}\right]}$$

Finalização Note que poderíamos usar o teorema impulso-momento para o movimento translacional do carretel enquanto ignoramos que ele está girando! Este fato demonstra o maior poder da nossa lista crescente de abordagens para a resolução de problemas.

Resumo

Definições

A **posição angular** de um corpo rígido é definida como o ângulo θ entre a linha de referência do corpo e a de referência fixa no espaço. O **deslocamento angular** de uma partícula movendo-se em uma trajetória circular ou um corpo rígido girando sobre um eixo fixo é $\Delta\theta \equiv \theta_f - \theta_i$.

A **velocidade angular média** de uma partícula movendo-se em uma trajetória circular ou de um corpo rígido girando sobre um eixo fixo é

$$\omega \equiv \frac{d\theta}{dt} \qquad (10.3)$$

A **aceleração angular instantânea** de uma partícula movendo-se em uma trajetória circular ou de um corpo rígido girando sobre um eixo fixo é

$$\alpha \equiv \frac{d\omega}{dt} \qquad (10.5)$$

Quando um corpo rígido gira sobre um eixo fixo, todas as partes do corpo têm as mesmas velocidade e aceleração angulares.

O módulo do **torque** associado a uma força $\vec{\mathbf{F}}$ atuando sobre um corpo a uma distância r do eixo de rotação é

$$\tau = rF \operatorname{sen} \phi = Fd \qquad (10.14)$$

onde ϕ é o ângulo entre o vetor posição do ponto de aplicação da força e o vetor força, e d é o braço de momento da força, que é a distância perpendicular do eixo de rotação até a linha de ação da força.

O **momento de inércia de um sistema de partículas** é definido como

$$I \equiv \sum_i m_i r_i^2 \qquad (10.19)$$

onde m_i é a massa da i-ésima partícula e r_i é sua distância do eixo de rotação.

Conceitos e Princípios

Quando um corpo rígido gira por um eixo fixo, a posição, velocidade e aceleração angulares são relacionadas à posição, velocidade e aceleração translacionais pelas relações

$$s = r\theta \quad \textbf{(10.1a)}$$

$$v = r\omega \quad \textbf{(10.10)}$$

$$a_t = r\alpha \quad \textbf{(10.11)}$$

Se um corpo rígido gira por um eixo fixo com velocidade angular ω, sua **energia cinética rotacional** pode ser escrita como

$$K_R = \tfrac{1}{2}I\omega^2 \quad \textbf{(10.24)}$$

onde I é o momento de inércia do corpo em relação ao eixo de rotação.

O **momento de inércia de um corpo rígido** é

$$I = \int r^2\,dm \quad \textbf{(10.20)}$$

onde r é a distância do elemento de massa dm ao eixo de rotação.

A taxa na qual o trabalho é realizado por uma força externa para girar um corpo rígido por um eixo fixo, ou a **potência** fornecida, é

$$P = \tau\omega \quad \textbf{(10.26)}$$

Se o trabalho é realizado sobre um corpo rígido e seu único resultado é a rotação por um eixo fixo, o trabalho resultante realizado por forças externas em girar o corpo é igual à variação na energia cinética rotacional do corpo:

$$W = \tfrac{1}{2}I\omega_f^2 - \tfrac{1}{2}I\omega_i^2 \quad \textbf{(10.27)}$$

A **energia cinética total** de um corpo rígido rolando em uma superfície áspera sem escorregar é igual à energia cinética rotacional em relação ao seu centro de massa mais a energia cinética translacional do centro de massa:

$$K = \tfrac{1}{2}I_{CM}\omega^2 + \tfrac{1}{2}Mv_{CM}^2 \quad \textbf{(10.31)}$$

Modelo de Análise para Resolução de Problemas

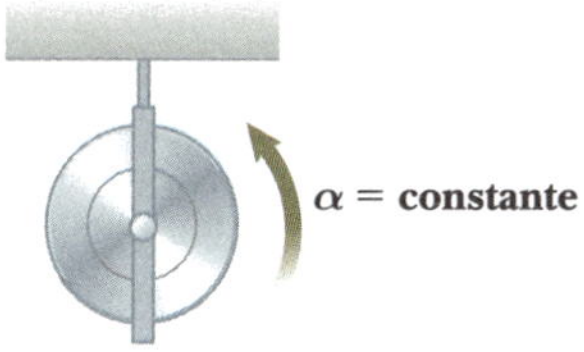

Corpo rígido sob aceleração angular constante. Se um corpo rígido gira por um eixo fixo sob aceleração angular constante, podemos aplicar equações de cinemática que são análogas àquelas para o movimento translacional de uma partícula sob aceleração constante:

$$\omega_f = \omega_i + \alpha t \quad \textbf{(10.6)}$$

$$\theta_f = \theta_i + \omega_i t + \tfrac{1}{2}\alpha t^2 \quad \textbf{(10.7)}$$

$$\omega_f^2 = \omega_i^2 + 2\alpha(\theta_f - \theta_i) \quad \textbf{(10.8)}$$

$$\theta_f = \theta_i + \tfrac{1}{2}(\omega_i + \omega_f)t \quad \textbf{(10.9)}$$

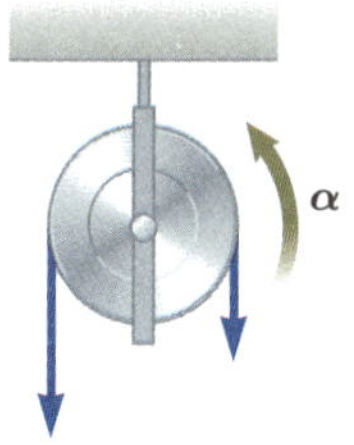

Corpo rígido sob torque resultante. Se um corpo rígido livre para girar por um eixo fixo tem torque externo resultante atuando sobre ele, o corpo sofre uma aceleração angular α, onde

$$\sum \tau_{ext} = I\alpha \quad \textbf{(10.18)}$$

Esta equação é o análogo rotacional da Segunda Lei de Newton no modelo da partícula sob uma força resultante.

Perguntas Objetivas

1. Um ciclista pedala uma bicicleta com uma roda de raio de 0,500 m pelo *campus*. Um pedaço de plástico no aro frontal faz um som de clique cada vez que passa pelo garfo da roda. Se o ciclista conta 320 cliques entre seu apartamento e a cafeteria, que distância ele percorreu? (a) 0,50 km, (b) 0,80 km, (c) 1,0 km, (d) 1,5 km, (e) 1,8 km.

2. Considere um corpo em um disco giratório a uma distância r de seu centro, mantido em seu lugar no disco pelo atrito estático. Qual das afirmações a seguir *não* é verdadeira com relação a este corpo? (a) Se a velocidade angular é constante, o corpo deve ter velocidade tangencial constante. (b) Se a velocidade angular é constante, o corpo não é acelerado. (c) O corpo tem uma aceleração tangencial somente se o disco tiver aceleração angular. (d) Se o disco tem aceleração angular, o corpo tem tanto aceleração centrípeta quanto tangencial. (e) O corpo sempre tem aceleração centrípeta, exceto quando a velocidade angular é zero.

3. Uma roda gira por um eixo fixo com aceleração angular constante 3 rad/s^2. Em momentos diferentes, sua velocidade angular é -2 rad/s, 0, e $+2$ rad/s. Para um ponto na borda da roda, considere os módulos da componente tangencial da aceleração e da componente radial de aceleração para estes momentos. Classifique os cinco itens a seguir do maior para o menor: (a) $|a_t|$ quando $\omega = -2$ rad/s, (b) $|a_r|$ quando $\omega = -2$ rad/s, (c) $|a_r|$ quando $\omega = 0$, (d) $|a_t|$ quando $\omega = 2$ rad/s e (e) $|a_r|$ quando $\omega = 2$rad/s. Se dois itens são iguais, mostre isto em sua classificação. Se uma quantidade é igual a zero, mostre também este fato.

4. Uma pedra de moagem aumenta sua velocidade angular de 4,00 rad/s para 12,00 rad/s em 4,00 s. Por qual ângulo ela gira durante este intervalo de tempo se a aceleração angular é constante? (a) 8,00 rad, (b) 12,0 rad, (c) 16,0 rad, (d) 32,0 rad, (e) 64,0 rad.

5. Suponha que os pneus padrão de um carro sejam substituídos por pneus 1,30 vezes maiores em diâmetro. **(i)** O velocímetro do carro vai ter marcação (a) 1,69 vezes mais alta, (b) 1,30 vezes mais alta, (c) precisa, (d) 1,30 vezes mais baixa, (e) 1,69 vezes mais baixa, ou (f) imprecisa por um fator imprevisível? **(ii)** A economia de combustível do carro em milhas por galão ou km/L parecerá ser (a) 1,69 vezes melhor, (b) 1,30 vezes melhor, (c) essencialmente o mesmo, (d) 1,30 vezes pior, ou (e) 1,69 vezes pior?

6. A Figura PO10.6 mostra um sistema de quatro partículas unidas por barras leves e rígidas. Suponha que $a = b$ e M é maior que m. Por qual dos eixos de coordenadas o sistema tem **(i)** o menor e **(ii)** o maior momento de inércia? (a) o eixo x, (b) o eixo y, (c) o eixo z. (d) O momento de inércia tem o mesmo valor pequeno para dois eixos. (e) O momento de inércia é o mesmo para todos os três eixos.

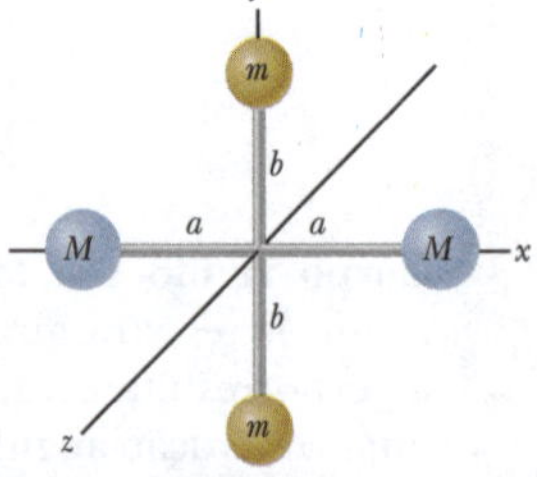

Figura PO10.6

7. Como mostra a Figura PO10.7, uma corda é enrolada em um carretel cilíndrico montado em um eixo horizontal fixo. Quando o carretel tem maior módulo de aceleração angular? (a) Quando a corda é puxada para baixo com uma força constante de 50 N. (b) Quando um corpo de peso 50 N é pendurado na corda e solto. (c) As acelerações angulares nas partes (a) e (b) são iguais. (d) É impossível determinar.

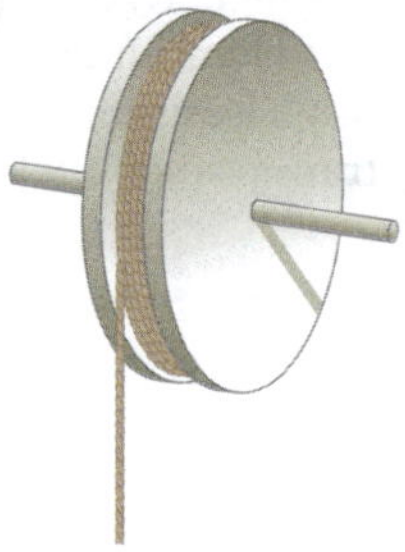

Figura PO10.7 Pergunta Objetiva 7 e Pergunta Conceitual 4.

8. Um torque resultante constante é exercido sobre um corpo. Qual das quantidades seguintes não pode ser constante para o corpo? Escolha todas as alternativas aplicáveis. (a) Posição angular, (b) velocidade angular, (c) aceleração angular, (d) momento de inércia, (e) energia cinética.

9. Uma bola de basquete rola pelo chão de uma sala de aula sem deslizar, com seu centro de massa movendo-se a uma certa velocidade. Um bloco de gelo da mesma massa é posto a deslizar pelo chão com a mesma velocidade ao longo de uma linha paralela. Qual corpo tem mais **(i)** energia cinética e **(ii)** momento? (a) A bola de basquete. (b) O gelo. (c) As duas quantidades são iguais. **(iii)** Os dois corpos encontram uma rampa para cima. Qual deles subirá mais a rampa? (a) A bola de basquete. (b) O gelo. (c) Ambos viajarão a mesma distância rampa acima.

10. Um avião de brinquedo é pendurado no teto pela ponta de um cordão. Você gira o avião muitas vezes para dar corda no sentido horário e o solta. O avião começa a girar em sentido anti-horário, primeiro devagar, e depois cada vez mais rápido. Estabeleça o sentido anti-horário como positivo e suponha que o atrito seja desprezível. Quando o cordão está completamente enrolado, o avião tem sua taxa de rotação máxima. **(i)** Neste instante, sua aceleração angular é (a) positiva, (b) negativa ou (c) zero? **(ii)** O avião continua a girar, enrolando o cordão em sentido anti-horário conforme vai mais devagar. No momento em que o avião para momentaneamente, sua aceleração angular é (a) positiva, (b) negativa ou (c) zero?

11. Uma esfera sólida de alumínio de raio R tem momento de inércia I em relação a um eixo pelo seu centro. O momento de inércia em relação ao eixo central de uma esfera sólida de alumínio de raio $2R$ será de (a) $2I$, (b) $4I$, (c) $8I$, (d) $16I$ ou (e) $32I$?

Perguntas Conceituais

1. É possível mudar a energia cinética translacional de um corpo sem alterar sua energia rotacional?

2. Um corpo tem de estar girando para ter momento de inércia não zero?

3. Suponha que somente duas forças externas atuem sobre um corpo rígido estacionário, e que elas são iguais em módulo e de direções opostas. Sob que condição o corpo começa a girar?

4. Explique como você usaria o aparelho descrito na Figura PO10.7 para determinar o momento de inércia da roda. *Observação:* Se a roda não tem densidade de massa uniforme, o momento de inércia não é necessariamente igual a $\frac{1}{2}MR^2$.

5. Usando os resultados do Exemplo 10.6, como você calcularia a velocidade angular da roda e a velocidade linear do corpo pendurado em $t = 2$ s, supondo que o sistema é liberado do repouso em $t = 0$?

6. Explique por que mudar o eixo de rotação de um corpo altera seu momento de inércia.

7. Suponha que você tenha dois ovos, um cozido e um cru. Você quer determinar qual dos dois é o cozido sem quebrá-los, o que pode ser realizado girando ambos no chão e comparando seus movimentos rotacionais. (a) Qual deles gira mais rapidamente? (b) Qual gira mais uniformemente? (c) Qual começa a girar novamente depois de ser parado e solto logo em seguida? Explique suas respostas para as partes (a), (b) e (c).

8. Suponha que você coloque seu livro-texto para deslizar pelo chão de um ginásio com certa velocidade inicial. O livro para de se mover rapidamente por causa da força de atrito exercida sobre ele pelo chão. A seguir, você começa a rolar uma bola de basquete com a mesma velocidade inicial. Ela continua a rolar de um lado do ginásio para outro. (a) Por que a bola de basquete rola tanto? (b) O atrito afeta o movimento da bola de basquete significativamente?

9. (a) Qual é a velocidade angular do ponteiro menor de um relógio? (b) Qual é a direção de $\vec{\omega}$ conforme você vê um relógio pendurado em uma parede vertical? (c) Qual é o módulo do vetor da aceleração angular $\vec{\alpha}$ do ponteiro menor?

10. Uma lâmina de um par de tesouras gira em sentido anti-horário no plano *xy*. (a) Qual é a direção de $\vec{\omega}$ para a lâmina? (b) Qual é a direção de $\vec{\alpha}$ se o módulo da velocidade angular diminui com o tempo?

11. Se você vê um corpo girando, há necessariamente um torque resultante atuando sobre ele?

12. Se uma pequena esfera de massa M fosse colocada na ponta da barra na Figura 10.21, o resultado para ω seria maior, menor, ou igual ao valor obtido no Exemplo 10.11?

13. Três corpos de densidade uniforme – uma esfera sólida, um cilindro sólido e um cilindro oco – são colocados no topo de uma ladeira (Fig. PC10.13). Todos são liberados do repouso na mesma elevação e rolam sem deslizar. (a) Qual corpo chega à base primeiro? (b) Qual chega por último? *Observação:* O resultado é independente das massas e raios dos corpos. (Tente esta atividade em casa!)

Figura PC10.13

14. Qual dos registros da Tabela 10.2 é aplicado para encontrar o momento de inércia (a) de um cano longo de esgoto girando por seu eixo de simetria, (b) de um aro para bordado girando por um eixo que passa pelo seu centro e perpendicular a seu plano, (c) de uma porta uniforme virando em suas dobradiças, (d) de uma moeda virando por um eixo que passa pelo seu centro e perpendicular a seus lados?

15. A Figura PC10.15 mostra a vista lateral de um triciclo infantil com pneus de borracha sobre uma calçada horizontal de concreto. Se um cordão fosse preso ao pedal superior no lado mais distante e puxado para a frente horizontalmente, o triciclo começaria a rolar para a frente. (a) Em vez disto, suponha que o cordão seja preso ao pedal inferior na parte mais próxima e puxado para a frente horizontalmente, como mostrado por A. O triciclo começa a rolar? Caso sim, em que direção? Responda às mesmas questões se: (b) o cordão é puxado para a frente e para cima, como mostrado em B, (c) se o cordão é puxado para baixo, como mostrado em C, e (d) se o cordão é puxado para a frente e para baixo como mostrado em D. (e) **E se?** Suponha que o cordão seja preso ao aro da roda frontal e puxado para cima e para trás, como mostrado em E. Em que direção o triciclo rola? (f) Explique um padrão de raciocínio, com base na figura, que facilite responder a perguntas como estas. Que quantidade física você avalia?

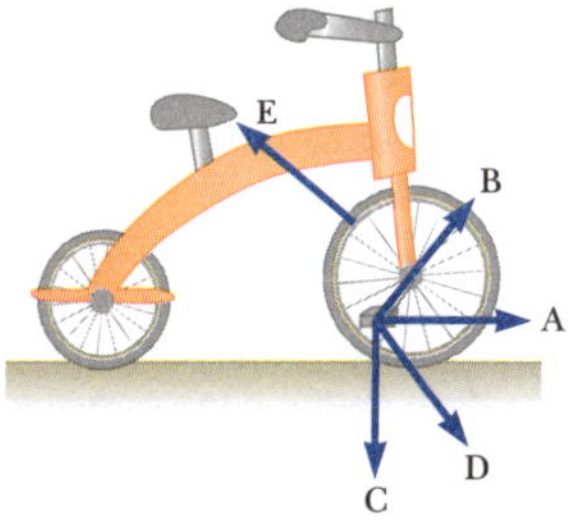

Figura PC10.15

16. Uma pessoa equilibra uma régua de metro em uma posição horizontal em seus dedos indicadores estendidos. Lentamente, ela junta os indicadores. O metro permanece equilibrado, e os dois dedos sempre se juntam na marca de 50 cm, independente de suas posições originais. (Experimente!) Explique por que isto ocorre.

Problemas

ENHANCED WebAssign Os problemas que se encontram neste capítulo podem ser resolvidos *on-line* no Enhanced WebAssign (em inglês)

1. denota problema simples;

2. denota problema intermediário;

3. denota problema de desafio;

AMT *Analysis Model Tutorial* disponível no Enhanced WebAssign (em inglês);

M denota tutorial *Master It* disponível no Enhanced WebAssign (em inglês);

PD denota problema dirigido;

W solução em vídeo *Watch It* disponível no Enhanced WebAssign (em inglês).

Seção 10.1 Posição, velocidade e aceleração angulares

1. (a) Encontre a velocidade angular da rotação da Terra por seu próprio eixo. (b) Como esta rotação afeta o formato da Terra?

2. Uma roda de oleiro move-se uniformemente do repouso até uma velocidade angular de 1,00 revolução/s em 30,0 s. (a) Encontre sua aceleração angular média em radianos por segundo. (b) Dobrar a aceleração angular durante o período em questão teria dobrado a velocidade angular final?

3. W Durante certo intervalo de tempo, a posição angular de uma porta giratória é descrita por $\theta = 5{,}00 + 10{,}0t + 2{,}00t^2$, onde θ é dado em radianos e t em segundos. Determine a posição, velocidade e aceleração angulares da porta (a) em $t = 0$ e (b) em $t = 3{,}00$ s.

4. Uma barra em uma dobradiça começa do repouso e gira com aceleração angular $\alpha = 10 + 6t$, onde α é dado em rad/s^2 e t em segundos. Determine o ângulo em radianos pelo qual a barra gira nos primeiros 4,00 s.

Seção 10.2 Modelo de análise: corpo rígido sob aceleração angular constante

5. W Uma roda começa do repouso e gira com aceleração angular constante para atingir velocidade angular de 12,0 rad/s em 3,00 s. Encontre (a) o módulo da aceleração angular da roda, e (b) o ângulo em radianos pelo qual ela gira neste intervalo de tempo.

6. Uma centrífuga em um laboratório médico gira com velocidade angular de 3.600 rev/min. Quando é desligada, ela gira por 50,0 revoluções antes de parar completamente. Encontre a aceleração angular constante da centrífuga.

7. M Um motor elétrico girando uma roda de moagem a $1{,}00 \times 10^2$ rev/min é desligado. Suponha que a roda tenha aceleração angular negativa constante de módulo 2,00 rad/s^2. (a) Quanto tempo leva para a roda de moagem parar? (b) Por quantos radianos a roda gira durante o intervalo de tempo encontrado na parte (a)?

8. Uma peça de máquina gira a uma velocidade angular de 0,060 rad/s; sua velocidade é aumentada para 2,2 rad/s com aceleração angular de 0,70 rad/s^2. (a) Encontre o ângulo pelo qual a peça gira antes de atingir sua velocidade final. (b) Se tanto a velocidade angular inicial quanto a final são dobradas e a aceleração angular permanece a mesma, por qual fator o deslocamento angular muda? Por quê?

9. A broca de um dentista começa do repouso. Após 3,20 s de aceleração angular constante, ela roda a uma taxa de $2{,}51 \times 10^4$ rev/min. (a) Encontre a aceleração angular da broca. (b) Determine o ângulo (em radianos) através do qual a broca gira durante este período.

10. *Por que a seguinte situação é impossível?* Começando do repouso, um disco gira ao redor de um eixo fixo por um ângulo de 50,0 rad em um intervalo de tempo de 10,0 s. A aceleração angular do disco é constante durante todo o movimento, e sua velocidade angular final é 8,00 rad/s.

11. AMT M W Uma roda girando necessita de 3,00 s para girar por 37,0 revoluções. Sua velocidade angular ao final do intervalo de 3,00 s é 98,0 rad/s. Qual é a aceleração angular constante da roda?

12. O tambor de uma lavadora inicia seu ciclo de centrifugação, começando do repouso e ganhando velocidade angular regularmente por 8,00 s, quando gira a 5,00 rev/s. Neste ponto, a pessoa lavando as roupas abre a tampa e um interruptor de segurança desliga a lavadora. A lavadora diminui sua velocidade até o repouso em 12,0 s. Por quantas revoluções o tambor gira enquanto está em movimento?

13. O movimento de uma roda giratória de uma roca é diminuído por um freio, dando-lhe uma aceleração angular constante de –5,60 rad/s^2. Durante um intervalo de tempo de 4,20 s, a roda gira através de 62,4 rad. Qual é a velocidade angular da roda no final do intervalo de 4,20 s?

14. **Revisão.** Considere um edifício alto localizado na linha do equador da Terra. Conforme a Terra gira, uma pessoa no andar mais alto do edifício move-se mais rapidamente que alguém no térreo com relação a um sistema de referência inercial porque a pessoa no térreo está mais próxima do eixo da Terra. Consequentemente, se um corpo é solto do andar mais alto para o chão a uma distância h abaixo, ele pousa a leste do ponto verticalmente abaixo de onde foi lançado. (a) Quanto para o leste o corpo pousa? Expresse sua resposta em termos de h, g e da velocidade angular ω da Terra. Despreze a resistência do ar e suponha que a aceleração em queda livre seja constante nesta extensão de alturas. (b) Avalie o deslocamento para o leste para $h = 50{,}0$ m. (c) Em sua opinião, justifica-se termos desprezando este aspecto do *efeito de Coriolis* em nosso estudo anterior da queda livre? (d) Suponha que a velocidade angular da Terra diminuísse por causa do atrito da maré com aceleração angular constante. O deslocamento para o leste do corpo lançado aumentaria ou diminuiria comparado com aquele da parte (b)?

Seção 10.3 Quantidades angulares e translacionais

15. Um carro de corrida percorre uma pista circular com raio de 250 m. Supondo que ele se mova com velocidade constante de 45,0 m/s, encontre (a) sua velocidade angular e (b) o módulo e direção de sua aceleração.

16. Faça uma estimativa da ordem de grandeza do número de revoluções que o pneu de um automóvel típico gira em um ano. Mencione as quantidades que você mede ou estima e seus valores.

17. W Um lançador de disco (Fig. 4.33) acelera um disco do repouso para uma velocidade de 25,0 m/s girando-o por 1,25 rev. Suponha que o disco se mova no arco de um círculo de raio 1,00 m. (a) Calcule a velocidade angular do disco. (b) Determine o módulo da aceleração angular do disco, supondo que seja constante. (c) Calcule o intervalo de tempo necessário para que o disco acelere do repouso até 25,0 m/s.

18. W A Figura P10.18 mostra o quadro de uma bicicleta que tem rodas de 67,3 cm de diâmetro e pedivelas de 17,5 cm de comprimento. O ciclista pedala com cadência regular de 76,0 rev/min. A corrente engata no disco frontal de 15,2 cm de diâmetro e na catraca traseira de 7,00 cm de diâmetro. Calcule (a) a velocidade de um elo da corrente com relação à estrutura da bicicleta, (b) a velocidade angular das rodas da bicicleta e (c) a velocidade da bicicleta com relação à rua. (d) Que parte dos dados, se houver alguma, não é necessária para os cálculos?

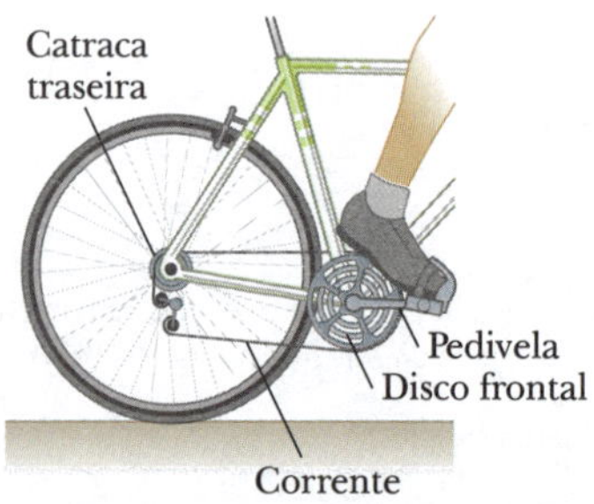

Figura P10.18

19. M Uma roda com 2,00 m de diâmetro está em um plano vertical e gira por seu eixo central com aceleração angular constante de 4,00 rad/s^2. A roda começa do repouso em $t = 0$, e o vetor raio de um ponto P na borda forma um ângulo de 57,3° com a horizontal neste instante. Em $t = 2{,}00$ s, encontre (a) a velocidade angular da roda e, para o ponto P, (b) a velocidade tangencial, (c) a aceleração total e (d) a posição angular.

20. W Um carro acelera uniformemente do repouso e atinge velocidade de 22,0 m/s em 9,00 s. Supondo que o diâmetro de um pneu é 58,0 cm, (a) encontre o número de revoluções que o pneu faz durante este movimento, supondo que não há derrapagens, (b) qual é a velocidade angular final de um pneu em revoluções por segundo?

21. M Um disco com raio de 8,00 cm gira com taxa constante de 1.200 rev/min por seu eixo central. Determine (a) sua velocidade angular em radianos por segundo, (b) a velocidade tangencial em um ponto a 3,00 cm do seu centro, (c) a aceleração radial de um ponto na borda e (d) a distância total que um ponto na borda se move em 2,00 s.

22. Uma escada reta está encostada contra a parede de uma casa. A escada tem corrimão de 4,90 m de comprimento, conectada por degraus de 0,410 m de comprimento. Sua base inferior está em solo sólido e inclinado de modo que o topo da escada está 0,690 m para a esquerda de onde deveria estar e, por isso, não é seguro subir nela. Você quer colocar uma pedra plana embaixo de um pé da escada para compensar a inclinação do solo. (a) Qual deveria ser a espessura da pedra? (b) Usar ideias deste capítulo facilita a explicação para a parte (a)? Justifique sua resposta.

23. W Um carro viajando em uma pista circular plana (sem inclinação) acelera uniformemente do repouso com aceleração tangencial de 1,70 m/s^2. Ele chega a um quarto do trajeto ao redor do círculo antes que derrape para fora da pista. A partir destes dados, determine o coeficiente de atrito estático entre o carro e a pista.

24. Um carro viajando em uma pista circular plana (sem inclinação) acelera uniformemente do repouso com aceleração tangencial a. Ele chega a um quarto do trajeto ao redor do círculo antes que derrape para fora da pista. A partir destes dados, determine o coeficiente de atrito estático entre o carro e a pista.

25. Em um processo de manufatura, um compressor cilíndrico grande é usado para achatar o material que passa por baixo dele. O diâmetro do compressor é 1,00 m e, enquanto está em rotação ao redor de um eixo fixo, sua posição angular é expressa como

$$\theta = 2{,}50t^2 - 0{,}600t$$

onde θ é dado em radianos e t em segundos. (a) Encontre a velocidade angular máxima do compressor. (b) Qual é a velocidade tangencial máxima de um ponto na sua borda? (c) Em que instante t a força motriz deveria ser removida para que o compressor não inverta sua direção de rotação? (d) Por quantas rotações o compressor girou entre $t = 0$ e o momento encontrado na parte (c)?

26. **Revisão.** Um pequeno corpo com massa de 4,00 kg move-se em sentido anti-horário com velocidade angular constante 1,50 rad/s em um círculo de raio 3,00 m centrado na origem. Ele começa no ponto com o vetor posição 3,00 $\hat{\mathbf{i}}$ m, e passa por um deslocamento angular de 9,00 rad. (a) Qual seu novo vetor posição? Use notação de vetor unitário para todas as respostas de vetor. (b) Em que quadrante a partícula está localizada, e que ângulo seu vetor posição faz com o eixo positivo x? (c) Qual é sua velocidade? (d) Em que direção ele está se movendo? (e) Qual é sua aceleração? (f) Faça um desenho de seus vetores posição, velocidade e aceleração. (g) Que força total é exercida sobre o corpo?

Seção 10.4 Torque

27. M Encontre o torque resultante sobre a barra na Figura P10.27 em relação ao eixo que passa por O, considerando a = 10,0 cm e b = 25,0 cm.

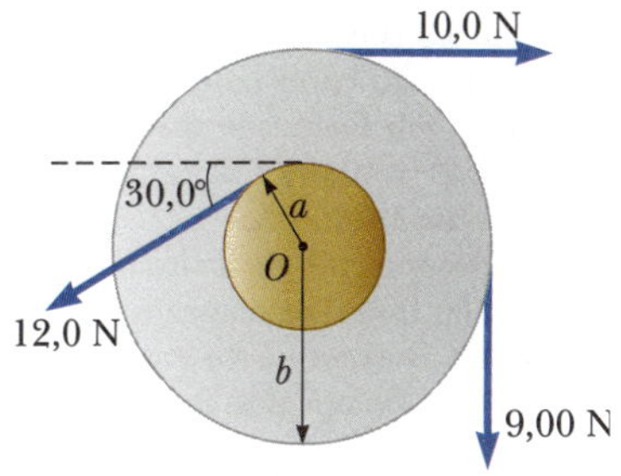

Figura P10.27

28. W A vara de pescar na Figura P10.28 forma um ângulo de 20,0° com a horizontal. Qual é o torque exercido pelo peixe em relação a um eixo perpendicular à página e passando pela mão do pescador se o peixe puxa a linha de pesca com força $\vec{\mathbf{F}}$ = 100 N a um ângulo 37,0° abaixo da horizontal? A força é aplicada em um ponto 2,00 m das mãos do pescador.

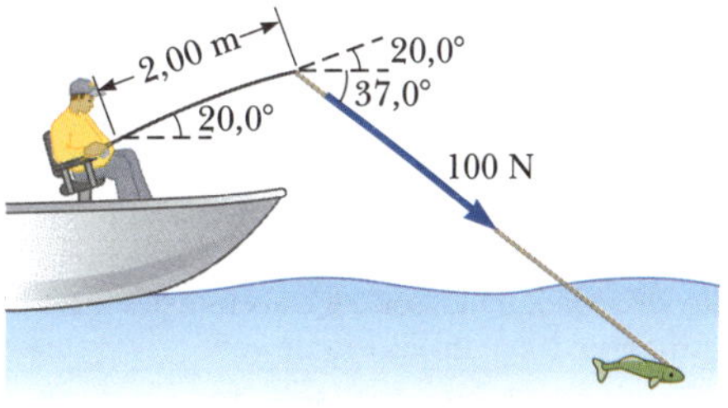

Figura P10.28

Seção 10.5 Modelo de análise: corpo rígido sob torque resultante

29. Um motor elétrico gira um volante por uma esteira móvel que une uma roldana no motor e outra que está presa rigidamente ao volante, como mostrado na Figura P10.29. O volante é um disco sólido com massa de 80,0 kg e raio R = 0,625 m. Ele gira em um eixo sem atrito. Sua roldana tem massa muito menor e raio de r = 0,230 m. A tensão T_s no segmento superior (esticado) da esteira é 135 N, e o volante tem aceleração angular no sentido horário de 1,67 rad/s^2. Encontre a tensão no segmento inferior (frouxo) da esteira.

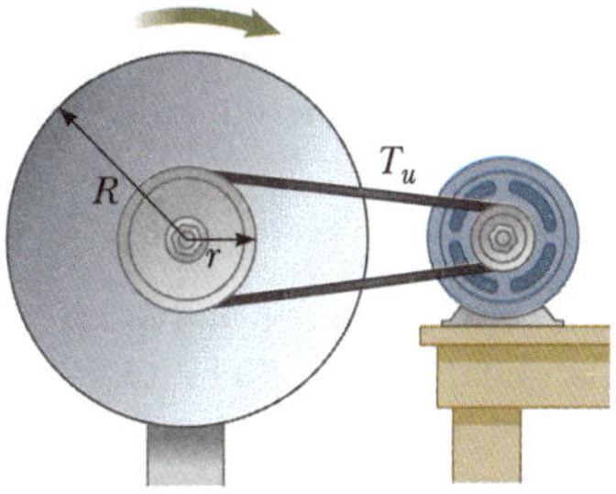

Figura P10.29

30. AMT W Uma roda de moagem possui a forma de um disco sólido uniforme de raio 7,00 cm e massa 2,00 kg. Ela começa do repouso e acelera uniformemente sob a ação de um torque constante de 0,600 N × m que o motor exerce sobre a roda. (a) Quanto tempo leva para a roda atingir sua velocidade operacional final de 1.200 rev/min? (b) Por quantas revoluções ela gira enquanto está acelerando?

31. M Um carrossel em forma de disco horizontal uniforme sólido, de raio 1,50 m e 150 kg, é posto em movimento por envolver uma corda sobre a borda do disco e puxando a corda. Que força constante deve ser exercida na corda para trazer o carrossel do repouso a uma velocidade angular de 0,500 ver/s em 2,00 s?

32. **W** **Revisão.** Um bloco de massa $m_1 = 2{,}00$ kg e outro de massa $m_2 = 6{,}00$ kg são conectados por um fio sem massa sobre uma roldana em forma de disco sólido de raio $R = 0{,}250$ m e massa $M = 10{,}0$ kg. A rampa fixa, em formato triangular, forma um ângulo de $\theta = 30°$, como mostrado na Figura P10.32. O coeficiente de atrito cinético é 0,360 para ambos os blocos. (a) Desenhe diagramas de forças dos dois blocos e da roldana. Determine (b) a aceleração dos dois blocos e (c) as tensões no fio nos dois lados da roldana.

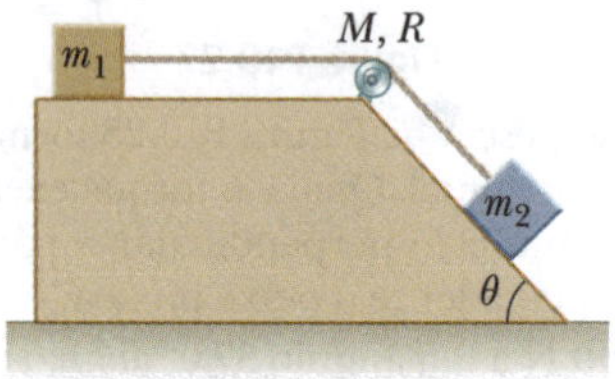

Figura P10.32

33. **M** Um avião modelo com massa 0,750 kg é preso ao chão por um fio de modo que voe em um círculo horizontal de raio 30,0 m. O motor do avião proporciona um impulso resultante de 0,800 N perpendicular ao fio de amarração. (a) Encontre o torque produzido pelo impulso resultante em relação ao centro do círculo. (b) Encontre a aceleração angular do avião. (c) Encontre a aceleração translacional do avião tangente à sua trajetória de voo.

34. Um disco com momento de inércia 100 kg × m² é livre para girar sem atrito, começando do repouso, por um eixo fixo que passa pelo seu centro. Uma força tangencial cujo módulo pode variar de $F = 0$ até $F = 50{,}0$ N pode ser aplicada a qualquer distância, variando de $R = 0$ a $R = 3{,}00$ m do eixo de rotação. (a) Encontre um par de valores de F e R que levam o disco a completar 2,00 rev em 10,0 s. (b) Sua resposta para a parte (a) é a única? Quantas respostas existem?

35. A combinação de uma força aplicada e da força de atrito produz um torque total constante de 36,0 N × m sobre uma roda girando em relação a um eixo fixo. A força aplicada atua por 6,00 s. Durante este tempo, a velocidade angular da roda aumenta de 0 para 10,0 rad/s. A força aplicada é removida, e a roda chega ao repouso em 60,0 s. Encontre (a) o momento de inércia da roda, (b) o módulo do torque devido ao atrito e (c) o número total de revoluções da roda durante o intervalo total de 66,0 s.

36. **Revisão.** Considere o sistema mostrado na Figura P10.36 com $m_1 = 20{,}0$ kg, $m_2 = 12{,}5$ kg, $R = 0{,}200$ m e a massa da roldana $M = 5{,}00$ kg. O corpo m_2 repousa no chão, e o m_1 está 4,00 m acima do chão quando é liberado do repouso. O eixo da roldana não tem atrito. A corda é leve, não estica nem escorrega na roldana (a) Calcule o intervalo de tempo necessário para m_1 atingir o chão. (b) Como sua resposta seria diferente se a roldana não tivesse massa?

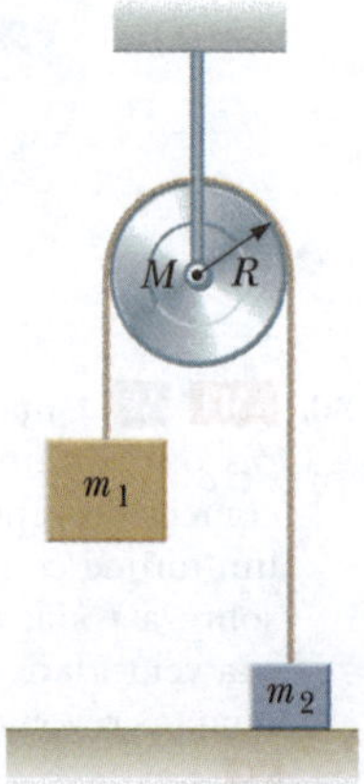

Figura P10.36

37. **W** Uma roda de oleiro – um disco grosso de pedra de raio 0,500 m e massa 100 kg – gira livremente a 50,0 rev/min. O oleiro pode parar a roda em 6,00 s pressionando um pano molhado contra a borda e exercendo uma força radial para dentro de 70,0 N. Encontre o coeficiente de atrito cinético efetivo entre a roda e o pano.

Seção 10.6 Cálculos de momentos de inércia

38. Imagine que você está em pé e gira sobre um eixo vertical pelo topo de sua cabeça e o ponto a meio caminho entre seus tornozelos. Faça uma estimativa de ordem de grandeza para o momento de inércia do seu corpo para esta rotação. Em sua solução, mencione as quantidades que mede ou estima e seus valores.

39. Uma porta fina, sólida e uniforme tem altura 2,20 m, largura 0,870 m e massa 23,0 kg. (a) Encontre o momento de inércia para a rotação em suas dobradiças. (b) Alguma parte dos dados é desnecessária?

40. Duas bolas com massas M e m são conectadas por uma barra rígida de comprimento L e massa desprezível, como mostrado na Figura P10.40. Para um eixo perpendicular à barra, (a) mostre que o sistema tem o momento de inércia mínimo quando o eixo passa pelo centro de massa. (b) mostre que este momento de inércia é $I = \mu L^2$, onde $\mu = mM/(m + M)$.

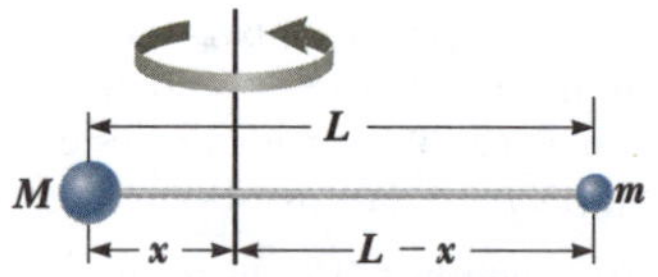

Figura P10.40

41. A Figura P10.41 mostra a vista lateral de um pneu de carro antes de ser montado em uma roda. Modele-o como tendo dois lados de espessura uniforme 0,635 cm e uma banda de rodagem de espessura uniforme 2,50 cm e largura 20,0 cm. Suponha que a borracha tenha densidade uniforme $1{,}10 \times 10^3$ kg/m³. Encontre seu momento de inércia em relação a um eixo perpendicular à página passando por seu centro.

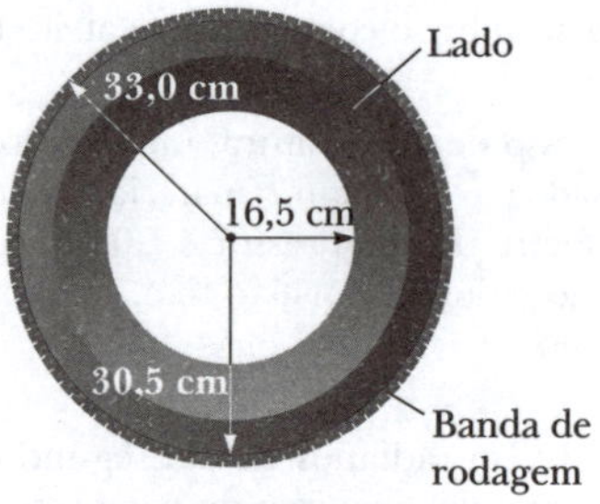

Figura P10.41

42. Seguindo o procedimento usado no Exemplo 10.7, prove que o momento de inércia em relação ao eixo y da barra rígida na Figura 10.15 é $\frac{1}{3}ML^2$.

43. Três barras finas idênticas, cada uma com comprimento L e massa m, são soldadas perpendicularmente uma à outra como mostrado na Figura P10.43. O conjunto é girado sobre um eixo que passa pela extremidade de uma barra e é paralelo à outra. Determine o momento de inércia desta estrutura em relação a este eixo.

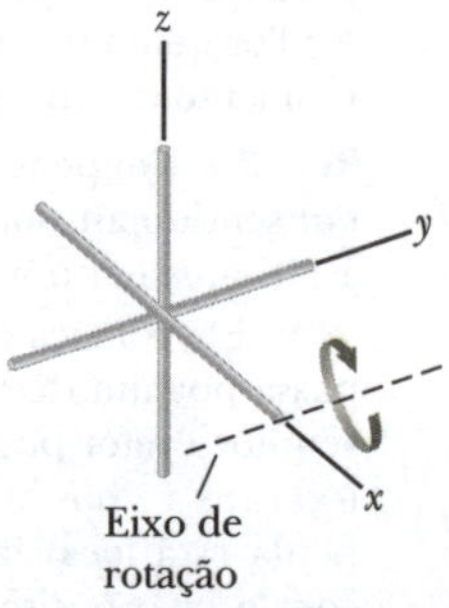

Figura P10.43

Seção 10.7 Energia cinética rotacional

44. **W** Barras rígidas de massa desprezível ao longo do eixo y conectam três partículas (Fig. P10.44). O sistema gira no eixo x com velocidade angular de 2,00 rad/s. Encontre (a) o momento de inércia em relação ao eixo x, (b) a energia cinética rotacional total avaliada a partir de $\frac{1}{2}I\omega^2$, (c) a velocidade tangencial de cada partícula e (d) a energia cinética total calculada a partir de $\sum \frac{1}{2} m_i v_i^2$. (e) Compare as respostas para a energia cinética nas partes (a) e (b).

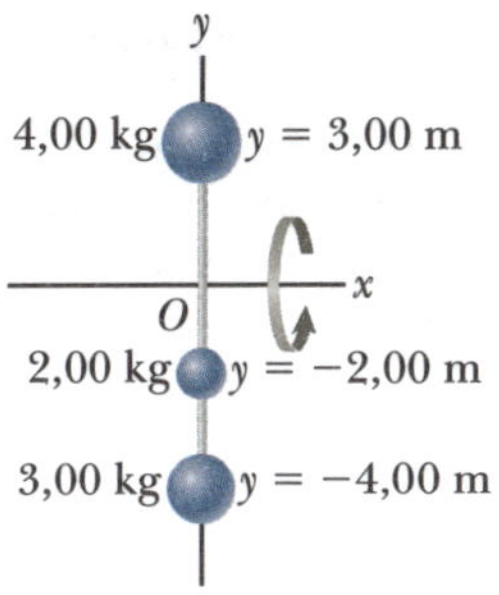

Figura P10.44

45. W As quatro partículas da Figura P10.45 são conectadas por barras rígidas de massa desprezível. A origem está no centro do retângulo. O sistema gira no plano xy em torno do eixo z com velocidade angular de 6,00 rad/s. Calcule (a) o momento de inércia do sistema em relação ao eixo z e (b) a energia cinética rotacional do sistema.

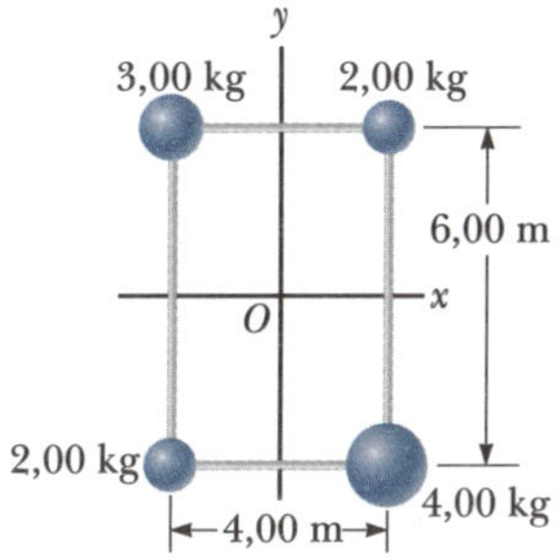

Figura P10.45

46. Várias máquinas usam volantes para diversos propósitos, como abrir e fechar válvulas. Na Figura P10.46, o volante é um disco circular de raio R com um buraco de diâmetro R cortado nele. Como mostrado na figura, o buraco não passa pelo centro do disco. O volante com o buraco cortado tem massa M. O volante é montado em uma barra sólida, cilíndrica e uniforme de diâmetro R e massa M. Qual é a energia cinética da combinação volante-barra quando está girando com velocidade angular ω sobre o eixo da barra?

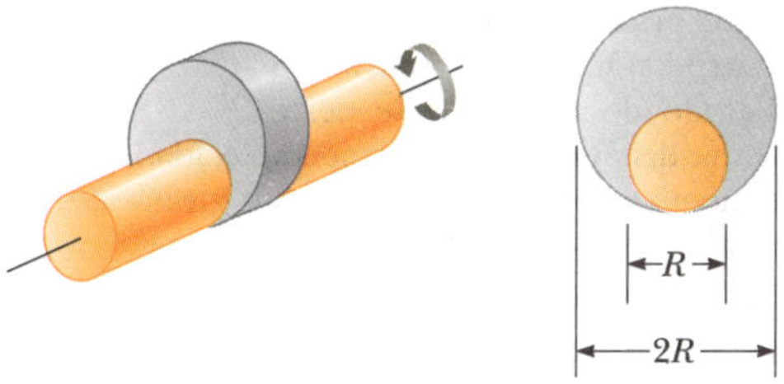

Figura P10.46

47. Um *trabuco*, ou *trebuchet*, foi um equipamento usado durante a Idade Média para lançar pedras em castelos e, hoje em dia, por vezes é usado para lançar vegetais grandes e pianos como um esporte. Um trabuco simples é mostrado na Figura P10.47. Modele-o como uma barra rígida de massa desprezível, 3,00 m de comprimento, unindo partículas de massa $m_1 = 0{,}120$ kg e $m_2 = 60{,}0$ kg em suas extremidades. Ele pode girar em um eixo horizontal e sem atrito perpendicular à barra e 14,0 cm da partícula de grande massa. O operador solta o trabuco do repouso no sentido horizontal. (a) Encontre a velocidade máxima que o corpo de menor massa atinge. (b) Enquanto o corpo de menor massa está ganhando velocidade, ele se move com aceleração constante? (c) Ele se move com aceleração tangencial constante? (d) O trabuco se move com aceleração angular constante? (e) Ele tem momento constante? (f) O sistema trabuco-Terra tem energia mecânica constante?

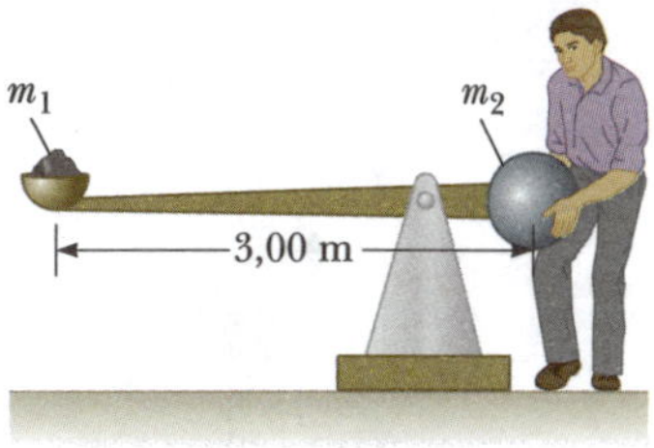

Figura P10.47

Seção 10.8 Considerações de energia no movimento rotacional

48. Um carrossel horizontal de 800 N é um disco sólido com raio de 1,50 m, que começa do repouso por uma força horizontal constante de 50,0 N aplicada tangencialmente à borda do disco. Encontre a energia cinética do disco após 3,00 s.

49. Big Ben, o apelido do relógio que está na Elizabeth Tower (que recebeu esse nome em homenagem à rainha, em 2012), tem o ponteiro menor (da hora) de 2,70 m de comprimento e massa de 60,0 kg, e o ponteiro maior (do minuto) de 4,50 m de comprimento e massa de 100 kg (Fig. P10.49). Calcule a energia cinética rotacional total dos dois ponteiros em relação ao eixo de rotação. (Você pode modelar os ponteiros como barras longas e finas giradas por uma extremidade. Suponha que os dois ponteiros estão girando a uma taxa constante de uma revolução a cada 12 horas e 60 minutos, respectivamente.)

Peter Nadolski/Shutterstock

Figura P10.49
Problemas 49 e 72.

50. Considere dois corpos com $m_1 > m_2$ conectados por um barbante que passa sobre uma polia que tem um momento de inércia de I sobre seu eixo de rotação, como mostra a Figura P10.50. O barbante não escorrega na polia nem fica esticado. A polia gira sem atrito. Os dois corpos são liberados a partir do repouso separados por uma distância vertical $2h$. (a) Use o princípio de conservação de energia para encontrar as velocidades translacionais dos corpos à medida que eles passam um pelo outro. (b) Determine a velocidade angular da polia neste momento.

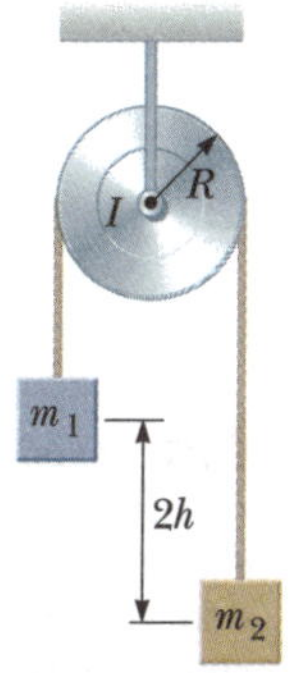

Figura P10.50

51. O peão na Figura P10.51 tem momento de inércia de $4{,}00 \times 10^{-4}$ kg $\times$ m^2 e está inicialmente em repouso, e é livre para girar sobre um eixo estacionário AA'. Um cordão, enrolado ao redor do pino ao longo do eixo do topo, é puxado de modo a manter uma tensão constante de 5,57 N. Se o cordão não escorregar enquanto se desenrola do pino, qual é a velocidade angular do peão depois que 80,0 cm do cordão já foram tirados do pino?

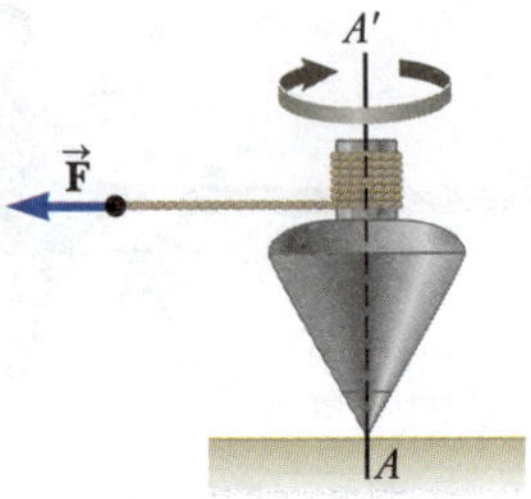

Figura P10.51

52. *Por que a seguinte situação é impossível?* Em uma cidade grande com problema de poluição do ar, um ônibus não tem motor de combustão. Ele percorre sua rota pela cidade usando energia proveniente de um volante grande que gira rapidamente sob o piso do ônibus. Este volante é girado até sua taxa de rotação máxima de 3.000 rev/min por um motor elétrico no terminal do veículo. Cada vez que ele acelera, o volante vai um pouco mais lentamente. O ônibus é equipado com freios regenerativos, de modo que o volante pode ir mais rápido quando o ônibus vai mais devagar. O volante é um cilindro sólido uniforme com massa 1.200 kg e raio 0,500 m. A carroceria do ônibus realiza trabalho contra a resistência do ar e resistência de rolagem com taxa média de 25,0 hp conforme percorre seu trajeto com velocidade média de 35,0 km/h.

53. Na Figura P10.53, o corpo pendurado tem massa $m_1 = 0,420$ kg; o bloco deslizante tem massa $m_2 = 0,850$ kg; e a roldana é um cilindro oco com massa $M = 0,350$ kg, raio interno $R_1 = 0,020\ 0$ m, e raio externo $R_2 = 0,030\ 0$ m. Suponha que a massa dos raios seja desprezível. O coeficiente de atrito cinético entre o bloco e a superfície horizontal é $\mu_c = 0,250$. A roldana gira sem atrito sobre seu eixo. Uma corda leve não estica nem escorrega na roldana. O bloco tem velocidade de $v_i = 0,820$ m/s na direção da roldana quando passa por um ponto de referência na mesa. (a) Use métodos de energia para prever sua velocidade após ter se movido para um segundo ponto 0,700 m distante. (b) Encontre a velocidade angular da roldana no mesmo momento.

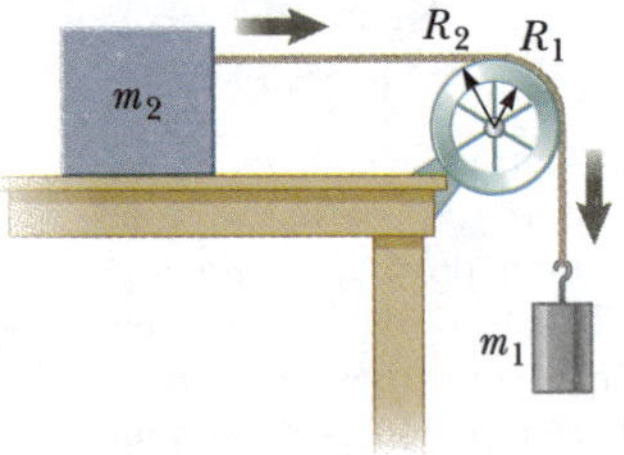

Figura P10.53

54. AMT **Revisão.** Uma barra cilíndrica fina, com comprimento $\ell = 24,0$ cm e massa $m = 1,20$ kg, tem uma bola de diâmetro $d = 8,00$ cm e massa $M = 2,00$ kg presa a uma extremidade. O arranjo é originalmente vertical e estacionário, com a bola no topo, como mostrado na Figura P10.54. A combinação é livre em relação ao pivô na extremidade da base da barra após receber um leve toque. (a) Depois que a combinação gira por 90 graus, qual é sua energia cinética rotacional? (b) Qual é a velocidade angular da barra e da bola? (c) Qual é a velocidade linear do centro de massa da bola? (d) Como isto se compara com a velocidade que a bola teria se tivesse caído livremente pela mesma distância de 28 cm?

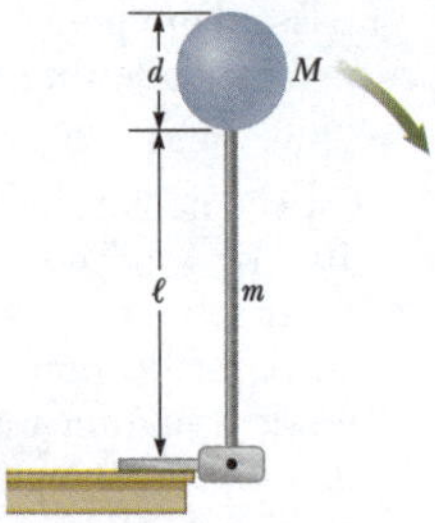

Figura P10.54

55. M **Revisão.** Um corpo com massa $m = 5,10$ kg é preso à extremidade livre de um cordão leve enrolado ao redor de uma bobina de raio $R = 0,250$ m e massa $M = 3,00$ kg. A bobina é um disco sólido, livre para girar em um plano vertical que passa pelo eixo horizontal passando pelo seu centro, como mostrado na Figura P10.55. O corpo suspenso é solto do repouso 6,00 m acima do solo. Determine (a) a tensão no cordão, (b) a aceleração do corpo e (c) a velocidade com que o corpo atinge o solo. (d) Verifique sua resposta para a parte (c) usando o modelo do sistema isolado (energia).

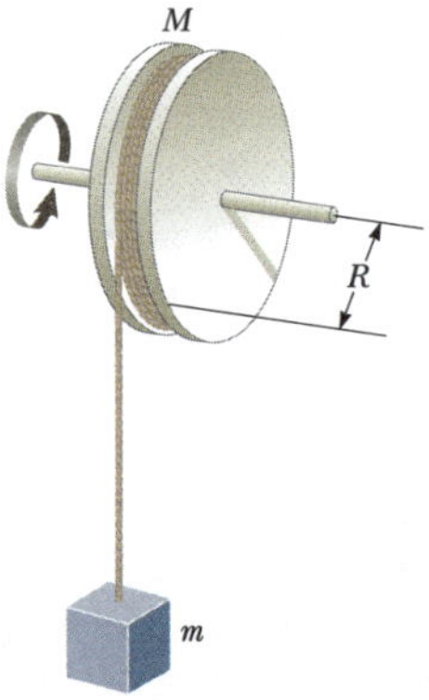

Figura P10.55

56. Este problema descreve um método experimental para determinar o momento de inércia de um corpo de formato irregular tal como a carga de um satélite. A Figura P10.56 mostra um contrapeso de massa m suspenso por uma corda enrolada ao redor de uma bobina de raio r, formando parte de um prato giratório suportando o corpo. O prato giratório pode girar sem atrito. Quando o contrapeso é liberado do repouso, ele desce por uma distância h, adquirindo velocidade v. Mostre que o momento de inércia I do aparelho giratório (incluindo o prato giratório) é $mr^2(2gh/v^2 - 1)$.

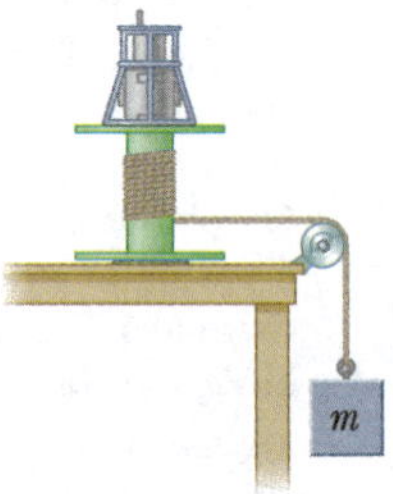

Figura P10.56

57. Um disco sólido uniforme de raio R e massa M é livre para girar em um pino sem atrito por um ponto em sua borda (Fig. P10.57). Se o disco é liberado do repouso na posição mostrada pelo círculo cor de cobre, (a) qual é a velocidade de seu centro de massa quando o disco alcança a posição indicada pelo círculo pontilhado? (b) Qual é a velocidade do ponto mais baixo no disco na posição pontilhada? (c) **E se?** Repita a parte (a) usando um aro uniforme.

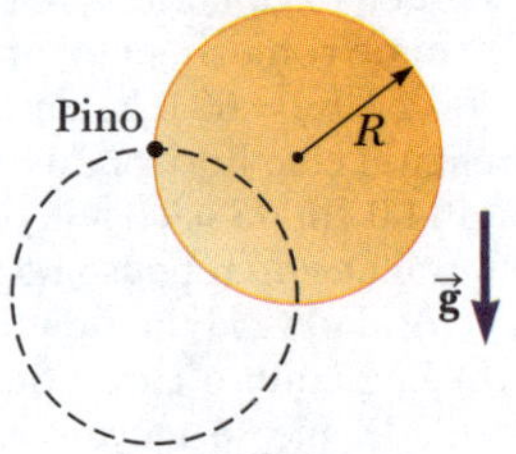

Figura P10.57

58. A cabeça de um cortador de grama de cordão tem 100 g de corda enrolada em uma bobina cilíndrica leve com diâme-

tros interno de 3,00 cm e externo de 18,0 cm, como mostrado na Figura P10.58. A corda tem densidade linear de 10,0 g/m. Uma única tira da corda estende-se por 16,0 cm a partir da borda externa da bobina. (a) Quando ligado, o cortador acelera de 0 a 2.500 rev/min em 0,215 s. Que potência média é fornecida à cabeça do motor do cortador enquanto está acelerando? (b) Quando o cortador está cortando grama, ele gira a 2.000 rev/min e a grama exerce força tangencial média de 7,65 N na extremidade externa da corda, que está parada a uma distância radial de 16,0 cm a partir da borda externa da bobina. Qual é a potência fornecida à cabeça do cortador quando carregada?

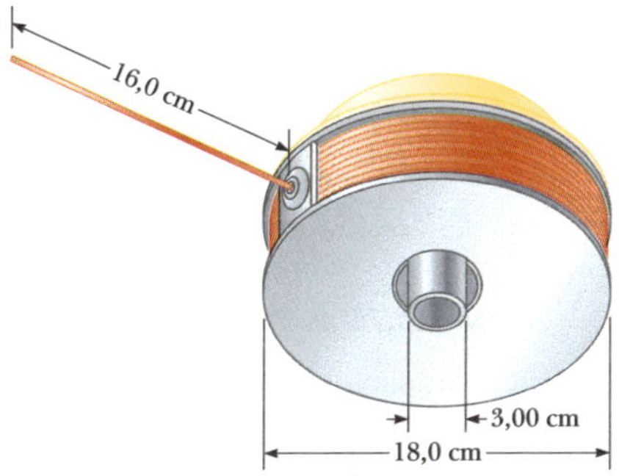

Figura P10.58

Seção 10.9 Movimento de rolamento de um corpo rígido

59. M Um cilindro de massa 10,0 kg rola sem escorregar em uma superfície horizontal. Em certo instante, seu centro de massa tem velocidade de 10,0 m/s. Determine (a) a energia cinética translacional do centro de massa, (b) a energia cinética rotacional pelo centro de massa e (c) sua energia total.

60. Uma esfera sólida é solta de uma altura h do topo de uma rampa que faz ângulo θ com a horizontal. Calcule a velocidade da esfera quando ela chega à base da rampa (a) no caso em que ela rola sem escorregar, e (b) no caso em que desliza sem atrito e sem rolar. (c) Compare os intervalos de tempo necessários para chegar à base nos casos (a) e (b).

61. (a) Determine a aceleração do centro de massa de um disco sólido uniforme rolando para baixo em uma rampa que faz ângulo θ com a horizontal. (b) Compare a aceleração encontrada na parte (a) com aquela de um aro uniforme. (c) Qual é o coeficiente de atrito mínimo necessário para manter o movimento de rolagem puro para o disco?

62. Um cubo liso de massa m e face de comprimento r desliza com velocidade v em uma superfície horizontal com atrito desprezível. O cubo, então, se move para cima em uma rampa que faz ângulo θ com a horizontal. Um cilindro de massa m e raio r rola sem escorregar com seu centro de massa, movendo-se com velocidade v, e chega a uma rampa com o mesmo ângulo de inclinação, mas sem atrito suficiente para que continue a rolar sem escorregar. (a) Qual corpo sobe uma distância maior na rampa? (b) Encontre a diferença entre as distâncias máximas que os corpos percorrem para cima na rampa. (c) Explique o que justifica esta diferença nas distâncias percorridas.

63. Um disco sólido e um aro uniformes são colocados lado a lado no topo de uma rampa de altura h. (a) Se os dois são liberados do repouso e rolam sem escorregar, qual deles chega primeiro à base? (b) Verifique sua resposta calculando suas velocidades quando eles chegam à base em termos de h.

64. Uma bola de tênis é uma esfera oca com parede fina, posta para rolar sem escorregar a 4,03 m/s na seção horizontal de uma pista, como mostrado na Figura P10.64. Ela rola ao redor do interior de um aro circular vertical de raio $r = 45{,}0$ cm. Conforme a bola se aproxima da base do aro, o formato da pista desvia de um círculo perfeito, de modo que ela sai da pista em um ponto $h = 20{,}0$ cm abaixo da seção horizontal. (a) Encontre a velocidade da bola no topo do aro. (b) Demonstre que a bola não cairá da pista no topo do aro. (c) Encontre a velocidade da bola enquanto ela sai da pista na base. **E se?** (d) Suponha que o atrito estático entre a bola e a pista seja desprezível, de modo que a bola escorregue em vez de rolar. A velocidade seria maior, menor ou a mesma no topo do aro? (e) Explique sua resposta para a parte (d).

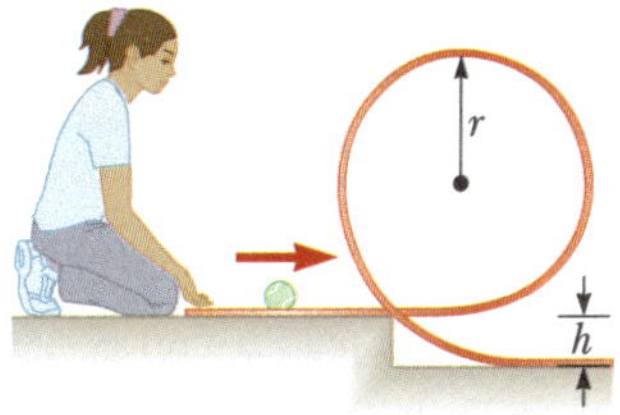

Figura P10.64

65. Uma lata de metal contendo sopa condensada de cogumelos tem massa 215 g, altura 10,8 cm e diâmetro 6,38 cm. Ela é colocada em repouso de lado no topo de uma rampa de 3,00 m de comprimento que está a 25,0° com a horizontal, e depois é liberada para rolar diretamente para baixo. Ela chega à base da rampa após 1,50 s. (a) Supondo que há conservação de energia mecânica, calcule o momento de inércia da lata. (b) Que partes dos dados, se houver alguma, são desnecessárias para calcular a solução? (c) Por que o momento de inércia não pode ser calculado de $I = \frac{1}{2}mr^2$ para a lata cilíndrica?

Problemas Adicionais

66. Como citado no Exemplo Conceitual 10.5, chaminés em queda frequentemente se quebram ao meio porque a argamassa entre os tijolos não aguenta muita tensão de cisalhamento. Conforme a chaminé começa a cair, forças de cisalhamento devem atuar nas seções mais altas para acelerá-las tangencialmente, de modo que possam manter a rotação da parte mais baixa da pilha. Para simplificar, vamos modelar a chaminé como uma barra uniforme de comprimento ℓ centrada na extremidade mais baixa. A barra começa do repouso em uma posição vertical (com o pino sem atrito na parte de baixo) e cai sob a influência da gravidade. Que fração do comprimento da barra tem aceleração tangencial maior que g sen θ, onde θ é o ângulo que a chaminé faz com o eixo vertical?

67. AMT M **Revisão.** Um corda leve de náilon com 4,00 m de comprimento é enrolada ao redor de uma bobina cilíndrica de raio 0,500 m e massa 1,00 kg. A bobina é montada em um eixo sem atrito e está inicialmente em repouso. A corda é puxada da bobina com aceleração constante de módulo 2,50 m/s^2. (a) Quanto trabalho foi realizado sobre a bobina quando ela atinge uma velocidade angular de 8,00 rad/s? (b) Quanto tempo leva para que a bobina atinja esta velocidade angular? (c) Quanta corda fica na bobina quando ela atinge esta velocidade angular?

68. Um sistema elevador em um edifício alto consiste em uma cabine de 800 kg e um contrapeso de 950 kg unidos por um cabo leve com comprimento constante que passa sobre uma roldana com massa de 280 kg. A roldana é um cilindro sólido de raio 0,700 m girando em um eixo horizontal. O cabo não escorrega na roldana. Um número n de pessoas, cada uma com massa 80,0 kg, está na cabine do elevador, movendo-se para cima a 3,00 m/s e chegando ao piso onde a cabine deve parar. Como medida de conservação de energia, um computador desconecta o motor do elevador em um momento exato, de modo que o sistema roldana-cabine-contrapeso fica em ponto morto sem atrito e chega ao repouso no piso desejado. Ali, o sistema é preso por uma tranca simples e não por um freio massivo. (a) Determine a distância d que a cabine sobe em ponto morto como uma função de n. Avalie a distância para (b) $n = 2$, (c) $n = 12$ e (d) $n = 0$. (e) Para que valores inteiros de n a expressão na parte (a) se aplica? (f) Explique sua resposta para a parte (e). (g) Se um número infinito de pessoas coubesse no elevador, qual seria o valor de d?

69. Uma manivela gira a 65,0 rad/s no instante $t = 0$. Depois disso, sua aceleração angular é dada por

$$\alpha = -10{,}0 - 5{,}00t$$

onde α é dada em rad/s^2 e t em segundos. (a) Encontre a velocidade angular da manivela em $t = 3{,}00$ s. (b) Por qual ângulo ela gira entre $t = 0$ e $t = 3{,}00$ s?

70. Uma manivela gira com velocidade angular n no instante $t = 0$. Depois disso, sua aceleração angular é dada por

$$\alpha = A + Bt$$

(a) Encontre a velocidade angular da manivela no instante t.

(b) Por qual ângulo ela gira entre $t = 0$ e t?

71. **Revisão.** O batedor de um *mixer* consiste de três hastes finas, cada uma delas com 10,0 cm de comprimento. As hastes divergem a partir de um eixo central, separadas entre si em 120°, e todas elas giram no mesmo plano. Uma bola é conectada na extremidade de cada haste. Cada bola tem uma área de seção transversal de 4,00 cm^2 e tem um formato com um coeficiente de arrasto de 0,600. Calcule a entrada de energia necessária para fazer girar o batedor em 1.000 rev/min (a) no ar e (b) na água.

72. O ponteiro das horas e o ponteiro dos minutos do Big Ben, o relógio da Elizabeth Tower, em Londres, têm 2,70 m e 4.50 m de comprimento e massa de 60,0 kg e 100 kg, respectivamente (veja a Figura P10.49). (a) Determine o torque total devido ao peso desses ponteiros sobre o eixo de rotação quando for (i) 3 horas, (ii) 5h15, (iii) 6 horas, (iv) 8h20, e (v) 9h45. (Você pode modelar os ponteiros como hastes longas, finas e uniformes.) (b) Determine todas as vezes em que o torque total sobre o eixo de rotação é zero. Determine os horários para o segundo mais próximo, resolvendo uma equação numericamente transcendental.

73. Uma barra uniforme longa de comprimento L e massa M é centrada em um pino horizontal sem atrito, por uma extremidade. A barra é cutucada do repouso em uma posição vertical, como mostra a Figura P10.73. No instante em que ela está horizontal, encontre (a) sua velocidade angular, (b) o módulo de sua aceleração angular, (c) as componentes x e y da aceleração do seu centro de massa e (d) as componentes da força de reação no pino.

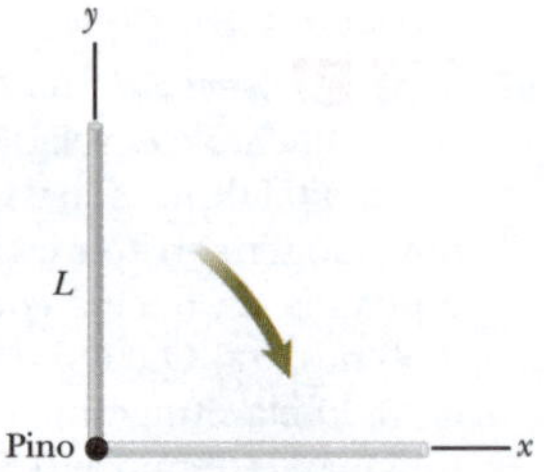

Figura P10.73

74. Uma bicicleta é virada para cima para que o dono repare um pneu furado na roda traseira. Uma amiga gira a roda dianteira, de raio 0,381 m, e observa que gotas de água se desprendem tangencialmente em uma direção ao alto quando as gotas estão no mesmo nível que o centro da roda. Ela mede a altura atingida pelas gotas que se movem verticalmente (Fig. P10.74). Uma gota que se solta do pneu em uma volta sobe $h = 54{,}0$ cm acima do ponto de tangência. Uma gota que escapa na próxima volta sobe a 51,0 cm acima do ponto de tangência. A altura até a qual a gota sobe diminui porque a velocidade angular da roda decresce. A partir dessas informações, determine o módulo da aceleração angular média da roda.

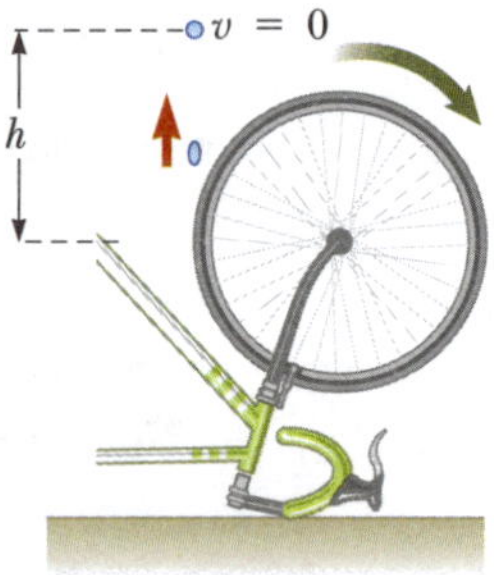

Figura P10.74 Problemas 74 e 75.

75. Uma bicicleta é virada para cima para que o dono repare um pneu furado na roda traseira. Uma amiga gira a roda dianteira, de raio R, e observa que gotas de água se desprendem tangencialmente em uma direção para cima quando as gotas estão no mesmo nível que o centro da roda. Ela mede a altura atingida pelas gotas que se movem verticalmente (Fig. P10.74). Uma gota que se solta do pneu em uma volta sobe h_1 acima do ponto de tangência. Uma gota que escapa na próxima volta sobe a uma altura $h_2 < h_1$ acima do ponto de tangência. A altura até a qual a gota sobe diminui porque a velocidade angular da roda decresce. A partir dessas informações, determine o módulo da aceleração angular média da roda.

76. (a) Qual é a energia cinética rotacional da Terra sobre seu eixo de rotação? Modele a Terra como uma esfera uniforme e use os dados do final deste livro. (b) A energia cinética rotacional da Terra está diminuindo constantemente por causa do atrito das marés. Assumindo que o período rotacional diminui em 10,0 μs a cada ano, encontre a mudança em um dia.

77. PD **Revisão.** Como mostra a Figura P10.77, dois blocos são conectados por um cordão de massa desprezível passando sobre uma roldana de raio $r = 0{,}250$ m e momento de inércia I. O bloco na rampa sem atrito move-se com aceleração constante de módulo $a = 2{,}00$ m/s^2. A partir destas informações, queremos encontrar o momento de inércia da roldana. (a) Que modelo de análise é adequado para os blocos? (b) Que modelo de análise é adequado para a roldana? (c) A partir do modelo de análise na parte (a), encontre a tensão T_1. (d) Do mesmo modo, encontre a tensão T_2. (e) A partir do modelo de análise na parte (b), encontre uma expressão simbólica para o momento de inércia da roldana em termos das tensões T_1 e T_2, o raio r da roldana e a aceleração a. (f) Encontre o valor numérico do momento de inércia da roldana.

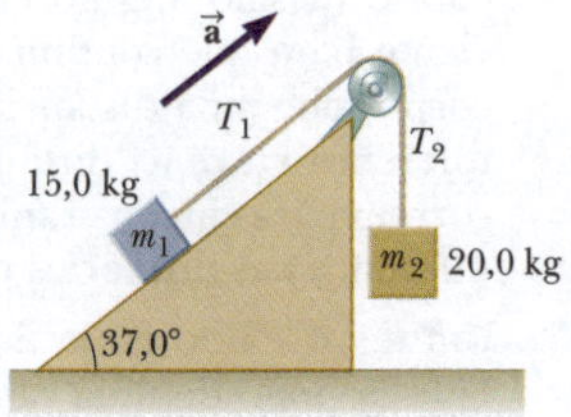

Figura P10.77

78. **Revisão.** Um cordão é amarrado ao redor de um disco uniforme de raio $\boldsymbol{R}$ e massa M. O disco é solto do repouso com o cordão vertical e sua ponta de cima amarrada a uma barra fixa (Fig. P10.78). Mostre que (a) a tensão no cordão é um terço do peso do disco, (b) o módulo da aceleração do centro de massa é $2g/3$, e (c) a velocidade do centro de massa é $(4gh/3)^{1/2}$ após o disco ter descido uma distância h. (d) Verifique sua resposta para a parte (c) usando a abordagem de energia.

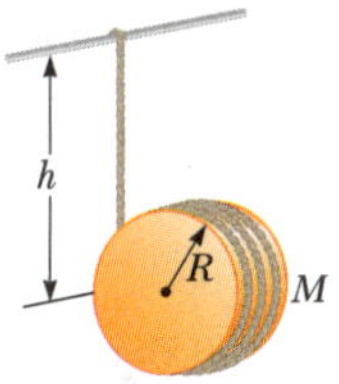

Figura P10.78

79. O carretel mostrado na Figura P10.79 tem raio R e momento de inércia I. Uma ponta do bloco de massa m é conectada a uma mola de força constante k, e a outra é presa a uma corda enrolada ao redor do carretel. O eixo dele e a rampa não têm atrito. O carretel é enrolado em sentido anti-horário, de modo que a mola se estica por uma distância d de sua posição encolhida, e ele é, então, solto do repouso. Encontre a velocidade angular do carretel quando a mola é esticada novamente.

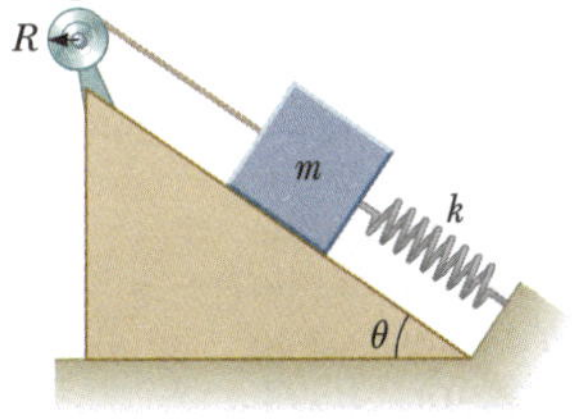

Figura P10.79

80. Uma demonstração comum, ilustrada na Figura P10.80, consiste em uma bola repousando em uma extremidade de uma tábua uniforme de comprimento ℓ, que é presa na outra extremidade e elevada a um ângulo θ. Uma caneca leve está presa à tábua em r_c para segurar a bola quando a vareta de apoio é removida subitamente. (a) Mostre que a bola vai ficar para trás da tábua em queda quando θ é menor que 35,3°. (b) Supondo que a tábua tenha 1,00 m de comprimento e seja suportada neste ângulo limitante, mostre que a caneca deve estar 18,4 cm distante da extremidade que se move.

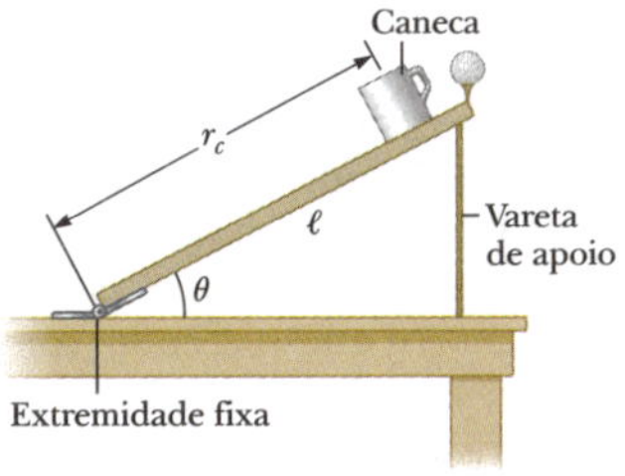

Figura P10.80

81. Uma esfera sólida uniforme de raio r é colocada na superfície interna de uma tigela hemisférica de raio R. A esfera é liberada do repouso a um ângulo θ com a vertical e rola sem escorregar (Fig. P10.81). Determine a velocidade angular da esfera quando ela chega ao fundo da tigela.

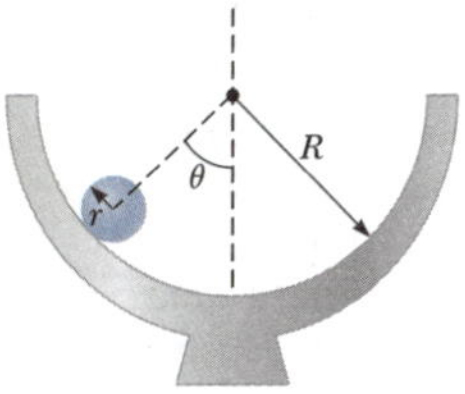

Figura P10.81

82. Revisão. Uma bobina de arame de massa M e raio R é desenrolada sob uma força constante $\vec{\mathbf{F}}$ (Fig. P10.82). Supondo que a bobina seja um cilindro sólido uniforme que não escorrega, mostre que (a) a aceleração do centro de massa é $4\vec{\mathbf{F}}/3M$ e (b) a força de atrito é para a *direita* e igual em módulo a $F/3$. (c) Se o cilindro começa do repouso e rola sem escorregar, qual é a velocidade do seu centro de massa depois de ter rolado por uma distância d?

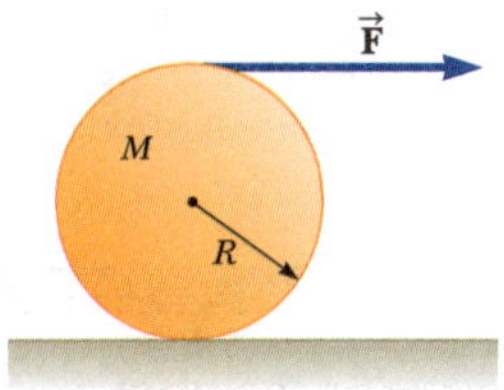

Figura P10.82

83. Uma esfera sólida de massa m e raio r rola sem escorregar ao longo da pista mostrada na Figura P10.83. Ela começa do repouso com o ponto mais baixo da esfera a uma altura h acima da base do aro de raio R, muito maior que r. (a) Qual é o valor mínimo de h (em termos de R) para que a esfera complete o aro? (b) Quais são as componentes da força na esfera no ponto P se $h = 3R$?

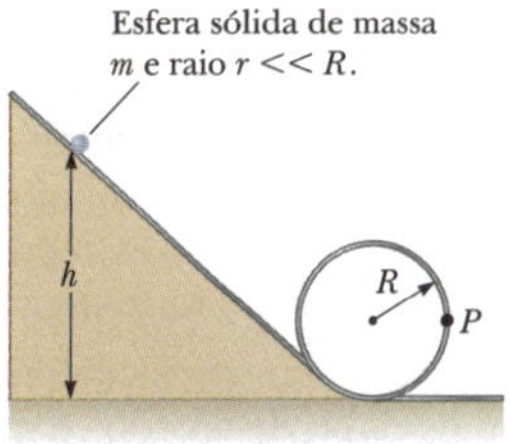

Figura P10.83

84. Uma barra fina de massa 0,630 kg e comprimento 1,24 m está em repouso, pendurada verticalmente de uma dobradiça fixa forte na extremidade superior. Subitamente, uma força impulsiva horizontal de $14{,}7\hat{\mathbf{i}}$ N é aplicada sobre ela. (a) Suponha que a força atue na extremidade de baixo da barra. Encontre a aceleração do seu centro de massa e (b) a força horizontal que a dobradiça exerce. (c) Suponha que a força atue no ponto central da barra. Encontre a aceleração deste ponto e (d) a força de reação da dobradiça horizontal. (e) Onde o impulso pode ser aplicado de modo que a dobradiça não exerça nenhuma força horizontal? Este ponto é chamado *centro de percussão.*

85. Uma barra fina de comprimento h e massa M é segurada verticalmente com extremidade baixa repousando sobre uma superfície horizontal sem atrito. A barra é solta para cair livremente. (a) Determine a velocidade do seu centro de massa imediatamente antes de ela atingir a superfície horizontal. (b) **E se?** Suponha agora que a barra tenha um pino fixo em sua extremidade baixa. Determine a velocidade do centro de massa da barra imediatamente antes de atingir a superfície.

86. Revisão. Um palhaço equilibra uma pequena uva esférica no topo da cabeça careca, que também tem formato de esfera. Depois de receber aplausos suficientes, a uva começa do repouso e rola para baixo sem escorregar. Ela vai deixar o contato com a careca do palhaço quando a linha radial unindo a uva ao centro de curvatura forma qual ângulo com a vertical?

Problemas de Desafio

87. Uma prancha com massa $M = 6{,}00$ kg repousa sobre dois rolos idênticos, sólidos e cilíndricos com $R = 5{,}00$ cm e $m = 2{,}00$ kg (Fig. P.10.87). A prancha é puxada por uma força horizontal constante $\vec{\mathbf{F}}$ de módulo 6,00 N, aplicada no final da prancha e perpendicular aos eixos dos cilindros (que são paralelos). Os cilindros rolam sem escorregar em uma superfície plana. Também não há escorregamento entre os cilindros e a prancha. (a) Encontre a aceleração inicial da prancha no momento em que os rolos estão equidistantes das extremidades da prancha. (b) Encontre a aceleração dos rolos neste momento. (c) Que forças de atrito estão atuando neste momento?

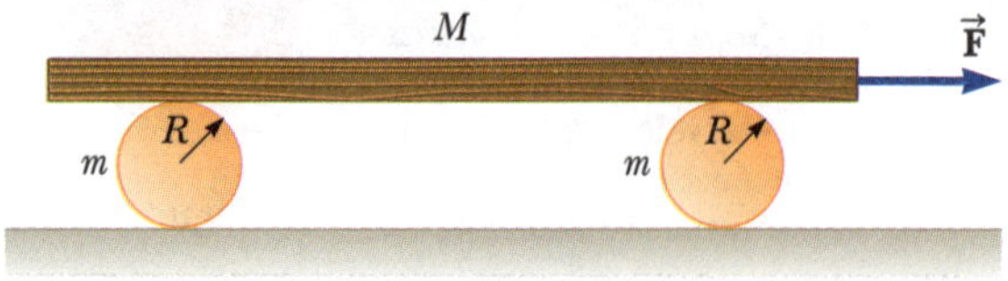

Figura P10.81

88. Conforme um motor a gasolina opera, um volante girando o virabrequim armazena energia depois de cada explosão de combustível, suprindo a energia necessária para comprimir a próxima carga de combustível e ar. Para o motor de um trator cortador de grama, suponha que o volante não deve ter mais que 18,0 cm de diâmetro. Sua espessura, medida ao longo do eixo de rotação, não deve ser maior que 8,00 cm. O volante deve liberar 60,0 J de energia quando a velocidade angular cai de 800 rev/min para 600 rev/min. Desenhe um volante sólido (densidade $7{,}85 \times 10^3$ kg/m^3) que supra estes requisitos com a menor massa possível. Especifique o formato e massa do volante.

89. Como resultado do atrito, a velocidade angular de uma roda muda com o tempo de acordo com

$$\frac{d\theta}{dt} = \omega_0 e^{-\sigma t}$$

onde ω_0 e σ são constantes. A velocidade angular muda de 3,50 rad/s em $t = 0$ para 2,00 rad/s em $t = 9{,}30$ s. (a) Use estas informações para determinar σ e ω_0. Depois, determine (b) o módulo da aceleração angular em $t = 3{,}00$ s, (c) o número de revoluções que a roda faz nos primeiros 2,50 s, e (d) o número de revoluções que faz antes de chegar ao repouso.

90. Para encontrar o deslocamento angular total durante o tempo de gravação do Compact Disc na parte (B) do Exemplo 10.2, o disco foi modelado como um corpo rígido sob aceleração angular constante. Na realidade, a aceleração angular do disco não é constante. Neste problema, vamos explorar a dependência da aceleração angular em relação ao tempo. (a) Suponha que a faixa no disco seja uma espiral, de modo que círculos adjacentes da faixa são separados por uma pequena distância h. Mostre que o raio r de uma parte da faixa é dada por

$$r = r_i + \frac{h\theta}{2\pi}$$

onde r_i é o raio da porção mais interna da faixa e θ é o ângulo pelo qual o disco gira para chegar à localização da faixa de raio r. (b) Mostre que a taxa de variação do ângulo θ é dada por

$$\frac{d\theta}{dt} = \frac{v}{r_i + (h\theta/2\pi)}$$

onde v é a velocidade constante com que a superfície do disco passa pelo laser. (c) A partir do resultado na parte (b), use a integração para encontrar uma expressão para o ângulo θ como uma função do tempo. (d) A partir do resultado na parte (c), use a diferenciação para encontrar a aceleração angular do disco como uma função do tempo.

91. Uma bobina de fio consiste em um cilindro de raio R_1 com tampas de raio R_2, como demonstrado na Figura P10.91. A massa da bobina, incluindo o fio, é m, e seu momento de inércia em relação a um eixo que passa pelo seu centro é I. A bobina é colocada em uma superfície horizontal áspera de modo que rola sem escorregar quando uma força $\vec{T}$ atuando para a direita é aplicada à extremidade livre do fio. (a) Mostre que o módulo da força de atrito exercida pela superfície sobre a bobina é dada por

$$f = \left(\frac{I + mR_1R_2}{I + mR_2^{\,2}}\right)T$$

(b) Determine a direção da força de atrito.

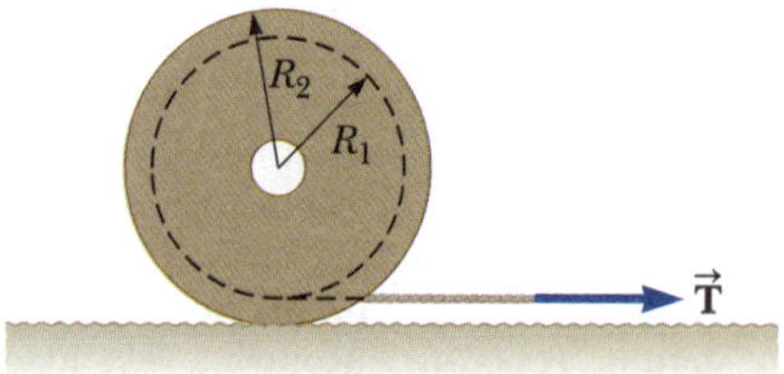

Figura P10.91

92. Uma corda é enrolada ao redor de uma roldana que é formatada como um disco de massa m e raio r. A ponta livre da corda é conectada a um bloco de massa M. O bloco começa do repouso e depois escorrega para baixo por uma rampa que forma um ângulo θ com a horizontal, como mostrado na Figura P10.92. O coeficiente de atrito cinético entre o bloco e a rampa é μ. (a) Use métodos de energia para mostrar que a velocidade do bloco como função da posição d para baixo na rampa é

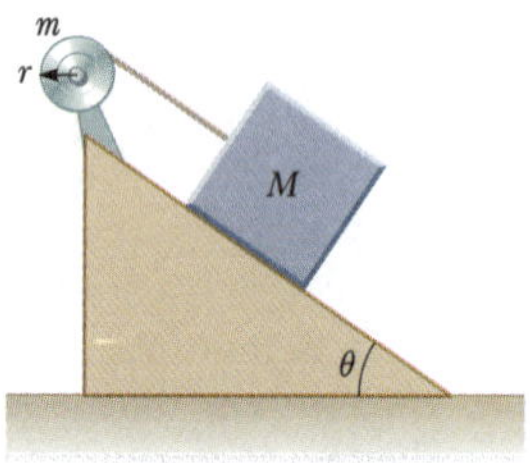

Figura P10.92

$$v = \sqrt{\frac{4Mgd(\text{sen}\,\theta - \mu\cos\theta)}{m + 2M}}$$

(b) Encontre o módulo da aceleração do bloco em termos de μ, m, M, g e θ.

93. Um carrossel está parado. Um cachorro corre ao redor dele, no chão, logo ao lado de sua circunferência, movendo-se com velocidade angular constante de 0,750 rad/s. O cachorro não muda o ritmo quando vê o que estava procurando: um osso repousando na borda do carrossel um terço da rotação à sua frente. No instante em que o cachorro vê o osso ($t = 0$), o carrossel começa a se mover na mesma direção em que o cachorro está correndo, com uma aceleração angular constante de 0,0150 rad/s^2. (a) Em que instante o cachorro alcançará o osso? (b) O cachorro confuso continua correndo e passa do osso. Quanto tempo depois de o carrossel começar a girar o cachorro e o osso estão na mesma posição pela segunda vez?

94. Uma bobina oca cilíndrica e uniforme tem raio interno $R/2$, raio externo R e massa M (Fig. P10.94). Ela é montada de modo a girar em um eixo horizontal fixo. Um contrapeso de massa m é conectado à ponta de um cordão enrolado ao redor da bobina. O contrapeso cai do repouso em $t = 0$ para uma posição y no instante t. Mostre que o torque devido às forças de atrito entre a bobina e o eixo é

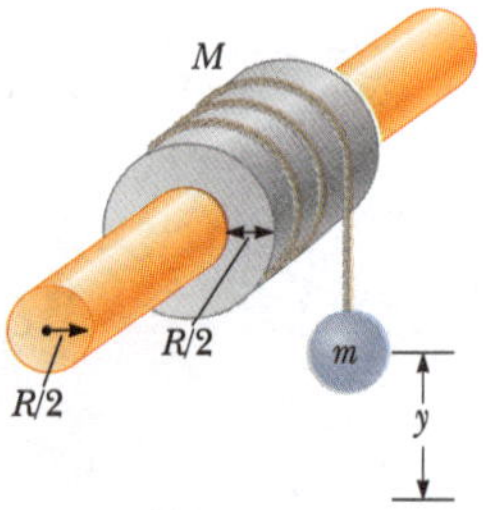

Figura P10.94

$$\tau_f = R\left[m\left(g - \frac{2y}{t^2}\right) - M\frac{5y}{4t^2}\right]$$

capítulo 11

Momento angular

Um motociclista inclina-se precariamente em uma curva de uma pista de corrida. A análise de tal inclinação baseia-se em princípios associados ao momento angular.
© Gines Romero/Shutterstock

O tópico central deste capítulo é o momento angular, uma quantidade que desempenha papel fundamental na dinâmica rotacional. Em analogia ao princípio da conservação do momento linear, há também um princípio de conservação do momento angular. O momento angular de um sistema isolado é constante. Para o momento angular, um sistema isolado é aquele para o qual nenhum torque externo age sobre o sistema. Se um torque externo resultante atua em um sistema, ele é não isolado. Como a lei da conservação do momento linear, a da conservação do momento angular é uma lei fundamental da Física, igualmente válida para os sistemas relativistas e quânticos.

11.1 Produto vetorial e torque

Uma consideração importante ao definir o momento angular é o processo de multiplicação de dois vetores por meio de uma operação chamada *produto vetorial*. Apresentaremos o produto vetorial considerando a natureza vetorial do torque.

Considere uma força $\vec{\mathbf{F}}$ agindo sobre uma partícula localizada no ponto P e descrita pela posição vetorial $\vec{\mathbf{r}}$ (Fig. 11.1). Como vimos na Seção 10.6, o *módulo* do torque devido a essa força em torno de um eixo que passa pela origem é rF sen ϕ, onde ϕ é o ângulo entre $\vec{\mathbf{r}}$ e $\vec{\mathbf{F}}$. O eixo em torno do qual $\vec{\mathbf{F}}$ tende a produzir rotação é perpendicular ao plano formado por $\vec{\mathbf{r}}$ e $\vec{\mathbf{F}}$.

O vetor torque $\vec{\tau}$ está relacionado com os dois vetores $\vec{r}$ e $\vec{F}$. Podemos estabelecer uma relação matemática entre $\vec{\tau}$, $\vec{r}$ e $\vec{F}$ utilizando uma operação matemática chamada **produto vetorial**:

$$\vec{\tau} \equiv \vec{r} \times \vec{F} \tag{11.1}$$

Daremos agora uma definição formal do produto vetorial. Dados dois vetores quaisquer $\vec{A}$ e $\vec{B}$, o produto vetorial $\vec{A} \times \vec{B}$ é definido como um terceiro vetor, $\vec{C}$, que tem o módulo dado por $AB \operatorname{sen} \theta$, onde θ é o ângulo entre $\vec{A}$ e $\vec{B}$. Isto é, se $\vec{C}$ for dado por

$$\vec{C} = \vec{A} \times \vec{B} \tag{11.2}$$

seu módulo é:

$$C = AB \operatorname{sen} \theta \tag{11.3}$$

A quantidade $AB \operatorname{sen} \theta$ é igual à área do paralelogramo formado por $\vec{A}$ e $\vec{B}$, como mostra a Figura 11.2. A *direção* de $\vec{C}$ é perpendicular ao plano formado por $\vec{A}$ e $\vec{B}$, e a melhor maneira de determinar essa direção é utilizar a regra da mão direita ilustrada na Figura 11.2. Os quatro dedos da mão direita são apontados ao longo de $\vec{A}$ e depois "enrolados" no sentido em que $\vec{A}$ giraria, em direção a $\vec{B}$, através do ângulo θ. A direção do polegar reto é $\vec{A} \times \vec{B} = \vec{C}$. Por causa da notação, $\vec{A} \times \vec{B}$ é frequentemente chamado "$\vec{A}$ cruz $\vec{B}$", portanto, o produto vetorial é também chamado **produto cruz.**

Algumas propriedades do produto vetorial que resultam de sua definição são as seguintes:

1. Diferente do produto escalar, o produto vetorial *não é* comutativo. Ao contrário, a ordem em que dois vetores são multiplicados em um produto vetorial é importante:

$$\vec{A} \times \vec{B} = -\vec{B} \times \vec{A} \tag{11.4}$$

◄ **Propriedades do produto vetorial**

Portanto, se você mudar a ordem dos vetores em um produto vetorial, deve alterar o sinal. Você pode verificar facilmente esta relação utilizando a regra da mão direita.

2. Se $\vec{A}$ é paralelo a $\vec{B}$ ($\theta = 0$ ou $180°$), então, $\vec{A} \times \vec{B} = 0$; portanto, resulta que $\vec{A} \times \vec{A} = 0$.
3. Se $\vec{A}$ é perpendicular a $\vec{B}$, então, $|\vec{A} \times \vec{B}| = AB$.
4. O produto vetorial obedece à lei distributiva:

$$\vec{A} \times (\vec{B} + \vec{C}) = \vec{A} \times \vec{B} + \vec{A} \times \vec{C} \tag{11.5}$$

5. A derivada do produto vetorial em relação a alguma variável, tal como t, é:

$$\frac{d}{dt}(\vec{A} \times \vec{B}) = \frac{d\vec{A}}{dt} \times \vec{B} + \vec{A} \times \frac{d\vec{B}}{dt} \tag{11.6}$$

onde é importante preservar a ordem multiplicativa dos termos do lado direito em vista da Equação 11.4.

É deixado como exercício (Problema 4) mostrar, a partir das Equações 11.3 e 11.4 e da definição de vetores unitários, que os produtos vetoriais dos vetores unitários $\hat{i}$, $\hat{j}$ e $\hat{k}$ obedecem às seguintes regras:

$$\hat{i} \times \hat{i} = \hat{j} \times \hat{j} = \hat{k} \times \hat{k} = 0 \tag{11.7a}$$

$$\hat{i} \times \hat{j} = -\hat{j} \times \hat{i} = \hat{k} \tag{11.7b}$$

$$\hat{j} \times \hat{k} = -\hat{k} \times \hat{j} = \hat{i} \tag{11.7c}$$

$$\hat{k} \times \hat{i} = -\hat{i} \times \hat{k} = \hat{j} \tag{11.7d}$$

◄ **Produtos vetoriais de vetores unitários**

Os sinais são intercambiáveis nos produtos vetoriais. Por exemplo, $\vec{A} \times (-\vec{B}) = -\vec{A} \times \vec{B}$ e $\hat{i} \times (-\hat{j}) = -\hat{i} \times \hat{j}$.

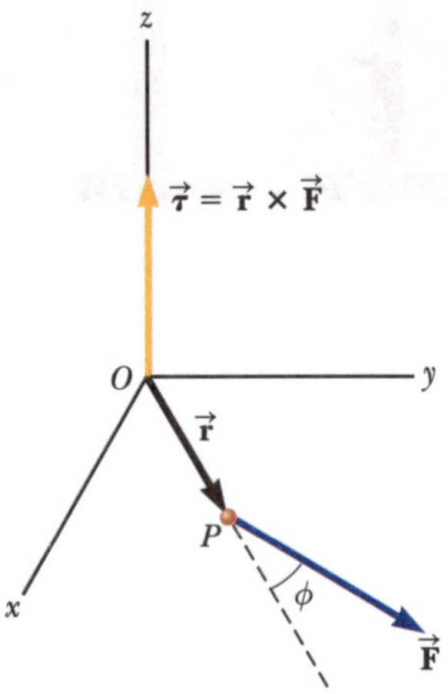

Figura 11.1 O vetor torque $\vec{\tau}$ está em uma direção perpendicular ao plano formado pelo vetor posição $\vec{r}$ e o vetor força aplicada $\vec{F}$. Na situação mostrada, $\vec{r}$ e $\vec{F}$ estão no plano xy, portanto, o torque é ao longo do eixo z.

Prevenção de Armadilhas 11.1

O produto vetorial é um vetor
Lembre-se de que o resultado de se efetuar o produto vetorial entre dois vetores é *um terceiro vetor*. A Equação 11.3 fornece apenas o módulo deste vetor.

A direção de $\vec{C}$ é perpendicular ao plano formado por $\vec{A}$ e $\vec{B}$, e sua direção é determinada pela regra da mão direita.

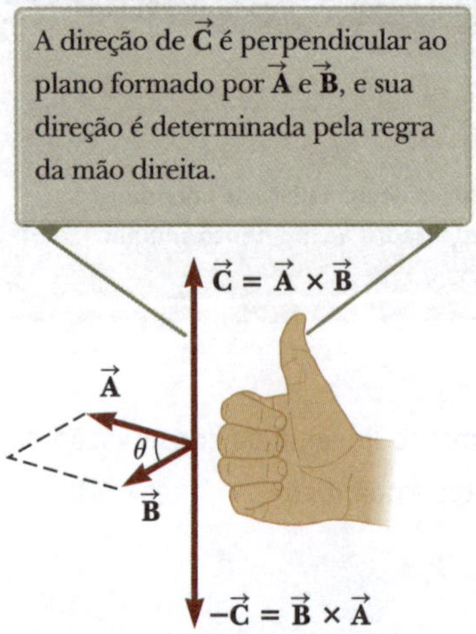

Figura 11.2 O produto vetorial $\vec{A} \times \vec{B}$ é um terceiro vetor $\vec{C}$ tendo o módulo $AB \operatorname{sen} \theta$ igual à área do paralelogramo mostrado.

O produto vetorial de dois vetores quaisquer $\vec{\mathbf{A}}$ e $\vec{\mathbf{B}}$ pode ser expresso da seguinte forma determinante:

$$\vec{\mathbf{A}} \times \vec{\mathbf{B}} = \begin{vmatrix} \hat{\mathbf{i}} & \hat{\mathbf{j}} & \hat{\mathbf{k}} \\ A_x & A_y & A_z \\ B_x & B_y & B_z \end{vmatrix} = \begin{vmatrix} A_y & A_z \\ B_y & B_z \end{vmatrix} \hat{\mathbf{i}} + \begin{vmatrix} A_z & A_x \\ B_z & B_x \end{vmatrix} \hat{\mathbf{j}} + \begin{vmatrix} A_x & A_y \\ B_x & B_y \end{vmatrix} \hat{\mathbf{k}}$$

Expandindo esses determinantes, temos o resultado:

$$\vec{\mathbf{A}} \times \vec{\mathbf{B}} = (A_yB_z - A_zB_y)\,\hat{\mathbf{i}} + (A_zB_x - A_xB_z)\,\hat{\mathbf{j}} + (A_xB_y - A_yB_x)\,\hat{\mathbf{k}} \quad \textbf{(11.8)}$$

Dada a definição do produto vetorial, podemos agora atribuir uma direção ao vetor torque. Se a força estiver no plano xy, como na Figura 11.1, o torque $\vec{\tau}$ é representado por um vetor paralelo ao eixo z. A força na Figura 11.1 cria um torque que tende a girar a partícula no sentido anti-horário em torno do eixo z; a direção de $\vec{\tau}$ é no sentido de aumento de z, e $\vec{\tau}$ é, portanto, na direção z positiva. Se invertermos a direção de $\vec{\mathbf{F}}$ na Figura 11.1, $\vec{\tau}$ será na direção z negativa.

***Teste Rápido* 11.1** Qual das seguintes afirmações sobre a relação entre o módulo do produto vetorial de dois vetores e o produto dos módulos dos vetores é verdadeira? **(a)** $|\vec{\mathbf{A}} \quad \vec{\mathbf{B}}|$ é maior que AB. **(b)** $|\vec{\mathbf{A}} \quad \vec{\mathbf{B}}|$ é menor que AB. **(c)** $|\vec{\mathbf{A}} \quad \vec{\mathbf{B}}|$ poderia se maior ou menor que AB, dependendo do ângulo entre os vetores. **(d)** $|\vec{\mathbf{A}} \quad \vec{\mathbf{B}}|$ poderia ser igual a AB.

Exemplo 11.1 O produto vetorial

Dois vetores no plano xy são definidos pelas equações $\vec{\mathbf{A}} = 2\hat{\mathbf{i}} + 3\hat{\mathbf{j}}$ e $\vec{\mathbf{B}} = -\hat{\mathbf{i}} + 2\hat{\mathbf{j}}$. Encontre $\vec{\mathbf{A}} \quad \vec{\mathbf{B}}$ e verifique se $\vec{\mathbf{A}} \quad \vec{\mathbf{B}} = -\vec{\mathbf{B}} \quad \vec{\mathbf{A}}$.

SOLUÇÃO

Conceitualização Dadas as notações de vetor unitário dos vetores, pense nas direções que eles apontam no espaço. Desenhe-os no gráfico em papel e imagine o paralelogramo mostrado na Figura 11.2 para esses vetores.

Categorização Como utilizamos a definição de produto vetorial discutida nesta seção, categorizamos este exemplo como um problema de substituição.

Escreva o produto vetorial: $\vec{\mathbf{A}} \times \vec{\mathbf{B}} = (2\hat{\mathbf{i}} + 3\hat{\mathbf{j}}) \times (-\hat{\mathbf{i}} + 2\hat{\mathbf{j}})$

Efetue a multiplicação: $\vec{\mathbf{A}} \times \vec{\mathbf{B}} = 2\hat{\mathbf{i}} \times (-\hat{\mathbf{i}}) + 2\hat{\mathbf{i}} \times 2\hat{\mathbf{j}} + 3\hat{\mathbf{j}} \times (-\hat{\mathbf{i}}) + 3\hat{\mathbf{j}} \times 2\hat{\mathbf{j}}$

Utilize as Equações 11.7a a 11.7d para obter os vários termos: $\vec{\mathbf{A}} \times \vec{\mathbf{B}} = 0 + 4\hat{\mathbf{k}} + 3\hat{\mathbf{k}} + 0 = \boxed{7\hat{\mathbf{k}}}$

Para verificar se $\vec{\mathbf{A}} \quad \vec{\mathbf{B}} = -\vec{\mathbf{B}} \quad \vec{\mathbf{A}}$, calcule $\vec{\mathbf{B}} \quad \vec{\mathbf{A}}$: $\vec{\mathbf{B}} \times \vec{\mathbf{A}} = (-\hat{\mathbf{i}} + 2\hat{\mathbf{j}}) \times (2\hat{\mathbf{i}} + 3\hat{\mathbf{j}})$

Efetue a multiplicação: $\vec{\mathbf{B}} \times \vec{\mathbf{A}} = (-\hat{\mathbf{i}}) \times 2\hat{\mathbf{i}} + (-\hat{\mathbf{i}}) \times 3\hat{\mathbf{j}} + 2\hat{\mathbf{j}} \times 2\hat{\mathbf{i}} + 2\hat{\mathbf{j}} \times 3\hat{\mathbf{j}}$

Utilize as Equações 11.7a a 11.7d para calcular os vários termos: $\vec{\mathbf{B}} \times \vec{\mathbf{A}} = 0 - 3\hat{\mathbf{k}} - 4\hat{\mathbf{k}} + 0 = \boxed{-7\hat{\mathbf{k}}}$

Portanto, $\vec{\mathbf{A}} \quad \vec{\mathbf{B}} = -\vec{\mathbf{B}} \quad \vec{\mathbf{A}}$. Como um método alternativo de encontrar $\vec{\mathbf{A}} \quad \vec{\mathbf{B}}$, você poderia utilizar a Equação 11.8. Tente!

Exemplo 11.2 O vetor torque

Uma força de $\vec{\mathbf{F}} = (2{,}00\,\hat{\mathbf{i}} + 3{,}00\,\hat{\mathbf{j}})$ N é aplicada a um corpo que é girado alinhado ao longo do eixo coordenado z. A força é aplicada em um ponto localizado em $\vec{\mathbf{r}} = (4{,}00\,\hat{\mathbf{i}} + 5{,}00\,\hat{\mathbf{j}})$ m. Encontre o torque $\vec{\tau}$ aplicado ao corpo.

continua

11.2 *cont.*

SOLUÇÃO

Conceitualização Dadas as notações de vetor unitário, pense nas direções da força e dos vetores posição. Se essa força fosse aplicada nessa posição, em que direção um corpo pivotado na origem giraria?

Categorização Como utilizamos a definição de produto vetorial discutida nesta seção, categorizamos este exemplo como um problema de substituição.

Defina o vetor torque utilizando a Equação 11.1:

$$\vec{\boldsymbol{\tau}} = \vec{\mathbf{r}} \times \vec{\mathbf{F}} = [(4{,}00\hat{\mathbf{i}} + 5{,}00\hat{\mathbf{j}})\text{ m}] \times [(2{,}00\hat{\mathbf{i}} + 3{,}00\hat{\mathbf{j}})\text{ N}]$$

Efetue a multiplicação:

$$\vec{\boldsymbol{\tau}} = [(4{,}00)(2{,}00)\,\hat{\mathbf{i}} \times \hat{\mathbf{i}} + (4{,}00)(3{,}00)\,\hat{\mathbf{i}} \times \hat{\mathbf{j}} + (5{,}00)(2{,}00)\hat{\mathbf{j}} \times \hat{\mathbf{i}} + (5{,}00)(3{,}00)\hat{\mathbf{j}} \times \hat{\mathbf{j}}]\text{ N}\cdot\text{m}$$

Utilize as Equações 11.7a a 11.7d para calcular os vários termos:

$$\vec{\boldsymbol{\tau}} = [0 + 12{,}0\hat{\mathbf{k}} - 10{,}0\hat{\mathbf{k}} + 0]\text{ N}\cdot\text{m} = \boxed{2{,}0\hat{\mathbf{k}}\text{ N}\cdot\text{m}}$$

Observe que ambos, $\vec{\mathbf{r}}$ e $\vec{\mathbf{F}}$, estão no plano *xy*. Como esperado, o vetor torque é perpendicular a este plano, tendo apenas uma componente *z*. Seguimos as regras de algarismos significativos discutidas na Seção 1.6, o que leva a uma resposta com dois algarismos significativos. Perdemos alguma precisão, pois acabamos subtraindo dois números que são próximos.

11.2 Modelo de análise: sistema não isolado (momento angular)

Figura 11.3 Quando a patinadora passa pelo poste, segura nele, o que a faz girar em volta dele rapidamente em uma trajetória circular.

Imagine um poste rígido espetado em um lago congelado (Fig. 11.3). Uma patinadora desliza rapidamente em direção a ele, desviando-se um pouco para o lado para que não bata nele. Quando ela passa pelo poste, chega ao lado dele e o agarra, uma ação que a faz se mover em uma trajetória circular em torno do poste. Assim como a ideia de momento linear nos ajuda a analisar o movimento de translação, um análogo rotacional – *momento angular* – nos ajuda a analisar o movimento dessa patinadora e outros corpos submetidos a movimento de rotação.

No Capítulo 9 deste volume, desenvolvemos a forma matemática do momento linear e, depois, continuamos a mostrar como essa nova quantidade era valiosa na resolução de problemas. Seguiremos um procedimento similar para o momento angular.

Considere uma partícula de massa *m* localizada na posição vetorial $\vec{\mathbf{r}}$ e movendo-se com momento linear $\vec{\mathbf{p}}$, como na Figura 11.4. Ao descrever o movimento de translação, descobrimos que a força resultante sobre a partícula é igual à taxa de variação de seu momento linear pelo tempo, $\sum\vec{\mathbf{F}} = d\vec{\mathbf{p}}/dt$ (veja Eq. 9.3). Consideremos o produto vetorial de cada lado da Equação 9.3 com $\vec{\mathbf{r}}$, o que dá o torque resultante sobre a partícula no lado esquerdo da equação:

$$\vec{\mathbf{r}} \times \sum \vec{\mathbf{F}} = \sum \vec{\boldsymbol{\tau}} = \vec{\mathbf{r}} \times \frac{d\vec{\mathbf{p}}}{dt}$$

Agora, vamos adicionar ao lado direito o termo $(d\vec{\mathbf{r}}/dt)$ $\vec{\mathbf{p}}$, que é zero porque $d\vec{\mathbf{r}}/dt = \vec{\mathbf{v}}$ e $\vec{\mathbf{v}}$ e $\vec{\mathbf{p}}$ são paralelos. Por consequência,

$$\sum \vec{\boldsymbol{\tau}} = \vec{\mathbf{r}} \times \frac{d\vec{\mathbf{p}}}{dt} + \frac{d\vec{\mathbf{r}}}{dt} \times \vec{\mathbf{p}}$$

Reconhecemos o lado direito desta equação como a derivada de $\vec{\mathbf{r}}$ $\vec{\mathbf{p}}$ (veja Eq. 11.6). Portanto,

$$\sum \vec{\boldsymbol{\tau}} = \frac{d(\vec{\mathbf{r}} \times \vec{\mathbf{p}})}{dt} \qquad \textbf{(11.9)}$$

que parece muito similar na forma à Equação 9.3, $\sum\vec{\mathbf{F}} = d\vec{\mathbf{p}}/dt$. Como o torque desempenha o mesmo papel no movimento de rotação que a força no movimento de translação, este resultado sugere que a combinação $\vec{\mathbf{r}}$ $\vec{\mathbf{p}}$ deveria desempenhar o mesmo papel no movimento de rotação que $\vec{\mathbf{p}}$ no movimento de translação. Chamamos esta combinação de *momento angular* da partícula:

Momento angular de uma partícula

O **momento angular instantâneo** $\vec{\mathbf{L}}$ de uma partícula em relação a um eixo que passa pela origem O é definido pelo produto vetorial do vetor posição instantânea da partícula $\vec{\mathbf{r}}$ por seu momento linear instantâneo $\vec{\mathbf{p}}$:

$$\vec{\mathbf{L}} \equiv \vec{\mathbf{r}} \times \vec{\mathbf{p}} \qquad (11.10)$$

Podemos agora escrever a Equação 11.9 como:

$$\sum \vec{\boldsymbol{\tau}} = \frac{d\vec{\mathbf{L}}}{dt} \qquad (11.11)$$

que é o análogo rotacional da Segunda Lei de Newton, $\sum \vec{\mathbf{F}} = d\vec{\mathbf{p}}/dt$. O torque faz o momento angular $\vec{\mathbf{L}}$ mudar, assim como a força faz com o momento linear $\vec{\mathbf{p}}$.

Observe que a Equação 11.11 é válida somente se $\sum \vec{\boldsymbol{\tau}}$ e $\vec{\mathbf{L}}$ forem medidos em torno do mesmo eixo. Além disso, a expressão é válida para qualquer eixo fixo em um referencial inercial.

A unidade no SI do momento angular é kg × m²/s. Observe também que tanto o módulo como a direção de $\vec{\mathbf{L}}$ dependem da escolha do eixo. Seguindo a regra da mão direita, vemos que a direção de $\vec{\mathbf{L}}$ é perpendicular ao plano formado por $\vec{\mathbf{r}}$ e $\vec{\mathbf{p}}$. Na Figura 11.4, $\vec{\mathbf{r}}$ e $\vec{\mathbf{p}}$ estão no plano xy, então, $\vec{\mathbf{L}}$ aponta na direção z. Como $\vec{\mathbf{p}} = m\,\vec{\mathbf{v}}$, o módulo de $\vec{\mathbf{L}}$ é:

$$L = mvr \operatorname{sen} \phi \qquad (11.12)$$

onde ϕ é o ângulo entre $\vec{\mathbf{r}}$ e $\vec{\mathbf{p}}$. Daí decorre que L é zero quando $\vec{\mathbf{r}}$ é paralelo a $\vec{\mathbf{p}}$ (ϕ = 0 ou 180°). Em outras palavras, quando a velocidade de translação da partícula é ao longo de uma linha que passa pelo eixo, a partícula tem momento angular zero em relação ao eixo. Por outro lado, se $\vec{\mathbf{r}}$ é perpendicular a $\vec{\mathbf{p}}$ (ϕ = 90°), então, $L = mvr$. Neste instante, a partícula move-se exatamente como se estivesse no aro de uma roda girando em torno do eixo em um plano definido por $\vec{\mathbf{r}}$ e $\vec{\mathbf{p}}$.

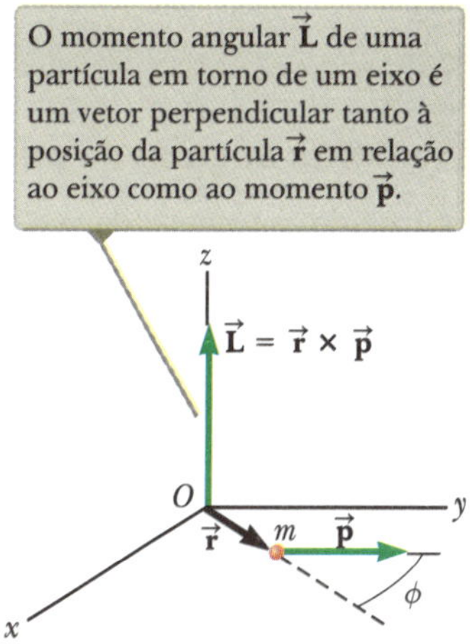
O momento angular L de uma partícula em torno de um eixo é um vetor perpendicular tanto à posição da partícula r em relação ao eixo como ao momento p.
z
L = r × p
O
y
r
m
p
φ
x

Figura 11.4 O momento angular $\vec{\mathbf{L}}$ de uma partícula é um vetor definido por $\vec{\mathbf{L}} = \vec{\mathbf{r}}$ $\vec{\mathbf{p}}$.

Teste Rápido **11.2** Lembre-se da patinadora descrita no início desta seção. Seja sua massa m. **(i)** Qual seria seu momento angular em relação ao poste no instante em que ela está a uma distância d do poste se estivesse patinando diretamente em direção a ele à velocidade escalar v? **(a)** zero **(b)** mvd **(c)** impossível determinar. **(ii)** Qual seria seu momento angular em relação ao poste no instante em que ela está a uma distância d do poste se estivesse patinando à velocidade escalar v ao longo de uma trajetória reta que é a distância perpendicular a do poste? **(a)** zero **(b)** mvd **(c)** mva **(d)** impossível determinar.

Prevenção de Armadilhas 11.2

É necessário rotação para o momento angular?
Podemos definir momento angular mesmo se a partícula não estiver se movendo em uma trajetória circular. Uma partícula movendo-se em linha reta tem momento angular em qualquer eixo deslocado da trajetória da partícula.

Exemplo 11.3 Momento angular de uma partícula em movimento circular

Uma partícula se move no plano xy em uma trajetória circular de raio r, como mostra a Figura 11.5. Encontre o módulo e a direção de seu momento angular em relação a um eixo que passa por O quando sua velocidade é $\vec{\mathbf{v}}$.

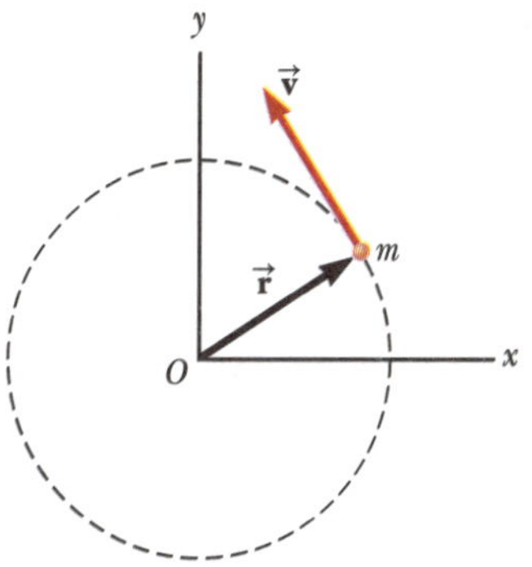
y
v
m
r
O
x

Figura 11.5 (Exemplo 11.3) Uma partícula movendo-se em um círculo de raio r tem um momento angular em torno de um eixo que passa por O e que tem módulo mvr. O vetor $\vec{\mathbf{L}} = \vec{\mathbf{r}}$ $\vec{\mathbf{p}}$ aponta *para fora* da página.

SOLUÇÃO

Conceitualização O momento linear da partícula está sempre mudando de direção (mas não de módulo). Você pode, portanto, ficar tentado a concluir que o momento angular da partícula está sempre mudando. Nesta situação, entretanto, este não é o caso. Vamos ver por quê.

continua

11.3 cont.

Categorização Utilizamos a definição do momento angular de uma partícula discutida nesta seção; portanto, categorizamos este exemplo como um problema de substituição.

Utilize a Equação 11.12 para avaliar o módulo de $\vec{\mathbf{L}}$:

$$L = mvr \text{ sen } 90° = mvr$$

Este valor de L é constante porque todos os três fatores da direita também são. A direção de $\vec{\mathbf{L}}$ também é, embora a de $\vec{\mathbf{p}} = m\vec{\mathbf{v}}$ continue mudando. Para verificar esta afirmação, aplique a regra da mão direita para encontrar a direção de $\vec{\mathbf{L}} = \vec{\mathbf{r}} \quad \vec{\mathbf{p}} = m\,\vec{\mathbf{r}} \quad \vec{\mathbf{v}}$ na Figura 11.5. Seu polegar aponta para fora da página, então, esta é a direção de $\vec{\mathbf{L}}$. Portanto, podemos escrever a expressão do vetor $\vec{\mathbf{L}} = (mvr)\,\hat{\mathbf{k}}$. Se a partícula fosse se mover no sentido horário, $\vec{\mathbf{L}}$ apontaria para baixo e para dentro da página, e $\vec{\mathbf{L}} = -(mvr)\,\hat{\mathbf{k}}$. Uma partícula em movimento circular uniforme tem momento angular constante em torno de um eixo que passa pelo centro de sua trajetória.

Momento angular de um sistema de partículas

Utilizando as técnicas da Seção 9.7, podemos mostrar que a Segunda Lei de Newton para um sistema de partículas é:

$$\sum \vec{\mathbf{F}}_{\text{ext}} = \frac{d\vec{\mathbf{p}}_{\text{tot}}}{dt}$$

Esta equação afirma que a força externa resultante sobre um sistema de partículas é igual à taxa de variação do momento linear total do sistema pelo tempo. Vamos ver se uma afirmação similar pode ser feita para o movimento de rotação. O momento angular total de um sistema de partículas em torno de algum eixo é definido como o vetor soma do momento angular das partículas individuais:

$$\vec{\mathbf{L}}_{\text{tot}} = \vec{\mathbf{L}}_1 + \vec{\mathbf{L}}_2 + \cdots + \vec{\mathbf{L}}_n = \sum_i \vec{\mathbf{L}}_i$$

onde o vetor soma é sobre todas as n partículas no sistema. Diferenciando esta equação em relação ao tempo, obtemos:

$$\frac{d\vec{\mathbf{L}}_{\text{tot}}}{dt} = \sum_i \frac{d\vec{\mathbf{L}}_i}{dt} = \sum_i \vec{\boldsymbol{\tau}}_i$$

onde utilizamos a Equação 11.11 para substituir a taxa de variação pelo tempo do momento angular de cada partícula com o torque resultante sobre ela.

Os torques que agem sobre as partículas do sistema são os associados às forças internas entre as partículas e às externas. O torque resultante associado a todas as forças internas, entretanto, é zero. Lembre-se de que a Terceira Lei de Newton nos diz que as forças internas entre partículas do sistema são iguais em módulo e opostas em direção. Se considerarmos que essas forças estão ao longo da linha de separação de cada par de partículas, o torque total em torno de algum eixo que passa pela origem O devido a cada par de forças ação-reação é zero (ou seja, o braço de momento d de O à linha de ação das forças é igual para ambas as partículas e as forças têm direções opostas). Em suma, portanto, o torque interno resultante é zero. Concluímos que o momento angular total de um sistema pode variar com o tempo somente se um torque externo resultante estiver agindo sobre o sistema:

O torque externo resultante sobre um sistema é igual à taxa de variação do momento angular do sistema pelo tempo ▶

$$\sum \vec{\boldsymbol{\tau}}_{\text{ext}} = \frac{d\vec{\mathbf{L}}_{\text{tot}}}{dt} \qquad \textbf{(11.13)}$$

Esta equação é, na verdade, o análogo rotacional de $\sum\vec{\mathbf{F}}_{\text{ext}} = d\vec{\mathbf{p}}_{\text{tot}}/dt$ para um sistema de partículas. Ela é a representação matemática da **versão de momento angular dos modelos do sistema não isolado.** Se um sistema é não isolado no sentido de que há um torque resultante sobre ele, o torque é igual à taxa de variação do momento angular pelo tempo.

Embora não a provemos aqui, esta afirmação é verdadeira independentemente do movimento do centro de massa. Ela se aplica mesmo se o centro de massa estiver acelerando, desde que o torque e o momento angular sejam avaliados em relação a um eixo que passe pelo centro de massa.

A Equação 11.13 pode ser reorganizada e integrada para se obter:

$$\Delta\vec{\mathbf{L}}_{\text{tot}} = \int \left(\sum \vec{\boldsymbol{\tau}}_{ext}\right) dt$$

Essa equação representa o teorema *impulso-momento angular.* Compare esta equação à versão translacional, Equação 9.40.

Modelo de Análise — Sistema não isolado (momento angular)

Imagine um sistema que gira sobre um eixo. Se existir um torque externo líquido atuando no sistema, a taxa de variação no tempo do momento angular do sistema é igual ao torque externo líquido:

$$\sum \vec{\tau}_{\text{ext}} = \frac{d\vec{\mathbf{L}}_{\text{tot}}}{dt} \quad (11.13)$$

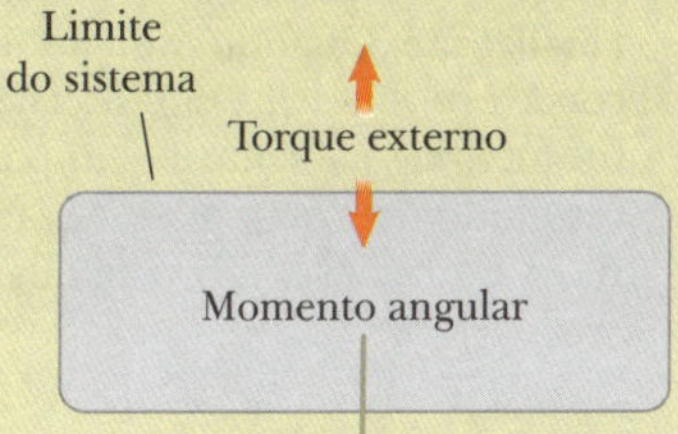

A taxa de variação no tempo do momento angular do sistema não isolado é igual ao torque externo líquido no sistema.

Exemplos:

- o volante em um motor de automóvel aumenta seu momento angular quando o motor aplica torque a ele
- o tubo de uma máquina de lavar diminui em momento angular devido ao torque de atrito depois que a máquina é desligada
- o eixo da Terra sofre um movimento de precessão devido ao torque exercido na Terra pela força gravitacional do Sol
- a armadura de um motor aumenta seu momento angular devido ao torque exercido por um campo magnético (Capítulo 9 do Volume 3)

Exemplo 11.4 Um sistema de corpos MA

Uma esfera de massa m_1 e um bloco de massa m_2 são conectados por um cabo leve que passa sobre uma polia, como mostra a Figura 11.6. O raio da polia é R e a massa do aro fino é M. Os raios da polia têm massa desprezível. O bloco desliza em uma superfície horizontal sem atrito. Encontre uma expressão para a aceleração linear dos dois corpos utilizando os conceitos de momento angular e torque.

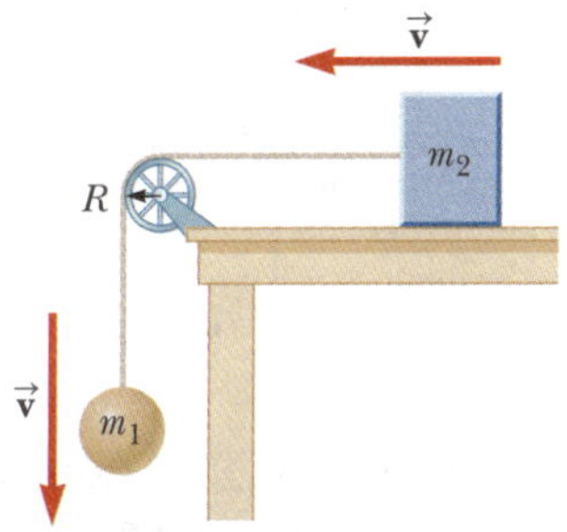

Figura 11.6 (Exemplo 11.4) Quando o sistema é liberado, a esfera move-se para baixo e o bloco para a esquerda.

SOLUÇÃO

Conceitualização Quando o sistema é liberado, os dois blocos deslizam para a esquerda, a esfera cai e a polia gira no sentido anti-horário. Esta situação é semelhante aos problemas que resolvemos anteriormente, exceto que, agora, queremos utilizar uma abordagem de momento angular.

Categorização Identificamos o bloco, polia e esfera como um *sistema não isolado* para o *momento angular*, sujeito ao torque externo devido à força gravitacional sobre a esfera. Devemos calcular o momento angular em torno de um eixo que coincide com o da polia. O momento angular do sistema inclui os dois corpos em movimento de translação (a esfera e o bloco) e um corpo em rotação pura (a polia).

Análise Em qualquer instante do tempo, a esfera e o bloco têm uma velocidade escalar comum v, então, o momento angular da esfera sobre o eixo da polia é m_1vR, e o do bloco é m_2vR. No mesmo instante, todos os pontos no aro da polia também se movem com velocidade escalar v, então, o momento angular da polia é MvR.

Agora, vamos tratar do torque externo total que age sobre o sistema em torno do eixo da polia. Como ele tem um braço de momento zero, a força exercida pelo eixo sobre a polia não contribui com o torque. Além disso, a força normal que age sobre o bloco é equilibrada pela força gravitacional $m_2\vec{\mathbf{g}}$, portanto, essas forças não contribuem com o torque. A força gravitacional $m_1\vec{\mathbf{g}}$ que age sobre a esfera produz um torque em torno do eixo, igual em módulo a m_1gR, onde R é o braço de momento da força em torno do eixo. Este resultado é o torque externo total em torno da polia; isto é, $\sum \tau_{\text{ext}} = m_1gR$.

Escreva uma expressão para o momento angular total do sistema:

$$(1) \quad L = m_1vR + m_2vR + MvR = (m_1 + m_2 + M)vR$$

Substitua esta expressão e o torque externo total na Equação 11.13, a representação matemática do modelo de sistema não isolado para momento angular:

$$\sum \tau_{\text{ext}} = \frac{dL}{dt}$$

$$m_1gR = \frac{d}{dt}[(m_1 + m_2 + M)vR]$$

$$(2) \quad m_1gR = (m_1 + m_2 + M)R\frac{dv}{dt}$$

Reconhecendo que $dv/dt = a$, resolva a Equação (2) para a:

$$(3) \quad a = \frac{m_1g}{m_1 + m_2 + M}$$

continua

11.4 *cont.*

Finalização Quando avaliamos o torque resultante em torno do eixo, não incluímos as forças que o cabo exerce sobre os corpos porque elas são internas ao sistema em consideração. Em vez disso, analisamos o sistema como um todo. Apenas torques *externos* contribuem para a variação no momento angular do sistema. Considere $M \to 0$ na Equação (3) e chame o resultado de Equação A. Agora, volte à Equação (5) no Exemplo 5.10, considere $\theta \to 0$, e chame o resultado de Equação B. As Equações A e B se igualam? Olhando para as Figuras 5.15 e 11.6 nesses limites, *devem* as duas equações se igualar?

11.3 Momento angular de um corpo rígido em rotação

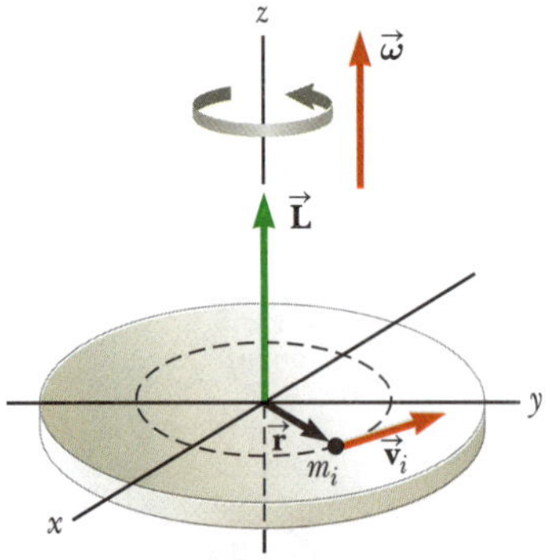

Figura 11.7 Quando um corpo rígido gira em torno de um eixo, o momento angular $\vec{L}$ é na mesma direção que a velocidade angular $\vec{\omega}$, de acordo com a expressão $\vec{L} = I\vec{\omega}$.

No Exemplo 11.4, consideramos o momento angular de um sistema deformável de partículas. Vamos agora concentrar nossa atenção em um sistema não deformável, um corpo rígido. Considere-o girando em torno de um eixo fixo que coincide com o eixo z de um sistema de coordenadas, como mostrado na Figura 11.7. Vamos determinar o momento angular deste corpo. Cada *partícula* dele gira no plano xy em torno do eixo z com uma velocidade angular ω. O módulo do momento angular de uma partícula de massa m_i em torno do eixo z é $m_i v_i r_i$. Como $v_i = r_i\omega$ (Eq. 10.10), podemos expressar o módulo do momento angular dessa partícula como:

$$L_i = m_i r_i^2 \omega$$

O vetor $\vec{L}_i$ para esta partícula tem direção ao longo do eixo z, como o vetor $\vec{\omega}$.

Podemos agora encontrar o momento angular (que nesta situação tem apenas uma componente z) do corpo inteiro efetuando a soma de L_i sobre todas as partículas:

$$L_z = \sum_i L_i = \sum_i m_i r_i^2 \omega = \left(\sum_i m_i r_i^2\right)\omega$$

$$L_z = I\omega \quad \textbf{(11.14)}$$

onde reconhecemos $\sum_i m_i r_i^2$ como o momento de inércia I do corpo em torno do eixo z (Eq. 10.19). Observe que a Equação 11.14 é matematicamente similar na forma à Equação 9.2 para o momento: $\vec{p} = m\vec{v}$.

Agora, vamos diferenciar a Equação 11.14 em relação ao tempo, observando que I é constante para um corpo rígido:

$$\frac{dL_z}{dt} = I\frac{d\omega}{dt} = I\alpha \quad \textbf{(11.15)}$$

onde α é a aceleração angular em relação ao eixo de rotação. Como dL_z/dt é igual ao torque externo resultante (veja Eq. 11.13), podemos expressar a Equação 11.15 como:

Forma rotacional da Segunda Lei de Newton ▶

$$\sum \tau_{\text{ext}} = I\alpha \quad \textbf{(11.16)}$$

Ou seja, o torque externo resultante que age sobre um corpo rígido girando em torno de um eixo é igual ao momento de inércia em torno do eixo de rotação multiplicado pela aceleração angular do corpo em relação a este eixo. Este resultado é o mesmo que a Equação 10.18, derivada com a utilização da abordagem de força, mas derivamos a 11.16 utilizando o conceito de momento angular. Como vimos na Seção 10.7, esta equação é a representação matemática do corpo rígido sob um modelo de análise de torque resultante. Ela também é válida para um corpo rígido girando em torno de um eixo em movimento, desde que este: (1) passe pelo centro de massa e (2) seja um eixo de simetria.

Se um corpo simétrico gira em torno de um eixo fixo que passa por seu centro de massa, você pode escrever a Equação 11.14 na forma vetorial como $\vec{L} = I\vec{\omega}$, onde $\vec{L}$ é o momento angular total do corpo medido em relação ao eixo de rotação. Além disso, a expressão é válida para qualquer corpo, independente de sua simetria, se $\vec{L}$ representar a componente do momento angular ao longo do eixo de rotação.[1]

***Teste Rápido* 11.3** Duas esferas, uma sólida e outra oca, têm a mesma massa e o mesmo raio. Elas estão girando com a mesma velocidade angular. Qual delas tem o momento angular maior? **(a)** a sólida **(b)** a oca **(c)** ambas têm o mesmo momento angular **(d)** impossível determinar.

[1] Em geral, a expressão $\vec{L} = I\vec{\omega}$ não é sempre válida. Se um corpo rígido gira em torno de um eixo arbitrário, então $\vec{L}$ e $\vec{\omega}$ podem apontar em direções diferentes. Neste caso, o momento de inércia não pode ser tratado como uma quantidade escalar. Estritamente falando, $\vec{L} = I\vec{\omega}$ aplica-se apenas a corpos rígidos que giram em torno de um dos três eixos mutuamente perpendiculares (chamados *eixos principais*) pelo centro de massa. Este conceito é discutido em textos mais avançados de mecânica.

Exemplo 11.5 Bola de boliche

Estime o módulo do momento angular de uma bola de boliche girando a 10 rev/s, como mostra a Figura 11.8.

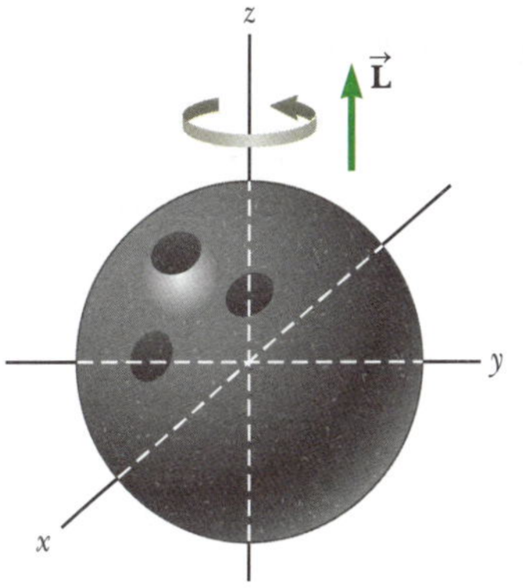

Figura 11.8 (Exemplo 11.5) Uma bola de boliche que gira em torno do eixo z na direção mostrada tem um momento angular $\vec{L}$ na direção z positiva. Se a direção de rotação é invertida, então, $\vec{L}$ aponta na direção z negativa.

SOLUÇÃO

Conceitualização Imagine uma bola de boliche girando no piso liso da pista. Como esta bola é relativamente pesada, o momento angular deve ser relativamente grande.

Categorização Avaliamos o momento angular utilizando a Equação 11.14; portanto, categorizamos este exemplo como um problema de substituição.

Começamos fazendo algumas estimativas dos parâmetros físicos relevantes e considerando a bola uma esfera sólida uniforme. Uma bola de boliche típica pode ter uma massa de 7,0 kg e um raio de 12 cm.

Calcule o momento de inércia da bola em torno de um eixo que passa por seu centro a partir da Tabela 10.2:

$$I = \tfrac{2}{5}MR^2 = \tfrac{2}{5}(7{,}0 \text{ kg})(0{,}12 \text{ m})^2 = 0{,}040 \text{ kg}\cdot\text{m}^2$$

Calcule o módulo do momento angular a partir da Equação 11.14:

$$L_z = I\omega = (0{,}040 \text{ kg}\cdot\text{m}^2)(10 \text{ rev/s})(2\pi \text{ rad/ rev}) = 2{,}53 \text{ kg}\cdot\text{m}^2/\text{s}$$

Por causa da estimativa grosseira, devemos manter apenas um algarismo significativo; então, $L_z = 3 \text{ kg} \times \text{m}^2/\text{s}$.

Exemplo 11.6 A gangorra MA

Um pai de massa m_p e sua filha de massa m_f estão sentados em extremidades opostas de uma gangorra a distâncias iguais do pino no centro (Fig. 11.9). A gangorra é considerada uma haste rígida de massa M e comprimento ℓ, e articulada sem atrito. Em determinado instante, a combinação gira no plano vertical com uma velocidade angular ω.

(A) Encontre uma expressão para o módulo do momento angular do sistema.

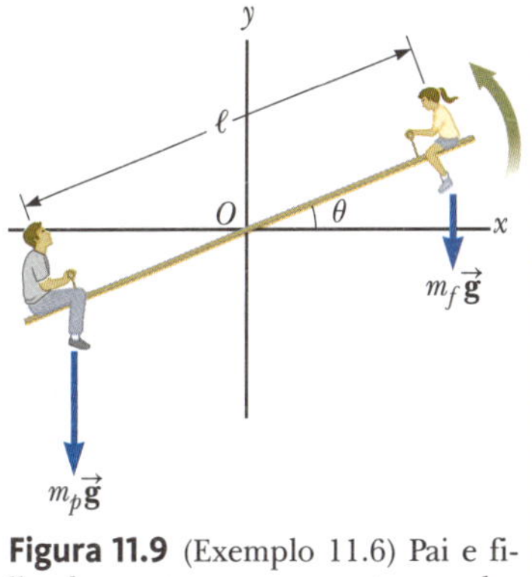

Figura 11.9 (Exemplo 11.6) Pai e filha demonstram o momento angular em uma gangorra.

SOLUÇÃO

Conceitualização Identifique o eixo z que passa por O como o eixo de rotação na Figura 11.9.
O sistema rotativo tem momento angular em torno deste eixo.

Categorização Ignore qualquer movimento de braços ou pernas do pai e da filha e considere ambos partículas. O sistema é, portanto, considerado um corpo rígido. Esta primeira parte do exemplo é categorizada como um problema de substituição.

O momento de inércia do sistema é igual à soma dos momentos de inércia dos três componentes: a gangorra e os dois indivíduos. Podemos nos referir à Tabela 10.2 para obter a expressão para o momento de inércia da haste e utilizar a expressão da partícula $I = mr^2$ para cada pessoa.

Encontre o momento de inércia total do sistema em torno do eixo z que passa por O:

$$I = \tfrac{1}{12}M\ell^2 + m_p\left(\frac{\ell}{2}\right)^2 + m_f\left(\frac{\ell}{2}\right)^2 = \frac{\ell^2}{4}\left(\frac{M}{3} + m_p + m_f\right)$$

Encontre o módulo do momento angular do sistema:

$$L = I\omega = \frac{\ell^2}{4}\left(\frac{M}{3} + m_p + m_f\right)\omega$$

B) Encontre uma expressão para o módulo da aceleração angular do sistema quando a gangorra forma um ângulo θ com a horizontal.

continua

11.6 *cont.*

SOLUÇÃO

Conceitualização Em geral, os pais têm mais massa que as filhas, portanto, o sistema não está em equilíbrio e tem uma aceleração angular. Esperamos que a aceleração angular seja positiva na Figura 11.9.

Categorização A combinação da prancha, do pai e da filha é um *corpo rígido sob torque líquido* por causa do torque externo associado com as forças gravitacionais sobre o pai e a filha. Novamente identificamos o eixo de rotação como o eixo z na Figura 11.9.

Análise Para encontrar a aceleração angular do sistema em qualquer ângulo θ, calculamos primeiro o torque resultante sobre o sistema e, depois, utilizamos $\sum \tau_{\text{ext}} = I\alpha$ do corpo rígido sob um modelo de torque resultante para obter uma expressão para α.

Avalie o torque devido à força gravitacional sobre o pai:

$$\tau_p = m_p g \frac{\ell}{2} \cos\theta \quad (\vec{\tau}_p \text{ fora da página})$$

Avalie o torque devido à força gravitacional sobre a filha:

$$\tau_f = -m_f g \frac{\ell}{2} \cos\theta \quad (\vec{\tau}_f \text{ dentro da página})$$

Calcule o torque externo resultante exercido sobre o sistema:

$$\sum \tau_{\text{ext}} = \tau_p + \tau_f = \tfrac{1}{2}(m_p - m_f) g\,\ell \cos\theta$$

Utilize a Equação 11.16 e I da parte (A) para encontrar α:

$$\alpha = \frac{\sum \tau_{\text{ext}}}{I} = \frac{2(m_p - m_f) g \cos\theta}{\ell\,[(M/3) + m_p + m_f]}$$

Finalização Para um pai com mais massa que sua filha, a aceleração angular é positiva, como esperado. Se a gangorra começar em uma direção horizontal ($\theta = 0$) e for liberada, a rotação é no sentido anti-horário na Figura 11.9 e a extremidade da gangorra em que está o pai cai, o que é coerente com a experiência cotidiana.

E SE? Imagine que o pai se move para o centro na gangorra a uma distância a do pino central para tentar equilibrar os dois lados. Qual é a aceleração angular do sistema, neste caso, quando ele é liberado a partir de um ângulo arbitrário θ?

Resposta A aceleração angular do sistema deve diminuir se o sistema estiver mais equilibrado.

Encontre o momento de inércia total em torno do eixo z que passa por O para o sistema modificado:

$$I = \tfrac{1}{12}M\ell^2 + m_p a^2 + m_f\left(\frac{\ell}{2}\right)^2 = \frac{\ell^2}{4}\left(\frac{M}{3} + m_f\right) + m_p a^2$$

Encontre o torque resultante exercido sobre o sistema em torno de um eixo que passa por O:

$$\sum \tau_{\text{ext}} = \tau_p + \tau_f = m_p g a \cos\theta - \tfrac{1}{2} m_f g\,\ell \cos\theta$$

Encontre a nova aceleração angular do sistema:

$$\alpha = \frac{\sum \tau_{\text{ext}}}{I} = \frac{(m_p a - \frac{1}{2} m_f \ell) g \cos\theta}{(\ell^2/4)\,[(M/3) + m_f] + m_p a^2}$$

A gangorra está equilibrada quando a aceleração angular é zero. Nesta situação, tanto o pai como a filha podem dar impulso no chão e subir até o ponto mais alto possível.

Encontre a posição requerida do pai definindo $\alpha = 0$:

$$\alpha = \frac{(m_p a - \frac{1}{2} m_f \ell) g \cos\theta}{(\ell^2/4)[(M/3) + m_f] + m_p a^2} = 0$$

$$m_p a - \tfrac{1}{2} m_f\,\ell = 0 \quad\rightarrow\quad a = \left(\frac{m_f}{m_p}\right)\frac{\ell}{2}$$

No caso raro em que pai e filha têm a mesma massa, o pai está localizado na extremidade da gangorra, a = $\ell/2$.

11.4 Modelo de análise: sistema isolado (momento angular)

No Capítulo 9 deste volume, descobrimos que o momento linear total de um sistema de partículas permanece constante se ele for isolado, ou seja, se a força externa resultante que age sobre ele for zero. Temos uma lei de conservação análoga para o movimento de rotação:

Conservação do momento angular ▶

O momento angular total de um sistema é constante, tanto em módulo quanto em direção, se o torque externo resultante que age sobre o sistema for zero, ou seja, se o sistema for isolado.

Esta afirmação é, com frequência, chamada[2] princípio da **conservação do momento angular** e é a base da **versão do momento angular do modelo do sistema isolado**.

Este princípio decorre diretamente da Equação 11.13, a qual indica que, se:

$$\sum \vec{\boldsymbol{\tau}}_{\text{ext}} = \frac{d\vec{\mathbf{L}}_{\text{tot}}}{dt} = 0 \qquad \textbf{(11.17)}$$

então,

$$\Delta \vec{\mathbf{L}}_{\text{tot}} = 0 \qquad \textbf{(11.18)}$$

A Equação 11.18 pode ser escrita como

$$\vec{\mathbf{L}}_{\text{tot}} = \text{constante} \quad \text{ou} \quad \vec{\mathbf{L}}_i = \vec{\mathbf{L}}_f$$

Para um sistema isolado consistindo em um número pequeno de partículas, escrevemos esta lei da conservação como $\vec{\mathbf{L}}_{\text{tot}} = \sum \vec{\mathbf{L}}_n$ constante, onde o índice n denota a n-ésima partícula no sistema.

Se um sistema rotativo isolado é deformável de maneira que sua massa sofre redistribuição de algum modo, o momento de inércia do sistema muda. Como o módulo do momento angular do sistema é $L = I\omega$ (Eq. 11.14), a conservação do momento angular requer que o produto de I e ω permaneça constante.

Portanto, uma variação em I para um sistema isolado requer uma variação em ω. Neste caso, podemos expressar o princípio da conservação do momento angular como:

$$I_i\omega_i = I_f\omega_f = \text{constante} \qquad \textbf{(11.19)}$$

Esta expressão é válida tanto para rotação em torno de um eixo fixo quanto para rotação em torno de um eixo que passa pelo centro de massa de um sistema em movimento, desde que este eixo permaneça fixo em direção. Necessitamos apenas que o torque externo resultante seja zero.

Muitos exemplos demonstram a conservação do momento angular para um sistema deformável. Você pode ter observado um patinador artístico girando (*spin*) no final de uma sequência (Fig. 11.10). A velocidade angular do patinador é grande quando suas mãos e pés estão perto do corpo. (Observe o cabelo do patinador!) Desprezando o atrito entre o patinador e o gelo, não há torque externo resultante sobre ele. O momento de inércia do seu corpo aumenta quando suas mãos e pés se afastam do corpo no final do giro. De acordo com o modelo de sistema isolado para momento angular, sua velocidade angular deve diminuir. De maneira similar, quando mergulhadores ou acrobatas fazem várias cambalhotas, colocam as mãos e pés perto dos corpos para girar a uma taxa superior. Nestes casos, a força externa devida à gravidade age pelo centro de massa e, portanto, não exerce nenhum torque em torno do eixo que passa por este ponto. Portanto, o momento angular em torno do centro de massa deve ser conservado, ou seja, $I_i\omega_i = I_f\omega_f$. Por exemplo, quando mergulhadores desejam dobrar sua velocidade angular, eles devem reduzir seu momento de inércia à metade de seu valor inicial.

Na Equação 11.18 temos uma terceira versão do modelo de sistema isolado. Podemos agora afirmar que a energia, os momentos linear e angular de um sistema isolado são todos constantes:

$\Delta E_{\text{sistema}} = 0$ (se não houver transferência de energia através da fronteira do sistema)
$\Delta \vec{\mathbf{p}}_{\text{tot}} = 0$ (se a força externa resultante sobre o sistema for zero)
$\Delta \vec{\mathbf{L}}_{\text{tot}} = 0$ (se o torque externo resultante sobre o sistema for zero)

Um sistema pode ser isolado em termos de uma destas quantidades, mas não de outra. Se um sistema for não isolado em termos de momento ou de momento angular, ele frequentemente será não isolado também em termos de energia, pois tem uma força resultante ou um torque resultante sobre ele, e a força ou torque resultante realizará trabalho sobre o sistema. Podemos, entretanto, identificar sistemas que são não isolados em termos de energia, mas isolados no que diz respeito a momento. Por exemplo, imagine empurrar um balão (o sistema) para dentro entre suas mãos. É realizado trabalho ao comprimir o balão, portanto, o sistema é não isolado em termos de energia,

Quando braços e pernas estão próximos do corpo, o momento de inércia do patinador é pequeno, e sua velocidade angular é grande.
Clive Rose/Getty Images
Para ir mais devagar no fim de seu giro, o patinador move braços e pernas para fora, aumentando seu momento de inércia.
Al Bello/Getty Images
Figura 11.10 O momento de inércia é conservado quando o medalhista de ouro, o russo Evgeni Plushenko, se apresenta nos Jogos Olímpicos de Inverno em Turim, 2006.

[2] A equação de conservação do momento angular mais geral é a 11.13, que descreve como o sistema interage com seu ambiente.

mas há força resultante zero agindo sobre ele; logo, o sistema é isolado em termos de momento. Uma afirmação semelhante poderia ser feita sobre torcer as extremidades de uma peça de metal flexível com ambas as mãos. É realizado trabalho sobre o metal (o sistema), portanto, é armazenada energia no sistema não isolado na forma de energia potencial elástica, mas o torque resultante sobre o sistema é zero. Portanto, o sistema é isolado em termos de momento angular. Outros exemplos são colisões de corpos macroscópicos, que representam sistemas isolados em termos de momento, mas não isolados em relação à energia por causa da saída de energia do sistema por ondas mecânicas (som).

***Teste Rápido* 11.4** Uma mergulhadora de competição deixa o trampolim e cai em direção à água com seu corpo reto e girando lentamente. Ela puxa os braços e as pernas para uma posição bem encolhida. O que acontece com sua energia cinética rotacional? **(a)** Aumenta. **(b)** Diminui. **(c)** Permanece a mesma. **(d)** É impossível determinar.

Modelo de Análise — Sistema isolado (momento angular)

Imagine um sistema que gira sobre um eixo. Se não houver torque líquido externo no sistema, não haverá variação no momento angular do sistema:

$$\Delta\vec{\mathbf{L}}_{\text{tot}} = 0 \qquad (11.18)$$

A aplicação da lei de conservação de momento angular a um sistema cujo momento de inércia muda resulta em

$$I_i\omega_i = I_f\omega_f \qquad (11.19)$$

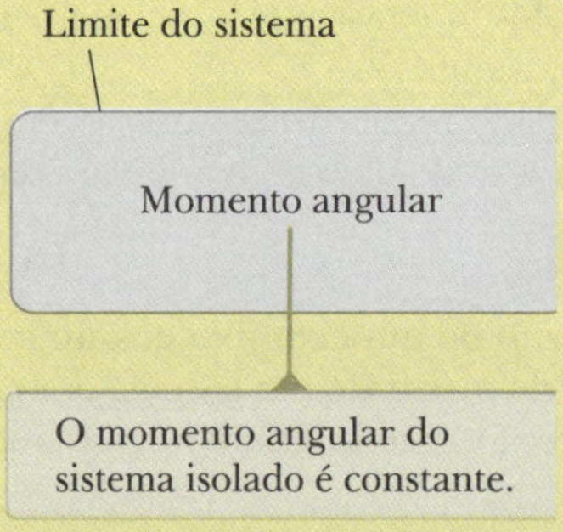
Limite do sistema
Momento angular
O momento angular do sistema isolado é constante.

Exemplos:

- depois da explosão de uma supernova, o núcleo de uma estrela colapsa para um pequeno raio e gira a uma taxa muito maior
- o quadrado do período orbital de um planeta é proporcional ao cubo de seu semieixo maior; a Terceira Lei de Kepler (Capítulo 13 deste volume)
- nas transições atômicas, devem ser obedecidas as regras de seleção sobre os números quânticos, a fim de conservar o momento angular (Capítulo 8 do Volume 4)
- no decaimento beta de um núcleo radioativo, um neutrino deve ser emitido para conservar o momento angular (Capítulo 10 do Volume 4)

Exemplo 11.7 Formação de uma estrela de nêutron MA

Uma estrela gira por um período de 30 dias em torno de um eixo que passa por seu centro. O período é o intervalo de tempo necessário para um ponto no equador da estrela efetuar uma volta completa em torno do eixo de rotação. Depois que a estrela sofre uma explosão supernova, o núcleo estelar, que tinha um raio de $1{,}0 \times 10^4$ km, sofre colapso em uma estrela de nêutron de raio 3,0 km. Determine o período de rotação da estrela de nêutron.

SOLUÇÃO

Conceitualização A variação no movimento da estrela de nêutron é semelhante ao do patinador descrito anteriormente, mas na direção inversa. Como a massa da estrela move-se mais perto do eixo de rotação, esperamos que ela gire mais rapidamente.

Categorização Vamos considerar que, durante o colapso do núcleo estelar, (1) nenhum torque externo age sobre a estrela, (2) ela permanece esférica com a mesma distribuição de massa relativa e (3) sua massa permanece constante. Categorizamos a estrela como um *sistema isolado* em termos de *momento angular*. Não sabemos a distribuição de massa da estrela, mas supomos que seja simétrica; então, o momento de inércia pode ser expresso como kMR^2, onde k é alguma constante numérica. Na Tabela 10.2, por exemplo, vemos que $k = \frac{2}{5}$ para uma esfera sólida, e $k = \frac{2}{3}$ para um aro ou casca fina esférica.

Análise Vamos utilizar o símbolo T para o período, com T_i sendo o período inicial da estrela, e T_f o período final da estrela de nêutron. A velocidade angular da estrela é definida por $\omega = 2\pi/T$.

A partir do modelo de sistema isolado para o momento angular, escreva a Equação 11.19 para a estrela:

$$I_i\omega_i = I_f\omega_f$$

Utilize $\omega = 2\pi/T$ para reescrever esta equação em termos dos períodos inicial e final:

$$I_i\left(\frac{2\pi}{T_i}\right) = I_f\left(\frac{2\pi}{T_f}\right)$$

Substitua os momentos de inércia na equação precedente:

$$kMR_i^2\left(\frac{2\pi}{T_i}\right) = kMR_f^2\left(\frac{2\pi}{T_f}\right)$$

11.7 *cont.*

Resolva para o período final da estrela: $$T_f = \left(\frac{R_f}{R_i}\right)^2 T_i$$

Substitua os valores numéricos: $$T_f = \left(\frac{3{,}0 \text{ km}}{1{,}0 \times 10^4 \text{ km}}\right)^2 (30 \text{ dias}) = 2{,}7 \times 10^{-6} \text{ dias} = \boxed{0{,}23 \text{ s}}$$

Finalização A estrela de nêutron, na verdade, gira mais rápido depois de sofrer colapso, como previsto. Ela se move, na verdade, girando em torno de quatro vezes por segundo.

Exemplo 11.8 O carrossel MA

Uma plataforma horizontal na forma de um disco circular gira livremente em um plano horizontal em torno de um eixo vertical, sem atrito (Fig. 11.11). A plataforma tem massa $M = 100$ kg e raio $R = 2{,}0$ m. Uma estudante, cuja massa é $m = 60$ kg, caminha lentamente da beirada do disco em direção ao centro. Se a velocidade angular do sistema é 2,0 rad/s quando a estudante está na beirada, qual é esta velocidade quando ela atinge um ponto $r = 0{,}50$ m a partir do centro?

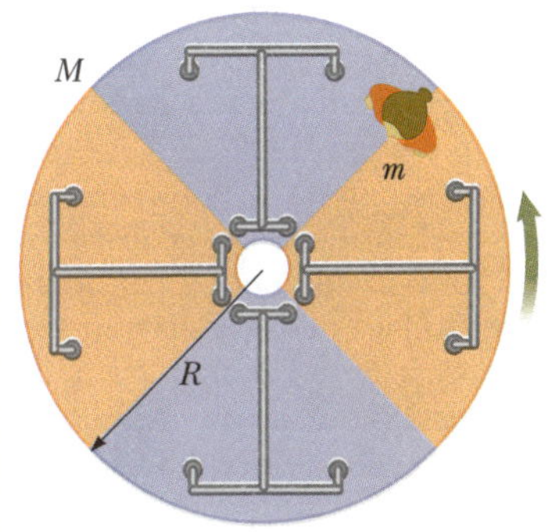

Figura 11.11 (Exemplo 11.8) À medida que a estudante caminha em direção ao centro da plataforma rotativa, a velocidade angular do sistema aumenta, pois o momento angular do sistema permanece constante.

SOLUÇÃO

Conceitualização A variação de velocidade aqui é semelhante àquela da patinadora girando e da estrela de nêutron nas discussões anteriores. Este problema é diferente porque parte do momento de inércia do sistema se altera (o da estudante) e parte permanece fixo (o da plataforma).

Categorização Como a plataforma gira em um eixo sem atrito, identificamos o sistema da estudante e da plataforma como do tipo isolado em termos de momento angular.

Análise Vamos denotar o momento de inércia da plataforma como I_p e o da estudante como I_e. Consideramos a estudante uma partícula.

Encontre o momento de inércia inicial I_i do sistema (estudante mais plataforma) em torno do eixo de rotação: $$I_i = I_{pi} + I_{ei} = \tfrac{1}{2}MR^2 + mR^2$$

Encontre o momento de inércia do sistema quando a estudante caminha para a posição $r < R$: $$I_f = I_{pf} + I_{ef} = \tfrac{1}{2}MR^2 + mr^2$$

Escreva a Equação 11.19 para o sistema: $$I_i\omega_i = I_f\omega_f$$

Substitua os momentos de inércia: $$(\tfrac{1}{2}MR^2 + mR^2)\omega_i = (\tfrac{1}{2}MR^2 + mr^2)\omega_f$$

Resolva para a velocidade angular final: $$\omega_f = \left(\frac{\tfrac{1}{2}MR^2 + mR^2}{\tfrac{1}{2}MR^2 + mr^2}\right)\omega_i$$

Substitua os valores numéricos: $$\omega_f = \left[\frac{\tfrac{1}{2}(100 \text{ kg})(2{,}0 \text{ m})^2 + (60 \text{ kg})(2{,}0 \text{ m})^2}{\tfrac{1}{2}(100 \text{ kg})(2{,}0 \text{ m})^2 + (60 \text{ kg})(0{,}50 \text{ m})^2}\right](2{,}0 \text{ rad/ s}) = \boxed{4{,}1 \text{ rad/s}}$$

Finalização Como esperado, a velocidade angular aumenta. O mais rápido que este sistema poderia girar seria quando a estudante se move em direção ao centro da plataforma. Efetue este cálculo para mostrar que a velocidade angular máxima é 4,4 rad/s. Observe que a atividade descrita neste problema é perigosa, como discutido no que diz respeito à força de Coriolis na Seção 6.3.

E SE? E se você medisse a energia cinética do sistema antes e depois de a estudante caminhar para o centro? A energia cinética inicial e final seriam a mesma?

Resposta Você pode ser tentado a dizer que sim, pois o sistema é isolado. Lembre-se, entretanto, de que energia pode ser transformada entre várias formas, portanto, temos de lidar com questões de energia com cuidado.

continua

11.8 *cont.*

Encontre a energia cinética inicial: $K_i = \frac{1}{2}I_i\omega_i^2 = \frac{1}{2}(440\text{ kg}\cdot\text{m}^2)(2{,}0\text{ rad/s})^2 = 880\text{ J}$

Encontre a energia cinética final: $K_f = \frac{1}{2}I_f\omega_f^2 = \frac{1}{2}(215\text{ kg}\cdot\text{m}^2)(4{,}1\text{ rad/s})^2 = 1{,}80 \times 10^3\text{ J}$

Portanto, a energia cinética do sistema *aumenta*. A estudante deve realizar a atividade muscular a fim de se mover para mais perto do centro de rotação; portanto, essa energia cinética extra vem da energia potencial química no corpo da estudante a partir das refeições feitas anteriormente. O sistema é isolado em termos de energia, mas um processo de transformação no sistema converte energia potencial em cinética.

Exemplo 11.9 Colisão de disco e bastão MA

Um disco de 2,0 kg viajando a 3,0 m/s atinge um bastão de 1,0 kg e 4,0 m de comprimento que está plano sobre o gelo, quase sem atrito, como mostra a vista de cima da Figura 11.12a. O disco bate na extremidade do bastão, a uma distância de $r = 2{,}0$ m do centro do bastão. Considere que a colisão é elástica e o disco não desvia de sua linha original de movimento. Encontre as velocidades escalar de translação do disco, escalar de translação do bastão e angular do bastão após a colisão. O momento de inércia do bastão em torno de seu centro de massa é 1,33 kg × m².

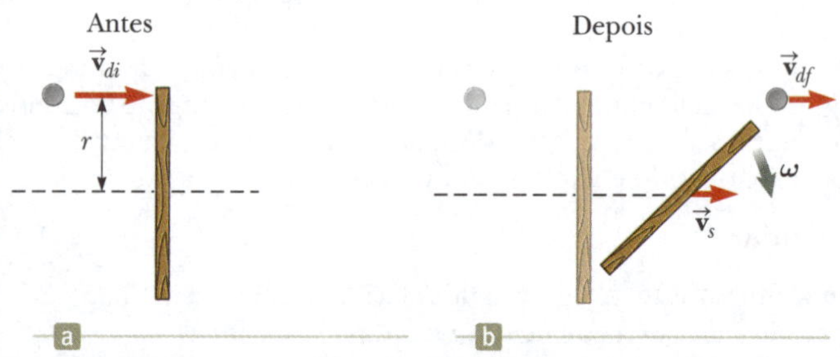

Figura 11.12 (Exemplo 11.9) Vista de cima de um disco atingindo um bastão em uma colisão elástica. (a) Antes da colisão, o disco se move em direção ao bastão. (b) A colisão faz o bastão girar e se mover para a direita.

SOLUÇÃO

Conceitualização Examine a Figura 11.12a e imagine o que acontece depois que o disco atinge o bastão. A Figura 11.12b mostra o que você poderia esperar: o disco continua a se mover a uma velocidade escalar lenta, e o bastão está em movimento de translação e rotação. Consideramos que o disco não desvia de sua linha original de movimento porque a força exercida pelo bastão sobre o disco é paralela ao trajeto original do disco.

Categorização Como o gelo é sem atrito, o disco e o bastão formam um sistema isolado em termos de momento e momento angular. Ignorando o som produzido na colisão, também consideramos um sistema como um sistema isolado em termos de energia. Além disso, como a colisão é considerada elástica, a energia cinética do sistema é constante.

Análise Primeiro, observe que temos três incógnitas; logo, precisamos de três equações para resolver simultaneamente.

Aplique o modelo do sistema isolado para o momento ao sistema e depois reorganize o resultado:

$$\Delta\vec{\mathbf{p}}_{\text{tot}} = 0 \rightarrow (m_d v_{df} + m_s v_s) - m_d v_{di} = 0$$

$$(1)\quad m_d(v_{di} - v_{df}) = m_s v_s$$

Aplique o modelo do sistema isolado para momento angular ao sistema e reorganize o resultado. Utilize um eixo que passa pelo centro do bastão como o eixo de rotação, de maneira que a trajetória do disco é uma distância $r = 2{,}0$ m a partir do centro de rotação:

$$\Delta\vec{\mathbf{L}}_{\text{tot}} = 0 \rightarrow (-rm_d v_{df} + I\omega) - (-rm_d v_{di}) = 0$$

$$(2)\quad -rm_d(v_{di} - v_{df}) = I\omega$$

Aplique o modelo do sistema isolado para energia ao sistema, reorganize a equação, o fator e a combinação de termos relacionados ao disco:

$$\Delta K = 0 \rightarrow (\tfrac{1}{2}m_d v_{df}^2 + \tfrac{1}{2}m_s v_s^2 + \tfrac{1}{2}I\omega^2) - \tfrac{1}{2}m_d v_{di}^2 = 0$$

$$(3)\quad m_d(v_{di} - v_{df})(v_{di} + v_{df}) = m_s v_s^2 + I\omega^2$$

Multiplique a Equação (1) por r e adicione à Equação (2):

$$rm_d(v_{di} - v_{df}) = rm_s v_s$$

$$-rm_d(v_{di} - v_{df}) = I\omega$$

$$0 = rm_s v_s + I\omega$$

Resolva para ω:

$$(4)\quad \omega = -\frac{rm_s v_s}{I}$$

11.9 cont.

Divida a Equação (3) pela Equação (1):

$$\frac{m_d(v_{di} - v_{df})(v_{di} + v_{df})}{m_d(v_{di} - v_{df})} = \frac{m_s v_s^{\,2} + I\omega^2}{m_s v_s}$$

$$(5) \quad v_{di} + v_{df} = v_s + \frac{I\omega^2}{m_s v_s}$$

Substitua a Equação (4) na Equação (5):

$$(6) \quad v_{di} + v_{df} = v_s\left(1 + \frac{r^2 m_s}{I}\right)$$

Substitua v_{df} da Equação (1) na Equação (6):

$$v_{di} + \left(v_{di} - \frac{m_s}{m_d} v_s\right) = v_s\left(1 + \frac{r^2 m_s}{I}\right)$$

Resolva para v_s e substitua os valores numéricos:

$$v_s = \frac{2v_{di}}{1 + (m_s/m_d) + (r^2 m_s/I)}$$

$$= \frac{2(3{,}0 \text{ m/s})}{1 + (1{,}0 \text{ kg}/2{,}0 \text{ kg}) + [(2{,}0 \text{ m})^2(1{,}0 \text{ kg})/1{,}33 \text{ kg} \cdot \text{m}^2]} = \boxed{1{,}3 \text{ m/s}}$$

Substitua os valores numéricos na Equação (4):

$$\omega = -\frac{(2{,}0 \text{ m})(1{,}0 \text{ kg})(1{,}3 \text{ m/s})}{1{,}33 \text{ kg} \cdot \text{m}^2} = \boxed{-2{,}0 \text{ rad/s}}$$

Resolva a Equação (1) para v_{df} e substitua os valores numéricos:

$$v_{df} = v_{di} - \frac{m_s}{m_d} v_s = 3{,}0 \text{ m/s} - \frac{1{,}0 \text{ kg}}{2{,}0 \text{ kg}}(1{,}3 \text{ m/s}) = \boxed{2{,}3 \text{ m/s}}$$

Finalização Estes valores parecem razoáveis. O disco está se movendo mais devagar após a colisão do que antes, e o bastão tem uma pequena velocidade escalar de translação. A Tabela 11.1 resume os valores iniciais e finais de variáveis para o disco e o bastão, e verifica a conservação dos momentos linear e angular, e a energia cinética para o sistema isolado.

TABELA 11.1 *Comparação de valores no Exemplo 11.9 antes e depois da colisão*

	v (m/s)	ω (rad/s)	p (kg × m/s)	L (kg × m²/s)	K_{trans} (J)	K_{rot} (J)
Antes						
Disco	3,0	—	6,0	–12	9,0	–
Bastão	0	0	0	0	0	0
Total para o sistema	—	—	6,0	–12	9,0	0
Depois						
Disco	2,3	—	4,7	–9,3	5,4	—
Bastão	1,3	–2,0	1,3	–2,7	0,9	2,7
Total para o sistema	—	—	6,0	–12	6,3	2,7

Observação: os momentos linear e angular e a energia cinética total do sistema são todos conservados.

11.5 O movimento de giroscópios e piões

Um tipo incomum e fascinante de movimento que você provavelmente já observou é o de um pião girando em torno de seu eixo de simetria, como mostrado na Figura 11.13a. Se o pião gira rapidamente, o eixo de simetria roda em torno do eixo z, varrendo um cone (veja Fig. 11.13b). O movimento do eixo de simetria em torno da vertical – conhecido como **movimento de precessão** – é normalmente lento em relação ao movimento de giro do pião.

É muito natural querer saber por que o pião não cai. Como o centro de massa não está diretamente acima do ponto de apoio O, um torque resultante está agindo sobre o pião em torno de um eixo que passa por O, um torque resultante da força gravitacional $M\vec{\mathbf{g}}$. O pião certamente cairia se não estivesse girando. Como está girando, entretanto, tem um momento angular $\vec{\mathbf{L}}$ direcionado ao longo de seu eixo de simetria. Mostraremos que este eixo se move em torno do eixo z (ocorre o movimento de precessão), porque o torque produz uma variação na *direção* do eixo de simetria. Esta ilustração é um exemplo excelente da importância da natureza vetorial do momento angular.

As características essenciais do movimento de precessão podem ser ilustradas considerando o giroscópio simples mostrado na Figura 11.14a. As duas forças que agem sobre o giroscópio são mostradas na Figura 11.14b: a gravitacional para baixo $M\vec{\mathbf{g}}$ e a normal $\vec{\mathbf{n}}$ que age para cima no ponto de apoio O. A força normal não produz nenhum torque em torno do eixo que passa pelo apoio, pois seu braço de momento em relação a esse ponto é zero. A força gravitacional, entretanto, produz um torque $\vec{\tau} = \vec{r} \times M\vec{g}$ em torno de um eixo que passa por O, onde a direção de $\vec{\tau}$ é perpendicular ao plano formado por $\vec{n}$ e $M\vec{g}$. Por necessidade, o vetor $\vec{\tau}$ está em um plano horizontal xy perpendicular ao vetor momento angular. O torque resultante e o momento angular do giroscópio são relacionados por meio da Equação 11.13:

$$\sum \vec{\tau}_{ext} = \frac{d\vec{L}}{dt}$$

Esta expressão mostra que, no intervalo de tempo infinitesimal dt, o torque diferente de zero produz uma variação no momento angular $d\vec{L}$, na mesma direção que $\vec{\tau}$. Portanto, como o vetor torque, $d\vec{L}$ também deve ser perpendicular a $\vec{L}$. A Figura 11.14c ilustra o movimento de precessão resultante do eixo de simetria do giroscópio. Em um intervalo de tempo dt, a variação no momento angular é $d\vec{L} = \vec{L}_f - \vec{L}_i = \vec{\tau}\, dt$. Como $d\vec{L}$ é perpendicular a $\vec{L}$, o módulo de $\vec{L}$ não muda ($|\vec{L}_i| = |\vec{L}_f|$); Em vez disso, o que muda é a *direção* de $\vec{L}$. Como a variação no momento angular $d\vec{L}$ é na direção de $\vec{\tau}$, que está no plano xy, o giroscópio sofre movimento de precessão.

Para simplificar a descrição do sistema, consideramos que o momento angular total da roda em precessão é a soma do momento angular $I\vec{\omega}$ devido ao giro e momento angular devido ao movimento do centro de massa em torno do apoio. Em nosso tratamento, desprezaremos a contribuição do movimento do centro de massa e consideraremos o momento angular total sendo simplesmente $I\vec{\omega}$. Na prática, essa aproximação é boa se $\vec{\omega}$ for muito grande.

O diagrama vetorial na Figura 11.14c mostra que, no intervalo de tempo dt, o vetor momento angular gira por um ângulo $d\phi$, que também é o ângulo pelo qual o eixo do giroscópio gira. Do triângulo formado pelos vetores $\vec{L}_i$, $\vec{L}_f$ e $d\vec{L}$, vemos que:

$$d\phi = \frac{dL}{L} = \frac{\sum \tau_{ext}\, dt}{L} = \frac{(Mgr_{CM})\, dt}{L}$$

Dividindo por dt e usando a relação $L = I\omega$, descobrimos que a taxa em que o eixo gira em torno do eixo vertical é:

$$\omega_p = \frac{d\phi}{dt} = \frac{Mgr_{CM}}{I\omega} \tag{11.20}$$

A velocidade angular ω_p é chamada **frequência de precessão**. Este resultado é válido somente quando $\omega_p \ll \omega$. Caso contrário, um movimento muito mais complicado

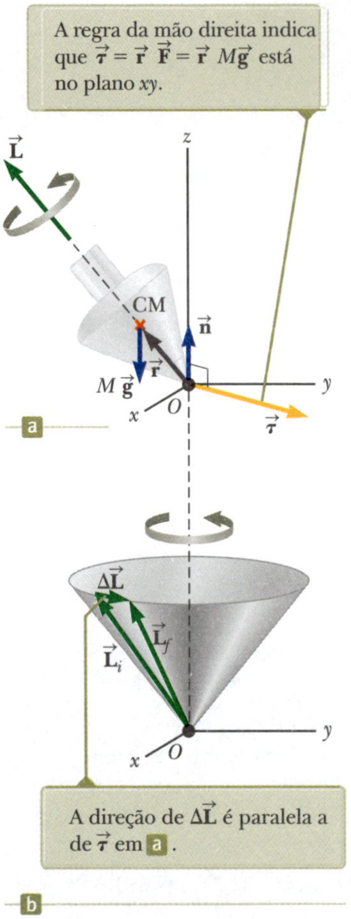

Figura 11.13 Movimento de precessão de um pião girando em torno de seu eixo de simetria. (a) As únicas forças externas que agem sobre o pião são as forças normal $\vec{n}$ e gravitacional $M\vec{g}$. A direção do momento angular $\vec{L}$ é ao longo do eixo de simetria. (b) Como $\Delta\vec{L}_f = \Delta\vec{L} + \vec{L}_i$, o pião tem movimento de precessão em torno do eixo z.

A regra da mão direita indica que $\vec{\tau} = \vec{r} \times \vec{F} = \vec{r} \times M\vec{g}$ está no plano xy.

A direção de $\Delta\vec{L}$ é paralela a de $\vec{\tau}$ em a.

A força gravitacional $M\vec{g}$ na direção z negativa produz um torque sobre o giroscópio na direção y positiva em torno do apoio.

O torque resulta em uma variação do momento angular $d\vec{L}$ em uma direção paralela ao vetor torque. O eixo do giroscópio varre um ângulo $d\phi$ em um intervalo dt.

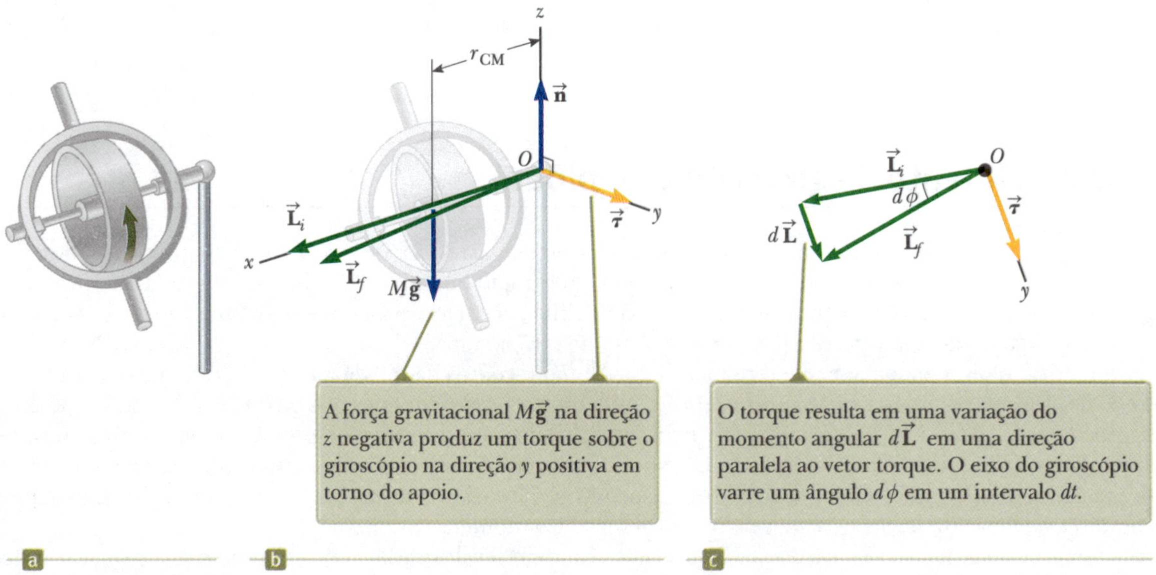

Figura 11.14 (a) Um giroscópio girando sobre um pino. (b) Diagrama para o giroscópio girando mostrando forças, torque e momento angular. (c) Vista de cima (olhando para baixo do eixo z) dos vetores no momento angular inicial e final do giroscópio para um intervalo de tempo infinitesimal dt.

é envolvido. Como você pode ver da Equação 11.20, a condição $\omega_p << \omega$ é satisfeita quando ω é grande, ou seja, quando a roda gira rapidamente. Além disso, note que a frequência de precessão diminui com o aumento de ω, ou seja, conforme a roda gira mais rápido em torno de seu eixo de simetria.

Como exemplo da utilidade dos giroscópios, suponha que você esteja em uma nave espacial no espaço profundo e precise alterar sua trajetória. Para acionar os motores na direção correta, você necessita girar a nave espacial. Como, porém, é possível girar uma nave no espaço vazio? Uma maneira é ter pequenos motores de foguete que incendeiam perpendicularmente a lateral da nave espacial, proporcionando um torque em torno do seu centro de massa. Tal configuração é desejável, e muitas naves espaciais têm tais foguetes.

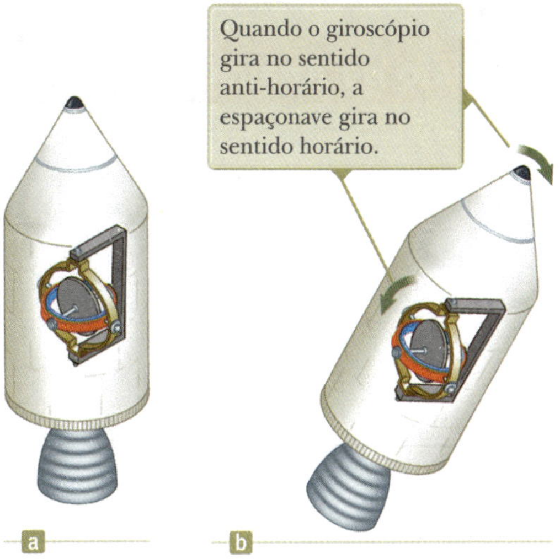

Figura 11.15 (a) Uma nave carrega um giroscópio que não está girando. (b) O giroscópio é colocado em rotação.

Vamos considerar outro método que, no entanto, não exige o consumo de combustível de foguete. Suponha que a nave carregue um giroscópio que não está girando, como na Figura 11.15a. Neste caso, o momento angular da nave espacial em torno de seu centro de massa é zero. Suponha que o giroscópio seja colocado em rotação, dando-lhe um momento angular diferente de zero. Não há nenhum torque externo sobre o sistema isolado (nave espacial e giroscópio), então, o momento angular do sistema deve permanecer zero de acordo com o modelo do sistema isolado (momento angular). O valor zero pode ser satisfeito se a nave girar na direção oposta à do giroscópio, de maneira que os vetores momento angular do giroscópio e da espaçonave se cancelem, resultando em nenhum momento angular do sistema. O resultado da rotação do giroscópio, como na Figura 11.15b, é que a espaçonave gira! Com a inclusão de três giroscópios com eixos perpendiculares entre si, qualquer rotação desejada no espaço pode ser alcançada.

Este efeito criou uma situação indesejável com a espaçonave *Voyager 2* durante seu voo. Ela levava um gravador cujas bobinas giravam com grande velocidade escalar. Cada vez que o gravador era ligado, as bobinas agiam como giroscópios e a nave espacial iniciava uma rotação indesejável na direção oposta. Essa rotação teve de ser contrabalançada pelo Controle da Missão utilizando jatos de ignição laterais para *parar* a rotação!

Resumo

Definições

Dados dois vetores $\vec{\mathbf{A}}$ e $\vec{\mathbf{B}}$, o **produto vetorial** $\vec{\mathbf{A}}$ $\vec{\mathbf{B}}$ é um vetor $\vec{\mathbf{C}}$ que tem módulo:

$$C = AB \operatorname{sen} \theta \qquad \textbf{(11.3)}$$

onde θ é o ângulo entre $\vec{\mathbf{A}}$ e $\vec{\mathbf{B}}$. A direção do vetor $\vec{\mathbf{C}} = \vec{\mathbf{A}}$ $\vec{\mathbf{B}}$ é perpendicular ao plano formado por $\vec{\mathbf{A}}$ e $\vec{\mathbf{B}}$, e esta direção é determinada pela regra da mão direita.

O **torque** $\vec{\tau}$ devido à força $\vec{\mathbf{F}}$ em torno do eixo que passa pela origem em um referencial inercial é definido como:

$$\vec{\tau} \equiv \vec{\mathbf{r}} \times \vec{\mathbf{F}} \qquad \textbf{(11.1)}$$

O **momento angular** $\vec{\mathbf{L}}$ em torno de um eixo que passa pela origem de uma partícula que tem momento linear $\vec{\mathbf{p}} = m\vec{\mathbf{v}}$ é

$$\vec{\mathbf{L}} \equiv \vec{\mathbf{r}} \times \vec{\mathbf{p}} \qquad \textbf{(11.10)}$$

onde $\vec{\mathbf{r}}$ é a posição vetorial da partícula em relação à origem.

Conceitos e Princípios

A componente z do momento angular de um corpo rígido girando em torno de um eixo z fixo é:

$$L_z = I\omega \qquad \textbf{(11.14)}$$

onde I é o momento de inércia do corpo em torno do eixo de rotação, e ω é sua velocidade angular.

Modelo de Análise para Resolução de Problemas

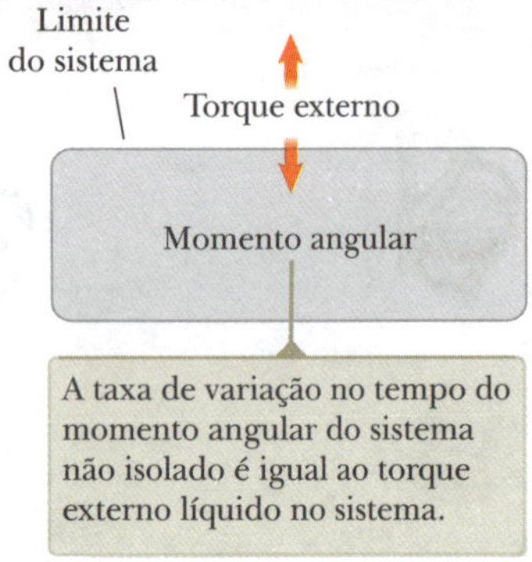
Limite
do sistema
Torque externo
Momento angular
A taxa de variação no tempo do
momento angular do sistema
não isolado é igual ao torque
externo líquido no sistema.

Sistema não isolado (momento angular). Se um sistema interage com seu ambiente no sentido em que há um torque externo sobre o sistema, o torque externo resultante que age sobre ele é igual à taxa de variação no tempo de seu momento angular:

$$\sum \vec{\boldsymbol{\tau}}_{\text{ext}} = \frac{d\vec{\mathbf{L}}_{\text{tot}}}{dt} \qquad \textbf{(11.13)}$$

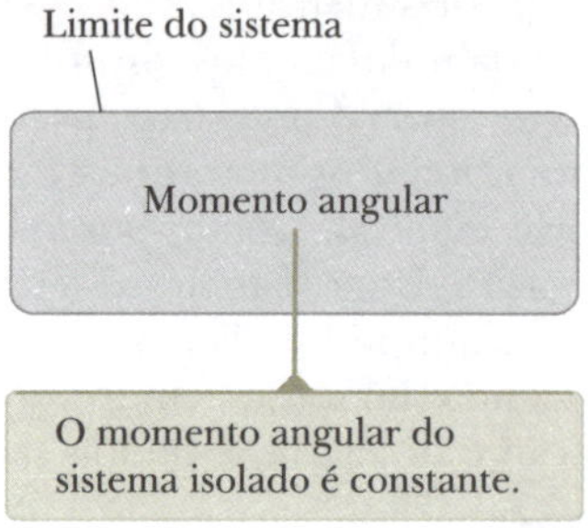
Limite do sistema
Momento angular
O momento angular do
sistema isolado é constante.

Sistema isolado (momento angular). Se um sistema não sofre nenhum torque externo do ambiente, o momento angular total do sistema é conservado:

$$\Delta\vec{\mathbf{L}}_{\text{tot}} = 0 \qquad \textbf{(11.18)}$$

Aplicando esta lei de conservação do momento angular a um sistema cujo momento de inércia muda, temos:

$$I_i\omega_i = I_f\omega_f = \text{constante} \qquad \textbf{(11.19)}$$

Perguntas Objetivas

1. Uma patinadora começa um giro com os braços esticados para os lados. Ela se equilibra no ponto de um patim para girar sem atrito. Então, puxa os braços de maneira que seu momento de inércia diminui por um fator 2. No processo em que ela faz isso, o que acontece com a sua energia cinética? (a) Aumenta por um fator 4. (b) Aumenta por um fator 2. (c) Permanece constante. (d) Diminui por um fator 2. (e) Diminui por um fator 4.

2. Um camundongo de estimação dorme perto da extremidade leste de uma plataforma horizontal parada, suportada por um eixo vertical, sem atrito, que passa por seu centro. O camundongo acorda e começa a andar para o norte sobre a plataforma. **(i)** Quando ele dá seus primeiros passos, qual a direção do seu deslocamento em relação ao chão parado abaixo? (a) norte, (b) sul, (c) ausência de deslocamento. **(ii)** Neste processo, o ponto na plataforma onde o camundongo tinha dormido sofre um deslocamento em que direção em relação ao chão abaixo? (a) norte, (b) sul, (c) ausência de deslocamento. Responda sim ou não às seguintes perguntas. **(iii)** Neste processo, a energia mecânica do sistema camundongo-plataforma é constante? **(iv)** O momento do sistema é constante? **(v)** O momento angular do sistema é constante?

3. Vamos nomear três direções perpendiculares como direita, para cima e para você, assim como você pode nomeá-los quando está de frente para um monitor de TV que fica em um plano vertical. Vetores unitários para essas direções são $\hat{\mathbf{r}}$, $\hat{\mathbf{u}}$ e $\hat{\mathbf{t}}$, respectivamente. Considere a quantidade ($-3\hat{\mathbf{u}}$ $2\hat{\mathbf{t}}$) **(i)** O módulo deste vetor é (a) 6, (b) 3, (c) 2 ou (d) 0? **(ii)** A direção deste vetor é (a) para baixo, (b) em direção a você, (c) para cima, (d) afastando-se de você ou (e) para a esquerda?

4. Sejam as quatro direções de uma bússola, norte, leste, sul e oeste, representadas por vetores unitários, $\hat{\mathbf{n}}$, $\hat{\mathbf{e}}$, $\hat{\mathbf{s}}$ e $\hat{\mathbf{w}}$, respectivamente. Verticalmente para cima e para baixo são representados como $\hat{\mathbf{u}}$ e $\hat{\mathbf{d}}$. Vamos também identificar vetores unitários que estão a meio caminho dessas direções, tal como $\widehat{\mathbf{ne}}$ para nordeste. Classifique o módulo dos seguintes produtos vetoriais do maior para o menor. Se algum for igual em módulo ou for igual a zero, deixe isso claro na classificação. (a) $\hat{\mathbf{n}}$ $\hat{\mathbf{n}}$ (b) $\hat{\mathbf{w}}$ $\widehat{\mathbf{ne}}$ (c) $\hat{\mathbf{u}}$ $\widehat{\mathbf{ne}}$ (d) $\hat{\mathbf{n}}$ $\widehat{\mathbf{nw}}$ (e) $\hat{\mathbf{n}}$ $\hat{\mathbf{e}}$

5. Responda sim ou não às seguintes perguntas. (a) É possível calcular o torque que age sobre um corpo rígido sem especificar um eixo de rotação? (b) O torque é independente da localização do eixo de rotação?

6. O vetor $\vec{\mathbf{A}}$ está na direção y negativa e o vetor $\vec{\mathbf{B}}$ na x negativa. **(i)** Qual é a direção de $\vec{\mathbf{A}}$ $\vec{\mathbf{B}}$? (a) nenhuma direção, pois é uma quantidade escalar, (b) x, (c) $-y$, (d) z, (e) $-z$. **(ii)** Qual é a direção de $\vec{\mathbf{B}}$ $\vec{\mathbf{A}}$? Escolha a partir das mesmas possibilidades de (a) a (e).

7. Dois pôneis de massa igual estão inicialmente em pontos diametralmente opostos na borda de uma grande plataforma que gira livremente sobre um eixo vertical, sem atrito, que passa por seu centro. Os pôneis começam a andar simultaneamente um em direção ao outro pela plataforma. **(i)** À medida que eles andam, o que acontece com a velocidade angular da plataforma? (a) Aumenta. (b) Diminui. (c) Permanece constante. Considere o sistema pôneis-plataforma neste processo e responda sim ou não às seguintes perguntas. **(ii)** A energia mecânica do sistema é conservada? **(iii)** O momento do sistema é conservado? **(iv)** O momento angular do sistema é conservado?

8. Considere um sistema isolado movendo-se pelo espaço vazio. O sistema consiste em corpos que interagem um com o outro e podem mudar de posição um em relação ao outro. Quais das seguintes quantidades podem mudar com o tempo? (a) O momento angular do sistema. (b) O momento linear do sistema. (c) Tanto o momento angular quanto o momento linear do sistema. (d) Nem o momento angular, nem o momento linear do sistema.

Perguntas Conceituais

1. Estrelas originam-se como grandes corpos de gás girando lentamente. Por causa da gravidade, esses aglomerados de gás diminuem lentamente de tamanho. O que acontece com a velocidade angular de uma estrela quando ela encolhe? Explique.

2. Um cientista que chega a um hotel pede que um carregador transporte uma mala pesada. Quando o carregador vira uma esquina, a mala, de repente, afasta-se dele por alguma razão desconhecida. O mensageiro, alarmado, a derruba e foge. O que pode estar na mala?

3. Por que uma vara longa ajuda um equilibrista a se equilibrar na corda bamba?

4. Duas crianças estão brincando com um rolo de papel toalha. Uma delas segura o rolo entre os dedos indicadores de maneira que ele fica livre para girar, e a outra puxa com velocidade escalar constante a extremidade livre do papel toalha. À medida que ela puxa as toalhas de papel, o raio do rolo com as toalhas restantes diminui. (a) Como o torque sobre o rolo muda com o tempo? (b) Como a velocidade angular do rolo muda com o tempo? (c) Se a criança, de repente, puxar a toalha da ponta com muita força, é mais provável que ela se solte das outras quando está sendo puxada de um rolo quase cheio ou de um quase vazio?

5. Ambos, torque e trabalho, são produtos de força e deslocamento. Como eles se diferenciam? Eles têm as mesmas unidades?

6. Em algumas corridas de motocicleta, os pilotos sobem pequenas colinas e a motocicleta paira no ar por um curto período. Se o piloto continuar acelerando enquanto se eleva acima da colina e paira no ar, a motocicleta tenderá a empinar. Por quê?

7. Se o torque que age sobre uma partícula em torno de um eixo que passa por uma certa origem for zero, o que você pode dizer sobre seu momento angular em torno deste eixo?

8. Uma bola é lançada de tal maneira que ela não gira em torno de seu próprio eixo. Esta afirmação implica que o momento angular é zero em torno de um eixo arbitrário? Explique.

9. Se o aquecimento global continuar durante os próximos cem anos, é provável que parte do gelo polar derreta e a água seja distribuída mais perto do equador. (a) Como isso mudaria o momento de inércia da Terra? (b) A duração do dia (uma revolução) aumentaria ou diminuiria?

10. Um gato normalmente aterrissa sobre seus pés independente da posição a partir da qual caia. Um filme em câmera lenta de um gato caindo mostra que a metade superior de seu corpo gira em uma direção, enquanto a inferior gira na direção oposta. Por que este tipo de rotação ocorre?

11. Nos Capítulos 7 e 8 deste volume, utilizamos gráficos de barra de energia para analisar situações físicas. Por que não utilizamos gráficos de barra para o momento angular neste capítulo?

Problemas

ENHANCED WebAssign Os problemas que se encontram neste capítulo podem ser resolvidos *on-line* no Enhanced WebAssign (em inglês)

1. denota problema simples;

2. denota problema intermediário;

3. denota problema de desafio;

AMT *Analysis Model Tutorial* disponível no Enhanced WebAssign (em inglês);

M denota tutorial *Master It* disponível no Enhanced WebAssign (em inglês);

PD denota problema dirigido;

W solução em vídeo *Watch It* disponível no Enhanced WebAssign (em inglês).

Seção 11.1 Produto vetorial e torque

1. W Dados $\vec{\mathbf{M}} = 2\hat{\mathbf{i}} - 3\hat{\mathbf{j}} + \hat{\mathbf{k}}$ e $\vec{\mathbf{N}} = 4\hat{\mathbf{i}} + 5\hat{\mathbf{j}} - 2\hat{\mathbf{k}}$, calcule o produto vetorial $\vec{\mathbf{M}} \times \vec{\mathbf{N}}$.

2. Os vetores deslocamento 42,0 cm a 15,0° e 23,0 cm a 65,0° iniciam, ambos, na origem e formam dois lados de um paralelogramo. Ambos os ângulos são medidos no sentido anti-horário a partir do eixo x. (a) Encontre a área do paralelogramo. (b) Encontre o comprimento de sua diagonal maior.

3. M Dois vetores são definidos por $\vec{\mathbf{A}} = \hat{\mathbf{i}} + 2\hat{\mathbf{j}}$ e $\vec{\mathbf{B}} = -2\hat{\mathbf{i}} + 3\hat{\mathbf{j}}$. Encontre (a) $\vec{\mathbf{A}} \quad \vec{\mathbf{B}}$ e (b) o ângulo entre $\vec{\mathbf{A}}$ e $\vec{\mathbf{B}}$.

4. Utilize as definições de produto vetorial e de vetores unitários $\hat{\mathbf{i}}$, $\hat{\mathbf{j}}$ e $\hat{\mathbf{k}}$ para provar as Equações 11.7. Você pode considerar que o eixo x aponta para a direita, o y para cima e o z horizontalmente na sua direção (não para longe de você). Diz-se que esta escolha faz do sistema de coordenadas um do tipo da *mão direita*.

5. Calcule o torque resultante (módulo e direção) na viga da Figura P11.5 em torno de (a) um eixo que passa por O perpendicular à página e (b) um eixo que passa por C perpendicular à página.

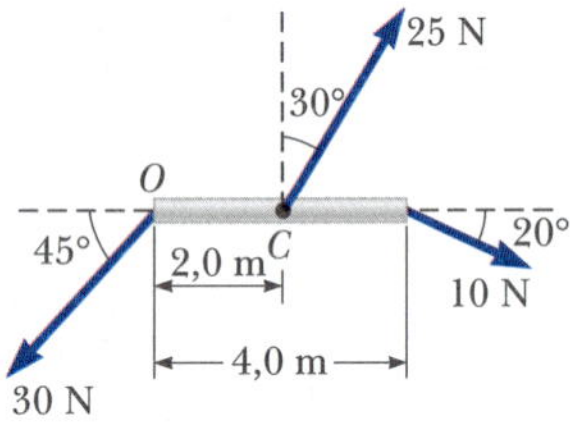

Figura P11.5

6. Dois vetores são definidos por $\vec{\mathbf{A}} = -3\hat{\mathbf{i}} + 7\hat{\mathbf{j}} - 4\hat{\mathbf{k}}$ e $\vec{\mathbf{B}} = 6\hat{\mathbf{i}} - 10\hat{\mathbf{j}} + 9\hat{\mathbf{k}}$. Avalie as quantidades (a) $\cos^{-1}[\vec{\mathbf{A}} \times \vec{\mathbf{B}}/AB]$ e (b) $\text{sen}^{-1}[\vec{\mathbf{A}} \quad \vec{\mathbf{B}}/AB]$. (c) Qual dá o ângulo entre os vetores?

7. Se $|\vec{\mathbf{A}} \quad \vec{\mathbf{B}}| = \vec{\mathbf{A}} \times \vec{\mathbf{B}}$, qual é o ângulo entre $\vec{\mathbf{A}}$ e $\vec{\mathbf{B}}$?

8. Uma partícula está localizada na posição vetorial $\vec{\mathbf{r}} = (4{,}00\,\hat{\mathbf{i}} + 6{,}00\hat{\mathbf{j}})$m, e uma força exercida sobre ela é definida por $\vec{\mathbf{F}} = (3{,}00\,\hat{\mathbf{i}} + 2{,}00\hat{\mathbf{j}})$ N. (a) Qual é o torque que age sobre a partícula em relação a um eixo que passa pela origem? (b) Pode haver outro ponto em torno do qual o torque causado por essa força sobre essa partícula seja na direção oposta e metade do módulo? (c) Pode haver mais de um de tal ponto? (d) Tal ponto pode estar no eixo y? (e) Pode mais de um tal ponto estar no eixo y? (f) Determine o vetor posição de tal ponto.

9. Duas forças $\vec{\mathbf{F}}_1$ e $\vec{\mathbf{F}}_2$ agem ao longo de dois lados de um triângulo equilátero, como mostrado na Figura P11.9. O ponto O é a intersecção das alturas do triângulo. (a) Encontre uma terceira força $\vec{\mathbf{F}}_3$ a ser aplicada em B e ao longo de BC que tornará o torque total zero em relação ao ponto O. (b) **E se?** O torque total mudará se $\vec{\mathbf{F}}_3$ for aplicada não em B, mas em qualquer outro ponto ao longo de BC?

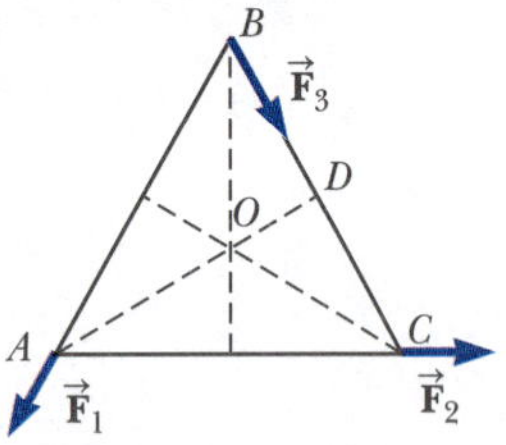

Figura P11.9

10. Um estudante alega que encontrou um vetor $\vec{\mathbf{A}}$ tal que $(2\hat{\mathbf{i}} - 3\hat{\mathbf{j}} + 4\hat{\mathbf{k}}) \quad \vec{\mathbf{A}} = (4\hat{\mathbf{i}} + 3\hat{\mathbf{j}} - \hat{\mathbf{k}})$. (a) Você acredita nesta alegação? (b) Explique por que sim, ou por que não.

Seção 11.2 Modelo de análise: sistema não isolado (momento angular)

11. **M** Uma haste rígida, leve, de comprimento $\ell = 1{,}00$ m, une duas partículas, com massas $m_1 = 4{,}00$ kg e $m_2 = 3{,}00$ kg, em suas extremidades. O conjunto gira no plano xy em torno de um pino que passa pelo centro da haste (Fig. P11.11). Determine o momento angular do sistema em torno da origem quando a velocidade escalar de cada partícula é 5,00 m/s.

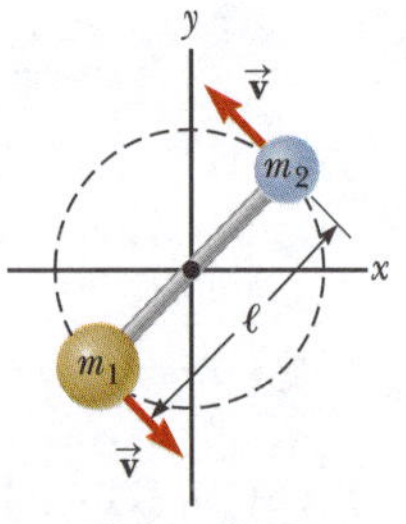

Figura P11.11

12. **W** Uma partícula de 1,50 kg move-se no plano xy com uma velocidade $\vec{\mathbf{v}} = (4{,}20\hat{\mathbf{i}} - 3{,}60\hat{\mathbf{j}})$ m/s. Determine o momento angular da partícula em relação à origem quando seu vetor posição é $\vec{\mathbf{r}} = (1{,}50\hat{\mathbf{i}} + 2{,}20\hat{\mathbf{j}})$ m.

13. Uma partícula de massa m move-se no plano xy com uma velocidade $\vec{\mathbf{v}} = v_x\hat{\mathbf{i}} + v_y\hat{\mathbf{j}}$. Determine o momento angular da partícula em relação à origem quando seu vetor posição é $\vec{\mathbf{r}} = x\hat{\mathbf{i}} + y\hat{\mathbf{j}}$.

14. Dirigindo-se direto ao cume do Monte Pike, um avião de massa 12.000 kg sobrevoa as planícies do Kansas a uma altitude quase constante de 4,30 km com velocidade constante de 175 m/s para o oeste. (a) Qual é o vetor momento angular da aeronave em relação a um fazendeiro de trigo no chão diretamente abaixo do avião? (b) Este valor muda à medida que o avião continua seu movimento ao longo de uma linha reta? (c) **E se?** Qual é seu momento angular em relação ao cume do Monte Pike?

15. **Revisão.** Um projétil de massa m é lançado com uma velocidade inicial $\vec{\mathbf{v}}_i$, formando um ângulo θ com a horizontal, como mostrado na Figura P11.15. O projétil se move no campo gravitacional da Terra. Encontre o momento angular do projétil em torno da origem: (a) quando o projétil está na origem, (b) quando ele está no ponto mais alto de sua trajetória, e (c) logo antes de bater no chão. (d) Qual é o torque que faz seu momento angular mudar?

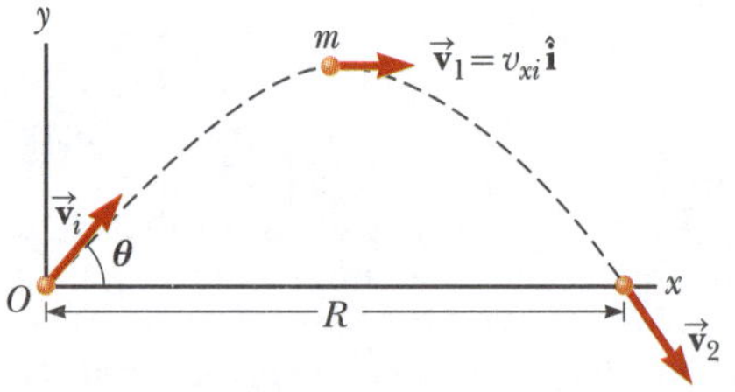

Figura P11.15

16. **Revisão.** Um pêndulo cônico consiste em um peso de massa m em movimento numa trajetória circular em um plano horizontal, como mostrado na Figura P11.16. Durante o movimento, o fio de suporte ℓ mantém um ângulo constante θ com a vertical. Mostre que o módulo do momento angular do peso em torno da linha vertical tracejada é:

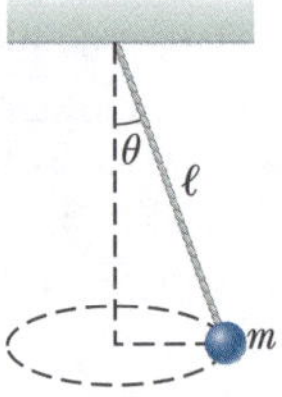

Figura P11.16

$$L = \left(\frac{m^2 g \ell^3 \,\text{sen}^4\,\theta}{\cos\theta}\right)^{1/2}$$

17. Uma partícula de massa m move-se em um círculo de raio R a uma velocidade escalar constante v, como mostrado na Figura P11.17. O movimento começa no ponto Q no instante $t = 0$. Determine o momento angular da partícula em torno do eixo, perpendicular à página pelo ponto P, em função do tempo.

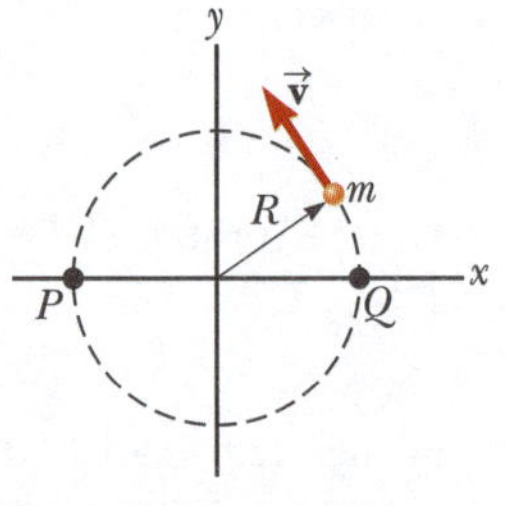

Figura P11.17 Problemas 17 e 32.

18. AMT W Um contrapeso de massa $m = 4{,}00$ kg é preso a um cabo leve que é enrolado em torno de uma polia, como mostrado na Figura P11.18. A polia é um aro fino de raio $R = 8{,}00$ cm e massa $M = 2{,}00$ kg. Os raios têm massa desprezível. (a) Qual é o módulo do torque resultante sobre o sistema em torno do eixo da polia? (b) Quando o contrapeso tem uma velocidade escalar v, a polia tem uma velocidade angular $\omega = v/R$. Determine o módulo do momento angular total em torno do eixo da polia. (c) Utilizando o resultado da parte (b) e $\vec{\tau} = d\vec{\mathbf{L}}/dt$, calcule a aceleração do contrapeso.

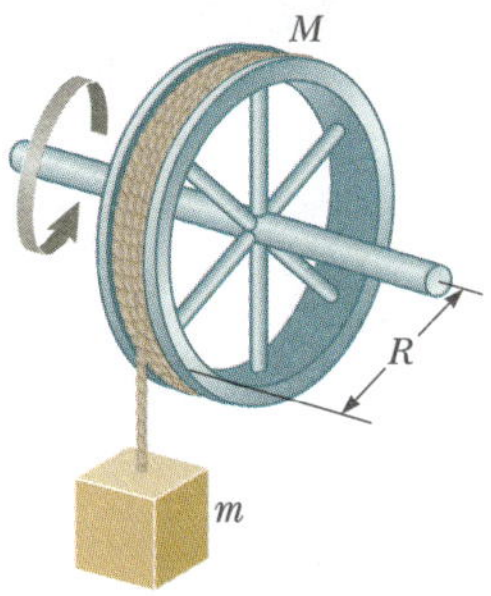

Figura P11.18

19. M O vetor posição de uma partícula de massa 2,00 kg em função do tempo é dada por $\vec{\mathbf{r}} = (6{,}00\hat{\mathbf{i}} + 5{,}00t\hat{\mathbf{j}})$, onde $\vec{\mathbf{r}}$ está em metros e t em segundos. Determine o momento angular da partícula em torno da origem em função do tempo.

20. Uma partícula de 5,00 kg parte da origem no tempo zero. Sua velocidade em função do tempo é dada por

$$\vec{\mathbf{v}} = 6t^2\hat{\mathbf{i}} + 2t\hat{\mathbf{j}}$$

onde $\vec{\mathbf{v}}$ está dado em metros por segundo e t em segundos. (a) Encontre sua posição em função do tempo. (b) Descreva seu movimento qualitativamente. Encontre (c) sua aceleração em função do tempo, (d) a força resultante exercida sobre a partícula em função do tempo, (e) o torque resultante em torno da origem exercido sobre a partícula em função do tempo, (f) o momento angular da partícula em função do tempo, (g) a energia cinética da partícula em função do tempo e (h) a potência injetada no sistema da partícula em função do tempo.

21. Uma bola de massa m é presa à extremidade de um mastro conectado à lateral de um prédio alto no ponto P, como mostra a Figura P11.21. O comprimento do mastro é ℓ e forma um ângulo θ com o eixo x. A bola fica solta e começa a cair com aceleração $-g\hat{\mathbf{j}}$. (a) Determine o momento angular da bola em torno do ponto P em função do tempo. (b) Por que razão física o momento angular muda? (c) Qual é a taxa de variação do momento angular da bola em torno do ponto P?

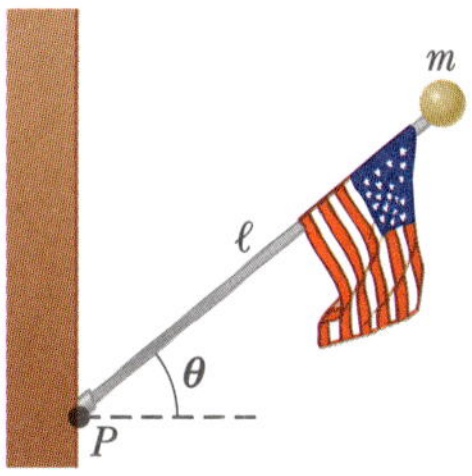

Figura P11.21

Seção 11.3 Momento angular de um corpo rígido em rotação

22. Uma esfera maciça uniforme de raio $r = 0{,}500$ m e massa $m = 15{,}0$ kg gira no sentido anti-horário em torno de um eixo vertical que passa por seu centro. Encontre seu vetor momento angular em torno deste eixo quando sua velocidade angular é 3,00 rad/s.

23. O Big Ben (Fig. P10.49), relógio da torre do Parlamento em Londres, tem os ponteiros das horas e dos minutos com comprimentos de 2,70 m e 4,50 m, e massas de 60,0 kg e 100 kg, respectivamente. Calcule o momento angular total desses ponteiros em torno do ponto central. Você pode considerar os ponteiros hastes longas e finas girando em torno de uma extremidade. Considere que os ponteiros das horas e dos minutos giram a uma taxa constante de uma revolução a cada 12 horas e 60 minutos, respectivamente.

24. Mostre que a energia cinética de um corpo girando em torno de um eixo fixo com momento angular $L = I\omega$ pode ser escrita como $K = L^2/2I$.

25. W Um disco sólido uniforme de massa $m = 3{,}00$ kg e raio $r = 0{,}200$ m gira em torno de um eixo fixo perpendicular à sua face com frequência angular de 6,00 rad/s. Calcule o módulo do momento angular do disco quando o eixo de rotação (a) passa por seu centro de massa, e (b) passa por um ponto intermediário entre o centro e a borda.

26. Considere a Terra uma esfera uniforme. (a) Calcule o momento angular da Terra devido ao seu movimento de rotação em torno do seu eixo. (b) Calcule o momento angular da Terra devido ao seu movimento orbital em torno do Sol. (c) Explique por que a resposta da parte (b) é maior que a da (a) ainda que demore muito mais para a Terra dar uma volta em torno do Sol do que em torno do seu eixo.

27. M Uma partícula de massa 0,400 kg é presa à marca de 100 cm de uma régua de massa 0,100 kg. A régua gira sobre a superfície de uma mesa horizontal sem atrito com velocidade angular de 4,00 rad/s. Calcule o momento angular do sistema quando a régua é presa em torno de um eixo (a) perpendicular à mesa passando pela marca de 50,0 cm, e (b) perpendicular à mesa pela marca de 0 cm.

28. A distância entre os centros das rodas de uma motocicleta é 155 cm. O centro de massa da motocicleta, incluindo o piloto, é 88,0 cm acima do chão e a meio caminho entre as rodas. Considere que a massa de cada roda é pequena em comparação com o corpo da motocicleta. O motor aciona apenas a roda traseira. Que aceleração horizontal da motocicleta fará com que a roda da frente levante do chão?

29. AMT Uma estação espacial é construída na forma de um anel oco de massa $5{,}00 \times 10^4$ kg. Membros da tripulação caminham em um deque formado pela superfície interna da parede do cilindro externo do anel, com raio $r = 100$ m. Em repouso quando construído, o anel é colocado em rotação em torno de seu eixo de maneira que as pessoas em seu interior sofram uma aceleração de queda livre efetiva igual a g. (Veja a Fig. P11.29.) A rotação é conseguida disparando-se dois pequenos foguetes presos tangencialmente opostos na borda do anel. (a) Que momento angular a estação espacial adquire? (b) Para que intervalo de tempo os foguetes devem ser disparados se cada um exerce um impulso de 125 N?

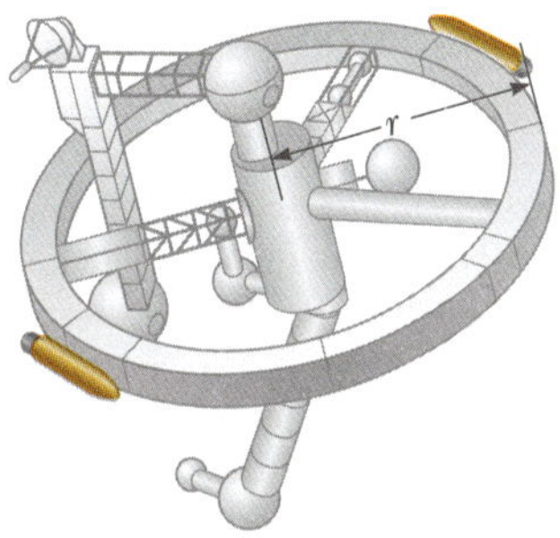

Figura P11.29 Problemas 29 e 40.

Seção 11.4 Modelo de análise: sistema isolado (momento angular)

30. W Um disco com momento de inércia I_1 gira em torno de um eixo vertical com velocidade angular ω_i. Um segundo disco, com momento de inércia I_2 e inicialmente sem girar, cai sobre o primeiro (Fig. P11.30). Por causa do atrito entre as superfícies, os dois finalmente atingem a mesma velocidade angular ω_f. (a) Calcule ω_f. (b) Calcule a razão da energia rotacional final pela inicial.

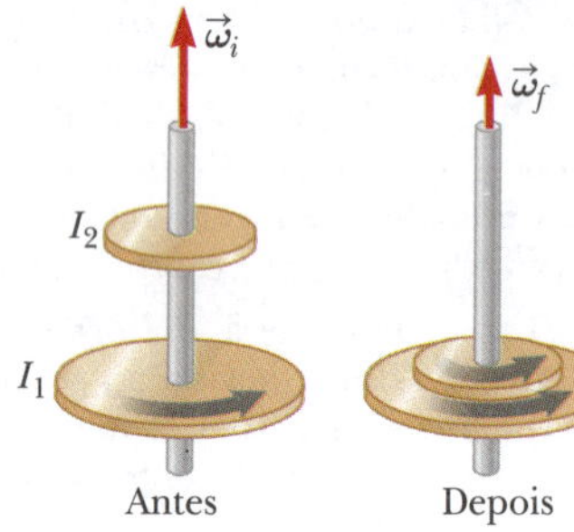

Figura P11.30

31. AMT W Um gira-gira de parquinho de raio $R = 2{,}00$ m tem um momento de inércia $I = 250$ kg × m^2 e está rodando a 10,0 rev/min em torno de um eixo vertical sem atrito. De frente para o eixo, uma criança de 25,0 kg salta no gira-gira e consegue se sentar na beirada. Qual é a nova velocidade angular do gira-gira?

32. A Figura P11.17 representa um disco chato, pequeno, com massa $m = 2{,}40$ kg deslizando em uma superfície horizontal sem atrito. Ele é mantido em uma órbita circular em torno de um eixo fixo por uma haste de massa desprezível e comprimento $R = 1{,}50$ m, articulada em uma extremidade. Inicialmente, o disco tem uma velocidade escalar de $v = 5{,}00$ m/s. Uma bola de 1,30 kg de massa aderente é derrubada de cima verticalmente de uma pequena distância e imediatamente gruda no disco. (a) Qual é o novo período de rotação? (b) O momento angular do sistema disco-massa em torno do eixo de rotação é constante neste processo? (c) O momento do sistema é constante no processo da massa aderindo ao disco? (d) A energia mecânica do sistema é constante no processo?

33. M Uma mulher de 60,0 kg está em pé na borda oeste de uma plataforma giratória horizontal que tem momento de inércia de 500 kg × m^2 e um raio de 2,00 m. A plataforma está inicialmente em repouso e livre para girar sem atrito em torno de um eixo vertical que passa por seu centro. A mulher, então, começa a andar em torno da borda no sentido horário (vista aérea do sistema) a uma velocidade escalar constante de 1,50 m/s em relação à Terra. Considere o sistema mulher-plataforma quando o movimento começa. (a) Sua energia mecânica é constante? (b) Seu momento é constante? (c) Seu momento angular é constante? (d) Em que direção e com que velocidade angular a plataforma gira? (e) Quanta energia química o corpo da mulher converte em energia mecânica do sistema mulher-plataforma quando coloca a si mesma e a plataforma em movimento?

34. W Um estudante se senta em um banquinho girando livremente, segurando dois halteres, cada um de massa 3,00 kg (Fig. P11.34). Quando seus braços estão estendidos horizontalmente (Fig. P11.34a), os halteres estão a 1,00 m do eixo de rotação e o estudante gira com uma velocidade angular de 0,750 rad/s. O momento de inércia do estudante mais o banquinho é de 3,00 kg × m^2 e considerado constante. O estudante puxa os halteres para dentro horizontalmente até uma posição 0,300 m do eixo de rotação (Fig. P11.34b). (a) Encontre a nova velocidade angular do estudante. (b) Encontre a energia cinética do sistema giratório antes e depois que ele puxa os halteres para dentro.

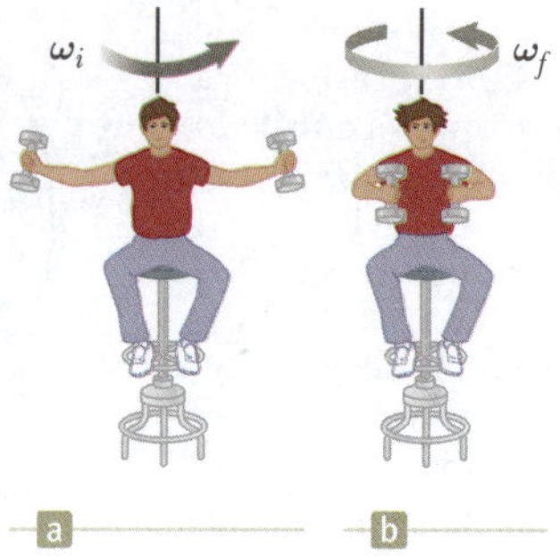

Figura P11.34

35. Uma plataforma giratória cilíndrica uniforme de 1,90 m e massa 30,0 kg gira no sentido anti-horário com uma velocidade angular de 4π rad/s. O rolamento fixo da plataforma é sem atrito. Um pedaço de argila de 2,25 kg de massa e tamanho desprezível é jogado sobre ela de uma pequena distância acima e imediatamente gruda nela em um ponto 1,80 m a leste do eixo. (a) Encontre a velocidade angular final da argila e da plataforma giratória. (b) A energia mecânica do sistema plataforma-argila é constante neste processo? Explique e utilize resultados numéricos para verificar sua resposta. (c) O momento do sistema é constante neste processo? Justifique sua resposta.

36. Um disco de massa $m_1 = 80{,}0$ g e raio $r_1 = 4{,}00$ cm desliza em uma mesa de ar com uma velocidade $\vec{v} = 1{,}50$ m/s, como mostrado na Figura P11.36a. Ele sofre uma colisão com um segundo disco de raio $r_2 = 6{,}00$ cm e massa $m_2 = 120$ g (inicialmente em repouso) de tal forma que suas bordas apenas se tocam. Como suas bordas são cobertas com cola de ação instantânea, os discos grudam e giram após a colisão (Fig. P11.36b). (a) Qual é o momento angular do sistema em relação ao centro de massa? (b) Qual é a velocidade angular em torno do centro de massa?

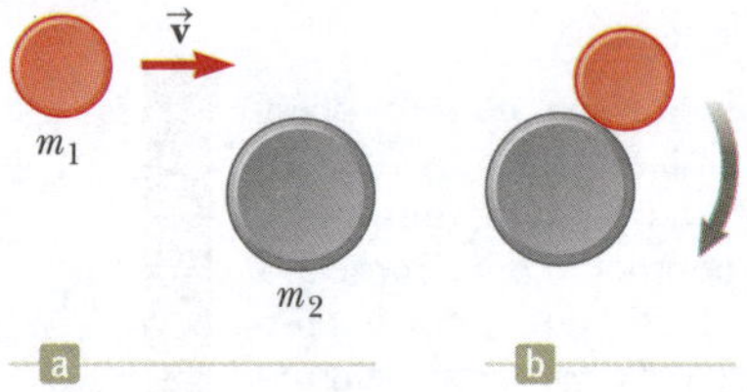

Figura P11.36

37. Um bloco de madeira de massa M em repouso em uma superfície horizontal sem atrito é preso a uma haste rígida de comprimento ℓ e massa desprezível (Fig. P11.37). A haste é articulada na outra extremidade. Uma bala de massa m movendo-se paralela à superfície horizontal e perpendicular à haste com velocidade escalar v atinge o bloco e nele fica embutida. (a) Qual é o momento angular do sistema bala-bloco em torno de um eixo vertical que passa pelo pino? (b) Que fração da energia cinética inicial da bala é convertida em energia interna no sistema durante a colisão?

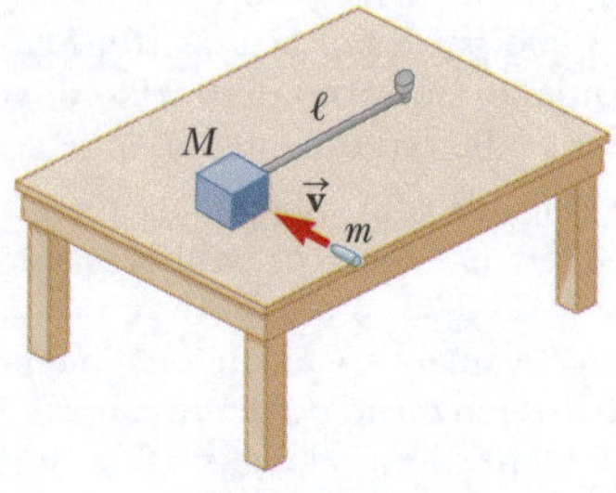

Figura P11.37

38. Revisão. Uma placa de sinalização retangular, uniforme, fina, é pendurada verticalmente acima da porta de uma loja. Ela é articulada por dobradiças a uma haste horizontal fixa ao longo de sua borda superior. A massa da placa é 2,40 kg e sua dimensão vertical é 50,0 cm. Ela está balançando sem atrito, portanto, é um alvo tentador para as crianças armadas com bolas de neve. O deslocamento angular máximo da placa é 25,0° em ambos os lados da vertical. No momento em que ela está na vertical e movendo-se para a esquerda, uma bola de neve de 400 g de massa, viajando horizontalmente com velocidade de 160 cm/s para a direita, bate perpendicularmente na sua extremidade inferior e fica grudada. (a) Calcule a velocidade angular da placa imediatamente antes do impacto. (b) Calcule sua velocidade angular imediatamente após o impacto. (c) A placa respingada balançará para cima até que ângulo máximo?

39. Um pedaço de argila grudenta com massa m e velocidade $\vec{v}_i$ é atirado em um cilindro sólido de massa M e raio R (Fig. P11.39). O cilindro está inicialmente em repouso e é montado sobre um eixo horizontal fixo que passa por seu centro de massa. A linha de movimento do projétil é perpendicular ao eixo e a uma distância $d < R$ do centro. (a) Encontre a velocidade angular do sistema logo depois que a argila bate e gruda na superfície do cilindro. (b) A energia mecânica do sistema argila-cilindro é constante neste processo? Explique sua resposta. (c) O momento do sistema argila-cilindro é constante neste processo? Justifique sua resposta.

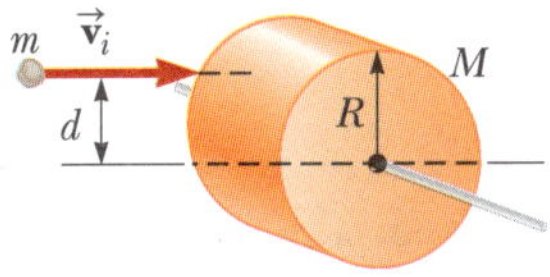

Figura P11.39

40. *Por que a seguinte situação é impossível?* Uma estação espacial em forma de roda-gigante tem raio $r = 100$ m e momento de inércia de 5,00 10^8 kg · m². Uma tripulação de 150 pessoas de massa média de 65,0 kg está ocupando a borda, e a rotação da estação a faz sofrer uma aceleração aparente de queda livre de g (Fig. P11.29). Um técnico de pesquisa recebe a atribuição de realizar uma experiência na qual uma bola é derrubada na borda a cada 15 minutos, e o intervalo de tempo para a bola cair determinada distância é medido como um teste para ter certeza de que o valor aparente de g seja corretamente mantido. Uma noite, 100 pessoas médias se movem para o centro da estação para uma reunião sindical. O técnico de pesquisa, que já vem realizando sua experiência durante uma hora antes da reunião, está desapontado porque não pode comparecer à reunião, e fica ainda mais mal-humorado pela experiência tediosa, na qual cada intervalo de tempo para a bola cair é idêntico à noite inteira.

41. Uma bala de 0,00500 kg viajando horizontalmente com velocidade escalar de 1,00 10^3 m/s bate em uma porta de 18,0 kg, entrando 10,0 cm a partir do lado oposto às dobradiças, como mostrado na Figura P11.41. A porta, com largura de 1,00 m, fica livre para balançar em suas dobradiças sem atrito. (a) Antes de bater, a bala tem momento angular em relação ao eixo de rotação da porta? (b) Se sim, avalie-o. Se não, explique por que não há momento angular. (c) A energia mecânica do sistema bala-porta é constante durante a colisão? Responda sem fazer um cálculo. (d) Com que velocidade angular a porta balança aberta imediatamente após a colisão? (e) Calcule a energia total do sistema porta-bala e determine se ele é menor ou igual à energia cinética da bala antes da colisão.

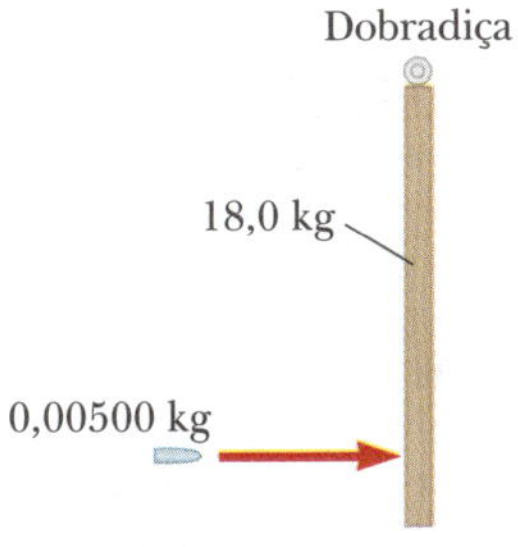

Figura P11.41 Uma vista de cima da bala atingindo a porta.

Seção 11.5 O movimento de giroscópios e piões

42. Uma aeronave está em um espaço vazio, carregando na borda um giroscópio com momento de inércia de I_g = 20,0 kg × m² em torno do eixo do giroscópio. O momento de inércia da espaçonave em torno do mesmo eixo é I_e = 5,00 10^5 kg × m². Nem a espaçonave nem o giroscópio estão inicialmente em rotação. O giroscópio pode ser acionado em um período de tempo desprezível a uma velocidade angular de 100 rad/s. Se a orientação da espaçonave deve ser mudada por 30,0°, por qual intervalo de tempo o giroscópio deve ser operado?

43. O vetor momento angular de um giroscópio em precessão varre um cone, como mostrado pela Figura P11.43. A velocidade angular do ponto do vetor momento angular, chamada frequência de precessão, é dada por $\omega_p = \tau/L$, onde τ é o módulo do torque sobre o giroscópio e L, o módulo de seu momento angular. No momento chamado de *precessão de equinócios,* o eixo de rotação da Terra faz movimento de precessão em torno da perpendicular a seu plano orbital com um período de 2,58 10^4 anos. Considere a Terra uma esfera uniforme e calcule o torque sobre a Terra que causa esta precessão.

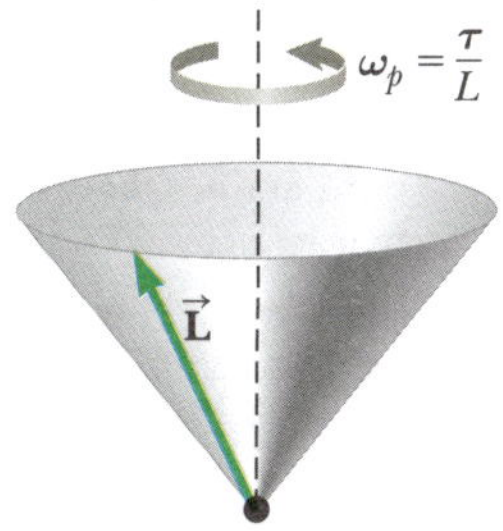

Figura P11.43 Um vetor momento angular de precessão varre um cone no espaço.

Problemas Adicionais

44. Uma corda leve passa sobre uma polia leve sem atrito. Uma extremidade é amarrada a um cacho de bananas de massa M e um macaco de massa M se agarra à outra ponta (Fig. P11.44). O macaco escala a corda na tentativa de chegar às bananas. (a) Tratando o sistema como um conjunto macaco, bananas, corda e polia, encontre o torque resultante sobre ele em torno do eixo da polia. (b) Utilizando o resultado da parte (a), determine o momento angular total em torno do eixo da polia e descreva o movimento do sistema. (c) Será que o macaco chegará às bananas?

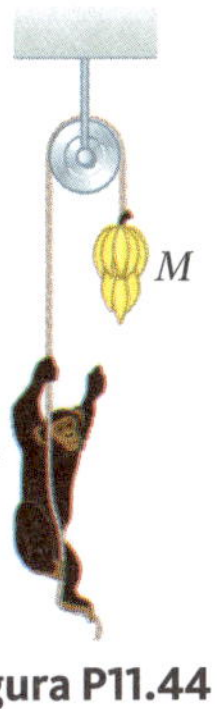

Figura P11.44

45. O Cometa Halley move-se em torno do Sol em uma órbita elíptica, com sua aproximação mais próxima do Sol sendo em torno de 0,590 AU e sua maior distância 35,0 AU (1 AU = distância Terra-Sol). O momento angular do cometa em torno do Sol é constante e a força gravitacional exercida pelo Sol tem braço de momento zero. A velocidade escalar do cometa na aproximação mais próxima é 54,0 km/s. Qual é sua velocidade escalar quando ele está mais distante do Sol?

46. Revisão. Dois meninos estão deslizando um em direção ao outro em um estacionamento coberto de gelo sem atrito. Jacob, de massa 45,0 kg, está deslizando para a direita a 8,00 m/s, e Ethan, de massa 31,0 kg, para a esquerda a 11,0 m/s ao longo da mesma linha. Quando eles se encontram, agarram-se um ao outro. (a) Qual é a velocidade deles imediatamente a seguir? (b) Que fração da energia cinética inicial deles ainda é energia mecânica após a colisão? Foi tão divertido, que os meninos repetiram a colisão com as mesmas velocidades iniciais, desta vez movendo-se ao longo de linhas paralelas afastadas 1,20 m. Na maior aproximação, eles travam os braços e começam a girar em torno de seu centro de massa comum. Considere os meninos partículas e os braços deles um cabo que não estica. (c) Encontre a velocidade do centro de massa deles. (d) Encontre a velocidade angular deles. (e) Que fração da energia cinética deles ainda é energia mecânica depois que seus braços se unem? (f) Por que as repostas das partes (b) e (e) são tão diferentes?

47. Todos nós reclamamos de que não há horas suficientes em um dia. Em uma tentativa de consertar isso, suponha que todas as pessoas do mundo se alinhem no Equador e comecem a correr para o leste a 2,50 m/s em relação à superfície terrestre. De quanto é o aumento do comprimento do dia? Suponha que a população mundial seja 7,00 10^9 de pessoas com uma massa média de 55,0 kg cada, e que a Terra seja uma esfera homogênea sólida. Além disso, dependendo dos detalhes de sua solução, você pode ter de usar a aproximação $1/(1-x) \approx 1 + x$ para pequeno valor de x.

48. Um skatista com seu skate pode ser considerado uma partícula de 76,0 kg, localizado em seu centro de massa, 0,500 m acima do chão. Como mostrado na Figura P11.48, o skatista parte do repouso em uma posição agachado na beira de um *half-pipe* (ponto Ⓐ). Este forma uma metade de um cilindro de raio 6,80 m com seu eixo horizontal. Na descida, o skatista move-se sem atrito e se mantém agachado, de maneira que seu centro de massa se move por um quarto de um círculo. (a) Ache sua velocidade escalar na base do *half-pipe* (ponto Ⓑ). (b) Encontre seu momento angular em torno do centro de curvatura neste ponto. (c) Imediatamente depois de passar pelo ponto Ⓑ, ele fica em pé e levanta os braços, elevando seu centro de gravidade para 0,950 m acima do concreto (ponto Ⓒ). Explique por que seu momento angular é constante nessa manobra e a energia cinética do corpo não. (d) Encontre sua velocidade escalar imediatamente depois que ele se levanta. (e) Quanta energia química nas pernas do skatista foi convertida em energia mecânica no sistema Terra-skatista quando ele se levantou?

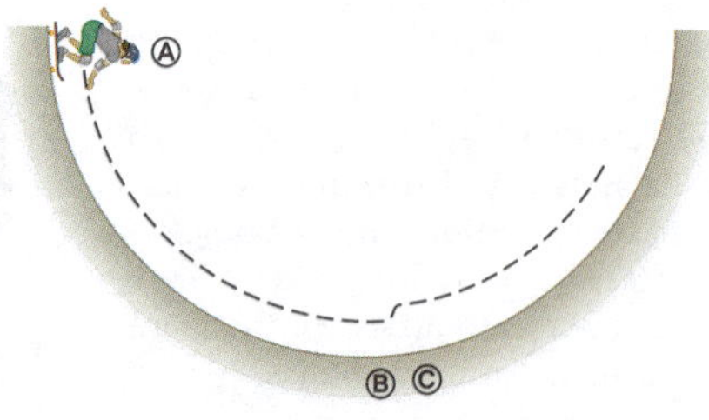

Figura P11.48

49. Uma haste rígida de massa desprezível tem três partículas de massas iguais presas a ela, como mostrado na Figura P11.49. A haste está livre para girar em um plano vertical em torno de um eixo sem atrito perpendicular à haste que passa pelo ponto P, e é liberada do repouso na posição horizontal em $t = 0$. Considerando que m e d são conhecidos, encontre (a) o momento de inércia do sistema de três partículas em torno do pino, (b) o torque que age sobre o sistema em $t = 0$, (c) a aceleração angular do sistema em $t = 0$, (d) a aceleração linear da partícula identificada como 3 em $t = 0$, (e) a energia cinética máxima do sistema, (f) a velocidade angular máxima atingida pela haste, (g) o momento angular máximo do sistema e (h) a velocidade escalar máxima atingida pela partícula 2.

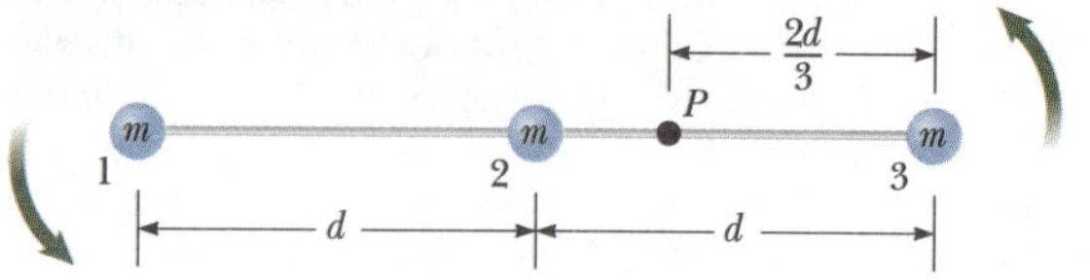

Figura P11.49

50. Duas crianças estão brincando em banquinhos no balcão de um restaurante. Seus pés não alcançam os apoios e os topos dos banquinhos estão livres para girar sem atrito sobre pedestais fixos no chão. Uma das crianças agarra uma bola arremessada, em um processo descrito pela equação:

$$(0{,}730\ \text{kg}\cdot\text{m}^2)(2{,}40\hat{\mathbf{j}}\ \text{rad/s}) + (0{,}120\ \text{kg})(0{,}350\hat{\mathbf{i}}\ \text{m}) \times (4{,}30\hat{\mathbf{k}}\ \text{m/s}) = [0{,}730\ \text{kg}\cdot\text{m}^2 + (0{,}120\ \text{kg})(0{,}350\ \text{m})^2]\vec{\boldsymbol{\omega}}$$

(a) Resolva a equação para a incógnita $\vec{\boldsymbol{\omega}}$. (b) Complete o enunciado do problema ao qual esta equação se aplica. Seu enunciado deve incluir as informações numéricas fornecidas e especificações da incógnita a ser determinada? (c) A equação poderia descrever igualmente bem a outra criança que atira a bola? Justifique sua resposta.

51. PD Um projétil de massa m move-se para a direita com uma velocidade escalar v_i (Fig. P11.51a). O projétil bate e fica preso na extremidade de uma haste fixa de massa M, comprimento d, articulada em torno de um eixo perpendicular à página passando por O (Fig. P11.51b). Queremos encontrar a variação fracional da energia cinética do sistema devido à colisão. (a) Qual é o modelo de análise apropriado para descrever o projétil e a haste? (b) Qual é o momento angular do sistema antes da colisão em relação a um eixo que passa por O? (c) Qual é o momento de inércia do sistema em torno de um eixo que passa por O depois que o projétil fica preso na haste? (d) Se a velocidade angular do sistema após a colisão é ω, qual é seu momento angular após a colisão? (e) Encontre a velocidade angular ω após a colisão em termos das quantidades fornecidas. (f) Qual é a energia cinética do sistema antes da colisão? (g) Qual é a energia cinética do sistema após a colisão? (h) Determine a variação fracionária de energia cinética devida à colisão.

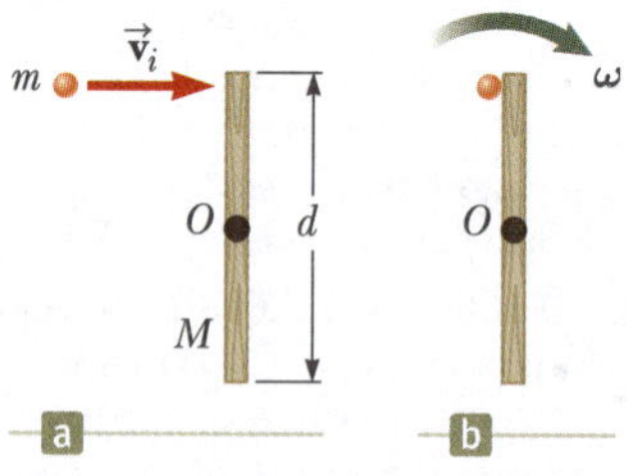

Figura P11.51

52. AMT M Um disco de massa $m = 50{,}0$ g é preso a um cabo esticado que passa por um pequeno orifício em uma superfície horizontal sem atrito (Fig. P11.52). O disco está inicialmente em órbita com velocidade escalar $v_i = 1{,}50$ m/s em um círculo de raio $r_i = 0{,}300$ m. O cabo é, então, puxado lentamente para baixo, diminuindo o raio do círculo a $r = 0{,}100$ m. (a) Qual é a velocidade escalar do disco quando o raio tem seu menor valor? (b) Encontre a tensão no cabo quando o raio tem seu menor valor. (c) Quanto trabalho é realizado pela mão ao puxar o cabo de maneira que o raio do movimento do disco muda de 0,300 m para 0,100 m?

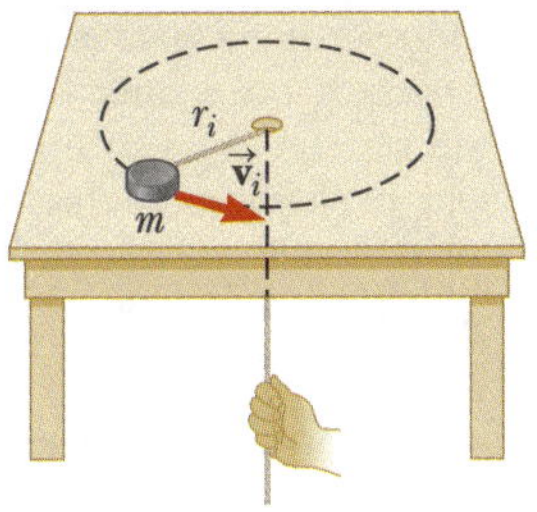

Figura P11.52 Problemas 52 e 53.

53. Um disco de massa m é preso a um cabo esticado que passa por um pequeno orifício em uma superfície horizontal sem atrito (Fig. P11.52). O disco está inicialmente orbitando com velocidade escalar v_i em um círculo de raio r_i. O cabo é, então, puxado lentamente para baixo, diminuindo o raio do círculo a r. (a) Qual é a velocidade escalar do disco quando o raio é r? (b) Encontre a tensão no cabo quando o raio é r. (c) Quanto trabalho é realizado pela mão ao puxar o cabo de maneira que o raio do movimento do disco muda de r_i a r?

54. *Por que a seguinte situação é impossível?* Um meteoroide atinge a Terra diretamente na linha do equador. No instante em que aterrissa, ele está viajando exatamente vertical e para baixo. Devido ao impacto, o tempo para a Terra girar uma vez aumenta em 0,5 s, portanto, o dia fica 0,5 s mais longo, indetectável para leigos. Após o impacto, as pessoas na Terra ignoraram o meio segundo extra a cada dia e a vida continua normalmente. (Considere que a densidade da Terra é uniforme.)

55. Dois astronautas (Fig. P11.55), cada um com massa de 75,0 kg, estão conectados por uma corda de 10,0 m e massa desprezível. Eles estão isolados no espaço, orbitando scu centro de massa com velocidades de 5,00 m/s. Tratando os astronautas como partículas, calcule (a) o módulo do momento angular do sistema de dois astronautas e (b) a energia rotacional do sistema. Ao puxar a corda, um astronauta encurta a distância entre eles para 5,00 m. (c) Qual o novo momento angular do sistema? (d) Quais as novas velocidades escalares dos astronautas? (e) Qual é a nova energia rotacional do sistema? (f) Quanta energia potencial química no corpo do astronauta foi convertida em energia mecânica no sistema quando ele encurtou a corda?

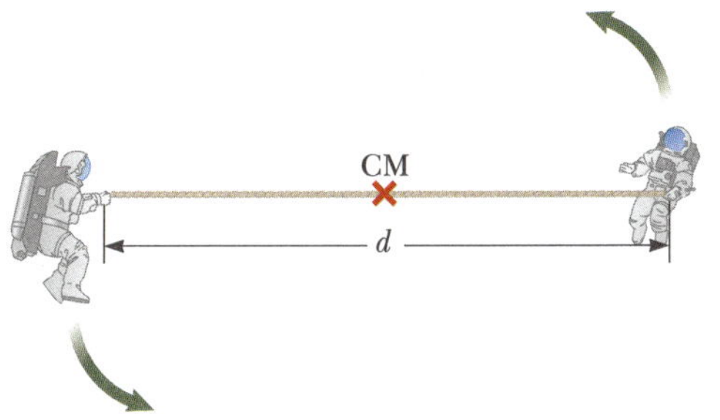

Figura P11.55 Problemas 55 e 56.

56. Dois astronautas (Fig. P11.55), cada um tendo massa M, estão conectados por uma corda de comprimento d e massa desprezível. Eles estão isolados no espaço, orbitando seu centro de massa com velocidades v. Tratando os astronautas como partículas, calcule (a) o módulo do momento angular do sistema de dois astronautas e (b) a energia rotacional do sistema. Ao puxar a corda, um dos astronautas encurta a distância entre eles para $d/2$. (c) Qual o novo momento angular do sistema? (d) Quais as novas velocidades escalares dos astronautas? (e) Qual é a nova energia rotacional do sistema? (f) Quanta energia potencial química no corpo do astronauta foi convertida em energia mecânica no sistema quando ele encurtou a corda?

57. Os nativos da América do Norte e do Sul usavam uma boleadeira para caçar pássaros e animais. Este artefato pode consistir em três pedras, cada uma com massa m, nas extremidades de três cordas leves, cada uma com comprimento ℓ. As outras extremidades das cordas são amarradas juntas para formar um Y. O caçador segura uma pedra e balança as outras duas acima de sua cabeça (Figura P11.57a). Ambas as pedras movem-se juntas em um círculo horizontal de raio 2ℓ com velocidade escalar v_0. No instante em que a componente horizontal de sua velocidade é direcionada para a caça, o caçador solta a pedra que estava em sua mão. Quando a boleadeira voa no ar, as cordas rapidamente adquirem uma arrumação estável com ângulos constantes de 120 graus entre elas (Fig. P11.57b). Na direção vertical, a boleadeira está em queda livre. Forças gravitacionais exercidas pela Terra fazem a junção das cordas se mover com aceleração para baixo $\vec{g}$. Você pode desprezar o movimento vertical à medida que continua a descrever o movimento horizontal da boleadeira. Em termos de m, ℓ e v_0, calcule (a) o módulo do momento da boleadeira no instante em que é solta e depois que é solta, (b) a velocidade escalar horizontal do seu centro de massa e (c) seu momento angular em torno do seu centro de massa. (d) Encontre a velocidade angular da boleadeira em torno do seu centro de massa depois que se assentou em sua forma de Y. Calcule a energia cinética da boleadeira (e) no instante em que é solta e (f) em seu formato estável. (g) Explique como as leis de conservação se aplicam à boleadeira à medida que sua configuração muda. Robert Beichner sugeriu a ideia para este problema.

Figura P11.57

58. Uma haste uniforme de massa 300 g e comprimento 50,0 cm gira em um plano horizontal em torno de um eixo vertical fixo, sem atrito, que passa por seu centro. Duas contas pequenas, densas, cada uma de massa m, estão montadas sobre a haste, de maneira que podem deslizar sem atrito ao longo dela. Inicialmente, as contas são mantidas por prendedores em posições a 10,0 cm de cada lado do centro, e o sistema está girando a uma velocidade angular de 36,0 rad/s. Os prendedores são soltos simultaneamente e as contas deslizam para fora ao longo da haste. (a) Encontre uma expressão para a velocidade angular ω_f do sistema no instante em que as contas deslizam para fora das extremidades da haste, uma vez que ela depende de m. (b) Quais os valores máximo e mínimo para ω_f e os valores de m aos quais eles correspondem?

59. O aquecimento global é uma causa de preocupação, porque mesmo pequenas variações na temperatura da Terra podem ter consequências significativas. Por exemplo, se as calotas polares da Terra fossem inteiramente derretidas, a água adicional resultante nos oceanos inundaria muitas áreas costeiras. Considere o gelo polar como tendo massa $2,30 \times 10^{19}$ kg e formando dois discos chatos de raio $6,00 \times 10^5$ m. Suponha que a água se espalhe em uma casca esférica fina depois que derrete. Calcule a variação resultante na duração de um dia tanto em segundos como em porcentagem.

60. O disco na Figura P11.60 tem uma massa de 0,120 kg. A distância do disco ao centro de rotação é inicialmente de 40,0 cm, e o disco está deslizando com uma velocidade de 80,0 cm/s. A corda é puxada para baixo 15,0 cm através do orifício na mesa sem atrito. Determine o trabalho feito no disco. *Sugestão*: considere a mudança de energia cinética.

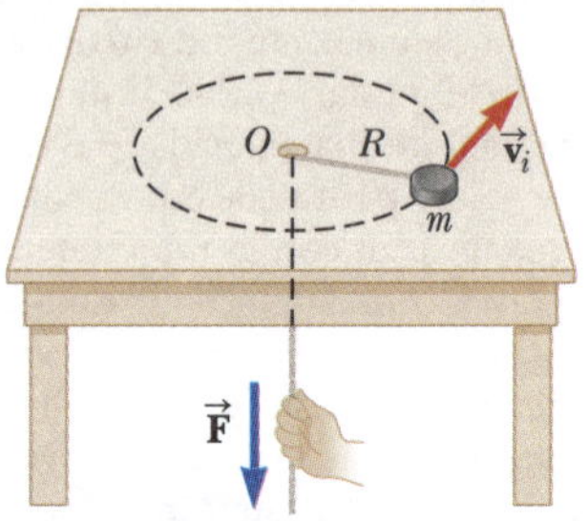

Figura P11.60

Problemas de Desafio

61. Um disco sólido uniforme de raio R é colocado em rotação com velocidade angular ω_i em torno de um eixo que passa por seu centro. Ainda girando nessa velocidade escalar, o disco é colocado em contato com uma superfície horizontal e imediatamente liberado, como mostrado na Figura P11.61. (a) Qual é a velocidade angular do disco, já que ocorre rolamento puro? (b) Encontre a variação fracional em energia cinética do momento em que o disco é colocado até que o rolamento puro ocorra. (c) Suponha que o coeficiente de atrito entre o disco e a superfície seja μ. Qual é o intervalo de tempo depois de colocar o disco, antes de começar o movimento de rolamento puro? (d) Qual é a distância percorrida pelo disco antes de começar o rolamento puro?

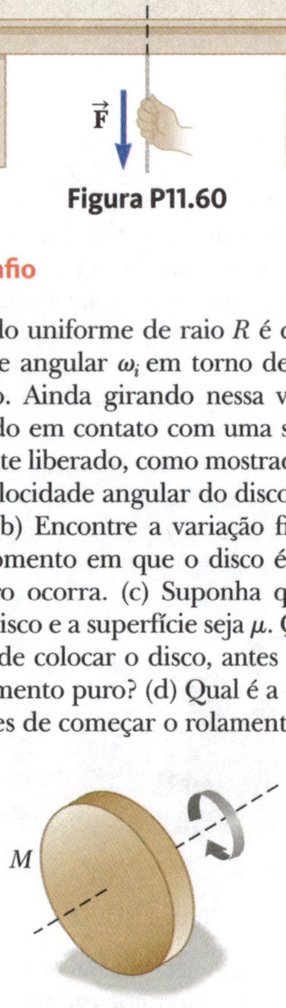

Figura P11.61

62. No Exemplo 11.9, investigamos uma colisão elástica entre um disco e um bastão sobre uma superfície sem atrito. Suponha que tudo seja igual como no exemplo, a não ser que a colisão seja perfeitamente inelástica, de maneira que o disco adere ao bastão na extremidade em que bate. Encontre (a) a velocidade escalar do centro de massa do sistema e (b) a velocidade angular do sistema após a colisão.

63. Um cubo sólido de lado $2a$ e massa M está deslizando em uma superfície sem atrito com velocidade uniforme $\vec{v}$, como mostrado na Figura P11.63a. Ele bate em um pequeno obstáculo na extremidade de uma mesa que o faz inclinar, como mostrado na Figura P11.63b. Encontre o valor mínimo do módulo de $\vec{v}$ de maneira que o cubo vire e caia da mesa. *Observação:* O cubo sofre uma colisão inelástica na borda.

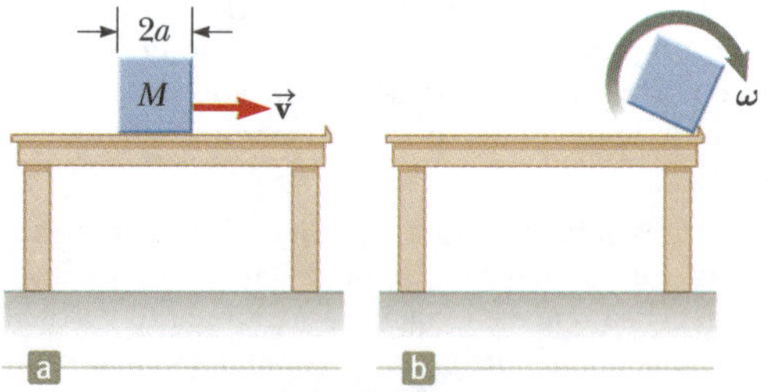

Figura P11.63

64. Um cubo sólido de madeira de lado $2a$ e massa M está em repouso sobre uma superfície horizontal. O cubo é impedido de girar em torno de um eixo fixo AB (Fig. P11.64). Uma bala de massa m e velocidade escalar v é atirada na face oposta $ABCD$ a uma altura de $4a/3$. A bala fica embutida no cubo. Encontre o valor mínimo de v necessário para derrubar o cubo, de maneira que ele caia sobre a face $ABCD$. Considere $m << M$.

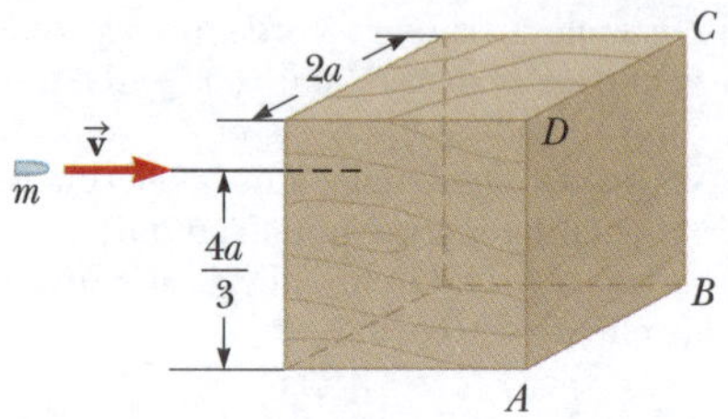

Figura P11.64

capítulo

12

Equilíbrio estático e elasticidade

12.1 Modelo de análise: corpo rígido em equilíbrio
12.2 Mais sobre o centro de gravidade
12.3 Exemplos de corpos rígidos em equilíbrio estático
12.4 Propriedades elásticas dos sólidos

Nos Capítulos 10 e 11, estudamos a dinâmica de corpos rígidos. Parte deste capítulo aborda as condições sob as quais um corpo rígido está em equilíbrio. O termo *equilíbrio* implica que o corpo se move com velocidades linear e angular constante em relação a um observador em um referencial inercial. Tratamos aqui apenas o caso especial em que ambas as velocidades são iguais a zero. Neste caso, o corpo está no que é chamado *equilíbrio estático*, que representa uma situação comum na prática de Engenharia, e os princípios que ele envolve são de especial interesse para engenheiros civis, arquitetos e engenheiros mecânicos. Se você é um estudante de engenharia, sem dúvida irá fazer um curso avançado em estática num futuro próximo.

A última seção deste capítulo trata de como os corpos se deformam sob condições de carga. Um corpo *elástico* retorna ao seu formato original quando as forças deformantes são removidas. Várias constantes elásticas são definidas, cada uma correspondendo a um tipo diferente de deformação.

A Balanced Rock, no Parque Nacional Arches, Utah, é uma rocha de 3.000.000 kg que está em equilíbrio estável por vários milênios. Tinha uma pequena companheira próxima, chamada Chip Off the Old Block, que caiu durante o inverno de 1975. A Balanced Rock apareceu em uma das primeiras cenas de *Indiana Jones e a Última Cruzada*. Estudaremos as condições sob as quais um corpo está em equilíbrio neste capítulo. *(John W. Jewett, Jr.)*

12.1 Modelo de análise: corpo rígido em equilíbrio

No Capítulo 5 deste volume, tratamos do modelo de partícula em equilíbrio, no qual uma partícula se move com velocidade constante porque a força resultante que age sobre ela é zero. A situação com corpos reais (rígidos) é mais complexa, pois estes, com frequência, não podem

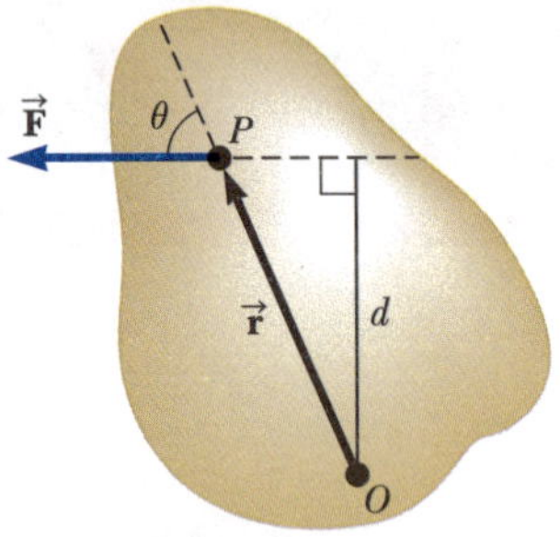

Figura 12.1 Uma força única $\vec{\mathbf{F}}$ age sobre um corpo rígido no ponto P.

ser considerados partículas. Para um corpo rígido estar em equilíbrio, uma segunda condição deve ser satisfeita; ela envolve o movimento de rotação do corpo rígido.

Considere uma força única $\vec{\mathbf{F}}$ agindo sobre um corpo rígido, como mostra a Figura 12.1. Lembre-se de que o torque associado à força $\vec{\mathbf{F}}$ em torno de um eixo que passa por O é dado pela Equação 11.1:

$$\vec{\boldsymbol{\tau}} = \vec{\mathbf{r}} \times \vec{\mathbf{F}}$$

O módulo de $\vec{\boldsymbol{\tau}}$ é Fd (veja Eq. 10.14), onde d é o braço de momento mostrado na Figura 12.1. De acordo com a Equação 10.18, o torque resultante sobre um corpo rígido faz com que ele seja submetido a uma aceleração angular.

Nesta discussão, investigamos as situações rotacionais nas quais a aceleração angular de um corpo rígido é zero. Tal corpo está em **equilíbrio rotacional.** Como $\sum \tau_{\text{ext}} = I\alpha$ para rotação em torno de um eixo fixo, a condição necessária para equilíbrio rotacional é que o torque resultante em torno de qualquer eixo seja zero. Agora, temos duas condições necessárias para o equilíbrio de um corpo:

1. A força externa resultante sobre o corpo deve ser igual a zero:

$$\sum \vec{\mathbf{F}}_{\text{ext}} = 0 \tag{12.1}$$

2. O torque externo resultante sobre o corpo em torno de *qualquer* eixo deve ser igual a zero:

$$\sum \vec{\boldsymbol{\tau}}_{\text{ext}} = 0 \tag{12.2}$$

> **Prevenção de Armadilhas 12.1**
>
> **Torque zero**
> Torque resultante zero não significa uma ausência de movimento de rotação. Um corpo girando a uma velocidade angular constante pode estar sob a influência de um torque resultante igual a zero. Esta possibilidade é análoga à situação translacional: força resultante zero não significa uma ausência de movimento de translação.

Estas condições descrevem o modelo de análise do **corpo rígido em equilíbrio.** A primeira é uma declaração de equilíbrio translacional; ela afirma que a aceleração de translação do centro de massa do corpo deve ser zero quando vista de um referencial inercial. A segunda é uma declaração de equilíbrio rotacional; ela afirma que a aceleração angular em torno de qualquer eixo deve ser zero. No caso especial de **equilíbrio estático**, o assunto principal deste capítulo, o corpo em equilíbrio está em repouso em relação ao observador e não tem velocidade translacional nem angular (isto é, $v_{\text{CM}} = 0$ e $\omega = 0$).

***Teste Rápido* 12.1** Considere o corpo sujeito a duas forças de módulos iguais na Figura 12.2. Escolha a afirmação correta com relação a esta situação. **(a)** O corpo está em equilíbrio de força, mas não em equilíbrio de torque. **(b)** O corpo está em equilíbrio de torque, mas não em equilíbrio de força. **(c)** O corpo está em equilíbrio de força e em equilíbrio de torque. **(d)** O corpo não está nem em equilíbrio de força, nem em equilíbrio de torque.

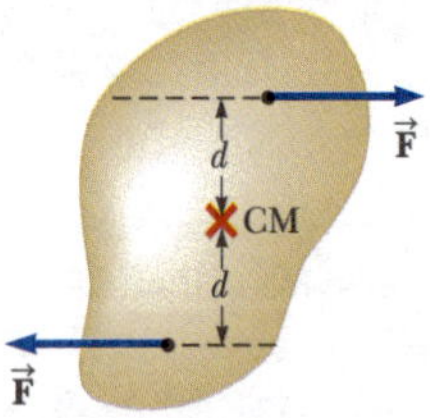

Figura 12.2 (Teste Rápido 12.1) Duas forças de módulos iguais são aplicadas a distâncias iguais do centro de massa de um corpo rígido.

***Teste Rápido* 12.2** Considere o corpo sujeito a três forças na Figura 12.3. Escolha a afirmação correta com relação a esta situação. **(a)** O corpo está em equilíbrio de força, mas não em equilíbrio de torque. **(b)** O corpo está em equilíbrio de torque, mas não em equilíbrio de força. **(c)** O corpo está em equilíbrio de força e em equilíbrio de torque. **(d)** O corpo não está nem em equilíbrio de força, nem em equilíbrio de torque.

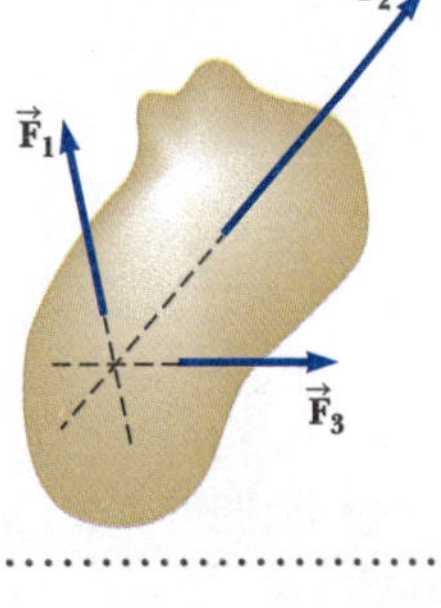

Figura 12.3 (Teste Rápido 12.2) Três forças agem sobre um corpo. Observe que as linhas de ação de todas as três forças passam por um ponto comum.

As duas expressões vetoriais dadas pelas Equações 12.1 e 12.2 são equivalentes, em geral, a seis equações escalares: três da primeira condição para equilíbrio e três da segunda (correspondendo às componentes x, y e z). Assim, em um sistema complexo que envolve várias forças agindo em várias direções, você poderia ser colocado diante da resolução de um conjunto de equações com muitas incógnitas. Aqui, restringimos nossa discussão a situações nas quais todas as forças estão no plano xy. Forças cujas representações vetoriais estão no mesmo plano são ditas *coplanares*. Com esta restrição, devemos lidar com apenas três equações escalares. Duas vêm do equilíbrio das forças nas direções x e y. A terceira, da equação do torque, ou seja, do torque resultante em torno de um eixo perpendicular por *qualquer* ponto no plano xy, deve ser zero. Este eixo perpendicular será necessariamente paralelo ao eixo z; portanto, as duas condições do modelo de corpo rígido em equilíbrio fornecem as equações:

$$\sum F_x = 0 \quad \sum F_y = 0 \quad \sum \tau_z = 0 \qquad (12.3)$$

onde a localização do eixo da equação de torque é arbitrária.

Modelo de Análise **Corpo rígido em equilíbrio**

Imagine um corpo que pode girar, mas não está exibindo nenhuma aceleração translacional a e nenhuma aceleração rotacional α. Este corpo está em equilíbrio translacional *e* em equilíbrio rotacional, portanto, a força líquida *e* o torque líquido sobre qualquer eixo são, ambos, iguais a zero:

$$\Sigma \vec{\mathbf{F}}_{\text{ext}} = 0 \qquad (12.1)$$

$$\Sigma \vec{\tau}_{\text{ext}} = 0 \qquad (12.2)$$

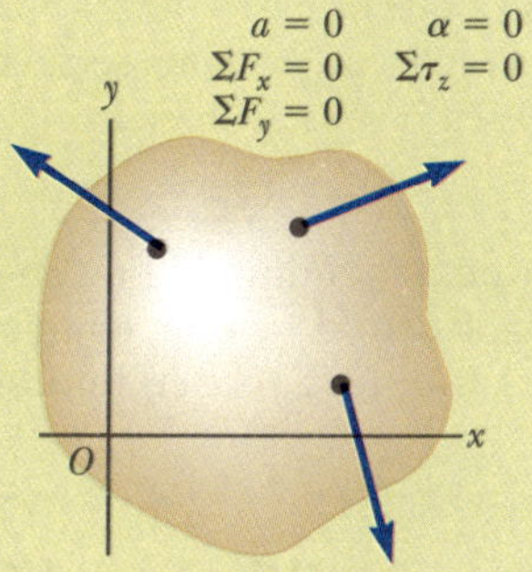

Exemplos:

- uma varanda se projeta para fora de um prédio e deve suportar o peso de vários seres humanos sem desmoronar
- uma ginasta executa o difícil exercício denominado *posição do Cristo*, nas argolas, em um evento olímpico
- um navio se move a uma velocidade constante através de águas calmas e mantém uma orientação perfeitamente nivelada (Capítulo 14 deste volume)
- as moléculas polarizadas em um material dielétrico em um campo elétrico constante assumem uma orientação de equilíbrio médio que permanece fixa no tempo (Capítulo 4 do Volume 3)

12.2 Mais sobre o centro de gravidade

Sempre que lidamos com um corpo rígido, uma das forças que devemos considerar é a gravitacional, que age sobre ele, e temos de conhecer o ponto de aplicação desta força. Como aprendemos na Seção 9.5, associado a cada corpo há um ponto especial, chamado seu centro de gravidade. A combinação das várias forças gravitacionais, que agem sobre todos os diversos elementos de massa do corpo, é equivalente a uma única força gravitacional que age por este ponto. Portanto, para calcular o torque devido à força gravitacional sobre um corpo de massa M, precisamos apenas considerar a força $M\vec{\mathbf{g}}$ que age no centro de gravidade do corpo.

Como encontramos este ponto especial? Como mencionado na Seção 9.5, se considerarmos que $\vec{\mathbf{g}}$ é uniforme sobre o corpo, seu centro de gravidade coincide com seu centro de massa. Para ver por que, considere um corpo de formato arbitrário no plano xy, como ilustrado na Figura 12.4. Suponha que o corpo seja dividido em um grande número de partículas de massas $m_1, m_2, m_3, \ldots$ tendo coordenadas (x_1, y_1), (x_2, y_2), $(x_3, y_3), \ldots$ Na Equação 9.29, definimos a coordenada x do centro de massa de tal corpo como:

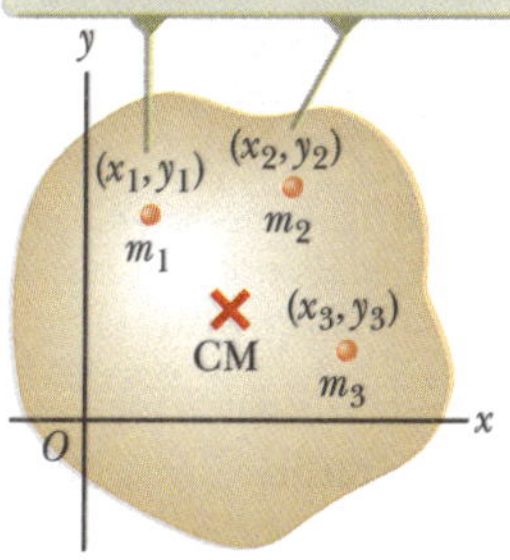

Figura 12.4 Um corpo pode ser dividido em muitas partículas pequenas. Estas podem ser usadas para localizar o centro de massa.

$$x_{\text{CM}} = \frac{m_1 x_1 + m_2 x_2 + m_3 x_3 + \cdots}{m_1 + m_2 + m_3 + \cdots} = \frac{\sum_i m_i x_i}{\sum_i m_i}$$

Utilizamos uma equação similar para definir a coordenada y do centro de massa, substituindo cada x por seu homólogo y.

Vamos agora examinar a situação de outro ponto de vista, considerando a força gravitacional exercida sobre cada partícula, como mostra a Figura 12.5. Cada partícula contribui com um torque em torno de um eixo que passa pela origem, igual em módulo ao peso da partícula mg multiplicado por seu braço de momento. Por exemplo, o módulo do torque

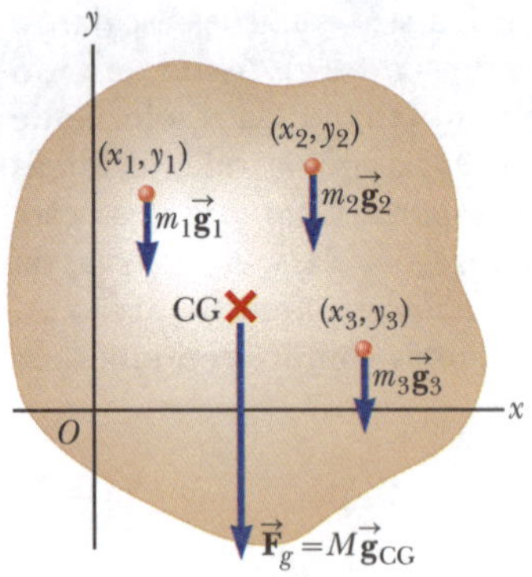

Figura 12.5 Dividindo um corpo em muitas partículas, podemos encontrar seu centro de gravidade.

devido à força $m_1\vec{g}_1$ é $m_1g_1x_1$, onde g_1 é o valor da aceleração da gravidade na posição da partícula de massa m_1. Queremos localizar o centro de gravidade, o ponto no qual a aplicação de uma força gravitacional única $M\vec{g}_{CG}$ (onde $M = m_1 + m_2 + m_3 + ...$ é a massa total do corpo, e $\vec{g}_{CG}$ é a aceleração devida à gravidade no local do centro de gravidade) tem o mesmo efeito sobre a rotação que o efeito combinado de todas as forças gravitacionais individuais $m_i\vec{g}_i$. Igualando o torque resultante de $M\vec{g}_{CG}$ que age no centro de gravidade à soma dos torques que agem sobre as partículas individuais, temos:

$$(m_1 + m_2 + m_3 + \cdots)g_{CG}\, x_{CG} = m_1g_1x_1 + m_2g_2x_2 + m_3g_3x_3 + \cdots$$

Isto explica a possibilidade de que o valor de g pode, em geral, variar sobre o corpo. Se considerarmos que g seja uniforme sobre o corpo (como é geralmente o caso), os termos de g se cancelam, e obtemos:

$$x_{CG} = \frac{m_1x_1 + m_2x_2 + m_3x_3 + \cdots}{m_1 + m_2 + m_3 + \cdots} \qquad \textbf{(12.4)}$$

A comparação deste resultado com a Equação 9.29 mostra que o centro de gravidade está localizado no centro de massa, desde que $\vec{g}$ seja uniforme no corpo inteiro. Diversos exemplos na próxima seção tratam de corpos homogêneos, simétricos. O centro de gravidade para tal corpo coincide com seu centro geométrico.

***Teste Rápido* 12.3** Um metro de densidade uniforme é pendurado por uma corda amarrada na marca de 25 cm. Um corpo de 0,50 kg é pendurado na extremidade zero do metro, equilibrado horizontalmente. Qual é a massa do metro? **(a)** 0,25 kg **(b)** 0,50 kg **(c)** 0,75 kg **(d)** 1,0 kg **(e)** 2,0 kg **(f)** impossível determinar.

12.3 Exemplos de corpos rígidos em equilíbrio estático

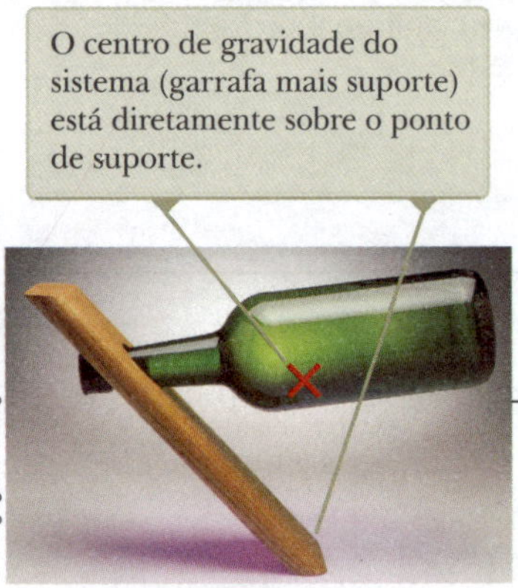

O centro de gravidade do sistema (garrafa mais suporte) está diretamente sobre o ponto de suporte.

Figura 12.6 Este suporte de garrafa de vinho é uma exibição surpreendente de equilíbrio estático.

A fotografia de um suporte de garrafa de vinho na Figura 12.6 é exemplo de um sistema mecânico equilibrado, que parece desafiar a gravidade. Para o sistema (suporte mais garrafa de vinho) estar em equilíbrio, a força externa resultante deve ser zero (veja Eq. 12.1), assim como o torque externo resultante (veja Eq. 12.2). A segunda condição só pode ser satisfeita quando o centro de gravidade do sistema está diretamente sobre o ponto de suporte.

Estratégia para resolução de problemas

CORPO RÍGIDO EM EQUILÍBRIO

Ao analisar um corpo rígido em equilíbrio sob a ação de várias forças externas, utilize o seguinte procedimento.

1. Conceitualização Pense no corpo que está em equilíbrio e identifique todas as forças sobre ele. Imagine que efeito cada força teria sobre a rotação do corpo se ela fosse a única força agindo.

2. Categorização Confirme se o corpo sob consideração é de fato um corpo rígido em equilíbrio. Ele deve ter aceleração translacional e aceleração angular zero.

3. Análise Desenhe um diagrama e identifique todas as forças externas que agem sobre o corpo. Tente adivinhar a direção correta de quaisquer forças que sejam especificadas. Ao utilizar o modelo da partícula sob uma força resultante, o corpo sobre o qual as forças agem pode ser reapresentado em um diagrama de corpo livre com um ponto, pois não importa onde as forças são aplicadas no corpo. No modelo do corpo rígido em equilíbrio, entretanto, não podemos lançar mão de um ponto para representar o corpo, pois o local onde as forças agem é importante no cálculo. Portanto, em um diagrama que mostra as forças sobre um corpo, devemos mostrar o corpo real ou uma versão simplificada dele.

Resolva todas as forças em componentes retangulares, escolhendo um sistema de coordenadas conveniente. Em seguida, aplique a primeira condição para equilíbrio, Equação 12.1. Lembre-se de acompanhar os sinais das várias componentes de força.

Escolha um eixo conveniente para calcular o torque resultante sobre o corpo rígido. Lembre-se de que a escolha do eixo para a equação do torque é arbitrária; portanto, escolha um eixo que simplifique seu cálculo o máximo possível. Normalmente, o eixo mais conveniente para cálculo de torques é aquele que passe por um ponto no qual as linhas de ação de várias forças passam; portanto, seus torques em torno desse eixo são zero. Se você não conhece uma força ou não precisa conhecê-la, muitas vezes é benéfico escolher um eixo que passe pelo ponto em que essa força atua. Aplique a segunda condição para equilíbrio, Equação 12.2.

Resolva as equações simultâneas para as incógnitas em termos das quantidades conhecidas.

4. Finalização Certifique-se de que os resultados estejam coerentes com o diagrama. Se você escolheu uma direção que leva a um sinal negativo na solução de uma força, não fique alarmado; ele simplesmente significa que a direção da força é oposta à que você supunha. Adicione as forças verticais e horizontais sobre o corpo e confirme se cada conjunto de componentes tem soma zero. Adicione os torques sobre o corpo e confirme se a soma é igual a zero.

Exemplo 12.1 A gangorra revisitada MA

Uma gangorra, que consiste de uma tábua uniforme de massa M e comprimento ℓ, suporta, em repouso, um pai e uma filha, de massas m_p e m_f, respectivamente, como mostrado na Figura 12.7. O apoio (chamado *fulcro*) está sob o centro de gravidade da tábua; o pai está a uma distância d do centro e a filha a $\ell/2$ do centro.

(A) Determine o módulo da força para cima $\vec{\mathbf{n}}$ exercida pelo apoio sobre a tábua.

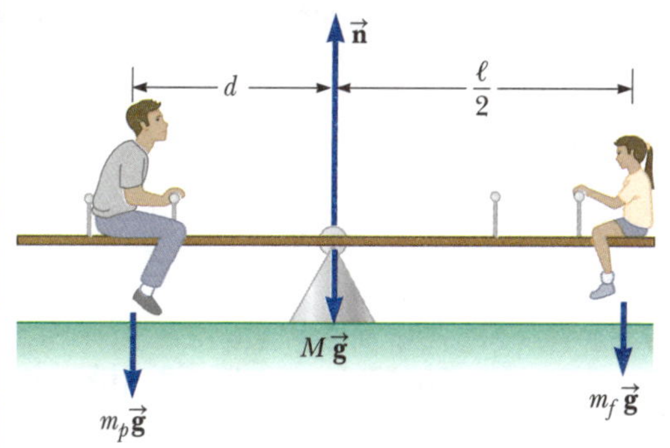

Figura 12.7 (Exemplo 12.1) Um sistema equilibrado.

SOLUÇÃO

Conceitualização Vamos concentrar nossa atenção na tábua e considerar as forças gravitacionais sobre o pai e a filha como forças aplicadas diretamente na tábua. A filha causaria uma rotação, no sentido horário, da tábua em torno do apoio, e o pai, no sentido anti-horário.

Categorização Como o texto do problema afirma que o sistema está em repouso, consideramos a tábua um *corpo rígido em equilíbrio*. Entrentanto, como só precisaremos da primeira condição de equilíbrio para resolver esta parte do problema, podemos também simplesmente modelar a tábua como uma *partícula em equilíbrio*.

Análise Defina o sentido para cima como a direção y positiva e substitua as forças sobre a tábua na Equação 12.1:

$$n - m_p g - m_f g - Mg = 0$$

Resolva para o módulo da força $\vec{\mathbf{n}}$:

$$n = m_p g + m_f g + Mg = (m_p + m_f + M)g$$

(B) Determine onde o pai deveria se sentar para equilibrar o sistema em repouso.

SOLUÇÃO

Categorização Esta parte do problema requer a introdução de torque para encontrar a posição do pai; portanto, consideramos a tábua um *corpo rígido em equilíbrio*.

Análise O centro de gravidade da tábua está no centro geométrico, pois nos foi dito que ela é uniforme. Se escolhermos um eixo de rotação perpendicular à página, através do centro de gravidade da tábua, os torques produzidos por $\vec{\mathbf{n}}$ e pela força gravitacional sobre a tábua em torno deste eixo serão zero.

Substitua as expressões para os torques sobre a tábua devidos ao pai e à filha na Equação 12.2:

$$(m_p g)(d) - (m_f g)\frac{\ell}{2} = 0$$

Resolva para d:

$$d = \left(\frac{m_f}{m_p}\right)\frac{\ell}{2}$$

Finalização Este resultado é o mesmo que obtivemos no Exemplo 11.6 avaliando a aceleração angular do sistema e definindo a aceleração angular igual a zero.

E SE? Suponha que tivéssemos escolhido outro ponto pelo qual o eixo de rotação passaria. Por exemplo, admita que o eixo seja perpendicular à página e passe pelo local do pai. Isto mudaria os resultados das partes (A) e (B)?

continua

12.1 *cont.*

Resposta A parte (A) não é afetada, pois o cálculo da força resultante não envolve um eixo de rotação. Na (B), esperaríamos, conceitualmente, que não houvesse mudança se um eixo de rotação fosse escolhido, porque a segunda condição de equilíbrio afirma que o torque é zero em torno de *qualquer* eixo de rotação.

Vamos verificar esta resposta matematicamente. Lembre-se de que o sinal do torque associado a uma força é positivo se essa força tender a girar o sistema no sentido anti-horário; o sinal do torque é negativo se a força tender a girar o sistema no sentido horário. Vamos escolher um eixo de rotação perpendicular à página e que passa pelo local do pai.

Substitua as expressões para os torques sobre a tábua em torno desse eixo na Equação 12.2:

$$n(d) - (Mg)(d) - (m_f g)\left(d + \frac{\ell}{2}\right) = 0$$

Substitua a Equação (1) na parte (A) e resolva para d:

$$(m_p + m_f + M)g(d) - (Mg)(d) - (m_f g)\left(d + \frac{\ell}{2}\right) = 0$$

$$(m_p g)(d) - (m_f g)\left(\frac{\ell}{2}\right) = 0 \rightarrow d = \left(\frac{m_f}{m_p}\right)\frac{\ell}{2}$$

Este resultado está de acordo com o obtido na parte (B).

Exemplo 12.2 Em pé em uma viga horizontal MA

Uma viga horizontal uniforme com comprimento $\ell = 8{,}00$ m e peso $W_b = 200$ N é presa a uma parede por uma conexão de pinos. Sua extremidade mais afastada é sustentada por um cabo que forma um ângulo $\phi = 53{,}0°$ com a viga (Fig. 12.8a). Uma pessoa de peso $W_p = 600$ N fica em pé a uma distância $d = 2{,}00$ m da parede. Encontre a tensão no cabo, bem como o módulo e a direção da força exercida pela parede sobre a viga.

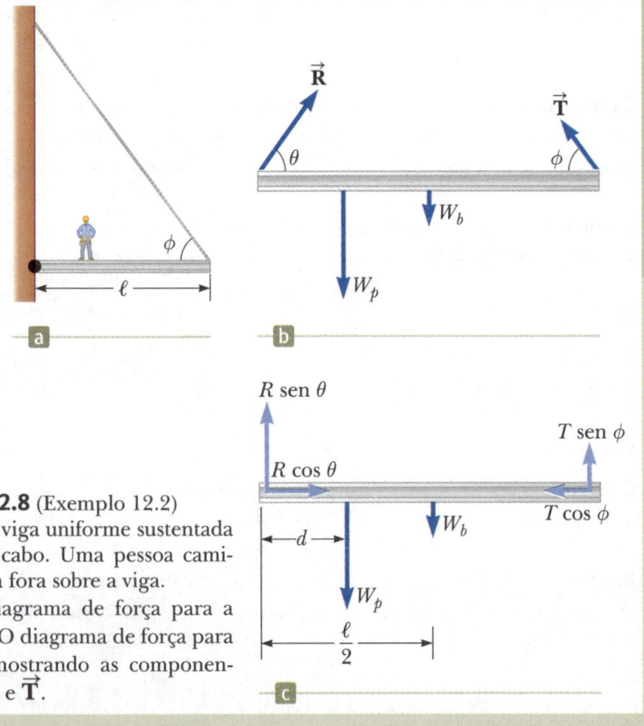

Figura 12.8 (Exemplo 12.2)
(a) Uma viga uniforme sustentada por um cabo. Uma pessoa caminha para fora sobre a viga.
(b) O diagrama de força para a viga. (c) O diagrama de força para a viga mostrando as componentes de $\vec{R}$ e $\vec{T}$.

SOLUÇÃO

Conceitualização Imagine a pessoa na Figura 12.8a se movendo para fora sobre a viga. Parece razoável que, quanto mais ela se move para fora, maior o torque que ela aplica em torno da articulação e maior deve ser a tensão no cabo para equilibrar esse torque.

Categorização Como o sistema está em repouso, categorizamos a viga como um *corpo rígido em equilíbrio*.

Análise Identificamos todas as forças externas que agem sobre a viga: a gravitacional de 200 N, a $\vec{T}$ exercida pelo cabo, a $\vec{R}$ exercida pela parede na articulação e a de 600 N que a pessoa exerce sobre a viga. Todas elas são indicadas no diagrama de forças mostrado na Figura 12.8b. Quando atribuímos direções para as forças, por vezes é útil imaginar o que aconteceria se uma delas fosse repentinamente removida. Por exemplo, se a parede desaparecesse repentinamente, a extremidade esquerda da viga mover-se-ia para a esquerda quando ela começasse a cair. Esse cenário nos diz que a parede não está apenas segurando a viga para cima, mas também pressionando-a para fora. Portanto, desenhamos o vetor $\vec{R}$ na direção mostrada na Figura 12.8b. A Figura 12.8c mostra as componentes horizontais e verticais de $\vec{T}$ e $\vec{R}$.

Aplicando a primeira condição de equilíbrio, substitua as expressões para as forças sobre a viga nas equações componentes da Equação 12.1:

$$(1)\ \sum F_x = R\cos\theta - T\cos\phi = 0$$

$$(2)\ \sum F_y = R\,\text{sen}\,\theta + T\,\text{sen}\,\phi - W_p - W_b = 0$$

12.2 *cont.*

onde escolhemos para a direita e para cima como nossas direções positivas. Como R, T e θ são todas incógnitas, não podemos obter uma solução a partir dessas expressões isoladamente. Para calcular as incógnitas, o número de equações simultâneas deve, geralmente, ser igual ao número de incógnitas.

Agora, vamos invocar a condição para equilíbrio rotacional. A escolha conveniente de um eixo para nossa equação de torque é o que passa pela conexão de pinos. A característica que torna este eixo tão conveniente é que a força $\vec{\mathbf{R}}$ e a componente horizontal de $\vec{\mathbf{T}}$ têm braço de momento igual a zero; deste modo, essas forças não produzem torque em torno dele.

Substitua expressões para os torques sobre a viga na Equação 12.2:

$$\sum \tau_z = (T\,\text{sen}\phi)(\ell) - W_p d - W_b\left(\frac{\ell}{2}\right) = 0$$

Esta equação contém apenas T como incógnita por causa da nossa escolha do eixo de rotação. Resolva para T e substitua os valores numéricos:

$$T = \frac{W_p d + W_b(\ell/2)}{\ell\,\text{sen}\phi} = \frac{(600\text{ N})(2{,}00\text{ m}) + (200\text{ N})(4{,}00\text{ m})}{(8{,}00\text{ m})\text{ sen }53{,}0°} = \boxed{313\text{ N}}$$

Reorganize as Equações (1) e (2) e depois divida:

$$\frac{R\,\text{sen}\,\theta}{R\cos\theta} = \text{tg}\,\theta = \frac{W_p + W_b - T\,\text{sen}\phi}{T\cos\phi}$$

Resolva para θ e substitua os valores numéricos:

$$\theta = \text{tg}^{-1}\left(\frac{W_p + W_b - T\,\text{sen}\phi}{T\cos\phi}\right)$$

$$= \text{tg}^{-1}\left[\frac{600\text{ N} + 200\text{ N} - (313\text{ N})\text{ sen }53{,}0°}{(313\text{ N})\cos 53{,}0°}\right] = \boxed{71{,}1°}$$

Resolva a Equação (1) para R e substitua os valores numéricos:

$$R = \frac{T\cos\phi}{\cos\theta} = \frac{(313\text{ N})\cos 53{,}0°}{\cos 71{,}1°} = \boxed{581\text{ N}}$$

Finalização O valor positivo para o ângulo θ indica que nossa estimativa da direção de $\vec{\mathbf{R}}$ foi precisa.

Se tivéssemos escolhido algum outro eixo para a equação do torque, a solução poderia ser diferente nos detalhes, mas as respostas seriam as mesmas. Por exemplo, se tivéssemos escolhido um eixo que passasse pelo centro de gravidade da viga, a equação de torque envolveria tanto T como R. Esta equação, juntamente com as (1) e (2), entretanto, ainda poderiam ser resolvidas para encontrar as incógnitas. Experimente!

E SE? E se uma pessoa caminhasse mais longe sobre a viga? T mudaria? R mudaria? θ mudaria?

Resposta T deve aumentar, porque a força gravitacional na pessoa exerce um torque maior em torno da conexão de pinos, que deve ser compensado por um torque maior na direção oposta devido a um aumento no valor de T. Se T aumentar, a componente vertical de $\vec{\mathbf{R}}$ diminui para manter o equilíbrio de força na direção vertical. O equilíbrio de força na direção horizontal, entretanto, requer um aumento da componente horizontal de $\vec{\mathbf{R}}$ para equilibrar o aumento da componente horizontal $\vec{\mathbf{T}}$. Este fato sugere que θ torna-se menor, mas é difícil prever o que acontece com R. O problema 66 pede que você explore o comportamento de R.

Exemplo 12.3 A escada encostada MA

Uma escada uniforme de comprimento ℓ está encostada em uma parede vertical lisa (Fig. 12.9a). A massa da escada é m, e o coeficiente de atrito estático entre a escada e o chão é $\mu_e = 0{,}40$. Encontre o ângulo mínimo $\theta_{\text{mín}}$ em que a escada não escorrega.

SOLUÇÃO

Conceitualização Pense nas escadas que você já subiu. Você quer uma força de atrito grande ou pequena entre a parte inferior da escada e a superfície? Se a força de atrito for zero, a escada ficará em pé? Simule uma escada com uma régua apoiada contra uma superfície vertical. A régua escorrega em alguns ângulos e permanece em pé em outros?

Categorização Não queremos que a escada escorregue; portanto, a consideramos um *corpo rígido em equilíbrio*.

continua

12.3 *cont.*

Análise Um diagrama mostrando todas as forças externas que agem sobre a escada é ilustrado na Figura 12.9b. A força exercida pelo chão sobre a escada é o vetor soma de uma força normal $\vec{\mathbf{n}}$ e a força de atrito estático $\vec{\mathbf{f}}_e$. A parede exerce uma força normal $\vec{\mathbf{P}}$ no topo da escada, mas não existe força de atrito aqui porque a parede é lisa. Portanto, a força líquida no topo da escada é perpendicular à parede e tem grandeza P.

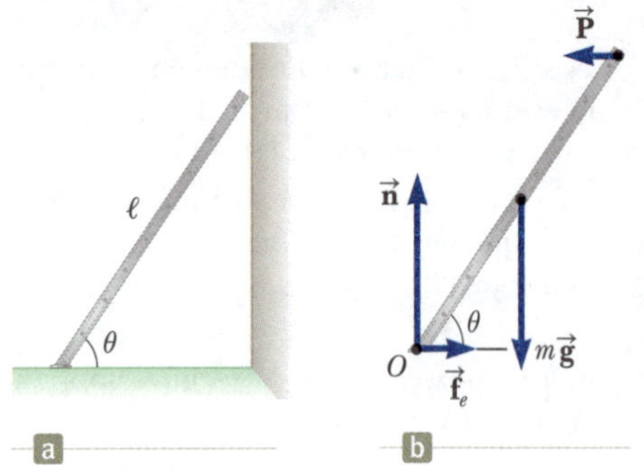

Figura 12.9 (Exemplo 12.3) (a) Uma escada uniforme em repouso, encostada em uma parede lisa. O chão é áspero. (b) As forças sobre a escada.

Aplique a primeira condição para equilíbrio da escada em ambas as direções, x e y:

(1) $\sum F_x = f_e - P = 0$

(2) $\sum F_y = n - mg = 0$

Resolva a Equação (1) para encontrar P:

(3) $P = f_e$

Resolva a Equação (2) para encontrar n:

(4) $n = mg$

Quando a escada está na iminência de escorregar, a força de atrito estático deve ter seu valor máximo, que é dado por $f_{e,\text{máx}} = \mu_e n$. Combine esta equação com as (3) e (4):

(5) $P_{\text{máx}} = f_{e,\text{máx}} = \mu_e n = \mu_e mg$

Aplique a segunda condição para equilíbrio à escada, avaliando torques em torno de um eixo perpendicular ao trecho que passa por O:

$$\sum \tau_O = P\ell \operatorname{sen}\theta_{\text{mín}} - mg\frac{\ell}{2}\cos\theta_{\text{mín}} = 0$$

Resolva tg $\theta_{\text{mín}}$:

$$\frac{\operatorname{sen}\theta}{\cos\theta} = \operatorname{tg}\theta = \frac{mg}{2P} \rightarrow \theta = \operatorname{tg}^{-1}\left(\frac{mg}{2P}\right)$$

Sob as condições em que a escada está prestes a escorregar, θ se torna $\theta_{\text{mín}}$ e $P_{\text{máx}}$ é dado pela Equação (5). Substitua:

$$\theta_{\text{mín}} = \operatorname{tg}^{-1}\left(\frac{mg}{2P_{\text{máx}}}\right) = \operatorname{tg}^{-1}\left(\frac{1}{2\mu_s}\right) = \operatorname{tg}^{-1}\left[\frac{1}{2(0{,}40)}\right] = 51°$$

Finalização Observe que o ângulo depende apenas do coeficiente de atrito, não da massa nem do comprimento da escada.

Exemplo 12.4 Superando o meio-fio MA

(A) Estime a módulo da força $\vec{\mathbf{F}}$ que uma pessoa deve aplicar à roda principal de uma cadeira de rodas para subir no meio-fio (Fig. 12.10a). Essa roda principal que entra em contato com o meio-fio tem raio r, e a altura do meio-fio é h.

SOLUÇÃO

Conceitualização Pense no acesso de cadeiras de rodas a edifícios. Em geral, há rampas construídas para cadeirantes. Estruturas tipo degrau, como o meio-fio, são barreiras difíceis para eles se locomoverem.

Categorização Imagine que a pessoa exerça força suficiente para que a parte de baixo da roda maior apenas perca contato com a superfície inferior e flutue em repouso. Consideremos a roda nesta situação um *corpo rígido em equilíbrio*.

Análise Normalmente, as mãos da pessoa fornecem a força necessária a uma roda um pouco menor, que é concêntrica com a roda principal. Para simplificar, vamos considerar que o raio dessa segunda roda é o mesmo da principal. Vamos estimar uma força gravitacional combinada de grandeza $mg = 1.400$ N para a pessoa e a cadeira de rodas, atuando ao longo de uma linha de ação passando através do eixo da roda principal, e escolher um raio de roda $r = 30$ cm. Também vamos escolher uma altura de meio-fio de $h = 10$ cm; e, ainda, considerar que a cadeira de rodas e o ocupante são simétricos e que cada roda suporta um peso de 700 N. Continuamos, então, a analisar apenas uma das rodas maiores. A Figura 12.10b mostra a geometria de uma única roda.

12.4 *cont.*

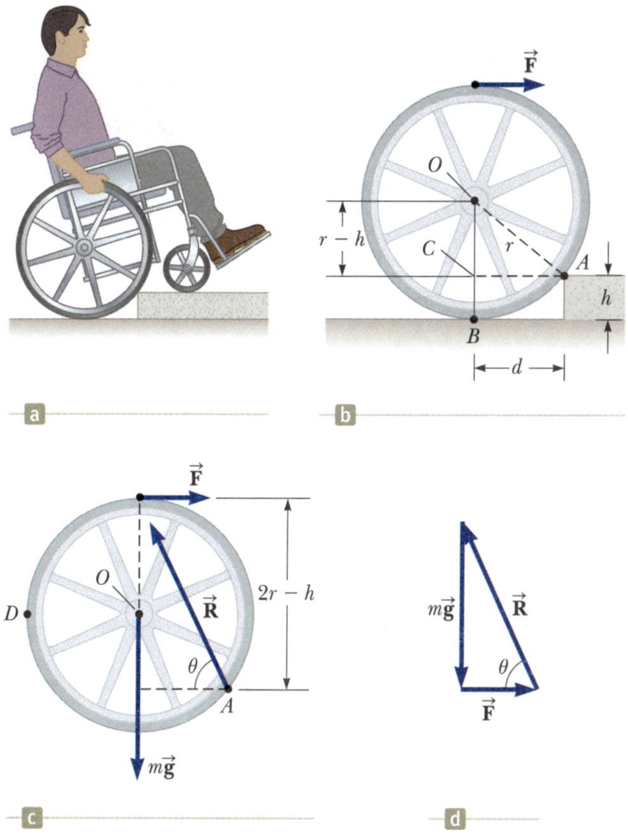

Figura 12.10 (Exemplo 12.4) (a) Uma pessoa em uma cadeira de rodas tenta subir no meio-fio. (b) Detalhes da roda e do meio-fio. A pessoa aplica uma força $\vec{F}$ à parte de cima da roda. (c) Um diagrama de forças da roda quando ela está prestes a ser levantada. Três forças agem sobre a roda neste instante: $\vec{F}$, que é exercida pela mão; $\vec{R}$, que é exercida pelo meio-fio; e a gravitacional $m\vec{g}$. (d) A soma vetorial das três forças externas que agem sobre a roda é zero.

Quando a roda está quase para ser levantada da rua, a força normal exercida pelo chão sobre ela no ponto B vai a zero. Logo, neste momento, apenas três forças agem sobre a roda, como mostrado no diagrama de forças da Figura 12.10c. A força $\vec{R}$, que é a exercida pelo meio-fio sobre a roda, age no ponto A; portanto, se escolhermos um eixo de rotação que seja perpendicular ao trecho e que passe por este ponto, não precisamos incluir $\vec{R}$ em nossa equação de torque. O braço de momento de $\vec{F}$, em relação a um eixo que passa por A, é dado por $2r - h$ (veja Fig. 12.10c).

Use o triângulo OAC na Figura 12.10b para encontrar o braço de momento d da força gravitacional $m\vec{g}$ que age sobre a roda em relação a um eixo que passa pelo ponto A:

$$(1)\quad d = \sqrt{r^2 - (r-h)^2} = \sqrt{2rh - h^2}$$

Aplique a segunda condição de equilíbrio à roda, considerando torques em torno de um eixo que passa por A:

$$(2)\quad \sum \tau_A = mgd - F(2r - h) = 0$$

Substitua para d da Equação (1):

$$mg\sqrt{2rh - h^2} - F(2r - h) = 0$$

Resolva para F:

$$(3)\quad F = \frac{mg\sqrt{2rh - h^2}}{2r - h}$$

Simplifique:

$$F = mg\frac{\sqrt{h}\,\sqrt{2r - h}}{2r - h} = mg\sqrt{\frac{h}{2r - h}}$$

Substitua os valores dados:

$$F = (700\ \text{N})\sqrt{\frac{0{,}1\ \text{m}}{2(0{,}3\ \text{m}) - 0{,}1\ \text{m}}}$$

$$= \boxed{3 \times 10^2\ \text{N}}$$

(B) Determine o módulo e a direção de $\vec{R}$.

continua

12.4 *cont.*

SOLUÇÃO

Aplique a primeira condição de equilíbrio para as componentes x e y das forças sobre a roda:

$$(3) \quad \sum F_x = F - R\cos\theta = 0$$

$$(4) \quad \sum F_y = R\,\text{sen}\,\theta - mg = 0$$

Divida a Equação (5) pela (4):

$$\frac{R\,\text{sen}\,\theta}{R\cos\theta} = \text{tg}\,\theta = \frac{mg}{F}$$

Resolva para o ângulo θ:

$$\theta = \text{tg}^{-1}\left(\frac{mg}{F}\right) = \text{tg}^{-1}\left(\frac{700\text{ N}}{300\text{ N}}\right) = \boxed{70°}$$

Resolva a Equação (5) para R e substitua os valores numéricos:

$$R = \frac{mg}{\text{sen}\,\theta} = \frac{700\text{ N}}{\text{sen }70°} = \boxed{8 \times 10^2\text{ N}}$$

Finalização Observe que mantivemos apenas um algarismo significativo. Escrevemos o ângulo como 70° porque $(7 \times 10^{1°})$ é estranho! Os resultados indicam que a força que deve ser aplicada a cada roda é substancial. Você pode querer estimar a força necessária para fazer uma cadeira de rodas subir uma rampa típica de acesso à calçada para comparação.

E SE? Seria mais fácil superar o meio-fio se a pessoa segurasse na roda no ponto D da Figura 12.10c e puxasse *para cima?*

Resposta Se a força $\vec{\mathbf{F}}$ na Figura 12.10c for virada no sentido anti-horário 90° e aplicada em D, seu braço de momento em torno de um eixo que passa por A é $d + r$. Vamos apelar para o módulo dessa nova força F'.

Modifique a Equação (2) para essa situação:

$$\sum \tau_A = mgd - F'(d + r) = 0$$

Resolva esta equação para F' e substitua para d:

$$F' = \frac{mgd}{d + r} = \frac{mg\sqrt{2rh - h^2}}{\sqrt{2rh - h^2} + r}$$

Tome a relação desta força pela original a partir da Equação (3) e expresse o resultado em termos de h/r, a relação da altura do meio-fio pelo raio da roda:

$$\frac{F'}{F} = \frac{\dfrac{mg\sqrt{2rh - h^2}}{\sqrt{2rh - h^2} + r}}{\dfrac{mg\sqrt{2rh - h^2}}{2r - h}} = \frac{2r - h}{\sqrt{2rh - h^2} + r} = \frac{2 - \left(\dfrac{h}{r}\right)}{\sqrt{2\left(\dfrac{h}{r}\right) - \left(\dfrac{h}{r}\right)^2} + 1}$$

Substitua a relação $h/r = 0{,}33$ a partir dos valores fornecidos:

$$\frac{F'}{F} = \frac{2 - 0{,}33}{\sqrt{2(0{,}33) - (0{,}33)^2} + 1} = 0{,}96$$

Este resultado nos diz que, *para estes valores,* é um pouco mais fácil puxar para cima em D do que horizontalmente na parte de cima da roda. Para meios-fios muito altos, tal que h/r é próximo de 1, a relação F'/F cai para cerca de 0,5, pois o ponto A está localizado perto da extremidade direita da roda na Figura 12.10b. A força em D é aplicada a uma distância de $2r$ de A e a força na parte superior da roda tem um braço de momento de, apenas, aproximadamente r. Para meios-fios altos, portanto, é melhor puxar para cima em D, embora um grande valor de força seja necessário. Se baixos, é melhor aplicar a força na parte superior da roda. A razão F'/F fica maior que 1 em aproximadamente $h/r = 0{,}3$, pois o ponto A é agora força aplicada na parte inferior da roda, e a aplicada na parte superior da roda tem um braço de momento maior que quando aplicado em D.

Finalmente, vamos comentar sobre a validade dos resultados matemáticos. Considere a Figura 12.10d e imagine que o vetor $\vec{\mathbf{F}}$ é para cima em vez de para a direita. Não há nenhuma maneira de a soma dos três vetores ser igual a zero, como requerido pela primeira condição de equilíbrio. Portanto, nossos resultados acima podem ser qualitativamente válidos, mas não quantitativamente exatos. Para cancelar a componente horizontal de $\vec{\mathbf{R}}$, a força em D deve ser aplicada a um ângulo com a vertical, em vez de a um ângulo reto para cima. Esta característica torna o cálculo mais complicado e requer ambas as condições de equilíbrio.

12.4 Propriedades elásticas dos sólidos

Exceto por nossas discussões sobre molas nos capítulos anteriores, consideramos que os corpos permanecem rígidos quando forças externas agem sobre eles. Na Seção 9.8, exploramos os sistemas deformáveis. Na realidade, todos os corpos são deformáveis em certa medida. Ou seja, é possível alterar o formato ou o tamanho (ou ambos) de um corpo aplicando forças externas. À medida que essas mudanças ocorrem, entretanto, forças internas resistem à deformação.

Discutiremos a deformação de sólidos em termos dos conceitos de *tensão* e *deformação*. **Tensão** é a quantidade que é proporcional à força causadora da deformação; mais especificamente, tensão é a força externa que age sobre um corpo por unidade de área da seção transversal. O resultado de uma tensão é **deformação**, a medida do grau de deformação. Verifica-se que, para tensões suficientemente pequenas, a tensão é proporcional à deformação; a constante de proporcionalidade depende do material que está sendo deformado e da natureza da deformação. Chamamos esta constante de proporcionalidade **módulo de elasticidade**, que é, portanto, definido como a relação da tensão pela deformação resultante:

$$\text{Módulo elasticidade} \equiv \frac{\text{tensão}}{\text{deformação}} \quad (12.5)$$

O módulo de elasticidade, em geral, relaciona o que é feito a um corpo sólido (uma força é aplicada) e como ele responde (ou seja, deforma-se em certa medida). Ele é similar à constante elástica da mola k na lei de Hooke (Eq. 7.9), que relaciona uma força aplicada a uma mola e sua deformação resultante, medida por sua extensão ou compressão.

Consideramos três tipos de deformação e definimos um módulo de elasticidade para cada:

1. **O módulo de Young** mede a resistência de um sólido a uma mudança em seu comprimento.
2. **O módulo de cisalhamento** mede a resistência ao movimento dos planos em um sólido paralelos um ao outro.
3. **O módulo de compressibilidade cúbica** mede a resistência de sólidos ou líquidos a mudanças em seu volume.

Módulo de Young: elasticidade no comprimento

Considere uma barra longa de área da seção transversal A e comprimento inicial L_i fixa em uma extremidade, como na Figura 12.11. Quando uma força externa é aplicada perpendicular à seção transversal, forças moleculares internas resistem à distensão na barra ("alongamento"), mas esta atinge uma situação de equilíbrio na qual seu comprimento final L_f é maior que L_i, e na qual a força externa é exatamente equilibrada por forças internas. Em tal situação, diz-se que a barra está sujeita à tensão. Definimos a **tensão de tração** como a relação do módulo da força externa F pela área da seção transversal A. A **deformação de tração**, neste caso, é definida como a relação da variação no comprimento ΔL pelo comprimento original L_i. Definimos o **módulo de Young** como uma combinação dessas duas relações:

$$Y \equiv \frac{\text{tensão de tração}}{\text{deformação de tração}} = \frac{F/A}{\Delta L/L_i} \quad (12.6)$$

◀ **Módulo de Young**

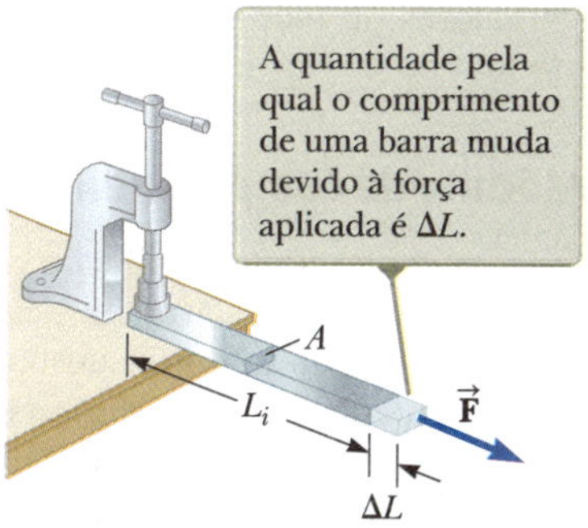

Figura 12.11 Uma força $\vec{\mathbf{F}}$ é aplicada a uma extremidade livre de uma barra fixada na outra.

O módulo de Young é normalmente utilizado para caracterizar uma barra ou fio sujeito à tração ou compressão. Como a deformação é uma quantidade adimensional, Y tem unidades de força por unidade de área. Valores típicos são fornecidos na Tabela 12.1.

TABELA 12.1 *Valores típicos para os módulos de elasticidade*

Substância	Módulo de Young (N/m^2)	Módulo de cisalhamento (N/m^2)	Módulo de compressibilidade cúbica (N/m^2)
Tungstênio	35×10^{10}	14×10^{10}	20×10^{10}
Aço	20×10^{10}	$8{,}4 \times 10^{10}$	6×10^{10}
Cobre	11×10^{10}	$4{,}2 \times 10^{10}$	14×10^{10}
Latão	$9{,}1 \times 10^{10}$	$3{,}5 \times 10^{10}$	$6{,}1 \times 10^{10}$
Alumínio	$7{,}0 \times 10^{10}$	$2{,}5 \times 10^{10}$	$7{,}0 \times 10^{10}$
Vidro	$6{,}5–7{,}8 \times 10^{10}$	$2{,}6–3{,}2 \times 10^{10}$	$5{,}0–5{,}5 \times 10^{10}$
Quartzo	$5{,}6 \times 10^{10}$	$2{,}6 \times 10^{10}$	$2{,}7 \times 10^{10}$
Água	—	—	$0{,}21 \times 10^{10}$
Mercúrio	—	—	$2{,}8 \times 10^{10}$

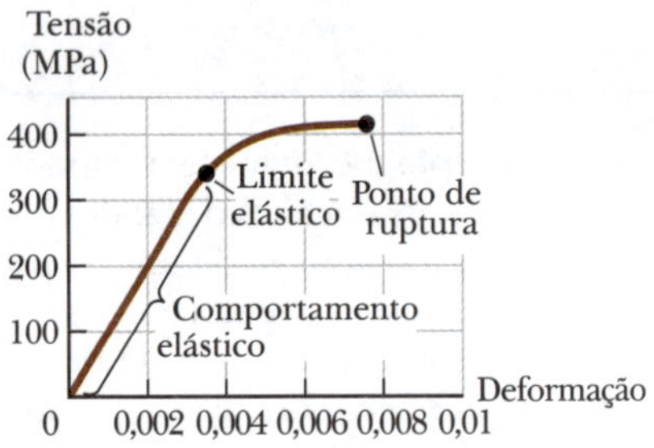

Figura 12.12 Curva *versus* tensão-deformação para um sólido elástico.

Para tensões relativamente pequenas, a barra retorna ao seu comprimento inicial quando a força é removida. O **limite elástico** de uma substância é definido como a tensão máxima que pode ser aplicada a uma substância antes que ela se torne permanentemente deformada e não retorne ao seu comprimento inicial. É possível exceder o limite elástico de uma substância aplicando uma tensão suficientemente grande, como visto na Figura 12.12. Inicialmente, uma curva tensão-deformação é uma linha reta. À medida que a tensão aumenta, entretanto, a curva deixa de assim ser. Quando a tensão ultrapassa o limite elástico, o corpo é permanentemente distorcido e não retorna ao seu formato original depois que a tensão é removida. À medida que a tensão é aumentada ainda mais, o material finalmente se rompe.

Módulo de cisalhamento: elasticidade de forma

Um outro tipo de deformação ocorre quando um corpo é sujeito a uma força paralela a uma de suas faces enquanto a face oposta é mantida fixa por outra força (Fig. 12.13a). A tensão, nesse caso, é chamada de *tensão de cisalhamento*. Se o corpo for originalmente um bloco retangular, uma tensão de cisalhamento resulta em uma forma cuja seção transversal é um paralelogramo. Um livro empurrado lateralmente como mostrado na Figura 12.13b é um exemplo de um corpo submetido a uma tensão de cisalhamento. Para uma primeira aproximação (para pequenas distorções), não ocorre nenhuma variação de volume com essa deformação.

Definimos a **tensão de cisalhamento** F/A, como a relação da força tangencial pela área A da face sendo cisalhada. A **deformação de cisalhamento** é definida como a relação $\Delta x/h$, onde Δx é a distância horizontal que a face cisalhada se move e h é a altura do corpo. Em termos dessas quantidades, o **módulo de cisalhamento** é

Módulo de cisalhamento ▶

$$S \equiv \frac{\text{tensão de cisalhamento}}{\text{deformação de cisalhamento}} = \frac{F/A}{\Delta x/h} \quad (12.7)$$

Valores de módulo de cisalhamento para alguns materiais representativos são fornecidos na Tabela 12.1. Como o módulo de Young, a unidade do módulo de cisalhamento é a relação da unidade de força pela unidade de área.

Módulo de compressibilidade cúbica: elasticidade volumétrica

O módulo de compressibilidade cúbica caracteriza a resposta de um corpo a variações em uma força de módulo uniforme aplicada perpendicularmente sobre toda a superfície do corpo, como mostrado na Figura 12.14. Consideramos aqui o corpo feito de uma única substância. Como veremos no Capítulo 14 deste volume, tal distribuição uniforme de forças ocorre quando um corpo é imerso em fluido. Sujeito a este tipo de deformação, o corpo sofre uma variação de volume, mas nenhuma de forma. A **tensão volumétrica** é definida como a relação do módulo da força total F exercida sobre uma superfície pela área A da superfície. A quantidade $P = F/A$ é chamada **pressão**, que estudaremos com mais detalhes no Capítulo 14. Se a pressão sobre um corpo mudar uma quantidade, o corpo sofre uma variação de volume ΔV. A **deformação volumétrica** é igual à variação de volume ΔV dividida pelo volume inicial V_i. Portanto, a partir da Equação 12.5, podemos caracterizar uma compressão volumétrica em termos do **módulo de compressibilidade cúbica**, que é definido como:

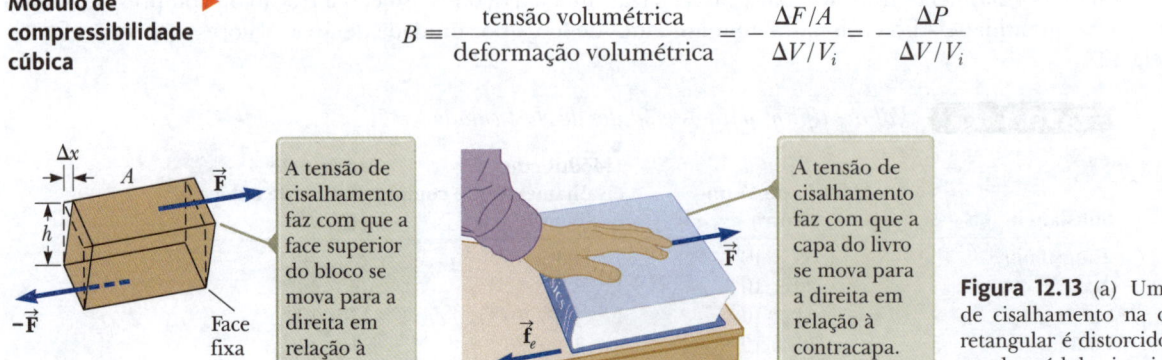

Módulo de compressibilidade cúbica ▶

$$B \equiv \frac{\text{tensão volumétrica}}{\text{deformação volumétrica}} = -\frac{\Delta F/A}{\Delta V/V_i} = -\frac{\Delta P}{\Delta V/V_i} \quad (12.8)$$

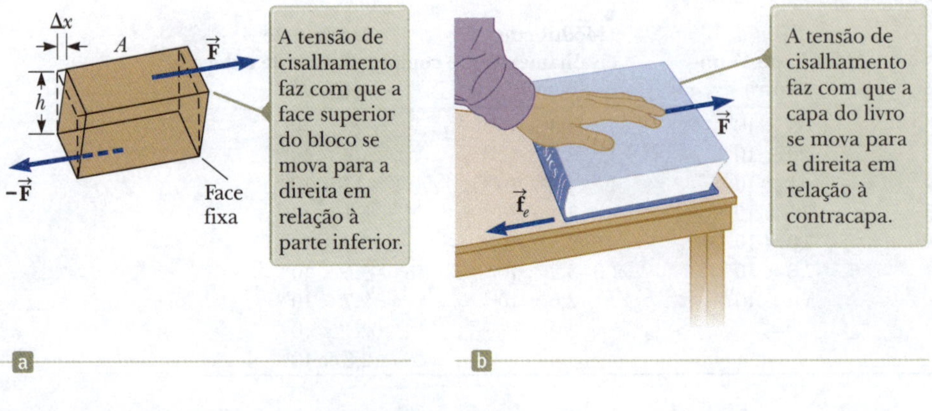

Figura 12.13 (a) Uma deformação de cisalhamento na qual um bloco retangular é distorcido por duas forças de módulos iguais, mas direções opostas aplicadas a duas faces paralelas. (b) Um livro está sob tensão de cisalhamento quando uma mão colocada sobre a capa aplica uma força horizontal afastada da lombada.

Um sinal negativo é inserido nesta equação de definição para que B seja um número positivo. Esta manobra é necessária porque um aumento de pressão (ΔP positivo) causa uma redução de volume (ΔV negativo), e vice-versa.

A Tabela 12.1 lista módulos de compressibilidade para alguns materiais. Se você procurar tais módulos em uma fonte, pode encontrar sua recíproca nela listada que, em relação ao módulo de compressibilidade cúbica, é chamada **compressibilidade** do material.

Observe nesta tabela que tanto sólidos como líquidos têm módulo de compressibilidade cúbica. Não há módulos de cisalhamento nem de Young para líquidos, pois um líquido não suporta tensão de cisalhamento ou de tração. Se uma força de cisalhamento ou de tração é aplicada a um líquido, ele simplesmente flui em resposta.

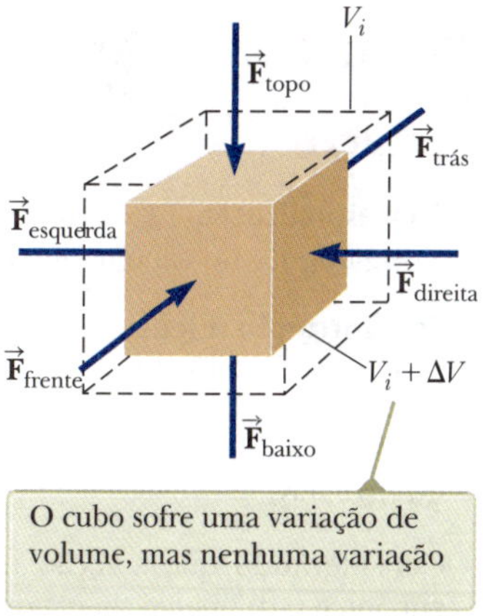

Figura 12.14 O cubo está sob pressão uniforme e é, portanto, comprimido em todos os lados por forças normais em suas seis faces. As pontas das flechas dos vetores força nos lados do cubo que não são visíveis são escondidas pelo cubo.

***Teste Rápido* 12.4** Para as três partes deste teste, escolha a partir das seguintes opções a resposta correta para o módulo de elasticidade que descreve a relação entre tensão e deformação para o sistema de interesse, que está em itálico: (a) Módulo de Young (b) Módulo de cisalhamento (c) Módulo de compressibilidade cúbica (d) nenhuma das opções. **(i)** Um *bloco de ferro* está deslizando por um piso horizontal. A força de atrito entre o bloco deslizante e o piso faz o primeiro deformar. **(ii)** Um trapezista balança em um arco circular. Na parte inferior do balanço, os *cabos* que suportam o trapézio estão mais longos do que quando o trapezista simplesmente se pendura nele devido ao aumento de tensão neles. **(iii)** Uma espaçonave transporta uma *esfera de aço* a um planeta no qual a pressão atmosférica é muito maior que na Terra. Esta maior pressão faz com que o raio da esfera diminua.

Concreto protendido

Se a tensão sobre um sólido ultrapassar um determinado valor, o corpo sofre faturas. A tensão máxima que pode ser aplicada antes que ocorra fratura – chamada *resistência à tração, resistência à compressão* ou *resistência ao cisalhamento* – depende da natureza do material e do tipo de tensão aplicada. Por exemplo, o concreto tem resistência à tração de cerca de 2×10^6 N/m², à compressão de 20×10^6 N/m² e ao cisalhamento de 2×10^6 N/m². Se a tensão aplicada ultrapassar esses valores, ele sofre fratura. É prática comum utilizar grandes fatores de segurança para evitar falhas em estruturas de concreto.

O concreto é normalmente muito frágil quando fundido em seções finas. Portanto, lajes de concreto tendem a inclinar e rachar nas áreas não sustentadas, como mostra a Figura 12.15a, mas podem ser fortificadas pela utilização de barras de aço para reforçar o concreto, como ilustrado na Figura 12.15b. Como o concreto é mais resistente sob compressão (apertando) do que sob tração (esticando) ou cisalhamento, colunas verticais de concreto podem suportar cargas muito pesadas, enquanto vigas horizontais tendem a inclinar e rachar. Um aumento significativo da resistência ao cisalhamento é obtido, entretanto, se o concreto armado for protendido, como mostra a Figura 12.15c. À medida que o concreto está sendo despejado, as barras de aço são mantidas sob tração por forças externas. As forças externas são liberadas após a cura do concreto; o resultado é uma tração permanente no aço e, portanto, uma tensão compressiva sobre o concreto. A laje de concreto pode agora suportar uma carga muito maior.

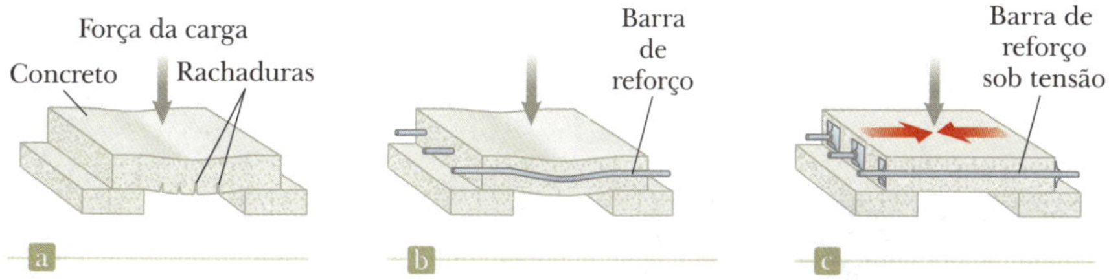

Figura 12.15 (a) Uma laje de concreto sem reforço tende a rachar sob carga pesada. (b) A resistência do concreto é aumentada pela utilização de barras de aço. (c) O concreto é ainda mais reforçado pela protensão com barras de aço sob tensão.

Exemplo 12.5 Cenografia

No Exemplo 8.2, analisamos um cabo utilizado para sustentar um ator enquanto ele entrava balançando no palco. Agora, suponha que a tensão no cabo seja de 940 N quando o ator atinge o ponto mais baixo. Que diâmetro deveria ter um cabo de aço de 10 m de comprimento se não quisermos que ele estique mais que 0,50 cm nessas condições?

continua

12.5 *cont.*

SOLUÇÃO

Conceitualização Leia novamente o Exemplo 8.2 para recordar o que está acontecendo nesta situação. Ignoramos qualquer alongamento do cabo naquele momento, mas queremos, agora, tratar deste fenômeno.

Categorização Efetuamos um cálculo simples envolvendo a Equação 12.6; portanto, categorizamos este exemplo como um problema de substituição.

Resolva a Equação 12.6 para a área da seção transversal do cabo:

$$A = \frac{FL_i}{Y\,\Delta L}$$

Considerando que a seção transversal seja circular, encontre o diâmetro do cabo de $d = 2r$ e $A = \pi r^2$:

$$d = 2r = 2\sqrt{\frac{A}{\pi}} = 2\sqrt{\frac{FL_i}{\pi Y \Delta L}}$$

Substitua os valores numéricos:

$$d = 2\sqrt{\frac{(940\text{ N})(10\text{ m})}{(20 \times 10^{10}\text{ N/m}^2)(0{,}0050\text{ m})}} = 3{,}5 \times 10^{-3}\text{ m} = 3{,}5\text{ mm}$$

Para fornecer uma ampla margem de segurança, você provavelmente utilizaria um cabo flexível feito de muitos fios menores, obtendo assim uma área total de secção transversal substancialmente maior que o nosso valor calculado.

Exemplo 12.6 Comprimindo uma esfera de bronze

Uma esfera maciça de bronze está inicialmente circundada por ar. A pressão de ar exercida sobre ela é de $1{,}0 \times 10^5$ N/m² (pressão atmosférica normal). A esfera é mergulhada no oceano a uma profundidade em que a pressão é $2{,}0 \times 10^7$ N/m². O volume da esfera no ar é 0,50 m³. Quanto este volume muda, já que a esfera é submersa?

SOLUÇÃO

Conceitualização Pense em filmes ou programas de TV a que você assistiu em que mergulhadores vão a grandes profundidades na água em embarcações submersíveis. Essas embarcações devem ser muito resistentes para suportar a grande pressão sob a água, que comprime a embarcação e reduz seu volume.

Categorização Efetuamos um cálculo simples envolvendo a Equação 12.8; portanto, categorizamos este exemplo como um problema de substituição.

Resolva a Equação 12.8 para a alteração de volume da esfera:

$$\Delta V = -\frac{V_i \Delta P}{B}$$

Substitua os valores numéricos:

$$\Delta V = -\frac{(0{,}50\text{ m}^3)(2{,}0 \times 10^7\text{ N/m}^2 - 1{,}0 \times 10^5\text{ N/m}^2)}{6{,}1 \times 10^{10}\text{ N/m}^2}$$

$$= \boxed{-1{,}6 \times 10^{-4}\text{ m}^3}$$

O sinal negativo indica que o volume da esfera diminui.

Resumo

Definições

A força gravitacional exercida sobre um corpo pode ser considerada agindo em um ponto único chamado **centro de gravidade**. O centro de gravidade de um corpo coincide com seu centro de massa se o corpo estiver em um campo gravitacional uniforme.

Podemos descrever as propriedades elásticas de uma substância utilizando os conceitos de tensão e deformação. **Tensão** é a quantidade proporcional à força que produz uma deformação; **esforço** é uma medida do grau de deformação. A tensão é proporcional à deformação; a constante de proporcionalidade é o **módulo de elasticidade**:

$$\text{Módulo de elasticidade} \equiv \frac{\text{tensão}}{\text{deformação}} \qquad \textbf{(12.5)}$$

Conceitos e Princípios

Três tipos comuns de deformação são representados (1) pela resistência de um sólido ao alongamento sob carga, caracterizada pelo **módulo de Young** Y; (2) pela resistência de um sólido ao movimento de planos internos deslizando um sobre o outro, caracterizada pelo **módulo de cisalhamento** S; e (3) pela resistência de um sólido ou fluido a uma alteração de volume, caracterizada pelo **módulo de compressibilidade cúbica** B.

Modelo de Análise para Resolução de Problemas

Corpo rígido em equilíbrio Um corpo rígido em equilíbrio não exibe aceleração translacional nem angular. A força externa resultante que age sobre ele é zero, assim como o torque externo resultante em torno de qualquer eixo:

$$\sum \vec{\mathbf{F}}_{\text{ext}} = 0 \quad \textbf{(12.1)}$$

$$\sum \vec{\boldsymbol{\tau}}_{\text{ext}} = 0 \quad \textbf{(12.2)}$$

A primeira condição é para o equilíbrio translacional, e a segunda é para o equilíbrio rotacional.

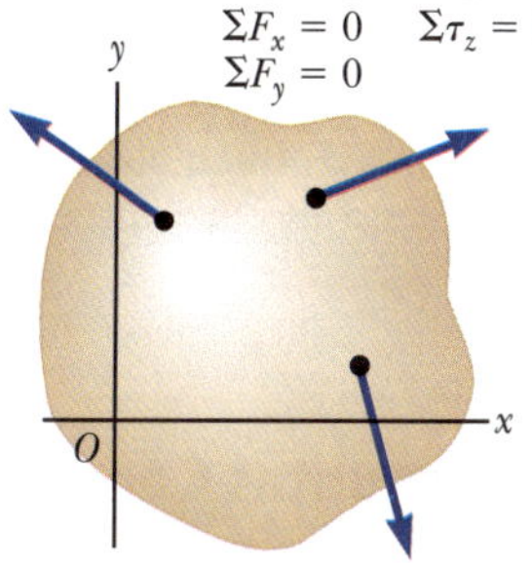

Perguntas Objetivas

1. A aceleração devida à gravidade torna-se mais fraca em torno de três partes em dez milhões para cada metro de aumento de elevação acima da superfície terrestre. Suponha que um arranha-céu tenha 100 andares, com a mesma planta para cada piso e com densidade média uniforme. Compare a localização do centro de massa do edifício com a localização do seu centro de gravidade. Escolha uma alternativa: (a) Seu centro de massa é mais alto em uma distância de vários metros. (b) Seu centro de massa é mais alto em uma distância de vários milímetros. (c) Seus centros de massa e de gravidade estão no mesmo local. (d) Seu centro de gravidade está mais alto em uma distância de vários milímetros. (e) Seu centro de gravidade está mais alto em distância de vários metros.

2. Uma barra de 7,0 m de comprimento é articulada em um ponto a 2,0 m da extremidade esquerda. Uma força para baixo de 50 N age sobre a extremidade esquerda e outra, no mesmo sentido, de 200 N, age na extremidade direita. A que distância à direita da articulação uma terceira força de 300 N para cima pode ser colocada para produzir equilíbrio rotacional? *Observação*: Despreze o peso da barra. (a) 1,0 m, (b) 2,0 m, (c) 3,0 m, (d) 4,0 m, (e) 3,5 m.

3. Considere o corpo da Figura PO12.3. Uma força única é exercida sobre ele. A linha de ação da força não passa pelo seu centro de massa. A aceleração do centro de massa do corpo é (a) a mesma se a força fosse aplicada no centro de massa, (b) maior do que seria se a força fosse aplicada no centro de massa, (c) menor do que seria se a força fosse aplicada no centro de massa, ou (d) zero, pois a força causa apenas aceleração angular em torno do centro de massa.

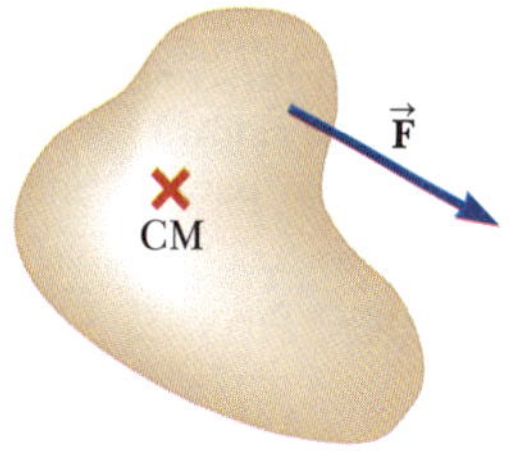

Figura PO12.3

4. Duas forças agem sobre um corpo. Qual das seguintes afirmações está correta? (a) O corpo está em equilíbrio se as forças forem iguais em módulo e opostas em direção. (b) O corpo está em equilíbrio se o torque resultante sobre ele for zero. (c) O corpo está em equilíbrio se as forças agirem no mesmo ponto sobre ele. (d) O corpo está em equilíbrio se a força e o torque resultantes sobre o corpo forem, ambos, zero. (e) O corpo não pode estar em equilíbrio, pois mais de uma força atua sobre ele.

5. Na cabine de um navio, uma lata de refrigerante está em um recorte em forma de pires num balcão embutido. A lata inclina quando o navio gira lentamente. Em que caso ela está mais estável contra o tombamento? (a) Quando totalmente cheia. (b) Quando cheia pela metade. (c) Quando vazia. (d) Em dois destes casos. (e) Igualmente estável em todos os casos.

6. Uma tábua horizontal de 20,0 kg e 4,00 m de comprimento repousa sobre dois suportes, um na extremidade esquerda e o outro a 1,00 m da extremidade direita. Qual é o módulo da força exercida sobre a tábua pelo suporte perto da extremidade direita? (a) 32,0 N, (b) 45,2 N, (c) 112 N, (d) 131 N, (e) 98,2 N.

7. Considere que uma força única de 300 N é exercida sobre o quadro de uma bicicleta mostrado na Figura PO12.7. Considere o torque produzido por esta força em torno de eixos perpendiculares ao plano do papel e através de cada um dos pontos *A* a *E*, onde *E* é o centro de massa do quadro. Classifique os torques τ_A, τ_B, τ_C, τ_D e τ_E do maior para o menor, observando que zero é maior que uma quantidade negativa. Se dois torques forem iguais, mostre esta igualdade em sua classificação.

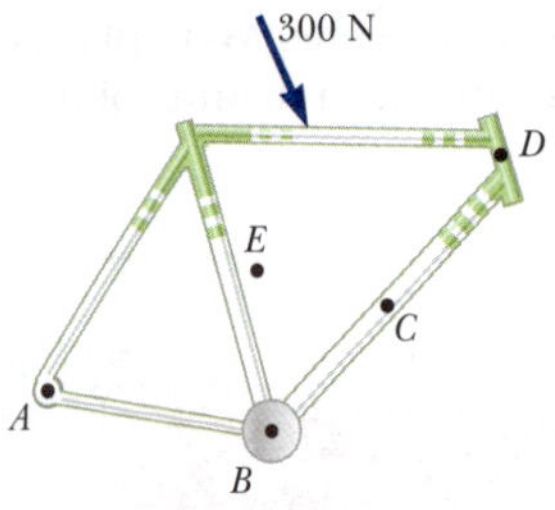

Figura PO12.7

8. Ao analisar o equilíbrio de um corpo plano rígido, você está prestes a escolher um eixo em torno do qual irá calcular torques. Quais das seguintes opções descrevem a que você deveria escolher? (a) O eixo deveria passar pelo centro de massa do corpo. (b) O eixo deveria passar por uma extremidade do corpo. (c) O eixo deveria passar ou pelo eixo *x* ou pelo *y*. (d) O eixo deveria passar por qualquer ponto no corpo. (e) Qualquer eixo dentro ou fora do corpo pode ser escolhido.

9. Um determinado cabo, com 3 m de comprimento, estica 1,2 mm quando está sob tração de 200 N. **(i)** Um cabo com a mesma espessura e 6 m de comprimento, feito do mesmo material e sob a mesma tração, estica (a) 4,8 mm, (b) 2,4 mm, (c) 1,2 mm, (d) 0,6 mm ou (e) 0,3 mm? **(ii)** Um cabo, com o dobro do diâmetro, 3 m de comprimento, feito do mesmo material e sob a mesma tração, estica em que quantidade? Escolha a partir das mesmas possibilidades de (a) a (e).

10. O centro de gravidade de um machado está na linha central do cabo, perto da cabeça. Considere que você serrou o cabo através do centro de gravidade e pesou as duas partes. O que descobrirá? (a) O lado do cabo é mais pesado que o da cabeça. (b) O lado da cabeça é mais pesado que o do cabo. (c) As duas partes são igualmente pesadas. (d) O peso comparativo não pode ser previsto.

Perguntas Conceituais

1. Uma escada está no chão, encostada na parede. Você se sentiria mais seguro em subir nela se lhe dissessem que o chão é sem atrito, mas a parede é áspera, ou que a parede é sem atrito, mas o chão é áspero? Justifique sua resposta.

2. O centro de gravidade de um corpo pode estar localizado fora dele. Dê dois exemplos para os quais este seja o caso.

3. (a) Dê um exemplo em que a força resultante que age sobre um corpo é zero e, ainda assim, o torque resultante é diferente de zero. (b) Dê um exemplo em que o torque resultante que age sobre um corpo é igual a zero e, ainda assim, a força resultante é diferente de zero.

4. Fique em pé com as costas contra uma parede. Por que você não pode colocar os calcanhares firmemente contra a parede e depois se inclinar para a frente sem cair?

5. Um pedaço de madeira compensada pode ser suspenso de forma arbitrária por uma corda presa ao teto. Explique como você poderia utilizar um fio de prumo para encontrar o centro de gravidade dele.

6. Uma menina tem um cão grande, dócil, que ela deseja pesar em uma balança de banheiro pequena. Ela pensa que pode determinar o peso do cachorro com o seguinte método: primeiro, colocando as duas patas da frente na balança e registrando a leitura. Depois, colocando só as duas patas traseiras e registrando a leitura. Ela acha que a soma das leituras será o peso do cachorro. Ela está correta? Justifique sua resposta.

7. Um corpo pode estar em equilíbrio se estiver em movimento? Explique.

8. Que tipo de deformação um cubo de gelatina apresenta quando ela sacode?

Problemas

ENHANCED WebAssign Os problemas que se encontram neste capítulo podem ser resolvidos *on-line* no Enhanced WebAssign (em inglês)

1. denota problema simples;

2. denota problema intermediário;

3. denota problema de desafio;

AMT *Analysis Model Tutorial* disponível no Enhanced WebAssign (em inglês);

M denota tutorial *Master It* disponível no Enhanced WebAssign (em inglês);

PD denota problema dirigido;

W solução em vídeo *Watch It* disponível no Enhanced WebAssign (em inglês).

Seção 12.1 Modelo de análise: corpo rígido em equilíbrio

1. Quais são as condições necessárias para o equilíbrio do corpo mostrado na Figura P12.1? Calcule torques em torno do eixo que passa pelo ponto O.

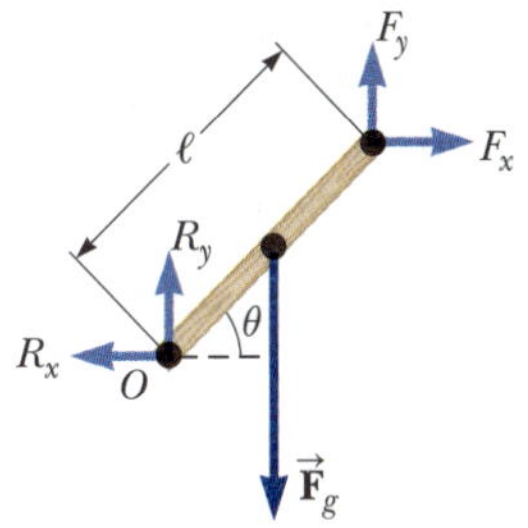

Figura P12.1

2. *Por que a seguinte situação é impossível?* Uma viga uniforme de massa $m_b = 3{,}00$ kg e comprimento $\ell = 1{,}00$ m suporta blocos de massas $m_1 = 5{,}00$ kg e $m_2 = 15{,}0$ kg em duas posições, como mostrado na Figura P12.2. A viga repousa sobre dois blocos triangulares, com o ponto P a uma distância $d = 0{,}300$ m à direita do seu centro de gravidade. A posição do corpo de massa m_2 é ajustada ao longo do comprimento da viga até que a força normal sobre a viga em O seja zero.

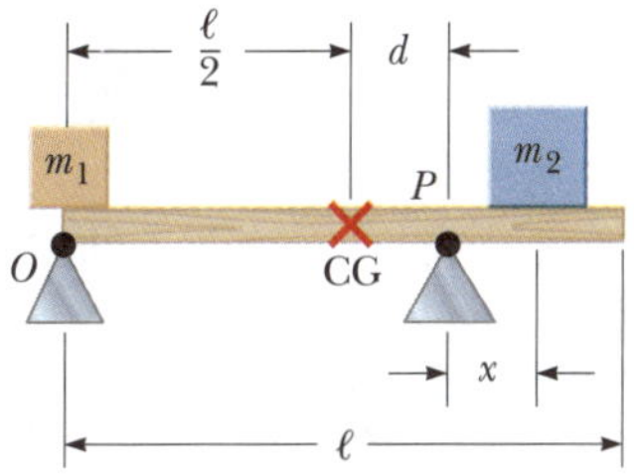

Figura P12.2

Seção 12.2 Mais sobre o centro de gravidade

> Os Problemas 45, 48, 49 e 92 do Capítulo 9 deste volume também podem ser resolvidos nesta seção.

3. **W** Um esquadro de carpinteiro tem formato em L, como mostrado na Figura P12.3. Localize seu centro de gravidade.

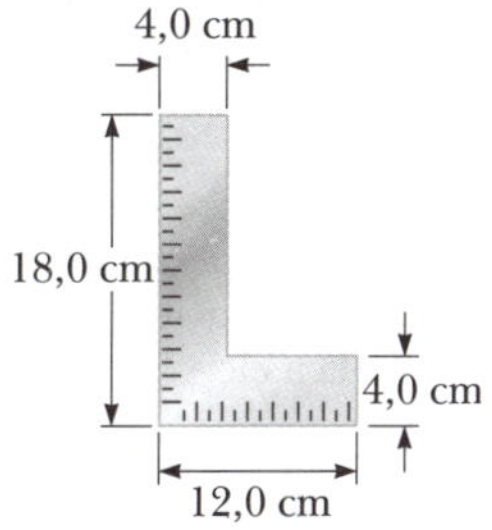

Figura P12.3

4. **M** Considere a seguinte distribuição de corpos: um de 5,00 kg com seu centro de gravidade em (0, 0) m; outro de 3,00 kg em (0, 4,00) m; e um terceiro de 4,00 kg em (3,00, 0) m. Onde um quarto corpo de massa 8,00 kg deveria ser colocado para que o centro de gravidade do conjunto de quatro corpos esteja em (0, 0)?

5. Pat constrói uma pista para seu carro modelo de madeira maciça, como mostra a Figura P12.5. A pista tem 5,00 cm de largura, 1,00 m de altura e 3,00 m de comprimento. A pista é cortada de maneira que forma uma parábola com equação $y = (x - 3)^2/9$. Localize a coordenada horizontal do centro de gravidade da pista.

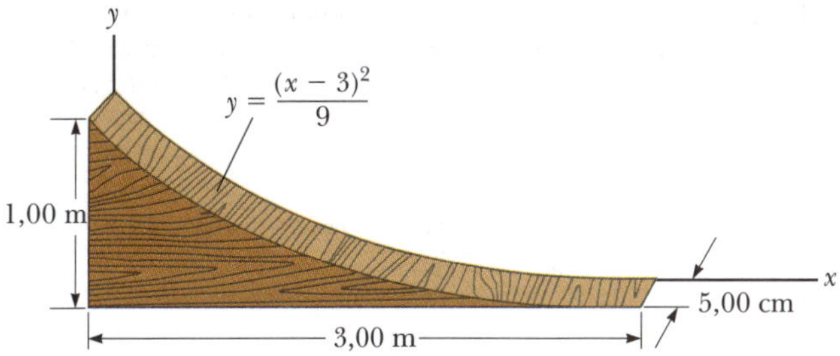

Figura P12.5

6. Uma pizza circular de raio R tem um pedaço circular de raio $R/2$ removido de um lado, como mostrado na Figura P12.6. O centro de gravidade mudou de C para C' ao longo do eixo x. Mostre que a distância de C a C' é $R/6$. Considere que a espessura e a densidade da pizza são uniformes em toda a sua extensão.

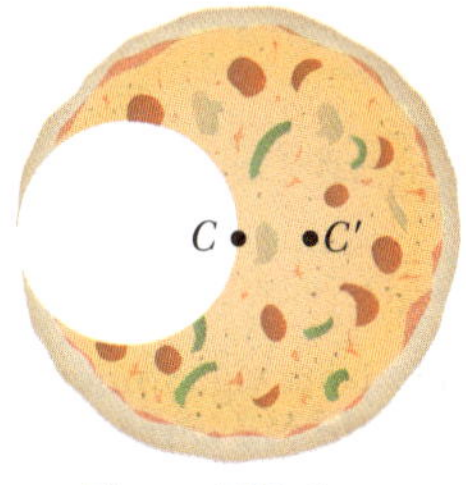

Figura P12.6

7. A Figura P12.7 mostra três corpos uniformes: uma barra com $m_1 = 6{,}00$ kg; um triângulo retângulo com $m_2 = 3{,}00$ kg; e um quadrado com $m_3 = 5{,}00$ kg. As coordenadas deles são fornecidas em metros. Determine o centro de gravidade do sistema de três corpos.

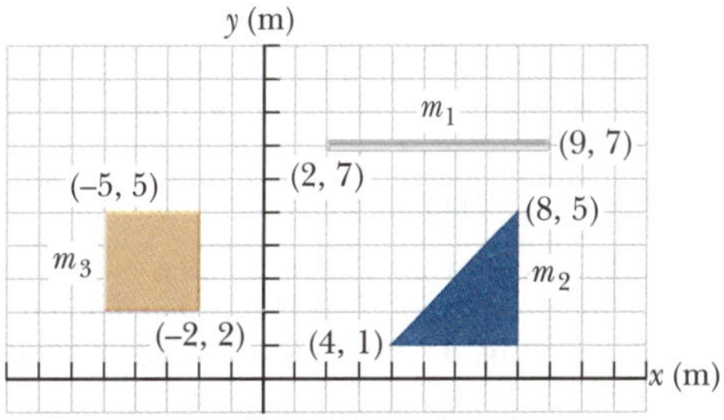

Figura P12.7

Seção 12.3 Exemplos de corpos rígidos em equilíbrio estático

> Os Problemas 14, 26, 27, 28, 31, 33, 34, 60, 66, 85, 89, 97 e 100 do Capítulo 5 deste volume também podem ser resolvidos nesta seção.

8. **AMT** **M** Um automóvel de 1.500 kg tem distância entre eixos de 3,00 m. O centro de massa do automóvel está na linha central em um ponto 1,20 m atrás do eixo dianteiro. Encontre a força exercida pelo chão sobre cada roda.

9. **W** Encontre a massa m do contrapeso necessário para equilibrar um caminhão com massa $M = 1.500$ kg sobre uma rampa de $\theta = 45°$ (Fig. P12.9). Considere que ambas as polias são sem atrito nem massa.

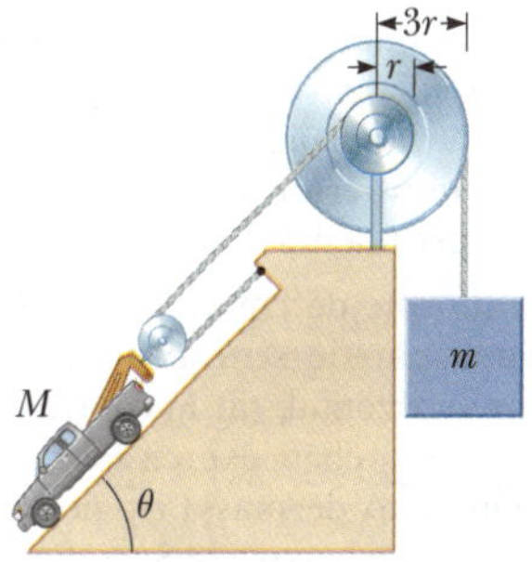

Figura P12.9

10. **W** Um móbile é construído com barras leves, cordas leves e lembranças da praia, como mostrado na Figura P12.10. Se $m_4 = 12{,}0$ g, encontre valores para (a) m_1, (b) m_2 e (c) m_3.

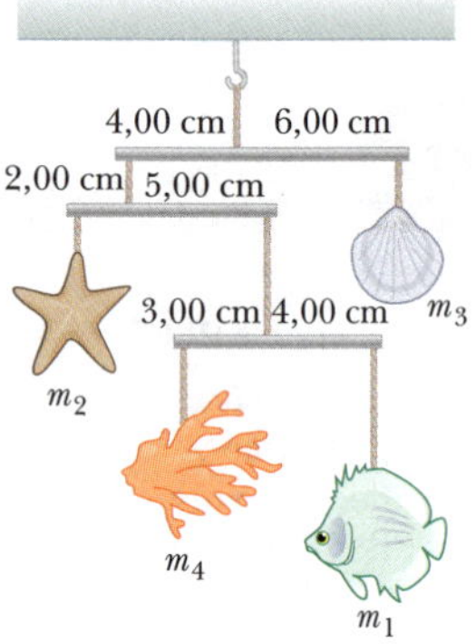

Figura P12.10

11. Uma viga uniforme de comprimento 7,60 m e peso $4{,}50 \times 10^2$ N é carregada por dois trabalhadores, Sam e Joe, como mostrado na Figura P12.11. Determine a força que cada um deles exerce sobre a viga.

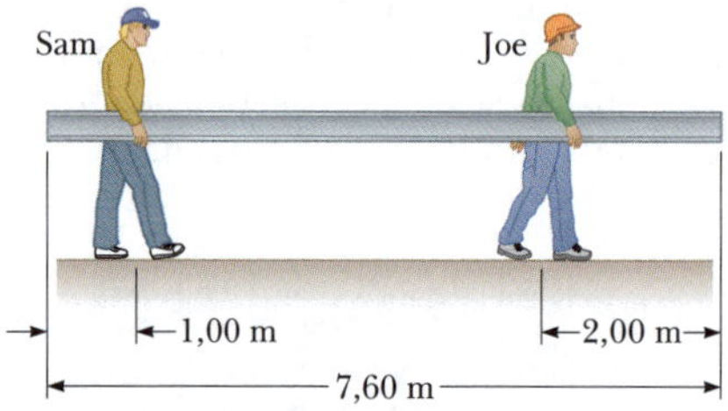

Figura P12.11

12. Uma saltadora segura uma vara de 29,4 N em equilíbrio exercendo uma força para cima $\vec{\mathbf{U}}$ com sua mão esquerda, e uma força para baixo $\vec{\mathbf{D}}$ com a mão direita, como mostrado na Figura P12.12. O ponto *C* é o centro de gravidade da vara. Quais são os módulos de (a) $\vec{\mathbf{U}}$ e (b) $\vec{\mathbf{D}}$?

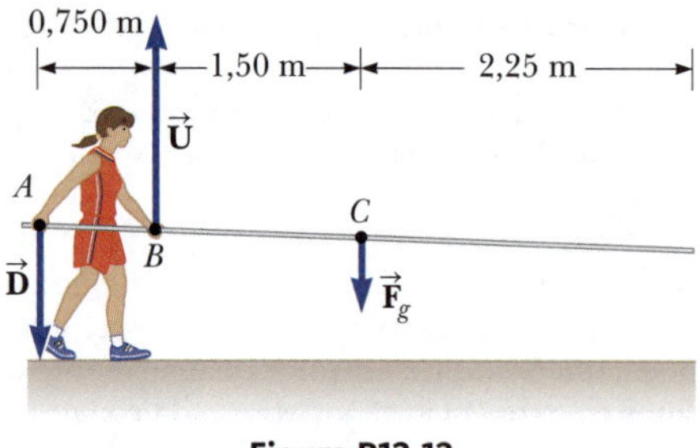

Figura P12.12

13. **AMT** **M** Uma escada uniforme de 15,0 m pesando 500 N está apoiada em uma parede sem atrito. A escada forma um ângulo de 60,0° com a horizontal. (a) Encontre as forças horizontais e verticais que o chão exerce sobre a base da escada quando um bombeiro de 800 N nela tiver subido 4,00 m a partir de baixo. (b) Se a escada estiver na iminência de escorregar quando o bombeiro está a 9,00 m da parte inferior, qual é o coeficiente de atrito estático entre a escada e o chão?

14. Uma escada uniforme de comprimento *L* e massa m_1 está apoiada em uma parede sem atrito. A escada forma um ângulo θ com a horizontal. (a) Encontre as forças horizontais e verticais que o chão exerce sobre a base da escada quando um bombeiro de massa m_2 nela tiver subido uma distância *x* a partir de baixo. (b) Se a escada estiver na iminência de escorregar quando o bombeiro está a uma distância *d* na escada a partir da base, qual é o coeficiente de atrito estático entre a escada e o chão?

15. Uma corrente flexível pesando 40,0 N está pendurada entre dois ganchos localizados na mesma altura (Fig. P12.15). Em cada gancho, a tangente à corrente forma um ângulo $\theta = 42{,}0°$ com a horizontal. Encontre (a) o módulo da força que cada gancho exerce sobre a corrente e (b) a tração na corrente em seu ponto central. *Sugestão*: Para a parte (b), faça um diagrama de forças para a metade da corrente.

Figura P12.15

16. Uma viga uniforme de comprimento *L* e massa *m* mostrada na Figura P12.16 é inclinada a um ângulo θ em relação à horizontal. Sua extremidade superior está conectada a uma parede por uma corda, e sua extremidade inferior está em uma superfície horizontal áspera. O coeficiente de atrito estático entre a viga e a superfície é μ_e. Considere que o ângulo θ é tal que a força de atrito estático está em seu *máximo* valor. (a) Desenhe um digrama de forças para a viga. (b) Utilizando a condição de equilíbrio rotacional, encontre uma expressão para a tração *T* na corda em função de *m*, *g* e θ. (c) Utilizando a condição de equilíbrio translacional, encontre uma segunda expressão para *T* em função de μ_e, *m* e *g*. (d) Utilizando os resultados das partes (a) a (c), obtenha uma expressão para μ_e envolvendo apenas o ângulo θ. (e) O que acontece se a escada for levantada para cima e sua base colocada de volta no chão um pouco à esquerda de sua posição na Figura P12.16? Explique.

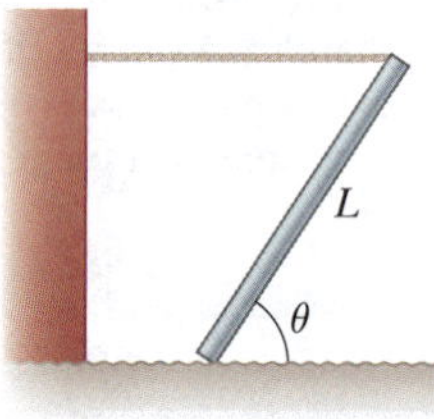

Figura P12.16

17. **W** A Figura P12.17 mostra um martelo com orelhas sendo utilizado para tirar um prego de uma tábua horizontal. A massa do martelo é 1,00 kg. Uma força de 150 N é exercida horizontalmente, como mostrado, e o prego ainda não se move em relação à tábua. Encontre (a) a força exercida pelas orelhas do martelo sobre o prego, e (b) a força exercida pela superfície sobre o ponto de contato com a cabeça do martelo. Considere que a força exercida pelo martelo sobre o prego é paralela a ele.

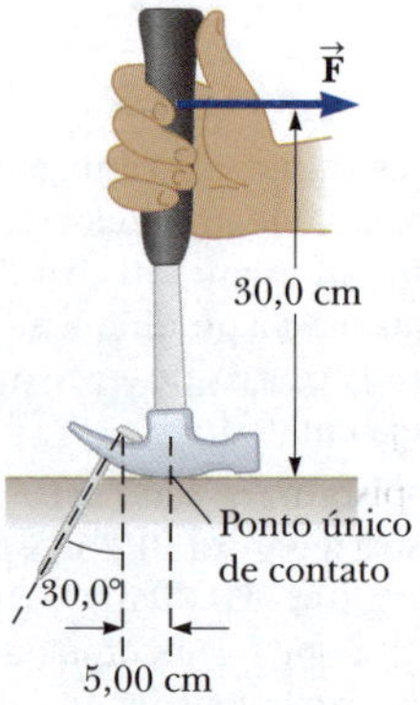

Figura P12.17

18. **W** Um holofote de 20,0 kg é sustentado na extremidade de uma trave horizontal de massa desprezível que está articulada a um poste, como mostrado na Figura P12.18. Um cabo a um ângulo $\theta = 30{,}0°$ com a trave ajuda a sustentar a luz. (a) Desenhe um diagrama de forças para a trave. Ao calcular o torque em torno de um eixo na dobradiça da extremidade esquerda da trave, encontre (b) a tração no cabo, (c) a componente horizontal da força exercida pelo poste sobre a trave e (d) a componente vertical desta força. Agora, resolva o mesmo problema a partir do diagrama de forças da parte (a) calculando torques em torno da união entre o cabo e a trave na sua extremidade direita. Encontre (e) a componente vertical da força exercida pelo poste sobre a trave, (f) a tração no cabo e (g) a componente horizontal da força exercida pelo poste sobre a trave. (h) Compare a solução das partes (b) a (d) com a das partes (e) a (g). Uma é mais precisa que a outra?

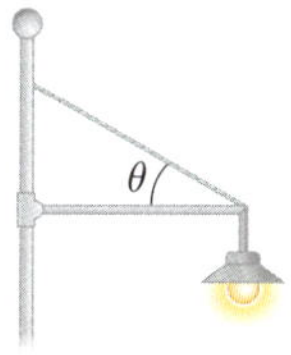

Figura P12.18

19. Dom Quixote veste sua armadura e parte do castelo em seu fiel cavalo (Fig. P12.19). Normalmente, a ponte levadiça está abaixada em posição horizontal de maneira que sua extremidade repousa sobre a base de pedras. Infelizmente, o escudeiro Dom Quixote não abaixou suficientemente a ponte, e a parou a um ângulo $\theta = 20{,}0°$ acima da horizontal. O cavaleiro e seu cavalo param quando seu centro de massa combinado está a $d = 1{,}00$ m da extremidade da ponte. A ponte uniforme tem comprimento $\ell = 8{,}00$ m e massa de 2.000 kg. O cabo de levantamento é preso na ponte a 5,00 m da dobradiça na extremidade do castelo e a um ponto no muro do castelo $h = 12{,}0$ m acima da ponte. A massa de Dom Quixote junto com sua armadura e cavalo é 1.000 kg. Determine (a) a tração no cabo, (b) a componente horizontal e (c) a componente vertical da força que age sobre a ponte na dobradiça.

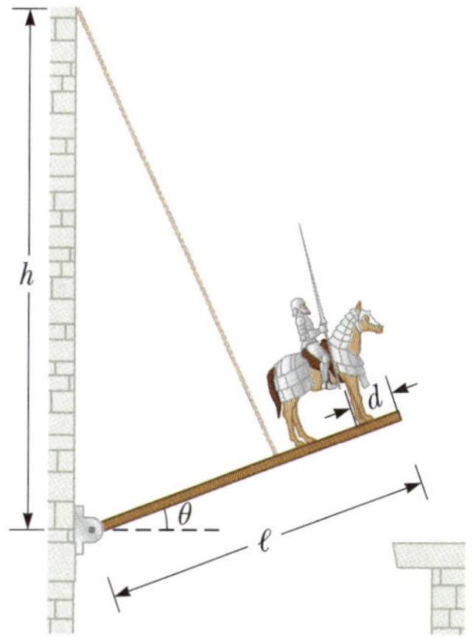

Figura P12.19 Problemas 19 e 20.

20. **Revisão.** Enquanto Dom Quixote pondera seu próximo movimento na situação descrita no Problema 19 e ilustrada na Figura P12.19, o inimigo ataca! Um projétil rompe a base de pedras de maneira que a extremidade da ponte levadiça pode ser baixada além do muro onde normalmente repousa. Além disso, um fragmento do projétil salta para cima e corta o cabo da ponte levadiça! A dobradiça entre o muro do castelo e a ponte é sem atrito e a ponte cai livremente até que esteja vertical e bata no muro vertical abaixo da entrada do castelo. (a) Quanto tempo Dom Quixote permanece em contato com a ponte enquanto ela cai? (b) Encontre a aceleração angular da ponte logo que ela começa a se mover. (c) Encontre a velocidade angular da ponte quando ela bate no muro abaixo da dobradiça. Encontre a força exercida pela dobradiça sobre a ponte (d) imediatamente depois que o cabo se rompe e (e) imediatamente antes de ela atingir o muro do castelo.

21. John está empurrando sua filha, Rachel, em um carrinho de mão quando ele é parado por um tijolo de 8,00 cm de altura (Fig. P12.21). Os braços formam um ângulo $\theta = 15{,}0°$ com o chão. Devido ao peso da Rachel e do carrinho de mão, uma força para baixo de 400 N é exercida no centro da roda, que tem raio de 20,0 cm. (a) Que força, F, John deve aplicar nos braços para apenas começar a passar a roda sobre o tijolo? (b) Qual é a força (módulo e direção) que o tijolo exerce sobre a roda quando ela começa a subir sobre ele? Em ambas as partes, considere que o tijolo permanece fixo e não desliza pelo chão e, ainda, que a força aplicada por John é voltada diretamente para o centro da roda.

Figura P12.21 Problemas 21 e 22.

22. John está empurrando sua filha, Rachel, em um carrinho de mão quando ele é parado por um tijolo de altura h (Fig. P12.21). Os braços formam um ângulo θ com o chão. Devido ao peso de Rachel e do carrinho de mão, uma força para baixo, mg, é exercida no centro da roda, que tem raio R. (a) Que força, F, John deve aplicar nos braços para apenas começar a passar a roda sobre o tijolo? (b) Quais são as componentes da força que o tijolo exerce sobre a roda quando ela apenas começa a subir no tijolo? Em ambas as partes, considere que o tijolo permanece fixo e não desliza pelo chão e, ainda, que a força aplicada por John é voltada diretamente para o centro da roda.

23. **W** Uma extremidade de uma barra uniforme de 4,00 m de comprimento e peso F_b é sustentada por um cabo a um ângulo $\theta = 37°$ com a barra. A outra está apoiada na parede, onde é segurada pelo atrito, como mostra a Figura P12.23. O coeficiente de atrito estático entre a parede e a barra é $\mu_e = 0{,}500$. Determine a distância mínima x a partir do ponto A na qual um corpo adicional, também com o mesmo peso, F_b, pode ser pendurado sem fazer com que a barra escorregue no ponto A.

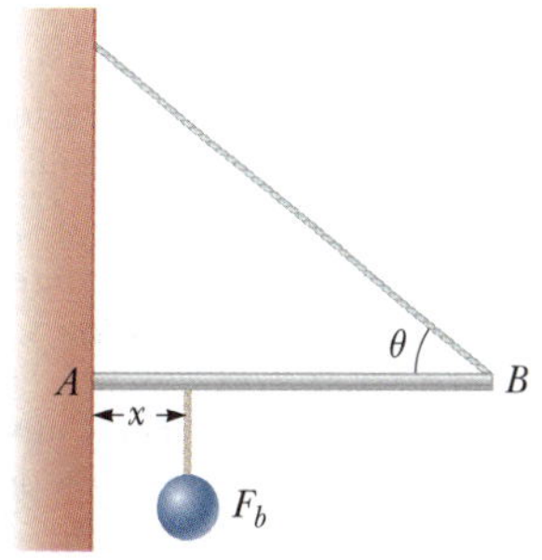

Figura P12.23

24. Um macaco de 10,0 kg sobe uma escada uniforme, com peso $1{,}20 \times 10^2$ N e comprimento $L = 3{,}00$ m, como mostrado na Figura P12.24. A escada está apoiada na parede e forma um ângulo $\theta = 60{,}0°$ com o chão. Suas extremi-

dades, superior e inferior, estão em superfícies sem atrito. A inferior está conectada à parede por uma corda horizontal que está desgastada e pode suportar uma tração máxima de apenas 80,0 N. (a) Desenhe um diagrama de forças para a escada. (b) Encontre a força normal exercida sobre a parte inferior da escada. (c) Encontre a tração na corda quando o macaco está a dois terços de distância da parte inferior da escada. (d) Encontre a distância máxima d que o macaco pode subir antes que a corda se rompa. (e) Se a superfície horizontal fosse áspera e a corda removida, como mudaria sua análise do problema? De que outras informações você precisaria para responder às partes (c) e (d)?

Figura P12.24

25. Uma tábua uniforme de comprimento 2,00 m e massa 30,0 kg é sustentada por três cordas, conforme indicado pelos vetores azuis na Figura P12.25. Encontre a tração em cada corda quando uma pessoa de 700 N está a uma distância $d = 0{,}500$ m da extremidade esquerda.

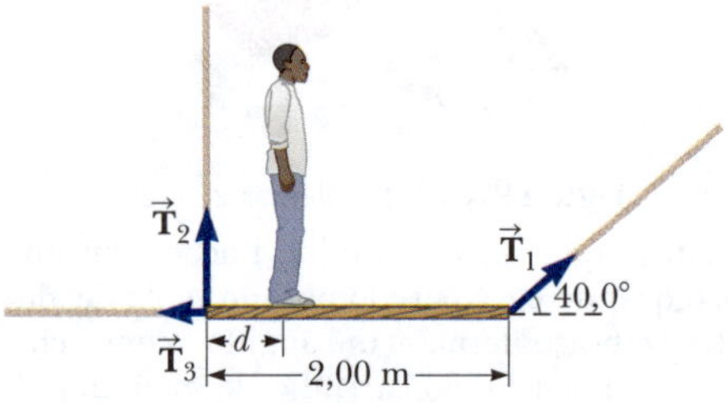

Figura P12.25

Seção 12.4 Propriedades elásticas dos sólidos

26. Um fio de aço de 1 mm de diâmetro pode suportar uma tração de 0,2 kN. Um cabo de aço para suportar uma tração de 20 kN deve ter diâmetro de que ordem de grandeza?

27. O ponto mais profundo do oceano é Mariana Trench, com aproximadamente 11 km de profundidade, no Pacífico. A pressão a essa profundidade é enorme, cerca de $1{,}13 \times 10^8$ N/m². (a) Calcule a alteração de volume de 1,00 m³ de água do mar transportada da superfície para este ponto. (b) A densidade da água do mar na superfície é $1{,}03 \times 10^3$ kg/m³. Encontre a densidade no fundo. (c) Explique se, ou quando, é uma boa aproximação considerar a água incompressível.

28. Considere que o módulo de Young para um osso seja $1{,}50 \times 10^{10}$ N/m². O osso quebra se sofrer uma tensão maior que $1{,}50 \times 10^8$ N/m². (a) Qual é a força máxima que pode ser exercida sobre o fêmur se ele tiver um diâmetro efetivo mínimo de 2,50 cm? (b) Se essa força fosse aplicada compressivamente, em quanto o osso de 25,0 cm encurtaria?

29. Uma criança desliza por um piso com sapatos com solado de borracha. A força de atrito que age sobre cada pé é de 20,0 N. A área de pegada de cada sola do sapato é de 14,0 cm² e sua espessura é de 5,00 mm. Encontre a distância horizontal pela qual as superfícies superior e inferior de cada sola são compensadas. O módulo de cisalhamento da borracha é 3,00 MN/m².

30. Calcule o módulo de Young para o material cuja curva de tensão-deformação é mostrada na Figura 12.12.

31. M Considere que, se a tensão de cisalhamento ultrapassar $4{,}00 \times 10^8$ N/m², o aço se rompe. Determine a força de cisalhamento necessária para (a) cortar um parafuso de aço de 1,00 cm de diâmetro, e (b) fazer um furo de 1,00 cm de diâmetro em uma placa de aço de 0,500 cm de espessura.

32. Quando a água congela, expande-se em cerca de 9,00%. Que aumento de pressão ocorreria no bloco do motor do seu automóvel se a água dentro dele congelasse? O módulo de compressibilidade cúbica do gelo é $2{,}00 \times 10^9$ N/m².

33. M Uma carga de 200 kg é pendurada por um fio de 4,00 m de comprimento, área da secção transversal $0{,}200 \times 10^{-4}$ m² e módulo de Young $8{,}00 \times 10^{10}$ N/m². Qual é seu aumento de comprimento?

34. Uma passarela suspensa através do *lobby* de um hotel é sustentada em diversos pontos ao longo de suas extremidades por meio de cabo vertical acima de cada ponto e uma coluna vertical embaixo. O cabo de aço tem 1,27 cm de diâmetro e 5,75 m de comprimento sem carga. A coluna de alumínio é um cilindro oco com diâmetros interno de 16,14 cm e externo de 16,24 cm, e um comprimento sem carga de 3,25 m. Quando a passarela exerce uma força de carga 8.500 N sobre um dos pontos de sustentação, quanto o ponto se move para baixo?

35. **Revisão.** Um cabo de aço cilíndrico de 2,00 m de comprimento, com diâmetro da seção transversal igual a 4,00 mm, é colocado sobre uma polia leve sem atrito. Um corpo de massa $m_1 = 5{,}00$ kg é pendurado em uma ponta do cabo, e outro, de massa $m_2 = 3{,}00$ kg, é pendurado na outra ponta, como mostra a Figura P12.35. Os corpos são soltos e podem se mover livremente. Em comparação com seu comprimento antes de os corpos serem amarrados, quanto o cabo esticou enquanto eles estavam em movimento?

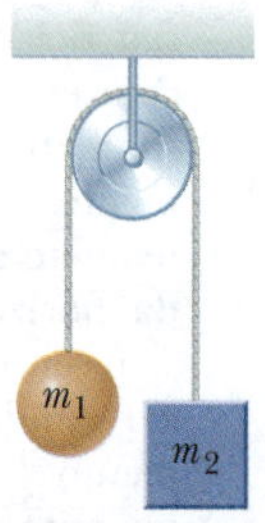

Figura P12.35

36. AMT **Revisão.** Um martelo de 30,0 kg, movendo-se com velocidade de 20,0 m/s, bate em um prego grande de aço com 2,30 cm de diâmetro. O martelo ricocheteia com velocidade de 10,0 m/s após 0,110 s. Qual é a deformação média do prego durante o impacto?

Problemas Adicionais

37. M Uma ponte de comprimento 50,0 m e massa $8{,}00 \times 10^4$ kg é sustentada sobre um pilar em cada extremidade, como mostrado na Figura P12.37. Um caminhão de massa 3,00 x 10^4 kg está localizado a 15,0 m de uma extremidade. Quais são as forças sobre a ponte nos pontos de apoio?

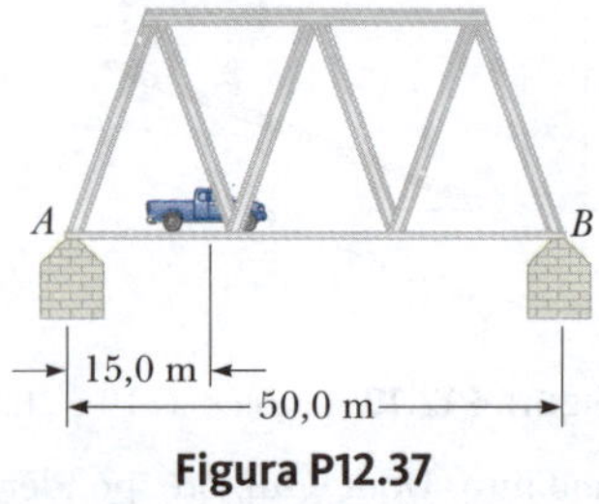

Figura P12.37

38. PD Uma viga uniforme apoiada sobre dois pivôs tem comprimento $L = 6{,}00$ m e massa $M = 90{,}0$ kg. O pivô sob a extremidade esquerda exerce uma força normal n_1 sobre a viga, e o segundo, localizado a uma distância $\ell = 4{,}00$ m desta extremidade, exerce uma força normal n_2. Uma mulher de massa $m = 55{,}0$ kg sobe na extremidade esquerda da viga e começa a caminhar para a direita, como mostra a Figura P12.38. O objetivo é encontrar a posição da mulher quando a viga começa a inclinar. (a) Qual é o modelo de análise apropriado para a viga antes que ela comece a inclinar? (b) Esboce um diagrama de forças para a viga, indicando as forças gravitacional e normal que agem sobre ela e que coloca a mulher a uma distância x à direita do primeiro pivô, que é a origem. (c) Onde está a mulher quando a força normal n_1 é a maior? (d) Qual é o valor de n_1 quando a viga está na iminência de inclinar? (e) Use a Equação 12.1 para encontrar o valor de n_2 quando a viga está na iminência de inclinar. (f) Utilizando o resultado da parte (d) e a Equação 12.2, com torques calculados em torno do segundo pivô, encontre a posição da mulher, x, quando a viga está na iminência de inclinar. (g) Verifique a resposta da parte (e) calculando torques em torno do ponto do primeiro pivô.

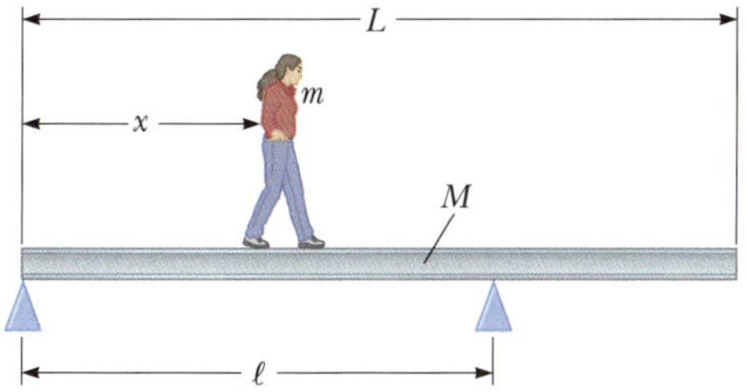

Figura P12.38

39. **W** Em estudos de fisiologia do exercício, por vezes é importante determinar a localização do centro de massa de uma pessoa. Esta determinação pode ser feita com o arranjo mostrado na Figura P12.39. Uma tábua leve está apoiada sobre duas balanças, que apresentam leituras $F_{g1} = 380$ N e $F_{g2} = 320$ N. Uma distância de 1,65 m separa as balanças. A que distância do pé da mulher está seu centro de massa?

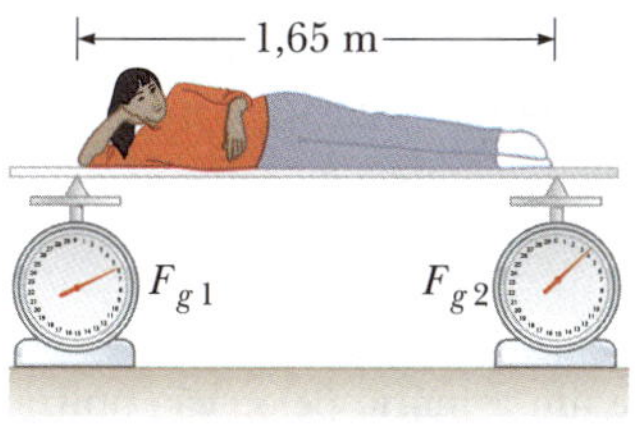

Figura P12.39

40. O lintel de concreto armado protendido na Figura P12.40 tem 1,50 m de comprimento. O concreto recebe o reforço de uma barra de aço com área da seção transversal de 1,50 cm^2. A barra une-se a duas placas terminais. A área da seção transversal do concreto perpendicular à barra é 50,0 cm^2. O módulo de Young para o concreto é $30,0 \times 10^9$ N/m^2. Depois que o concreto é curado e a tração original T_1 na barra liberada, ele deve estar sob tensão compressiva de $8,00 \times 10^6$ N/m^2. (a) De que distância a barra comprime o concreto quando a tração original na barra é liberada? (b) Qual é a nova tração T_2 na barra? (c) Quanto a barra ficará mais comprida do que seu comprimento sem tensão? (d) Quando o concreto foi despejado, a barra deveria ter sido esticada de que distância em relação a seu comprimento sem tensão? (e) Encontre a tração original necessária T_1 na barra.

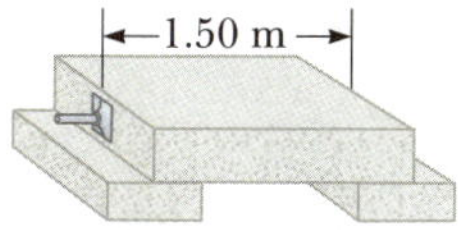

Figura P12.40

41. O braço na Figura P12.41 pesa 41,5 N. A força gravitacional sobre ele age pelo ponto A. Determine os módulos das forças de tensão $\vec{\mathbf{F}}_t$ no músculo deltoide e $\vec{\mathbf{F}}_e$ exercida pelo ombro sobre o úmero (osso do antebraço) para manter o braço na posição mostrada.

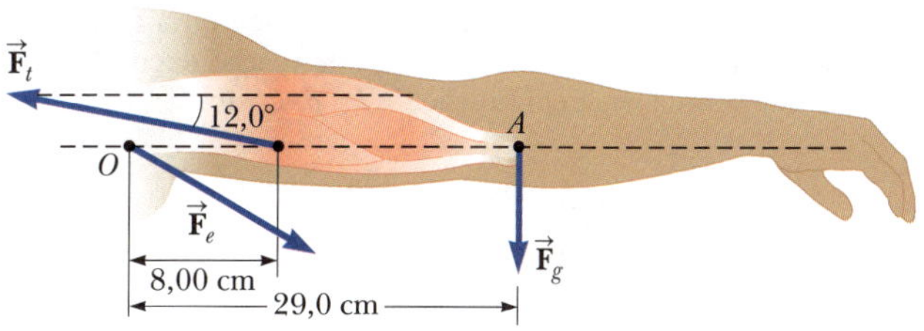

Figura P12.41

42. Quando uma pessoa fica na ponta dos pés sobre um pé (uma posição estrênua), a posição do pé é como mostra a Figura P12.42a. A força gravitacional total $\vec{\mathbf{F}}_g$ sobre o corpo é suportada pela força normal $\vec{\mathbf{n}}$ exercida pelo piso sobre os dedos de um pé. Um modelo mecânico desta situação é mostrado na Figura P12.42b, em que $\vec{\mathbf{T}}$ é a força exercida sobre o pé pelo tendão de Aquiles e $\vec{\mathbf{R}}$ é a exercida sobre o pé pela tíbia. Encontre os valores de T, R e θ quando $F_g = 700$ N.

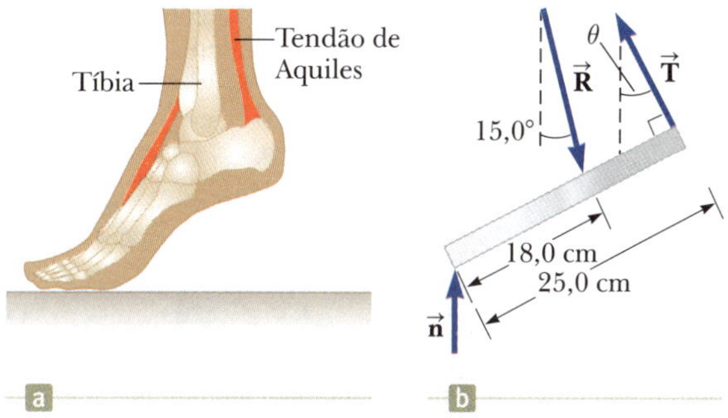

Figura P12.42

43. **AMT** Um urso faminto pesando 700 N caminha sobre uma viga na tentativa de recuperar uma cesta de guloseimas pendurada na sua extremidade (Fig. P12.43). A viga é uniforme, pesa 200 N, tem 6,00 m de comprimento e é sustentada por um cabo a um ângulo $\theta = 60,0°$. A cesta pesa 80,0 N. (a) Desenhe um diagrama de forças para a viga. (b) Quando o urso estiver a $x = 1,00$ m, encontre a tração no cabo que suporta a viga e as componentes da força exercida pela parede sobre a extremidade esquerda da viga. (c) **E se?** Se o cabo pode suportar uma tração máxima de 900 N, qual a distância máxima que o urso pode caminhar antes que ele se rompa?

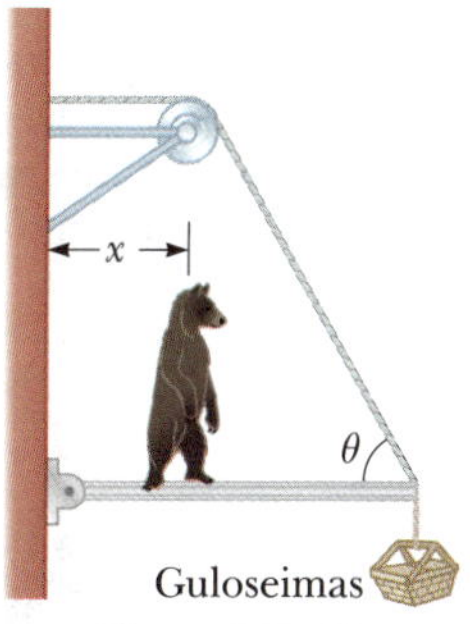

Figura P12.43

44. As seguintes equações são obtidas a partir de um diagrama de forças de uma porteira retangular suportada por duas dobradiças do lado esquerdo. Um balde de grãos está pendurado no fecho.

$$-A + C = 0$$

$$+B - 392 \text{ N} - 50,0 \text{ N} = 0$$

$$A(0) + B(0) + C(1,80 \text{ m}) - 392 \text{ N}(1,50 \text{ m}) - 50,0 \text{ N}(3,00 \text{ m}) = 0$$

(a) Desenhe o diagrama de forças e complete o enunciado do problema, especificando as incógnitas. (b) Determine os valores das incógnitas e indique o significado físico de cada uma delas.

45. Uma placa uniforme de peso F_g e largura $2L$ é pendurada em uma viga horizontal leve, articulada na parede e suportada por um cabo (Fig. P12.45). Determine (a) a tração no cabo e (b) as componentes da força de reação exercida pela parede sobre a viga em função de F_g, d, L e θ.

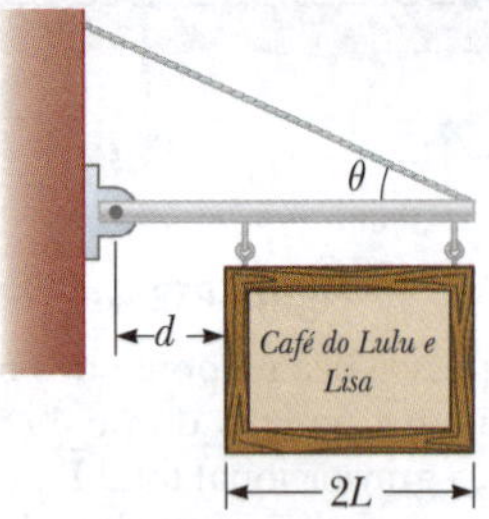

Figura P12.45

46. Uma lança uniforme de 1.200 N a $\phi = 65°$ com a vertical é sustentada por um cabo a um ângulo $\theta = 25{,}0°$ com a horizontal, como mostrado na Figura P12.46. A lança é articulada na parte inferior e um corpo de peso $m = 2.000$ N é pendurado em sua parte superior. Encontre (a) a tração no cabo de sustentação e (b) as componentes da força de reação exercida pelo piso sobre a lança.

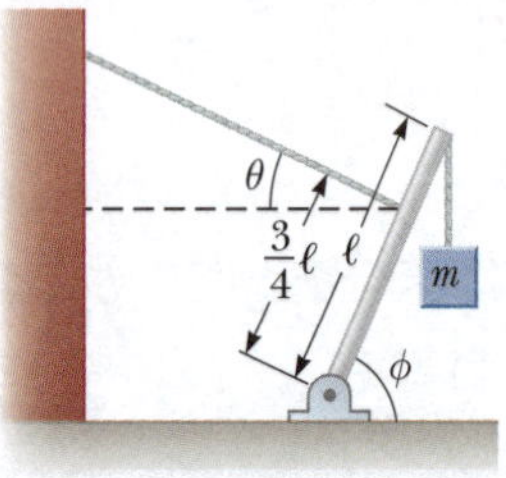

Figura P12.46

47. Um guindaste de massa $m_1 = 3.000$ kg suporta uma carga de massa $m_2 = 10.000$ kg, como mostra a Figura P12.47. O guindaste é articulado com um pino sem atrito em A e se apoia em um suporte liso em B. Encontre as forças de reação no (a) ponto A e (b) no ponto B.

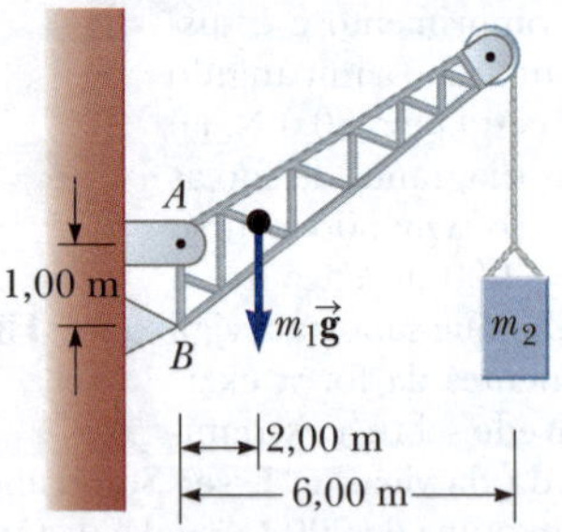

Figura P12.47

48. Considere que uma pessoa se inclina para a frente para suspender uma carga "com as costas", como mostrado na Figura P12.48a. A coluna articula-se principalmente na quinta vértebra lombar com a força de suporte principal fornecida pelo músculo eretor da espinha nas costas. Para conhecer o módulo das forças envolvidas, considere o modelo mostrado na Figura P12.48b para uma pessoa inclinada para a frente antes de levantar um corpo de 200 N. A coluna vertebral e o tronco são representados como uma barra horizontal de peso 350 N articulada na base da coluna. O músculo eretor da espinha, preso em um ponto a dois terços subindo pela coluna, mantém a posição das costas. O ângulo entre a coluna e este músculo é $\theta = 12{,}0°$. Encontre (a) a tensão T no músculo das costas e (b) a força de compressão na coluna. (c) Este método é uma boa maneira para se levantar uma carga? Explique sua resposta utilizando os resultados das partes (a) e (b). (d) Você pode sugerir um método melhor para levantar uma carga?

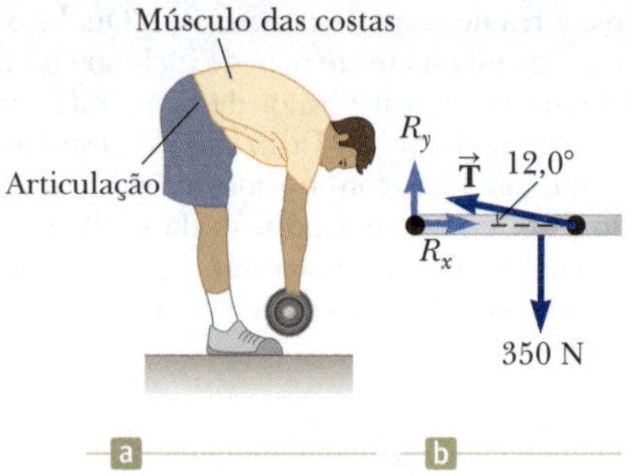

Figura P12.48

49. **M** Um tubarão de 10.000 N é sustentado por uma barra de 4,00 m articulada na base. (a) Calcule a tração no cabo entre a barra e a parede, considerando que o cabo está mantendo o sistema na posição mostrada na Figura P12.49. Encontre (b) a força horizontal e (c) e a força vertical exercida sobre a base da barra. Despreze o peso da barra.

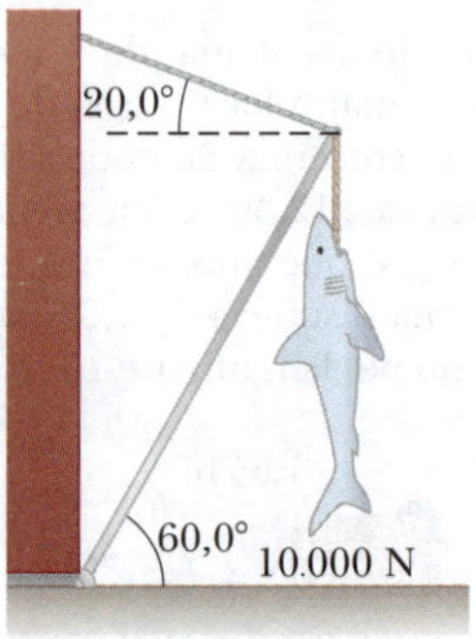

Figura P12.49

50. *Por que a seguinte situação é impossível?* Um operário em uma fábrica puxa um armário pelo chão utilizando uma corda, como mostrado na Figura P12.50a. A corda forma um ângulo $\theta = 37{,}0°$ com o chão e é amarrada a uma altura $h_1 = 10{,}0$ cm na parte inferior do armário. O armário retangular uniforme tem altura $\ell = 100$ cm, largura $w = 60{,}0$ cm e pesa 400 N. Ele desliza a uma velocidade constante quando uma força $F = 300$ N é aplicada através da corda. O operário se cansa de andar para trás. Então, amarra a corda em um ponto no armário a uma altura $h_2 = 65{,}0$ cm do chão e a coloca sobre seu ombro de forma a poder andar para a frente e puxar, como mostrado na Figura P12.50b. Desta maneira, a corda novamente forma um ângulo de $\theta = 37{,}0°$ com a horizontal e novamente tem tração de 300 N. Utilizando esta técnica, o operário é capaz de deslizar o armário por uma distância longa pelo chão sem se cansar.

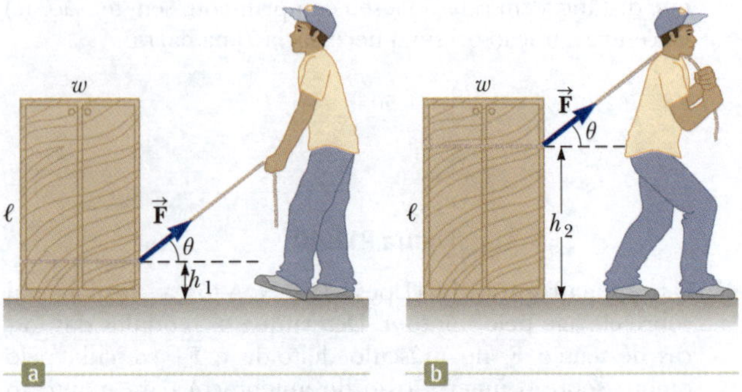

Figura P12.50 Problemas 50 e 62.

51. Uma viga uniforme de massa m é inclinada a um ângulo θ com a horizontal. Sua extremidade superior (ponto P) produz uma inclinação de 90° e se dobra em uma corda muito grosseira amarrada a uma parede, enquanto sua extremidade inferior se apoia sobre um piso áspero (Fig. P12.51). Seja μ_e o coeficiente de atrito estático entre a viga e o piso. Considere que μ_e é menor que a cotangente de θ. (a) Encontre uma expressão para a massa máxima M que pode ser suspensa na parte superior antes que a viga escorregue. Determine (b) o módulo da força de reação no piso e (c) o módulo da força exercida pela viga sobre a corda no ponto P em função de m, M e μ_e.

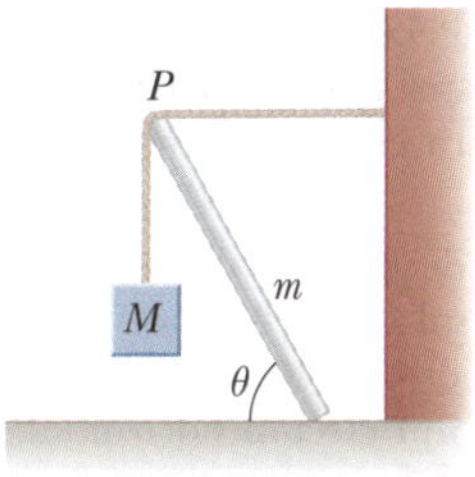

Figura P12.51

52. O grande músculo quádriceps na parte superior da perna termina, na sua extremidade inferior, em um tendão ligado à extremidade superior da tíbia (Fig. P12.52a). As forças sobre a parte inferior da perna quando está esticada são consideradas o modelo na Figura P12.52b, onde $\vec{T}$ é a força no tendão, $\vec{F}_{g,\text{perna}}$ é a gravitacional que age sobre a parte inferior da perna e $\vec{F}_{g,\text{pé}}$ é a gravitacional que age sobre o pé. Encontre T quando o tendão está a um ângulo $\phi = 25{,}0°$ com a tíbia, considerando $F_{g,\text{perna}} = 30{,}0$ N, $F_{g,\text{pé}} = 12{,}5$ N, e a perna está estendida a um ângulo $\theta = 40{,}0°$ em relação à vertical. Considere também que o centro de gravidade da tíbia está em seu centro geométrico, e que o tendão se liga à parte inferior da perna em uma posição um quinto do caminho descendo a perna.

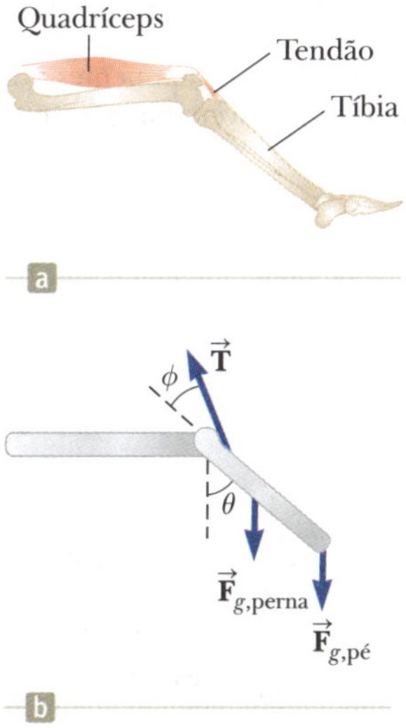

Figura P12.52

53. Quando um ginasta está fazendo sua apresentação nas argolas e executa a *cruz de ferro*, ele mantém a posição em repouso mostrada na Figura P12.53a. Nesta manobra, os pés do ginasta (não mostrados) estão fora do chão. Os principais músculos envolvidos para sustentar essa posição são o grande dorsal (*lats*) e o peitoral maior (*pecs*). Uma das argolas exerce uma força para cima $\vec{F}_c$ sobre uma mão, como mostrado na Figura P12.53b. A força $\vec{F}_a$ é exercida pela articulação do ombro sobre o braço. Os músculos grande dorsal e peitoral maior exercem uma força total $\vec{F}_m$ sobre o braço. (a) Utilizando as informações da figura, encontre o módulo da força $\vec{F}_m$ para um atleta de peso 750 N. (b) Suponha que um atleta em treinamento não consegue realizar uma cruz de ferro, mas pode manter uma posição similar à da figura na qual os braços formam um ângulo de 45° com a horizontal, em vez de estarem na horizontal. Por que esta posição é mais fácil para o atleta?

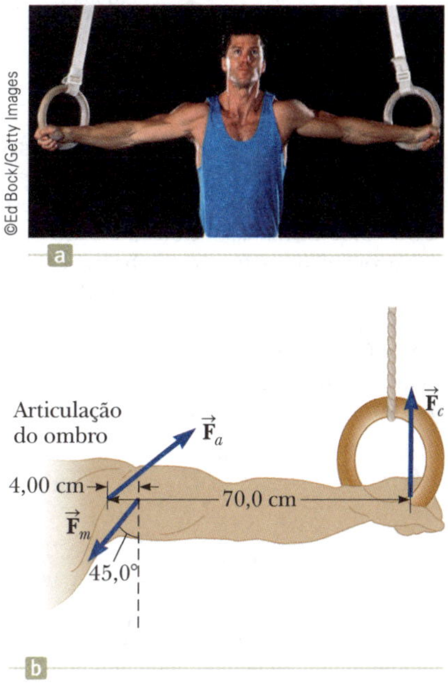

Figura P12.53

54. A Figura P12.54 mostra uma treliça leve formada por três escoras em um plano e unidas por três pinos de articulação lisos em suas extremidades. Ela suporta uma força para baixo de $\vec{F} = 1.000$ N aplicada no ponto B, e seu peso é desprezível. Os pilares A e C são lisos. (a) Dados $\theta_1 = 30{,}0°$ e $\theta_2 = 45{,}0°$, encontre n_A e n_C. (b) Pode-se mostrar que a força que cada escora exerce sobre um pino deve ser direcionada ao longo do comprimento da escora como uma força de tração ou compressão. Utilize este fato para identificar as direções das forças que as escoras exercem sobre os pinos que as unem. Encontre a força de tração ou de compressão em cada uma das três barras.

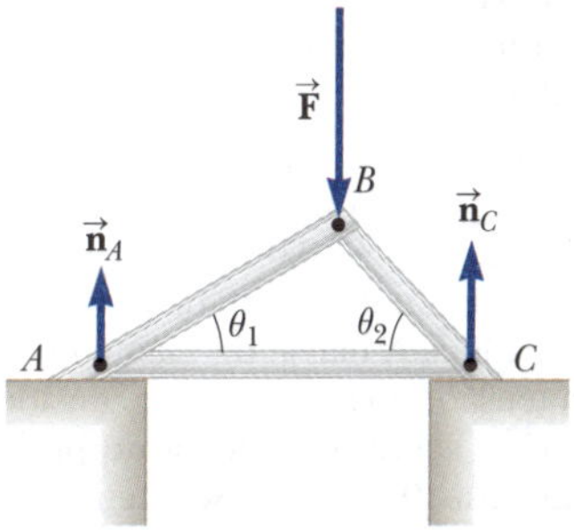

Figura P12.54

55. Um lado de uma prateleira de plantas é sustentado por um suporte montado sobre uma parede vertical por um único parafuso, como mostrado na Figura P12.55. Despreze o peso do suporte. (a) Encontre a componente horizontal da força que o parafuso exerce sobre o suporte quando uma força vertical de 80,0 N é aplicada, como mostrado. (b) À medida que seu avô rega seus gerânios, a força de carga de 80,0 N está aumentando a uma taxa de 0,150 N/s. A que taxa a força exercida pelo parafuso está mudando? *Sugestão*: Imagine que o suporte está um pouco frouxo.

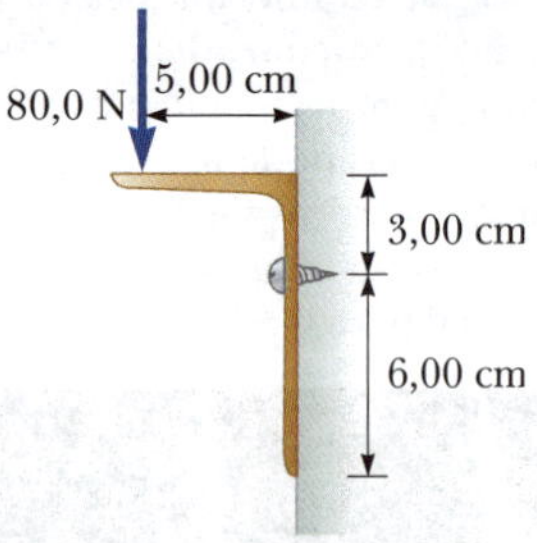

Figura P12.55

56. M Uma escada de peso desprezível é construída como mostrado na Figura P12.56, com $AC = BC = \ell = 4{,}00$ m. Um pintor de massa $m = 70{,}0$ kg sobe na escada até uma altura $d = 3{,}00$ m da base. Considerando que o piso é sem atrito, encontre (a) a tração na barra horizontal DE que conecta as duas metades da escada, (b) as forças normais em A e B, e (c) as componentes da força de reação na dobradiça única C que a metade esquerda da escada exerce sobre a metade direita. *Sugestão*: Trate a escada como um corpo único e, também, cada metade da escada separadamente.

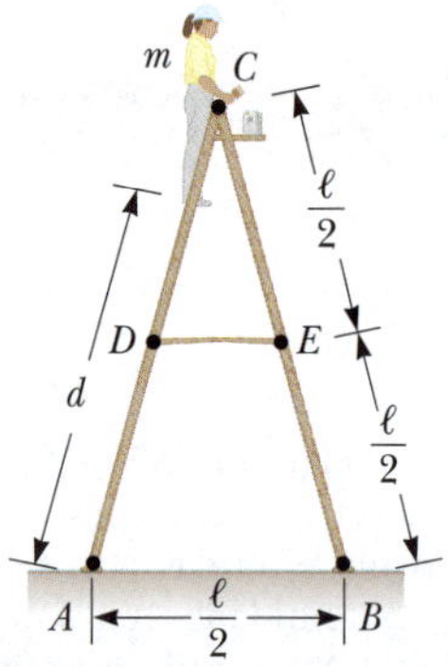

Figura P12.56 Problemas 56 e 57.

57. Uma escada de peso desprezível é construída como mostra a Figura P12.56, com $AC = BC = \ell$. Um pintor de massa m sobe na escada até uma distância d da base. Considerando que o piso é sem atrito, encontre (a) a tração na barra horizontal DE que conecta as duas metades da escada, (b) as forças normais em A e B, e (c) as componentes da força de reação na dobradiça única C que a metade esquerda da escada exerce sobre a metade direita. *Sugestão*: Trate a escada como um corpo único e, também, cada metade da escada separadamente.

58. (a) Estime a força com a qual um mestre de caratê bate em uma tábua, considerando que a velocidade da mão no momento do impacto é 10,0 m/s e diminui para 1,00 m/s durante um intervalo de tempo de contato entre a mão e a tábua de 0,00200 s. A massa da mão e do braço é 1,00 kg. (b) Estime a tensão de cisalhamento, considerando que esta força é exercida sobre uma tábua de pinho de espessura 1,00 cm e largura 10,0 cm. (c) Se a tensão de cisalhamento máxima que uma tábua de pinho pode suportar antes de quebrar é $3{,}60 \times 10^6$ N/m², a tábua quebrará?

59. Duas bolas de *racquetball*, cada uma com massa de 170 g, são colocadas em um pote de vidro, como mostra a Figura P12.59. Seus centros ficam em uma linha reta que forma um ângulo de 45° com a horizontal. (a) Considere que as paredes são sem atrito e determine P_1, P_2 e P_3. (b) Determine o módulo da força exercida pela bola da esquerda sobre a da direita.

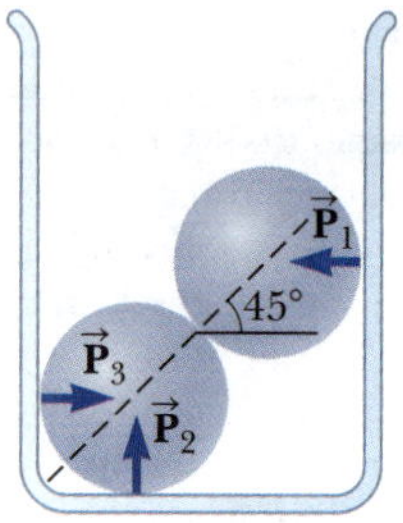

Figura P12.59

60. **Revisão.** Um cabo de comprimento L, módulo de Young Y e área da seção transversal A é esticado elasticamente a uma quantidade ΔL. Pela lei de Hooke, a força de restauração é $-k\,\Delta L$. (a) Mostre que $k = YA/L$. (b) Mostre que o trabalho realizado para esticar o cabo a uma quantidade ΔL é $W = \frac{1}{2}YA(\Delta L)^2/\,L$.

61. **Revisão.** Um fio de alumínio tem 0,850 m de comprimento e seção transversal de 0,780 mm de diâmetro. Fixado na extremidade superior, o fio suporta um corpo de 1,20 kg que balança em um círculo horizontal. Determine a velocidade angular do corpo necessária para produzir uma deformação de $1{,}00 \times 10^{-3}$.

62. Considere o armário retangular do Problema 50 mostrado na Figura P12.50, mas com uma força $\vec{F}$ aplicada horizontalmente na borda superior. (a) Qual é a força mínima necessária para começar a inclinar o armário? (b) Qual é o coeficiente mínimo de atrito estático necessário para o armário não deslizar com a aplicação de uma força deste módulo? (c) Encontre o módulo e a direção da força necessária para inclinar o armário se o ponto de aplicação puder ser escolhido *em qualquer lugar* no armário.

63. M Uma placa uniforme retangular, com 500 N, medindo 4,00 m de largura e a 3,00 m de altura é suspensa em uma haste horizontal de 6,00 m de comprimento, uniforme, com 100 N, conforme indica a Figura P12.63. A extremidade esquerda da haste é suportada por uma dobradiça, e a extremidade direita é suportada por um cabo fino que faz um ângulo de 30,0° com a vertical. (a) Determine a tensão T no cabo. (b) Encontre os componentes horizontal e vertical da força exercida na extremidade esquerda da haste pela dobradiça.

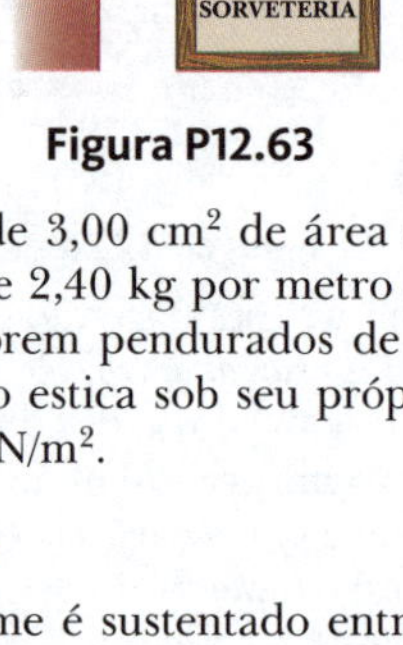

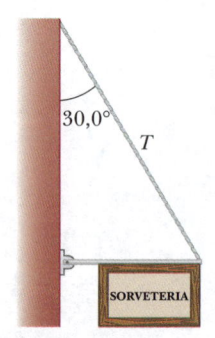

Figura P12.63

64. Um cabo de aço de 3,00 cm² de área da seção transversal tem uma massa de 2,40 kg por metro de comprimento. Se 500 m de cabo forem pendurados de um penhasco vertical, quanto o cabo estica sob seu próprio peso? Considere $Y_{aço} = 2{,}00 \times 10^{11}$ N/m².

Problemas de Desafio

65. Um poste uniforme é sustentado entre o piso e o teto de uma sala. A altura da sala é 7,80 pés e o coeficiente de atrito estático entre o poste e o teto, 0,576. O coeficiente de atrito estático entre o poste e o piso é maior que o coeficiente entre eles. Qual é o comprimento mais longo do poste que pode ser apoiado entre o piso e o teto?

66. Na seção **E se?** do Exemplo 12.2, seja d representando a distância em metros entre a pessoa e a dobradiça na extremidade esquerda da viga. (a) Mostre que a tração no cabo é dada por $T = 93{,}9d + 125$, com T dado em newtons. (b) Mostre que o ângulo da direção θ da dobradiça é descrito por:

$$\operatorname{tg}\theta = \left(\frac{32}{3d + 4} - 1\right) \operatorname{tg} 53{,}0°$$

(c) Mostre que o módulo da força da dobradiça é dada por:

$$R = \sqrt{8{,}82 \times 10^3 d^2 - 9{,}65 \times 10^4 d + 4{,}96 \times 10^5}$$

(d) Descreva como as variações em T, θ e R conforme d aumenta diferem uma da outra.

67. A Figura P12.67 mostra uma força vertical aplicada tangencialmente a um cilindro uniforme de peso F_g. O coeficiente de atrito estático entre o cilindro e todas as superfícies é 0,500. A força $\vec{\mathbf{P}}$ é aumentada em módulo até que o cilindro começa a girar. Em função de F_g, encontre o módulo da força máxima P que pode ser aplicada sem fazer o cilindro girar. *Sugestão*: Mostre que ambas as forças de atrito estarão em seus valores máximos quando o cilindro estiver na iminência de escorregar.

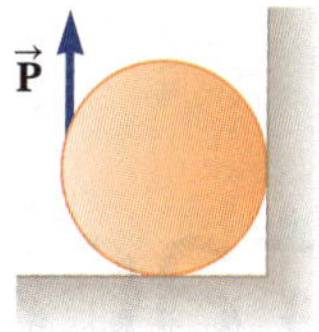

Figura P12.67

68. Uma barra uniforme de peso F_g e comprimento L é suportada em suas extremidades por uma calha sem atrito, como mostrado na Figura P12.68. (a) Mostre que o centro de gravidade da barra deve estar verticalmente sobre o ponto O quando ela está em equilíbrio. (b) Determine o valor de equilíbrio do ângulo θ. (c) O equilíbrio da barra é estável ou instável?

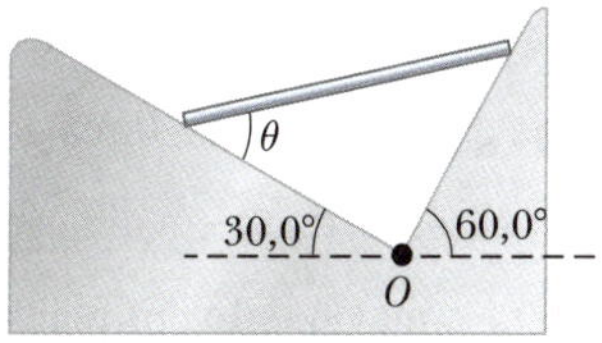

Figura P12.68

capítulo 13

Gravitação universal

Imagem obtida pelo Telescópio Espacial Hubble, da Galáxia Whirlpool, M51, captada em 2005. Os "braços" desta galáxia em espiral comprimem o gás hidrogênio e criam novos aglomerados de estrelas. Alguns astrônomos acreditam que os "braços" são proeminentes devido à proximidade com a pequena galáxia amarela denominada NGC 5195, na ponta de um de seus braços. *(NASA, Hubble Heritage Team (STScI/AURA), ESA, S. Beckwith (STScI). Processamento adicional: Robert Gendler)*

Antes de 1687, uma grande quantidade de dados foi coletada sobre os movimentos da Lua e dos planetas, mas um entendimento claro das forças ligadas a estes movimentos não estava disponível. Naquele ano, Isaac Newton forneceu a chave para desvendar os segredos dos céus. Ele sabia, desde sua primeira lei, que deveria haver uma força resultante agindo sobre a Lua porque, sem ela, a Lua se moveria numa trajetória em linha reta, e não em sua órbita quase circular. Newton argumentou que esta força era a atração gravitacional exercida pela Terra sobre a Lua. Ele percebeu que as forças envolvidas na atração Terra-Lua e na atração Sol-planeta não eram algo especial a estes sistemas, mas casos particulares de uma atração geral e universal entre os corpos. Em outras palavras, Newton viu que a mesma força de atração que faz com que a Lua siga sua trajetória em torno da Terra também faz uma maçã cair de uma árvore. Foi a primeira vez que os movimentos "terrestre" e "celeste" foram unificados.

Neste capítulo, estudaremos a lei da gravitação universal. Destacamos a descrição do movimento planetário, pois os dados astronômicos fornecem um importante teste de validade desta lei. Depois, mostramos que as leis do movimento planetário desenvolvidas por Johannes Kepler decorrem da lei da gravitação universal e do princípio de conservação do momento angular. Concluímos derivando uma expressão geral para a energia potencial gravitacional de um sistema e analisando as energias do movimento dos planetas e satélites para um sistema isolado.

13.1 Lei da gravitação universal de Newton

Você pode ter ouvido a lenda que diz: "enquanto estava cochilando debaixo de uma árvore, Newton foi atingido na cabeça por uma maçã em queda". E que este dito acidente, supostamente, o levou a imaginar que talvez todos os corpos no Universo fossem atraídos um pelo outro, da mesma forma que a maçã havia sido atraída pela Terra. Newton analisou dados astronômicos sobre o movimento da Lua ao redor da Terra. A partir desta análise, ele fez a afirmação ousada de que a lei da força que rege o movimento dos planetas era a *mesma* lei da força que atraía uma maçã caindo para a Terra.

Em 1687, Newton publicou seu trabalho sobre a lei da gravidade em seu tratado *Princípios Matemáticos da Filosofia Natural*. A **lei da gravitação de Newton** afirma que

> cada partícula do Universo atrai cada outra partícula com uma força que é diretamente proporcional ao produto de suas massas e inversamente proporcional ao quadrado da distância entre eles.

◀ **Lei da gravitação universal**

Se as partículas têm massas m_1 e m_2 e são separadas por uma distância r, o módulo desta força gravitacional é:

$$F_g = G\frac{m_1 m_2}{r^2} \quad \textbf{(13.1)}$$

onde G é uma constante, chamada *constante gravitacional universal*. Seu valor em unidades SI é:

$$G = 6{,}674 \times 10^{-11}\ \text{N} \cdot \text{m}^2/\text{kg}^2 \quad \textbf{(13.2)}$$

A constante gravitacional universal G foi primeiramente avaliada no final do século XIX, com base em resultados de um importante experimento feito por Sir Henry Cavendish (1731-1810) em 1798. A lei da gravitação universal não foi expressa por Newton na forma da Equação 13.1, e Newton não mencionou uma constante como G. Na verdade, mesmo na época de Cavendish, uma unidade de força ainda não havia sido incluída no sistema de unidades existente. O objetivo de Cavendish era medir a densidade da Terra. Os resultados obtidos por ele foram, então, utilizados por outros cientistas 100 anos depois para gerar um valor para G.

O aparato de Cavendish é composto por duas pequenas esferas, cada uma de massa m, fixado nas extremidades de uma haste leve e horizontal, suspensa por uma fibra fina ou fio de metal fino, como ilustrado na Figura 13.1. Quando duas grandes esferas, cada uma de massa M, são colocadas perto das menores, a força de atração entre elas faz com que a haste gire e torça o fio suspenso para uma nova orientação de equilíbrio. O ângulo de rotação é medido pelo desvio de um feixe de luz refletido por um espelho anexado à suspensão vertical.

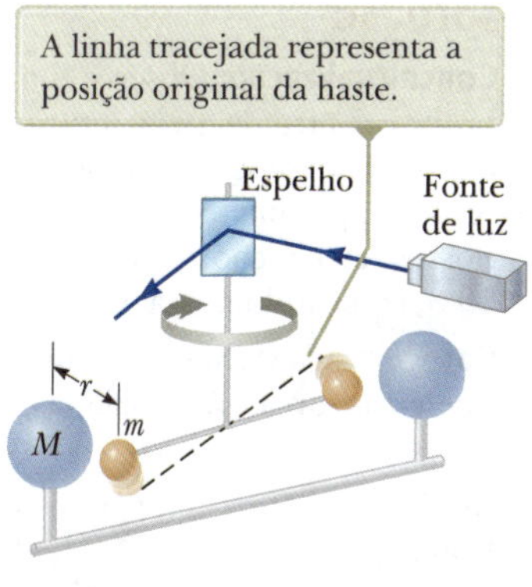

Figura 13.1 Aparato de Cavendish para a medida de forças gravitacionais.

A forma da lei da força dada pela Equação 13.1 é muitas vezes referida como a **lei do inverso do quadrado**, porque a intensidade da força varia com o inverso do quadrado da separação das partículas.[1] Podemos expressar esta força em forma de vetor, definindo um vetor unitário $\hat{\mathbf{r}}_{12}$ (Fig. 13.2). Como este vetor unitário é direcionado da partícula 1 para a 2, a força exercida pela partícula 1 sobre a 2 é:

$$\vec{\mathbf{F}}_{12} = -G\frac{m_1 m_2}{r^2}\hat{\mathbf{r}}_{12} \quad \textbf{(13.3)}$$

onde o sinal negativo indica que a partícula 2 é atraída para a 1; portanto, a força sobre a partícula 2 deve ser dirigida para a 1. Pela Terceira Lei de Newton, a força exercida pela partícula 2 sobre a 1, designada $\vec{\mathbf{F}}_{21}$, é igual em módulo a $\vec{\mathbf{F}}_{12}$ e na direção oposta. Ou seja, estas forças formam um par ação-reação, e $\vec{\mathbf{F}}_{21} = -\vec{\mathbf{F}}_{12}$.

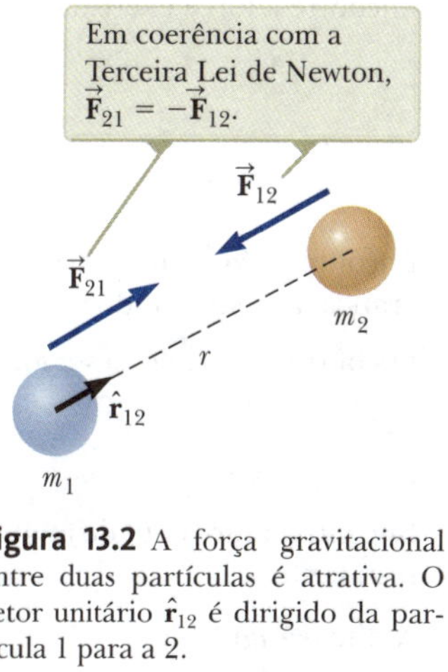

Figura 13.2 A força gravitacional entre duas partículas é atrativa. O vetor unitário $\hat{\mathbf{r}}_{12}$ é dirigido da partícula 1 para a 2.

Duas características da Equação 13.3 merecem atenção. Em primeiro lugar, a força gravitacional é um campo de força que sempre existe entre duas partículas, independentemente do meio que as separa. Em segundo lugar, porque a força varia com o inverso do quadrado da distância entre as partículas, ela diminui rapidamente com o aumento da separação.

A Equação 13.3 também pode ser usada para mostrar que a força gravitacional exercida por uma distribuição de massa de tamanho finito e esfericamente simétrica sobre uma partícula fora da distribuição é a mesma como se toda a massa da distribui-

[1] A proporcionalidade inversa entre duas grandezas x e y é aquela em que $y = k/x$, onde k é uma constante. A proporção direta entre x e y existe quando $y = kx$.

> **Prevenção de Armadilhas 13.1**
>
> **Seja claro em g e G**
> O símbolo g representa o módulo da aceleração da gravidade perto de um planeta. Na superfície da Terra, g tem um valor médio de 9,80 m/s². Por outro lado, G é uma constante universal que tem o mesmo valor em todo o Universo.

ção fosse concentrada no centro. Por exemplo, o módulo da força exercida pela Terra sobre uma partícula de massa próxima à superfície da Terra é:

$$F_g = G\frac{M_T m}{R_T^{\,2}} \tag{13.4}$$

onde M_T é a massa da Terra e seu raio R_T. Essa força é direcionada para o centro da Terra.

Teste Rápido **13.1** Um planeta tem duas luas de massas iguais: a 1 está em uma órbita circular de raio r; a 2, em uma órbita circular de raio $2r$. Qual é o módulo da força gravitacional exercida pelo planeta na Lua 2? **(a)** quatro vezes maior que na 1, **(b)** duas vezes maior que na 1, **(c)** igual à na 1, **(d)** metade do tamanho que na 1, **(e)** um quarto daquela na 1.

Exemplo 13.1 Alguém quer jogar bilhar?

Três bolas de bilhar de 0,300 kg são colocadas sobre uma mesa nos vértices de um triângulo retângulo, como mostrado na Figura 13.3. Os lados do triângulo são de comprimentos de a = 0,400 m, b = 0,300 m e c = 0,500 m. Calcule o vetor da força gravitacional sobre a bola branca (designado m_1) resultante das outras duas bolas, bem como o módulo e a direção dessa força.

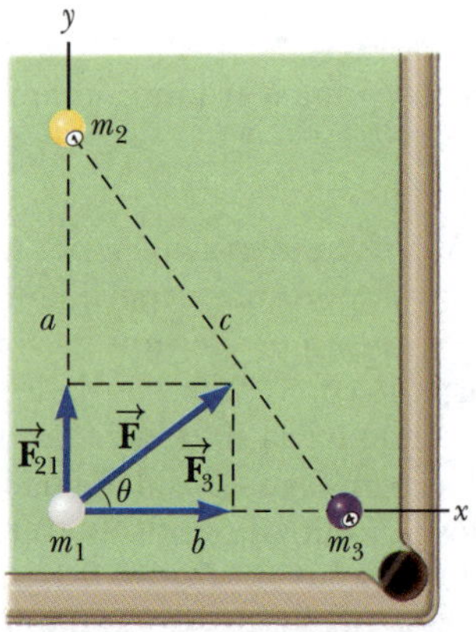

Figura 13.3 (Exemplo 13.1) A força gravitacional resultante que atua sobre a bola branca é a soma vetorial $\vec{F}_{21} + \vec{F}_{31}$.

SOLUÇÃO

Conceitualização Observe na Figura 13.3 que a bola branca é atraída pelas outras duas pela força gravitacional. Podemos ver graficamente que a força resultante deve apontar para cima e para a direita. Localizamos nossos eixos coordenados como mostrado na Figura 13.3, colocando nossa origem na posição da bola branca.

Categorização Este problema envolve a avaliação da força gravitacional sobre a bola branca usando a Equação 13.3. Depois que essas forças são avaliadas, encontrar a força resultante torna-se um problema de adição de vetores.

Análise Encontre a força exercida por m_2 na bola branca:

$$\vec{F}_{21} = G\frac{m_2 m_1}{a^2}\hat{j}$$
$$= (6{,}67 \times 10^{-11}\ \text{N}\cdot\text{m}^2/\text{kg}^2)\frac{(0{,}300\ \text{kg})(0{,}300\ \text{kg})}{(0{,}400\ \text{m})^2}\hat{j}$$
$$= 3{,}75 \times 10^{-11}\hat{j}\ \text{N}$$

Encontre a força exercida por m_3 na bola branca:

$$\vec{F}_{31} = G\frac{m_3 m_1}{b^2}\hat{i}$$
$$= (6{,}67 \times 10^{-11}\ \text{N}\cdot\text{m}^2/\text{kg}^2)\frac{(0{,}300\ \text{kg})(0{,}300\ \text{kg})}{(0{,}300\ \text{m})^2}\hat{i}$$
$$= 6{,}67 \times 10^{-11}\hat{i}\ \text{N}$$

Encontre a força da gravidade resultante sobre a bola branca, acrescentando esses vetores de força:

$$\vec{F} = \vec{F}_{31} + \vec{F}_{21} = (6{,}67\hat{i} + 3{,}75\hat{j}) \times 10^{-11}\ \text{N}$$

Encontre o módulo dessa força:

$$F = \sqrt{F_{31}^{\,2} + F_{21}^{\,2}} = \sqrt{(6{,}67)^2 + (3{,}75)^2} \times 10^{-11}\ \text{N}$$
$$= 7{,}66 \times 10^{-11}\ \text{N}$$

Encontre a tangente do ângulo θ para o vetor da força resultante:

$$\text{tg}\,\theta = \frac{F_y}{F_x} = \frac{F_{21}}{F_{31}} = \frac{3{,}75 \times 10^{-11}\ \text{N}}{6{,}67 \times 10^{-11}\ \text{N}} = 0{,}562$$

Avalie o ângulo θ:

$$\theta = \text{tg}^{-1}(0{,}562) = 29{,}4°$$

Finalização O resultado F mostra que as forças gravitacionais entre corpos comuns têm módulos extremamente pequenos.

13.2 Aceleração da gravidade livre e força gravitacional

Temos chamado o módulo da força gravitacional sobre um corpo próximo à superfície da Terra de *peso* do corpo, onde o peso é dado pela Equação 5.6. A Equação 13.4 é outra expressão para esta força. Portanto, podemos definir as Equações 5.6 e 13.4 iguais uma à outra para obter:

$$mg = G\frac{M_T m}{R_T{}^2}$$

$$g = G\frac{M_T}{R_T{}^2} \quad (13.5)$$

Esta equação relaciona a aceleração da gravidade g a parâmetros físicos da Terra – sua massa e seu raio – e explica a origem do valor de 9,80 m/s² que temos usado nos capítulos anteriores. Agora, considere um corpo de massa m localizado a uma distância h acima da superfície da Terra, ou a uma distância r do centro da Terra, onde $r = R_T + h$. O módulo da força gravitacional atuando sobre este corpo é:

$$F_g = G\frac{M_T m}{r^2} = G\frac{M_T m}{(R_T + h)^2}$$

TABELA 13.1

A aceleração de queda livre g em várias altitudes acima da superfície da Terra

Altitude h (km)	g (m/s²)
1.000	7,33
2.000	5,68
3.000	4,53
4.000	3,70
5.000	3,08
6.000	2,60
7.000	2,23
8.000	1,93
9.000	1,69
10.000	1,49
50.000	0,13
∞	0

O módulo da força gravitacional que age sobre o corpo nesta posição também é $F_g = mg$, onde g é o valor da aceleração da gravidade a uma altitude h. Substituindo esta expressão por F_g na última equação, mostra-se que g é dado por:

$$g = \frac{GM_T}{r^2} = \frac{GM_T}{(R_T + h)^2} \quad (13.6)$$

◀ **Variação de *g* com altitude**

Portanto, conclui-se que g *diminui* com *o aumento da altitude.* Os valores de g para a Terra em diferentes altitudes estão listados na Tabela 13.1. Como o peso de um corpo é mg, vemos que $r \to \infty$, e este peso se aproxima de zero.

***Teste Rápido* 13.2** O Super-homem está no topo de uma montanha muito alta e joga uma bola de beisebol horizontalmente com tal velocidade que a bola entra em órbita circular ao redor da Terra. Enquanto a bola de beisebol está em órbita, qual é o módulo de sua aceleração? **(a)** Depende de quão rápido a bola é lançada. **(b)** É zero, porque a bola não cai no chão. **(c)** É um pouco menos de 9,80 m/s². **(d)** É igual a 9,80 m/s².

Exemplo 13.2 A densidade da Terra

Usando o raio conhecido da Terra e considerando que $g = 9{,}80$ m/s² na sua superfície, descubra sua densidade média.

SOLUÇÃO

Conceitualização Suponha que a Terra seja uma esfera perfeita. A densidade do material na Terra varia, mas vamos adotar um modelo simplificado em que assumimos que ela seja uniforme em toda a Terra. A resultante é a densidade média da Terra.

Categorização Este exemplo é um problema relativamente simples de substituição.

Usando a Equação 13.5, resolva a massa da Terra:

$$M_T = \frac{gR_T{}^2}{G}$$

Substitua esta massa e o volume de uma esfera na definição de densidade (Eq. 1.1):

$$\rho_E = \frac{M_T}{V_E} = \frac{gR_T^2/G}{\frac{4}{3}\pi R_T^3} = \frac{3}{4}\frac{g}{\pi G R_T}$$

$$= \frac{3}{4}\frac{9{,}80\ \text{m/s}^2}{\pi(6{,}67 \times 10^{-11}\ \text{N}\cdot\text{m}^2/\text{kg}^2)(6{,}37 \times 10^6\ \text{m})} = \boxed{5{,}51 \times 10^3\ \text{kg/m}^3}$$

13.2 *cont.*

E SE? Se lhe dissessem que uma densidade típica do granito na superfície da Terra é de $2{,}75 \times 10^3$ kg/m^3, o que você concluiria sobre a densidade do material no interior dela?

Resposta Como este valor é cerca de metade da densidade que foi calculada como uma média para toda a Terra, concluiríamos que o núcleo interno da Terra tem uma densidade muito superior ao valor médio. O mais surpreendente é que a experiência de Cavendish – a qual pode ser usada para determinar G e pode ser feita atualmente sobre uma mesa –, combinada com medidas simples de g por queda livre, fornece informações sobre o núcleo da Terra!

13.3 Modelo de análise: partícula em um campo (gravitacional)

Quando Newton publicou sua teoria da gravitação universal, ela foi considerada um sucesso, porque explicava satisfatoriamente o movimento dos planetas. Ela representou uma forte evidência de que as mesmas leis que descrevem fenômenos na Terra podem ser usadas em corpos grandes como os planetas e em todo o Universo. Desde 1687, a teoria de Newton foi usada para explicar os movimentos dos cometas, a deflexão da balança de Cavendish, as órbitas das estrelas binárias e a rotação das galáxias. No entanto, tanto os contemporâneos de Newton quanto seus sucessores acharam difícil aceitar o conceito de uma força que age a distância. Eles perguntaram como era possível que dois corpos, como o Sol e a Terra, interagissem quando não estavam em contato uns com os outros. O próprio Newton não poderia responder a esta pergunta.

Uma abordagem para descrever as interações entre os corpos que não estão em contato veio bem depois da morte de Newton. Ela nos permite olhar para a interação gravitacional de uma maneira diferente, utilizando o conceito de que um **campo gravitacional** existe em cada ponto do espaço. Quando uma partícula é colocada em um ponto onde o campo gravitacional existe, ela sofre a ação de uma força gravitacional. Em outras palavras, imaginamos que o campo exerce uma força sobre a partícula, em vez de considerar uma interação direta entre duas partículas. O campo gravitacional $\vec{\mathbf{g}}$ é definido como:

Campo gravitacional ▶

$$\vec{\mathbf{g}} \equiv \frac{\vec{\mathbf{F}}_g}{m} \qquad (13.7)$$

Ou seja, o campo gravitacional em um ponto no espaço é igual à força gravitacional $\vec{\mathbf{F}}_g$ experimentada por uma *partícula teste*, colocada naquele ponto, dividida pela sua própria massa m_0 do teste de partícula. Chamamos o corpo que cria o campo de *partícula de origem*. Apesar de a Terra não ser uma partícula, é possível mostrar que podemos assim modelá-la, com a finalidade de encontrar o campo gravitacional que ela cria. Observe que a presença da partícula teste não é necessária para o campo existir: a partícula de origem cria o campo gravitacional. Podemos detectar a presença do campo e medir sua força colocando uma partícula teste no campo e observando a força exercida sobre ela. Em essência, estamos descrevendo o "efeito" que qualquer corpo (neste caso, a Terra) tem sobre o espaço vazio em torno de si, em termos de uma força que *estaria* presente *se* um segundo corpo estivesse em algum lugar naquele espaço.[2]

O conceito de um campo está no centro da **partícula de campo** em um modelo de análise. Na versão geral deste modelo, uma partícula reside em uma área de espaço na qual existe um campo. Por causa da existência do campo e de uma propriedade da partícula, a partícula experimenta uma força. Na versão gravitacional da partícula em um modelo de campo, discutido aqui, o tipo de campo é gravitacional, e a propriedade da partícula que resulta na força é a massa da partícula, m. A representação matemática da versão gravitacional da partícula em um modelo de campo é a Equação

$$\vec{\mathbf{F}}_g = m\vec{\mathbf{g}} \qquad (5.5)$$

Nos capítulos posteriores, veremos duas outras versões da partícula em um modelo de campo. Na versão elétrica, a propriedade de uma partícula que resulta em uma força é a *carga elétrica*: quando uma partícula carregada é colocada em um *campo elétrico*, ela experimenta uma força. A grandeza da força é o produto da carga elétrica pelo campo, em analogia com a força gravitacional na Equação 5.5. Na versão magnética da partícula em um modelo de campo, uma partícula carregada é colocada em um *campo magnético*. Outra propriedade desta partícula é requerida para que a partícula experimente uma força: a partícula deve ter uma *velocidade* em algum ângulo diferente de zero em relação ao campo magnético. As versões elétrica e magnética da partícula em um modelo de campo são cruciais para se entender os princípios do *eletromagnetismo*, que estudaremos nos Capítulos 1 e 2 do Volume 3.

---

[2] Retornaremos a esta ideia de massa que afeta o espaço ao seu redor quando discutirmos a teoria da gravitação de Einstein, no Capítulo 5 do Volume 4 da coleção.

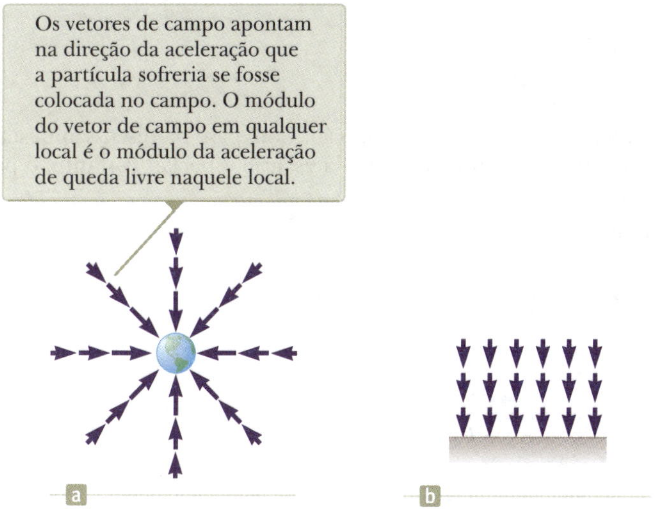

Os vetores de campo apontam na direção da aceleração que a partícula sofreria se fosse colocada no campo. O módulo do vetor de campo em qualquer local é o módulo da aceleração de queda livre naquele local.
a
b

Figura 13.4 (a) Os vetores do campo gravitacional nas proximidades de uma massa uniforme e esférica como a Terra variam tanto na direção quanto no módulo. (b) Os vetores do campo gravitacional em uma pequena região próxima à superfície da Terra são uniformes, tanto na direção quanto no módulo.

Como a força gravitacional que age sobre o corpo tem módulo de $GM_T m/r^2$ (ver Eq. 13.4), o campo gravitacional $\vec{\mathbf{g}}$ a uma distância r do centro da Terra é:

$$\vec{\mathbf{g}} = \frac{\vec{\mathbf{F}}_g}{m} = -\frac{GM_T}{r^2}\hat{\mathbf{r}} \qquad (13.8)$$

onde $\hat{\mathbf{r}}$ é um vetor unitário apontando radialmente para fora da Terra e o sinal negativo indica que o campo aponta em direção ao centro da Terra, conforme ilustrado na Figura 13.4a. Os vetores de campo em diferentes pontos ao redor da Terra variam tanto em direção quanto em módulo. Em uma pequena região próxima da superfície da Terra, o campo descendente $\vec{\mathbf{g}}$ é aproximadamente constante e uniforme, como indicado na Figura 13.4b. A Equação 13.8 é válida em todos os pontos *fora* da superfície da Terra, supondo que a Terra seja esférica. Na superfície da Terra, onde $r = R_T$, $\vec{\mathbf{g}}$ tem um módulo de 9,80 N/kg. A unidade de N/kg é o mesmo que m/s^2.

Modelo de Análise Partícula em um campo (gravitacional)

Imagine um corpo com massa, que chamamos *partícula-fonte*. A partícula-fonte estabelece um **campo gravitacional** $\vec{\mathbf{g}}$ por todo o espaço. O campo gravitacional é avaliado medindo-se a força em uma partícula-teste de massa m_0 e, então, utilizando a Equação 13.7. Agora, imagine que uma partícula de massa m é colocada nesse campo. A partícula interage com o campo gravitacional, de modo que ela experimenta uma força gravitacional dada por

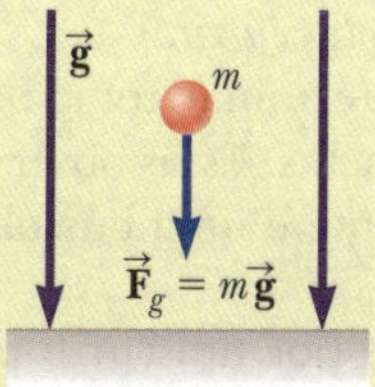

$$\vec{\mathbf{F}}_g = m\vec{\mathbf{g}} \qquad (5.5)$$

Exemplos:

- um corpo de massa m próximo da superfície da Terra tem um *peso,* que é o resultado do campo gravitacional estabelecido no espaço pela Terra
- um planeta no sistema solar está em órbita em torno do Sol, devido à força gravitacional sobre o planeta exercida pelo campo gravitacional estabelecido pelo Sol
- um corpo próximo de um buraco negro é atraído para seu interior, nunca consegue escapar, devido ao tremendo campo gravitacional estabelecido pelo buraco negro (Seção 13.6)
- na teoria geral da relatividade, o campo gravitacional de um corpo massivo é imaginado sendo descrito por uma *curvatura de espaço-tempo* (Capítulo 5 do Volume 4)
- o campo gravitacional de um corpo massivo é imaginado como sendo mediado por partículas chamadas *grávitons,* que nunca foram detectados (Capítulo 12 do Volume 4)

Exemplo 13.3 O peso da estação espacial MA

A Estação Espacial Internacional opera a uma altitude de 350 km. Os planos para sua construção final mostram que o material de peso 4,22 × 10^6 N, medido na superfície da Terra, será levado para fora da superfície por várias espaçonaves durante o processo de construção. Qual é o peso da estação espacial quando em órbita?

continua

13.3 *cont.*

SOLUÇÃO

Conceitualização A massa da estação espacial é fixa, independente da sua localização. Com base na discussão desta seção e na Seção 13.2, percebemos que o valor de g estará reduzido na altura da órbita da estação espacial. Portanto, o peso da Estação Espacial será menor do que na superfície da Terra.

Categorização Modelamos a Estação Espacial como uma *partícula em um campo gravitacional.*

Análise A partir da partícula em um modelo de campo, determine a massa da Estação Espacial a partir de seu peso na superfície da Terra:

$$m = \frac{F_g}{g} = \frac{4{,}22 \times 10^6 \text{ N}}{9{,}80 \text{ m/s}^2} = 4{,}31 \times 10^5 \text{ kg}$$

Use a Equação 13.6 com $h = 350$ km para encontrar a grandeza do campo gravitacional na localização orbital:

$$g = \frac{GM_T}{(R_T + h)^2}$$

$$= \frac{(6{,}67 \times 10^{-11} \text{ N} \cdot \text{m}^2/\text{kg}^2)(5{,}97 \times 10^{24} \text{ kg})}{(6{,}37 \times 10^6 \text{ m} + 0{,}350 \times 10^6 \text{ m})^2} = 8{,}82 \text{ m/s}^2$$

Utilize novamente a partícula em um modelo de campo para encontrar o peso da estação espacial em órbita:

$$F_g = mg = (4{,}31 \times 10^5 \text{ kg})(8{,}82 \text{ m/s}^2) = \boxed{3{,}80 \times 10^6 \text{ N}}$$

Finalização Observe que o peso da Estação Espacial é menor quando ela está em órbita, como é de esperar. Ela tem cerca de 10% a menos de peso do que quando está na superfície da Terra, representando uma redução de 10% na intensidade do campo gravitacional.

13.4 Leis de Kepler e o movimento dos planetas

Os seres humanos têm observado os movimentos dos planetas, estrelas e outros corpos celestes por milhares de anos. No início da História, essas observações levaram os cientistas a considerar a Terra o centro do Universo. Este *modelo geocêntrico* foi elaborado e formalizado pelo astrônomo grego Cláudio Ptolomeu (100-170), no segundo século, e foi aceito nos 1.400 anos seguintes. Em 1543, o astrônomo polonês Nicolau Copérnico (1473-1543) sugeriu que a Terra e os outros planetas giravam em órbitas circulares ao redor do Sol (o *modelo heliocêntrico*).

O astrônomo dinamarquês Tycho Brahe (1546-1601) queria determinar como os céus tinham sido construídos e buscou um projeto para determinar as posições das estrelas e dos planetas. Essas observações dos planetas e das 777 estrelas visíveis a olho nu foram realizadas com apenas um grande sextante e uma bússola. O telescópio ainda não tinha sido inventado.

O astrônomo alemão Johannes Kepler foi assistente de Brahe por um curto período antes da morte deste, tempo no qual adquiriu dados astronômicos de seu mentor e passou 16 anos tentando deduzir um modelo matemático para o movimento dos planetas. Esses dados são difíceis de classificar, porque os planetas em movimento são observados a partir de uma Terra em movimento. Depois de muitos cálculos trabalhosos, Kepler descobriu que os dados de Brahe sobre a revolução de Marte em torno do Sol levaram a um modelo de sucesso.

A análise completa de Kepler do movimento planetário é resumida em três afirmações conhecidas como **leis de Kepler**:

As leis de Kepler ▶

1. Todos os planetas se movem em órbitas elípticas com o Sol em um ponto de convergência.
2. O vetor radial desenhado a partir do Sol a um planeta tem uma varredura de áreas iguais em intervalos de tempo iguais.
3. O quadrado do período orbital de qualquer planeta é proporcional ao cubo do semieixo maior da órbita elíptica.

Johannes Kepler

Astrônomo alemão (1571-1630)

Kepler é mais conhecido pelo desenvolvimento das leis do movimento planetário, baseadas nas cuidadosas observações de Tycho Brahe.

Primeira Lei de Kepler

Os modelos geocêntrico e heliocêntrico originais do sistema solar sugeriram órbitas circulares para corpos celestes. A Primeira Lei de Kepler indica que a órbita circular é um caso muito especial, e órbitas elípticas são a situação geral. Essa noção foi difícil de ser aceita pelos cientistas da época, porque eles acreditavam que as órbitas circulares perfeitas dos planetas refletiam a perfeição dos céus.

A Figura 13.5 mostra a geometria de uma elipse, que serve como nosso modelo para a órbita elíptica de um planeta. Elipse é definida matematicamente pela escolha de dois pontos F_1 e F_2, cada um dos quais é chamado **foco**; portanto, desenhar uma curva através dos pontos para a qual a soma das distâncias r_1 e r_2 de F_1 e F_2, respectivamente, é uma constante. A maior distância através do centro entre os pontos da elipse (passando por cada foco) é chamada **eixo maior**, e esta distância é $2a$. Na Figura 13.5, o eixo principal é desenhado ao longo da direção de x. A distância a é chamada **semieixo maior**. Da mesma forma, a menor distância passando pelo centro entre os pontos da elipse é chamada **eixo menor** de comprimento $2b$, onde a distância b é o **semieixo menor**. Qualquer um dos focos da elipse está localizado a uma distância c do centro da elipse, onde $a^2 = b^2 + c^2$. Na órbita elíptica de um planeta ao redor do Sol, este está em um dos focos da elipse. Não há nada no outro foco.

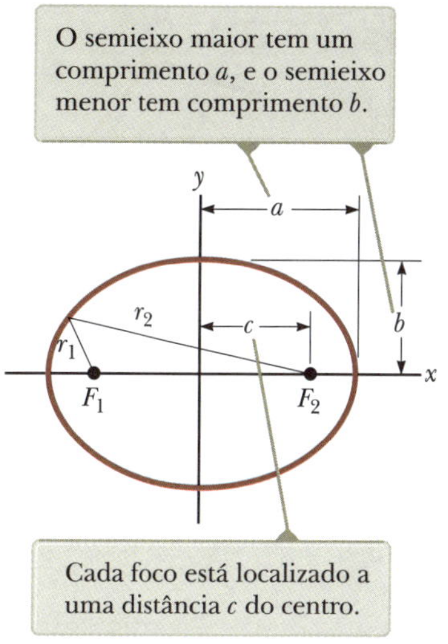

Figura 13.5 Plotagem de uma elipse.

A **excentricidade** de uma elipse é definida como $e = c/a$; ela descreve a forma geral da elipse. Para um círculo, $c = 0$, a excentricidade é, portanto, zero. O eixo menor b é comparado com a quanto menor for a elipse ao longo da direção y em comparação com sua extensão na direção x na Figura 13.5. Quando b diminui, c aumenta, e aumenta a excentricidade e. Portanto, os maiores valores de excentricidade correspondem a elipses longas e estreitas. O intervalo de valores da excentricidade de uma elipse é $0 < e < 1$.

> **Prevenção de Armadilhas 13.2**
>
> **Onde está o Sol?**
> O Sol está localizado em um dos focos da órbita elíptica de um planeta. Ele *não* está no centro da elipse.

As excentricidades de órbitas planetárias variam amplamente no sistema solar. A excentricidade da órbita da Terra é 0,017, o que a torna quase circular. Por outro lado, a excentricidade da de Mercúrio é de 0,21, a maior dos oito planetas. A Figura 13.6a mostra uma elipse com uma excentricidade igual à da órbita de Mercúrio. Note que é difícil distinguir até mesmo esta órbita de maior excentricidade de um círculo, que é uma razão que faz da Primeira Lei de Kepler um feito admirável. A excentricidade da órbita do cometa Halley é de 0,97, descrevendo uma órbita cujo eixo principal é muito maior que seu eixo menor, como mostra a Figura 13.6b. Como resultado, o cometa Halley passa boa parte de seu período de 76 anos longe do Sol e invisível a partir da Terra. Ele só é visível a olho nu durante uma pequena parte da sua órbita, quando está perto do Sol.

Agora, imagine um planeta em uma órbita elíptica, como mostra a Figura 13.5, com o Sol no foco F_2. Quando o planeta está na extrema esquerda do diagrama, a distância entre o planeta e o Sol é de $a + c$. Neste ponto, chamado *afélio*, o planeta está em sua distância máxima do Sol. Para um corpo em órbita ao redor da Terra, este ponto é chamado *apogeu*. De maneira recíproca, quando o planeta está na extremidade direita da elipse, a distância entre o planeta e o Sol é de $a - c$. Neste ponto, chamado *periélio* (para uma órbita da Terra, *perigeu*), o planeta está em sua distância mínima do Sol.

A Primeira Lei de Kepler é uma consequência direta da natureza do inverso do quadrado da força gravitacional. As órbitas circular e elíptica correspondem a corpos que estão *ligados* ao centro de força gravitacional. Esses corpos incluem planetas, asteroides e cometas que se movem repetidamente em torno do Sol, bem como as luas que orbitam um planeta. Há também os *desvinculados*, como um meteoro do espaço profundo que possa passar pelo Sol uma vez e depois nunca mais voltar. A força gravitacional entre o Sol e estes corpos também varia com o inverso do quadrado da distância de separação, e os caminhos permitidos para a presença deles incluem parábolas ($e = 1$) e hipérboles ($e > 1$).

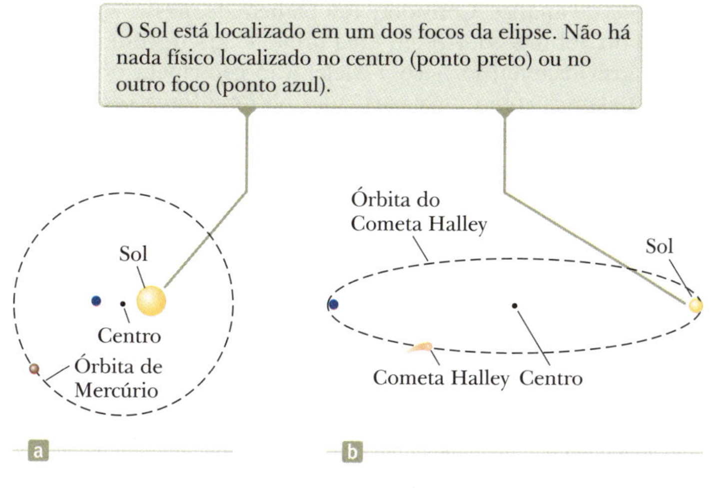

Figura 13.6 (a) A forma da órbita de Mercúrio, que tem a maior excentricidade ($e = 0{,}21$) entre os oito planetas do sistema solar. (b) A forma da órbita do cometa Halley. A forma da órbita está correta, o cometa e o Sol encontram-se maiores do que na realidade, para maior clareza.

Segunda Lei de Kepler

A Segunda Lei de Kepler pode ser mostrada como sendo resultado do modelo do sistema isolado para conservação do momento angular. Considere um planeta de massa M_p movendo-se ao redor do Sol numa órbita elíptica (Fig. 13.7a). Vamos considerar o planeta um sistema. Modelamos o Sol para que seja mais massivo do que o planeta de modo que o Sol não se mova. A força gravitacional exercida pelo Sol sobre o planeta é uma força central, sempre ao longo do vetor raio, voltada para o Sol (Fig. 13.7a). O torque do planeta devido a esta força central sobre um eixo através do Sol é zero, porque $\vec{\mathbf{F}}_g$ é paralela a $\vec{\mathbf{r}}$.

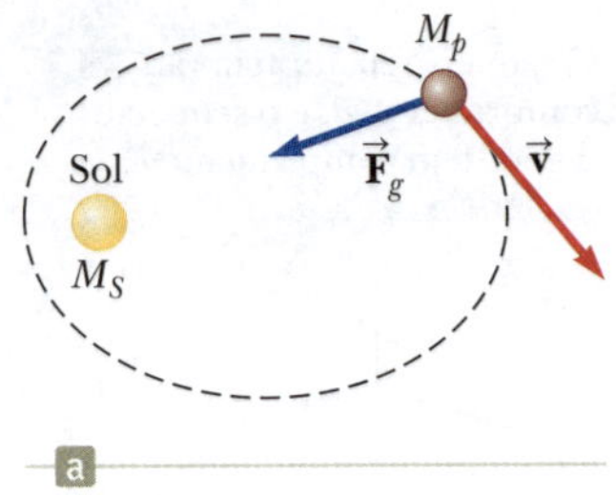

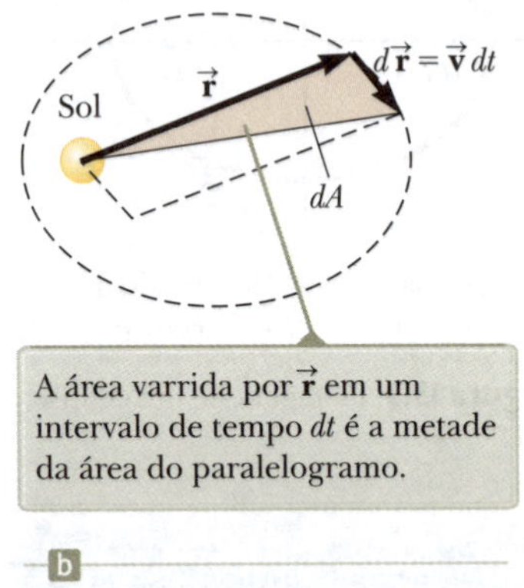

Figura 13.7 (a) A força gravitacional que age sobre um planeta é voltada para o Sol.
(b) Durante um intervalo de tempo dt, um paralelogramo é formado pelos vetores $\vec{\mathbf{r}}$ e $d\,\vec{\mathbf{r}} = \vec{\mathbf{v}}\,dt$.

Portanto, por conta do torque externo sobre o planeta ser zero, ele é modelado como um sistema isolado de momento angular, e o momento angular $\vec{\mathbf{L}}$ do planeta é uma constante do movimento:

$$\Delta\vec{\mathbf{L}} = 0 \rightarrow \vec{\mathbf{L}} = \text{constante}$$

Avaliando $\vec{\mathbf{L}}$ para o planeta,

$$\vec{\mathbf{L}} = \vec{\mathbf{r}} \times \vec{\mathbf{p}} = M_p\vec{\mathbf{r}} \times \vec{\mathbf{v}} \rightarrow L = M_p|\vec{\mathbf{r}} \times \vec{\mathbf{v}}| \qquad (13.9)$$

Podemos relacionar este resultado com a seguinte consideração geométrica. Em um intervalo de tempo dt, o raio vetor $\vec{\mathbf{r}}$ na Figura 13.7b varre a área dA, o que equivale à metade da área $|\vec{\mathbf{r}} \times d\vec{\mathbf{r}}|$ do paralelogramo formado pelos vetores $\vec{\mathbf{r}}$ e $d\vec{\mathbf{r}}$. Por causa do deslocamento do planeta no intervalo de tempo, dt é dado por $d\vec{\mathbf{r}} = \vec{\mathbf{v}}\,dt$. Assim,

$$dA = \tfrac{1}{2}|\vec{\mathbf{r}} \times d\vec{\mathbf{r}}| = \tfrac{1}{2}|\vec{\mathbf{r}} \times \vec{\mathbf{v}}\,dt| = \tfrac{1}{2}|\vec{\mathbf{r}} \times \vec{\mathbf{v}}|\,dt$$

Substitua o valor absoluto do produto cruzado da Equação 13.9:

$$dA = \tfrac{1}{2}\left(\frac{L}{M_p}\right) dt$$

Divida ambos os lados por dt para obter

$$\frac{dA}{dt} = \frac{L}{2M_p} \qquad (13.10)$$

onde L e M_p são constantes. Este resultado mostra que a derivada dA/dt é constante – o raio vetor do Sol para qualquer planeta varre áreas iguais em intervalos de tempo iguais, como indicado na Segunda Lei de Kepler.

Esta conclusão é o resultado da força gravitacional sendo uma força central, o que implica que o momento angular do planeta é constante. Portanto, a lei se aplica a *qualquer* situação que envolva uma força central, quer seja o inverso do quadrado ou não.

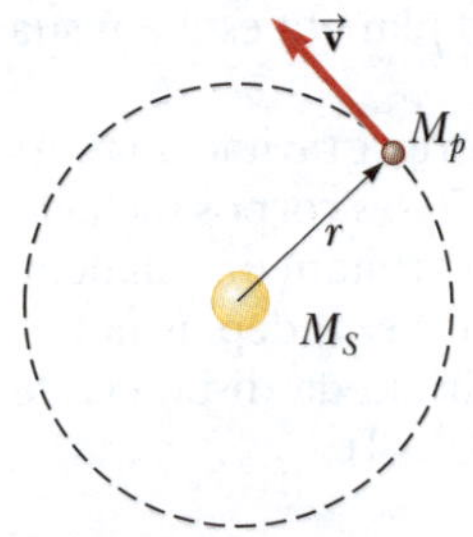

Figura 13.8 Um planeta de massa M_p movendo-se em uma órbita circular ao redor do Sol. As órbitas de todos os planetas, com exceção de Mercúrio, são quase circulares.

Terceira Lei de Kepler

A Terceira Lei de Kepler pode ser predita a partir da lei do inverso do quadrado para órbitas circulares e de nossos modelos de análise. Considere um planeta de massa M_p que se presume estar movendo-se em torno do Sol (massa M_S) em uma órbita circular, como na Figura 13.8. Considerando que a força gravitacional fornece a aceleração centrípeta do planeta que se move em um círculo, o modelamos como uma partícula sob uma força resultante e, ainda, como uma partícula em movimento circular uniforme, e incorporamos a lei de Newton da gravitação universal:

$$F_g = M_p a \quad \rightarrow \quad \frac{GM_SM_p}{r^2} = M_p\left(\frac{v^2}{r}\right)$$

A velocidade orbital do planeta é $2\pi r/T$, onde T é o período; portanto, a expressão anterior se torna:

$$\frac{GM_S}{r^2} = \frac{(2\pi r/T)^2}{r}$$

$$T^2 = \left(\frac{4\pi^2}{GM_S}\right)r^3 = K_S r^3$$

onde K_S é uma constante dada por:

$$K_S = \frac{4\pi^2}{GM_S} = 2{,}97 \times 10^{-19}\ \mathrm{s^2/m^3}$$

Esta equação também é válida para órbitas elípticas se substituirmos r pelo comprimento a do semieixo maior (Fig. 13.5):

$$T^2 = \left(\frac{4\pi^2}{GM_S}\right)a^3 = K_S a^3 \qquad (13.11)$$

◀ **Terceira Lei de Kepler**

A Equação 13.11 é a Terceira Lei de Kepler: o quadrado do período é proporcional ao cubo do semieixo maior. Pelo fato de o semieixo maior de uma órbita circular ser o seu raio, esta equação é válida para ambas as órbitas circulares e elípticas. Observe que a constante de proporcionalidade K_S é independente da massa do planeta.[3] A Equação 13.11, portanto, é válida para *qualquer* planeta. Se fôssemos considerar a órbita de um satélite como a Lua sobre a Terra, a constante teria um valor diferente, com a massa do Sol sendo substituída pela da Terra, isto é, $K_T = 4\pi^2/GM_T$.

A Tabela 13.2 é um conjunto de dados úteis para os planetas e outros corpos no sistema solar. A coluna da extrema direita mostra que a relação T^2/r^3 é constante para todos os corpos que orbitam o Sol. As pequenas variações nos valores desta coluna são o resultado das incertezas nos dados medidos para os períodos e semieixos maiores dos corpos.

Um recente trabalho astronômico revelou a existência de um grande número de corpos do sistema solar além da órbita de Netuno. Em geral, esses corpos encontram-se no *cinturão de Kuiper*, uma região que se estende cerca de 30 UA (o raio da órbita de Netuno) a 50 UA (UA é uma *unidade astronômica*, igual ao raio da órbita da Terra). Estimativas atuais identificam pelo menos 70.000 corpos nesta região, com diâmetros maiores que 100 km. O primeiro corpo do cinturão de Kuiper (KBO – *Kuiper Belt Object*) é Plutão, descoberto em 1930, anteriormente classificado como um planeta. A partir de 1992, muitos outros foram detectados. Vários deles têm diâmetros na faixa de 1.000 km, como Varuna (descoberto em 2000), Íxion (2001), Quaoar (2002), Sedna (2003), Haumea (2004), Orcus (2004) e Makemake (2005). Acredita-se que um KBO, Eris, descoberto em 2005, seja significativamente maior que Plutão. Outros KBOs ainda não têm nomes, mas são atualmente indicados pelos seus anos de descoberta e de um código, como 2009 YE7 e 2010EK139.

Um subconjunto de cerca de 1.400 KBOs são chamados "Plutinos" porque, como Plutão, apresentam um fenômeno de ressonância, orbitando o Sol duas vezes no mesmo intervalo de tempo que Netuno gira três vezes. A aplicação contemporânea das leis de Kepler e tais propostas exóticas, como a troca de momento angular planetário e a migração de planetas, sugerem o entusiasmo desta área ativa de pesquisa atual.

***Teste Rápido* 13.3** Um asteroide está em órbita excêntrica altamente elíptica em torno do Sol. O período da órbita do asteroide é de 90 dias. Qual das seguintes afirmações é verdadeira sobre a possibilidade de uma colisão entre este asteroide e a Terra? **(a)** Não há perigo de uma possível colisão. **(b)** Existe a possibilidade de uma colisão. **(c)** Não há informações suficientes para determinar se existe ou não perigo de uma colisão.

TABELA 13.2 *Dados planetários úteis*

Corpo	Massa (kg)	Raio médio (m)	Período de revolução (s)	Distância média do Sol (m)	$\frac{T^2}{r^3}$ (s²/m³)
Mercúrio	$3{,}30 \times 10^{23}$	$2{,}44 \times 10^{6}$	$7{,}60 \times 10^{6}$	$5{,}79 \times 10^{10}$	$2{,}98 \times 10^{-19}$
Vênus	$4{,}87 \times 10^{24}$	$6{,}05 \times 10^{6}$	$1{,}94 \times 10^{7}$	$1{,}08 \times 10^{11}$	$2{,}99 \times 10^{-19}$
Terra	$5{,}97 \times 10^{24}$	$6{,}37 \times 10^{6}$	$3{,}156 \times 10^{7}$	1.496×10^{11}	$2{,}97 \times 10^{-19}$
Marte	$6{,}42 \times 10^{23}$	$3{,}39 \times 10^{6}$	$5{,}94 \times 10^{7}$	$2{,}28 \times 10^{11}$	$2{,}98 \times 10^{-19}$
Júpiter	$1{,}90 \times 10^{27}$	$6{,}99 \times 10^{7}$	$3{,}74 \times 10^{8}$	$7{,}78 \times 10^{11}$	$2{,}97 \times 10^{-19}$
Saturno	$5{,}68 \times 10^{26}$	$5{,}82 \times 10^{7}$	$9{,}29 \times 10^{8}$	$1{,}43 \times 10^{12}$	$2{,}95 \times 10^{-19}$
Urano	$8{,}68 \times 10^{25}$	$2{,}54 \times 10^{7}$	$2{,}65 \times 10^{9}$	$2{,}87 \times 10^{12}$	$2{,}97 \times 10^{-19}$
Netuno	$1{,}02 \times 10^{26}$	$2{,}46 \times 10^{7}$	$5{,}18 \times 10^{9}$	$4{,}50 \times 10^{12}$	$2{,}94 \times 10^{-19}$
Plutão[a]	$1{,}25 \times 10^{22}$	$1{,}20 \times 10^{6}$	$7{,}82 \times 10^{9}$	$5{,}91 \times 10^{12}$	$2{,}96 \times 10^{-19}$
Lua	$7{,}35 \times 10^{22}$	$1{,}74 \times 10^{6}$	—	—	—
Sol	$1{,}989 \times 10^{30}$	$6{,}96 \times 10^{8}$	—	—	—

[a] Em agosto de 2006, a União Astronômica Internacional adotou uma definição de planeta que separa Plutão dos outros oito planetas. Plutão agora é definido como um "planeta-anão" (a exemplo do asteroide Ceres).

[3] A Equação 13.11 é de fato uma proporção, porque a razão entre os valores de T^2 e a^3 é uma constante. As variáveis em uma proporção não necessitam se limitar apenas à primeira potência.

Exemplo 13.4 A massa do sol

Calcule a massa do Sol, considerando que o período da órbita da Terra em torno do Sol é $3{,}156 \times 10^7$ s e sua distância do Sol é $1{,}496 \times 10^{11}$ m.

SOLUÇÃO

Conceitualização Com base na representação matemática da Terceira Lei de Kepler, na Equação 13.11, percebemos que a massa do corpo central em um sistema gravitacional está relacionada ao tamanho e ao período orbital de corpos em órbita em torno do corpo central.

Categorização Este exemplo é um problema relativamente simples de substituição.

Resolva a Equação 13.11 para a massa do Sol: $$M_S = \frac{4\pi^2 r^3}{GT^2}$$

Substitua os valores dados: $$M_S = \frac{4\pi^2(1{,}496 \times 10^{11}\text{ m})^3}{(6{,}67 \times 10^{-11}\text{ N}\cdot\text{m}^2/\text{kg}^2)(3{,}156 \times 10^7\text{ s})^2} = \boxed{1{,}99 \times 10^{30}\text{ kg}}$$

No Exemplo 13.2, uma compreensão das forças gravitacionais nos permitiu descobrir algo sobre a densidade do núcleo da Terra, e agora usamos este entendimento para determinar a massa do Sol!

Exemplo 13.5 Um satélite geossíncrono MA

Considere um satélite de massa m movendo-se em uma órbita circular ao redor da Terra a uma velocidade constante v e a uma altitude h acima da superfície da Terra, conforme ilustrado na Figura 13.9.

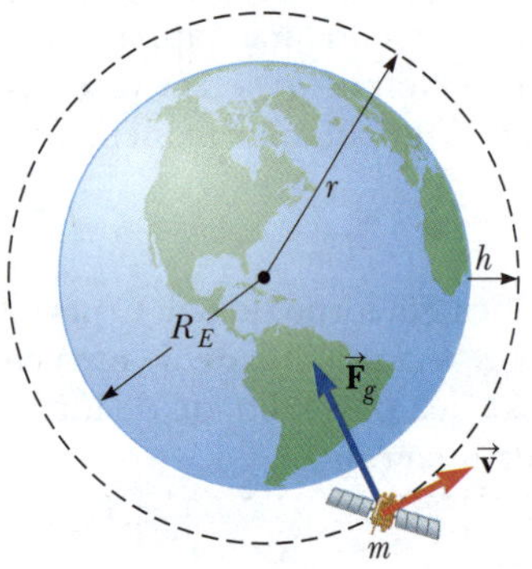

Figura 13.9 (Exemplo 13.5) Um satélite de massa m movendo-se ao redor da Terra em uma órbita circular de raio r com velocidade constante v. A única força atuando sobre o satélite é a gravitacional $\vec{F}_g$ (não está em escala).

(A) Determine a velocidade do satélite, em termos de G, h, R_T (o raio da Terra) e M_T (a massa da Terra).

SOLUÇÃO

Conceitualização Imagine o satélite em movimento ao redor da Terra em uma órbita circular sob a influência da força gravitacional. Este movimento é semelhante ao de uma Estação Espacial Internacional, o telescópio espacial Hubble e outros corpos em órbita ao redor da Terra.

Categorização O satélite se move em uma órbita circular a uma velocidade constante. Portanto, o classificamos como uma partícula em movimento circular uniforme assim como uma *partícula sob uma força líquida*.

Análise A única força externa atuando sobre o satélite é a força gravitacional que vem da Terra, que age em direção ao centro da Terra e mantém o satélite em sua órbita circular.

Aplique os modelos de partícula sob uma força resultante e de partícula em movimento circular uniforme para o satélite: $$F_g = ma \rightarrow G\frac{M_T m}{r^2} = m\left(\frac{v^2}{r}\right)$$

Resolva para v, observando que a distância r do centro da Terra até o satélite é de $r = R_T + h$: $$(1)\quad v = \sqrt{\frac{GM_T}{r}} = \boxed{\sqrt{\frac{GM_T}{R_T + h}}}$$

13.5 *cont.*

(B) Se o satélite está em *geossincronia* (ou seja, parecendo estar em uma posição fixa em relação a um ponto na Terra), quão rápido ele está se movendo através do espaço?

SOLUÇÃO

Para parecer estar em uma posição fixa em relação a um ponto na Terra, o período do satélite deve ser de 24 h = 86.400 s, e o satélite deve estar em órbita diretamente sobre o equador.

Resolva a Terceira Lei de Kepler (Equação 13.11, com $a = r$ e $M_S \to M_T$) para r:

$$r = \left(\frac{GM_T T^2}{4\pi^2}\right)^{1/3}$$

Substitua os valores numéricos:

$$r = \left[\frac{(6{,}67 \times 10^{-11}\ \text{N}\cdot\text{m}^2/\text{kg}^2)(5{,}97 \times 10^{24}\ \text{kg})(86.400\ \text{s})^2}{4\pi^2}\right]^{1/3}$$

$$= 4{,}22 \times 10^7\ \text{m}$$

Use a Equação (1) para encontrar a velocidade do satélite:

$$v = \sqrt{\frac{(6{,}67 \times 10^{-11}\ \text{N}\cdot\text{m}^2/\text{kg}^2)(5{,}97 \times 10^{24}\ \text{kg})}{4{,}22 \times 10^7\ \text{m}}}$$

$$= 3{,}07 \times 10^3\ \text{m/s}$$

Finalização O valor de r aqui calculado traduz-se como uma altura do satélite acima da superfície da Terra de quase 36.000 km. Portanto, os satélites geossíncronos têm a vantagem de permitir que uma antena fixa na Terra seja apontada em uma direção fixa; mas há uma desvantagem: os sinais entre a Terra e o satélite devem percorrer uma longa distância. É difícil de utilizar satélites geossíncronos para observação óptica da superfície da Terra devido à sua elevada altitude.

E SE? E se o movimento do satélite na parte (A) estivesse ocorrendo na altura h acima da superfície de outro planeta mais massivo que a Terra, mas com o mesmo raio? Será que o satélite estaria se movendo a uma velocidade maior ou menor que aquela que ele faz em torno da Terra?

Resposta Se o planeta exerce uma força gravitacional maior sobre o satélite devido à sua maior massa, ele deve se mover com maior velocidade para evitar que se desloque em direção à superfície. Esta conclusão é consistente com as previsões da Equação (1), que mostram que, como a velocidade v é proporcional à raiz quadrada da massa do planeta, a velocidade aumenta conforme a massa do planeta aumenta.

13.5 Energia potencial gravitacional

No Capítulo 8 deste volume, introduzimos o conceito de energia potencial gravitacional, que é a energia associada com a configuração de um sistema de corpos que interagem através da força gravitacional. Enfatizamos que a função da energia potencial gravitacional $U = mgy$ para um sistema Terra-partícula só é válida quando a partícula de massa m está próxima à superfície da Terra, onde a força gravitacional é independente de y. Esta expressão para a energia potencial gravitacional também está restrita a situações em que um objeto muito massivo (como a Terra) estabelece um campo gravitacional de intensidade g e uma partícula de massa muito menor m reside nesse campo. Como a força gravitacional entre duas partículas varia conforme $1/r^2$, esperamos que uma função de potencial energético mais geral – uma que é válida sem restrições mencionadas anteriormente – será diferente de $U = mgy$.

Lembre-se, da Equação 7.27, que a variação da energia potencial de um sistema, associada a determinado deslocamento de um membro do sistema, é definida como o negativo do trabalho interno realizado pela força sobre o membro durante o deslocamento:

$$\Delta U = U_f - U_i = -\int_{r_i}^{r_f} F(r)\, dr \qquad \textbf{(13.12)}$$

Podemos usar este resultado para avaliar a função geral da energia potencial gravitacional. Considere uma partícula de massa m movendo-se entre dois pontos Ⓐ e Ⓑ e acima da superfície da Terra (Fig. 13.10). A partícula está sujeita à força gravitacional dada pela Equação 13.1. Podemos expressar esta força como:

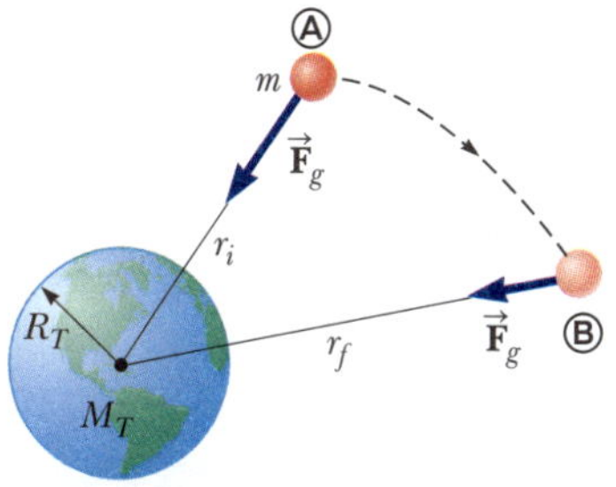

Figura 13.10 Enquanto uma partícula de massa m se move de Ⓐ para Ⓑ acima da superfície da Terra, a energia potencial gravitacional do sistema Terra-partícula muda de acordo com a Equação 13.12.

$$F(r) = -\frac{GM_T m}{r^2}$$

onde o sinal negativo indica que a força é atrativa. Substituindo esta expressão por $F(r)$ na Equação 13.12, podemos calcular a variação na função da energia potencial gravitacional para o sistema Terra-partícula à medida que a distância de separação r se altera:

$$U_f - U_i = GM_T m \int_{r_i}^{r_f} \frac{dr}{r^2} = GM_T m \left[-\frac{1}{r} \right]_{r_i}^{r_f}$$

$$U_f - U_i = -GM_T m \left(\frac{1}{r_f} - \frac{1}{r_i} \right) \quad \textbf{(13.13)}$$

Como sempre, a escolha de uma configuração de referência para a energia potencial é completamente arbitrária. É comum escolhê-la para zero de energia potencial para ser a mesma na qual a força é zero. Tendo $U_i = 0$ em $r_i = \infty$, obtemos o importante resultado:

Energia potencial gravitacional ▶ do sistema Terra-partícula

$$U(r) = -\frac{GM_T m}{r} \quad \textbf{(13.14)}$$

Esta expressão aplica-se quando a partícula está separada do centro da Terra por uma distância r, desde que $r \geq R_T$. O resultado não é válido para as partículas no interior da Terra, onde $r < R_T$. Em razão da nossa escolha de U_i, a função U é sempre negativa (Fig. 13.11).

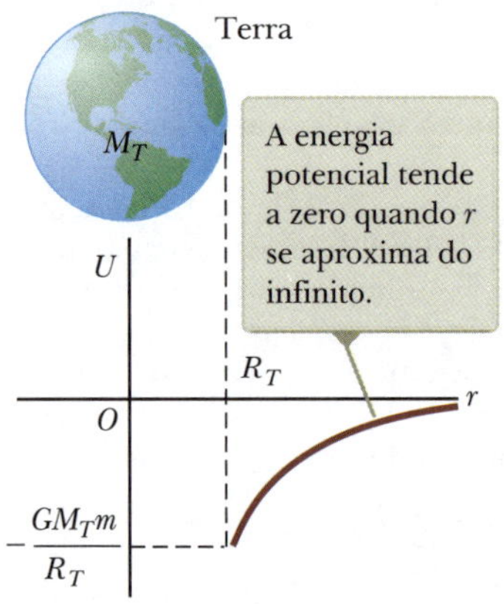

Figura 13.11 Gráfico da energia potencial gravitacional de U por r para o sistema de um corpo acima da superfície da Terra.

Embora a Equação 13.14 tenha sido derivada para o sistema Terra-partícula, uma forma similar da equação pode ser aplicada a qualquer uma das duas partículas. Ou seja, a energia potencial gravitacional associada a qualquer par de partículas de massas m_1 e m_2 separadas por uma distância r é:

$$U = -\frac{Gm_1 m_2}{r} \quad \textbf{(13.15)}$$

Esta expressão mostra que a energia potencial gravitacional para qualquer par de partículas varia como $1/r$, enquanto a força entre eles varia conforme $1/r^2$. Além disso, a energia potencial é negativa porque a força é atrativa, e escolhemos a energia potencial como zero quando a separação de partículas é infinita. Como a força entre as partículas é atrativa, um agente externo deve fazer um trabalho positivo para aumentar a separação entre elas. O trabalho feito pelo agente externo produz um aumento da energia potencial, ao passo que as duas partículas se separam. Ou seja, U se torna menos negativa à medida que r aumenta.

Quando duas partículas estão em repouso e separadas por uma distância r, um agente externo deve fornecer uma energia de pelo menos $+\,Gm_1m_2/r$ para separar as partículas a uma distância infinita. Por conseguinte, é conveniente pensar em valor absoluto da energia potencial como *energia de ligação* do sistema. Se o agente externo fornece uma energia maior que a de ligação, o excesso de energia do sistema está na forma de energia cinética das partículas, quando elas estão em uma separação infinita.

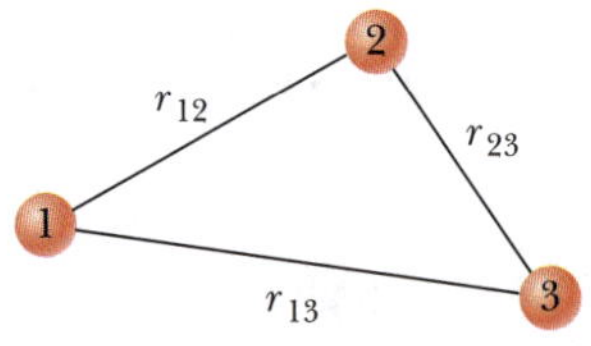

Figura 13.12 Três partículas interagindo.

Podemos estender este conceito para três ou mais partículas. Neste caso, a energia potencial total do sistema é a soma de todos os pares de partículas. Cada par contribui com um termo da forma dada pela Equação 13.15. Por exemplo, se o sistema contém três partículas, como na Figura 13.12,

$$U_{\text{total}} = U_{12} + U_{13} + U_{23} = -G\left(\frac{m_1 m_2}{r_{12}} + \frac{m_1 m_3}{r_{13}} + \frac{m_2 m_3}{r_{23}} \right)$$

O valor absoluto de U_{total} representa o trabalho necessário para separar as partículas por uma distância infinita.

Exemplo 13.6 A variação na energia potencial

Uma partícula de massa m desloca-se através de uma pequena distância vertical Δy próxima à superfície da Terra. Mostre que, nesta situação, a expressão geral para a variação na energia potencial gravitacional dada pela Equação 13.13 reduz a relação familiar $\Delta U = mg\,\Delta y$.

SOLUÇÃO

Conceitualização Compare as duas situações diferentes, para as quais desenvolvemos as expressões para a energia potencial gravitacional: (1) um planeta e um corpo que estão muito distantes para os quais a expressão de energia é a Equação 13.14, e (2) um pequeno corpo na superfície de um planeta para o qual a expressão de energia é a Equação 7.19. Queremos mostrar que essas duas expressões são equivalentes.

Categorização Este exemplo é um problema de substituição.

Combine as frações na Equação 13.13:

$$(1)\quad \Delta U = -GM_T m\left(\frac{1}{r_f} - \frac{1}{r_i}\right) = GM_T m\left(\frac{r_f - r_i}{r_i r_f}\right)$$

Avalie $r_f - r_i$ e $r_i r_f$ se ambas as posições, inicial e final, da partícula estão próximas à superfície da Terra:

$$r_f - r_i = \Delta y \qquad r_i r_f \approx R_T^2$$

Substitua essas expressões na Equação (1):

$$\Delta U \approx \frac{GM_T m}{R_T^2}\Delta y = mg\,\Delta y$$

onde $g = GM_T/R_T^2$ (Eq. 13.5).

E SE? Suponha que você esteja fazendo estudos da atmosfera superior e seu supervisor lhe solicita encontrar a altura na atmosfera da Terra em que a "equação de superfície" $\Delta U = mg\,\Delta y$ dá um erro de 1,0% na variação da energia potencial. Qual é essa altura?

Resposta Como a equação de superfície assume um valor constante para g, ela dará um valor de ΔU que é maior que aquele dado pela equação geral, 13.13.

Crie uma razão refletindo um erro de 1,0%:

$$\frac{\Delta U_{\text{superfície}}}{\Delta U_{\text{geral}}} = 1{,}010$$

Substitua as expressões para cada uma destas variações ΔU:

$$\frac{mg\,\Delta y}{GM_T m(\Delta y / r_i r_f)} = \frac{g r_i r_f}{GM_T} = 1{,}010$$

Substitua por r_i, r_f, e g da Equação 13.5:

$$\frac{(GM_T/R_T^2)R_T(R_T + \Delta y)}{GM_T} = \frac{R_T + \Delta y}{R_T} = 1 + \frac{\Delta y}{R_T} = 1{,}010$$

Resolva para Δy:

$$\Delta y = 0{,}010R_T = 0{,}010(6{,}37 \times 10^6\ \text{m}) = 6{,}37 \times 10^4\ \text{m} = 63{,}7\ \text{km}$$

13.6 Considerações da energia no movimento dos planetas e satélites

Dada a expressão geral para a energia gravitacional potencial, desenvolvida na Seção 13.5, podemos agora aplicar nossos modelos de análise de energia a sistemas gravitacionais. Considere um corpo de massa m movendo-se a uma velocidade v nas proximidades de um corpo maciço de massa M, onde $M >> m$. O sistema pode ser um planeta em movimento ao redor do Sol, um satélite em órbita ao redor da Terra, ou um cometa fazendo um único sobrevoo ao redor do Sol. Se assumirmos que o corpo de massa M está em repouso em um referencial inercial, a energia mecânica total E do sistema de dois corpos quando estes estão separados por uma distância r é a soma da energia cinética do corpo de massa m, a energia potencial do sistema, dada pela Equação 13.15:

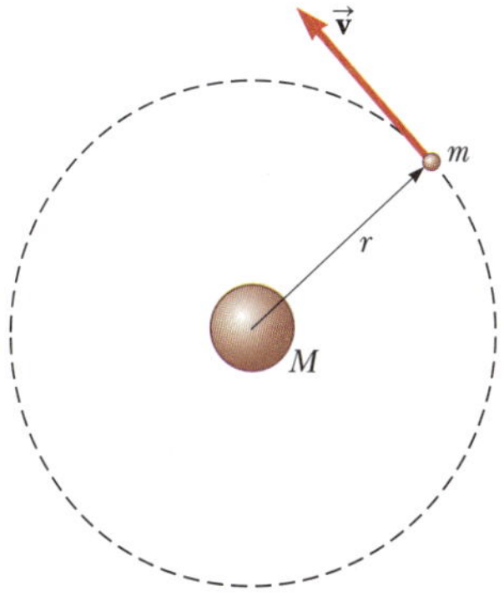

Figura 13.13 Um corpo de massa m movendo-se em uma órbita circular ao redor de um corpo muito maior de massa M.

$$E = K + U$$

$$E = \tfrac{1}{2}mv^2 - \frac{GMm}{r} \qquad \textbf{(13.16)}$$

Se o sistema de corpos de massa m e M for isolado e não houver forças não conservativas atuando no sistema, a energia mecânica do sistema dada pela Equação 13.16 é a energia total do sistema e esta energia é conservada:

$$\Delta E_{\text{sistema}} = 0 \rightarrow \Delta K + \Delta U_g = 0 \rightarrow E_i = E_f$$

Portanto, à medida que o corpo de massa m se move de Ⓐ para Ⓑ na Figura 13.10, a energia total permanece constante e a Equação 13.16 fornece

$$\tfrac{1}{2}mv_i^2 = \frac{GMm}{r_i} = \tfrac{1}{2}mv_f^2 = \frac{GMm}{r_f} \qquad \textbf{(13.17)}$$

Combinando esta declaração da conservação de energia com nossa discussão anterior sobre a conservação do momento angular, vimos que a energia total e o momento angular total de um sistema de dois corpos são constantes do movimento.

Esta equação mostra que E pode ser positiva, negativa ou zero, dependendo do valor de v. Para um sistema ligado, como o sistema Terra-Sol, no entanto, E é necessariamente *menor que zero* porque escolhemos a convenção de que $U \rightarrow 0$ à medida que $r \rightarrow \infty$.

Podemos facilmente concluir que $E < 0$ para o sistema consistindo de um corpo de massa m movendo-se em uma órbita circular sobre um corpo de massa $M >> m$ (Fig. 13.13). Modelar o corpo de massa m como uma partícula sob uma força líquida e uma partícula em movimento circular uniforme resulta

$$F_g = ma \quad \rightarrow \quad \frac{GMm}{r^2} = \frac{mv^2}{r}$$

Multiplicando ambos os lados por r e dividindo por 2, temos que:

$$\tfrac{1}{2}mv^2 = \frac{GMm}{2r} \qquad \textbf{(13.18)}$$

Substituindo esta equação na 13.16, obtemos:

$$E = \frac{GMm}{2r} - \frac{GMm}{r}$$

Energia total para órbitas circulares de um corpo de massa *m* em torno de um corpo de massa *M* >> *m* ▶

$$E = -\frac{GMm}{2r} \quad \text{(órbita circular)} \qquad \textbf{(13.19)}$$

Este resultado mostra que a energia mecânica total é negativa no caso de órbitas circulares. Observe que a energia cinética é positiva e igual à metade do valor absoluto da energia potencial. O valor absoluto de E também é igual à energia de ligação do sistema, porque essa quantidade de energia deve ser fornecida ao sistema para distanciar os dois corpos, um do outro, infinitamente.

A energia mecânica total também é negativa no caso das órbitas elípticas. A expressão de E para órbitas elípticas é a mesma que a Equação 13.19 com r substituído pelo comprimento a do semieixo maior:

Energia total para órbitas elípticas de um corpo de massa *m* em torno de um corpo de massa *M* >> *m* ▶

$$E = -\frac{GMm}{2a} \quad \text{(órbitas elípticas)} \qquad \textbf{(13.20)}$$

***Teste Rápido* 13.4** Um cometa move-se em uma órbita elíptica em torno do Sol. Qual ponto de sua órbita (periélio ou afélio) representa o valor mais elevado **(a)** da velocidade do cometa, **(b)** da energia potencial do sistema de cometa-Sol, **(c)** da energia cinética do cometa e **(d)** da energia total do sistema de cometa-Sol?

Exemplo 13.7 Mudando a órbita de um satélite

Um veículo de transporte espacial lança um satélite de comunicação de 470 kg quando em órbita a 280 km acima da superfície da Terra. No satélite, um motor de foguete o impulsiona em uma órbita geoestacionária. Quanta energia o motor tem para oferecer?

SOLUÇÃO

Conceitualização Observe que a altura de 280 km é muito menor que a de um satélite geossíncrono, 36.000 km, conforme mencionado no Exemplo 13.5. Portanto, a energia deve ser gasta de modo a elevar o satélite para essa posição muito superior.

Categorização Este exemplo é um problema de substituição.

Encontre o raio inicial da órbita do satélite quando ele ainda está na área de carga do veículo:

$$r_i = R_T + 280 \text{ km} = 6{,}65 \times 10^6 \text{ m}$$

Use a Equação 13.18 para encontrar a diferença de energia para o sistema Terra-satélite nos raios iniciais e finais:

$$\Delta E = E_f - E_i = -\frac{GM_Tm}{2r_f} - \left(-\frac{GM_Tm}{2r_i}\right) = -\frac{GM_Tm}{2}\left(\frac{1}{r_f} - \frac{1}{r_i}\right)$$

Substitua os valores numéricos, utilizando $r_f = 4{,}22 \times 10^7$ m do Exemplo 13.5:

$$\Delta E = -\frac{(6{,}67 \times 10^{-11} \text{ N}\cdot\text{m}^2/\text{kg}^2)(5{,}97 \times 10^{24} \text{ kg})(470 \text{ kg})}{2}$$

$$\times \left(\frac{1}{4{,}22 \times 10^7 \text{ m}} - \frac{1}{6{,}65 \times 10^6 \text{ m}}\right)$$

$$= 1{,}19 \times 10^{10} \text{ J}$$

que é a energia equivalente a 89 litros de gasolina. Os engenheiros da NASA devem levar em conta a variação na massa da nave espacial devida ao combustível queimado ejetado, o que não fizemos aqui. Você esperaria que o cálculo que inclui o efeito desta variação de massa obtivesse maior ou menor quantidade de energia necessária do motor?

Velocidade de escape

Suponha que um corpo de massa m seja projetado verticalmente para cima a partir da superfície da Terra com uma velocidade inicial v_i, como ilustrado na Figura 13.14. Podemos usar as considerações de energia para encontrar o valor da velocidade inicial necessária para permitir que o corpo atinja uma certa distância do centro da Terra. A Equação 13.16 dá a energia total do sistema para qualquer configuração. Como o corpo é projetado para cima da superfície da Terra, $v = v_i$ e $r = r_i = R_T$. Quando ele atinge sua altura máxima, $v = v_f = 0$ e $r = r_f = r_{\text{máx}}$. Como o sistema objeto-Terra é isolado, substituímos estes valores na expressão do modelo de sistema isolado, dada pela Equação 13.17:

$$\tfrac{1}{2}mv_i^2 - \frac{GM_Tm}{R_T} = -\frac{GM_Tm}{r_{\text{máx}}}$$

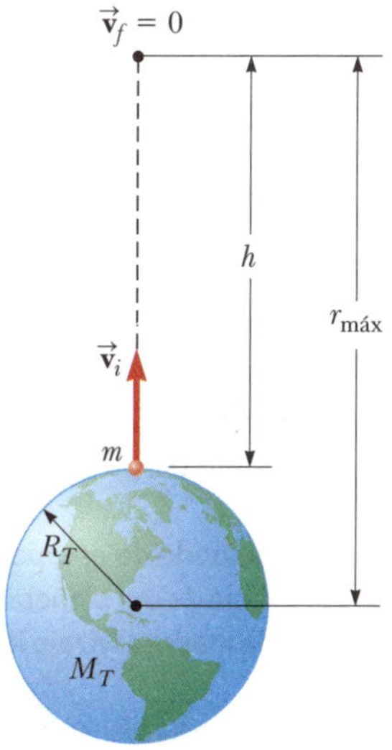

Figura 13.14 Um corpo de massa m projetado para cima da superfície da Terra com uma velocidade inicial v_i atinge uma altitude máxima h.

Resolvendo para v_i^2 temos:

$$v_i^2 = 2GM_T\left(\frac{1}{R_T} - \frac{1}{r_{\text{máx}}}\right) \quad \textbf{(13.21)}$$

Para uma dada altitude máxima $h = r_{\text{máx}} - R_T$. Podemos usar esta equação para achar a velocidade inicial exigida.

Estamos agora em condições de calcular a **velocidade de escape**, que é a velocidade mínima que o corpo deve ter na superfície para se aproximar a uma distância infinita de separação da Terra. Viajando a esta velocidade mínima, o corpo continua a se mover para mais e mais longe da Terra, ao passo que sua velocidade se aproxima de zero assintoticamente. Deixando $r_{\text{máx}} \to \infty$ na Equação 13.21 e tendo v_i como v_{esc}, temos que

Velocidade de escape da Terra ▶

$$v_{\text{esc}} = \sqrt{\frac{2GM_T}{R_T}} \quad \textbf{(13.22)}$$

> **Prevenção de Armadilhas 13.3**
>
> **Você realmente não pode escapar** Embora a Equação 13.22 ofereça a "velocidade de escape" da Terra, o escape *completo* desta influência gravitacional é impossível, porque a força gravitacional é de alcance infinito.

Esta expressão para v_{esc} é independente da massa do corpo. Em outras palavras, uma nave espacial tem a mesma velocidade de fuga que uma molécula. Além disso, o resultado é independente da direção da velocidade e ignora a resistência do ar.

Se ao corpo é dada uma velocidade inicial igual a v_{esc}, a energia total do sistema é igual a zero. Observe que, quando $r \to \infty$, as energias cinética do corpo e a potencial do sistema são ambas nulas. Se v_i for maior que v_{esc}, entretanto, a energia total do sistema será maior que zero, e o corpo terá um pouco de energia cinética residual como $r \to \infty$.

Exemplo 13.8 Velocidade de escape de um foguete

Calcule a velocidade de escape da Terra para uma espaçonave de 5.000 kg e determine a energia cinética que ela deve ter na superfície da Terra para dela se distanciar infinitamente.

SOLUÇÃO

Conceitualização Imagine projetar a nave espacial a partir da superfície da Terra, para que ela se mova cada vez mais para longe, viajando mais e mais lentamente, com sua velocidade aproximando-se de zero. Sua velocidade nunca chega a zero e, assim, o corpo nunca vai virar e voltar.

Categorização Este exemplo é um problema de substituição.

Use a Equação 13.22 para encontrar a velocidade de escape:

$$v_{esc} = \sqrt{\frac{2GM_T}{R_T}} = \sqrt{\frac{2(6{,}67 \times 10^{-11}\ \text{N} \cdot \text{m}^2/\text{kg}^2)(5{,}97 \times 10^{24}\ \text{kg})}{6{,}37 \times 10^6\ \text{m}}}$$

$$= \boxed{1{,}12 \times 10^4\ \text{m/s}}$$

Avalie a energia cinética do veículo espacial a partir da Equação 7.16:

$$K = \tfrac{1}{2}mv_{esc}^2 = \tfrac{1}{2}(5{,}00 \times 10^3\ \text{kg})(1{,}12 \times 10^4\ \text{m/s})^2$$

$$= \boxed{3{,}13 \times 10^{11}\ \text{J}}$$

A velocidade de escape calculada corresponde a cerca de 25.000 mi/h. A energia cinética do veículo espacial é equivalente à energia liberada pela combustão, de cerca de 2.300 litros de gasolina.

E SE? E se você quiser lançar uma nave espacial de 1.000 kg à velocidade de escape? Quanta energia seria exigida?

Resposta Na Equação 13.22, a massa do corpo em movimento na velocidade de escape não aparece. Portanto, a velocidade de escape para a nave espacial de 1.000 kg é a mesma que para a sonda de 5.000 kg. A única variação na energia cinética é devida à massa; então, a nave espacial de 1.000 kg necessita de um quinto da energia da nave espacial de 5.000 kg:

$$K = \tfrac{1}{5}(3{,}13 \times 10^{11}\ \text{J}) = 6{,}25 \times 10^{10}\ \text{J}$$

As Equações de 13.21 e 13.22 podem ser aplicadas a corpos projetados a partir de qualquer planeta. Isto é, em geral, a velocidade de escape da superfície de qualquer planeta de massa M e raio R é:

Velocidade de escape da superfície de um planeta de massa *M* e raio *R*

$$v_{esc} = \sqrt{\frac{2GM}{R}} \qquad (13.23)$$

As velocidades de escape dos planetas, da Lua e do Sol são apresentadas na Tabela 13.3. Os valores variam de 2,3 km/s, para a Lua, até cerca de 618 km/s, para o Sol. Esses resultados, juntamente com algumas ideias a partir da teoria cinética dos gases (ver Capítulo 7 do Volume 2 desta coleção), explica por que alguns planetas têm atmosferas e outros não. Como veremos mais tarde, a uma dada temperatura, a energia cinética média de uma molécula de gás depende apenas da massa da molécula. Moléculas mais leves, como hidrogênio e hélio, têm maior velocidade média que as moléculas mais pesadas na mesma temperatura. Quando a velocidade média das moléculas mais leves não é muito inferior à velocidade de escape de um planeta, uma fração significativa delas tem uma chance de escapar.

Este mecanismo também explica por que a Terra não retém as moléculas de hidrogênio e átomos de hélio em sua atmosfera, mas retém as mais pesadas, tais como oxigênio e nitrogênio. Por outro lado, a velocidade de escape muito grande de Júpiter permite manter o hidrogênio, o componente principal de sua atmosfera.

Buracos negros

No Exemplo 11.7, descrevemos brevemente um evento raro, chamado supernova, a explosão catastrófica de uma estrela muito massiva. O material que permanece no núcleo central de tal corpo continua a entrar em colapso, e o destino final do núcleo depende de sua massa. Se ele tem uma massa inferior a 1,4 vezes a massa do nosso Sol, o núcleo gradualmente esfria e termina sua vida como uma estrela anã branca. Porém, se superior a este valor, ele pode entrar em colapso maior ainda devido às forças gravitacionais. O que resta é uma estrela de nêutrons, discutida no Exemplo 11.7, no qual a massa de uma estrela é comprimida a um raio de cerca de 10 km. (Sobre a Terra, uma colher de chá deste material pesaria cerca de 5 bilhões de toneladas!)

Uma morte ainda mais incomum de uma estrela pode ocorrer quando o núcleo tem uma massa superior a cerca de três massas solares. O colapso pode continuar até que a estrela se torne um corpo muito pequeno no espaço, comumente referido como um **buraco negro**. Na realidade, buracos negros são restos de estrelas que entraram em colapso sob sua própria força gravitacional. Se um corpo, como uma nave espacial, chega perto de um buraco negro, ele sofre uma força gravitacional extremamente forte e é preso para sempre.

A velocidade de escape para um buraco negro é muito elevada devido à concentração da massa da estrela em uma esfera de raio muito pequeno (veja a Eq. 13.23). Se a velocidade de escape excede a velocidade da luz c, a radiação do corpo (tal como a luz visível) não pode escapar, e o corpo parece ser preto (daí a origem da terminologia "buraco negro"). O raio crítico, R_S, em que a velocidade de escape é c, é chamado **raio de Schwarzschild** (Fig. 13.15). A superfície imaginária de uma esfera deste raio em torno do buraco negro é chamada **horizonte de eventos**, o limite de quão perto você pode se aproximar do buraco negro e ter a esperança de escapar.

Há evidências de que buracos negros existem nos centros das galáxias, com massas muito maiores que o Sol. Há fortes evidências de um buraco negro supermaciço de massa de 2-3 milhões de massas solares no centro da nossa galáxia.

TABELA 13.3

Velocidades de escape a partir das superfícies dos planetas, da Lua e do Sol

Planeta	v_{esc} (km/s)
Mercúrio	4,3
Vênus	10,3
Terra	11,2
Marte	5,0
Júpiter	60
Saturno	36
Urano	22
Netuno	24
Lua	2,3
Sol	618

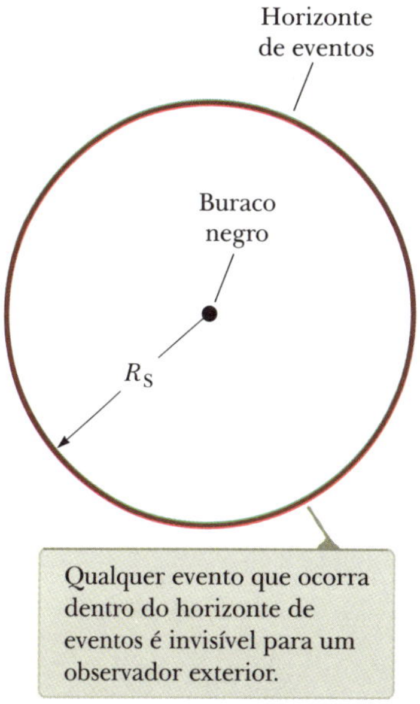

Figura 13.15 Um buraco negro. A distância R_S é igual ao raio de Schwarzschild.

Matéria escura

A Equação (1) no Exemplo 13.5 mostra que a velocidade de um corpo em órbita ao redor da Terra diminui à medida que ele é movido para mais longe da Terra:

$$v = \sqrt{\frac{GM_T}{r}} \qquad (13.24)$$

Usando os dados da Tabela 13.2 para encontrar as velocidades dos planetas em suas órbitas ao redor do Sol, encontramos o mesmo comportamento para os planetas. A Figura 13.16 mostra este comportamento para os oito planetas do nosso sistema solar. A previsão teórica da velocidade do planeta em função da distância do Sol é mostrada pela curva vermelho-escura, usando a Equação 13.24 com a massa da Terra substituída pela do Sol. Os dados para os planetas individuais estão nesta curva. Esse comportamento resulta do fato de a maior parte da massa do sistema solar estar concentrada em um pequeno espaço, ou seja, o Sol.

Estendendo este conceito, podemos esperar o mesmo comportamento em uma galáxia. Grande parte da massa galáctica visível, incluindo a de um buraco negro supermassivo, está perto do núcleo central de uma galáxia. A foto de abertura deste capítulo mostra o núcleo central da galáxia Whirlpool como uma área muito brilhante, rodeada pelos "braços" da galáxia, que contém material em órbita em torno do núcleo central. Com base nesta distribuição da matéria na galáxia, a velocidade de um corpo na sua parte exterior seria menor que para corpos mais próximos do centro, assim como para os planetas do sistema solar.

No entanto, não é isto o que se observa. A Figura 13.17 mostra os resultados das medições das velocidades dos corpos da galáxia de Andrômeda como uma função da distância do centro da galáxia.[4] A curva vermelho-amarronzada mostra as velocidades esperadas para estes corpos se eles estiverem viajando em órbitas circulares ao redor da massa concentrada no núcleo central. Os dados para os corpos individuais na galáxia, mostrados pelos pontos pretos, estão todos bem acima da curva teórica. Estes dados, bem como uma vasta quantidade de informações obtidas ao longo do último meio

[4] V. C. Rubin e W. K. Ford, "Rotation of the Andromeda Nebula from a Spectroscopic Survey of Emission Regions", *Astrophysical Journal* **159**: 379-403 (1970).

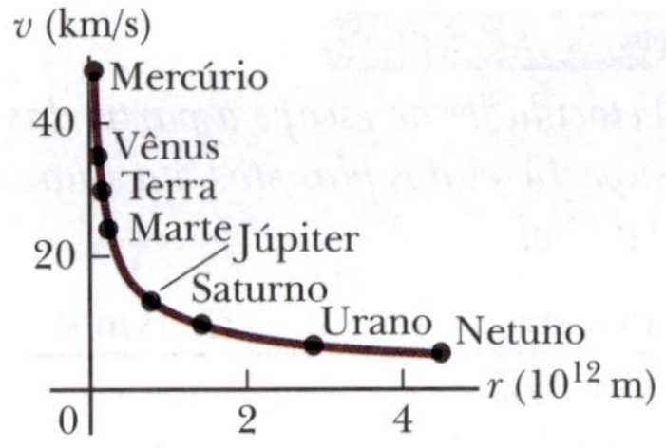

Figura 13.16 A velocidade orbital v em função da distância r do Sol para os oito planetas do sistema solar. A curva teórica está em vermelho-amarronzado, e os pontos de dados para os planetas, em preto.

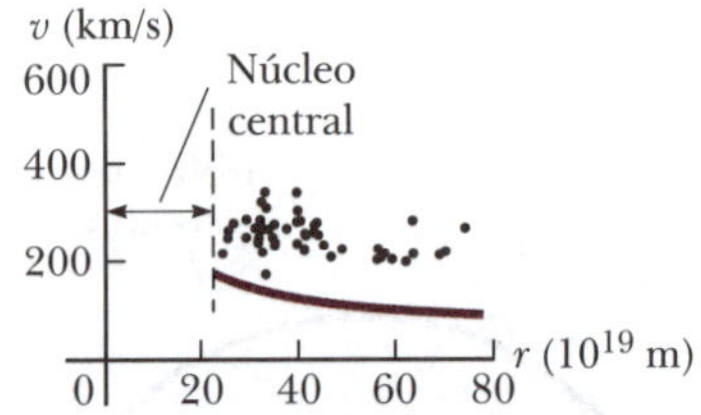

Figura 13.17 A velocidade orbital v de um corpo na galáxia em função da distância r do centro do núcleo central da galáxia de Andrômeda. A curva teórica está em vermelho-amarronzado, e os pontos de dados para os planetas em preto. Não são fornecidos dados para o lado esquerdo, pois o comportamento dentro do núcleo central da galáxia é mais complicado.

século, mostram que, para corpos fora do núcleo central da galáxia, a curva da velocidade em função da distância do centro da galáxia é aproximadamente plana, em vez de diminuir a longas distâncias. Portanto, esses corpos (incluindo nosso próprio Sistema Solar na Via Láctea) estão girando mais rápido do que pode ser explicado pela gravidade devido à galáxia visível! Este resultado surpreendente significa que deve haver massa adicional em uma distribuição mais alargada fazendo esses corpos orbitarem muito rapidamente, e levou os cientistas a proporem a existência de **matéria escura.** Acredita-se que ela exista em um enorme halo em torno de cada galáxia (com um raio de até 10 vezes maior que o da galáxia visível). Como não é luminosa (ou seja, não emite radiação eletromagnética), ela deve ser muito fria ou eletricamente neutra. Portanto, não podemos "ver" a matéria escura, exceto por meio de seus efeitos gravitacionais.

A existência proposta de matéria escura também está implícita por observações anteriores feitas em grandes estruturas gravitacionalmente ligadas, conhecidas como aglomerados de galáxias.[5] Estas observações mostram que as velocidades orbitais das galáxias em um aglomerado são, em média, demasiado grandes para serem explicadas pela matéria luminosa no aglomerado sozinho. As velocidades das galáxias individuais são tão altas, que sugerem que há 50 vezes mais matéria escura em aglomerados de galáxias do que nas próprias galáxias!

Por que a matéria escura não afeta as velocidades orbitais dos planetas como faz com as de uma galáxia? Parece que um sistema solar é muito pequeno para conter uma estrutura de matéria escura suficiente para afetar o comportamento das velocidades orbitais. Uma galáxia ou aglomerado de galáxias, por outro lado, contém grandes quantidades de matéria escura, resultando em um comportamento surpreendente.

O que, porém, *é* matéria escura? Neste momento, ninguém sabe. Uma teoria afirma que a matéria escura é baseada em uma partícula chamada partícula maciça de interação fraca, ou WIMP (*Weakly Interacting Massive Particle*). Se esta teoria estiver correta, os cálculos mostram que cerca de 200 WIMPs atravessam um corpo humano em um dado momento. O Grande Colisor de Hádrons, na Europa (veja Capítulo 2 do Volume 4), é o primeiro acelerador de partículas com energia suficiente para, possivelmente, gerar e detectar a existência de WIMPs, que atualmente tem gerado muito interesse em matéria escura. Ficar de olho sobre esta pesquisa no futuro deverá ser emocionante.

Resumo

Definições

O **campo gravitacional** em um ponto no espaço é definido como a força gravitacional $\vec{\mathbf{F}}_g$ sofrida por qualquer partícula de teste localizada naquele ponto, dividida pela massa da partícula teste:

$$\vec{\mathbf{g}} \equiv \frac{\vec{\mathbf{F}}_g}{m_0} \qquad (13.7)$$

[5] F. Zwicky, "On the Masses of Nebulae and of Clusters of Nebulae", *Astrophysical Journal* **86**: 217-246 (1937).

Conceitos e Princípios

A lei da gravitação universal de Newton afirma que a força de atração gravitacional entre duas partículas de massas m_1 e m_2 separadas por uma distância r tem o módulo:

$$F_g = G\frac{m_1 m_2}{r^2} \quad \textbf{(13.1)}$$

onde $G = 6{,}67 \times 10^{-11}$ N · m²/kg² é a **constante gravitacional universal**. Esta equação nos permite calcular a força de atração entre as massas em muitas circunstâncias.

Um corpo a uma distância h acima da superfície da Terra sofre uma força gravitacional de módulo mg, onde g é a aceleração da gravidade naquela altura:

$$g = \frac{GM_T}{r^2} = \frac{GM_T}{(R_T + h)^2} \quad \textbf{(13.6)}$$

Nesta expressão, M_T é a massa da Terra, e R_T é seu raio. Portanto, o peso de um corpo diminui à medida que ele se afasta da superfície da Terra.

As leis de Kepler do estado de movimento planetário:

1. Todos os planetas movem-se em órbitas elípticas com o Sol em um ponto de convergência.
2. O vetor radial desenhado a partir do Sol a um planeta tem uma varredura de áreas iguais em intervalos de tempo iguais.
3. O quadrado do período orbital de qualquer planeta é proporcional ao cubo do semieixo maior da órbita elíptica.

A Terceira Lei de Kepler pode ser expressada como:

$$T^2 = \left(\frac{4\pi^2}{GM_S}\right)a^3 \quad \textbf{(13.11)}$$

onde M_S é a massa do Sol e a é o semieixo maior. Para uma órbita circular, a pode ser substituído na Equação 13.11 pelo raio r. A maioria dos planetas tem órbitas quase circulares em torno do Sol.

A **energia potencial gravitacional** associada a um sistema de duas partículas de massa m_1 e m_2 separadas por uma distância r é:

$$U = -\frac{Gm_1 m_2}{r} \quad \textbf{(13.15)}$$

onde U *é* considerado zero se $r \to \infty$.

Se um sistema isolado consiste em um corpo de massa m movendo-se com uma velocidade v nas proximidades de um corpo massivo de massa M, a energia total E do sistema é a soma das energias cinética e potencial:

$$E = \tfrac{1}{2}mv^2 - \frac{GMm}{r} \quad \textbf{(13.16)}$$

A energia total do sistema é constante durante o movimento. Se o corpo se move em uma órbita elíptica de semieixo maior a em torno do corpo maciço e $M >> m$, a energia total do sistema é:

$$E = -\frac{GMm}{2a} \quad \textbf{(13.20)}$$

Para uma órbita circular, esta mesma equação se aplica com $a = r$.

A **velocidade de escape** para um corpo projetado a partir da superfície de um planeta de massa M e raio R é:

$$v_{\text{esc}} = \sqrt{\frac{2GM}{R}} \quad \textbf{(13.23)}$$

Modelo de Análise para Resolução de Problemas

Partícula **em um campo (gravitacional)** Uma partícula-fonte com alguma massa estabelece um **campo gravitacional $\vec{\mathbf{g}}$** por todo o espaço. Quando uma partícula de massa m é colocada nesse campo, ela experimenta uma força gravitacional dada por

$$\vec{\mathbf{F}}_g = m\vec{\mathbf{g}} \quad \textbf{(5.5)}$$

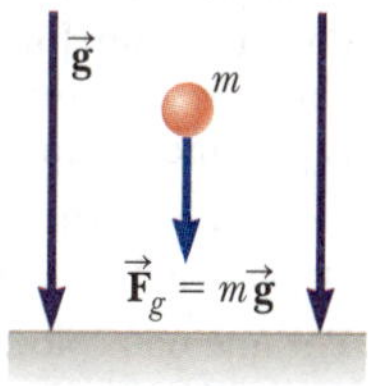

Perguntas Objetivas

1. Um sistema é composto por cinco partículas. Quantos termos aparecem na expressão para a energia potencial gravitacional total do sistema? (a) 4, (b) 5, (c) 10, (d) 20, (e) 25.
2. Classifique as seguintes quantidades de energia em ordem da maior para menor. Declare se houver quantidades iguais. (a) O valor absoluto da energia potencial média do sistema Sol-Terra. (b) A energia cinética média da Terra em seu movimento orbital em relação ao Sol. (c) O valor absoluto da energia total do sistema Sol-Terra.
3. Um satélite move-se em uma órbita circular a uma velocidade constante em torno da Terra. Qual das seguintes afirmações é verdadeira? (a) Nenhuma força atua sobre o satélite. (b) O satélite se move a uma velocidade constante e, portanto, não acelera. (c) O satélite tem uma aceleração dirigida para longe da Terra. (d) O satélite tem uma aceleração dirigida para a Terra. (e) O trabalho é feito no satélite pela força gravitacional.
4. Suponha que a aceleração da gravidade na superfície de certa lua A de Júpiter seja de 2 m/s^2. A lua B tem o dobro da massa e duas vezes o raio da A. Qual é a aceleração da gravidade em sua superfície? Despreze a aceleração da gravidade devido a Júpiter. (a) 8 m/s^2, (b) 4 m/s^2, (c) 2 m/s^2, (d) 1 m/s^2, (e) 0,5 m/s^2.
5. Imagine que o nitrogênio e outros gases atmosféricos fossem mais solúveis em água de modo que a atmosfera da Terra fosse inteiramente absorvida pelos oceanos. A pressão atmosférica seria, então, zero, e o espaço exterior começaria na superfície do planeta. Será que, assim, a Terra teria um campo gravitacional? (a) Sim, e na superfície seria maior em módulo do que 9,8 N/kg. (b) Sim, e seria essencialmente o mesmo que o valor atual. (c) Sim, e seria um pouco menos de 9,8 N/kg. (d) Sim, e seria muito menos do que 9,8 N/kg. (e) Não, não teria.
6. Um corpo de massa m está localizado na superfície de um planeta esférico de massa M e raio R. A velocidade de escape do planeta não depende de qual dos seguintes fatores? (a) M, (b) m, (c) a densidade do planeta, (d) R, (e) a aceleração decorrente da gravidade daquele planeta.
7. Um satélite move-se originalmente em uma órbita circular de raio R ao redor da Terra. Suponha que ele seja movido para uma órbita circular de raio $4R$. (i) Quanto a força exercida sobre o satélite se tornaria? (a) Oito vezes maior, (b) quatro vezes maior, (c) a metade do tamanho, (d) um oitavo do tamanho, (e) um dezesseis avos do tamanho. (ii) O que acontece com a velocidade do satélite? Escolha entre as mesmas possibilidades de (a) a (e). (iii) O que acontece ao seu período? Escolha a partir das mesmas possibilidades de (a) a (e).
8. Os equinócios vernal e outonal estão associados com dois pontos separados por 180° na órbita da Terra. Ou seja, a Terra está em lados precisamente contrários do Sol quando passa por estes dois pontos. A partir do equinócio vernal, 185,4 dias decorrem antes do outonal. Apenas 179,8 dias decorrem deste até o próximo equinócio vernal. Por que o intervalo entre março (primavera) e o equinócio de setembro (outono – que contém o solstício de verão) é maior que o entre setembro e o equinócio de março, em vez de serem iguais? Escolha uma das seguintes razões: (a) Eles são a mesma coisa, mas a Terra gira mais rápido durante o período de "verão", de modo que os dias são mais curtos. (b) Durante o período de "verão", a Terra move-se mais devagar porque está mais distante do sol. (c) Durante o intervalo de março a setembro, a Terra move-se mais devagar porque está mais próxima ao Sol. (d) A Terra tem menos energia cinética quando está mais quente. (e) A Terra tem menos momento angular orbital quando está mais quente.
9. Classifique os módulos das seguintes forças gravitacionais, partindo da maior para a menor. Se duas forças são iguais, mostre sua igualdade em sua lista. (b) A força exercida por um corpo de 2 kg em outro de 3 kg a 1 m de distância. (b) A força exercida por um corpo de 2 kg em outro de 9 kg a 1 m de distância. (c) A força exercida por um corpo de 2 kg em outro de 9 kg a 2 m de distância. (d) A força exercida por um corpo de 9 kg em outro de 2 kg a 2 m de distância. (e) A força exercida por um corpo de 4 kg em outro de 4 kg a 2 m de distância.
10. A força gravitacional exercida sobre um astronauta na superfície da Terra é 650 N dirigida para baixo. Quando ele está na estação espacial em órbita ao redor da Terra, a força gravitacional sobre ele é (a) maior, (b) exatamente a mesma, (c) menor, (d) aproximadamente, mas não exatamente zero, ou (e) exatamente zero?
11. O cometa Halley tem um período de aproximadamente 76 anos, e move-se em uma órbita elíptica em que sua distância do Sol, na sua maior aproximação, é uma pequena fração de sua distância máxima. Estime a distância máxima do cometa em relação ao Sol em unidades astronômicas (UA) (a distância da Terra ao Sol). (a) 6 UA, (b) 12 UA, (c) 20 UA, (d) 28 UA, (e) 35 UA.

Perguntas Conceituais

1. Cada nave espacial *Voyager* foi acelerada para velocidade de escape do Sol pela força gravitacional exercida por Júpiter na nave espacial. (a) A força gravitacional é uma força conservativa ou não conservativa? (b) A interação da nave com Júpiter satisfaz a definição de uma colisão elástica? (c) Como a nave poderia estar se movendo mais rapidamente após a colisão?
2. Em seu experimento de 1798, foi dito que Cavendish havia "pesado a Terra". Explique esta afirmação.
3. Por que não colocamos um satélite meteorológico em órbita geoestacionária em torno do paralelo 45°? Este satélite não seria muito mais útil nos Estados Unidos do que em órbita ao redor do equador?
4. (a) Explique por que a força exercida sobre uma partícula por uma esfera uniforme deverá ser direcionada para o centro da esfera. (b) Esta afirmação seria verdadeira se a distribuição de massa da esfera não fosse esfericamente simétrica? Explique.
5. (a) Em que posição em sua órbita elíptica a velocidade de um planeta é máxima? (b) Em que posição ela é mínima?
6. São-lhe dados a massa e o raio do planeta X. Como você calcularia a aceleração de queda livre na superfície deste planeta?

7. (a) Se um buraco pudesse ser escavado até o centro da Terra, um corpo de massa m ainda obedeceria à Equação 13.1 lá? (b) Qual você acha que seria a força sobre m no centro da Terra?

8. Explique por que é preciso mais combustível para uma nave espacial viajar da Terra à Lua do que para a viagem de regresso. Estime a diferença.

9. Um satélite em uma órbita baixa da Terra não está realmente viajando através do vácuo. Pelo contrário, ele se move através do ar muito rarefeito. O atrito do ar resultante faz com que o satélite diminua de velocidade?

Problemas

ENHANCED WebAssign Os problemas que se encontram neste capítulo podem ser resolvidos *on-line* no Enhanced WebAssign (em inglês)

1. denota problema simples;

2. denota problema intermediário;

3. denota problema de desafio;

AMT *Analysis Model Tutorial* disponível no Enhanced WebAssign (em inglês);

M denota tutorial *Master It* disponível no Enhanced WebAssign (em inglês);

PD denota problema dirigido;

W solução em vídeo *Watch It* disponível no Enhanced WebAssign (em inglês).

Seção 13.1 Lei da gravitação universal de Newton

O Problema 12 do Capítulo 1 deste volume também pode ser resolvido nesta seção.

1. M Em laboratórios de Física Básica, uma balança típica de Cavendish para medir a constante gravitacional G usa esferas de chumbo com massas de 1,50 kg e 15,0 g cujos centros estão separados por cerca de 4,50 centímetros. Calcule a força gravitacional entre essas esferas, tratando cada uma como uma partícula localizada no centro da esfera.

2. Determine a ordem de grandeza da força gravitacional que você exerce sobre outra pessoa a 2 m de distância. Em sua solução, mencione as quantidades que mede ou estima e seus valores.

3. W Um corpo de 200 kg e outro de 500 kg são separados por 4,00 m. (a) Encontre a força gravitacional resultante exercida por estes corpos em um terceiro de 50,0 kg colocado no meio do caminho entre eles. (b) Em que posição (exceto uma infinitamente remota) o corpo de 50,0 kg pode ser colocado de modo a sofrer uma força resultante igual a zero dos outros dois?

4. Durante um eclipse solar, a Lua, a Terra e o Sol ficam na mesma linha, com a Lua entre a Terra e o Sol. (a) Que força é exercida pelo Sol sobre a Lua? (b) Que força é exercida pela Terra sobre a Lua? (c) Que força é exercida pelo Sol sobre a Terra? (d) Compare as respostas para as partes (a) e (b). Por que o Sol não captura a Lua para longe da Terra?

5. Dois transatlânticos, cada um com uma massa de 40.000 toneladas, estão se movendo em cursos paralelos de 100 m de distância. Qual é o módulo da aceleração de um dos transatlânticos em relação a outro, devido à sua atração gravitacional mútua? Modele os navios como partículas.

6. W Três esferas uniformes de massas $m_1 = 2{,}00$ kg, $m_2 = 4{,}00$ kg e $m_3 = 6{,}00$ kg são colocadas nos vértices de um triângulo retângulo, como mostrado na Figura P13.6. Calcule a força gravitacional resultante sobre a esfera de massa m_2, assumindo que elas estão isoladas do resto do Universo.

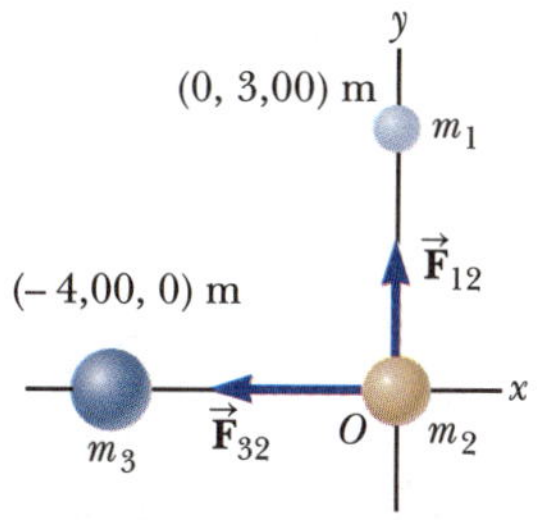

Figura P13.6

7. Duas partículas idênticas isoladas, cada uma delas com massa 2,00 kg, estão separadas por uma distância de 30,0 cm. Qual é a intensidade da força gravitacional exercida por uma partícula sobre a outra?

8. *Por que a seguinte situação é impossível?* Os centros de duas esferas homogêneas estão a 1,00 m de distância. Cada uma delas é formada pelo mesmo elemento da tabela periódica. A força gravitacional entre elas é de 1,00 N.

9. W Dois corpos se atraem com uma força gravitacional de módulo $1{,}00 \times 10^{-8}$ N quando separadas por 20,0 cm. Se a massa total deles é 5,00 kg, qual é a massa de cada um?

10. **Revisão.** Um aluno se propõe a estudar a força gravitacional suspendendo dois corpos esféricos de 100,0 kg nas extremidades inferiores dos cabos no teto de uma catedral alta e medindo a deformação dos cabos em relação à vertical. Os cabos, de 45,00 metros de comprimento, são anexados ao teto a 1.000 m de distância. O primeiro corpo é suspenso, e sua posição é cuidadosamente medida. O segundo é suspenso, e os dois se atraem gravitacionalmente. Qual foi a distância em que o primeiro corpo se moveu horizontalmente a partir da sua posição inicial, devido à atração gravitacional do outro? *Sugestão:* Tenha em mente que essa distância vai ser muito pequena, e faça as aproximações adequadas.

Seção 13.2 Aceleração da gravidade livre e força gravitacional

11. M Quando um meteoro caindo está a uma distância acima da superfície da Terra de 3,00 vezes o raio desta, qual é a sua aceleração devida à gravidade da Terra?

12. W A aceleração da gravidade na superfície da Lua é de cerca de um sexto daquela da Terra. O raio da Lua é de cerca de 0,250 R_T (R_T = raio da Terra = $6{,}37 \times 10^6$ m). Encontre a razão das densidades médias, $\rho_{\text{Lua}}/\rho_{\text{Terra}}$.

13. **Revisão.** Miranda, um satélite de Urano mostrado na Fig. P13.13a, pode ser modelado como uma esfera de 242 km de raio e massa $6{,}68 \times 10^{19}$ kg. (a) Encontre a aceleração da gravidade em sua superfície. (b) Um precipício em Miranda tem 5,00 km de profundidade. Se um aficionado de esportes radicais corre horizontalmente do topo do penhasco em 8,50 m/s, para qual intervalo de tempo ele estará em voo? (c) A qual a distância da base do penhasco vertical ele atinge a superfície gelada de Miranda? (d) Qual será sua velocidade vetorial de impacto?

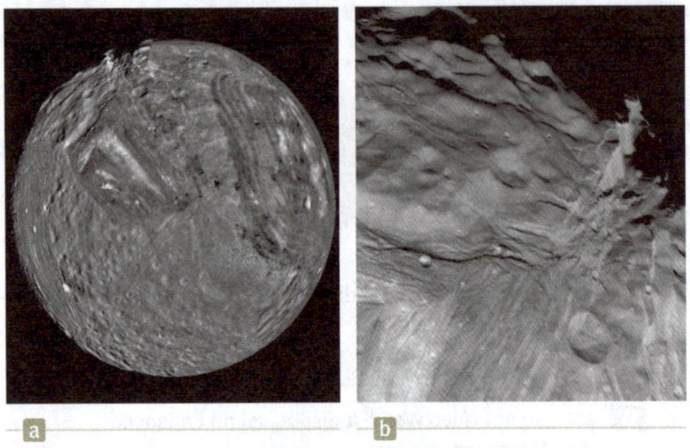

Figura P13.13

Seção 13.3 Modelo de análise: partícula em um campo (gravitacional)

14. (a) Calcule o vetor campo gravitacional em um ponto P sobre a mediatriz da linha que une dois corpos de massa igual, separados por uma distância de $2a$, como mostrado na Figura P13.14. (b) Explique fisicamente por que o campo deve tender a zero quando $r \to 0$. (c) Prove matematicamente que a resposta ao item (a) se comporta desta maneira. (d) Explique fisicamente por que o módulo do campo deve se aproximar de $2GM/r^2$ quando $r \to \infty$. (e) Prove matematicamente que a resposta ao item (a) se comporta corretamente neste limite.

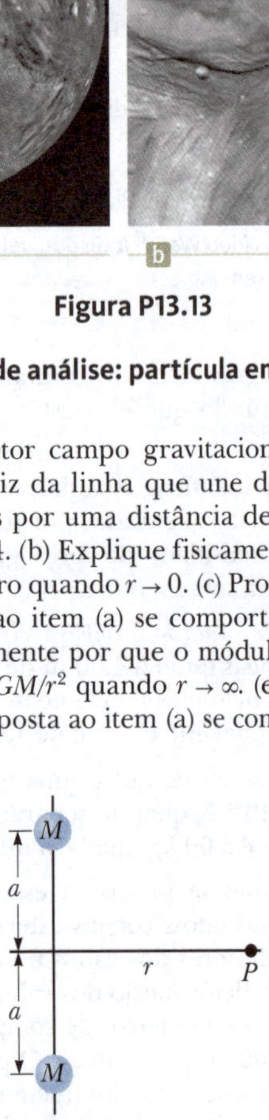

Figura P13.14

15. Três corpos de mesma massa estão localizados em três vértices de um quadrado de aresta de comprimento ℓ, como mostrado na Figura P13.15. Encontre o módulo e a direção do campo gravitacional no quarto vértice devidos a estes corpos.

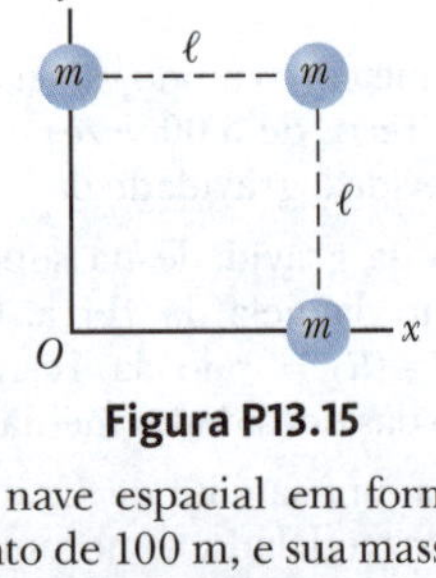

Figura P13.15

16. AMT W Uma nave espacial em forma de cilindro longo tem comprimento de 100 m, e sua massa com os ocupantes é de 1.000 kg. Ela se desviou para muito perto de um buraco negro com massa de 100 vezes a do Sol (Fig. P13.16). O nariz da nave espacial aponta em direção ao buraco negro, a uma distância entre eles de 10,0 km. (a) Determine a força total sobre a nave espacial. (b) Qual é a diferença entre os campos gravitacionais que agem sobre os ocupantes do nariz da nave e daqueles na parte traseira da nave, mais distantes do buraco negro? Esta diferença de acelerações cresce rapidamente assim que a nave vai se aproximando do buraco negro. Ele coloca o corpo da nave sob tensão extrema e, eventualmente, o destrói.

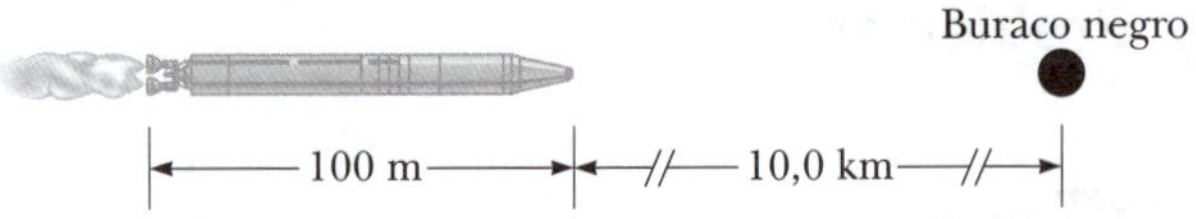

Figura P13.16

Seção 13.4 Leis de Kepler e o movimento dos planetas

17. Um satélite artificial circunda a Terra em órbita circular em um local onde a aceleração devida à gravidade é 9,00 m/s^2. Determine o período orbital do satélite.

18. Io, um satélite de Júpiter, tem período orbital de 1,77 dias e raio orbital de $4{,}22 \times 10^5$ km. A partir destes dados, determine a massa de Júpiter.

19. A órbita de transferência de energia mínima para um planeta exterior consiste em colocar uma nave espacial em uma trajetória elíptica, com o planeta de partida correspondente ao periélio da elipse, ou o ponto mais próximo do Sol, e o planeta de chegada no afélio, ou o ponto mais distante a partir do Sol. (a) Use a Terceira Lei de Kepler para calcular quanto tempo levaria para ir da Terra a Marte em uma órbita tal como mostrada na Figura P13.19. (b) Essa órbita pode ser realizada a qualquer momento? Explique.

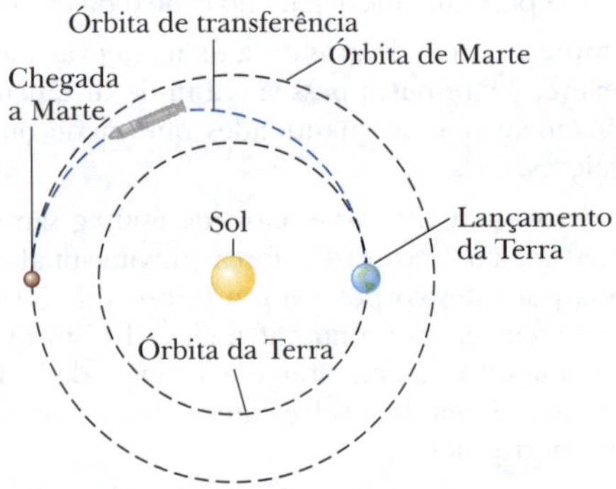

Figura P13.19

20. Uma partícula de massa m move-se ao longo de uma linha reta com velocidade constante $\vec{v}_0$ na direção x, a uma distância b do eixo x (Fig. P13.20). (a) A partícula possui algum momento angular sobre a origem? (b) Explique por que o montante do seu momento angular deve mudar ou permanecer constante. (c) Mostre que a Segunda Lei de Kepler está satisfeita, mostrando que os dois triângulos sombreados na figura têm a mesma área quando $t_Ⓓ - t_Ⓒ = t_Ⓑ - t_Ⓐ$.

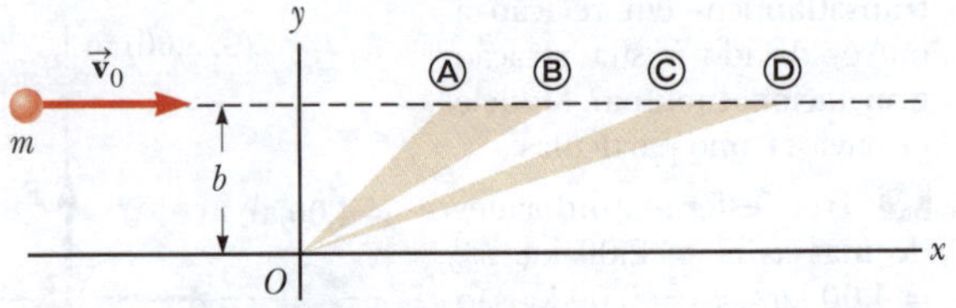

Figura P13.20

21. M O sistema binário de Plaskett consiste em duas estrelas que giram numa órbita circular em torno de um centro de massa a meio caminho entre elas. Esta afirmação implica que as massas das duas estrelas são iguais (Fig. P13.21). Suponha que a velocidade orbital de cada estrela seja $|\vec{v}| = 220$ km/s e o período orbital de cada uma, 14,4 dias. Procure a massa M de cada estrela. Para comparação, a massa do nosso Sol é de $1{,}99 \times 10^{30}$ kg.

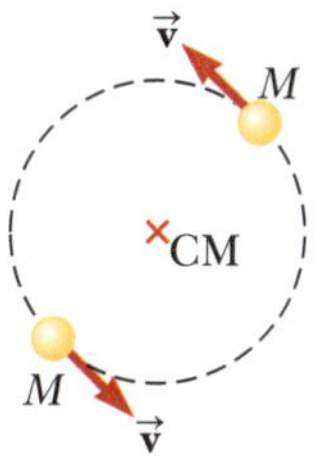

Figura P13.21

22. Dois planetas, X e Y, viajam em sentido anti-horário em órbitas circulares em volta de uma estrela, como mostra a Figura P13.22. Os raios de suas órbitas estão na relação de 3:1. Em um momento, eles estão alinhados, como mostra a Figura P13.22a, fazendo uma linha reta com a estrela. Durante os próximos cinco anos, o deslocamento angular do planeta X é 90,0°, como mostra a Figura P13.22b. Qual é o deslocamento angular do planeta Y neste momento?

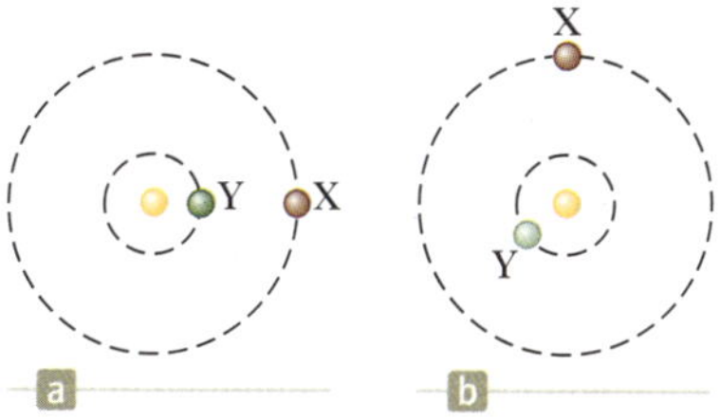

Figura P13.22

23. **W** O cometa Halley (Fig. P13.23) aproxima-se do Sol com uma precisão de 0,570 UA, e seu período orbital é 75,6 anos. UA é o símbolo da unidade astronômica; 1 UA = $1{,}50 \times 10^{11}$ m é a distância média Terra-Sol. Quão distante do Sol o cometa Halley vai viajar antes de começar sua viagem de regresso?

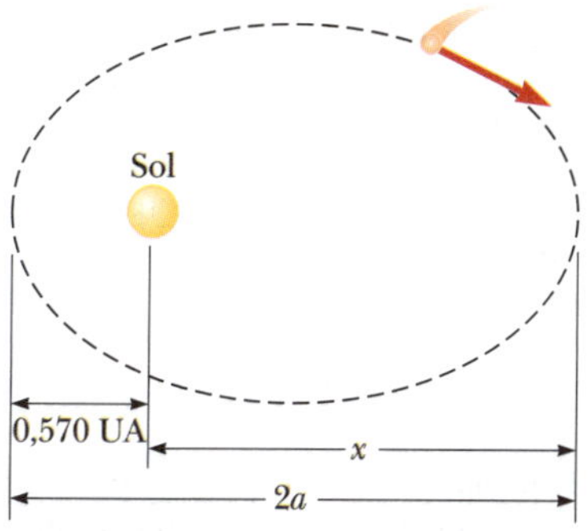

Figura P13.23 (Órbita não desenhada em escala).

24. O satélite *Explorer VIII*, colocado em órbita em 3 de novembro de 1960 para investigar a ionosfera, teve os seguintes parâmetros de órbita: perigeu, 459 km; apogeu, 2.289 km (ambas as distâncias acima da superfície da Terra); período, 112,7 minutos. Determine a relação vp/va da velocidade no perigeu em relação àquela no apogeu.

25. Use a Terceira Lei de Kepler para determinar quantos dias uma nave espacial leva para viajar em uma órbita elíptica de um ponto a 6.670 km do centro da Terra até a Lua, a 385.000 km do centro da Terra.

26. **W** Estrelas de nêutron são corpos extremamente densos formados a partir de restos de explosões de supernovas. Muitas giram bastante rapidamente. Suponha que a massa de certa estrela de nêutron esférica seja o dobro da massa do Sol, e que seu raio seja de 10,0 km. Determine a maior velocidade angular possível que ela pode ter de modo que a matéria à superfície da estrela em seu equador é apenas mantida em órbita pela força gravitacional.

27. Um satélite síncrono, que permanece sempre acima do mesmo ponto no equador do planeta, é colocado em órbita em torno de Júpiter para estudar o famoso local daquele planeta vermelho. Júpiter tem uma rotação a cada 9,84 h. Use os dados da Tabela 13.2 para encontrar a altitude do satélite acima da superfície do planeta.

28. (a) Dado que o período da órbita da Lua em torno da Terra é de 27,32 dias, e a distância quase constante entre o centro da Terra e o da Lua é $3{,}84 \times 10^8$ m, use a Equação 13.11 para calcular a massa da Terra. (b) Por que o valor que você calcula é um pouco grande demais?

29. Suponha que a gravidade do Sol tenha sido desligada. Os planetas deixariam suas órbitas e voariam em linhas retas, como descrito pela Primeira Lei de Newton. (a) Será que Mercúrio estaria em algum momento mais distante do Sol do que Plutão? (b) Se sim, descubra quanto tempo Mercúrio levaria para atingir essa passagem. Se não, dê um argumento convincente de que Plutão é sempre mais distante do Sol do que Mercúrio.

Seção 13.5 Energia potencial gravitacional

Observação: Nos Problemas 30 ao 50, assuma que $U = 0$ em $r = \infty$.

30. **W** Um satélite em órbita da Terra tem massa de 100 kg e está a uma altitude de $2{,}00 \times 10^6$ m. (a) Qual é a energia potencial do sistema Terra-satélite? (b) Qual é o módulo da força gravitacional exercida pela Terra sobre o satélite? (c) **E se?** Que força, se for o caso, o satélite exerce sobre a Terra?

31. Quanto trabalho é realizado pelo campo gravitacional da Lua sobre um meteoro de 1.000 kg quando vem do espaço sideral e colide sobre sua superfície?

32. Quanta energia é necessária para mover um objeto de 1.000 kg da superfície da Terra para uma altitude que é duas vezes o raio da Terra?

33. Após o Sol esgotar seu combustível nuclear, seu destino final será entrar em colapso em um estado de *anã branca*. Neste estado, ele teria aproximadamente a mesma massa do que tem hoje, mas seu raio seria igual ao da Terra. Calcule (a) a densidade média de uma anã branca, (b) a aceleração da gravidade na superfície e (c) a energia potencial gravitacional associada a um corpo de 1,00 kg na superfície da anã branca.

34. Um corpo é solto do repouso a uma altura h acima da superfície da Terra. (a) Mostre que sua velocidade a uma distância r do centro da Terra, onde $R_T \leq r \leq R_T + h$, é:

$$v = \sqrt{2GM_T\left(\frac{1}{r} - \frac{1}{R_T + h}\right)}$$

(b) Suponha que a altitude de lançamento seja de 500 km. Faça a integral:

$$\Delta t = \int_i^f dt = -\int_i^f \frac{dr}{v}$$

para encontrar o tempo de queda, de modo que o corpo se mova a partir do ponto de liberação até a superfície da

Terra. O sinal negativo aparece porque o corpo está em movimento oposto ao sentido radial, então, sua velocidade é $v = -dr/dt$. Faça a integral numericamente.

35. Um sistema consiste em três partículas, cada uma de massa de 5,00 g, localizadas nos vértices de um triângulo equilátero com lados de 30,0 cm. (a) Calcule a energia potencial do sistema. (b) Suponha que as partículas sejam liberadas simultaneamente. Descreva o movimento subsequente de cada uma. Alguma colisão ocorrerá? Explique.

Seção 13.6 Considerações da energia no movimento dos planetas e satélites

36. AMT M Uma sonda espacial é disparada, como um projétil, da superfície da Terra com uma velocidade inicial de $2{,}00 \times 10^4$ m/s. Qual será sua velocidade quando ela estiver muito distante da Terra? Despreze o atrito da atmosfera e a rotação da Terra.

37. Um satélite de 500 kg está em órbita circular a uma altitude de 500 km acima da superfície da Terra. Por causa da resistência do ar, o satélite eventualmente cai na superfície da Terra, onde atinge o solo com uma velocidade de 2,00 km/s. Quanta energia foi transformada em energia interna por meio da resistência do ar?

38. Um "satélite de copa" move-se em uma órbita circular logo acima da superfície de um planeta, que supostamente não oferece nenhuma resistência do ar. Mostre que sua velocidade orbital v e a velocidade de escape do planeta estão relacionadas pela expressão $v_{esc} = \sqrt{2}v$.

39. W Um satélite de 1.000 kg orbita a Terra a uma altitude constante de 100 km. (a) Quanta energia deve ser adicionada ao sistema para a movimentação do satélite em uma órbita circular com 200 km de altitude? Quais são as variações na energia (b) cinética e (c) potencial do sistema?

40. Um cometa de massa $1{,}20 \times 10^{10}$ kg move-se em uma órbita elíptica em torno do Sol. Sua distância do Sol varia entre os intervalos de 0,500 UA e 50,0 UA. (a) Qual é a excentricidade da sua órbita? (b) Qual é seu período? (c) No afélio, qual é a energia potencial do sistema cometa-Sol? *Observação:* 1 UA = uma unidade astronômica de unidade = a distância média do Sol à Terra = $1{,}496 \times 10^{11}$ m.

41. Um asteroide está em curso de colisão com a Terra. Uma astronauta pousa no asteroide para enterrar cargas explosivas que o explodirão. A maior parte dos pequenos fragmentos passará longe da Terra, e aqueles que caírem na atmosfera produzirão apenas uma bela chuva de meteoros. A astronauta descobre que a densidade do asteroide esférico é igual à densidade média da Terra. Para assegurar sua pulverização, ela incorpora aos explosivos o combustível e o oxidante do foguete, destinados à sua jornada de retorno. Que raio máximo pode ter o asteroide para que ela seja capaz de deixá-lo simplesmente saltando para cima? Na Terra, ela pode saltar a uma altura de 0,500 m.

42. Derive uma expressão para o trabalho requerido para mover um satélite da Terra, de massa m, de uma órbita circular de raio $2R_T$ para uma de raio $3R_T$.

43. (a) Determine a quantidade de trabalho que deve ser realizada em uma carga útil de 100 kg para elevá-la a uma altura de 1.000 km acima da superfície da Terra. (b) Determine a quantidade de trabalho adicional requerida para colocar a carga útil em órbita circular nesta elevação.

44. (a) Qual é a velocidade mínima, em relação ao Sol, necessária para uma espaçonave escapar do sistema solar se ela teve início na órbita da Terra? (b) A *Voyager 1* obteve uma velocidade máxima de 125.000 km/h em seu caminho para fotografar Júpiter. Além de qual distância do Sol a velocidade é suficiente para escapar do sistema solar?

45. W Um satélite de massa 200 kg é colocado em órbita da Terra a uma altura de 200 km acima da superfície. (a) Assumindo uma órbita circular, quanto tempo ele leva para completar uma órbita? (b) Qual é sua velocidade? (c) Partindo do satélite na superfície da Terra, qual é a injeção mínima de energia necessária para colocá-lo em órbita? Despreze a resistência do ar, mas inclua o efeito da rotação diária do planeta.

46. Um satélite de massa m, inicialmente na superfície, é colocado na órbita da Terra a uma altitude h. (a) Assumindo uma órbita circular, quanto tempo ele leva para completar uma órbita? (b) Qual é sua velocidade? (c) Qual é a injeção mínima de energia necessária para colocá-lo em órbita? Despreze a resistência do ar, mas inclua o efeito da rotação diária do planeta. Represente a massa e o raio da Terra como M_T e R_T, respectivamente.

47. Ganimedes é a maior das luas de Júpiter. Considere um foguete na superfície de Ganimedes, no ponto mais distante do planeta (Fig. P13.47). Modele o foguete como uma partícula. (a) A presença de Ganimedes faz com que Júpiter exerça uma força maior, menor ou igual sobre o foguete, comparada com a que seria exercida se Ganimedes não fosse interposta? (b) Determine a velocidade de escape para o foguete a partir do sistema planeta-satélite. O raio de Ganimedes é de $2{,}64 \times 10^6$ m, e sua massa é de $1{,}495 \times 10^{23}$ kg. A distância entre Júpiter e Ganimedes é $1{,}071 \times 10^9$ m, e a massa de Júpiter é de $1{,}90 \times 10^{27}$ kg. Ignore o movimento de Júpiter e Ganimedes enquanto eles fazem o movimento de revolução em torno de seus centros de massa.

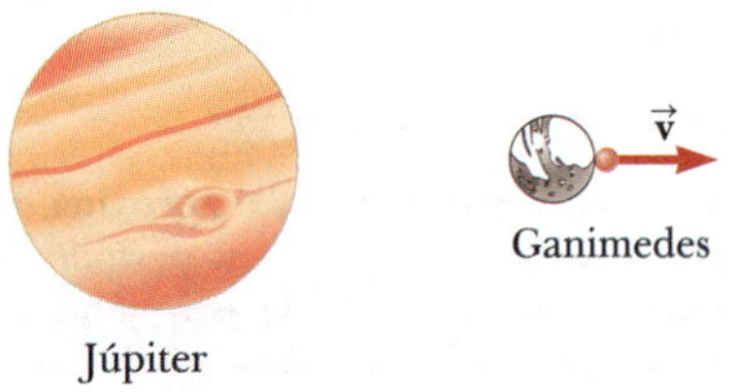

Figura P13.47

48. Um satélite movimenta-se ao redor da Terra em uma órbita circular de raio r. (a) Qual é sua velocidade v_i? (b) De repente, uma explosão quebra o satélite em duas partes, com massas m e $4m$. Imediatamente após a explosão, o pedaço menor, de massa m, está parado em relação à Terra e cai diretamente na sua direção. Qual é a velocidade v do pedaço maior imediatamente após a explosão? (c) Devido ao aumento na sua velocidade, este pedaço maior move-se agora em uma nova órbita elíptica. Encontre sua distância do centro da Terra quando ele atinge a outra extremidade da elipse.

49. Na superfície da Terra, um projétil é lançado para cima com velocidade de 10,0 km/s. Até que altura ele vai subir? Despreze a resistência do ar.

Problemas Adicionais

50. Um foguete é disparado para cima através da atmosfera do Polo Sul, atingindo uma altitude de 250 km enquanto viaja a 6,00 km/s. (a) Qual é a distância máxima da superfície da Terra que ele viaja antes de descer de volta para a Terra? (b) Essa distância máxima da superfície seria maior se o mesmo foguete fosse disparado com a mesma carga de combustível de um local de lançamento na linha do equador? Sim ou não? Por quê?

51. **W** **Revisão.** Um *habitat* cilíndrico no espaço, de 6,00 km de diâmetro e 30,0 km de extensão, foi proposto por G. K. O'Neill, 1974. Ela teria cidades, terras e lagos na superfície interna, e ar e nuvens no centro. Tudo seria mantido no lugar pela rotação do cilindro sobre seu eixo longitudinal. Qual a velocidade a que ele tem que girar para imitar o campo gravitacional da Terra nas suas paredes?

52. *Voyager 1* e *Voyager 2* pesquisaram a superfície da lua de Júpiter, Io, e fotografaram vulcões ativos expelindo enxofre líquido a alturas de 70 km acima da superfície desta lua. Determine a velocidade com que o enxofre líquido sai do vulcão. A massa de Io é de $8,9 \times 10^{22}$ kg, e seu raio é de 1.820 km.

53. **M** Um satélite está em órbita circular em torno da Terra a uma altitude de $2,80 \times 10^6$ m. Determine (a) o período da órbita, (b) a velocidade do satélite, e (c) a aceleração do satélite.

54. *Por que a seguinte situação é impossível?* Uma nave espacial é lançada em uma órbita circular ao redor da Terra e a circula uma vez por hora.

55. Deixe que Δg_L represente a diferença nos campos gravitacionais produzida pela Lua nos pontos, na superfície da Terra, mais próximos e mais distantes da Lua. Encontre a fração $\Delta g_L/g$, onde g é o campo gravitacional da Terra. Esta diferença é responsável pela ocorrência das *marés lunares* na Terra.

56. A área do dormitório para uma viagem longa no espaço é constituída por duas cabines, cada uma conectada por um cabo a um eixo central, como mostrado na Figura P13.56. As cabines são configuradas para girar em torno do eixo do cubo, que é ligado ao resto da nave espacial para gerar gravidade artificial nelas. Um viajante do espaço encontra-se em uma cama paralela à parede externa, como mostrado na Figura P13.56. (a) Com $r = 10,0$ m, qual deveria ser a velocidade angular do viajante de 60,0 kg para que ele tenha metade de seu peso normal na Terra? (b) Se o astronauta fica em pé, perpendicular à cama, sem se segurar em nada, sua cabeça vai se deslocar a uma velocidade mais rápida, mais lenta, ou à mesma velocidade tangencial que seus pés? Por quê? (c) Por que esta ação é, na parte (b), perigosa?

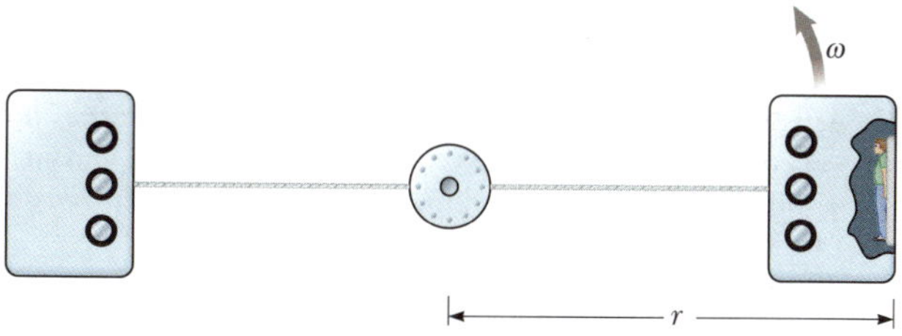

Figura P13.56

57. (a) Um veículo espacial é lançado verticalmente para cima a partir da superfície da Terra com uma velocidade inicial de 8,76 km/s, que é inferior à de escape de 11,2 km/s. Qual a altura máxima que ele atinge? (b) Um meteoro cai em direção à Terra. Ele está essencialmente em repouso em relação à Terra quando a uma altura de $2,51 \times 10^7$ m acima da sua superfície. Com que velocidade o meteorito (um meteoroide que sobrevive ao impacto na superfície da Terra) atinge a Terra?

58. (a) Um veículo espacial é lançado verticalmente para cima a partir da superfície da Terra com uma velocidade inicial v_i, que é comparável, porém menor, que a velocidade de escape v_{esc}. Qual a altura máxima que ele atinge? (b) Um meteoro cai em direção à Terra. Ele está essencialmente em repouso em relação à Terra quando a uma altura h acima da sua superfície. Com que velocidade o meteorito (um meteoroide que sobrevive ao impacto na superfície da Terra) atinge a Terra? (c) **E se?** Suponha que uma bola seja jogada para cima com uma velocidade inicial que é muito pequena comparada com a de escape. Mostre que o resultado da parte (a) é coerente com a Equação 4.12.

59. Suponha que você seja ágil o suficiente para correr através de uma superfície horizontal a 8,50 m/s, independente do valor do campo gravitacional. Qual seria (a) o raio e (b) a massa de um asteroide esférico no vácuo de densidade uniforme $1,10 \times 10^3$ kg/m^3 em que você poderia se lançar em órbita para a corrida? (c) Qual seria seu período? (d) Sua corrida afetaria significativamente a rotação do asteroide? Explique.

60. **PD** Duas esferas com massas M e $2M$ e raios R e $3R$, respectivamente, são liberados a partir do repouso simultaneamente quando a distância entre seus centros é $12R$. Suponha que as duas esferas interajam apenas entre si e queremos encontrar a velocidade com que se elas se chocam. (a) Quais são os *dois* sistemas isolados apropriados para esse sistema? (b) Escreva uma equação de um dos modelos e resolva-a para $\vec{\mathbf{v}}_1$, a velocidade da esfera de massa M em qualquer momento após a liberação em termos de $\vec{\mathbf{v}}_2$, a velocidade de $2M$. (c) Escreva uma equação para o outro modelo e resolva-a para a velocidade v_1 em termos da velocidade v_2 para quando as esferas colidirem. (d) Combine as duas equações para encontrar as duas velocidades v_1 e v_2 para quando as esferas colidirem.

61. **AMT** **M** Dois planetas hipotéticos de massas m_1 e m_2 e raios r_1 e r_2, respectivamente, estão quase em repouso quando separados por uma distância infinita. Por causa de sua atração gravitacional, eles se dirigem um ao outro em rota de colisão. (a) Quando a separação de centro a centro é d, encontre expressões para a velocidade de cada planeta e sua velocidade relativa. (b) Encontre a energia cinética de cada planeta, pouco antes de colidir, tendo $m_1 = 2,00 \times 10^{24}$ kg, $m_2 = 8,00 \times 10^{24}$ kg, $r_1 = 3,00 \times 10^6$ m e $r_2 = 5,00 \times 10^6$ m. *Observação:* Tanto a energia quanto o impulso do sistema isolado dos dois planetas são constantes.

62. (a) Mostre que a taxa de variação da aceleração da gravidade com a posição vertical, próximo à superfície da Terra, é:

$$\frac{dg}{dr} = -\frac{2GM_T}{R_T{}^3}$$

Esta taxa de variação com a posição é chamada *gradiente.* (b) Supondo que h seja pequena em comparação com o raio da Terra, mostre que a diferença na aceleração da gravidade entre dois pontos separados pela distância vertical h é:

$$|\Delta g| = \frac{2GM_E h}{R_E{}^3}$$

(c) Avalie esta diferença para $h = 6,00$ m, uma altura típica de um prédio de dois andares.

63. Um anel de matéria é uma estrutura familiar na astronomia planetária e estelar. Exemplos são os anéis de Saturno e a Nebulosa do Anel. Considere um anel de massa uniforme $2,36 \times 10^{20}$ kg e raio $1,00 \times 10^8$ m. Um corpo de massa de 1.000 kg é colocado em um ponto A no eixo do anel, $2,00 \times 10^8$ m do centro deste (Fig. P13.63). Quando o corpo é liberado, a atração do anel faz com que ele se mova ao longo do eixo em direção ao centro do anel (ponto B). (a) Calcule a energia potencial gravitacional do sistema anel-corpo quando o corpo está em A. (b) Calcule a energia potencial gravitacional do sistema quando o corpo está em *B*. (c) Calcule a velocidade do corpo quando ele passa por *B*.

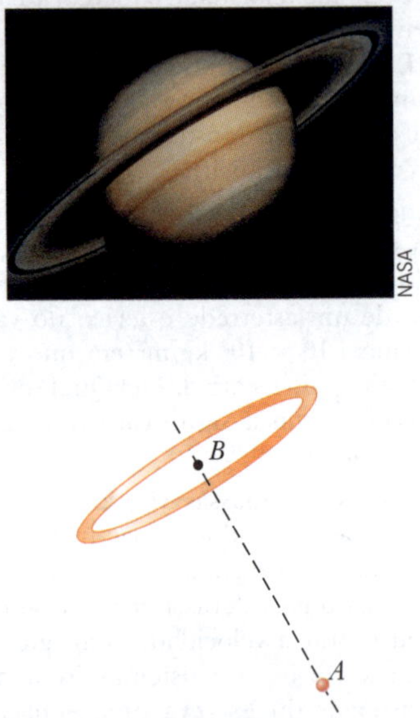

Figura P13.63

64. Uma nave espacial de massa $1,00 \times 10^4$ kg está numa órbita circular a uma altitude de 500 km acima da superfície da Terra. O controle da missão quer acionar os motores em uma direção tangente à órbita, de modo a colocar a espaçonave em uma órbita elíptica ao redor da Terra com um apogeu de $2,00 \times 10^4$ km, medido do centro da Terra. Quanta energia deve ser usada do combustível para atingir esta órbita? Supor que toda a energia do combustível é usada para aumentar a energia orbital. Este modelo vai dar um limite mais baixo para a energia necessária, porque parte da energia do combustível vai aparecer como energia interna nos gases de escape quente e peças do motor.

65. AMT **Revisão.** Como um astronauta, você observa que um pequeno planeta é esférico. Depois de aterrissar nele, você se acomoda, andando sempre em frente, e se encontra retornando a sua nave do lado oposto depois de completar uma volta de 25,0 km. Você segura um martelo e uma pena de falcão a uma altura de 1,40 m; solta os dois, e observa que ambos caem junto à superfície em 29,2 s. Determine a massa do planeta.

66. Um certo sistema quaternário de estrelas consiste em três estrelas, cada uma de massa *m*, movendo-se na mesma órbita circular de raio *r* sobre uma estrela central de massa *M*. As estrelas orbitam no mesmo sentido e estão posicionadas a uma distância de um terço de revolução uma da outra. Mostre que o período de cada uma das três estrelas é dado por:

$$T = 2\pi\sqrt{\frac{r^3}{G(M + m/\sqrt{3})}}$$

67. Estudos sobre a relação do Sol com a nossa galáxia – a Via Láctea – têm revelado que o Sol está localizado próximo da borda externa do disco galáctico, cerca de 30.000 ly (1 ly = $9,46 \times 10^{15}$ m) do centro. O Sol tem uma velocidade orbital de cerca de 250 km/s em torno do centro galáctico. (a) Qual é o período do movimento galáctico do Sol? (b) Qual é a ordem de grandeza da massa da galáxia Via Láctea? (c) Suponha que a galáxia seja feita principalmente de estrelas, das quais o Sol é uma típica. Encontre a ordem de grandeza do número de estrelas na Via Láctea.

68. **Revisão.** Duas esferas idênticas, de massa *m* e raio *r*, são soltas a partir do repouso no espaço vazio com seus centros separados pela distância *R*. Elas são permitidas a colidirem sob a influência de sua atração gravitacional. (a) Mostre que o módulo do impulso recebido por cada esfera antes de ambas fazerem contato é dado por $[Gm^3(1/2r - 1/R)]^{1/2}$. (b) **E se?** Encontre o módulo do impulso que cada uma recebe durante seu contato, se elas colidirem elasticamente.

69. A distância máxima da Terra ao Sol (no afélio) é de $1,521 \times 10^{11}$ m, e a distância de maior aproximação (no periélio) é de $1,471 \times 10^{11}$ m. A velocidade orbital da Terra no periélio é de $3,027 \times 10^4$ m/s. Determine (a) a velocidade orbital da Terra no afélio e as energias cinética e potencial do sistema Terra-Sol, (b) no periélio e (c) no afélio. (d) A energia total do sistema é constante? Explique. Despreze o efeito da Lua e de outros planetas.

70. Muitas pessoas acreditam que a resistência do ar, agindo sobre um corpo em movimento, sempre irá torná-lo mais lento. Ela pode, no entanto, ser responsável por torná-lo mais rápido. Considere um satélite da Terra de 100 kg em uma órbita circular a uma altitude de 200 km. Uma pequena força de resistência do ar faz com que o satélite caia em uma órbita circular a uma altitude de 100 km. (a) Calcule a velocidade inicial do satélite. (b) Calcule sua velocidade final neste processo. (c) Calcule a energia inicial do sistema Terra-satélite. (d) Calcule a energia final do sistema. (e) Mostre que o sistema perdeu energia mecânica e encontre o valor da perda devida ao atrito. (f) Que força faz aumentar a velocidade do satélite? *Sugestão:* Você vai encontrar um diagrama de corpo livre útil para explicar sua resposta.

71. Pulsos de raios X de Cygnus X-1, o primeiro buraco negro a ser identificado e uma fonte celestial de raios X, foram registrados durante voos de foguetes de alta altitude. Os sinais podem ser interpretados como sendo originados quando uma bolha de matéria ionizada orbita um buraco negro com um período de 5,0 ms. Se a bolha está em uma órbita circular em torno de um buraco negro cuja massa é $20M_{\text{Sol}}$, qual é o raio da órbita?

72. Mostre que o período mínimo de um satélite em órbita em torno de um planeta esférico de densidade uniforme ρ é:

$$T_{\text{mín}} = \sqrt{\frac{3\pi}{G\rho}}$$

independente do raio do planeta.

73. Astrônomos detectam um meteoroide distante movendo-se ao longo de uma linha reta que, se prolongada, passaria a uma distância de $3R_T$ do centro da Terra, onde R_T é o raio desta. Qual é a velocidade mínima que o meteoroide deve ter se *não* for colidir com a Terra?

74. Duas estrelas de massa *M* e *m*, separadas por uma distância *d*, movem-se em órbitas circulares em torno de seus centros de massa (Fig. P13.74). Mostre que cada estrela tem um período determinado por:

$$T^2 = \frac{4\pi^2 d^3}{G(M + m)}$$

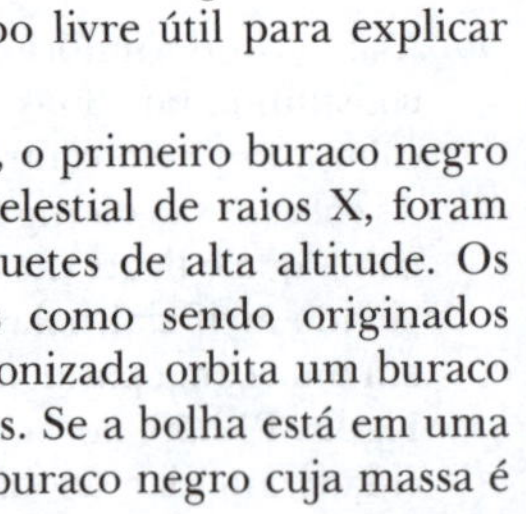

Figura P13.74

75. Duas partículas idênticas, cada uma com massa de 1.000 kg, estão se locomovendo sem esforço no espaço livre ao longo do mesmo caminho, uma na frente da outra, por 20,0 m. No instante em que a distância de separação tem este valor, cada partícula tem exatamente a mesma velocidade de $800\hat{\mathbf{i}}$ m/s. Quais são suas velocidades exatas quando estão a 2,00 m de distância?

76. Considere um corpo de massa m, não necessariamente pequeno quando comparado com a massa da Terra, lançado a uma distância de $1,20 \times 10^7$ m do centro da Terra. Suponha que a Terra e o corpo se comportem como um par de partículas, isoladas do resto do Universo. (a) Encontre o módulo da aceleração a_{rel} com que cada um começa a se mover em relação ao outro em função de m. Avalie a aceleração (b) para $m = 5,00$ kg, (c) para $m = 2.000$ kg e (d) para $m = 2,00 \times 10^{24}$ kg. (e) Descreva o padrão de variação de a_{rel} com m.

77. Como produto da fusão termonuclear em seu núcleo, o Sol perde massa a uma taxa de $3,64 \times 10^9$ kg/s. Durante o período de 5.000 anos de história registrada, quanto a duração de um ano mudou devido à perda de massa do Sol? *Sugestões:* Assuma que a órbita da Terra é circular. Nenhum torque externo age sobre o sistema Terra-Sol, de tal forma que o momento angular da Terra é constante.

Problemas de Desafio

78. A nave espacial do Observatório Solar e Heliosférico (SOHO) tem uma órbita especial, localizada entre a Terra e o Sol ao longo da linha que os interliga, e está sempre perto o suficiente da Terra para transmitir dados facilmente. Ambos os corpos exercem força gravitacional sobre o observatório. A nave move-se em torno do Sol em uma órbita quase circular, que é menor que a órbita circular da Terra. Seu período, no entanto, não é inferior, mas apenas igual a 1 ano. Mostre que sua distância da Terra deve ser $1,48 \times 10^9$ m. Em 1772, Joseph Louis Lagrange determinou, teoricamente, o local específico, assim permitindo esta órbita. *Sugestões:* Use dados que sejam precisos em quatro dígitos. A massa da Terra é de $5,974 \times 10^{24}$ kg. Você não será capaz de resolver facilmente a equação que gerará; em vez disso, use o computador para verificar se $1,48 \times 10^9$ m é o valor correto.

79. O satélite artificial mais antigo em órbita ainda é o *Vanguard I,* lançado em 3 de março de 1958. Sua massa é de 1,60 kg. Desprezando a resistência do ar, o satélite ainda estaria em sua órbita inicial, com uma distância mínima do centro da Terra de 7,02 Mm e uma velocidade neste ponto perigeu de 8,23 km/s. A partir desta órbita, encontre (a) a energia total do sistema Terra-satélite e (b) o módulo do momento angular do satélite. (c) No apogeu, encontre a velocidade do satélite e sua distância do centro da Terra. (d) Encontre o semieixo maior de sua órbita. (e) Determine seu período.

80. Uma nave espacial está se aproximando de Marte após uma longa viagem a partir da Terra. Sua velocidade é tal que ela viaja ao longo de uma trajetória parabólica sob a influência da força gravitacional de Marte. A distância de maior aproximação será de 300 km acima da superfície de Marte. Neste momento de maior aproximação, os motores serão acionados para desacelerar a nave espacial e colocá-la em uma órbita circular de 300 km acima da superfície. (a) Em que porcentagem a velocidade da nave espacial deve ser reduzida para alcançar a órbita desejada? (b) Como a resposta da parte (a) se modificaria se a distância de aproximação e a altitude da órbita circular desejada fossem de 600 km em vez de 300 km? (*Observação:* a energia do sistema nave espacial-Marte para uma órbita parabólica é $E = 0$).

capítulo 14

Mecânica dos fluidos

Peixe no fundo do oceano. Como é que os peixes controlam seus movimentos para cima e para baixo na água? Descobriremos neste capítulo. ©*Vlad61/Shutterstock.com.*

A matéria é normalmente classificada em um dos três estados: sólido, líquido ou gasoso. De nossa experiência diária, sabemos que sólido tem volume e forma definidos; líquido, volume, mas não forma definida; e gás não tem volume nem forma definidos. Estas descrições nos ajudam a visualizar os estados da matéria, mas são um tanto artificiais. Por exemplo, asfalto e plásticos são normalmente considerados sólidos, mas durante longos intervalos de tempo tendem a fluir como líquidos. Do mesmo modo, a maioria das substâncias pode ser sólida, líquida ou gasosa (ou uma combinação de qualquer um dos três estados), dependendo da temperatura e pressão. No geral, o intervalo de tempo necessário para uma substância específica mudar sua forma em resposta a uma força externa determina como a tratamos, se como sólida, líquida ou gasosa.

Fluido é uma coleção de moléculas organizadas aleatoriamente e mantidas juntas por forças coesivas fracas e por forças exercidas pelas paredes do recipiente. Tanto líquidos quanto gases são fluidos.

Em nosso tratamento da mecânica dos fluidos, aplicaremos princípios e modelos de análise já discutidos. Primeiro, consideramos a mecânica de um fluido em repouso, ou seja, a *estática dos fluidos*, e depois estudaremos fluidos em movimento, ou seja, a *dinâmica dos fluidos*.

14.1 Pressão

Fluidos não sustentam tensão de cisalhamento ou resistência à tensão como os discutidos no Capítulo 12 deste volume; portanto, o único estresse que pode ser exercido sobre um corpo submerso em um fluido estático é aquele que tende a comprimir o corpo por todos os lados. Em outras palavras, a força exercida por um fluido estático sobre um corpo é sempre perpendicular às suas superfícies, como mostrado na Figura 14.1. Discutimos esta situação na Seção 12.4.

A pressão em um fluido pode ser medida com o aparelho mostrado na Figura 14.2, que consiste em um cilindro evacuado que contém um pistão conectado a uma mola. Conforme o aparelho é submerso em um fluido, este pressiona o topo do pistão e comprime a mola, até que a força interna exercida pelo fluido seja equilibrada pela força externa exercida pela mola. A pressão do fluido pode ser medida diretamente se a mola for calibrada de antemão. Se F é o módulo da força exercida no pistão e A a área da superfície do pistão, a **pressão** P do fluido no nível do qual o aparelho foi submerso é definido como a proporção da força pela área:

$$P \equiv \frac{F}{A} \quad (14.1)$$

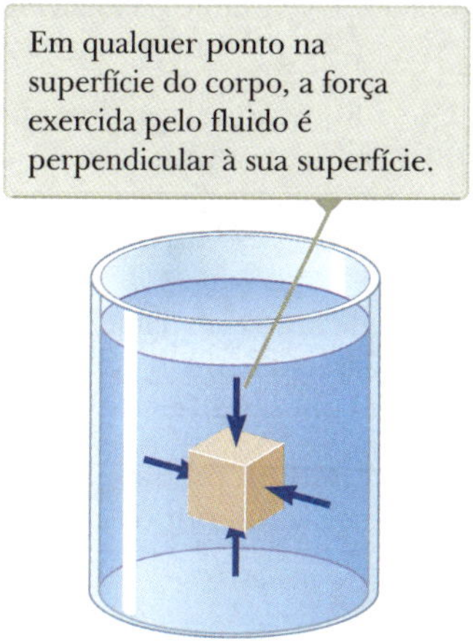

Em qualquer ponto na superfície do corpo, a força exercida pelo fluido é perpendicular à sua superfície.

Figura 14.1 As forças exercidas por um fluido nas superfícies de um corpo submerso.

Pressão é uma quantidade escalar porque é proporcional ao módulo da força sobre o pistão.

Se a pressão varia sobre uma área, a força infinitesimal dF sobre um elemento de superfície infinitesimal de área dA é

$$dF = P\, dA \quad (14.2)$$

onde P é a pressão no local da área dA. Para calcular a força total exercida na superfície de um recipiente, precisamos integrar a Equação 14.2 sobre a superfície.

As unidades de pressão são newtons por metro quadrado (N/m^2) no sistema SI. Outro nome para a unidade de pressão no SI é o **pascal** (Pa):

$$1 \text{ Pa} \equiv 1 \text{ N/m}^2 \quad (14.3)$$

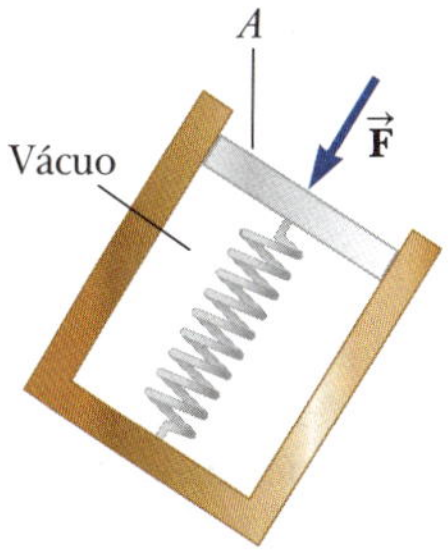

Figura 14.2 Um aparelho simples para medir a pressão exercida por um fluido.

Para uma demonstração tátil da definição de pressão, segure uma tachinha entre seu polegar e indicador, com a ponta dela no polegar e a cabeça no indicador. Agora, pressione *suavemente* seu polegar contra seu indicador. Seu polegar vai começar a doer imediatamente, enquanto o indicador não. A tachinha exerce a mesma força no polegar e no indicador, mas a pressão no seu polegar é muito maior por causa da pequena área na qual a força é aplicada.

Teste Rápido **14.1** Suponha que você esteja em pé imediatamente atrás de alguém que anda para trás e, sem querer, pisa no seu pé com o salto do sapato. Você sentiria menos dor se aquela pessoa fosse **(a)** um jogador profissional de basquete grande, usando tênis, ou **(b)** uma mulher pequena com sapatos de saltos altos e finos?

Prevenção de Armadilhas 14.1

Força e pressão

As Equações 14.1 e 14.2 fazem uma distinção clara entre força e pressão. Outra distinção importante é que *força é um vetor*, e *pressão é um escalar*. Não há direção associada à pressão, mas a direção da força associada à pressão é perpendicular à superfície na qual a pressão atua.

Exemplo 14.1 A cama de água

O colchão de uma cama de água tem 2,00 m de comprimento por 2,00 m de largura e 30,0 cm de profundidade.

(A) Encontre o peso da água no colchão.

SOLUÇÃO

Conceitualização Pense em carregar um jarro de água e quanto pesado é. Agora, imagine uma amostra de água do tamanho de uma cama de água. Esperamos que o peso seja relativamente grande.

Categorização Este exemplo é um problema de substituição.

continua

14.1 *cont.*

Encontre o volume da água enchendo o colchão: $V = (2{,}00\text{ m})(2{,}00\text{ m})(0{,}300\text{ m}) = 1{,}20\text{ m}^3$

Use a Equação 1.1 e a densidade da água doce (ver Tabela 14.1) para encontrar a massa da cama de água: $M = \rho V = (1.000\text{ kg/m}^3)(1{,}20\text{ m}^3) = 1{,}20 \times 10^3\text{ kg}$

Encontre o peso da cama: $Mg = (1{,}20 \times 10^3\text{ kg})(9{,}80\text{ m/s}^2) = \boxed{1{,}18 \times 10^4\text{ N}}$

que é de aproximadamente 2.650 lb. (Uma cama normal, incluindo colchão, caixa de mola e estrutura metálica, pesa aproximadamente 300 lb.) Como esta carga é muito grande, é melhor colocar a cama de água no porão ou sobre um piso forte e com bom suporte.

(B) Encontre a pressão exercida pela cama de água no piso quando ela repousa em sua posição normal. Suponha que toda a superfície inferior da cama faça contato com o piso.

SOLUÇÃO

Quando a cama de água está em sua posição normal, a área em contato com o piso é 4,00 m². Use a Equação 14.1 para encontrar a pressão:

$$P = \frac{1{,}18 \times 10^4\text{ N}}{4{,}00\text{ m}^2} = \boxed{2{,}94 \times 10^3\text{ Pa}}$$

E SE? E se a cama de água for substituída por uma normal de 300 lb, suportada por quatro pernas? Cada perna tem seção transversal de raio 2,00 cm. Que pressão esta cama exerce sobre o piso?

Resposta O peso da cama normal é distribuído por quatro seções transversais na base das pernas. Portanto, a pressão é

$$P = \frac{F}{A} = \frac{mg}{4(\pi r^2)} = \frac{300\text{ lb}}{4\pi(0{,}0200\text{ m})^2}\left(\frac{1\text{ N}}{0{,}225\text{ lb}}\right)$$

$$= 2{,}65 \times 10^5\text{ Pa}$$

Este resultado é quase 100 vezes maior que a pressão feita pela cama de água! O peso da cama normal, embora muito menor que o da de água, é aplicado sobre uma área muito pequena das quatro pernas. A alta pressão no piso na base da cama normal poderia causar depressões em pisos de madeira ou amassar carpetes permanentemente.

14.2 Variação da pressão com a profundidade

Como os mergulhadores sabem, a pressão da água aumenta com a profundidade. Do mesmo modo, a pressão atmosférica diminui com maior altitude; por este motivo, aviões voando em altas altitudes devem ter cabines pressurizadas para o conforto dos passageiros.

Mostramos agora como a pressão em um líquido aumenta com a profundidade. Como descrito pela Equação 1.1, a *densidade* de uma substância é definida como sua massa por unidade de volume (a Tabela 14.1 lista as densidades de várias substâncias). Estes valores variam ligeiramente com a temperatura, porque o volume de uma substância é dependente da temperatura (como será mostrado no Capítulo 5 do Volume 2). Sob condições padrão (a 0 °C e pressão atmosférica), as densidades dos gases são de $\frac{1}{1.000}$ das dos sólidos e líquidos. Esta diferença em densidades implica que o espaçamento molecular médio em um gás sob estas condições é aproximadamente dez vezes maior que aquele em um sólido ou líquido.

Considere agora um líquido de densidade ρ em repouso, como mostrado na Figura 14.3. Supomos que seja uniforme por todo o líquido, o que significa que este é incompressível. Vamos selecionar um bolsão do líquido contido em um bloco imaginário de área transversal A estendendo-se da profundidade d até a profundidade $d + h$. O líquido externo ao bolsão exerce forças em todos os pontos na superfície da parcela, perpendicular à superfície. A pressão exercida pelo líquido na face da base do bolsão é P, e a na face superior é P_0. Então, a força exercida para cima pelo fluido externo na base do bolsão tem módulo PA, e a para baixo no topo tem módulo P_0A. A massa do líquido no bolsão é $M = \rho V = \rho Ah$; portanto, o peso do líquido no bolsão é $Mg = \rho Ahg$. Como está em repouso e permanece em repouso, ele pode ser modelado como uma partícula em equilíbrio, de modo que a força resultante atuando sobre ele deve ser zero. Escolhendo a direção para cima como a direção y positiva, temos que

$$\sum \vec{\mathbf{F}} = PA\,\hat{\mathbf{j}} - P_0A\,\hat{\mathbf{j}} - Mg\,\hat{\mathbf{j}} = 0$$

ou

Variação da pressão com a profundidade ▶

$$PA - P_0A - \rho Ahg = 0$$

$$P = P_0 + \rho gh \qquad (14.4)$$

TABELA 14.1 *Densidades de algumas substâncias comuns em temperatura (0 °C) e pressão (atmosférica) padrão*

Substância	ρ(kg/m³)	Substância	ρ(kg/m³)
Ar	1,29	Ferro	$7{,}86 \times 10^3$
Ar (a 20 °C e pressão atmosférica)	1,20	Chumbo	$11{,}3 \times 10^3$
		Mercúrio	$13{,}6 \times 10^3$
Alumínio	$2{,}70 \times 10^3$	Gás nitrogênio	1,25
Benzeno	$0{,}879 \times 10^3$	Carvalho (madeira)	$0{,}710 \times 10^3$
Latão	$8{,}4 \times 10^3$	Ósmio	$22{,}6 \times 10^3$
Cobre	$8{,}92 \times 10^3$	Gás oxigênio	1,43
Álcool etílico	$0{,}806 \times 10^3$	Pinho (madeira)	$0{,}373 \times 10^3$
Água doce	$1{,}00 \times 10^3$	Platina	$21{,}4 \times 10^3$
Glicerina	$1{,}26 \times 10^3$	Água do mar	$1{,}03 \times 10^3$
Ouro	$19{,}3 \times 10^3$	Prata	$10{,}5 \times 10^3$
Gás hélio	$1{,}79 \times 10^{-1}$	Estanho	$7{,}30 \times 10^3$
Gás hidrogênio	$8{,}99 \times 10^{-2}$	Urânio	$19{,}1 \times 10^3$
Gelo	$0{,}917 \times 10^3$		

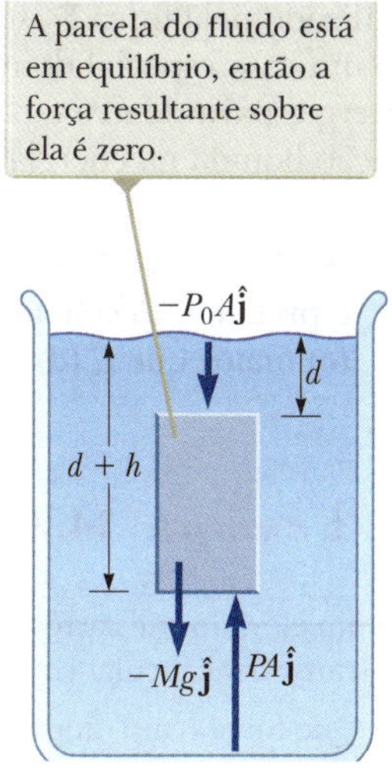

Figura 14.3 Uma parcela de fluido é selecionada em um volume maior de fluido.

Ou seja, a pressão P a uma profundidade h abaixo de um ponto em um líquido no qual a pressão é P_0 é maior por um valor ρgh. Se o líquido estiver aberto à atmosfera e P_0 for a pressão na sua superfície, então P_0 é a **pressão atmosférica**. Em nossos cálculos e problemas no final do capítulo, geralmente assumimos que a pressão atmosférica seja

$$P_0 = 1{,}00 \text{ atm} = 1{,}013 \times 10^5 \text{ Pa}$$

A Equação 14.4 implica que a pressão é a mesma em todos os pontos com a mesma profundidade, independente do formato do recipiente.

Como a pressão em um fluido depende da profundidade e do valor de P_0, qualquer aumento de pressão na superfície deve ser transmitido para todos os outros pontos no fluido. Este conceito foi primeiramente reconhecido pelo cientista francês Blaise Pascal (1623-1662) e é chamado **Lei de Pascal: uma mudança na pressão aplicada a um fluido é transmitida sem diminuição para todos os pontos do fluido e para as paredes do recipiente.**

◀ **A Lei de Pascal**

Uma aplicação importante da Lei de Pascal é a prensa hidráulica ilustrada na Figura 14.4. Uma força de módulo F_1 é aplicada sobre um pequeno pistão com área de superfície A_1. A pressão é transmitida por um líquido incompressível para um pistão maior com área de superfície A_2. Como a pressão deve ser a mesma nos dois lados, $P = F_1/A_1 = F_2/A_2$. Então, a força F_2 é maior que a força F_1 por um fator de A_2/A_1. Desenhando uma prensa hidráulica com áreas adequadas A_1 e A_2, uma grande força de saída pode ser obtida por meio da aplicação de uma pequena força de entrada. Freios hidráulicos, elevadores de carros, macacos hidráulicos e empilhadeiras usam este princípio.

Como não se adiciona ou remove líquido do sistema, o volume de líquido empurrado para baixo na esquerda da Figura 14.4, conforme o pistão move-se para baixo por um deslocamento Δx_1, é igual ao volume empurrado para cima na direita conforme o pistão direito move-se para cima por um deslocamento Δx_2. Isto é, $A_1\Delta x_1 = A_2\Delta x_2$; então, $A_2/A_1 = \Delta x_1/\Delta x_2$. Já mostramos que $A_2/A_1 = F_2/F_1$. Portanto, $F_2/F_1 = \Delta x_1/\Delta x_2$, então $F_1\Delta x_1 = F_2\Delta x_2$. Cada lado desta equação é o trabalho realizado pela força sobre seu respectivo pistão. Portanto, o trabalho realizado pela força $\vec{\mathbf{F}}_1$ sobre o pistão de entrada é igual

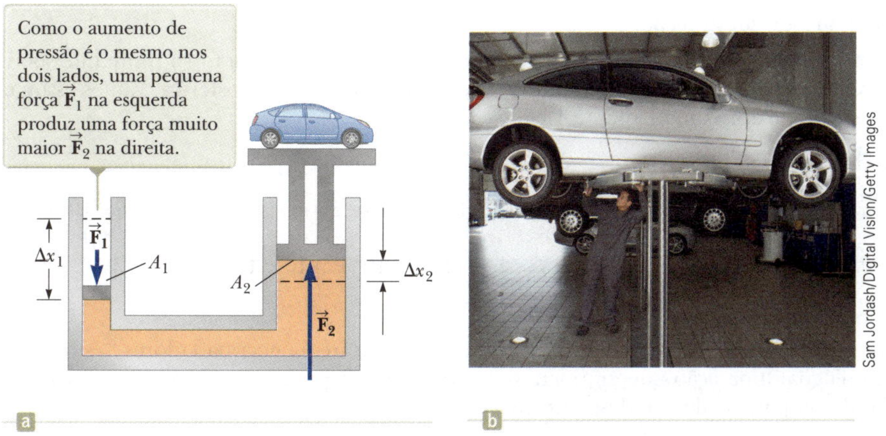

Figura 14.4 (a) Diagrama de uma prensa hidráulica. (b) Um veículo em reparo é suportado por um elevador hidráulico numa oficina.

ao realizado pela força $\vec{\mathbf{F}}_2$ sobre o pistão de saída, como deve ser para conservar energia. (O processo pode ser modelado como um caso especial do modelo do sistema não isolado: o *sistema não isolado em estado estacionário*. Existe transferência de energia para dentro e para fora do sistema, mas esta transferência de energia se equilibra, de modo que não existe alteração líquida na energia do sistema.)

Teste Rápido **14.2** A pressão na base de um copo cheio de água ($\rho = 1.000$ kg/m^3) é P. A água é despejada e o copo é preenchido com álcool etílico ($\rho = 806$ kg/m^3). Qual é a pressão na base do copo? **(a)** menor que P, **(b)** igual a P, **(c)** maior que P, **(d)** indeterminado.

Exemplo 14.2 O elevador de carros

Em um elevador de carros usado em postos de serviços, ar comprimido exerce uma força sobre um pistão pequeno que tem seção transversal circular com raio de 5,00 cm. Esta pressão é transmitida por um líquido para um pistão que tem raio de 15,0 cm.

(A) Que força o ar comprimido deve exercer para levantar um carro pesando 13.300 N?

SOLUÇÃO

Conceitualização Revise o material sobre a Lei de Pascal para entender a operação de um elevador de carros.

Categorização Este exemplo é um problema de substituição.

Resolva $F_1/A_1 = F_2/A_2$ para F_1:

$$F_1 = \left(\frac{A_1}{A_2}\right)F_2 = \frac{\pi(5,00 \times 10^{-2}\text{ m})^2}{\pi(15,0 \times 10^{-2}\text{ m})^2}(1,33 \times 10^4\text{ N})$$

$$= 1,48 \times 10^3\text{ N}$$

(B) Que pressão do ar produz esta força?

SOLUÇÃO

Use a Equação 14.1 para encontrar a grandeza da pressão do ar que produz esta força:

$$P = \frac{F_1}{A_1} = \frac{1,48 \times 10^3\text{ N}}{\pi(5,00 \times 10^{-2}\text{ m})^2}$$

$$= 1,88 \times 10^5\text{ Pa}$$

Essa pressão é de aproximadamente o dobro da pressão atmosférica.

Exemplo 14.3 Uma dor no seu ouvido

Estime a força exercida sobre seu tímpano devida à água quando você está nadando no fundo de uma piscina de 5,0 m de profundidade.

SOLUÇÃO

Conceitualização Conforme você desce na água, a pressão aumenta. Você pode ter notado este aumento de pressão em seus ouvidos quando mergulha em uma piscina, num lago ou no mar. Podemos encontrar a diferença na pressão exercida sobre o tímpano a partir da profundidade dada no problema; então, após estimar a área da superfície do tímpano, podemos determinar a força resultante que a água exerce sobre ele.

Categorização Este exemplo é um problema de substituição.

O ar dentro do ouvido médio normalmente está sob pressão atmosférica P_0. Então, para encontrar a força resultante sobre o tímpano, devemos considerar a diferença entre a pressão total no fundo da piscina e a pressão atmosférica. Vamos estimar a área da superfície do tímpano como sendo de aproximadamente 1 cm^2 = 1×10^{-4} m^2.

Use a Equação 14.4 para encontrar a diferença em pressão:

$$P_b - P_0 = \rho g h$$

$$= (1,00 \times 10^3\text{ kg/m}^3)(9,80\text{ m/s}^2)(5,0\text{ m}) = 4,9 \times 10^4\text{ Pa}$$

Use a Equação 14.1 para encontrar a intensidade da força resultante no ouvido:

$$F = (P_b - P_0)A = (4,9 \times 10^4\text{ Pa})(1 \times 10^{-4}\text{ m}^2) \approx 5\text{ N}$$

Como uma força deste módulo sobre o tímpano é extremamente desconfortável, com frequência nadadores “estouram” seus ouvidos enquanto estão embaixo d’água, uma ação que empurra o ar dos pulmões para o ouvido médio. Usar esta técnica iguala a pressão nos dois lados do tímpano e alivia o desconforto.

Exemplo 14.4 A força em uma represa

Coloca-se água até uma altura H atrás de uma represa de largura w (Fig. 14.5). Determine a força resultante exercida pela água sobre a represa.

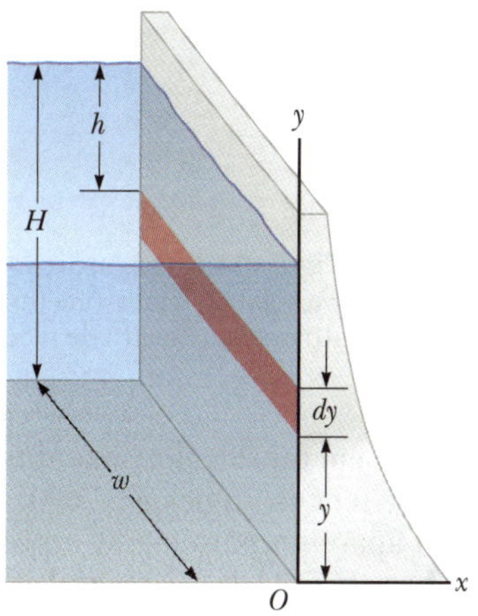

Figura 14.5 (Exemplo 14.4) Água exerce uma força sobre uma represa.

SOLUÇÃO

Conceitualização Como a pressão varia com a profundidade, não podemos calcular a força simplesmente multiplicando a área pela pressão. Conforme a pressão na água aumenta com a profundidade, a força sobre a porção adjacente à represa também aumenta.

Categorização Por causa da variação da pressão com a profundidade, devemos usar integração para resolver este exemplo. Então, ele é categorizado como um problema de análise.

Análise Imagine um eixo vertical y, com $y = 0$ no fundo da represa. Dividimos a face da represa em faixas horizontais estreitas a uma distância y acima do fundo, como a faixa vermelha na Figura 14.5. A pressão sobre cada faixa é somente devida à água; a pressão atmosférica atua nos dois lados da represa.

Use a Equação 14.4 para calcular a pressão devida à água na profundidade h:

$$P = \rho g h = \rho g(H - y)$$

Use a Equação 14.2 para encontrar a força exercida na faixa sombreada de área $dA = w\,dy$:

$$dF = P\,dA = \rho g(H - y)w\,dy$$

Integre para encontrar a força total sobre a represa:

$$F = \int P\,dA = \int_0^H \rho g(H - y)w\,dy = \tfrac{1}{2}\rho g w H^2$$

Finalização Note que a espessura da represa mostrada na Figura 14.5 aumenta com a profundidade. Este desenho explica a maior força exercida pela água sobre a represa a maiores profundidades.

E SE? E se lhe fosse pedido para encontrar esta força sem usar cálculo? Como você poderia determinar seu valor?

Resposta Sabemos, a partir da Equação 14.4, que a pressão varia linearmente com a profundidade. Portanto, a pressão média por causa da água sobre a face da represa é a média daquela no topo e daquela no fundo:

$$P_{\text{med}} = \frac{P_{\text{topo}} + P_{\text{fundo}}}{2} = \frac{0 + \rho g H}{2} = \tfrac{1}{2}\rho g H$$

A força total sobre a represa é igual ao produto da pressão média e a área da face da represa:

$$F = P_{\text{med}}A = (\tfrac{1}{2}\rho g H)(Hw) = \tfrac{1}{2}\rho g w H^2$$

que é o mesmo resultado obtido usando cálculo.

14.3 Medições de pressão

Durante a previsão do tempo de um programa de televisão, a *pressão barométrica* é fornecida. Esta leitura é a pressão local atual da atmosfera, que varia por um pequeno alcance do valor padrão fornecido antes. Como esta pressão é medida?

Um instrumento usado para medir a pressão atmosférica é o barômetro comum, inventado por Evangelista Torricelli (1608-1647). Um tubo longo, fechado em uma extremidade, é preenchido com mercúrio e depois invertido em um prato de mercúrio (Fig. 14.6a). A extremidade fechada do tubo é quase um vácuo; então, a pressão no topo da coluna de mercúrio pode ser considerada zero. Na Figura 14.6a, a pressão no ponto A por causa da coluna de mercúrio deve ser igual à no ponto B por causa da atmosfera. Se não fosse este o caso, haveria uma força resultante que moveria o mercúrio de um ponto para outro até que o equilíbrio fosse estabelecido. Portanto, $P_0 = \rho_{\text{Hg}} g h$, onde ρ_{Hg} é a densidade do mercúrio e h a altura da coluna de mercúrio. Conforme a pressão atmosférica varia, a altura da coluna de mercúrio também varia, e a altura pode ser calibrada para medir a pressão atmosférica. Vamos determinar a altura de uma coluna de mercúrio para uma atmosfera de pressão $P_0 = 1$ atm $= 1{,}013 \times 10^5$ Pa:

$$P_0 = \rho_{\text{Hg}} g h \rightarrow h = \frac{P_0}{\rho_{\text{Hg}} g} = \frac{1{,}013 \times 10^5 \text{ Pa}}{(13{,}6 \times 10^3 \text{ kg/m}^3)(9{,}80 \text{ m/s}^2)} = 0{,}760 \text{ m}$$

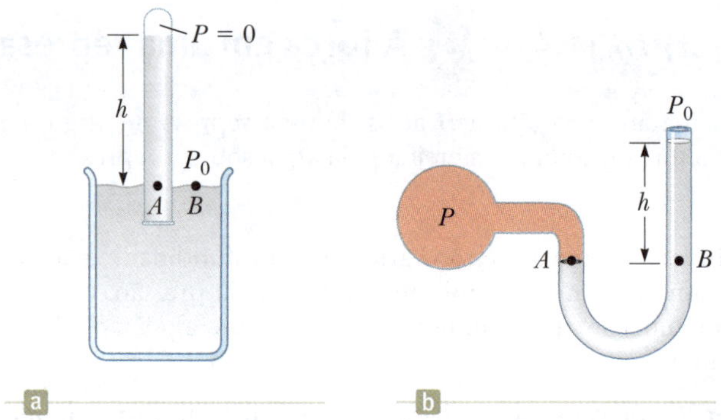

Figura 14.6 Dois aparelhos para medir pressão: (a) um barômetro de mercúrio e (b) um manômetro de tubo aberto.

Com base em tal cálculo, uma atmosfera de pressão é definida como sendo a pressão equivalente a uma coluna de mercúrio que tem exatamente 0,760 0 m de altura a 0 °C.

Um aparelho para medir a pressão de um gás contido em um recipiente é o manômetro de tubo aberto, ilustrado na Figura 14.6b. Uma extremidade de um tubo em forma de U contendo líquido é aberta para a atmosfera, e a outra é conectada a um recipiente com gás à pressão P. Em uma situação de equilíbrio, as pressões nos pontos A e B devem ser as mesmas (de outra forma, a porção curvada do líquido experimentaria uma força resultante e aceleraria), e a em A é a pressão desconhecida do gás. Portanto, equacionando a pressão desconhecida P àquela no ponto B, vemos que $P = P_0 + \rho gh$. Novamente, calibramos a altura h até a pressão P.

A diferença nas pressões em cada parte da Figura 14.6 (isto é, $P - P_0$) é igual a ρgh. A pressão P é chamada **pressão absoluta**, e a diferença $P - P_0$, **pressão manométrica**. Por exemplo, a pressão medida no pneu da sua bicicleta é manométrica.

***Teste Rápido* 14.3** Vários barômetros comuns são construídos, com uma variedade de fluidos. Para qual dos seguintes fluidos a coluna de fluido no barômetro será mais alta? **(a)** mercúrio, **(b)** água, **(c)** álcool etílico, **(d)** benzeno.

14.4 Forças de empuxo e o princípio de Arquimedes

Você já tentou empurrar uma bola de praia para baixo da água (Fig. 14.7a)? É extremamente difícil, por causa da grande força para cima exercida pela água sobre a bola. A força para cima exercida por um fluido sobre qualquer objeto imerso é chamada **força de empuxo**. Podemos determinar o módulo desta força aplicando um pouco de lógica. Imagine um bolsão de água do tamanho de uma bola de praia sob a superfície da água, como na Figura 14.7b. Como ele está em equilíbrio, deve haver uma força para cima que equilibra a força gravitacional para baixo sobre ele. Esta força para cima é a de empuxo, e seu módulo é igual ao peso da água nele contida. A força de empuxo é aquela resultante sobre o bolsão devido a todas as forças aplicadas pelo fluido em volta da parcela.

Imagine agora substituir o bolsão de água do tamanho de uma bola de praia por uma bola de praia do mesmo tamanho. A força resultante aplicada pelo fluido em volta da bola é a mesma, não importando se é aplicada a uma bola ou a um bolsão de água. Consequentemente, **o módulo da força de empuxo sobre um corpo é sempre igual ao peso do fluido deslocado por aquele corpo**. Esta afirmação é conhecida como **princípio de Arquimedes**.

Com a bola de praia embaixo da água, a força de empuxo, igual ao peso de um bolsão de água do tamanho de uma bola de praia, é muito maior que o peso da bola propriamente dita. Então, há uma grande força resultante para cima, o

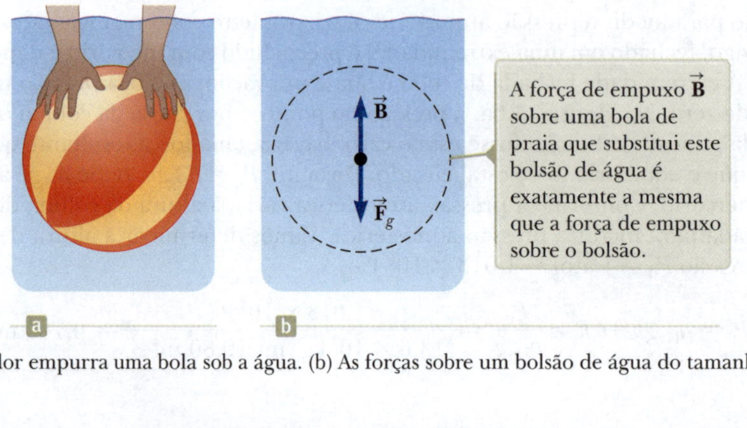

B
Fg
A força de empuxo B sobre uma bola de praia que substitui este bolsão de água é exatamente a mesma que a força de empuxo sobre o bolsão.
a
b

Figura 14.7 (a) Um nadador empurra uma bola sob a água. (b) As forças sobre um bolsão de água do tamanho de uma bola de praia.

que explica por que é tão difícil segurar a bola embaixo da água. Note que o princípio de Arquimedes não se refere ao feitio do corpo que experimenta a força de empuxo. Sua composição não é um fator na força de empuxo, porque esta é exercida pelo fluido circundante.

Para entender melhor a origem da força de empuxo, considere um cubo de material sólido imerso em um líquido, como na Figura 14.8. De acordo com a Equação 14.4, a pressão P_{baixo} na base do cubo é maior que a pressão P_{topo} no topo por um valor $\rho_{\text{fluido}}gh$, onde h é a altura do cubo, e ρ_{fluido} é a densidade do fluido. A pressão na base do cubo causa uma força *para cima* igual a $P_{\text{baixo}}A$, onde A é a área da face da base. A pressão no topo do cubo causa uma força *para baixo* igual a $P_{\text{topo}}A$. A resultante destas duas forças é a força de empuxo $\vec{\mathbf{B}}$ com módulo

$$B = (P_{\text{baixo}} - P_{\text{topo}})A = (\rho_{\text{fluido}}gh)A$$

$$B = \rho_{\text{fluido}}gV_{\text{des}} \quad (14.5)$$

onde $V_{\text{des}} = Ah$ é o volume do fluido deslocado pelo cubo. Como o produto $\rho_{\text{fluido}}V_{\text{des}}$ é igual à massa de fluido deslocada pelo objeto,

$$B = Mg$$

onde Mg é o peso do fluido deslocado pelo cubo. Este resultado é consistente com a nossa afirmação inicial sobre o princípio de Arquimedes, baseado na discussão sobre a bola de praia.

Sob condições normais, o peso de um peixe na fotografia de abertura deste capítulo é ligeiramente maior que a força de empuxo sobre ele. Portanto, o peixe afundaria se não tivesse algum mecanismo para ajustar a força de empuxo; ele consegue isso regulando internamente o tamanho da sua bexiga natatória cheia com ar para aumentar seu volume e o módulo da força de empuxo atuando sobre ele, de acordo com a Equação 14.5. Deste modo, os peixes são capazes de nadar em várias profundidades.

Antes de irmos para alguns exemplos, é instrutivo discutir duas situações comuns: um objeto totalmente submerso e um flutuante (parcialmente submerso).

Caso 1: Corpo totalmente submerso Quando um corpo está totalmente submerso em um fluido de densidade ρ_{fluido}, o volume do fluido deslocado V_{des} é igual ao volume V_c do corpo; então, a partir da Equação 14.5, o módulo da força de empuxo para cima é $B = \rho_{\text{fluido}}gV_c$. Se o corpo tem massa M e densidade ρ_c, seu peso é igual a $F_g = Mg = \rho_c gV_c$, e a força resultante sobre o corpo é $B - F_g = (\rho_{\text{fluido}} - \rho_c)gV_c$. Portanto, se a densidade do corpo for menor que a densidade do fluido, a força gravitacional para baixo é menor que a de empuxo, e o corpo sem suporte acelerará para cima (Fig. 14.9a). Se a densidade do corpo for maior que a do fluido, a força de empuxo para cima é menor que a gravitacional para baixo, e o corpo sem suporte afundará (Fig. 14.9b). Se a densidade do corpo submerso é igual à do fluido, a força resultante sobre o objeto é zero, e o corpo permanece em equilíbrio. Portanto, a direção do movimento de um corpo submerso em um fluido é determinada *somente* pelas densidades do corpo e do fluido.

Caso 2: Corpo flutuante Considere um corpo de volume V_c e densidade $\rho_c < \rho_{\text{fluido}}$ em equilíbrio estático flutuando na superfície de um fluido, isto é, um corpo que só está *parcialmente* submerso (Fig. 14.10). Neste caso, a força de empuxo para cima é equilibrada pela gravitacional para baixo atuando sobre o corpo. Se V_{des} é o volume do fluido deslocado pelo corpo (este volume é o mesmo que o daquela parte do corpo sob a superfície do fluido), a força de empuxo tem módulo $B = \rho_{\text{fluido}}gV_{\text{des}}$. Como o peso do corpo é $F_g = Mg = \rho_c gV_c$, e $F_g = B$, vemos que $\rho_{\text{fluido}}gV_{\text{disp}} = \rho_c gV_c$, ou

$$\frac{V_{\text{des}}}{V_c} = \frac{\rho_c}{\rho_{\text{fluido}}} \quad (14.6)$$

Esta equação mostra que a fração do volume de um corpo flutuante sob a superfície do fluido é igual à proporção da densidade do corpo com a do fluido.

Arquimedes

Matemático, físico e engenheiro grego (*c.* 287-212 d.C.)

Arquimedes foi talvez o maior cientista da Antiguidade. Ele foi o primeiro a computar precisamente a proporção da circunferência de um círculo com seu diâmetro e também mostrou como calcular o volume e a área de superfície de esferas, cilindros e outras formas geométricas. Ele é conhecido por descobrir a natureza da força de empuxo e foi também um grande inventor. Uma de suas invenções práticas, ainda usada, é o parafuso de Arquimedes, um tubo enrolado, inclinado, giratório, usado originalmente para retirar água de porões de navios. Ele também inventou a catapulta e criou sistemas de alavancas, roldanas e pesos para levantar cargas pesadas. Tais invenções foram usadas com sucesso na defesa de sua cidade nativa, Siracusa, durante um cerco romano que durou dois anos.

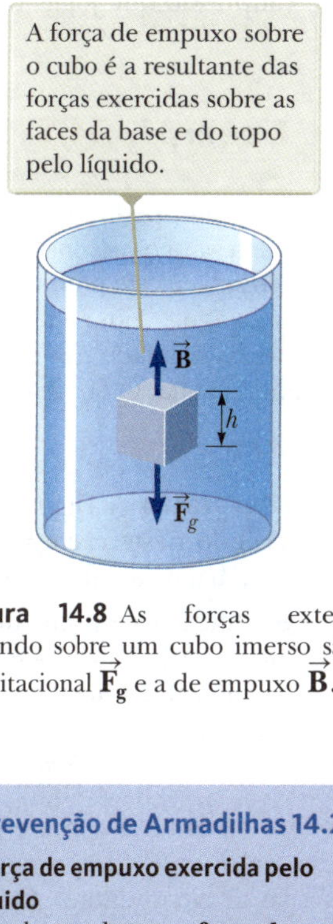

Figura 14.8 As forças externas atuando sobre um cubo imerso são a gravitacional $\vec{\mathbf{F}}_g$ e a de empuxo $\vec{\mathbf{B}}$.

Prevenção de Armadilhas 14.2

Força de empuxo exercida pelo fluido

Lembre-se de que **a força de empuxo é exercida pelo fluido**. Ela não é determinada pelas propriedades do objeto, exceto pela quantidade de fluido deslocada pelo objeto. Então, se vários objetos de densidades diferentes, mas de mesmo volume, são imersos em um fluido, todos experimentarão a mesma força de empuxo. Se eles afundam ou flutuam é determinado pela relação entre as forças de empuxo e a gravitacional.

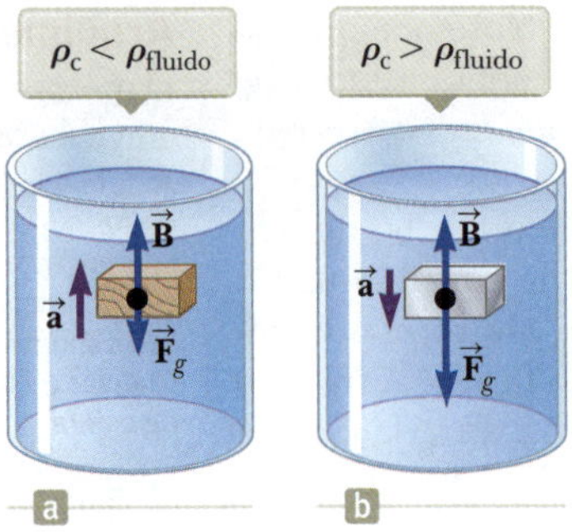

Figura 14.9 (a) Um corpo totalmente submerso que é menos denso que o fluido no qual está mergulhado experimenta uma força resultante para cima e sobe à superfície após ser liberado. (b) Um corpo totalmente submerso que é mais denso que o fluido experimenta uma força resultante para baixo e afunda.

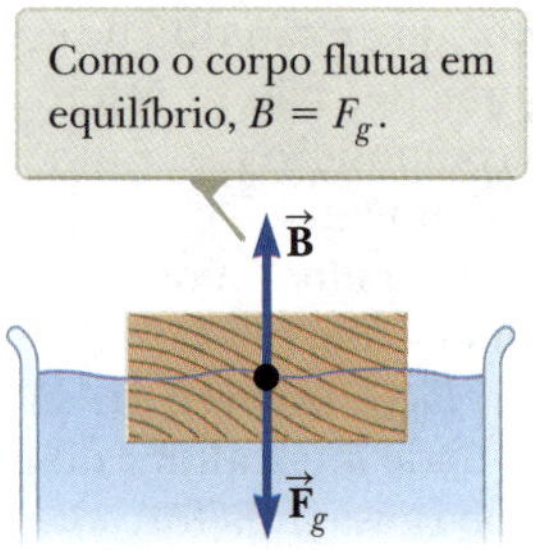

Figura 14.10 Um corpo flutuando na superfície de um fluido experimenta duas forças, a gravitacional $\vec{F}_g$ e a de empuxo $\vec{B}$.

Teste Rápido **14.4** Você naufragou e está flutuando no meio do oceano em uma balsa. Sua carga na balsa inclui um baú de tesouro cheio de ouro que você encontrou antes de o navio naufragar e, por isso, a balsa mal consegue flutuar. Para continuar flutuando o mais alto possível na água, o que você deveria fazer **(a)** deixar o baú do tesouro no topo da balsa, **(b)** prendê-lo na parte inferior da balsa, ou **(c)** pendurá-lo na água preso à balsa por uma corda? (Supondo que jogar o baú do tesouro ao mar não seja uma opção válida.)

Exemplo 14.5 Eureca! MA

Supostamente, pediram a Arquimedes para determinar se uma coroa feita para o rei consistia de ouro puro. De acordo com a lenda, ele resolveu este problema pesando a coroa, primeiro, no ar, e depois na água, como mostra a Figura 14.11. Suponha que a balança tenha marcado 7,84 N quando a coroa estava no ar e 6,84 N quando na água. O que Arquimedes deveria ter dito ao rei?

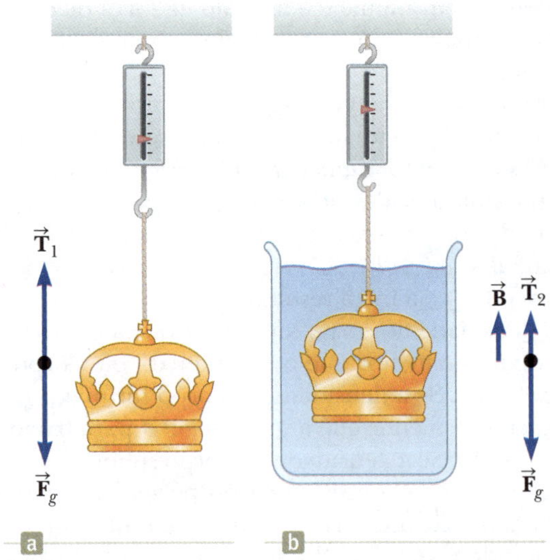

Figura 14.11 (Exemplo 14.5) (a) Quando a coroa é suspensa no ar, a balança marca seu peso real, porque $T_1 = F_g$ (o empuxo do ar é desprezível). (b) Quando a coroa é imersa em água, a força de empuxo $\vec{B}$ muda a leitura desprezível para um valor mais baixo $T_2 = F_g - B$.

SOLUÇÃO

Conceitualização A Figura 14.11 ajuda a imaginar o que está acontecendo neste exemplo. Por causa da força de empuxo, a leitura da balança é menor na Figura 14.11b que na 14.11a.

Categorização Este problema é um exemplo do Caso 1 discutido acima, porque a coroa está completamente submersa. A leitura na balança é uma medida de uma das forças sobre a coroa, que está estacionária. Podemos então categorizar a coroa como uma *partícula em equilíbrio*.

Análise Quando a coroa é suspensa no ar, a balança marca o peso real $T_1 = F_g$ (desprezando a pequena força de empuxo devida ao ar circundante). Quando a coroa é imersa em água, a força de empuxo $\vec{B}$ reduz a leitura da balança para um *peso* aparente de $T_2 = F_g - B$.

Aplique o modelo de partícula em equilíbrio à coroa na água:

$$\sum F = B + T_2 - F_g = 0$$

Resolva para B:

$$B = F_g - T_2$$

Como esta força de empuxo é igual em módulo ao peso da água deslocada, $B = \rho_a g V_{\text{des}}$, onde V_{des} é o volume de água deslocado e ρ_a sua densidade. Também, o volume da coroa V_c é igual ao de água deslocado porque a coroa está completamente submersa, então $B = \rho_a g V_c$.

14.5 cont.

Encontre a densidade da coroa a partir da Equação 1.1: $\rho_c = \dfrac{m_c}{V_c} = \dfrac{m_c g}{V_c g} = \dfrac{m_c g}{(B/\rho_a)} = \dfrac{m_c g \rho_a}{B} = \dfrac{m_c g \rho_a}{F_g - T_2}$

Substitua os valores numéricos: $\rho_c = \dfrac{(7{,}84\text{ N})(1.000\text{ kg/m}^3)}{7{,}84\text{ N} - 6{,}84\text{ N}} = 7{,}84 \times 10^3\text{ kg/m}^3$

Finalização Na Tabela 14.1, vemos que a densidade do ouro é $19{,}3 \times 10^3$ kg/m³. Portanto, Arquimedes deveria ter dito ao rei que ele tinha sido enganado. Ou a coroa era oca, ou não era feita de ouro puro.

E SE? Suponha que a coroa tenha o mesmo peso, mas seja de ouro puro. Qual seria a leitura da balança quando a coroa é imersa em água?

Resposta Encontre a força de empuxo sobre a coroa: $B = \rho_a g V_a = \rho_a g V_c = \rho_a g\left(\dfrac{m_c}{\rho_c}\right) = \rho_a\left(\dfrac{m_c g}{\rho_c}\right)$

Substitua os valores numéricos: $B = (1{,}00 \times 10^3\text{ kg/m}^3)\dfrac{7{,}84\text{ N}}{19{,}3 \times 10^3\text{ kg/m}^3} = 0{,}406\text{ N}$

Encontre a tensão no cordão pendurado na balança: $T_2 = F_g - B = 7{,}84\text{ N} - 0{,}406\text{ N} = 7{,}43\text{ N}$

Exemplo 14.6 Uma surpresa titânica

Um *iceberg* flutuando na água do mar, como mostra a Figura 14.12a, é extremamente perigoso porque a maior parte do gelo está abaixo da superfície. Esta porção escondida pode danificar um navio que ainda está a uma distância considerável do gelo visível. Que fração do *iceberg* está abaixo do nível da água?

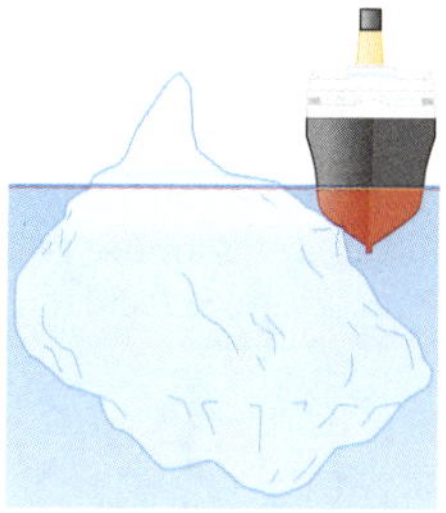

Figura 14.12 (Exemplo 14.6) (a) Muito do volume deste *iceberg* está abaixo da água. (b) Um navio pode ser danificado mesmo quando não está perto do gelo visível.

SOLUÇÃO

Conceitualização Você deve conhecer a frase "Esta é apenas a ponta do *iceberg*". A origem deste dito popular é que a maior parte do volume de um *iceberg* flutuante está abaixo da superfície da água (Fig. 14.12b).

Categorização Este exemplo corresponde ao Caso 2 porque somente parte do *iceberg* está sob a água. É também um problema de substituição simples envolvendo a Equação 14.6.

Avalie a Equação 14.6 usando as densidades do gelo e da água do mar (Tabela 14.1): $f = \dfrac{V_{\text{des}}}{V_{\text{gelo}}} = \dfrac{\rho_{\text{gelo}}}{\rho_{\text{água do mar}}} = \dfrac{917\text{ kg/m}^3}{1.030\text{ kg/m}^3} = \boxed{0{,}890 \text{ ou } 89{,}0\%}$

Então, a fração visível do gelo acima da superfície é de aproximadamente 11%. São os 89% não visíveis abaixo da água que representam perigo para um navio passando por ali.

14.5 Dinâmica dos fluidos

Até agora, nosso estudo de fluidos foi restrito àqueles em repouso. Agora, vamos nos concentrar naqueles em movimento. Quando um fluido está em movimento, seu fluxo pode ser caracterizado como sendo um de dois tipos principais. O fluxo é chamado **regular**, ou **laminar**, se cada partícula do fluido segue uma trajetória plana, de modo que as trajetórias de diferentes partículas nunca se cruzam uma com a outra, como mostra a Figura 14.13. No fluxo regular, cada partícula de fluido, chegando a certo ponto no espaço, tem a mesma velocidade.

Figura 14.13 Fluxo laminar em torno de um automóvel em um teste com túnel de vento.

Acima de uma velocidade crítica, o fluxo do fluido torna-se **turbulento**. Este é irregular, caracterizado por pequenas regiões de remoinhos, como mostra a Figura 14.14.

O termo **viscosidade** é comumente usado na descrição de fluxo de fluido para caracterizar seu grau de atrito interno. Este, também chamado *força viscosa,* é associado à resistência que duas camadas adjacentes de fluido têm em se mover uma em relação a outra. A viscosidade causa a parte da energia cinética do fluido que será transformado em energia interna. Este mecanismo é semelhante àquele no qual a energia cinética de um objeto deslizando em uma superfície horizontal diminui, conforme discutido na Seção 8.3 e na Seção 8.4.

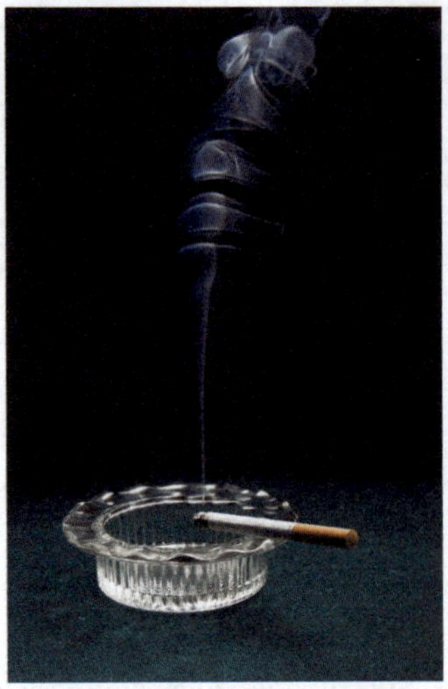

Figura 14.14 Gases quentes de um cigarro se tornam visíveis por causa das partículas de fumaça. A fumaça, primeiramente, se move em um fluxo laminar no fundo e, então, em um fluxo turbulento para cima.

Como o movimento de fluidos reais é muito complexo e não totalmente compreendido, fazemos algumas suposições simplificadoras em nossa abordagem. Em nosso modelo de simplificação de **fluxo ideal de fluido**, apontamos as quatro seguintes suposições:

1. **O fluido é não viscoso.** Neste tipo de fluido, o atrito interno é desprezado. Um corpo movendo-se pelo fluido não experimenta nenhuma força viscosa.
2. **O fluxo é regular.** No fluxo regular (laminar), todas as partículas passando por um ponto têm a mesma velocidade.
3. **O fluido é incompressível.** A densidade deste fluido é constante.
4. **O fluxo é irrotacional.** O fluido não tem momento angular sobre nenhum ponto. Se uma pequena roda de pás colocada em qualquer local no fluido não girar pelo centro de massa da roda, o fluxo é irrotacional.

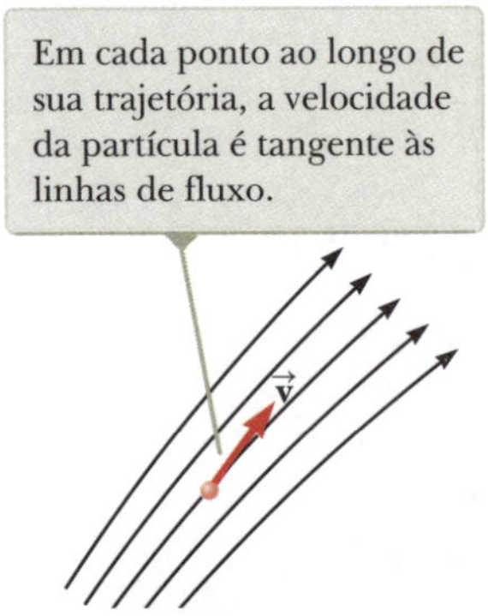

Figura 14.15 Uma partícula em fluxo laminar segue as linhas do fluxo.

A trajetória seguida por uma partícula do fluido por um fluxo regular é chamada **linha de fluxo**. A velocidade da partícula é sempre tangente às linhas de fluxo, como mostrado na Figura 14.15. Um conjunto de linhas de fluxo, como aquelas mostradas na Figura 14.15, formam um *tubo de fluxo.* Partículas fluidas não podem fluir para dentro ou para fora dos lados deste tubo; se pudessem, as linhas de fluxo se cruzariam umas com as outras.

Considere o fluxo ideal de um fluido por um cano de tamanho não uniforme, como ilustrado na Figura 14.16. Vamos nos concentrar em um segmento de fluido no cano. A Figura 14.16a mostra o segmento no momento $t = 0$, que consiste na porção cinza entre os pontos 1 e 2 e a porção azul curta à esquerda do ponto 1. Neste momento, o fluido na porção azul curta flui por uma seção transversal de área A_1 com velocidade v_1. Durante o intervalo de tempo Δt, o pequeno comprimento Δx_1 do fluido na porção azul move-se pelo ponto 1. Durante o mesmo intervalo de tempo, o fluido na extremidade direita do segmento move-se pelo ponto 2 no cano. A Figura 14.16b mostra a situação ao final do intervalo de tempo Δt. A porção azul na extremidade direita representa o fluido que se moveu pelo ponto 2 por uma área A_2 com velocidade v_2.

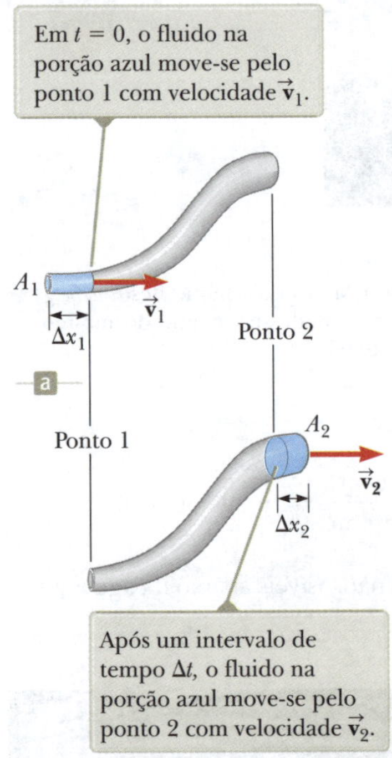

Figura 14.16 Um fluido movendo-se com fluxo regular por um cano de área transversal variável. (a) Em $t = 0$, a pequena porção azul do fluido na esquerda move-se pela área A_1. (b) Após um intervalo de tempo Δt, a porção azul mostrada aqui é aquela em que o fluido se moveu pela área A_2.

A massa de fluido contida na porção azul na Figura 14.16a é dada por $m_1 = \rho A_1 \Delta x_1 = \rho A_1 v_1 \Delta t$, onde ρ é a densidade (inalterada) do fluido ideal. Da mesma maneira, o fluido na porção azul na Figura 14.16b tem massa $m_2 = \rho A_2 \Delta x_2 = \rho A_2 v_2 \Delta t$. Entretanto, como o fluido é incompressível e o fluxo é regular, a massa de fluido que passa pelo ponto 1 em um intervalo de tempo Δt deve ser igual à que passa pelo ponto 2 no mesmo intervalo de tempo. Ou seja, $m_1 = m_2$ ou $\rho A_1 v_1 \Delta t = \rho A_2 v_2 \Delta t$, o que significa que

$$A_1 v_1 = A_2 v_2 = \text{constante} \qquad (14.7)$$

◀ **Equação de continuidade para fluidos**

Esta expressão é chamada **equação de continuidade para fluidos**. Ela diz que o produto da área e da velocidade do fluido em todos os pontos ao longo de um cano é constante para um fluido incompressível. Esta equação mostra que a velocidade é alta onde o cano é apertado (pequena área) e baixa onde o cano é largo (grande área). O produto Av, que tem dimensões de volume por unidade tempo, é chamado *fluxo de volume*, ou *taxa de fluxo*. A condição Av = constante é equivalente à afirmação de que o volume de fluido que entra na extremidade de um cano em dado intervalo de tempo é igual ao que sai na outra no mesmo intervalo de tempo se não houver vazamentos.

Você demonstra a equação de continuidade cada vez que rega seu jardim com seu polegar em cima da ponta de uma mangueira de jardim, conforme mostra a Figura 14.17. Ao bloquear parcialmente a abertura com seu polegar, você reduz a área transversal pela qual a água passa. Como resultado, a velocidade da água aumenta à medida que sai da mangueira, e a água pode ser borrifada por uma longa distância.

Figura 14.17 A velocidade da água que se pulveriza a partir da extremidade de uma mangueira de jardim aumenta à medida que o tamanho da abertura da mangueira diminui com a pressão do polegar.

Exemplo 14.7 Regando o jardim MA

Um jardineiro usa uma mangueira para encher um balde de 30,0 L com água. Ele nota que leva 1,00 min para enchê-lo. Um bocal com abertura de área transversal de 0,500 cm² é preso à mangueira, e segurado de modo que a água é projetada horizontalmente de um ponto 1,00 m acima do solo. Por qual distância horizontal a água pode ser projetada?

SOLUÇÃO

Conceitualização Imagine qualquer experiência passada que você já teve projetando água de um cano ou mangueira horizontal utilizando seu polegar ou um bocal, que pode ser conectado na extremidade da mangueira. Quanto mais rápido a água sai da mangueira, mais longe da ponta da mangueira ela atinge o solo.

Categorização Assim que a água sai da mangueira, está em queda livre. Então, categorizamos um dado elemento da água como um projétil. Este elemento é modelado como uma *partícula sob aceleração constante* (devido à gravidade) na direção vertical, e como uma *partícula sob velocidade constante* na direção horizontal. A distância horizontal pela qual o elemento é projetado depende da velocidade com a qual é projetado. Este exemplo envolve uma mudança de área para o cano; então, também o categorizamos como um no qual usamos a equação de continuidade para fluidos.

Análise Primeiro encontramos a velocidade da água na mangueira a partir da informação sobre o enchimento do balde.

Expresse a taxa de fluxo de volume R em termos de área e velocidade da água na mangueira: $R = A_1 v_1$

Resolva para a velocidade da água na mangueira: $v_1 = \dfrac{R}{A_1}$

Rotulamos esta velocidade v_1 porque identificamos o ponto 1 dentro da mangueira, e o ponto 2 no ar, fora do bocal. Devemos encontrar a velocidade $v_2 = v_{xi}$ com a qual a água sai do bocal. O subscrito i antecipa que será a componente *inicial* de velocidade da água projetada da mangueira, e o x indica que o vetor velocidade inicial da água projetada é horizontal.

Resolva a equação de continuidade para fluidos para v_2: (1) $v_2 = v_{xi} = \dfrac{A_1}{A_2} v_1 = \dfrac{A_1}{A_2}\left(\dfrac{R}{A_2}\right) = \dfrac{R}{A_2}$

Mudamos nosso raciocínio dos fluidos para o movimento de projétil. Na direção vertical, um elemento da água começa do repouso e cai por uma distância vertical de 1,00 m.

Escreva a Equação 2.16 para a posição vertical de um elemento da água, modelado como uma partícula sob aceleração constante: $y_f = y_i + v_{yi}t - \frac{1}{2}gt^2$

Denomine a posição inicial da água $y_i = 0$ e reconheça que a água começa com um componente de velocidade vertical igual a zero. Resolva para o tempo no qual a água atinge o solo: (2) $y_f = 0 + 0 - \frac{1}{2}gt^2 \rightarrow t = \sqrt{\dfrac{-2y_f}{g}}$

Use a Equação 2.7 para encontrar a posição horizontal do elemento neste momento, modelado como uma partícula sob velocidade constante: $x_f = x_i + v_{xi}t = 0 + v_2 t = v_2 t$

continua

14.7 cont.

Substitua a partir das Equações (1) e (2):

$$x_f = \frac{R}{A_2}\sqrt{\frac{-2y_f}{g}}$$

Substitua valores numéricos:

$$x_f = \frac{30{,}0\ \text{L/min}}{0{,}500\ \text{cm}^2}\sqrt{\frac{-2(-1{,}00\ \text{m})}{9{,}80\ \text{m/s}^2}}\left(\frac{10^3\ \text{cm}^3}{1\ \text{L}}\right)\left(\frac{1\ \text{min}}{60\ \text{s}}\right) - 452\ \text{cm} = 4{,}52\ \text{m}$$

Finalização O intervalo de tempo para o elemento da água cair no solo é inalterado se a velocidade de projeção é mudada, porque a projeção é horizontal. Aumentar a velocidade de projeção resulta na água atingir o solo mais longe da ponta da mangueira, mas exige o mesmo intervalo de tempo para atingir o solo.

14.6 Equação de Bernoulli

Daniel Bernoulli

Físico suíço (1700-1782)

Bernoulli fez descobertas importantes sobre a dinâmica dos fluidos. A obra mais famosa de Bernoulli, *Hydrodynamica*, foi publicada em 1738. É um estudo teórico e prático sobre equilíbrio, pressão e velocidade em fluidos. Ele mostrou que, à medida que a velocidade de um fluido aumenta, sua pressão diminui. Chamado "princípio de Bernoulli", o trabalho de Bernoulli é usado para produzir um vácuo parcial em laboratórios químicos através da conexão de um recipiente a um tubo no qual a água passa rapidamente.

Você provavelmente já dirigiu em uma rodovia e foi ultrapassado por um caminhão grande em alta velocidade. Nesta situação, pode ter sentido medo de seu carro ser puxado na direção do caminhão enquanto ele passava. Nesta seção, investigaremos a origem deste efeito.

Conforme um fluido se move por uma região onde sua velocidade ou elevação acima da superfície da Terra muda, a pressão no fluido varia com estas mudanças. A relação entre velocidade do fluido, pressão e elevação foi derivada pela primeira vez em 1738, pelo físico suíço Daniel Bernoulli. Considere o fluxo de um segmento de um fluido ideal por um cano não uniforme em um intervalo de tempo Δt como ilustrado na Figura 14.18. Esta figura é muito semelhante à 14.16, que usamos para desenvolver a equação da continuidade. Adicionamos duas características: as forças nas pontas externas das porções azuis do fluido e as alturas destas porções acima da posição de referência $y = 0$.

A força exercida no segmento pelo fluido para a esquerda da porção azul na Figura 14.18a tem módulo P_1A_1. O trabalho realizado por essa força sobre o segmento em um intervalo de tempo Δt é $W_1 = F_1\,\Delta x_1 = P_1A_1\,\Delta x_1 = P_1V$, onde V é o volume da porção azul de fluido passando pelo ponto 1 na Figura 14.18a. De modo semelhante, o trabalho realizado no segmento pelo fluido para a direita do segmento no mesmo intervalo de tempo Δt é $W_2 = -P_2A_2\,\Delta x_2 = -P_2V$, onde V é o volume da porção azul de fluido passando pelo ponto 2 na Figura 14.18b. (Os volumes das porções azuis de fluido nas Figuras 14.18a e 14.18b são iguais porque o fluido é incompressível.) Este trabalho é negativo, porque a força no segmento de fluido é para a esquerda e o deslocamento do ponto de aplicação da força é para a direita. Então, o trabalho resultante realizado sobre o segmento por estas forças no intervalo de tempo Δt é

$$W = (P_1 - P_2)V$$

Parte deste trabalho vai para mudar a energia cinética do segmento de fluido, e parte para a energia gravitacional potencial do sistema segmento-Terra. Como supomos um fluxo em linha, a energia cinética K_{cinza} da porção cinza do segmento é a mesma nas duas partes da Figura 14.18. Portanto, a variação na energia cinética do segmento de fluido é

$$\Delta K = (\tfrac{1}{2}mv_2^{\,2} + K_{\text{cinza}}) - (\tfrac{1}{2}mv_1^{\,2} + K_{\text{cinza}}) = \tfrac{1}{2}mv_2^{\,2} - \tfrac{1}{2}mv_1^{\,2}$$

onde m é a massa das porções azuis do fluido nas duas partes da Figura 14.18. (Como os volumes das duas porções são os mesmos, elas também têm a mesma massa.)

Considerando a energia potencial gravitacional do sistema segmento--Terra, mais uma vez não há variação durante o intervalo de tempo para a energia gravitacional potencial U_{cinza} associada à porção cinza do fluido. Consequentemente, a variação na energia potencial gravitacional do sistema é

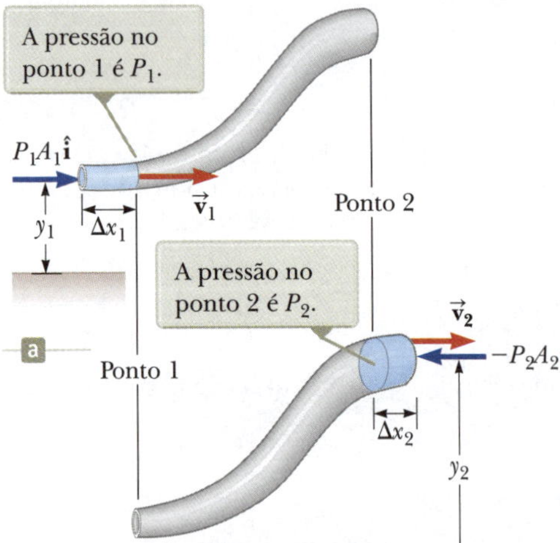

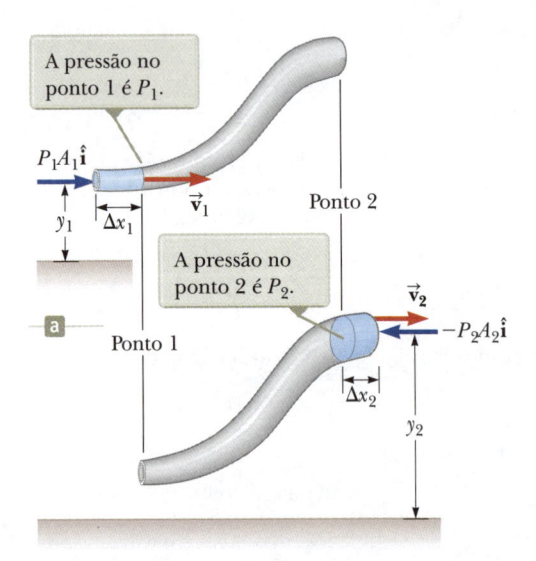

Figura 14.18 Fluido em fluxo laminar por um cano. (a) Um segmento do fluido no momento $t = 0$. Uma pequena porção do fluido de cor azul está a uma altura y_1 acima da posição de referência. (b) Após um intervalo de tempo Δt, todo o segmento se moveu para a direita. A porção de cor azul do fluido é aquela que passou pelo ponto 2 e está a uma altura y_2.

$$\Delta U = (mgy_2 + U_{\text{cinza}}) - (mgy_1 + U_{\text{cinza}}) = mgy_2 - mgy_1$$

A partir da Equação 8.2, o trabalho total realizado sobre o sistema pelo fluido fora do segmento é igual à variação na energia mecânica do sistema: $W = \Delta K + \Delta U$. Substituindo para cada um destes termos, resulta em

$$(P_1 - P_2)V = \tfrac{1}{2}mv_2^2 - \tfrac{1}{2}mv_1^2 + mgy_2 - mgy_1$$

Se dividirmos cada termo pelo volume da porção V, e lembrando que $\rho = m/V$, esta expressão é reduzida para

$$P_1 - P_2 = \tfrac{1}{2}\rho v_2^2 - \tfrac{1}{2}\rho v_1^2 + \rho g y_2 - \rho g y_1$$

Rearrumando os termos, temos

$$P_1 + \tfrac{1}{2}\rho v_1^2 + \rho g y_1 = P_2 + \tfrac{1}{2}\rho v_2^2 + \rho g y_2 \quad (14.8)$$

que é a **equação de Bernoulli** aplicada a um fluido ideal. Esta equação é frequentemente expressada como

$$P + \tfrac{1}{2}\rho v^2 + \rho g y = \text{constante} \quad (14.9)$$

◂ **Equação de Bernoulli**

Esta equação mostra que a pressão de um fluido diminui conforme sua velocidade aumenta. Além disso, a pressão diminui conforme a elevação aumenta. Este último ponto explica por que a pressão da água de torneiras nos andares mais altos de um edifício alto é fraca, a menos que medidas sejam tomadas para proporcionar pressão mais alta para estes andares.

Quando o fluido está em repouso, $v_1 = v_2 = 0$ e a Equação 14.8 se torna

$$P_1 - P_2 = \rho g(y_2 - y_1) = \rho g h$$

Este resultado está de acordo com a Equação 14.4.

Embora a Equação 14.9 tenha sido derivada para um fluido incompressível, o comportamento geral da pressão com velocidade é verdadeira mesmo para gases: conforme a velocidade aumenta, a pressão diminui. Este *efeito de Bernoulli* explica a experiência com o caminhão na rodovia na abertura desta seção. Conforme o ar passa entre você e o caminhão, ele deve passar por um canal relativamente estreito. De acordo com a equação de continuidade, a velocidade do ar é alta. De acordo com o efeito de Bernoulli, este ar de maior velocidade exerce menos pressão sobre seu carro que o ar mais lento se movimentando do outro lado do seu carro. Então, há uma força resultante empurrando você na direção do caminhão!

***Teste Rápido* 14.5** Você vê dois balões de hélio flutuando próximos um ao outro, presos a uma mesa por barbantes. As superfícies dos balões que estão de frente uma para a outra são separadas por 1-2 cm. Você sopra através do pequeno espaço entre os balões. O que acontece com os balões? **(a)** Movem-se na direção um do outro. **(b)** Distanciam-se um do outro. **(c)** Não são afetados.

Exemplo 14.8 O tubo de Venturi

O cano horizontal apertado ilustrado na Figura 14.19, conhecido como *tubo de Venturi,* pode ser usado para medir a velocidade do fluxo de um fluido incompressível. Determine a velocidade do fluxo no ponto 2 da Figura 14.19a se a diferença de pressão $P_1 - P_2$ é conhecida.

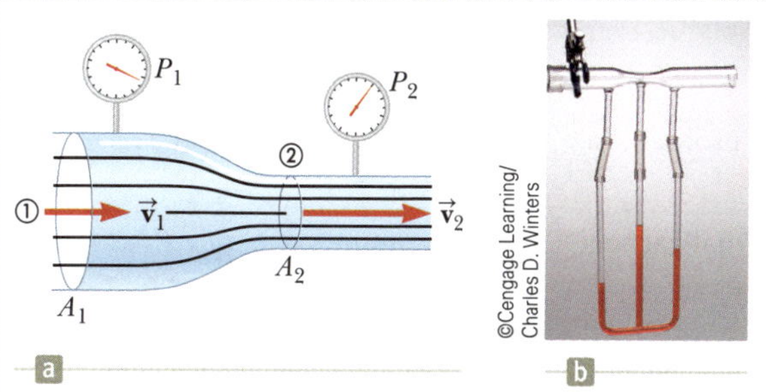

Figura 14.19 (Exemplo 14.8) (a) A pressão P_1 é maior que a P_2 porque $v_1 < v_2$. Este instrumento pode ser usado para medir a velocidade do fluxo do fluido. (b) Tubo de Venturi, localizado no topo de uma fotografia. O nível de fluido mais alto na coluna do meio mostra que a pressão no topo dela, que está na região apertada do tubo de Venturi, é mais alta.

SOLUÇÃO

Conceitualização A equação de Bernoulli mostra que a pressão de um fluido diminui conforme sua velocidade aumenta. Portanto, podemos calibrar um instrumento para nos dar a velocidade do fluido se pudermos medir a pressão.

Categorização Como o problema diz que o fluido é incompressível, podemos categorizá-lo como um ao qual podemos usar a equação de continuidade para fluidos e a equação de Bernoulli.

Análise Aplique a Equação 14.8 aos pontos 1 e 2, notando que $y_1 = y_2$ porque o cano é horizontal:

$$(1) \quad P_1 + \tfrac{1}{2}\rho v_1^2 = P_2 + \tfrac{1}{2}\rho v_2^2$$

continua

14.8 *cont.*

Resolva a equação de continuidade para v_1: $$v_1 = \frac{A_2}{A_1}v_2$$

Substitua esta expressão na Equação (1): $$P_1 + \tfrac{1}{2}\rho\left(\frac{A_2}{A_1}\right)^2 v_2^2 = P_2 + \tfrac{1}{2}\rho v_2^2$$

Resolva para v_2: $$v_2 = A_1\sqrt{\frac{2(P_1 - P_2)}{\rho(A_1^2 - A_2^2)}}$$

Finalização Pelo desenho do tubo (áreas A_1 e A_2) e medições da diferença de pressão $P_1 - P_2$, podemos calcular a velocidade do fluido com esta equação. Para ver a relação entre a velocidade do fluido e a diferença de pressão, coloque duas latas vazias de refrigerante lado a lado, a aproximadamente 2 cm de distância uma da outra, em uma mesa. Suavemente, sopre um fluxo de ar horizontalmente entre as latas e observe como elas rolam juntas por causa de uma modesta diferença de pressão entre o ar estagnado nas suas bordas externas e o ar em movimento entre elas. Agora, sopre com mais força e observe a maior diferença de pressão mover as latas juntas mais rapidamente.

Exemplo 14.9 Lei de Torricelli MA

Um tanque fechado contendo um líquido de densidade ρ tem um buraco no lado a uma distância y_1 da base do tanque (Fig. 14.20). O buraco é aberto para a atmosfera, e seu diâmetro é muito menor que o do tanque. O ar acima do líquido é mantido a uma pressão P. Determine a velocidade do líquido conforme ele sai do buraco quando seu nível está a uma distância h acima do buraco.

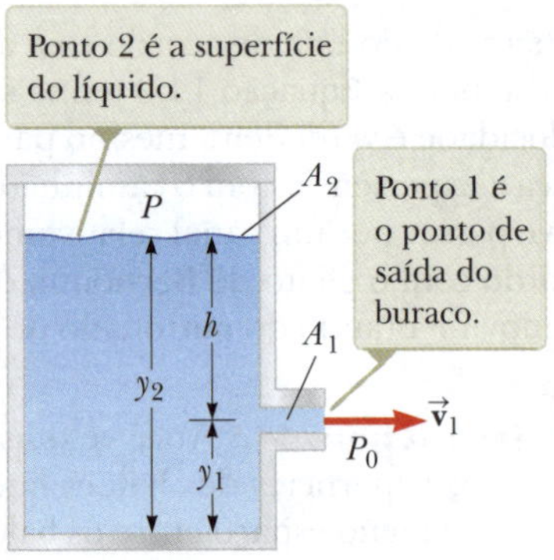
Ponto 2 é a superfície do líquido.
Ponto 1 é o ponto de saída do buraco.
P
A_2
h
A_1
y_2
y_1
$\vec{v}_1$
P_0

Figura 14.20 (Exemplo 14.9) Um líquido sai do buraco em um tanque com velocidade v_1.

SOLUÇÃO

Conceitualização Imagine que o tanque é um extintor de incêndio. Quando o buraco é aberto, o líquido sai por ele com certa velocidade. Se a pressão P no topo do líquido aumenta, ele sai com maior velocidade. Se a pressão P cai demais, o líquido sai com baixa velocidade e o extintor deve ser substituído.

Categorização Olhando a Figura 14.20, sabemos a pressão em dois pontos e a velocidade em um deles. Queremos encontrar a velocidade no segundo ponto. Portanto, podemos categorizar este exemplo como um ao qual podemos aplicar a equação de Bernoulli.

Análise Como $A_2 >> A_1$, o líquido está aproximadamente em repouso no topo do tanque, onde a pressão é P. No buraco, P_1 é igual à pressão atmosférica P_0.

Aplique a equação de Bernoulli entre os pontos 1 e 2: $$P_0 + \tfrac{1}{2}\rho v_1^2 + \rho g y_1 = P + \rho g y_2$$

Resolva para v_1, percebendo que $y_2 - y_1 = h$: $$v_1 = \sqrt{\frac{2(P - P_0)}{\rho} + 2gh}$$

Finalização Quando P é muito maior que P_0 (de modo que o termo $2gh$ possa ser desprezado), a velocidade de saída da água é primariamente uma função de P. Se o tanque está aberto para a atmosfera, então $P = P_0$ e $v_1 = \sqrt{2gh}$. Em outras palavras, para um tanque aberto, a velocidade do líquido saindo por um buraco a uma distância h abaixo da superfície é igual àquela adquirida por um objeto caindo livremente por uma distância vertical h. Este fenômeno é conhecido como *Lei de Torricelli*.

E SE? E se a posição do buraco na Figura 14.20 pudesse ser ajustada verticalmente? Se o tanque estiver aberto para a atmosfera e sobre uma mesa, que posição do buraco levaria a água a chegar à mesa na distância mais longínqua do tanque?

Resposta Modele um bolsão de água saindo pelo buraco como um projétil. Do *modelo da partícula sob aceleração constante*, encontre o momento em que o bolsão atinge a mesa a partir de um buraco em uma posição arbitrária y_1:

$$y_f = y_i + v_{yi}t - \tfrac{1}{2}gt^2$$

$$0 = y_1 + 0 - \tfrac{1}{2}gt^2$$

$$t = \sqrt{\frac{2y_1}{g}}$$

Do *modelo da partícula sob velocidade constante*, encontre a posição horizontal do bolsão no momento em que atinge a mesa:

$$x_f = x_i + v_{xi}t = 0 + \sqrt{2g(y_2 - y_1)}\sqrt{\frac{2y_1}{g}}$$
$$= 2\sqrt{(y_2 y_1 - y_1^2)}$$

Maximize a posição horizontal considerando a derivada de x_f com relação a y_1 (porque y_1, a altura do buraco, é a variável que pode ser ajustada) e estabelecendo igual a zero:

$$\frac{dx_f}{dy_1} = \tfrac{1}{2}(2)(y_2 y_1 - y_1^2)^{-1/2}(y_2 - 2y_1) = 0$$

Resolva para y_1:

$$y_1 = \tfrac{1}{2}y_2$$

Então, para maximizar a distância horizontal, o buraco deveria estar a meia distância entre a base do tanque e a superfície da água. Abaixo desta localização, a água é projetada com maior velocidade, mas cai por um curto intervalo de tempo, reduzindo a extensão horizontal. Acima deste ponto, a água fica no ar por um intervalo de tempo maior, mas é projetada com velocidade horizontal menor.

14.7 Outras aplicações da dinâmica dos fluidos

Considere as linhas de fluxo ao redor de uma asa de avião, como mostrado na Figura 14.21. Vamos supor que o fluxo de ar se aproxime das asas horizontalmente a partir da direita com velocidade $\vec{\mathbf{v}}_1$. A inclinação da asa faz com que o fluxo de ar seja desviado para baixo com velocidade $\vec{\mathbf{v}}_2$. Como o fluxo de ar é desviado pela asa, esta deve exercer uma força no fluxo de ar. De acordo com a Terceira Lei de Newton, o fluxo de ar exerce uma força $\vec{\mathbf{F}}$ sobre a asa, que é igual em módulo e oposta em direção. Esta força tem uma componente vertical chamada **elevação** (ou elevação aerodinâmica) e uma componente horizontal chamada **arrasto**. A elevação depende de vários fatores, tais como a velocidade do avião, a área e a curvatura da asa, e o ângulo entre a asa e a horizontal. A curvatura das superfícies da asa faz com que a pressão acima dela seja menor que a abaixo, por causa do efeito de Bernoulli. Esta diferença de pressão auxilia a elevação na asa. Conforme o ângulo entre a asa e a horizontal aumenta, o fluxo turbulento pode começar acima da asa para reduzir a elevação.

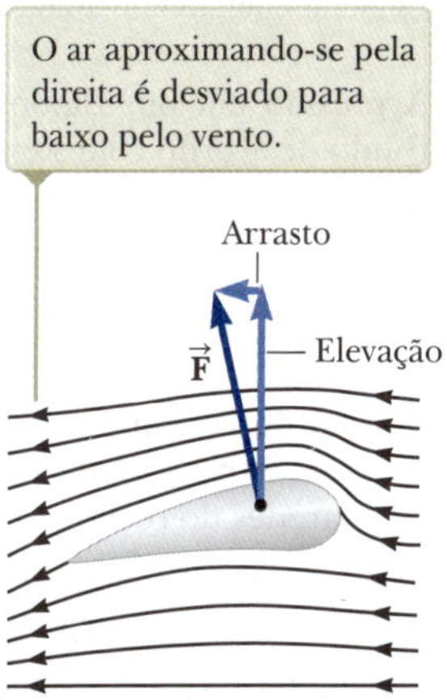

Figura 14.21 O fluxo de corrente de ar ao redor de uma asa de avião em movimento. Pela Terceira Lei de Newton, o ar desviado pela asa resulta, nela, uma força para cima, pelo ar: *elevação*. Por causa da resistência do ar, também há uma força oposta à velocidade da asa: *arrasto*.

Em geral, um objeto movendo-se por um fluido experimenta elevação como resultado de qualquer efeito que o leve a mudar sua direção enquanto flui pelo objeto. Alguns fatores que influenciam a elevação são o formato do objeto, sua orientação em relação ao fluxo do fluido, qualquer movimento giratório que ele possa ter, e a textura da sua superfície. Por exemplo, uma bola de golfe golpeada por um taco recebe um giro traseiro rápido devido à inclinação do taco. As cavidades na bola aumentam a força de atrito entre a bola e o ar de modo que o ar adere à superfície da bola. A Figura 14.22 mostra o ar aderindo à bola e sendo desviado para baixo como resultado. Como a bola empurra o ar para baixo, o ar deve fazer força para cima sobre ela. Sem as cavidades, a força de atrito é menor e a bola de golfe não vai tão longe. Pode parecer contraintuitivo aumentar a extensão por meio do aumento da força de atrito, mas a elevação obtida pelo giro da bola mais que compensa a perda de extensão por causa do atrito no seu movimento translacional. Pelo mesmo motivo, a cobertura de uma bola de beisebol a ajuda, girando-a, para "agarrar" o ar que passa por ela e ajuda a desviar o ar quando uma "bola curva" é lançada.

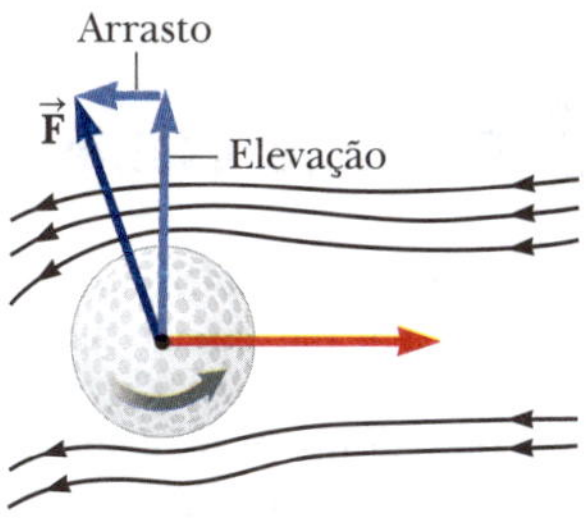

Figura 14.22 Por causa do desvio do ar, um bola de golfe girando experimenta uma força de elevação que lhe permite percorrer uma distância maior do que percorreria se não estivesse girando.

Vários instrumentos operam por meio de diferenciais de pressão que resultam das diferenças na velocidade de um fluido. Por exemplo, uma corrente de ar passando sobre uma extremidade de um tubo aberto, cuja extremidade oposta está imersa em um líquido, reduz a pressão acima do tubo como ilustrado na Figura 14.23. Esta redução em pressão faz com que o líquido suba para a corrente de ar. O líquido é então dispersado em um borrifo de gotículas. Você pode notar que este *atomizador* é usado em frascos de perfume e pulverizadores de tinta.

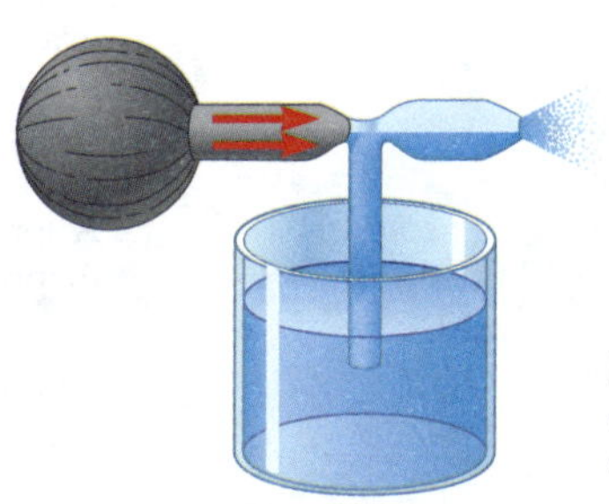

Figura 14.23 Uma corrente de ar passando em um tubo mergulhado em um líquido faz com que o líquido suba pelo tubo.

Resumo

Definições

A **pressão** P em um fluido é a força por unidade de área exercida pelo fluido em uma superfície:

$$P \equiv \frac{F}{A} \quad \textbf{(14.1)}$$

No sistema SI, a pressão tem unidades de newton por metro quadrado (N/m^2), e 1 N/m^2 = 1 **pascal** (Pa).

Conceitos e Princípios

A pressão em um fluido em repouso varia com a profundidade h no fluido de acordo com a expressão

$$P = P_0 + \rho g h \quad \textbf{(14.4)}$$

onde P_0 é a pressão a $h = 0$ e ρ é a densidade do fluido, considerada uniforme.

A lei de Pascal diz que, quando pressão é aplicada a um fluido contido, ela é transmitida sem diminuição para todos os pontos no fluido e nas paredes do recipiente.

Quando um objeto é parcial ou completamente submerso em um fluido, este exerce uma força para cima chamada **força de empuxo** sobre o objeto. De acordo com o **princípio de Arquimedes**, o módulo da força de empuxo é igual ao peso do fluido deslocado pelo objeto:

$$B = \rho_{\text{fluido}} g V_{\text{des}} \quad \textbf{(14.5)}$$

A taxa de fluxo (do volume) por um cano com área transversal variável é constante; isto é equivalente a dizer que o produto da área transversal A e da velocidade v em qualquer ponto é uma constante. Este resultado é expresso na **equação de continuidade para fluidos:**

$$A_1 v_1 = A_2 v_2 = \text{constante} \quad \textbf{(14.7)}$$

A soma da pressão, energia cinética por unidade volume e energia potencial gravitacional por unidade volume tem o mesmo valor em todos os pontos ao longo de um fluxo em linha para um fluido ideal. Este resultado é resumido na **equação de Bernoulli:**

$$P + \tfrac{1}{2}\rho v^2 + \rho g y = \text{constante} \quad \textbf{(14.9)}$$

Perguntas Objetivas

1. A Figura PO14.1 mostra vistas aéreas diretamente acima de duas barragens. Ambas têm a mesma largura (a dimensão vertical no diagrama) e a mesma altura (para dentro da página no diagrama). A barragem da esquerda contém um lago muito grande, e a da direita, um rio estreito. Qual delas deve ter a construção mais forte? (a) a da esquerda, (b) a da direita, (c) o mesmo para as duas, (d) é impossível prever.

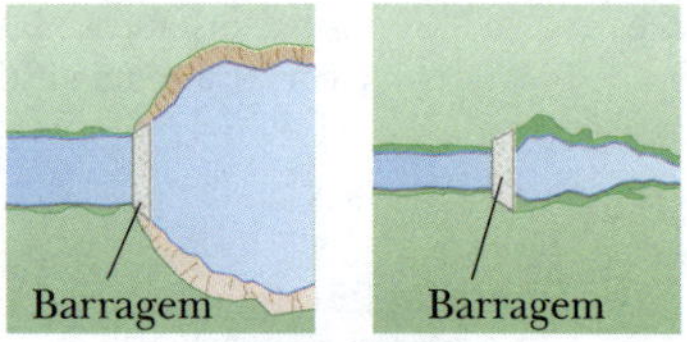

Figura PO14.1

2. Uma bola de praia cheia de ar é empurrada aproximadamente 1 m abaixo da superfície de uma piscina e liberada do repouso. Quais das seguintes afirmativas são válidas, supondo que o tamanho da bola permaneça o mesmo? (Escolha todas as afirmativas corretas.) (a) Conforme a bola sobe na piscina, a força de empuxo sobre ela aumenta. (b) Quando a bola é liberada, a força de empuxo excede a força gravitacional, e ela acelera para cima. (c) A força de empuxo sobre a bola diminui conforme ela se aproxima da superfície da piscina. (d) A força de empuxo sobre a bola é igual ao seu peso e permanece constante conforme ela sobe. (e) A força de empuxo sobre a bola enquanto está submersa é aproximadamente igual ao peso do volume de água que poderia enchê-la.

3. Um bloco de madeira flutua na água, e um objeto de aço é preso à sua base por um cordão, como na Figura PO14.3.

Se o bloco permanece flutuando, quais das afirmações a seguir são válidas? (Escolha todas as afirmativas corretas.) (a) A força de empuxo no objeto de aço é igual ao seu peso. (b) A força de empuxo no bloco é igual ao seu peso. (c) A tensão no cordão é igual ao peso do objeto de aço. (d) A tensão no cordão é menor que o peso do objeto de aço. (e) A força de empuxo no bloco é igual ao volume de água que ele desloca.

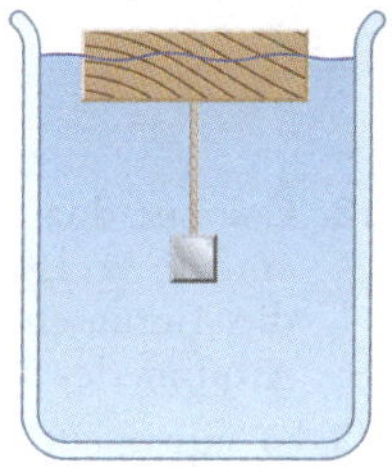

Figura PO14.3

4. Uma maçã é totalmente submersa imediatamente abaixo da superfície de água em um recipiente. Depois, é movida para um ponto mais fundo na água. Comparada com a força necessária para manter a maçã imediatamente abaixo da superfície, qual é a força necessária para mantê-la neste ponto mais fundo? (a) maior, (b) a mesma, (c) menor, (d) impossível determinar.

5. Uma bola de praia é feita de plástico fino. Ela foi cheia com ar, mas o plástico não está esticado. Nadando com nadadeiras, você consegue levar a bola da superfície para o fundo de uma piscina. Quando a bola está completamente submersa, o que acontece com a força de empuxo exercida sobre ela à medida que você a leva mais para o fundo? (a) Aumenta. (b) Permanece constante. (c) Diminui. (d) Impossível determinar.

6. Uma esfera de ferro sólida e outra de chumbo sólida do mesmo tamanho são suspensas, cada uma por fios, e submersas em um tanque de água. (Note que a densidade do chumbo é maior que a do ferro). Quais das seguintes afirmativas são válidas? (Escolha todas as afirmativas corretas.) (a) A força de empuxo em cada uma é a mesma. (b) A força de empuxo na esfera de chumbo é maior que a na de ferro porque o chumbo tem densidade maior. (c) A tensão no fio suportando a esfera de chumbo é maior que a no fio suportando a de ferro. (d) A força de empuxo na esfera de ferro é maior que a na de chumbo porque o chumbo desloca mais água. (e) Nenhuma das afirmativas é verdadeira.

7. Três vasos de formatos diferentes são cheios até o mesmo nível com água, conforme a Figura PO14.7. A área da base é a mesma para os três. Quais das seguintes afirmativas são válidas? (Escolha todas as afirmativas corretas.) (a) A pressão na superfície superior do vaso A é maior porque tem a maior área de superfície. (b) A pressão na base do vaso A é maior porque contém mais água. (c) A pressão na base de cada vaso é a mesma. (d) A força na base de cada vaso não é a mesma. (e) Em determinada profundidade abaixo da superfície de cada vaso, a pressão na lateral do vaso A é maior por causa da sua inclinação.

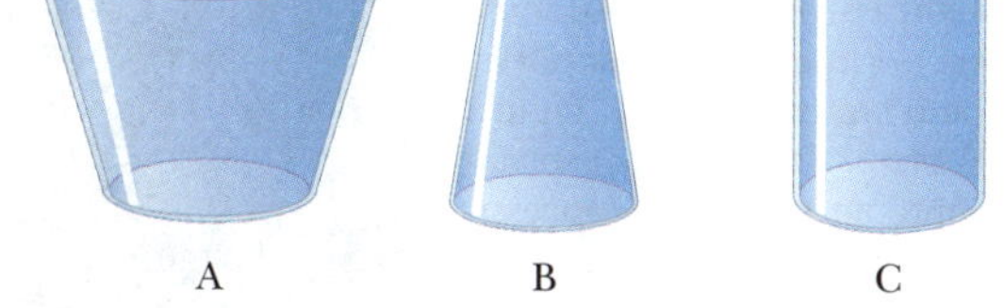

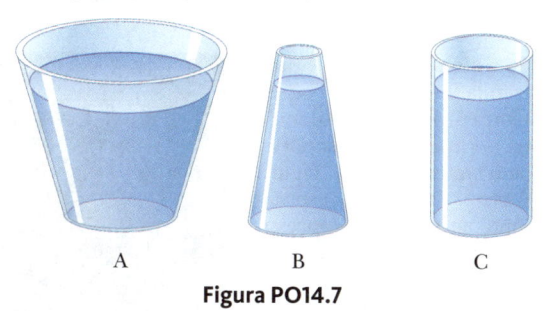

Figura PO14.7

8. Um dos problemas previstos por causa do aquecimento global é o derretimento das calotas polares, que elevará o nível dos mares em todo o mundo. Isto é mais preocupante para o gelo (a) no polo norte, onde a maior parte do gelo flutua na água; (b) no polo sul, onde a maior parte do gelo fica sobre o solo; (c) igualmente em ambos os polos ou (d) em nenhum polo?

9. Um barco apresenta vazamento, e depois que seus passageiros são resgatados, ele afunda no lago. Quando o barco está no fundo, qual é a força do fundo do lago sobre ele? (a) maior que seu peso, (b) igual ao seu peso, (c) menor que seu peso, (d) igual ao peso da água deslocada, (e) igual à força de empuxo sobre ele.

10. Um pequeno pedaço de aço é preso a um bloco de madeira. Quando a madeira é colocada em uma banheira de água com o aço por cima, metade do bloco é submerso. Agora, o bloco é invertido de modo que o aço fique embaixo da água. (**i**) A parte do bloco submerso (a) aumenta, (b) diminui ou (c) permanece o mesmo? (**ii**) O que acontece com o nível de água na banheira quando o bloco é invertido? (a) Sobe. (b) Desce. (c) Permanece o mesmo.

11. Um pedaço de madeira porosa sem pintura mal consegue flutuar em um recipiente aberto parcialmente cheio de água. O recipiente é lacrado e pressurizado acima da pressão atmosférica. O que acontece com a madeira em relação à água? (a) Sobe. (b) Afunda. (c) Permanece no mesmo nível.

12. Uma pessoa em um barco flutuando numa pequena lagoa joga uma âncora na água. O que acontece com o nível da lagoa? (a) Sobe. (b) Desce. (c) Permanece o mesmo.

13. Classifique as forças de empuxo exercidas sobre os cinco objetos a seguir, de igual volume, da maior para a menor. Suponha que os objetos foram jogados em uma piscina e atingiram equilíbrio mecânico. Se quaisquer forças de empuxo forem iguais, mencione isto em sua classificação. (a) um bloco sólido de carvalho, (b) um bloco de alumínio, (c) uma bola de praia feita de plástico fino e cheia com ar, (d) um bloco de ferro, (e) uma garrafa de água fina e lacrada.

14. Um suprimento de água mantém uma taxa constante de fluxo em uma mangueira. Você quer mudar a abertura do bocal de modo que a água saindo dele atinja uma altura quatro vezes a máxima atual com o bocal vertical. Para fazer isso, você deve (a) diminuir a área da abertura por um fator de 16, (b) diminuir a área por um fator de 8, (c) diminuir a área por um fator de 4, (d) diminuir a área por um fator de 2, ou (e) desistir, porque não pode ser feito?

15. Um copo de água contém cubos de gelo flutuando. Quando o gelo derrete, o nível da água no copo (a) sobe, (b) desce ou (c) permanece o mesmo?

16. Um fluido ideal flui por um cano horizontal cujo diâmetro varia ao longo de seu comprimento. Medições indicariam que a soma da energia cinética por unidade volume e pressão em seções diferentes do cano (a) diminuiria conforme o diâmetro do cano aumenta, (b) aumentaria conforme o diâmetro do cano aumenta, (c) aumentaria conforme o diâmetro do cano diminui, (d) diminui conforme o diâmetro do cano diminui, ou (e) permaneceria o mesmo conforme o diâmetro do cano muda.

Perguntas Conceituais

1. Quando um objeto é imerso em um líquido em repouso, por que a força resultante sobre ele na direção horizontal é igual a zero?
2. Dois copos com laterais finas têm áreas de base iguais, mas formatos diferentes e áreas transversais muito diferentes acima da base, e são cheios até o mesmo nível com água. De acordo com a expressão $P = P_0 + \rho g h$, a pressão é a mesma na base dos dois copos. Em vista desta igualdade, por que um copo pesa mais que o outro?
3. Como a pressão atmosférica é aproximadamente 10^5 N/m^2 e a área do peito de uma pessoa é aproximadamente 0,13 m^2, a força da atmosfera sobre o peito de alguém é de aproximadamente 13.000 N. Considerando esta enorme força, por que nossos corpos não entram em colapso?
4. Um peixe repousa no fundo de um balde de água enquanto este é pesado em uma balança. Quando o peixe começa a nadar, a leitura da balança muda? Justifique sua resposta.
5. Você é um passageiro em uma nave espacial. Para sua sobrevivência e conforto, o interior contém ar exatamente como o da superfície da Terra. A nave está passando por uma região muito vazia do espaço. Isto é, um vácuo quase perfeito existe do outro lado da parede. De repente, um meteorito faz um buraco, do tamanho de uma moeda grande, na parede próxima a seu assento. (a) O que acontece? (b) Há algo que você possa ou deva fazer sobre isto?
6. Se a corrente de ar de um secador de cabelos é direcionada para uma bola de tênis de mesa, a bola pode ser levitada. Explique.
7. Uma torre de água é uma visão comum em muitas comunidades. A Figura PC14.7 mostra uma coleção de torres de água coloridas em Kuwait City, no Kuwait. Note que o grande peso da água faz com que o centro de massa do sistema esteja alto, acima do solo. Por que é desejável que uma torre de água tenha este formato altamente irregular, em vez da forma de um cilindro alto?

Figura PC14.7

8. Se você soltar uma bola enquanto estiver em um elevador em queda livre, a bola permanece na sua frente em vez de cair para o chão, porque ela, o elevador e você, todos experimentam a mesma aceleração da gravidade para baixo. O que acontece se você repetir este experimento com um balão de hélio?
9. (a) A força de empuxo é conservativa? (b) Há uma energia potencial associada com a força de empuxo? (c) Explique suas respostas para as partes (a) e (b).
10. Uma saboneteira de metal mal consegue flutuar na água. Uma barra de sabonete flutua na água. Quando o sabonete é atingido pela saboneteira, a combinação afunda. Explique por quê.
11. Como você determinaria a densidade de uma pedra com formato irregular?
12. Coloque duas latas de refrigerante, um normal e um diet, em um recipiente de água. Você verá que o refrigerante diet flutua enquanto o normal afunda. Use o princípio de Arquimedes para chegar a uma explicação.
13. O suprimento de água de uma cidade geralmente vem de reservatórios construídos em terrenos altos. Água flui deles, por canos, e chega até sua casa quando você abre a torneira. Por que a água flui mais rapidamente de uma torneira no primeiro andar de um edifício do que da de um apartamento em um andar mais alto?
14. Um navio flutua mais alto na água de um lago ou no oceano? Por quê?
15. Quando saltadores de esqui estão no ar (Fig. PC 14.15), eles dobram seus corpos para a frente e mantêm suas mãos ao lado do corpo. Por quê?

Figura PC14.15

16. Por que pilotos de avião preferem levantar voo com o avião contra o vento?
17. Cães da pradaria ventilam suas tocas construindo um monte ao redor da entrada, que é aberta para uma corrente de ar quando o vento sopra de qualquer direção. Uma segunda entrada no nível do chão é aberta para o ar quase estagnado. Como esta construção cria um fluxo de ar pela toca?
18. Na Figura PC14.18, um fluxo de ar move-se da direita para a esquerda por um tubo que é apertado no meio. Três bolas de tênis de mesa são levitadas em equilíbrio acima de colunas verticais pelas quais o ar escapa. (a) Por que a bola da direita é mais alta que a do meio? (b) Por que a da esquerda é mais baixa que a da direita, embora o tubo horizontal tenha as mesmas dimensões nestes dois pontos?

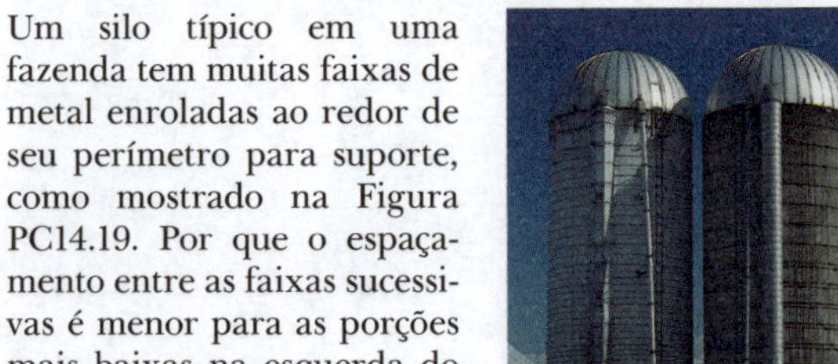

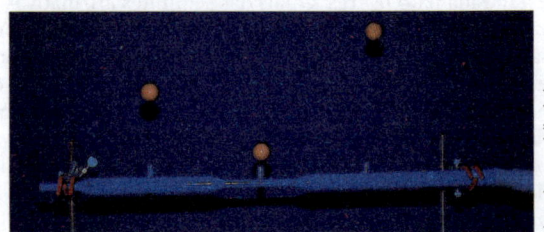

Figura PC14.18

19. Um silo típico em uma fazenda tem muitas faixas de metal enroladas ao redor de seu perímetro para suporte, como mostrado na Figura PC14.19. Por que o espaçamento entre as faixas sucessivas é menor para as porções mais baixas na esquerda do silo, e por que faixas duplas são usadas nas porções mais baixas na direita do silo?

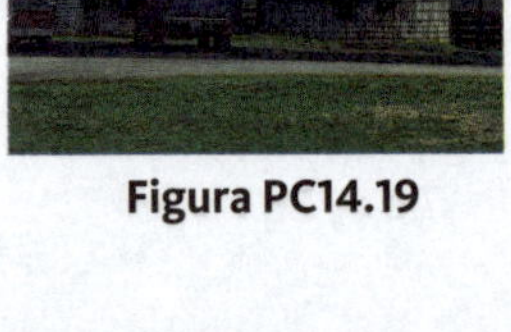

Figura PC14.19

Problemas

ENHANCED WebAssign Os problemas que se encontram neste capítulo podem ser resolvidos *on-line* no Enhanced WebAssign (em inglês)

1. denota problema simples;

2. denota problema intermediário;

3. denota problema de desafio;

AMT *Analysis Model Tutorial* disponível no Enhanced WebAssign (em inglês);

M denota tutorial *Master It* disponível no Enhanced WebAssign (em inglês);

PD denota problema dirigido;

W solução em vídeo *Watch It* disponível no Enhanced WebAssign (em inglês).

Em todos os problemas, suponha que a densidade do ar é o valor a 20 °C na Tabela 14.1, 1,20 kg/m³, a menos que especificado de outra forma.

Seção 14.1 Pressão

1. Um homem grande senta-se em uma cadeira com quatro pernas com seus pés acima do chão. A massa combinada do homem e da cadeira é 95,0 kg. Se as pernas da cadeira são circulares e têm raio de 0,500 cm na base, que pressão cada perna exerce sobre o chão?

2. O núcleo de um átomo pode ser modelado como vários prótons e nêutrons juntos uns dos outros. Cada partícula tem massa de $1{,}67 \times 10^{-27}$ kg e raio na ordem de 10^{-15} m. (a) Use este modelo e os dados fornecidos para estimar a densidade do núcleo de um átomo. (b) Compare seu resultado com a densidade de um material tal como o ferro. O que seu resultado e comparação sugerem em relação à estrutura da matéria?

3. W Uma mulher de 50,0 kg calçando sapatos de saltos altos entra em uma cozinha cujo piso é coberto com vinil. O salto de cada sapato é circular e tem raio de 0,500 cm. (a) Se a mulher se equilibra sobre um salto, que pressão ela exerce sobre o piso? (b) O dono da casa deveria se preocupar com isto? Justifique sua resposta.

4. Estime a massa total da atmosfera da Terra. (O raio da Terra é $6{,}37 \times 10^6$ m, e a pressão atmosférica na superfície é $1{,}013 \times 10^5$ Pa.)

5. M Calcule a massa de uma barra de ouro sólida retangular com dimensões de 4,50 cm × 11,0 cm × 26,0 cm.

Seção 14.2 Variação da pressão com a profundidade

6. (a) Um aspirador de pó muito potente tem uma mangueira de 2,86 cm de diâmetro. Com a ponta da mangueira colocada perpendicularmente na face plana de um tijolo, qual é o peso do tijolo mais pesado que o aspirador é capaz de levantar? (b) **E se?** Um polvo usa uma ventosa de diâmetro 2,86 cm em cada uma das duas conchas de um molusco numa tentativa de abrir suas conchas. Encontre a maior força que o polvo pode exercer sobre um molusco em água salgada a 32,3 m de profundidade.

7. M A mola do manômetro mostrado na Figura P14.7 tem força constante de 1.250 N/m, e o pistão tem diâmetro de 1,20 cm. Conforme o manômetro é baixado na água de um lago, que variação de profundidade faz o pistão se mover para dentro 0,750 cm?

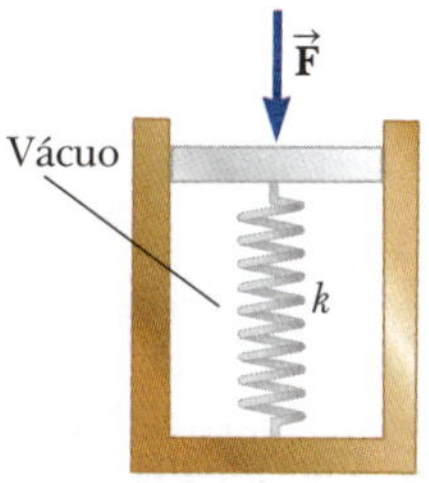

Figura P14.7

8. W O pistão pequeno de um elevador hidráulico (Fig. P14.8) tem área transversal de 3,00 cm², e o grande, de 200 cm². Que força para baixo de módulo F_1 deve ser aplicada ao pistão pequeno para que o elevador levante uma carga de peso F_g = 15,0 kN?

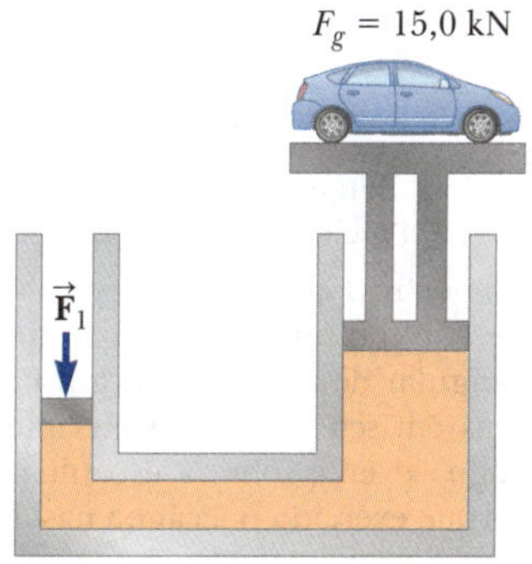

Figura P14.8

9. AMT M Qual deve ser a área de contato entre um copo de sucção (completamente evacuado) e um teto, se o copo deve suportar o peso de um estudante de 80,0 kg?

10. Uma piscina tem dimensões 30,0 m × 10,0 m e fundo plano. Quando ela é cheia até uma profundidade de 2,00 m com água doce, qual é a força exercida pela água sobre (a) o fundo? (b) Cada extremidade? (c) Cada lado?

11. (a) Calcule a pressão absoluta no fundo de um lago de água doce em um ponto com profundidade de 27,5 m. Suponha que a densidade da água seja $1{,}00 \times 10^3$ kg/m³ e que o ar acima esteja a uma pressão de 101,3 kPa. (b) Que força é exercida pela água sobre a janela de um submarino a esta profundidade se ela é circular e tem diâmetro de 35,0 cm?

12. *Por que a seguinte situação é impossível?* A Figura P14.12 mostra o Super-Homem tentando beber água gelada por um canudo de comprimento ℓ = 12,0 m. As paredes do canudo tubular são muito fortes e não entram em colapso. Com sua enorme força, ele consegue a sucção máxima e se refresca bebendo a água gelada.

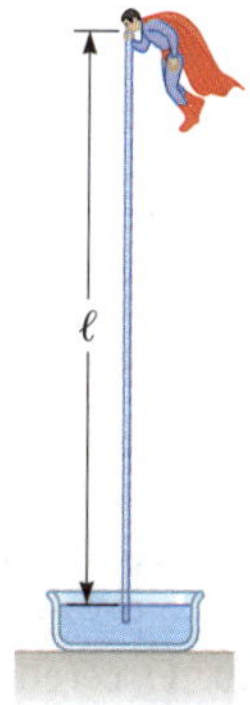

Figura P14.12

13. Para construir o porão de uma nova casa, foi feito um buraco no chão, com suas laterais atingindo 2,40 m de profundidade. Uma parede de fundação de concreto é construída do outro lado, com 9,60 m largura em sua escavação. Esta parede de fundação está 0,183 m distante do buraco do porão. Durante uma tempestade, a drenagem da rua enche o espaço na frente da parede de concreto, mas não o porão atrás da parede. A água não encharca o solo de argila. Determine a força exercida pela água na parede da fundação. Para fazer uma comparação, o peso da água é dado por 2,40 m × 9,60 m × 0,183 m × 1.000 kg/m^3 × 9,80 m/s^2 = 41,3 kN.

14. Um recipiente é preenchido com água a uma profundidade de 20,0 cm. Em cima da água flutua uma camada de óleo de 30,0 cm de espessura, com gravidade específica 0,700. Qual é a pressão absoluta no fundo do recipiente?

15. Revisão. O tanque na Figura P14.15 está cheio com água de profundidade d = 2,00 m. No fundo de uma parede lateral há um escotilha retangular de altura h = 1,00 m e largura w = 2,00 m que está presa por dobradiças em seu topo. (a) Determine o módulo da força que a água exerce sobre a escotilha. (b) Encontre o módulo do torque exercido pela água nas dobradiças.

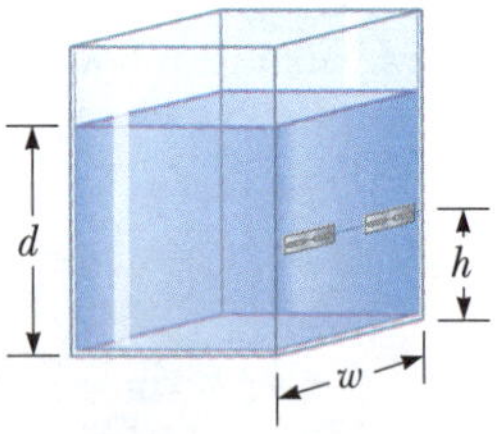

Figura P14.15
Problemas 15 e 16.

16. Revisão. O tanque na Figura P14.15 está cheio com água de profundidade d. No fundo de uma parede lateral há uma escotilha retangular de altura h e largura w que está presa por dobradiças em seu topo. (a) Determine o módulo da força que a água exerce sobre a escotilha. (b) Encontre o módulo do torque exercido pela água nas dobradiças.

17. Revisão. O pistão ① na Figura P14.17 tem um diâmetro de 0,250 polegadas. O pistão ② tem um diâmetro de 1,50 polegada. Determine a intensidade F da força necessária para suportar a carga de 500 libras na ausência de atrito.

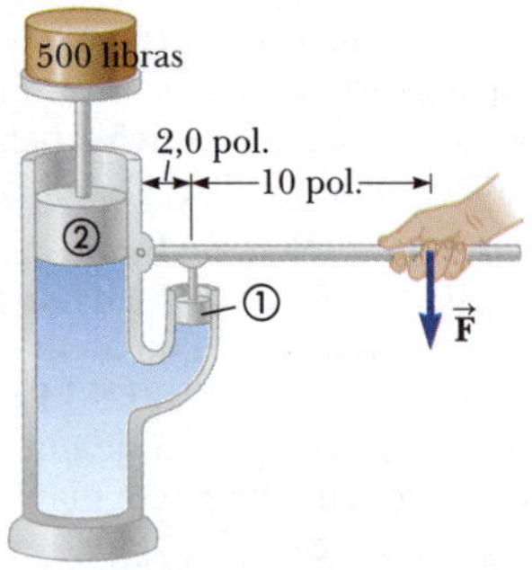

Figura P14.17

18. Revisão. Uma esfera sólida de latão (módulo volumétrico de 14,0 × 10^{10} N/m^2) com diâmetro de 3,00 m é lançada no oceano. Em quanto o diâmetro da esfera diminui quando ela afunda até uma profundidade de 1,0 km?

Seção 14.3 Medições de pressão

19. A pressão atmosférica normal é 1,013 × 10^5 Pa. A aproximação de uma tempestade faz com que a altura de um barômetro de mercúrio caia 20,0 mm de sua altura normal. Qual é a pressão atmosférica?

20. O cérebro e a medula espinhal humana são imersos em fluido cerebroespinhal. Este fluido normalmente é contínuo entre as cavidades cranial e espinhal e exerce uma pressão de 100 a 200 mm de H_2O acima da pressão atmosférica prevalecente. No trabalho médico, as pressões são frequentemente medidas em unidades de milímetros de H_2O porque tipicamente os fluidos corpóreos, incluindo o cerebroespinhal, têm a mesma densidade que a água. A pressão do fluido cerebroespinhal pode ser medida por meio de uma *punção lombar*, como ilustrado na Figura P14.20. Um tubo oco é inserido na coluna espinhal, e a altura até a qual o fluido sobe é observada. Se ele subir até uma altura de 160 mm, descrevemos sua pressão manométrica como 160 mm H_2O. (a) Expresse esta pressão em pascals, em atmosferas e em milímetros de mercúrio. (b) Algumas condições que bloqueiam ou inibem o fluxo do fluido cerebroespinhal podem ser investigadas por intermédio do *teste de Queckenstedt*. Neste procedimento, as veias do pescoço do paciente são comprimidas para aumentar a pressão sanguínea no cérebro, o que será transmitido ao fluido cerebroespinhal. Explique como o nível de fluido na punção lombar pode ser usado como uma ferramenta para diagnosticar a condição da espinha de um paciente.

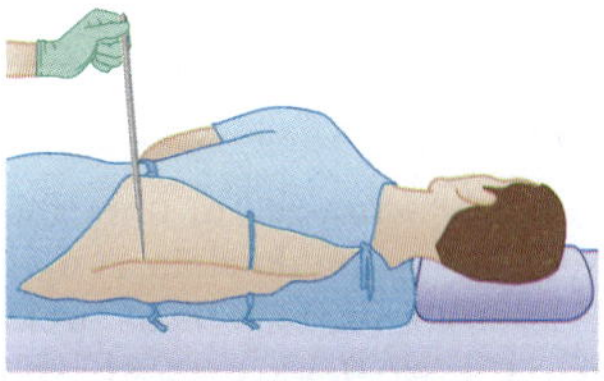

Figura P14.20

21. Blaise Pascal reproduziu o barômetro de Torricelli usando um vinho tinto Bordeaux, de densidade 984 kg/m^3, como líquido funcional (Fig. P14.21). (a) Qual era a altura h da coluna de vinho para uma pressão atmosférica normal? (b) Você esperaria que o vácuo acima da coluna fosse tão bom quanto para o mercúrio?

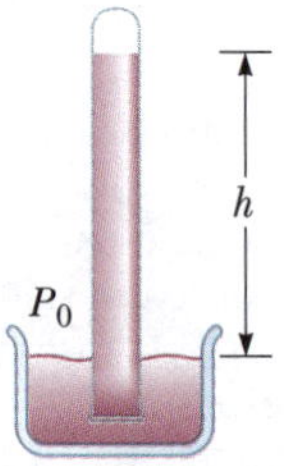

Figura P14.21

22. W Mercúrio é despejado em um tubo em forma de U, como mostrado na Figura P14.22a. O braço esquerdo do tubo tem área transversal A_1 de 10,0 cm^2, e o braço direito tem área transversal A_2 de 5,00 cm^2. Cem gramas de água são então despejados no braço direito, como mostra a Figura P14.22b. (a) Determine o comprimento da coluna de água no braço direito do tubo U. (b) Sendo que a densidade de mercúrio é 13,6 g/cm^3, que distância h o mercúrio sobe no braço esquerdo?

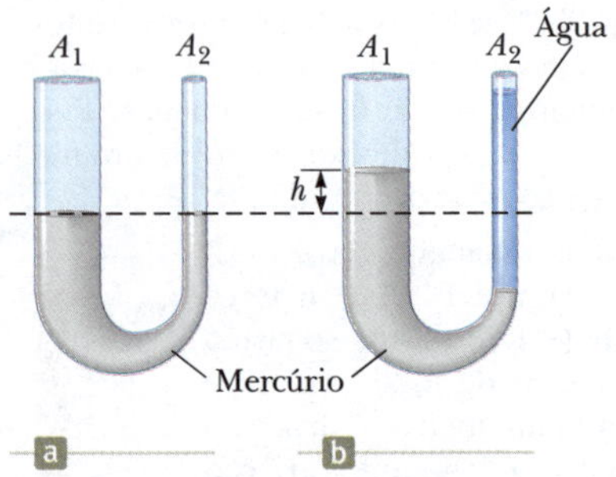

Figura P14.22

23. Uma piscina com base circular de diâmetro 6,00 m é cheia até uma profundidade de 1,50 m. (a) Encontre a pressão absoluta no fundo da piscina. (b) Duas pessoas com massa combinada de 150 kg entram na piscina e flutuam tranquilamente. Nenhuma água transborda. Encontre o aumento de pressão no fundo da piscina depois que elas entram e flutuam.

24. Um tanque com fundo plano de área A e lados verticais é cheio até uma profundidade h com água. A pressão é P_0 no topo da superfície. (a) Qual é a pressão absoluta no fundo do tanque? (b) Suponha que um objeto de massa M e densidade menor que a da água seja colocado no tanque e flutue. Nenhuma água transborda. Qual é o aumento de pressão resultante no fundo do tanque?

Seção 14.4 Forças de empuxo e o princípio de Arquimedes

25. Uma bola de tênis de mesa tem diâmetro de 3,80 cm e densidade média de 0,0840 g/cm^3. Que força é necessária para mantê-la completamente submersa na água?

26. A força gravitacional exercida sobre um objeto sólido é 5,00 N. Quando ele é suspenso por uma balança com mola e submerso na água, a balança marca 3,50 N (Fig. P14.26). Encontre a densidade do objeto.

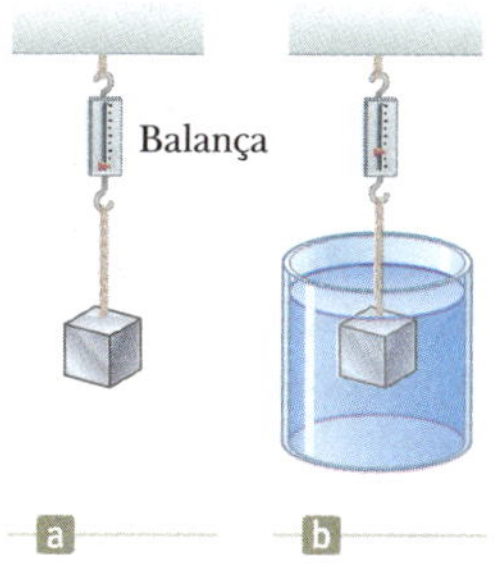

Figura P14.26 Problemas 26 e 27.

27. Um bloco de metal de 10,0 kg, medindo 12,0 cm por 10,0 cm por 10,0 cm, é suspenso de uma balança e imerso em água, como mostrado na Figura P14.26b. A dimensão de 12,0 cm é vertical, e o topo do bloco está a 5,00 cm abaixo da superfície da água. (a) Quais são os módulos das forças atuando sobre o topo e a base do bloco devidos à água circundante? (b) Qual é a leitura na balança de mola? (c) Mostre que a força de empuxo é igual à diferença entre as forças no topo e na base do bloco.

28. W Um balão leve é cheio com 400 m^3 de hélio em pressão atmosférica. (a) A 0 °C, que massa de carga o balão consegue levantar? (b) **E se?** Na Tabela 14.1, observe que a densidade do hidrogênio é quase a metade da do hélio. Que carga o balão levanta se for cheio com hidrogênio?

29. AMT M Um cubo de madeira com dimensão de aresta de 20,0 cm e densidade de 650 kg/m^3 flutua na água. (a) Qual é a distância da superfície horizontal de cima do cubo até o nível da água? (b) Que massa de chumbo deveria ser colocada sobre o cubo de modo que seu topo fique nivelado com a superfície da água?

30. Os Estados Unidos têm os dez maiores navios de guerra do mundo, os porta-aviões da classe *Nimitz*. Suponha que um dos navios flutue 11,0 cm mais alto que a água do oceano quando 50 aviões caça decolam em um intervalo de tempo de 25 min, em uma localização onde a aceleração em queda livre é de 9,78 m/s^2. Os aviões têm massa carregada média de 29.000 kg. Encontre a área horizontal englobada pela linha de água do navio.

31. M Uma esfera plástica flutua na água com 50,0% de seu volume submerso. Esta mesma esfera flutua em glicerina com 40,0% de seu volume submerso. Determine as densidades (a) da glicerina e (b) da esfera.

32. Uma embarcação esférica usada para exploração em alta profundidade tem raio de 1,50 m e massa de $1,20 \times 10^4$ kg. Para mergulhar, a embarcação leva massa sob a forma de água do mar. Determine a massa que a embarcação deve levar se deve descer a uma velocidade constante de 1,20 m/s quando a força resistiva sobre ela é 1.100 N na direção para cima. A densidade da água do mar é igual a $1,03 \times 10^3$ kg/m^3.

33. Um bloco de madeira de volume $5,24 \times 10^{-4}$ m^3 flutua na água, e um pequeno objeto de aço de massa m é colocado em cima dele. Quando $m = 0,310$ kg, o sistema está em equilíbrio e o topo do bloco de madeira está no nível da água. (a) Qual é a densidade da madeira? (b) O que acontece com o bloco quando o objeto de aço é substituído por outro cuja massa é menor que 0,310 kg? (c) O que acontece com o bloco quando o objeto de aço é substituído por outro cuja massa é maior que 0,310 kg?

34. O peso de um bloco retangular de material de baixa densidade é 15,0 N. O centro da sua face horizontal é preso ao fundo de uma proveta parcialmente cheia de água por um cordão fino. Quando 25,0% do volume do bloco está submerso, a tensão no cordão é 10,0 N. (a) Encontre a força de empuxo sobre o bloco. (b) Óleo de densidade 800 kg/m^3 é adicionado à proveta, formando uma camada sobre a água e ao redor do bloco. O óleo exerce forças em cada uma das quatro paredes laterais do bloco tocadas pelo óleo. Quais são as direções destas forças? (c) O que acontece com a tensão no cordão conforme o óleo é adicionado? Explique como o óleo tem este efeito sobre a tensão do cordão. (d) O cordão arrebenta quando sua tensão atinge 60,0 N. Neste momento, 25,0% do volume do bloco ainda estão abaixo da linha d'água. Que fração adicional do volume do bloco está abaixo da superfície superior do óleo?

35. Um balão meteorológico grande de massa 226 kg é cheio com gás hélio até que seu volume seja 325 m^3. Suponha que a densidade do ar seja 1,20 kg/m^3 e que a densidade do hélio seja 0,179 kg/m^3. (a) Calcule a força de empuxo atuando sobre o balão. (b) Encontre a força resultante no balão e determine se ele subirá ou descerá depois de ser solto. (c) Que massa adicional o balão pode suportar em equilíbrio?

36. *Densímetro* é um instrumento usado para determinar a densidade de líquidos. Um densímetro simples está desenhado na Figura P14.36. O bulbo de uma seringa é espremido e solto para deixar a atmosfera levantar uma amostra do líquido de interesse em um tubo contendo uma haste calibrada de densidade conhecida. A haste, de comprimento L e densidade média ρ_0, flutua parcialmente imersa no líquido de densidade ρ. Um comprimento h da haste é projetado acima da superfície do líquido. Mostre que a densidade do líquido é dada por

$$\rho = \frac{\rho_0 L}{L - h}$$

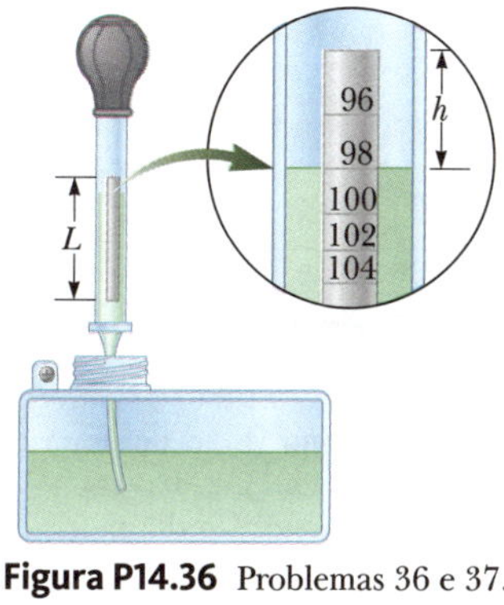

Figura P14.36 Problemas 36 e 37.

37. Tenha como referência o Problema 36 e a Figura P14.36. Um densímetro será construído com uma haste cilíndrica flutuante. Nove marcas fiduciárias serão colocadas na haste para indicar densidades de 0,98 g/cm³, 1,00 g/cm³, 1,02 g/cm³, 1,04 g/cm³, . . . , 1,14 g/cm³. A linha de marcas deve começar a 0,200 cm da extremidade superior da haste e terminar a 1,80 cm desta mesma extremidade. (a) Qual é o comprimento necessário para a haste? (b) Qual deve ser sua densidade média? (c) As marcas devem ter espaçamento igual? Justifique sua resposta.

38. Em 21 de outubro de 2001, Ian Ashpole, do Reino Unido, alcançou uma altitude recorde de 3,35 km (11.000 pés) propulsionado por 600 balões cheios de hélio. Cada balão cheio tinha raio de aproximadamente 0,50 m e massa estimada de 0,30 kg. (a) Estime a força de empuxo total sobre os 600 balões. (b) Estime a força total para cima em todos os 600 balões. (c) Ashpole voltou para a Terra de paraquedas depois que os balões começaram a explodir em alta altitude e a força de empuxo diminuiu. Por que os balões explodiram?

39. **M** Quantos metros cúbicos de hélio são necessários para levantar um balão com carga de 400 kg até uma altura de 8.000 m? Considere $\rho_{He} = 0{,}179\ \text{kg/m}^3$. Suponha que o balão mantenha um volume constante e que a densidade do ar diminua com a altitude z de acordo com a expressão $\rho_{ar} = \rho_0 e^{-z/8.000}$, onde z é em metros e $\rho_0 = 1{,}20\ \text{kg/m}^3$ é a densidade do ar no nível do mar.

Seção 14.5 Dinâmica dos fluidos

Seção 14.6 Equação de Bernoulli

40. Água fluindo por uma mangueira de diâmetro 2,74 cm enche um balde de 25 L em 1,50 min. (a) Qual é a velocidade da água saindo na ponta da mangueira? (b) Um bocal é preso à ponta da mangueira. Se o diâmetro do bocal é um terço do da mangueira, qual é a velocidade da água saindo dele?

41. **M** Um tanque de armazenamento grande, aberto no topo e cheio de água, tem um pequeno buraco em sua lateral a um ponto 16,0 m abaixo do nível da água. A taxa de fluxo do buraco é de $2{,}50 \times 10^{-3}\ \text{m}^3\text{/min}$. Determine (a) a velocidade na qual a água sai do buraco e (b) o diâmetro do buraco.

42. Água move-se regularmente por um cano apertado com fluxo ideal. No ponto mais baixo, mostrado na Figura P14.42, a pressão é $P_1 = 1{,}75 \times 10^4$ Pa e o diâmetro do cano é 6,00 cm. Em outro ponto $y = 0{,}250$ m mais alto, a pressão é $P_2 = 1{,}20 \times 10^4$ Pa e o diâmetro do cano é 3,00 cm. Encontre a velocidade do fluxo (a) na seção mais baixa e (b) na seção mais alta. (c) Encontre a taxa de fluxo de volume pelo cano.

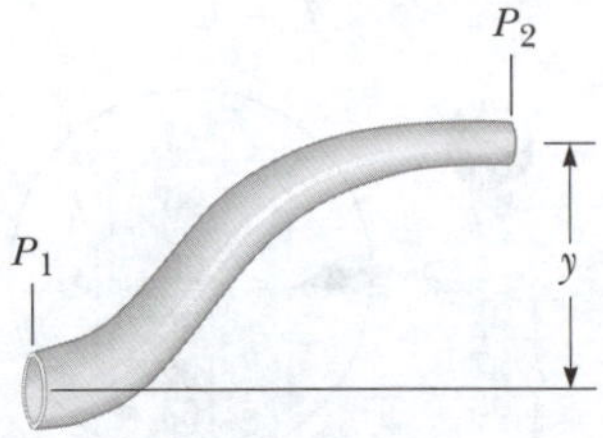

Figura P14.42

43. A Figura P14.43 mostra um fluxo constante de água de uma torneira de cozinha, cujo fluxo de água é regular, o diâmetro do fluxo é 0,960 cm. O fluxo enche um recipiente de 125 cm³ em 16,3 s. Encontre o diâmetro do fluxo 13,0 cm abaixo da abertura da torneira.

© Cengage Learning/George Semple

Figura PC14.43

44. Uma aldeia mantém um grande tanque aberto contendo água para emergências. A água pode ser drenada do tanque por uma mangueira de diâmetro 6,60 cm. A mangueira termina em um bocal de diâmetro 2,20 cm. Uma tampa de borracha é inserida no bocal. O nível da água no tanque é mantido em 7,50 m acima do bocal. (a) Calcule a força de atrito exercida pelo bocal sobre a tampa. (b) A tampa é removida. Que massa de água flui do bocal em 2 horas? (c) Calcule a pressão manométrica da água que flui na mangueira logo atrás do bocal.

45. Um lendário menino holandês salvou a Holanda colocando seu dedo em um buraco de diâmetro 1,20 cm que havia em um dique. Se o buraco fosse 2,00 m abaixo da superfície do Mar do Norte (densidade 1.030 kg/m³), (a) qual era a força no dedo dele? (b) Se ele puxasse o dedo para fora do buraco, durante qual intervalo de tempo a água liberada encheria 1 acre de terra até uma profundidade de 1 pé? Suponha que o buraco permaneça constante em tamanho.

46. Água passa por cima de uma represa de altura h com taxa de fluxo de massa de R, em unidades de quilogramas por segundo. (a) Mostre que a potência obtida da água é

$$P = Rgh$$

onde g é a aceleração da gravidade. (b) Cada unidade hidrelétrica na represa Grand Coulee recebe água a uma taxa de $8{,}50 = 10^5$ kg/s de uma altura de 87,0 m. A potência desenvolvida pela água que cai é convertida em eletricidade com eficiência de 85,0%. Quanta eletricidade cada unidade hidrelétrica produz?

47. Água é bombeada para cima do Rio Colorado para abastecer a aldeia de Grand Canyon Village, situada na borda do cânion. O rio está a uma elevação de 564 m, e a vila, também em elevação, a 2.096 m. Imagine que a água é bombeada por um cano longo com 15,0 cm de diâmetro, por uma única bomba na extremidade de baixo. (a) Qual é a pressão mínima com a qual a água deve ser bombeada se deve chegar até a aldeia? (b) Se 4.500 m³ de água são bombeados por dia, qual é a velocidade da água no cano? *Observação:* Suponha que a aceleração da gravidade e a densidade do ar sejam constantes nesta variação de elevações. As pressões calculadas são muito altas para um cano comum. Na realidade, a água é levantada em fases por várias bombas, através de canos mais curtos.

48. No fluxo ideal, um líquido de densidade 850 kg/m³ move-se de um tubo horizontal de raio 1,00 cm para um segundo tubo horizontal de raio 0,500 cm na mesma elevação que o primeiro. A pressão difere por ΔP entre o líquido no primeiro tubo e o do segundo. (a) Encontre a taxa de fluxo de volume como uma função de ΔP. Avalie a taxa de fluxo de volume para (b) $\Delta P = 6{,}00$ kPa e (c) $\Delta P = 12{,}0$ kPa.

49. O tubo de Venturi, discutido no Exemplo 14.8 e mostrado na Figura P14.49, pode ser usado como um medidor de fluxo de fluido. Suponha que o aparelho seja usado em um posto de gasolina para medir a taxa de fluxo de gasolina ($\rho = 7{,}00 \times 10^2$ kg/m^3) por uma mangueira com saída de raio 1,20 cm. Se a diferença na pressão é medida como $P_1 - P_2 = 1{,}20$ kPa e o raio do tubo de entrada para o medidor é 2,40 cm, encontre (a) a velocidade da gasolina quando sai da mangueira e (b) a taxa de fluxo de fluido em metros cúbicos por segundo.

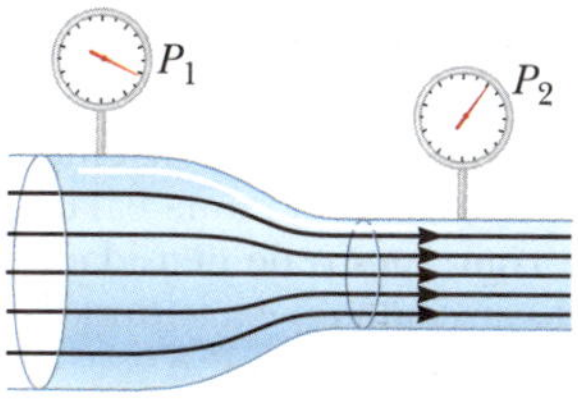

Figura P14.49

50. Revisão. O gêiser Old Faithful, no Yellowstone National Park, entra em erupção em intervalos de aproximadamente uma hora, e a altura da coluna de água atinge 40,0 m. (Fig. P14.50) (a) Modele o fluxo que sobe como uma série de gotículas separadas. Analise o movimento em queda livre de uma das gotículas para determinar a velocidade com a qual a água sai do solo. (b) **E se?** Modele o fluxo de água que sobe como um fluido ideal em um fluxo de corrente. Use a equação de Bernoulli para determinar a velocidade da água à medida que ela sai do nível do solo. (c) Como a resposta da parte (a) se compara com a da parte (b)? (d) Qual é a pressão (acima da atmosférica) na câmara aquecida no subsolo se sua profundidade é 175 m? Suponha que a câmara seja grande comparada à abertura do gêiser.

Videowokart/Shutterstock.com

Figura P14.50

Seção 14.7 Outras aplicações da dinâmica dos fluidos

51. Um avião está em velocidade constante a uma altitude de 10 km. A pressão fora da aeronave é de 0,287 atm; dentro do compartimento de passageiros, a pressão é de 1,00 atm e a temperatura é 20 °C. Um pequeno vazamento ocorre em um dos lacres da janela no compartimento de passageiros. Modele o ar como um fluido ideal para estimar a velocidade do fluxo de ar passando pelo vazamento.

52. Um avião tem massa de $1{,}60 \times 10^4$ kg, e cada asa tem área de 40,0 m^2. Durante um voo em nível, a pressão na superfície da asa mais baixa é $7{,}00 \times 10^4$ Pa. (a) Suponha que a elevação no avião fosse devida somente à diferença de pressão. Determine a pressão na superfície da asa mais alta. (b) Mais realisticamente, uma parte significante da elevação é por causa do desvio do ar para baixo pela asa. A inclusão desta força significa que a pressão na parte (a) é mais alta ou mais baixa? Explique.

53. Um sifão é usado para drenar água de um tanque como ilustrado na Figura P14.53. Suponha um fluxo regular sem atrito. (a) Se $h = 1{,}00$ m, encontre a velocidade do fluxo de saída na ponta do sifão. (b) **E se?** Qual é a limitação da altura do topo do sifão acima da sua extremidade final? *Observação:* Para que o fluxo do líquido seja contínuo, sua pressão não deve cair abaixo de sua pressão de vapor. Suponha que a água esteja a 20,0 °C quando a pressão de vapor é 2,3 kPa.

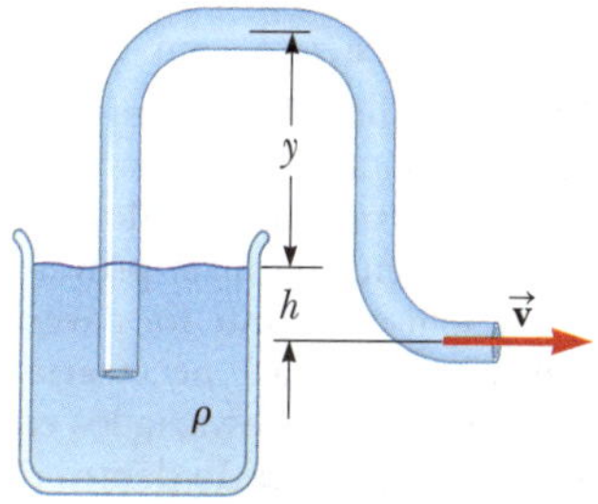

Figura P14.53

54. O efeito de Bernoulli pode ter consequências importantes para o planejamento de edifícios. Por exemplo, o vento pode soprar ao redor de um arranha-céu com velocidade extremamente alta, criando baixa pressão. A pressão atmosférica mais alta no ar parado dentro de edifícios pode levar os vidros a explodir. Do modo como foi originalmente construído, o Edifício John Hancock, em Boston, teve várias janelas que explodiram e caíram muitos andares até a calçada embaixo. (a) Suponha que um vento horizontal sopre com velocidade de 11,2 m/s do lado de fora de um grande painel de vidro com dimensões 4,00 m $\times$ 1,50 m. Suponha que a densidade do ar seja constante a 1,20 kg/m^3. O ar dentro do edifício está à pressão atmosférica. Qual é a força total exercida pelo ar sobre o vidro da janela? (b) **E se?** Se um segundo arranha-céu é construído perto do primeiro, a velocidade do ar pode ser especialmente alta onde o vento passa pela separação estreita entre os edifícios. Resolva a parte (a) novamente com velocidade do vento de 22,4 m/s, o dobro.

55. **M** Uma seringa hipodérmica contém um medicamento com a densidade da água (Fig. P14.55). O cano da seringa tem área transversal $A = 2{,}50 \times 10^{-5}$ m^2, e a agulha tem área transversal $a = 1{,}00 \times 10^{-8}$ m^2. Na ausência de uma força no êmbolo, a pressão em todos os pontos é 1,00 atm. Uma força $\vec{F}$ de módulo 2,00 N atua sobre o êmbolo, fazendo o medicamento esguichar horizontalmente da agulha. Determine a velocidade do medicamento conforme sai da ponta da agulha.

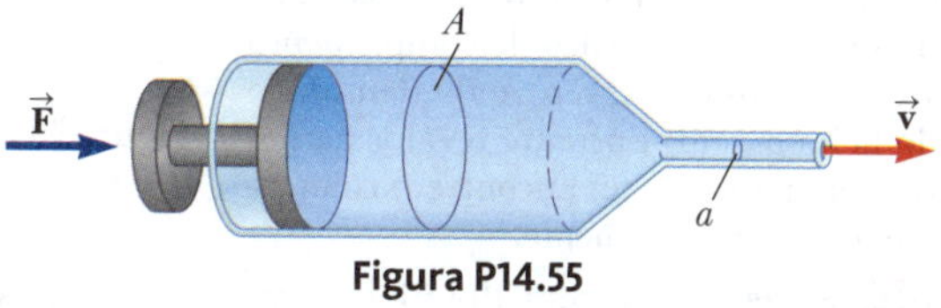

Figura P14.55

Problemas Adicionais

56. Décadas atrás, acreditava-se que enormes dinossauros herbívoros, como o *Apatosaurus* e o *Brachiosaurus* habitualmente caminhavam no fundo de lagos, estendendo seus longos pescoços até a superfície para respirarem. O *Brachiosaurus* tinha suas narinas no topo de sua cabeça. Em 1977, Knut Schmidt-Nielsen salientou que a respiração exigia um trabalho muito grande para uma criatura como essa. Para um modelo simples, considere uma amostra composta de 10,0 L de ar à pressão absoluta de 2,00 atm, com densidade de 2,40 kg/m³, localizada na superfície de um lago de água doce. Determine o trabalho necessário para transportá-la a uma profundidade de 10,3 m, com sua temperatura, seu volume e pressão permanecendo constantes. Este investimento em energia é maior do que a energia que pode ser obtida pelo metabolismo do alimento com o oxigênio nessa quantidade de ar.

57. **W** (a) Calcule a pressão absoluta a uma profundidade de 1.000 m no oceano. Suponha que a densidade da água do mar seja 1.030 kg/m³ e que o ar acima exerça uma a pressão de 101,3 kPa. (b) A esta profundidade, qual é a força de empuxo sobre um submarino esférico com diâmetro de 5,00 m?

58. Em 1657, Otto von Guericke, inventor da bomba de ar, esvaziou uma esfera feita de dois hemisférios de latão (Fig. P14.58). Dois grupos com oito cavalos cada separaram os hemisférios somente em algumas provas e "com enorme dificuldade", e o som resultante foi parecido com um tiro de canhão. Encontre a força F necessária para separar os hemisférios de paredes finas esvaziados em termos de R, o raio dos hemisférios; P, a pressão dentro dos hemisférios; e a pressão atmosférica P_0.

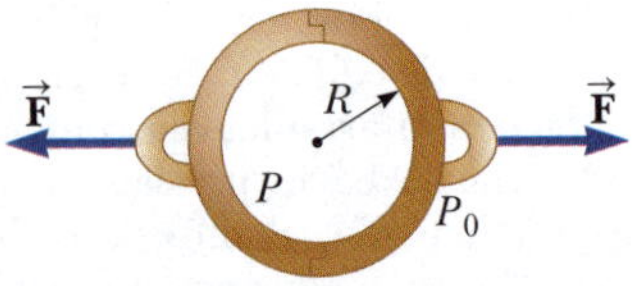

Figura P14.58

59. Uma bola esférica de alumínio de massa 1,26 kg contém uma cavidade esférica vazia que é concêntrica com a bola. A bola mal consegue flutuar na água. Calcule (a) o raio externo da bola e (b) o raio da cavidade.

60. **PD** Um balão cheio de gás hélio (cujo massa, vazio, é m_b = 0,250 kg) é preso a um cordão uniforme de comprimento ℓ = 2,00 m e massa m = 0,0500 kg. O balão é esférico com raio de r = 0,400 m. Quando liberado no ar a uma temperatura de 20 °C e densidade ρ_{ar} = 1,20 kg/m³, ele levanta um comprimento h de cordão e depois permanece estacionário, como mostrado na Figura P14.60. Queremos saber o comprimento do cordão levantado pelo balão. (a) Quando o balão permanece estacionário, qual é o modelo de análise adequado para descrevê-lo? (b) Escreva uma equação de força para o balão a partir deste modelo em termos da força de empuxo B, do peso F_b do balão, do peso F_{He} do hélio, e do peso F_s do segmento de cordão de comprimento h. (c) Faça uma substituição adequada para cada uma destas forças e resolva simbolicamente para a massa m_s do segmento de cordão de comprimento h em termos de m_b, r, ρ_{ar} e da densidade do hélio ρ_{He}. (d) Encontre o valor numérico da massa m_s. (e) Encontre o comprimento h numericamente.

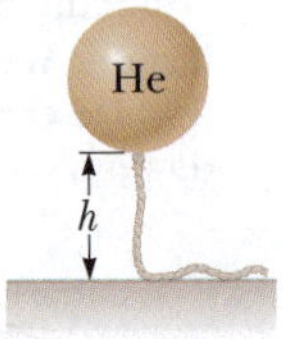

Figura P14.60

61. **AMT** **Revisão.** A Figura P14.61 mostra uma válvula separando o reservatório de um tanque de água. Se esta válvula for aberta, qual é a altura máxima acima do ponto B que o fluxo de água saindo pelo lado direito do tanque alcança? Suponha que h = 10,0 m, L = 2,00 m e θ = 30,0°, e que a área transversal em A seja muito grande comparada àquela em B.

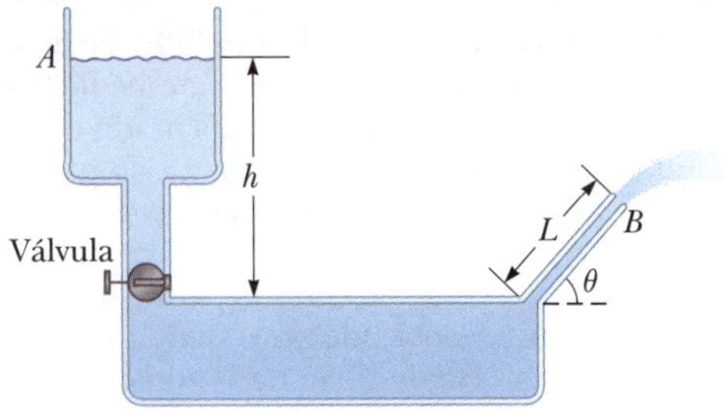

Figura P14.61

62. O peso verdadeiro de um objeto pode ser medido no vácuo, onde não há forças de empuxo. No entanto, uma medição no ar é perturbada pelas forças de empuxo. Um objeto de volume V é pesado no ar em uma balança de braços iguais com o uso de contrapesos de densidade ρ. Representando a densidade do ar como ρ_{ar} e a leitura da balança como F'_g, mostre que o peso verdadeiro F_g é

$$F_g = F'_g + \left(V - \frac{F'_g}{\rho g}\right)\rho_{ar} g$$

63. Água é forçada para fora de um extintor de incêndio pela pressão do ar, como mostrado na Figura P14.63. Que pressão manométrica do ar no tanque é necessária para que o jato de água tenha uma velocidade de 30,0 m/s quando o nível da água está 0,500 m abaixo do bocal?

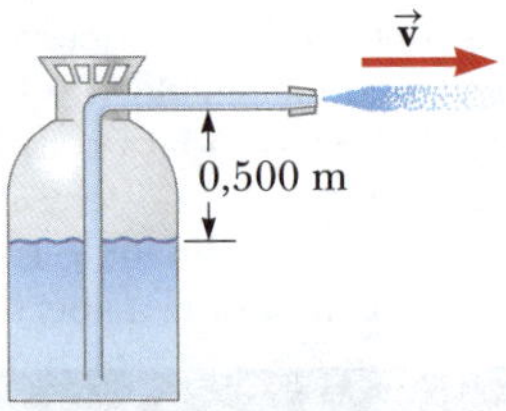

Figura P14.63

64. **Revisão.** Suponha que um determinado líquido, com densidade 1.230 kg/m³, não exerça nenhuma força de atrito sobre objetos esféricos. Uma bola de massa 2,10 kg e raio 9,00 cm é jogada do repouso em um tanque fundo deste líquido, de uma altura de 3,30 m acima da superfície. (a) Encontre a velocidade com que a bola entra no líquido. (b) Avalie os módulos das duas forças que são exercidas sobre a bola conforme ela se move pelo líquido. (c) Explique por que a bola se move para baixo no líquido somente por uma distância limitada, e calcule esta distância. (d) Com que velocidade a bola vai sair de dentro do líquido? (e) Como o intervalo de tempo Δt_{baixo}, durante o qual a bola se move da superfície para seu ponto mais baixo, se compara com o intervalo de tempo Δt_{cima} para o trajeto de retorno entre os dois mesmos pontos? (f) **E se?** Agora, modifique o modelo para supor que o líquido exerce uma pequena força de atrito sobre a bola, de direção oposta a seu movimento. Neste caso, como os intervalos de tempo Δt_{baixo} e Δt_{cima} se comparam? Explique sua resposta com um argumento conceitual, não com cálculo numérico.

65. **AMT** **Revisão.** Uma mola leve de constante k = 90,0 N/m é presa verticalmente a uma mesa (Fig. P14.65a). Um balão de 2,00 g é cheio com hélio (densidade = 0,179 kg/m³) até um volume de 5,00 m³ e é, então, conectado à mola por uma corda leve, fazendo com que a mola se estique, como mostra a Figura P14.65b. Determine a distância de extensão L quando o balão está em equilíbrio.

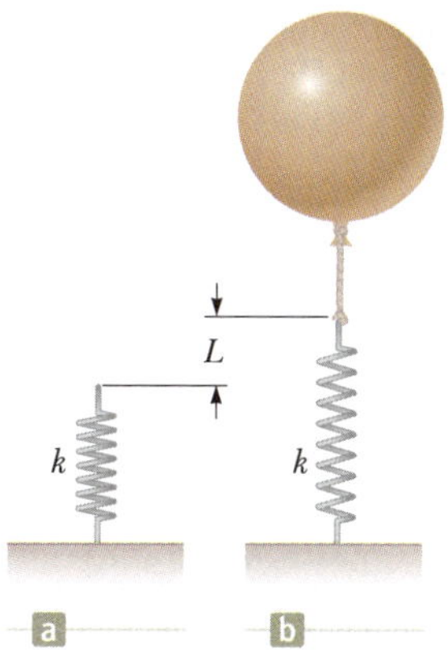

Figura P14.65

66. Para uma ordem de grandeza, quantos balões preenchidos com gás hélio seriam necessários para levantar você do solo? Uma vez que o hélio é um recurso insubstituível, desenvolva uma resposta teórica em vez de uma resposta experimental. Em nossa solução, defina quais quantidades físicas você admite como dados e os valores que você mede ou estima para elas.

67. Um menino de 42,0 kg usa um bloco sólido de isopor como balsa enquanto pesca em um lago. O isopor tem área de 1,00 m^2 e 0,0500 m de espessura. Enquanto está sentado na superfície, o menino descobre que a balsa o suporta de modo que o topo dela está no nível do lago. Determine a densidade do isopor.

68. Um parâmetro comum que pode ser usado para prever a turbulência no fluxo de um fluido é chamado número de Reynolds. O número de Reynolds para o fluxo de fluido em um tubo é uma quantidade adimensional definida como

$$\text{Re} = \frac{\rho v d}{\mu}$$

onde ρ é a densidade do fluido, v é a sua velocidade, d é o diâmetro interno do tubo, e μ é a viscosidade do fluido. A viscosidade é uma medida da resistência interna de um líquido a fluir e tem unidades de Pa × S. Os critérios para o tipo de fluxo são os seguintes:

- Se Re < 2.300, o fluxo é laminar.
- Se 2.300 < Re < 4.000, o fluxo está em uma região de transição entre laminar e turbulento.
- Se Re > 4.000, o fluxo é turbulento.

(a) Modele o sangue de densidade 1,06 × 103 kg/m3 e viscosidade 3,00 × 10^{-3} Pa · s, como um líquido puro, isto é, ignore o fato de que ele contém glóbulos vermelhos. Suponha que ele está fluindo em uma grande artéria de raio 1,50 cm com uma velocidade de 0,0670 m/s. Mostre que o fluxo é laminar. (b) Imagine que a artéria termina em um único capilar de modo que o raio da artéria reduza a um valor muito menor. Qual é o raio do capilar que tornaria o fluxo turbulento? (c) Os capilares reais têm raios de cerca de 5 – 10 micrômetros, muito menores do que o valor da parte (b). Por que o fluxo nos capilares reais não se torna turbulento?

69. Evangelista Torricelli foi a primeira pessoa a perceber que vivemos no fundo de um oceano de ar. Ele conjeturou corretamente que a pressão da nossa atmosfera é atribuível ao peso do ar. A densidade do ar a 0 °C na superfície da Terra é 1,29 kg/m^3. Esta densidade diminui com maior altitude (conforme a atmosfera fica rarefeita). Por outro lado, se supormos que a densidade seja constante a 1,29 kg/m^3 até uma altitude h, e seja zero acima desta altitude, então h representaria a profundidade do oceano de ar. (a) Use este modelo para determinar o valor de h que dá uma pressão de 1,00 atm na superfície da Terra. (b) O pico do Monte Everest se elevaria acima da superfície de tal atmosfera?

70. Revisão. Em relação à represa estudada no Exemplo 14.4 e mostrada na Figura 14.5, (a) mostre que o torque total exercido pela água atrás da represa por um eixo horizontal que passa por O é $\frac{1}{6}\rho g w H^3$. (b) Mostre que a linha efetiva de ação da força total exercida pela água está a uma distância $\frac{1}{3}H$ acima de O.

71. Uma proveta de 1,00 kg contendo 2,00 kg de óleo (densidade = 916,0 kg/m^3) repousa em uma balança. Um bloco de ferro de 2,00 kg suspenso de uma balança de mola é completamente submerso no óleo, como mostra a Figura P14.71. Determine a leitura de equilíbrio nas duas balanças.

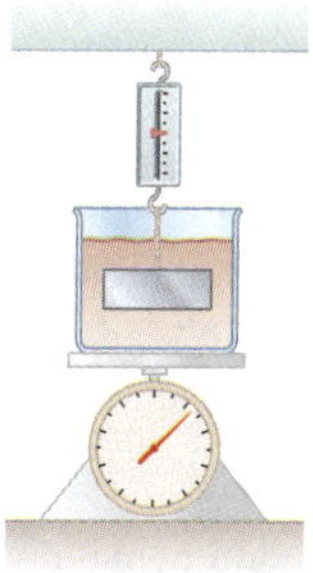

Figura P14.71 Problemas 71 e 72.

72. Uma proveta de massa m_b contendo óleo de massa m_o e densidade ρ_o repousa em uma balança. Um bloco de ferro de massa m_{Fe} suspenso de uma balança de mola é completamente submerso no óleo, como mostrado na Figura P14.71. Determine a leitura de equilíbrio nas duas balanças.

73. Em 1983, os Estados Unidos começaram a cunhar moedas de um centavo em zinco coberto de cobre, em vez de cobre puro. A massa do antigo centavo de cobre é 3,083 g, e a da nova moeda é 2,517 g. A densidade do cobre é 8,920 g/cm^3 e a do zinco é 7,133 g/cm^3. A moeda antiga e a nova têm o mesmo volume. Calcule o percentual de zinco (por volume) na moeda nova.

74. Revisão. Uma haste cilíndrica longa, de raio r é pesada em uma extremidade de modo que ela flutua na posição vertical em um fluido que tem uma densidade ρ. Ela é puxada para baixo a uma distância x de sua posição de equilíbrio e então é liberada. Mostre que a haste executará um movimento harmônico simples se os efeitos resistivos do fluido forem desprezíveis e determine o período das oscilações.

75. Revisão. A Figura P14.75 mostra as partes essenciais de um sistema de frenagem hidráulica. A área do pistão no cilindro mestre é 1,8 cm^2, e a área do pistão no cilindro do freio é 6,4 cm^2. O coeficiente de atrito entre a sapata e a roda do tambor é 0,50. Se a roda tem raio de 34 cm, determine o torque de atrito sobre o eixo quando uma força de 44 N é exercida sobre o pedal do freio.

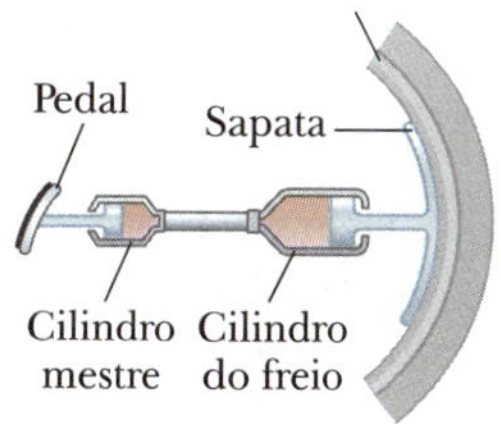

Figura P14.75

76. O *termômetro de fluido em vidro*, inventado em Florença, na Itália, por volta de 1654, consiste de um tubo de líquido (o fluido) contendo uma série de esferas de vidro submersas com massas ligeiramente diferentes (Figura P14.76). Em temperaturas suficientemente baixas, todas as esferas flutuam, mas à medida que a temperatura aumenta, as esferas afundam, uma após a outra. O dispositivo é uma ferramenta rudimentar, mas interessante para media a temperatura. Suponha que o tubo é preenchido com álcool etílico, cuja densidade é de 0,78945 g/cm^3 a 20,0 °C e diminui para 0,78097 g/cm^3 a 30,0 °C. (a) Supondo que uma das esferas tem um raio de 1.000 cm e está em equilíbrio na metade do tubo a 20,0 °C, determine sua massa. (b) Quando a temperatura aumenta para 30,0 °C, que massa uma segunda esfera de mesmo raio deve ter para estar em equilíbrio no ponto médio? (c) A 30,0 °C, a primeira esfera cai para o fundo do tubo. Que força para cima o fundo do tubo exerce sobre esta esfera?

Figura P14.76

77. Revisão. Um disco uniforme de massa 10,0 kg e raio 0,250 m gira a 300 rev/min em um eixo de baixo atrito. Ele deve ser parado em 1,00 min por uma pastilha de freio que faz contato com o disco em uma distância média de 0,220 m do eixo. O coeficiente de atrito cinético entre a pastilha e o disco é 0,500. Um pistão em um cilindro de diâmetro 5,00 cm comprime a pastilha de freio contra o disco. Encontre a pressão necessária para o fluido do freio no cilindro.

78. Revisão. Em uma pistola de água, um pistão guia a água por um tubo grande de área A_1 até um tubo menor de área A_2, como mostrado na Figura P14.78. O raio do tubo grande é 1,00 cm, e o do tubo pequeno é 1,00 mm. O tubo menor está 3,00 cm acima do maior. (a) Se a pistola é disparada horizontalmente a uma altura de 1,50 m, determine o intervalo de tempo necessário para que a água vá do bocal até o chão. Ignore a resistência do ar e considere que a pressão atmosférica é 1,00 atm. (b) Se a extensão desejada do jato é 8,00 m, com que velocidade v_2 o jato deve sair do bocal? (c) Com que velocidade v_1 o êmbolo deve ser movido para atingir a extensão desejada? (d) Qual é a pressão no bocal? (e) Encontre a pressão necessária no tubo maior. (f) Calcule a força que deve ser exercida no gatilho para alcançar a extensão desejada. (A força que deve ser exercida é devida à pressão acima e por cima da pressão atmosférica).

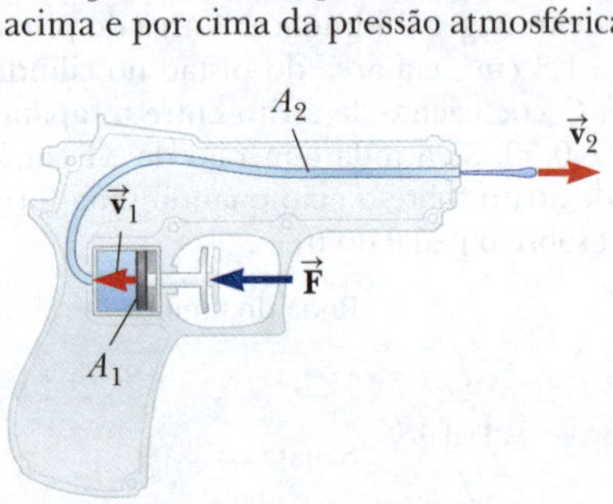

Figura P14.78

79. Um fluido incompressível e não viscoso está inicialmente em repouso na porção vertical do cano mostrado na Figura P14.79a, onde L = 2,00 m. Quando a válvula é aberta, o fluido flui na seção horizontal do cano. Qual é a velocidade do fluido quando todo ele está na seção horizontal, como mostra a Figura P14.79b? Considere que a área transversal do cano inteiro é constante.

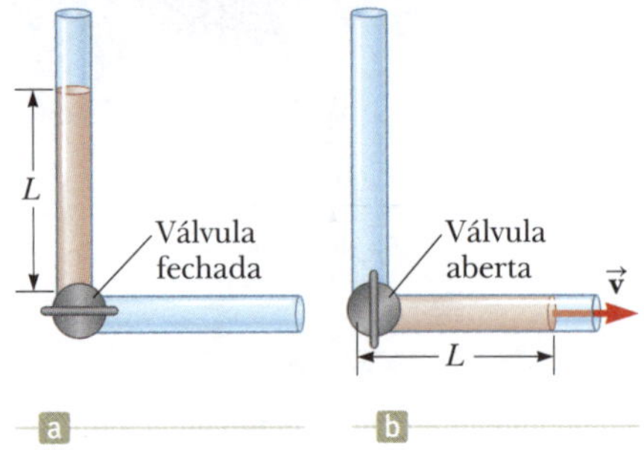

Figura P14.79

80. O abastecimento de água de um edifício vem de um cano principal de 6,00 cm de diâmetro. Uma torneira de 2,00 cm de diâmetro, localizada 2,00 m acima do cano principal, enche um recipiente de 25,0 L em 30,0 s. (a) Qual é a velocidade com que a água sai da torneira? (b) Qual é a pressão manométrica no cano principal de 6 cm? Suponha que a torneira seja o único "vazamento" no edifício.

81. Um tubo em forma de U aberto nas duas pontas é parcialmente cheio com água (Fig. P14.81a). Óleo com densidade 750 kg/m^3 é despejado no braço direito e forma uma coluna L = 5,00 cm de altura (Fig. P14.81b). (a) Determine a diferença h nas alturas das duas superfícies líquidas. (b) O braço direito é protegido de qualquer movimento de ar enquanto ar é soprado pelo topo do braço esquerdo até que as superfícies dos dois líquidos estejam na mesma altura (Fig. P14.81c). Determine a velocidade do ar sendo soprado pelo braço esquerdo. Suponha que a densidade do ar seja constante a 1,20 kg/m^3.

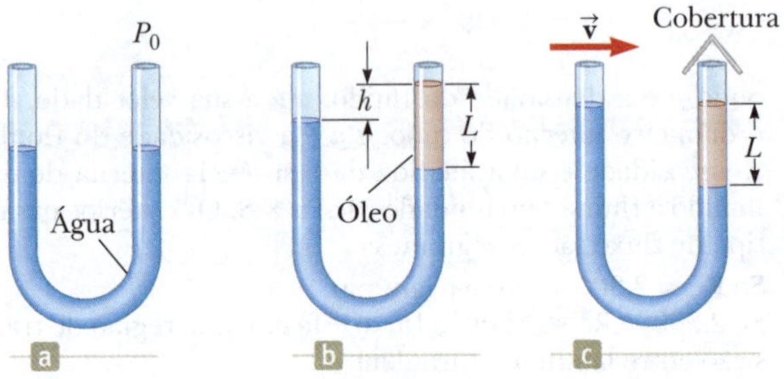

Figura P14.81

82. Uma mulher está drenando seu aquário utilizando um sifão para escoar a água para um ralo externo, como mostrado na Figura P14.82. O tanque retangular tem área útil A e profundidade h. O ralo está situado a uma distância d abaixo da superfície da água no tanque, onde $d >> h$. A área transversal do tubo do sifão é A. Modele a água como fluindo sem atrito. Mostre que o intervalo de tempo necessário para esvaziar o tanque é dado por

$$\Delta t = \frac{Ah}{A'\sqrt{2gd}}$$

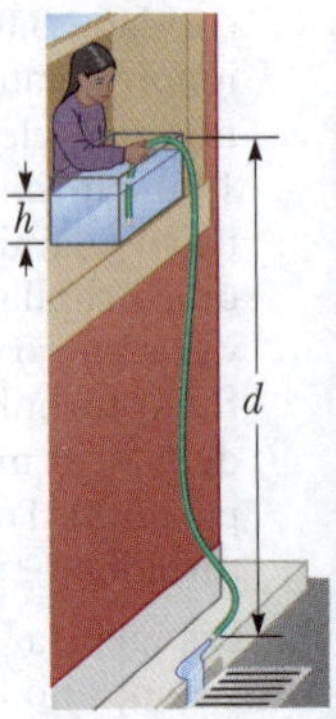

Figura P14.82

83. O porão de um barco experimental deve ser levantado acima da água por um hidrofólio montado abaixo de sua quilha, como mostrado na Figura P14.83. O hidrofólio tem formato de asa de avião. Sua área projetada sobre uma superfície horizontal é A. Quando o barco é rebocado a uma velocidade suficientemente alta, água de densidade ρ move-se em um fluxo de corrente, de modo que sua velocidade média no topo do hidrofólio é n vezes maior que sua velocidade v_b embaixo do hidrofólio. (a) Ignorando a força de empuxo, mostre que a força de elevação para cima exercida pela água sobre o hidrofólio tem módulo

$$F \approx \tfrac{1}{2}(n^2 - 1)\rho v_b{}^2 A$$

(b) O barco tem massa M. Mostre que a velocidade de deslanche é dada por

$$v \approx \sqrt{\frac{2Mg}{(n^2 - 1)A\rho}}$$

Figura P14.83

84. M Um jato de água esguicha para fora horizontalmente a partir de um furo na parte inferior do tanque mostrado na Figura P14.84. Se o buraco tem um diâmetro de 3,50 mm, qual é a altura h do nível de água no tanque?

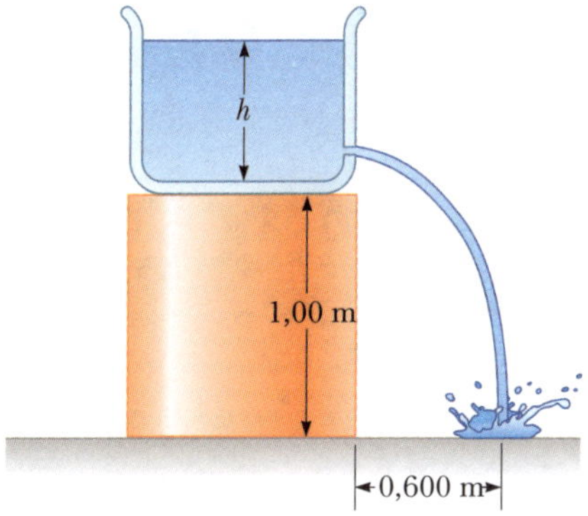

Figura P14.84

Problemas de Desafio

85. Um cubo de gelo com faces medindo 20,0 mm flutua em um copo de água gelada, e uma das faces do cubo está paralela à superfície da água. (a) A que distância abaixo da superfície da água está a face de baixo do cubo? (b) Álcool etílico gelado é despejado suavemente na superfície da água para formar uma camada de 5,00 mm de espessura acima da água. O álcool não se mistura com a água. Quando o cubo de gelo atinge equilíbrio hidrostático novamente, qual é a distância do topo da água até a face de baixo do cubo? (c) Mais álcool etílico gelado é despejado sobre a superfície da água até que a superfície de cima do álcool coincida com a de cima do cubo de gelo (em equilíbrio hidrostático). Qual é a espessura da camada de álcool etílico necessária?

86. *Por que a seguinte situação é impossível?* Uma barcaça carrega uma pequena carga de peças de ferro ao longo de um rio. A pilha de ferro tem forma de cone, para o qual o raio r da sua base é igual à sua altura central h. A barcaça é quadrada, com lados verticais de comprimento $2r$, de maneira que a pilha de ferro chega às suas beiradas. A barcaça se aproxima de uma ponte baixa, e o capitão percebe que o topo da pilha de ferro não passará embaixo da ponte. Ele ordena que a tripulação jogue pedaços de ferro na água para reduzir a altura da pilha. Enquanto o ferro é removido da pilha, a pilha sempre tem o formato de cone, cujo diâmetro é igual ao comprimento lateral da barcaça. Depois que certo volume de ferro é removido da barcaça, ela passa por baixo da ponte sem que o topo da pilha bata na ponte.

87. Mostre que a variação da pressão atmosférica com altitude é dada por $P = P_0 e^{-\alpha y}$, onde $\alpha = \rho_0 g/\rho P_0$. P_0 é a pressão atmosférica em algum nível de referência $y = 0$, e ρ_0 é a densidade atmosférica neste nível. Suponha que a diminuição na pressão atmosférica por uma variação infinitesimal na altitude (de modo que a densidade é aproximadamente uniforme durante a variação infinitesimal) possa ser expressa a partir da Equação 14.4 como $dP = -\rho g\ dy$. Suponha também que a densidade do ar seja proporcional à pressão, que, como veremos no Capítulo 6 do Volume 2, é equivalente a supor que a temperatura do ar é a mesma em todas as altitudes.

apêndice A

Tabelas

TABELA A.1 *Fatores de conversão*

	m	cm	km	pol	pé	mi
1 metro	1	10^2	10^{-3}	39,37	3,281	$6{,}214 \times 10^{-4}$
1 centímetro	10^{-2}	1	10^{-5}	0,3937	$3{,}281 \times 10^{-2}$	$6{,}214 \times 10^{-6}$
1 quilômetro	10^3	10^5	1	$3{,}937 \times 10^4$	$3{,}281 \times 10^3$	0,6214
1 polegada	$2{,}540 \times 10^{-2}$	2,540	$2{,}540 \times 10^{-5}$	1	$8{,}333 \times 10^{-2}$	$1{,}578 \times 10^{-5}$
1 pé	0,3048	30,48	$3{,}048 \times 10^{-4}$	12	1	$1{,}894 \times 10^{-4}$
1 milha	1.609	$1{,}609 \times 10^5$	1,609	$6{,}336 \times 10^4$	5.280	1

Massa

	kg	g	slug	u
1 quilograma	1	10^3	$6{,}852 \times 10^{-2}$	$6{,}024 \times 10^{26}$
1 grama	10^{-3}	1	$6{,}852 \times 10^{-5}$	$6{,}024 \times 10^{23}$
1 slug	14,59	$1{,}459 \times 10^4$	1	$8{,}789 \times 10^{27}$
1 unidade de massa atômica	$1{,}660 \times 10^{-27}$	$1{,}660 \times 10^{-24}$	$1{,}137 \times 10^{-28}$	1

Nota: 1 ton métrica = 1.000 kg.

Tempo

	s	min	h	dia	ano
1 segundo	1	$1{,}667 \times 10^{-2}$	$2{,}778 \times 10^{-4}$	$1{,}157 \times 10^{-5}$	$3{,}169 \times 10^{-8}$
1 minuto	60	1	$1{,}667 \times 10^{-2}$	$6{,}994 \times 10^{-4}$	$1{,}901 \times 10^{-6}$
1 hora	3.600	60	1	$4{,}167 \times 10^{-2}$	$1{,}141 \times 10^{-4}$
1 dia	$8{,}640 \times 10^4$	1.440	24	1	$2{,}738 \times 10^{-5}$
1 ano	$3{,}156 \times 10^7$	$5{,}259 \times 10^5$	$8{,}766 \times 10^3$	365,2	1

Velocidade

	m/s	cm/s	pé/s	mi/h
1 metro por segundo	1	10^2	3,281	2,237
1 centímetro por segundo	10^{-2}	1	$3{,}281 \times 10^{-2}$	$2{,}237 \times 10^{-2}$
1 pé por segundo	0,3048	30,48	1	0,6818
1 milha por hora	0,4470	44,70	1,467	1

Nota: 1 mi/min = 60 mi/h = 88 pé/s.

Força

	N	lb
1 newton	1	0,2248
1 libra	4,448	1

(Continua)

TABELA A.1 *Fatores de conversão (continuação)*

Energia, transferência de energia

	J	pé· lb	eV
1 joule	1	0,7376	$6,242 \times 10^{18}$
1 pé-libra	1,356	1	$8,464 \times 10^{18}$
1 elétron-volt	$1,602 \times 10^{-19}$	$1,182 \times 10^{-19}$	1
1 caloria	4,186	3,087	$2,613 \times 10^{19}$
1 unidade térmica inglesa	$1,055 \times 10^{3}$	$7,779 \times 10^{2}$	$6,585 \times 10^{21}$
1 quilowatt-hora	$3,600 \times 10^{6}$	$2,655 \times 10^{6}$	$2,247 \times 10^{25}$

	cal	Btu	kWh
1 joule	0,2389	$9,481 \times 10^{-4}$	$2,778 \times 10^{-7}$
1 pé-libra	0,3239	$1,285 \times 10^{-3}$	$3,766 \times 10^{-7}$
1 elétron-volt	$3,827 \times 10^{-20}$	$1,519 \times 10^{-22}$	$4,450 \times 10^{-26}$
1 caloria	1	$3,968 \times 10^{-3}$	$1,163 \times 10^{-6}$
1 unidade térmica inglesa	$2,520 \times 10^{2}$	1	$2,930 \times 10^{-4}$
1 quilowatt-hora	$8,601 \times 10^{5}$	$3,413 \times 10^{2}$	1

Pressão

	Pa	atm
1 pascal	1	$9,869 \times 10^{-6}$
1 atmosfera	$1,013 \times 10^{5}$	1
1 centímetro de mercúrio[a]	$1,333 \times 10^{3}$	$1,316 \times 10^{-2}$
1 libra por polegada quadrada	$6,895 \times 10^{3}$	$6,805 \times 10^{-2}$
1 libra por pé quadrado	47,88	$4,725 \times 10^{-4}$

	cm Hg	lb/pol²	lb/pé²
1 pascal	$7,501 \times 10^{-4}$	$1,450 \times 10^{-4}$	$2,089 \times 10^{-2}$
1 atmosfera	76	14,70	$2,116 \times 10^{3}$
1 centímetro de mercúrio[a]	1	0,1943	27,85
1 libra por polegada quadrada	5,171	1	144
1 libra por pé quadrado	$3,591 \times 10^{-2}$	$6,944 \times 10^{-3}$	1

[a] A 0 °C e em um local onde a aceleração da gravidade tem seu valor "padrão", 9,80665 m/s².

TABELA A.2 *Símbolos, dimensões e unidades de quantidades físicas*

Quantidade	Símbolo comum	Unidade[a]	Dimensões[b]	Unidade em termos de unidades base SI
Aceleração	$\vec{\mathbf{a}}$	m/s²	L/T²	m/s²
Quantidade de substância	n	MOL		mol
Ângulo	θ, ϕ	radiano (rad)	1	
Aceleração angular	$\vec{\boldsymbol{\alpha}}$	rad/s²	T^{-2}	s^{-2}
Frequência angular	ω	rad/s	T^{-1}	s^{-1}
Momento angular	$\vec{\mathbf{L}}$	kg · m²/s	ML²/T	kg · m²/s
Velocidade angular	$\vec{\boldsymbol{\omega}}$	rad/s	T^{-1}	s^{-1}
Área	A	m²	L²	m²
Número atômico	Z			
Capacitância	C	farad (F)	Q^2T^2/ML^2	$A^2 \cdot s^4/kg \cdot m^2$
Carga	q, Q, e	coulomb (C)	Q	A · s

(continua)

TABELA A.2 *Símbolos, dimensões e unidades de quantidades físicas (continuação)*

Quantidade	Símbolo comum	Unidade[a]	Dimensões[b]	Unidade em termos de unidades base SI
Densidade de carga				
Linha	λ	C/m	Q/L	A · s/m
Superfície	σ	C/m^2	Q/L^2	A · s/m^2
Volume	ρ	C/m^3	Q/L^3	A · s/m^3
Condutividade	σ	1/Ω · m	Q^{2}T/ML^3	A^2 · s^3/kg · m^3
Corrente	I	AMPÈRE	Q/T	A
Densidade de corrente	J	A/m^2	Q/TL^2	A/m^2
Densidade	ρ	kg/m^3	M/L^3	kg/m^3
Constante dielétrica	κ			
Momento de dipolo elétrico	$\vec{\mathbf{p}}$	C · m	QL	A · s · m
Campo elétrico	$\vec{\mathbf{E}}$	V/m	ML/QT^2	kg · m/A · s^3
Fluxo elétrico	Φ_E	V · m	ML^3/QT^2	kg · m^3/A · s^3
Força eletromotriz	$\boldsymbol{\varepsilon}$	volt (V)	ML^2/QT^2	kg · m^2/A · s^3
Energia	E, U, K	joule (J)	ML^2/T^2	kg · m^2/s^2
Entropia	S	J/K	ML^2/T^{2}K	kg · m^2/s^2 · K
Força	$\vec{\mathbf{F}}$	newton (N)	ML/T^2	kg · m/s^2
Frequência	f	hertz (Hz)	T^{-1}	s^{-1}
Calor	Q	joule (J)	ML^2/T^2	kg · m^2/s^2
Indutância	L	henry (H)	ML^2/Q^2	kg · m^2/A^2 · s^2
Comprimento	ℓ, L	METRO	L	m
Deslocamento	$\Delta x, \Delta \vec{\mathbf{r}}$			
Distância	d, h			
Posição	$x, y, z, \vec{\mathbf{r}}$			
Momento de dipolo magnético	$\vec{\boldsymbol{\mu}}$	N · m/T	QL^2/T	A · m^2
Campo magnético	$\vec{\mathbf{B}}$	tesla (T) (= Wb/m^2)	M/QT	kg/A · s^2
Fluxo magnético	Φ_B	weber (Wb)	ML^2/QT	kg · m^2/A · s^2
Massa	m, M	QUILOGRAMA	M	kg
Calor específico molar	C	J/mol · K		kg · m^2/s^2 · mol · K
Momento de inércia	I	kg · m^2	ML^2	kg · m^2
Quantidade de movimento	$\vec{\mathbf{p}}$	kg · m/s	ML/T	kg · m/s
Período	T	s	T	s
Permeabilidade do espaço livre	μ_0	N/A^2 (= H/m)	ML/Q^2	kg · m/A^2 · s^2
Permissividade do espaço livre	ϵ_0	C^2/N · m^2 (= F/m)	Q^{2}T^2/ML^3	A^2 · s^4/kg · m^3
Potencial	V	volt (V)(= J/C)	ML^2/QT^2	kg · m^2/A · s^3
Potência	P	watt (W)(= J/s)	ML^2/T^3	kg · m^2/s^3
Pressão	P	pascal (Pa)(= N/m^2)	M/LT^2	kg/m · s^2
Resistência	R	ohm (Ω)(= V/A)	ML^2/Q^{2}T	kg · m^2/A^2 · s^3
Calor específico	c	J/kg · K	L^2/T^{2}K	m^2/s^2 · K
Velocidade	v	m/s	L/T	m/s
Temperatura	T	KELVIN	K	K
Tempo	t	SEGUNDO	T	s
Torque	$\vec{\boldsymbol{\tau}}$	N · m	ML^2/T^2	kg · m^2/s^2
Velocidade	$\vec{\mathbf{v}}$	m/s	L/T	m/s
Volume	V	m^3	L^3	m^3
Comprimento de onda	λ	m	L	m
Trabalho	W	joule (J)(= N · m)	ML^2/T^2	kg · m^2/s^2

[a]As unidades bases SI são mostradas em letras maiúsculas.

[b]Os símbolos M, L, T, K e Q denotam massa, comprimento, tempo, temperatura e carga, respectivamente.

apêndice B

Revisão matemática

Este apêndice serve como uma breve revisão de operações e métodos. Desde o começo deste curso, você deve estar completamente familiarizado com técnicas algébricas básicas, geometria analítica e trigonometria. As seções de cálculo diferencial e integral são mais detalhadas e voltadas para alunos que têm dificuldade com a aplicação dos conceitos de cálculo para situações físicas.

B.1 Notação científica

Várias quantidades utilizadas pelos cientistas geralmente têm valores muito grandes ou muito pequenos. A velocidade da luz, por exemplo, é por volta de 300.000.000 m/s, e a tinta necessária para fazer o pingo no *i* neste livro-texto tem uma massa de aproximadamente 0,000000001 kg. Obviamente, é bastante complicado ler, escrever e acompanhar esses números. Evitamos este problema utilizando um método que incorpora potências do número 10:

$$10^0 = 1$$
$$10^1 = 10$$
$$10^2 = 10 \times 10 = 100$$
$$10^3 = 10 \times 10 \times 10 = 1.000$$
$$10^4 = 10 \times 10 \times 10 \times 10 = 10.000$$
$$10^5 = 10 \times 10 \times 10 \times 10 \times 10 = 100.000$$

e assim por diante. O número de zeros corresponde à potência à qual dez é colocado, chamado **expoente** de dez. Por exemplo, a velocidade da luz, 300.000.000 m/s, pode ser expressa como $3{,}00 \times 10^8$ m/s.

Neste método, alguns números representativos inferiores à unidade são os seguintes:

$$10^{-1} = \frac{1}{10} = 0{,}1$$
$$10^{-2} = \frac{1}{10 \times 10} = 0{,}01$$
$$10^{-3} = \frac{1}{10 \times 10 \times 10} = 0{,}001$$
$$10^{-4} = \frac{1}{10 \times 10 \times 10 \times 10} = 0{,}0001$$
$$10^{-5} = \frac{1}{10 \times 10 \times 10 \times 10 \times 10} = 0{,}00001$$

Nestes casos, o número de casas que o ponto decimal está à esquerda do dígito 1 é igual ao valor do expoente (negativo). Os números expressos como uma potência de dez multiplicados por outro número entre um e dez são considerados em **notação científica**. Por exemplo, a notação científica para 5.943.000.000 é $5{,}943 \times 10^9$, e para 0,0000832 é $8{,}32 \times 10^{-5}$.

Quando os números expressos em notação científica estão sendo multiplicados, a regra geral a seguir é muito útil:

$$10^n \times 10^m = 10^{n+m} \tag{B.1}$$

onde n e m podem ser *quaisquer* números (não necessariamente inteiros). Por exemplo, $10^2 \times 10^5 = 10^7$. A regra também se aplica se um dos expoentes for negativo: $10^3 \times 10^{-8} = 10^{-5}$.

Ao dividir os números formulados em notação científica, note que

$$\frac{10^n}{10^m} = 10^n \times 10^{-m} = 10^{n-m} \quad \text{(B.2)}$$

Exercícios

Com a ajuda das regras anteriores, verifique as respostas nas equações a seguir:

1. $86.400 = 8{,}64 \times 10^4$

2. $9.816.762{,}5 = 9{,}8167625 \times 10^6$

3. $0{,}0000000398 = 3{,}98 \times 10^{-8}$

4. $(4{,}0 \times 10^8)(9{,}0 \times 10^9) = 3{,}6 \times 10^{18}$

5. $(3{,}0 \times 10^7)(6{,}0 \times 10^{-12}) = 1{,}8 \times 10^{-4}$

6. $\dfrac{75 \times 10^{-11}}{5{,}0 \times 10^{-3}} = 1{,}5 \times 10^{-7}$

7. $\dfrac{(3 \times 10^6)(8 \times 10^{-2})}{(2 \times 10^{17})(6 \times 10^5)} = 2 \times 10^{-18}$

B.2 Álgebra

Algumas regras básicas

Quando operações algébricas são executadas, aplicam-se as leis da aritmética. Símbolos como x, y e z em geral são utilizados para representar quantidades não especificadas, chamadas **desconhecidas**.

Primeiro, considere a equação

$$8x = 32$$

Se desejarmos resolver x, podemos dividir (ou multiplicar) cada lado da equação pelo mesmo fator sem destruir a igualdade. Neste caso, se dividirmos ambos os lados por 8, temos

$$\frac{8x}{8} = \frac{32}{8}$$

$$x = 4$$

Em seguida, consideramos a equação

$$x + 2 = 8$$

Neste tipo de expressão, podemos adicionar ou subtrair a mesma quantidade de cada lado. Se subtrairmos 2 de cada lado, temos

$$x + 2 - 2 = 8 - 2$$

$$x = 6$$

Em geral, se $x + a = b$, então $x = b - a$.

Considere agora a equação

$$\frac{x}{5} = 9$$

Se multiplicarmos cada lado por 5, temos x à esquerda por ele mesmo e 45 à direita:

$$\left(\frac{x}{5}\right)(5) = 9 \times 5$$

$$x = 45$$

Em todos os casos, *qualquer operação que for feita no lado esquerdo da igualdade também deve sê-lo no lado direito.*

As regras a seguir para multiplicação, divisão, adição e subtração de frações devem ser lembradas, onde a, b, c e d são quatro números:

	Regra	Exemplo
Multiplicação	$\left(\frac{a}{b}\right)\left(\frac{c}{d}\right) = \frac{ac}{bd}$	$\left(\frac{2}{3}\right)\left(\frac{4}{5}\right) = \frac{8}{15}$
Divisão	$\frac{(a/b)}{(c/d)} = \frac{ad}{bc}$	$\frac{2/3}{4/5} = \frac{(2)(5)}{(4)(3)} = \frac{10}{12}$
Adição	$\frac{a}{b} \pm \frac{c}{d} = \frac{ad \pm bc}{bd}$	$\frac{2}{3} - \frac{4}{5} = \frac{(2)(5) - (4)(3)}{(3)(5)} = -\frac{2}{15}$

Exercícios

Nos exercícios a seguir, resolva para x.

	Respostas
1. $a = \frac{1}{1 + x}$	$x = \frac{1 - a}{a}$
2. $3x - 5 = 13$	$x = 6$
3. $ax - 5 = bx + 2$	$x = \frac{7}{a - b}$
4. $\frac{5}{2x + 6} = \frac{3}{4x + 8}$	$x = -\frac{11}{7}$

Potências

Quando potências de determinada quantidade x são multiplicadas, a regra a seguir se aplica:

$$x^n x^m = x^{n+m} \tag{B.3}$$

Por exemplo, $x^2x^4 = x^{2+4} = x^6$.

Ao dividir as potências de determinada quantidade, a regra é

$$\frac{x^n}{x^m} = x^{n-m} \tag{B.4}$$

Por exemplo, $x^8/x^2 = x^{8-2} = x^6$.

Uma potência que é uma fração, como $\frac{1}{3}$, corresponde a uma raiz como segue:

$$x^{1/n} = \sqrt[n]{x} \tag{B.5}$$

Por exemplo, $4^{1/3} = \sqrt[3]{4} = 1{,}5874$. (Uma calculadora científica é útil nesses cálculos.)

Finalmente, qualquer quantidade x^n elevada à m-ésima potência é

$$(x^n)^m = x^{nm} \tag{B.6}$$

A Tabela B.1 resume as regras dos expoentes.

TABELA B.1

Regras dos expoentes

$x^0 = 1$

$x^1 = x$

$x^n x^m = x^{n+m}$

$x^n/x^m = x^{n-m}$

$x^{1/n} = \sqrt[n]{x}$

$(x^n)^m = x^{nm}$

Exercícios

Verifique as equações a seguir:

1. $3^2 \times 3^3 = 243$

2. $x^5x^{-8} = x^{-3}$

3. $x^{10}/x^{-5} = x^{15}$

4. $5^{1/3} = 1.709.976$ (use a calculadora)
5. $60^{1/4} = 2.783.158$ (use a calculadora)
6. $(x^4)^3 = x^{12}$

Fatoração

Algumas fórmulas úteis para fatorar uma equação são as seguintes:

$ax + ay + az = a(x + y + z)$ fator comum

$a^2 + 2ab + b^2 = (a + b)^2$ quadrado perfeito

$a^2 - b^2 = (a + b)(a - b)$ diferença de quadrados

Equações quadráticas

A forma geral de uma equação quadrática é

$$ax^2 + bx + c = 0 \tag{B.7}$$

onde x é a quantidade desconhecida; a, b e c são fatores numéricos chamados **coeficientes** da equação. Esta equação tem duas raízes, dadas por

$$x = \frac{-b \pm \sqrt{b^2 - 4ac}}{2a} \tag{B.8}$$

Se $b^2 \geq 4ac$, as raízes são reais.

Exemplo B.1

A equação $x^2 + 5x + 4 = 0$ tem as seguintes raízes que correspondem aos dois sinais do termo de raiz quadrada:

$$x = \frac{-5 \pm \sqrt{5^2 - (4)(1)(4)}}{2(1)} = \frac{-5 \pm \sqrt{9}}{2} = \frac{-5 \pm 3}{2}$$

$$x_+ = \frac{-5 + 3}{2} = \boxed{-1} \qquad x_- = \frac{-5 - 3}{2} = \boxed{-4}$$

onde x_+ refere-se à raiz que corresponde ao sinal positivo, e x_- à raiz que corresponde ao sinal negativo.

Exercícios

Resolva as seguintes equações quadráticas:

		Respostas
1. $x^2 + 2x - 3 = 0$	$x_+ = 1$	$x_- = -3$
2. $2x^2 - 5x + 2 = 0$	$x_+ = 2$	$x_- = \frac{1}{2}$
3. $2x^2 - 4x - 9 = 0$	$x_+ = 1 + \sqrt{22}/2$	$x_- = 1 - \sqrt{22}/2$

Equações Lineares

Uma equação linear tem a forma geral

$$y = mx + b \tag{B.9}$$

onde m e b são constantes. Esta equação é chamada linear porque o gráfico de y por x é uma linha reta, como mostra a Figura B.1. A constante b, chamada **coeficiente linear**, representa o valor de y no qual a linha reta se intersecciona com o eixo y. A constante m é igual ao **coeficiente angular (inclinação)** da linha reta. Se dois pontos quaisquer na linha reta

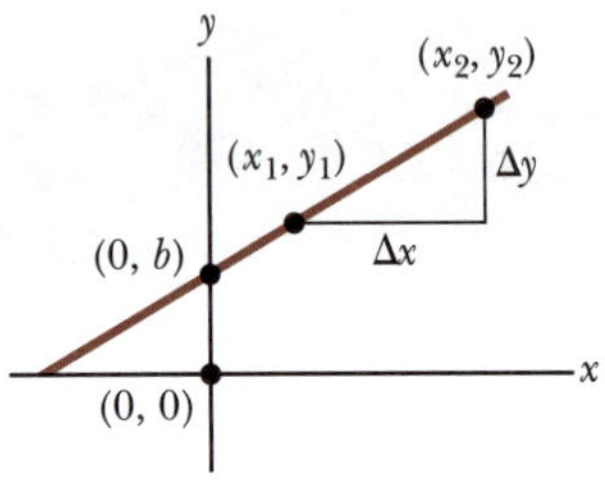

Figura B.1 Linha reta representada graficamente em um sistema de coordenadas xy. A inclinação da linha é a razão entre Δy e Δx.

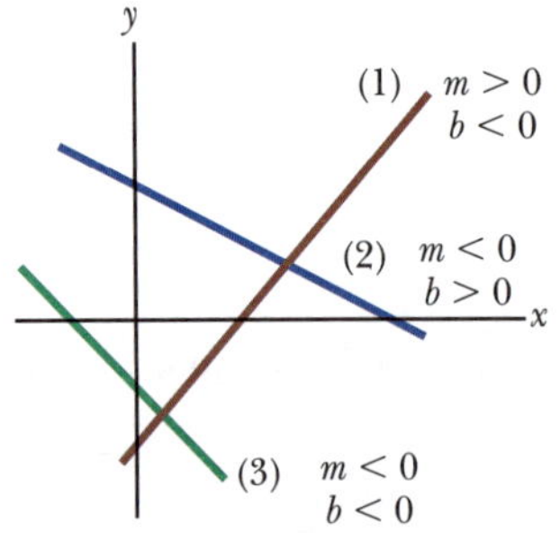

Figura B.2 A linha (1) tem uma inclinação positiva e um ponto de intersecção com y negativo. A linha (2) tem uma inclinação negativa e um ponto de intersecção com y positivo. A linha (3) tem uma inclinação negativa e um ponto de intersecção com y negativo.

forem especificados pelas coordenadas (x_1, y_1) e (x_2, y_2), como na Figura B.1, a inclinação da linha reta pode ser expressa como

$$\text{Inclinação} = \frac{y_2 - y_1}{x_2 - x_1} = \frac{\Delta y}{\Delta x} \qquad \text{(B.10)}$$

Note que m e b podem ter valores positivos ou negativos. Se $m > 0$, a linha reta tem uma inclinação *positiva*, como na Figura B.1. Se $m < 0$, a linha reta tem uma inclinação *negativa*. Na Figura B.1, m e b são positivos. Três outras situações possíveis são mostradas na Figura B.2.

Exercícios

1. Desenhe os gráficos das linhas retas a seguir:
   (a) $y = 5x + 3$ (b) $y = -2x + 4$ (c) $y = -3x - 6$
2. Encontre as inclinações das linhas retas descritas no Exercício 1.

Respostas (a) 5, (b) −2, (c) −3

3. Encontre as inclinações das linhas retas que passam pelos seguintes conjuntos de pontos: (a) (0, −4) e (4, 2), (b) (0, 0) e (2, −5), (c) (− 5, 2) e (4, −2)

Respostas (a) $\frac{3}{2}$ (b) $-\frac{5}{2}$ (c) $-\frac{4}{9}$

Resolução de equações lineares simultâneas

Considere a equação $3x + 5y = 15$, que tem duas incógnitas, x e y. Ela não tem uma solução única. Por exemplo, $(x = 0, y = 3)$, $(x = 5, y = 0)$ e $(x = 2, y = \frac{9}{5})$ são todas soluções para esta equação.

Se um problema tem duas incógnitas, uma solução única é possível somente se tivermos *duas* informações. Na maioria dos casos, elas são equações. Em geral, se um problema tem n incógnitas, sua solução necessita de n equações. Para resolver essas duas equações simultâneas que envolvem duas incógnitas, x e y, resolvemos uma delas para x em termos de y e substituímos esta expressão na outra equação.

Em alguns casos, as duas informações podem ser (1) uma equação e (2) uma condição nas soluções. Por exemplo, suponha que tenhamos a equação $m = 3n$ e a condição que m e n devem ser os menores inteiros diferentes de zero possíveis. Então, a equação simples não permite uma solução única, mas a adição da condição resulta que $n = 1$ e $m = 3$.

Exemplo B.2

Resolva as duas equações simultâneas

$$(1) \quad 5x + y = -8$$

$$(2) \quad 2x - 2y = 4$$

Solução Da Equação (2), $x = y + 2$. A substituição desta na Equação (1) resulta

$$5(y + 2) + y = -8$$
$$6y = -18$$
$$y = -3$$
$$x = y + 2 = -1$$

Solução alternativa Multiplique cada termo na Equação (1) pelo fator 2 e adicione o resultado à Equação (2):

$$\begin{aligned} 10x + 2y &= -16 \\ 2x - 2y &= 4 \\ \hline 12x \qquad &= -12 \end{aligned}$$
$$x = -1$$
$$y = x - 2 = -3$$

Duas equações lineares com duas incógnitas também podem ser resolvidas por um método gráfico. Se as linhas retas que correspondem às duas equações forem representadas graficamente em um sistema convencional de coordenadas, a intersecção das duas linhas representa a resolução. Por exemplo, considere as duas equações

$$x - y = 2$$

$$x - 2y = -1$$

Estas estão representadas graficamente na Figura B.3. A intersecção das duas linhas tem as coordenadas $x = 5$ e $y = 3$, o que representa a resolução para as equações. Você deve conferir essa resolução pela técnica analítica discutida anteriormente.

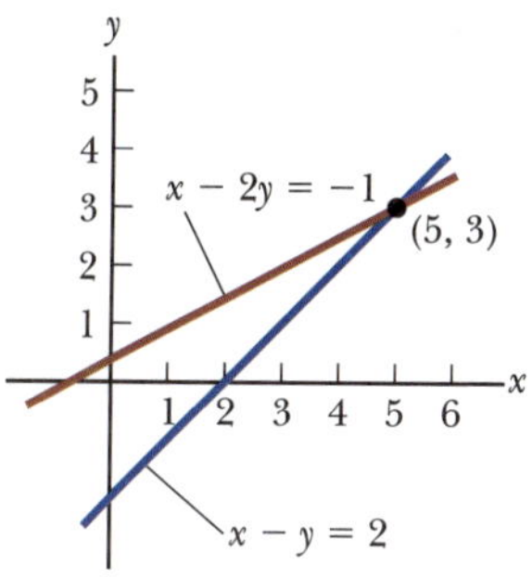

Figura B.3 Solução gráfica para duas equações lineares.

Exercícios

Resolva os pares a seguir de equações simultâneas que envolvem duas incógnitas:

	Respostas
1. $x + y = 8$ $x - y = 2$	$x = 5, y = 3$
2. $98 - T = 10a$ $T - 49 = 5a$	$T = 65, a = 3{,}27$
3. $6x + 2y = 6$ $8x - 4y = 28$	$x = 2, y = -3$

Logaritmos

Suponha que uma quantidade x seja expressa como uma potência de uma quantidade a:

$$x = a^y \tag{B.11}$$

O número a é chamado número **base**. O **logaritmo** de x em relação à base a é igual ao expoente para o qual a base deve ser elevada para atender à expressão $x = a^y$:

$$y = \log_a x \tag{B.12}$$

Do mesmo modo, o **antilogaritmo** de y é o número x:

$$x = \text{antilog}_a\, y \tag{B.13}$$

Na prática, as duas mais utilizadas são a base 10, chamada base de logaritmo *comum*, e a base $e = 2{,}718282$, chamada constante de Euler, ou base de logaritmo *natural*. Quando logaritmos comuns são utilizados,

$$y = \log_{10} x \quad (\text{ou } x = 10^y) \tag{B.14}$$

Quando logaritmos naturais são utilizados,

$$y = \ln x \quad (\text{ou } x = e^y) \tag{B.15}$$

Por exemplo, $\log_{10} 52 = 1{,}716$, então $\text{antilog}_{10} 1{,}716 = 10^{1{,}716} = 52$. Do mesmo modo, $\ln 52 = 3{,}951$, então $3{,}951 = e^{3{,}951} = 52$. Em geral, note que você pode converter entre a base 10 e a base e com a expressão

$$\ln x = (2{,}302\ 585) \log_{10} x \tag{B.16}$$

Finalmente, algumas propriedades úteis de logaritmos são as seguintes:

$$\left.\begin{aligned}\log(ab) &= \log a + \log b\\ \log(a/b) &= \log a - \log b\\ \log(a^n) &= n\log a\end{aligned}\right\}\text{ qualquer base}$$

$$\ln e = 1$$

$$\ln e^a = a$$

$$\ln\left(\frac{1}{a}\right) = -\ln a$$

B.3 Geometria

A **distância** d entre dois pontos com coordenadas (x_1, y_1) e (x_2, y_2) é

$$d = \sqrt{(x_2 - x_1)^2 + (y_2 - y_1)^2} \tag{B.17}$$

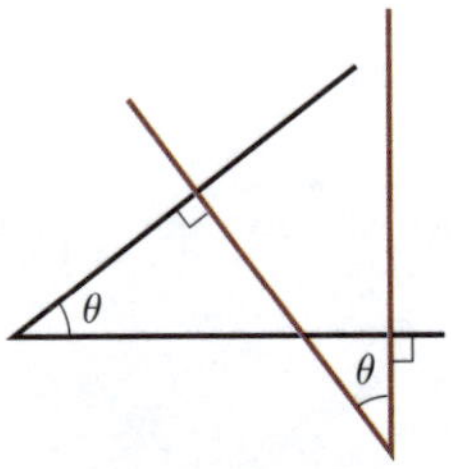

Figura B.4 Os ângulos são iguais em razão de seus lados estarem perpendiculares.

Dois ângulos são iguais se seus lados estiverem perpendiculares, lado direito com lado direito e esquerdo com esquerdo. Por exemplo, os dois ângulos marcados θ na Figura B.4 são os mesmos devido à perpendicularidade dos lados dos ângulos. Para distinguir os lados esquerdo e direito de um ângulo, imagine-se em pé e de frente para o vértice do ângulo.

Medida do radiano: O comprimento do arco s de um arco circular (Fig. B.5) é proporcional ao raio r para um valor fixo de θ (em radianos):

$$s = r\theta$$

$$\theta = \frac{s}{r} \tag{B.18}$$

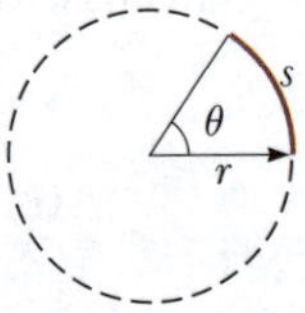

Figura B.5 O ângulo θ em radianos é a relação do comprimento do arco s com o raio r do círculo.

A Tabela B.2 mostra as **áreas** e os **volumes** de várias formas geométricas utilizadas neste texto.

TABELA B.2 *Informações úteis para geometria*

Forma	Área ou volume	Forma	Área ou volume
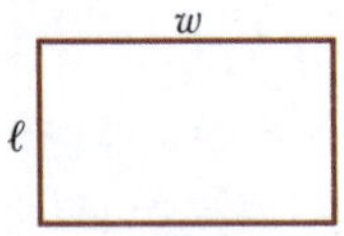 Retângulo	Área $= \ell w$	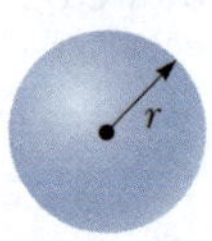 Esfera	Área da superfície $= 4\pi r^2$ Volume $= \dfrac{4\pi r^3}{3}$
 Círculo	Área $= \pi r^2$ Circunferência $= 2\pi r$	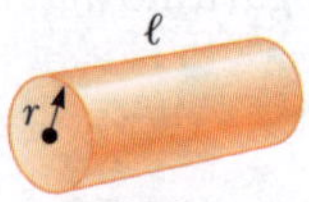 Cilindro	Área da superfície lateral $= 2\pi r\ell$ Volume $= \pi r^2 \ell$
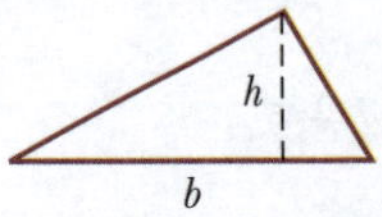 Triângulo	Área $= \frac{1}{2}bh$	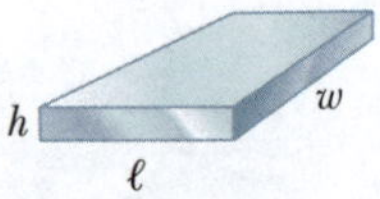 Caixa retangular	Área da superfície $= 2(\ell h + \ell w + hw)$ Volume $= \ell wh$

A equação de uma **linha reta** (Fig. B.6) é

$$y = mx + b \tag{B.19}$$

onde b é o ponto de intersecção em y, e m é a inclinação da linha.

A equação de um **círculo** de raio R centralizado na origem é

$$x^2 + y^2 = R^2 \tag{B.20}$$

A equação de uma **elipse** com a origem no seu centro (Fig. B.7) é

$$\frac{x^2}{a^2} + \frac{y^2}{b^2} = 1 \tag{B.21}$$

onde a é o comprimento do semieixo principal (mais longo), e b o comprimento do semieixo secundário (mais curto).

A equação de uma **parábola**, cujo vértice está em $y = b$ (Fig. B.8), é

$$y = ax^2 + b \tag{B.22}$$

A equação de uma **hipérbole retangular** (Fig. B.9) é

$$xy = \text{constante} \tag{B.23}$$

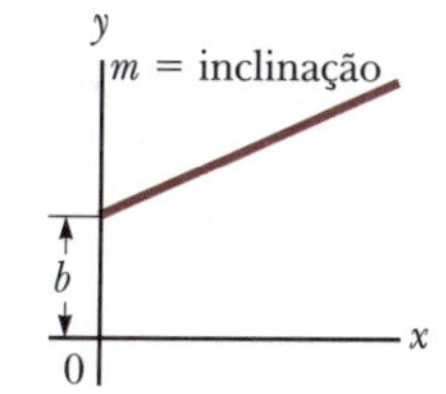

Figura B.6 Linha reta com uma inclinação de m e um ponto de intersecção em y de b.

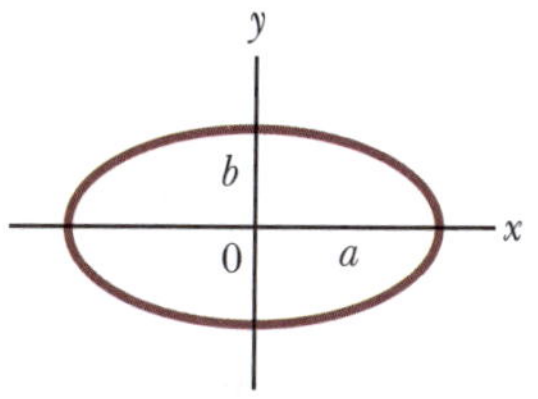

Figura B.7 Elipse com semieixos principal a e secundário b.

B.4 Trigonometria

Chama-se trigonometria a área da matemática baseada nas propriedades especiais do triângulo retângulo. Este, por definição, é um triângulo com um ângulo de 90°. Considere o triângulo retângulo mostrado na Figura B.10, onde o cateto (lado) a está oposto ao ângulo θ, o cateto b está adjacente ao ângulo θ, e o lado c é a hipotenusa do triângulo. As três funções básicas definidas por esse triângulo são o seno (sen), cosseno (cos) e tangente (tg). Em termos do ângulo θ, essas funções são assim definidas:

$$\text{sen}\,\theta = \frac{\text{cateto oposto a }\theta}{\text{hipotenusa}} = \frac{a}{c} \tag{B.24}$$

$$\cos\theta = \frac{\text{cateto adjacente a }\theta}{\text{hipotenusa}} = \frac{b}{c} \tag{B.25}$$

$$\text{tg}\,\theta = \frac{\text{cateto oposto a }\theta}{\text{cateto adjacente a }\theta} = \frac{a}{b} \tag{B.26}$$

O teorema de Pitágoras oferece a seguinte relação entre os lados do triângulo retângulo:

$$c^2 = a^2 + b^2 \tag{B.27}$$

A partir das definições anteriores e do teorema de Pitágoras, temos que

$$\text{sen}^2\,\theta + \cos^2\theta = 1$$

$$\text{tg}\,\theta = \frac{\text{sen}\,\theta}{\cos\theta}$$

As funções cossecante, secante e cotangente são definidas por

$$\text{cossec}\,\theta = \frac{1}{\text{sen}\,\theta} \qquad \sec\theta = \frac{1}{\cos\theta} \qquad \text{cotg}\,\theta = \frac{1}{\text{tg}\,\theta}$$

As relações a seguir são derivadas diretamente do ângulo reto mostrado na Figura B.10:

$$\text{sen}\,\theta = \cos(90° - \theta)$$
$$\cos\theta = \text{sen}(90° - \theta)$$
$$\text{cotg}\,\theta = \text{tg}(90° - \theta)$$

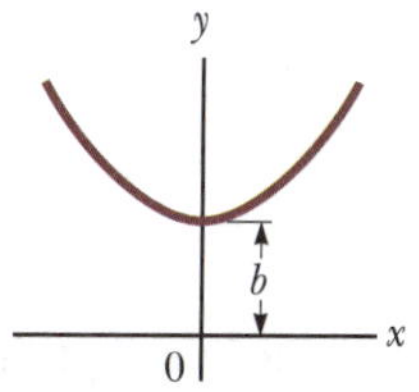

Figura B.8 Parábola com seu vértice em $y = b$.

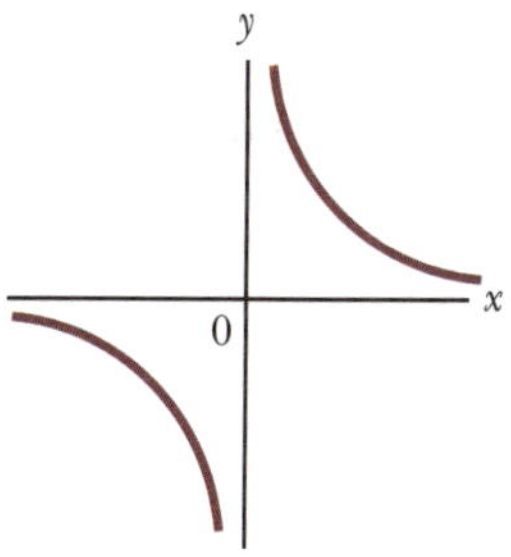

Figura B.9 Hipérbole.

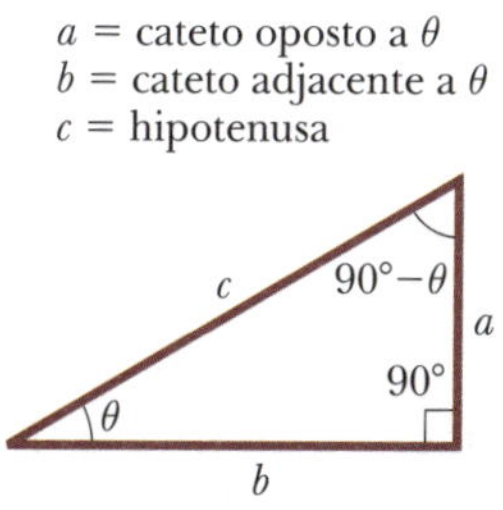

Figura B.10 Triângulo retângulo, utilizado para definir as funções básicas da trigonometria.

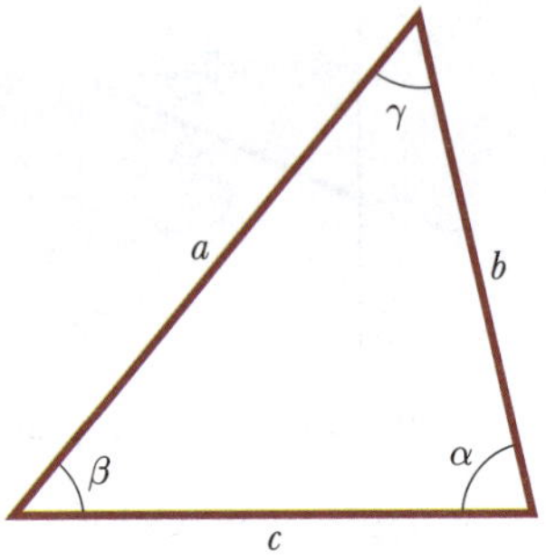

Figura B.11 Um triângulo arbitrário, não retângulo.

Algumas propriedades das funções trigonométricas são as seguintes:

$$\operatorname{sen}(-\theta) = -\operatorname{sen}\theta$$
$$\cos(-\theta) = \cos\theta$$
$$\operatorname{tg}(-\theta) = -\operatorname{tg}\theta$$

As relações a seguir aplicam-se a *qualquer* triângulo, como mostrado na Figura B.11:

$$\alpha + \beta + \gamma = 180°$$

$$\text{Lei dos cossenos}\begin{cases} a^2 = b^2 + c^2 - 2bc\cos\alpha \\ b^2 = a^2 + c^2 - 2ac\cos\beta \\ c^2 = a^2 + b^2 - 2ab\cos\gamma \end{cases}$$

$$\text{Lei dos senos} \qquad \frac{a}{\operatorname{sen}\alpha} = \frac{b}{\operatorname{sen}\beta} = \frac{c}{\operatorname{sen}\gamma}$$

A Tabela B.3 relaciona várias identidades trigonométricas úteis.

Exemplo B.3

Considere o triângulo retângulo na Figura B.12, no qual $a = 2{,}00$, $b = 5{,}00$ e c é incógnita. A partir do teorema de Pitágoras, temos que

$$c^2 = a^2 + b^2 = 2{,}00^2 + 5{,}00^2 = 4{,}00 + 25{,}0 = 29{,}0$$

$$c = \sqrt{29{,}0} = \boxed{5{,}39}$$

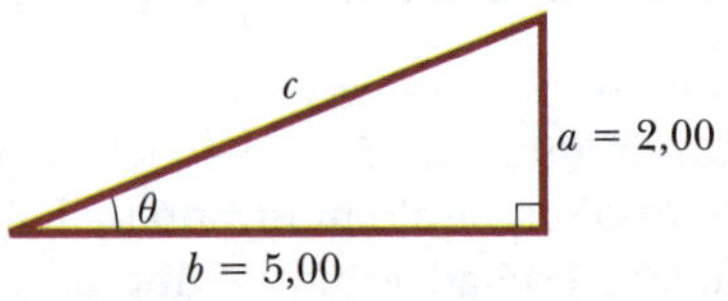

Figura B.12 (Exemplo B.3)

Para encontrar o ângulo θ, note que

$$\operatorname{tg}\theta = \frac{a}{b} = \frac{2{,}00}{5{,}00} = 0{,}400$$

Utilizando uma calculadora, temos

$$\theta = \operatorname{tg}^{-1}(0{,}400) = \boxed{21{,}8°}$$

onde $\operatorname{tg}^{-1}(0{,}400)$ é a representação de "ângulo cuja tangente é 0,400", expresso às vezes como arctg (0,400).

TABELA B.3 *Algumas identidades trigonométricas*

$\operatorname{sen}^2\theta + \cos^2\theta = 1$	$\operatorname{cossec}^2\theta = 1 + \operatorname{cotg}^2\theta$
$\sec^2\theta = 1 + \operatorname{tg}^2\theta$	$\operatorname{sen}^2\frac{\theta}{2} = \frac{1}{2}(1 - \cos\theta)$
$\operatorname{sen} 2\theta = 2\operatorname{sen}\theta\cos\theta$	$\cos^2\frac{\theta}{2} = \frac{1}{2}(1 + \cos\theta)$
$\cos 2\theta = \cos^2\theta - \operatorname{sen}^2\theta$	$1 - \cos\theta = 2\operatorname{sen}^2\frac{\theta}{2}$
$\operatorname{tg} 2\theta = \dfrac{2\operatorname{tg}\theta}{1 - \operatorname{tg}^2\theta}$	$\operatorname{tg}\frac{\theta}{2} = \sqrt{\dfrac{1 - \cos\theta}{1 + \cos\theta}}$

$$\operatorname{sen}(A \pm B) = \operatorname{sen}A\cos B \pm \cos A\operatorname{sen}B$$
$$\cos(A \pm B) = \cos A\cos B \mp \operatorname{sen}A\operatorname{sen}B$$
$$\operatorname{sen}A \pm \operatorname{sen}B = 2\operatorname{sen}[\tfrac{1}{2}(A \pm B)]\cos[\tfrac{1}{2}(A \mp B)]$$
$$\cos A + \cos B = 2\cos[\tfrac{1}{2}(A + B)]\cos[\tfrac{1}{2}(A - B)]$$
$$\cos A - \cos B = 2\operatorname{sen}[\tfrac{1}{2}(A + B)]\operatorname{sen}[\tfrac{1}{2}(B - A)]$$

Exercícios

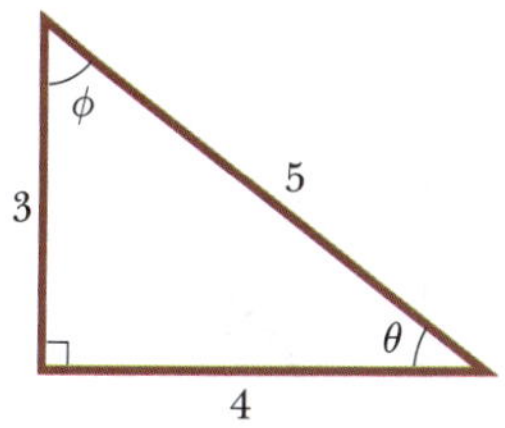

Figura B.13 (Exercício 1)

1. Na Figura B.13, identifique (a) o cateto oposto a θ, (b) o cateto adjacente a ϕ e, depois, encontre (c) cos θ, (d) sen ϕ e (e) tg ϕ.

Respostas (a) 3 (b) 3 (c) $\frac{4}{5}$ (d) $\frac{4}{5}$ (e) $\frac{4}{3}$

2. Em determinado triângulo retângulo, os dois catetos que estão perpendiculares um ao outro têm 5,00 m e 7,00 m de comprimento. Qual é o comprimento da hipotenusa?

Resposta 8,60 m

3. Um triângulo retângulo tem uma hipotenusa de 3,0 m de comprimento, e um de seus ângulos é 30°. (a) Qual é o comprimento do cateto oposto ao ângulo de 30°? (b) Qual é o cateto adjacente ao ângulo de 30°?

Respostas (a) 1,5 m (b) 2,6 m

B.5 Expansões de séries

$$(a+b)^n = a^n + \frac{n}{1!}a^{n-1}b + \frac{n(n-1)}{2!}a^{n-2}b^2 + \cdots$$

$$(1+x)^n = 1 + nx + \frac{n(n-1)}{2!}x^2 + \cdots$$

$$e^x = 1 + x + \frac{x^2}{2!} + \frac{x^3}{3!} + \cdots$$

$$\ln(1 \pm x) = \pm x - \tfrac{1}{2}x^2 \pm \tfrac{1}{3}x^3 - \cdots$$

$$\left.\begin{aligned} \operatorname{sen} x &= x - \frac{x^3}{3!} + \frac{x^5}{5!} - \cdots \\ \cos x &= 1 - \frac{x^2}{2!} + \frac{x^4}{4!} - \cdots \\ \operatorname{tg} x &= x + \frac{x^3}{3} + \frac{2x^5}{15} + \cdots \quad |x| < \frac{\pi}{2} \end{aligned}\right\} x \text{ em radianos}$$

Para $x << 1$, as aproximações a seguir podem ser utilizadas:[1]

$$\begin{aligned} (1+x)^n &\approx 1 + nx & \operatorname{sen} x &\approx x \\ e^x &\approx 1 + x & \cos x &\approx 1 \\ \ln(1 \pm x) &\approx \pm x & \operatorname{tg} x &\approx x \end{aligned}$$

B.6 Cálculo diferencial

Em várias ramificações da ciência é necessário, às vezes, utilizar as ferramentas básicas do cálculo, inventado por Newton, para descrever fenômenos físicos. O uso do cálculo é fundamental no tratamento de vários problemas da mecânica newtoniana, eletricidade e magnetismo. Nesta seção, simplesmente expomos algumas propriedades básicas e regras fundamentais que devem ser uma revisão útil para os alunos.

Primeiro, uma **função** que relaciona uma variável a outra deve ser especificada (por exemplo, uma coordenada como função do tempo). Suponha que uma das variáveis seja chamada de y (a variável dependente) e a outra de x (a variável independente). Podemos ter uma relação de funções como

$$y(x) = ax^3 + bx^2 + cx + d$$

Se a, b, c e d são constantes específicas, y pode ser calculado para qualquer valor de x. Geralmente, lidamos com funções contínuas, isto é, aquelas para as quais y varia "suavemente" com x.

[1] A aproximação para as funções sen x, cos x e tg x são para $x \leq 0{,}1$ rad.

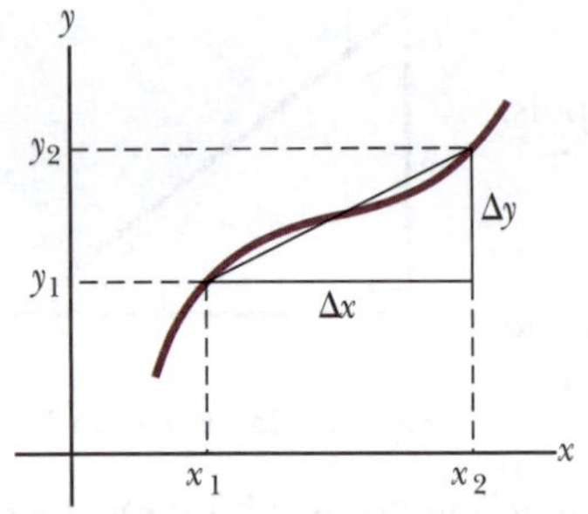

Figura B.14 Os comprimentos Δx e Δy são utilizados para definir a derivada desta função em um ponto.

TABELA B.4 *Derivada para várias funções*

$$\frac{d}{dx}(a) = 0$$
$$\frac{d}{dx}(ax^n) = nax^{n-1}$$
$$\frac{d}{dx}(e^{ax}) = ae^{ax}$$
$$\frac{d}{dx}(\operatorname{sen} ax) = a\cos ax$$
$$\frac{d}{dx}(\cos ax) = -a\operatorname{sen} ax$$
$$\frac{d}{dx}(\operatorname{tg} ax) = a\sec^2 ax$$
$$\frac{d}{dx}(\operatorname{cotg} ax) = -a\operatorname{cossec}^2 ax$$
$$\frac{d}{dx}(\sec x) = \operatorname{tg} x\sec x$$
$$\frac{d}{dx}(\operatorname{cossec} x) = -\operatorname{cotg} x\operatorname{cossec} x$$
$$\frac{d}{dx}(\ln ax) = \frac{1}{x}$$
$$\frac{d}{dx}(\operatorname{sen}^{-1} ax) = \frac{a}{\sqrt{1-a^2x^2}}$$
$$\frac{d}{dx}(\cos^{-1} ax) = \frac{-a}{\sqrt{1-a^2x^2}}$$
$$\frac{d}{dx}(\operatorname{tg}^{-1} ax) = \frac{a}{1+a^2x^2}$$

Nota: Os símbolos a e n representam constantes.

A **derivada** de y com relação a x é definida como o limite conforme Δx se aproxima de zero na curva de y por x. Matematicamente, expressamos esta definição como

$$\frac{dy}{dx} = \lim_{\Delta x \to 0}\frac{\Delta y}{\Delta x} = \lim_{\Delta x \to 0}\frac{y(x+\Delta x) - y(x)}{\Delta x} \quad \textbf{(B.28)}$$

onde Δy e Δx são definidos como $\Delta x = x_2 - x_1$ e $\Delta y = y_2 - y_1$ (Fig. B.14). Note que dy/dx *não* significa dy dividido por dx, mas é simplesmente uma notação do processo limitador da derivada, como definido pela Equação B.28.

Uma expressão útil para lembrar quando $y(x) = ax^n$, onde a é uma *constante* e n é *qualquer* número positivo ou negativo (inteiro ou fração), é

$$\frac{dy}{dx} = nax^{n-1} \quad \textbf{(B.29)}$$

Se $y(x)$ for uma função polinomial ou algébrica de x, aplicamos a Equação B.29 para *cada* termo no polinômio e supomos $d\,[constante]/dx = 0$. Nos Exemplos B.4 a B.7, avaliamos as derivadas de várias funções.

Propriedades especiais da derivada

A. Derivada do produto de duas funções Se uma função $f(x)$ é dada pelo produto de duas funções – digamos, $g(x)$ e $h(x)$ –, a derivada de $f(x)$ é definida como

$$\frac{d}{dx}f(x) = \frac{d}{dx}[g(x)h(x)] = g\frac{dh}{dx} + h\frac{dg}{dx} \quad \textbf{(B.30)}$$

B. Derivada da soma de duas funções Se uma função $f(x)$ for igual à soma de duas funções, a derivada da soma é igual à soma das derivadas:

$$\frac{d}{dx}f(x) = \frac{d}{dx}[g(x) + h(x)] = \frac{dg}{dx} + \frac{dh}{dx} \quad \textbf{(B.31)}$$

C. Regra da cadeia do cálculo diferencial Se $y = f(x)$ e $x = g(z)$, então dy/dz pode ser formulado como o produto de duas derivadas:

$$\frac{dy}{dz} = \frac{dy}{dx}\frac{dx}{dz} \quad \textbf{(B.32)}$$

D. Segunda derivada A segunda derivada de y em relação a x é definida como a derivada da função dy/dx (derivada da derivada). Ela é, em geral, formulada como

$$\frac{d^2y}{dx^2} = \frac{d}{dx}\left(\frac{dy}{dx}\right) \quad \textbf{(B.33)}$$

Algumas das derivadas de funções utilizadas mais comumente estão listadas na Tabela B.4.

Exemplo B.4

Suponha que $y(x)$ (isto é, y como uma função de x) seja dado por

$$y(x) = ax^3 + bx + c$$

onde a e b são constantes. Daí, temos que

$$y(x+\Delta x) = a(x+\Delta x)^3 + b(x+\Delta x) + c$$
$$= a(x^3 + 3x^2\Delta x + 3x\Delta x^2 + \Delta x^3) + b(x+\Delta x) + c$$

B.4 *cont.*

Então,

$$\Delta y = y(x + \Delta x) - y(x) = a(3x^2\,\Delta x + 3x\,\Delta x^2 + \Delta x^3) + b\Delta x$$

A substituição disto na Equação B.28 resulta em

$$\frac{dy}{dx} = \lim_{\Delta x \to 0} \frac{\Delta y}{\Delta x} = \lim_{\Delta x \to 0} [3ax^2 + 3ax\,\Delta x + a\,\Delta x^2\,] + b$$

$$\frac{dy}{dx} = \boxed{3ax^2 + b}$$

Exemplo B.5

Encontre a derivada de

$$y(x) = 8x^5 + 4x^3 + 2x + 7$$

Solução Ao aplicar a Equação B.29 a cada termo independentemente e lembrar que *d*/*dx* (constante) = 0, temos

$$\frac{dy}{dx} = 8(5)x^4 + 4(3)x^2 + 2(1)x^0 + 0$$

$$\frac{dy}{dx} = \boxed{40x^4 + 12x^2 + 2}$$

Exemplo B.6

Encontre a derivada de $y(x) = x^3/(x + 1)^2$ com relação a x.

Solução Podemos reformular essa função como $y(x) = x^3(x + 1)^{-2}$ e aplicar a Equação B.30.

$$\frac{dy}{dx} = (x + 1)^{-2}\frac{d}{dx}(x^3) + x^3\frac{d}{dx}(x + 1)^{-2}$$

$$= (x + 1)^{-2}\,3x^2 + x^3\,(-2)(x + 1)^{-3}$$

$$\frac{dy}{dx} = \boxed{\frac{3x^2}{(x + 1)^2} - \frac{2x^3}{(x + 1)^3}} = \boxed{\frac{x^2(x + 3)}{(x + 1)^3}}$$

Exemplo B.7

Uma fórmula útil que vem da Equação B.30 é a derivada do quociente das duas funções. Mostre que

$$\frac{d}{dx}\left[\frac{g(x)}{h(x)}\right] = \frac{h\dfrac{dg}{dx} - g\dfrac{dh}{dx}}{h^2}$$

Solução Podemos formular o quociente como gh^{-1} e depois aplicar as Equações B.29 e B.30:

$$\frac{d}{dx}\left(\frac{g}{h}\right) = \frac{d}{dx}(\,gh^{-1}) = g\frac{d}{dx}(h^{-1}) + h^{-1}\frac{d}{dx}(g)$$

$$= -gh^{-2}\frac{dh}{dx} + h^{-1}\frac{dg}{dx}$$

$$= \frac{h\dfrac{dg}{dx} - g\dfrac{dh}{dx}}{h^2}$$

B.7 Cálculo integral

Pensamos na integração como o inverso da diferenciação. Por exemplo, considere a expressão

$$f(x) = \frac{dy}{dx} = 3ax^2 + b \tag{B.34}$$

que foi o resultado da diferenciação da função

$$y(x) = ax^3 + bx + c$$

no Exemplo B.4. Podemos expressar a Equação B.34 como $dy = f(x)dx = (3ax^2 + b)dx$ e obter $y(x)$ ao "somar" todos os valores de x. Matematicamente, expressamos esta operação inversa como

$$y(x) = \int f(x)\,dx$$

Para a função $f(x)$ dada pela Equação B.34, temos

$$y(x) = \int (3ax^2 + b)\,dx = ax^3 + bx + c$$

onde c é uma constante da integração. Este tipo de integral é chamada *integral indefinida,* porque seu valor depende da escolha de c.

Uma **integral indefinida** geral $I(x)$ é definida como

$$I(x) = \int f(x)\,dx \tag{B.35}$$

onde $f(x)$ é chamado *integrando* e $f(x) = dI(x)/dx$.

Para uma função *contínua geral* $f(x)$, a integral pode ser interpretada geometricamente como a área abaixo da curva limitada por $f(x)$ e pelo eixo x, entre dois valores específicos de x, digamos, x_1 e x_2, como na Figura B.15.

A área do elemento azul na Figura B.15 é aproximadamente $f(x_i)\,\Delta x_i$. Se somarmos todos esses elementos de área entre x_1 e x_2 e supormos o limite desta soma como $\Delta x_i \to 0$, obtemos a área *verdadeira* abaixo da curva limitada por $f(x)$ e pelo eixo x, entre os limites x_1 e x_2:

$$\text{Área} = \lim_{\Delta x_i \to 0} \sum_i f(x_i)\Delta x_i = \int_{x_1}^{x_2} f(x)\,dx \tag{B.36}$$

As integrais do tipo definido pela Equação B.36 são chamadas **integrais definidas.**

Uma integral comum que surge de situações práticas tem a forma

$$\int x^n\,dx = \frac{x^{n+1}}{n+1} + c \quad (n \neq -1) \tag{B.37}$$

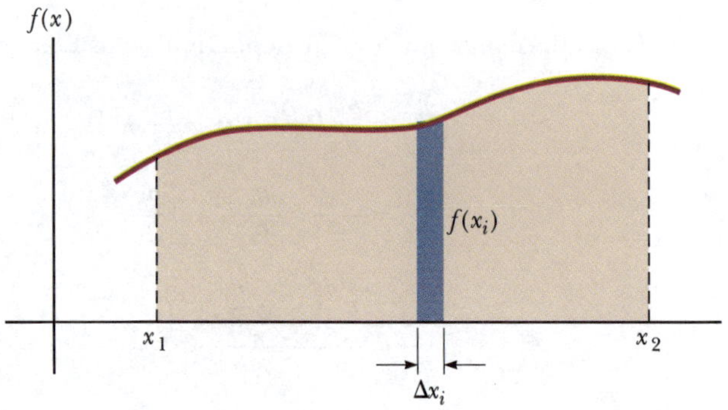

Figura B.15 A integral definida de uma função é a área abaixo da curva da função entre os limites x_1 e x_2.

Este resultado é óbvio e a diferenciação do lado direito em relação a x resulta em $f(x) = x^n$ diretamente. Se os limites da integração forem conhecidos, essa integral se torna uma *integral definida* e é assim formulada

$$\int_{x_1}^{x_2} x^n\,dx = \left.\frac{x^{n+1}}{n+1}\right|_{x_1}^{x_2} = \frac{x_2^{\,n+1} - x_1^{\,n+1}}{n+1} \quad (n \neq -1) \tag{B.38}$$

Exemplos

1. $\int_0^a x^2\,dx = \left.\frac{x^3}{3}\right]_0^a = \frac{a^3}{3}$

2. $\int_0^b x^{3/2}\,dx = \left.\frac{x^{5/2}}{5/2}\right]_0^b = \frac{2}{5}b^{5/2}$

3. $\int_3^5 x\,dx = \left.\frac{x^2}{2}\right]_3^5 = \frac{5^2 - 3^2}{2} = 8$

Integração parcial

Às vezes, é útil aplicar o método da *integração parcial* (também chamado "integração por partes") para avaliar algumas integrais. Este método utiliza a propriedade

$$\int u\,dv = uv - \int v\,du \tag{B.39}$$

onde u e v são *cuidadosamente* escolhidos para reduzir uma integral complexa para uma mais simples. Em muitos casos, várias reduções têm que ser feitas. Considere a função

$$I(x) = \int x^2 e^x\,dx$$

que pode ser avaliada ao integrar por partes duas vezes. Primeiro, se escolhemos $u = x^2$, $v = e^x$, obtemos

$$\int x^2 e^x\,dx = \int x^2\,d(e^x) = x^2 e^x - 2\int e^x x\,dx + c_1$$

Agora, no segundo termo, escolhemos $u = x$, $v = e^x$, que resulta

$$\int x^2 e^x\,dx = x^2 e^x - 2x\,e^x + 2\int e^x\,dx + c_1$$

ou

$$\int x^2 e^x\,dx = x^2 e^x - 2xe^x + 2e^x + c_2$$

A diferencial perfeita

Outro método útil para lembrar é o da *diferencial perfeita*, no qual procuramos por uma alteração da variável de tal modo que a diferencial da função seja a diferencial da variável independente que aparece na integral. Por exemplo, considere a integral

$$I(x) = \int \cos^2 x\,\text{sen}\,x\,dx$$

Essa integral se torna fácil de avaliar se reformularmos a diferencial como $d(\cos x) = -\text{sen}\,x\,dx$. A integral então se torna

$$\int \cos^2 x\,\text{sen}\,x\,dx = -\int \cos^2 x\,d(\cos x)$$

Se agora mudarmos as variáveis, com $y = \cos x$, obtemos

$$\int \cos^2 x\,\text{sen}\,x\,dx = -\int y^2\,dy = -\frac{y^3}{3} + c = -\frac{\cos^3 x}{3} + c$$

A Tabela B.5 relaciona algumas integrais indefinidas úteis; e a Tabela B.6 apresenta a integral de probabilidade de Gauss e outras integrais definidas. Uma lista mais completa pode ser encontrada em vários manuais, como *The Handbook of Chemistry and Physics* (Boca Raton, FL: CRC Press, publicada anualmente).

TABELA B.5 *Algumas integrais indefinidas (uma constante arbitrária deve ser adicionada a cada uma dessas integrais)*

$$\int x^n\,dx = \frac{x^{n+1}}{n+1} \text{ (desde que } n \neq 1)$$

$$\int \frac{dx}{x} = \int x^{-1}\,dx = \ln x$$

$$\int \frac{dx}{a+bx} = \frac{1}{b}\ln(a+bx)$$

$$\int \frac{x\,dx}{a+bx} = \frac{x}{b} - \frac{a}{b^2}\ln(a+bx)$$

$$\int \frac{dx}{x(x+a)} = -\frac{1}{a}\ln\frac{x+a}{x}$$

$$\int \frac{dx}{(a+bx)^2} = -\frac{1}{b(a+bx)}$$

$$\int \frac{dx}{a^2+x^2} = \frac{1}{a}\operatorname{tg}^{-1}\frac{x}{a}$$

$$\int \frac{dx}{a^2-x^2} = \frac{1}{2a}\ln\frac{a+x}{a-x} \quad (a^2-x^2>0)$$

$$\int \frac{dx}{x^2-a^2} = \frac{1}{2a}\ln\frac{x-a}{x+a} \quad (x^2-a^2>0)$$

$$\int \frac{x\,dx}{a^2 \pm x^2} = \pm\tfrac{1}{2}\ln(a^2 \pm x^2)$$

$$\int \frac{dx}{\sqrt{a^2-x^2}} = \operatorname{sen}^{-1}\frac{x}{a} = -\cos^{-1}\frac{x}{a} \quad (a^2-x^2>0)$$

$$\int \frac{dx}{\sqrt{x^2 \pm a^2}} = \ln\left(x + \sqrt{x^2 \pm a^2}\right)$$

$$\int \frac{x\,dx}{\sqrt{a^2-x^2}} = -\sqrt{a^2-x^2}$$

$$\int \frac{x\,dx}{\sqrt{x^2 \pm a^2}} = \sqrt{x^2 \pm a^2}$$

$$\int \sqrt{a^2-x^2}\,dx = \tfrac{1}{2}\left(x\sqrt{a^2-x^2} + a^2\operatorname{sen}^{-1}\frac{x}{|a|}\right)$$

$$\int x\sqrt{a^2-x^2}\,dx = -\tfrac{1}{3}(a^2-x^2)^{3/2}$$

$$\int \sqrt{x^2 \pm a^2}\,dx = \tfrac{1}{2}\left[x\sqrt{x^2 \pm a^2} \pm a^2\ln\left(x+\sqrt{x^2 \pm a^2}\right)\right]$$

$$\int x\left(\sqrt{x^2 \pm a^2}\right)dx = \tfrac{1}{3}(x^2 \pm a^2)^{3/2}$$

$$\int e^{ax}\,dx = \frac{1}{a}e^{ax}$$

$$\int \ln ax\,dx = (x\ln ax) - x$$

$$\int xe^{ax}\,dx = \frac{e^{ax}}{a^2}(ax-1)$$

$$\int \frac{dx}{a+be^{cx}} = \frac{x}{a} - \frac{1}{ac}\ln(a+be^{cx})$$

$$\int \operatorname{sen} ax\,dx = -\frac{1}{a}\cos ax$$

$$\int \cos ax\,dx = \frac{1}{a}\operatorname{sen} ax$$

$$\int \operatorname{tg} ax\,dx = -\frac{1}{a}\ln(\cos ax) = \frac{1}{a}\ln(\sec ax)$$

$$\int \operatorname{cotg} ax\,dx = \frac{1}{a}\ln(\operatorname{sen} ax)$$

$$\int \sec ax\,dx = \frac{1}{a}\ln(\sec ax + \operatorname{tg} ax) = \frac{1}{a}\ln\left[\operatorname{tg}\left(\frac{ax}{2}+\frac{\pi}{4}\right)\right]$$

$$\int \operatorname{cossec} ax\,dx = \frac{1}{a}\ln(\operatorname{cossec} ax - \operatorname{cotg} ax) = \frac{1}{a}\ln\left(\operatorname{tg}\frac{ax}{2}\right)$$

$$\int \operatorname{sen}^2 ax\,dx = \frac{x}{2} - \frac{\operatorname{sen} 2ax}{4a}$$

$$\int \cos^2 ax\,dx = \frac{x}{2} + \frac{\operatorname{sen} 2ax}{4a}$$

$$\int \frac{dx}{\operatorname{sen}^2 ax} = -\frac{1}{a}\operatorname{cotg} ax$$

$$\int \frac{dx}{\cos^2 ax} = \frac{1}{a}\operatorname{tg} ax$$

$$\int \operatorname{tg}^2 ax\,dx = \frac{1}{a}(\operatorname{tg} ax) - x$$

$$\int \operatorname{cotg}^2 ax\,dx = -\frac{1}{a}(\operatorname{cotg} ax) - x$$

$$\int \operatorname{sen}^{-1} ax\,dx = x(\operatorname{sen}^{-1} ax) + \frac{\sqrt{1-a^2x^2}}{a}$$

$$\int \cos^{-1} ax\,dx = x(\cos^{-1} ax) - \frac{\sqrt{1-a^2x^2}}{a}$$

$$\int \frac{dx}{(x^2+a^2)^{3/2}} = \frac{x}{a^2\sqrt{x^2+a^2}}$$

$$\int \frac{x\,dx}{(x^2+a^2)^{3/2}} = -\frac{1}{\sqrt{x^2+a^2}}$$

TABELA B.6 *Integral de probabilidade de Gauss e outras integrais definidas*

$$\int_0^\infty x^n\, e^{-ax}\, dx = \frac{n!}{a^{n+1}}$$

$$I_0 = \int_0^\infty e^{-ax^2}\, dx = \frac{1}{2}\sqrt{\frac{\pi}{a}} \quad \text{(Integral de probabilidade de Gauss)}$$

$$I_1 = \int_0^\infty x e^{-ax^2}\, dx = \frac{1}{2a}$$

$$I_2 = \int_0^\infty x^2\, e^{-ax^2}\, dx = -\frac{dI_0}{da} = \frac{1}{4}\sqrt{\frac{\pi}{a^3}}$$

$$I_3 = \int_0^\infty x^3\, e^{-ax^2}\, dx = -\frac{dI_1}{da} = \frac{1}{2a^2}$$

$$I_4 = \int_0^\infty x^4\, e^{-ax^2}\, dx = \frac{d^2 I_0}{da^2} = \frac{3}{8}\sqrt{\frac{\pi}{a^5}}$$

$$I_5 = \int_0^\infty x^5\, e^{-ax^2}\, dx = \frac{d^2 I_1}{da^2} = \frac{1}{a^3}$$

$$\vdots$$

$$I_{2n} = (-1)^n \frac{d^n}{da^n} I_0$$

$$I_{2n+1} = (-1)^n \frac{d^n}{da^n} I_1$$

B.8 Propagação da incerteza

Em experimentos de laboratório, uma atividade comum é utilizar medições que atuam como dados brutos. Essas medições são de vários tipos – comprimento, intervalo de tempo, temperatura, tensão e assim por diante –, feitas por vários instrumentos. Independente da medição e da qualidade da instrumentação, **há sempre incerteza associada com uma medição física**. Esta incerteza é uma combinação daquela associada ao instrumento e a relacionada com o sistema que está sendo medido.

Um exemplo da primeira incerteza é a incapacidade de determinar a posição de uma medição entre as linhas em uma régua. Um exemplo da incerteza relacionada com o sistema sendo medido é a variação de temperatura em uma amostra de água, de modo que uma única temperatura para a amostra seja difícil de determinar.

As incertezas podem ser expressas de dois modos. A **absoluta** refere-se a uma incerteza expressa nas mesmas unidades que a medição. Portanto, o comprimento de uma etiqueta pode ser expressa como (5,5 ± 0,1) cm. Entretanto, a incerteza de ± 0,1 cm por si mesma não é descritiva o suficiente para alguns objetivos. Essa incerteza é grande se a medição for de 1,0 cm, mas pequena se for de 100 m. Para uma representação mais descritiva da incerteza, a **fracionária** ou **percentual** é utilizada. Neste tipo de descrição, a incerteza é dividida pela medição real. Portanto, o comprimento da etiqueta do disquete poderia ser expressa como

$$\ell = 5{,}5 \text{ cm} \pm \frac{0{,}1 \text{ cm}}{5{,}5 \text{ cm}} = 5{,}5 \text{ cm} \pm 0{,}018 \quad \text{(incerteza fracionária)}$$

ou como

$$\ell = 5{,}5 \text{ cm} \pm 1{,}8\% \quad \text{(incerteza percentual)}$$

Ao combinar as medições em um cálculo, a incerteza percentual no resultado final é geralmente maior que aquela nas medições individuais. Isto é chamado **propagação da incerteza**, e é um dos desafios da Física Experimental.

Algumas regras simples podem oferecer uma estimativa razoável da incerteza em um resultado calculado:

Multiplicação e divisão: Quando medições com incertezas são multiplicadas ou divididas, acrescente as *percentuais* para obter a incerteza percentual no resultado.

Exemplo: a área de um prato retangular

$$A = \ell w = (5{,}5 \text{ cm} \pm 1{,}8\%) \times (6{,}4 \text{ cm} \pm 1{,}6\%) = 35 \text{ cm}^2 \pm 3{,}4\%$$
$$= (35 \pm 1) \text{ cm}^2$$

Adição e subtração: Quando medições com incertezas forem acrescentadas ou subtraídas, adicione as *absolutas* para obter a incerteza absoluta no resultado.

Exemplo: uma mudança na temperatura

$$\Delta T = T_2 - T_1 = (99{,}2 \pm 1{,}5)\ °\text{C} - (27{,}6 \pm 1{,}5)\ °\text{C} = 72{,}6 \pm 3{,}0\ °\text{C}$$
$$= 71{,}6\ °\text{C} \pm 4{,}4\%$$

Potências: Se uma medição for uma potência, a incerteza percentual é multiplicada por aquela potência para obter a incerteza percentual no resultado.

Exemplo: o volume de uma esfera

$$V = \tfrac{4}{3}\pi r^3 = \tfrac{4}{3}\pi(6{,}20 \text{ cm} \pm 2{,}0\%)^3 = 998 \text{ cm}^3 \pm 6{,}0\%$$
$$= (998 \pm 60) \text{ cm}^3$$

Para cálculos complexos, várias incertezas são adicionadas, o que pode fazer com que a incerteza no resultado final seja indesejavelmente grande. Devem ser desenvolvidos experimentos para que os cálculos sejam os mais simples possíveis.

Note que as incertezas em um cálculo sempre adicionam. Como resultado, um experimento que envolve uma subtração deve ser evitado, se possível, especialmente se as medições subtraídas estiverem próximas. O resultado deste cálculo é uma pequena diferença nas medições e incertezas que se adicionam. É possível que a incerteza no resultado possa ser maior que o próprio resultado!

apêndice C

Unidades do SI

TABELA C.1 *Unidades do SI*

Quantidade base	Unidade base SI — Nome	Unidade base SI — Símbolo
Comprimento	metro	m
Massa	quilograma	kg
Tempo	segundo	s
Corrente elétrica	ampère	A
Temperatura	kelvin	K
Quantidade de substância	mol	mol
Intensidade luminosa	candela	cd

TABELA C.2 *Algumas unidades do SI derivadas*

Quantidade	Nome	Símbolo	Expressão em termos de unidades base	Expressão em termos de outras unidades do SI
Ângulo plano	radiano	rad	m/m	
Frequência	hertz	Hz	s^{-1}	
Força	newton	N	$kg \cdot m/s^2$	J/m
Pressão	pascal	Pa	$kg/m \cdot s^2$	N/m^2
Energia	joule	J	$kg \cdot m^2/s^2$	$N \cdot m$
Potência	watt	W	$kg \cdot m^2/s^3$	J/s
Carga elétrica	coulomb	C	$A \cdot s$	
Potencial elétrico	volt	V	$kg \cdot m^2/A \cdot s^3$	W/A
Capacitância	farad	F	$A^2 \cdot s^4/kg \cdot m^2$	C/V
Resistência elétrica	ohm	Ω	$kg \cdot m^2/A^2 \cdot s^3$	V/A
Fluxo magnético	weber	Wb	$kg \cdot m^2/A \cdot s^2$	$V \cdot s$
Campo magnético	tesla	T	$kg/A \cdot s^2$	
Indutância	henry	H	$kg \cdot m^2/A^2 \cdot s^2$	$T \cdot m^2/A$

apêndice **D**

Tabela periódica dos elementos

Grupo I	Grupo II	Elementos de transição						
H 1 1,007 9 $1s$								
Li 3 6,941 $2s^1$	**Be** 4 9,0122 $2s^2$							
Na 11 22,990 $3s^1$	**Mg** 12 24,305 $3s^2$							
K 19 39,098 $4s^1$	**Ca** 20 40,078 $4s^2$	**Sc** 21 44,956 $3d^14s^2$	**Ti** 22 47,867 $3d^24s^2$	**V** 23 50,942 $3d^34s^2$	**Cr** 24 51,996 $3d^54s^1$	**Mn** 25 54,938 $3d^54s^2$	**Fe** 26 55,845 $3d^64s^2$	**Co** 27 58,933 $3d^74s^2$
Rb 37 85,468 $5s^1$	**Sr** 38 87,62 $5s^2$	**Y** 39 88,906 $4d^15s^2$	**Zr** 40 91,224 $4d^25s^2$	**Nb** 41 92,906 $4d^45s^1$	**Mo** 42 95,94 $4d^55s^1$	**Tc** 43 (98) $4d^55s^2$	**Ru** 44 101,07 $4d^75s^1$	**Rh** 45 102,91 $4d^85s^1$
Cs 55 132,91 $6s^1$	**Ba** 56 137,33 $6s^2$	57–71*	**Hf** 72 178,49 $5d^26s^2$	**Ta** 73 180,95 $5d^36s^2$	**W** 74 183,84 $5d^46s^2$	**Re** 75 186,21 $5d^56s^2$	**Os** 76 190,23 $5d^66s^2$	**Ir** 77 192,2 $5d^76s^2$
Fr 87 (223) $7s^1$	**Ra** 88 (226) $7s^2$	89–103**	**Rf** 104 (261) $6d^27s^2$	**Db** 105 (262) $6d^37s^2$	**Sg** 106 (266)	**Bh** 107 (264)	**Hs** 108 (277)	**Mt** 109 (268)

Símbolo — **Ca** 20 — Número atômico
Massa atômica† — 40,078
$4s^2$ — Configuração eletrônica

*Série dos lantanídeos	**La** 57 138,91 $5d^16s^2$	**Ce** 58 140,12 $5d^14f^16s^2$	**Pr** 59 140,91 $4f^36s^2$	**Nd** 60 144,24 $4f^46s^2$	**Pm** 61 (145) $4f^56s^2$	**Sm** 62 150,36 $4f^66s^2$
**Série dos actinídeos	**Ac** 89 (227) $6d^17s^2$	**Th** 90 232,04 $6d^27s^2$	**Pa** 91 231,04 $5f^26d^17s^2$	**U** 92 238,03 $5f^36d^17s^2$	**Np** 93 (237) $5f^46d^17s^2$	**Pu** 94 (244) $5f^67s^2$

Nota: Os valores de massa atômica são obtidos pela média dos isótopos nas porcentagens nas quais eles existem na natureza.

† Para um elemento instável, o número de massa do isótopo conhecido mais estável é mostrado entre parênteses.

†† Os elementos 113, 115, 117 e 118 não foram oficialmente nomeados ainda. Apenas pequenos números atômicos desses elementos foram observados.

			Grupo III	Grupo IV	Grupo V	Grupo VI	Grupo VII	Grupo 0
							H 1 1,007 9 $1s^1$	**He** 2 4,002 6 $1s^2$
			B 5 10,811 $2p^1$	**C** 6 12,011 $2p^2$	**N** 7 14,007 $2p^3$	**O** 8 15,999 $2p^4$	**F** 9 18,998 $2p^5$	**Ne** 10 20,180 $2p^6$
			Al 13 26,982 $3p^1$	**Si** 14 28,086 $3p^2$	**P** 15 30,974 $3p^3$	**S** 16 32,066 $3p^4$	**Cl** 17 35,453 $3p^5$	**Ar** 18 39,948 $3p^6$
Ni 28 58,693 $3d^8 4s^2$	**Cu** 29 63,546 $3d^{10} 4s^1$	**Zn** 30 65,41 $3d^{10} 4s^2$	**Ga** 31 69,723 $4p^1$	**Ge** 32 72,64 $4p^2$	**As** 33 74,922 $4p^3$	**Se** 34 78,96 $4p^4$	**Br** 35 79,904 $4p^5$	**Kr** 36 83,80 $4p^6$
Pd 46 106,42 $4d^{10}$	**Ag** 47 107,87 $4d^{10} 5s^1$	**Cd** 48 112,41 $4d^{10} 5s^2$	**In** 49 114,82 $5p^1$	**Sn** 50 118,71 $5p^2$	**Sb** 51 121,76 $5p^3$	**Te** 52 127,60 $5p^4$	**I** 53 126,90 $5p^5$	**Xe** 54 131,29 $5p^6$
Pt 78 195,08 $5d^9 6s^1$	**Au** 79 196,97 $5d^{10} 6s^1$	**Hg** 80 200,59 $5d^{10} 6s^2$	**Tl** 81 204,38 $6p^1$	**Pb** 82 207,2 $6p^2$	**Bi** 83 208,98 $6p^3$	**Po** 84 (209) $6p^4$	**At** 85 (210) $6p^5$	**Rn** 86 (222) $6p^6$
Ds 110 (271)	**Rg** 111 (272)	**Cn** 112 (285)	113†† (284)	**Fe** 114 (289)	115†† (288)	**Lv** 116 (293)	117†† (294)	118†† (294)

Eu 63 151,96 $4f^7 6s^2$	**Gd** 64 157,25 $4f^7 5d^1 6s^2$	**Tb** 65 158,93 $4f^8 5d^1 6s^2$	**Dy** 66 162,50 $4f^{10} 6s^2$	**Ho** 67 164,93 $4f^{11} 6s^2$	**Er** 68 167,26 $4f^{12} 6s^2$	**Tm** 69 168,93 $4f^{13} 6s^2$	**Yb** 70 173,04 $4f^{14} 6s^2$	**Lu** 71 174,97 $4f^{14} 5d^1 6s^2$
Am 95 (243) $5f^7 7s^2$	**Cm** 96 (247) $5f^7 6d^1 7s^2$	**Bk** 97 (247) $5f^8 6d^1 7s^2$	**Cf** 98 (251) $5f^{10} 7s^2$	**Es** 99 (252) $5f^{11} 7s^2$	**Fm** 100 (257) $5f^{12} 7s^2$	**Md** 101 (258) $5f^{13} 7s^2$	**No** 102 (259) $5f^{14} 7s^2$	**Lr** 103 (262) $5f^{14} 6d^1 7s^2$

Respostas aos testes rápidos e problemas ímpares

Capítulo 1

Respostas aos testes rápidos

1.1 (a)
1.2 Falso
1.3 (b)

Respostas aos problemas ímpares

1. (a) $5{,}52 \times 10^3$ kg/m^3 (b) Fica entre a densidade do alumínio e a do ferro, e é maior que as densidades de rochas típicas de superfície.
3. 23,0 kg
5. 7,69 cm
7. 0,141 nm
9. (b) somente
11. (a) kg · m/s (b) N · s
13. Não
15. $11{,}4 \times 10^3$ kg/m^3
17. 871 m^2
19. Medindo as páginas, descobrimos que cada uma tem área de 0,277 m × 0,217 m = 0,060 m^2. O cômodo tem área de paredes de 37 m^2, e necessita de 616 folhas que seriam contadas como 1.232 páginas. Os Volumes 1 e 2 deste livro têm somente 736 páginas.
21. $1{,}00 \times 10^{10}$ lb
23. $4{,}05 \times 10^3$ m^2
25. 2,86 cm
27. 151 μm
29. (a) 507 anos (b) $2{,}48 \times 10^9$ faturas
31. $\sim 10^6$ bolas em um cômodo de 4 m por 4 m por 3 m
33. $\sim 10^2$ afinadores de piano
35. (209 ± 4) cm^2
37. 31.556.926,0 s
39. 19
41. 8,80%
43. 63
45. (a) 6,71 m (b) 0,894 (c) 0,745
47. 48,6 kg
49. $\pm 3{,}46$
51. As respostas podem divergir devido à variação na leitura de números exatos no gráfico. (a) 0,015 g (b) 8% (c) 5,2 g/m^2. (d) Para formatos cortados deste papel carbono, a massa do papel cortado é proporcional à sua área. A constante de proporcionalidade é 5,2 g/m^2 ± 8%, onde a incerteza é estimada. (e) Este resultado é esperado se o papel tiver espessura e densidade uniformes dentro da incerteza experimental. (f) A inclinação é a densidade superficial do papel, sua massa por unidade área.
53. 5,2 m^3, 3%
55. 316 m
57. 5,0 m
59. 3,41 m
61. (a) alumínio, 2,75 g/cm^3; cobre, 9,36 g/cm^3; latão, 8,91 g/cm^3; estanho, 7,68 g/cm^3; ferro, 7,88 g/cm^3. (b) Os valores tabulados são menores em 2% para alumínio, em 5% para cobre, em 6% para latão, em 5% para estanho, e em 0,3% para ferro.
63. 1×10^{10} gal/ano
65. As respostas podem variar. (a) $\sim 10^{29}$ procariontes (b) $\sim 10^{14}$ kg
67. (a) $B = 2{,}70$ g/cm^3, $C = 1{,}19$ g/cm^4 (b) 1,39 kg
69. $V = 0{,}579t + (1{,}19 \times 10^{-9})t^2$, onde V é dado em pés cúbicos e t em segundos.
71. (a) 0,529 cm/s (b) 11,5 cm/s
73. (a) 12,1 m (b) 135° (c) 25,2° (d) 135°

Capítulo 2

Respostas aos testes rápidos

2.1. (c)
2.2. (b)
2.3. Falso. Seu gráfico deve ser parecido com aquele mostrado abaixo. Este gráfico $v_x - t$ mostra que a velocidade máxima é de aproximadamente 5,0 m/s, que é 18 km/h (= 11 mi/h); então, o motorista não estava acima do limite de velocidade.

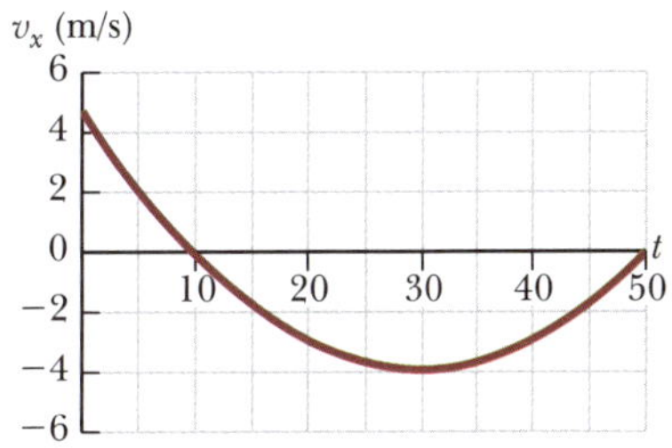

2.4. (b)
2.5. (c)
2.6. (a)–(e), (b)–(d), (c)–(f)
2.7. (**i**) (e) (**ii**) (d)

Respostas aos problemas ímpares

1. (a) 5 m/s (b) 1,2 m/s (c) −2,5 m/s (d) −3,3 m/s (e) 0
3. (a) 3,75 m/s (b) 0
5. (a) 2,30 m/s (b) 16,1 m/s (c) 11,5 m/s
7. (a) −2,4 m/s (b) −3,8 m/s (c) 4,0 s
9. (a) 5,0 m/s (b) −2,5 m/s (c) 0 (d) +5,0 m/s
11. (a) 5,00 m (b) $4{,}88 \times 10^3$ s
13. (a) 2,80 h (b) 218 km
15. (a)

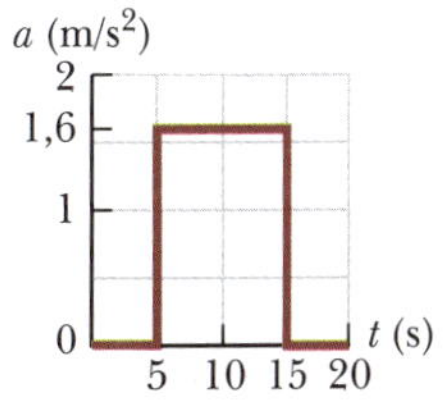

(b) 1,60 m/s^2 (c) 0,800 m/s^2
17. (a) 1,3 m/s^2 (b) $t = 3$ s, $a = 2$ m/s^2 (c) $t = 6$ s, $t > 10$ s (d) $a = -1{,}5$ m/s^2, $t = 8$ s
19. (a) 20 m/s, 5 m/s (b) 263 m
21. (a) 2,00 m (b) −3,00 m/s (c) −2,00 m/s^2

23.

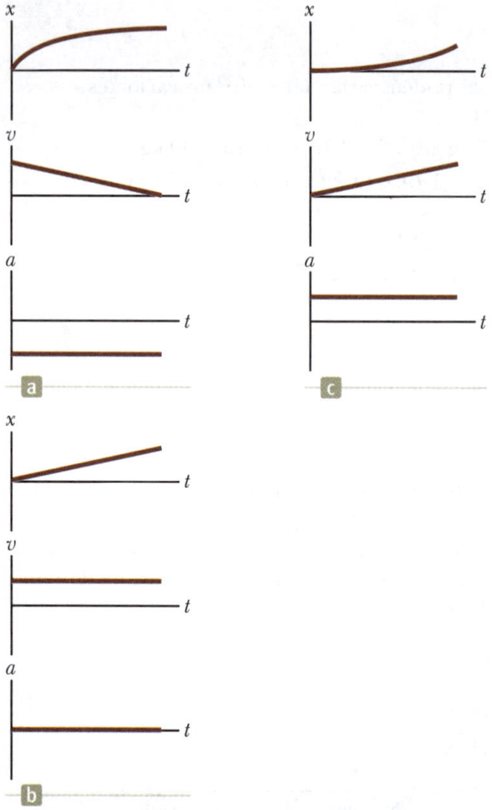

25. (a) $4{,}98 \times 10^{-9}$ s (b) $1{,}20 \times 10^{15}$ m/s^2

27. (a) 9,00 m/s (b) −3,00 m/s (c) 17,0 m/s (d) O gráfico de velocidade *versus* tempo é uma linha reta passando por 13 m/s às 10h05 e se inclinando para baixo, diminuindo 4 m/s para cada segundo depois disso. (e) Se, e somente se, soubermos a velocidade do corpo em um instante no tempo, saber sua aceleração nos informa sua velocidade em qualquer outro momento, desde que a aceleração seja constante.

29. −16,0 cm/s^2

31. (a) −202 m/s^2 (b) 198 m

33. (a) 35,0 s (b) 15,7 m/s

35. 3,10 m/s

37. (a)

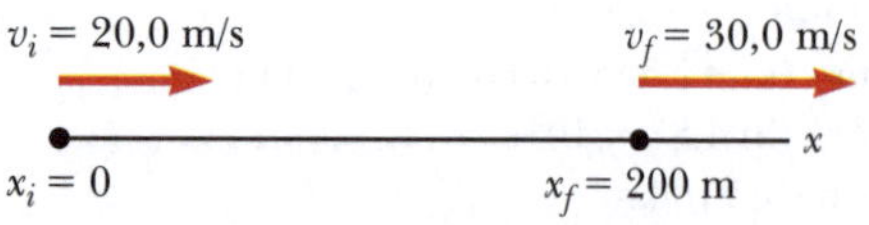

(b) Partícula sob aceleração constante

(c) $v_f^2 = v_i^2 + 2a(x_f - x_i)$ (Equação 2.17)

d) $a = \dfrac{v_f^2 - v_i^2}{2(x_f - x_i)}$

(e) 1,25 m/s^2 (f) 8,00 s

39. (a) A ideia é falsa, a menos que a aceleração seja zero. Definimos a aceleração constante para significar que a velocidade muda constantemente com o tempo. Então, a velocidade não pode estar mudando constantemente no espaço. (b) Esta ideia é verdadeira. Como a velocidade muda constantemente com o tempo, na metade de um intervalo ela é igual à média de seus valores inicial e final.

41. (a) 13,5 m (b) 13,5 m (c) 13,5 m (d) 22,5 m

43. (a) 1,88 km (b) 1,46 km
(c) a (m/s^2)

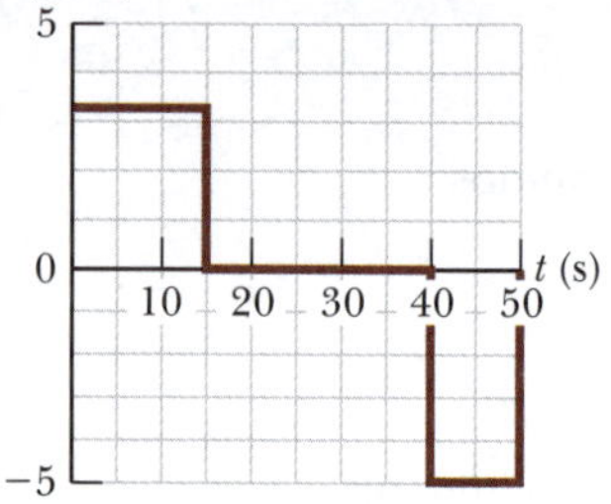

(d) $0a$: $x = 1{,}67t^2$; ab: $x = 50t - 375$; bc: $x = 250t - 2{,}5t^2 - 4.375$ (em todas as três expressões, x é dado em metros e t em segundos) (e) 37,5 m/s

45. (a) 0,231 m (b) 0,364 m (c) 0,399 m (d) 0,175 m

47. David não terá sucesso. O tempo médio de reação humana é de aproximadamente 0,2 s (pesquisa na Internet), e uma nota de um dólar tem 15,5 cm de comprimento; então, os dedos de David estão a aproximadamente 8 cm da extremidade da nota antes que ela caia. A nota cairá 20 cm antes de ele conseguir fechar os dedos.

49. (a) 510 m (b) 20,4 s

51. 1,79 s

53. (a) 10,0 m/s para cima (b) 4,68 m/s para baixo

55. (a) 7,82 m (b) 0,782 s

57. (a) $a_x(t) = a_{xi} + Jt$; $v_x(t) = v_{xi} + a_{xi}t + \frac{1}{2}Jt^2$; $x(t) = x_i + v_{xi}t + \frac{1}{2}a_{xi}t^2 + \frac{1}{6}Jt^3$

59. (a) $a = -(10{,}0 \times 10^7)t + 3{,}00 \times 10^5$; $x = -(1{,}67 \times 10^7)t^3 + (1{,}50 \times 10^5)t^2$ (nestas expressões, a é dado em m/s^2, x em metros, e t em segundos) (b) 3,00 ms (c) 450 m/s (d) 0,900 m

61. (a) 4,00 m/s (b) 1,00 ms (c) 0,816 m

63. (a) 3,00 s (b) −15,3 m/s (c) 31,4 m/s para baixo e 34,8 m/s para baixo

65. (a) 3,00 m/s (b) 6,00 s (c) −0,300 m/s^2 (d) 2,05 m/s

67. (a) 2,83 s (b) É exatamente a mesma situação do Exemplo 2.8, exceto que este problema está na direção vertical. O elevador que desce faz a parte do carro em velocidade, e o parafuso que cai, a do soldado em aceleração. Gire a Figura 2.13 em 90° no sentido horário para visualizar o problema elevador-parafuso! (c) Se cada andar tem 3 m de altura, o andar mais alto alcançado é o 13º.

69. (a) A partir do gráfico, vemos que o Acela está em velocidade positiva constante na direção x positiva de −50 s até 50 s. De 50 s até 200 s, ele acelera na direção positiva x, chegando a uma velocidade máxima de aproximadamente 170 mi/h. Perto dos 200 s, o engenheiro freia, e o trem, ainda se movimentando na direção positiva x, vai mais devagar e para aos 350 s. Imediatamente após 350 s, o trem inverte sua direção (v torna-se negativo) e ganha velocidade regularmente na direção negativa x. (b) Aproximadamente 2,2 mi/h/s. (c) Aproximadamente 6,7 mi.

71. (a) Aqui, v_1 deve ser maior que v_2 e a distância entre o atleta na liderança e a linha de chegada deve ser grande o suficiente para que o atleta que está atrás tenha tempo de alcançá-lo.

(b) $t = \dfrac{d_1}{v_1 - v_2}$ (c) $d_2 = \dfrac{v_2 d_1}{v_1 - v_2}$

73. (a) 5,46 s (b) 73,0 m
(c) $v_{Stan} = 22{,}6$ m/s, $v_{Kathy} = 26{,}7$ m/s

75. (a) $v_B = (1/\text{tg}\ \theta)v$. (b) A velocidade v_B começa maior que v para ângulos θ pequenos, e então diminui, aproximando-se de zero conforme θ se aproxima de 90°.
77. (a) 15,0 s (b) 30,0 m/s (c) 225 m
79. 1,60 m/s^2
81. (a) 35,9 m (b) 4,04 s (c) 45,8 m (d) 22,6 m/s
83. (a) 5,32 m/s^2 para Laura e 3,75 m/s^2 para Healan (b) 10,6 m/s para Laura e 11,2 m/s para Healan (c) Laura, por 2,63 m (d) 4,47 m em t = 2,84 s
85. (a) 26,4 m (b) 6,8%

Capítulo 3

Respostas aos testes rápidos

3.1. vetores: (b), (c); escalares: (a), (d), (e)
3.2. (c) **3.** (b) e (c) **4.** (b) **5.** (c)

Respostas aos problemas ímpares

1. (−2,75, −4,76) m
3. (a) 8,60 m (b) 4,47 m, −63,4°; 4,24 m, 135°
5. (a) (−3,56 cm, −2,40 cm) (b) (r = 4,30 cm, θ = 326°) (c) (r = 8,60 cm, θ = 34,0°) (d) (r = 12,9 cm, θ = 146°)
7. 70,0 m
9. Esta situação *nunca* pode ser verdadeira porque a distância é um arco de um círculo entre dois pontos, enquanto o módulo do vetor deslocamento é uma corda em linha reta do círculo entre os mesmos pontos.
11. (a) 5,2 m a 60° (b) 3,0 m a 330° (c) 3,0 m a 150° (d) 5,2 m a 300°
13. Aproximadamente 420 pés a −3°
15. 47,2 unidades a 122°
17. (a) sim (b) A velocidade do *trailer* deveria ser 28,3 m/s ou mais para satisfazer essa exigência.
19. (a) $(-11{,}1\hat{\mathbf{i}} + 6{,}40\hat{\mathbf{j}})$ m (b) $(1{,}65\hat{\mathbf{i}} + 2{,}86\hat{\mathbf{j}})$ cm (c) $(-18{,}0\hat{\mathbf{i}} - 12{,}6\hat{\mathbf{j}})$ pol
21. 358 m a 2,00° S de L
23. (a) $2{,}00\hat{\mathbf{i}} - 6{,}00\hat{\mathbf{j}}$ (b) $4{,}00\hat{\mathbf{i}} + 2{,}00\hat{\mathbf{j}}$ (c) 6,32 (d) 4,47 (e) 288°; 26,6°
25. 9,48 m a 166°
27. 4,64 m a 78,6° N de L
29. (a) 185 N a 77,8° do eixo x positivo (b) $(-39{,}3\hat{\mathbf{i}} - 181\hat{\mathbf{j}})$ N
31. (a) 2,83 m a θ = 315° (b) 13,4 m a θ = 117°
33. (a) $8{,}00\hat{\mathbf{i}} + 12{,}0\hat{\mathbf{j}} - 4{,}00\hat{\mathbf{k}}$ (b) $2{,}00\hat{\mathbf{i}} + 3{,}00\hat{\mathbf{j}} - 1{,}00\hat{\mathbf{k}}$ (c) $-24{,}0\hat{\mathbf{i}} - 36{,}0\hat{\mathbf{j}} + 12{,}0\hat{\mathbf{k}}$
35. (a) $-3{,}00\hat{\mathbf{i}} + 2{,}00\hat{\mathbf{j}}$ (b) 3,61 a 146° (c) $3{,}00\hat{\mathbf{i}} - 6{,}00\hat{\mathbf{j}}$
37. (a) a = 5,00 e b = 7,00. (b) Para os vetores serem iguais, todas as suas componentes devem ser iguais. Uma equação vetorial contém mais informação que uma escalar.
39. 196 cm a 345°
41. (a) $\vec{\mathbf{E}} = (15{,}1\hat{\mathbf{i}} + 7{,}72\hat{\mathbf{j}})$ cm (b) $\vec{\mathbf{F}} = (-7{,}72\hat{\mathbf{i}} + 15{,}1\hat{\mathbf{j}})$ cm (c) $\vec{\mathbf{G}} = (-7{,}72\hat{\mathbf{i}} - 15{,}1\hat{\mathbf{j}})$ cm
43. (a) $(-20{,}5\hat{\mathbf{i}} + 35{,}5\hat{\mathbf{j}})$ m/s (b) $25{,}0\hat{\mathbf{j}}$ m/s (c) $(-61{,}5\hat{\mathbf{i}} + 107\hat{\mathbf{j}})$ m (d) $37{,}5\hat{\mathbf{j}}$ m (e) 157 km
45. $1{,}43 \times 10^4$ m a 32,2° acima da horizontal
47. (a) 10,4 cm (b) θ = 35,5°
49. (a)

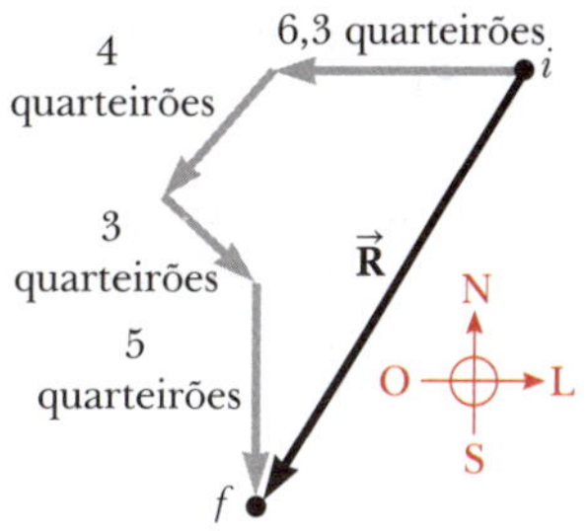

(b) 18,3 b (c) 12,4 b a 233° em sentido anti-horário do leste
51. 240 m a 237°
53. (a) 25,4 s (b) 15,0 km/h
55. (a) 0,0798 N (b) 57,9° (c) 32,1°
57. (a) As componentes x, y e z são, respectivamente, 2,00, 1,00 e 3,00 (b) 3,74 (c) $\theta_x = 57{,}7°$, $\theta_y = 74{,}5°$, $\theta_z = 36{,}7°$
59. 1,15°
61. (a) $(10.000 - 9.600 \text{ sen } \theta)^{1/2}$ cm (b) 270°; 140 cm (c) 90°; 20,0 cm. (d) Eles fazem sentido. O valor máximo é obtido quando $\vec{\mathbf{A}}$ e $\vec{\mathbf{B}}$ estão na mesma direção, e é 60 cm + 80 cm. O valor mínimo é obtido quando $\vec{\mathbf{A}}$ e $\vec{\mathbf{B}}$ estão em direções opostas, e é 80 cm − 60 cm.
63. (a) $-2{,}00\hat{\mathbf{k}}$ m/s (b) seu vetor velocidade
65. (a) $\vec{\mathbf{R}}_1 = a\hat{\mathbf{i}} + b\hat{\mathbf{j}}$ (b) $R_1 = (a^2 + b^2)^{1/2}$ (c) $\vec{\mathbf{R}}_2 = a\hat{\mathbf{i}} + b\hat{\mathbf{j}} + c\hat{\mathbf{k}}$
67. (a) (10,0 m, 16,0 m). (b) Este centro de massa da distribuição das árvores é o mesmo local, seja qual for a ordem em que admitimos as árvores. Estudaremos o centro de massa no Capítulo 9.

Capítulo 4

Respostas aos testes rápidos

4.1. (a)
4.2. **(i)** (b) **(ii)** (a)
4.3. 15°, 30°, 45°, 60°, 75°
4. **(i)** (d) **(ii)** (b)
5. **(i)** (b) **(ii)** (d)

Respostas aos problemas ímpares

1. (a) 4,87 km a 209° de leste (b) 23,3 m/s (c) 13,5 m/s a 209°
3. (a) $(1{,}00\hat{\mathbf{i}} + 0{,}750\hat{\mathbf{j}})$ m/s (b) $(1{,}00\hat{\mathbf{i}} + 0{,}500\hat{\mathbf{j}})$ m/s, 1,12 m/s
5. (a) $\vec{\mathbf{r}} = 18{,}0t\hat{\mathbf{i}} + (4{,}00t - 4{,}80t^2)\hat{\mathbf{j}}$, onde $\vec{\mathbf{r}}$ é dado em metros e t em segundos
(b) $\vec{\mathbf{v}} = 18{,}0\hat{\mathbf{i}} + (4{,}00t - 9{,}80)\hat{\mathbf{j}}$, onde $\vec{\mathbf{v}}$ é dado em metros por segundo e t em segundos
(c) $\vec{\mathbf{a}} = -9{,}80\hat{\mathbf{j}}$ m/s^2
(d) $\vec{\mathbf{r}} = (54{,}0\hat{\mathbf{i}} - 32{,}1\hat{\mathbf{j}})$ m; $\vec{\mathbf{v}} = (18{,}0\hat{\mathbf{i}} - 25{,}4\hat{\mathbf{j}})$ m/s; $\vec{\mathbf{a}} = -9{,}80\hat{\mathbf{j}}$ m/s^2
7. (a) $\vec{\mathbf{v}} = -12{,}0t\hat{\mathbf{j}}$, onde $\vec{\mathbf{v}}$ é dado em metros por segundo e t em segundos, (b) $\vec{\mathbf{a}} = -12{,}0\hat{\mathbf{j}}$ m/s, (c) $\vec{\mathbf{r}} = (3{,}00\hat{\mathbf{i}} - 6{,}00\hat{\mathbf{j}})$ m; $\vec{\mathbf{v}} = -12{,}0\hat{\mathbf{j}}$ m/s
9. (a) $(0{,}800\hat{\mathbf{i}} - 0{,}300\hat{\mathbf{j}})$ m/s^2, (b) 339°, (c) $(360\hat{\mathbf{i}} - 72{,}7\hat{\mathbf{j}})$ m, −15,2°
11. 12,0 m/s
13. (a) 2,81 m/s horizontal (b) 60,2° abaixo da horizontal
15. 53,1°
17. (a) 3,86 m/s horizontalmente para a frente (b) 9,6%
19. 67,8°
21. $d \text{ tg } \theta_i - \dfrac{gd^2}{2v_i^2 \cos^2\theta_i}$

23. (a) A bola passa por 0,89 m (b) enquanto desce
25. (a) 18,1 m/s (b) 1,13 m, (c) 2,79 m
27. 9,91 m/s
29. (a) (0, 50,0 m) (b) $v_{xi} = 18{,}0$ m/s; $v_{yi} = 0$ (c) Partícula sob aceleração constante (d) Partícula sob velocidade constante (e) $v_{xf} = v_{xi}$; $v_{yf} = -gt$ (f) $x_f = v_{xi}t$; $y_f = y_i - \frac{1}{2}gt^2$ (g) 3,19 s (h) 36,1 m/s, −60,1°
31. 1,92 s
33. 377 m/s^2
35. $2{,}06 \times 10^3$ rev/min
37. 0,749 rev/s
39. $7{,}58 \times 10^3$ m/s, $5{,}80 \times 10^3$ s
41. 1,48 m/s^2 para dentro e 29,9° para trás
43. (a) Sim. A partícula pode estar perdendo ou ganhando velocidade, com componente de aceleração tangencial de módulo $\sqrt{6^2 - 4{,}5^2} = 3{,}97$ m/s^2. (b) Não. O módulo da aceleração não pode ser menor que $v^2/r = 4{,}5$ m/s^2.
45. (a) 1,26 h (b) 1,13 h (c) 1,19 h
47. (a) 15,0 km/h leste (b) 15,0 km/h oeste (c) 0,0167 h = 60,0 s
49. (a) 9,80 m/s^2 para baixo e 2,50 m/s^2 para o sul, (b) 9,80 m/s^2 para baixo. (c) O parafuso move-se em uma parábola com seu eixo para baixo e inclinado para o sul. Pousa ao sul do ponto diretamente abaixo de seu ponto de partida. (d) O parafuso move-se em uma parábola com um eixo vertical.
51. (a) $\dfrac{2d/c}{1 - v^2/c^2}$ (b) $\dfrac{2d}{c}$ (c) A viagem em água fluindo tem maior intervalo de tempo. O nadador nada na corrente para cima por um intervalo de tempo mais longo, de modo que sua velocidade média é reduzida para menos de c. Matematicamente, $1/(1 - v^2/c^2)$ é sempre maior que 1. No extremo, conforme $v \to c$, o intervalo de tempo torna-se infinito. Neste caso, o estudante nunca pode retornar ao ponto de partida porque não consegue nadar rápido o suficiente para superar a corrente do rio.
53. 15,3 m
55. 54,4 m/s^2
57. A relação entre a altura h e a velocidade de caminhada é $h = (4{,}16 \times 10^{-3})v_x^2$, onde h é dada em metros e v_x em metros por segundo. Com uma velocidade típica de caminhada de 4 a 5 km/h, a bola teria caído de uma altura de aproximadamente 1 cm, obviamente muito baixa para a mão de uma pessoa.
Mesmo a velocidade de recorde olímpico para a corrida dos 100 m (confirme na Internet), essa situação ocorreria somente se a bola fosse jogada de aproximadamente 0,4 m, que também é abaixo da mão de uma pessoa com proporções normais.
59. (a) 101 m/s (b) $3{,}27 \times 10^4$ pés (c) 20,6 s
61. (a) 26,9 m/s (b) 67,3 m (c) $(2{,}00\hat{\mathbf{i}} - 5{,}00\hat{\mathbf{j}})$ m/s^2
63. (a) $(7{,}62\hat{\mathbf{i}} - 6{,}48\hat{\mathbf{j}})$ cm (b) $(10{,}0\hat{\mathbf{i}} - 7{,}05\hat{\mathbf{j}})$ cm
65. (a) 1,52 km (b) 36,1 s (c) 4,05 km
67. A altura inicial da bola quando atingida é 3,94 m, muito alta para que o batedor a atinja.
69. (a) 1,69 km/s (b) 1,80 h
71. (a) 46,5 m/s (b) −77,6° (c) 6,34 s
73. (a) $x = v_i(0{,}1643 + 0{,}002299v_i^2)^{1/2} + 0{,}04794v_i^2$, onde x é dado em metros e v_i em metros por segundo (b) 0,0410 m (c) 961 m (d) $x \approx 0{,}405v_i$ (e) $x \approx 0{,}0959v_i^2$ (f) O gráfico de x *versus* v_i começa na origem como uma linha reta com inclinação de 0,405 s. Então ele se curva para cima, acima desta linha tangente, ficando cada vez mais próximo da parábola $x = 0{,}0959v_i^2$, onde x é em dado metros e v_i em metros por segundo.
75. (a) 6,80 km, (b) 3,00 km verticalmente acima do ponto de impacto, (c) 66,2°
77. (a) 20,0 m/s, (b) 5,00 s, (c) $(16{,}0\hat{\mathbf{i}} - 27{,}1\hat{\mathbf{j}})$ m/s, (d) 6,53 s, (e) $24{,}5\hat{\mathbf{i}}$ m
79. (a) 4,00 km/h, (b) 4,00 km/h
81. (a) 43,2 m, (b) $(9{,}66\hat{\mathbf{i}} - 25{,}6\hat{\mathbf{j}})$ m/s. (c) A resistência do ar normalmente tornaria a distância do salto menor e os componentes da velocidade horizontal e vertical um pouco menores. No entanto, se um saltador habilidoso transforma seu corpo em um aerofólio, ele pode desviar para baixo o ar pelo qual passa, ganhando mais tempo no ar e um salto mais longo.
83. (a) nadar perpendicular aos bancos (b) 133 m (c) 53,1° (d) 107 m
85. 33,5° abaixo da horizontal
87. $\text{tg}^{-1}\left(\dfrac{\sqrt{2gh}}{v}\right)$
89. Distâncias seguras têm menos de 270 m ou mais que $3{,}48 \times 10^3$ m da costa oeste.

Capítulo 5

Respostas aos testes rápidos

5.1. (d) **5.4.** (b)
5.2. (a) **5.5.** (**i**) (c) (**ii**) (a)
5.3. (d) **5.6.** (b)
5.7. (b) Puxar para cima na corda diminui a força normal, que diminui a força de atrito cinética.

Respostas aos problemas ímpares

1. (a) 534 N (b) 54,5 kg
3. (a) $(6{,}00\hat{\mathbf{i}} + 15{,}0\hat{\mathbf{j}})$ N (b) 16,2 N
5. (a) $(2{,}50\hat{\mathbf{i}} + 5{,}00\hat{\mathbf{j}})$ N (b) 5,59 N
7. 2,58 N
9. (a) 1,53 m (b) 24,0 N para a frente e para cima a 5,29° com a horizontal
11. (a) $3{,}64 \times 10^{-18}$ N (b) $8{,}93 \times 10^{-30}$ N é 408 bilhões de vezes menor
13. (a) força exercida pela mola sobre a mão, para a esquerda; força exercida pela mola sobre a parede, para a direita. (b) força exercida pelo vagão sobre o cabo, para baixo e para a esquerda; força exercida pelo vagão sobre o planeta, para cima; força exercida pelo vagão sobre o solo, para baixo. (c) força exercida pela bola de futebol sobre o jogador, para baixo e para a direita; força exercida pela bola de futebol sobre o planeta, para cima. (d) força exercida por um corpo de massa pequena sobre um corpo de massa grande, para a esquerda. (e) força exercida por uma carga negativa sobre uma carga positiva, para a esquerda. (f) força exercida pelo ferro sobre o ímã, para a esquerda.
15. (a) $(-45{,}0\hat{\mathbf{i}} + 15{,}0\hat{\mathbf{j}})$ m/s (b) 162° a partir do eixo $+x$ (c) $(-225\hat{\mathbf{i}} + 75{,}0\hat{\mathbf{j}})$ m (d) $(-227\hat{\mathbf{i}} + 79{,}0\hat{\mathbf{j}})$ m
17. (a) $t = \sqrt{\dfrac{2h}{g}}$ (b) $a_x = \dfrac{F}{m}$ (c) $x = \dfrac{Fh}{mg}$ (d) $a = \sqrt{(F/m)^2 + g^2}$

19. (a) 5,00 m/s² a 36,8° (b) 6,08 m/s² a 25,3°

21. (a) 15,0 lb para cima (b) 5,00 lb para cima (c) 0

23. (a) $2{,}5 \times 10^3$ N progressivo (b) 645 N progressivo (c) 645 N regressivo (d) $1{,}02 \times 10^4$ N a 74,1° abaixo da horizontal e regressivo

25. (a) 3,43 kN (b) 0,967 m/s horizontalmente para a frente

27. (a) $P \cos 40° - n = 0$ e P sen $40° - 220$ N $= 0$; $P = 342$ N e $n = 262$ N, (b) $P - n \cos 40° - (220 \text{ N})$ sen $40° = 0$ e n sen $40 - (220 \text{ N}) \cos 40° = 0$; $n = 262$ N e $P = 342$ N.
(c) Os resultados estão de acordo. Os métodos têm o mesmo nível de dificuldade. Cada um envolve uma equação com uma incógnita e uma equação com duas incógnitos. Se quisermos achar n sem achar P, o método (b) é mais simples.

29. (a) 7,0 m/s² horizontal e para a direita (b) 21 N
(c) 14 N horizontal e para a direita

31. (a)
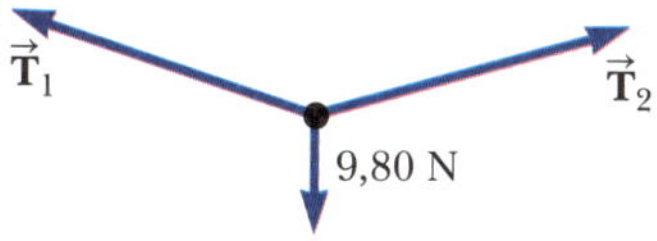

(b) 613 N

33. $T_1 = 253$ N, $T_2 = 165$ N, $T_3 = 325$ N

35. 100 N e 204 N

37. 8,66 N leste

39. (a) $a = g \text{ tg } \theta$ (b) 4,16 m/s²

41. (a) 646 N para cima, (b) 646 N para cima, (c) 627 N para cima, (d) 589 N para cima

43. (a) $T_1 = 79{,}8$ N, $T_2 = 39{,}9$ N, (b) 2,34 m/s²

45. (a) $F_x > 19{,}6$ N, (b) $F_x \leq -78{,}4$ N
(c)
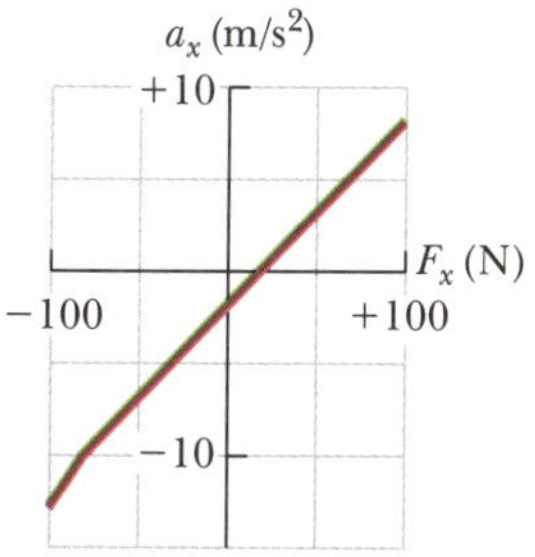

47. 3,73 m

49. 2,20 m/s² (b) 27,4 N

51. (a) 706 N (b) 814 N (c) 706 N (d) 648 N

53. 1,76 kN para a esquerda

55. (a) 0,306 (b) 0,245

57. $\mu_s = 0{,}727$, $\mu_k = 0{,}577$

59. (a) 1,11 s (b) 0,875 s

61. (a) 1,78 m/s² (b) 0,368 (c) 9,37 N (d) 2,67 m/s

63. 37,8 N

65. (a)
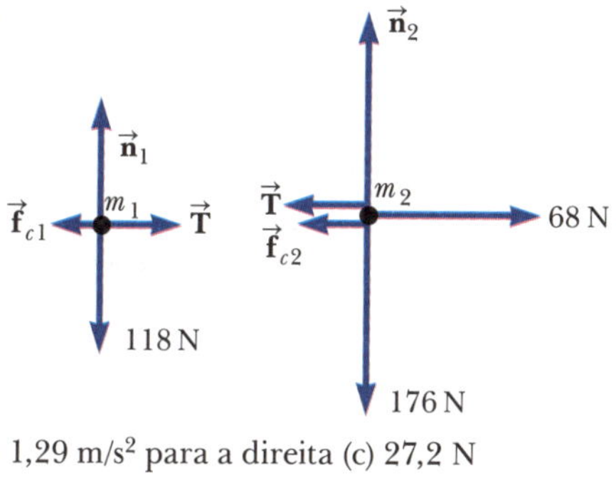

(b) 1,29 m/s² para a direita (c) 27,2 N

67. 6,84 m

69. 0,0600 m

71. (a) 0,0871 (b) 27,4 N

73. a) Remoção de massa (b) 13,7 mi/h · s

75. (a) $a = -\mu_c g$ (b) $d = \dfrac{v_i^2}{2\mu_c g}$

77. (a) 2,22 m (b) 8,74 m/s descendo a inclinação

79. (a)
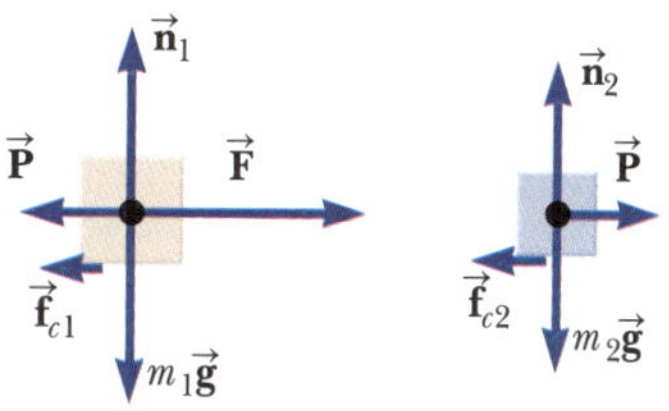

(b) F (c) $F - P$ (d) P (e) m_1: $F - P = m_1 a$; m_2: $P = m_2 a$

(f) $a = \dfrac{F - \mu_1 m_1 g - \mu_2 m_2 g}{m_1 + m_2}$,

(g) $P = \dfrac{m_2}{m_1 + m_2}[F + m_1(\mu_2 - \mu_1)g]$

81. (a)
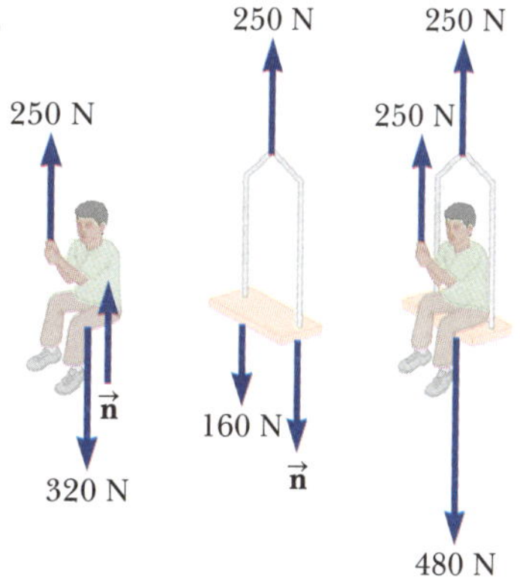

(b) 0,408 m/s² (c) 83,3 N

83. (a)
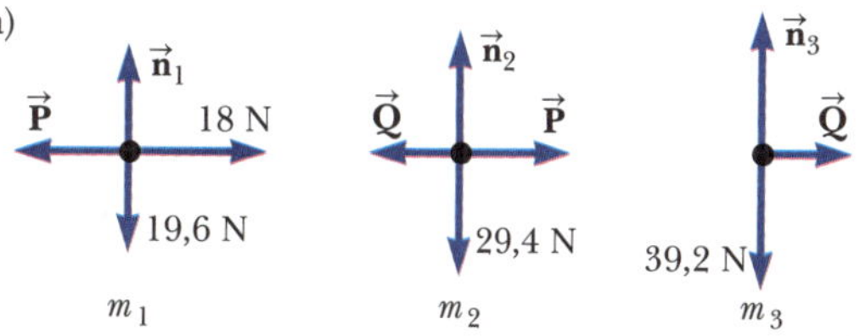

(b) 2,00 m/s² para a direita. (c) 4,00 N sobre m_1, 6,00 N exatamente em m_2, 8,00 N exatamente em m_3, (d) 14,0 N entre m_1 e m_2, 8,00 N entre m_2 e m_3. (e) O bloco m_2 modela o bloco pesado de madeira. A força de contato nas suas costas é modelada pela força entre os blocos m_2 e m_3, que é muito menor que a força F. A diferença entre F e esta força de contato é a força resultante que causa a aceleração do par de corpos de 5 kg. A aceleração é real e não zero, mas dura por tão pouco tempo que nunca é associada a uma grande velocidade. A estrutura do edifício e suas pernas exercem forças, pequenas em módulo em relação à batida do martelo, para trazer a divisória, bloco e você novamente para o repouso em um período longo com relação à batida do martelo.

85. (a) *Roldana superior:* *Roldana inferior.*

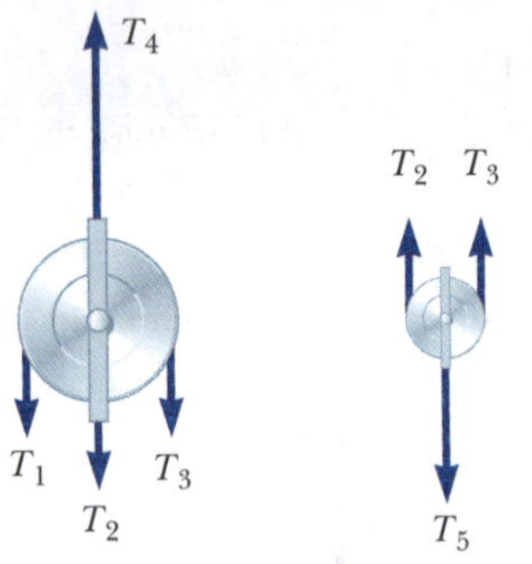

(b) $Mg/2$, $Mg/2$, $Mg/2$, $3Mg/2$, Mg. (c) $Mg/2$

87. $\mu_k = 0{,}287$

89. (b) Se θ é maior que tg^{-1} $(1/\mu_e)$, é impossível haver movimento.

91. (a) A força resultante sobre a almofada é em uma direção fixa, para baixo e para a frente, formando um ângulo tg^{-1} (F/mg) com a vertical. Começando do repouso, ela se moverá ao longo desta linha com (b) aumentando de velocidade. O módulo de sua velocidade muda. (c) 1,63 m (d) Move-se ao longo de uma parábola. O eixo da parábola é paralelo à linha descrita na parte (a). Se a almofada for lançada em uma direção acima desta linha, seu trajeto será côncavo para baixo, fazendo sua velocidade se tornar mais e mais paralela à linha com o tempo. Se a almofada for lançada para baixo mais abruptamente, seu trajeto será novamente côncavo para cima, fazendo sua velocidade ser na direção fixa da sua aceleração.

93. $(M + m_1 + m_2)(m_1 g/m_2)$

95. (a) 30,7° (b) 0,843 N

97. 72,0 N

99. (a) 0,931 m/s^2

(b) A partir de um valor de 0,625 m/s^2 para x grande, a aceleração aumenta gradualmente, passa por um máximo, e então cai mais rapidamente, tornando-se negativa e atingindo $-2{,}10$ m/s^2 a $x = 0$ (c) 0,976 m/s^2 a $x = 25{,}0$ cm (d) 6,10 cm

101. (a) 4,90 m/s^2. (b) 3,13 m/s a 30,0° abaixo da horizontal. (c) 1,35 m (d) 1,14 s. (e) A massa do bloco não faz diferença.

103. (a) 2,13 s (b) 1,66 m

Capítulo 6

Respostas aos testes rápidos

6.1. (i) (a) (ii) (b)

6.2. (i) Como a velocidade é constante, a única direção que a força pode ter é a da aceleração centrípeta. A força é maior em Ⓒ que em Ⓐ porque o raio em Ⓒ é menor. Não há força em Ⓑ porque o arame é reto. (ii) Além das forças na direção centrípeta na parte (a), há agora forças tangenciais que fornecem a aceleração tangencial. A força tangencial é a mesma em todos os três pontos porque a aceleração tangencial é constante.

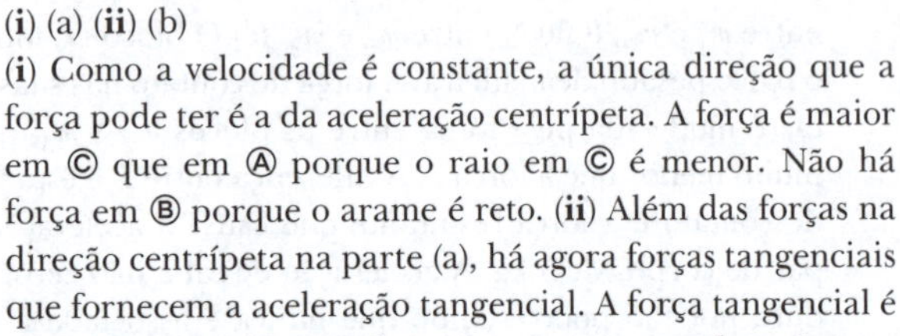

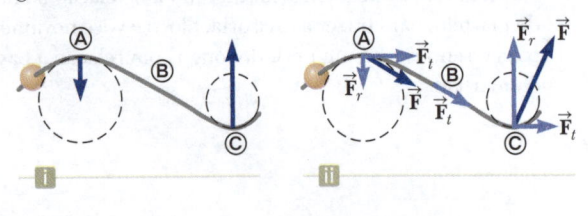

6.3. (c) **4.** (a)

Respostas aos problemas ímpares

1. qualquer velocidade até 8,08 m/s

3. (a) $8{,}33 \times 10^{-8}$ N na direção do núcleo

(b) $9{,}15 \times 1022$ m/s^2 para dentro

5. $6{,}22 \times 10^{-12}$ N

7. 2,14 rev/min

9. (a) atrito estático (b) 0,0850

11. $v \leq 14{,}3$ m/s

13. (a) 1,33 m/s^2 (b) 1,79 m/s^2 a 48,0° para dentro a partir da direção da velocidade

15. (a) $v = \sqrt{R\left(\dfrac{2T}{m} - g\right)}$ (b) $2T$ acima

17. (a) 8,62 m. (b) Mg, para baixo. (c) 8,45 m/s^2. (d) O cálculo da força normal mostra que é negativa, o que é impossível. Interpretamos isto como significando que a força normal vai para zero em algum ponto, e os passageiros cairão de seus assentos perto do topo do passeio se não estiverem presos de alguma maneira. Poderíamos chegar à mesma conclusão sem calcular a força normal notando que a aceleração na parte (c) é menor que aquela devida à gravidade. O formato de lágrima tem a vantagem de uma maior aceleração dos passageiros no topo do arco para uma trajetória com a mesma altura que a circular, então os passageiros ficam nos carros.

19. Não. O arqueólogo precisa de uma videira com resistência à tração igual ou superior a 1,38 kN para atravessar o rio.

21. (a) 17,0° (b) 5,12 N

23. (a) 491 N (b) 50,1 kg (c) 2,00 m/s^2

25. 0,527°

27. 0,212 m/s^2, oposto ao vetor velocidade

29. 3,01 N para cima

31. (a) 1,47 N × s/m (b) $2{,}04 \times 10^{-3}$ s (c) $2{,}94 \times 10^{-2}$ N

35. (a) 0,0347 s^{-1} (b) 2,50 m/s (c) $a = -cv$

37. (a) Em Ⓐ, a velocidade é para o leste e a aceleração é para o sul.

(b) Em Ⓑ, a velocidade é para o sul e a aceleração é para o oeste.

39. 781 N

41. (a) $mg - \dfrac{mv^2}{R}$ (b) $\sqrt{gR}$

43. (a) $v = v_i\, e^{-bt/m}$

(b)

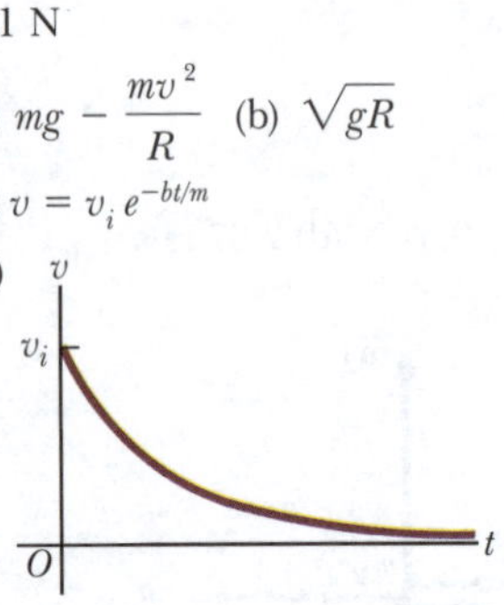

(c) Neste modelo, o corpo se move para sempre. (d) Percorre uma distância finita em um intervalo de tempo infinito.

45. (a) a força gravitacional para baixo e a força de tensão no barbante, sempre direcionada para o centro da trajetória

(b) 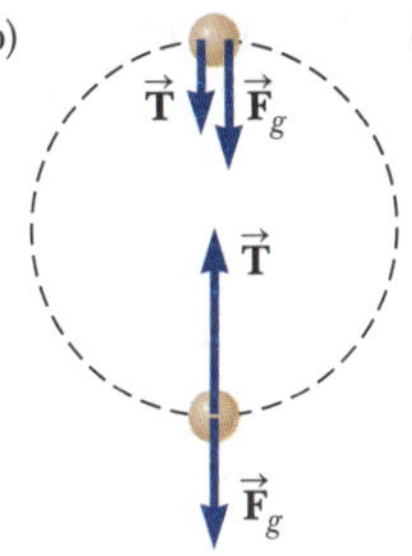

(c) 6,05 N, (d) 7,82 m/s

47. (a) 106 N para cima da inclinação (b) 0,396

49. (a) 0,0162 kg/m. (b) $\frac{1}{2}D\rho A$. (c) 0,778. (d) 1,5%. (e) Para filtros de café encaixados caindo pelo ar com velocidade terminal, o gráfico da força de resistência do ar como função do quadrado da velocidade demonstra que a força é proporcional ao quadrado da velocidade dentro da incerteza experimental estimada em 2%. Esta proporcionalidade está de acordo com o modelo teórico de resistência do ar em altas velocidades. O coeficiente de arrasto de um filtro de café é $D = (0{,}78 \pm 2)\%$.

51. $g(\cos\phi \,\text{tg}\,\theta - \text{sen}\,\phi)$

53. (a) A única força horizontal sobre o carro é a de atrito, com um valor máximo determinado pela rugosidade da superfície (descrito pelo coeficiente de atrito estático), e a normal (aqui, igual à força gravitacional sobre o carro). (b) 34,3 m. (c) 68,6 m. (d) Frear é melhor. Você não deve girar a roda. Se usasse alguma força de atrito disponível para mudar a direção do carro, estaria indisponível para diminuir a velocidade do carro e a distância de frenagem seria maior. (e) Em geral, a conclusão é verdadeira. O raio da curva que você mal consegue fazer é o dobro da distância mínima de paragem.

55. (a) 735 N. (b) 732 N. (c) A força gravitacional é maior. A força normal é menor, como quando passa pelo topo de uma roda-gigante.

57. (a) 5,19 m/s, (b) 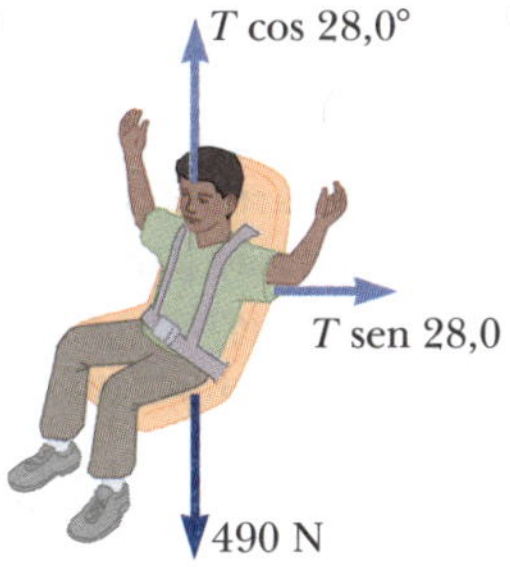

(c) 555 N

59. (b) As forças gravitacional e de atrito permanecem constantes, a força normal aumenta, e a pessoa permanece em movimento com a parede. (c) A força gravitacional permanece constante, as forças normal e de atrito diminuem, e a pessoa desliza com relação à parede, e para baixo e para dentro do buraco.

61. (a) $v_{\text{mín}} = \sqrt{\dfrac{Rg(\text{tg}\,\theta - \mu_e)}{1 + \mu_e\,\text{tg}\,\theta}}$, $v_{\text{máx}} = \sqrt{\dfrac{Rg(\text{tg}\,\theta + \mu_e)}{1 - \mu_e\,\text{tg}\,\theta}}$

(b) $\mu_e = \text{tg}\,\theta$

63. 12,8 N

65. (a) 78,3 m/s (b) 11,1 s (c) 121 m

67. (a) 8,04 s (b) 379 m/s (c) $1{,}19 \times 10^{-2}$ m/s (d) 9,55 cm

69. (a) 0,0132 m/s (b) 1,03 m/s (c) 6,87 m/s

Capítulo 7

Respostas aos testes rápidos

7.1. (a)
7.2. (c), (a), (d), (b)
7.3. (d)
7.4. (a)
7.5. (b)
7.6. (c)
7.7. (**i**) (c) (**ii**) (a)
7.8. (d)

Respostas aos problemas ímpares

1. (a) $1{,}59 \times 10^3$ J (b) 0 (c) menor (d) a mesma

3. (a) 472 J (b) 2,76 kN

5. (a) 31,9 J (b) 0 (c) 0 (d) 31,9 J

9. 16,0

11. (a) 16,0 J (b) 36,9°

13. $\vec{A} = 7{,}05$ m a 28,4°

15. (a) 7,50 J (b) 15,0 J (c) 7,50 J (d) 30,0 J

17. (a) 0,938 cm (b) 1,25 J

19. (a) 575 N/m (b) 46,0 J

21. (a) $x = mg\left(\dfrac{1}{k_1} + \dfrac{1}{k_2}\right)$ (b) $k = \left(\dfrac{1}{k_1} + \dfrac{1}{k_2}\right)^{-1}$

23. (a) Projete a constante da mola de modo que o peso de uma bandeja removida da pilha cause uma extensão das molas igual à espessura de uma bandeja. (b) 316 N/m. (c) Não precisamos saber o comprimento e largura da bandeja.

25. (b) mgR

27. (a) 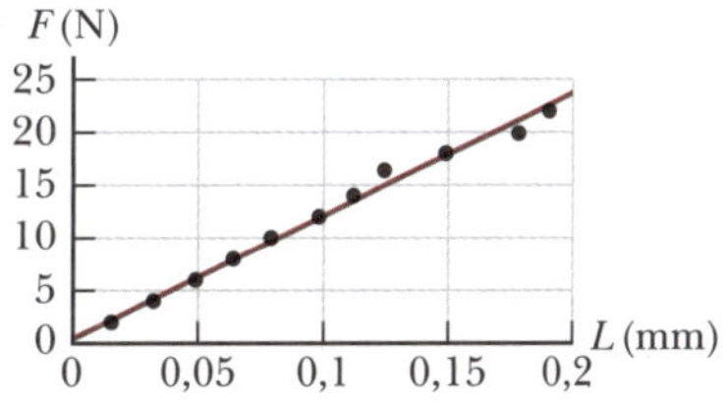

(b) A inclinação da linha é 116 N/m. (c) Usamos todos os pontos listados, bem como a origem. Não há evidência visível para uma curva no gráfico ou não linearidade em qualquer extremidade. (d) 116 N/m. (e) 12,7 N

29. 50,0 J

31. (a) 60,0 J (b) 60,0 J

33. (a) 1,20 J (b) 5,00 m/s (c) 6,30 J

35. 878 kN para cima

37. (a) 4,56 kJ (b) 4,56 kJ (c) 6,34 kN (d) 422 km/s² (e) 6,34 kN (f) As duas teorias estão de acordo.

39. (a) 97,8 J (b) $(-4{,}31\hat{\mathbf{i}} + 31{,}6\hat{\mathbf{j}})$ N (c) 8,73 m/s

41. (a) 2,5 J (b) −9,8 J (c) −12 J

43. (a) −196 J (b) −196 J (c) −196 J (d) A força gravitacional é conservadora.

45. (a) 125 J (b) 50,0 J (c) 66,7 J (d) não conservativa (e) O trabalho realizado sobre a partícula depende da trajetória desta.

47. A/r^2 para longe da outra partícula

49. $(7 - 9x^2y)\hat{\mathbf{i}} - (3x^3)\hat{\mathbf{j}}$

51. (a) 40,0 J (b) −40,0 J, (c) 62,5 J

53. 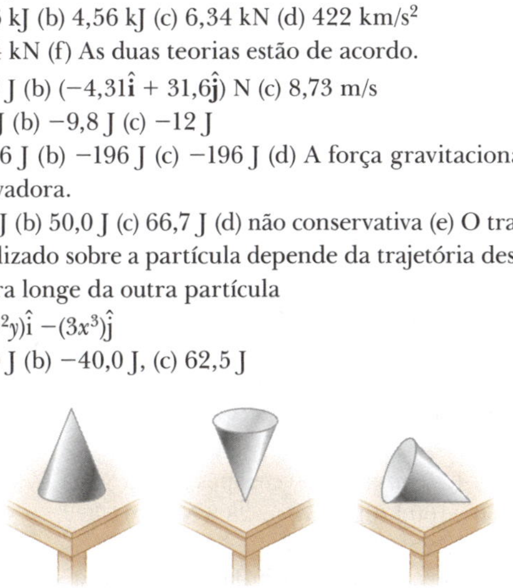

Estável Instável Neutra

55. 90,0 J

57. (a) 8×10^7 N/m. (b) Durante um intervalo de tempo. Se a interação não ocupasse nenhum intervalo de tempo, a força exercida por cada bola sobre a outra seria infinita, e isto não pode acontecer. (c) 0,8 J (d) 0,15 mm (e) 10^{-4} s

59. 0,299 m/s

61. (a) $\vec{F}_1 = (20{,}5\hat{i} + 14{,}3\hat{j})$ N, $\vec{F}_2 = (-36{,}4\hat{i} + 21{,}0\hat{j})$ N
(b) $\sum \vec{F} = (-15{,}9\hat{i} + 35{,}3\hat{j})$ N
(c) $\vec{a} = (-3{,}18\hat{i} + 7{,}07\hat{j})$ m/s^2
(d) $\vec{v} = (-5{,}54\hat{i} + 23{,}7\hat{j})$ m/s
(e) $\vec{r} = (-2{,}30\hat{i} + 39{,}3\hat{j})$ m (f) 1,48 kJ (g) 1,48 kJ
(h) O teorema de trabalho-energia cinética é consistente com a Segunda Lei de Newton.

63. 0,131 m

65. (a) $U(x) = 1 + 4e^{-2x}$. (b) A força deve ser conservativa porque o trabalho que ela realiza sobre a partícula na qual atua depende somente das posições inicial e final da partícula, não do trajeto entre elas.

67. (a) $x = 3{,}62m/(4{,}30 - 23{,}4m)$, onde x é dado em metros e m em quilogramas. (b) 0,0951 m. (c) 0,492 m. (d) 6,85 m (e) A situação é impossível. (f) A extensão é diretamente proporcional a m quando m só tem alguns gramas. Então ele aumenta mais e mais rapidamente, divergindo até o infinito para $m = 0{,}184$ kg.

Capítulo 8

Respostas aos testes rápidos

8.1. (a) Para o aparelho de televisão, a energia entra por transmissão elétrica (pelo fio elétrico). A energia sai por calor (de superfícies quentes para o ar), ondas mecânicas (som do alto-falante), e radiação eletromagnética (da tela). (b) Para o cortador de grama movido a gasolina, a energia entra por transferência de matéria (gasolina). A energia sai por trabalho (nas lâminas de grama), ondas mecânicas (som), e calor (de superfícies quentes para o ar). (c) Para o apontador de lápis com manivela manual, a energia entra por trabalho (da sua mão que gira a manivela). A energia sai por trabalho (realizado sobre o lápis), ondas mecânicas (som), e calor devido ao aumento de temperatura por causa do atrito.

8.2. **(i)** (b) **(ii)** (b) **(iii)** (a)

8.3. (a)

8.4. $v_1 = v_2 = v_3$

8.5. (c)

Respostas aos problemas ímpares

1. (a) $\Delta E_{int} = Q + T_{TE} + T_{RE}$
(b) $\Delta K + \Delta U + \Delta E_{int} = W + Q + T_{OM} + T_{TM}$
(c) $\Delta U = Q + T_{TM}$ (d) $0 = Q + T_{TM} + T_{TE} + T_{RE}$

3. 10,2 m

5. (a) $v = (3gR)^{1/2}$ (b) 0,0980 N para baixo

7. (a) 4,43 m/s (b) 5,00 m

9. 5,49 m/s

11. $\sqrt{\dfrac{8gh}{15}}$

13. $\dfrac{v^2}{2\mu_c g}$

15. (a) 0,791 m/s (b) 0,531 m/s

17. (a) 560 J (b) 2,29 rev

19. (a) 168 J

21. (a) 1,40 m/s (b) 4,60 cm após liberação (c) 1,79 m/s

23. (a) −160 J (b) 73,5 J (c) 28,8 N (d) 0,679

25. (a) 4,12 m (b) 3,35 m

27. (a) Isolado. A única influência externa sobre o sistema é a força normal do escorregador, mas esta sempre é perpendicular ao seu deslocamento, de modo que não realiza trabalho sobre o sistema. (b) Não, o *slide* não tem atrito.
(c) $E_{sistema} = mgh$ (d) $E_{sistema} = \frac{1}{5}mgh + \frac{1}{2}mv_i^2$
(e) $E_{sistema} = mgy_{máx} + \frac{1}{2}mv_{xi}^2$
(f) $v_i = \sqrt{\dfrac{8gh}{5}}$ (g) $y_{máx} = h(1 - \frac{4}{5}\cos^2\theta)$
(h) Se houvesse atrito, a energia mecânica do sistema *não* seria conservada, então, a energia cinética da criança em todos os pontos depois de sair do topo do tobogã seria reduzida quando comparada ao caso sem atrito. Por consequência, sua velocidade de partida e altura máxima também seriam reduzidas.

29. 1,23 kW

31. $4{,}5 \times 10^3$ N

33. \$ 145

35. $\sim 10^4$ W

37. (a) 423 mi/gal (b) 776 mi/gal

39. 236 s ou 3,93 min

41. (a) 10,2 kW (b) 10,6 kW (c) 5,82 MJ

43. (a) 0,588 J (b) 0,588 J (c) 2,42 m/s (d) $K = 0{,}196$ J, $U = 0{,}392$ J

45. $H = h + \dfrac{d^2}{4h}$

47. (a) $K = 2 + 24t^2 + 72t^4$, onde t é dado em segundos e K em joules, (b) $a = 12t$ e $F = 48t$, onde t é dado em segundos, a em m/s^2, e F em newtons, (c) $P = 48t + 288t^3$, onde t é dado em segundos e P em watts, (d) $1{,}25 \times 10^3$ J

49. (a) 11,1 m/s (b) $1{,}00 \times 10^3$ J (c) 1,35 m

51. (a) $-6{,}08 \times 10^3$ J (b) $-4{,}59 \times 10^3$ J (c) $4{,}59 \times 10^3$ J

53. (a) $x = -4{,}0$ mm (b) −1,0 cm

55. (a) 2,17 kW (b) 58,6 kW

57. (a) $1{,}38 \times 10^4$ J (b) $5{,}51 \times 10^3$ W (c) O valor na parte (b) representa somente a energia que sai do motor e é transformada do motor cinético do carro. Energia adicional sai da energia por som e calor. Mais energia sai do motor para realizar trabalho contra as forças de atrito e a resistência do ar.

59. (a) 1,53 J a $x = 6{,}00$ cm, 0 J a $x = 0$ (b) 1,75 m/s (c) 1,51 m/s (d) A resposta para a parte (c) não é metade da resposta para a (b) porque a equação para a velocidade de um oscilador não é linear em posição.

61. (a) 100 J (b) 0,410 m (c) 2,84 m/s (d) −9,80 mm (e) 2,85 m/s

63. 0,328

65. (a) 0,400 m, (b) 4,10 m/s (c) O bloco permanece nos trilhos.

67. 33,4 kW

69. $2m$

71. 2,92 m/s

75. (b) 0,342

77. (a) 14,1 m/s (b) 800 N (c) 771 N (d) 1,57 kN para cima

79. (a) $-\mu_c gx/L$ (b) $(\mu_c gL)^{1/2}$

81. (a) 6,15 m/s (b) 9,87 m/s

83. menos perigoso

85. (a) 25,8 m (b) 27,1 m/s^2

Capítulo 9

Respostas aos testes rápidos

9.1. (d)

9.2. (b), (c), (a)

9.3. **(i)** (c), (e) **(ii)** (b), (d)

9.4. (a) Todos os três são o mesmo. (b) painel, cinto de segurança, *airbag*
9.5. (a) **9.7.** (b)
9.6. (b) **9.8.** (**i**) (a) (**ii**) (b)

Respostas aos problemas ímpares

1. (b) $p = \sqrt{2mK}$
3. 7,00 N
5. $\vec{\mathbf{F}}_{\text{no bastão}} = (+3{,}26\hat{\mathbf{i}} - 3{,}99\hat{\mathbf{j}})$ kN
7. (a) $\vec{\mathbf{v}}_{pi} = -\left(\dfrac{m_g}{m_g + m_p}\right)v_{gp}\,\hat{\mathbf{i}}$ (b) $\vec{\mathbf{v}}_{gi} = \left(\dfrac{m_p}{m_g + m_p}\right)v_{gp}\,\hat{\mathbf{i}}$
9. 40,5 g
11. (a) $-6{,}00\hat{\mathbf{i}}$ m/s. (b) 8,40 J. (c) A energia original está na mola. (d) Uma força teve de ser exercida sobre um deslocamento para comprimir a mola, transferindo-lhe energia pelo trabalho. A corda exerce força, mas não sobre o deslocamento. (e) O momento do sistema é conservado com o valor zero. (f) As forças sobre os dois blocos são internas, não podem mudar o momento do sistema; o sistema é isolado. (g) Embora haja movimento depois, os momentos finais têm o mesmo módulo em direções opostas, então o momento final do sistema ainda é zero.
13. (a) 13,5 N · s (b) 9,00 kN
15. (c) sem diferença
17. (a) $9{,}60 \times 10^{-2}$ s (b) $3{,}65 \times 10^{5}$ N (c) 26,6 *g*
19. (a) $12{,}0\hat{\mathbf{i}}$ N · s (b) $4{,}80\hat{\mathbf{i}}$ m/s (c) $2{,}80\hat{\mathbf{i}}$ m/s (d) $2{,}40\hat{\mathbf{i}}$ N
21. 16,5 N
23. 301 m/s
25. (a) 2,50 m/s (b) 37,5 kJ
27. (a) 0,284 (b) $1{,}15 \times 10^{-13}$ J e $4{,}54 \times 10^{-14}$ J
29. (a) 4,85 m/s (b) 8,41 m
31. 91,2 m/s
33. 0,556 m
35. (a) 1,07 m/s a $-29{,}7°$ (b) $\dfrac{\Delta K}{K_i} = -0{,}318$
37. $(3{,}00\hat{\mathbf{i}} - 1{,}20\hat{\mathbf{j}})$ m/s
39. $v_O = v_i \cos\theta$, $v_Y = v_i \operatorname{sen}\theta$
41. 2,50 m/s a $-60{,}0°$
43. (a) $(-9{,}33\hat{\mathbf{i}} - 8{,}33\hat{\mathbf{j}})$ Mm/s (b) 439 fJ
45. $\vec{\mathbf{r}}_{CM} = (0\hat{\mathbf{i}} + 1{,}00\hat{\mathbf{j}})$ m
47. $3{,}57 \times 10^{8}$ J
49. (a) 15,9 g (b) 0,153 m
51. (a) $(1{,}40\hat{\mathbf{i}} + 2{,}40\hat{\mathbf{j}})$ m/s (b) $(7{,}00\hat{\mathbf{i}} + 12{,}0\hat{\mathbf{j}})$ kg · m/s
53. 0,700 m
55. (a) $\vec{\mathbf{v}}_{1f} = -0{,}780\hat{\mathbf{i}}$ m/s, $\vec{\mathbf{v}}_{2f} - 1{,}12\hat{\mathbf{i}}$ m/s
(b) $\vec{\mathbf{v}}_{CM} = 0{,}360\hat{\mathbf{i}}$ m/s antes e depois da colisão
57. (b) O para-choque continua a exercer uma força para a esquerda até que a partícula tenha balançado até seu ponto mais baixo.
59. (a) $\sqrt{\dfrac{F(2d - \ell)}{2m}}$ (b) $\dfrac{F\ell}{2}$
61. 15,0 N na direção da velocidade inicial do fluxo de saída da água.
63. (a) 442 toneladas métricas. (b) 19,2 toneladas métricas. (c) É muito menor que o valor sugerido de 442/2,50. Matematicamente, o logaritmo na equação de propulsão do foguete não é uma função linear. Fisicamente, maior velocidade de escape tem efeito cumulativo muito grande sobre a velocidade final do corpo do foguete por contar seguidamente a velocidade que o corpo do foguete atinge segundo após segundo durante sua queima.
65. (a) zero (b) $\dfrac{mv_i}{\sqrt{2}}$ para cima
67. 260 N normal para a parede
69. (a) $1{,}33\hat{\mathbf{i}}$ m/s (b) $-235\hat{\mathbf{i}}$ N (c) 0,680 s (d) $-160\hat{\mathbf{i}}$ N · s e $+160\hat{\mathbf{i}}$ N · s (e) 1,81 m (f) 0,454 m (g) -427 J (h) $+107$ J (i) A variação na energia cinética de um membro do sistema, de acordo com a Equação 8.2, será igual ao negativo da variação na energia interna para esse membro: $\Delta K = -\Delta E_{\text{int}}$. A variação na energia interna, por sua vez, é o produto da força de atrito pela distância através da qual o membro se move. Forças de atrito iguais atuam na pessoa e no carrinho, mas as forças se movem ao longo de diferentes distâncias, como vemos nas partes (e) e (f). Portanto, existem diferentes variações na energia interna para a pessoa e o carrinho, por sua vez, diferentes variações na energia cinética. A variação total na energia cinética do sistema, -320 J, se transforma em $+320$ J de energia extra interna em todo o sistema nesta colisão perfeitamente inelástica.
71. (a) O momento do sistema bala-bloco é conservado na colisão. Você pode relacionar a velocidade do bloco e a bala imediatamente após a colisão com a velocidade inicial desta. Então, você pode usar a conservação de energia mecânica para o sistema bala-bloco-Terra a fim de relacionar a velocidade após a colisão com a altura máxima.
(b) 521 m/s para cima
73. $2v_i$ para a partícula com massa *m* e 0 para a partícula com massa $3m$.
75. (a) $\dfrac{m_1v_1 + m_2v_2}{m_1 + m_2}$ (b) $(v_1 - v_2)\sqrt{\dfrac{m_1m_2}{k(m_1 + m_2)}}$
(c) $v_{1f} = \dfrac{(m_1 - m_2)v_1 + 2m_2v_2}{m_1 + m_2}$,
$v_{2f} = \dfrac{2m_1v_1 + (m_2 - m_1)v_2}{m_1 + m_2}$
77. m_1: 13,9 m m_2: 0,556 m
79. 0,960 m
81. 143 m/s
83. (a) 0; inelástico (b) $(-0{,}250\hat{\mathbf{i}} + 0{,}75\hat{\mathbf{j}} - 2{,}00\hat{\mathbf{k}})$ m/s; perfeitamente inelástico (c) ou $a = -6{,}74$ com $\vec{\mathbf{v}} = -0{,}419\hat{\mathbf{k}}$ m/s, ou $a = 2{,}74$ com $\vec{\mathbf{v}} = -3{,}58\hat{\mathbf{k}}$ m/s
85. 0,403
87. (a) $-0{,}256\hat{\mathbf{i}}$ m/s e $0{,}128\hat{\mathbf{i}}$ m/s, (b) $-0{,}0642\hat{\mathbf{i}}$ m/s e 0
(c) 0 e 0
89. (a) 100 m/s (b) 374 J
91. (a) 2,67 m/s (partícula incidente), 10,7 m/s (partícula-alvo) (b) 25,33 m/s (partícula incidente), 2,67 m/s (partícula-alvo) (c) $7{,}11 \times 10^{-3}$ J no caso (a) e $2{,}84 \times 10^{-2}$ J no caso (b). A partícula incidente perde mais energia cinética no caso (a), em que a massa-alvo é 1,00 g.
93. (a) partícula de massa *m*: $\sqrt{2}v_i$; partícula de massa $3m$: $\sqrt{\tfrac{2}{3}}v_i$ (b) 35,3°
95. (a) $v_{CM} = \sqrt{\dfrac{F}{2m}(x_1 + x_2)}$
(b) $\theta = \cos^{-1}\left[1 - \dfrac{F}{2mgL}(x_1 - x_2)\right]$

Capítulo 10

Respostas aos testes rápidos

10.1. (**i**) (c) (**ii**) (b)
10.2. (b)
10.5. (b)
10.6. (a)

10.3. (i) (b) (ii) (a)
10.4. (i) (b) (ii) (a)
10.7. (b)

Respostas aos problemas ímpares

1. (a) $7{,}27 \times 10^{-5}$ rad/s (b) Devido a sua velocidade angular, a Terra expande no equador.
3. (a) 5,00 rad, 10,0 rad/s, 4,00 rad/s^2 (b) 53,0 rad, 22,0 rad/s, 4,00 rad/s^2
5. (a) 4,00 rad/s^2 (b) 18,0 rad
7. (a) 5,24 s (b) 27,4 rad
9. (a) $8{,}21 \times 10^2$ rad/s^2 (b) $4{,}21 \times 10^3$ rad
11. 13,7 rad/s^2
13. 3,10 rad/s
15. (a) 0,180 rad/s (b) 8,10 m/s^2 radialmente para dentro
17. (a) 25,0 rad/s (b) 39,8 rad/s^2 (c) 0,628 s
19. (a) 8,00 rad/s (b) 8,00 m/s (c) 64,1 m/s^2 a um ângulo 3,58° a partir da linha radial até o ponto P (d) 9,00 rad
21. (a) 126 rad/s (b) 3,77 m/s (c) 1,26 km/s^2 (d) 20,1 m
23. 0,572
25. (a) 3,47 rad/s (b) 1,74 m/s (c) 2,78 s (d) 1,02 rotações
27. $-3{,}55$ N · m
29. 21,5 N
31. 177 N
33. (a) 24,0 N · m (b) 0,0356 rad/s^2 (c) 1,07 m/s^2
35. (a) 21,6 kg · m^2 (b) 3,60 N · m (c) 52,5 rev
37. 0,312
39. (a) 5,80 kg · m^2 (b) Sim, não é necessário saber a altura da porta.
41. 1,28 kg · m^2
43. $\frac{11}{12}mL^2$
45. (a) 143 kg · m^2 (b) 2,57 kJ
47. (a) 24,5 m/s (b) não (c) não (d) não (e) não (f) sim
49. $1{,}03 \times 10^{-3}$ J
51. 149 rad/s
53. (a) 1,59 m/s (b) 53,1 rad/s
55. (a) 11,4 N (b) 7,57 m/s^2 (c) 9,53 m/s (d) 9,53 m/s
57. (a) $2(Rg/3)^{1/2}$ (b) $4(Rg/3)^{1/2}$ (c) $(Rg)^{1/2}$
59. (a) 500 J (b) 250 J (c) 750 J
61. (a) $\frac{2}{3}g$ sen θ (b) A aceleração de $\frac{1}{2}g$ sen θ para o aro é menor que para o disco (c) $\frac{1}{3}$tg θ
63. (a) O disco (b) disco: $\sqrt{\frac{4}{3}gh}$; aro: $\sqrt{gh}$
65. (a) $1{,}21 \times 10^{-4}$ kg · m^2 (b) Não é necessário saber a altura da lata. (c) A massa não é uniformemente distribuída; a densidade da lata de metal é maior que a da sopa.
67. (a) 4,00 J (b) 1,60 s (c) 0,80 m
69. (a) 12,5 rad/s (b) 128 rad
71. (a) 0,496 W (b) 413 W
73. (a) $(3g/L)^{1/2}$ (b) $3g/2L$ (c) $-\frac{3}{2}g\hat{\mathbf{i}} - \frac{3}{4}g\hat{\mathbf{j}}$ (d) $-\frac{3}{2}Mg\hat{\mathbf{i}} + \frac{1}{4}Mg\hat{\mathbf{j}}$
75. $\dfrac{g(h_2 - h_1)}{2\pi R^2}$
77. (a) partícula sob força resultante (b) corpo rígido sob torque resultante (c) 118 N (d) 156 N (e) $\dfrac{r^2}{a}(T_2 - T_1)$ (f) 1,17 kg · m^2
79. $\omega = \sqrt{\dfrac{2mgd \operatorname{sen}\theta + kd^2}{I + mR^2}}$
81. $\sqrt{\dfrac{10}{7}\left[\dfrac{g(R - r)(1 - \cos\theta)}{r^2}\right]}$
83. (a) $2{,}70R$, (b) $F_x = -20mg/7$, $F_y = -mg$
85. (a) $\sqrt{\frac{3}{4}gh}$ (b) $\sqrt{\frac{3}{4}gh}$
87. (a) 0,800 m/s^2 (b) 0,400 m/s^2 (c) 0,600 N, 0,200 N à frente
89. (a) $\sigma = 0{,}0602$ s^{-1}, $\omega_0 = 3{,}50$ rad/s (b) $\alpha = -0{,}176$ rad/s^2 (c) 1,29 rev (d) 9,26 rev
91. (b) para a esquerda
93. (a) 2,88 s (b) 12,8 s

Capítulo 11

Respostas aos testes rápidos

11.1. (d)
11.2. (i) (a) (ii) (c)
11.3. (b)
11.4. (a)

Respostas aos problemas ímpares

1. $\hat{\mathbf{i}} + 8{,}00\hat{\mathbf{j}} + 22{,}0\hat{\mathbf{k}}$
3. (a) $7{,}00\hat{\mathbf{k}}$ (b) 60,3°
5. (a) 30 N · m (sentido anti-horário), (b) 36 N · m (sentido anti-horário)
7. 45,0°
9. (a) $F_3 = F_1 + F_2$ (b) não
11. $17{,}5\hat{\mathbf{k}}$ kg · m^2/s
13. $m(xv_y - yv_x)\hat{\mathbf{k}}$
15. (a) zero, (b) $(-mv_i^3 \operatorname{sen}^2\theta \cos\theta/2g)\hat{\mathbf{k}}$, (c) $(-2mv_i^3 \operatorname{sen}^2\theta \cos\theta/g)\hat{\mathbf{k}}$, (d) A força gravitacional para baixo exerce um torque sobre o projétil na direção negativa z.
17. $mvR[\cos(vt/R) + 1]\hat{\mathbf{k}}$
19. $60{,}0\hat{\mathbf{k}}$ kg · m^2/s
21. (a) $-m\ell gt \cos\theta\,\hat{\mathbf{k}}$ (b) A Terra exerce um torque gravitacional sobre a bola (c) $-mg\,\ell \cos\theta\,\hat{\mathbf{k}}$
23. 1,20 kg · m^2/s
25. (a) 0,360 kg · m^2/s (b) 0,540 kg · m^2/s
27. (a) 0,433 kg · m^2/s (b) 1,73 kg · m^2/s
29. (a) $1{,}57 \times 10^8$ kg · m^2/s (b) $6{,}26 \times 10^3$ s = 1,74 h
31. 7,14 rev/min
33. (a) A energia mecânica do sistema não é constante. Alguma energia química é convertida em energia mecânica. (b) O momento do sistema não é constante. O rolamento da plataforma giratória exerce uma força externa na direção norte sobre o eixo. (c) O momento angular do sistema é constante. (d) 0,360 rad/s em sentido anti-horário. (e) 99,9 J
35. (a) 11,1 rad/s em sentido anti-horário. (b) Não; 507 J são transformados em energia interna. (c) Não; o rolamento da plataforma giratória prontamente transfere impulso de 44,9 kg · m/s norte para o sistema plataforma-argila e depois continua mudando o momento do sistema.
37. (a) $mv\ell$ para baixo, (b) $M/(M + m)$
39. (a) $\omega = 2mv_i d/[M + 2m]R^2$ (b) Não; alguma energia mecânica do sistema muda para energia interna. (c) O momento do sistema não é constante. O eixo exerce uma força para trás sobre o cilindro quando a argila bate.
41. (a) Sim (b) 4,50 kg · m^2/s (c) Não. Na colisão perfeitamente inelástica a energia cinética é transformada em energia interna. (d) 0,749 rad/s (e) A energia total do sistema *deve* ser a mesma antes e depois da colisão, supondo que ignoramos a energia liberada por ondas mecânicas (sonoras) e calor (da porta recém-aquecida para o ar mais frio). As energias cinéticas são as seguintes: $K_i = 2{,}50 \times 10^3$ J; K_f = 1,69 J. A maior parte da energia cinética inicial é transformada em energia interna na colisão.
43. $5{,}46 \times 10^{22}$ N · m

45. 0,910 km/s

47. $7{,}50 \times 10^{-11}$ s

49. (a) $7md^2/3$ (b) $mgd\hat{\mathbf{k}}$ (c) $3g/7d$ sentido anti-horário (d) 2g/7 para cima (e) mgd, (f) $\sqrt{6g/7d}$ (g) $m\sqrt{14gd^3/3}$ (h) $\sqrt{2gd/21}$

51. (a) sistema isolado (momento angular) (b) $mv_i d/2$ (c) $(\frac{1}{12}M + \frac{1}{4}m)d^2$ (d) $(\frac{1}{12}M + \frac{1}{4}m)d^2\omega$ (e) $\frac{6mv_i}{(M+3m)d}$ (f) $\frac{1}{2}mv_i^{\,2}$ (g) $\frac{3m^2v_i^{\,2}}{2(M+3m)}$ (h) $-\frac{M}{M+3m}$

53. (a) $v_i r_i/r$ (b) $(mv_i^{\,2}r_i^{\,2})r^{-3}$ (c) $\frac{1}{2}mv_i^{\,2}(r_i^{\,2}/r^2 - 1)$

55. (a) 3.750 kg · m²/s (b) 1,88 kJ (c) 3.750 kg · m²/s (d) 10,0 m/s (e) 7,50 kJ (f) 5,62 kJ

57. (a) $2mv_0$ (b) $2v_0/3$ (c) $4m\ell v_0/3$ (d) $4v_0/9\ell$ (e) $mv_0^{\,2}$ (f) $26mv_0^{\,2}/27$ (g) Forças não horizontais atuam sobre a bola a partir do exterior após a liberação; então, o momento horizontal permanece constante. Seu centro de massa move-se regularmente com a velocidade horizontal que tinha no instante da liberação. Não há torques atuando por seu eixo de rotação sobre a bola; então, o momento angular permanece constante. Forças internas não podem afetar a conservação de momento e de momento angular, mas podem afetar a energia mecânica.

59. Um aumento de $6{,}368 \times 10^{-4}$% ou 0,550 s, que não é significativo

61. (a) $\frac{1}{3}\omega_i$ (b) $-\frac{2}{3}$ (c) $\frac{R\omega_i}{3\mu g}$ (d) $\frac{R^2\omega_i^{\,2}}{18\mu g}$

63. $4\sqrt{\frac{1}{3}ga(\sqrt{2}-1)}$

Capítulo 12

Respostas aos testes rápidos

12.1. (a) **12.3.** (b)

12.2. (b) **12.4.** **(i)** (b) **(ii)** (a) **(iii)** (c)

Respostas aos problemas ímpares

1. $F_x - R_x = 0$, $F_y + R_y - F_g = 0$, $F_y \cos\theta - F_x \operatorname{sen}\theta - 0{,}5F_g \cos\theta = 0$

3. (3,85 cm, 6,85 cm)

5. 0,750 m

7. (2,54 m, 4,75 m)

9. 177 kg

11. Sam exerce uma força para cima de 176 N, e Joe exerce uma força para cima de 274 N.

13. (a) $f_e = 268$ N, $n = 1.300$ N (b) 0,324

15. (a) 29,9 N (b) 22,2 N

17. (a) 1,04 kN a 60,0° para cima e para a direita (b) $(370\hat{\mathbf{i}} + 910\hat{\mathbf{j}})$ N

19. (a) 27,7 kN (b) 11,5 kN (c) 4,19 kN

21. (a) 859 N (b) 1,04 kN a 36,9° para a esquerda e para cima

23. 2,81 m

25. $T_1 = 501$ N, $T_2 = 672$ N, $T_3 = 384$ N

27. (a) $-0{,}0538$ m³ (b) $1{,}09 \times 10^3$ kg/m³ (c) Com uma variação de somente 5% no volume neste caso extremo, água líquida é de fato quase incomprimível em situações biológicas e em laboratórios estudantis.

29. 23,8 μm

31. (a) $3{,}14 \times 10^4$ N (b) $6{,}28 \times 10^4$ N

33. 4,90 mm

35. 0,0292 mm

37. $n_A = 5{,}98 \times 10^5$ N, $n_B = 4{,}80 \times 10^5$ N

39. 0,896 m

41. $F_t = 724$ N, $F_e = 716$ N

43. (a)

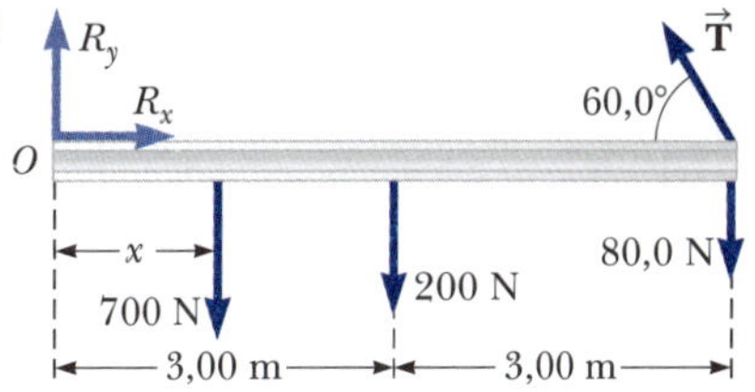

(b) $T = 343$ N, $R_x = 171$ N para a direita, $R_y = 683$ N para cima
(c) 5,14 m

45. (a) $T = F_g(L + d)/[\operatorname{sen}\theta\,(2L + d)]$ (b) $R_x = F_g(L + d)\cot\theta/(2L + d)$; $R_y = F_gL/(2L + d)$

47. $\vec{\mathbf{F}}_A = (-6{,}47 \times 10^5\hat{\mathbf{i}} + 1{,}27 \times 10^5\hat{\mathbf{j}})$ N, $\vec{\mathbf{F}}_B = 6{,}47 \times 10^5\hat{\mathbf{i}}$ N

49. (a) 5,08 kN (b) 4,77 kN (c) 8,26 kN

51. (a) $\frac{1}{2}m\left(\frac{2\mu_e \operatorname{sen}\theta - \cos\theta}{\cos\theta - \mu_e \operatorname{sen}\theta}\right)$ (b) $(m + M)g\sqrt{1 + \mu_e^2}$ (c) $g\sqrt{M^2 + \mu_e^{\,2}(m + M)^2}$

53. (a) 9,28 kN. (b) O braço de momento da força $\vec{\mathbf{F}}_h$ não está mais a 70 cm da articulação do ombro, mas apenas 49,5 cm, reduzindo assim $\vec{\mathbf{F}}_m$ para 6,56 kN.

55. (a) 66,7 N (b) aumentando em 0,125 N/s

57. (a) $\frac{1}{\sqrt{15}}\frac{mgd}{\ell}$ (b) $n_A = mg\left(\frac{2\ell - d}{2\ell}\right)$, $n_B = \frac{mgd}{2\ell}$ (c) $R_x = \frac{1}{\sqrt{15}}\frac{mgd}{\ell}$, $R_y = \frac{mgd}{2\ell}$ (para a direita e para baixo no lado direito da escada)

59. (a) $P_1 = P_3 = 1{,}67$ N, $P_2 = 3{,}33$ N, (b) 2,36 N

61. 5,73 rad/s

63. (a) 443 N (b) 221 N (para a direita), 217 N (para cima)

65. 9,00 pés

67. $3F_g/8$

Capítulo 13

Respostas aos testes rápidos

13.1. (e) **13.2.** (c) **13.3.** (a)

13.4. (a) Periélio, (b) Afélio, (c) Periélio, (d) Todos os pontos

Respostas aos problemas ímpares

1. $7{,}41 \times 10^{-10}$ N

3. (a) $2{,}50 \times 10^{-7}$ N na direção do corpo de 500 kg (b) entre os corpos e 2,45 m do corpo de 500 kg

5. $2{,}67 \times 10^{-7}$ m/s²

7. 2,97 nN

9. 2,00 kg e 3,00 kg

11. 0,614 m/s², em direção à Terra

13. (a) 7,61 cm/s² (b) 363 s (c) 3,08 km (d) 28,9 m/s a 72,9° abaixo da horizontal

15. $\frac{GM}{\ell^2}(\frac{1}{2} + \sqrt{2})$ a 45° para o eixo x positivo

17. 1,50 h ou 90,0 min
19. (a) 0,71 anos. (b) A partida deve ser cronometrada de modo que a nave espacial chegue ao afélio quando o planeta-alvo estiver lá.
21. $1,26 \times 10^{32}$ kg
23. 35,1 AU
25. 4,99 dias
27. $8,02 \times 10^{7}$ m
29. (a) sim, (b) 3,93 anos
31. $2,82 \times 10^{9}$ J
33. (a) $1,84 \times 10^{9}$ kg/m^3 (b) $3,27 \times 10^{6}$ m/s^2 (c) $-2,08 \times 10^{13}$ J
35. (a) $-1,67 \times 10^{-14}$ J (b) As partículas colidem no centro do triângulo.
37. $1,58 \times 10^{10}$ J
39. (a) $4,69 \times 10^{8}$ J (b) $-4,69 \times 10^{8}$ J (c) $9,38 \times 10^{8}$ J
41. $1,78 \times 10^{3}$ m
43. (a) 850 MJ (b) $2,71 \times 10^{9}$ J
45. (a) $5,30 \times 10^{3}$ s (b) 7,79 km/s (c) $6,43 \times 10^{9}$ J
47. (a) força de mesmo módulo (b) 15,6 km/s
49. $2,52 \times 10^{7}$ m
51. $\omega = 0,0572$ rad/s ou 1 rev em 110 s
53. (a) 2,43 h (b) 6,59 km/s (c) 4,74 m/s^2 em direção à Terra
55. $2,25 \times 10^{-7}$
57. (a) $1,00 \times 10^{7}$ m (b) $1,00 \times 10^{4}$ m/s
59. (a) 15,3 km (b) $1,66 \times 10^{16}$ kg (c) $1,13 \times 10^{4}$ s (d) Não; a massa é tão grande comparada à sua que você teria um efeito desprezível sobre a rotação.
61. (a) $v_1 = m_2\sqrt{\dfrac{2G}{d(m_1 + m_2)}}$, $v_2 = m_1\sqrt{\dfrac{2G}{d(m_1 + m_2)}}$, $v_{rel} = \sqrt{\dfrac{2G(m_1 + m_2)}{d}}$ (b) $1,07 \times 10^{32}$ J e $2,67 \times 10^{31}$ J
63. (a) $-7,04 \times 10^{4}$ J (b) $-1,57 \times 10^{5}$ J (c) 13,2 m/s
65. $7,79 \times 10^{14}$ kg
67. (a) 2×10^{8} anos (b) $\sim 10^{41}$ kg (c) 10^{11}
69. (a) $2,93 \times 10^{4}$ m/s
(b) $K = 2,74 \times 10^{33}$ J, $U = -5,39 \times 10^{33}$ J
(c) $K = 2,56 \times 10^{33}$ J, $U = -5,21 \times 10^{33}$ J
(d) Sim; $E = -2,65 \times 10^{33}$ J tanto no afélio quanto no periélio.
71. 119 km
73. $\sqrt{\dfrac{GM}{4R_T}}$
75. $(800 + 1,73 \times 10^{-4})\hat{\mathbf{i}}$ m/s e $(800 - 1,73 \times 10^{-4})\hat{\mathbf{i}}$ m/s
77. 18,2 ms
79. (a) $-3,67 \times 10^{7}$ J, (b) $9,24 \times 10^{10}$ kg · m^2/s,
(c) $v = 5,58$ km/s, $r = 1,04 \times 10^{7}$ m, (d) $8,69 \times 10^{6}$ m,
(e) 134 min

Capítulo 14

Respostas aos testes rápidos

14.1. (a)
14.2. (a)
14.3. (c)
14.4. (b) ou (c)
14.5. (a)

Respostas aos problemas ímpares

1. $2,96 \times 10^{6}$ Pa
3. (a) 6,24 MPa. (b) Sim; essa pressão poderia perfurar o piso de vinil.
5. 24,8 kg
7. 8,46 m
9. $7,74 \times 10^{-3}$ m^2
11. (a) $3,71 \times 10^{5}$ Pa (b) $3,57 \times 10^{4}$ N
13. $2,71 \times 10^{5}$ N
15. (a) $2,94 \times 10^{4}$ N (b) $1,63 \times 10^{4}$ N · m
17. 2,31 lb
19. 98,6 kPa
21. (a) 10,5 m. (b) Não. O vácuo não é tão bom porque parte do álcool e da água irá evaporar. As pressões do vapor de equilíbrio do álcool e da água são maiores do que a pressão de vapor do mercúrio.
23. (a) 116 kPa (b) 52,0 Pa
25. 0,258 N para baixo
27. (a) 4,9 N para baixo, 16,7 N para cima (b) 86,2 N (c) por qualquer um dos métodos de avaliação, a força de empuxo é 11,8 N para cima.
29. (a) 7,00 cm (b) 2,80 kg
31. (a) 1.250 kg/m^3 (b) 500 kg/m^3
33. (a) 408 kg/m^3. (b) Quando m é menor que 0,310 kg, o bloco de madeira estará parcialmente submerso na água. (c) Quando m é maior que 0,310 kg, o bloco de madeira e o corpo de aço afundarão.
35. (a) $3,82 \times 10^{3}$ N. (b) $1,04 \times 10^{3}$ N; o balão sobe porque a força resultante é positiva; a força de empuxo para cima é maior que a força gravitacional para baixo. (c) 106 kg
37. (a) 11,6 cm (b) 0,963 g/cm^3 (c) Não; a densidade ρ não é linear em h.
39. $1,52 \times 10^{3}$ m^3
41. (a) 17,7 m/s (b) 1,73 mm
43. 0,247 cm
45. (a) 2,28 N em direção à Holanda (b) $1,74 \times 10^{6}$ s
47. (a) 15,1 MPa (b) 2,95 m/s
49. (a) 1,91 m/s (b) $8,65 \times 10^{-4}$ m^3/s
51. 347 m/s
53. (a) 4,43 m/s (b) 10,1 m
55. 12,6 m/s
57. (a) $1,02 \times 10^{7}$ Pa (b) $6,61 \times 10^{5}$ N
59. (a) 6,70 cm (b) 5,74 cm
61. 2,25 m
63. 455 kPa
65. 0,556 m
67. 160 kg/m^3
69. (a) 8,01 km (b) sim
71. Escala superior: 17,3 N; escala inferior: 31,7 N
73. 91,64%
75. 27 N · m
77. 758 Pa
79. 4,43 m/s
81. (a) 1,25 cm (b) 14,3 m/s
85. (a) 18,3 mm (b) 14,3 mm (c) 8,56 mm

Índice Remissivo

A

E

N

O

T

U

V

W

Z

Conversões

Comprimento

1 pol. = 2,54 cm (exatamente)
1 m = 39,37 pol. = 3,281 pé
1 pé = 0,3048 m
12 pol = 1 pé
3 pé = 1 yd
1 yd = 0,914.4 m
1 km = 0,621 mi
1 mi = 1,609 km
1 mi = 5.280 pé
1 μm = 10^{-6} m = 10^3 nm
1 ano-luz = 9,461 · 10^{15} m

Área

1 m^2 = 10^4 cm^2 = 10,76 $pé^2$
1 $pé^2$ = 0,0929 m^2 = 144 pol^2
1 $pol.^2$ = 6,452 cm^2

Volume

1 m^3 = 10^6 cm^3 = 6,102 · 10^4 pol^3
1 $pé^3$ = 1.728 pol^3 = 2,83 · 10^{-2} m^3
1 L = 1.000 cm^3 = 1,057.6 qt = 0,0353 $pé^3$
1 $pé^3$ = 7,481 gal = 28,32 L = 2,832 · 10^{-2} m^3
1 gal = 3,786 L = 231 pol^3

Massa

1.000 kg = 1 t (tonelada métrica)
1 slug = 14,59 kg
1 u = 1,66 · 10^{-27} kg = 931,5 MeV/c^2

Força

1 N = 0,2248 lb
1 lb = 4,448 N

Velocidade

1 mi/h = 1,47 pé/s = 0,447 m/s = 1,61 km/h
1 m/s = 100 cm/s = 3,281 pé/s
1 mi/min = 60 mi/h = 88 pé/s

Aceleração

1 m/s^2 = 3,28 pé/s^2 = 100 cm/s^2
1 pé/s^2 = 0,3048 m/s^2 = 30,48 cm/s^2

Pressão

1 bar = 10^5 N/m^2 = 14,50 lb/pol^2
1 atm = 760 mm Hg = 76,0 cm Hg
1 atm = 14,7 lb/pol^2 = 1,013 · 10^5 N/m^2
1 Pa = 1 N/m^2 = 1,45 · 10^{-4} lb/pol^2

Tempo

1 ano = 365 dias = 3,16 · 10^7 s
1 dia = 24 h = 1,44 · 10^3 min = 8,64 · 10^4 s

Energia

1 J = 0,738 pé · lb
1 cal = 4,186 J
1 Btu = 252 cal = 1,054 · 10^3 J
1 eV = 1,602 · 10^{-19} J
1 kWh = 3,60 · 10^6 J

Potência

1 hp = 550 pé · lb/s = 0,746 kW
1 W = 1 J/s = 0,738 pé · lb/s
1 Btu/h = 0,293 W

Algumas aproximações úteis para problemas de estimação

1 m ≈ 1 yd	1 m/s ≈ 2 mi/h
1 kg ≈ 2 lb	1 ano ≈ $\pi\ \chi\ 10^7$ s
1 N ≈ $\frac{1}{4}$ lb	60 mi/h ≈ 100 pé/s
1 L ≈ $\frac{1}{4}$ gal	1 km ≈ $\frac{1}{2}$ mi

Obs.: Veja a Tabela A.1 do Apêndice A para uma lista mais completa.

O alfabeto grego

Alfa	Α	α	Iota	Ι	ι	Rô	Ρ	ρ
Beta	Β	β	Capa	Κ	κ	Sigma	Σ	σ
Gama	Γ	γ	Lambda	Λ	λ	Tau	Τ	τ
Delta	Δ	δ	Mu	Μ	μ	Upsilon	Υ	υ
Épsilon	Ε	ε	Nu	Ν	ν	Fi	Φ	φ
Zeta	Ζ	ζ	Csi	Ξ	ξ	Chi	Χ	χ
Eta	Η	η	Omicron	Ο	ο	Psi	Ψ	ψ
Teta	Θ	θ	Pi	Π	π	Ômega	Ω	ω